工程机械手册

HANDBOOK OF CONSTRUCTION MACHINERY

ERGONOMICS
人机工程学

主编　丁玉兰
副主编　孟令鹏　黄海波

清华大学出版社
北京

内 容 简 介

《工程机械手册——人机工程学》主要介绍人机工程学学科以人为本的核心理论、设计理念、系统优化等共性赋能方法论在装备制造业智能化进程中的应用。

本手册分为 4 篇,共 28 章。其中,第 1 篇为人机工程学学科理论,第 2 篇为人机工程学设计理念,第 3 篇为人-机-环境系统优化组合,第 4 篇为以人为本理论赋能装备制造业。

本手册可供装备制造业相关科研院所的工程技术人员参阅,也可作为大专院校机械工程、工业工程、工程管理及工业设计等专业师生的学习参考书。

版权所有,侵权必究。举报: 010-62782989,beiqinquan@tup.tsinghua.edu.cn。

图书在版编目(CIP)数据

工程机械手册. 人机工程学 / 丁玉兰主编. -- 北京:清华大学出版社,2024.11. -- ISBN 978-7-302-67507-5

Ⅰ. TH2-62;TB18-62

中国国家版本馆 CIP 数据核字第 202454EH90 号

责任编辑:王　欣
封面设计:傅瑞学
责任校对:赵丽敏
责任印制:丛怀宇

出版发行:清华大学出版社
　　网　　址:https://www.tup.com.cn,https://www.wqxuetang.com
　　地　　址:北京清华大学学研大厦 A 座　　邮　编:100084
　　社 总 机:010-83470000　　邮　购:010-62786544
　　投稿与读者服务:010-62776969,c-service@tup.tsinghua.edu.cn
　　质量反馈:010-62772015,zhiliang@tup.tsinghua.edu.cn
印 装 者:三河市东方印刷有限公司
经　　销:全国新华书店
开　　本:185mm×260mm　　印　张:37.75　　字　数:983 千字
版　　次:2024 年 11 月第 1 版　　印　次:2024 年 11 月第 1 次印刷
定　　价:288.00 元

产品编号:102250-01

《工程机械手册》编写委员会名单

主　编　石来德　周贤彪
副主编　（按姓氏笔画排序）
　　　　丁玉兰　马培忠　卞永明　刘子金　刘自明
　　　　杨安国　张兆国　张声军　易新乾　黄兴华
　　　　葛世荣　覃为刚
编　委　（按姓氏笔画排序）
　　　　卞王辉　王　锐　王　衡　王永鼎　王国利
　　　　毛伟琦　孔凡华　史佩京　成　彬　毕　胜
　　　　刘广军　安玉涛　李　刚　李　青　李　明
　　　　吴立国　吴启新　张　珂　张丕界　张旭东
　　　　周　崎　周治民　孟令鹏　赵红学　郝尚清
　　　　胡国庆　秦倩云　徐志强　郭文武　黄海波
　　　　曹映辉　盛金良　程海鹰　傅炳煌　舒文华
　　　　谢正元　鲍久圣　薛　白　魏世丞　魏加志

《工程机械手册——人机工程学》编委会

主　编
　　丁玉兰
副主编
　　孟令鹏　黄海波
编　委（按姓氏笔画排序）
　　王彩英　白　宇　白胜勇　朱建新　刘志斌
　　刘慧彬　安　慰　李　军　李东升　李向宝
　　李建宏　李科峰　宋世军　沈　斌　张红良
　　张宏梅　张艳伟　陈家元　周鸣亮　宓为建
　　赵朝义　赵静一　胡海鹏　曹东辉　崔国华
　　章龙管　韩　捷　程晓民　程海鹰　滑　兵

总序
PREFACE

根据国家标准,我国的工程机械分为20个大类。工程机械在我国基础设施建设及城乡工业与民用建筑工程中发挥了很大作用,而且出口至全球200多个国家和地区。作为中国工程机械行业中的学术组织,中国工程机械学会组织相关高校、研究单位和工程机械企业的专家、学者和技术人员,共同编写了《工程机械手册》。首期10卷分别为《挖掘机械》《铲土运输机械》《工程起重机械》《混凝土机械与砂浆机械》《桩工机械》《路面与压实机械》《隧道机械》《环卫与环保机械》《港口机械》《基础件》。除《港口机械》外,已涵盖了标准中的12个大类,其中"气动工具""掘进机械""凿岩机械"合在《隧道机械》内,"压实机械"和"路面施工与养护机械"合在《路面与压实机械》内。在清华大学出版社出版后,获得用户广泛欢迎,斯普林格出版社购买了英文版权。

为了完整体现工程机械的全貌,经与出版社协商,决定继续根据工程机械型谱出版其他机械对应的各卷,包括《工业车辆》《混凝土制品机械》《钢筋及预应力机械》《电梯、自动扶梯和自动人行道》。在市政工程中,尚有不少小型机具,故此将"高空作业机械"和"装修机械"与之合并,同时考虑到我国各大中城市游乐设施亦很普遍,故也将其归并其中,出一卷《市政机械与游乐设施》。我国幅员辽阔,江河众多,改革开放后,在各大江大河及山间峡谷之上建设了很多大桥;与此同时,除建设了很多高速公路之外,还建设了很多高速铁路。不论是大桥还是高速铁路,都已经成为我国交通建设的名片,在我国实施"一带一路"倡议及支持亚非拉建设中均有一定的地位。在这些建设中,出现了自有的独特专用装备,因此,专门列出《桥梁施工机械》《铁路机械》及相关的《重大工程施工技术与装备》。我国矿藏很多,东北、西北、沿海地区有大量石油、天然气,山西、陕西、贵州有大量煤矿,铁矿和有色金属矿藏也不少。勘探、开采及输送均需发展矿山机械,其中不少是通用机械。我国在专用机械如矿井下作业面的开采机械、矿井支护、井下的输送设备及竖井提升设备等方面均有较大成就,故列出《矿山机械》一卷。农林机械在结构、组成、布局、运行等方面与工程机械均有相似之处,仅作业对象不一样,因此,在常用工程机械手册出版之后,再出一卷《农林牧渔机械》。工程机械使用环境恶劣,极易出现故障,维修工作较为突出;大型工程机械如盾构机,价格较贵,在一次地下工程完成后,需要转场,在新的施工现场重新装配建造,对重要的零部件也将实施再制造,因此专列一卷《维修与再制造》。一门以人为本的新兴交叉学科——人机工程学正在不断向工程机械领域渗透,因此增列一卷《人机工程学》。

上述各卷涉及面很广,虽撰写者均为相关领域的专家,但其撰写风格各异,有待出版后,在读者品读并提出意见的基础上,逐步完善。

石来德
2022年3月

序

PREFACE

工程机械是装备制造业的重要组成部分，在国家和地方经济发展中发挥着重要作用。

在现代科学技术高速发展的大背景下，为推动我国工程机械的技术进步，助力国家制造强国战略的实施，中国工程机械学会策划了大型丛书《工程机械手册》。该丛书自2017年至今共组织编写了22卷分册，并获得国家出版基金资助。

在22卷分册中，其中21卷是以工程机械大类来确定手册的名称，如《港口机械》《挖掘机械》《工程起重机械》等。但如今，学科交叉融合发展已成为大势所趋，而且该趋势已引起全球科技领域的关注。

丁玉兰教授的《人机工程学》，顺应了这一发展趋势，同时将以人为本的学科理论、设计理念以及人-机-环境系统优化等基础理论和应用方法引入以工程机械为重要组成的装备制造业，从而为装备制造业相关的科研院所以及大专院校的相关设计类专业提供了一本跨学科的、有价值的参考工具书。

中国工程院院士　葛世荣

前 言
FOREWORD

在新一代技术革命的推动下,多学科融合发展已成为未来的趋势。科学技术的迅猛发展使多学科交叉融合、综合化的趋势日益增强,任何高科技成果无一不是多学科交叉融合的结晶。

目前,交叉融合正在成为科学研究的重要时代特征,也是科技创新的重要来源。不同学科之间的交叉融合往往能孕育出新的学科生长点和新的科学前沿,也最有可能产生重大科学突破,使科学发生革命性变化。

学科融合是指在各学科"存异"的基础上进行"求同",促进学科间的相互渗透和交叉,从而获得单一学科发展难以实现的突破。研究结果表明,一些重大的研究往往发生在不同学科的碰撞之间。

学科交叉融合,即多学科交叉融合,涵盖学科交叉、学科融合,是指构建协调可持续发展的学科体系,打破传统学科之间的壁垒,促进基础学科、应用学科交叉融合,促进文理渗透、理工交叉、农工结合、医工融合等多种形式交叉,根据经济社会发展需求设置新兴交叉学科,培养满足国家社会发展需求的复合型高层次创新人才。

由此可见,学科交叉是科学发展的必然,未来学科交叉融合发展是大势所趋,它已经引起全球科技界的广泛关注。像中国这样的科学后发国家,对于学科交叉研究更加重视,学科交叉和寻求新的科学发展方式已成为未来科技发展的必由之路。因此,对于中国来说机遇与挑战共存,我们必须抓住这一学科交叉发展的机遇,大力推进这一领域的科学研究。

基于交叉融合正在成为科学研究重要的时代特征,为助推装备制造业创新发展,中国工程机械学会在组织编写的《工程机械手册》第2期中,增列一卷《工程机械手册——人机工程学》。

本卷主要特色如下:

(1) 以交叉学科定名。在中国工程机械学会组织编写的《工程机械手册》22卷中,前21卷均以工程机械大类来确定手册的名称,如《工程机械手册——港口机械》《工程机械手册——铁路机械》《工程机械手册——矿山机械》等,而本卷是唯一一卷以典型的交叉学科定名的,即《工程机械手册——人机工程学》。

(2) 以人为本理论。人机工程学的发展宗旨是以人为本,随着现代科学技术和数字经济的发展,以人为本理论迅速向相关领域渗透并扩展,成为制造业高质量发展的必要选择。本卷试图为制造业智能化领域提供一卷有益的工具书。

(3) 理论结合应用。本卷在系统介绍了人机工程学学科理论、人机工程学设计理念、人机环境系统优化组合等理论的基础上,详细介绍了人机工程学以人为本理论在赋能装备制造业智能化方面的应用,充分体现了理论与应用相结合的特点。

(4) 体现交叉学科发展趋势。随着新一轮科技革命和产业变革的加速演进,一些重要的科学问题和关键核心技术已经呈现出革命性突破的先兆,新的学科分支和新的增长点不断涌现,学科深度交叉融合,势不可挡。2018年,习近平总书记在北京大学考察时指出"要下大力气组建交叉学科群"。纵观全球制造业和新的工业革命,以人为本理论已成为世界各国的关注点，也是大势所趋。以人为本的制造业正在吸引国内外政府、行业和学术界的广泛关注。本卷的交叉学科选题正体现了未来科技革命和产业变革的发展战略方向。

本卷为中国工程机械学会组织编写的国家出版基金项目《工程机械手册》中的一卷。根据《工程机械手册》编写的总体要求，本卷由同济大学丁玉兰教授担任主编，由上海海事大学孟令鹏教授和宁波大学黄海波教授担任副主编，并由30位高校教师和企业界专家组成编委，共同完成编写工作。

在手册的各篇末列出了主要参考文献，由于文献涉及面广，未能一一列出，在此对文献作者表示感谢和歉意。

本卷内容具有多学科交叉融合和跨学科的特点，涉及面广，编写难度较大，加之编者水平有限，其中疏漏和不妥之处在所难免，恳请广大读者批评指正。

编　者

2023年12月

目 录
CONTENTS

第1篇　人机工程学学科理论

第1章　人机工程学概论 …………… 3
- 1.1 人机工程学的命名及定义 ………… 3
  - 1.1.1 学科命名 ………… 3
  - 1.1.2 学科定义 ………… 3
- 1.2 人机工程学的起源与发展 ………… 4
  - 1.2.1 经验人机工程学 ………… 4
  - 1.2.2 科学人机工程学 ………… 5
  - 1.2.3 现代人机工程学 ………… 5
- 1.3 人机工程学的研究内容与方法 ………… 6
  - 1.3.1 研究内容 ………… 6
  - 1.3.2 研究方法 ………… 7
- 1.4 人机工程学体系及应用 ………… 9
  - 1.4.1 学科体系 ………… 9
  - 1.4.2 学科应用 ………… 9
  - 1.4.3 人机工程学的发展与设计思想的演变 ………… 12
  - 1.4.4 人机工程学对工业设计的作用 ………… 12
- 1.5 人机工程学的未来趋势 ………… 14
  - 1.5.1 人机工程学的进展 ………… 14
  - 1.5.2 人机工程学的时代特征 ………… 14
  - 1.5.3 人机工程学的演化趋势 ………… 16

第2章　人体测量与数据应用 ………… 18
- 2.1 人体测量的基本知识 ………… 18
  - 2.1.1 产品设计与人体尺度 ………… 18
  - 2.1.2 人体测量的主要方法 ………… 18
  - 2.1.3 中国成年人人体测量基本术语 ………… 20
  - 2.1.4 人体测量的常用仪器 ………… 21
- 2.2 人体测量中的主要统计函数 ………… 22
  - 2.2.1 均值 ………… 22
  - 2.2.2 方差 ………… 22
  - 2.2.3 标准差 ………… 23
  - 2.2.4 抽样误差 ………… 23
  - 2.2.5 百分位数 ………… 23
- 2.3 常用的人体测量数据 ………… 24
- 2.4 人体测量数据的应用 ………… 33
  - 2.4.1 主要人体尺寸的应用原则 ………… 33
  - 2.4.2 人体尺寸的应用方法 ………… 38
  - 2.4.3 人体身高在设计中的应用方法 ………… 40

第3章　人的智能与思维科学 ………… 43
- 3.1 人的智能生成的脑神经科学基础 ………… 43
  - 3.1.1 人的神经系统 ………… 43
  - 3.1.2 大脑的结构 ………… 44
  - 3.1.3 大脑皮层功能 ………… 45
  - 3.1.4 脑神经网络的组成 ………… 46
  - 3.1.5 信息在人脑中的转化 ………… 47
- 3.2 人的智能形成的认知科学机制 ………… 48
  - 3.2.1 认知科学研究的意义 ………… 48
  - 3.2.2 人的智能和活动宏观过程 ………… 49
  - 3.2.3 人的智能形成过程模型 ………… 49
  - 3.2.4 人的智能形成的转换机制 ………… 50

3.3 人的智能涌现的思维科学探秘 …… 51
3.3.1 关于思维科学的重要论述 …… 51
3.3.2 抽象思维的特征 …… 52
3.3.3 形象思维的特征 …… 53
3.3.4 灵感思维的特征 …… 53
3.3.5 创造思维的理论依据 …… 54
3.3.6 创造思维的产生机理 …… 57
3.4 人的智能扩展与科技进步 …… 58
3.4.1 人的特殊能力 …… 58
3.4.2 人的智能扩展与生存发展目标 …… 58
3.4.3 人的智能扩展与科技发展规律 …… 59
3.4.4 人的智能扩展与智能信息网络 …… 59
3.5 人机结合智能系统研究概况 …… 60
3.5.1 人机智能系统研究论述 …… 60
3.5.2 人机结合智能系统的概念 …… 61
3.5.3 人机结合智能系统展望 …… 62

第4章 人的心理活动与创造性行为 …… 64
4.1 心理活动与行为构成 …… 64
4.1.1 心理活动 …… 64
4.1.2 行为构成 …… 64
4.1.3 行为反应 …… 65
4.2 人的感知心理过程与特征 …… 67
4.2.1 感觉的基本特征 …… 67
4.2.2 知觉的基本特性 …… 68
4.3 人的认知心理过程与特征 …… 71
4.3.1 注意的过程 …… 71
4.3.2 注意的特点 …… 71
4.3.3 记忆的过程 …… 71
4.3.4 想象的过程 …… 74
4.3.5 思维的过程 …… 74
4.4 人的创造性心理过程与特征 …… 75
4.4.1 创造性的形成机理 …… 75
4.4.2 创造性的形成条件 …… 75
4.5 人的创造性行为的产生与特征 …… 77
4.5.1 创客行为产生的社会特征 …… 77
4.5.2 创客行为与技术工具 …… 78

第5章 人体生物力学与合理施力 …… 81
5.1 人体运动与肌骨系统 …… 81
5.1.1 肌系统 …… 81
5.1.2 骨杠杆 …… 82
5.2 人体生物力学模型 …… 83
5.2.1 人体生物力学建模原理 …… 83
5.2.2 前臂和手的生物力学模型 …… 83
5.2.3 举物时腰部的生物力学模型 …… 84
5.3 人体的施力特征 …… 85
5.3.1 主要关节的活动范围 …… 85
5.3.2 肢体的出力范围 …… 86
5.3.3 人体不同姿势的施力 …… 89
5.4 合理施力的设计思路 …… 91
5.4.1 避免静态肌肉施力 …… 91
5.4.2 避免弯腰提起重物 …… 92
5.4.3 设计合理的工作台 …… 93

第6章 人的信息感知与信息传递 …… 95
6.1 人的信息传递理论 …… 95
6.1.1 人机信息交换系统模型 …… 95
6.1.2 人的信息处理系统模型 …… 96
6.1.3 人的信息流理论 …… 96
6.2 人的信息感知 …… 98
6.2.1 视觉机能及其特征 …… 98
6.2.2 听觉机能及其特征 …… 103
6.2.3 其他感觉机能及其特征 …… 106
6.3 人的信息处理系统 …… 107
6.3.1 信息理论 …… 107
6.3.2 人的神经系统功能 …… 108
6.3.3 大脑皮质功能定位 …… 109
6.3.4 感觉的信息处理 …… 110
6.3.5 中枢信息处理 …… 111
6.4 人的信息输出系统 …… 112
6.4.1 反应时间 …… 113
6.4.2 反应时间的影响因素 …… 113
6.4.3 运动速度 …… 115
6.4.4 人体不同姿势的施力 …… 116
6.4.5 运动的准确性 …… 119

第7章 人的劳动生理与人体疲劳 …… 121

7.1 劳动的能源与能耗 …………… 121
- 7.1.1 劳动的能源 ………… 121
- 7.1.2 劳动的能耗 ………… 124

7.2 劳动中的机体调节 …………… 126
- 7.2.1 氧债与氧需 ………… 126
- 7.2.2 心率与心输出量 …… 127
- 7.2.3 血压及血液分配 …… 128

7.3 劳动的强度与标准 …………… 129
- 7.3.1 我国的劳动强度分级 … 129
- 7.3.2 最佳能耗界限 ……… 130

7.4 人体的生物节律 ……………… 131

7.5 人体的作业疲劳 ……………… 133
- 7.5.1 疲劳的积累效应 …… 133
- 7.5.2 产生疲劳的机制 …… 134
- 7.5.3 疲劳的测定 ………… 134
- 7.5.4 降低作业疲劳的措施 … 135

第8章 人本主义心理学与设计思维 … 136

8.1 人本主义心理学 ……………… 136
- 8.1.1 人本主义心理学概述 … 136
- 8.1.2 人本主义心理学的论点 … 136
- 8.1.3 马斯洛的需求层次理论 … 136
- 8.1.4 马斯洛的自我实现论 … 137
- 8.1.5 马斯洛的高峰体验论 … 138
- 8.1.6 对马斯洛的简要评价 … 138

8.2 人本主义心理与以人为本 …… 138
- 8.2.1 人本主义心理学的特点 … 138
- 8.2.2 马斯洛需求层次理论的价值 …………………… 139
- 8.2.3 需求层次理论与工业设计 …………………… 139

8.3 设计思维的起源与发展 ……… 139

8.4 设计思维与创新思维 ………… 140

8.5 设计思维模型与实施方法 …… 142
- 8.5.1 斯坦福大学的设计思维模型 …………………… 142
- 8.5.2 英国设计学会的设计思维模型与实施方法 …… 144
- 8.5.3 国际设计思考学会的设计思维模型 …………… 146
- 8.5.4 设计思维的特征和价值 … 148

参考文献 …………………………… 150

第2篇 人机工程学设计理念

第9章 人机工程学设计理念与人机交互设计 …………………… 153

9.1 以人为本的设计理念 ………… 153
- 9.1.1 以人为本的哲学内涵 … 153
- 9.1.2 马克思主义的以人为本思想 …………………… 153
- 9.1.3 以人为本的设计流程 … 154

9.2 以人为本设计理念的外延 …… 155
- 9.2.1 以人为中心的设计理念 … 155
- 9.2.2 以用户为中心的设计理念 … 155
- 9.2.3 以需求为导向的设计理念 … 156

9.3 以用户为中心的体验设计 …… 157
- 9.3.1 用户体验设计的概念 … 157
- 9.3.2 用户体验设计的价值 … 158
- 9.3.3 用户体验设计的发展 … 159

9.4 人机交互设计 ………………… 160
- 9.4.1 人机工程学与人机交互设计 …………………… 160
- 9.4.2 人机交互系统的信息处理模型 ………………… 161
- 9.4.3 人机交互的新思想理论 … 165
- 9.4.4 人机交互设计的指导原则 …………………… 167
- 9.4.5 用户体验的衡量标准 … 168

第10章 人机信息交换与界面设计 … 170

10.1 人机信息交换系统 …………… 170
- 10.1.1 人机界面的形成 …… 170
- 10.1.2 广泛应用的人机界面简介 …………………… 171
- 10.1.3 人机界面的设计要点 … 172

10.2 视觉信息显示设计 …… 174
  10.2.1 仪表显示设计 …… 174
  10.2.2 图形符号设计 …… 177
10.3 听觉信息传示设计 …… 179
  10.3.1 听觉信息传示装置 …… 179
  10.3.2 言语传示装置 …… 180
  10.3.3 听觉传示装置的选择 …… 182
10.4 操纵装置设计 …… 182
  10.4.1 常用的操纵装置 …… 182
  10.4.2 手控操纵器的设计 …… 182
  10.4.3 脚控操纵器的设计 …… 186
  10.4.4 操纵装置编码与选择 …… 187
10.5 操纵与显示相合性 …… 191
  10.5.1 操纵-显示比 …… 191
  10.5.2 操纵与显示的相合性原则 …… 191
  10.5.3 操纵-显示的编码和编排相合性 …… 192

第11章 工作台椅与工具设计 …… 194

11.1 控制台设计 …… 194
  11.1.1 控制台分类 …… 194
  11.1.2 控制台的设计要点 …… 194
  11.1.3 常用控制台设计 …… 195
11.2 办公台设计 …… 197
  11.2.1 电子化办公台人体尺度 …… 197
  11.2.2 电子化办公台可调设计 …… 197
  11.2.3 电子化办公台组合设计 …… 198
11.3 工作座椅设计的主要依据 …… 199
  11.3.1 坐姿生理学 …… 199
  11.3.2 坐姿生物力学 …… 200
11.4 工作座椅设计 …… 201
  11.4.1 办公室工作座椅 …… 201
  11.4.2 座椅的创意设计 …… 203
11.5 手握式工具设计 …… 203
  11.5.1 手的解剖及其与工具使用有关的疾患 …… 204
  11.5.2 手握式工具的设计原则 …… 205

第12章 作业岗位与空间设计 …… 208

12.1 作业岗位的选择 …… 208
  12.1.1 三种作业岗位的特征 …… 208
  12.1.2 作业岗位的设计要求和原则 …… 209
12.2 手工作业岗位设计 …… 209
  12.2.1 手工作业岗位的类型 …… 209
  12.2.2 手工作业岗位尺寸设计 …… 209
12.3 视觉信息作业岗位设计 …… 212
  12.3.1 视觉显示终端作业岗位的人机界面 …… 212
  12.3.2 视觉信息作业岗位设计要点 …… 213
12.4 作业空间的人体尺度 …… 215
  12.4.1 近身作业空间 …… 215
  12.4.2 受限作业空间 …… 218
12.5 作业空间的布置 …… 222
  12.5.1 作业空间设计的一般原则 …… 222
  12.5.2 作业空间组件的排列 …… 224

第13章 人与作业环境界面设计 …… 226

13.1 人体对环境的适应程度 …… 226
13.2 人与热环境 …… 227
  13.2.1 影响热环境的要素 …… 227
  13.2.2 人体的热平衡 …… 227
  13.2.3 热环境对人体的影响 …… 228
  13.2.4 热环境对工作的影响 …… 229
  13.2.5 热环境的舒适度 …… 230
13.3 人与光环境 …… 231
  13.3.1 良好光环境的作用 …… 231
  13.3.2 对光环境的要求 …… 233
  13.3.3 色彩调节 …… 236
  13.3.4 光环境的综合评价 …… 237
13.4 人与声环境 …… 239
  13.4.1 噪声对人的影响 …… 239
  13.4.2 噪声对机体作用的影响因素 …… 241
  13.4.3 噪声评价标准 …… 241

13.5 人与振动环境 …………… 242
　13.5.1 人体的振动特性 …… 242
　13.5.2 振动对人体作用的影响
　　　　 因素 …………………… 243
　13.5.3 振动对人体的影响 …… 243
　13.5.4 振动对工作能力的
　　　　 影响 …………………… 244
　13.5.5 振动的评价 …………… 244
13.6 人与毒物环境 …………… 247
　13.6.1 有毒气体和蒸气 ……… 247
　13.6.2 工业粉尘和烟雾 ……… 247
　13.6.3 防尘、防毒环境设计
　　　　 要求 …………………… 248

第14章　人的可靠性与安全设计 …… 250
14.1 人的可靠性 ……………… 250
　14.1.1 人机系统可靠性 ……… 250
　14.1.2 影响人的操作可靠性的
　　　　 综合因素 ……………… 252
　14.1.3 人的失误的主要原因 … 253
　14.1.4 人的失误引发的后果 … 254
14.2 人的失误事故模型 ……… 254
　14.2.1 人的行为因素模型 …… 255
　14.2.2 事故发生顺序模型 …… 255
14.3 安全装置设计 …………… 256
　14.3.1 联锁装置 ……………… 256
　14.3.2 双手控制按钮 ………… 257
　14.3.3 利用感应控制安全
　　　　 距离 …………………… 257
　14.3.4 自动停机装置 ………… 257

14.4 防护装置设计 …………… 258
14.5 安全信息设计 …………… 262
　14.5.1 警示设计的原则 ……… 262
　14.5.2 视觉警示信息设计 …… 262
　14.5.3 特定安全信息设计 …… 263

第15章　人类智慧与创新设计 ……… 267
15.1 人类智慧 ………………… 267
　15.1.1 人类智慧的定义 ……… 267
　15.1.2 人类智慧的起源 ……… 268
15.2 人类智慧的三个维度 …… 269
15.3 设计进化与创新设计 …… 270
　15.3.1 设计的进化历程 ……… 270
　15.3.2 创新设计的内涵 ……… 271
　15.3.3 创新设计的方向 ……… 272
15.4 创新设计的定义和人的创新
　　 能力 ……………………… 273
　15.4.1 创新设计的定义 ……… 273
　15.4.2 创新设计的目标 ……… 274
　15.4.3 人的创新意识 ………… 275
　15.4.4 人的创造力模型 ……… 276
　15.4.5 人的创造性思维 ……… 277
15.5 创新设计系统理论模型 … 280
　15.5.1 创新设计系统环境 …… 280
　15.5.2 创新设计思维方法 …… 280
　15.5.3 创新设计系统流程 …… 281
　15.5.4 创新设计系统集成
　　　　 模型 …………………… 281

参考文献 …………………………… 283

第3篇　人-机-环境系统优化组合

第16章　人机工程学与人-机-环境系统
　　　　工程 …………………… 287
16.1 人机工程学与人-机-环境系统工
　　 程学科 …………………… 287
　16.1.1 人机工程学的形成 …… 287
　16.1.2 人机工程学的发展 …… 287
　16.1.3 人-机-环境系统学科 … 288

　16.1.4 人-机-环境系统工程研究
　　　　 内容 …………………… 288
　16.1.5 人-机-环境系统总体
　　　　 目标 …………………… 290
　16.1.6 人-机-环境系统的基础
　　　　 理论 …………………… 291
16.2 人-机-环境系统理论 …… 293
　16.2.1 一般系统理论的创建 … 293

16.2.2　一般系统论的基本
　　　　　　观点 …………………… 293
　　16.2.3　一般系统理论的研究
　　　　　　要点 …………………… 296
　　16.2.4　人-机-环境系统的研究 … 298
　16.3　开放的复杂巨系统 …………… 300
　　16.3.1　系统的分类 ……………… 300
　　16.3.2　开放复杂巨系统的
　　　　　　含义 …………………… 300
　　16.3.3　人体是个复杂巨系统 …… 301
　　16.3.4　人体复杂巨系统与周围环境
　　　　　　及宇宙之间的物质、能量和
　　　　　　信息交换 ……………… 302
　　16.3.5　综合集成方法的提出及其
　　　　　　主要特点 ……………… 302
　　16.3.6　人-机-环境系统是开放的
　　　　　　复杂巨系统 …………… 303

第17章　人-机-环境系统总体分析 …… 305
　17.1　系统总体分析方法论 ………… 305
　　17.1.1　系统分析的逻辑框架 …… 305
　　17.1.2　阐明问题 ………………… 305
　　17.1.3　策划备选方案 …………… 307
　　17.1.4　预测未来环境 …………… 308
　　17.1.5　建模和预计后果 ………… 308
　　17.1.6　评比备选方案 …………… 309
　17.2　人-机-环境系统类型 ………… 309
　　17.2.1　简单（单人、单机）人-机-
　　　　　　环境系统 ……………… 309
　　17.2.2　复杂（多人、多机）人-机-
　　　　　　环境系统 ……………… 309
　　17.2.3　广义（大规模）人-机-环境
　　　　　　系统 …………………… 310
　17.3　总体分析的目标和任务 ……… 310
　　17.3.1　总体分析的目标 ………… 310
　　17.3.2　总体分析的任务 ………… 311
　17.4　总体分析的流程 ……………… 312
　17.5　总体分析流程的说明 ………… 314

第18章　人机系统总体设计 …………… 316
　18.1　总体设计的目标 ……………… 316

　　18.1.1　人机系统的组成 ………… 316
　　18.1.2　人机系统的类型 ………… 316
　　18.1.3　人机系统的目标 ………… 318
　18.2　总体设计的原则 ……………… 318
　　18.2.1　工作空间和工作设备的
　　　　　　设计 …………………… 318
　　18.2.2　工作环境设计 …………… 319
　　18.2.3　工作过程设计 …………… 320
　18.3　总体设计的程序 ……………… 320
　　18.3.1　人机系统设计的程序 …… 320
　　18.3.2　人机系统开发步骤 ……… 321
　18.4　总体设计的要点 ……………… 323
　　18.4.1　人机功能分配 …………… 323
　　18.4.2　人机匹配 ………………… 324
　　18.4.3　人机界面设计 …………… 324
　18.5　控制中心设计要点分析 ……… 325
　　18.5.1　以人为中心的设计
　　　　　　方法 …………………… 325
　　18.5.2　控制室影响因素综合
　　　　　　分析 …………………… 326
　　18.5.3　控制室信息链接分析 …… 326
　　18.5.4　控制中心平面布局
　　　　　　设计 …………………… 326
　　18.5.5　控制室仪表板设计 ……… 329
　　18.5.6　控制室中控制台组合
　　　　　　设计 …………………… 329
　　18.5.7　控制室工作岗位设计 …… 331

第19章　人-机-环境系统综合设计 …… 332
　19.1　人-机-环境系统综合设计
　　　　方法论 …………………………… 332
　　19.1.1　综合集成方法论 ………… 332
　　19.1.2　综合集成法的特点 ……… 333
　19.2　人-机-环境系统综合设计
　　　　模型 …………………………… 333
　　19.2.1　复杂环境系统综合设计
　　　　　　模型 …………………… 333
　　19.2.2　简单环境系统综合设计
　　　　　　模型 …………………… 334
　19.3　人-机-环境系统综合设计
　　　　要点 …………………………… 336

19.3.1 人机结合模式 …… 336
19.3.2 人机合理分工 …… 337
19.3.3 人机最佳合作 …… 337
19.4 人-机-环境系统综合设计原则 …… 338
　19.4.1 系统整体化原则 …… 338
　19.4.2 系统人本化原则 …… 338
　19.4.3 系统安全性原则 …… 339
　19.4.4 系统最优化原则 …… 340
19.5 人-机-环境系统综合设计实例 …… 340
　19.5.1 人网协同智能创作系统 …… 340
　19.5.2 人网协同智能服务系统 …… 341
　19.5.3 人机协同智能驾驶系统 …… 343

第20章 人-机-环境系统仿真技术 …… 345

20.1 仿真技术的发展历程 …… 345
20.2 仿真技术的原理与类型 …… 346
　20.2.1 仿真技术的原理 …… 346
　20.2.2 仿真技术的类型 …… 347
20.3 现代仿真技术方法与发展 …… 348
　20.3.1 现代仿真技术方法 …… 348
　20.3.2 现代仿真技术方法研究 …… 348
　20.3.3 仿真技术的应用 …… 348
20.4 人机工程学仿真技术 …… 349
　20.4.1 人机工程学仿真技术的现实意义 …… 349
　20.4.2 人机工程学仿真技术的价值 …… 350
　20.4.3 知名的人机工程学仿真软件简介 …… 350
20.5 人-机-环境系统仿真分析 …… 353
　20.5.1 JACK 人-机-环境系统仿真软件的功能 …… 353
　20.5.2 建立精确的数字人体模型 …… 355
　20.5.3 人-机-环境系统仿真示例 …… 356

第21章 人-机-环境系统虚拟现实 …… 359

21.1 虚拟现实技术综述 …… 359
　21.1.1 VR 技术的基本概念 …… 359
　21.1.2 虚拟现实技术的特征 …… 359
　21.1.3 VR 技术发展现状 …… 359
21.2 虚拟现实技术与产品开发制造 …… 360
　21.2.1 虚拟现实技术的定义和特征 …… 360
　21.2.2 产品开发技术的重大变革 …… 361
　21.2.3 虚拟产品的开发与制造 …… 361
21.3 虚拟环境的建立 …… 362
　21.3.1 虚拟环境的基本配置 …… 362
　21.3.2 虚拟环境的视觉通道 …… 363
21.4 虚拟制造 …… 367
　21.4.1 虚拟制造的定义和内涵 …… 367
　21.4.2 虚拟加工和虚拟检验 …… 368
　24.4.3 虚拟装配 …… 368
21.5 虚拟现实技术优化人机工程 …… 369
　21.5.1 虚拟现实技术与以人为本设计 …… 369
　21.5.2 虚拟现实技术与人机工程的结合 …… 370
　21.5.3 虚拟人体模型的功能 …… 370
　21.5.4 数字人体模型的典型应用 …… 372
　21.5.5 虚拟现实空间中的人机界面 …… 372

第22章 人-机-环境系统设计信息资源 …… 375

22.1 信息资源的含义 …… 375
　22.1.1 资源与信息资源的关系 …… 375
　22.1.2 信息资源概念的提出 …… 375

22.1.3 信息资源的重要性 …… 376
22.1.4 信息资源的主要特征 … 376
22.2 人机工程学相关的学术组织 … 376
　　22.2.1 人机工程学相关的学术组织简介 …… 376
　　22.2.2 人机工程学的 ISO 标准 … 377
22.3 主要国外工效学标准简介 …… 378
　　22.3.1 国际标准 …… 378
　　22.3.2 美国 …… 379
　　22.3.3 英国 …… 380
22.3.4 欧洲标准 …… 380
22.3.5 日本 …… 381
22.4 中国人类工效学标准化 …… 382
　　22.4.1 工效学标准化的目的 … 382
　　22.4.2 工效学标准化的特点 …… 383
　　22.4.3 我国人类工效学标准化机构 …… 383
　　22.4.4 人类工效学标准的发展趋势 …… 388

参考文献 …… 390

第4篇　以人为本理论赋能装备制造业

第 23 章　以人为本的交叉学科与装备制造业 …… 393

23.1 以人为本交叉学科简介 …… 393
23.2 人因工程学在高端制造业中的应用 …… 394
　　23.2.1 人因工程在军事、国防领域的应用 …… 395
　　23.2.2 人因工程在船舶领域的应用 …… 395
　　23.2.3 人因工程在载人航天领域的应用 …… 395
23.3 中国人因工程高峰论坛 …… 396
　　23.3.1 首届中国人因工程高峰论坛 …… 396
　　23.3.2 第二届中国人因工程高峰论坛 …… 397
　　23.3.3 第三届中国人因工程高峰论坛 …… 397
　　23.3.4 第四届中国人因工程高峰论坛 …… 397
　　23.3.5 第五届中国人因工程高峰论坛 …… 398
　　23.3.6 第六届中国人因工程高峰论坛 …… 398
　　23.3.7 第七届中国人因工程高峰论坛 …… 399
23.4 中国人因工程高峰论坛带给学科的思考 …… 399
23.5 让制造业回归以人为本的初衷 …… 400
　　23.5.1 以人为本理论助力智能制造 …… 400
　　23.5.2 智能制造系统的核心是人 …… 401
　　23.5.3 人在智能制造系统中的价值观点 …… 401
　　23.5.4 人本制造是制造业的发展方向 …… 402

第 24 章　数字化转型与顶层规划设计 …… 404

24.1 数字化的相关术语与概念 …… 404
　　24.1.1 数据、信息、知识、智慧的层次关系 …… 404
　　24.1.2 信息化、数字化和智能化的概念 …… 404
　　24.1.3 数据和数据化的概念 …… 406
　　24.1.4 数字化转型的概念 …… 407
　　24.1.5 数字化转型的必要性 …… 407
24.2 数字化转型规划流程 …… 408
　　24.2.1 企业数字化转型的背景 … 408
　　24.2.2 企业数字化转型的策略 … 408
　　24.2.3 数字化规划的思考架构 … 409

24.2.4 数字化规划的愿景和目标 ·········· 409
24.2.5 数字化规划的原则和资产 ·········· 410
24.3 数字化转型的运行模式 ········ 412
24.3.1 企业数字化转型的运行状态 ·········· 412
24.3.2 企业数字化转型的运行模式 ·········· 412
24.4 数字化转型需要进行合理的顶层设计 ·········· 414
24.4.1 缺少数字化顶层设计的"转型困境" ·········· 414
24.4.2 数字化转型的三大领域 ·········· 415
24.4.3 数字化转型顶层设计的阶段和步骤 ·········· 416
24.4.4 数字化转型的核心因素 ·········· 417

第25章 智能制造与以人为本智能制造 ·········· 419
25.1 智能制造的发展背景 ·········· 419
25.1.1 智能制造学术概念的提出 ·········· 419
25.1.2 世界主要国家的智能制造发展战略 ·········· 419
25.1.3 智能制造的定义 ·········· 420
25.2 中国新一代智能制造及制造业的转型路径 ·········· 420
25.2.1 新一代智能制造 ·········· 420
25.2.2 采取"并行推进、融合发展"的技术路线 ·········· 421
25.2.3 智能化转型升级的路径 ·········· 422
25.2.4 迈入制造强国的战略 ······ 423
25.2.5 智能制造系统的发展方向 ·········· 423
25.3 以人为本智能制造理论的研究 ·········· 424
25.3.1 智能制造的发展战略 ······ 424

25.3.2 以人为本智能制造的发展背景 ·········· 424
25.3.3 人本智造的内涵 ·········· 425
25.4 以人为本智造理论的研究 ····· 426
25.4.1 "以人为本"理论内涵解析 ·········· 426
25.4.2 学术界以人为本理论的研究动态 ·········· 427
25.4.3 基于人-信息-物理系统的以人为本理论 ·········· 428
25.5 人本制造的应用研究 ·········· 431
25.5.1 以人为本的产业模式变革 ·········· 431
25.5.2 以人为本智造的目标 ····· 432
25.5.3 人本智造应用研究的思考与建议 ·········· 434

第26章 数智化转型与人机协同管理系统 ·········· 436
26.1 信息化、数字化、智能化及数智化综述 ·········· 436
26.1.1 信息化 ·········· 436
26.1.2 数字化 ·········· 436
26.1.3 智能化 ·········· 436
26.1.4 数智化 ·········· 437
26.2 数字经济的内涵和外延 ········ 437
26.2.1 信息化催生数字经济 ····· 437
26.2.2 数字经济的定义 ·········· 438
26.2.3 数字经济的特征 ·········· 438
26.3 数字经济时代的数智化转型 ··· 439
26.3.1 数智化转型的目的 ·········· 439
26.3.2 数智化转型的定义 ·········· 439
26.3.3 数智化转型的模型 ·········· 439
26.3.4 数智化转型的目标和战略 ·········· 440
26.4 构建人机智能协同管理系统 ··· 442
26.4.1 借鉴西蒙的决策理论 ····· 442
26.4.2 遵循企业管理的原则 ····· 443
26.4.3 决策者的系统思考模式 ··· 444
26.4.4 数字经济时代的管理范式 ·········· 445

26.4.5 构建人机协同的智慧决策模式 …………… 448
26.4.6 人机智能协同管理系统构成框架 …………… 450

第27章 工业机器人助力制造业智能化 …………… 451

27.1 工业机器人综述 …………… 451
 27.1.1 概述 …………… 451
 27.1.2 工业机器人的结构功能 … 451
 27.1.3 工业机器人的分类 …… 453
27.2 工业机器人引领制造业智能化 …………… 454
 27.2.1 发展工业机器人的目的 … 455
 27.2.2 国家对工业机器人的相关政策 …………… 456
27.3 工业机器人助力"中国制造"转向"中国智造" …………… 458
 27.3.1 智能制造时代工业机器人的应用趋势 …………… 458
 27.3.2 工业机器人在智能制造中的应用优势 …………… 459
 27.3.3 工业机器人应用于汽车制造业 …………… 460
27.4 工业机器人的发展趋势 …… 462
 27.4.1 智能制造与工业机器人 … 462
 27.4.2 机器人系统的发展趋势 … 462

第28章 智能化助推工程机械攀登世界高峰 …………… 465

28.1 我国工程机械行业发展历程 … 465
 28.1.1 工程机械的概念与分类 … 465
 28.1.2 工程机械行业发展历史 … 465
28.2 工程机械行业的发展趋势 …… 470
 28.2.1 我国工程机械行业特点 … 470
 28.2.2 我国工程机械行业的发展特征 …………… 470
 28.2.3 我国工程机械行业的发展趋势 …………… 471
28.3 我国工程机械企业智能化策略 …………… 475
 28.3.1 智能化发展概况 …………… 475
 28.3.2 我国工程机械企业的智能化之路 …………… 476
28.4 工程机械头部企业勇攀世界高峰 …………… 481
 28.4.1 工程机械头部企业探索智能化之路 …………… 481
 28.4.2 科技战略助力头部企业实现弯道超车 …………… 481
 28.4.3 工程机械头部企业智造世界之最 …………… 482
 28.4.4 工程机械头部企业进军工程机器人领域 …………… 484
28.5 中国工程机械产业未来发展趋势 …………… 491
 28.5.1 中国工程机械产业的发展现状 …………… 491
 28.5.2 中国工程机械产业未来十年的发展趋势 …………… 492

参考文献 …………… 495

附 录

附录 A 国务院《新一代人工智能发展规划》…………… 499

附录 B 国务院《中国制造2025》 …… 514

附录 C 国务院《"十四五"数字经济发展规划》…………… 529

附录 D 中国工程机械工业协会《工程机械行业"十四五"发展规划》……… 542

第1篇

人机工程学学科理论

第1章

人机工程学概论

1.1 人机工程学的命名及定义

人机工程学是研究人、机械及其工作环境之间相互作用的学科。人机工程学在其自身的发展过程中逐步打破了各学科之间的界限,并有机地融合了各相关学科的理论,不断地完善自身的基本概念、理论体系、研究方法及技术标准和规范,从而形成了一门研究和应用范围极为广泛的综合性边缘学科。因此,它具有现代各门新兴边缘学科共有的特点,如学科命名多样化、学科定义不统一、学科边界模糊、学科内容综合性强、学科应用范围广泛等。

1.1.1 学科命名

由于人机工程学研究和应用的范围极其广泛,它所涉及的各学科、各领域的专家、学者都试图从自身的角度来给本学科命名和下定义,因而世界各国对本学科的命名不尽相同,即使同一个国家对本学科名称的提法也不统一,甚至有很大的差别。例如,本学科在美国称为"human engineering"(人类工程学)或"human factors engineering"(人的因素工程学),西欧国家多称为"ergonomics"(人类工效学),而其他国家大多引用西欧的名称。

"ergonomics"一词是由希腊词根"ergon"(即工作、劳动)和"nomic"(即规律、规则)复合而成,其本义为人的劳动规律。由于该词能够较全面地反映本学科的本质,又源自希腊文,便于各国语言翻译上的统一,而且词义保持中立性,不显露它对各组成学科的亲密和间疏,因此,目前较多的国家采用"ergonomics"一词作为本学科命名,如俄罗斯和日本都引用该词的音译,俄罗斯译为"Эргнотика",日本译为"人间工学"。

人机工程学在我国起步较晚,目前在国内的名称尚未统一,除普遍采用人机工程学外,常见的名称还有人-机-环境系统工程、人体工程学、人类工效学、人类工程学、工程学心理学、宜人学、人的因素等。名称不同,其研究的重点略有差别。

由于本书力图从研究人-机关系的角度为工程机械学科提供有关这一边缘学科的基础知识,因而本书采用"人机工程学"这一学科名称。但是,任何一个学科的名称和定义都不是一成不变的,特别是新兴边缘学科,随着学科的不断发展、研究内容的不断扩大,其名称和定义也将发生变化。

1.1.2 学科定义

与命名一样,对本学科所下的定义也不统一,而且随着学科的发展,其定义也在不断发生变化。

美国人机工程学专家 C. C. 伍德(Charles C. Wood)对人机工程学所下的定义为:设备设计必须适合人的各方面因素,以便在操作上付出最小的代价而求得最高效率。W. B. 伍德森（W. B. Woodson）则认为：人机工程学研究的是人与机器相互关系的合理方案，也即对人的知觉显示、操作控制、人机系统的设计及其布置和作业系统的组合等进行有效的研究，其目的在于获得最高的效率及作业时感到安全和舒适。著名的美国人机工程学及应用心理学家 A. 查帕尼斯（A. Chapanis）认为：人机工程学是在机械设计中，考虑如何使人获得操作简便而又准确的一门学科。

另外，在不同的研究和应用领域中，带有侧重点和倾向性的定义很多，这里不一一介绍。

国际人类工效学学会（International Ergonomics Association，IEA）为本学科所下的定义是最有权威、最全面的，即人机工程学是研究人在某种工作环境中的解剖学、生理学和心理学等方面的各种因素，研究人和机器及环境的相互作用，研究在工作中、家庭生活中和休假时怎样统一考虑工作效率、人的健康、安全和舒适等问题的学科。

结合国内本学科发展的具体情况，《辞海》中对人机工程学的定义为：主要运用系统工程的理论与方法，研究人-机-环境中各要素本身的性能，以及相互间关系、作用及其协调方式，寻求最优组合方案，使系统的总体性能达到最佳状态，实现安全、高效和经济的综合效能的一门综合性的技术学科。强调装备设备设计必须适合人的各方面因素，以便在操作上付出最小的代价而求得最高效率。

从上述本学科的命名和定义来看，尽管学科名称多样、定义歧异，但是本学科在研究对象、研究方法、理论体系等方面并不存在根本的区别。这正是人机工程学作为一门独立的学科存在的理由，同时也充分体现了学科边界模糊、学科内容综合性强、涉及面广等特点。

1.2 人机工程学的起源与发展

英国是世界上开展人机工程学研究最早的国家，但其奠基性工作实际上是在美国完成的，所以，人机工程学有"起源于欧洲，形成于美国"之说。人机工程学的起源可以追溯到20世纪初期，作为一门独立的学科，在其形成与发展史中，大致经历了以下三个阶段。

1.2.1 经验人机工程学

20世纪初，美国学者 F. W. 泰罗（Frederick W. Taylor）在传统管理方法的基础上首创了科学管理方法和理论，并据此制定了一整套以提高工作效率为目的的操作方法，考虑了人使用的机器、工具、材料、作业环境、动作等的标准化问题。例如，他曾经研究过铲子的最佳形状、重量，研究过如何减少由于动作不合理而引起的疲劳等。其后，随着生产规模的扩大和科学技术的进步，科学管理的内容不断充实丰富，其中动作时间研究、工作流程与工作方法分析、工具设计、装备布置等，都涉及人和机器、人和环境的关系问题，而且都与如何提高人的工作效率有关，其中有些原则至今对人机工程学研究仍有一定的意义。因此，人们认为他的科学管理方法和理论是后来人机工程学发展的基石。

从泰罗的科学管理方法和理论的形成到第二次世界大战之前，称为经验人机工程学的发展阶段。这一阶段的主要研究内容是：研究每一种职业的要求；利用测试来选择工人和安排工作；规划利用人力的最好方法；制定培训方案，使人力得到最有效的发挥；研究最优良的工作条件；研究最好的管理组织形式；研究工作动机，促进工人和管理者之间的通力合作。

在经验人机工程学发展阶段，研究者大都是心理学家，其中突出的代表是美国哈佛大学的心理学教授 H. 闵斯特伯格（H. Munsterberg），其代表作是《心理学与工业效率》。他提出了心理学对人在工作中的适应性与提高效率的重要性。闵氏把心理学研究工作与泰罗的科学管理方法联系起来，对选择、培训人员与改善工作条件、减轻疲劳等问题曾做过大量的实际工作。由于当时本学科的研究偏重心理学方面，因而在这一阶段大多称本学科为"应用实验心理学"。学科发展的主要特点是：机械设计的主要着眼点在于力学、电学、热力学等工程技术方面的原理设计，在人-机关系上是以选择和培训操作者为主，使人适应机器。

经验人机工程学一直延续到第二次世界大战之前，当时，人们所从事的劳动在复杂程度和负荷量上都有了很大的变化。因而改革工具、改善劳动条件和提高劳动效率成为最迫切的问题，从而使研究者对经验人机工程学所面临的问题进行科学的研究，并促使经验人机工程学进入科学人机工程学阶段。

1.2.2　科学人机工程学

人机工程学发展的第二阶段是第二次世界大战期间。在这一阶段，由于战争的需要，许多国家大力发展效能高、威力大的新式武器和装备。但由于片面注重新式武器和装备的功能研究，而忽视了其中"人的因素"，因而由于操作失误而导致失败的案例屡见不鲜。例如，由于战斗机中座舱及仪表位置设计不当，造成飞行员误读仪表和误用操纵器而导致意外事故；或由于操作复杂、不灵活和不符合人的生理尺寸而造成战斗命中率低等现象经常发生。失败的案例引起了决策者和设计者的高度重视。通过分析研究，人们逐步认识到，在人和武器的关系中，主要的限制因素不是武器而是人，并深深感到"人的因素"在设计中是不能忽视的一个重要条件；同时还认识到，要设计好一套高效能的装备，只有工程技术知识是不够的，还必须有生理学、心理学、人体测量学、生物力学等方面的知识。因此，在第二次世界大战期间，首先在军事领域开展和设计了相关的学科的综合研究与应用。例如，为了使所设计的武器能够符合士兵的生理特点，武器设计工程师不得不请解剖学家、生理学家和心理学家为设计操作合理的武器出谋划策，结果收到了良好的效果。军事领域中对"人的因素"的研究和应用使科学人机工程学应运而生。

科学人机工程学一直延续到20世纪50年代末。在其发展的后一阶段，由于战争的结束，本学科的综合研究与应用逐渐从军事领域向非军事领域发展，并逐步应用军事领域中的研究成果来解决工业与工程设计中的问题，如飞机、汽车、机械设备、建筑设施及生活用品等。人们还提出，在设计工业机械设备时也应集中运用工程技术人员、医学家、心理学家等相关学科专家的共同智慧。因此，在这一发展阶段，本学科的研究课题已超出了心理学的研究范畴，使许多生理学家、工程技术专家进入本学科共同研究，从而使本学科的名称也发生了变化，大多称为"工程心理学"。本学科在这一阶段的发展特点是，重视工业与工程设计中"人的因素"，力求使机器适应人。

1.2.3　现代人机工程学

到了20世纪60年代，欧美各国进入了大规模的经济发展时期。在这一时期，由于科学技术的进步，人机工程学获得了更多的发展机会。例如，在宇航技术的研究中，提出了人在失重情况下如何操作、在超重情况下人的感觉如何等新问题；又如，原子能的利用、电子计算机的应用及各种自动装置的广泛使用，使人-机关系更趋复杂。同时，在科学领域，由于控制论、信息论、系统论和人体科学等学科中新理论的建立，在人机工程学中应用"新三论"进行人机系统的研究便应运而生。这一切，不仅给人机工程学提供了新的理论和新的实验场所，同时也给人机工程学的研究提出了新的要求和新的课题，从而促使人机工程学进入了系统的研究阶段。从20世纪60年代至今，可以称为现代人机工程学发展阶段。

随着人机工程学所涉及的研究和应用领域的不断扩大，从事本学科研究的专家所涉及的专业和学科也越来越多，主要有解剖学、生理学、心理学、工业卫生学、工业与工程设计、工作研究、建筑与照明工程、管理工程等专业领域。

现代人机工程学的最新发展特点如下：

(1) 软件化，即软件人机工程学与硬件人机工程学并驾齐驱。

(2) 网络化，即线上人机交互系统与线下人机交互系统协同发展。

（3）虚拟化，即实物实验研究与虚拟开发技术结合成为发展趋势。

（4）数字化，即数字化产品开发与人机工程学数据共享进入发展常态。

（5）智能化，即普通人机系统向智能化人机系统演化是人机工程学发展的必然趋势。

由于人机工程学的迅速发展及其在各个领域中的作用越来越显著，从而引起各学科专家、学者的关注。1961年正式成立了国际人类工效学学会（IEA），该学术组织为推动各国人机工程学的发展起到了重要作用。IEA自成立至今，已分别在瑞典、原联邦德国、英国、法国、荷兰、美国、波兰、日本、中国等国家召开了17次国际性学术会议，交流和探讨不同时期人机工程学的研究动向和发展趋势，从而有力地推动其不断向纵深发展。

人机工程学在国内起步虽晚，但发展迅速。新中国成立前仅有少数人从事工程心理学的研究，到20世纪60年代初，也只有中国科学院、中国军事科学院等少数单位从事人机工程学中个别问题的研究，而且其研究范围仅局限于国防和军事领域。但是，这些研究为我国人机工程学的发展奠定了基础。"文化大革命"期间，人机工程学的研究曾一度停滞，直至20世纪70年代末才进入了较快的发展时期。随着我国科学技术的发展和对外开放的进行，人们逐渐认识到人机工程学研究对国民经济发展的重要性。目前，该学科的研究和应用已扩展到工农业、交通运输、医疗卫生及教育系统等国民经济的各个部门，由此也促进了本学科与工程技术和相关学科的交叉渗透，使人机工程学成为国内科技界一门引人注目的边缘学科。在此环境下，我国已于1989年正式成立了人机工程学与IEA相应的国家一级学术组织——中国人类工效学学会（Chinese Ergonomics Society，CES），其后，CES成为IEA成员，并于2009年8月在北京召开了第17届国际人类工效学学术会议，显然，这是我国人机工程学发展中又一个新的里程碑。

1.3 人机工程学的研究内容与方法

1.3.1 研究内容

人机工程学研究包括理论和应用两个方面，但当今研究的总趋势还是侧重于应用。而对于学科研究的主体方向，则由于各国科学和工业基础的不同，侧重点也不相同。例如，美国侧重工程和人际关系，法国侧重劳动生理学，俄罗斯注重工程心理学，保加利亚偏重人体测量，捷克、印度等则注重劳动卫生学。

虽然各国对人机工程学研究的侧重点不同，但纵观人机工程学在各国的发展过程，可以看出确定人机工程学研究内容的一般规律：总的来说，工业化程度不高的国家往往是从人体测量、环境因素、作业强度和疲劳等方面着手研究；随着这些问题的解决，才转到感官知觉、运动特点、作业姿势等方面的研究；然后进一步转到操纵、显示设计、人机系统控制及人机工程学原理在各种工业与工程设计中的应用等方面的研究；最后进入人机工程学的前沿领域，如人-机关系、人-环境关系、人与生态的关系、人的特性模型、人机系统的定量描述、人际关系，直至团体行为、组织行为等方面的研究。

虽然人机工程学的研究内容和应用范围极其广泛，但人机工程学的根本研究方向是通过揭示人、机、环境之间相互关系的规律来达到确保人-机-环境系统总体性能的最优化。因此，从人-机-环境系统的角度出发，人机工程学的研究内容可用图1-1加以说明。图中曲线交叉形成七个分支，各分支研究的内容主要是：

（1）人体特性的研究。

（2）机器特性的研究。

（3）环境特性的研究。

（4）人-机关系的研究。

（5）人-环境关系的研究。

（6）机-环境关系的研究。

（7）人-机-环境系统性能的研究。

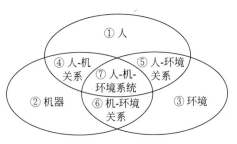

图 1-1　人机工程学的研究内容

图1-1所示的研究内容充分表明了人机工程学交叉的特点,涉及的内容十分复杂。对工业设计学科而言,也是围绕着人机工程的基本研究方向来确定相关的研究内容。对工业设计师来说,从事人机工程学研究的主要内容可概括为以下几个方面:

1. 人体特性的研究

人体特性的研究主要是研究在工业设计中与人体有关的问题。例如,人体形态特征参数、人的感知特性、人的反应特性及人在劳动中的心理特征等。研究的目的是解决机械设备、工具、作业场所及各种用具和用品的设计如何与人的生理、心理特点相适应,从而为使用者创造安全、舒适、健康、高效的工作条件。

2. 工作场所和信息传递装置的设计

工作场所设计得合理与否,将对人的工作效率产生直接影响。工作场所设计一般包括工作空间设计、座位设计、工作台或操纵台设计及作业场所的总体布置等。这些设计都需要应用人体测量学和生物力学等知识和数据。研究作业场所设计的目的是保证物质环境适合人体的特点,使人以无害于健康的姿势从事劳动,既能高效地完成工作,又感到舒适和不致过早产生疲劳。

人与机器及环境之间的信息交流分为两个方面:显示器向人传递信息,控制器则接收人发出的信息。显示器研究包括视觉显示器、听觉显示器及触觉显示器等各种类型显示器的设计,同时还要研究显示器的布置和组合等问题;控制器设计则要研究各种操纵装置的形状、大小、位置及作用力等在人体解剖学、生物力学和心理学方面的问题,在设计时,还需考虑人的定向动作和习惯动作等。

3. 环境控制与安全保护设计

从广义上说,人机工程学所研究的效率不仅是指所从事的工作在短期内有效地完成,还指在长期内不存在对健康有害的影响,并使事故危险性降至最低限度。从环境控制方面应保证照明、微小气候、噪声和振动等常见作业环境条件适合操作人员的要求。保护操作者免遭"因作业而引起的病痛、疾患、伤害或伤亡"也是设计者的基本任务。因而在设计阶段,安全防护装置就被视为机械的一部分,应将防护装置直接接入机器内。此外,还应考虑在使用前操作者的安全培训,研究在使用中操作者的个体防护等。

4. 人机系统的总体设计

人机系统工作效能的高低首先取决于它的总体设计,也就是要在整体上使"机"与人体相适应。人机配合成功的基本原因是两者都有自己的特点,在系统中可以互补彼此的不足,如机器功率大、速度快、不会疲劳等,而人具有智慧、多方面的才能和很强的适应能力。如果注意在分工中取长补短,则两者的结合就会卓有成效。显然,系统基本设计问题是人与机器之间的分工及人与机器之间如何有效地交流信息等问题。

1.3.2　研究方法

人机工程学的研究广泛采用了人体科学和生物科学及相关学科的研究方法及手段,也采取了系统工程、控制理论、统计学等其他学科的一些研究方法,而且人机工程学的研究也建立了一些独特的新方法,以探讨人、机、环境要素间复杂的关系问题。这些方法主要包括:

1. 观察分析法

为了研究系统中人和机器的工作状态,常采用各种各样的观察分析法,如工人操作动作的分析、功能分析和工艺流程分析等大都采用观察分析法。

观察分析法是在通过调研、观察等方法获得了一定的资料和数据后采用的一种研究方法。荷兰NOLDUS公司的Observer行为观察分析系统是研究人类行为的标准工具,可用来记录分析被研究对象的动作、姿势、运动、位置、表情、情绪、社会交往、人机交互等各种活动,以及被研究对象各种行为发生的时刻、发生的次数和持续的时间,然后进行统计处理,得到分析报告,可以应用于心理学、人因工程、产品可用性测试、人机交互等领域的实验研究。

便携式 Observer XT Video 行为观察分析系统放置在手提箱中,使用时将箱中的音视频设备拿出并架设好,录制受试者的行为录像,如图 1-2 所示,完成后将设备装入箱中。

3. 实验法

实验法是当实测法受到限制时采用的一种研究方法,一般在实验室进行,也可以在作业现场进行。例如,为了获得人对各种不同显示仪表的认读速度和差错率的数据时,一般在实验室进行。如需了解色彩环境对人的心理、生理和工作效率的影响,由于需要进行长时间和多人次的观测,才能获得比较真实的数据,所以通常在作业现场进行实验。图 1-4 是头盔式眼动规律实验装置。

图 1-4　头盔式眼动规律实验装置

图 1-2　Observer XT Video 行为观察分析系统

2. 实测法

实测法是一种借助于仪器设备进行实际测量的方法。例如,对人体静态与动态参数的测量,对人体生理参数的测量或者是对系统参数、作业环境参数的测量等。

便携式可用性测试实验室如图 1-3 所示。

4. 模拟和模型试验法

由于机器系统一般比较复杂,因而在进行人机系统研究时常采用模拟的方法。模拟方法包括各种技术和装置的模拟,如操作训练模拟器、机械的模型及各种人体模型等。通过这类模拟方法可以对某些操作系统进行逼真的试验,以得到从实验室研究外推所需的更符合实际的数据。图 1-5 为应用模拟和模型试验法研究人机系统特性的典型实例。因为模拟器或模型通常比它所模拟的真实系统价格便宜得多,且又可以进行符合实际的研究,所以应用较多。

图 1-3　便携式可用性测试实验室

图 1-5　MADYMO 正面碰撞模型

5. 计算机数值仿真法

由于人机系统中的操作者是具有主观意志的生命体，用传统的物理模拟和模型方法研究人机系统，往往不能完全反映系统中生命体的特征，其结果与实际相比有一定的误差。另外，随着现代人机系统越来越复杂，采用物理模拟和模型方法研究复杂人机系统，不但成本高、周期长，而且模拟和模型装置一经定型，就很难修改变动。为此，一些更为理想而有效的方法逐渐被研究创建并得以推广，其中的计算机数值仿真法已成为人机工程学研究的一种现代方法。

数值仿真是在计算机上利用系统的数学模型进行仿真性实验研究。研究者可对尚处于设计阶段的未来系统进行仿真，并就系统中人、机、环境三个要素的功能特点及其相互间的协调性进行分析，从而预知所设计产品的性能，并进行改进设计。应用数值仿真研究，能大大缩短设计周期，并降低成本。图1-6是人体动作分析仿真图形输出。

图1-6 人体动作分析仿真图形输出

1.4 人机工程学体系及应用

人机工程学虽然是一门综合性的边缘学科，但它有着自身的理论体系，同时又从许多基础学科中吸取了丰富的理论知识和研究手段，所以具有现代交叉学科的特点。

1.4.1 学科体系

人机工程学学科的根本目的是通过揭示人、机、环境三要素之间的规律，确保人-机-环境系统总体性能的最优化。其研究目的充分体现了本学科主要是"人体科学""技术科学"

"环境科学"之间的有机融合。更确切地说，本学科实际上是人体科学、环境科学不断向工程科学渗透和交叉的产物。它是以人体科学中的生理学、心理学、劳动卫生学、人体测量学和人体力学等学科为"一肢"，以环境科学中的环境保护学、环境医学、环境卫生学、环境心理学和环境监测学等学科为"另一肢"，而以工程科学中的技术科学、工业设计、工程设计、安全工程、系统工程及管理工程等学科为"躯干"，形象地构成了本学科的体系。本学科理论的构成基于系统论、模型论和优化论，由此建立了本学科两个重要的核心思想：一个是以人为中心的设计理念，另一个是以人为本的管理思想。完整的学科体系构成可用图1-7加以描述。

1.4.2 学科应用

1. 人机工程学在产业部门的应用

人机工程学在不同产业部门的应用课题见表1-1。无论什么产业部门，作为生产手段的工具、机械及设备的设计和运用及生产场所的环境改善；为减轻作业负担而对作业方式的改善和研究开发；为防止单调劳动而对作业进行合理的安排；为防止人的差错而设计的安全保障系统；为提高产品的操作性能、舒适性及安全性，对整个系统的设计和改善等都是应该开展研究的课题。

2. 人机工程学在管理工程中的应用

在工业生产中，人机工程首先应用于产品设计，如汽车的视界设计、仪器的表盘设计及对操作性能、座椅舒适性、各种家用电器的使用性能等的分析研究。此外，以人为本的管理理念已逐步渗透到管理学科，所涉及的主要内容见表1-2。近十几年来，世界各国应用人机工程的领域更广，取得的成绩更显著。

3. 人机工程学在设计领域的应用

人机工程学与工业设计相关的领域可用表1-3加以说明。由表1-3可知，人机工程学与国民经济的各部门都有密切关系。仅从工业设计这一范畴来看，大至航天系统、城市规划、建筑设施、自动化工厂、机械设备、交通工具，小至家具、服装、文具及盆、杯、碗、筷之类的

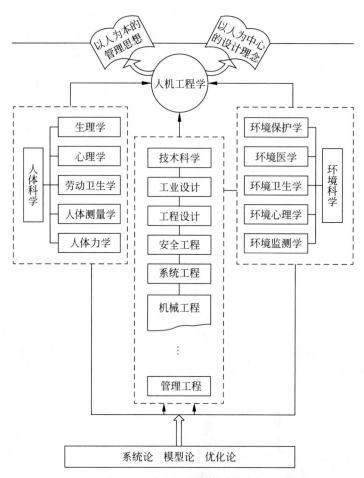

图 1-7 人机工程学体系构成

表 1-1 各产业部门人机工程学的应用课题

产业部门	人机工程学领域				
	作业空间、姿势、座椅、脚踏作业面	信息显示与操作器	作业方法与作业负担、身心负担、安全	作业环境	作业安排及组织劳动时间、休息、交接班制
农业	各种作业姿势,农机设计的人体测量,倾斜,地面栽培的作业姿势	农机驾驶员的视界	各种作业的相对能量代谢率(relative metabolic rate, RMR),农业作业灾害与安全,农业作业程序开发,果树场的最舒适作业方法	农机的噪声、振动,塑料薄膜温室,作业的环境负担,农业作业换气帽的开发研究	农业机械化与生活时间
林业	斜面伐木作业姿势			链锯的振动危害	

续表

产业部门	人机工程学领域				
	作业空间、姿势、座椅、脚踏作业面	信息显示与操作器	作业方法与作业负担、身心负担、安全	作业环境	作业安排及组织劳动时间、休息、交接班制
制造业	铸造作业姿势与腰痛病的分析，办公桌高度与疲劳，传送带作业的作业面高度，工厂内道路宽度情况及改善对策，造型用换位器研究与根据肌电图对姿势的评价	生产机械的操作器配置，仪表的认读性能，室外天车行走的视界，中央控制室的仪表盘的设计	自动化系统的作业负担，单调劳动与附属动作，检索速度与作业负担，作业方式与产业疲劳，作业中人的差错与系统的安全，压力机械的安全设计，各种作业的RMR，各种劳动负担的评定	纺织厂的噪声，铸造工厂的恶劣环境及其改善，按结构化设计（structured design，SD）方法对环境评价地下作业环境，使用方便的防护器具的研究，铸造工具的振动与噪声，铸造车间的粉尘浓度，工厂照明与作业程序	交接班制与疲劳及健康危害，连续作业的评定，残疾人残存机能与适当的工作，制鞋工的训练效果，对单调的劳动应采取的休息方法
建筑业	斜面劳动（堆石坝）的作业姿势与负担，脚手架与安全	建筑机械的视界	建筑机械的安全设计，高处作业与负担	建筑机械的噪声，打夯机的振动危害	
交通业、服务业等	车辆的驾驶姿势与空间设计，司机座椅的设计与疲劳	车辆的视界（如大型拖拉机司机的视界与视线分析），船用模拟器的开发	夜间高速公路拖拉机的劳动负担，银行业务机械化与劳动负担	高速公路收费闸门作业员的环境负担	拖拉机连续的操作时间，2人和1人驾驶交接班制的比较

表1-2 人机工程学在管理学科的应用

学科领域	对象	内容
管理	人与组织、设备、信息、技术、智能、模式等	经营流程再造、生产与服务过程优化、组织结构与部门界面管理、管理运作模式、决策行为模式、参与管理制度、企业文化建设、管理信息系统、计算机集成制造系统（computer integrated manufacturing system，CIMS）、企业网络、模拟企业、程序与标准、沟通方式、人事制度、激励机制、人员选拔与培训、安全管理、技术创新、组织识别（corporate identity，CI）策划等

表1-3 人机工程学与工业设计相关的研究领域

领域	对象	实例
设施或产品的设计	航天系统	火箭、人造卫星、宇宙飞船等
	建筑设施	城市规划、工业设施、工业与民用建筑等
	机械设备	机床、建筑机械、矿山机械、农业机械、渔业机械、林业机械、轻工机械、动力设备及电子计算机等
	交通工具	飞机、火车、汽车、电车、船舶、摩托车、自行车等
	仪器设备	计量仪表、显示仪表、检测仪表、医疗器械、照明器具、办公事务器械及家用电器等

续表

领　域	对　象	实　例
设计	器具	家具、工具、文具、玩具、体育用具及生活日用品等
	服装	劳保服、生活用服、安全帽、劳保鞋等
作业的设计	作业姿势、作业方法、作业量及工具的选用和配置等	工厂生产作业、监视作业、车辆驾驶作业、物品搬运作业、办公室作业及非职业活动作业等
环境的设计	声环境、光环境、热环境、色彩环境、振动环境、尘埃及有毒气体环境等	工厂、车间、控制中心、计算机房、办公室、车辆驾驶室、交通工具的乘坐空间及生活用房等

生活用品，总之，为人类各种生产与生活所创造的一切"物"，在设计和制造时，都必须把"人的因素"作为一个重要条件来考虑。显然，研究和应用人机工程学原理和方法就成为工业设计者所面临的新课题之一。

1.4.3　人机工程学的发展与设计思想的演变

人机工程学的发展历史表明，在其不同的发展阶段，设计的指导思想有很大的差异。随着人机工程学的进一步发展，以人为中心的设计思想将会提升到一个更高的水平。据有关专家指出，未来人机工程学的发展，将倡导人、机、环境系统一体化的设计理念，由此，市场的满意度也相应提高。人机工程学的发展与设计思想的演变过程可用图 1-8 表示。

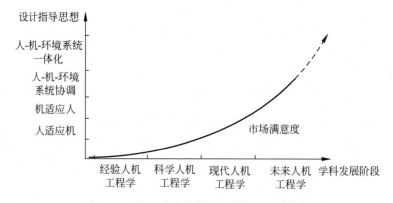

图 1-8　人机工程学的发展与设计思想的演变

1.4.4　人机工程学对工业设计的作用

人机工程学研究的内容及对工业设计的作用可以概括为以下几个方面。

1. 为工业设计中考虑"人的因素"提供人体尺度参数

应用人体测量学、人体力学、劳动生理学、劳动心理学等学科的研究方法，对人体结构特征和机能特征进行研究，提供人体各部分的尺寸、体重、体表面积、重心及人体各部分在活动时的相互关系和可及范围等人体结构特征参数；提供人体各部分的出力范围、活动范围、动作速度、动作频率、重心变化及动作时的习惯等人体机能特征参数；分析人的视觉、听觉、触觉及肤觉等感受器官的机能特性；分析人在各种劳动时的生理变化、能量消耗、疲劳机理及人对各种劳动负荷的适应能力；探讨人在工作中影响心理状态的因素及心理因素对工作效率的影响等。

2. 为工业设计中"物"的功能合理性提供科学依据

如进行纯物质功能的创作活动,不考虑人机工程学的原理与方法,那将是创作活动的失败。因此,如何解决"物"与人相关的各种功能的最优化,创造出与人的生理、心理机能相协调的"物",这将是当今工业设计在功能问题上的新课题。通常,在考虑"物"中直接由人使用或操作的部件的功能问题时,如信息显示装置、操纵控制装置、工作台和控制室等部件的形状、大小、色彩及其布置方面的设计基准,都是以人体工程学提供的参数和要求为设计依据。

3. 为工业设计中考虑"环境因素"提供设计准则

通过研究人体对环境中各种物理、化学因素的反应和适应能力,分析声、光、热、振动、粉尘和有毒气体等环境因素对人体的生理、心理及工作效率的影响程度,确定人在生产和生活活动中所处的各种环境的舒适范围和安全限度,从保证人体的健康、安全、舒适和高效出发,为工业设计中考虑"环境因素"提供了分析评价方法和设计准则。

4. 为进行人-机-环境系统设计提供理论依据

人机工程学的显著特点是,在认真研究人、机、环境三个要素本身特性的基础上,不单纯着眼于个别要素的优良与否,而是将使用"物"的人和所设计的"物"及人与"物"所共处的环境作为一个系统来研究,在人机工程学中将这个系统称为"人-机-环境"系统。在这个系统中人、机、环境三个要素之间相互作用、相互依存的关系决定着系统总体的性能。人机工程学的人机系统设计理论就是科学地利用三个要素之间的有机联系来寻求系统的最佳参数。

系统设计的一般方法,通常是在明确系统总体要求的前提下,着重分析和研究人、机、环境三个要素对系统总体性能的影响、各自应具备的功能及其相互关系,如系统中机和人的职能如何分工、如何配合,环境如何适应人,机对环境有何影响等问题,经过不断修正和完善三要素的结构方式,最终确保系统最优组合方案的实现。这是人机工程学为工业设计开拓了新的设计思路,并提供了独特的设计方法和有关理论依据。

5. 为坚持以"人"为核心的设计思想提供工作程序

一项优良设计必然是人、环境、技术、经济、文化等因素巧妙平衡的产物。为此,要求设计师有能力在各种制约因素中找到一个最佳平衡点。从人机工程学和工业设计两个学科的共同目标来评价,判断最佳平衡点的标准,就是在设计中坚持以"人"为核心的主导思想。

以"人"为核心的主导思想具体表现在各项设计均应以人为主线,将人机工程理论贯穿于设计的全过程。人机工程学研究指出,在产品设计全过程的各个阶段,都必须进行人机工程学设计,以保证产品使用功能得以充分发挥。表 1-4 是工业设计各阶段中人机工程设计的工作程序。

表 1-4 工业设计各阶段中人机工程设计的工作程序

设计阶段	人机工程设计的工作程序
规划阶段 (准备阶段)	① 考虑产品与人及环境的全部联系,全面分析人在系统中的具体作用; ② 明确人与产品的关系,确定人与产品关系中各部分的特性及人机工程要求的设计内容; ③ 根据人与产品的功能特性确定人与产品功能的分配

续表

设计阶段	人机工程设计的工作程序
方案设计	① 从人与产品、人与环境方面进行分析,在提出的众多方案中按人机工程学原理进行分析比较; ② 比较人与产品的功能特性、设计限度、人的能力限度、操作条件的可靠性及效率预测,选出最佳方案; ③ 按最佳方案制作简易模型,进行模拟试验,将试验结果与人机工程学要求进行比较,并提出改进意见; ④ 对最佳方案写出详细说明:方案获得的结果、操作条件、操作内容、效率、维修的难易程度、经济效益、提出的改进意见
技术设计	① 从人的生理、心理特性考虑产品的构形; ② 从人体尺寸、人的能力限度考虑确定产品的零部件尺寸; ③ 从人的信息传递能力考虑信息显示与信息处理; ④ 根据技术设计确定的构形和零部件尺寸选定最佳方案,再次制作模型,进行试验; ⑤ 从操作者的身高、人体活动范围、操作方便程度等方面进行评价,并预测还可能出现的问题,进一步确定人机关系可行程度,提出改进意见
总体设计	对总体设计用人机工程学原理进行全面分析,反复论证,确保产品操作使用与维修方便、安全、舒适,有利于创造良好的环境条件,满足人的心理需要,并使经济效益、工作效率均得到提升
加工设计	检查加工图是否满足人机工程学要求,尤其是与人有关的零部件尺寸、显示与控制装置。对试制的样机全面进行人机工程学总评价,提出需要改进的意见,最后正式投产

社会发展、技术进步、产品更新、生活节奏紧张,这一切必然导致"物"的质量观变化,人们将会更加注重"方便""舒适""可靠""价值""安全""效率"等指标的评价。人机工程学等新兴边缘学科的迅速发展和广泛应用,也必然会将工业设计的水准推到人们所追求的崭新高度。

1.5 人机工程学的未来趋势

1.5.1 人机工程学的进展

经过对人机工程学发展历程的梳理,可将该学科随着时间的进展分为图1-9所示的三个阶段。

阶段A:旋钮和表盘,是指早期工作站设计的传统生物机械人机工程学。

阶段B:模仿工程模型,是指第二次世界大战后出现的信息处理、信号检测和控制的定量性能模型的使用。

阶段C:人-计算机交互,是指正在研究和应用的人与计算机的交互技术。

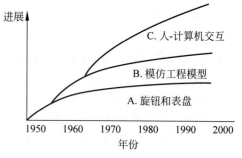

图1-9 人机工程学的进展

由每个阶段随着时间进展的趋势曲线A、B、C可见:阶段A和B的形状显示起初急剧增长,然后逐渐减缓,但在继续发展;阶段C仍在迅速发展。

1.5.2 人机工程学的时代特征

人机工程学的进展可清晰显现出该学科发展与社会和经济及科技发展密切相关,具体如图1-10所示。

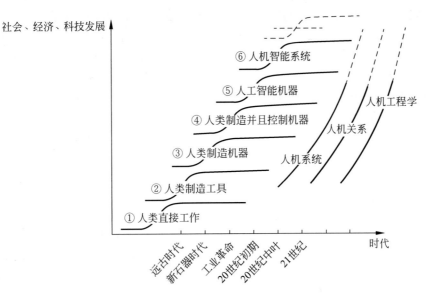

图 1-10 人机工程学智能化发展

由图 1-10 可见,由人类制造工具到现代的人工智能机器,每一个阶段都会形成相应的人机系统和人机关系,因而人机工程学的理论内涵也在不断演变。由此可以推测现代人机工程学趋势有如下三个方面。

1. 由硬件人机学向软件人机学扩展

经典的人机工程学称为硬件人机工程学,主要集中在对人体能力、人体限制及其他与设计相关的人体特性信息的应用,以满足设计、分析、测试与评价、标准化,以及系统控制的要求。它是在工程设计缺陷检测中发展起来的,主要研究的课题有:控制与显示的设计;研究人体能力与限制在与环境中的光照、温度、噪声及振动等因素作用中的关系;研究作业空间布局,减少人体的工作负荷,增强舒适程度,提高生产率等。生物力学与人体测量学在其中起着核心作用,主要目的是在交通、工业、消费类电子产品的设计与生产中,提高安全性与可用性。随着计算机和信息技术的高速发展,人机工程学理论研究已逐步由经典的硬件人机学向现代的软件人机学扩展。

软件人机工程学(software ergonomics)研究软件和软件界面,侧重于运用和扩充软件工程的理论和原理,对软件人机界面进行分析、描述、设计和评估等。主要解决有关人类思维与信息处理的有关问题,包括设计理论、标准化、增强软件可用性的方法等,使软件(计算机)与人的对话能够满足人的思维模式与数据处理的要求,实现软件的高可用性。

2. 人机关系由简单层次向更高层次延伸

人与机器的关系研究可以分为两个研究阶段。

第一个研究阶段是简单层次研究阶段,研究的是人与机器在空间与操作层面上的关系,如运用人类生理学、心理学和其他相关学科知识,使人与机器相适应。创造出舒适安全的工作条件,从而提高工作效率。

第二个研究阶段是人机系统研究阶段,即突破空间与操作层面,在感知、决策、操作等各个层面研究人与机器的关系,强调更高层次的人机关系,特别是智能决策层次上的人机结合。20 世纪 90 年代初,美国斯坦福大学计算机系的科学家就提出了人机智能系统的概念,在计算机上实现了人与机器在智能决策层面上的合作。同一时期,中国科学家提出的智能系统综合集成的概念、人机一体化理论等,都是在更广泛的层面上研究人与机器的关系,从而构成了新颖的人机关系与系统。

3. 人机系统由人机协调到人机智能结合

随着社会的发展和科学的进步,人在日益

复杂的大系统中的作用越来越受到重视。为了提高系统品质,出现了决策支持系统、专家系统和智能控制系统等。这些系统是根据代替人的部分智能思想设计的。随着人与计算机系统研究工作的开展,出现了人机智能结合的概念。研究人机智能结合的目的是既要发挥各自的智能优势又要互相弥补对方智能的不足,故人机智能结合系统是指人的创造性、预见性等高层智能同计算机高层智能相结合的系统。这种结合表明人的创造过程可以交给计算机,使计算机按照人的意图创造性地工作。

现在和未来几十年,在产品和系统的设计中越来越多地要求考虑人的因素。

1.5.3 人机工程学的演化趋势

1. 人机工程学演化动力系统

为了阐明学科的演化趋势,我们提出一种简单的人机工程学演化动力系统模型,如图 1-11 所示。

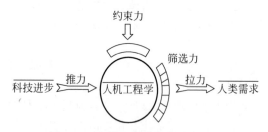

图 1-11 人机工程学演化动力系统

该模型中提出了四种类型的力,即推力、拉力、约束力、筛选力。下面对这四种力的作用、影响和互动关系做出定性分析。

(1) 推力:由人机工程学智能化水平的发展历史可知,社会、经济和科技的发展是学科演化的推力。

(2) 拉力:人机工程学以人为本的管理思想和以人为本的设计理念就是以人类的需求为起点到满足人类需求为终点的工作过程。这一过程便是学科发展的拉力。

(3) 约束力:从人机工程学本身分析,约束力是指学科的设计标准规范;从学科管理的角度来分析,约束力是指法律法规,这两个方面都对学科有一定的约束力。

(4) 筛选力:是指本学科的从业者和产品消费者的人生观、世界观和价值观不同便有不同的选择,而这种不同的选择便会形成本学科发展的筛选力。综合上述定性分析,可清晰地看出推力+拉力远大于约束力和筛选力,所以学科的快速演化是必然趋势。

2. 人机工程学演化的动力因素

1) 人机工程学演化的内生动力

人机工程学是一门历史悠久的、典型的交叉学科,在该学科近一个世纪的发展过程中,从泰罗的科学管理方法和理论开始,不断地与人体测量学、生物学、心理学、人体生物力学及人机环境系统工程等学科经历深度交叉、融会贯通之后,产生了与之前的各学科完全不同的新学科,形成人机工程学自身的理论体系和研究方法,构成一门独立的交叉学科。学科的形成过程表明交叉学科具有较强的延伸和扩展特性,这种特性是该学科演化的内生动力,推动学科不断地演化。

例如,过去在人机环境系统中,对人的研究重点仅限于感知层面和操作层面,即对人体系统的研究是脖子以下的各个子系统。随着科学技术的发展,智能化机器的出现使得人与机器的关系可以在智能与决策这一层面上进行讨论,研究人与机器在智能层面上各自不同的长处,实现人与机器的共同决策。对于人与机器共存的系统,在感知、决策、执行三个层面上,应当将适合人做的事交给人去做,将适合机器做的事交给机器去做。为此,对人体系统的研究必须扩展到脖子以上的子系统,主要探讨人的智能、思维和意识等内容。由于这些研究内容的扩展,智能科学理论与方法开始融入人机工程学。

2) 人机工程学演化的外生动力

人工智能(artificial intelligence,AI)是研究、开发用于模拟、延伸和扩展人的智能的理论、方法、技术及应用系统的一门新的技术科学。人工智能是人类智能的产物,正如人类发明了汽车、飞机、电视机、手机等,虽然它们在速度方面大大超过了人类,但它们永远是人类的工具。人类应用人工智能这类工具,可以扩大、延伸和部分取代人类的体力和脑力劳动,从而大大提高人机系统的效率。

随着计算机、人工智能、计算机仿真、虚拟现实、增强现实等一系列新技术的快速发展及应用,人机工程学的研究手段和工业设计的方法正在悄然发生改变,智能化为人机工程学增添了巨大的推动力。仅以工业设计为例,足以说明新技术带来的变化:

(1)人工智能能够帮助设计师更好地分析与处理复杂的数据,即利用人工智能算法整合工程设计过程。

(2)人工智能便利的设计模式与独特的智能化创新思维有利于设计师摆脱既定的思维框架,为设计师提供更多的思维方向及创作的可能性。

(3)借助人工智能所提供的设计方案激发设计灵感,创作出更加有利于社会发展的产品。

(4)人工智能技术在计算机辅助设计中发挥重要作用。它将人们逻辑思维中的抽象思维转换成具体研发设计方案和真实智能产品,实现以智能开发智能、智能再开放的过程。

(5)随着大数据、体验计算、感知增强与计算机深度学习等创新科技的进步,人工智能将会改变现有的设计模型,机器将从传统设计辅助的"仆人"角色进化为设计师的"合伙人"。

(6)智能设计平台为工程师和设计师提供了共同的舞台。相较于传统设计的艺工分离,这一趋势对设计范式产生了根本性的影响,也对设计师的技能转变提出了更高的要求。

设计引导智能使智能合理化;设计利用智能辅助改善生活、产业;设计本身对"人工智能"进行设计,使其更人性化,符合人的利益;等等。智能为设计提供更多实现的手段;智能开拓了新的设计领域;智能为设计提供新的课题,注入更多活力和内涵;等等。

在人的智能扩展的内生动力和人工智能渗透的外生动力的联合作用下,人机工程学将迈向一种新的发展模式。如果把20世纪的人机工程学称为传统人机工程学,那么21世纪的人机工程就是智能人机工程学。

第2章

人体测量与数据应用

2.1 人体测量的基本知识

2.1.1 产品设计与人体尺度

为了使各种与人体尺度有关的设计对象能符合人的生理特点，让人在使用时处于舒适的状态和适宜的环境之中，就必须在设计中充分考虑人体的各种尺度，因而要求设计者能够了解一些人体测量学方面的基本知识，并能够熟悉有关设计所必需的人体测量基本数据的性质和使用条件。

人体测量学也是一门新兴学科，它通过测量人体各部位的尺寸来确定个体之间和群体之间在人体尺寸上的差别，用以研究人的形态特征，从而为各种工业设计和工程设计提供人体测量数据。

人机工程学范围内的人体形态测量数据主要有两类，即人体构造尺寸和功能尺寸的测量数据。人体构造尺寸是指静态尺寸；人体功能尺寸是指动态尺寸，包括人在工作姿势下或在某种操作活动状态下测量的尺寸。此外，有些著作中也将人体生理参数的测量包括在人体测量学内容中。但为了系统叙述的方便，本章仅介绍人体形态测量的有关内容。

各种机械、设备、设施和工具等设计对象在适合人的使用方面，首先涉及的问题是如何适合人的形态和功能范围的限度。例如，一切操作装置应设在人的肢体活动所能及的范围之内，其高低位置必须与人体相应部位的高低位置相适应，而且其布置应尽可能设在人操作最方便、反应最灵活的范围之内，如图2-1(a)所示。其目的就是提高设计对象的宜人性，让使用者能够安全、健康、舒适地工作，从而有利于减少人体疲劳和提高人机系统的效率。图2-1(b)所示为单人活动受限空间的人体尺度，适用于公共空间设计的人体尺度要求。总之，这个例子足以说明人体测量参数对各种与人体尺度有关的设计对象具有重要意义。

2.1.2 人体测量的主要方法

人体测量的方法主要有三种：普通测量法、三维数字化人体测量法、摄像法。下面介绍前两种方法。

1. 普通测量法

普通人体测量仪器可以采用一般的人体生理测量的有关仪器，包括人体测高仪、直角规、弯角规、三脚平行规、软尺、测齿规、立方定颅器、平行定点仪等，数据处理则采用人工处理或者人工输入与计算机处理相结合的方式。它主要用来测量人体构造尺寸，如图2-2所示。

此种测量方式耗时耗力，数据处理时容易出错，数据应用不灵活，但成本低廉，具有一定的适用性。

2. 三维数字化人体测量法

新型的非接触式人体尺寸测量方法有二维的和三维的两类。

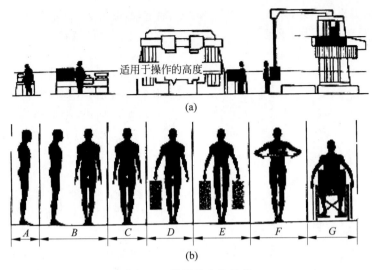

图 2-1 设计的人体尺度

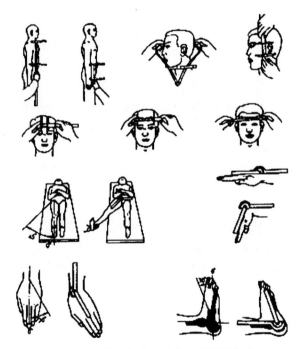

图 2-2 人体各部位尺寸的普通测量方法

二维人体尺寸非接触式测量采用电荷耦合器件(charge-coupled device，CCD)摄像机拍摄人体正、侧面投影数字图像，直接获取人体高、宽、厚等数据；而围度则通过数据处理的方法间接获得。

三维(3D)人体尺寸非接触式测量，有立体摄影、超声波和光(激光、白光和红外线)扫描测量法等，见图 2-3。扫描前需在被测者的体表标记解剖标志点，如肩峰点、颈椎点、会阴点、胫骨点等，这项工作仍需由有经验的专业工作者手工操作完成。接下来由扫描仪采集数据，几十秒内即可获得被测者的体表三维点云数据，即体表"网格化"所得几十万个"点"的三维数据集合，其中包含了所有标志点的三维坐标值。测量仪中的软件随即由此自动计算出各项人体尺寸值。三维人体尺寸非接触式测量除了高效的突出优点外,还排除了人工操作的误差,用同类型扫描设备重复测量的一致性很高。

图 2-3 三维(3D)全身人体扫描系统

但非接触式人体尺寸测量及其数据应用目前还存在若干关键性的问题:第一,几种不同三维人体扫描方法所获取的数据处理结果存在明显差异,目前仍需以传统方法测量所得数据为标尺,对它们进行评判和取舍;第二,体表三维点云数据虽在服装设计等某些领域已有应用,但在更广泛的设计领域尚无体表三维点云数据应用的规范化方法。而传统的一维人体尺寸数据应用规范历经百年,是相对成熟可靠的。因此,要使非接触式人体尺寸测量全面取代传统测量方法,还需经历相当长的探索过程。

为推动非接触式人体尺寸测量方法的发展,我国已颁发了若干相关的国标,如《三维扫描人体测量方法的一般要求》(GB/T 23698—2023)等。

2.1.3 中国成年人人体测量基本术语

《用于技术设计的人体测量基础项目》(GB/T 5703—2023)、《在产品设计中应用人体尺寸百分位数的通则》(GB/T 12985—1991)、《建立人体测量数据库的一般要求》(GB/T 22187—2008)规定了中国成年人人体尺寸测量术语。标准规定,只有在被测量者姿势、测量基础面、测量方向、测点等符合下列要求的前提下,测量数据才是有效的。

1. 被测者的姿势

1) 立姿

被测者身体挺直,头部以法兰克福平面定位,眼睛平视前方,肩部放松,上肢自然下垂,手伸直,掌心向内,手指轻贴大腿侧面,左、右足后跟并拢,前端分开大致呈 45°夹角,体重均匀分布于两足的姿势。

2) 坐姿

被测者躯干挺直,头部以法兰克福平面定位,眼睛平视前方,膝弯曲大致成直角,足平放在地面上的姿势。

3) 坐姿中指尖点上举高

坐姿时,上肢垂直上举,中指指尖点至椅面的距离。

4) 直立跪姿

被测者挺胸跪在水平地面上,头部以眼耳平面定位,眼睛平视前方,肩部放松,上肢自然下垂,手臂伸直,手掌朝向体侧,手指轻贴大腿侧面,伸直躯干、大腿,并使两大腿前表面平齐,小腿保持水平,下肢并拢的姿势。

5) 直立跪姿体长

跪姿下,大腿前表面最突部位至足趾尖点(第一或第二趾)间平行于矢状面的水平距离。

6) 直立跪姿体高

跪姿下,从头顶点至水平地面的距离。

7) 俯卧姿

被测者俯卧在水平面上,躯干下肢自然伸展,下肢并拢两上肢间距与肩同宽并向前水平伸展,两手掌心向内,手指伸直并拢,尽可能抬头,两眼注视正前方的姿势。

8) 俯卧姿体长

俯卧姿下,从足趾尖点(第一或第二趾)至手握轴间平行于矢状面的水平距离。

9) 俯卧姿体高

俯卧姿下,从头部最高点至水平地面的距离。

10) 爬姿

被测者躯干伸直,下肢并拢,大腿与水平面保持垂直,小腿保持水平,足背绷直。两手、臂与肩同宽并垂直支撑在水平面上。尽可能抬头,两眼注视正前方的姿势。

11)爬姿体长

爬姿下,头部水平最突点至足趾尖点(第一或第二趾)间平行于矢状面的水平距离。

12)爬姿体高

爬姿下,头部最高点至水平地面的距离。

2.测量基准面

人体测量基准面的定位是由三个互为垂直的轴(铅垂轴、纵轴和横轴)来决定的。人体测量中设定的轴线和基准面如图2-4所示。

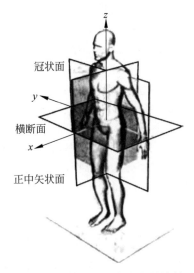

图2-4 人体测量基本面和基准轴

(1)矢状面。通过铅垂轴和纵轴的平面及与其平行的所有平面都称为矢状面。

(2)正中矢状面。在矢状面中,把通过人体正中线的矢状面称为正中矢状面。正中矢状面将人体分成左右对称的两部分。

(3)冠状面。通过铅垂轴和横轴的平面及与其平行的所有平面都称为冠状面,冠状面将人体分成前、后两部分。

(4)横断面。与矢状面及冠状面同时垂直的所有平面都称为水平面,水平面将人体分成上、下两部分。

(5)眼耳平面。通过左、右耳屏点及右眼眶下点的水平面称为眼耳平面或法兰克福平面。

3.测量方向

(1)在人体上、下方向上,将上方称为头侧端,将下方称为足侧端。

(2)在人体左、右方向上,将靠近正中矢状面的方向称为内侧,将远离正中矢状面的方向称为外侧。

(3)在四肢上,将靠近四肢附着的部位称为近位,将远离四肢附着的部位称为远位。

(4)对于上肢,将桡骨侧称为桡侧,将尺骨侧称为尺侧。

(5)对于下肢,将胫骨侧称为胫侧,将腓骨侧称为腓侧。

4.支承面和衣着

立姿时站立的地面或平台及坐姿时的椅平面应是水平的、稳固的、不可压缩的。

要求被测量者裸体或穿着尽量少的内衣(如只穿内裤和背心)测量,在后者情况下,在测量胸围时,男性应撩起背心,女性应松开内衣后进行测量。

2.1.4 人体测量的常用仪器

在人体尺寸参数的测量中,所采用的人体测量仪器有:人体测高仪、人体测量用直脚规、人体测量用弯脚规、人体测量用三脚平行规、坐高椅、量足仪、角度计、软卷尺及医用磅秤等。我国已对人体尺寸测量专用仪器制定了标准,而通用的人体测量仪器可采用一般的人体测量有关仪器。《人体测量仪器》(GB/T 5704—2008)是人体测量仪器的技术标准。

1.人体测高仪

人体测高仪主要用来测量身高、坐高、立姿和坐姿的眼高及伸手向上所及的高度等立姿和坐姿的人体各部位高度尺寸。如图2-5(a)所示,人体测高仪适用于读数值为1 mm、测量范围为0～1996 mm人体高度尺寸的测量。若将两支弯尺分别插入固定尺座和活动尺座,与构成主尺杆的第一、二节金属管配合使用,即构成圆杆弯脚规,则可测量人体各种宽度和厚度。

2.人体测量用直脚规

人体测量用直脚规用来测量两点间的直线距离,特别适宜测量距离较短的不规则部位的宽度或直径,如测量耳、脸、手、足等部位的尺寸。

此种直脚规适用于读数值为1 mm和0.1 mm,测量范围为0～200 mm和0～250 mm

等部位的尺寸。

此种弯脚规适用于读数值为 1 mm,测量范围为 0~300 mm 的人体尺寸的测量。按其脚部形状的不同可分为椭圆形（Ⅰ型）和尖端型（Ⅱ型）两种,图 2-5(c)为Ⅱ型弯脚规。

2.2 人体测量中的主要统计函数

由于群体中个体与个体之间存在差异,一般来说,某一个体的测量尺寸不能作为设计的依据。为使产品适合一个群体使用,设计中需要的是一个群体的测量尺寸。然而,全面测量群体中每个个体的尺寸又是不现实的,通常是通过测量群体中较少量个体的尺寸,经数据处理后获得较为精确的群体尺寸。

在人体测量中所得到的测量值都是离散的随机变量,因而可根据概率论与数理统计理论对测量数据进行统计分析,从而获得所需群体尺寸的统计规律和特征参数。

2.2.1 均值

表示样本的测量数据集中地趋向某一个值,该值称为平均值,简称均值。均值是描述测量数据位置特征的值,可用来衡量一定条件下的测量水平和概括地表现测量数据的集中情况。对于有 n 个样本的测量值,其均值为

$$\bar{x} = \frac{x_1 + x_2 + \cdots + x_n}{n} = \frac{1}{n}\sum_{i=1}^{n} x_i \quad (2\text{-}1)$$

2.2.2 方差

方差是描述测量数据在中心位置（均值）上下波动程度差异的值为方差。方差表明样本的测量值是变量,既趋向均值又在一定范围内波动。对于均值为 $\bar{x}$ 的 n 个样本测量值 $x_1, x_2, \cdots, x_n$,其方差 S^2 的定义为

$$S^2 = \frac{1}{n-1}[(x_1-\bar{x})^2 + (x_2-\bar{x})^2 + \cdots + (x_n-\bar{x})^2]$$

$$= \frac{1}{n-1}\sum_{i=1}^{n}(x_i-\bar{x})^2 \quad (2\text{-}2)$$

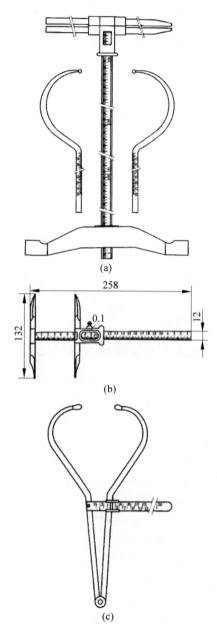

图 2-5 人体测量的常用仪器
(a) 人体测高仪；(b) 人体测量用直脚规；
(c) 人体测量用弯脚规

人体尺寸的测量,直脚规根据有无游标读数分Ⅰ型和Ⅱ型两种,而无游标读数的Ⅰ型直脚规根据测量范围的不同,又可分为ⅠA 和ⅠB 两种。其结构如图 2-5(b)所示。

3．人体测量用弯脚规

人体测量用弯脚规用于不能直接以直尺测量的两点间距离的测量,如测量肩宽、胸厚

用式(2-2)计算方差，效率不高，因为它要用数据作两次计算，即首先用数据算出 $\overline{x}$，再用数据算出 S^2。下面推荐一个在数学上与式(2-2)等价，计算起来又比较有效的公式，即

$$S^2 = \frac{1}{n-1}(x_1^2 + x_2^2 + \cdots + x_n^2 - n\overline{x}^2)$$

$$= \frac{1}{n-1}(\sum_{i=1}^{n} x_i^2 - n\overline{x}^2) \qquad (2\text{-}3)$$

如果测量值 x 全部靠近均值，则优先选用这个等价的计算式来计算方差。

2.2.3 标准差

由方差 S^2 的计算公式可知，方差的量纲是测量值量纲的二次方，为使其量纲和均值一致，方差 S^2 的平方根 S 称为标准差。标准差和方差一样，用来说明测量值对均值的波动情况。对于均值为 $\overline{x}$ 的 n 个样本测量值 $x_1, x_2, \cdots, x_n$，其标准差 S 的一般计算式为

$$S = \left[\frac{1}{n-1}(\sum_{i=1}^{n} x_i^2 - n\overline{x}^2)\right]^{\frac{1}{2}} \qquad (2\text{-}4)$$

2.2.4 抽样误差

抽样误差又称标准误差，即全部样本均值的标准差。在实际测量和统计分析中，总是以样本推测总体，而在一般情况下，样本与总体不可能完全相同，其差别就是由抽样引起的。抽样误差数值大，表明样本均值与总体均值的差别大；反之，说明其差别小，即均值的可靠性高。

概率论证明，当样本数据列的标准差为 S，样本容量为 n 时，则抽样误差 $S_{\overline{x}}$ 的计算式为

$$S_{\overline{x}} = \frac{S}{\sqrt{n}} \qquad (2\text{-}5)$$

由式(2-5)可知，均值的标准差 $S_{\overline{x}}$ 只有测量数据列标准差 S 的 $1/\sqrt{n}$。当测量方法一定时，样本容量越多，则测量结果的准确度越高。因此，在可能的范围内增加样本容量，可以提高测量结果的准确度。

2.2.5 百分位数

人体测量的数据常以百分位数 P 作为一种位置指标、一个界值。一个百分位数将群体或样本的全部测量值分为两部分，有 $K\%$ 的测量值小于等于它，有 $(100-K)\%$ 的测量值大于它。例如，在设计中最常用的是 P_5、P_{50}、P_{95} 三种百分位数。其中第 5 百分位数代表"小"身材，是指有 5% 的人群身材尺寸小于此值，而 95% 的人群身材尺寸均大于此值；第 50 百分位数表示"中"身材，是指大于小于此人群身材尺寸的各为 50%；第 95 百分位数代表"大"身体，是指有 95% 的人群身材尺寸均小于此值，而有 5% 的人群身材尺寸大于此值。

在一般的统计方法中，并不一一罗列出所有百分位数的数据，而往往以均值和标准差 S 来表示。虽然人体尺寸并不完全呈正态分布，但通常仍可使用正态分布曲线来计算。因此，在人机工程学中可以根据均值和标准差 S 来计算某百分位数的人体尺寸，或计算某一人体尺寸所属的百分位数。

(1) 求某百分位数人体尺寸。当已知某项人体测量尺寸的均值为 $\overline{x}$，标准差为 S，需要求任一百分位的人体测量尺寸 x 时，可用式(2-6)计算：

$$x = \overline{x} \pm (S \times K) \qquad (2\text{-}6)$$

式中，K 为变换系数，设计中常用的百分比值与变换系数 K 的关系见表 2-1。

表 2-1 百分比值与变换系数

百分比/%	K	百分比/%	K
0.5	2.576	15.0	1.036
1.0	2.326	20.0	0.842
2.5	1.960	25.0	0.674
5.0	1.645	30.0	0.524
10.0	1.282	50.0	0.000

续表

百分比/%	K	百分比/%	K
70.0	0.524	95.0	1.645
75.0	0.674	97.5	1.960
80.0	0.842	99.0	2.326
85.0	1.036	99.5	2.576
90.0	1.282	—	—

当求 1%～50%的数据时,式(2-6)中取"—"号;当求 50%～99%的数据时,式中取"＋"号。

(2) 求数据所属百分率。当已知某项人体测量尺寸为 x_1,其均值为 $\bar{x}$,标准差为 S 时,需要求该尺寸 x 所处的百分率 P 时,可按下列方法求得,即按 $z=(x-\bar{x})/S$ 计算出 z 值,根据 z 值在有关手册中的正态分布概率数值表中查得对应的概率数值 p,则百分率 P 按式(2-7)计算:

$$P=0.5+p \qquad (2-7)$$

2.3 常用的人体测量数据

《中国成年人人体尺寸》(GB/T 10000—2023)是自 2024 年 3 月 1 日开始实施的中国成年人人体尺寸国家标准。本标准代替《中国成年人人体尺寸》(GB/T 10000—1988)和《工作空间人体尺寸》(GB/T 13547—1992),给出了用于技术设计的中国成年人人体尺寸的基本统计数值,包括静态人体尺寸和用于工作空间设计的人体功能尺寸。

人体数据适用于成年人消费用品、交通、服装、家居、建筑、劳动防护、军事等生产与服务产品、设备、设施的设计及技术改造更新,以及各种与人体尺寸相关的操作、维修、安全防护等工作空间的设计及其工效学评价。

标准中所列出的数据是代表从事工业生产的中国成年人(男 18～70 岁,女 18～70 岁)人体尺寸,并按男、女性别分开列表。在各类人体尺寸数据表中,除了给出工业生产中成年人年龄范围内的人体尺寸,同时还将该年龄范围分为三个年龄段:18～25 岁(男、女);26～35 岁(男、女);36～60 岁(男)和 36～60 岁(女);61～70 岁(男)和 61～70 岁(女),且分别给出这些年龄段的各项人体尺寸数值。为了应用方便,各类数据表中的各项人体尺寸数值均列出其相应的百分位数。但限于篇幅,本节中仅引用了工业生产中成年人年龄范围内的人体尺寸,其他各个年龄段的人体尺寸从略。

1. 男性人体静态尺寸

18～70 岁成年男性静态人体尺寸百分位数见表 2-2。

2. 女性人体静态尺寸

18～70 岁成年女性静态人体尺寸百分位数见表 2-3。

立姿静态人体尺寸测量项目示意图如图 2-6 所示。

坐姿静态人体尺寸测量项目示意图如图 2-7 所示。

头部测量项目示意图如图 2-8 所示。
手部测量项目示意图如图 2-9 所示。
足部测量项目示意图如图 2-10 所示。

3. 男性工作空间设计用功能尺寸

18～70 岁成年男性工作空间设计用功能尺寸百分位见表 2-4。

4. 女性工作空间设计用功能尺寸

18～70 岁成年女性工作空间设计用功能尺寸百分位见表 2-5。

工作空间设计用人体功能尺寸测量项目示意图如图 2-11 所示。

表2-2　18～70岁成年男性静态人体尺寸百分位数（GB/T 10000—2023）

	测量项目	百分位数						
		P1	P5	P10	P50	P90	P95	P99
1	体重/kg	47	52	55	68	83	88	100
	立姿测量项目/mm							
2	身高	1528	1578	1604	1687	1773	1800	1860
3	眼高	1416	1464	1486	1566	1651	1677	1730
4	肩高	1237	1279	1300	1373	1451	1474	1525
5	肘高	921	957	974	1037	1102	1121	1161
6	手功能高	649	681	696	750	806	823	854
7	会阴高	628	655	671	729	790	807	849
8	胫骨点高	389	405	415	445	477	488	509
9	上臂长	277	289	296	318	339	347	358
10	前臂长	199	209	216	235	256	263	274
11	大腿长	403	424	434	469	506	517	537
12	小腿长	320	336	345	374	405	415	434
13	肩最大宽	398	414	421	449	481	490	510
14	肩宽	339	354	361	386	411	419	435
15	胸宽	236	254	265	299	330	339	356
16	臀宽	291	303	309	334	359	367	382
17	胸厚	172	184	191	218	246	254	270
18	上臂围	227	246	257	295	332	343	369
19	胸围	770	809	832	927	1032	1064	1123
20	腰围	642	687	713	849	986	1023	1096
21	臀围	810	845	864	938	1018	1042	1098
22	大腿围	430	461	477	537	600	620	663
	坐姿测量项目/mm							
23	坐高	827	856	870	921	968	979	1007
24	坐姿颈椎点高	599	622	635	675	715	726	747
25	坐姿眼高	711	740	755	798	845	856	881
26	坐姿肩高	534	560	571	611	653	664	686
27	坐姿肘高	199	220	231	267	303	314	336
28	坐姿大腿厚	112	123	130	148	170	177	188
29	坐姿膝高	443	462	472	504	537	547	567
30	坐姿腘高	361	378	386	413	442	450	469
31	坐姿两肘间宽	352	376	390	445	505	524	56
32	坐姿臀宽	292	308	316	346	379	388	410
33	坐姿臀-腘距	407	427	438	472	507	518	538
34	坐姿臀-膝距	509	526	535	567	601	613	635
35	坐姿下肢长	830	873	892	956	1025	1045	1086
	头部测量数据/mm							
36	头宽	142	147	149	158	167	170	175
37	头长	170	175	178	187	197	200	205

续表

	测量项目	百分位数						
		P1	P5	P10	P50	P90	P95	P99
38	形态面长	104	108	111	119	129	133	144
39	瞳孔间距	52	55	56	61	66	68	71
40	头围	531	543	550	570	592	600	617
41	头矢状弧	305	320	325	350	372	380	395
42	耳屏间弧（头冠状弧）	321	334	340	360	380	386	397
43	头高	202	210	217	231	249	253	260
手部测量项目/mm								
44	手长	165	171	174	184	195	198	204
45	手宽	78	81	82	88	94	96	100
46	食指长	62	65	67	72	77	79	82
47	食指近位宽	18	18	19	20	22	23	23
48	食指远位宽	16	16	17	18	20	20	21
49	掌围	182	190	193	206	220	225	234
足部测量项目/mm								
50	足长	224	232	236	250	264	269	278
51	足宽	85	89	9	98	104	106	110
52	足围	218	226	231	247	263	268	278

表 2-3　18～70 岁成年女性静态人体尺寸百分位数（GB/T 10000—2023）

	测量项目	百分位数						
		P1	P5	P10	P50	P90	P95	P99
1	体重/kg	41	45	47	57	70	75	84
立姿测量项目/mm								
2	身高	1440	1479	1500	1572	1650	1673	1725
3	眼高	1328	1366	1384	1455	1531	1554	1601
4	肩高	1161	1195	1212	1276	1345	1366	1411
5	肘高	867	895	910	963	1019	1035	1070
6	手功能高	617	644	658	705	753	767	797
7	会阴高	618	641	653	699	749	765	798
8	胫骨点高	358	373	381	409	440	449	468
9	上臂长	256	267	271	292	311	318	332
10	前臂长	188	195	202	219	238	245	256
11	大腿长	375	395	406	441	476	487	508
12	小腿长	297	311	318	345	375	384	401
13	肩最大宽	366	377	384	409	440	450	470
14	肩宽	308	323	330	354	377	383	395
15	胸宽	233	247	255	283	312	319	335

续表

	测量项目	百分位数						
		P1	P5	P10	P50	P90	P95	P99
16	臀宽	281	293	299	323	349	358	375
17	胸厚	168	180	186	212	240	248	265
18	上臂围	216	235	246	290	332	344	372
19	胸围	746	783	804	895	1009	1042	1109
20	腰围	599	639	663	781	923	964	1047
21	臀围	802	837	854	921	1009	1040	1111
22	大腿围	443	470	485	536	595	617	661
	坐姿测量项目/mm							
23	坐高	780	805	820	863	906	921	943
24	坐姿颈椎点高	563	581	592	628	664	675	697
25	坐姿眼高	665	690	704	745	787	798	823
26	坐姿肩高	500	521	531	570	607	617	636
27	坐姿肘高	188	209	220	253	289	296	314
28	坐姿大腿厚	108	119	123	137	155	163	173
29	坐姿膝高	418	433	440	469	501	511	531
30	坐姿腘高	341	351	356	380	408	418	439
31	坐姿两肘间宽	317	338	352	410	474	491	529
32	坐姿臀宽	293	308	317	348	382	393	414
33	坐姿臀-腘距	396	416	426	459	492	503	524
34	坐姿臀-膝距	489	506	514	544	577	588	607
35	坐姿下肢长	792	833	849	904	960	977	1015
	头部测量数据/mm							
36	头宽	137	141	143	151	159	162	168
37	头长	162	167	170	178	187	189	194
38	形态面长	96	100	102	110	119	122	130
39	瞳孔间距	50	52	54	58	64	66	71
40	头围	517	528	533	552	571	577	591
41	头矢状弧	280	303	311	335	360	367	381
42	耳屏间弧(头冠状弧)	313	324	330	349	369	375	385
43	头高	199	206	213	227	242	246	253
	手部测量项目/mm							
44	手长	153	158	160	170	179	182	188
45	手宽	70	73	74	80	85	87	90
46	食指长	59	62	63	68	73	74	77
47	食指近位宽	16	17	17	19	20	21	21
48	食指远位宽	14	15	15	17	18	18	19
49	掌围	163	169	172	185	197	201	211

续表

测量项目		百分位数						
		P1	P5	P10	P50	P90	P95	P99
		足部测量项目/mm						
50	足长	208	215	218	230	243	247	256
51	足宽	77	82	83	90	96	98	102
52	足围	200	207	211	225	240	245	254

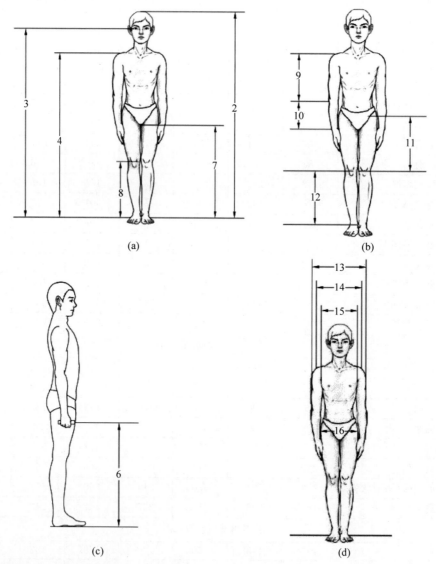

标引序号说明：2—身高；3—眼高；4—肩高；5—肘高；6—手功能高；7—会阴高；8—胫骨点高；9—上臂长；10—前臂长；11—大腿长；12—小腿长；13—肩最大宽；14—肩宽；15—胸宽；16—臀宽；17—胸厚；18—上臂围；19—胸围；20—腰围；21—臀围；22—大腿围。

注：图 2-6 中的编号与表 2-2 和表 2-3 中的编号一一对应。

图 2-6　立姿静态测量项目示意图

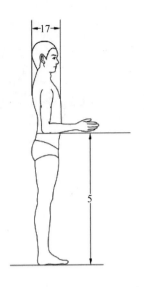
(e)

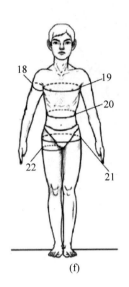
(f)

图 2-6（续）

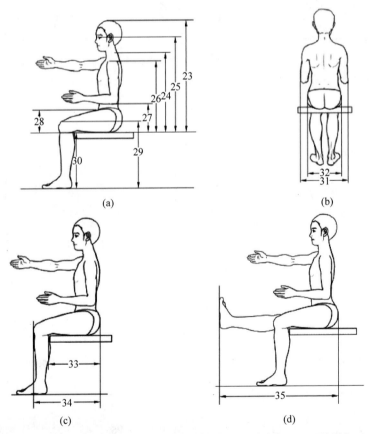

(a)　　　　　　　　　　(b)

(c)　　　　　　　　　　(d)

标引序号说明：23—坐高；24—坐姿颈椎点高；25—坐姿眼高 26—坐姿肩高；27—坐姿肘高；28—坐姿大腿厚；29—坐姿膝高；30—坐姿腘高；31—坐姿两肘间宽；32—坐姿臀宽；33—坐姿臀-腘距；34—坐姿臀-膝距；35—坐姿下肢长。

注：图 2-7 中的编号与表 2-2 和表 2-3 中的编号一一对应。

图 2-7　坐姿静态测量项目示意图

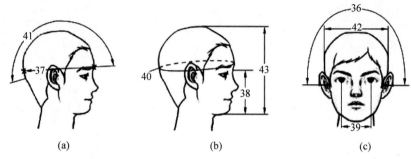

标引序号说明：36—头宽；37—头长；38—形态面长；39—瞳孔间距；40—头围；41—头矢状弧；42—耳屏间弧（头冠状弧）；43—头高。

注：图 2-8 中的编号与表 2-2 和表 2-3 中的编号一一对应。

图 2-8 头部测量项目示意图

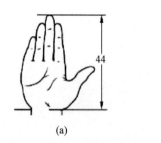

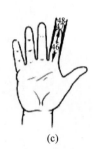

标引序号说明：44—手长；45—手宽；46—食指长；47—食指近位宽；48—食指远位宽；49—掌围。

注：图 2-9 中的编号与表 2-2 和表 2-3 中的编号一一对应。

图 2-9 手部测量项目示意图

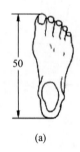
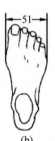
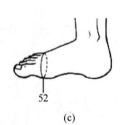

标引序号说明：50—足长；51—足宽；52 足围。

注：图 2-10 中的编号与表 2-2 和表 2-3 中的编号一一对应。

图 2-10 足部测量项目示意图

表 2-4 18～70 岁成年男性工作空间设计用功能尺寸百分位（GB/T 10000—2023）

单位：mm

	测量项目	百分位数						
		P1	P5	P10	P50	P90	P95	P99
1	上肢前伸长	729	760	774	822	873	888	920
2	上肢功能前伸长	628	654	667	710	758	774	808
3	前臂加手前伸长	403	418	425	451	478	486	501

续表

	测量项目	百分位数						
		P1	P5	P10	P50	P90	P95	P99
4	前臂加手功能前伸长	291	308	316	340	365	374	398
5	两臂展开宽	1547	1594	1619	1698	1781	1806	1864
6	两臂功能展开宽	1327	1378	1401	1475	1556	582	1638
7	两肘展开宽	804	827	839	878	918	931	959
8	中指指尖点上举高	1868	1948	1986	2104	2228	2266	2338
9	双臂功能上举高	1764	1845	880	1993	2113	2150	2222
10	坐姿中指指尖点上举高	1188	1242	1267	1348	1432	1456	1508
11	直立跪姿体长	581	612	628	679	732	749	786
12	直立跪姿体高	1166	1200	1217	1274	1332	1351	1391
13	俯卧姿体长	1922	1982	2014	2115	2220	2253	2326
14	俯卧姿体高	343	351	355	374	397	404	422
15	爬姿体长	1128	1161	1178	1233	1290	1308	1347
16	爬姿体高	743	765	776	813	852	864	891

表2-5 18～70岁成年女性工作空间设计用功能尺寸百分位（GB/T 10000—2023）

单位：mm

	测量项目	百分位数						
		P1	P5	P10	P50	P90	P95	P99
1	上肢前伸长	640	693	709	755	805	820	856
2	上肢功能前伸长	535	595	609	653	700	715	751
3	前臂加手前伸长	372	386	393	416	441	448	461
4	前臂加手功能前伸长	269	284	291	313	338	346	365
5	两臂展开宽	1435	1472	1491	1560	1633	1655	1704
6	两臂功能展开宽	1231	1267	1287	1354	1428	1452	1509
7	两肘展开宽	753	770	780	813	848	859	882
8	中指指尖点上举高	1740	1808	1836	1939	2046	2081	2152
9	双臂功能上举高	1643	1709	1737	1836	1942	1974	2047
10	坐姿中指指尖点上举高	1081	1137	1159	1234	1307	1329	1372
11	直立跪姿体长	610	621	627	647	668	674	689
12	直立跪姿体高	1103	1131	1146	1198	1254	1271	1308
13	俯卧姿体长	1826	1872	1897	1982	2074	2101	2162
14	俯卧姿体高	347	351	353	362	375	379	388
15	爬姿体长	1097	1117	1127	1164	1203	1215	1241
16	爬姿体高	707	720	728	753	781	789	808

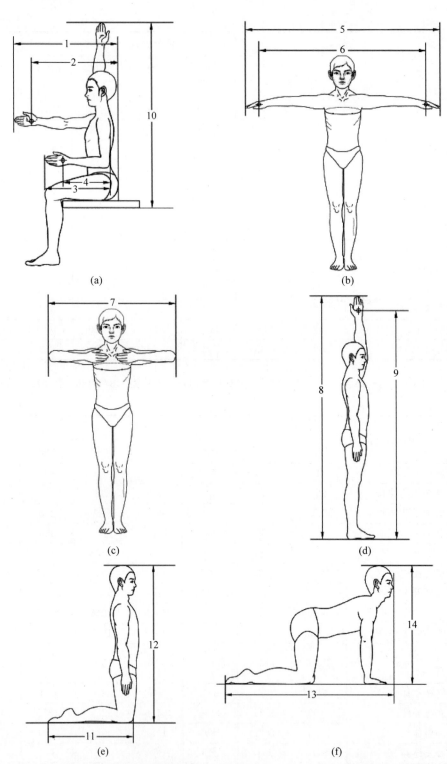

标引序号说明：1—上肢前伸长；2—上肢功能前伸长；3—前臂加手前伸长；4—前臂加手功能前伸长；5—两臂展开宽；6—两臂功能展开宽；7—两肘展开宽；8—中指指尖点上举高；9—双臂功能上举高；10—坐姿中指指尖点上举高；11—直立跪姿体长；12—直立跪姿体高；13—俯卧姿体长；14—俯卧姿体高；15—爬姿体长；16—爬姿体高。

图 2-11　工作空间设计用人体功能尺寸示意图

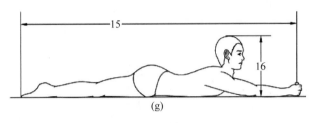

图 2-11（续）

5. 跪姿、俯卧姿、爬姿人体尺寸的计算

在工作空间的工效学设计中，两臂和两肘展开宽、跪姿、俯卧姿、爬姿的基本人体尺寸项目数值可按表2-6、表2-7计算。

表 2-6　男性工作空间设计用功能尺寸项目推算表（GB/T 10000—2023）

尺寸项目/mm	推算公式	尺寸项目/mm	推算公式
两臂展开宽	$87.363+0.955H$	俯卧姿体长	$62.06+1.217H$
两臂功能展开宽	$11.052+0.877H$	俯卧姿体高	$275.479+1.459W$
两肘展开宽	$90.236+0.467H$	爬姿体长	$117.958+0.661H$
直立跪姿体长	$-361.992+0.617H$	爬姿体高	$61.036+0.446H$
直立跪姿体高	$128.309+0.679H$		

注：H 为身高（mm）；W 为体重（kg）。

表 2-7　女性工作空间设计用功能尺寸项目推算表（GB/T 10000—2023）

尺寸项目/mm	推算公式	尺寸项目/mm	推算公式
两臂展开宽	$72.468+0.946H$	俯卧姿体长	$126.542+1.18H$
两臂功能展开宽	$32.604+0.834H$	俯卧姿体高	$308.342+0.949W$
两肘展开宽	$97.372+0.455H$	爬姿体长	$368.218+0.506H$
直立跪姿体长	$212.689+0.276H$	爬姿体高	$19.347+0.355H$
直立跪姿体高	$64.719+0.721H$		

注：H 为身高（mm）；W 为体重（kg）。

注：数据使用注意事项。

（1）人体功能尺寸数据均为裸体、标准姿态下的测量结果，应根据工作场所的具体特点、工作姿势等适当增加修正量。

（2）进行工作空间的工效学设计时，本标准应与 GB/T 12985—1991 配套使用。

2.4　人体测量数据的应用

只有在熟悉人体测量基本知识之后，才能选择和应用各种人体数据，否则有的数据可能被误解，如果使用不当，还可能导致严重的设计错误。另外，各种统计数据不能作为设计中的一般常识，也不能代替严谨的设计分析。因此，当设计中涉及人体尺度时，设计者必须熟悉数据测量的定义、适用条件、百分位的选择等方面的知识，才能正确地应用有关数据。

2.4.1　主要人体尺寸的应用原则

为了使人体测量数据能够有效地被设计者利用，从以上各节所介绍的大量人体测量数据中精选出部分工业设计中常用的数据(图 2-12),并将这些数据的定义、应用条件、选择依据等列于表 2-8。

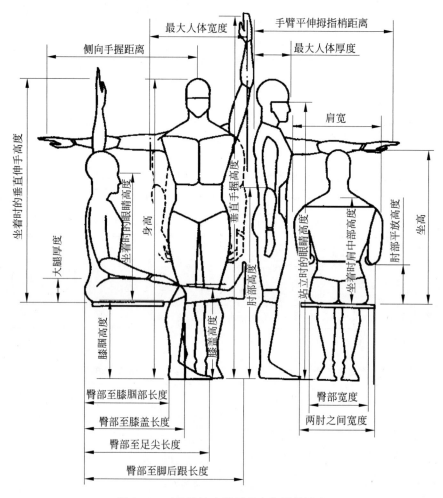

图 2-12　工业设计中常用的人体测量尺寸

表 2-8　主要人体尺寸的应用原则

人体尺寸	应用条件	百分位选择	注意事项
身高	用于确定通道和门的最小高度。然而,一般建筑规范规定的和成批生产制作的门和门框高度都适用于 99% 以上的人,所以,这些数据可能对于确定人头顶上的障碍物高度更为重要	由于主要的功用是确定净空高度,所以应该选用高百分位数据。因为天花板高度一般不是关键尺寸,设计者应考虑尽可能地适应 100% 的人	身高一般是不穿鞋测量的,故在使用时应给予适当补偿

续表

人体尺寸	应用条件	百分位选择	注意事项
身高	可用于确定在剧院、礼堂、会议室等处人的视线;用于布置广告和其他展品;用于确定屏风和开敞式大办公室内隔断的高度	百分位选择将取决于关键因素的变化,例如,如果设计中的问题是决定隔断或屏风的高度,以保证隔断后面人的私密性要求,那么隔离高度就与较高人的眼睛高度有关(第95百分位或更高),其逻辑是假如高个子人不能越过隔断看过去,那么矮个子人也一定不能。反之,假如设计问题是允许人看到隔断里面,则逻辑是相反的,隔断高度应考虑较矮人的眼睛高度(第5百分位或更低)	由于这个尺寸是光脚测量的,所以还要加上鞋的高度,男子大约需加2.5 cm,女子大约需加7.6 cm。这些数据应该与脖子的弯曲和旋转及视线角度资料结合使用,以确定不同状态、不同头部角度的视觉范围
	对于确定柜台、梳妆台、厨房案台、工作台及其他站着使用的工作表面的舒适高度,肘部高度数据是必不可少的,通常,这些表面的高度都是凭经验估计或是根据传统做法确定的,然而,通过科学研究发现最舒适的高度是低于人的肘部高度7.6 cm。另外,休息平面的高度应该低于肘部高度2.5~3.8 cm	假定工作面高度确定为低于肘部高度约7.6 cm,那么从96.5 cm(第5百分位数据)到111.8 cm(第95百分位数据)这样一个范围都将适合中间90%的男性使用者。考虑到第5百分位的女性肘部高度较低,这个范围应为88.9~111.8 cm,才能对男女使用者都适用,由于其中包含许多其他因素,如存在特别的功能要求和每个人对舒适高度见解不同等,所以这些数值也只是假定推荐的	确定上述高度时必须考虑活动的性质,有时这一点比推荐的"低于肘部高度7.6 cm"还重要
挺直坐高	用于确定座椅上方障碍物的允许高度。在布置双层床、搞创新的节约空间设计时,例如,利用阁楼下面的空间吃饭或工作都要由这个关键尺寸来确定其高度;确定办公室或其他场所的低隔断要用到这个尺寸;确定餐厅和酒吧里的火车座隔断也要用到这个尺寸	由于涉及间距问题,采用第95百分位的数据是比较合适的	座椅的倾斜、座椅软垫的弹性、衣服的厚度及人坐下和站起来时的活动都是要考虑的重要因素
放松坐高	可用于确定座椅上方障碍物的最小高度。布置双层床、搞创新的节约空间设计时,例如,利用阁楼下面的空间吃饭或工作,都要根据这个关键尺寸来确定其高度;确定办公室和其他场合的低隔断要用到这个尺寸;确定餐厅和酒吧里的火车座隔断也要用到这个尺寸	由于涉及间距问题,采用第95百分位的数据比较合适	座椅的倾斜、座椅垫的弹性、衣服的厚度及人坐下和站起来时的活动都是要考虑的重要因素

续表

人体尺寸	应用条件	百分位选择	注意事项
坐姿眼高	当视线是设计问题的中心时,确定视线和最佳视区要用到这个尺寸,这类设计对象包括剧院、礼堂、教室和其他需要有良好视听条件的室内空间	假如有适当的可调节性,就能适应从第5百分位到第95百分位或者更大的范围	应该考虑本书中其他地方所论述的头部与眼睛的转动范围、座椅软垫的弹性、座椅面距地面的高度和可调座椅的调节范围
坐姿的肩中部高度	大多数用于机动车辆中比较紧张的工作空间的设计中,很少被建筑师和室内设计师使用。但是,在设计那些对视觉、听觉有要求的空间时,这个尺寸有助于确定出妨碍视线的障碍物,也许在确定火车座的高度及类似的设计中有用	由于涉及间距问题,一般使用第95百分位的数据	要考虑座椅软垫的弹性
肩宽	肩宽数据可用于确定环绕桌子的座椅间距和影剧院、礼堂中的排椅座位间距,也可用于确定公用和专用空间的通道间距	由于涉及间距问题,应使用第95百分位的数据	使用这些数据要注意可能涉及的变化。要考虑衣服的厚度,对薄衣服要附加7.9 mm,对厚衣服要附加7.6 cm。还要注意,由于躯干和肩的活动,两肩之间所需的空间会加大
两肘之间宽度	可用于确定会议桌、餐桌、柜台和牌桌周围座椅的位置	由于涉及间距问题,应使用第95百分位的数据	应该与肩宽尺寸结合使用
臀部宽度	这些数据对于确定座椅内侧尺寸和设计酒吧、柜台和办公座椅极为有用	由于涉及间距问题,应使用第95百分位的数据	根据具体条件,与两肘之间宽度和肩宽结合使用
肘部平放高度	与其他一些数据和考虑因素联系在一起用于确定椅子扶手、工作台、书桌、餐桌和其他特殊设备的高度	肘部平放高度既不涉及间距问题也不涉及伸手够物的问题,其目的只是使手臂得到舒适的休息,故选择第50百分位左右的数据是合理的。在许多情况下,这个高度为14.0~27.9 cm,这样一个范围可以适合大部分使用者	座椅软垫的弹性、座椅表面的倾斜及身体姿势都应予以注意

续表

人体尺寸	应用条件	百分位选择	注意事项
大腿厚度	这是设计柜台、书桌、会议桌、家具及其他一些室内设备的关键尺寸,而这些设备都需要把腿放在工作面下面。特别是有直拉式抽屉的工作面,要使大腿与大腿上方的障碍物之间有适当的间隙,这些数据是必不可少的	由于涉及间距问题,应选用第95百分位的数据	在确定上述设备的尺寸时,其他一些因素也应该同时予以考虑,如腿弯高度和座椅软垫的弹性
膝盖高度	这是确定从地面到书桌、餐桌和柜台底面距离的关键尺寸,尤其适用于使用者需要把大腿部分放在家具下面的场合。坐着的人与家具底面之间的靠近程度决定了膝盖高度和大腿厚度是否是关键尺寸	要保证适当的间距,故应选用第95百分位的数据	要同时考虑座椅高度和坐垫的弹性
腿弯高度	这是确定座椅面高度的关键尺寸,对于确定座椅前缘的最大高度更为重要	确定座椅高度应选用第5百分位的数据,因为如果座椅太高,大腿受到压力会使人感到不舒服。例如,一个座椅高度能适应小个子人,也就能适应大个子人	选用这些数据时必须注意坐垫的弹性
臀部至腿弯长度	这个长度尺寸用于座椅的设计中,尤其适用于确定腿的位置、长凳和靠背椅等前面的垂直面及椅面的长度	应该选用第5百分位的数据,这样能适应最多的使用者臀部至膝部长度较长和较短的人。如果选用第95百分位的数据,则只能适合这个长度较长的人,而不适合这个长度较短的人	要考虑椅面的倾斜度
臀部至膝盖长度	用于确定椅背到膝盖前方的障碍物之间的适当距离,例如,用于影剧院、礼堂和做礼拜的固定排椅设计中	由于涉及间距问题,应选用第95百分位的数据	这个长度比臀部至足尖长度要短,如果座椅前面的家具或其他室内设施没有放置足尖的空间,就应该使用臀部至足尖长度
臀部至足尖长度	用于确定椅背到膝盖前方的障碍物之间的适当距离,例如,用于影剧院、礼堂和做礼拜的固定排椅设计中	由于涉及间距问题,应选用第95百分位的数据	如果座椅前方的家具或其他室内设施有放脚的空间,而且间隔要求比较重要,就可以使用臀部至膝盖长度来确定合适的间距
臀部至脚后跟长度	对于室内设计人员来说,使用是有限的,当然可以利用它们布置休息室座椅或不拘礼节地就坐座椅。另外,还可用于设计搁脚凳、理疗和健身设施等综合空间	由于涉及间距问题,应选用第95百分位的数据	在设计中,应该考虑鞋、袜对这个尺寸的影响,一般,对于男鞋要加上2.5 cm,对于女鞋则加上7.6 cm

续表

人体尺寸	应用条件	百分位选择	注意事项
坐姿垂直伸手高度	主要用于确定头顶上方的控制装置和开关等的位置，所以较多地被设备专业的设计人员使用	选用第5百分位的数据是合理的，这样可以同时适应小个子人和大个子人	要考虑椅面的倾斜度和椅垫的弹性
坐姿垂直手握高度	可用于确定开关、控制器、拉杆、把手、书架及衣帽架等的最大高度	由于涉及伸手够东西的问题，如果采用高百分位的数据就不能适应小个子人，所以设计出发点应该基于适应小个子人，这样也同样能适应大个子人	尺寸是不穿鞋测量的，使用时要给予适当的补偿
立姿侧向手握距离	有助于设备设计人员确定控制开关等装置的位置，建筑师和室内设计师还可以用于某些特定的场所，如医院、实验室等。如果使用者是坐着的，这个尺寸可能会稍有变化，但仍能用于确定人侧面的书架位置	由于主要功用是确定手握距离，这个距离应能适应大多数人，因此，选用第5百分位的数据是合理的	如果涉及的活动需要使用专门的手动装置、手套或其他某种特殊设备，这些都会延长使用者的一般手握距离，对于这个延长量应予以考虑
手臂平伸手握距离	有时人们需要越过某种障碍物去够一个物体或者操纵设备，这些数据可用来确定障碍物的最大尺寸。本书中列举的设计情况是在工作台上方安装搁板或在办公室工作桌前面的低隔断上安装小柜	选用第5百分位的数据，这样能适应大多数人	要考虑操作或工作的特点
最大人体厚度	尽管这个尺寸可能对设备设计人员更为有用，但它们也有助于建筑师在较紧张的空间里考虑间隙或在人们排队的场合下设计所需要的空间	应该选用第95百分位的数据	衣服的厚薄、使用者的性别及一些不易察觉的因素都应予以考虑
最大人体宽度	可用于设计通道宽度、走廊宽度、门和出入口宽度及公共集会场所等	应该选用第95百分位的数据	衣服的厚薄、人走路或做其他事情时的影响及一些不易察觉的因素都应予以考虑

2.4.2 人体尺寸的应用方法

1. 确定所设计产品的类型

在涉及人体尺寸的产品设计中，设定产品功能尺寸的主要依据是人体尺寸百分位数，而人体尺寸百分位数的选用又与所设计产品的类型密切相关，在 GB/T 12985—1991 中，依据产品使用者人体尺寸的设计上限值（最大值）和下限值（最小值）对产品尺寸设计进行了分类，产品类型的名称及其定义列于表2-9。凡涉及人体尺寸的产品设计，首先应按该分类方法确认所设计的对象属于其中的哪一种类型。

2. 选择人体尺寸百分位数

表2-10中的产品尺寸设计类型按产品的重要程度又分为涉及人的健康、安全的产品和一般工业产品两个等级。在确认所设计的产品类型及其等级之后，选择人体尺寸百分位数的依据是满足度。人机工程学设计中的满足

度,是指所设计的产品在尺寸上能满足多少人使用,通常以合适使用的人数占使用者群体的百分比表示。产品尺寸设计的类型、等级、满足度与人体尺寸百分位数的关系见表 2-10。

表 2-9　产品尺寸设计分类

产品类型	产品类定义	说　明
Ⅰ型产品尺寸设计	需要两个人体尺寸百分位数作为尺寸上限值和下限值的依据	又称双限值设计
Ⅱ型产品尺寸设计	只需要一个人体尺寸百分位数作为尺寸上限值或下限值的依据	又称单限值设计
ⅡA型产品尺寸设计	只需要一个人体尺寸百分位数作为尺寸上限值依据	又称大尺寸设计
ⅡB型产品尺寸设计	只需要一个人体尺寸百分位数作为尺寸下限值的依据	又称小尺寸设计
Ⅲ型产品尺寸设计	只需要第 50 百分位数(P_{50})作为产品尺寸设计的依据	又称平均尺寸设计

表 2-10　人体尺寸百分位数的选择

产品类型	产品重要程度	百分位数的选择	满　足　度
Ⅰ型产品	涉及人的健康、安全的产品	选用 P_{99} 和 P_1 作为尺寸上、下限值的依据	98%
	一般工业产品	选用 P_{95} 和 P_5 作为尺寸上、下限值的依据	90%
ⅡA型产品	涉及人的健康、安全的产品	选用 P_{99} 和 P_{95} 作为尺寸上限值的依据	99%或95%
	一般工业产品	选用 P_{90} 作为尺寸上限值的依据	90%
ⅡB型产品	涉及人的健康、安全的产品	选用 P_1 和 P_5 作为尺寸下限值的依据	99%或95%
	一般工业产品	选用 P_{10} 作为尺寸下限值的依据	90%
Ⅲ型产品	一般工业产品	选用 P_{50} 作为产品尺寸设计的依据;	通用
成年男、女通用产品	一般工业产品	选用男性的 P_{99}、P_{95} 或 P_{90} 作为尺寸上限值的依据 选用女性的 P_1、P_5 或 P_{10} 作为尺寸下限值的依据	通用

表 2-10 中给出的满足度指标是通常选用的指标,特殊要求设计的满足度指标可另行确定。设计者当然希望所设计的产品能满足特定使用者总体中的所有人使用,尽管这在技术上是可行的,但在经济上往往是不合理的。因此,满足度的确定应根据所设计产品使用者总体的人体尺寸差异性、制造该类产品技术上的可行性和经济上的合理性等因素进行综合优选。

还需要说明的是,在设计时虽然确定了某一满足度指标,但用一种尺寸规格的产品无法达到这一要求,在这种情况下,可考虑采用产品尺寸系列化和产品尺寸可调节性设计解决。

3. 确定功能修正量

首先,有关人体尺寸标准中所列的数据是在裸体或穿单薄内衣的条件下测得的,测量时不穿鞋或穿着纸拖鞋。而设计中所涉及的人体尺度应该是在穿衣服、穿鞋甚至戴帽条件下的人体尺寸。因此,考虑有关人体尺寸时,必须给衣服、鞋、帽留下适当的余量,也就是在人体尺寸上增加适当的着装修正量。

其次,在人体测量时要求躯干为挺直姿势,而人在正常作业时,躯干则为自然放松姿势,为此应考虑由于姿势不同而引起的变化量。此外,还需考虑实现产品不同操作功能所需的修正量。所有这些修正量的总计为功能修正量。功能修正量因产品而异,通常为正值,有时也可能为负值。

通常用实验方法求得功能修正量,但也可以从统计数据中获得。对于着装和穿鞋修正量可参照表 2-11 中的数据确定。对姿势修正量的常用数据是:立姿时的身高、眼高减 10 mm,坐姿时的坐高、眼高减 44 mm。考虑操作功能修正量时,应以上肢前展长为依据,而上肢前展长是后背至中指尖点的距离,因而对操作不同功能的控制器应做不同的修正,如对按钮开关可减 12 mm,对推滑板推钮、扳动扳钮开关则减 25 mm。

表 2-11　正常人着装身材尺寸修正值　　　　　　单位:mm

项　目	尺寸修正量	修正原因	项　目	尺寸修正量	修正原因
站姿高	25～38	鞋高	肩至肘	8	手臂弯曲时,肩肘部衣物压紧
坐姿高	3	裤厚			
站姿眼高	36	鞋高	臂至手	5	
坐姿眼高	3	裤厚	叉腰	8	
肩宽	13	衣	大腿厚	13	
胸宽	8	衣	膝宽	8	
胸厚	18	衣	膝高	33	
腹厚	23	衣	臀至膝	5	
立姿臀宽	13	衣	足宽	13～20	
坐姿臀宽	13	衣	足长	30～38	
肩高	10	衣(包括坐高 3 及肩 7)	足后跟	25～38	
两肘间宽	20				

4. 确定心理修正量

为了克服人们心理上产生的"空间压抑感""高度恐惧感"等心理感受,或者为了满足人们"求美""求奇"等心理需求,在产品最小功能尺寸上附加一项增量,称为心理修正量。心理修正量也采用实验方法求得,一般通过被试者主观评价表的评分结果进行统计分析,求得心理修正量。

5. 产品功能尺寸的设定

产品功能尺寸是指为确保实现产品某一功能而在设计时规定的产品尺寸。该尺寸通常是以设计界限值确定的人体尺寸为依据,再加上为确保产品某项功能实现所需的修正量。产品功能尺寸有最小功能尺寸和最佳功能尺寸两种,具体设定的通用公式如下:

最小功能尺寸 = 人体尺寸百分位数 +
　　　　　　　功能修正量　　　　　(2-8)

最佳功能尺寸 = 人体尺寸百分位数 +
　　　　　　　功能修正量 + 心理修正量
　　　　　　　　　　　　　　　　　(2-9)

2.4.3　人体身高在设计中的应用方法

人体尺度决定了人机系统的操纵是否方便和舒适宜人。因此,各种工作面的高度和设备高度,如操纵台、仪表盘、操纵件的安装高度及用具的设置高度等,都要根据人的身高来确定。以身高为基准确定工作面高度、设备和用具高度的方法,通常是把设计对象归为各种典型的类型,并建立设计对象的高度与人体身高的比例关系,以供设计时选择和查用。图 2-13 是以身高为基准的设备和用具的尺寸推算图,图中各代号的定义见表 2-12。

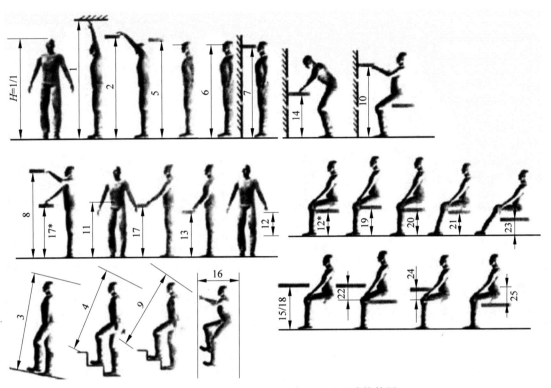

图 2-13　以身高为基准的设备和用具尺寸推算图

表 2-12　设备及用具的高度与身高的关系

代　号	定　义	设备高与身高之比
1	举手达到的高度	4/3
2	可随意取放东西的搁板高度(上限值)	7/6
3	倾斜地面的顶棚高度(最小值,地面倾斜度为 5°～15°)	8/7
4	楼梯的顶棚高度(最小值,地面倾斜度为 25°～35°)	1/1
5	遮挡住直立姿势视线的隔板高度(下限值)	33/34
6	直立姿势眼高	11/12
7	抽屉高度(上限值)	10/11
8	使用方便的搁板高度(上限值)	6/7
9	斜坡大的楼梯的天棚高度(最小值,倾斜度为 50°左右)	3/4
10	能发挥最大拉力的高度	3/5
11	人体重心高度	5/9
12	手提物的长度(最大值)	6/11
12*	坐高(坐姿)	6/11
13	灶台高度	10/19
14	洗脸盆高度	4/9
15	办公桌高度(不包括鞋)	7/17

续表

代　号	定　义	设备高与身高之比
16	垂直踏棍爬梯的空间尺寸(最小值,倾斜 80°～90°)	2/5
17	采取直立姿势时工作面的高度	3/8
17*	使用方便的搁板高度(下限值)	3/8
18	桌下空间(高度的最小值)	1/3
19	工作椅的高度	3/13
20	轻度工作的工作椅高度*	3/14
21	小憩用椅子高度*	1/6
22	桌椅高差	3/17
23	休息用的椅子高度*	1/6
24	椅子扶手高度	2/13
25	工作用椅子的椅面至靠背点的距离	3/20

* 表示座位基准点的高度(不包括鞋)。

第3章

人的智能与思维科学

3.1 人的智能生成的脑神经科学基础

进入21世纪以来,国内外对智能科学及其相关学科,如脑科学、神经科学、认知科学、思维科学及人工智能的研究高度重视。智能科学的兴起和发展标志着以人为中心的认知和智能活动的研究已进入新的阶段。智能科学的研究将使人类自我了解和挖掘潜能,从而把人的知识和智能提高到前所未有的高度。智能科学的发展提升了工程领域智能化的研究热潮。显然,人机系统智能化是传统人机系统的发展方向,人机智能系统将是人机工程学科中一个重要的研究内容。由此,作者率先将人的智能与人机智能及其相关内容引入人机工程学领域,使传统人机工程学突破原有的研究范畴。

3.1.1 人的神经系统

人的神经系统构成包括脑、脊髓及与它们相连的周围神经。神经系统对身体其他器官系统的功能起着调节或主导作用。机体的感觉、运动、消化、呼吸、泌尿、生殖、循环和代谢等功能都是在神经系统的控制和调节下进行的。神经系统借助于感受器接收内外环境的各种信息,通过周围神经传入脊髓和脑的各级中枢进行整合,然后一方面直接经周围神经的传出部分,另一方面间接经内分泌腺的作用到达身体各部的效应器,控制和调节全身各器官系统的活动,使它们协调一致,维持机体内环境的稳定并适应环境的变化,保证生命活动的进行。

人的神经系统结构如图3-1所示,为了便于叙述和理解,可将较为复杂的图3-1简化为工程上常见的框图,如图3-2所示。

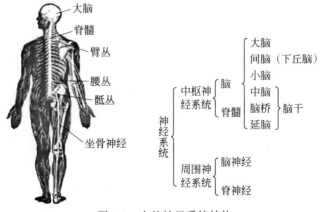

图 3-1 人的神经系统结构

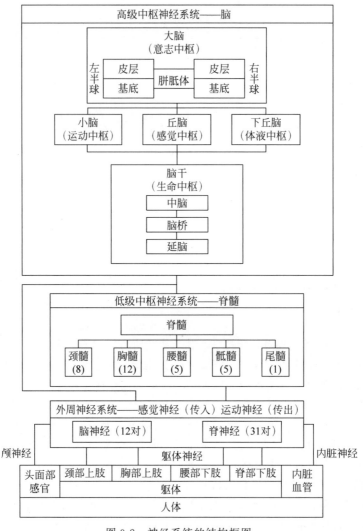

图 3-2 神经系统的结构框图

神经系统按所在位置和功能不同可分为中枢部和周围部两大部分。中枢部即中枢神经系统，包括位于颅腔内的脑和椎管内的脊髓。周围部即周围神经系统的一端与脑或脊髓相连，另一端通过各种末梢装置与全身其他系统、器官相联系；其中与脑相连的称为脑神经，与脊髓相连的称为脊神经；按其分布的器官，可分为支配体表、骨、关节和骨骼肌的躯体神经和支配内脏、心血管、平滑肌和腺体的内脏神经。

3.1.2 大脑的结构

脑是人类意识和思维等高级神经活动的器官，也是人类智能的物质基础，要研究智能首先就要了解脑。大脑的解剖结构见图 3-3 和图 3-2 上面的框图。

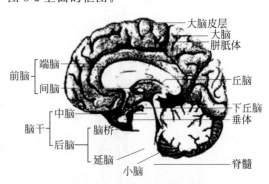

图 3-3 大脑的解剖结构

脑可分为大脑、间脑、小脑和脑干四部分。大脑由结构大致对称的左、右两半球组成,包括大脑皮质(皮层)、皮质下白质和灰质(基底神经节)等,中间由胼胝体相连。大脑半球遮盖着间脑、中脑和小脑,间脑包括丘脑和下丘脑(丘脑下部),脑干包括中脑、脑桥和延脑。大脑半球的表面有很多深浅不等的沟或裂,沟或裂之间的隆起叫回,它们大大地增加了大脑的表面积。大脑半球表面重要的沟或裂有大脑外侧裂、中央沟和顶枕裂。大脑半球借外侧裂、中央沟及枕切迹至顶枕裂顶端之间的假想连线分为五个脑叶,即额叶、顶叶、颞叶、枕叶及岛叶。

覆盖在大脑半球表面的一层灰质结构称为大脑皮层,约占中枢神经系统灰质的90%。

3.1.3 大脑皮层功能

大脑皮层是覆盖大脑半球外层的灰质,是物种进化的高级产物。从哺乳动物开始出现了高度发达的大脑皮层,并随着神经系统的进化而进化。新发展起来的大脑皮层在调节机能上起着主要作用;而皮层下各级脑部及脊髓虽也有发展,但在机能上已从属于大脑皮层。大脑皮层在人类身上发展到最高阶段,产生了新的飞跃,有了抽象思维能力,成为意识活动的物质基础。

大脑皮层是神经系统的最高级中枢。从人体各部经各种传入系统传来的神经冲动向大脑皮质集中,在此会通、整合后产生特定的感觉;或维持觉醒状态;或获得一定的情调感受;或以易化的形式贮存为记忆;或影响其他的脑部功能状态;或转化为运动性冲动传向低位中枢,借以控制机体的活动,应答内外环境的刺激。

大脑皮层是覆盖大脑半球的神经纤维,按部位可分为四个区域:额叶、顶叶、枕叶和颞叶。其中有些小的已知区域控制肌肉运动,负责接收躯体的感觉信息。尽管如此,大部分皮层,也就是它们的联合区并没有这些功能,因而可以自由加工其他信息,可以参与复杂的心理过程,如逻辑推理、形象思维等。

1. 大脑两半球

大脑是人脑中最重要的组成部分,是思维的器官,负责调节高级认知功能和情绪功能。大脑分为左右对称的两个半球,其间由一较厚的神经纤维——胼胝体联系起来。脑将其工作划分为专门化的子任务,然后将神经网络上得到的各种输出信息进行整合,如图3-4所示。因此,我们的情感、思维和行为是许多脑区协调整合的结果。生物心理学研究发现,大脑的两个半球各有相对独立的意识功能,一般来说,左半球包含所谓的语言中枢,负责抽象思维、逻辑推理、分析、综合等思维活动,主管人的语言、言语理解、阅读、书写、计算、推理、分类、回忆和时间感觉;右半球的主要功能是处理表象,是形象思维中枢,主管人的知觉辨认、空间定向、形象记忆、想象、做梦、模仿、音乐、美术、舞蹈、高级情感、态度等。通过对切断了胼胝体的脑病人进行实验,让人们对每个大脑半球的特定功能有了精确的认识。分别测试两个半球,研究者们证实,对于大多数人而言,左半球更具言语性,而右半球则具有视觉、知觉优势;对有健全大脑的健康人情感识别的研究则证实,就脑的完整机能来说,每个半球都具有不可替代的作用。

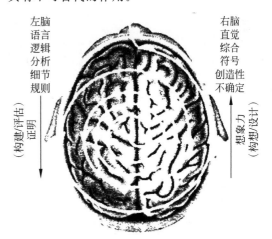

图 3-4 人类大脑左右脑的分工

2. 脑干与边缘系统

脑干和大脑皮层之间是边缘系统,与记忆、情感与驱力有关联。边缘系统的神经中心之一是杏仁核,它与攻击和恐惧的唤起有关。

1950年，心理学家林斯利（Lindsley）通过对脑电图的大量研究，提出了情绪激活的特殊神经通道理论，以神经生物学的术语对情绪加以解释。另外，下丘脑与各种维持功能、愉快的奖赏及内分泌系统的控制有关。

3.1.4 脑神经网络的组成

大脑皮层的基本组成单位和功能单位是神经细胞，又称神经元，图3-5是其示意图。神经元的特点是能被输入刺激所激活，引起神经冲动，进行冲动传导，其功能就是信息传递。神经细胞的大小、形状及其具体功能均有不同，可分为脑神经元、感觉神经元、运动神经元，其示意图见图3-6。它们在构造上基本由3部分组成：细胞体、树突和轴突，各部分的功能特点分述如下：

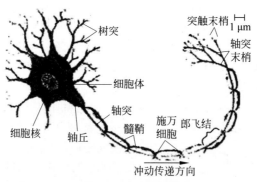

图 3-5 神经元模型示意图

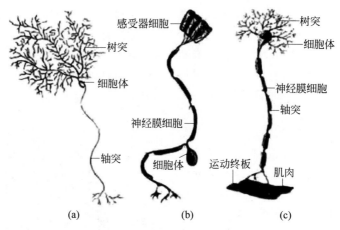

图 3-6 三种神经元示意图
(a) 脑神经元；(b) 感觉神经元；(c) 运动神经元

（1）细胞体由细胞核、细胞质和细胞膜组成。细胞体的外面是一层厚5～10 mm的细胞膜，膜内有一个细胞核和细胞质。神经元的细胞膜具有选择性的通透性，因此会使细胞膜内外液的成分保持差异，使细胞膜内外之间有一定的电位差，这个电位差称为膜电位，其大小随细胞体输入信号的强弱而变化，一般为20～100 mV。

（2）树突是细胞体向外伸出的许多树枝状短突起，长约1 mm，它用于接收周围其他神经细胞传入的神经冲动。

（3）轴突是细胞体向外伸出的最长的一条神经纤维。远离细胞体一侧的轴突端部有许多分支，称轴突末梢，或称神经末梢，其上有许多扣结称为突触扣结。轴突通过轴突末梢向其他神经元传出神经冲动。

（4）突触是指一个神经元的轴突末梢和另

一个神经元的树突或细胞体之间通过微小间隙的连接。突触的直径为 0.5～2 μm，突触间隙为 200 Å 数量级。从信息传递过程看，一个神经元的树突在突触处从其他神经元接收信号，这些信号可能是激励性的，也可能是抑制性的，因此突触有兴奋型和抑制型两种形式。

一个神经元有 10^3～10^4 个突触，人脑中约有 10^{14} 个突触，神经细胞之间通过突触复杂地结合着，从而形成了大脑的神经（网络）系统，图 3-7 是其示意图。

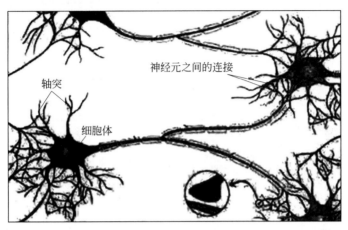

图 3-7　神经网络示意图

突触是神经元之间传递信息的特殊"接口"，它包括突触前细胞（发出信号的神经细胞）、突触间隙和突触后细胞（接收信号的神经细胞）三部分。

由于神经细胞的兴奋而发出的电脉冲沿轴突以每秒 100 m 左右的速度传到和其他神经细胞结合的突触。轴突的末端每当脉冲到来时就放出某种化学物质，这种化学物质作用于接收脉冲信号的神经细胞的细胞膜，改变突触部分细胞膜的膜电压，把这个部分的膜电位叫作突触后电位。

另外，这种化学物质由于神经细胞的种类不同而不同，既有提高膜电位的，也有减弱膜电位的。输出脉冲是把膜电位提高还是降低，由传送脉冲的神经细胞种类确定。把可以使之结合的其他神经细胞的膜电位提高的神经细胞，叫作兴奋性神经细胞；使之变弱的神经细胞，叫作抑制性神经细胞。

3.1.5　信息在人脑中的转化

人脑处理信息和编码方式是一个十分复杂的问题。研究表明，人脑在处理信息方面，不是对单个的信息元素进行处理，而是对整个信息集合的层次关系进行处理。因此，人脑存储和处理信息的机制主要是以获取信息群的方式来对信息进行分类和处理，这是一种群处理的过程。因此，视、听、触、嗅觉等感觉器官所接收的主要是外界信息图像的整个拓扑结构和与之对应的信息元素群所组成的混合物，而不是简单的互相独立的信息元素。这是生命在自然界中长期演化的结果。因此，人脑也对这种层次结构的图形和由这些图形所派生出的高级层次上的关系进行处理。在人脑中，信息是由一个不低于二级层次的结构来表述的：第一层次是外部信息的接收和转译结果，它包括外部信息原始的拓扑结构及与之相适应的神经元冲动（它使得神经元冲动与外部刺激之间具有一一对应的关系）。第二层次是在第一层次的基础上建立起来的。信息在高级层次中不断地抽取、交联、组合，并且参与外界的信息交流，逐渐转化成一个统一的整体，并从这个整体中产生出较原始的高级因素——概念。概念进一步升华，即会产生出意识、情感等高级智能因素。信息在人脑中的转化过程如图 3-8 所示。

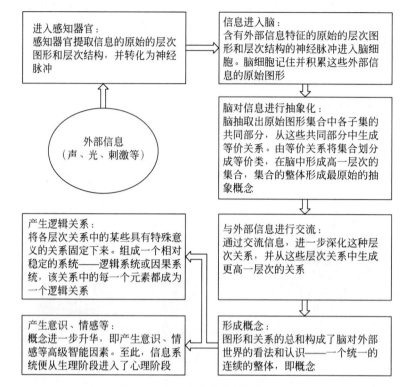

图 3-8 信息在人脑中的转化过程

从图 3-8 中可以看到脑最基本的思维过程和思维方法，而概念和意识是整个思维的基础。

人脑是产生意识的器官，世界上除了人脑这种特殊物质外，任何东西都不能产生意识。人脑对外来信息不是简单地予以反应，在加工和保存信息过程中，还会产生意图、制订计划、执行程序、监督和控制活动，这就是人类高级的有意识的活动。研究表明，人的意识活动是复杂的机能系统，它们不是由脑的局部部位决定的，而是在大脑皮层的多个区和脑的多个机能系统的协同活动中实现的。

3.2 人的智能形成的认知科学机制

3.2.1 认知科学研究的意义

研究人脑的另一门重要科学是起源于20世纪50年代末的认知科学（cognitive science）。它研究人脑的认知过程和机制，包括意识、感情、思维等高级神经活动。作为一门交叉科学，它是在哲学（认识论）、心理科学、计算机科学、神经科学、科学语言学、比较人类学、进化生物学、动物行为学及其他基础科学交界面上涌现出来的高度跨学科的新兴科学。

认知科学是20世纪世界科学标志性的新兴研究领域，它作为探究人脑或心智工作机制的前沿性尖端学科，已经引起全世界科学家的广泛关注。

认知科学的兴起和发展标志着对以人类为中心的认知和智能活动的研究已进入新的阶段。认知科学研究是"国际人类前沿科学计划"的重点，认知科学及其信息处理方面的研究被列为整个计划的三大部分之一。认知科学的发展得到了国际科技界尤其是发达国家政府的高度重视和大力支持：1979年，美国成立认知科学学会；美国和欧盟分别推出"脑的十年"计划和"欧盟脑的十年"计划；日本则推出"脑科学时代"计划。

认知科学的科学目标在于智力和智能的本质,建立认知科学和新型智能系统的计算理论,解决对认知科学和信息科学具有重大意义的若干基础理论和智能系统实现的关键技术问题。

3.2.2 人的智能和活动宏观过程

在建模之前,先分析现实世界中,人在学习、工作中智能活动的宏观过程,可用图3-9加以描述。

在该过程中,感知器官为眼、耳、鼻、皮肤等,用以完成对环境信息的感知。效应器官为手、腿、嘴和身体的其他动作部分,它根据反应系统的行为要求,实现所需的行为和动作完成对外界环境的作用。传导神经完成对感知信息和决策信息的传递。思维器官主要由中枢神经系统构成。其中,"计算"实现对感知信息的预处理;"认知"实现由信息到知识的转换;"决策"根据目标,利用知识生成解决问题的方案;"动机"产生行为的内部动力。

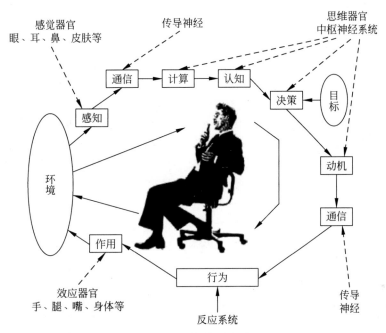

图3-9 人的智能活动过程

从人的智能活动过程分析所获得的重要启示是,人类的智能活动是一个完整而有机的过程,支持这种过程的是一个完整而有机的系统。这一过程中任何一个子系统的失效都有可能使整个过程最终归于失败;这个系统中任何一个子系统的损坏也有可能最终导致整个系统的失效或者部分失效。这是一个整体论观点。当然,另一方面,这个宏观过程的分析也告诉我们,过程中的各个"子过程"及系统中的各个"子系统"又分别担负着各自不同的功能,这些不同功能之间相互联系、相互依存、相互作用、相辅相成、缺一不可。

3.2.3 人的智能形成过程模型

从上述分析中可进一步归纳出几条公认的建模基本假设,作为建模的重要基础:

(1) 所有的历史事实表明,人类是一种以"不断谋求更好生存与发展条件"为目的的物种。目的,是一只驾驭人类一切活动的"看不见而又无时不在和无处不在"的手。

(2) 人类具有足够灵敏的感觉器官和发达的感知系统,能够适时获得外部环境和自身内部各种变化的信息,并根据自己的目的选择需要注意的信息,排除不需要的信息。

(3) 人类具有庞大的传导神经系统,通过它可以把人体联系成一个有机的整体,并能够把获得的各种环境信息传递给身体的各个部位,也可以把自己的决策传递到相应的部位。

(4) 人类具有各种各样的信息处理系统,特别是其中的思维器官,它们具有强大的归纳、分析和演绎能力,通过它们,人类可以从纷繁的信息现象中分析、归纳和演绎出经验和知识。

(5) 人类拥有总体容量巨大的记忆系统,从而能够对所获得的各种信息和经过各种处理所获得的中间结果(包括经验知识)进行分门别类的存储,以供此后随时随处检索应用。

(6) 人类拥有必要的本能知识和大量而简明的常识知识,前者是他们在成为人类之前就通过进化逐步积累起来的求生避险知识,后者是后天逐步学习和积累起来的实用性知识。

(7) 人类具有发达的行动器官(也称为效应器官或执行器官),并能够通过行动器官把自己的意志和集体的思想变为实际行动,对外部环境的状态进行一定的干预、调整和改变。

(8) 人类具有语言能力,能够通过语言表达自己的意愿和理解他人的思想,因此能够与同伴进行交流和协商,形成有效的合作和社会行为。

总的来说,具有上述各项基本能力要素的人类,能够利用自己的感觉器官感知外部环境变化的信息,能够通过神经系统把这些信息传递到身体的各个部位,特别是传递给思维器官,并根据大脑记忆系统中所存储的信息和知识(起初只有本能知识和初步的常识知识)对外来的信息进行各种程度的加工处理,这些处理结果就成为人类对环境的某些新的认识(经验知识和规范知识),然后依据自身的目的和这些新旧知识对环境的变化进行评估,产生应对策略,再通过行动器官按照策略对环境做出反应。

根据上述分析,可建立人的智能形成过程模型,如图3-10所示。

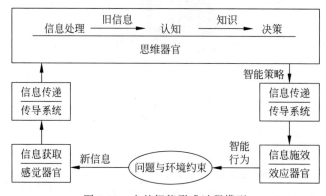

图 3-10 人的智能形成过程模型

该模型表明,人的智能是由人的整个信息系统支撑的:当人面对具体的问题、问题的环境和预期目标的时候,首先通过自己的感觉器官获得关于问题—环境—目标的信息(称为"新信息"),并通过神经系统把这些信息传送给思维器官,后者对这些信息首先经过非认知的预处理(如排序、分类、过滤、去除冗余及进行某些必要的数值计算和简单的逻辑处理等)变成有序的便于利用的"旧信息",然后通过认知把信息转换为相应的知识,在此基础上把知识激活成为能够满足约束、解决问题、达到目标的智能策略,进而通过神经系统把智能策略传送到效应器官,在这里把智能策略转换为相应的智能行为,通过这种智能行为的作用实现对问题的求解,在满足约束条件下达到预期的目标。

3.2.4 人的智能形成的转换机制

图3-10表明,在给定了问题、环境(即求解问题所必须遵循的约束条件,也就是先验知

识)和目标的前提下,只要获得了相关的信息,只要能够完成相应的"信息到知识的转换"及"知识到智能策略的转换",则生成智能的核心任务就完成了。为了简明,可以把智能生成的共性核心机制表述为:信息—知识—智能转换。甚至,还可以更加简明地把它表述为"信息转换"。在这个意义上可以认为,智能的生成机制就是信息转换。

既然智能的共性生成机制表现为"由信息到知识和由知识到智能的转换",现在就逐一考察其中所包含的各种重要的转换问题。由于篇幅所限,这里只介绍转换的基本原理。

1. 转换一:由本体论信息到认识论信息(信息获取)

智能生成机制首先要解决"在给定条件下获得相关信息"的问题,即本体论信息(外部世界的问题信息与环境信息)转换为认识论信息(系统获得的信息)的问题。

2. 转换二:由认识论信息到知识(认知)

智能生成共性机制的第二个转换是由信息提炼知识。我国智能科学学者钟义信在其"知识理论框架"研究中曾经探讨"把信息提炼为知识"和"把知识激活为智能策略"的原则方法。其中指出,某个事物的信息表现的是"该事物运动的状态及其变化的具体方式",事物的知识表达的是"该类事物运动的状态及其变化的抽象规律"。由"具体的变化方式"到"抽象的变化规律"的过程正是从信息资源中提炼知识的过程。因此,由信息到知识的转换原理本质上是一种归纳和抽象的处理过程。

3. 转换三:从知识到智能策略(决策)

由于策略比较集中地体现了求解问题的智能,因此也常常把它称为"智能策略"。准确地说,完整的智能概念应当包含智能生成的过程及智能应用的过程。所以,策略体现的其实只是狭义的智能。

生成智能策略的重要条件是要具备相关问题及其环境的足够知识和信息和要有明确的目标。前者为生成智能策略提供必要的基础,后者为生成智能策略提供引导的方向。基础和方向,两者缺一不可。可以认为,与其他问题不同,求解智能策略的一个重要特色就是"目标导引"。没有目标,就谈不上智能。因此,生成智能策略的过程实质上就是在给定"问题及其环境的知识和信息及求解目标的信息"的约束条件下求解问题的过程。

4. 转换四:由智能策略到智能行为(执行)

生成求解问题的智能策略之后,后续的过程就是要执行这个智能策略,即把智能策略转换为智能行为,使实际问题得到真正的解决。从功能的意义上说,控制系统就是完成由智能策略到智能行为转换的技术系统。

在人的大脑具有产生智能的物质基础上,通过感知、认知、学习等一系列转换过程,形成人的各种智能活动。前述四个转换过程,随着人和事的不同,转换的时间有长短之分,转换过程有难易之分,解决问题的层次有高低之分,取得的成果也有等级之分。但是,在人的智能形成过程中,四个转换环节缺一不可。

3.3 人的智能涌现的思维科学探秘

3.3.1 关于思维科学的重要论述

著名科学家钱学森院士对科学发展的重要贡献之一,是他提出的科学技术体系。在该体系中,共有11个科学技术门类,思维科学是其中重要的门类之一,是关于认识论的科学。所以,科技界公认他是思维科学的倡导者。

在20世纪80年代,他提出开展思维科学的研究,并对思维科学作了界定。他指出,思维科学的任务是研究怎样处理从客观世界获得的信息。

1995年,钱学森院士以信息处理的观点阐述了思维科学的基础科学——思维学包括三个部分:逻辑思维——微观法;形象思维——宏观法;创造思维——微观与宏观的结合。创造思维才是智慧的源泉,逻辑思维和形象思维都是手段。并再次强调了形象思维是突破口及其重要作用。他还预言,有待创建的新学科是作为思维科学突破口的形象(直感)思维学、作为智能涌现的创造思维学、作为体现群体智能的社会思维学等。科学家的预言标志着一个新的研究领域的诞生。

对于自然界最高的物质活动——人类思维,钱学森院士的思维学将其清楚地划分为抽象(逻辑)思维、形象思维和灵感思维,并指出虽然划分为三种思维,但实际上人的每个思维活动过程都不会是单一的一种思维在起作用,往往是两种,甚至三种思维交错、混合地在起作用。该划分统一了学术界的观点,借鉴前人对思维的研究,将三种思维的基本特点归纳于表3-1。

表 3-1 思维的基本特点

思维形式	载体特点	特征
抽象思维	一些抽象的概念、理论和数字等	抽象性、逻辑性、规律性、严密性
形象思维	形象,如语言、图形、符号等	形象性、概括性、创造性、运动性
灵感思维	既可以是抽象的概念等,又可以是形象	突发性、偶然性、独创性、模糊性

在对三种思维特点进行分析之前,先初步分析一下表3-1中列出的三种不同思维的范畴及其与年龄、教育层次的关系,其关系可用图3-11所示的图形表达出来。

图3-11中的A向图可以看成是一个时间阶段,一种教育层次上的各种思维活动的组成情况示意图。从图3-11中可以获知:

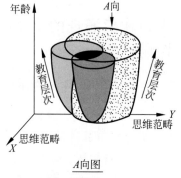

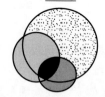

图 3-11 三种不同思维的范畴与年龄和教育层次的关系

(1)生来具有的思维只有形象思维,它是所有其他思维产生并发展的基础。

(2)各种思维能力都随着年龄的增长而增长,但增长速率随着年龄的增长而减缓。

(3)思维能力与所受的教育有密切关系。

(4)思维活动可以只是一种思维方式在起作用,也可以是两种或三种思维方式一起作用。

(5)从A向图中可以看出人的形象思维在思维活动中所占的比例最高(有资料认为,人脑中的形象信息量是抽象信息量的1000倍之多),抽象思维次之,灵感思维最低。

3.3.2 抽象思维的特征

在感性认识的基础上,通过概念、判断、推理来反映事物的本质,揭示事物内部联系的过程是抽象思维。概念是反映事物本质和内部联系的思维形式,概念不仅是实践的产物,同时也是抽象思维的结果。通过对事物的属性进行分析、综合、比较,抽取出事物的本质属性,撇开非本质属性,形成对某一事物的概念。

任何一个科学的概念、范畴和一般原理,都是通过抽象和概括形成的,一切正确的、科学的抽象和概括所形成的概念和思想,都更深刻、更全面、更正确地反映着客观事物的本质。

判断是对事物情况有所肯定或否定的思

维形式。判断是展开了的概念,它表示概念之间的一定联系和关系。客观事物永远是具体的,因此,要做出恰当的判断,就必须注意事物所处的时间、地点和条件。人们的实践和认识是不断发展的,与此相适应,判断的形式也在不断变化,从低级到高级,即从单一判断向特殊判断,再向普遍判断转化。

由判断到推理是认识进一步深化的过程。判断是概念之间矛盾的展开,从而更深刻地揭露了概念的实质。推理是判断之间矛盾的展开,揭露了各个判断之间的必然联系,即从已有的判断(前提)逻辑地推论出新的判断(结论)。判断构成推理,在推理中又不断发展,这说明,推理同概念、判断是相互联系、相互促进的。

抽象思维活动过程可反映出该思维形式具有抽象性、逻辑性、规律性和严密性。抽象思维深刻地反映着外部世界,使人们能够在认识客观规律的基础上科学地预见事物和现象的发展趋势,对科学研究具有重要意义。

3.3.3 形象思维的特征

形象思维是凭借头脑中存储的表象进行的思维,这种思维活动是右脑进行的,因为右脑主要负责直观的、综合的、几何的、绘画的思考。形象是形象思维的细胞,形象思维具有以下四个特征:

(1) 形象性。形象材料的最主要特征是形象性,也即具体性、直观性,这同抽象思维所使用的概念、理论、数字等是不同的。

(2) 概括性。通过典型形象或概括性的形象把握同类事物的共同特征,科学研究中广泛使用的抽样试验、典型病例分析及各种科学模型等,均具有概括性的特点。

(3) 创造性。创造性思维所使用的思维材料和思维产品绝大部分是加工改造过或重新创造出来的形象,艺术家构思人物形象时和科学家设计新产品时的思维材料都具有这样的特点。既然一切有形物体的创新与改造,一般都表现在形象的变革上,那么设计者在构思时就必须对思维中的形象加以利用或创造。

(4) 运动性。形象思维作为一种理性认识,它的思维材料不是静止的、孤立的、不变的。提供各种想象、联想与创造性构思,促进思维运动,对形象进行深入的研究分析,获取所需的知识,这些特性使形象思维既超出了感性认识进入了理性认识的范围,又不同于抽象思维,而是另一种理性认识。形象思维对技术开发、创新设计具有重要意义。

3.3.4 灵感思维的特征

灵感思维也称作顿悟。它是人们借助直觉启示猝然迸发的一种领悟或理解的思维形式。诗人、文学家的"神来之笔",军事指挥家的"出奇制胜",思想战略家的"豁然贯通",科学家、发明家的"茅塞顿开"等,都说明了灵感的这一特点。它是在经过长时间的思索,问题没有得到解决,但是突然受到某一事物的启发,问题一下子解决了的思维方法。"十月怀胎,一朝分娩",就是对这种方法的形象化描写。灵感来自信息的诱导、经验的积累、联想的升华、事业心的催化。

人类的顿悟是人脑反映客观现实的一种机能。爱因斯坦认为顿悟是大脑的特异功能,属于特异思维。灵感思维具有下列特点:

(1) 新颖性或独创性。灵感是一种爆发出来照亮思维困境的特殊光华和智慧闪电。世界上没有两个完全相同的灵感。雕塑家罗丹说,拉斐尔(意大利画家)的色彩与伦勃朗(荷兰画家)的色彩完全不同,这正是拉斐尔的灵感所需要的色彩。灵感都是独创的,如索海勒·伯沙拉用咖啡作画的灵感,就颇具独创性。

(2) 短暂性或易逝性。灵感的高潮期很短,稍现即逝,过后难以回忆,必须及时捕捉住,正如苏轼的著名诗句所讲:"作诗火急追亡逋,清景一失后难摹。"歌德每逢诗兴勃发时,马上跑到桌旁站着写起来,顾不得纸的正或斜。

(3) 突然性或不确切性。灵感好像来无影去无踪,何时出现,难以预料。爱迪生研制电灯时遇到灯丝寿命太短的难题，先后试用了碳、白金等1600多种材料，耗时一年多仍无结果。但他毫不气馁，一天他看到一把芭蕉扇，突然来了灵感，用芭蕉扇边上的竹丝燃烧炭化制成了竹丝电灯，这就是最早的白炽灯丝。

(4) 必然性与偶然性统一。不期而至和瞬时顿悟的灵感，往往在偶然机遇的情况下出现，却富有必然性。只有在大脑储存的信息已经联系起来全部贯通的情况下，才能一触开关，立即全部闪光。例如，1830年奥斯特在指导学生实验时，瞥见电流能使电磁针偏转，从而发现了电磁关系。虽然事出偶然，却是在他10年探索的基础上发现的。

(5) 及时记下灵感。灵感一旦出现，必须火速记录，以防消失忘掉。托尔斯泰总是随身带着笔记本，很多作家都是这样。约翰·施特劳斯被称为圆舞曲之王，一生创作了462首乐曲。有一次他突然出现灵感，但身边有笔无纸，于是马上脱下衬衣，在衣袖上写了起来，这就是他的传世杰作《蓝色多瑙河》圆舞曲。

3.3.5 创造思维的理论依据

在对逻辑思维和形象思维特征分析的基础上，对创造思维的理论做下述探索。

1. 人的大脑是思维器官

由大脑的解剖结构可知，大脑分为左右对称的两个半球。中间由一个较厚的神经纤维大脑将其工作划分为专门化的子任务，左、右脑的思维特点如图3-12所示。

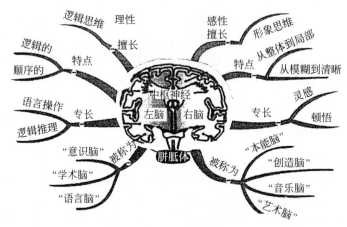

图3-12 左、右脑的思维特点

2. 左、右脑的分工理论

美国心理生物学家斯佩里博士通过著名的割裂脑实验，证实了大脑不对称性的"左右脑分工理论"，并因此荣获1981年诺贝尔生理学或医学奖。正常人的大脑有两个半球，由胼胝体连接沟通，构成一个完整的统一体。在正常情况下，大脑是作为一个整体来工作的，来自外界的信息经胼胝体传递，左、右两个半球的信息可在瞬间进行交流（每秒10亿位元），人的每种活动都是两个半球信息交换和综合的结果。大脑两半球在机能上有分工，左半球感受并控制右边的身体，右半球感受并控制左边的身体。

左、右脑对信息的处理方式、功能及其特点如图3-13所示。

3. 左、右脑协调工作机理

21世纪初，德国科学家发现了大脑协调工作机理。人的大脑左、右脑有比较明确的分工，但面临某个具体问题时，大脑是如何决定让哪一半来工作，左、右脑又是如何交流沟通的呢？德国科学家设计了一个独特的认知实验，发现了大脑内部协调左、右脑工作的"管理中心"和其中的控制机理。前带皮质作为大脑的"管理中心"首先负责对具体问题进行判断，之后按照问题的不同性质"通知"相应负责的半脑。也就是任务分配过程，同时大脑的"管理中心"还承担着左、右脑之间相互交流沟通的任务。

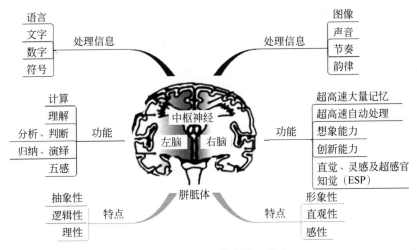

图 3-13　左、右脑信息处理方式

4．左、右脑协同发展理论

著名心理生物学家斯佩里认为右脑具有图像化机能，如企划力、创造力、想象力；与宇宙共振共鸣机能，如第六感、透视力、直觉力、灵感、梦境等；超高速自动演算机能，如心算、数学；超高速大量记忆，如速读、记忆力。右脑像万能博士，善于找出多种解决问题的办法，许多高级思维功能取决于右脑。把右脑潜力充分挖掘出来，才能表现出人类无穷的创造才能，所以右脑又可以称作"本能脑""潜意识脑""创造脑""音乐脑""艺术脑"。右脑的神奇功能征服了全世界，斯佩里为全人类作出了卓越的贡献，被誉为"世界右脑开发第一人"，斯佩里的重要研究成果是对人类大脑科学研究的重大里程碑。人的左脑主要从事逻辑思维，右脑主要从事形象思维，是创造力的源泉，是艺术和经验学习的中枢，右脑的存储量是左脑的 100 万倍。右脑是潜能激发区，其潜能见图 3-14。

人的大脑蕴藏着极大的潜能，这种潜能至今还在"沉睡"着，所以深入挖掘左、右两半球的智能区非常重要，而大脑潜能的开发重在右脑的开发。左脑是人的"本生脑"，记载着人出生以来的知识，管理的是近期的和即时的信息；右脑则是人的"祖先脑"，储存着从古至今人类进化过程中遗传因子的全部信息，很多本人没有经历的事情，一接触就能熟练掌握就是

记忆力：记得牢和快
专注力：学习不分神
观察力：观察事物细微
想象力：对事物的联想
理解力：对事物的认知
创造力：培养创新思维
管控力：行为控制能力
感知力：培养感悟能力
思维力：形象思考活跃

图 3-14　右脑的潜能

这个道理。右脑是潜能激发区，右脑会突然在人类的精神生活的深层展现出迹象；右脑是创造力爆发区，右脑不但有神奇的记忆能力又有高速信息处理能力，右脑发达的人会突然爆发出一种幻想、一项创新、一项发明等。右脑是低耗高效工作区，右脑不需要很多能量就可以高速计算复杂的数学题，高速记忆、高质量记忆，具有过目不忘的本领，人的大量情绪和行为也被右脑所控制。右脑开发是为了充分发挥右脑的优势，并不是以右脑思维代替左脑思维，而是更好地将左、右脑结合起来，进行人类左、右脑的第二次协同，充分调动起人脑的潜能。大脑左、右两半球的功能是均衡和协调发展的，既各司其职又密切配合，二者相辅相成，构成一个统一的控制系统。若没有左脑功能

的开发,右脑功能也不可能完全开发,反之亦然,无论是左脑开发,还是右脑开发,最终目的都是促进左、右脑的均衡和协调发展,从整体上开发大脑。

5. 左、右脑功能融合

左脑主要负责逻辑理解、记忆、时间、语言、判断、排列、分类、逻辑、分析、书写、推理、抑制、五感(视、听、嗅、触、味觉)等,思维方式具有连续性、延续性和分析性,因此左脑可以进行数学计算。右半球虽然是"非优势的",但是它掌管空间知觉能力,对非语言性视觉图像的感知和分析比左半球占优势。有研究表明,音乐和艺术能力及情绪反应等与右半球有更大的关系。

右脑开发的目的是充分发挥右脑的优势,并不是以右脑思维代替左脑思维,而是更好地将左、右脑结合起来,进行人类左、右脑的第二次协同,充分调动起人脑的潜能。斯佩里的研究表明,人的大脑两半球存在着机能上的分工,对于大多数人来说,左半球是处理语言信息的"优势半球",它还能完成复杂、连续、有分析的活动,以及熟练地进行数学计算。右半球虽然是"非优势的",但是它掌管空间知觉的能力,对非语言性的视觉图像的感知和分析比左半球占优势。

大脑左、右两个半球需要共同协调、平衡使用,这才是开发大脑最高的境界,而不能用一种倾向去掩盖另一种倾向。像传统的学习那样,仅仅开发左脑或右脑远远不够,必须协调平衡使用。在这个原则下,适当地多加运用右脑一定会取得非常惊人的效果。仅从记忆来说,右脑的开发就具有极大的价值。大脑记忆知识有不同的层次,最难记忆的是无逻辑数字,而记忆不同的画面是最容易的而且效果最好。根据大脑两个半球的分工协作理论,可以看到右脑记忆知识更容易、更牢固,左脑记忆知识则困难较大。通过传统意义的学习培养出来的人才,大多数是"左脑人",这种"左脑人"所做的许多工作很快会被电脑所替代,而右脑具有创新和巨大的潜能,要超越自己和他人,就一定要在右脑上下功夫,活化与开发右脑,成为一位"右脑人",进而成为具有观察力、综合力、想象力、创造力等聪明智慧的"全脑人"。爱因斯坦说:"我思考问题时不是用语言进行思考,而是用活动的、跳跃的形象进行思考。"只要我们有意识地运用右脑,并做到左、右脑协调平衡发展,就一定会收到很好的效果。图3-15给出了左、右脑功能融合模型。

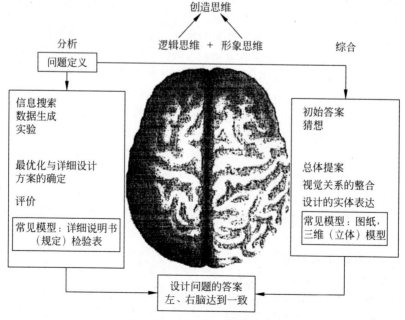

图3-15 左、右脑功能融合模型

人类有着惊人的记忆力,全是大脑的功劳。记忆活动使人不仅能够制订计划,还能够把思想和观念整理得井井有条,进而进行逻辑思维,将感觉到的信息加以分析和综合,以揭示不能直接感知到的事物的本质和运动规律。可以看出,人类在认识和改造自然的同时,也在不断地认识和改造自己,从而更进一步地探索大自然的奥秘。

3.3.6 创造思维的产生机理

在美国心理生物学家斯佩里对左、右脑分工协同理论进行研究的同时,俄罗斯神经生理学家 M.沃劳夫教授又提出了大脑产生创意的概念模型,如图 3-16 所示。

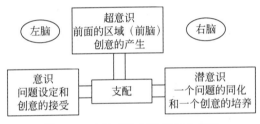

图 3-16 大脑产生创意的概念模型

在图 3-16 所示概念模型的相关资料中,并未见对该模型做进一步研究的论述,因此,学者在创造思维学相关理论的基础上,对此概念模型做了下述分析研究。

1. 人脑三种意识的冰山理论

在研究人类的科学领域中,萨提西提出了著名的冰山理论。该理论实际上是一个隐喻,指一个人的"自我"就像一座漂浮在水面上的巨大冰山,能够被外界观察到的行为表现或应对方式,只是露在水面上很小的一部分,大约有 1/8,这一部分被比作人的意识。而另外 7/8 藏在水底,是暗涌在水面之下的更大山体,主要是长期被人们忽略的内在比作人类右脑的潜意识。而潜意识会接收到更多意识层面遗漏的信息,这些信息不是通过语言或逻辑推理而得,而是长年累月存储在大脑中的,人们不易察觉。这些信息一旦浮现到意识层面,成为一种可辨识的感觉时,就成为图 3-17 所示模型中的超意识。

图 3-17 冰山理论模型

2. 人脑三种意识的支配作用

超意识是一种意识上的认知能力,是对于未来世界的预知能力。心理学家荣格认为超意识是每个人都拥有的财富。预感能力是一种天生的自发能力,是几乎每个人身上都具备的能力,只是在一些人身上可能不够强大,而在另一些人身上特别强大。

根据荣格理论,人们的心灵非常强大,但通常表现出来的是"意识"。超意识在一般情况下总会受到压制,无法直接表现出来。由于在这个世界上万事万物都在绵延不断的时间之流中并排进行着,三种意识状态在不同的时间和空间出现,由于巧合性的支配作用,三种意识形态形成"同步"。当成功捕捉到这些"同步"时,就拥有了形成超意识的基础条件,接着就是把未来世界的图像在潜意识的头脑中绘制出来。所以,超意识既联系着意识,又联系着潜意识,使潜意识向意识转化成为可能。

显然超意识是因为某种契机或外界信息刺激受到激发后,会把自己无法察觉的内心世界反映在外界事物或事件中,从而形成"预感"。这种"预感"的一种表现形成就是创意的产生,创意的不断演化过程就是人脑的超前性思维。

超前性思维也是创新者的重要特质之一。创造思维是创新者的超前性思维,主要表现在超常的洞察力、高度的应变力、科学的预测力和创新的胆识力。创新者能够对科学的发展方向和市场需求形成全面的了解,运用丰富的经验和知识,科学地看待事物的发展规律,从现实的发展方向中预测未来,做出前瞻性的判断和决策,充分反映创造思维的特征。尤其是人脑感知的信息与潜意识、超意识发生纠缠,就会产生出更多的知识、认识、意念、观念、思想,甚至灵感,这就是人类特有的创造思维产生机制。

3.4 人的智能扩展与科技进步

3.4.1 人的特殊能力

人类历史的发展进程已证实,"认识世界与改造(优化)世界"的能力是人类的基本能力,也是人类区别于其他生物物种的特殊能力,更是人类区别于机器系统的独特能力。由此,自然地引出了人的特殊能力的一般概念,具体如下:

$$人的特殊能力\begin{cases}人的体质能力+体质工具能力\\人的体力能力+体力工具能力\\人的智能能力+智能工具能力\end{cases}$$

下面只讨论人的智能能力与智能工具能力,其他两种能力的介绍请参阅相关资料。

在现实世界中,无论你所面对的实际问题简单或复杂,都要求发挥人的智能,产生智能行为去解决具体问题。这一过程必须包括以下一些基本程序:

(1) 具有明确的总体目的。

(2) 在特定环境下能够设定具体的目标和为此需要解决的问题。

(3) 在给定的问题-环境-目标前提下,能够获得必要的相关信息。

(4) 能够把所获得的相关信息提炼成为相应的知识,实现认知。

(5) 针对面临的问题-环境-目标,能够把相应的知识激活成为智能策略。

(6) 能够把智能策略转化为智能行为,最终解决问题,达到目标。

(7) 进而根据总体目的和新环境设定新目标和待解决的新问题,循序渐进以至无穷,形成螺旋式上升的生长系统。

上述过程可用图 3-18 来形象地说明该过程的螺旋式上升生长系统,表明人的智能能力在不断扩展。

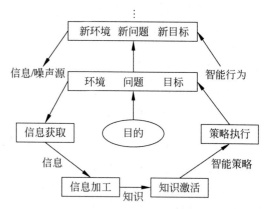

图 3-18 人的智能能力生长系统

3.4.2 人的智能扩展与生存发展目标

按照科技发展规律,"人类自身能力扩展的实际需要"就是科学技术进步的第一要素,从根本意义上说,科学技术发展方向取决于人类能力扩展的实际需求。这种关系可以用图 3-19 的模型来表示。

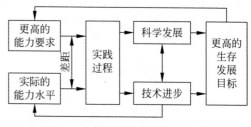

图 3-19 科学技术发展的导向力

该模型表明,不断追求"更高的生存发展目标"是人类社会进步基本的也是永恒的动力,因此,必然会对人类自身提出"更高的能力要求",而当时人类所具备的"实际能力水平"与这种更高的要求之间就出现了能力"差距"。这种能力的差距成为一种无形的、巨大的导向力,支配着人们朝着缩小差距的方向不断努力。科学技术发展的结果,不但缩小了原来存在的能力差距,而且必然推动人类提出"更高的生存和发展目标"。于是,新的更高的能力又会成为新的需求,新的能力差距又会出现,新一轮的实践摸索和科学技术进步又要在新的基础上展开。

3.4.3 人的智能扩展与科技发展规律

对科技史的研究表明,科学技术发展的根本规律——"辅人律""拟人律"和"共生律"是科学技术发展的宏观规律。

(1) 科学技术之所以会发生,根本原因是"辅人"的需要,否则,人类根本不会创造科学技术。这就是科学技术的"辅人律"。

(2) 科学技术之所以会发展,根本原因是"辅人"的需求在不断地深化,因此,科学技术发展的根本的轨迹必然沿着"拟人"的路线前进。这就是科学技术的"拟人律"。

(3) 科学技术发展的结果,必然是以"拟人"的成果为"辅人"服务,因此,前景必然是"人为主、机为辅的人机共生合作"。这就是人与科学技术的"共生律"。

由此导出的便是科学技术发展的第三定律——共生律。它的含义是:科学技术既然是为辅人的目的而发生,按照拟人的规律,为辅人的目的而发展,那么发展的结果就必然回到它最初的宗旨——辅人。于是,人的特殊能力就应当是自身的能力加上科学技术产物(各类工具)的能力,即

人的特殊能力 = 人的三种能力 +
各类工具能力　　(3-1)

其中,

人的全部智能能力 = 人的智能能力 +
智能工具能力　　(3-2)

这就是"共生律"的一个表述,也是其后讨论的人机智能系统概念的高度概括。

3.4.4 人的智能扩展与智能信息网络

智能工具是扩展人的智力功能的工具,它的原型是人的智力系统。图 3-20 所示为人的智力系统和智能工具的信息模型及它们所执行的信息功能过程。

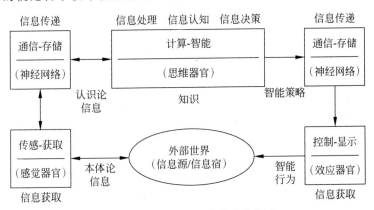

图 3-20　智能信息网络的功能模型

图 3-20 中的椭圆部分表示人们面对的外部世界的各种问题,方框部分表示与这些问题打交道(认识问题、分析问题、解决问题)的智能活动过程。各个方框内横线以下的部分分别表示人的智能活动功能器官(感觉器官、输入神经网络、思维器官、输出神经网络、效应器官),横线以上的部分分别表示与那些器官相应的技术系统(传感-获取、通信-存储、计算-智能、控制-显示),其间的箭头表示这些功能器官(技术系统)之间的功能联系。

模型清楚地表明,如果把传感系统、获取系统、通信系统、存储系统、计算系统、智能系统、控制系统、显示系统按照上述方式组织起来,就可能"以类似于人的方式"(当然不可能完全和人一样)完成各种智能任务,这就是完整意义上的"智能化机器体系"。人们所熟悉

的传感、通信、存储、计算、智能、控制和显示系统在这个体系中各有各的位置和作用。由于智能信息网络在一定程度上能够以"类似于人的方式"完成各种智能任务,因此它可以执行"完整的生产流程"——针对问题获取信息,传递/存储信息,加工信息提炼知识,激活知识生成智能策略,把智能策略转换成智能行为,解决问题达到目的。

显然,"智能信息网络"的实质就是一个智能化的生产工具,面对给定问题和目标,能够以类似于人的方式去获得信息,从中提炼有用的知识,生成解决问题的智能策略,并把智能策略转化为智能行为,解决问题,达到目标。我们把这种面对特定问题的"智能信息网络"称为"专用智能工具"。

依据给定问题的不同,"专用智能工具"的信息内容、知识内容、策略和行为方式也随之不同,但是认识问题、分析问题、解决问题的机制是通用的。以各种各样的"专用智能工具"为基础,通过覆盖整个社会的公用通信网络平台的集成,就可以构成面向整个社会的大规模的"智能信息网络"体系,这就是信息时代智能化生产工具的模型。另外,还需要指出的是,"智能信息网络"特别是"大规模智能信息网络体系"代表宏观范畴(一个区域、一个省市乃至一个国家)普遍的智能应用,"智能机器人"则代表微观场合(一个车间、一条流水线或一个个体岗位)的具体智能应用。智能机器人和智能信息网络是智能技术在微观(局部空间)应用领域和宏观(全部空间)应用领域的两种实现形态,是人类智能的两种具体物化形态,具有无比广阔的应用空间和无比美好的应用前景。

3.5 人机结合智能系统研究概况

3.5.1 人机智能系统研究论述

在国内,马希文是第一个将人看作智能系统中不可缺少的一部分的人工智能研究者,钱学森院士曾多次肯定马希文的观点。

钱学森院士曾经在早期指出智能计算机是非常重要的事,是国家大事,关系到下一个世纪我们国家的地位,如在这个问题上有所突破,将有深远的影响。但后来他提出了新的看法:

"我们要研究的问题不是智能机,而是人与机器相结合的智能系统。不能把人排除在外,是一个人机智能系统。"

"计算机也是一个巨系统,再加上情报、资料、信息库……而成为一个人机智能系统。我们的目的就是构造这样一个系统,它就成为'总体设计部'的不可缺少的支撑了。因此,我们才称它为尖端技术。目前机器还没法解决的事,先让人来干。等机器能做的事慢慢多起来时,人也就被解放得多一些了,人就能发挥更大的作用。"

他还强调了人的作用的意义,归纳而言:

(1) 人的意识活动很丰富,包括自觉的意识、潜意识、下意识,人是靠这些来认识世界的。

(2) 为了认识世界和改造世界,人始终发挥着主导作用,我们要研究的是人和机器相结合的智能系统。

(3) 现在还不可能很快实现这种人机智能系统,目前只能"妥协",实事求是,尽量开拓当前计算机的科学技术,使计算机尽可能多地帮助人来做一些工作,最终实现人-机智能系统。搞人机结合的智能系统,就是让电子计算机及信息系统干它们能干的"理性"的事,让人来处理只有人脑这个复杂巨系统才能干的"非理性"的事,并让两者有机地结合起来。这至少是个技术革命!所以我们的奋斗目标不是中国智能计算机,而是人机结合的智能系统。

另外,中国科学院自动化研究所戴汝为院士等人提出的人机综合集成思想,浙江大学路甬祥院士、陈鹰教授等提出的人机一体化理论等,都是关于人机智能系统的。

我国哲学家熊十力教授认为人的智慧通常叫作心智,而心智又可以分成两部分:一部分叫作"性智",另一部分叫作"量智"。性智是一个人把握全局,定性进行预测、判断的能力,是通过文学、艺术等方面的培养与训练而形成的。性智可以说是形象思维的结果,人们对艺术、音乐、绘画等方面的创作与鉴赏能力等都是形象思维的体现。量智是通过对问题的分析、计算,再经过科学的训练而形成的智慧。人们对理论的掌握与推导,用系统的方法解决问题的能力都属于量智,是逻辑思维的体现。分析现在的计算机的体系结构,用计算机对量智进行模拟是有效的。人工智能的研究表明了模拟逻辑思维可以取得成功,计算机毕竟是人研制出来的,是"死"的不是"活"的,我们用不着非得"死心眼",一定要计算机做它做不到的事。总而言之,明智的方法是人脑与"电脑"相结合,性智由人来创造与实现,而与量智有关的则由计算机来实现,这是合理而又有实效的途径。

在国外,也有类似的看法。美国的德瑞福斯兄弟和德福雷斯早已指出用计算机来实现人工智能的局限性:对于那些非形式化的领域,包括有规律但无规则支持的那些不能形式化的问题,看上去似乎很简单,但计算机无能为力,而人善于处理这一领域的问题。实际上,人具有意识与思维能力,计算机没有;"电脑"(计算机)是"死"的,人脑是"活"的。在国外,莱纳特(Lenat)与费根包姆(Feigenbaum)在1991年也明确提出"人机结合做预测"是知识系统的"第二个纪元"。他们提出,"系统"将使智能计算机与智能人之间形成一种同事关系,人与计算机各自完成自己擅长的任务,系统智能是这种合作的产物。人与计算机的这种交互可能天衣无缝并极其自然,以至于技能、知识及想法在人脑中或在计算机的知识结构中都是没有什么关系的,断定智能在程序之中是不准确的,在这样的人机系统中将出现超人的智能和能力。在这之外,还有着我们如今无法想象的奇迹。百科全书计划(CYC)的研究者在1991年发表的文章的最后,提到了一个新的智能系统的目标,他们认为:"……(系统)的知识在哪儿(在人的头脑中或在计算机的知识结构里)都没有关系,断定智能在程序中是不准

确的"。

伴随着计算机技术的迅猛发展,机器智能的研究不但在一些传统领域中获得了很大的成功,而且在一些新兴领域也取得很大的发展。但是机器智能的研究由单纯追求机器智能的目的发展为追求人机结合的智能系统。这已经逐步成为中国、外国机器智能界的共识。

从体系上讲,人作为成员之一,综合到整个系统中去,利用并发挥人类和计算机的长处,把人和计算机结合起来形成新的体系。强调人在未来智能系统中的作用,是对传统人工智能研究,也是对传统自动化研究目标的革命,这将带来一系列在研究方向及研究课题上的变革。同样,也给人机工程学研究增添了新的活力。

3.5.2 人机结合智能系统的概念

实现人机智能结合,一方面要通过智能集成提高人机系统的综合智能水平;另一方面要通过智能开发促进人的智能的发展和机器智能的开发,达到人机系统的高度智能化、协调化,如图 3-21 所示。

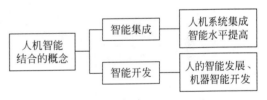

图 3-21 人机智能结合的概念

人机智能结合是指人的智能与机器智能(人工智能)的结合,主要有两方面的含义:

(1) 智能集成,即人的智能与人工智能相结合,取长补短,产生集成智能,可表示为

$$HI + AI \rightarrow II \tag{3-3}$$

式中,HI 为人的智能(human intelligence);AI 为人工智能(artificial intelligence);II 为集成智能(integrated intelligence);+ 为集成。

例如,人的创造才能与计算机的逻辑运算能力相结合,设计启发式智能系统。

(2) 智能开发,即人的智能与人工智能相

结合,相互促进,开发智能,可表示为

$$HI \times AI \rightarrow DI \quad (3-4)$$

式中,HI 为人的智能;AI 为人工智能;DI 为开发智能(developing intelligence);×为促进。

例如,利用人工智能知识工程技术,集中多位专家的知识和经验,构成群体专家系统,可具有高于个别专家的智能水平。利用人的智能,加入启发信息,可提高专家系统知识的推理效率。

系统的"智能化",不仅意味着人工智能的应用,机器智能水平的提高,还需要在人机合理分工的条件下,进行人机智能集成,提高系统的集成智能水平。为了实现人机智能集成,首先,需要应用人机系统和工程心理学方法,进行人机合理分工。例如人为主导,进行需要主动性、创造性、灵活性的工作;机为辅助,进行需要精确计算、重复操作、海量存储的工作。其次,进行友好交互,协同合作解题,才能实现人机智能结合,组成具有集成智能的智能化系统。

人机智能结合方法如图 3-22 所示。

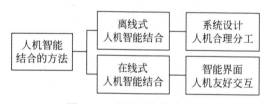

图 3-22 人机智能结合方法

3.5.3 人机结合智能系统展望

1. 人机结合智能系统的发展

研制智能系统,发展智能工程,就要考虑在自动控制领域中引入人工智能的原理与方法,从科学的发展来看,20 世纪 40 年代初在第二次世界大战的要求与影响下,计算机科学、控制论、人工智能等蓬勃发展起来,至今已结出了一些丰硕成果。人们从实践中开始认识到,利用并发挥人类和计算机各自的长处,把人和计算机结合起来,才是正确的追求目标。在这种背景下,国内外的研究者不得不对传统的人工智能研究进行反思。

首先在人机结合智能系统中,特别强调人的作用及意义,归纳如下。

(1) 人的意识活动是很丰富的,包括自觉的意识、潜意识、下意识,人是靠这些来认识世界的。

(2) 为了认识世界和改造世界,人始终发挥着主导的作用,我们要研究的是人与机器相结合的智能系统。

(3) 现在还不可能很快实现这种人机智能系统,目前只能做些"妥协",实事求是尽量开拓当前计算机的科学技术,使计算机尽可能地多帮助人来做些工作。最终实现人机智能系统。

对于一个智能系统而言,其成功与否表现在针对所设定的目标在学习、知识获取和问题求解等某方面的能力。单纯就人工智能系统而言,也就是说对以传统人工智能方法构建的机器系统,它处理"感受"这种很难用清晰的指令来表达且不知其所以然的问题是非常困难的。"感受"属于非理性范畴,它是定性的。因此,对系统的智能行为,明斯基认为,"智能"是我们仍不了解的那些过程的统称。而智能行为正表现在"感受"之中,"感受"是知识(与以前的"感受")综合集成的产物。这种综合集成正是人之所长,这也是人机系统的整体优势。人脑实际上是一个开放复杂巨系统,具有综合集成的功能。"感受"就是形象思维,它正是人脑与周围环境相互作用或通过实践所产生的,具有经验性的"智力",人的聪明才智正是形象思维、逻辑思维与所积累的知识、信息进一步通过综合集成的结果。这样一来,人机系统的智能就表现为:计算机的机器系统发挥其擅长逻辑运算和快速而强大的运算容错能力,人则发挥专有的形象思维能力来参与综合集成。再应用迅速发展的人机交互技术,解决人机通信问题,人处于图文共存的程序设计环境之中减少信息的歧义性对问题有较完整的理解。这样综合集成的结果,发挥了人机结合的整体优势,达到了减少系统搜索空间,实现系统有教师的学习、获取有效的知识和对问题快速准确的求解能力,从而表现出远超过人和机器分别相加的智能行为。

对于人机结合智能系统的高度认识,是思维科学与系统科学研究的重要结果,它贯穿在综合集成研讨厅体系的构建当中。对智能系统的综合集成实现研讨厅框架过程中,在开放复杂巨系统相关信息的处理当中,对人机结合并发展到人机共创有了具体认识。

2. 人机结合智能系统的未来

如果逐步把现代科学技术体系的建设,尽可能地置于互联网上,那就在一定程度上体现了波普尔(K. Popper)所说的人类实践累积的知识信息的第三世界。再利用综合集成法,以及以互联网为基础的人机结合的研讨厅体系,对信息、知识与智能三者加以处理。例如,利用综合集成法把大量信息加以集成,使之成为知识。目前,从数据库里提炼出知识(KDD)的工作已成为研究的热点之一,再从大量数据与知识之中,借助综合集成与研讨厅体系,通过三个世界间的交互作用,使"智慧"涌现出来。

人机系统认知过程的最大特点就是交互作用,人机系统的概念随着系统的复杂性而体现其拓宽。人的社会性和集团化日益凸显,机器的集群性和自组织功能得到发展,所以人机系统这种交互作用的数量、范围迅速增长。社会化的人们之间扩大着相互影响;机器群组之间流动着日益增长的信息;知识组合选择、人群和机群之间的感受和知识交相流动;定性和定量认识循环转化;庞杂的数据、信息、知识、概念彼此间在网络中流动、碰撞、选择组合直至综合集成。当这种交互作用由量变达到一定的阈值后,就会有质的转化,当综合集成到一定新的层次后就会有智能产生。诞生在开放复杂巨系统环境中的这种人机系统,正是人和环境的交互作用,焕发了巨大认知能力,成为智慧涌现的不竭源泉。这正是思维科学、认知科学的崇高使命,也正是人类智慧研究这一永恒命题的时代答案。

信息革命与现代科学技术体系的形成,将会以人机结合的思维体系取代原来的以个人为主的体系。人脑和计算机都是信息处理的工具,人脑通过经验积累与形象思维,擅长对不精确的、定性的把握,而计算机则以极快的速度,擅长准确的、定量的计算,两者充分发挥各自的优势,又互相结合,再加以综合集成法及从定性到定量的综合集成研讨厅体系在信息网络上实现,既能达到集智慧之大成,又可通过反馈作用提高人的思维效率,从而增强人的智慧。这是多么了不起的事!从人类的发展来看,"直接提高人的智慧"是人类有史以来的一种美好愿望,以往的历史阶段只是接近于梦想,经历信息革命后,这一愿望将会变成现实。

可以预期,"人机结合"大成智慧的学术思想为人们所接受后,我国的教育系统必然会有所改变,其结果将使人类已掌握的与即将掌握的知识与技术能以极其灵活方便的方式被人类共享,各式各样的智能系统将成为与人类密不可分的工具,人的智慧得以充分发展,人类也随之被改造了。正如钱学森所说:"将会出现一个'新人类',不只是人,是'人机'结合的'新人类'!"

第4章

人的心理活动与创造性行为

4.1 心理活动与行为构成

4.1.1 心理活动

心理学是研究人的心理活动及其行为规律的科学。心理是人的感觉、知觉、注意、记忆、思维、情感、意志、性格、意识倾向等心理现象的总称。人的心理活动是很复杂的,为了方便研究,心理学把人的心理活动区分为不同方面,如图 4-1 所示。

心理学把心理活动区分为不同方面是为了研究的需要。实际上,人的心理活动是一个整体,各种心理活动之间是相互联系、相互影响的,并且在特定情境中综合地表现为一定的心理状态,在行为上得到体现。

从哲学上讲,人的心理是客观世界在人头脑中主观能动的反映,即人的心理活动内容来源于我们客观现实和周围的环境。每一个具体的人所想、所做、所为均有两个方面,即心理和行为。两者在范围上既有所区别,又有不可分割的联系。心理和行为都用来描述人的内外活动,但习惯上用"心理"的概念来描述人的内部活动(但心理活动要涉及外部活动),而用"行为"概念来描述人的外部活动(但人的任何行为都是发自内部的心理活动)。所以人的行为是心理活动的外在表现,是活动空间的状态推移。因此,心理学除了分门别类地研究上

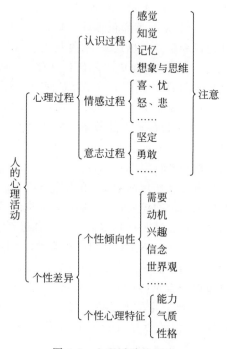

图 4-1 心理活动的组成

述心理活动外,还要研究心理状态和行为。

4.1.2 行为构成

著名的社会心理学家列文(K. Lewin),将密不可分的人与环境的相互关系用函数关系来表示,认为行为决定于个体本身及其所处的环境,即

$$B = f(P \cdot E) \qquad (4\text{-}1)$$

式中，B 为行为；P 为人；E 为环境。

也就是行为(B)是人(P)及环境(E)的函数(f)，表现出人与其所处的环境在相互依存中影响行为的产生与变化。

就个体人而言，"遗传""成熟""学习"是构成行为的基础因素。遗传因素在受精卵形成时即已决定，其以后的发展都受所处环境因素的影响，故前述公式可简化为

$$B=f(H \cdot E) \quad (4-2)$$

式中，H 为遗传。

展开来分析行为的发展，其基本模式可概括为

$$B=H \cdot M \cdot E \cdot L \quad (4-3)$$

式中，B 为行为；H 为遗传；M 为成熟；E 为环境；L 为学习。

式(4-3)说明行为受遗传、成熟、环境、学习四个因素的相互作用、相互影响。遗传因素一经形成，即已确定，后天无法对其产生影响。

成熟因素受到遗传和环境两种因素的共同作用、共同影响。一般来说，个体成熟遵循一定的自然规律，先后顺序是固定的，婴儿先会爬后会站立，先会走后会跑。但是在自然成熟过程中，其所处环境的诱导刺激因素的作用是不能低估的。

学习因素是个体发展中不可缺少的历程。个体经过尝试与练习，或接受专门的训练培养或个体自身主动地探求追索，使行为有所改变，逐渐丰富了知识和经验。学习与成熟是个体发展过程中两个互相关联的因素，两者相辅相成。

成熟提供学习的基本条件和行为发展的先后顺序，学习的效果往往受成熟的限制。常见到这种现象，有些孩子到了某一年龄段，智慧"开窍"了，成绩突飞猛进，表现十分突出，这就是成熟而将潜在的学习能力发挥出来的结果。

环境因素是人与环境系统中的客观侧面。上面讨论了构成人的主观侧面的遗传、成熟、学习等因素，其中在成熟与学习因素中已经含有环境因素。只是所涉及的环境是近距离的、近身的，而我们行为模式中单独提出的环境因素则是广义的。既可以是微观的、近距离的，又可以是宏观的、远距离的；既有自然环境，有社会环境；既可以是利用自然环境，又可以是加工改造或人们创造的人工环境。

4.1.3 行为反应

行为是有机体对于所处情境的反应形式。心理学家将行为的产生分解为刺激、生物体、反应三个方面来讨论，即

$$S \rightarrow O \rightarrow R \quad (4-4)$$

式中，S 为外在、内在刺激；O 为有机体人；R 为行为反应。

1. 刺激

刺激一词在心理学上是使用频率很高的词汇，它的含义十分广泛。围绕机体的一切外界因素，都可以看成是环境刺激因素，同时也可以把刺激理解为信息，人们对接收的外界信息会自动处理，做出各种反应。构成刺激的源泉十分复杂，图 4-2 将刺激来源做了归纳分类。

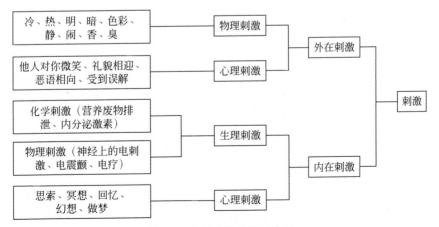

图 4-2 刺激来源分析示意图

刺激来源,可分为来自体外和来自体内两个方面,前者称为外在刺激,后者称为内在刺激。外在刺激可分为物理刺激和心理刺激,内在刺激可分为生理刺激与心理刺激。

(1) 外在物理性刺激,在生活中随处存在,可以通过人的感觉器官而感受到。皮肤可以感受到环境温度的冷热;眼睛可以看到色彩和光的明暗;耳朵可以听到悦耳的音乐,也可以听到喧闹的噪声;鼻子则可以区分空气中的气味或香或臭;舌头则可以品尝入口食物、饮料的苦辣酸甜及其他美味。这些外在环境物理刺激通过人们的感觉器官经传入神经纤维到达中枢神经系统,产生各种感觉。

(2) 内在刺激,是不依赖于身体外表感觉器官而产生的刺激。其中生理性刺激虽不直接借助于身体外表感觉器官,但需借助于体外刺激因素,如化学刺激,人们日常饮食消化过程中的营养物被身体吸收、废物被排出体外、内分泌激素的变化等,既表现为生物化学过程,也属于生理化学刺激。这种刺激表现为自律性,人的主观意识是不能控制的自动过程。

内在生理刺激有时也会借助于外在物理刺激,但其途径并不借助于身体外表感觉器官,而是借助于物理手段,如在医疗过程中对神经系统的电刺激、电震颤、电疗等,均属于生理物理刺激。

内在刺激不仅产生于生理,还产生于心理活动。日常生活中每个人都会经历过独自思索、冥想,或者回忆过去,或者幻想未来,或者在梦境中遨游世界。这些思维活动并非直接现实的感知活动,然而会对心理精神世界产生情感上的影响。

上述一切刺激现象都可以理解为环境对人体直接或间接的影响,处于核心地位的人体,在接受刺激后都会做出相应的行为反应。

2. 人体

人的中枢神经系统是接受外界刺激及做出反应的指挥中心,它既负责接受刺激,又负责对刺激进行判断后做出必要的反应,所以称为中枢神经系统。在此系统中,脑处于中心地位,负责协调指挥。而这一切都是自动进行的,属于自律行为。

就机体来看,围绕中枢神经系统,还存在负责接受刺激的传入神经系统,也存在指挥反应的传出神经系统。有些反应不都需要经过中枢神经系统,在机体外围还存在周围神经系统,可将环境刺激经传入神经系统直接传递给传出神经系统,如图4-3中的虚线所示。

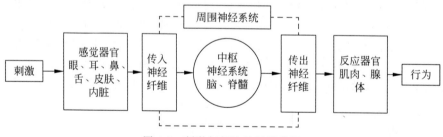

图 4-3 刺激与行为关系示意图

机体的神经系统外观是看不到的,而机体接受环境刺激需要借助于感觉器官,健康的正常人的感觉器官,包括眼、耳、鼻、舌、皮肤、内脏,直接同外界环境相接触,成为接受外界刺激的桥梁。机体同时存在复杂的反应器官,由肌肉、腺体完成反应动作,做出明确的反应。

3. 反应

行为既包括内在蕴含的动机情绪,也包括外在显现的动作表现。机体接受刺激必然要做出反应,这种反应无论属于内在的或是外在的,都是行为的表现形式。

人们由于外界的刺激而产生某种需要和欲望,做出某种行为以达到一定的目标。这一过程可用图4-4描述。当外界的刺激产生需要而未得到满足时,就会出现心理紧张,产生某种动机,在动机的支配下,采取目标导向和目标行动。倘若目标达到了,当前的需要就满足了,就会产生新的需要,进入新的循环;如果目标没有达到,就会出现积极行动或对抗行动,并反馈回来,开始新的循环。故满足人的需要是相对的、暂时的。行为和需要的共同作用将推动人类社会发展。

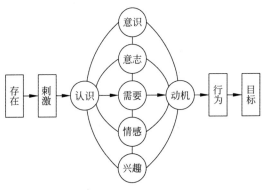

图 4-4　行为的基本模式

4.2　人的感知心理过程与特征

4.2.1　感觉的基本特征

感觉是一种最简单而又最基本的心理过程,在人的各种活动过程中起着极其重要的作用。人除了通过感觉分辨外界事物的个别属性和了解自身器官的工作状况外,一切较高级的、较复杂的心理活动,如思维、情绪、意志等都是在感觉的基础上产生的。所以说,感觉是人了解自身状态和认识客观世界的开端。

1．适宜刺激

人体的各种感觉器官都有各自最敏感的刺激形式,这种刺激形式称为相应感觉器的适宜刺激。人体各主要感觉器官的适宜刺激及其识别特征见表 4-1。

表 4-1　人体各主要器官的适宜刺激和识别特征

感觉类型	感觉器官	适 宜 刺 激	刺激来源	识别外界的特征
视觉	眼	一定频率范围的电磁波	外部	形状、大小、位置、远近、色彩、明暗、运动方向等
听觉	耳	一定频率范围的声波	外部	声音的强弱和高低,声源的方向和远近等
嗅觉	鼻	挥发的和飞散的物质	外部	辣气、香气、臭气等
味觉	舌	被唾液溶解的物质	接触表面	甜、咸、酸、辣、苦等
皮肤感觉	皮肤及皮下组织	物理和化学物质对皮肤的作用	直接和间接接触	触压觉、温度觉、痛觉等
深部感觉	肌体神经和关节	物质对肌体的作用	外部和内部	撞击、重力、姿势等
平衡感觉	半规管	运动和位置变化	内部和外部	旋转运动、直线运动、摆动等

2．感觉阈限

刺激必须达到一定的强度方能对感觉器官发生作用。刚刚能引起感觉的最小刺激量,称为感觉下限;能产生正常感觉的最大刺激量,称为感觉上限。刺激强度不允许超过上限,否则不但无效,而且会引起相应感觉器官的损伤。能被感觉器官所感受的刺激强度范围,称为绝对感觉阈值。

感觉器官不仅能感觉刺激的有无,还能感受刺激的变化或差别。刚刚能引起差别感觉的刺激最小差别量,称为差别感觉限,不同感觉器官的差别感觉限不是一个绝对值,而是随着最初刺激强度的变化而变化,且与最初刺激强度之比是一个常数。对于中等强度的刺激,其关系可用韦伯定律表示,即

$$\frac{\Delta I}{I}=K \qquad (4\text{-}5)$$

式中,I 为最初刺激强度;ΔI 为引起差别感觉的刺激增量;K 为常数,又称韦伯分数。

3．适应

感觉器官经过持续刺激一段时间后,在刺激不变的情况下,感觉会逐渐减小直至消失,

这种现象称为"适应"。通常所说的"久而不闻其臭"就是嗅觉器官产生适应的典型例子。

4．相互作用

在一定条件下,各种感觉器官对其适宜刺激的感受能力都将受到其他刺激的干扰影响而降低,由此使感受性发生变化的现象称为感觉的相互作用。例如,同时输入两个视觉信息,人往往只倾向于注意其中一个而忽视另一个;同时输入两个相等强度的听觉信息,对其中一个信息的辨别能力将降低50%;当视觉信息与听觉信息同时输入时,听觉信息对视觉信息的干扰较大,视觉信息对听觉信息的干扰较小。此外,味觉、嗅觉、平衡觉等都会受其他感觉刺激的影响而发生不同程度的变化。

利用感觉相互作用规律来改善劳动环境和劳动条件,以适应操作者的主观状态,对提高生产率具有积极的作用。因此,对感觉相互作用的研究在人机工程学设计中具有重要意义。

5．对比

同一感觉器官接受两种完全不同但属同一类的刺激物的作用,而使感受性发生变化的现象称为对比。感觉的对比分为同时对比和继时对比两种。

几种刺激物同时作用于同一感受器官时产生的对比称为同时对比。例如,同样的灰色图形,在白色的背景上看起来显得颜色深一些,在黑色背景上又显得颜色浅一些,这是无彩色对比;而灰色图形放在红色背景上呈绿色,放在绿色背景上又呈红色,这种图形在彩色背景上产生向背景的补色方向变化的现象叫作彩色对比。

几个刺激物先后作用于同一感受器官时,将产生继时对比现象。例如,吃了糖以后接着吃带有酸味的食品,会觉得更酸;又如,左手放在冷水里,右手放在热水里,过一会儿,再同时将两手放在温水里,则左手感到热,右手会感到冷,这都是继时对比现象。

6．余觉

刺激取消以后,感觉可以存在一极短时间,这种现象叫作"余觉"。例如,在暗室里急速转动一根燃烧着的火柴,可以看到一圈火花,这是由许多火点留下的余觉组成的。

4.2.2　知觉的基本特性

知觉是人脑对直接作用于感觉器官的客观事物和主观状况的整体反映。人脑中产生的具体事物的印象总是由各种感觉综合而成的,没有反映个别属性的知觉,也就不可能有反映事物整体的感觉。所以,知觉是在感觉的基础上产生的。感觉到的事物个别属性越丰富、越精确,对事物的知觉也就越完整、越正确。

虽然感觉和知觉都是客观事物直接作用于感觉器官而在大脑中产生的对所作用事物的反映,但感觉和知觉又是有区别的,感觉反映客观事物的个别属性,而知觉反映客观事物的整体。以人的听觉为例,作为听知觉反映的是一段曲子、一首歌或一种语言,而作为听觉所反映的只是一个个高高低低的声音。所以,感觉和知觉是人对客观事物的两种不同水平的反映。

在生活或生产活动中,人都是以知觉的形式直接反映事物,而感觉只作为知觉的组成部分存在于知觉之中,很少有孤立的感觉存在。由于感觉和知觉关系密切,所以,在心理学中就把感觉和知觉统称为"感知觉"。

1．整体性

在知觉时,把由许多部分或多种属性组成的对象看作具有一定结构的统一整体,这一特性称为知觉的整体性。例如,观察图4-5时,不是把它感知为不规则的黑色斑点,而会感知为由黑色斑点组成的一只可爱的小狗形象。同样,在观察图4-6时,最初感知到一些深浅不同的黑灰斑点,而很快会从其浅色背景中感知到一个长方形。

2．选择性

在知觉时,把某些对象从某一背景中优先区分出来,并予以清晰反映的特征,叫作知觉选择性。从知觉背景中区分出对象一般取决于下列条件:

(1)对象和背景的差别。对象和背景的差

现象。

知觉对象和背景的关系不是固定不变的，而是可以相互转换的。如图4-7(a)所示，这是一张双关图形。在知觉这种图形时，既可知觉为黑色背景上的白花瓶，又可知觉为白色背景上的两个黑色侧面人像。

3. 理解性

在知觉时，用以往所获得的知识经验来理解当前的知觉对象的特征，称为知觉的理解性。正因为知觉具有理解性，所以在知觉一个事物时，同这个事物有关的知识、经验越丰富，对该事物的知觉就越丰富，对其认识也就越深刻。例如，同样一幅画，艺术欣赏水平高的人，不但能了解画的内容和寓意，而且能根据自己的知识、经验感知到画的许多细节；而缺乏艺术欣赏能力的人，则无法知觉画中的细节问题。

语言的指导能唤起人们已有的知识和过去的经验，使人对知觉对象的理解更迅速、完整。例如，图4-7(b)也是一张双关图形，提示者可以把它提示为立体的东西，而这个立体随着提示者的语言可以形成向内凹或向外凸的立体。

图4-5　知觉的整体性例一

图4-6　知觉的整体性例二

别越大（包括颜色、形态、刺激强度等方面），对象越容易从背景中区分出来，并优先突出，给予清晰的反映；反之，就难以区分。例如，重要新闻用红色套印或用特别的字体排印就非常醒目，特别容易区分。

（2）对象的运动。在固定不变的背景上，活动的刺激物容易成为知觉对象。例如，航道的航标用闪光作为信号，更能引人注意，提高知觉效率。

（3）主观因素。人的主观因素对于选择知觉对象相当重要，当任务、目的、知识、经验、兴趣、情绪等因素不同时，选择的知觉对象便不同。例如，情绪良好、兴致高涨时，知觉的选择面就广泛；而在抑郁的心境状态下，知觉的选择面就狭窄，会出现视而不见、听而不闻的

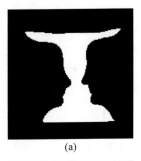

(a)

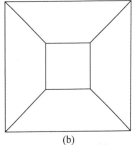

(b)

图4-7　双关图形

对于图4-8(a)所示的简单图形，当提示者提示为小动物时，观察者注视左侧，看到是鸭子；观察者如果再注意右侧，则看到是兔子。

在观察 4-8(b)所示的图形时,在未得到语言提示的情况下,观察者仅在黑点几何图形上找答案,当提示者提示为英语字母时,观察者迅速从背景中区分出字母"DYL"。

图 4-8 语音提示对知觉的影响

4. 恒常性

知觉的条件在一定范围内发生变化,而觉的印象却保持相对不变的特性,叫作知觉的恒常性。知觉的恒常性是经验在知觉中起作用的结果,也就是说,人总是根据记忆中的印象、知识、经验去知觉事物。在视知觉中,恒常性表现得特别明显。关于视知觉对象的大小、形状、亮度、颜色等的印象与客观刺激的关系并不完全服从于物理学的规律,尽管外界条件发生了一定的变化,但观察同一事物时,知觉的印象仍相当恒定。

5. 错觉

错觉是对外界事物不正确的知觉。总的来说,错觉是知觉恒常性的颠倒。例如,在大小恒常性中,尽管视网膜上的映像在变化,而人的知觉经验却完全忠实地把物体的大小和形状等反映出来。反之,错觉表明的另一种情况是,尽管视网膜上的映像没有变化,而人知觉的刺激却不相同,图 4-9 中列举了一些众所周知的几何图形错觉。错觉产生的原因目前还不很清楚,但它已被人们大量用来为工业设计服务。例如,表面颜色不同而造成同一物品轻重有别的错觉,早就被工业设计师所利用。小巧轻便的产品涂着浅色,使产品显得更加轻便灵巧;而机器设备的基础部分则采用深色,可以使人产生稳固之感。从远处看,圆形比同等面积的三角形或正方形要大出约 1/10,交通上利用这种错觉规定圆形表示"禁止"或"强制"的标志等。

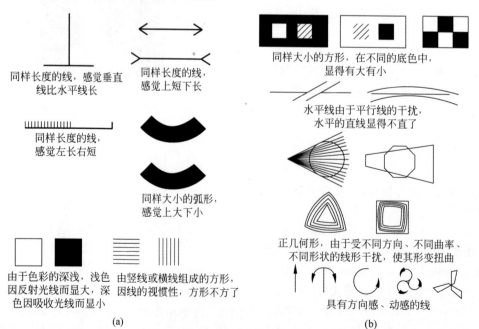

图 4-9 几何图形错觉

4.3 人的认知心理过程与特征

4.3.1 注意的过程

注意是一种常见的心理现象。它是指一个人的心理活动对一定对象的指向和集中。这里的"一定对象",既可以是外界的客观事物,也可以是人体自身的行动和观念。

英国剑桥大学布罗德本特对注意的生理机制做了理论解释。他认为,人对外界刺激的心理反应,实质上是人对信息的处理过程,其一般模式为:外界刺激→感知→选择→判断→决策→执行。"注意"就相当于其中的"选择"。由此他建立了一个选择注意模型,如图4-10所示。

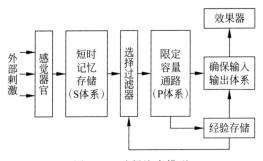

图4-10 选择注意模型

由图4-10可见,各种外界刺激通过多种感觉器官并行输入,感知的信息首先通过短时记忆存储体系(S体系)保持下来,但能否被中枢神经系统清晰地感知,要受到选择过滤器的制约。该过滤器相当于一个开关,且按"全或无"的规律工作,其结果只使得一部分信息能到达大脑,而另一部分信息不能进入中枢,以免中枢的接收量太多,负担过重,由此造成注意具有选择性和注意广度等特性。也就是说,并不是所有的外界刺激都能被注意到,不被注意也就相当于"没注意"或"不注意"。过滤器的"开关"动作受中枢信息处理能力的限定,而哪些信息通过,哪些不能通过,则和人的需要、经验等主观因素相关。

4.3.2 注意的特点

人的各种心理活动均有一定的指向性和集中性,心理学上称为"注意"。当一个人对某一事物发生注意时,他的大脑两半球内的有关部分就会形成最优越的兴奋中心,同时这种最优越的兴奋中心会对周围的其他部分发生负诱导作用,因而对于这种事物就会具有高度的意识性。

注意分为无意注意和有意注意两种类型。

无意注意是指没有预定的目的,也不需要作意志努力的注意,它是由于周围环境的变化而引起的。

影响注意的因素有两个方面:一方面是人的自身努力和生理因素,另一方面是客观环境。注意力是有限的,被注意的事物也有一定的范围,这就是注意的广度。它是指人在同一时间内能清楚地注意到的对象的数量。心理学家通过研究证实,人们在瞬间的注意广度一般为7个单位。如果是数字或没有联系的外文字母的话,可以注意到6个;如果是黑色圆点,可以注意到8个或9个,这是注意的极限。

在多数情况下,如果受注意的事物个性明显、与周围事物反差较大,或本身面积或体积较大、形状较显著、色彩明亮艳丽,则容易吸引人们的注意。因此,在室内环境设计时,为引起人们的注意,应加强相对的刺激量,常用的方法有三种:加强环境刺激的强度、加强环境刺激的变化性、采用新颖突出的形象刺激。

有意注意是指有预定目的,必要时还需要做出一定意志努力的注意。这种注意主要取决于自身的努力和需要,也受客观事物刺激效应的影响。如有意要购买某一物品,则会注意选择哪一家商店最合适,而有关商店就要将商品陈列在顾客容易注意的地方,这就形成了橱窗设计。

4.3.3 记忆的过程

1. 记忆的内涵

记忆是一个复杂的心理过程,它可以具体划分为识记、保持、再认、再现等阶段。其生理心理学解释和信息论的解释可归纳于表4-2。

2. 记忆的种类

记忆,按其目的性的程度或采用的方法,

可以分为不同种类。掌握不同类型记忆的特点，可以增强记忆的效果。

(1) 有意记忆与无意记忆。按记忆中意志的参与程度，可将其分为有意记忆和无意记忆，两者的特点可归纳于表4-3。

(2) 机械记忆与意义记忆。按记忆的方法划分，记忆可分为机械记忆与意义记忆，两者的区别与特点见表4-4。

表4-2 记忆的解释

记忆的不同阶段	识 记	保 持	再 认	再 现
经典的生理心理学解释	大脑皮层中暂时神经联系（条件反射）的建立	暂时神经联系的巩固	暂时神经联系的再活动	暂时神经联系的再活动（或接通）
信息论的观点	信息的获取	信息的储存	信息的辨识	信息的提取和运用

表4-3 有意记忆与无意记忆的特点

有 意 记 忆	无 意 记 忆
① 有明确的目的； ② 有意志的参与，需经努力； ③ 有计划性； ④ 记忆效果好； ⑤ 记忆内容专一； ⑥ 对完成特定的任务有利	① 无明确的目的； ② 意志的参与较少，一般没有经过特别努力； ③ 随机的，无计划性； ④ 记忆效果差； ⑤ 记忆内容广泛而不专一； ⑥ 对储存多种经验有益

表4-4 机械记忆与意义记忆的特点

机 械 记 忆	意 义 记 忆
① 对内容不理解情况下的记忆； ② 死记硬背； ③ 对不熟悉的事物多采用此方法； ④ 方式简单； ⑤ 记忆效果不巩固； ⑥ 容易遗忘，需经常复习	① 以对内容的理解为基础的记忆； ② 灵活记忆； ③ 对较熟悉的事物多采用此方法； ④ 方式较为复杂； ⑤ 记忆较牢固； ⑥ 不易遗忘，保持较持久

(3) 瞬时记忆、短时记忆与长时记忆。按时间特性划分，记忆可分为瞬时记忆、短时记忆与长时记忆。瞬时记忆又叫感觉记忆、感觉储存和感觉登记。它是记忆的最初阶段，对材料保持的时间极短。在视觉范围内，材料保持的时间不超过1 s，信息完全依据它们具有的物理特征编码，有鲜明的形象性。在听觉范围内，材料保持的时间在0.25~2 s之间，这种听觉信息的储存，也叫回声记忆。瞬时记忆可以储存大量的潜在信息，其容量比短时记忆大得多，但由于其记忆持续的时间极短，储存的内容往往意识不到，因此易于消失。如果加以注意，则会转入短时记忆。

短时记忆一般是指保持1 min以内的记忆。短时记忆对内容已进行了一定程度的加工编码，因而对内容能意识到，但如不加以复述，大约1 min内将消退，且不能再恢复。短时记忆的容量有限，通常认为是7±2组块，现代研究认为可能是5个组块。

如果对短时记忆的内容加以复述或编码，则可以转入长时记忆。长时记忆一般是指保持1 min以上以至终生不忘的记忆。从信息来源看，它是对短时记忆加工复述的结果，但也有些是由于印象深刻而一次形成的。在长时记忆中,信息的编码以意义为主,是极其复杂的过程,长时记忆的广度几乎是无限的。

瞬时记忆、短时记忆、长时记忆是记忆过程的三个不同阶段,三者相互联系、相互补充,各有特点,也各有用途。瞬时记忆作为对内容的全景式扫描,为记忆的选择提供了基础,且为潜意识充实了信息;短时记忆作为工作记忆,对当时的认知活动具有重要意义;长时记忆将有意义和有价值的材料长期保存下来,有利于经验的积累和日后对信息的提取。三种记忆的特点比较见表4-5。

表4-5　瞬时记忆、短时记忆和长时记忆的特点

瞬时记忆	短时记忆	长时记忆
单纯存储	有一定程度的加工	有较深的加工
保持1 s	保持1 min	大于1 min以至终生
容量受感受器生理特点决定较大	容量有限,一般为7±2个组块	容量很大
属活动痕迹,易消失	属活动痕迹,可自动消失	属结构痕迹,神经组织发生了变化
形象鲜明	形象鲜明,但有歪曲	形象加工、简化、概括

3. 记忆的过程

外界通过感官系统进入人脑的信息量是非常大的,其中只有1%的信息能被长期储存起来,而大部分被遗忘了。记忆的形成由获得、巩固和再现三个过程组成。获得是感知外界信息,即通过感觉系统向脑内输入信号的过程。这一过程易受外界因素的干扰。巩固是获得的信息在脑内编码储存和保持的阶段,与该信息对个体的意义及是否反复应用有关。长久储存的信息总是对生物个体具有重要的意义和经常反复出现。再现是将脑内储存的信息提取出来使之再现于意识中的过程。

根据信息输入到信息提取所经过的时间间隔不同和对信息编码方式的不同,可将人类记忆分为四个阶段,即感觉性记忆、第一级记忆、第二级记忆和第三级记忆,如图4-11所示。

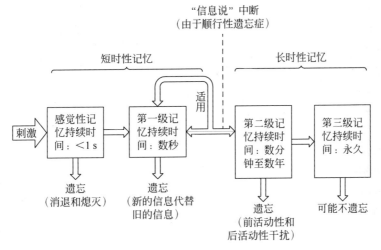

图4-11　记忆四个阶段的信息流图解

感觉性记忆是指通过感觉系统获得信息后,首先在脑的感觉区内贮存,这一阶段贮存信息的时间很短,一般不超过1 s,如果没有经过注意和处理很快就会消失,如果信息在这一阶段经过加工处理,把那些不连续的、先后进来的信息整合成新的、连续的印象,就可以从短暂的感觉性记忆转入第一级记忆;信息在第一级记忆中停留的时间仍很短,平均约几秒

钟,如果反复运用,信息便在第一级记忆中循环,从而延长了信息在第一级记忆中停留的时间,这样就容易使信息转入第二级记忆;第二级记忆是一个大而持久的贮存系统,记忆的时间从数分钟到数年;有些记忆的痕迹,如自己的名字和每天都在进行使用的手艺等,通过长年累月的运用,是不易遗忘的,这一类记忆贮存在第三级记忆中。

4.3.4 想象的过程

认识事物的过程,除了感知觉、注意、记忆和思维外,还包括想象。想象就是利用原有的形象在人脑中形成新形象的过程。

想象可以分为无意想象和有意想象两种。无意想象是指没有目的,也不需要努力地想象;有意想象则指再造想象、创造想象和幻想。再造想象就是根据一定的文字或图形等描述所进行的想象;创造想象是在头脑中构造出前所未有的想象;幻想是对未来的一种想象,它包括人们根据自己的愿望,对自己或其他事物远景的想象。

工业设计需要想象,每一个作品的创造活动,都是创造想象的结果。科学研究和科学创作大体上可以分为三个阶段:第一阶段是准备阶段,其中包括问题的提出、假设和研究方法的制定;第二阶段是研究、创作活动的进行阶段,其中包括实验、假设条件的检查和修正;第三阶段是对创作研究成果的分析、综合、概括及问题的解决,并用各种形式来验证、比较其创作研究成果的质量和结论。

4.3.5 思维的过程

思维是人脑对客观现实间接和概括的反映,是认识过程的高级阶段。人们通过思维才能获得知识和经验,才能适应和改造环境。因此,思维是心灵的中枢。

思维的基本过程是分析、综合、比较、抽象和概括。

分析,就是在头脑中把事物整体分解为各个部分进行思考的过程。例如,室内设计包含的内容很多,但在思维过程中可将各种因素,如室内空间、室内环境中的色彩、光影等分解为多个部分来思考其特点。

综合,就是在头脑中把事物的各个部分联系起来的思考过程。例如,室内设计的各种因素,既有本身的特性和设计要求,又受到其他因素的影响,故设计时要综合考虑。

比较,就是在头脑中把事物加以对比,确定它们的相同点和不同点的过程。例如,室内的光和色彩,就是很多相互共同的特点和不同的地方,需要加以比较。

抽象,就是在头脑中把事物的本质特征和非本质特征区别开来的过程。例如,室内的墙面是米色的,顶棚是白色的,地面是棕色的,通过抽象思考,从中抽出它们的本质特征,如墙面、顶棚和地面是组成室内空间的界面,这是本质特征;而它们的颜色不同,就是非本质的特征了。

概括,就是把事物和现象中共同和一般的东西分离出来,并以此为基础,在头脑中把它们联系起来的过程。

按照思维的指向不同,思维可以区分为发散思维与集中思维,这种区分是美国心理学家吉尔福特首先提出来的。

发散思维又称辐射思维、求异思维或分殊思维,是指思维者根据问题提供的信息,从多方面或多角度寻求问题的各种可能答案的一种思维方式。其模式如图4-12(a)所示。

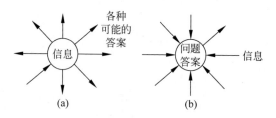

图 4-12 发散思维与集中思维
(a) 发散思维模式;(b) 集中思维模式

发散思维无论在日常生活中还是在生产活动中都是一种常见的思维方式。一般来说,由"果"求"因"的问题,首先采用的就是发散思维。

发散思维还是一种重要的创造性思维方式。吉尔福特认为,发散思维在人们的言语或行为表达上具有三个明显的特征,即流畅、灵活和独特。所谓流畅,就是在思维中反应敏捷,能在较短时间内想出多种答案。所谓灵活,是指在思维中能触类旁通、随机应变,不受心理定式的消极影响,可以将问题转换角度,使自己的经验迁移到新的情境之中,从而提出不同于一般人的新构想、新办法。所谓独特,是指所提出的解决方案或方法能打破常规,有特色。利用上述三个基本特征可以衡量一个人发散思维能力的大小。

与发散思维相对立的是集中思维。集中思维也称辐合思维、聚合思维、求同思维、收敛思维等,是一种在大量设想或方案的基础上,引出一两个正确答案或引出一种大家认为是最好答案的思维方式。其模式如图4-12(b)所示。

集中思维的特性是来自各方面的知识和信息都指向同一问题。其目的在于通过对各相关知识和不同方案的分析、比较、综合、筛选,从中引出答案。如果说发散思维是"从一到多"的思维,集中思维则是"从多到一"的思维。

发散思维和集中思维作为两种不同的思维方式,在一个完整的解决问题的过程中是相互补充、相辅相成的。发散思维是集中思维的前提,集中思维是发散思维的归宿;发散思维都运用于提方案阶段,集中思维都运用于做决定阶段。只有将两者结合起来,才能使问题的解决既有新意、不落俗套,又便于执行。

4.4 人的创造性心理过程与特征

4.4.1 创造性的形成机理

人的创造才能正是区别于其他动物的本能,其物质基础存在于人脑的结构之中。人脑在劳动和创造实践中得到了进化,一般高等动物的脑子都有一些"剩余"空间,而人脑有大得多的"剩余"空间,这种"超剩余性"允许人脑存储、转移、改造和重新组合更大量的信息,这就形成了人人都具备的创造性思维能力,如逻辑推理、联想、侧向思维、形象思维和直觉等。

1. 创造力的五要素

创造的成功还受知识、经验、才能、心理素质及机遇5种因素的影响。一个人做100件事,上述5种因素都适合的也许只有几件。100个人各自做同一件事,成功的概率也受上述5种因素的影响。

2. 创造性的3个推动力

一个人即使具备了上述5个创造力要素,也不一定能发挥出创造性来,还需要具备发挥创造力的3个推动力:创造性欲望、创造性思维和创造性实践。

3. 创造性素质

人们从事创造性工作时,成功的可能绝不像解一道数学难题那样,只要努力,大家都可以得到同样的结果。有人把求解功能原理这样的创造性活动比作在茫茫大海中寻找一座宝岛,最后的成功者只能属于那些最有事业心、自信心、毅力并且机敏和勇于进取的人们。这些因素再加上好奇心强、富于想象、洞察力强、合作精神好、幽默乐观、不怕失败等,形成了一个人的创造性"心理素质"。图4-13表示了人的创造性本能和影响成功的因素。图4-14表明了创造性形成的机理:心理素质是核心;知识、经验、能力是基础;灵活的思维不断探索方向;实践是成功之路;如果在前进的道路上遇到了成功的机会,就有可能抓住机会取得成功。

4.4.2 创造性的形成条件

1. 知识和经验

创造的首要条件应该具有很宽的知识面和较坚实的知识基础。为了扩大人们在求解过程中搜索的眼界,人们编制了一些知识库供参考。最典型的是德国学者洛特(Roth)编制的"设计目录",其中列举了各种已知的物理效应、技术结构等。有些德国学者还提出一种系统化(systematic)思想,他们力图把各种技术中的问题解法分类排序系统地编排成表格,以供设计人员查阅。这些都属于知识系统化的工作。

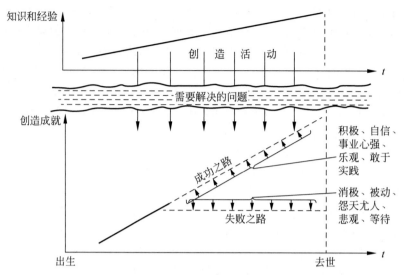

图 4-13 人的创造性本能

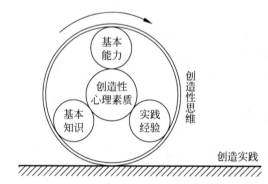

图 4-14 创造性形成的机理

创造活动肯定是需要知识的,并且需要更高的科技知识。但是,书本知识如果不与实际相结合,很难说是有了真正的知识。相反,有丰富实践经验的人如果不掌握现代科学技术知识,也很难取得有较高科技含量的创造性成果。对于从事创造活动的人来说,必须要有清楚的物理概念,这就要学习和掌握现代科学知识。

对于设计人员来说,最宝贵的还是在不断参加设计和制造实践中积累起来的知识和经验,特别是那些失败的经验。

2. 敏锐的反应能力

(1) 想象力。发明创造需要有丰富的想象力,虽然并不是所有想象得到的东西都能做得到,但是想象不到的东西肯定是不会做到的。

人的实践可以启发想象力,在实践中,经常会出现很多原来不曾想象到的现象,它弥补了人们想象力的不足。有很多发明创造往往是人们在某种实践中受到意外的启发,而发明了另一种东西。

脱离科学性的想象或离当前科技发展水平过远的想象力是不可能实现的,或者说今天难以实现,这是人们在选择发明创造的目标时应该注意的。

(2) 敏感和洞察力。创造性思维的一个重要能力是要善于抓住一闪即逝的思想火花。一个好的构思的基本点在开始时是不成熟的,大多数人往往会轻易放过,只有思想敏感的人才会抓住它,看出其与众不同的特点并发展成为一个很好的解法。"机会只偏爱那些有准备的头脑。"丰富的知识和敏锐的洞察力才能使人们不致放过那些偶然出现、一瞬即逝的机遇。

(3) 联想——侧向思维、转移经验。创造性思维要求"发散",尽可能把思维的触角伸到很多陌生的领域,以探索那些尚未被发现的、更有前途的解法、原理。这类思维方法中最典型的是"仿生法",但这只是发散思维的一个方面,还应向更广的方向去联想,侧向思维和转移经验则是联想的其他方式。

3. 创造性思维

(1) 直觉和灵感直觉(intuition)。这是创造性思维的一种重要形式,几乎没有任何一种创造性活动能离开直觉思维活动。直觉和灵感并不是唯心的,它的基础是平时积累的"思维元素"和"经验"的升华。由于直觉往往出现在无意识的思维过程中(如散步时、睡梦中),而不是在集中注意力思维的时候,因此常常给人一种神秘感。

爱因斯坦说:"我相信直觉和灵感。"他还画了一个模式图来描绘直觉产生的机理。他认为直觉起源于创造性的想象,通过反复的想象和构思并激发潜意识,然后就可能在某种环境条件下飞跃、升华为直觉或灵感,如图 4-15 所示。

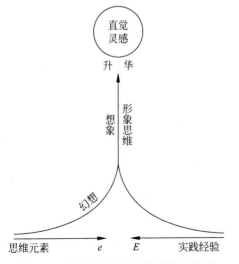

图 4-15 爱因斯坦描述的直觉产生机理

(2) 潜意识。有些心理学家认为在人脑的思维活动中,存在着无意识的思维,所谓"无意识"和"下意识"的行为就和这种思维活动有关。这些心理学家强调这种"无意识"思维的重要性并称之为"潜意识",且把它看得比有意识的思考更重要。在他们看来,创造性思维活动过程可以分为四个意识阶段,即有意识活动(准备)阶段、无意识活动(潜伏、酝酿)阶段、过渡(产生灵感)阶段和有意识活动(发展、完善)阶段。其中第二、三阶段就是潜意识活动的过程。

(3) 形象思维和思维实验。形象思维是指头脑里产生实物形象的思维方式,这种形象是介于实物和抽象概念之间的一种图形,爱因斯坦认为直觉思维必须借助于这种"智力图像"。只有这种形象思维才能使人对空间状态和变化过程进行思维。

思维实验则是指在头脑里对所构思的过程进行模拟性的实验。

(4) 视觉思维和感觉思维。这是一种强化认识、强化联想和诱发灵感的重要手段,属于动作思维的范畴。视觉的重要性在于它能从形象上修正人们的主观臆测,从形象上启发人的想象力,从而进一步引发人的灵感。工业设计强调视觉思维,机械设计强调实验和模型试验。模型试验可以给人以视觉以外的更多的感觉,因为它可以使人们在形象思维的基础上通过视觉和感觉得到更真切的思维判断。

4.5 人的创造性行为的产生与特征

4.5.1 创客行为产生的社会特征

长尾理论创始人克里斯·安德森在其出版的著作《创客》中提出了"创客"的概念,创客就是指那些利用互联网把各种创意变成实际产品的人。由创客个体的主动行为与其所处的社会环境之间相互影响而产生的群体创新现象,被称为创客运动。因此,创客行为的产生与发展必然具有特定的社会环境。

2003 年,墨西哥总统文森特·福克斯

(Vicente Fox)在第五届联合国创造力及品质年会上宣称21世纪应该被命名为"创造力和创新发展的世纪"。福克斯总统的讲话提出了两个概念——创造力和创新,传递了一个信息,即创新已成为21世纪人们的共识,也标志着一个令人向往的新时代的诞生。

国际上,创新型国家高度重视对创新方法的研究,推广创新方法的普遍做法是将科技创新提升至国家战略层面,美国总统卡特倡导实施的美国技术创新政策评估代表了西方国家在这方面的最初努力。2009年,美国政府制定了"美国创新战略"(Strategy for American Innovation),从国家战略的高度推动创新。2011年1月,美国总统奥巴马两次强调,"赢得未来的第一步是鼓励美国创新",并进一步完善"美国创新战略"。

对此动向,我国也作出快速反应,2006年1月9日,胡锦涛主席在全国科学技术大会上提出了建设创新型国家的号召,部署实施《国家中长期科学和技术发展规划纲要(2006—2020年)》。纲要提出新时期我国科技工作必须坚持"自主创新,重点跨越,支撑发展,引领未来"的指导方针,其核心是自主创新。2014年夏季,李克强总理在达沃斯论坛上提出了"大众创业、万众创新"的构想。几个月后,又将此构想前所未有地写入2015年政府工作报告,以推动其构想。2015年秋,李克强总理邀请了几十位不同时期的创客,一同开启了"双创周",全力推动我国创客运动的发展。2016年5月,在全国科技创新大会上,习近平总书记发表重要讲话,强调在我国发展新的历史起点上,把科技创新摆在更加重要位置,吹响建设世界科技强国的号角。李克强总理在此次大会上更具体地强调,要大力推动协同创新,依托互联网打造开放共享的创新机制和创新平台,推动企业、科研机构、高校、创客等创新主体协同;人才、技术、资金等创新要素协同;大众创业、万众创新与科技创新协同及区域创新协同,加速释放创新潜能。国家领导人的重要讲话,传递了重要信息,即加速优化我国创客运动的社会环境。

4.5.2 创客行为与技术工具

计算机技术、互联网技术及三维(3D)打印技术是创客行为产生必备的三项技术工具。"创客"概念中已涵盖了前两项技术工具,但并未涉及3D打印技术。由于3D打印是创客行为产生的必备技术工具,加之3D打印这一技术工具对工业设计专业特别实用,故作重点介绍。

1. 3D打印机的分类

3D打印是以计算机三维设计模型为蓝本,通过软件分层离散和数控成形系统,利用激光束、电子束等将金属粉末、陶瓷粉末、塑料、细胞组织等特殊材料逐层堆积黏结,最终叠加成形,制造出实体产品。

总体看来,3D打印机分为三大类:第一类是大众消费级(桌面级),多用于工业设计、工艺设计、珠宝、玩具、文化创意等领域。第二类是工业级,一方面是原型制造,主要用于模具、模型等行业;另一方面是产品直接制造,包括大型金属结构件的直接制造和精密金属零部件的直接制造。第三类是生物工程级,如打印牙齿、骨骼、细胞、器官、软组织等。

2. 3D打印的优势

应用3D打印技术可以将产品设计与制造融为一体,设计方案能很快变成实物样品,可以更快、更准确地进行验证、定型。

3D打印技术是产品设计与制造领域的一场革命,它对传统的设计与制造产生了重大冲击,这主要体现在产品的设计和制造过程可以完全实现数字化和自动化,降低了产品开发的成本,缩短了产品开发的时间。例如,开发一款家用电器,采用传统的数控加工方法,由于设计的反复造成的整个产品定型过程可达数月之久,成本需要数万元甚至数十万元,而采用3D打印技术,可以把时间缩短到一周以内,成本仅需要数千元!

3D打印技术对制造产品的公司正在产生重大的影响。将来,许多机构会利用3D打印技术进行成批生产或者限量版生产,企业还可以用3D打印技术生产数量在1~1000范围内的限量系列产品。如图4-16所示,与传统加工比较，无论在设计时间成本上，还是在设计费用上，3D打印技术的优势都是显而易见的。

3D打印技术最大的优势在于能拓展设计师的想象空间。只要能在计算机上设计成3D图形的东西，无论是造型各异的服装、精美的工艺品，还是个性化的车子，如果材料问题解决了，就都可以打印。图4-17和图4-18是轻工业与机械工业中采用3D打印的产品。

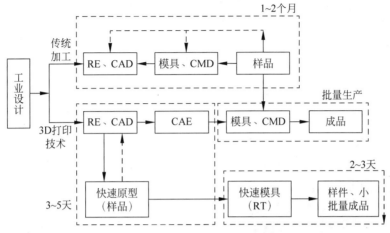

图4-16　3D打印技术与传统加工比较

图4-17　3D打印技术的应用

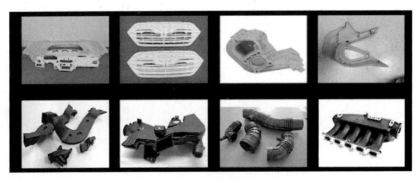

图4-18　3D打印的汽车配件

3. 3D打印技术的应用

3D打印技术在文化创意、工业、医药科学等领域均有成熟的应用案例和广阔的市场。

在文化创意方面,通过3D打印技术制作个性化礼品、小饰品和人体模型已经成为一股新潮流。世博会、奥运会等重要活动的纪念品、工艺品、吉祥物的开发,都有3D打印的影子。有了3D打印技术,文物修复、文物复制、工艺品开发中遇到的一些困难有望迎刃而解,我们的文化创意将变得更为简单便捷和丰富多彩。例如,图4-19是比利时Materialise公司开发生产的3D打印吊灯,该应用案例对未来的设计师或创业者们都将带来有益的启示。

图4-19 比利时Materialise公司开发生产的3D打印吊灯

4. 3D打印带来的机遇

桌面级3D打印机的普及将带动文化创意产业的发展,激发更多3D打印爱好者和创客对3D打印的热情。

3D打印技术给了人们无穷的创新动力,很多人,尤其年轻人纷纷在3D打印领域寻找创业和创新的机会,3D打印改造社会的进程开始了。3D打印技术为个人制造创造了可能,利用3D打印技术创业是一条捷径,这也是目前创客思想被广泛接受的技术基础。3D打印让新型作坊成为可能。这也为那些具有创意、具有激情,但没有资金进行工厂化生产的年轻人提供了一条全新的创业途径,3D打印能够让创业变得更容易。

3D打印直接制造技术的发展,将会为制造业的创客运动提供全新的动力。3D打印直接制造技术让制造不再依赖工厂,让个体生产成为可能。如果说早期的创客运动还强调个人的技术性的话,那么3D打印就是一场普惠的创客制造革命。有了3D打印,个人就有了专有的生产工具,3D打印与人的结合构成了创客的基本条件。

创客既是生产者也是客户,他站在人群中间,既知道自己需要什么,也可以通过社交知道别人需要什么。因为这种生产与客户的一体化,未来的价值链将是众多由客户到客户的价值环,这个环通过网络大连接产生价值。

创客中有一群人,他们极具智慧、想象力、精力和创造力,并且对新技术极端狂热,这类人在互联网上被称为极客(geek,怪才)。

现在信息技术的核心推动者就是一群极客,亨利·福特、比尔·盖茨、扎克伯格、乔布斯、李彦宏、马云、马化腾是这群人中的一员。极客的重要性在于,他们永远在发现世界的可重塑之处,并努力去实现。他们能够敏锐地洞察到技术变革带来的变化,并努力去抓住这种变化带来的机会。

极客改造世界的速度超出了我们的想象,而善用新技术、把握新环境一直是极客成功的法宝。让每个人都成为极客,是一种理想,但更重要的是,在变革的重要时刻,让读者与极客站得最近。

第5章

人体生物力学与合理施力

5.1 人体运动与肌骨系统

运动系统是人体完成各种动作和从事生产劳动的器官系统,由骨、关节和肌肉三部分组成。人全身的骨骼关节连接构成骨骼如图5-1所示。肌肉附着于骨,且跨过关节。由于肌肉的收缩与舒张牵动骨,所以通过关节的活动能产生各种运动。因此,在运动过程中,骨是运动的杠杆,关节是运动的枢纽,肌肉是运动的动力。三者在神经系统的支配和调节下协调一致,随着人的意志,共同准确地完成各种动作。

5.1.1 肌系统

人体之所以能产生运动,是由于体内有一个复杂的肌肉和骨骼系统,称为肌肉肌骨系统。

人体内有3种类型的肌肉:附着在骨头上的骨骼肌或横纹肌、心脏内的心肌及组成内部器官和血管壁的平滑肌。这里我们只讨论与运动有关的骨骼肌(人体大约有500块骨骼肌)。

每块肌肉由许多直径约 0.004 in(0.1 mm)(1 in = 25.4 mm)、长度 0.2~5.5 in(5~140 mm)的肌纤维组成,具体取决于肌肉的大小。这些肌纤维通常由肌肉两端的结缔组织捆绑成束,并使肌肉和肌纤维稳固地黏附在骨头上,如图5-2所示。氧和营养物质通过毛细血管输送到肌纤维束,来自脊髓和大脑的电脉冲也经由微小的神经末梢传送给肌纤维束。

每块肌纤维还可以更进一步地细分成更小的肌原纤维,直到最后的提供收缩机制的蛋白质丝。这些蛋白质丝可以分为两类:一类是有分子头的粗长蛋白质丝,称为肌球蛋白;另一类是有球状蛋白质的细长丝,称为肌动蛋白。

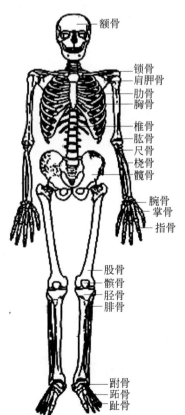

图 5-1 人的全身骨骼

图 5-2 肌肉的结构

附着于骨的肌肉收缩时，牵动着骨绕关节运动，使人体形成各种活动姿势和动作。因此，骨是人体运动的杠杆。人机工程学中的动作分析与这一功能密切相关。

肌肉的收缩是运动的基础，但是，单有肌肉的收缩并不能产生运动，必须借助于骨杠杆的作用，方能产生运动。人体骨杠杆的原理和参数与机械杠杆完全相同。在骨杠杆中，关节是支点，肌肉是动力源，肌肉与骨的附着点称为力点，而作用于骨上的阻力（如自重、操纵力等）的作用点称为重点（阻力点）。人体的活动主要有三种骨杠杆形式：

（1）平衡杠杆，支点位于重点与力点之间，类似天平秤的原理，如通过寰枕关节调节头的姿势的运动，见图 5-3(a)。

（2）省力杠杆，重点位于力点与支点之间，类似撬棒撬重物的原理，如支撑腿起步抬足跟时踝关节的运动，见图 5-3(b)。

（3）速度杠杆，力点在重点和支点之间，阻力臂大于力臂，如手执重物时肘部的运动，见图 5-3(c)。此类杠杆的运动在人体中较为普遍，虽用力较大，但其运动速度较快。

由机械学中的等功原理可知，利用杠杆省力不省功，得之于力则失之于速度（或幅度），即产生的运动力量大而运动范围小；反之，得之于速度（或幅度）则失之于力，即产生的运动力量小，但运动范围大。因此，最大的力量和最大的运动范围是相矛盾的，在设计操纵动作时，必须考虑这一原理。

5.1.2 骨杠杆

人体有 206 块骨头，它们组成了坚实的骨骼框架，可以支撑和保护肌体。骨骼系统的组成使得它可以容纳人体的其他组成部分并将其连接在一起。有的骨骼主要负责保护内部器官，如头骨覆盖着大脑起保护大脑的作用，胸骨将肺和心脏与外界隔绝起来保护心肺。而有的骨头，如长骨的上下末端，可以和其连接的肌肉产生肌体运动和活动。

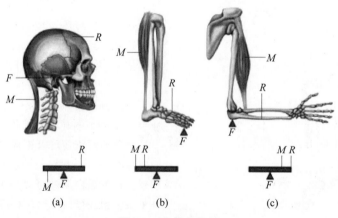

图 5-3 人体骨杠杆
(a) 平衡杠杆；(b) 省力杠杆；(c) 速度杠杆

5.2 人体生物力学模型

5.2.1 人体生物力学建模原理

生物力学模型是用数学表达式表示人体机械组成部分之间的关系。在这个模型中,肌肉骨骼系统被看作机械系统中的联结,骨骼和肌肉是一系列功能不同的杠杆。生物力学模型可以采用物理学和人体工程学的方法来计算人体肌肉和骨骼所受的力,这样就能使设计者在设计时清楚工作环境中的危险并尽量避免这些危险。

生物力学模型的基本原理建立在牛顿三大定律的基础上:

(1) 物体在无外力作用下会保持匀速直线运动或静止状态。

(2) 物体的加速度与所受的合外力大小成正比。

(3) 两个物体之间的作用力和反作用力总是大小相等,方向相反,作用在一条直线上。

当身体及身体的各个部位没有运动时,可认为它们处于静止状态。处于静止状态的物体受力必须满足以下条件:作用在物体上的外力大小之和为零,作用在该物体上的外力力矩之和为零。这两个条件在生物力学模型中起着至关重要的作用。

单一部位的静止平面模型(又称为二维模型),通常是指在一个平面上分析身体的受力情况。静止模型认为身体或身体的各个部分如果没有运动就处于静止状态。单一物体的静止平面模型是最基础的模型,它体现了生物力学模型最基本的研究方法。复杂的三维模型和全身模型都建立在这个基本模型上。

5.2.2 前臂和手的生物力学模型

单一部位模型根据机械学中的基本原理孤立地分析身体的各个部位,从而能分析出相关关节和肌肉的受力情况。举例来说,一个人前臂平举、双手拿起20 kg的物体时,两手受力相等。

如图 5-4 所示,物体到肘部的距离为 36 cm,因为两手受力相同,图中只画出了右手、右前臂和右肘的受力。

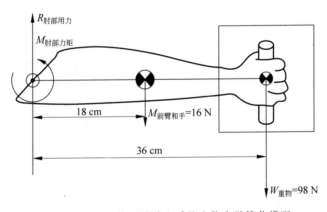

图 5-4 抓握物体时前臂和手的生物力学简化模型

可以根据机械原理分析肘部的力和转矩。首先,物体重力可根据式(5-1)计算:

$$W = mg \quad (5\text{-}1)$$

式中,W 为物体的重力,N;m 为物体的质量,kg;g 为重力加速度,一般取 9.8 m/s²。

在这里,物体的重力为

$$W = 20 \times 9.8 \text{ N} = 196 \text{ N}$$

如果物体的重心在两手之间,那么两手受力相等,每只手承受该物体一半的重力,故有

$$W_{每只手} = 98 \text{ N}$$

另外,通常情况下,一个成年工人的前臂重力为 16 N,前臂的重心到肘部的距离为 18 cm,如图 5-4 所示。

肘部所用力 R 可通过式(5-2)计算。该公式意味着肘部用力必须是垂直方向并且大小足以对抗重物向下的力和前臂的重力。

$$\sum 肘部受力 = 0$$
$$-16-98+R_{肘部用力}=0 \quad (5\text{-}2)$$
$$R_{肘部用力}=114\ N$$

肘部力矩可用式(5-3)计算,即肘部产生的逆时针力矩要和物体及前臂在肘部产生的顺时针力矩相等。

$$\sum 肘部总力矩 = 0 \quad (5\text{-}3)$$
$$(-16)\times 0.18+(-98)\times 0.36+ M_{肘部力矩}=0$$
$$M_{肘部力矩}=38.16\ N\cdot m$$

肩部受力不同于肘部,如果要比较这两个部位的受力,则必须采用双部位模型。

5.2.3 举物时腰部的生物力学模型

有研究者估计,因为职业原因及其他不明原因,腰部疼痛问题可能会影响50%~60%人口的正常生活。

引起腰部疼痛的主要原因是用手进行的一些操作,如抬起重物、折弯物体、拧转物体等,这些动作造成的疾病也是最严重的。除此之外,长时间保持一个静止的姿势也是造成腰部问题的主要原因。因此,生物力学模型应该详细分析这两个问题的原因。

如图5-5所示,腰部距离双手最远,因而成为人体中最薄弱的杠杆。躯干的重量和货物重量都会对腰部产生明显的压力,尤其是第五腰椎和第一骶椎之间的椎间盘(又称L5/S1腰骶间盘)。

如果要对L5/S1腰骶间盘的反作用力和力矩进行精确分析,则需要采用多维模型,这种分析可参见肩部的反作用力和力矩分析。同时还应该考虑横膈膜和腹腔壁对腰部的作用力。可以用单部位模型简单快速地估计腰部的受力情况。

如果某人的躯干重力为$W_{躯干}$,抬起的重物重力为$W_{重物}$,这两个重力结合重物重力产生的顺时针力矩为

$$M_{货物和躯干重力}=W_{重物}\times h+W_{躯干}\times b \quad (5\text{-}4)$$

式中,h是重物到L5/S1腰骶间盘水平上的距

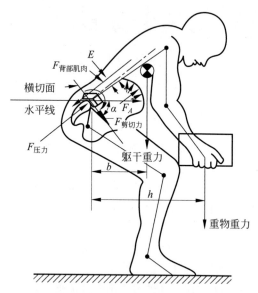

图5-5 举物时腰部的生物力学静止平面模型

离;b是躯干重心到L5/S1腰骶间盘水平上的距离。

这个顺时针力矩必须由相应的逆时针力矩来平衡。这个逆时针力矩是由背部肌肉产生的,其力臂通常为5 cm,即

$$M_{背部肌肉}=F_{背部肌肉}\times 5\ N\cdot cm \quad (5\text{-}5)$$

由于

$$\sum L5/S1\ 腰骶间盘力矩=0$$

即

$$F_{背部肌肉}\times 5=W_{重物}\times h+W_{躯干}\times b$$
$$F_{背部肌肉}=W_{重物}\times h/5+W_{躯干}\times b/5 \quad (5\text{-}6)$$

因为h和b通常都大于5 cm,所以$F_{背部肌肉}$远远大于$W_{重物}$与$W_{躯干}$之和。比如,假设$h=40\ cm, b=20\ cm$,则有

$$F_{背部肌肉}=W_{重物}\times 40/5+W_{躯干}\times 20/5$$
$$=W_{重物}\times 8+W_{躯干}\times 4$$

这个公式意味着在这个典型的举重情境中,背部受力是重物重力的8倍和躯干重力的5倍之和。假设某人躯干重力为350 N,抬起300 N的重物,根据公式(5-6)可以计算出背部的作用力为3800 N,这个力可能会大于人们可以承受的力。同样,如果这个人抬起450 N的重物,则背部的作用力会达到5000 N,这个力是人们能承受的上限。Arfan(1973)估计正常人腰部的

竖立肌可承受的力为 2200～5500 N。

除了考虑背部受力外,还必须考虑 L5/S1 腰骶间盘的受力。它的作用力和反作用力之和也必须为零,即

$$\sum L5/S1 \text{腰骶间盘受力} = 0 \quad (5-7)$$

将实际受力进行简化,如不考虑腹腔的力,则有

$$F_{\text{压力}} = W_{\text{重物}} \cos\alpha + W_{\text{躯干}} \sin\alpha + F_{\text{背部肌肉}} \quad (5-8)$$

式中,α 是水平线和骶骨切线的夹角(图 5-5),骶骨切线和腰骶间盘所受的压力互相垂直。式(5-8)表明腰骶间盘所受的压力可能比肌肉的作用力更大。例如,假设 $\alpha = 55°$,某人的躯干重力为 350 N,抬起 450 N 的重物,则有

$$\begin{aligned} F_{\text{压力}} &= 450 \times \cos 55° \text{ N} + 350 \times \\ & \quad \sin 55° \text{ N} + 5000 \text{ N} \\ &= 258 \text{ N} + 287 \text{ N} + 5000 \text{ N} \\ &= 5545 \text{ N} \end{aligned} \quad (5-9)$$

大多数工人的腰骶间盘无法承受这个压力水平。

在举起重物这个动作中,脊柱的作用力大小受很多因素的影响。分析主要考虑影响最显著的两个因素——货物的重力和货物的位置到脊柱重心的距离。其他比较重要的因素还有躯体扭转的角度、货物的大小和形状、货物移动的距离等。要对腰部受力情况建立比较全面和精确的生物力学模型,应该考虑到所有因素。

5.3 人体的施力特征

5.3.1 主要关节的活动范围

骨与骨之间除了由关节相连外,还由肌肉和韧带联结在一起。因韧带除了有连接两骨、增加关节稳固性的作用外,还有限制关节运动的作用。因此,人体各关节的活动有一定的限度,超过限度,将会造成损伤。另外,人体处于各种舒适姿势时,关节必然处在一定的舒适调节范围内。表 5-1 为人体的重要活动范围和身体各部舒适姿势的调节范围,该表中的身体部位及关节名称可参考示意图 5-6。

表 5-1 人体的重要活动范围和身体各部舒适姿势的调节范围

身体部位	关节	活动	最大角度/(°)	最大范围/(°)	舒适调节范围/(°)
头至躯干	颈关节	1. 低头,仰头	+40,−35	75	+12～25
		2. 左歪,右歪	+55,−55	110	0
		3. 左转,右转	+55,−55	110	0
躯干	胸关节,腰关节	4. 前弯,后弯	+100,−50	150	0
		5. 左弯,右弯	+50,−50	100	0
		6. 左转,右转	+50,−50	100	0
大腿至髋关节	髋关节	7. 前弯,后弯	+120,−15	135	0(+85～+100)
		8. 外拐,内拐	+30,−15	45	0
小腿对大腿	膝关节	9. 前摆,后摆	+0,−135	135	0(−95～−120)
脚至小腿	脚关节	10. 上摆,下摆	+110,+55	55	+85～+95
脚至躯干	髋关节,小腿关节,脚关节	11. 外转,内转	+110,−70	180	+0～+15
上臂至躯干	肩关节(锁骨)	12. 外摆,内摆	+180,−30	210	0
		13. 上摆,下摆	+180,−45	225	(+15～+35)
		14. 前摆,后摆	+140,−40	180	+40～+90
下臂至上臂	肘关节	15. 弯曲,伸展	+145,0	145	+85～+110

续表

身体部位	关节	活动	最大角度/(°)	最大范围/(°)	舒适调节范围/(°)
手至下臂	腕关节	16. 外摆,内摆	+30,−20	50	0
		17. 弯曲,伸展	+75,−60	135	0
手至躯干	肩关节,下臂	18. 左转,右转	+130,−120	250	−30~−60

注：1. 给出的最大角度适于一般情况,年纪较大的人大多低于此值。此外,在穿厚衣服时角度要小一些。
2. 有多个关节的一串骨骼中若干角度相叠加会产生更大的总活动范围(如低头、弯腰)。
① 得自给出关节活动的叠加值。
② 括号内为坐姿值。
③ 括号内为在身体前方的操作。
④ 开始的姿势为手与躯干侧面平行。

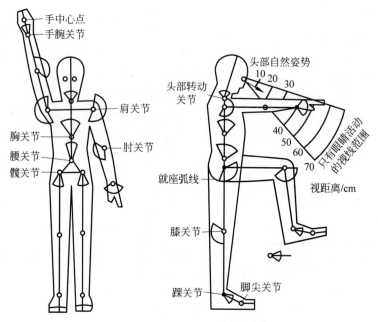

图 5-6　人体各部位活动范围示意图

5.3.2　肢体的出力范围

肢体的力量来自肌肉收缩,肌肉收缩时所产生的力称为肌力。肌力的大小取决于以下生理因素：单个肌纤维的收缩力、肌肉中肌纤维的数量与体积、肌肉收缩前的初长度、中枢神经系统的机能状态、肌肉对骨骼发生作用的机械条件。研究表明,一条肌纤维能产生 $10^{-3} \sim 2 \times 10^{-3}$ N 的力量,因而有些肌肉群产生的肌力可达上千牛。表 5-2 为中等体力的 20~30 岁青年男女工作时身体主要部位肌肉所产生的力。

在操作活动中,肢体所能发挥的力量大小除了取决于上述人体肌肉的生理特征外,还与施力姿势、施力部位、施力方式和施力方向有密切关系。只有在这些综合条件下的肌肉出力能力和限度才是操纵力设计的依据。

在直立姿势下弯臂时,不同角度的力量分布如图 5-7 所示。由图可知,大约在 70°处力量达最大值,即产生相当于体重的力量。这正是许多操纵机构(如方向盘)置于人体正前上方的原因所在。

在直立姿势下臂伸直时,不同角度位置上的上拉力和推力分布如图 5-8 所示。由图可见最大拉力产生在 180°位置,而最大推力产生在 0°位置。

表 5-2 身体主要部位肌肉所产生的力　　　　　　　　单位：N

肌肉的部位		力的大小	
		男	女
手臂肌肉	左	370	200
	右	390	220
肱二头肌	左	280	130
	右	290	130
手臂弯曲时的肌肉	左	280	200
	右	290	210
手臂伸直时的肌肉	左	210	170
	右	230	180
拇指肌肉	左	100	80
	右	120	90
背部肌肉（躯干屈伸的肌肉）		1220	710

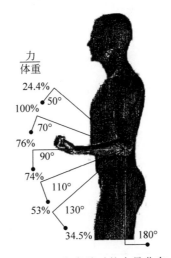

图 5-7 立姿弯臂时的力量分布

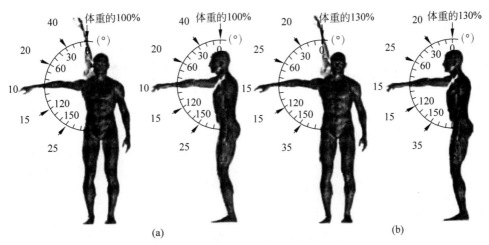

图 5-8 立姿直臂时的拉力与推力分布
(a) 拉力；(b) 推力

在坐姿下手臂在不同角度和方向上的推力和拉力见表 5-3。可以看出，左手力量弱于右手，向上用力大于向下用力，向内用力大于向外用力。

坐姿时下肢在不同位置上的蹬力大小见图 5-9（a），图中的外围曲线就是足蹬力的界限，箭头表示用力方向。由图可知最大蹬力一般在膝部屈曲 160°时产生。脚产生的蹬力也与体位有关，蹬力的大小与下肢离开人体中心对称线向外偏转的角度大小有关，下肢向外偏转约 10°时的蹬力最大，如图 5-9（b）所示。

表 5-3　手臂在坐姿下不同角度和方向上的操纵力

手臂的角度/(°)	拉力/N		推力/N	
	左手	右手	左手	右手
	向后		向前	
180（向前平伸臂）	230	240	190	230
150	190	250	140	190
120	160	190	120	160
90（垂臂）	150	170	100	160
60	110	120	100	160
	向上		向下	
180	40	60	60	80
150	70	80	80	90
120	80	110	100	120
90	80	90	100	120
60	70	90	80	90
	向内侧		向外侧	
180	60	90	40	60
150	70	90	40	70
120	90	100	50	70
90	70	80	50	70
60	80	90	60	80

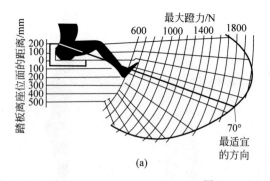 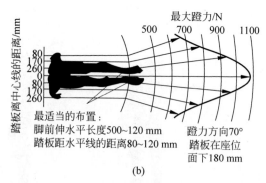

图 5-9　不同体位下的蹬力

应该注意的是，肢体所有力量的大小与持续时间有关。随着持续时间的延长，人的力量很快衰减。例如，拉力由最大值衰减到 1/4 数值时，只需要 4 min，而且任何人劳动到力量衰减到一半的持续时间是差不多的。

5.3.3 人体不同姿势的施力

肌力的大小因人而异,男性的力量比女性平均大 30%～35%。年龄是影响肌力的显著因素,男性的力量在 20 岁之前是不断增长的,20 岁左右达到顶峰,这种最佳状态可以保持 10～15 年,随后开始下降,40 岁时下降 5%～10%,50 岁时下降 15%,60 岁时下降 20%,65 岁时下降 25%。腿部肌力下降比上肢更明显,60 岁的人手的力量下降 16%,而胳膊和腿的力量下降高达 50%。

此外,人体所处的姿势是影响施力的重要因素,设计作业姿势时,必须考虑这一要素。图 5-10 表示人体在不同姿势下的施力状态,其中图(a)为常见的操作姿态,其对应的施力数值见表 5-4,施力时对应的移动距离见表 5-5;图(b)为常见的活动姿态,其对应的施力大小见表 5-6,施力时相应的移动距离已标在图中。

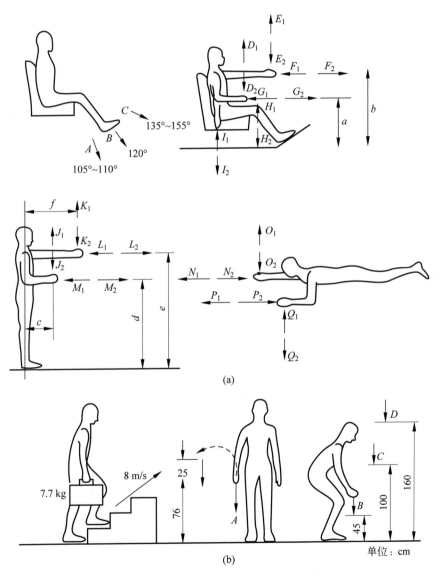

图 5-10 人体在不同姿势下的施力状态
(a) 常见的操作姿态;(b) 常见的活动姿态

表 5-4 人体在各种操作姿态时的力量　　　　　　　　　　　单位：N

施　力	强壮男性	强壮女性	瘦弱男性	瘦弱女性
A	1494	969	591	382
B	1868	1214	778	502
C	1997	1298	800	520
D_1	502	324	53	35
D_2	422	275	80	53
F_1	418	249	32	21
F_2	373	244	71	44
G_1	814	529	173	111
G_2	1000	649	151	97
H_1	641	382	120	75
H_2	707	458	137	97
I_1	809	524	155	102
I_2	676	404	137	89
J_1	177	177	53	35
J_2	146	146	80	53
K_1	80	80	32	21
K_2	146	146	71	44
L_1	129	129	129	71
L_2	177	177	151	97
M_1	133	133	75	48
M_2	133	133	133	88
N_1	564	369	115	75
N_2	556	360	102	66
O_1	222	142	20	13
O_2	218	142	44	30
P_1	484	315	84	53
P_2	578	373	62	42
Q_1	435	280	44	31
Q_2	280	182	53	36

表 5-5 人体发力时的移动距离　　　　　　　　　　　　　单位：cm

距　离	强壮男性	强壮女性	瘦弱男性	瘦弱女性
a	64	62	58	57
b	94	90	83	81
c	36	33	30	28
d	122	113	104	95
e	151	141	131	119
f	65	61	57	53

表 5-6　人体在各种活动姿态时的力量　　　　　　　　　　　单位：N

施　力	强壮男性	强壮女性	瘦弱男性	瘦弱女性
A	42	27	19	12
B	134	87	57	37
C	67	43	23	14
D	40	25	11	7

5.4　合理施力的设计思路

5.4.1　避免静态肌肉施力

要提高人体的作业效率,一方面要合理使用肌力,降低肌肉的实际负荷;另一方面要避免静态肌肉施力。无论是设计机器设备、仪器、工具,还是进行作业设计和工作空间设计,都应遵循避免静态肌肉施力这一人机工程学的基本设计原则。例如,应避免使操作者在控制机器时长时间地抓握物体。当静态施力无法避免时,肌肉施力的大小应低于该肌肉最大肌力的15%;如果作业动作是简单的重复性动作,则肌肉施力的大小也不得超过该肌肉最大肌力的30%。

避免静态肌肉施力的设计要点如下:

(1) 避免弯腰或其他不自然的身体姿势,如图 5-11(a)所示。当身体和头向两侧弯曲造成多块肌肉静态受力时,其危害性大于身体和头向前弯曲所造成的危害性。

(2) 避免长时间抬手作业,抬手过高不仅会引起疲劳,还会降低操作精度和影响人的技能发挥,在图 5-11(b)中,操作者右手和右肩的肌肉静态受力容易疲劳,降低操作精度,影响工作效率。只有重新设计,使作业面降到肘关节以下,才能提高作业效率,保证操作者的身体健康。

(3) 坐着工作比立着工作省力。工作椅的座面高度应调到使操作者能十分容易地改变立和坐的姿势高度,这样可以减少立起和坐下时造成的疲劳,尤其对于需要频繁走动的工作,更应如此设计工作椅。

(4) 双手同时操作时,手的运动方向应相反或者对称运动,单手作业本身就会造成背部

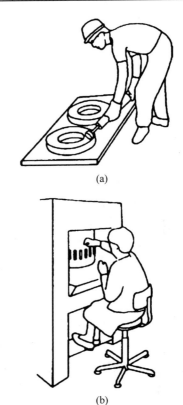

图 5-11　不良作业姿势

肌肉静态施力。另外,双手做对称运动有利于神经控制。

(5) 作业位置(座台的台面或作业空间)的高度应按工作者的眼睛和观察时所需的距离设计。观察时所需的距离越近,作业位置应越高,如图 5-12 所示。由图可见,作业位置的高度应保证工作者的姿势自然,身体稍微前倾,眼睛正好处在观察时要求的距离。图中还采用了手臂支撑,以避免手臂肌肉静态施力。

(6) 常用工具,如钳子、手柄、其他零部件、材料等,都应按其使用的频率或操作频率安放在人的附近。最频繁的操作动作应该在肘关节弯曲的情况下就可以完成。为了保证手的

图 5-12 适应视觉的姿势

用力和发挥技能,操作时手最好距眼睛 25～30 cm,肘关节呈直角,手臂自然放下。

(7) 当手不得不在较高位置作业时,应使用支撑物来托住肘关节、前臂或者手。支撑物的表面应为毛布或其他较柔软而且不凉的材料。支撑物应可调,以适合不同体型的人。脚的支撑物不仅应能托住脚的重量,还应允许脚做适当的移动。

(8) 利用重力作用。当一个重物被举起时,肌肉必须举起手和臂本身的重量。所以,应当尽量在水平方向上移动重物,并考虑利用重力作用。有时身体重量可用于增加杠杆或脚踏器的力量。在有些工作中,如油漆和焊接,重力起着比较明显的作用。在顶棚上旋螺钉要比在地板上旋螺钉难得多,这也是重力作用的原因。

当要从高到低改变物体的位置时,可以采用自由下落的方法,如是易碎物品,可采用软垫;也可以使用滑道,把物体的势能改变为动能,同时在垂直和水平两个方向上改变物体的位置,以代替人工搬移,如图 5-13 所示。

5.4.2 避免弯腰提起重物

人的脊柱为 S 形曲线,12 块胸椎骨组成稍向后凹的曲线,5 块腰椎骨连接成向前凸的曲线,每两块脊椎骨之间是一块椎间盘。由于脊柱的曲线形态和椎间盘的作用,整个脊柱富有一定的弹性,人体跳跃、奔跑时完全依靠这种

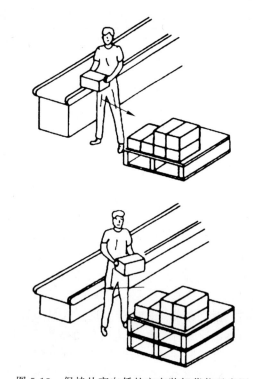

图 5-13 保持从高向低的方向装卸货物示意图

曲线结构来吸收所受到的冲击能量。

脊柱承受的重量负荷由上至下逐渐增加,第 5 块腰椎处负荷最大。人体本身就有负荷加在腰椎上,在作业时,尤其是提起重物时,加在腰椎上的负荷与人体本身负荷共同作用,使腰椎承受了极大的负担,因此人们的腰椎发病率极高。

采用不同的方法提起重物,对腰部负荷的影响不同。如图 5-14 所示,直腰弯膝提起重物时椎间盘内压力较小,而弯腰直膝提起超重物会导致椎间盘内压力突然增大,尤其是椎间盘的纤维环受力极大。如果椎间盘已有退化现象,则这种压力急剧增加最易引起突发性腰部剧痛。所以,在提起重物时必须掌握正确的方法。

因为弯腰改变了腰脊柱的自然曲线形态,不仅加大了椎间盘的负荷,还改变了压力分布,使椎间盘受压不均,前缘压力大,向后缘方向压力逐渐减小,如图 5-14(b)所示,这就进一步恶化了纤维环的受力情况,成为损伤椎间盘的主要原因之一。另外,椎间盘内的黏液被挤压到压力小的一端,使液体可能渗漏到脊神经

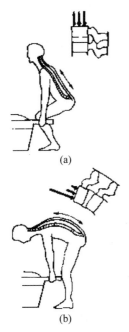

图 5-14 弯腰与直腰提起重物示意图
(a) 直腰弯膝；(b) 弯腰直膝

常危害性最大，因为工人在搬运这些货物时，躯体必须向前弯曲，这样会明显增大腰部椎间盘的压力。所以，大型货物的高度不应低于工人大腿中部，图 5-15 说明了可以采用可升降的工作台帮助工人搬运大型货物。升降平台不仅可以减少工人举起货物过程中的竖直距离，还可以减少水平距离的影响。

设计者在设计时应尽量减少躯体扭转的角度。图 5-16 表明，一个非常简单但又是经过精心修改过的工作台设计，可以消除工人在操作过程中不必要的躯体扭转，从而可以明显减少工人的不适和受伤的可能性。为减少躯体扭转角度，举重物的任务在设计时应该使工人在正前方可以充分使用双手并且双手用力平衡。

对于小件物品的仓库或超市，工作人员的主要工作是对小件物品进行移动、举高和堆放，反复的操作易引起躯体不适和损伤。为解决这类问题，Crown 公司开发了 Wave 升降车，见图 5-17。

这种人性化的升降车，不仅具有平移和升降功能，还配置了计数器，方便统计物品的数量。升降车的使用，既为操作人员提供了舒适、健康的工作条件，又提高了工作效率和安全性。

束上去。总之，提起重物时必须保持直腰姿势。人们经过长期的劳动实践和科学研究总结了一套正确的提重方法，即直腰弯膝。

5.4.3 设计合理的工作台

放在地上或比较接近地面的大型货物通

(a) (b)

图 5-15 采用可升降的工作台可避免抬起重物时的弯腰动作
(a) 可升降并倾斜的工作台；(b) 可升降的托台

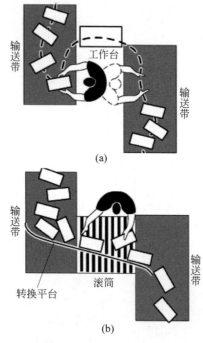

图 5-16 工作场所设计

(a) 在传统的工作场所,工人需要把物体搬起来并且躯体需要扭转;(b) 重新设计的工作台最大限度地减少了这些操作

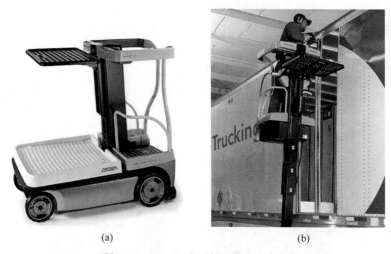

图 5-17 Crown 公司的 Wave 升降车

(a) Wave 升降车;(b) Wave 升降车的使用

第6章

人的信息感知与信息传递

6.1 人的信息传递理论

人机系统一旦建立,人机界面便随之形成。人机系统的人机界面是指系统中的人、机、环境之间相互作用的区域。通常人机界面有信息性界面、工具性界面和环境性界面等。就人机系统的效能而言,以信息性界面最为重要。

6.1.1 人机信息交换系统模型

在人机间信息、物质及能量的交换中,一般以人为主动的一方。首先是人感受到机器及环境作用于人感受器官上的信息,由体内的传入神经并经丘脑传达到大脑皮层,在大脑分析器中经过综合、分析、判断,最后做出决策,由传出神经再经丘脑将决策信息传送到骨骼肌,使人体的执行器官向机器发出人的指挥信息或伴随操作的能量。机器被输入人的操作信息(或操作能量)之后,将按照自己的规律做出相应的调整或输出,并将其工作状况以一定的方式显示出来,再反作用于人。在这样的循环过程中,整个系统将完成人所希望的功能。人机信息交换系统的一般模型如图6-1所示。

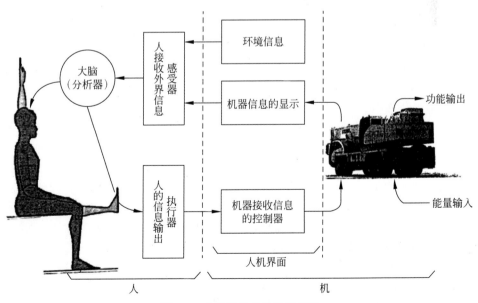

图 6-1 人机信息交换系统模型

由图 6-1 可见，人的感觉器官、中枢神经系统、运动器官等人体子系统控制着人体对外界刺激的反应。从人体神经系统的活动机制来看，人体对外界刺激的反应过程就是信息在体内的循环过程。对于人机系统中人这个"环节"，除了感知能力、决策能力对系统操作效率有很大的影响之外，环境信息、机器信息的显示和机器接收信息的控制装置对系统操作效率也有一定的影响。

在人机系统中，人通过信息显示器获得关于机械的信息之后，利用效应器官操纵控制器，通过控制器调整和改变机器系统的工作状态，使它按照人预定的目标工作。因此，控制器是把人的输出信息转换为机器输入信息的装置，也即在生产过程中，人是通过操纵控制器完成对机器的指挥和控制的。

6.1.2 人的信息处理系统模型

在人和机器发生关系并相互作用的过程中，最本质的联系是信息交换。因而必须对人的功能从信息理论的角度加以分析。人在人机系统中特定的操作活动中所起的作用可以类比为一种信息传递和处理过程。因而从人机工程学的观点出发，可以把人视为一个单通道的有限输送容量的信息处理系统来研究。该系统模型如图 6-2 所示。

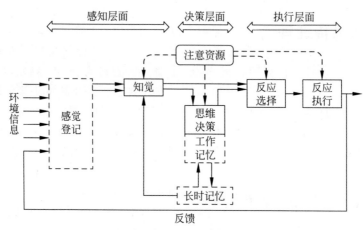

图 6-2　人的信息处理模型

有关机器状态的信息，通过各种显示设备（视、听、触等显示器）传送给人。人依靠眼、耳和其他感官接收这些信息，这些感官构成了一个感觉子系统。感觉子系统将获得的这些信息通过神经信号传送给人脑中枢。在中枢的信息处理子系统中，将传入的信息加以识别，做出相应的决策，产生某些高级适应过程并组织到某种时间序列之中。这些功能都需要有储存子系统中的长时记忆和短时记忆参加。被处理加工后的信息也可以储入长时和短时记忆中。最后，信息处理系统可以发放输出信息，通过反应子系统中的手脚、姿势控制装置、语言器官等产生各种运动和语言反应。后者将信息送入机器的各种输入装置，改变机器的状态，开始新的信息循环。

6.1.3 人的信息流理论

信息是客观存在的一切事物通过物质载体所发出的消息、情报、指令、数据和信号中所包含的一切传递与交换的知识内容，是表现事物特征的一种普遍形式，是自然界、人类社会和人类思维活动中普遍存在的一切物质和事物的属性。人的大脑通过感觉器官直接或间接接收外界物质和事物发出的种种信息，从而识别物质和事物的存在、发展与变化。我们通常所说的信息是指人类特有的信息。

1. 信息量

信息量以计算机的"位"（bit）为基本单位，称为比特。其定义为

$$H = \log_2 2^n \tag{6-1}$$

式中，H 为信息量；n 为某信号中所包含的二进制码的个数。

设某一信号 s_i 是由 n 个二进制码组成的，则称 s_i 为"码组"或"字"，称 n 为"字长"。若每一位码都能独立地取 0 或 1，而与其他位的取值无关，且取 0 或 1 的概率均为 1/2，则该信号所载负的信息量就是按式(6-1)求得的 H。若出现 0 的概率不是 1/2 而是 p，出现 1 的概率是 $(1-p)$，则某一独立位的信息量可定义为

$$H_p = -p\log_2 p - (1-p)\log_2(1-p) \quad (6\text{-}2)$$

若信号源 S 中含有 N_S 个相互独立的不同信号，每个信号 S_i 出现的概率为 p_i，$\sum_{i=1}^{N_S} p_i = 1$，则信号源 S 的总信息量应按式(6-3)计算：

$$H(S) = -\sum_{i=1}^{N_S} P_i \log_2 P_i \quad (6\text{-}3)$$

由于信息量与热力学中的状态参数"熵"有很大的相似性，所以信息量又可称为"信息熵"或简称为"熵"。可以证明，只有当所有独立信号出现的概率相等，即 $p_i = 1/N_S$ 时，信息熵 $H(S)$ 才能达到最大值。

人的神经系统是一个完善的信息处理、信息储存和指挥控制中心。据估计，人的大脑大约含有 10^{10} 个神经元，分为数百个不同的类别。每一个神经元的功能远大于一个逻辑门电路所具有的简单功能。有人估计，人的大脑的信息储存总量约为 10^{15} bit。

2. 人的信息流模型

信息处理的过程和情况影响或支配着人的行为或动作。人们可以普遍接受的假定是，人的行为或动作取决于信息在人体内的流动过程，即人体内部的信息流，信息流虽不能被人直接观察到，却能合理地加以推测或推断，随着环境条件的不同，信息流可能是下列各项功能的不同组合：注意、感觉、感知、编码和译码、学习、记忆、回忆、推理、判断、决策或决定、发出指令信息、执行或人体运动响应。

为了阐明信息处理过程的本质和机理，各国学者曾提出过多种信息流模型。B. N. Haber 和 M. Hersbenson 提出的一种信息流模型如图 6-3 所示。

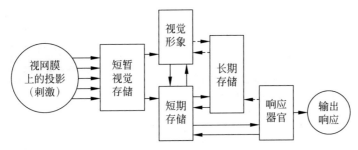

图 6-3　信息流模型

尽管各种信息流模型之间的差别相当悬殊，人们对于信息处理过程的本质和机理尚未取得广泛一致的见解，但是根据迄今为止可以获得的证据，对于信息流或信息处理过程，还是能够概括出一些规律性认识。其要点如下：

(1) 人的行为或动作都是信息处理的结果。

(2) 人的信息处理能力是有一定限度的。

(3) 信息处理往往包含许多阶段。每个阶段由若干信息转换(如将物理刺激转换成某种含义的抽象信息)组成。各阶段的安排可以采取串联、并联或混联三种不同的组合方式。

(4) 分时输入和处理(即同时或快速交替地输入和处理两个以上的信息)可能会降低信息接收和处理的速率与精度。

(5) 有许多方法和措施可以加强或扩展人的信息处理能力，如适当的设计能使显示器传送的刺激更易于被人的感觉器官所感受。

(6) 一旦做出某种决定，神经冲动就会被传递到肌肉去执行预定的动作，而由肌肉反馈回来的神经冲动则有助于对动作的控制。

(7) 在信息流中，人的大脑皮层所能处理

的信息只是感觉器官所接收的信息量的很小一部分。K. Steinbuch 对信息流在人体内传递过程中各阶段的最大信息流量做过粗略的估计，见表 6-1。

表 6-1 信息流在人体内传递过程中各阶段的最大信息流量

信息流的主要阶段	最大信息流量/(bit·s^{-1})
感觉器官接收	1 000 000 000
神经联系传递	3 000 000
意识	16
永久储存	0.7

(8) 人体响应可视为信息处理过程的终结，它本身也是在"传递"信息。人通过自己的体力响应运动所能"传递"信息的效率取决于最初输入的信息性质及要求的响应方式。W. T. Sin-gleton 估计：人的体力响应所能"传递"的最大信息量约为 10 bit/s。

3. 人的信息通道

人体通过多种感受器接收信息，并通过多维通道将信息传送至大脑进行加工，再通过语言、动作等发出信息。从纯生理的角度看，人的信息通道容量是相当大的，接收能力为 10^9 bit/s，大脑皮层处理信息的能力约为 10^2 bit/s，可见人输出信息的能力还是较大的。通过声音、语言和动作，估计人体输出信息的能力最多可达 10^7 bit/s。若把人的信道化成一个几何模型，则可以看到如图 6-4 所示的"知觉瓶颈"。人通过各种感官接收的信息（其中绝大多数是视觉信息）在经过大脑皮层的过程中被滤掉了大部分，只有约百万分之一的信息能通过这个"瓶颈"。

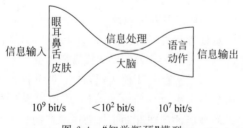

图 6-4 "知觉瓶颈"模型

6.2 人的信息感知

6.2.1 视觉机能及其特征

视觉是由眼睛、视神经和视觉中枢的共同活动完成的。人的视觉系统如图 6-5 所示。视觉系统主要是一对眼睛，它们各由一支视神经与大脑视神经表层相连。连接两眼的两支视神经在大脑底部视觉交叉处相遇，在交叉处视神经部分交叠，然后终止到和眼睛相反方向的大脑视神经表层上。这样，可使两眼左边的视神经纤维终止到大脑的左视神经皮层上；而两眼右边的视神经纤维终止到大脑的右视神经皮层上。由于大脑两半球对于处理各种不同信息的功能并不相同，就视觉系统的信息而言，在分析文字上，左半球较强，而对于数字的分辨，右半球较强。而且视觉信息的性质不同，在大脑左、右半球上所产生的效应也不同。因此，当信息发生在极短时间内或者要求做出非常迅速的反应时，上述视神经的交叉就起到了重要的互补作用。

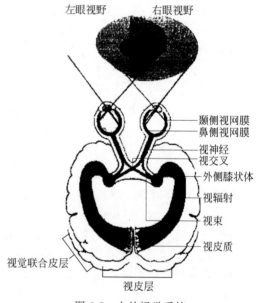

图 6-5 人的视觉系统

1. 视觉刺激

视觉的适宜刺激是光。光是放射的电磁波，呈波形的放射电磁波组成电磁光谱。人类视力所能接收的光波只占整个电磁光谱的一小部分,即不到1/70。在正常情况下,人的两眼所能感觉到的波长为380～780 nm(1 nm＝10^{-9} m)。如果照射两眼的光波波长在可见光谱上短的一端,人就知觉到紫色;如光波波长在可见光谱上长的一端,人则知觉到红色。在可见光谱两端之间的波长将产生蓝、绿、黄各色的知觉;将各种不同波长的光混合起来,可以产生各种不同颜色的知觉,将所有可见波长的光混合起来则产生白色。

2. 视觉器官

眼睛是视觉的感受器官,人眼是直径为21～25 mm的球体,其基本构造与照相机类似,如图6-6所示。光线由瞳孔进入眼中,瞳孔的直径大小由有色的虹膜控制,使眼睛在更大范围内适应光强的变化。进入的光线通过起"透镜"作用的晶状体聚集在视网膜上,眼睛的焦距是依靠眼周肌肉来调整晶状体的曲率实现的,同时因视网膜感光层是个曲面,能用以补偿晶状体曲光率的调整,从而使聚集更为迅速有效。在眼球内约有2/3的内表面覆盖着视网膜,它具有感光作用,但视网膜各部位的感光灵敏度并不完全相同,其中央部位灵敏度较高,越到边缘越差。落在中央部位的映像清晰可辨,而落在边缘部分的则不甚清晰。眼睛还有上、下、左、右共6块肌肉能对此做补救,因而转动眼球便可审视全部视野,使不同的映像可迅速依次落在视网膜中灵敏度最高处。两眼同时视物,可以得到在两眼中间同时产生的映像,它能反映出物体与环境间相对的空间位置,因而眼睛能分辨出三度空间。形成视觉的过程如图6-7所示。

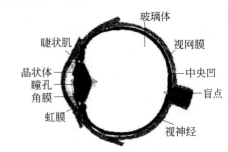

图 6-6　人眼结构示意图

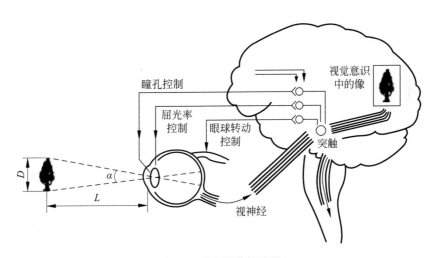

图 6-7　形成视觉的过程

3. 视觉机能

1) 视角与视力

视角是确定被看物尺寸范围的两端点光线射入眼球的相交角度,如图6-5所示。视角的大小与观察距离及被看物体上两端点的直线距离有关,可表示为

$$\alpha = 2\arctan\frac{D}{2L} \quad (6\text{-}4)$$

式中,α 为视角;D 为被看物体上两端点的直线距离;L 为眼睛到被看物体的距离。

眼睛能分辨被看物体最近两点的视角,称为临界视角。

视力是眼睛分辨物体细微结构能力的一个生理尺度,以临界视角的倒数来表示,即

$$视力 = \frac{1}{能够分辨的最小物体的视角} \quad (6-5)$$

检查人眼视力的标准规定,当临界视角为 $1'$ 时,视力等于 1.0,此时视力为正常,当视力下降时,临界视角必然大于 $1'$,于是视力用相应的小于 1.0 的数值表示。视力的大小还随年龄、观察对象的亮度、背景的亮度及两者之间的亮度对比度等条件的变化而变化。

2) 视野与视距

视野是指人的头部和眼球在固定不动的情况下,眼睛观看正前方物体时所能看得见的空间范围,常以角度来表示。视野的大小和形状与视网膜上感觉细胞的分布状况有关,可以用视野计来测定视野的范围。正常人两眼的视野如图 6-8 所示。

在水平面内的视野是:双眼视区大约在 60°以内的区域,在这个区域里还包括字、字母和颜色的辨别范围,识别字的视线角度为 10°~20°;识别字母的视线角度为 5°~30°,在各自的视线范围以外,字和字母趋于消失。对于特定颜色的辨别,视线角度为 30°~60°。人最敏锐的视力是在标准视线每侧 1°的范围内;单眼视野界限为标准视线每侧 94°~104°,见图 6-8(a)。

在垂直平面内的视野是:假定标准视线是水平的,定为 0°,则最大视区为视平线以上 50° 和视平线以下 70°。颜色辨别界限为视平线以上 30°,视平线以下 40°。实际上人的自然视线是低于标准视线的,在一般状态下,站立时自然视线低于水平线 10°,坐着时低于水平线 15°;在很松弛的状态下,站着和坐着的自然视线偏离标准线分别为 30° 和 38°。观看展示物的最佳视区在低于标准视线 30° 的区域里,见图 6-8(b)。

视距是指人在操作系统中正常的观察距离。一般操作的视距范围为 38~76 cm。视距过远或过近都会影响认读的速度和准确性,而且观察距离与工作的精确程度密切相关,因而应根据具体任务的要求来选择最佳的视距。表 6-2 给出了推荐采用的几种工作任务的视距。

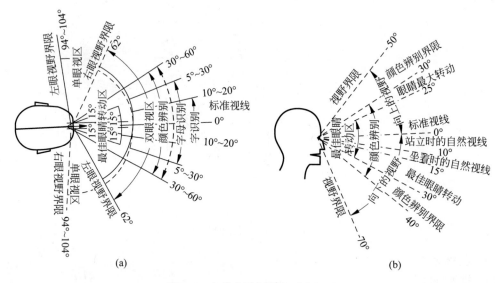

图 6-8 人的水平视野和垂直视野
(a) 水平面内的视野;(b) 垂直面内的视野

表 6-2　几种工作任务视距的推荐值

任务要求	举　　例	视距离（眼至视觉对象）/cm	固定视野直径/cm	备　　注
最精细的工作	安装最小部件（表、电子元件）	12～25	20～40	完全坐着，部分依靠视觉辅助手段（小型放大镜、显微镜）
精细工作	安装收音机、电视机	25～35（多为30～32）	40～60	坐着或站着
中等粗活	在印刷机、钻井机、机床旁工作	≤50	~80	坐着或站着
粗活	包装、粗磨	50～150	30～250	多为站着
远看	看黑板、开汽车	≥150	≥250	坐着或站着

3）中央视觉和周围视觉

在视网膜上分布着视锥细胞多的中央部位，其感色力强，同时能清晰地分辨物体，用这个部位视物的称为中央视觉，视网膜上视杆细胞多的边缘部位感受多彩的能力较差或不能感受，故分辨物体的能力差。但由于这部分视野范围广，故能用于观察空间范围和正在运动的物体，称其为周围视觉。

一般情况下，既要求操作者的中央视觉良好，同时也要求其周围视觉正常。而对视野各方面都缩小到10°以内者称为工业盲。两眼中心视力正常而有工业盲视野缺陷者，不宜从事驾驶飞机、车、船、工程机械等要求具有较大视野范围的工作。

4）双眼视觉和立体视觉

当用单眼视物时，只能看到物体的平面，即只能看到物体的高度和宽度。若用双眼视物时，具有分辨物体深浅、远近等相对位置的能力，形成所谓的立体视觉。立体视觉产生的原因主要是同一物体在两个视网膜上所形成的像并不完全相同，右眼看到物体的右侧面较多，左眼看到物体的左侧面较多，其位置虽略有不同，但又在对称点的附近。最后，经过中枢神经系统的综合，得到一个完整的立体视觉。

立体视觉的效果并不全靠双眼视觉，如物体表面的光线反射情况和阴影等，都会加强立体视觉的效果。此外，生活经验在产生立体视觉效果上也起一定的作用。例如，近物色调鲜明，远物色调变淡，极远物似乎是蓝灰色。工业设计与工艺美术中的许多平面造型设计颇有立体感，就是运用这种生活经验的结果。

5）色觉与色视野

视网膜除能辨别光的明暗外，还有很强的辨色能力，可以分辨出180多种颜色。人眼的视网膜可以辨别波长不同的光波，在波长为380～780 nm 的可见光谱中，光波波长只相差3 nm，人眼即可分辨，但主要是红、橙、黄、绿、青、蓝、紫七色。人眼区别不同颜色的机理常用光的"三原色学说"来解释，该学说认为红、绿、蓝（或紫）为三种基本色，其余的颜色都可由这三种基本色混合而成；并认为在视网膜中有三种视锥细胞，含有三种不同的感光色素分别感受三种基本颜色。当红光、绿光、蓝光（或紫光）分别入眼后，将引起三种视锥细胞对应的光化学反应，每种视锥细胞发生兴奋后，神经冲动分别由三种视神经纤维传入大脑皮层视区的不同神经细胞，即引起三种不同的颜色感觉。当三种视锥细胞受到同等刺激时，引起白色的感觉。

缺乏辨别某种颜色的能力，称为色盲。辨别某种颜色的能力较弱，则称为色弱。有色盲或色弱的人，不能正确辨别各种颜色的信号，不宜从事驾驶飞机、车辆及各种辨色能力要求高的工作。

由于各种颜色对人眼的刺激不同，人眼的

色觉视野也就不同,如图 6-9 所示。图中的角度数值是在正常亮度条件下对人眼的实验结果,表明人眼对白色的视野最大,对黄色、蓝色、红色的视野依次减小,而对绿色的视野最小。

6) 暗适应和明适应

当光和亮度不同时,视觉器官的感受性也不同,亮度有较大变化时,感受性也随之变化。视觉器官的感受性对光刺激变化的顺应性称为适应。人眼的适应性分为暗适应和明适应两种。

当人从亮处进入暗处时,刚开始看不清物体,需要经过一段适应时间后,才能看清物体,这种适应过程称为暗适应。暗适应过程开始时,瞳孔逐渐放大,进入眼睛的光能量增加。同时对弱刺激敏感的视杆细胞也逐渐转入工作状态,由于视杆细胞转入工作状态的过程较慢,因而整个暗适应过程大约需 30 min 才能完成。与暗适应情况相反的过程称为明适应。明适应过程开始时,瞳孔缩小,使进入人眼中的光通量减少;同时转入工作状态的视锥细胞数量迅速增加,因为对较强刺激敏感的视锥细胞反应较快,因而明适应过程一开始,人眼的感受性迅速降低,30 s 后变化很缓慢,大约 1 min 后明适应过程便趋于完成。暗适应和明适应曲线见图 6-10。

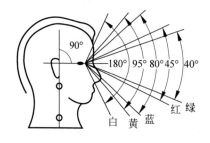

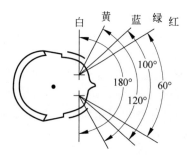

图 6-9 人的色觉视野

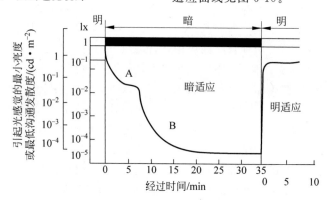

图 6-10 暗适应与明适应曲线

人眼虽具有适应性的特点,但当视野内明暗急剧变化时,眼睛不能很好地适应,从而引起视力下降。另外,如果眼睛需要频繁地适应各种不同亮度时,不但容易产生视觉疲劳,影响工作效率,而且也容易引起事故。为了满足人眼适应性的特点,要求工作面的光亮度均匀而且不产生阴影;对于必须频繁改变亮度的工作场所,可采用缓和照明或佩戴一段时间有色眼镜,以避免眼睛频繁地适应亮度变化而引起视力下降和视觉过早疲劳。

4. 视觉特征

(1) 眼睛沿水平方向运动比沿垂直方向运动快而且不易疲劳,一般先看到水平方向的物体,然后看到垂直方向的物体。因此,很多仪表外形都设计成横向长方形。

(2) 视线的变化习惯于从左到右、从上到下的顺时针方向运动。所以,仪表的刻度方向设计应遵循这一规律。

(3) 人眼对水平方向尺寸和比例的估计比对垂直方向尺寸和比例的估计要准确得多,因而水平式仪表的误读率(28%)比垂直式仪表的误读率(35%)低。

(4) 当眼睛偏离视中心时,在偏离距离相等的情况下,人眼对左上限的观察最优,依次为右上限、左下限,而右下限最差。视区内的仪表布置必须考虑这一特点。

(5) 两眼的运动总是协调的、同步的,在正常情况下不可能一只眼睛转动而另一只眼睛不动;在一般操作中,不可能一只眼睛视物,另一只眼睛不视物。因而通常都以双眼视野为设计依据。

(6) 人眼对直线轮廓比对曲线轮廓更易于接受。

(7) 颜色对比与人眼的辨色能力有一定的关系。当人从远处辨认前方的多种不同颜色时,其易辨认的顺序是红、绿、黄、白,即红色最先被看到。所以,停车、危险等信号标志都采用红色。当两种颜色相配在一起时,则易辨认的顺序是:黄底黑字、黑底白字、蓝底白字、白底黑字等。因而公路两旁的交通标志常用黄底黑字(或黑色图形)。

根据上述视觉特征,人机工程学专家对眼睛的使用归纳了图 6-11 所示原则。

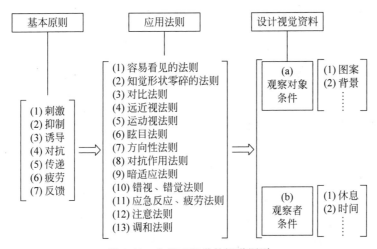

图 6-11 人机工程学的视觉原则

6.2.2 听觉机能及其特征

1. 听觉刺激

听觉是仅次于视觉的重要感觉,其适宜的刺激是声音。振动的物体是声音的声源,振动在弹性介质(气体、液体、固体)中以波的方式进行传播,所产生的弹性波称为声波,一定频率范围的声波作用于人耳就产生了声音的感觉。对于人来说,只有频率为 20~20 000 Hz 的振动,才能产生声音的感觉。低于 20 Hz 的声波称为次声;高于 20 000 Hz 的声波称为超声。次声和超声人耳都听不见。

2. 听觉系统

人耳为听觉器官,严格地说,只有内耳耳蜗起到感觉声音的作用,外耳、中耳及内耳的其他部分是听觉的辅助部分。人耳的基本结构如图 6-12(a)所示,外耳包括耳郭及外耳道,是外界声波传入耳和内耳的通路。中耳包括鼓膜和鼓室,鼓室中由锤骨、砧骨、镫骨三块听小骨及与其相连的听小肌构成一杠杆系统;还有一条通向喉部的耳咽管,其主要功能是维持中耳内部和外界气压的平衡及保持正常的听力。内耳中的耳蜗是感音器官,它是个盘旋的管道系统,有前庭阶、蜗管及鼓阶三个并排盘旋的管道,见图 6-12(b)。

外界的声波通过外耳道传到鼓膜,引起鼓膜的振动,然后经杠杆系统的传递,引起耳蜗中的淋巴液及基底膜振动,使基底膜表面的科

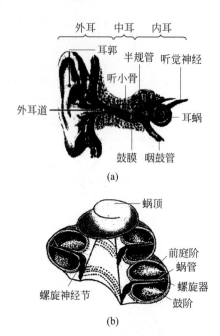

图 6-12 人耳的构造
(a) 人耳的基本结构；(b) 耳蜗

蒂氏器中的毛细胞产生兴奋。科蒂氏器和其中所含的毛细胞是真正的声音感受装置，听神经纤维就分布在毛细胞下方的基底膜中，机械能形式的声波就在此处转变为听神经纤维上的神经冲动，并以神经冲动的不同频率和组合形式对声音信息进行编码，然后被传送到大脑皮层听觉中枢，从而产生听觉。

3. 听觉的物理特征

人耳在某些方面类似于声学换能器，也就是通常所说的传声器。听觉可用以下特性描述：

1）频率响应

可听声主要取决于声音的频率，具有正常听力的青少年（年龄在 12～25 岁之间）能够觉察到的频率范围为 16～20 000 Hz。而一般人的最佳听闻频率范围是 20～20 000 Hz，可见人耳能听闻的频率比为

$$\frac{f_{min}}{f_{max}} = 1:1000 \quad (6\text{-}6)$$

人到 25 岁左右时，对 15 000 Hz 以上频率的灵敏度显著降低，当频率高于 15 000 Hz 时，听阈开始向下移动，而且随着年龄的增长，频率感受的上限逐年连续降低。但是，对 $f <$ 1000 Hz 的低频率范围，听觉灵敏度几乎不受年龄的影响，见图 6-13。听觉的频率响应特性对听觉传示装置的设计很重要。

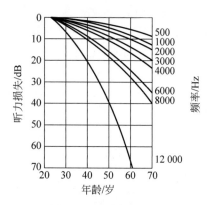

图 6-13 听力损失曲线

2）动态范围

可听声除取决于声音的频率外，还取决于声音的强度。听觉的声强动态范围可用下列比值表示：

$$声强动态范围 = \frac{正好可忍受的声强}{正好能听见的声强} \quad (6\text{-}7)$$

在最佳的听闻频率范围内，一个听力正常的人刚刚能听到给定各频率的正弦式纯音的最低声强 I_{min}，称为相应频率下的听阈值。可根据各个频率 f 与最低声强 I_{min} 绘出标准听阈曲线，见图 6-14。由该曲线可以得出以下结论：

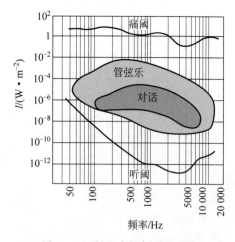

图 6-14 听阈、痛阈与听觉区域

(1) 频率在 800～1500 Hz 这段频率范围内,听阈无明显变化。

(2) 频率低于 800 Hz 时,可听响度随着频率的降低而明显减小。例如,在 400 Hz 时,可听响度只有在 1000 Hz 时测得的"标准灵敏度"的 1/10;在 90 Hz 时,只有"标准灵敏度"的 1/10 000;而在 40 Hz 时,只有"标准灵敏度"的 1/1 000 000。

(3) 频率在 3000～4000 Hz 之间达到最大听觉灵敏度,在该频率范围内,灵敏度高达标准值的 10 倍。

(4) 频率超过 6000 Hz 时,灵敏度再次下降,大约在 17 000 Hz 时,减至标准值的 1/10。

对于感受给定各频率的正弦式纯音开始产生疼痛感的极限声强 I_{min},称为相应频率下的痛阈值。可根据各频率与极限声强 I_{min} 绘出标准痛阈曲线,见图 6-14。由图可见,除了 2000～5000 Hz 之间有一段谷值外,开始感到疼痛的极限声强几乎与频率无关。

听觉区域图 6-14 还绘出了由听阈与痛阈两条曲线所包围的"听觉区"(影线部分)。由人耳的感音机构所决定的这个"听觉区"中包括了标有"音乐"与"语言"标志的两个区域。

由图 6-14 可见,在 1000 Hz 时的平均听值 I 约为 10^{-12} W/m²,在同一频率条件下痛阈 $I_{max} = 10$ W/m²,由此可以得出,人耳能够处理的声强比为

$$\frac{I_0}{I_{max}} = \frac{1}{10^{13}} \quad (6-8)$$

这种阈值虽然是一种"天赋",却非常接近于适合人类交换信息的有用极限。

3) 方向敏感度

人耳的听觉本领,绝大部分涉及所谓的"双耳效应"或称"立体声效应",这是正常的双耳听闻所具有的特性。当通常的听闻声压级为 50～70 dB 时,这种效应基本上取决于下列条件:

(1) 时差 $\Delta t = t_2 - t_1$,式中 t_1 为声信号从声源到达其相距较近的耳朵所需的时间,t_2 为同一信号到达距离较远的耳朵所需的时间。实验结果指出,从听觉上刚刚可觉察到的声信号入射的最小偏角为 3°,在此情况下的时差 $\Delta t \approx 30~\mu s$。根据声音到达两耳的时间先后和响度差别可判定声源的方向。

(2) 由于头部的掩蔽效应造成声音频谱的改变。靠近声源的耳朵几乎接收以形成完整声音的各频率成分;而到达较远耳朵的是被"畸变"了的声音,特别是中频与高频部分或多或少地受到衰减。

图 6-15 是右耳对于各种不同频率(200 Hz、500 Hz、2500 Hz 与 5000 Hz)纯音进行单耳听闻的方向敏感度。由图可知,入射角的作用也是在低频时比较小,$f = 200$ Hz 时为圆形曲线;频率越高,响应对于方向的依赖程度就越大,在 70° 时达到最大值。该图曲线可以说明人耳对不同频率与来自不同方向的声音的感受能力。人的听觉系统的这一特性对室内声学设计是极其重要的。

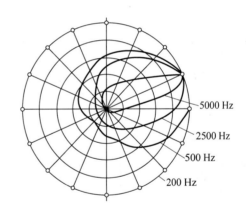

图 6-15 听觉的方向敏感度

4) 掩蔽效应

一个声音被另一个声音所掩盖的现象,称为掩蔽。一个声音的听阈因另一个声音的掩蔽作用而提高的效应,称为掩蔽效应。在设计听觉传递装置时,根据实际需要,有时要对掩蔽效应的影响加以利用,有时则要加以避免或克服。

应当注意到,由于人的听阈的复原需要经历一段时间,掩蔽声去掉以后,掩蔽效应并不立即消除,这个现象称为残余掩蔽或听觉残留,其量值可表示听觉疲劳。掩蔽声对人耳刺激的时间和强度直接影响人耳的疲劳持续时

间和疲劳程度,刺激越长、越强,疲劳越严重。

6.2.3 其他感觉机能及其特征

1. 肤觉

从人的感觉对人机系统的重要性来看,肤觉是仅次于听觉的一种感觉。皮肤是人体上很重要的感觉器官,感受着外界环境中与它接触的物体的刺激。人体皮肤上分布着三种感受器:触觉感受器、温度感受器和痛觉感受器。用不同性质的刺激检验人的皮肤感觉时发现,不同感觉的感受区在皮肤表面呈互相独立的点状分布。

1) 触觉

(1) 触觉感受器。触觉是微弱的机械刺激触及了皮肤浅层的触觉感受器而引起的;压觉是较强的机械刺激引起皮肤深部组织变形而产生的感觉,由于两者性质类似,通常称为触压觉。触觉感受器能引起的感觉是非常准确的,触觉的生理意义是能辨别物体的大小、形状、硬度、光滑程度及表面机理等机械性质的触感。人机系统操纵装置的设计就是利用人的触觉特性,设计具有各种不同触感的操纵装置,以使操作者能够靠触觉准确地控制各种不同功能的操纵装置。根据对触觉信息的性质和敏感程度不同,分布在皮肤和皮下组织中的触觉感受器有游离神经末梢、触觉小体、触盘、毛发神经末梢、棱状小体、环层小体等。不同的触觉感受器决定了对触觉刺激的敏感性和适应出现的速度。

(2) 触觉阈限。对皮肤施以适当的机械刺激,在皮肤表面下的组织将引起位移,在理想的情况下,小到 0.001 mm 的位移就足够引起触的感觉。然而,皮肤的不同区域对触觉敏感性有相当大的差别,这种差别主要是由皮肤的厚度、神经分布状况引起的。研究表明,女性的阈限分布与男性相似,但比男性略为敏感。还发现面部、口唇、指尖等处的触点分布密度较高,而手背、背部等处的密度较低。与感知触觉的能力一样,准确地给触觉刺激点定位的能力因受刺激的身体部位不同而异。研究发现,刺激指尖和舌尖,能非常准确地定位,其平均误差仅为 1 mm。而在身体的其他区域,如上臂、腰部和背部,对刺激点的定位能力比较差,其平均误差为 1 cm。一般说来,身体由精细肌肉控制的区域,其触觉比较敏锐。如果皮肤表面的相邻两点同时受到刺激,人将感受到只有一个刺激;如果接着将两个刺激略微分开,并使人感受到有两个分开的刺激点,这种能够被感知到的两个刺激点间的最小距离称为两点阈限。两点阈限因皮肤区域不同而异,其中以手指的两点阈限值最低。这是利用手指触觉操作的一种"天赋"。

2) 温度觉

温度觉分为冷觉和热觉两种,这两种温度觉是由两种不同范围的温度感受器引起的,冷感受器在皮肤温度低于 30℃ 时开始发出冲动;热感受器在皮肤温度高于 30℃ 时开始发出冲动,到 47℃ 时为最高。人体的温度觉对保持机体内部温度的稳定与维持正常的生理过程是非常重要的。温度感受器分布在皮肤的不同部位,形成所谓的冷点和热点。每平方厘米皮肤内,冷点有 6~23 个,热点有 3 个。温度觉的强度取决于温度刺激强度和被刺激部位的大小。在冷刺激或热刺激的不断作用下,温度觉就会产生适应。

3) 痛觉

凡是剧烈性的刺激,不论是冷、热接触,还是压力等,肤觉感受器都能接受不同的物理和化学刺激而引起痛觉。组织学的检查证明,各个组织的器官内都有一些特殊的游离神经末梢,在一定的刺激强度下,就会产生兴奋而出现痛觉。这种神经末梢在皮肤中分布的部位就是所谓的痛点。每平方厘米的皮肤表面约有 100 个痛点,在整个皮肤表面上,其数目可达 100 万个。

痛觉的中枢部分位于大脑皮层。机体不同部位的痛觉敏感度不同;皮肤和外黏膜有高度的痛觉敏感性;角膜的中央具有人体最痛的痛觉敏感性。痛觉具有很大的生物学意义,因为痛觉的产生将导致机体产生一系列保护性反应来回避刺激物,动员人的机体进行防卫或改变本身的活动来适应新的情况。

2．本体感觉

人在进行各种操作活动的同时能给出身体及四肢所在位置的信息,这种感觉称为本体感觉。本体感觉系统主要包括两个方面:一个是耳前庭系统,其作用主要是保持身体的姿势及平衡;另一个是运动觉系统,该系统能够感受并指出四肢和身体不同部分的相对位置。

在身体组织中,可以找出三种类型的运动觉感受器:第一类是肌肉内的纺锤体,它能给出肌肉拉伸程度及拉伸速度方面的信息;第二类是位于腱中各个不同位置的感受器,它能给出关节运动程度的信息,由此可以指示运动速度和方向;第三类是位于深部组织中的层板小体,埋藏在组织内部的这些小体对形变很敏感,从而能够给出深部组织中压力的信息。在骨骼肌、肌腱和关节囊中的本体感受器分别感受肌肉被牵张的程度;肌肉收缩的程度和关节伸屈的程度,综合起来就可以使人感觉到身体各部位所处的位置和运动,而无须用眼睛去观察。例如,综合手臂上双头肌和三角肌给出的信息,操作者便了解到自己手臂伸张的程度;再加上由双头肌、三头肌腱、肩部肌肉进一步给出的信息,就会使人意识到手臂需要给予支持,换句话说,信息说明此时手臂的位置处于水平方向。

运动觉感受器在研究操作者行为时经常被忽视,原因可能是这种感觉器官用肉眼看不到,而作为视觉器官的眼睛,作为听觉器官的耳朵,则是明显可见的。然而,在操纵一个头部上方的控制件时,不需要眼睛看着脚和手的位置,运动觉感受器便会自觉地对四肢不断发出指令。在训练技巧性的工作中,运动觉感受器占有非常重要的地位。许多复杂技巧动作的熟练程度,都有赖于有效的反馈作用。例如,在打字中,因为有来自手指、臂、肩等部位肌肉及关节中的运动觉感受器的反馈,操作者的手指就会自然动作,而不需要操作者本身有意识地指令手指去按哪里。已完全熟练的操作者,能发现他的一个手指放错了位置,并且能够迅速纠正。例如,汽车司机已知右脚控制加速器和刹车,左脚控制离合器。如果有意识地让左脚去刹车,司机的下肢及脚踝都会有不舒服之感。由此可见,在技巧性工作中本体感觉的重要性。

6.3 人的信息处理系统

6.3.1 信息理论

随着职业和工作环境中不断发生变化,不仅需要对工作的操作部分进行研究,而且对工作的认知方面的研究也变得日益重要。

操作人员必须能够认识和理解大量的信息,做出关键决策并且能快速精确地控制这些机器。此外,工作重心也要逐渐从制造向服务转移。在任何一种情况下,总的体力活动显然会进一步减少而更多地强调信息处理和决策,尤其是通过计算机和相关的现代技术。

信息,从这个词的日常用法来说,是指已接收的关于特定事实的知识。从技术方面理解,信息可以减少相关事实的不确定性。

信息理论用 bit(位)来衡量信息,bit 在此是指在两种平等的、相似的可替代方法之间做出选择时需要的信息量。bit 来自词组"binary digit"的词首和词尾,这个词语用在计算机和通信理论里表示芯片的开/关状态或者是古老的计算机内存中的小片铁磁内核的极化位置的极化/反转。数学上的表达是

$$H = \log_2 n \qquad (6\text{-}9)$$

式中,H 为信息量;n 为平等的相似的替代方法的数目。

当只有两种替代方法的时候,例如芯片的开关状态或者均质硬币的投掷,只需 1 bit 就可以表示该信息。当有 10 种平等相似替代方法的时候,例如从 0~9 的数字,3.322 bit 的信息被传达($\log_2 10 = 3.322$)。计算 $\log_2 n$ 的时候可以使用简便方法:

$$\log_2 n = 1.4427 \times \ln n \qquad (6\text{-}10)$$

当各种替代方法不是平等相似的时候,传达的信息通过以下决定:

$$H = \sum p_i \times \log_2(1/p_i) \qquad (6\text{-}11)$$

式中,p_i 为第 i 个事件的发生概率;下标 i 为

从 $1\sim n$ 的替代方法。

人的神经系统是一个完善的信息处理、信息储存和指挥控制中心。据估计,人的大脑大约含有 10^{10} 个神经元,分为数百个不同的类别。每一个神经元的功能远大于一个逻辑门电路所具有的简单功能。有人估计,人的大脑的信息储存总量约为 10^{15} bit。

6.3.2 人的神经系统功能

神经系统是人体最主要的机能调节系统,人体各器官、系统的活动都是直接或间接地在神经系统的控制下进行的。人机系统中人的操作活动也是通过神经系统的调节作用,使人体对外界环境的变化产生相应的反应,从而与周围环境达到协调统一,保证人的操作活动得以正常进行的。

神经系统可以分为中枢神经系统和周围神经系统两部分。

1. 中枢神经系统

中枢神经系统包括脑和脊髓。脑位于颅腔内,脊髓在椎管内,两者在枕骨大孔处相连,如图 6-16 所示。

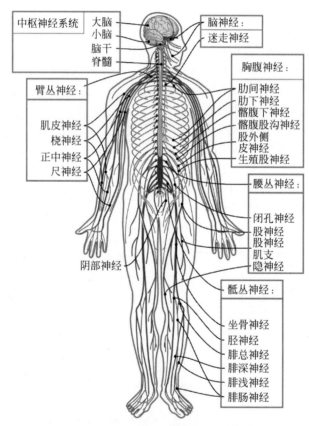

图 6-16 神经系统

覆在左、右大脑半球表面的灰质层称为大脑皮质,它控制着脊髓和脑的其余部分,是调节人体活动的最高中枢所在的部位。脊髓则是初级中枢所在的部位,它通过上、下行传导束与脑部密切联系,其功能受各级脑中枢制约。

2. 周围神经系统

周围神经系统是指中枢神经以外全部神经的总称。它起始于中枢神经,分布于周围器官。按起始于中枢神经的部位可分为脑神经和脊神经;按分布器官的结构可分为躯体神经和内脏神经。其基本形态呈条索状和细丝状,如图 6-16 所示。

周围神经的基本功能是在感受器与中枢神经之间及中枢神经与效应器之间传导神经

冲动。组成周围神经的纤维按其分布的器官结构和传导冲动方向分为四种功能成分,即躯体传入纤维、躯体传出纤维、内脏传入纤维和内脏传出纤维。

6.3.3 大脑皮质功能定位

大脑皮质是神经系统的最高级中枢。从人体各部经各种传入系统传来的神经冲动向大脑皮质集中,在此会通、整合后产生特定的感觉;或维持觉醒状态;或获得一定的情调感受;或以易化的形式贮存为记忆;或影响其他的脑部功能状态;或转化为运动性冲动传向低位中枢,借以控制机体的活动,应答内外环境的刺激。大脑皮质的不同功能往往相对集中在某些特定部位,其主要的功能定位如下。

1. 躯体感觉区

对侧半身外感觉和本体感觉,冲动传动至此区,产生相应的感觉。身体各部分在此区更精细的代表区是倒置的,身体各部分代表区的大小取决于功能上的重要性,见图 6-17(a)。

2. 躯体运动区

躯体运动区接受来自肌、腱和关节等处有关身体位置、姿势及各部运动状态的本体感觉冲动,借以控制全身的运动。如图 6-17(b)所示,身体各部分在此区更精细的代表区基本上是倒置的,但头面部仍是正的,运动越是精细的部位,如手、舌、唇等,代表区的面积越大。

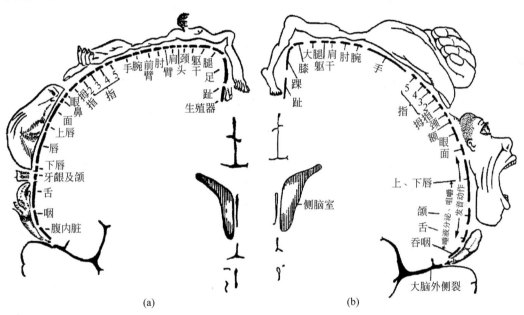

图 6-17 躯体感觉区和运动区
(a) 躯体感觉区;(b) 躯体运动区

3. 其他功能区

除了感觉区和运动区外,还有视区、听区、嗅区,可接受相应的神经冲动。语言代表区是人的大脑皮质所独有的,该代表区又分为书写中枢、说话中枢、听话中枢和阅读中枢。

大脑皮质单项感觉区和运动区之外的部分具有更广泛、更复杂的联系,它们可将单项信息进行综合分析,形成复杂功能,且与情绪、意识、思维、语言等功能有密切关系,这些部位称为联络区。

三个基本联络区是:

(1) 第一区,保证调节紧张度或觉醒状态的联络区。它的机能是保持大脑皮层清醒,使选择性活动能持久地进行。如果这一区域的器官(脑干网状结构、脑内侧皮层或边缘皮层)受到损伤,人的整个大脑皮层的觉醒程度就会下降,人的选择性活动就不能进行或难以进行,记忆也变得毫无组织。

(2) 第二区,接收、加工和储存信息的联络区。如果这一区域的器官(如视觉区——枕叶、听觉区——颞叶和一般感觉区——顶叶)受到损伤,就会严重破坏接收和加工信息的条件。

(3) 第三区,规划、调节和控制人的复杂活动形式的联络区。它负责编制人在进行中的活动程度,并加以调整和控制。如果这一区域的器官(脑的额叶)受到损伤,人的行为就会失去主动性,难以形成意向,不能规划自己的行为,对行为进行严格的调节和控制也会遇到障碍。

可见,人脑是一个多输入、多输出、综合性很强的大系统。长期的进化发展使人脑具有庞大无比的机能结构,很高的可靠性、多余度和容错能力。人脑所具有的功能特点,使人在人机系统中成为一个最重要的、主导的环节。

6.3.4 感觉的信息处理

感觉系统是用信息论观点研究神经系统功能最合适的对象。研究结果表明,人的反应时间与感觉刺激物的刺激量有关,并可用式(6-12)进行定量计算:

$$RT = a + bH_T \qquad (6-12)$$

式中,RT 为反应时间;a、b 为常数;H_T 为传输的信息量。

人对含有不同信息量的图片的认识速度也服从这一规律。当刺激物的信息量增加时,反应速度达到一定的水平后不再增加。

1. 信息传输速度

人的信息处理系统功能有一定的限度,这些限度主要表现在数量方面,并用感觉通道的信息传输速率来描述。信息传输速率是指信息通道中单位时间内所能传输的信息量,即

$$C = H/T \qquad (6-13)$$

式中,C 为信息传输速率;H 为传输的信息量;T 为传输的时间。

人的感觉通道的信息传输速率见图 6-18。由图可见,在多维综合情况下,传输速率可以提高,但也都在 10 bit/s 以下。超过了人的信息传输速率限度,信息就不能完全被接收。

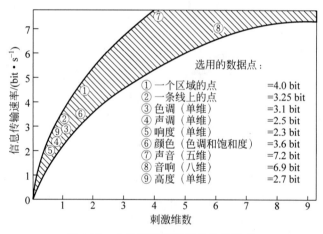

图 6-18 人的感觉通道信息传输速率

信息传输速率是反映人的感觉通道信息传输能力的客观数量,人的信息处理系统的这一特点,对工业设计具有重要意义。例如,在显示器设计中,认为显示得越多越好、越精确越好的观点是错误的,因为超过了人的信息通道的传输能力,显示便是无效的。

人体不存在一个固定不变的信息传输速率数据,它随刺激物的不同性质、维数和不同工作类型而变化。例如,人在典型的实验条件下,"视觉-动作"通道的信息传输速率大致在 2.7～7.5 bit/s;人在阅读工作中的信息传输速率为 43 bit/s;人判读电视屏幕上图像的信息传输速率为 70 bit/s。根据生物电指标估算人的色觉通道信息传输速率亦为 70 bit/s。

2. 采样

人的信息处理系统的一个重要特点是能

对外界信息进行主动搜索。人的视线分布概率与被观察图形中的信息量分布一致,需要人主动搜索信息量最丰富的区域。这是统计匹配的一种表现,在仪表布局等研究中具有重要意义。

感觉系统接受外界刺激是以不连续的、量子化的方式进行的。以时间域为例,以一定的时间间隔对外界刺激变量进行采样,采样间隔取决于刺激的频率。若刺激的变化频率为 f 时,则采样间隔 T 按式(6-14)计算:

$$T = \frac{1}{2f} \quad (6-14)$$

当刺激物以速度和加速度形式出现时,采样时间间隔可按式(6-15)计算:

$$T = \frac{K+1}{2f} \quad (6-15)$$

式中,K 为导数的阶数。

3. 编码

经过采样所获得的信息需要从感觉系统的外周部分传至中枢。在通信系统通道中实现信息传递需要对信息进行编码。研究表明,人的感觉信息的传递也是以各种编码方式进行的。哪些编码方式的信息传递效率最好,对工业设计是富有实践意义的研究。

表 6-3 列出了此类研究结果总体情况。由该表可见,编码方式的优劣与工作性质有密切关系。一般来说,在辨认工作中,数码、字母、斜线等是较好的;在搜索定位工作中则以颜色标志最优,数码和形状次之;在计数工作中以数码、颜色、形状为较优;但在"比较"(比较两个信号是否相同)和"验证"(认定呈现的信号是否为指定信号)工作中,这些符号对工作效率几乎没有影响。编码优劣与工作条件也有一定的关系。例如,在辨认工作中,如时间不限,则颜色标志较斜线为优,如果呈现的时间短(如 0.1～1.0 s),则斜线较颜色为优。

表 6-3 编码方式的优劣

所用标志或符号的种类	工作性质及条件	较好的符号或标志(按优劣先后排列)
颜色、斜线	辨认(时间不限)	颜色
数码、颜色、斜线	辨认(短时呈现)	数码、斜线
数码、斜线、椭圆、颜色	辨认(短时呈现)	数码、斜线
数码、字母、形状、颜色、图案	辨认	数码、字母、形状
颜色、形状、大小、明度	搜索定位	颜色、形状
数码、字母、形状、颜色、图案	搜索定位	颜色、数码
颜色、数码、形状	搜索定位	颜色、数码
颜色、字母、形状、数码、图案	比较	无明显差别
颜色、字母、形状、数码、图案	验证	无明显差别
颜色、字母、形状、数码、图案	计数	数码、颜色、形状
颜色、军用图形、几何图形、飞机图形	目标搜索	颜色、军用图形(如雷达、飞机等图形)
颜色、数码、颜色加数码(颜色卡片上印有数码)	辨认(短时呈现)	颜色加数码、数码、颜色

巧妙地利用感觉系统信息处理的原理,可以设计出有特殊效果的、高质量的人机界面和显示器等信息工具。

6.3.5 中枢信息处理

从人体各感觉通道传入的大量信息在大脑中枢进行复杂的处理。大脑中枢处理信息的过程中,记忆机制具有特殊的意义。记忆是各种信息处理活动的基础,因此,记忆机制的研究是人机系统效率研究的一个重要课题。

记忆可分为三种形式,即感觉信息贮存、短时记忆和长时记忆。

1. 感觉信息贮存

由于人的感觉通道是有一定容量的,而人所接收的输入信息又大大超过了人的中枢神经系统的"通道容量",因而大量的信息在传递过程中被过滤掉了,只有一部分进入了神经中枢的高级部位。

感觉信息传入神经中枢后,在大脑组织中贮存一段时间,使大脑能够提取感觉输入中的有用信息,抽取特征和进行模式识别。这种感觉信息贮存过程衰减很快(几分之一秒),所能贮存的信息数量也有一定的限度,延长显示时间并不能提高它的效率。例如,同时显示一组字母,被试者一般只能"看清"5个左右,所以显示器设计中必须考虑到这个因素。

2. 短时记忆

许多职业都需要操作者有良好的短时记忆,所以在人机系统研究中将短时记忆称为操作记忆。短时记忆的持续时间比感觉信息的贮存时间长,但也只有若干秒(不超过几十秒)。若不经过反复学习,短时记忆的信息便很快消失。短时记忆的保存时间与贮存信息量多少有着密切关系,实验表明,记忆3个字母比记忆1个字母容易忘记得多。因此,在需要短时记忆的作业中,其信息编码应尽量缩短。

短时记忆贮存的信息既可来自外部世界,也可来自人脑内部。例如,在思维过程中或解决问题时,需要短时记忆运算数据。飞行员在对仪表信息进行综合时,就必须有短时记忆。

短时记忆所能贮存的数量也有一定的限度,例如,在一连串显示的词中,人只能记住最后5个左右。因此,为了保证短时记忆作业效能,一方面是需要短时记忆的信息数量不能超过人所能贮存的容量,如电话号码、商标字母最好不超过7个数字或字母;另一方面是作业者必须十分熟悉自己的工作内容、信号编码。显然,短时记忆是人机系统设计中必须考虑的又一个重要因素。

3. 长时记忆

长时记忆实际上没有时间限制,它可以延续到人的一生。凡是比短时记忆时间长的时间过程,都属于长时记忆的范围。长时记忆是人脑学习功能的基础,如飞行员的大量训练活动就必须有良好的长时记忆功能来保证。长时记忆所能贮存的数量实际上是无限的。

图6-19是人的记忆试验曲线。是以每秒1个字的速度为被试者显示30个字,显示完毕立即检查,表明被试者只能较好地(97%)记住最后几个字(短时记忆),前面的字只能记住20%左右(长时记忆)。减少显示的字数或延长显示的间隔,只能提高长时记忆段的效率,对短时记忆无影响。

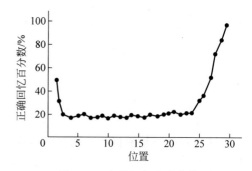

图6-19 人的记忆试验曲线

在人的记忆功能的基础上产生了大脑的学习功能,而学习功能又是人智能行为的基础。复杂智能活动是人脑信息处理的高级形式;现代人机系统中需要充分发挥人脑信息处理的高级功能作用。巧妙地利用人的信息处理系统的特点,在提高人机系统工效方面具有很大的潜力。

6.4 人的信息输出系统

在人机系统中,操作者接收系统的信息并经中枢加工后,依据加工的结果对系统作出反应。系统中的这一环节称为操作者的信息输出,信息输出是人对系统进行有效控制并使系统正常运转的必要环节。

对于常见的人机系统,人的信息输出有语言输出、运动输出等多种形式。随着智能型人机系统的研究,人可能会更多地通过语言输出控制更复杂的人机系统,但信息输出最重要的方式还是运动输出。运动输出的质量指标是反应时间、运动速度和准确性。

6.4.1 反应时间

反应时间（reaction time，RT）又称为反应潜伏期，是指刺激和反应的时间间距。刺激引起了一种过程，这种过程包括刺激使感觉器产生活动，经由传入神经传至大脑神经中枢，经过综合加工，再由传出神经从大脑传给肌肉，使肌肉收缩，作出操作活动。虽然这种过程在机体内部进行时是潜伏的，但是其每个步骤都需要时间，这些时间的总和称为反应时间。

反应时间由反应知觉时间（自出现刺激到开始执行操纵的时间）和动作时间（执行操纵的延续时间）两部分组成，即

$$RT = t_z + t_d \quad (6-16)$$

式中，RT 为反应时间；t_z 为反应知觉时间；t_d 为动作时间。

根据对刺激-反应要求的差异，反应时间通常分为简单反应时间和选择反应时间。若呈现的刺激只有一个，只要求人在刺激出现时做出特定反应，则其时间间隔称为简单反应时间。若呈现的刺激多于一个，并要求人对不同刺激做出不同反应，即刺激与反应间有一一对应关系，则其时间间隔称为选择反应时间。如果呈现的刺激多于一个，但要求人只对某种刺激做出预定反应，而对其余刺激不做反应，则其时间间隔称为析取反应时间。

简单反应的过程简单，其反应时间最短；选择反应存在刺激辨认和反应选择两种较为复杂的过程，故其反应时间最长；析取反应只存在刺激辨认过程，而不存在反应选择过程，其反应时间的长短介于前两者之间。

6.4.2 反应时间的影响因素

反应时间的长短不仅与反应类型有关，还受许多因素的影响，最主要的因素有下述几种。

1. 不同的感觉器官

各种感觉器官的简单反应时间见表 6-4。同一感受器官接受的刺激不同，其反应时间也不同，见表 6-5。

表 6-4　各种感觉器官的反应时间　　　　单位：ms

感 觉 器 官	反 应 时 间	感 觉 器 官	反 应 时 间
触觉	110～160	温觉	180～240
听觉	120～160	嗅觉	210～390
视觉	150～200	痛觉	400～1000
冷觉	150～230	味觉	330～1100

表 6-5　不同强度刺激的反应时间　　　　单位：ms

刺激及强度		对刺激开始的反应时间	对刺激中间的反应时间
声	中强	119	121
	强	184	183
	阈限	779	745
光	强	162	167
	弱	205	203

由表 6-4 可知，感觉器官对反应时间的影响十分明显，其中触觉和听觉的反应时间最短，其次是视觉。听觉的简单反应时间比视觉快约 30 ms。据此特点，在报警信号设计中，常以听觉刺激作为报警信号形式；在常用信号设计中，则多以视觉刺激作为主要信号形式。

2. 刺激信号的强度

人对各种不同性质刺激的反应时间是不同的，而对于同一种性质的刺激，由于其刺激强度和刺激方式不同，反应时间也有显著的差异，见表 6-5。

由人的感觉特征可知，刺激强度必须达到

一定的物理量（即感觉阈值）才能使感觉器官形成感觉。但是，当各种刺激的刺激强度在等于或略大于人对该刺激的感觉阈值时，其反应时间较长，当刺激强度明显增加时，反应时间便缩短了（见表6-5中的声刺激）。当强度每增加一个对数单位，反应时间便出现一定的减少，但其减少的量却越来越少。这说明刺激反应时间是有极限的，此极限称为"不可减的最小限"。

3．刺激的清晰度和可辨性

刺激信号与背景的对比程度也是影响反应时间的一种因素，信号越清晰越易辨认，则反应时间越短；反之，则反应时间延长。因此，在设计灯光信号时，要考虑信号与背景的亮度比；设计标志信号时，要考虑信号与背景的颜色对比；设计声音信号时，要考虑信号与背景的信噪比以及频率的不同等。例如，在重要的控制室里要求有一定的隔光、隔声措施，就是为了保证操作者的反应速度。

当刺激信号的持续时间不同时，反应时间随刺激时间的增加而减少。表6-6为光刺激时间对反应时间影响的实验结果。由表中数据可知，刺激信号的持续时间越长，反应时间越短。但这种影响关系也有一定的限度，当刺激持续时间达到某一界限时，再增加刺激时间，反应时间反而不再减少。

此外，刺激信号的数目对反应时间的影响最为明显，即反应时间随刺激信号数的增加而明显延长，见表6-7。对于需要辨别两种刺激信号，若两种刺激信号的差异越大，则其可辨性越好，即反应时间越短；反之，其反应时间越长。

表6-6 光刺激时间对反应时间的影响　　　　　　　　　　　　　单位：ms

光刺激持续时间	3	6	12	24	48
反应时间	191	189	187	184	184

表6-7 可选择的刺激信号数目对反应时间的影响　　　　　　　　单位：ms

刺激信号的选择数目	1	2	3	4	5	6	7	8	9	10
反应时间	187	316	364	434	485	532	570	603	619	622

在实际操作中，反应时间还与操纵器、显示器的设计有关，操纵器与显示器的形状、位置、大小，操纵器的用力方向、大小等因素都会影响反应时间。例如，线条运动能在视觉中枢引起有效的冲动发放，在视觉显示中大量运用线条和指针是有根据的。如果用数字进行姿态显示，效果将很差。又如，红光和绿蓝光在神经系统会引起完全不同的反应，所以不同颜色的照明有质的不同。因此，研究操纵器、显示器设计的人机工程学因素就成为提高系统工效的重要途径之一。

4．人的主体因素

人的主体因素影响主要是指习俗、个体差异、疲劳等方面。

练习可以提高人的反应速度、准确度和耐久力。例如，根据显示数字做相应的按钮反应，由最初只能反应1.5个/s，经过几个月训练后可提高到3个/s，即反应速度提高了1倍。又如，辨认熟悉的图形信号，或训练有素的打字员，与辨认不熟悉的图形信号或不熟练的打字员相比，前者的反应速度比后者高10~30倍。

操作者的主体由于存在着智力、素质、个性、品格、年龄、兴趣、动机、性别、教育、经验及健康等多方面的差异，在反应时间方面也有所不同。例如，老年人的反应时间大于年轻人，特别是随着每个信号信息量的增加，其反应时间的差距也越来越大。

此外，机体疲劳以后，会使注意力、肌肉工作能力、动作准确性和协调性降低，从而使反应时间变长。所以，在疲劳研究中，把反应时间作为测定疲劳程度的一项指标。

人的反应速度是有限的,一般条件下反射反应时间为 0.1～0.15 s,听觉反应时间稍高。当连续工作时,由于人的神经传递存在着 0.5 s 左右的迟后期,所以需要感觉指导的间断操作间隙期一般应大于 0.5 s;复杂的选择反应时间达 1～3 s,要进行复杂判断和认知反应的时间平均达 3～5 s。因此,在人机系统设计中,必须考虑人的反应能力的限度。

6.4.3 运动速度

运动速度可用完成运动的时间表示,而人的运动时间与动作特点、目标距离、运作方向、动作轨迹特征和负荷重量等因素有着密切的关系。

1. 动作特点

人体各部位动作 1 次的最少平均时间见表 6-8。由表可知,即使同一部位,动作特点不同,其所需的最短平均时间也不同。

2. 肢体的动作速度与频率

操作动作速度还取决于动作方向和动作轨迹特征等。另外,动作特点对动作速度的影响十分显著,操作动作设计合理,工效可明显提高。

同理,肢体的动作频率也取决于动作部位和动作方式。表 6-9 为人体各部位动作速度与频率的限度。在操作系统设计时,对操作速度和频率的要求不得超出肢体动作速度和频率的能力限度。

表 6-8 人体各部位动作 1 次的最少平均时间　　　　单位:ms

动作部位	动作特点		最少平均时间
手	抓取	直线的	0.07
		曲线的	0.22
	旋转	克服阻力	0.72
		不克服阻力	0.22
脚	直线的		0.36
	克服阻力		0.72
腿	直线的		0.36
	脚向侧面		0.72～1.46
躯干	弯曲		0.72～1.62
	倾斜		1.26

表 6-9 人体各部位动作速度与频率的限度

动作部位	动作速度与频率
手的运动/(cm·s^{-1})	35
控制操纵杆位移/(cm·s^{-1})	8.8～17
手指敲击的最大频率/(次·s^{-1})	3～5
旋转把手与驾驶盘/(r·s^{-1})	9.42～29.46
身体转动/(次·s^{-1})	0.72～1.62
手控制的最大谐振截止频率/Hz	0.8
手的弯曲与伸直/(次·s^{-1})	1～1.2
脚掌与脚的运动/(次·s^{-1})	0.36～0.72

3. 运动方向

运动方向对定位运动时间的影响如图 6-20 所示。该图中同心圆表示相等的距离,当被试者的手从中心起点向八个方向做距离为 40 cm 的定位运动时,手向各个方向运动的时间差异如图中曲线所示,表明从左下至右上的定位运动时间最短。

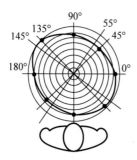

图 6-20　手向各个方向运动时间的差异

试验表明,运动方向和距离对重复运动速度也有影响。当被试者在坐姿平面向 0°、±30°、±60°、±90°七个不同方位进行重复敲击运动时,设定距离分别为 10 cm、30 cm、50 cm 三个等级,试验结果如图 6-21 所示。

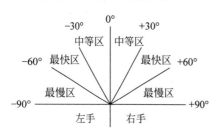

图 6-21　不同区域内手指敲击运动速度的差异

人的左右手分别自 0°转至 −30°和 +30°区域内,其敲击速度居中;自 ±30°转至 ±60°区域内,敲击速度最高;而自 ±60°转至 ±90°区域内,敲击速度最低。

当运动距离小于 10 cm 时,各方位敲击速度差异不大;当运动距离大于 30 cm 时,各方向之间的敲击速度差异明显,而且差异随着运动距离的增大而增大。

4. 动作轨迹特征

按人体生物力学特性对人体惯性特点进行分析的结果表明,动作轨迹特征对运动速度的影响极为明显,并得到以下几个基本结论:

(1) 连续改变和突然改变的曲线式动作,前者速度快,后者速度慢。

(2) 水平动作比垂直动作的速度快。

(3) 一直向前的动作速度,比旋转时的动作速度快 1.5~2 倍。

(4) 圆形轨迹的动作比直线轨迹的动作灵活。

(5) 顺时针动作比逆时针动作灵活。

(6) 手向着身体的动作比离开身体的动作灵活;向前后的往复动作比向左右的往复动作速度快。

此外,从运动速度与负荷重量的关系分析,得到结论:最大运动速度与被移动的负荷重量成反比,而达到最大速度所需的时间与负荷重量成正比。

6.4.4　人体不同姿势的施力

人体所处的姿势是影响施力的重要因素,作业姿势设计时,必须考虑这一要素。图 6-22 表示人体在不同姿势下的施力状态,图 6-22 中为常见的操作姿态,其对应的施力数值和施力时对应的移动距离见表 6-10。

在坐姿下手臂在不同角度和方向上的推力和拉力如表 6-11 所示。该表中的数据表明,左手弱于右手;向上用力大于向下用力;向内用力大于向外用力。

坐姿时,下肢不同位置上的蹬力大小见图 6-23(a),图中的外围曲线就是足蹬力的界限,箭头表示用力方向。最大蹬力一般在膝部屈曲 160°时产生。脚产生的蹬力也与体位有关,蹬力的大小与下肢离开人体中心对称线向外偏转的角度大小有关,下肢向外偏转约 10°时的蹬力最大,如图 6-23(b)所示。

应该注意的是:肢体所有力量的大小,都与持续时间有关。随着持续时间的延长,人的力量很快衰减。例如,拉力由最大值衰减到四分之一数值时,只需要 4 min。而且任何人劳动到力量衰减一半的持续时间是差不多的。

第6章 人的信息感知与信息传递

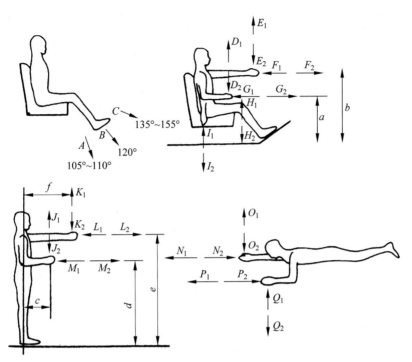

图 6-22 人体不同姿势下的施力状态

表 6-10 人体各种姿势时的力量　　　　　　　　　　　单位：N

	项　目	强壮男人	强壮女人	瘦弱男人	瘦弱女人
施力	A	1494	969	591	382
	B	1868	1214	778	502
	C	1997	1298	800	520
	D_1	502	324	53	35
	D_2	422	275	80	53
	F_1	418	249	32	21
	F_2	373	244	71	44
	G_1	814	529	173	111
	G_2	1000	649	151	97
	H_1	641	382	120	75
	H_2	707	458	137	97
	I_1	809	524	155	102
	I_2	676	404	137	89
	J_1	177	177	53	35
	J_2	146	146	80	53
	K_1	80	80	32	21
	K_2	146	146	71	44
	L_1	129	129	129	71
	L_2	177	177	151	97

续表

项	目	强壮男人	强壮女人	瘦弱男人	瘦弱女人
施力	M_1	133	133	75	48
	M_2	133	133	133	88
	N_1	564	369	115	75
	N_2	556	360	102	66
	O_1	222	142	20	13
	O_2	218	142	44	30
	P_1	484	315	84	53
	P_2	578	373	62	42
	Q_1	435	280	44	31
	Q_2	280	182	53	36
距离	a	64	62	58	57
	b	94	90	83	81
	c	36	33	30	28
	d	122	113	104	95
	e	151	141	131	119
	f	65	61	57	53

表6-11 手臂在坐姿下对不同角度和方向的操纵力

手臂的角度/(°)	拉力/N		推力/N	
	左 手	右 手	左 手	右 手
180(向前平伸臂)	向前		向后	
150	230	240	190	230
120	190	250	140	190
90(垂臂)	160	190	120	160
60	150	170	100	160
	110	120	100	160
180	向上		向下	
150	40	60	60	80
120	70	80	80	90
90	80	110	100	120
60	80	90	100	120
	70	90	80	90
180	向外侧		向内侧	
150	60	90	40	60
120	70	90	40	70
90	90	100	50	70
60	70	80	50	70
	80	90	60	80

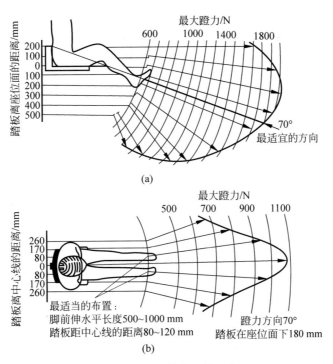

图 6-23　不同体位下的蹬力

(a) 不同位置上的蹬力；(b) 蹬力与体位的关系

6.4.5　运动的准确性

准确性是运动输出质量高低的另一个重要指标。在人体系统中，如果操作者发生反应错误或准确性不高的情况，即使其反应时间和运动时间都极短也不能实现系统目标，甚至会导致事故。影响运动准确性的主要因素有运动时间、运动类型、运动方向、操作方式等。

1. 运动速度与准确性

运动速度与准确性两者间存在着互相补偿的关系，描述其关系的曲线称为速度-准确性特性曲线，如图 6-24 所示。该曲线表示，速度越慢，准确性越高，但速度降到一定程度后，曲线渐趋平坦。这说明，在人机系统设计中，过分强调速度而降低准确性，或过分强调准确性而降低速度都是不利的。

曲线的拐点处为最佳工作点，该点表示运动时间较短，且准确性较高。随着系统安全性要求的提高，常将实际的工作点选在最佳工作点右侧的某一位置上。

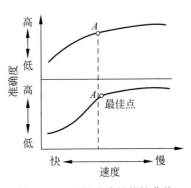

图 6-24　速度-准确性特性曲线

2. 盲目定位运动的准确性

在实际操作中，当视觉负荷很重时，往往需要人在没有视觉帮助的情况下，根据对运动轨迹的记忆和运动感觉的反馈进行盲目的定位运动。有人曾研究了手的盲目定位运动的准确性，其方法是在被试者的左、前、右共 270°范围内选定七个方位，相邻方位间相差 45°，每个方位又分上、中、下三个位置，采用 20 个实验点，每个点上悬有类似射击用的靶子。被试者在遮掉视线后做盲目定位运动，实验结果见

图 6-25。图中每个圆表示击中相应位置靶子的准确性,圆越小,表示准确性越高;图中的黑圆点代表击中相应象限的准确性,黑圆点越小,表示准确性越高。

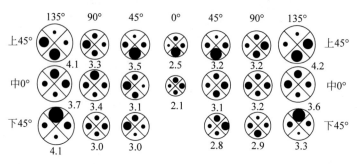

图 6-25 不同方位盲目定位运动的准确性

研究结果表明,正前方盲目定位准确性最高,右方稍优于左方,在同一方位,下方和中间均优于上方。

3. 运动方向与准确性

图 6-26 为手臂运动方向对准确性影响的实验结果,图中的数字表示颤抖方向错误次数。当被试者握笔尖沿图中狭窄的槽运动时,笔尖碰到槽壁即为一次错误,此错误可作为手臂颤抖的指标。结果表明,在垂直面上,手臂做前后运动时颤抖最大,其颤抖是上下方向的;在水平面上,做左右运动时颤抖最小,其颤抖方向是前后的。

4. 操作方式与准确性

由于手的解剖学特点和手的不同部位随意控制能力不同,使手的某些运动比另一些运动更灵活、更准确。其对比分析结果如图 6-27 所示,可见上排优于下排。该结果对人机系统中控制装置的设计提供了有益的思路。

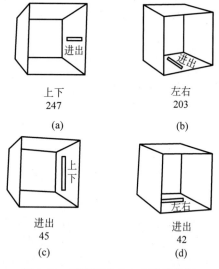

图 6-26 手臂运动方向对连续控制运动准确性的影响

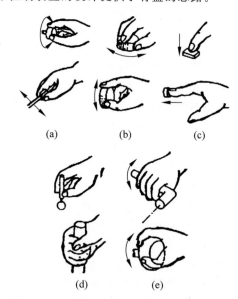

图 6-27 不同控制操作方式对准确性的影响

第7章

人的劳动生理与人体疲劳

7.1 劳动的能源与能耗

按人体科学的基本观点,人体是一个极为复杂的、物质的巨大系统,而且人体系统是开放的,并不断与外界有物质、能量和信息的交换。虽然人体存在着各种复杂的生理现象,但人体与外界产生的物质、能量和信息交换过程,则是人类能够劳动和生存的最基本生理特征。研究该生理特征,有助于合理设计人的劳动强度和作业制度。

7.1.1 劳动的能源

人体活动需要能量,这些能量的供给是通过体内能源物质的分解放热来实现的。通常人体把能源物质转化为热或机械功的过程称为能量代谢。肌肉能量代谢的主要能源物质是糖原和脂肪。人体活动的强度不同,消耗的能量也不同。能量消耗过多,有可能威胁人的健康和安全。了解和测定各类活动的能量代谢对恰当地设计人的活动有重要意义。

1. 人体活动的能量供应

人体活动的能量供应来自三个供能系统,或者说有三条途径,即 ATP-CP 系统、乳酸能系统和有氧氧化系统。

1) ATP-CP 系统

ATP 学名为三磷酸腺苷,CP 为磷酸肌酸。它们是人体中的两种高能物质,其中 ATP 是肌肉活动唯一的直接能量来源。1 mol ATP 在体内分解成 ADP(二磷酸腺苷)和 P(磷酸),可产生 8~10 kcal(1 kcal≈4.186 kJ)的能量。1 mol CP 分解产生的能量可供 1 mol 的 ADP 转化为 1 mol 的 ATP。CP 中储存的能量只有通过合成 ATP 才能被人体利用。下面是 ATP、CP 在人体中进行反应的方程式:

$$ATP \rightarrow ADP + P + 能量 \quad (7\text{-}1)$$
$$CP + ADP \rightarrow ATP + C(肌酸) \quad (7\text{-}2)$$

反应(式(7-1)和式(7-2))是可逆的,也就是说,如果活动需要,ATP 便会不断地分解并释放能量,而 ATP 的消耗又促使 CP 分解来合成必需的 ATP;反之,一旦活动停止,能源消耗降低,这时,其他来源的能量又会重新将 ADP 和 C 合成为 ATP 和 CP,以供活动的需要。ATP-CP 系统供能的特点是可以在极短的时间内释放出能量。但是,由于它们在肌肉中的含量很少,一般只能维持几秒钟的能量供应。因此,这种能量供应仅适合短期剧烈活动,不是人体活动能量供应的主要形式。

2) 乳酸能系统

乳酸能系统又称无氧酵解系统,是指体内的能源物质糖或糖原在无氧或氧气供应不足的情况下进行不完全分解,释放出能量以合成 ATP 并产生代谢中间产物——乳酸。1 mol 糖原通过无氧分解产生的能量可合成 3 mol ATP,并同时产生 2 mol 的乳酸。乳酸是一种强酸,它在体内积聚过多将使人体内环境趋向酸性,继而出现酸中毒,这会使工作能力下降,最终导致活动无法进行下去。因此,乳酸能供能系统只能持续很短的时间。一般来说,它只能在数十秒内提供有效的能量供应。

3) 有氧氧化系统

糖、糖原或脂肪在有氧气参与的前提下,经过有氧氧化完全分解为代谢终产物——二氧化碳和水,并释放出大量的能量,这一过程称为有氧氧化供能。有氧氧化不产生疲劳物质,生成的最终产物——二氧化碳和水很容易排出体外,从而能长时间持续地供应能量,而且它所产生的能量很多。1 mol 糖原经过有氧分解产生的能量可以合成 39 个 ATP,是无氧酵解的 13 倍。因此,有氧氧化系统是人体活动能量供应的主要形式。

三种能量系统之间是互相联系的,ATP-CP 系统和乳酸能系统供给短暂的能源,是短暂剧烈活动或各种活动之初能量供应所必需的,有氧氧化系统则是长时间能量供应的重要形式。ATP-CP 的消耗通过有氧氧化和乳酸能系统释放的能量来恢复,乳酸能系统产生的乳酸则依赖活动后进一步氧化(彻底氧化成二氧化碳和水)或重新合成为糖原来消除。三个系统的供能状况及其与体力劳动的关系见表 7-1。

表 7-1 体力劳动时的供能方式

名 称	代谢需氧状况	供能速度	能源物质	产生的 ATP 量	体力劳动类型
ATP-CP 系统	无氧代谢	非常迅速	CP	很少	劳动之初和极短时间内极强体力劳动的供能
乳酸能系统	无氧代谢	迅速	糖原	有限	短时间内强度大的体力劳动的供能
有氧氧化系统	有氧代谢	较慢	糖原、脂肪、蛋白质	几乎不受限制	持续时间长、强度小的各种劳动的供能

2. 能量代谢和能量代谢率

人体代谢所产生的能量等于消耗于体外做功的能量和在体内直接、间接转化为热的能量的总和。在不对外做功的条件下,体内所产生的能量等于由身体发散出的热量,从而使体温维持在相对恒定的水平上。人体能量的产生和消耗称为能量代谢。能量代谢分为三种,即基础代谢、安静代谢和活动代谢。

1) 基础代谢

人体代谢的速率随人所处的条件不同而异。生理学将人处于清醒、静卧、空腹(食后 10 h 以上)、室温 20℃ 左右这一条件定为基础条件。人体在基础条件下的能量代谢称为基础代谢。单位时间内的基础代谢量称为基础代谢率。它反映了单位时间内人体维持最基本的生命活动所消耗的最低限度的能量。通常以每小时每平方米体表面积消耗的热量来表示,记作 $kcal/(h \cdot m^2)$。

2) 安静代谢

安静代谢是在作业或劳动开始之前,仅仅为了保持身体各部位的平衡及某种姿势条件下的能量代谢。安静代谢量包括基础代谢量。安静代谢量的测定一般是在作业前或作业后,被测者坐在椅子上保持安静状态,通过呼气取样,采用呼气分析法进行的。安静状态可通过呼吸次数或脉搏数判断。也可以常温下基础代谢量的 120% 作为安静代谢量。

3) 活动代谢

活动代谢也称劳动代谢、作业代谢或工作代谢,是指人在从事特定活动过程中所进行的能量代谢。体力劳动是使能量代谢量亢进的最主要原因。因为在实际活动中所测得的能量代谢率不仅包括活动代谢,还包括基础代谢与安静代谢,所以活动代谢率可表示为

活动代谢率 = 实际代谢率 − 安静代谢率

(7-3)

活动代谢率用每分钟内每平方米体表面积所消耗的能量表示,记作 kcal/(min·m²)。活动代谢与体力劳动强度有直接的对应关系。它对于劳动管理、劳动卫生具有极为重要的意义,是计算劳动者一天中所消耗的能量,以及计算需要营养补给热量的依据,也是评价劳动负荷合理性的重要指标。

4) 相对能量代谢率(RMR)

体力劳动强度不同,所消耗的能量也不同。由于劳动者在性别、年龄、体力与体质方面存在差异,从事同等强度的体力劳动,消耗的能量也不同。为了消除劳动者个体之间的差异因素,常用活动代谢率与基础代谢率之比,即相对能量代谢率来衡量劳动强度的大小。相对能量代谢率表示为

$$RMR = \frac{活动代谢率}{基础代谢率} = \frac{作业时实际代谢率 - 安静代谢率}{基础代谢率}$$

(7-4)

专家们已经积累了大量的系统的相对代谢率数据。可以针对所研究的某项具体作业,观察分析作业者的动作、负荷和疲劳等方面的特征,然后与现有的资料加以对照比较,即可判断确定该项作业的 RMR 值。有关判定生产作业或活动的 RMR 资料见表 7-2。有关日常正常速度下作业或活动的 RMR 值见表 7-3。

表 7-2 判定生产作业或活动的 RMR 资料

动作部位	动作细分	RMR 值	被检查者的感觉	调查者观察	工作举例
手指动作	非意识的机械性动作	0~0.5	手腕感到疲劳,但习惯后不感到疲劳	完全看不出有疲劳感	拍电报为 0.3,记录为 0.5
	有意识的动作	0.5~1	工作时间长后有疲劳感	看不出有疲劳感	拨电话号码为 0.7,盖章为 0.9
手指动作连带上肢	手指动作连带到小臂	1.0~2.0	认为工作很轻,不太疲劳	看不出有疲劳感	计算机操作为 1.3,电钻(静作业)为 1.8
	手指动作连带大臂	2.0~3.0	常想休息	有明显的工作感,是较小的体力劳动	抹光混凝土为 2.0
上肢动作	一般动作方式	3.0~4.0	开始不习惯时感到劳累,习惯后不太困难	摆动虽大一些,但用力不大	轻筛为 3.0,电焊为 3.0
	稍用力动作方式	4.0~5.5	局部疲劳,不能长时间连续操作	使用整个上肢,用力明显	装汽车轮胎为 4.5,粗锯木料为 5.0
全身动作	一般动作方式	5.5~6.5	要求工作 30~40 min 后休息	作业者呼吸急促	拉锯 5.8,和泥为 6.0
	动作较大,用力均匀	6.5~8.0	连续工作 20 min 感到胸中难受,但再干轻的工作能继续做	作业者呼吸急促,脸变色出汗	锯硬木为 7.5
	短时间内集中全身力量	8.0~9.5	工作 5~6 min 后什么工作也不能做了	作业者呼吸急促、流汗、脸色难看、不爱说话	用尖镐为 8.5,推 200 kg 三轮车为 9.5
	繁重作业	10.0~12.0	工作不能持续 5 min 以上	急喘、脸变色、流汗	用全力推车为 10.0,挖坑为 12.4
	极繁重作业	12.0 以上	用全力只能忍耐 1 min,实在没有力气了	屏住呼吸作业,急喘,有明显的疲劳感	推倒物料为 17.0

表 7-3 日常正常速度下生产作业或活动的 RMR 资料

作业或活动内容	RMR 值	作业或活动内容	RMR 值
睡眠	基础代谢量 ×（80%～90%）	使用计算机	1.3
		步行选购	1.6
安静坐姿	0	准备、烧饭及收拾	1.6
坐姿：灯泡钨丝的组装	0.1	邮局小包鉴别工作	2.4
写、读、听	0.2	骑自行车（平地 180 m/min）	2.9
拍报	0.3	做广播体操	3.0
电话交换台的交换员	0.4	擦地	3.5
打字	1.4	整理被褥	4.3～5.3
谈话：坐着(有活动时 0.4)	0.2	下楼(50 m/min)	2.6
谈话：站着(腿或身体弯曲时 0.5)	0.3	上楼(45 m/min)	6.5
打电话（站）	0.4	慢步走(40 m/min)	1.3
吃饭、休息	0.4	慢步走(50 m/min)	1.5
洗脸、穿衣、脱衣	0.5	散步(60 m/min)	1.8
乘小汽车	0.5～0.6	散步(70 m/min)	2.1
乘汽车、电车(坐)	1.0	步行(80 m/min)	2.7
乘汽车、电车(站)、扫地、洗手	2.2	步行(90 m/min)	3.3
使用计算器	0.6	步行(100 m/min)	4.2
洗澡	0.7	步行(120 m/min)	7.0
邮局盖戳	0.9	跑步(150 m/min)	8.0～8.5
使用缝纫机	1.0	马拉松跑步比赛	14.5
在桌上移物	1.0～1.2	万米跑步比赛	16.7
使用洗衣机	1.2		

7.1.2 劳动的能耗

1. 能量代谢的测定方法

机体在休息和活动期间产生的热量，根据物质不灭定律和能量守恒定律等基本原理，可以采用几种不同的方法准确地测定出能量消耗值，大体上分为直接测量法和间接测量法。一般采用间接测量法，其中开放式测量法由采气装置、计气量装置和气体分析器三部分组成。受试者通过呼吸器口具，把各种作业活动时呼出的气体分别收集在采气袋中，然后通过气量表测其容积，并取样分析其中 O_2 和 CO_2 的体积分数，根据吸入和呼出气中 O_2 及 CO_2 的含量差，推算出氧耗量和二氧化碳的产量，开放式测量法适合应用于现场工作中。

2. 能量代谢计算原理

机体运动所需要的能量，最终来源于糖原、蛋白质和脂肪三类物质的氧化，能量在体内最后总是以转变为热能的形式发散到体外。那么，根据什么方法计算能量代谢率呢？为了进一步加深理解，先介绍几个必须掌握的基本概念。

（1）食物的热价和氧的热价。1 g 食物完全氧化时所产生的热能称为该食物的热价。在氧化过程中每消耗 1 L 氧气所产生的热量，称为氧的热价。由于各种食物中碳、氢、氧 3 种元素含量不同，所以各种食物在氧化时所消耗的氧量不同，氧化不同的食物，氧的热价也不同，见表 7-4。但是知道了氧耗量和氧的热价还不能求出产热量，因为混合食物中各成分的氧的热价不同，因此，又有了呼吸商这个概念。

（2）呼吸商。各种食物氧化时所产生的二氧化碳与所消耗的氧的容积之比（CO_2/O_2）称为呼吸商（表 7-5）。根据受试者的呼吸商可以推测出热量的主要来源，通过查表得出氧的热价，然后计算其总产热量。

表 7-4　食物的热价和氧的热价

食物名称	食物的热价 /(kJ·g^{-1})	氧化每克食物时		氧的热价 /(kJ·L^{-1})
		氧的耗量/L	二氧化碳的产量/L	
糖类	17.1	0.81	0.81	21.13
蛋白质	17.1	0.95	0.78	17.97
脂肪	38.9	1.98	1.40	19.58

表 7-5　非蛋白质的呼吸熵和氧的热价

呼吸熵	糖类和脂肪所消耗氧量的百分比/%		氧的热价/(kJ·L^{-1})
	糖类	脂肪	
0.71	0.0	100.0	19.587
0.75	14.7	85.3	19.809
0.80	31.7	68.3	20.068
0.85	48.8	51.2	20.323
0.90	65.9	34.1	20.582
0.95	82.9	17.1	20.837
1.00	100.0	0.0	21.193

3. 能量消耗的计算步骤

（1）根据分析结果计算呼气中 CO_2、O_2 及 N_2 的百分比。

（2）根据干燥时呼出气在标准状态下的体积算出吸入气的体积。

原理：吸入的 O_2 在大多数情况下不是完全用来产生 CO_2 的 $\left(\text{呼吸商} = \dfrac{CO_2}{O_2} = 0.7 \sim 1\right)$，所以呼气量要比吸气量小一些，呼气与吸气中 N_2 的绝对量是不变的（它不会被消耗，机体也不会产生氮气）。但呼气中 N_2 的百分比有变化，即与呼气体积的大小成反比。于是得到下式：

$$N_{吸} \cdot V_{吸} = N_{呼} \cdot V_{呼} \quad (7\text{-}5)$$

即

$$V_{吸} = V_{呼} \times \frac{N_{呼}}{N_{吸}} = V_{呼} \times \frac{N_{呼}}{79.03}$$

式中，$V_{吸}$ 为吸气量；$V_{呼}$ 为呼气量；$N_{吸}$ 为吸入 N_2 的体积分数；$N_{呼}$ 为呼出 N_2 的体积分数。

（3）计算氧消耗量及二氧化碳产生量。

$$O_2 \text{消耗量} = \frac{20.94 V_{吸} - O_{2呼} \cdot V_{呼}}{100} \quad (7\text{-}6)$$

$$CO_2 \text{产生量} = \frac{CO_{2呼} V_{呼} - 0.03 V_{吸}}{100} \quad (7\text{-}7)$$

式(7-6)和式(7-7)中，$O_{2呼}$ 及 $CO_{2呼}$ 相应为呼出 O_2 及 CO_2 的百分率。

（4）计算呼吸商 $\left(\dfrac{CO_2}{O_2}\right)$，根据呼吸商查出非蛋白质氧的热价（表 7-5），即可算出能耗量。

另一种方法是韦尔提出来的，他认为用非蛋白质氧的热价来计算而略去蛋白质代谢，会造成一定的误差。他用数学方法推导得出：当包括蛋白质代谢时，每升呼出气的热量为

$$K = \frac{0.0504(O_{吸} - O_{呼})}{1 + 0.0820 P} \quad (7\text{-}8)$$

式中，K 为每升呼出气的热量，kJ；P 为实际蛋白质代谢占三大营养素代谢的比例；$O_{吸}$ 为吸入 O_2 和 CO_2 的百分比；$O_{呼}$ 为呼出 O_2 和 CO_2 的百分比。

如 P 恰好为 0.10（即 10%），则式(7-8)可变为

$$K = \frac{O_{吸} - O_{呼}}{20} \quad (7\text{-}9)$$

或当 $P = 0.125$ 时，

$$K = 1.046 O_{吸} - 0.050 O_{呼} \quad (7\text{-}10)$$

7.2 劳动中的机体调节

7.2.1 氧债与氧需

1. 氧债的发生

在从事体力作业的过程中,氧需量随着劳动强度的加大而增加,但人的摄氧能力有一定的限度。因此,当氧需量超过最大摄氧量时,人体能量的供应依赖于能源物质的无氧分解,造成体内的氧亏负,这种状态称为氧债。氧债与劳动负荷的关系如图 7-1 所示。

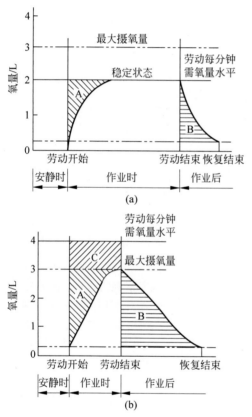

图 7-1 作业中的氧债示意图
(a) 需氧量小于最大摄氧量;(b) 需氧量大于最大摄氧量

当作业中需氧量小于最大摄氧量时,在作业开始的 2~3 min 内,由于心肺功能的生理惰性,不能与肌肉的收缩活动同步进入工作状态,因此,肌肉暂时在缺氧状态下工作,略有氧债产生,如图 7-1(a)中的 A 区。此后,随着心肺功能惰性的逐渐克服,呼吸、循环系统的活动逐渐加强,氧的供应得到满足,机体处于摄氧量与需氧量保持动态平衡的稳定状态。在这种状态下,作业可以持续较长的时间。当稳定状态工作结束后,恢复期所需偿还的氧债仅为图 7-1(a)中的 B 区。在理论上,A 区应等于 B 区。

当作业中劳动强度过大,心肺功能的生理惰性通过调节机理逐渐克服后,需氧量仍超过最大摄氧量时,稳定状态即被破坏,此时,机体在缺氧状态下工作,持续的时间仅仅局限在人的氧债能力范围之内。一般人的氧债能力约为 10 L。如果劳动强度使劳动者每分钟的需氧量平均为 4 L,而劳动者的最大摄氧量仅为 3 L/min,这样体内每分钟将以产生 7 g 乳酸作为代价来透支 1 L 氧,即劳动每坚持 1 min 必然增加 1 L 氧债,见图 7-1(b)中的 C 区,直到氧债能力衰竭为止。在这种情况下,即使劳动初期心肺功能处于惰性状态时的氧债(图中的 A 区)忽略不计,劳动者的作业时间最多也只能持续 10 min,即达到氧债的衰竭状态。恢复期需要偿还的氧债应为 A 区加 C 区之和。体力作业若使劳动者氧债衰竭,可导致血乳酸急剧上升,pH 下降。这对肌肉、心脏、肾脏及神经系统都将产生不良影响。因此,合理安排作业间的休息对于重体力劳动来说是至关重要的。

2. 氧需的调节

氧债的计算通常是以求得最大摄氧量作为基准的。如前所述,氧需超过最大摄氧量即构成氧债。因此,最大摄氧量也是允许的最大能量消耗的界限值,它随年龄、性别、所处地海拔高度、锻炼等情况的不同而不同。布鲁斯(Bruce)等在 1972 年得出的年龄与最大摄氧量的关系式如下:

$$V_{O_2 max} = 56.592 - 0.398A \quad (7\text{-}11)$$

式中,$V_{O_2 max}$ 为最大摄氧量,$cm^3/(kg \cdot min)$;A 为年龄,岁。

根据最大摄氧量,通过下列公式可以算出人在从事允许的最大负荷劳动时的能量代谢率:

$$E_{max}(W) = 354.3 \times V_{O_2 max}(L/min) \quad (7\text{-}12)$$

根据最大摄氧量还可以求得人在允许的

最大劳动负荷时的心率、心输出量,以及室内通风的最低量。

巴斯奇尔克(Buskirk)等在 1974 年得出的最大心率 HR_{max} 与年龄 A 的关系式如下:

$$HR_{max} = 209.2 - 0.74A \quad (7\text{-}13)$$

式中,HR_{max} 为最大心率,次/min;A 为年龄,岁。

最大心输出量 Q_{max} 与最大摄氧量的关系式如下:

$$Q_{max} = 6.55 + 4.35 \times V_{O_2 max} \quad (7\text{-}14)$$

式中,Q_{max} 为最大心输出量,L/min;$V_{O_2 max}$ 为最大摄氧量,$cm^3/(kg \cdot min)$。

每分钟通风量 VE 与摄氧量的关系式如下:

$$VE = 35.8 \times V_{O_2} - 4.99 \quad (7\text{-}15)$$

式中,VE 为每分钟通风量,L/min;V_{O_2} 为摄氧量,L/min。

当在式(7-15)中代入 $V_{O_2 max}$ 时,所求得的通风量即为允许的最大劳动负荷条件下必要的通风量。

人体在代谢过程中所需的氧,经呼吸系统从外界吸入,并由循环系统输送至组织,代谢产物二氧化碳又由循环系统输送至呼吸系统,排出体外,从而保证了人体能量代谢的正常进行。

人在进行体力作业时,随着代谢水平的提高,需氧量增加,呼吸深度和呼吸频率均随之增加,每分钟内吸入(或呼出)的气体即肺通气量(等于呼吸深度与呼吸频率的乘积)也相应地增加。在安静状态时,成年人的呼吸深度平均为 500 mL、呼吸频率为 16 次/min、肺通气量为 8 L/min。在重体力作业时,呼吸频率增至 30~40 次/min。在极重体力作业时,呼吸频率可达 60 次/min,肺通气量可达 80~100 L/min,甚至更高。作业停止后,呼吸的恢复期较心率、血压的恢复期短。

肺通气量的增加,在作业强度比较稳定时,通常与需氧量的增加相适应,但在大强度或极大强度的作业中,肺通气量的增加常略高于需氧量的增加。肺通气量的变化在一定程度上反映了需氧量的多少,故肺通气量可作为衡量能量代谢或者劳动强度的一项指标。

7.2.2 心率与心输出量

1. 心率

心率是单位时间内心脏搏动的次数。正常人在安静时的心率为 75 次/min。心率增加的限度即最大心率随年龄的增长而逐渐减小,可用年龄来推算(最大心率=220-年龄)。最大心率与安静心率之差称为心搏频率储备,可用来表示体力劳动时心率可能增加的潜在能力。

从事体力作业时,心率在作业开始后的 30~40 s 内迅速增加,经 4~5 min,即可达到与劳动强度相适应的水平。强度较小的体力劳动,心率增加不多,在很快达到与劳动强度相适应的水平后,便随作业的延续而保持在该恒定水平上。而从事强度很大的劳动,心率将随作业的延续而不断加快,直到个体的最大心率值,通常可达 150~195 次/min。上述两种劳动强度下的心率变化曲线如图 7-2 所示。

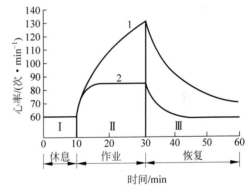

1—作业负荷为 15 m·kg/s;2—作业负荷为 5 m·kg/s;
Ⅰ—安静心率;Ⅱ—作业心率;Ⅲ—恢复心率。

图 7-2 不同劳动强度下的心率变化曲线

作业停止后,由于氧债的存在,心率需经过一段时间才能恢复到安静状态时的心率。一般作业停止后在几秒至 15 s 后心率会迅速减速,然后在 15 min 内缓慢地恢复到安静心率。恢复期的长短与劳动强度、工间休息、环境条件,以及个体的健康状况有关。

心率通常可作为衡量人们劳动强度的一项重要指标。若以该项指标为标准,对于健康男性,作业心率为 110～115 次/min(女性应略低于此值)。由作业停止后 15 min 内恢复到安静心率时,则认为体力劳动负荷处于最佳范围,可以连续工作 8 h。若在作业停止后 30 s～1 min,测得心率不超过 110 次/min,在 2.5～3 min 测得心率不超过 90 次/min,满足这两个条件时,也可以连续工作 8 h。

2. 心输出量

心脏每搏动 1 次,由左心室射入主动脉的血量称为每搏输出量。每分钟由左心室射出的血量称为心输出量。心输出量为每搏输出量与心率的乘积。正常成年男性安静时每搏输出量为 50～70 mL,心输出量为 3.75～5.25 L/min。女性心输出量比相同体重的男性约低 10%。一般人心输出量最多可增加到 25 L/min。

在体力作业开始后,心率加快的同时,每搏输出量迅速地、渐进性地增加到个体最大值。随后,心输出量的增加依赖于心率的加快。中等劳动强度作业的心输出量可比安静时增加 50%,而极大强度作业的心输出量可高达安静时的 5～7 倍。作业停止后,又逐渐恢复到安静状态时的水平。恢复的快慢不仅取决于劳动负荷的大小,还与个体的健康状况、训练程度等因素有关。

7.2.3 血压及血液分配

1. 血压

血压是血管内的血液对于单位面积血管壁的侧压力,通常多指血液在体循环中的动脉血压,一般以毫米汞柱(mmHg)为单位(1 mmHg=133.32 Pa)。正常人安静时的动脉血压较为稳定,变化范围不大,心室收缩时动脉血压的最高值即压缩压为 100～120 mmHg,心室舒张时动脉血压的最低值即舒张压为 60～80 mmHg。血压还受性别、年龄及其他生理情况的影响。一般来说,男性略高于女性;老年人高于中青年人,特别是收缩压随着年龄的增长而升高得较舒张压更为明显;体力劳动、运动及情绪波动时血压会出现暂时性升高。

在动态作业开始后,主要由于心输出量增大,收缩压立即升高,并随劳动强度的增加而继续升高,直到最高值为止,而舒张压几乎保持不变或略有升高。因此形成收缩压与舒张压之差,即脉压的增大,如图 7-3 所示。脉压逐渐增大或维持不变,是体力劳动可以继续有效进行的标志。

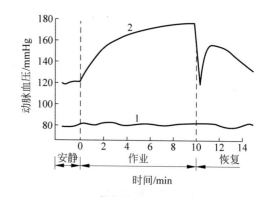

1—舒张压;2—收缩压。

图 7-3 动态作业至力竭时收缩压与舒张压的变化

静态作业时动脉血压的变化不同于动态作业。静态作业时即使只有很少的肌肉静态施力,但由于肌肉的持续性收缩,压迫外周血管,导致血液流动阻力显著增加,从而使收缩压、舒张压、平均动脉压立即升高,而此时心率和心输出量相对增加较少。

在作业停止后,血压迅速下降,一般在 5 min 内即可恢复到安静状态时的水平。但在极大劳动强度作业后,恢复期较长,需 30～60 min 才能恢复到作业前的水平。恢复期的长短同时还受环境条件舒适程度的影响。

2. 血液分配

人处于安静状态时,血液流向肾、肝及其他内脏器官较多,而在体力作业开始后,心脏射出的血液大部分流向骨骼肌,以满足其代谢增强的需要。表 7-6 列出了安静状态和重体力劳动时,血液流量的分配状况。由表 7-6 可知,进行重体力作业时,流向骨骼肌的血液量较安静时多 20 倍以上,心肌血流量增加 5 倍。

从事体力作业特别是重体力作业时,由于代谢加快,需氧量显著增加,因此循环系统的机能和呼吸系统的机能也产生了一系列与其相适应的变化。例如,呼吸和心率加快,血压升高,心输出量增加,各器官的血流量重新分配,

表 7-6 人在安静时和重体力劳动时的血液分配

器 官	安 静 休 息		重体力劳动	
	%	L·min^{-1}	%	L·min^{-1}
内脏	20～25	1.0～1.25	3～5	0.75～1.25
肾	20	1.00	2～4	0.50～1.00
肌肉	15～20	0.75～1.00	80～85	20.00～21.25
脑	15	0.75	3～4	0.75～1.00
心肌	4～5	0.20～0.25	4～5	1.00～1.25
皮肤	5	0.25	0.5～1	0.125～0.25
骨	3～5	0.15～0.25	0.5～1	0.125～0.25

使急需氧和营养的器官特别是肌肉获得足够的血液等。这些适应性变化都是通过神经调节和体液调节完成的。

7.3 劳动的强度与标准

7.3.1 我国的劳动强度分级

劳动强度是以作业过程中人体的能耗量、氧耗量、心率、直肠温度、排汗率或相对代谢率等作为指标分级的。由于最紧张的脑力劳动的能量消耗一般不超过基础代谢的10%，而体力劳动的能量消耗可高达基础代谢的10～25倍。因此以能量消耗或相对代谢率作为指标制定的劳动强度分级，只适用于以体力劳动为主的作业。

体力劳动强度分级，是我国制定的劳动保护工作科学管理的一项基础标准，是确定体力劳动强度大小的根据。应用这一标准，可以明确工人体力劳动强度的重点工种或工序，以便有重点、有计划地减轻工人的体力劳动强度，提高劳动生产率。

我国于2007年实施的国家标准《工作场所物理因素测量 第10部分：体力劳动强度分级》(GBZ/T 189.10—2007)中规定了工作场所体力作业时劳动强度的分级测量方法，是劳动安全卫生和管理的依据。该项标准中以计算劳动强度指数的方式进行劳动强度分级。

表7-7列出了体力劳动强度分级标准。体力劳动强度分为4个等级，根据计算的劳动强度指数分布的区间可查相应的劳动强度对应的级别，劳动强度指数越大，反映体力劳动强度越大。

表 7-7 体力劳动强度分级

体力劳动强度级别	体力劳动强度指数
Ⅰ	≤15
Ⅱ	>15～20
Ⅲ	>20～25
Ⅳ	>25

体力劳动强度指数计算公式为

$$I = 10 R_t M S W \quad (7-16)$$

式中，I 是体力劳动强度指数；R_t 是劳动时间率(%)；M 是8 h工作日平均能量代谢率，kJ/(min·m^2)；S 是性别系数(男性=1，女性=1.3)；W 是体力劳动方式系数(搬=1，扛=0.40，推拉=0.05)；10是计算常数。

为了更好地理解该标准，下面具体介绍劳动强度指数各影响因素的含义及计算方法：

(1) 能量代谢率(M)：某工种劳动日内各类活动和休息的能量代谢率的平均值，单位为kJ/(min·m^2)。

(2) 劳动时间率(R_t)：工作日内纯劳动时间与工作日总时间的比，以百分率表示。

(3) 体力劳动性别系数(S)：在计算体力劳动强度指数时，为反映相同劳动强度引起男女性别不同所致的不同生理反应，使用了性别系数。男性系数为1，女性系数为1.3。

(4) 体力劳动方式系数(W)：在计算体力劳动强度指数时，为反映相同体力劳动强度由于劳动方式的不同引起人体不同的生理反应，使用了体力劳动方式系数。搬方式系数为1，扛方式系数为0.40，推拉方式系数为0.05。

那么，知道了劳动强度的分级，日常生产生活中的劳动属于哪一级呢？可以参考表7-8中的描述来确认劳动强度的分级。

表7-8 劳动强度的职业描述

体力劳动强度级别	劳动强度指数 n	职业描述
Ⅰ（轻劳动）	$n \leqslant 15$	坐姿：手工作业或腿的轻度活动；立姿：操作仪器，控制、查看设备，上臂用力为主的装配工作
Ⅱ（中等劳动）	$15 < n \leqslant 20$	手和臂持续动作（如锯木头等）；臂和腿的工作（如卡车、拖拉机或建筑设备等运输操作等）；臂和躯干的工作（如锻造、风动工具操作、粉刷、间断搬运中等重物等）
Ⅲ（重劳动）	$20 < n \leqslant 25$	臂和躯干负荷工作（如搬重物、铲、锤锻、锯刨或凿硬木、挖掘等）
Ⅳ（极重劳动）	$n > 25$	大强度的挖掘、搬运，快到极限节律的极强活动

7.3.2 最佳能耗界限

单位时间内人体承受的体力活动工作量即体力工作负荷必须处在一定的范围之内。负荷过小，不利于劳动者工作潜能的发挥和作业效率的提高，将造成人力的浪费，但负荷过大，超过了人的生理负荷能力和供能能力限度，又会损害劳动者的健康，导致不安全事故发生。

一般情况下，人体的最佳工作负荷是，在正常情景中，个体工作8 h不产生过度疲劳的最大工作负荷值。最大工作负荷值通常是以能量消耗界限、心率界限，以及最大摄氧量的百分数来表示的。国外一般认为，能量消耗5 kcal/min、心率110～115次/min、吸氧量为最大摄氧量的33%左右时的工作负荷为最佳工作负荷。中国医学科学院卫生研究所也曾对我国具有代表性行业中的262个工种的劳动时间和能量代谢进行了调查研究，提出了如下能量消耗界限：一个工作日（8 h）的总能量消耗应在1400～1600 kcal，最多不超过2000 kcal。若在不良劳动环境中进行作业，上述能耗量还应降低20%。根据我国工人目前的食物摄入水平，这一能耗界限是比较合理的。

对于重强度劳动和极重（很重）强度劳动，只有增加工间休息时间即通过劳动时间率来调整工作日中的总能耗，使8 h的能耗量不超过最佳能耗界限。

对于在一个工作日中，劳动时间与休息时间各为多少，以及两者如何合理配置，德国学者E. A. 米勒研究后认为，一般人连续劳动480 min而中间不休息的最大能量消耗界限为4 kcal/min，这一能量消耗水平也被称为耐力水平。如果作业时的能耗超过这一界限，劳动者就必须使用体内的能量贮备。为了补充体内的能量贮备，就必须在作业过程中插入必要的休息时间。米勒假定标准能量贮备为24 kcal，要避免疲劳积累，则工作时间加上休息时间的平均能量消耗不能超过4 kcal/min。据此，可将能量消耗水平与劳动持续时间及休息时间的关系通过公式表达。

设作业时增加的能耗量为M、工作日总工时为T，其中实际劳动时间为$T_劳$、休息时间为$T_休$，则

$$T = T_劳 + T_休 \quad (7\text{-}17)$$

$$T_r = \frac{T_休}{T_劳}(\%) \quad (7\text{-}18)$$

$$T_w = \frac{T_劳}{T}(\%) \quad (7\text{-}19)$$

式中，T_r为休息率；T_w为劳动时间率。

由于实际劳动时间为24 kcal能量贮备被耗尽的时间，所以

$$T_劳 = \frac{24}{M-4}$$

由于要求总的能量消耗满足平均能量消

耗不超过 4 kcal/min,所以

$$T_劳 M = (T_劳 + T_休) \times 4$$

$$T_休 = \left(\frac{M}{4} - 1\right) T_劳$$

$$T_r = \frac{T_休}{T_劳} = \frac{M}{4} - 1$$

$$T_w = \frac{T_劳}{T} = \frac{T_劳}{T_劳 + T_休} = \frac{1}{1 + T_r}$$

7.4 人体的生物节律

科学研究发现,和自然界的其他生物一样,人类身体内的各项生理、心理活动也存在明显的周期性,并且涉及的范围非常广泛,目前已发现的就有百余种。例如,人的心跳和呼吸就是受人体内的生物钟操纵和控制的,因为它们都不受人的意识支配,却非常有规律地进行着。一旦这种规律遭到破坏,人体就会出现病态,从而感到不舒服、不适应。人体内的生物节律周期是不同的,有长有短,有的以秒计(如心跳、脑电等);有的以时计;有的以日(昼夜时)计,如睡眠与觉醒;有的以月(如女性月经)或年计。其中与劳动效率、生产安全关系明显的是日节律和月节律。

日节律也称为昼夜节律、日周节律,它是一种与太阳日紧密相关的人体机能的周期性变化。因为有的节律并非严格地以 24 h 为周期,只是大体相符,所以又称为"概日节律"。这种节律的形成可能与人类在电灯发明以前,一直过着日出而作、日落而息的劳动生活方式有关。

研究表明,人的许多生理变化属于概日节律。日本熊本大学的佐佐木隆教授在题为《人的概日节律》的论文中,收集了各种身体机能在 24 h 中随时间的变化情况,如图 7-4 所示。

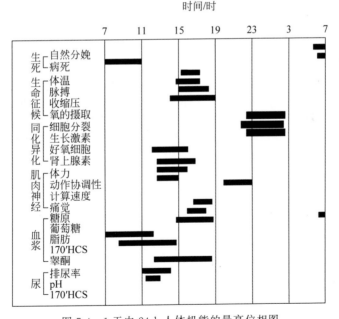

图 7-4　1 天内 24 h 人体机能的最高位相图

从图 7-4 可以看出,属于生命特征的体温、脉搏、收缩压等项指标在下午 4 时左右达到最高值,体现体力、动作协调性、计算速度的各项指标在下午 2～3 时达到最高值;而作为活动能源的糖原、脂肪或血中蛋白质、睾酮的浓度在下午 5 时左右达到最高值。与此相反,副交感神经系统占优势的细胞分裂及生长激素的分泌等,则从夜间 11 时至凌晨 2 时左右达到高峰。总的来说,人的身体适于白天活动,而到夜间,由于各种机能下降,因而适于睡眠和休息。图 7-5 是日本学者根据各国研究人员的研究成果所绘制的人在 1 天 24 小时中身体机能的变化。

既然人的体力、情绪和智力,以及各种生理机能的变化都受生物节律的影响,那么从原则上来说,以人为主体的任何活动,包括生产活动、科学研究,甚至日常生活都不可避免地会同人的生物节律有关。研究表明,绝大多数事故的发生都与人的因素有关。而在人的因素中,生物节律的影响是不容忽视的。

首先来看概日节律。人在 1 天 24 小时之内,生理机能有起伏性周期变化,见图 7-5。为了研究事故与概日节律的关系,心理学家进行了大量的调查和统计分析。图 7-6 是根据某煤气公司 10 年中对三班制工人检查煤气表的差错率所做的统计,并经整理、绘制而成。

从图 7-6 和图 7-5 的比较中可以明显看出,错误的发生率与 1 天之内 24 h 人体机能的变化惊人地一致,即身体机能上升时错误就少,随着身体机能的下降,错误增加,到凌晨 3 时,身体机能达到最低点,而出错率则相应地达到最大值。这种情况的发生,虽与人的睡意有关,但也不能忽视对工作厌倦、出现疲劳等心理、生理方面的原因。

事故的发生同体力、情绪和智力的循环性变化也有关系。研究表明,一个人体力、情绪和智力的月节律变化符合数学上正弦函数的变化规律,因而可用正弦曲线来描绘,其强弱变化的峰值就是曲线的正负极值或振幅。因为三种节律都以人的出生日起算,所以各曲线的初始相位一致,但由于各曲线的周期不同,因而在某一特定月份,三条曲线是相互交叉的。图 7-7 表示的是一个在 11 月 5 日出生的人,在 1987 年 12 月三种节律的变化曲线。

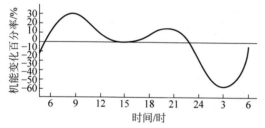

图 7-5　1 天中人身体机能的变化

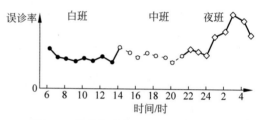

图 7-6　某煤气公司查表的差错率统计
（按 1 天中差错的时间）

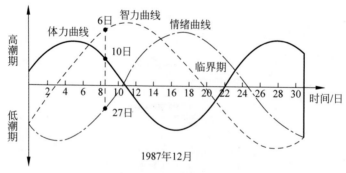

图 7-7　生物节律

在图 7-7 中,处于曲线中轴线以上的日期为"高潮期"。在这一时期,人往往表现为精力旺盛。例如,体力（图中粗实线）处于高潮期,一般表现为体力充沛,生气勃勃;情绪（图中点画线）处于高潮期,一般感到心情欢快,乐观豁达,做事欲望强烈;智力（图中虚线）处于高潮期,则头脑灵活,思维敏捷,记忆力好,处理问题顺手。相反,处于中轴线以下的时期,称为"低潮期"。身体易疲倦,做事拖沓,提不起精神;情绪烦躁不安,遇事退却;头脑不好使,容易忘事,判断力下降。从高潮期转向低潮期,即在正弦曲线上跨越中轴线的时期,称为"临界期",这是一个极不稳定的时期,身体各方面处于频繁变化和过渡之中。在临界期,机体各部位协调性差,易感染疾病,工作中也易出差错,甚至导致人身事故,因而需要特别注意。一般认为,在体力周期和情绪周期的临界日发生事故的可能性很大,而在智力周期临界日则相对较小,但如果与其他临界日相重合时,则发生事故的可能性更大。双重临界日1年中大约有6次;三重日1年中有1次,在负半周的三重日,危险增长到最高程度。据美国一家保险公司对涉及偶然事故所引起的死亡事故的统计,事故的肇事者约有60%处于生物节律的临界期。美国近年发生的13起飞机坠毁事故中,有10起是由于驾驶员出了差错,而他们及其助手大多处于临界期。

7.5 人体的作业疲劳

7.5.1 疲劳的积累效应

疲劳是指人由于高强度或长时间持续活动而导致工作能力减弱、工作效率降低、错误率增加的状态,这是一种自然性的防护反应。疲劳一般分为两类:一类是生理疲劳,另一类是心理疲劳。生理疲劳以肌肉疲劳为主要形式。当工作活动主要由身体的肌肉承担时所产生的疲劳,称为肌肉疲劳。产生肌肉疲劳时表现出乏力,工作能力减弱,工作效率降低,注意力涣散,操作速度变慢,动作的协调性和灵活性降低,差错及事故发生率增加,工作满意感降低等。心理疲劳是指肌肉工作强度不大,但由于工作中紧张程度较大或由于工作过于单调而产生的疲劳。心理疲劳主要表现为感觉体力不支,注意力不能集中,思维迟缓,情绪低落,并同时伴有工作效率降低、错误发生率上升等现象。疲劳可以通过适当的休息得到恢复。但是,如果让疲劳持续发展,很可能引起严重的后果。

对于疲劳的积累,有人用"容器"模式做了形象的说明。

一般认为,疲劳的产生与许多因素有关。例如,身体素质、生理与心理活动强度、环境条件、工作责任、疾病、营养、工作的单调性、情绪状态等,都可以成为引起或加重疲劳的原因。"容器"模式认为,疲劳可比喻成一个容器内的液体。容器内液面的高低即疲劳程度的反映。工作时,上面提及的疲劳源不断地向容器内注入"液体",随着液面高度的上升,人体感觉到的疲劳程度逐渐上升。在休息时,容器的排出开关打开,"液体"不断地向外流出,"液面"下降,疲劳逐渐得到消除。可以设想,如果持续进行工作而得不到适当的休息,则容器内的"液体"将不断升高。一旦"液面"超出容器高度,疲劳程度超出人体极限,这时人的身心各方面将受到重大伤害。这就是"容器"模式对疲劳积累的解释。图7-8是"容器"模式的示意图。

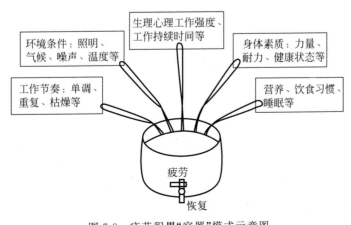

图7-8 疲劳积累"容器"模式示意图

7.5.2 产生疲劳的机制

关于肌肉疲劳产生的机制有多种学说,下面简单地介绍三种。

1. 中枢学说

这是一种以中枢神经系统活动为基础的解释理论。中枢学说认为,当长时间进行重复运动或短时间进行高强度运动时,往往有大量兴奋冲动传到大脑皮质的有关区域,频繁地使这些区域处于兴奋状态。当活动持续一定的时间后,由于抑制性保护作用使得这些区域由兴奋状态转变为抑制状态,而且抑制作用逐渐扩散到其他部位,从而表现出疲劳现象。

2. 代谢物积累学说

这种学说认为,在工作过程中由于代谢物质的不断产生与积聚,造成人体产生类似于中毒的效应,从而引起疲劳。提出代谢物积累学说的学者一般倾向于把乳酸看成是造成疲劳的主要代谢物质。虽然乳酸浓度和肌肉疲劳之间的因果关系还没有获得证实,但已经证明乳酸的积累,以及由此而导致的组织 pH 下降会产生三个效应:

(1) 阻止神经肌肉接点处兴奋的传递,影响神经冲动顺利地传递到肌肉组织中。

(2) 限制有关酶的活性,从而抑制无氧糖酵解,使 ATP 的合成速度减慢。

(3) 使钙离子浓度降低,从而影响肌凝蛋白和肌纤蛋白的相互作用,使肌肉收缩与放松能力下降。

3. 能源耗尽学说

该学说认为,人体疲劳的产生是由于人体内的能源耗尽造成的。许多研究表明,疲劳过程与能源消耗有很大的关系。例如,长时间工作时肌糖原储存量下降,当储存量低于原储存量的 20% 时,工作能力明显下降;同时血糖水平降低,减少了大脑和肌肉中糖的供应,影响了对大脑正常的能量供应,从而使神经系统的功能下降。

上述三种学说均以一定的事实为依据,从不同的角度解释了肌肉疲劳产生的原因。可以认为,完全用一种观点来解释疲劳现象,显然是不全面的,可能是多种原因综合导致了疲劳的产生。

关于心理疲劳的产生机制,一般认为,是由于对工作的紧张感、倦怠感和厌烦感导致了过高的神经心理负荷,从而影响了神经系统的活动,使神经活动的平衡性发生变化、上行网状激活系统减弱而使神经抑制机能增强。至于神经心理负荷如何改变神经系统的活动,目前尚不清楚。

7.5.3 疲劳的测定

疲劳程度的测定方法多种多样,下面简要介绍几个方面。

1. 工作效绩

在工作过程中,工作效率随疲劳的积累而下降。随着疲劳的增加,工作能力、产品的数量和质量下降,工作中发生错误、事故的可能性增大。因此通过调查工作过程中产量、质量或操作错误率的变化,可以对工作中的疲劳状况做出间接的评定。

2. 主观感觉

疲劳的特征之一是感觉体力不支、乏力等,通过适当的主观评定技术,可以将疲劳的这些特征描述出来。与其他疲劳测定方法相比,主观评定具有省时、简易可行的特点,因此较为常用。

3. 生理变化

在工作过程中,人体的一系列生理生化指标会发生极为明显的变化。例如,为了适应工作的要求,人的呼吸功能、心脏功能、神经功能,以及其他有关的功能均将发生相应的变化。这些变化与疲劳状况有着一定的关系。因此,通过对这些变化的测定可评定疲劳的积累状况。一般疲劳测定的项目包括能耗率、呼吸率、心率、皮电、脑诱发电位、肌电、瞳孔变化、乳酸、蛋白含量的变化等。

4. 闪光融合频率

当被测试者观察一个闪烁频率较低的闪烁光源时,他看到的光源是闪烁的。但是,当闪烁频率较高时,他看到的光源则是连续的。闪烁光源融合成一个连续光源的最低频率称为闪光融合频率。研究表明,在精神高度集中、视力紧张,以及枯燥无味、重复单调的工作前后,闪光融合频率可有不同程度的减少(0.5~6.0 Hz);而在体力劳动或在精神不太紧张的工作前后,闪光融合频率变化很小。

5. 反应时测定

被测试者对光、声音等刺激信号做出反应的时间称为反应时。反应时有两类:一类是简单反应时,另一类是选择反应时。随着疲劳的积累,无论是简单反应时还是选择反应时,均出现明显的增长。

6. 皮肤敏感距离法

皮肤敏感距离法也称两点阈法,即在皮肤上的两邻近点施加触觉刺激,当两点间的距离较大时,被测试者感觉受到两个刺激,但在两点间的距离较小时,被测试者不能区分开这两个刺激而把它们感觉为一个刺激。我们把能引起两点感觉的两刺激之间的最小距离称为敏感距离(或阈值距离)。研究表明,随着疲劳的增加,皮肤的敏感性下降,敏感距离也会相应地增加。

7. 膝跳反射阈限法

当用锤子叩击四头肌时,膝部会出现反跳现象,这在生理学上称为膝跳反射。随着疲劳的增加,引起膝跳反射所需的叩击力量随之增加。一般以能引起膝跳反射的最小叩击力量(以锤子的下落角表示)来表示膝跳反射的敏感性(或称阈值)。例如,如果锤长 15 m,重 150 g,则轻度疲劳时阈值增加 5°~30°,重度疲劳时阈值增加 15°~30°。

随着工作过程的持续进行,疲劳会逐渐积累起来。利用适当的休息可以消除或减轻疲劳。

合理的休息虽然使工作时间缩短,但并未使产量下降,有时甚至还能提高工作效率。有人做过一项研究,研究对象是一项需要手指灵巧和能够独立调节进度的工作。在研究开始前,休息时间由工人自己确定和掌握。调查表明,工人在工作日中的休息时间占全部工作日时间的 11%,并且还需 7.6% 的时间用于做辅助工作。这一研究虽然规定工人每小时休息 5 min(总共 30 min),但不禁止工人进行额外(自己控制)的休息。研究发现,工人额外休息时间为 6%,加上规定的休息时间,总休息时间约为 12%,比原先多 1%,而更重要的是有效的工作时间反而增加了,因为辅助工作时间由原来的 7.6% 下降为 2.7%,结果使产品数量从 3043 个提高到 3114 个。

7.5.4 降低作业疲劳的措施

作业疲劳是指出现作业机能衰退,作业能力下降,作业时间、成本和质量劣化,且出现作业人员疲劳的现象。如何在较长时间内保持较高的作业能力,又不会损害作业人员的身心健康和生理机能的衰退,成为人机工程学要研究和解决的重要课题。

1. 疲劳的类型

人体疲劳可分为四种类型:①单个器官疲劳,常发生在仅仅需要个别器官或肢体参与的紧张作业时,一般不影响其他器官或部位的功能,如手和视力的疲劳;②全身疲劳,主要是从事全身参与的繁重的体力劳动所致;③智力疲劳,主要是长时间从事紧张的脑力劳动所引起的;④技术性疲劳,常见于脑力劳动与体力劳动同时进行,且精神紧张的作业中,如在太空站中的作业、驾驶飞机等。

2. 疲劳产生的原因及降低措施

工作条件方面的原因有:①劳动制度和劳动组织不合理,如工作时间过长、劳动强度过大、速度过快、工作体位不正确等;②机器设备和各工种工具的作业设计不合理,显示和控制装置不适合人的生理与心理要求;③工作环境不良,如照明不足、振动与噪声强烈等。

作业者的因素包括身体对工作的适应性、作业的熟练程度、年龄不适应性(过大或过小)、体质、休息、生活条件及情绪等。

因此,应通过改造设备、改进操作方法、改善作业条件、优化劳动组织企业管理和作业环境来降低作业疲劳,以提高生产效率。

第8章

人本主义心理学与设计思维

8.1 人本主义心理学

8.1.1 人本主义心理学概述

人本主义心理学于20世纪50年代兴起于美国,在60—70年代得到迅速发展。它是西方心理学的一种新思潮和革新运动,又被称为现象心理学或人本主义运动。人本主义心理学是美国特定的时代背景和心理学自身的内在矛盾相互冲击的产物,也是吸收当时先进的科学思想并融合存在主义和现象学哲学观点而发展起来的。因此,它已成为西方心理学中的一种新的有重要影响的研究取向。

人本主义心理学是美国当代心理学的主要流派之一,由美国心理学家 A. H. 马斯洛和 C. R. 罗杰斯创立。马斯洛主张"以人为中心"的心理学研究,着重研究人的本性、自由、潜能、动机、经验、价值、创造力、生命意义、自我实现等对个人和对社会富有意义的问题。因而他成为人格心理学家弗洛伊德以来最伟大的心理学家,被称为"人本心理学之父"。

8.1.2 人本主义心理学的论点

人本主义心理学派强调人的尊严、价值、创造力和自我实现,把人的本性的自我实现归结为潜能的发挥,而潜能是一种类似本能的性质。人本主义心理学最大的贡献是认为人的心理与人的本质是一致的,主张心理学必须从人的本性出发研究人的心理。

该学派的主要代表人物马斯洛认为人类行为的心理驱动力是人的需求,他最著名的成就是创立了"马斯洛需求层次理论"。

8.1.3 马斯洛的需求层次理论

马斯洛以他对人类的需要的理解阐明了一种动机理论,需求层次理论既是一种需求理论,也是人本主义心理学的一种动机理论。他认为,动机是人类生存和发展的内在动力,动机引起行为,而需求则是动机产生的基础和源泉。需求的性质决定着动机的性质,需求的强度决定着动机的强度,但需求与动机之间并非简单的对应关系,人的需求是多种多样的,但只有一种或几种最占优势的需求成为行为的主要动机。

马斯洛将人类需求像阶梯一样从低到高按层次分为五种,分别是生理需求、安全需求、社交需求、尊重需求和自我实现需求。他提出的需求理论被直观地、形象地比作一座金字塔,然后做出详尽的解析,详见图8-1。

(1)生理需求。人类维持自身生存的最基本要求,如吃、穿、睡等,生理需求优于其他需求。如果这些需求中的任何一项得不到满足,人类个人的生理机能就无法正常运转。换言之,人类的生命就会因此受到威胁。从这个意义上说,生理需求是推动人们行动最首要的动

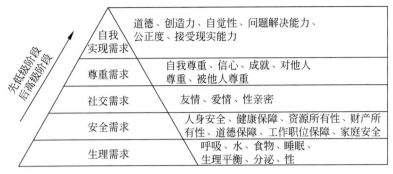

图 8-1 马斯洛的需求层次理论

力。马斯洛认为,只有这些最基本的需求满足到维持生存所必需的程度后,其他的需求才能成为新的激励因素,而此时,这些已相对满足的需求也就不再成为激励因素了。

(2) 安全需求。安全需求是指保护自身安全,免受外来伤害的需求,财产安全也属于此范畴。马斯洛认为,整个有机体是一个追求安全的机制,人的感受器官、效应器官、智能和其他能量主要是寻求安全的工具,甚至可以把科学和人生观都看成是满足安全需求的一部分。当然,这种需求一旦相对满足后,也就不再成为激励因素了。

(3) 社交需求。社交需求是指对亲情、友情、爱情的需求。人处在社会环境中,人与人的交往是生活的重要组成部分。人人都希望得到关心和照顾。感情上的需求比生理上的需求来得细致,它和一个人的生理特性、经历、教育、宗教信仰都有关系。

(4) 尊重需求。人人都希望自己有稳定的社会地位,要求个人的能力和成就得到社会的承认。尊重需求又可以分为内部尊重和外部尊重。内部尊重是指一个人希望在各种不同情境中有实力、能胜任、充满信心、能独立自主。总之,内部尊重就是人的自尊。外部尊重是指一个人希望有地位、有威信,受到别人的尊重、信赖和高度评价。马斯洛认为,尊重需求得到满足,能使人对自己充满信心,对社会满腔热情,体验到自己活着的价值。

(5) 自我实现需求。自我实现需求是最高层次的需求,是指实现个人理想、抱负,发挥个人的能力到最大程度,达到自我实现境界的人,接受自己也接受他人,解决问题的能力增强,自觉性提高,善于独立处事,要求不受打扰地独处,完成与自己能力相称的一切事情的需求。也就是说,人必须干称职的工作,这样才会使他们感受到最大的快乐。马斯洛提出,为满足自我实现需求所采取的途径是因人而异的。自我实现需求是在努力发挥自己的潜力,使自己越来越成为自己所期望的人物。

8.1.4 马斯洛的自我实现论

马斯洛的人本主义心理学思想早期被称为"整体动力论",后来则称为"自我实现论"。

(1) 马斯洛通过对林肯、斯宾诺莎、爱因斯坦等名人和身边的熟人进行案例研究,总结出了自我实现者的主要特征:

① 准确和充分地知觉现实。

② 自我接受与接受他人。

③ 自发、自然、坦率。

④ 以问题为中心,而非以自我为中心;超然独立的特性与离群独处的需要。

⑤ 自主性,即独立于文化与环境。

⑥ 对生活的反复欣赏能力。

⑦ 经常产生高峰体验。

⑧ 具有社会情感。

⑨ 仅与少数人建立深刻和密切的人际关系。

⑩ 民主的性格结构。

⑪ 具有明确的伦理观念。

⑫ 富有哲理和幽默感。

⑬ 具有创造性。

⑭ 抵制文化适应。

(2) 马斯洛还提出了自我实现的途径：

① 充分地、无我地体验生活，全身心地投身于工作和事业。

② 做出连续成长、前进的选择。

③ 承认自我存在，要让自我明显地表现出来。

④ 诚实、勇于承担责任。

⑤ 能从小处做起，倾听自己的爱好和选择。

⑥ 要经历勤奋的、付出精力的准备阶段。

⑦ 高峰体验是自我实现的短暂时刻。

⑧ 发现自己的天性，使之不断成长。

马斯洛所讲的自我实现主要是指个人自我完善的途径。他认为，每个人都有自我实现的潜能，其区别只是有的人多一点、有的人少一点而已。他相信，人人都能够在某一点上达到人性的最高境界。

8.1.5　马斯洛的高峰体验论

高峰体验是马斯洛人本主义心理学思想中的另一个重要概念。按照马斯洛的说法，高峰体验既是自我实现者重要的人格特征，又是达到自我实现的一条重要途径。马斯洛在案例研究中发现了高峰体验这一神秘现象。在对自我实现者的人格特征研究中，马斯洛还发现几乎所有被研究的那些自我实现者都经常谈起自己经历过的这种神秘体验。"这种体验可能是瞬间产生的、压倒一切的敬畏情绪，也可能是转瞬即逝的极度强烈的幸福感，甚至是欣喜若狂、如醉如痴、欢乐至极的感觉。"

马斯洛将这种体验称为高峰体验。他认为，人的高峰体验是一个多层级、多水平的系统，主要有普通型高峰体验和自我实现型的高峰体验两种类型。普通型高峰体验是指所有的人可能在满足需要、愿望时产生的极端愉快的情绪。"几乎在任何情况下，只要人们能臻于完善，实现希望，到达满足，诸事如心，便可能不时产生高峰体验。这种体验可能产生在非常低下的生活天地里。"自我实现型的高峰体验是指健康型或超越型自我实现者拥有的一种宁静和沉思的愉悦心境。

在马斯洛看来，高峰体验主要有5个特点：① 产生的突然性；② 程度的强烈性；③ 感受的完美性；④ 保持的短暂性；⑤ 存在的普遍性。高峰体验比人们预料的要普遍得多。高峰体验不但对人的心理健康具有促进作用，而且对于提高人们的生活质量也具有重要意义，同时对社会的发展也有重要价值。

8.1.6　对马斯洛的简要评价

作为人本主义心理学的典型代表，马斯洛的观点在西方和世界各国产生了较大的反响。许多学者认为，马斯洛开创了西方心理学研究的新取向。在心理学的历史上，研究动物行为、变态心理的人相当多，可是对健康人的正常心理进行探讨的学者却很少。马斯洛从人本主义的立场出发，以现象学的整体论方法，研究了健康人的心理特征和理想发展模式。这种理论不同于传统西方的实证主义的心理学研究，因而受到了学术界的肯定。在方法论上，马斯洛反对心理学中僵死的方法论和实验主义，主张对研究方法采取开放、兼容和综合的态度，突出人的主体和主观作用，强调整体分析的方法论意义。

马斯洛的需要动机理论促进了以人为中心的管理理论的应用与发展，为现代管理学的发展奠定了心理学基础。受人本主义的影响，现代管理学逐渐抛弃了传统的"经济人"或"X人"的思想，把人看成是不断追求需求的满足、努力实现自我价值潜能的社会人。如果要调动人的工作积极性，就应当以满足人的各种需求为契机，努力创造条件，促使个体潜能得到最大限度的发挥。马斯洛的需求动机理论极大地影响了现代管理科学的发展。

8.2　人本主义心理与以人为本

8.2.1　人本主义心理学的特点

马斯洛作为人本主义心理学的奠基人，其理论与"以人为本理念"有密切关系。这种关系并不仅仅是因为"人本主义心理学"与"以人为本理念"在字面上很接近，实际上两者具有非常密切的内在关系。马斯洛的人本主义心理学强调心理学研究要以人为中心,强调心理学研究不仅要研究人的低级本性,还要研究人的更高级本性,强调自我实现需要是人的高级需要,和低级需要一样具有本性的特征,以及具有产生高峰体验的潜能等。应该说,以马斯洛为代表的人本主义心理是迄今为止心理学中强调"以人为本",而且对人性理解相对最完整的心理学流派。

8.2.2 马斯洛需求层次理论的价值

需求层次理论是马斯洛最著名的理论之一。该理论的提出如果从1954年《动机与人格》这一著作的出版算起,至今已有70年的时间,这一理论自提出以后,便不断地被引用、引证和应用。虽然也有研究者试图提出更优或更完整的需求理论,但是迄今仍然没有一种需求理论能够取代其位置。可以认为,马斯洛需求层次理论,是一个经受时间验证,具有显著理论价值和广泛应用价值的心理学成就。马斯洛需求层次理论等具有显著价值的心理学理论的影响已远远超过了心理学的范畴,其应用涉及人类生存与发展相关的多个领域。

8.2.3 需求层次理论与工业设计

在产品设计领域,需求反映了用户对产品总的要求,是产品设计的出发点和落脚点,产品概念设计过程和详细设计过程无不体现着对用户需求的认知和把握。全面、准确地获取用户需求是产品设计的前提。

随着经济的发展和技术的进步,产品市场发生了翻天覆地的变化,市场逐渐走向多元化、全球化。在这个大背景下,用户的需求呈现多样化、个性化和复杂多变的特点,对产品设计提出了更高的要求。用户自身经济基础、知识水平、生活理念的发展,使其消费心理和消费行为也由原来初始、简单的形式向高级、复杂的形式进化。用户作为一个整体也是自然和社会系统中重要组成部分,会影响经济社会的发展。因此,研究用户需求进化的客观规律,预测潜在及未来的用户需求已然成为产品开发的重要工作。

产品设计的出发点和落脚点都是满足用户需求,因此首先要明确含义。J. Paul Leagans对需求的定义做了系统的描述,他认为需求代表一种不平衡,是目标与现状的差距。

据此,我们把需求定义为用户主观上对产品的期望状态与产品实际状态之间的差距,如图8-2所示。需求分析中把需求定义为用户为了解决一个问题或达到某个目标而需要的条件和能力。对需求定义的两种表述的内涵是一致的,前者着重理想与现实两种状态的差距,后者侧重弥补这种差距所需的条件和能力。

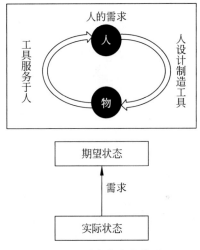

图 8-2 需求的定义模型

这里的期望状态并非代表产品的理想状态,这种期望是用户主观上对产品功能和外观的期望,是主观领域的概念;产品的理想状态是客观领域的概念,是产品功能理想化的状态。

运用科学的创新手法,洞察客户需求并实现超越客户期望的价值,是设计思维的核心观念。

8.3 设计思维的起源与发展

设计思维(design thinking)的概念由来已久,并在发展过程中不断演进和变化。

美国经济学家、认知心理学家，诺贝尔经济学奖获得者赫布·西蒙（Herbert Simon），在其著作《人工科学》中提出了设计思维的相关概念和原则，他的诸多概念构成了目前设计思维和创新设计的核心。

1987年，哈佛大学设计学院教授罗伟（Peter Rowe）出版了《设计思维》一书，书中首次使用了设计思维的概念，使设计思维第一次进入设计领域的视野。

1991年，戴维·凯利（David Kelley）成立了设计和创新咨询公司IDEO，将设计思维推向商业化，成为设计思维教育和推广的先驱。

1992年，卡内基梅隆大学设计学院院长布坎南（Richard Buchanan）发表了一篇题为《设计思维中的难题》的文章，其中指出："设计思维可以扩展到社会生活的各个领域。"

2004年，戴维·凯利创办了斯坦福大学设计学院（D. School），学院致力于提供设计思维的教育和推广，以设计思维为核心教学思想，教授设计思维方法与实践。在美国，设计学院正取代商学院成为热门，该学院成为斯坦福大学最受欢迎的学院。其特色如下：目标是培养复合型、以人为本的创新设计师，而不完全是关注创新设计新产品，研究所人员由跨学科跨行业人员组成，分别来自工学院、艺术学院、管理学院、医学院、传媒学院、计算机科学学院、社会科学院、理学院等。

D. School的教学方法异于其他机构，不提供学位教育，学院没有常规意义上属于自己的学生，课程向斯坦福大学所有研究生开放，强调跨院系的合作，宗旨是以设计思维广度来加深各个专业学位教育的深度。

2007年，全球最大的管理软件供应商——德国SAP的创始人哈索博士在德国波茨坦成立设计思维学院。于是，德国的许多优秀企业，如奔驰、宝马等企业都积极学习设计思维课程，使设计思维方法论从教育界走向企业界。

8.4 设计思维与创新思维

设计思维的概念定义分为广义和狭义两种。

（1）广义的设计思维是指设计师式的创意思维方式，是设计者获得专业知识和能力的方式；设计思维是相对于商业思维、技术思维等思维模式而言的，是研究用户真正的需求。同时善于在变化的世界里、在社会进化的过程中寻找问题，通过设计的方式解决问题，并整合设计师、供应链、平台等要素，从而提供完整的解决方案。所以说，设计思维是一种"发现问题—整合资源—提供解决方案"的思维方式。

设计思维过去是设计师思考问题的方式，今天则普遍应用于商业、政府及产业界，已经不只是设计师专属的思维方式，是一种普适性的关系协调的思维方式。

（2）狭义的设计思维是指由IDEO创始人蒂姆·布朗和D. School的罗尔夫等基于设计创新实践总结与提炼的创新思维的系统化理念和方法。

他们提出设计思维是一种从"人"出发，把"人"的需求放在中心，再通过理解、观察、综合、创意、原型、测试、迭代等工作流程，把"需求"变成问题的解决方法。设计思维改变了"设计就是为了让东西变得好看"的认知。设计思维的很多工具与方法来自"老工具（同理心地图、可用性测试等）"，并将这些工具组合，使其发挥了巨大的创新能量。

蒂姆·布朗（Tim Brown）教授是设计思维的提出者和倡导者，他对设计思维给出了如下定义：设计思维是一套创新探索的方法论系统，可用图8-3表示。

显然，从人的需求出发，商业持续性、科技可行性三个圈的交集就是设计思维探索的创新之路。

设计思维是以人为本的利用设计师的敏感性及设计方法，在满足技术可实现性和商业可行性的前提下，来满足人的需求的设计方法。设计思维是一个可以被重复使用的解决问题的方法框架或一系列步骤,提供解决问题的原型和一系列的工具。

首先设计思维是以用户为中心的,从用户的需求出发,针对产品看看用户有哪些需求,能不能通过科技手段去实现,有了科技的可行性,再看看能不能不断地实现商业变现,才能使产品不断地为用户提供价值,所以设计思维指的是用户的需求、科技的可行性和商业的持续性,三者的交集就是设计思维带来的创新。对三者的分析如下:

(1)客户的需求,即创新产品,服务一定是满足客户需求,解决客户问题,和别的产品服务是有区别的,甚至是独一无二的,关键是新。

(2)科技的可行性,即设计师创造离不开直觉和想象,但一个概念创造能否落地就要在现有技术层面做充分的技术可行性分析。通过技术可行性分析,设计和决策者可以明确组织所拥有的或有关人员所掌握的技术资源条件的边界,充分考虑科技发展水平和现有制造水平的限制,分析团队技术开发能力、所需人数和开发时间。

(3)商业的持续性,即从商业价值的角度去分析创新产品或服务,是否能够实现商业价值,如果商业可能性低,现有的社会环境和经济环境不能实现商业化,我们就需要对创新产品或服务进行重新思考。

无论何种创新,都是这三个方面的最佳结合点。创新思维的形成可用图 8-4 加以说明。

创新思维可以改变企业开发产品、服务、流程和战略的模式,其战略模式见图 8-5。

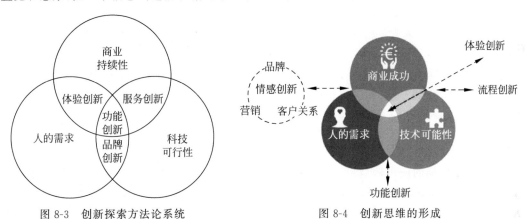

图 8-3　创新探索方法论系统　　　　图 8-4　创新思维的形成

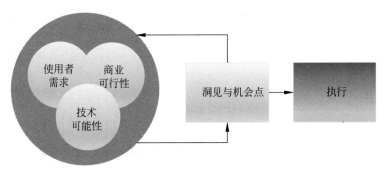

图 8-5　企业创新战略模式

随着科技水平和人们生活水平的提高,企业产品质量稳步提升、国际知名品牌和高科技产品也共同参与竞争,当前的商业环境既充满活力又竞争激烈。

商业环境持续发生重大变化,企业竞争的激烈程度持续增强,差异化创新可为企业打造可持续竞争优势。伴随着互联网的普及,人们获取产品信息的成本大幅下降,市场更加透明,消费者的要求也越来越高。当市场变化,消费水平不断提升并达到一定高度时,必然会产生更多与之相匹配的新产品、新模式。

因此,无论是从企业竞争的角度,还是从消费者的角度来看,目前中国企业都处于一个创新为王的阶段。创新也是企业解决产品同质化竞争、满足多元化消费需求的重要举措。许多情况下,创新甚至是企业生存的必要条件,而不是领先竞争对手的手段。无数实践证明,企业创新最关键的原则是以客户为导向,以人为本。

这种被IDEO称为"设计思维"的方法,把从人出发的渴望、技术上的可行性和经济效益的可持续性整合到了一起。

企业应该通过IDEO设计思维实现真正的产品创新、服务创新和模式创新。设计思维有两个强大的工具:以人为本的设计思想和创造性设计过程。

设计思维其实也是一种思维方式,能帮助企业打破当下的一些卡点,包括企业遇到的一些问题,设计思维能够帮助企业创新,从而在企业发展的不同阶段实现升级和转型,甚至有些企业采用设计思维的方法后实现了第二增长曲线。设计思维的应用领域也非常广泛,如实物产品、服务设计、商业模式、软件应用、工作流程、企业文化等。

目前,IDEO是全球顶尖的设计咨询公司,其客户包括联想、美的、TCL、中国移动、华为、李宁、三一重工、方太厨具、韩国三星和微软等。一些全球领导品牌公司早已意识到设计思维对于其产品开发及公司发展的重要性,采取一系列措施加大对员工在设计思维方面的培训,从苹果、美国银行、宜家、可口可乐、星巴克、爱彼迎、方太到通用电气、宝洁、IBM、三星、3M等,都已经把设计思维纳入其经营策略,成立设计思想工作坊,并为各种企业和社会难题提供大量实用和具有创造性的解决方案。

8.5 设计思维模型与实施方法

以人为本的设计思维既能确保满足用户的需求,设计出具有易用性和可理解性的产品,又能够完成用户期待中的任务。创造性设计过程旨在实现一个目标,即建立一个以客户为中心的业务,专注于满足人们的需求。随着时间的推移,一系列以人为本的设计原则和方法最终形成了多种设计思维模型。限于篇幅,本书仅介绍国际上三大流派的设计思维模型。

8.5.1 斯坦福大学的设计思维模型

2004年,斯坦福大学工程学院成立了设计学院(D. School),第一次把设计思维变成了一门可以教授的课程。在设计创新实践、教学科研的过程中,丰富的设计理念、术语、步骤和工具包被概括成一个经典常用的设计思维模型,如图8-6所示。

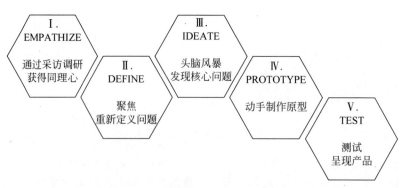

图8-6 斯坦福大学的设计思维模型

这一相对简单的设计思维实施过程包括五个关键阶段：

一是建立同理心。通过采用共情的方式，深度洞察用户的痛点和渴望，发现消费者需求与现实间存在的差距，找到需要解决的问题。一般通过用户体验研究获得有关用户的各类统计信息，包括行为、环境、满意度和潜在需求等。

二是定义问题。对数据进行分析和组织，了解问题并定义用户需求。

三是创意概念。设计师与研发人员通过共创探索，以产品或服务的形式向最终使用者提供解决问题的方案。

四是打造原型。采用模型的方式把创意概念呈现出来，将想法转化为解决方案的初始原型，通过迭代推进原型升级，实现创意和想法的评估以确定其是否符合目标。

五是原型测试。把原型放到用户使用情景中，采用试用等各种方式实现原型的测试反馈，持续修正迭代直到产出最终产品。

该模型在五个关键阶段的实施方法如下。

1. 共情（empathize）

设计思维的第一个方法是共情，也叫同理心。大家可以想一下，我们在设计或者解决问题的时候，是不是站在需求人的角度去看待问题，有的设计师可能只看到冰山模型最上面的一层，而冰山下用户的真正需求却看不到，这就需要我们去了解用户，而了解用户最好的方法就是共情。

1) 观察

观察是共情最基础的方法，其实就是深入洞察用户，从用户身上发现问题。你可以回想一下上大学时，是如何谈恋爱的，是不是一开始先默默地观察对方，看其有什么习惯和行为，喜欢什么东西，然后想办法去靠近和了解，找到一个突破点，比如，你帮她修好了计算机，解决了她的问题，就这样自然而然地交往，进入了恋爱状态。这就是观察，观察是人的本能，也是建立情感基础的第一步。这里的观察是带有目标性的，并能解决实际问题的观察。

2) 沉浸式体验

共情的第二种方法就是沉浸式体验，就是把自己当成用户去体验真实用户的感受才能更好地发现问题。比如，IDEO 公司受委托设计一款儿童车，就让工程师坐在现有的儿童车上进行沉浸式体验，推着这些"成年儿童"去户外或去购物。体验结束后这些工程师就总结出：儿童车太矮了，前面看到的都是脚，还有灰尘，最重要的是看不到妈妈，没有安全感，小孩就会总是哭，于是工程师就把儿童车做成可折叠式并能升高，下面可以放东西，然后再转过来面向妈妈，儿童就喜欢了。这就是通过沉浸式体验来挖掘用户需求。

3) 访谈

共情的最后一种方法是用户访谈，可以对目标用户进行定性或定量访谈，也可以进行面对面的交互式访谈、焦点小组访谈、专家访谈，还可以是问卷形式访谈等，网上可以搜索到很多访谈模板和发放问卷的网站。最佳访谈方式是设计师和用户同吃同住，在不经意的交流中就知道了用户的真实需求，这种访谈方式用户最不会感觉到压力，也最能发现用户的真实需求，所以最好的访谈是先和用户做朋友，就是完全把用户当成自己的好朋友。

2. 需求定义（define）

通过共情的方法我们充分理解了需求，并挖掘了用户的诸多问题和需求。那么是不是所有的需求都要满足用户呢？如何找到用户的真正痛点呢？这就需要重新定义需求，找到核心问题并进行设计。作为设计师你是否会遇到：接到需求就去设计，而反复设计的结果用户却不满意，只是做到了领导满意，从而陷入盲目的尝试误区中，这个时候应该回头想一想需求有没有被正确定义，有没有明确用户真正的问题。只有对设计需求进行有针对性的、有目标性的定义和理解，设计师才能找到最佳的落脚点，从而高效省时省力地完成任务。要深挖用户需求，找到用户真正的痛点，重新界定问题，从而确保解决产品核心问题的正确方向。

3. 头脑风暴（ideate）

设计思维的第三步是生成想法，要生成想法可以利用头脑风暴来共创更多的好主意。提到头脑风暴可能大家都听说过，其实就是聚集各式各样的人一起思维发散，俗话说"三个臭皮匠顶个诸葛亮"就是这个道理。头脑风暴的前提是正确理解用户的真实需求和明确设计需要解决的核心问题，头脑风暴尽量不要找领导参与，因为领导一句权势的话会扼杀很多好主意的产生。其次要注意自身思维的局限性，我们在思考问题时经常会带有自己的经验、习惯和思维方式，从而走进了盲区，如果有人提出一个好主意，有些人就不愿意思考了，这也说明了人的惰性。所以开展头脑风暴还可以帮助我们打破传统思维方式，打破盲区和惰性，从而打开多视角全方位的开放性思维，帮助产品找到创新的方法。还需要注意的是：面对别人提出的天马行空的主意，不要评判和否定，而是说"Yes"，在别人的想法上再去想，并且鼓励越多这样的想法越好，这样就会激发出更多人愿意分享自己的想法。最后，设计师从发散思维中收集灵感，再由灵感转变成可实现的想法，把最佳想法转变成全面、具体的实施方案。

4. 原型设计（prototype）

在找到最佳的解决方案之后，需要在原型上呈现出来，这就要把抽象的概念与想法变成具象的模型来验证用户的问题，这样能避免不合理、不准确的假设。为了快速搭建原型，可以采取精益创业的精神做出最小可行性产品（MVP），花最少的时间和金钱来快速试错。最简单的原型可以利用随手可得的材料快速制作或现场绘制草图，达到易理解、快速沟通的效果，从原型中查看有没有准确解决用户的问题，发现问题后，再去迭代和优化。

5. 测试（test）

原型设计好之后可以进行小范围测试、A/B测试、灰度测试等。我们要考虑在测试中想要得到什么结果或验证什么问题，然后从观察真实用户的使用习惯和喜好出发，抓住用户的本能行为，重点看用户做出了哪些操作行为，用户真实的反应和你所预期的可能是不一样的。当用户提出不一样的反馈时，不要为自己的设计辩解，用户说得不一定对，但用户说的一定是事实，用户觉得不对，就说明哪里可能出了问题，要虚心接受批评。如果用户说得对，就去改，收集用户的反馈后，再进行快速迭代和优化，最后发布上线，产生商业价值的可持续性。

思维的方法过程：首先要学会与用户共情，帮助我们定义问题，再用头脑风暴的方式帮助我们解决问题并产生创新的方法，把创新可行的方法转变成原型，用原型进行测试和验证假设，再通过原型测试去了解用户，并重新定义问题，所以这五个步骤是不断反复和叠加的，最终打造出用户喜爱并能产生商业价值的产品。

前述的实施方法，其实都来源于设计思维的核心理念和方法，它只是帮助我们解决问题的方法和工具框架，只有在项目实战中不断运用和实践，才能更好地理解和转化成自己的理论体系。

8.5.2 英国设计学会的设计思维模型与实施方法

1. 双钻模型

2005年，英国设计协会（British Design Council）首次提出了双发散-聚焦设计模式，被称作双钻设计模型。该模型的设计过程分为四个步骤：前两个是发现和定义，目的是确认正确问题的发散和聚焦；后两个是开发和交付，指的是制定正确方案的发散和聚焦，四个步骤形成两个"钻石"，如图8-7所示。

双钻模型是由英国设计协会提出的一种设计思维模型，是一种通过创造力解决问题的方法。它非常直观形象地把我们解决问题的过程用两颗钻石的形状描绘出来：

左边的钻石代表方向选择，必须做正确的事情。首先要用发散思维来发现尽可能多的客户问题，然后用聚敛思维来定义当前客户最重要的问题是什么、最紧急的问题是什么、客户的痛点是什么。

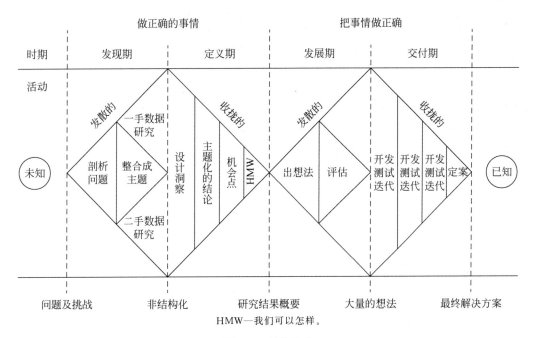

图 8-7 双钻模型

右边的钻石代表执行，必须正确地做事情。首先用发散思维来构思尽可能多的解决方案，然后用聚敛思维来确定当前的最优解决方案是什么，并在客户期望、商业模式和技术可行性之间取得平衡。

阶段一：发现问题

发现问题——对现状进行深入研究，包括了解用户特征、产品当前状况、用户如何使用产品及用户对产品的态度等。

阶段二：定义问题

定义问题——确定关键问题。这一阶段，我们关注的焦点是用户当前最关注、最需要解决的问题是哪些，需要根据团队的资源状况做出取舍，聚焦到核心问题上。

阶段三：构思方案

构思方案——寻找潜在的解决方案。在方案发散阶段，我们不需要过多地考虑技术的可实现性，因为在后续环节，一些看似有很大技术瓶颈的方案，可以逐步演变为可施行的开发方案。

阶段四：交付方案

交付方案——把上一阶段所有潜在的解决方案逐个进行分析验证，选择出最适合的一个或多个方案。

2．双钻模型的价值

其一在于两者都是从发现问题到解决问题的过程。双钻模型通过第一次发散-收敛发现问题，通过第二次发散-收敛解决问题。这也是设计思维与解决一般问题的框架之间最大的不同之处，一般框架始于具体问题并直接解决问题，而设计思维则始于发现并定义问题。

其二在于设计思维与企业管理战略与执行都是发散与收敛反复交替的过程。制定战略与战略实际执行过程需要对战略进行聚焦，而不是一味无休止地发散。

设计思维的过程可以概括为从发现尚未被其他设计者发现和满足的用户需求出发"发散"，对模糊、跳跃的用户需求聚焦、定格，赋予其清晰明确的边界"收敛"，然后通过头脑风暴给出大量解决方案"再次发散"，并从中选择最优方案进行实物化"再次收敛"。战略与执行的设计过程从企业愿景出发，研究持有这一愿景的企业在特定环境下拥有的机会和受到的制约"发散"，制定战略目标"收敛"，提出关键战略举措再次"发散"，制定明确且可执行的战略实现路径再次"收敛"，管理执行过程并对战略进行必要的阶段性调整。

该方案贯穿战略与执行两大领域，"做什么"向战略发问，而"怎么做"则是要求回答执行层面的问题。

英国设计委员会提出的双钻模型包括理解、定义、探索、创造四个步骤，将这个模型再进一步演化，就形成了斯坦福大学设计思维的五步骤模型：共情、定义、构思、原型和测试，如图 8-8 所示。

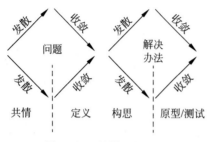

图 8-8 双钻模型的演化

（1）共情，也称移情，指理解用户的需求。这个阶段的核心价值是以人为中心，一切需求的出发点是"人"，通过观察、倾听、访谈等方法和用户产生共情，进而分析出用户的核心诉求。

（2）定义，指以人为中心重新组织和定义问题。定义阶段的核心价值是收敛，排定优先顺序，分辨出对用户来说什么是真正重要的，什么是设计者应该花更多的时间去投入的。

（3）构思，指在创意阶段发散思维产生许多点子或想法。在这一阶段，设计者用各种方法来加强创造性，头脑风暴和草图是最常用的方法，目标是产出尽可能多不同的概念，然后将它们可视化。

（4）原型，指设计产品原型或问题的解决方案。构思阶段结束后，产生了许多点子和想法，设计者从中选取一些想法形成基本的概念模型，设计出相对详细的解决方案。原型的核心价值是 MVP 精神，即生成最小可行性产品。为使产品获得成功，最好建立一个具备基本功能的产品投入市场，观察是否符合市场预期，同时快速迭代和修正产品，最终适应市场需求。

（5）测试，指验证设计原型，并改进方案。最佳方式是对用户进行测试，具有启发性，然后将测试的结果反馈到产品的下一个迭代版本中，因此这一阶段的核心价值是迭代精神。

通过对双钻模型的分析，认为在应用双钻模型的过程中，应该重视的问题是：

（1）对思考过程做拆解，让思考更具有逻辑性。双钻模型将不可见的思考过程分为 2 个核心部分：确定正确的问题，发现最合适的解决方案。在日常工作中，大家经常会遇到在没有剥离出"问题是什么"时，就立马对解决方案进行构思或激烈的讨论，耗费团队的精力和时间。

（2）重新重视问题是什么。第一个钻石模型，我们着重解决的是找到正确的问题是什么。通过第一个钻石的提出，原本易被忽略的问题环节会重新受到团队成员的重视，避免设计方案发生方向性偏离。

（3）让设计思考过程可见。通过双钻模型设定的思考框架，原本"黑盒"的思考过程逐渐呈现出来，增加了团队成员对设计方案演绎过程的理解度，提高了合作认可度和协作效率。

8.5.3 国际设计思考学会的设计思维模型

国际设计思考学会（International Society for Design Thinking，ISDT）由美国设计思维大师和资深工业设计专家史蒂芬·梅拉米德于 2016 年 8 月发起筹建。学会创立的初衷是希望建立一个供人们学习、分享和实践设计思维方法的平台。

国际设计思考学会对设计思维的定义是：设计思维是一套以人为本的创新解决问题方法论。具体来说，就是一套从同理心的角度进行深入观察并整合跨领域分析工具，并获得客户的洞见而设计出令客户感动和愉悦的产品/服务的方法。

该学会结合其为高新技术企业提供创新咨询的实践，提出了一条优化版的设计思维实施流程路径，包括探索机会、理解洞见、发现创意、呈现概念、实现体验。

对比以上不同模型可以发现，尽管在具体说法上存在差异，但这些模型都是从不同视角对同一个问题进行刻画，相互之间不存在矛盾,反而可以有效融合、取长补短,帮助理解和应用设计思维。

现以国际设计思考学会的设计思维模型为依据,介绍如何运用设计思维解决创新问题。

1. 探索机会

设计思维以人为本的重要起点从探索机会开始。在这个阶段,设计思维给出了如同理心等多种工具来帮助人们设身处地地访谈、调研和思考使用者或客户的感受、体验,从而分析和挖掘潜在的痛点和需求。

同理心的运用非常关键,是设计思维实践过程中非常重要的一项能力,只有带上同理心,用他人的眼睛观察世界,用他人的经历理解世界,用他人的感受感知世界,才有可能与客户产生精神和情感上的共鸣,洞察客户的真实需求。

同理心最重要的作用是:人们在思考问题的时候,不是浮于表面,而是和客户群体心意相通,感同身受地体会他们的真实状态和处境。

2. 理解洞见

当获得客户感同身受的体会后,接下来的问题就是如何运用专业的工具来分析和提炼客户感受的痛点或刚需及其频次。在探索机会与理解洞见两个阶段,我们会紧密结合马斯洛的需求层次理论进行分析。

此外,还会使用定量方法让定性方法更稳健,如功能价值模型、联合分析、自助抽样法等。优秀的"感受洞察力"可衍生优秀的创意。单凭数字分析消费者群体或市场,难免会断章取义,无法挖掘深埋在消费者内心的变化因子。对于消费者在想什么、对什么有反应、被什么所驱动等因素,企业必须彻底调查。深入每位消费者的行为和心理,让这些信息成为策略提案的关键,以便从中发现创意。

3. 发现创意

本阶段最重要的是释放创造力,获得精彩的创意点子。通过针对特定用户进行的深入观察、访谈和数据研究,我们已经知道了要帮助用户解决的问题,下面就可以开始针对这些HMW(how might we)去寻找解决方案了。发现创意的重点是获得别人没有想过、没有听过、没有看过,也没有使用过的创新方案。

常规的创意方法是头脑风暴,但传统的头脑风暴有很多不足,因为创意范围很难摆脱群体思维的惯性。因此,可以借助辅助创意工具,如ISDT的头脑风暴创意锦囊卡牌。

值得注意的是,如果创意数量不够,创意质量也会大打折扣。也就是说,只有十多个创意,是很难选出非常好的创意的,但从几百上千个创意中筛选出几条非常棒的创意则比较容易。然而,要获得足够数量的创意很困难。单纯思考解决办法,其实违背了人类大脑的生物本能。这就需要通过群体力量或者采用创意卡牌等辅助工具来激发想象力。

当有大量创意的时候,如何挑选出高质量的创意也是一个难点。ISDT的设计思维模型工具箱中提供了多种有用的工具来帮助收敛和筛选创意,高效精选出"少数派"的创意。

4. 呈现概念

呈现概念就是通过动手制作原型来实现创新发明者与使用者之间的物质对话,原型的制作有助于员工加深对用户的理解,改进迭代经验。无论原型多么粗糙或简陋都没有关系,创意原型是为了能够拿到市场上进行快速的需求测试,去征询潜在的客户回馈并进行迭代。

打造原型时,测试和快速迭代是非常重要的一环。在传统行业做一个新产品,开发可能需要3~5个月,样品才能出来;然后再调查市场反馈,迭代产品。

设计思维的最大优势在于,它要求在短短的几天甚至一周的课程实践里,就能产生产品或服务的创新原型,并且收集客户反馈进行迭代。因此,企业马上就能知道这个创意原型是否真正为客户所需。

5. 实现体验

设计思维的核心理念是以用户为中心,实现体验环节将提供一个很好的机会再次深入了解用户,并获得方案改进的重要信息。实现体验虽为设计思维的最后一步,但并不意味着很快就会迎来成功。

如果在呈现概念环节需要假设自己是对的,以促使自己获得更多解决方案,那么在实现体验环节就需要假设自己是错的,调整心态并真正倾听用户的声音,以获得足够的回馈信息。

通过测试和迭代,客户也很容易想象出,创意原型一旦量产上市,能否解决他们的痛点,满足他们的需求。

因此,设计思维是一种非常高效、快速的新产品概念创新和检验模式。在这个过程中,企业不需要投入大量时间、精力、人力、物力到新产品上,仅仅在创意原型阶段就能获得宝贵的市场回馈。

尤其是进行多次测试后,每次测试都有助于企业根据反馈来快速改善和迭代创意产品原型。每一次迭代产品都更加符合客户需求,成功率也会获得相应的提升。如上所述,国际设计思考学会在实践中会灵活引入多种定性和定量工具,以有效应对传统模型所面临的定量分析不足的问题,确保创新成果的高效产出。

8.5.4 设计思维的特征和价值

1. 设计思维的特征

通过系统分析可知,设计思维的目标是让人们摆脱所谓的标准和流程,打破想象力和创造力的桎梏,创新性地解决所要面对的问题。从本质上讲,设计思维过程是迭代的、灵活的,专注于设计师和用户之间的协作,重点在于根据真实用户的思维、感受、行为来将想法变为现实。

因而,设计思维的基本特征主要体现在以下方面。

1)用户至上,尊重需求

设计思维同样要去研究每个人个性化的需求和表达,寻找每个人的个性差异。设计强调以人为中心,就是要学会让"这个世界"更好地为人服务,不管其是"人的世界"还是"人造的世界"。要具备从用户角度出发考虑问题的移情能力,这有助于设计者成为一个不落俗套的研究者和生活家。

2)打破边界,学科交融

开放的设计可以包容各种不一样的学科,从经济、管理、社会、哲学、文学、历史,到机械、材料、电子、信息、生物、计算机,设计架起了一座从"物"到"人"的桥梁,打破了工业社会以来单一的社会分工,让每个人都能以一种开放的姿态迎接属于自己的未来。通过设计思维,可以让不同学科背景的研究者一起围绕着一个共同的项目来实现创新。

3)推陈出新,开放结局

设计领域从来没有标准答案,每一个问题背后都有不一样的解答,这才是自然规律,就像世界上没有两片一模一样的树叶,我们每个人都有权利做回自己,因为每个人生来都与众不同。

2. 设计思维的价值

实践表明,设计思维的价值早已超越了艺术设计的领域,它不仅能够帮助人们解决设计类的问题,还可以解决教育和社会问题。

(1)设计思维是用于解决系统性复杂问题的创新方法论,已成为设计主导的赋能方式、商业竞争的主力工具、解决社会问题的重要手段,也成为设计创业的思维基础。设计具有强烈的社会属性和强烈的社会责任、社会价值,因此社会创新离不开设计思维的运用。

(2)世界正处在向可持续社会转型的变革期,在由产品生产型社会向服务型社会的转变进程中,社会创新已受到包括设计在内的不同学科和领域的关注。所以,在技术日益发展普及的背景下,设计思维也从产品设计转向了更大的系统思考,例如,围绕服务设计和体验设计形成的设计思维拓展,也从另一个层面推动了社会创新。

(3)设计思维在社会管理的各个层面运用,推动着社会创新,如协同设计体现出集体智慧和共同寻找问题解决方案的思维模式。设计思维对不同类型、不同领域、不同背景下的社会创新发生的基本要素进行系统研究,从而精准定位,以不同的方式驱动不同的社会创新,例如,设计师以"服务设计""参与式设计"的方式参与社区社会创新,构建社区文化认同与满足社区社会需求,使得设计以一种更有张力的形式参与社会创新。

(4)设计思维在可持续设计、绿色设计等方面同样发挥积极的作用,有力地推动社会良性创新发展。而思维科学作为一门新兴学科，在人工智能领域有着广泛的应用前景，设计思维必然在其中产生应有的作用。

（5）科技与艺术的思维方式分别以逻辑推理思维和形象感性思维为主要形式，二者的结合形成了设计思维的新颖方式。设计是具体体现时代精神最广泛、最直接、最敏锐的手段，因此也就决定了其思维的基本特性——将科学和艺术不断深入融合，以奉献和创造为人类提供社会进步的普遍实现和广阔的生存空间。

在全球经济快速发展、科学技术不断进步的时代背景下，创新能力已然成为国家核心竞争力的重要组成要素。当今世界对学习者创新能力的培养给予了前所未有的关注，由于工业设计是一种创造性的活动，在发展学习者创新能力、高阶思维能力、协作能力方面具有重要作用，其背后的核心思想——设计思维也逐步进入教育界视野。

参 考 文 献

[1] 丁玉兰.人机工程学[M].4版.北京：北京理工大学出版社,2011.
[2] 丁玉兰.人机工程学[M].3版.北京：北京理工大学出版社,2005.
[3] 丁玉兰.人机工程学[M].修订版.北京：北京理工大学出版社,2000.
[4] 丁玉兰.人机工程学[M].北京：北京理工大学出版社,1991.
[5] 丁玉兰.人因工程学[M].上海：上海交通大学出版社,2004.
[6] 丁玉兰.应用人因工程学[M].台北：新文京发出版股份有限公司,2005.
[7] 威肯斯 C D,李 J D,刘乙力,等.人因工程学导论[M].2版.张侃,等译.上海：华东师范大学出版社,2007.
[8] 小原二郎.什么是人体工程学[M].罗筠筠,樊美筠,译.北京：三联书店,1990.
[9] 奥博尼 D J.人类工程学及其应用[M].岳从风,孙仁佳,译.北京：科学普及出版社,1988.
[10] 路甬祥,陈鹰.人机一体化系统科学体系和关键技术[J].机械工程学报,1995(1).
[11] 丁玉兰.建筑机械人系统可靠性研究[J].同济大学学报,1993(增刊).
[12] 巴赫基 L.房间的热微气候[M].傅忠诚,等译.北京：中国建筑工业出版社,1987.
[13] 罗仕鉴,朱上上,孙守迁.人机界面设计[M].北京：机械工业出版社,2002.
[14] 日本造船学会造船设计委员会第二分会.人机工程学舣装设计基准[M].田训珍,等译.北京：人民交通出版社,1985.
[15] 朱祖祥.工程心理学[M].上海：华东师范大学出版社,1990.
[16] 朱治远.人体系统解剖学[M].上海：上海医科大学出版社,1997.
[17] 《航空医学》编委会.航空医学[M].北京：人民军医出版社,1992.
[18] 浅居喜代治.现代人机工程学概论[M].刘高送,译.北京：科学出版社,1992.
[19] 邵象清.人体测量手册[M].上海：上海辞书出版社,1985.
[20] 于频,王序.新编人体解剖图谱[M].沈阳：辽宁科学技术出版社,1988.
[21] 龚锦.人体尺度与室内空间[M].天津：天津科学技术出版社,1987.
[22] 程树祥,张桂秋.电子产品造型与工艺手册[M].南京：江苏科学技术出版社,1989.
[23] 贾衡.人与建筑环境[M].北京：北京工业大学出版社,2001.
[24] 刘盛璜.人体工程学与室内设计[M].北京：中国建筑工业出版社,1997.
[25] 常怀生.环境心理与室内设计[M].北京：中国建筑工业出版社,2000.
[26] 朱保良,朱钟炎.室内环境设计[M].上海：同济大学出版社,1991.
[27] 小原二郎.室内·建筑·人间工学[M].东京：鹿岛出版社,1983.
[28] 游万来.工业设计与人因工程[M].台北：六合出版社,1986.
[29] 高敏.机电产品艺术造型设计基础[M].成都：四川科学技术出版社,1984.
[30] 卢煊初,李广燕.人类工效学[M].北京：轻工业出版社,1990.
[31] 李乐山.工业设计思想基础[M].北京：中国建筑工业出版社,2001.

第2篇

人机工程学设计理念

第9章

人机工程学设计理念与人机交互设计

9.1 以人为本的设计理念

人机工程学的学科起源、命名、宗旨、理论方法及学科体系等一系列发展历程,都充分体现了本学科以人为本的价值取向。以人为本作为一种价值理念,必然涉及"什么是以人为本""为什么要以人为本""以什么人为本""以人的什么为本""如何以人为本"等一系列问题域。

9.1.1 以人为本的哲学内涵

以人为本的提出标志着一种新的发展理念、新的哲学内核的出现以及新的文化价值体系的建立,有着深刻的哲学内涵和时代价值。

以人为本有两个核心概念:一个是"人",另一个是"本"。"本"在哲学上可以有两种理解:一种是世界的"本源",另一种是事物的"根本"。以人为本的"本",是会意字,"木"与"末"相对应,"末"是指树梢,"本"是指树根,以人为本,不是"本源"的"本",而是"根本"的"本"。以人为本,是哲学价值论概念,以人为本的直接解释是以人为"根本"。

人机工程学以人为本的设计理念是哲学价值论的核心理念,具有丰厚的内涵和外延。图9-1可以形象地说明。

图9-1 以人为本的内涵和外延之树

9.1.2 马克思主义的以人为本思想

马克思主义继承了以往思想家的积极成果,科学地揭示了人的本质,以此为基础建立了马克思主义的以人为本思想。

马克思在批判继承前人思想成果的基础上,从活生生的人、历史行动中的人出发,提出了"人就是人的世界,就是国家、社会""人是人的最高本质"等观点,在最普遍、最一般意义上指明人与人的世界,以及人与自身的内在同一性,对以人为本思想做了最根本的规定和最有力的说明。他指出,人不是某个超人主宰的附庸或工具,而是人的世界和社会的根本、主体,是历史的剧作者和剧中人。人不仅创造了世界和历史,还创造了人本身。人的创造本质的存在确立了人在人的世界和社会中的地位和作用，也直接表明了人的世界和社会都要以人为本。

现代科学技术和社会文化工作者在汲取我国的传统优秀文化和现代科技研究方法论的基础上，将马克思主义的以人为本思想原理和具体实际工作相结合，在与人有关的诸多问题上形成了相关新理论。这些新的理论中蕴含着深厚的以人为本的思想，全面了解和深入探寻不同领域中以人为本思想的历史渊源和深刻内涵，对于准确理解和把握当前以"以人为本"为核心的科学发展观有着极为重要的现实意义。

9.1.3　以人为本的设计流程

1. 以人为本设计的概念

设计是一个复杂的过程，在不同的学科中实施时要考虑到许多不同的因素，其中一个因素就是设计的目标。一般来说，有三种基于这个目标的设计内容，即由技术驱动的设计、以人为本的设计和环境可持续设计。这三个设计目标被用来定义产品或服务。基于这种分类，以人为本的设计可以被定义为在设计思维和生产差异阶段，将人的需求和限制放在比其他目标更优先的位置的过程。在这个过程中，设计师不仅需要分析和提出解决现有问题的方案，而且要测试和验证所设计的产品或服务，以在现实世界中实现计划的目标。

布鲁内尔大学 Human-Centred Design 研究所 Joseph Giacomin 发表的一篇研究论文中，定义了以人为本的设计过程的六个特征：

(1) 采用多学科技能和观点。
(2) 清楚地了解用户、任务和环境。
(3) 以用户为中心的评估驱动设计。
(4) 考虑整体消费者的体验。
(5) 让消费者参与设计和生产过程。
(6) 迭代设计过程。

以人为本设计意识的兴起涵盖了更广泛的设计学科，比如交互设计、用户体验、可用性和移情设计等。

在商业经济中，以人为本的设计还是制造差异化市场的主要方式之一，旨在通过关注消费者的行为和需求来创造性地解决问题。该方法目前被不同行业采用，也是因为它被视为在竞争市场中创造优势行为。

2. 以人为本设计的核心问题

可以说，以人为本的设计在产品与消费者或用户之间建立了一种可持续的关系。实现这一目标需要设计实现与消费者需求相关的问题。如果这些问题的答案属于设计时的核心位置，则该产品将在很大程度上用以人为本的方法进行设计。这些问题包括：

(1) 谁是消费者？设计是否能够反映用户特征？
(2) 消费者使用产品的目的是什么？
(3) 消费者对产品的体验如何？
(4) 使用此特定产品或服务的目标是什么？
(5) 消费者何时以及如何与产品设计互动？
(6) 消费者如何看待产品或设计？
(7) 消费者为什么使用这个产品或设计？

除了上述问题外，以人为本的设计是基于不同情境、受众、目的和背景的。这些因素相辅相成，构成了产品或服务设计。受众是指消费者或将要使用产品或服务的用户，目的是指消费者使用产品的目标，情境是指可能影响用户与产品交互的其他外在因素。

3. 以人为本设计的主要阶段

所有的人为因素、社会因素和技术因素都会因为人类的活动而产生相互作用。虽然描述设计过程阶段的理论很多，但以人为本的设计过程应该包括以下四个主要阶段：

(1) 谁做什么样的工作？这是设计人员从消费者的角度理解和定义产品或服务的第一阶段。
(2) 应该怎么做？此阶段指定消费者对产品或服务的需求。
(3) 它们应该如何实现？在产品开发过程中实施的设计解决方案。
(4) 是否解决了问题？这是对设计的评估并将其与初始要求进行比较。

从人的需求及环境关系出发寻求根源,解决本质问题。人作为以人为本设计理念的主体,是设计前提及思想的第一位。从人出发,发现围绕人产生的生活问题及环境构建是设计的根本。无论是追随行业潮流、艺术美学,还是科技赋能、智能便利,回归到本质之初,都应当围绕"构建""优化""解决"而产生人与物之间的联系和存在。

9.2 以人为本设计理念的外延

以人为本是一种工业产品设计思想,起源于20世纪中期对空前一致、千篇一律的现代主义设计风格及国际风格的不满与反思,以追求审美的、精神的、文化的且满足人性本质的建筑与产品设计。

以人为本旨在理解用户,从可用到有用再到易用,设计师不仅仅专注于产品本身的结构和功能,还要对用户的行为和心理进行分析,研究社会导向和人文风尚,深度挖掘用户需求,设计出宜人的产品。

随着本学科的发展,学科领域专家对以人为本设计理念认知视角的不同,使以人为本的设计理念不断演化,提出了多种以人为本的设计中心,致使以人为本的设计理念有了丰厚的外延,如图9-2所示。

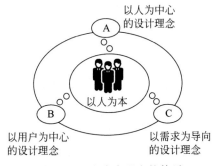

图 9-2 以人为本理念的外延

9.2.1 以人为中心的设计理念

美国认知科学、人机工程学等领域的著名学者——唐纳德·诺曼认为,以人为中心的设计原则并不是要遵循一些固定的步骤,而是在设计时,设计师时刻牢记设计背后的理念,时刻关注人的需求,并能用系统的思维去解决问题。

唐纳德·诺曼认为,以人为中心有四项基本原则:

(1) 以人为中心的设计要关注"人"。

(2) 以人为中心的设计要去解决真正潜在的问题。这是因为很多时候设计师被要求解决的只是问题的表象。但当我们去思考"为什么会出现这样的表象"时,则可以找到一些基本的原因并能从根本上来消除那些问题。

(3) 以人为中心的设计中的所有问题构成了一个系统。事物具有普遍联系的性质。当出现一个问题时,你必须考虑到与该问题相互关联、相互作用的要素及它们之间的关系,即我们需要具备系统思维。

(4) 以人为中心的设计意味着与"人"打交道,而人类却很难被理解和预测。这种困难是有趣而引人入胜的,这意味着我们永远无法在第一时间就认清它们。

所以,设计师需要快速建立一些原型,虽然它并非真的起作用,但是看起来像是管用的。我们可以看到人们如何使用它们,从而发现根本问题之所在。然后反复迭代使得该原型趋近于一个真正的产品、流程或服务。

最终,我们会得到一个看起来足够好,但永远不会达到完美状态的产品,这是因为人是会变的,他们总会以一种我们从未想过的方式使用这个系统。所以这个产品、流程或服务会一直处于迭代和改进的过程中。

9.2.2 以用户为中心的设计理念

20世纪80年代以用户为中心的设计开始崭露头角。以用户为中心的设计包含对用户需求的关注,对活动、任务及需求的分析,早期的测试和评估,以及迭代式的设计。特别强调了用户在整个产品开发过程中的重要性,无论是产品原型设计、产品使用流程还是人机界面交互,都需要注重与用户的沟通和交流,注重用户体验。以用户为中心的设计特征还在于关注用户和注重调研,时刻倾听用户的心声。

用户体验专家唐纳德·诺曼认为体验分为本能、行为和反思三个递进的层次。本能一般指视觉和心理感受,行为是在产品使用过程中触发的感受,而反思则是对产品进一步的探索和思考,通过以用户为中心的设计,将感官、行为、反思三个层次整合起来,能够深入挖掘用户的潜在需求,帮助设计师理解产品定位,提供满足用户生理和心理需求的个性化产品和服务,消除认知鸿沟。好的设计符合用户的使用习惯,并能够与用户产生情感上的共鸣,这种共鸣直击心灵,直接实现了商业价值与用户体验的双赢。

但是值得注意的是,并非所有的产品设计(包括实体产品设计和互联网产品设计)都适用于以用户为中心的设计方法,需要根据具体的情况进行分析,但对用户需求的关注是产品设计过程中必须考虑到的。

与传统的设计思维模式相比,以用户为中心的设计最大的特点就是关注用户和用户参与,从基础调研到原型测试,用户需要全程参与,但用户不是设计师,用户的作用主要体现在挖掘需求,并将需求具体化。

以用户为中心的设计方法是"以人为本"设计思想的体现,其核心理念在于对"人"的关注,这与包豪斯提出的三个基本观点之一——"设计的目的是人而不是产品"是完全吻合的。所以,无论是传统的实体产品设计还是新兴的互联网产品设计,都需要认真地研究用户的心理和行为方式,因为用户的数量和忠诚度在很大程度上决定了产品的价值。

以用户为中心的设计方法在交互产品设计中的应用非常广泛,对创造良好的用户体验非常重要,它是以人为本设计思想在当代技术背景下的发展和传承。

9.2.3 以需求为导向的设计理念

1. 人的需求与设计

需求是人类生存和发展的必然表现。人为了自身的存在和社会的发展,必然会产生一定的需求,如衣、食、住、行、爱等物质方面的需求和精神方面的需求。这些需求支配着人们的动机,使人们从事编织、种植、建筑、设计等活动。所以,人的需求是驱使人从事劳动创造性活动的终极原因和最初的启动器。

人的需要是人的本性的体现。人的各种活动都是由需要产生和推动的,同样人的需要是设计师设计的出发点,把握了人的需求,设计师就把握了设计的方向。因此,设计者在从事设计活动,确立设计目标和定位时,首先要树立的第一个观念就是把握人及社会的需要。在现实生活中,人的需求只能模糊地反映在我们的周围,人们很难明确说出自己需要什么。因为人的"潜在需要的意念不仅是含糊不清的,还是动态变化的",这时作为设计者就应该发挥自身优势,通过敏锐的洞察力,寻找设计的灵感。

最简单的关于设计的定义就是一种"有目的的创作行为"。人类通过劳动改造世界,创造文明,创造物质财富和精神财富,而最基础、最主要的创造活动是造物。设计便是对造物活动进行预先计划,可以把任何造物活动的计划技术和计划过程理解为设计。设计是物质再造的首要环节,必然以一定的形态作为"媒介"。

设计的出发点是满足人们日益增长的物质文化需要。设计最终要通过产品的形式来满足人们的需求,因此对产品功能的最大追求是设计师设计的核心。设计师通过对产品功能的不断开拓来实现人与自然及人与社会的和谐发展,由此推动整个人类社会的发展。归根结底,设计是为人而设计的,服务于人们的生活需要是设计的最终目的,如图9-3所示。

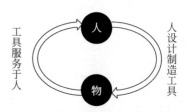

图 9-3 人是设计的出发点和终点

随着国内外文化的不断交流和融合,设计师的视野正在逐渐被打开,逐渐由对产品本身的思考转向对消费者需求和社会需求的思考。

作为一名优秀的设计者,为了避免生产产品与市场需求脱钩,在进行设计前,首先要进行大量的市场调研和搜集相关资料。对将要进行的设计进行一个全面的了解和调查,为后期的设计工作做好铺垫。只有了解了市场和消费者的需求,设计者在设计产品时才不至于脱离市场和消费者的需求,设计出来的产品投放市场时才能得到消费者的认可。此时,设计者的设计价值才能得以实现。

设计师对人的需要意识的把握是从事创造设计的前提和基础,设计源于生活,就要求设计师在从事设计时,要具备敏锐的市场洞察力,以及从生活中发现问题、提出问题、解决问题等能力。显然,在以人为本的设计理念中,考虑消费者的需求和社会的需求,才是产品创新设计的一个新的出发点。

2. 用户需求的 Kano 模型

Kano 模型是由 Kano 提出来的与产品性能有关的用户满意度模型。该模型能很好地识别用户需求,并对用户需求进行分类,体现了用户满意度与产品质量特性之间的关系。图 9-4 为 Kano 模型的需求分类图,将用户需求分为以下三类:

(1) 基本需求。具有这类属性的功能属于产品的基本功能,如果不满足该需求,用户满意度会大幅降低。但是这类功能也无法给用户带来惊喜,满意度不会因为这类功能而大幅提升。

(2) 期望需求。如果提供该功能,则客户满意度提高;如果不提供该功能,则客户满意度会随之下降。

(3) 兴奋需求。让用户感到惊喜的属性,如果不提供此属性,则不会降低用户的满意度,一旦提供魅力属性,用户满意度会大幅提升。

Kano 模型是对用户需求分类和优先排序的非常有用的工具,以分析用户需求对用户满意的影响为基础,体现了产品性能和用户满意之间的非线性关系。

这里我们可以通过使用 Kano 模型来判断哪个需求最有价值,最能提高用户对于产品的满意度。以便我们能够更好地排出功能开发的优先级。

综上所述,系统考虑顾客需求并将其融入整个开发过程,对新产品开发的成败至关重要。要达到由顾客驱动这一目标,就要分析顾客的需求是什么,以及他们愿意为之付出的花费,新产品应该具有什么样的性能和结构,只有通过对顾客需求进行有效评价才能得到正确答案。

人类造物总是以需求为导向,首先把满足人类生存所需要的造物放在第一位。适应人不同层次需要的结果就是造物中的精神文化因素的作用,从人的需求的丰富性来看,人的高层次需求往往是人自己创造出来的,是人自身本质力量的体现,正因为有这种能力和力量,人才能超越动物性需求走向更高一级的文明。

9.3 以用户为中心的体验设计

9.3.1 用户体验设计的概念

在商业中,用户体验设计的目标是"通过增强产品的可用性,简化操作,增加使用愉悦感三个方面来改善客户与产品间的交互体验,从而提高客户满意度和忠诚度"。

也就是说,用户体验设计是设计有用、易用且能从使用中获得愉悦感(虚拟或实体)的产品的过程。在提高用户与产品交互过程的体验的同时,保证产品能够成功地向客户传达

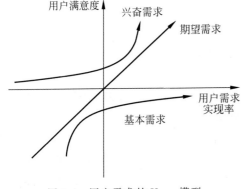

图 9-4 用户需求的 Kano 模型

其价值。但遗憾的是，对于体验设计来说，这并不是一个全面的定义。所以，为了更好地理解用户体验设计的真正含义，用户体验设计专家向我们解答了什么是用户体验设计；或者说他们会如何向初学者解释什么是用户体验设计。

如果说用户体验是指设计用户与产品间交互感受，那么从理论上说，用户体验设计就是决定这个"感受"是好是坏的过程。不管是有意还是无意，用户体验设计每时每刻都在发生着，总有人在为产品和用户间的交互行为做着决定。好的用户体验设计就是做出能够同时理解并满足用户和商家需求的决定。

用户体验设计是艺术和科学共同构建的使用户通过与产品或服务交互而产生积极情绪的过程。

用户体验设计（UXD或UED）是专注于设计一个为用户提供高品质体验的系统的过程。因此，用户体验设计采纳了一些包括用户界面设计、可用性、无障碍设计、信息架构和人机交互等一系列学科在内的理论体系。

用户体验设计师的工作就是设计用户与产品/服务提供方之间的交互动作。

用户体验设计是一种尝试，希望通过将产品服务的方方面面纳入思考从而更好地服务于用户。所谓的方方面面不仅限于产品或流程的外观和功能性（可用性和无障碍性），还包括使用过程中的愉悦性、心情等一些难以通过技术手段解决或达到的目标。

如果说一名设计师已经可以创造出美观、独特、感性且实用的一个按键、一个流程，或一个交互动作，那么交互设计则是将这些已有的设计进行延伸，再将各种学科进行融合，从而使得用户体验得到本质性的提高。

用户体验设计是一种承诺，即在设计产品的过程中充分考虑用户需求。从一开始目标用户的确定、论证用户的需求到将上述信息融入对产品/服务的设计中，以提高人民的生活质量。

设计创意的可行性需要通过真实的用户反馈和产品本身迭代改进来共同保证产品能够更好地服务于用户。

如果已经有了一名交互设计师，但还得有内容策划、信息架构师、用户调研团队、工程师和产品经理。所有人共同担负起共同的责任："创造轻松的用户体验，让用户因使用该产品/服务而感到愉悦，提升自我价值。"

9.3.2 用户体验设计的价值

用户体验设计是在设计过程中充分考虑每一个可以影响产品体验或服务的关键节点。从这个意义上讲，用户体验设计超越了传统的界面设计和视觉设计，如电子邮件通信、人们接电话的方式、市场策划信息、退换政策、发布信息和所有相关的事务。

在网络时代，对体验的关注显得尤为重要。因为有很大的可能性是你永远无法面对面地接触到客户。最终，"用户体验设计"这个专用词会淡出我们的视野，而作为最基本的设计流程之一被保留下来。

用户体验设计是植根于对用户深入理解基础上的方法论，其终极目标是提供与期望值一致的产品体验。

用户体验设计本身隐含着数字化的意味，通常会被与网页和移动终端应用联系起来。

用户体验是承诺以有目标、有同情心、公正善良的心态开发产品和服务。这将是一个永无止境的过程——我们从客户的角度看待世界，并努力提高他们的生活质量；我们保持商业的良性运转，并努力找到新的方式帮助企业实现可持续增长。这是一场经济价值和社会意义的完美平衡。

用户体验设计是设计一种将用户需求、心理、情绪状况，以及技术实力都纳入考量，从而得到解决办法的过程。用户体验设计着重于使用，致力于设计出能随时随地为用户带来积极感受的产品。

用户体验设计是在每个交互关键点传达给用户的价值理念。这些价值理念，无论是积极的或消极的都作为一个整体影响着用户对于产品的认识和看法。

用户体验设计用于保障无论是在产品开发的前期、中期或后期，用户需求都能得到满足，其作用是让产品使用更加容易。

在体验设计理论中，体验设计的四个层次包括用户界面设计、用户体验设计、客户体验设计和服务设计，其层次关系如图9-5所示。

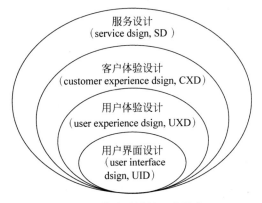

图 9-5 体验设计的四个层次
来源于波士顿用户体验专家委员会（UXPA）。

9.3.3 用户体验设计的发展

1. 由物质设计向非物质设计发展

人类需求的心理研究和早期人机工程学的发展成为现代交互设计的理论基础。但由于需求心理研究的对象过于宽泛，而早期人机工程学更关注人体物理数据的采集与分析，二者并未将针对具体产品消费者的用户体验作为研究对象。

20世纪90年代以来，随着高速处理芯片、数字媒体和互联网技术的迅速发展和普及，软件产品已经成为人们社交、商业活动与休闲娱乐的中介，同早期的产品设计相比，以数字虚拟产品为核心的"非物质设计"更加重视用户的情感需求和使用体验。

图9-6表示了这种由物质设计到非物质设计的发展趋势。

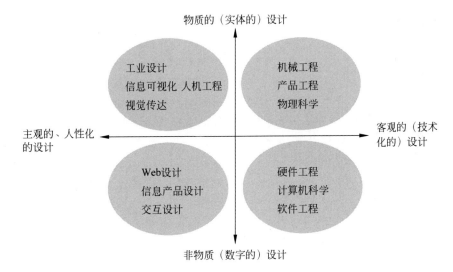

图 9-6 设计活动由物质转向非物质的发展趋势

2. 交互设计与用户体验的关系

交互设计是一个针对用户体验的、跨学科的实践范畴。计算机科学与技术和认知科学是交互设计的基础，而对技术、产品、服务与人性的理解则是交互设计的核心，如图9-7所示。

上述观点代表了当前学术界对交互设计的主流认知：交互设计是一个针对用户体验的、跨学科的实践范畴。

从广义上看，交互设计属于交流与沟通的服务设计，从狭义上看，则指与软件设计与产品开发的相关知识与技能，交互设计的知识范畴包括认知心理学、可用性分析、UI设计及信息构架（软件工程）等内容，也与工业设计、视觉传达等学科有着相当程度的重叠。

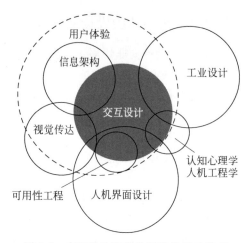

图 9-7 交互设计和其他学科的相互关系

虽然交互设计需要实际的产品与服务作为媒介，但其本质还是人与人之间的交流，因此，当前交互设计师的主要岗位多数属于软件公司的运营、企划、产品研发。

9.4 人机交互设计

9.4.1 人机工程学与人机交互设计

人机交互（human computer interaction，HCI）是一种将人机工程学、人机交互学及相关学科的研究成果运用到实际产品设计领域的技术方法。人机工程学的着眼点是工作和日常生活中的人及他们与产品、设备、工具、程序和环境的交互行为。因此，从人机工程学的角度来看，交互设计是一个新的应用领域。该领域的扩张促使人机交互学作为一门新的学科诞生。美国计算机学会（ACM）对人机交互学的定义是"关于设计、评价和实现供人们使用的交互式计算机系统，是研究围绕这些方面的主要现象的科学"。人机交互学涉及工业设计、平面设计、人机工程学和社会科学等学科。人机交互涉及的学科领域大致可以分为两类，即面向人的学科和面向机器的学科，"交互"是这两类学科交叉的基础。

2000年8月，国际人类工效学学会发布了新的人机工程学定义：人机工程学是研究系统中人与其他组成部分的交互关系的一门科学，并运用其理论、原理、数据和方法进行设计，以优化系统的效能和人的健康幸福之间的关系。新的定义与传统定义之间并没有本质的差别，但更加强调了"交互"的概念，这符合人机工程学发展的趋势。

回顾人机交互设计发展的关键阶段，都与人机工程学密切相关。人机交互设计是指通过计算机的输入、输出设备，以有效的方式实现人与计算机的信息交互。人与计算机构成的人机系统包括机器通过输出或显示设备给人提供大量有关信息及提示、请示等，人通过输入设备给机器输入有关信息及提示、请示等，人通过输入设备给机器输入有关信息、回答问题等。人机交互技术是计算机用户界面设计中的重要内容之一。它与认知学、人机工程学、心理学等学科领域有着密切的联系。

1959年，美国学者 B. Shackel 从人在操纵计算机时如何才能减轻疲劳出发，发表了被认为是人机界面的第一篇文献——关于计算机控制台设计的人机工程学论文。1960年，Liklider JCK 首次提出人机紧密共栖（human-computer close symbiosis）的概念，被视为人机界面学的启蒙观点。1969年在英国剑桥大学召开了第一次人机系统国际大会，同年第一份专业杂志《国际人机研究》（*IJMMS*）创刊。可以说，1969年是人机界面学发展史上的里程碑。

1970年成立了2个人机交互研究中心：一个是英国 Loughbocough 大学的 HUSAT 研究中心，另一个是美国 Xerox 公司的 Palo Alto 研究中心。

1970—1973年出版了4本与计算机相关的人机工程学专著，为人机交互界面的发展指明了方向。

20世纪80年代初期，学术界相继出版了6本专著，对最新的人机交互研究成果进行了总结。人机交互学科逐渐形成了自己的理论体系和实践范畴架构。在理论体系方面，从人机工程学中独立出来，更加强调认知心理学及行为学和社会学的某些人文科学的理论指导；在实践范畴方面，从人机界面（人机接口）拓展开来，强调计算机对于人的反馈交互作用。"人机界面"一词被人机交互所取代。HCI 中的 I，也由 interface（界面/接口）变成了 interaction（交互）。

20 世纪 90 年代后期以来，随着高速处理芯片、多媒体技术和 Internet Web 技术的迅速发展和普及，人机交互的研究重点放在了智能化交互、多模态（多通道）多媒体交互、虚拟交互及人机协同交互等方面，也就是放在了以人为中心的人机交互技术方面。

1992 年，美国计算机学会（ACM）下的人机交互兴趣小组（SIGCHI）把人机交互定义为一门对人类使用的交互式计算机系统进行设计、评估和实现，并对其所涉及的主要现象进行研究的学科。1999 年的美国总统顾问委员会报告中将"人机交互和信息处理"列为 21 世纪信息技术基础研究的 4 个主要方向之一。2007 年，美国国家科学基金在其信息和智能系统分支中把以人为本的计算列为 3 个核心技术领域之一，其具体主题包含多媒体和多通道界面、智能界面和用户建模、信息可视化及高效的以计算机为媒介的人机交互模型等。同年，欧盟第 7 框架计划中也包含了人机交互的内容。从 2012 年开始，ACM 在计算机学科领域分类系统中把人机交互列为计算机学科的重要分支领域，标志着人机交互在计算机学科中开始占据重要位置。

2016 年，中国国家自然科学基金委员会在《国家自然科学基金"十三五"发展规划》中把人机交互列为重点支持的课题。

9.4.2 人机交互系统的信息处理模型

1. 人机之间有效信息交换原理

一个交互的计算机系统，要能很好地实现计算机与学习者之间的人机交互，通常必须考虑三个元素：人的因素、交互设备及实现人机对话的软件。

（1）人的因素是用户操作模型，人机交互中的人就是用户，简单地说是指使用某产品的人。

（2）交互设备是交互计算机系统的物质基础。

（3）交互软件则是展示各种交互功能的核心。

人机交互的三个元素应用在在线学习系统中分别对应的是学习者、计算机及编程软件。

图 9-8 是研究人机之间有效信息交换原理的示意图，也是人机交互系统信息处理模型的基础。

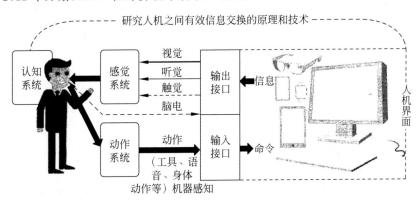

图 9-8 人机之间有效信息交换原理示意图

人与计算机系统之间自然高效的信息交换原理，实现了输入/输出软/硬件接口所构成的用户终端页面，形成了特定的交互模式。接口分为用户输入数据处理的输入接口和机器处理结果反馈的输出接口。人的交互意图在脑中产生，交互意图需要通过外周神经系统下的行为动作表达出来,可以是操控工具,也可以是语音和动作的自然表达,输入接口的主要任务是捕捉和处理人的外在行为;机器处理结果的呈现要符合人的感知、认知特点。

人的所有活动都受大脑的神经中枢支配和控制,如图9-9所示。大脑除了具有支配和控制功能之外,还有记忆信息和处理信息的功能,进一步说,它还有思考、判断和计算的功能。

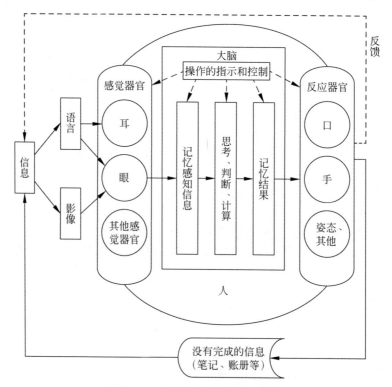

图9-9 人处理信息的基本过程

计算机中也有完成上述功能的装置,它们是控制器、主存储器和运算器。实际上中央处理器(CPU)就是由这三个装置组成的,如图9-10所示。

2. 人机交互信息处理模型

人在使用机器作为完成任务的工具时,达到最高效率的安排是让人和机器各自发挥优势。例如,机器的优势包括可以准确地、无限次地重复设计的功能,但是缺乏判断和决策能力;人的优势是可以灵活地针对完成任务中出现的各种情况进行决策,并支配系统的各项行为,但是人在重复某些行为方面的质量不能与机器相比。在人使用计算机的条件下,人机交互学研究的就是如何设计计算机界面以使用户使用系统时达到最高的效率和满意程度。

人机交互的主体包括计算机和计算机用户。图9-11概括地描述了典型的人机交互系统的信息流程和工作方式,即人机交互系统的信息处理模型。

在人机交互系统中,计算机内部复杂的信息处理和存储系统可以认为是一个"黑箱",对于计算机用户来讲,他们对计算机系统的状态和运行过程的理解和操作都是通过用户界面(user interface)实现的。用户界面也常被称为人机界面。计算机的输出设备,包括显示器、喇叭等将系统的信息以人能够感知的方式提供给用户,同时,计算机的输入设备,包括键盘、鼠标和话筒等可以接受用户的各种操作指令并传达给计算机。

计算机的输出信息是如何被人接收和处理,然后转化为反应动作,指导计算机的下一步操作的呢?心理学的研究在不同层次上为这

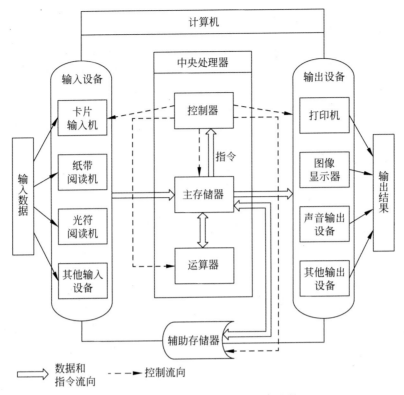

图 9-10 计算机处理信息的基本过程

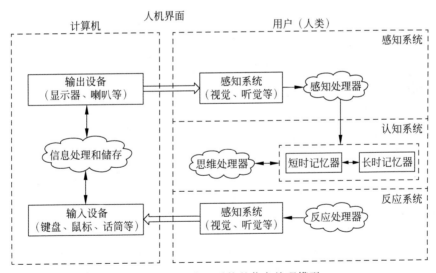

图 9-11 人机交互系统的信息处理模型

一过程提供了不同的理论和模型。这里介绍被普遍接受的人类信息处理（human information processing）模型。人类信息处理模型认为人在接收刺激信息后通过感知系统（perception）、认知系统（cognition）和反应系统（response）进行信息处理并做出行动。

1) 感知系统

计算机的输出信息以视觉和听觉等方式被眼睛、耳朵等感知系统接收后，传输到感知处理器。在这里，这些刺激信号被短暂地储存起来并且被初步理解。如果没有进一步的处理,这些储存信息会在瞬间消失,如一段话中各个词的发音等。在感知处理器中进行的理解大多只限于模式识别和上下文理解。例如,一条竖线夹杂在一些阿拉伯数字中时就被理解为数字 1,但是如果夹杂在一些字母中时就被理解为字母 I。由此可见,在感知处理器中进行信息处理的层次是相当表面化的。

在系统设计中应当考虑到感知系统器官和感知处理器的特点。例如,图形用户界面的设计应当尽量减少用户不必要的眼球移动,设计易于浏览的格式和布局。注意提供便于用户理解的上下文信息等。这样就可以有效地避免感知的重要信息过早消失或被误解。又如,为了保障人的听觉系统的健康,系统的输出应当注意使用适当的音频和音量。

2) 认知系统

人类的认知过程是由思维处理器(cognitive processor)与短时记忆器(short-term memory)和长时记忆器(long-term memory)的协调工作完成的。首先,被人感知的视觉、听觉等信息被感知处理器处理后会有选择地被传送到短时记忆器中。短时记忆器的储存容量小(可以同时记忆 5~9 个内容单元),并且保持时间也相对较短(一般是若干秒)。而且,短时记忆器的效率和能力比较容易受到噪声和其他分散注意力因素的影响。但是短时记忆器是人日常思考时暂时存储信息的空间,非常重要。短时记忆器与思维处理器协调工作进行各种复杂的思维操作。这些操作包括各种信息的内在含义、推理及逻辑关系等,其操作水平远远高于在感知处理器中进行的过程。

短时记忆器中的部分信息也会被有选择地传送到长时记忆器中。长时记忆器的特点是容量大,储存时间长,并且主要以结构化联系的方式储存内容。长时记忆器的内容和提取能力就是人们平常所说的记忆力。

长时记忆器具有"用进废退"的特点,也就是说,越是被经常用到的内容越是记忆准确,同时也越容易被提取。很少被用到的内容容易在记忆中"变形"或丢失,这就是人们平时所说的遗忘。同时,某内容在记忆中与其他内容联系越丰富,其特征越明显,其表现方式越形象,就越容易保持和提取。长时记忆器中的内容与人所感知的信息吻合得越完全,这些内容也就越容易被发现和提取出来。思维处理器经常需要将长时记忆器中的内容提取到短时记忆器中,与感知处理器提供的内容一同进行处理。

人类短时记忆器和长时记忆器的特点为人机系统设计提供了一些设计准则,例如,为了不超过短时记忆器的能力范围,在设计中应当尽量将大批的信息按照其相互关系分类组织起来,这样短时记忆器在任何时刻只需要处理总体信息的一小部分,这种"分块"的方法也同样适用于没有明显关系的独立信息的记忆。同时,人机界面的设计应当简单明了,避免在用户面前显示与任务无关的信息以分散注意力。较复杂的用户界面功能可以拆分为不同的部分或步骤来实现。为了提高长时记忆器信息的存储和提取效率,产品设计也应当从长时记忆器的特点考虑。例如,在设计中应当尽可能使信息的结构清晰易懂,为各个信息单元提供丰富的联系信息。明显的设计个性也能够显著增强用户对于设计细节的印象,便于记忆和信息提取。

思维处理器可以进行很多不同类型的复杂的思维操作。这些操作包括注意力的选取(attention selection)、知识和技能的学习(knowledge and skill acquisition)、解决问题(problem solving)和语言处理(language processing)。在这些方面的研究成果也为设计提供了各种指导。例如,由于人的注意力具有易转移性,所以用户界面的各个状态应当以支持的功能为中心而避免将用户的注意力分散到其他方面。

3) 反应系统

产品的设计还应当尽可能减少对人的反应处理器和反应系统的负荷。例如,在设计计算机系统时,应当减少键盘和鼠标之间过多的切换,以及不必要的眼球移动。在保健方面,应当采用最符合人使用习惯的键盘和鼠标设计,合理的显示器位置和显示参数及各种工作环境的设置,避免长期使用计算机设备的人员常见的手腕、腰部、背部等的损伤。

3. 人机界面

人机界面是人与计算机之间传递、交换信息的媒介和对话接口,是计算机系统的重要组成部分,是系统和用户之间进行交互和信息交换的媒介,它使机器信息的内部形式与人类能够接受的形式之间互相转换。人机界面的设计要求如下:

(1) 层次顺序简洁。在进行人机交互界面设计时,首要关注的是计算机系统设置应该按照任务处理的先后顺序和急缓程度进行区分,让人机对话的主界面更加简洁,更加有条理性,让学习者使用起来方便舒适。

(2) 以学习者为本设计。在整个人机交互界面的设计过程中,必须要理解和照顾用户的使用习惯和特点,优先考虑学习者的需求。在满足了学习者的需求之后,才开始考虑其他因素的影响和需求。

(3) 界面一致性。首先设计的要求要和流行的趋势相一致,体现出设计的一致性,采取大众喜闻乐见的设计形式。其次是在标准的要求上必须与现行的国际或者国家标准相一致,以达到强制性要求的最低标准。最后就是整个界面的颜色、画面、文字的一致性。

(4) 功能性。根据使用者的功能性要求,在设计时根据不同的管理对象对同一个界面采取多项目的同时性要求设计,按照分区功能的不同,采取分层系的信息选项和对话框并举的窗口人机交互界面,使学习者易于上手。

(5) 频率性。按照管理对象的对话交互频率高低,设计人机界面的层次顺序和对话窗口菜单的显示位置等,提高监控和访问对话的频率。

(6) 重要性。按照管理系统中的控制要求,将主次菜单的优先权限做出层次性设计,以帮助管理人员把握好控制系统的主次,实现好控制决策的顺序,优先处理重要的调度和管理。突出重要的主菜单,并将次要的菜单隐藏起来,但是也要便于查找。

9.4.3 人机交互的新思想理论

人机交互,即在人和机器(计算机)之间搭建一座"桥梁",使人想要传达的信息能够准确地输入机器,使机器需要表达的信息或行为能够准确且恰当地输出给人,使人能够准确理解机器、接受机器,最终从互动中获得安全、高效、愉悦的体验,这样就建立起一种人与机器良好的交互。

这里的"桥梁"便是人机交互界面,它兼具了输入信息和输出信息的任务。在信息时代初期,它是机械按键和旋钮,在大型计算机时期,它是输入/输出的字符串,在个人计算机时代,它是鼠标和键盘,在移动智能手机时代,它是触控屏和屏上的图形界面,在将来它或许是人的肢体动作感应和自然语音。人机交互方式的演变见图9-12。

图9-12 人机交互方式的演变

人机交互是一个不断变化的领域,这种变化是为了响应技术革新及满足随之而来的新用户的需求。从应用场景来看,人机交互从图形用户界面过渡到自然用户界面,发展更人性化的交互界面成为人机交互进一步发展迫在眉睫的任务;从研究层面来看,人机交互从微观上升到宏观,使用计算机技术使个人参与社会管理活动中的方法成为人机交互关注的重点；从研究重心来看，人机交互从交互导向转移到实践导向。

从人机交互的角度看，人工智能为人机交互带来了突破。鼠标键盘、触屏等传统的人机交互技术难以使人与计算机实现如同人与人之间那样高效自然的交互，而语音识别、图像分析、手势识别、语义理解、大数据分析等人工智能技术能帮助计算机更好地感知人类意图，完成人类无法完成的任务，驱动着人机交互的发展。

从人类的角度看，人工智能的发展是计算机技术的发展，而计算机技术发展的最终目的是为人类服务。人工智能要为人类服务，就不可避免地需要研究人工智能的特性，研究人的特性，以及研究人和人工智能交互过程中遇到的问题，这也正是人机交互所研究的问题。

人机交互又称人机接口、用户界面、人机界面，是一门关于设计、评估、实施以计算机为基础的系统而使这些系统能够容易地为人类所使用的一门科学。

人机交互实现了人与计算机系统之间的信息传输，旨在从人的视角开发易用、有效且令人满意的交互式产品。它与认知心理学、计算机科学、用户模型等理论息息相关，是一个交叉研究领域。将人机交互的设计理念引入在线学习网站及知识库建设中，将会使网站信息呈现得更为有效、使用更加容易方便，并且能够大量减少学习者的搜寻成本，给学习者带来愉悦的学习体验。因为学习者在线的信息搜寻行为实质上亦为一种基于学习者认知的信息加工过程，且主要依靠与网站的交互完成学习行为。

人机交互理论以认知科学为理论基础，人机交互本质上是学习者认知过程的反映。以学习者为中心的人机交互应研究学习者的认知过程与认知规律，根据学习者的感知、记忆、思维、推理、决策、反馈等认知特点，建构学习者认知模型，提供符合学习者认知需要的界面，构建符合学习者个性化特征的交互模型，动态提供支持学习者交互风格的交互手段。最终给学习者提供多通道用户界面、智能化用户界面，通过对人机交互中的用户模型、用户界面模型、多通道交互信息整合，实现个性化人机互动。

在智能时代背景下，人工智能和传感器技术迅猛发展。新技术的发展对人机交互提出了新的要求，人机交互研究内容从微观到宏观、从交互转向实践、从虚拟转向现实、从心理学层面转到社会学层面。传统的交互定义已经无法满足人机交互发展的需求。因此，从定义上对人机交互进行重新审视十分必要。

未来的人机交互将会演变成"交互人"和"智能机"在物理空间、数字空间及社会空间等不同空间上的交互。这里的"交互人"指的是能和计算机自然交互的人类，"智能机"指的是具有人的意图表达和感知能力的智能计算机。未来人机交互技术的发展，除从不同角度上对人机交互的各类因素进行研究外，人作为人机交互的核心，也将随着技术的发展与交互设备融为一体。因此，未来的人机交互将趋同于"感知"，计算机的主要交互行为将变成感知行为，感知自然现象、感知人的现象、感知人类行为，从而实现为人类服务。

人机工程学的发展一方面使设计更具有社会学的色彩，另一方面也使设计逐步走向科学化，从而使产品形式更少受到设计师自我意识的影响。这些都对专注于形态价值判断的设计美学观念产生了冲击。计算机和其他高科技产品的出现，使人机工程学又有了一次新的发展。

如今"人机界面"一词具有了新的、更加复杂的含义。随着高精尖电子科技产品的不断涌现，如何在新技术与人之间建立起协调的关系，使高科技产品人性化成为人机学研究的新课题。

在智能时代背景下，随着计算机技术日益广泛地融入人类生活的各个领域，人机交互也越来越无处不在、无时不在。移动互联网的普及使得人们可以时刻在线；触屏交互技术使各个年龄段的人都可以无障碍地使用计算机；虚拟现实的兴起使人们可以随时沉浸在数字世界里；而人工智能的突破则使机器能够更好地理解人的意图，满足人的需求。

作为人类发明的一种高级工具，计算机从诞生发展到现在，对人们的工作和生活都产生了深刻影响。人机交互技术作为人与计算机之间信息交流的接口和以人为中心指导系统开发的方法论，对人和计算机的发展都起着非常重要的作用。对人机交互的广泛研究，提供了人们对人的交互意图和相应的生理、心理限制及相关知识的描述，发展交互技术，帮助人们完成以前无法完成的任务。同时，人机交互的另一个主要研究目的是提供以人为中心的系统设计方法论，使系统更好地满足用户功效性和情感性的需求，提高用户与计算机之间的交互质量和用户体验。

人机交互界面通常是指用户可见的部分，用户通过人机交互界面与系统交流，并进行操作。人机交互技术是计算机用户界面设计中的重要内容之一，它与认知学、人机工程学、心理学等学科领域有着密切的联系。

人机交互技术的发展与国民经济发展有着直接的联系，它是使信息技术融入社会、深入群体，达到广泛应用的技术门槛。任何一种新交互技术的诞生，都会带来新的应用人群、新的应用领域，以及巨大的社会经济效益。

在现代和未来的社会中，只要有人利用通信、计算机等信息处理技术进行社会活动，人机交互都是永恒的主题，鉴于它对科技发展的重要性，人机交互是现代信息技术、人工智能技术研究的热门方向。

如果说传统的人机关系是人和一台计算机通过键盘和鼠标进行互动，那么如今的人机交互则变得更加紧密和频繁，智能穿戴设备、机器人、智能空间等新型"机器"正在扮演着生活中更加亲密和关键性的角色，而新型的智能技术在普及前难免给大众带来陌生感和距离感。当智能技术逐渐渗透到人的生活中时，它们将行使更高等的权利去协助人们完成工作和学习，越是融入日常的技术，越是深刻地影响着人们的安全、情绪和思维方式，机器之于人的角色不再是工具，而是助手、管家，甚至协作伙伴。

如果说计算机改变了人们的工作方式，那么目前正以前所未有的方式快速发展的智能手机、可穿戴设备等正在改变人们的生活方式。由于对这些移动设备的依赖，人与计算机已经在一定程度上形成了一种"共生"关系。

9.4.4 人机交互设计的指导原则

在人机交互理论中，最著名和经典的理论当属人机交互大师雅各布·尼尔森（Jakob Nielsen）博士在1995提出的尼尔森十大可用性原则（Jakob Nielsen's ten usability heuristics）。现介绍如下，供设计师参考。

1. 反馈原则

系统应该在合理的时间、用正确的方式，向用户提示或反馈目前系统在做什么、发生了什么。

人机交互的基本原则是，让系统和用户之间保持良好的沟通和信息传递。系统要告知用户发生了什么，预期是什么，如果系统不能及时向用户反馈合适的信息，则用户必然会感到失控和焦虑，不知道下一步要做什么。

2. 隐喻原则

系统要采用用户熟悉的语句、短语、符号来表达意思。遵循真实世界的认知、习惯，让信息的呈现更加自然，易于辨识和接受。

在人机交互设计中，程序的沟通和表达、功能的呈现，都要用最自然的、用户容易理解的方式，避免采用计算机程序语言的表达方式。设计时要采用符合真实世界认知的方式，让用户通过联想、类比等方法轻松地理解程序想表达的含义。

3. 回退原则

用户经常会误操作，需要有一个简单的功能，让程序迅速恢复到错误发生之前的状态。

用户误操作的概率极高。对于误操作，软件系统应该尽量提供"撤销""重做"或"反悔"的功能，让系统迅速返回错误发生之前的状态。当然,不是所有操作都是可以"反悔"的,比如,你可以撤销一笔错误的订单,但不能撤销一笔成功的转账交易。

4. 一致原则

同样的情景、环境下,用户进行相同的操作,结果应该一致;系统或平台的风格、体验也应该保持一致。

软件设计、产品设计中有很多约定俗成的规范,虽然没有明文规定,但大家都在遵守,因为用户已经习惯了这些规范。我们在进行设计时,应该遵循惯例,并且保持系统的一致性,不要盲目地标新立异。

5. 防错原则

系统要避免错误发生,这好过出错后再给提示,该原则也可以叫作防呆原则。

进行设计时,首先要考虑如何避免错误发生,其次考虑如何检查、校验异常。这样做一方面可以让问题更简单,另一方面可以让用户避免或减少无谓的操作。

6. 记忆原则

让系统的相关信息在需要的时候显示出来,减轻用户的记忆负担。

计算机应该减轻人们的记忆负担,而不是相反。当切换页面时,不应该让用户记住不同页面的内容,而是应该在合适的地方积极地呈现或提示之前的信息。例如,大众点评 App 的搜索页,可以看到上面的"搜索发现"是推荐类功能,下面的"最近搜索"则是保留用户最近使用过的搜索关键词。

7. 灵活易用原则

系统的用户中,中级用户往往最多,初级和高级用户相对较少。系统应为大多数人设计,同时兼顾少数人的需求,做到灵活易用。

灵活易用原则不仅是一项交互设计原则,也代表了一种软件产品设计理念:系统既要做得简单、易用,让所有中级用户用起来得心应手;又要提供必要的帮助,让刚入门的初级用户顺利上手;还需要支持灵活的个性化定制,让高级用户能够以进阶的方式使用系统,充分发挥其价值。

8. 简约设计原则

对话中不应该包含无关的或没必要的信息,增加或强化一些信息就意味着弱化另一些信息。

重点太多,相当于没有重点。在视觉设计中,要掌握好"突出标记"的度,以及内容的呈现方式。

9. 容错原则

错误信息应该用通俗易懂的语言说明,而不是只向用户提示错误代码;提示错误信息时要给出解决建议。

对于很多运行时的错误或异常,计算机程序都会返回某个错误代码,但是对于用户来讲,看到这些错误代码并不明白发生了什么,所以一定要将错误代码转换成用户能看懂的语句,并告诉用户解决的建议。

10. 帮助原则

对于一个设计良好的系统,用户往往不需要经过培训就能轻松上手使用,但是提供帮助文档依然很有必要。帮助信息应该易于检索,通过明确的步骤引导用户解决问题,并且不能太复杂。

现在的软件产品,尤其是 C 端产品普遍做了良好的交互设计,可以帮助用户快速学习使用,而不用阅读、理解复杂的说明文档。

产品设计人员要尽量在前端交互上做好引导提示,对于复杂的规则和逻辑,可以考虑通过帮助文档来指导用户。

此外,在一个或多个系统中,要采用统一的设计风格。不论是图标的选用,还是布局的规划,都要保持整齐的一致性,这样用户容易理解,并且容易习惯和适应。

9.4.5 用户体验的衡量标准

随着信息化时代的来临,传统的机械工程与制造领域正在逐渐与计算机智能相结合,并向主观的、人性化的设计方向迁移。同时,工业设计、视觉传达等都加重关注用户的体验。交互设计正是处于这一范畴的前沿领域。

用户体验(user experience,UE 或 UX)即用户在使用一个产品或服务之前、使用期间和使用之后的全部感受,包括情感、信仰、喜好、成就、认知印象、生理和心理反应等各个方面。美国交互设计专家James Garrett认为用户体验"是指产品在现实世界的表现和使用方式"。他认为用户体验包括用户对品牌特征、信息可用性、功能性、内容性等方面的体验;而美国认知心理学家唐纳德·诺曼(Donald Arthur Norman)则将用户体验扩展到用户与产品互动的各个方面。

他认为人的认知和情感体验包括本能水平、行为水平和反思水平三个层次。

用户体验受到用户、产品、社会因素、文化因素和环境的影响,这些因素均影响着用户与产品交互过程中的体验。

近年来,关于用户体验的研究开始集中于可用性研究与情感化体验的具体目标。例如,普里斯(Preece)等人认为交互设计就是关于创建新的用户体验的问题,而交互设计所要完成的目标包括可用性和用户情感体验的双层目标。也就是说在产品、系统与人交互的过程中除了达到可用性目标中的有效率、有效性、易学易记性、安全性、通用性之外还应该具备其他品质,如令人满意、有趣有用、富有启发性、富有娱乐性、成就感和情感满足感等,如图9-13所示。

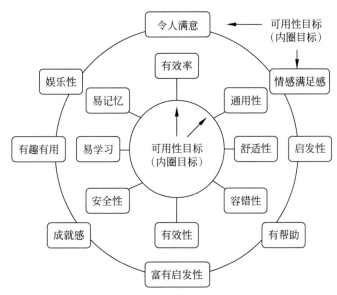

图9-13 用户体验目标的衡量标准

第10章

人机信息交换与界面设计

10.1 人机信息交换系统

10.1.1 人机界面的形成

在人机系统中，人通过信息显示器获得机械的相关信息，经大脑分析、处理后，利用人体效应器官操纵控制器，通过控制器调整和改变机器系统的工作状态，使机器按人设定的目标工作。这样形成的系统称为人机信息交互系统，如图 10-1 所示。

在图 10-1 中，人与机之间存在一个相互作用的"面"，称为人机界面，人与机之间的信息交流和控制活动都发生在人机界面上。机器的各种显示都"作用"于人，实现机-人信息传递；人通过视觉和听觉等感官接收来自机器的信息，经过脑的加工、决策，然后做出反应，实现人机的信息传递。人机界面的设计直接关系到人机关系的合理性。

随着信息技术的发展，上述的硬件人机界面不断推陈出新，高科技的人机界面逐步进入人机智能系统。

人机工程学对用户生理、心理、生物力学和用户需求的分析研究不断深入，使硬件人机界面更具操作的自然性和合理性。

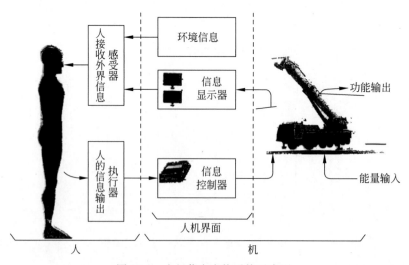

图 10-1 人机信息交换系统示意图

随着以人为中心设计理念的广泛应用,现代硬件人机界面产品已从传统的实用主义逐渐走向多元化和人性化,人机界面产品也越来越丰富、细化,体现出人机界面产品功能齐全、高效,适合人的操作使用,同时又满足人们的审美和认知精神需求。

下面介绍的几种人机界面产品就是体现高科技化、自然化和人性化的典型范例。

10.1.2 广泛应用的人机界面简介

以下10种产品被专家认为是20世纪最伟大的人机界面装置,已获得广泛应用。

1. 扩音器

扩音器是1915年发明的,它的问世使得人们不仅在乘坐地铁或去郊外远足时都能够欣赏自己喜爱的音乐和广播节目,还能够聆听以电子手段保存下来的早已与世长辞的人的声音,以及大自然中根本不存在的种种奇妙声音。在电影院里,扩音器所营造的声的世界将观众带入一个想象的世界。扩音器亦是20世纪所有具有个性魅力的公众人物与大众沟通的重要工具。

2. 按键式电话

按键式电话业务是美国电话电报公司在1963年11月正式开通的。贝尔实验室的研究人员实验了16种按键排列方式,还在电话机的大小、形状、按键间距、弹性甚至与手指尖接触部位的外形上做了大量文章。节省拨号时间只是按键式电话的设计初衷之一,更重要的是它开创了语音数据通信的新时代。

3. 方向盘

最初的汽车是用舵来控制驾驶的。当发动机被改为安装在车头部位之后,方向盘便应运而生,它在驾驶员与车轮之间引入了齿轮系统操作灵活,很好地隔绝了来自道路的剧烈振动。不仅如此,好的方向盘系统还能够为驾驶者带来一种与道路亲密无间的感受。

4. 磁卡

20世纪70年代早期,带有磁条的信用卡在美国问世,极大地提高了信用卡购物时的验证效率,一下子便受到零售商的青睐。美国信用卡行业因此进入高速增长期。今天,在许多场合我们都会用到磁卡,如在食堂就餐、在商场购物、乘公共汽车、打电话、进入管制区域等。

5. 交通指挥灯

交通指挥灯是非裔美国人加莱特·摩根于1923年发明的。它的职责在很大程度上是要告诉汽车司机将车辆停下来,以维护交通秩序,保障行人的安全。现在,新式的红绿灯还能将闯红灯的人拍摄下来。有的红绿灯还具备监测车辆行驶速度的功能。

6. 遥控器

据说,遥控器的开发源于人们对于电视商业广告的反感。美国顶峰(Zenith)公司的总裁尤其痛恨电视节目频频被广告打断的现象。在他的领导下,顶峰公司于1950年开发出了世界上第一台有线遥控器。顶峰公司再接再厉,在1955年又研制出世界上第一个使用光学传感器的无线遥控器,后来又发明了超声波遥控器。红外线遥控器则是20世纪80年代初才问世的。今天遥控器已经成为家电产品的标准配置,市场上销售的99%的电视机和100%的录像机都配置了遥控器。对于伴着遥控器长大的一代人来说,手持遥控器从一个频道换到另一个频道,正是电视给他们带来的欢乐之一。

7. 阴极射线管

阴极射线管(CRT)是德国物理学家布劳恩(Kari Ferdinand Braun)发明的,1897年被用于一台示波器中首次与世人见面,但CRT被广泛应用则是在电视机出现以后。

当CRT显示器上显示出计算机操作界面时,我们可以与之互动、交流,此时显示器成为我们加以利用的一种手段。随着互联网的蓬勃兴起,许多人患上了"上网成瘾症",这种社会现象从一个侧面充分反映出今天越来越多的人宁愿坐在CRT的面前,也不愿意做其他任何事情。

8. 液晶显示器

电视机和计算机屏幕可向人们展示容量庞大的可视信息,然而它们拥有一个共同的缺点——体积太大。因为它们都需要一个阴极射线管作为显示器。液晶显示器的发明使得人们可以将显示器携带在身边，有力地推动了笔记本电脑、微型电视机和便携式 DVD 播放机的发展。

9. 鼠标/图形用户界面

道格拉斯·恩格尔巴特在 20 世纪 60 年代发明了鼠标和图形用户界面。他曾这样说过："我当初发明鼠标的时候，几乎谁也不相信人们会愿意坐在计算机显示器跟前进行在线操作。"

20 世纪 70 年代，鼠标和图形用户界面在施乐（Xerox）公司帕罗奥尔托研究中心（PARC）的努力下得到了进一步完善；80 年代在苹果（Apple）公司的努力下，它终于完成了走向大众的进程；90 年代微软（Microsoft）公司推出了 Windows 操作系统后，图形用户界面得到了空前的普及。至此，显示在计算机屏幕上的内容在可视性方面得到大大改善，人们再也不用像从前那样记忆计算机文件的名称和路径。由于图形用户界面减轻了计算机操作者的记忆负担及提供了一个良好的视觉空间环境，计算机终于发展成为一种工作场所。美国学者史迪文·约翰逊在其著作《界面设计》一书中盛赞恩格尔巴特的发明"为普及数字化革命所作出的巨大贡献，是其他任何在软件上所取得的进步所不能比拟的"。

10. 条形码扫描器

第一次实际应用条形码扫描器是在美国俄亥俄州特洛伊市的马什超级市场，扫描的是 10 小包一袋的口香糖。此前，条码扫描器经过了一个漫长的开发过程。扫描器对商家最初的吸引力是它的扫描结果非常准确。激光能够读取大量信息，包括所售商品的类型、时间和组合。如今，零售商存储的数据量以太位计，对每笔交易都要进行记录，这些信息都将返回给分销商。条形码大大提高了供应链的通信效率，以至于有些商店要在商品销售以后才付款。

从上述 20 世纪最伟大的 10 种人机界面装置来看，人机界面并不仅仅指计算机系统中的人机界面，而是具有更广泛的意义。

10.1.3 人机界面的设计要点

1. 了解信息输入显示器的类型

信息输入显示器分为动态和静态两类。动态显示器传送随时间不断变化的信息，如描述某些变量的信息显示装置；静态显示器则传送不随时间变化的固定信息，如标志、符号等。

信息输入显示器传送的信息可分为 8 种类型：

(1) 定量信息，反映变量的定量数值。

(2) 定性信息，反映某些变量的近似值或变化的趋势、速率、方向等信息。

(3) 状态信息，反映系统或装置的状态，如开/关状态、通道选择状态等信息。

(4) 报警信息，指示紧急或危险的情况。

(5) 图像信息，描述动态图像、变化波形或静态图形、相片等信息。

(6) 识别信息，指示某些静止的状态、位置或部件，以便于人能迅速识别。

(7) 字符信息，以字母、数字和符号表示某些静态的或动态的抽象信息。

(8) 时间-相位信息，其信号按时断时续的不同组合方式给出或传送，如 Morse 电码、闪光信号灯等。

显然，不同类型的信息应当选用同它的特性相适应的显示器形式。

2. 了解传递的信息特征

在人机系统中，按人接收信息的感觉通道不同，可将显示装置分为视觉显示、听觉显示和触觉显示。其中以视觉和听觉显示应用最为广泛，触觉显示是利用人的皮肤受到触压或运动刺激后产生的感觉而向人们传递信息的一种方式，除特殊环境外，一般较少使用。这三种显示方式传递的信息特征见表 10-1。

3. 感觉通道与适用的信息

人的感觉器官各有自身的特性、优点和适应能力。对于一定的刺激，选择合适的感觉通道，能获得最佳的信息处理效果。常用的是视觉通道和听觉通道。在特定条件下，触觉和嗅觉通道也有其特殊用处,尤其在视觉和听觉通道都超载的情况下,将专门的触觉传感器贴在皮肤上可作为一种有价值的报警装置。视觉、听觉和触觉通道的适用场合见表 10-2。

表 10-1 视觉、听觉、触觉 3 种显示方式传递的信息特征

显示方式	传递的信息特征	显示方式	传递的信息特征
视觉显示	① 比较复杂、抽象的信息或含有科学技术术语的信息、文字、图表、公式等; ② 传递的信息很长或需要延迟者; ③ 需用方位、距离等空间状态说明的信息; ④ 以后有被引用可能的信息; ⑤ 所处环境不适合听觉传递的信息; ⑥ 适合听觉传递,但听觉负荷已很重的场合; ⑦ 不需要急迫传递的信息; ⑧ 传递的信息常需同时显示、监控	听觉显示	① 较短或无须延迟的信息; ② 简单且要求快速传递的信息; ③ 视觉通道负荷过重的场合; ④ 所处环境不适合视觉通道传递的信息
		触觉显示	① 视觉、听觉通道负荷过重的场合; ② 使用视觉、听觉通道传递信息有困难的场合; ③ 简单并要求快速传递的信息

表 10-2 不同感觉通道的适用场合

感觉通道	适用场合
视觉通道	① 传递比较复杂的或抽象的信息; ② 传递比较长的或需要延迟的信息; ③ 传递的信息以后还要引用; ④ 传递的信息与空间方位、空间位置有关; ⑤ 传递不要求立即做出快速响应的信息; ⑥ 所处环境不适合使用听觉通道的场合; ⑦ 虽适合听觉传递,但听觉通道已过载的场合; ⑧ 作业情况允许操作者固定保持在一个位置上
听觉通道	① 传递比较简单的信息; ② 传递比较短的或无须延迟的信息; ③ 传递的信息以后不再需要引用; ④ 传递的信息与时间有关; ⑤ 传递要求立即做出快速响应的信息; ⑥ 所处环境不适合使用视觉通道的场合; ⑦ 虽适合视觉传递,但视觉通道已过载的场合; ⑧ 作业情况要求操作者不断走动的场合
触觉通道	① 传递非常简明的、要求快速传递的信息; ② 经常要用手接触机器或其装置的场合; ③ 其他感觉通道已过载的场合; ④ 使用其他感觉通道有困难的场合

4. 剩余感觉通道的利用

两个或两个以上感觉通道同时接受同一个刺激,就是所谓的具有剩余感觉通道的信息输入方式。适当利用剩余感觉通道,可提高信息接收的概率。

曾对单有视觉输入、单有听觉输入以及同时具有视觉、听觉输入三种情况进行比较试验,结果测得正确响应的百分率如下:

单独利用视觉通道时,89%;
单独利用听觉通道时,91%;
同时利用视觉与听觉通道时,95%。

10.2 视觉信息显示设计

10.2.1 仪表显示设计

仪表是一种广泛应用的视觉显示装置,其种类很多。仪表按功能可分为读数用仪表、检查用仪表、追踪用仪表和调节用仪表等,按结构形式可分为指针运动式仪表、指针固定式仪表和数字式仪表等。任何显示仪表的功能都是将系统的有关信息输送给操作者,因而其人因工程学性能的优劣直接影响系统的工作效率。所以,在设计和选择仪表时,必须全面分析仪表的功能特点,见表10-3。

表10-3 显示仪表的功能特点

比较项目	模拟显示仪表		数字显示仪表
	指针运动式	指针固定式	
数量信息	中——指针活动时读数困难	中——刻度移动时读数困难	好——能读出精确数值,速度快,差错少
质量信息	好——易判定指针位置,无须读出数值和刻度时,能迅速发现指针的变动趋势	差——无须读出数值和刻度时,难以确定变化的方向和大小	差——必须读出数值,否则难以得知变化的方向和大小
调节性能	好——指针运动与调节活动具有简单而直接的关系,便于调节和控制	中——调节运动方向不明显,有指针的变动不便于监控,快速调节时难以读数	好——数字调节的监测结果精确,快速调节时难以读数
监控性能	好——能很快地确定指针位置并进行监控,指针位置与监控活动关系最简单	中——指针无变化有利于监控,但指针位置与监控活动关系不明显	差——无法根据指针的位置变化进行监控
一般性能	中——占用面积大,仪表照明可设在控制台上,刻度的长短有限,尤其在使用多指针显示时认读性差	中——占用面积小,仪表须有局部照明,由于只在很小范围内认读,其认读性好	好——占用面积小,照明面积也最小,刻度的长短只受字符、转盘的限制
综合性能	价格低,可靠性强,稳定性好,易于显示信号的变化趋势,以及判断信号值与额定值之差		精度高,认读速度快,无认读误差,过载能力强,易与计算机联用
局限性	显示速度较慢,易受冲击和振动影响,过载能力差		价格偏高,显示易于跳动或失效,干扰因素多,需内附或外附电源
发展趋势	降低价格,提高精度与显示速度,采用模拟与数字显示混合型仪表		降低价格,提高可靠性,采用智能化显示仪表

1. 仪表形式

仪表的形式因其用途不同而异,现以读数用仪表为例来分析确定仪表形式的依据。图10-2为几种常见的读数用仪表形式与误读率的关系。其中以垂直长条形仪表的误读率最高,而开窗式仪表的误读率最低。但开窗式仪表一般不宜单独使用,常以小开窗插入较大的仪表表盘中,用来指示仪表的高位数值。通常将一些多指针仪表改为单指针加小开窗式仪表,使得这种形式的仪表不仅可以增加读数的位数,还大大提高了读数的效率和准确度。

指针活动式圆形仪表的读数效率与准确度虽不如数字式仪表高,但这类仪表可以显示被测参数的变化趋势,因而仍然是常用的仪表形式。

2. 表盘尺寸

表盘尺寸与刻度标记的数量和观察距离有关,一般表盘尺寸随刻度数量和观察距离的增加而增大。以圆形仪表为例,其最佳直径 D 与目视距离 L、刻度显示最大数 I 之间的关系如图 10-3 所示。由图可知,I 一定时,D 随 L 的增加而增大;L 不变时,D 随 I 的增加而增大。

3. 刻度与标数

表盘上的刻度线、刻度线间距,以及文字、数字等尺寸也是根据视距来确定的。人机工程学的有关实验已提供了视距与上述各项尺寸的关系。仪表刻度线一般分为长刻度线、中刻度线和短刻度线三级。各级刻度线和文字的高度可根据视距按表 10-4 选用。

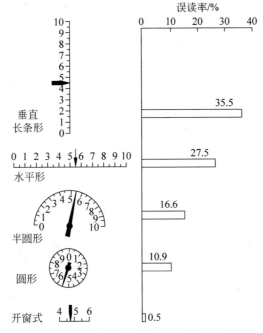

图 10-2 仪表形式与误读率的关系

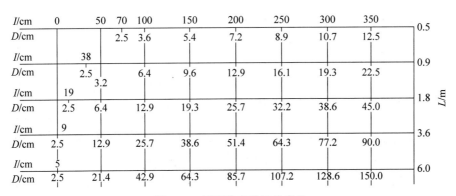

图 10-3 圆形仪表的最佳直径

——人机工程学

表 10-4　目视距离与刻度线的最佳高度

目视距离/m	文字(数字)高度/cm	刻度线高度/cm		
		长刻度线	中刻度线	短刻度线
≤0.5	0.23	0.44	0.40	0.23
0.5～0.9	0.43	1.00	0.70	0.43
0.9～1.8	0.85	1.95	1.40	0.85
1.8～3.6	1.70	3.92	2.80	1.70
3.6～6.0	2.70	6.58	4.68	2.70

刻度线间的距离称为刻度。若视距为 L，小刻度的最小间距为 $L/600$，大刻度的最小间距为 $L/50$。对于人眼直接判读的仪表刻度最小尺寸不宜小于 0.6～1 mm，最大可取 4～8 mm，而一般情况下取 1～2.5 mm。对于用放大镜 900 读数的仪表，若放大镜的放大率为 f，则刻度线间距可取 $1/f$ mm。

刻度线的宽度一般取间距大小的 5%～15%。当刻度线宽度为间距的 10% 时，判读误差最小。狭长形字母数字的分辨率较高，其高度比常取 5∶3 或 3∶2。

仪表的标数，可参考下列原则进行设计：

(1) 通常，最小刻度不标数，最大刻度必须标数。

(2) 指针运动式仪表标示的数码应当垂直，表面运动的仪表数码应当按圆形排列。

(3) 若仪表表面的空间足够大，则数码应标在刻度记号外侧，以避免它被指针挡住；若表面空间有限，则应将数码标在刻度内侧，以扩大刻度间距。指针处于仪表表面外侧的仪表，数码一律标在刻度内侧。

(4) 开窗式仪表窗口的大小至少应能显示被指示数字及其上下两侧的两个数，以便观察指示运动的方向和趋势。

(5) 对于表面运动的小开窗仪表，其数码应按顺时针排列。当窗口垂直时，安排在刻度的右侧；当窗口水平时，安排在刻度的下方，并且字头向上。

(6) 对于圆形仪表，不论是表面运动式还是指针运动式，均应使数码按顺时针方向依次增大。数值有正负时，0 位设在时钟 12 时的位置上，顺时针方向表示"正值"，逆时针方向表示"负值"。对于长条形仪表，应使数码按向上或向右的顺序增大。

(7) 不做多圈使用的圆形仪表，最好在刻度全程的头和尾之间断开，其首尾间距以相当于一个大刻度间距为宜。

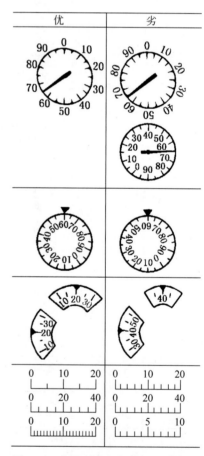

图 10-4　仪表刻度与标数的优劣对比

4. 仪表指针

(1) 指针的形状和长度 指针的形状应以头部尖、尾部平、中间等宽或狭长的三角形为宜。

实验结果表明,指针长度对读数误差影响很大,当指针与刻度线的距离超过 0.6 cm 时,距离越大,认读误差就越大;相反,从 0.6 cm 开始,越接近 0,认读误差越小;当间隔接近 0.2 cm、0.1 cm 时,认读误差保持不变。因此,指针与刻度线的间隔宜取 0.1~0.2 cm。指针的针尖应与最小刻度线等宽,指针应尽量贴近表面,以减少认读时的视差。

(2) 指针的零位 仪表指针零位一般设在时钟 12 时或 9 时的位置上。指针不动,表面运动的仪表指针零位应在时钟 12 时位置;追踪仪表应处于 9 时或 12 时位置;圆形仪表可视需要安排或设在 12 时的位置上;警戒仪表的警戒区应设在 12 时处,危险区和安全区则处于其两侧。

5. 仪表的色彩

仪表的色彩是否合适,对认读速度和误读率都有影响。由实验获得的仪表颜色与误读率关系可知,墨绿色和淡黄色仪表表面分别配上白色和黑色的刻度线时,其误读率最小,而黑色和灰黄色仪表表面配上白色刻度线时,其误读率最大,不宜采用。

10.2.2 图形符号设计

现代信息显示中广泛使用了各种类型的图形和符号指示。由于人在知觉图形和符号信息时,辨认的信号和辨认的客体有形象上的直接联系,其信息接收的速度远远高于抽象信号。由于图形和符号具有形、意、色等多种刺激因素,传递的信息最大,抗干扰力强,易于接收。因此,图标在硬件界面和软件界面中具有重要意义。

信息显示中所采用的图形和符号,是对显示内容的高度概括和抽象处理形成的,使得图形和符号与标志客体间有着相似的特征,便于人识别辨认。图标的应用范围很广,如机场、车站、展览会、超级市场等场所的交通要道等,在适当位置都标明了简单的图形,使人们便于辨别方向。图 10-5 为民用航空公共信息标志用图形符号,其特点决定了它在很多地方都具有文字无法替代的作用。

图 10-5 民用航空公共信息标志用图形符号

1. 快速识别

图形符号与文字相比有一个突出的特点,那就是它具有直觉性,因此可以在短时间内提供一个内容相当丰富的信息。一个精心设计的图标可以使人们只需一眼就可以领会其含义,而无须阅读、分析,甚至翻译厚厚的说明书或者辅助文件。对于缺乏耐心、阅读能力,或者需要及时掌握信息、立即做出反应的人来说可以起到很有效的作用。

毫无疑问,若想让人们迅速准确地掌握操作要领,使用图标设计可以帮助达到这一目的。如最简单的箭头符号,"←"表示往左,"→"表示往右。

2. 布局美观

在软、硬界面中,图标主要用来表示对象的状态或者将要进行的操作。图标是描述视觉形象和空间关系的自然语言,比文字标识具有更丰富的含义,因而能更简练、精确、形象地表达对象的状态和动作。这是文字标识所无法比拟的。

3. 便于记忆

与文字形式表达的概念相比,人们更容易记住以视觉形式存在的事物。因此,图标相对文字而言易于被人们记忆。从心理学的角度来说,主要有以下几个原因:

(1) 图标之间比文字之间存在更明显的差异。

(2) 当遇到一个图标时,我们总是赋予它一个名字来同时记忆,于是图标便以视觉和文字两种形式储存起来,而文字则只有一种形式。

(3) 在各种视觉记忆之间,视觉与其他记忆形式之间存在紧密的联系。直观、简明、易懂、易记的特点使得图标比文字更便于传递信息,使不同年龄、不同文化水平的人都容易接受。

4. 有利于国际化

图形符号和文字相比还有一个显著的特点,那就是由于它的直观性而产生的国际通用性。使用图标可以使不同语言的人群都能掌握,避免了使用文字标识出现的一些问题,有助于产品的国际化发展。

信息显示中所采用的图形和符号指示,如果是作为操作控制系统或操作内容和位置的指示,则"形象化"的图形和符号指示也有自己的限度,若在操作中须精确地知道被调节量,则图形、符号指示就不能胜任,必须用数字加以补充。

图形和符号作为一种视觉显示标志出现时,总是以某种与被标识的客体有含义联系的颜色表示。因此,标志用色在图形符号设计中也是十分重要的内容。

标志作为一种形象语言,要便于识别。标志的颜色都有特定的意义,我国和国际上都做了规定。颜色除了用于安全标志、技术标志外,还可用来标志材料、零件、产品、包装和管线等。

生产、交通等领域使用的色彩的含义如下:

(1) 红(7.5R4.5/14)。

① 停止,即交通工具要求停车,设备要求紧急刹车。

② 禁止,表示不准操作,不准乱动,不准通行。

③ 高度危险,如高压电、下水道口、剧毒物、岔路口等。

④ 防火,如消防车和消防用具都以红色为主色。

(2) 橙(2.5YR6.5/12)用于危险标志,涂于转换开关的盖子表面、机器罩盖的内表面、齿轮的侧面等。橙色还用于航空、船舶的保安措施。

(3) 黄(2.5Y8/13)明视性好,能唤起注意,多用于警告信号,如铁路维护工穿黄色衣服。

(4) 绿(5G5.5/6)。

① 安全,即引导人们行走安全出口标志用色。

② 卫生,救护所、保护用具箱常采用此色。

③ 表示设备安全运行。

(5) 蓝(2.5PB5.5/6)为警惕色,如开关盒外表涂色,修理中的机器、升降设备、炉子、地窖、活门、梯子等的标志色。

(6) 紫红(2.5RP4.5/12)表示放射性危险的颜色。

(7) 白(N9.5/)表示通道、整洁、准备运行的标志色。白色还用来标志文字、符号、箭头,以及作为红、绿、蓝的辅助色。

(8) 黑(N1.5/)用于标志文字、符号、箭头,以及作为白、橙的辅助色。

表 10-5 为管道颜色标记。

表 10-5 管道颜色标记

类 别	色 别	色 标
水	青色	2.5PB5.5/6
汽	深红色	7.5R3/6
空气	白色	N9.5/
煤气	黄色	2.5Y8/13
酸、碱	橙色、紫红色	2.5YR6.5/12、2.5RP4.5/12
油	褐色	7.5YR5/6
电气	浅橙色	2.5YR7/6
真空	灰色	N5/
氧	蓝色	2.5PB5.5/6

值得一提的是,在实际应用各类图形符号时,不得采用人们不能接受的或过分抽象的图形和符号,只能使用有利于人的知觉的图形、符号,以便减少知觉时间,加强对符号的记忆和提高操作者的反应速度。图形、符号设置的位置应与所指示的操纵机构相对应。例如,转动手柄的操纵机构(手柄转动在 90°以上),应在手柄轴线的上方标出符号;对于普通单工位按钮,可在按钮轴线上方标出机器开动状态的符号,这样操作者就能按图形、符号所指示的内容,准确而迅速地操纵机器。

10.3 听觉信息传示设计

10.3.1 听觉信息传示装置

听觉信息传示具有反应快、传示装置可配置在任一方向上、用语言通话时应答性良好等优点,因而在下述情况下被广泛采用:信号简单、简短时;要求迅速传递信号时;传示后无必要查对信号时;信号只涉及过程或时间性事件时;视觉负担过重或照明、振动等作业环节不利于采用视觉信息传递时;操作人员处于巡视状态,并需要从干扰中辨别信号时;等等。

听觉信息传示装置的种类很多,常见的为音响报警装置,如蜂鸣器、铃、角笛、汽笛、警报器等。

1. 蜂鸣器

蜂鸣器是音响装置中声压级最低,频率也较低的装置。蜂鸣器发出的声音柔和,不会使人紧张或惊恐,适用于较宁静的环境,常配合信号灯一起使用,作为指示性听觉传示装置,提请操作者注意,或指示操作者去完成某种操作,也可用来指示某种操作正在进行。汽车驾驶员在操纵汽车转弯时,驾驶室的显示仪表板上就有一盏信号灯亮起和蜂鸣器鸣笛,显示汽车正在转弯,直到转弯结束。蜂鸣器还可作报警器用。

2. 铃

因铃的用途不同,其声压级和频率有较大差别,例如,电话铃声的声压级和频率只稍大于蜂鸣器,主要是在宁静的环境下让人注意;而用作指示上下班的铃声和报警器的铃声,其声压级和频率就较高,可在有较高强度噪声的环境中使用。

3. 角笛和汽笛

角笛的声音有吼声(声压级为 90~100 dB、低频)和尖叫声(高声强、高频)两种。常用作高噪声环境中的报警装置。

汽笛声频率高,声强也高,较适用于紧急事态的音响报警装置。

4. 警报器

警报器的声音强度大,可传播很远,频率由低到高,发出的声音富有上升和下降的调子,可以抵抗其他噪声的干扰,特别能引起人们的注意,并强制性地使人们接受。它主要用作危急事态的报警,如防空警报、救火警报等。

听觉信息传示装置设计必须考虑人的听觉特性,以及装置的使用目的和使用条件。具体内容如下:

(1) 为提高听觉信号传递效率,在有噪声的工作场所,须选用声频与噪声频率相差较远的声音作为听觉信号,以削弱噪声对信号的掩蔽作用。

听觉信号与噪声强度的关系常以信号与噪声的强度比值(信噪比)来描述,即

信噪比 = 10 lg(信号强度 / 噪声强度)

(10-1)

信噪比越小,听觉信号的可辨性越差。所以应根据不同的作业环境选择适宜的信号强度。常用听觉信号的主要频率和强度可参考表 10-6。

(2) 使用两个或两个以上听觉信号时,信号之间应有明显的差异;而对某一种信号在所有时间内应代表同样的信息意义,以提高人的听觉反应速度。

(3) 应使用间断或变化信号,避免使用连续稳态信号,以免人耳产生听觉适应性。

(4) 要求远传或绕过障碍物的信号,应选用大功率低频信号,以提高传示效果。

(5) 对危险信号,至少应有两个声学参数(声压、频率或持续时间)与其他声信号或噪声相区别,而且危险信号的持续时间应与危险存在时间一致。

表 10-6　几种常用听觉信号的主要频率和强度[①]

分类	听觉信号	平均强度水平/dB		主宰可听频率/Hz
		距离 3 m 处	距离 0.9 m 处	
大面积、高强度	10 cm 铃	65～77	75～83	1000
	15 cm 铃	74～83	84～94	600
	25 cm 铃	85～90	95～100	300
	喇叭	90～100	100～110	5000
	汽笛	100～110	110～121	7000
	重声蜂鸣器	50～60	70	200
	轻声蜂鸣器	60～70	70～80	400～1000
	2.5 cm 铃声	60	70	1100
	5 cm 铃声	62	72	1000
	7.5 cm 铃声	63	73	650
	钟声（谐音）	69	78	500～1000

① 大面积、高强度听觉信号在安静场所用 50～60 dB 强度，在露天工厂用 70～80 dB，在强噪声工厂、机器厂或冲压车间用 90～100 dB。

10.3.2　言语传示装置

人与机器之间也可以用言语来传递信息。传递和显示言语信号的装置称为言语传示装置，如麦克风这样的受话器就是言语传示装置，而扬声器就是言语显示装置。经常使用的言语传示系统有无线电广播、电视、电话、报话机和对话器及其他录音、放音和电声装置等。

用言语作为信息载体的优点是可使传递和显示的信息含义准确、接收迅速、信息量较大等；缺点是易受噪声的干扰。在设计言语传示装置时应注意以下几个问题。

1. 言语的清晰度

用言语（包括文章、句子、词组及单字）来传递信息，在现代通信和信息交换中占主导地位。对言语信号的要求是语言清晰。言语传示装置的设计首先应考虑这一要求。在工程心理学和传声技术中，用清晰度作为言语的评定指标。所谓言语的清晰度是人耳对通过它的音语（音节、词或语句）中正确听到和理解的百分数。言语清晰度可用标准的语句表通过听觉显示器进行测量，若听对的语句或单词占总数的 20%，则该听觉显示器的言语清晰度就是 20%。对于听对和未听对的记分方法有专门的规定，此处不作论述。表 10-7 是言语清晰度（室内）与主观感觉的关系。由表可知，设计一个言语传示装置，其言语的清晰度必须在 75% 以上，才能正确传示信息。

表 10-7　言语的清晰度评价

言语清晰度 C/%	人的主观感觉
C＞96	言语听觉完全满意
85＜C≤96	很满意
75＜C≤85	满意
65＜C≤75	言语可以听懂，但非常费劲
≤65	不满意

2. 言语的强度

言语传示装置输出的语音强度直接影响言语清晰度。当语音强度增至刺激阈限以上时，清晰度的分数逐渐增加，直到差不多全部语音被正确听到的水平；强度再增加，清晰度分数仍保持不变，直到强度增至痛为止，如图 10-6 所示。不同研究者的研究结果表明，语音的平均感觉限为 25～30 dB（即测听材料可有 50% 被听清楚），而汉语的平均感觉阈值是 27 dB。

由图 10-6 中可以看出，当言语强度达到 130 dB 时，受话者将有不舒服的感觉；达到 135 dB 时，受话者耳中即有发痒的感觉，再高便达到了痛阈，将有损耳朵的机能。因此言语传示装置的语音强度最好为 60～80 dB。

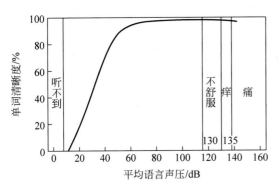

图 10-6 语言强度与清晰度的关系

上面所说的充分的言语通信,是指通信双方的言语清晰度达到 75% 以上距声源(讲话人)的距离每增加 1 倍,言语声级将下降 6 dB,这相当于声音在室外或室内传至 5 m 远左右。不过,在房间中声级的下降还受讲话人与收听人附近的吸声物体的影响。在有混响的房间内,当混响时间超过 1.5 s 时,言语清晰度将会降低。

在噪声环境中作业,为了保护人耳免受损害而使用护耳器时,护耳器一般不会影响言语通信。因为它不仅降低了言语声级,也降低了干扰噪声。同不戴护耳器的人相比,戴护耳器的讲话人在噪声级较低时声音较高,而在噪声级较高时声音较低。

使用言语传示装置(如电话)进行通信时,对收听人来说,对方的噪声和传递过来的言语音质(响度、由电话和听筒产生的线路噪声)可能会有起伏,尽管如此,表 10-9 所给出的关系仍然是有效的。

3. 噪声环境中的言语通信

为了保证在有噪声干扰的作业环境中讲话人与收听人之间能进行充分的言语通信,则须按正常噪声和提高了的噪声定出极限通信距离。在此距离内,在一定的语言干涉声级或噪声干扰声级下可期望达到充分的言语通信,在此情况下言语通信与噪声干扰之间的关系见表 10-8。

表 10-8 言语通信与噪声干扰之间的关系

干扰噪声的 A 计权声级 L_A/dB	语言干涉声级/dB	认为可以听懂正常嗓音下口语的距离/m	认为在提高了的嗓音下可以听懂口语的距离/m
43	36	7	14
48	40	4	8
53	45	2.2	4.5
58	50	1.3	2.5
63	55	0.7	1.4
68	60	0.4	0.8
73	65	0.22	0.45
78	70	0.13	0.25
80	75	0.07	0.14

表 10-9 在电话中言语通信与干扰噪声的关系

收听人所在环境的干扰噪声		言语通信的质量
A 计权声级 L_A/dB	语言干涉声级 L/dB	
≤55	≤47	满意
55～65	47～57	轻微干扰
65～80	57～72	困难
≥80	≥72	不满意

应注意的是,当收听者处的干扰噪声增强时,首先受到影响的是另一方语言的清晰度。这时收听人根据经验会提高自己的声音。对于扬声器和耳机这样的言语传示装置,要保证通过扬声器传送的语言信息有充分的语言通信功能,须使 A 计权语言声级至少比干扰噪声的声级高 3 dB。

10.3.3 听觉传示装置的选择

1. 音响传示装置的选择

在设计和选择音响、报警装置时,应注意以下原则:

(1) 在有背景噪声的场合,要把音响显示装置和报警装置的频率选择在噪声掩蔽效应最小的范围内,使人们在噪声中也能辨别出音响信号。

(2) 对于引起人们注意的音响显示装置,最好使用断续的声音信号;而对报警装置最好采用变频的方法,使音调有上升和下降的变化,更能引起人们的注意。另外,警报装置最好与信号灯一起作用,组成"视、听"双重报警信号。

(3) 要求音响信号传播距离很远和穿越障碍物时,应加大声波的强度,使用较低的频率。

(4) 在小范围内使用音响信号,应注意音响信号装置的多少。当音响信号装置太多时,会因几个音响信号同时显示而互相干扰、混淆,遮掩了需要的信息。在这种情况下可舍去一些次要的音响装置,而保留较重要的,以减少彼此间的影响。

2. 言语传示装置的选择

言语传示装置比音响装置表达更准确,信息量更大,因此,在选择时应与音响装置相区别,并注意下列原则:

(1) 须显示的内容较多时,用一个言语传示装置可代替多个音响装置,且表达准确,各信息内容不易混淆。

(2) 言语传示装置所显示的言语信息表达力强,较一般的视觉信号更有利于指导检修和故障处理工作。同时语言信号还可以用来指导操作者进行某种操作,有时可比视觉信号更为细致、明确。

(3) 在某些追踪操纵中,言语传示装置的效率并不比视觉信号差。例如,飞机着陆导航的言语信号、船舶驾驶的言语信号等。

(4) 在一些非职业性的领域中,如娱乐、广播、电视等,采用言语传示装置比音响装置更符合人们的习惯。

10.4 操纵装置设计

操纵装置是将人的信息输送给机器,用以调整、改变机器状态的装置。操纵装置将操作者输出的信号转换成机器的输入信号。因此,操纵装置的设计首先要充分考虑操作者的体形、生理、心理、体力和能力。操纵装置的大小、形态等要适应人的手或脚的运动特征,用力范围应当处在人体最佳的用力范围内,不能超出人体用力的极限,重要的或使用频繁的操纵装置应布置在人反应最灵敏、操作最方便、肢体能够达到的空间范围内。操纵装置的设计还要考虑耐用性、运转速度、外观和能耗。操纵装置是人机系统中的重要组成部分,其设计是否得当,关系到整个系统能否正常安全运行。

10.4.1 常用的操纵装置

常用的几种操纵器的功能见表 10-10,其形态如图 10-7 所示。

10.4.2 手控操纵器的设计

1. 触觉功能与触觉特性

操作中的握、动等动作是人与物接触的过程,接触是人动作的基础,特别是在不能用视觉判断的情况下(如黑暗中),动作必须根据触觉来产生。触觉与视觉、听觉相比,具有以下特征:

(1) 不太敏感的人接触物体时,从对物体的知觉到认识它需要一定的时间,即认识物体比视觉慢。触觉存在于人体的所有部位,但触觉敏感度随触觉部位的不同而异。

(2) 敏感的人在接触物的时候,通过重复提拿能对物的重量和形状再认识,能由接触反射做出判断转为马上操作。

表 10-10 各种操纵器的功能和使用情况

操纵装置名称	使用功能					使用情况					
	启动制动	不连续调节	定量调节	连续调节	数据输入	性能	视觉辨别位置	触觉辨别位置	多个类似操纵器的检查	多个类似操纵器的操作	复合控制
按钮	△					好	差	差	差	好	好
钮子开关	△	△			△	较好	好	好	好	好	好
旋转选择开关		△				好	好	好	好	差	较好
旋钮		△	△	△		好	好	一般	好	差	差
踏钮	△					差	差	一般	差	差	差
踏板			△	△		差	差	较好	差	差	差
曲柄				△	△	较好	一般	一般	差	差	差
手轮				△	△	较好	较好	较好	差	差	差
操纵杆				△	△	好	好	较好	好	好	好
键盘					△	好	较好	差	一般	好	差

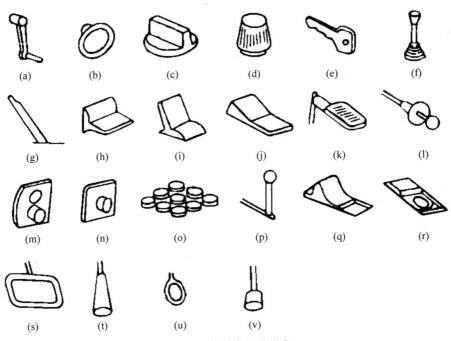

图 10-7 操纵装置的形态

(a) 曲柄；(b) 手轮；(c) 旋塞；(d) 旋钮；(e) 钥匙；(f) 开关杆；(g) 调节杆；(h) 杠杆键；(i) 拨动开关；(j) 摆动开关；(k) 脚踏板；(l) 钢丝脱扣器；(m) 按钮；(n) 按键；(o) 键盘；(p) 手阀；(q) 指拨滑块（形状决定）；(r) 指拨滑块（摩擦决定）；(s) 拉环；(t) 拉手；(u) 拉圈；(v) 拉钮

触觉的立体感与视觉等相比，触觉能直接掌握物的立体感。触觉能同时感觉温度、压力和痛觉等，因此触觉的判断是综合性的。

2．操纵手把的设计

手是人体进行操作活动最多的器官之一。长期使用不合理的操作手把，可使操作者产生痛觉，出现老茧甚至变形，并影响劳动情绪、劳动效率和劳动质量。因此，操纵手把的外形、大小、长短、重量及材料等，除应满足操作要求外，还应符合手的结构、尺度及其触觉特征。设计

合理的操纵手把,主要考虑以下几个方面:

(1) 手把形状应与手的生理特点相适应。就手掌而言,掌心部位肌肉最少,指骨间肌和手指部分是神经末梢满布的区域。而指球肌、大鱼际肌、小鱼际肌是肌肉丰满的部位,是手掌上的天然减震器,见图 10-8(a)。设计手把形状时,应避免将手把丝毫不差地贴合于手的握持空间,更不能紧贴掌心。手把着力方向和振动方向不宜集中于掌心和指骨间肌。因为长期使掌心受压受振,可能会引起难以治愈的痉挛,至少也容易引起疲劳和操作不准确。图 10-8(b)~(g)是手把形状设计,其中以图 10-8(b)~(d)为好,图 10-8(e)~(g)为差。

(2) 手把形状应便于触觉对它进行识别。在使用多种控制器的复杂操作场合,每种手把必须有各自的特征形状,以便于操作者确认而不混淆。这种情况下的手把形状必须尽量反映其功能要求,同时还要考虑操作者戴上手套也能分辨和方便操作。图 10-9 分别表示了根据触觉能立即辨认的手把形状。

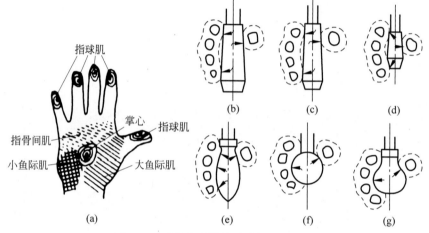

图 10-8　手的生理结构及手把形状设计
(a) 人手的结构;(b)~(g) 各种手把的形状设计

图 10-9　便于触觉辨认的手把形状

(3) 尺寸应符合人手尺度的需要。要设计一种合理的手把,必须考虑手幅长度、手握粗度、握持状态和触觉的舒适性。通常,手把的长度必须接近和超过手幅的长度,使手在握柄上有一个活动和选择的范围。手把的径向尺寸必须与正常的手握尺度相符或小于手握尺度。如果太粗,手就握不住手把;如果太细,手部肌肉就会因过度紧张而疲劳。另外,手把的结构必须能够保持手的自然握持状态,以使操作灵活自如。手把的外表面应平整光洁,以保证操作者的触觉舒适性。图 10-10 给出了各种不同手把的握持状态。

3. 适宜的操纵力范围

操纵器所需的操纵力要适中,不仅要使其用力不超过人的最大用力限度,还应使其用力保持在人最合适的用力水平上,使操作者感到舒适而又不易引起疲劳。由于人在操纵时须依靠操纵力的大小来控制操纵量,并由此来调节其操纵活动。因此,操纵力过小不易控制,操纵力过大易引起疲劳。表 10-11 给出了手控操纵器允许的最大用力；表 10-12 给出了不同转动部位平稳转动操纵器的最大用力。

4．操纵器的适宜尺寸

操纵器的大小必须与人手的尺度相适应，以使操纵活动方便、舒适而高效。根据有关实验研究资料所确定的各种手控操纵器与人体尺度有关的尺寸参数列于表 10-13，尺寸含义见图 10-11。

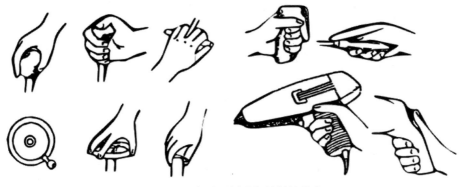

图 10-10　各种不同手把的握持状态

表 10-11　手控操纵器的最大用力

操　纵　器	允许的最大用力/N	操　纵　器	允许的最大用力/N
轻型按钮	5	前后向杠杆	150
重型按钮	30	左右向杠杆	130
轻型转换开关	4.5	手轮	150
重型转换开关	20	方向盘	150

表 10-12　平稳旋转操纵的最大用力

转动部位与特征	最大用力/N	转动部位与特征	最大用力/N
用手转动	10	用手最快转动	9～23
用手和前臂转动	23～40	精确安装时的转动	23～25
用手和全臂转动	80～100		

表 10-13　手控操纵器与人体尺度有关的尺寸参数

名称与图例	尺　寸	位　移	阻力 F/N
按钮开关 (图 10-11(a))	指尖操作：$D_{min}=1.25$ cm； 拇指按压：$D_{min}=1.8$ cm	在范围内：$x=0.3$～1.25 cm； 不在范围内：$x=0.3$～1.8 cm	指尖操作：2.85～11.35 小指按压：1.43～5.68
拨钮开关 (图 10-11(b))	$D=0.3$～2.5 cm $L=1.25$～50 cm	最近控制位置：$\theta_{min}=40°$； 总位移量：$\theta=120°$	2.83～11.34
箭头旋钮 (图 10-11(c))	指针可动：$L\geq 2.5$ cm， $b\leq 2.5$ cm，$h=1.25$～7.5 cm； 刻度盘可动：$D=2.5$～10.0 cm， $h=1.25$～7.5 cm	视觉定位：$\theta=15°$～40°； 盲目定位：$\theta=30°$～90°	3.40～13.55

续表

名称与图例	尺　　寸	位　　移	阻力 F/N
旋钮 （图 10-11(d)）	定位旋钮：$D=3.5\sim7.5$ cm, $h=2.0\sim5.0$ cm； 连续旋钮：$D=1.0\sim3.0$ cm, $h=1.5\sim2.5$ cm	视觉定位：$\theta\geqslant15°$； 盲目定位：$\theta\geqslant30°$； 人能一次转动：120°	$12\sim18$； $2\sim4.5$
操纵杆 （图 10-11(e)）	端部球形把手直径：$d=1.25\sim5.0$ cm； 手指抓握：$d=2.0$ cm； 手掌抓握：$d=3.0\sim4.0$ cm	前后：$\theta_{min}=45°$； 左右：$\theta_{min}=90°$； 按控制比确定	手指：$3\sim9$； 手掌：$9\sim135$
曲柄 （图 10-11(f)）	轻载高速：$r=1.25\sim10.0$ cm； 重载时：$r_{max}=50$ cm	按控制比确定	轻载高速：$9\sim22.5$； 大型高速：$22.5\sim45$； 精确定位：$2.3\sim36$
手轮 （图 10-11(g)）	手轮直径：$D=17.5\sim52.5$ cm； 截面直径：$d=1.8\sim5.0$ cm	按控制比确定：$\theta_{max}=90°\sim120°$	单手操作：$25\sim135$； 双手操作：$22.5\sim225$

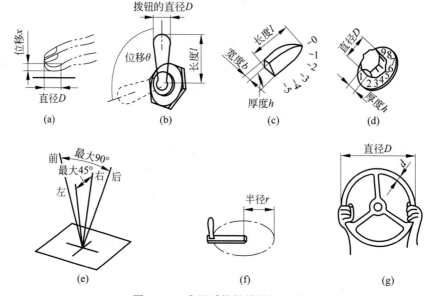

图 10-11　常用手控操纵器的尺寸
(a) 按钮开关；(b) 拨钮开关；(c) 箭头旋钮；(d) 旋钮；(e) 操纵杆；(f) 曲柄；(g) 手轮

10.4.3　脚控操纵器的设计

脚控操纵器主要用于需要较大操纵力时，如操纵力超过 50~150 N；需要连续操作而又不使用手时；手的操作负荷太大时，采用脚控操纵可减轻上肢负担和节省时间。通常脚控操纵是在坐姿且有靠背支持身体的状态下进行的，一般多用右脚，用力大时由脚掌操作；快速控制时由脚尖操作，而脚后跟保持不动。立位时不宜采用脚控操纵器，因操作时体重压于一侧下肢，极易引起疲劳。必须采用立位脚控操作时，脚踏板离地不宜超过 15 cm，踏到底时应与地面相平。

1. 适宜的操纵力

脚控操纵器主要有脚踏按钮、脚动开关和脚踏板。只有在操纵力超过 50~150 N 且需要连续用力时,才选用脚踏板。一般选用前两种较多。为了防止无意踩动,脚控操纵器至少应有 40 N 的阻力。脚控操纵器的适宜用力见表 10-14。

2. 脚控操纵器的尺寸

脚踏板一般设计成矩形,其宽度以与脚掌等宽为佳,一般大于 2.5 cm;脚踏时间较短时最小长度为 6.0~7.5 cm;脚踏时间较长时为 28~30 cm,踏下行程应为 6.0~17.5 cm,踏板表面宜有防滑齿纹。

脚踏按钮是取代手控按钮的一种脚控操纵器,可以快速操作,直径为 5~8 cm,行程为 1.2~6.0 cm。

3. 脚踏板结构形式的选择

在相同条件下,不同结构形式的脚踏板的操纵效率是不同的。图 10-12 给出不同类型脚踏板的对比实验结果。在相同条件下,图中按编号(a)~(e)顺序,相应的踏板每分钟脚踏次数分别为 187、178、176、140、171。试验结果表明,每踏 1 次,图(a)所示踏板所需时间最少,图(b)、(c)、(e)所示踏板所需的时间依次增多,而图(d)所示踏板所需的时间最多,比图(a)所示踏板多用 34% 的时间。

表 10-14 脚控操纵器的适宜用力

脚控操纵器	适宜用力/N	脚控操纵器	适宜用力/N
休息时脚踏板	18~32	离合器	272
悬挂脚蹬	45~68	方向舵	726~1814
功率制动器	~68	可允许的最大蹬力	2268
离合器和机械制动器	~136		

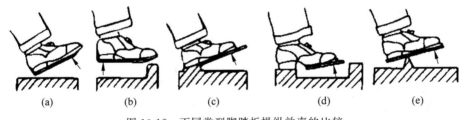

图 10-12 不同类型脚踏板操纵效率的比较

脚踏板的布置形式也与操作效率有关,实验指出,踏板布置在座椅前 7.62~8.89 cm,离椅面 5.0~17.8 cm,偏离人体正中面小于 7.5~12.5 cm 处,操作方便,出力最大,有利于提高操作效率。

10.4.4 操纵装置编码与选择

1. 操纵装置编码

在使用多种操纵器的复杂操作场合,按其形状、位置、尺寸、颜色、符号对操纵器进行编码,是提高效率和减少误操作率的一种有效方法。

(1) 形状编码。对操纵器进行形状编码,是使具有不同功能的操纵器具有各自的形状特征,便于操作者进行视觉和触觉辨认,并有助于记忆,因而操纵器的各种形状设计要与其功能有某种逻辑上的联系,使操作者从外观上就能迅速地辨认操纵器的功能。

图 10-13 是一组形状编码设计的实例。图(a)应用于连续转动或频繁转动的旋钮,其位置一般不传递控制信息;图(b)应用于断续转动的旋钮,其位置不显示重要的控制信息;图(c)应用于特别受到位置限制的旋钮,它能根据位置给操作人员以重要的控制信息。

(2) 位置编码。利用安装位置的不同来区分操纵器,称为位置编码。如将操纵器设在某一位置上表示系统某种功能的类型,并实现标准化,则操作者可不必注视操作对象,便能很

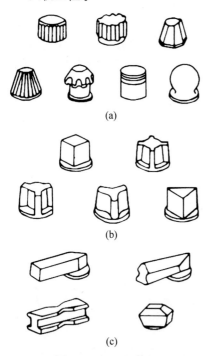

图 10-13 形状编码

容易地识别操纵器并正确地进行操作。位置编码常用于脚踏板编码。

(3) 尺寸编码。操纵器的尺寸不同,可使操作者分辨出其功能之间的区别,称为尺寸编码。由于手操纵器的尺寸首先必须适合手的尺度,因而利用尺寸进行编码的应用是有限的。如把旋钮分为大、中、小三挡,并叠放在一起的结构形式,是尺寸编码设计的最佳实例。

(4) 颜色编码。利用色彩不同来区分操纵器,称为颜色编码。由于颜色编码的操纵器只有在采光照明较好的条件下才能有效地分辨,同时,色彩种类多了也会增加分辨的难度,因而其使用范围受到一定的限制,一般仅限于红、橙、黄、绿、蓝 5 种色彩。但是,如果将色彩编码与其他方式编码组合使用,则效果更佳。

(5) 符号编码。利用操纵器上标注的文字符号来区分操纵器,称为符号编码。通常,当操纵器数量很多,其他方式编码又难以区分时,可在操纵器上刻上适当的符号,或标上简单的文字以增加区分效果。但使用的文字符号应力求简单、达意,而且最好是使用手的触觉可分辨的符号。

2. 操纵装置的选择

操纵装置的选择应考虑两种因素:一种是人的操纵能力,如动作速度、肌力大小、连续工作的能力等;另一种是操纵装置本身,如操纵装置的功能、形状、布置、运动状态及经济因素等。按人机工程学原则来选择操纵装置,就是要使这两种因素协调,达到最佳的工作效率。

此处只介绍操纵装置的有关选择依据,见表 10-15~表 10-18,以供合理选择操纵装置时参考。

表 10-15 一些操纵装置的最大允许用力

操纵装置所允许的最大用力			平稳转动操纵装置的最大用力	
操纵器的形式		允许的最大用力/N	转动部位和特征	最大用力/N
按钮	轻型	5	用手操纵的转动机构	<10
	重型	30		
转换开关	轻型	4.5	用手和前臂操纵的转动机构	23~40
	重型	20		
操纵杆	前后动作	150	用手和臂操纵的转动机构	80~100
	左右动作	130		
脚踏按钮		20~90	用手的最高速度旋转的机构	9~23
手轮和方向盘		150	要求精度高时的转动操纵器	23~25

表 10-16　各种操纵器之间的距离　　　　　　　　　　　　　　单位：m

把手和摇柄之间的距离	180
单手快速连续动作手柄之间的最远距离	15
周期使用的选择性按钮之间的边距	50
交错排列的连续使用的按钮之间的边距	15
连续使用的转换开关（或拨动开关）柄之间的距离	25
周期使用的转换开关（或拨动开关）柄之间的距离	50
多人同时使用的两邻近转换开关间的距离	75
工作的瞬间转换开关之间邻近边的距离	25
手柄之间最近边距	75
机床边缘上手柄之间的距离	300

表 10-17　各种不同工作情况下建议使用的操纵器

工作情况		建议使用的操纵器
操纵力较小的情况	2 个分开的装置	按钮、踏钮、拨动开关、摇动开关
	4 个分开的装置	按钮、拨动开关、旋钮选择开关
	5~24 个分开的装置	同心多层旋钮、键盘、拨动开关、旋转选择开关
	25 个以上分开的装置	键盘
	小区域的连续装置	旋钮
	较大区域的连续装置	曲柄
操纵力较大的情况	2 个分开的装置	扳手、杠杆、大按钮、踏钮
	3~24 个分开的装置	扳手、杠杆
	小区域的连续性装置	手轮、踏板、杠杆
	大区域的连续性装置	大曲柄

表 10-18　常用操纵器的适用范围

操纵运动	操纵器名称	操作方式	两个工位	多余两个工位	无级调节	操纵器保持在某个工位	某一工位的快速调整	某一工位的准确调整	所占空间少	单手同时操纵若干个操纵器	位置可见	位置可及	阻止无意识的操作	操纵器可固定
转动	曲柄	手抓、握	○	○	★	★	○	○			○	○		○
	手轮	手抓、握	○	★	★	★		★						★
	旋塞	手抓	★	★	★	★	○	★	○		★	○	○	○
	旋钮	手抓	★	★	★			★	★					
	钥匙	手抓	★	○		★	○	○	○		★	○	○	

续表

操纵运动	操纵器名称	操作方式	要求的控制或调节工况										
			两个工位	多余两个工位	无级调节	操纵器保持在某个工位	某一工位的快速调整	某一工位的准确调整	所占空间少	单手同时操纵若干个操纵器	位置可见	位置可及	阻止无意识的操作	操纵器可固定
摆动	开关杆	手抓	★	★	○	○	★	○			★	★		
	调节杆	手抓	★	★	★	★	★	○			★	★	○	
	杠杆键	手触、抓	★			○	★		○	★		○		
	拨动开关	手触、抓	★	○		★	★	★	★	★		★		
	摆动开关	手触	★				★	★	★	★	○	○		
	脚踏板	全脚踏上	★	○	★	★	★	○						○
按压	按钮	手触或脚踏	★			★	★	★	★		○	○		
	按键	手触或脚踏	★			★	★	★	★					
	键盘	手触	★			★	★	★	★					
	钢丝脱扣器	手触	★		○	○			★				★	
滑动	手阀	手触或抓捏	★	★	★	★	★	○		○	★	★		○
	指拨滑块（形状决定）	手触或手抓	★	★	★	★	★	○	○	○	★	★		
	指拨滑块（摩擦决定）	手触	★			○	○	★			★		○	
牵拉	拉环	手握	★	○		★	★				★			★
	拉手	手握	★	○	○	○	○	○	○		★	○		○
	拉圈	手触、抓	★	○	○	★	○	○	○		★	○		
	拉钮	手抓	★	○	○	○	○				★	○	○	

注：1. ★表示"很适用"，○表示"适用"，空格表示"不适用"。

2. 在适合性判断中，凡列为"适用"或"不适用"的操纵器，在结构设计适当，且又不可能使用其他形式的操纵器的情况下，则可视为"很适用"或"适用"，在"阻止无意识的操作"情况下，尤其如此。

3. 对"某一工位的快速调整"情况下的适用性判断，考虑了接触时间。

10.5 操纵与显示相合性

10.5.1 操纵-显示比

在操纵中,通过操纵装置对机器进行足量调节或连续控制,操纵量则通过显示装置(也可以是机器本身或其执行机构,如汽车方向盘的转动与车身转弯程度)来反映。操纵-显示比就是操纵器和显示器的移动量之比,即 C/D。移动量可以是直线距离(如直线形刻度盘的显示量、操纵杆的移动量),也可以是旋转的角度和圈数(圆形刻度盘的指针显示量、旋钮的旋转圈数等)。灵敏度低的操纵器是指它的操纵位移量很大,但显示器的移动量很小;相反,灵敏度高的操纵器则是它的位移量小,但显示量大。C/D 反映了操纵-显示界面的灵敏度高低,C/D 值大,说明操纵-显示系统灵敏度低;C/D 值小,则灵敏度高,如图10-14所示。

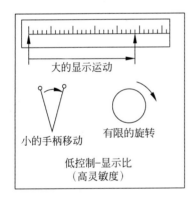

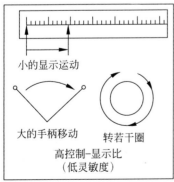

图10-14 操纵-显示比

在操纵-显示界面中,人们对于操纵器的调节有两种形式:粗调和精调。在选择 C/D 时,须考虑两种调节形式。由图10-15中可以看到,随着 C/D 的下降,粗调所需的时间急剧下降,而精调正好与之相反。因此,在粗调的时候,要求 C/D 值小一些;而精调的时候,则要求 C/D 值大一些。

一般来说,人机界面上的操纵-显示系统具有精调和粗调两种功能。C/D 的选择则考虑精调和粗调时间,而不是简单地选择高 C/D 值还是低 C/D 值。最佳 C/D 值是两种调节时间曲线的相交处,这样可以使总的调节时间降到最低,如图10-15所示。

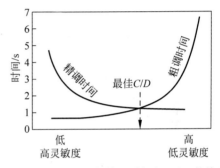

图10-15 粗调时间与精调时间和 C/D 的关系

最佳的 C/D 选择还受到许多因素的影响,如显示器的大小、操纵器的类型、观察距离及调节误差的允许范围等。最佳 C/D 的选择往往是通过实验得出的,没有一个理想的计算公式。国外曾有人经过实验得出:旋钮的最佳 C/D 值范围为 0.2~0.8,对于操纵杆或手柄,C/D 值在 2.5~4.0 之间较为理想。

10.5.2 操纵与显示的相合性原则

操纵器与显示器除了有密切的功能联系外,两者的运动方向还要互相适应,而且其相应的动作应符合人的习惯,这样系统操纵效率才能提高。因此,操纵与显示方向的相合性是人机界面设计中的重要部分。

图10-16表明,在操纵与显示相合性设计时,应遵循下述原则:

(1)操纵器右移或右旋时,水平式仪表的指针应右移,垂直式仪表的指针应朝上移动。

(2)操纵器朝上或朝前移动时,显示器指针必须朝上或向右移动。

(3) 操纵器右移或顺时针转动时,表示被控量增加,显示器应显示出增加。

(4) 如果采用指针固定式显示器,则操纵器右移时,表盘应左移,而显示刻度应从左至右表示数值增加,以保证操纵器右移时读数增加的相应值。

(5) 操纵器朝上、朝前和向右移动时,显示器应显示读数增加,或者开关进入"开"的位置,反之亦然。

10.5.3 操纵-显示的编码和编排相合性

操纵-显示的编码和编排相合的目的主要是减少信息加工的复杂性,从而提高工作效率。其中比较重要的一个原则就是使操纵器编码尽可能与显示器编码相一致。

在中央控制室,常会遇到很多操纵钮与信号灯对应关系的情况,怎样处理操纵钮与灯的关系,才能使操纵效率达到最优呢?最好的一种编码方式是操纵钮本身带有灯光信号,按下哪个钮,哪个钮的灯就亮。此外,如果不能采用钮本身带灯的方式,则可将钮集中在操纵板上,信号灯集中在显示板上,但两者的空间排列必须相互对应,否则工作效率就会受到影响。

对于操纵钮和仪表显示的相合性,因受彼此排列方式的影响,其工作效率也有很大的差异。在图 10-17 所示的两种编排方式中,图(a)比图(b)好,图(c)比图(d)好。

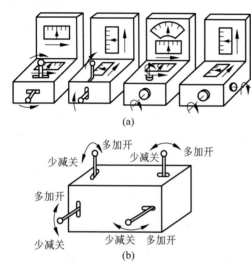

图 10-16　操纵器与显示器方向相合性及操纵习惯模式
(a) 操纵器与显示器方向相合性;(b) 操纵习惯模式

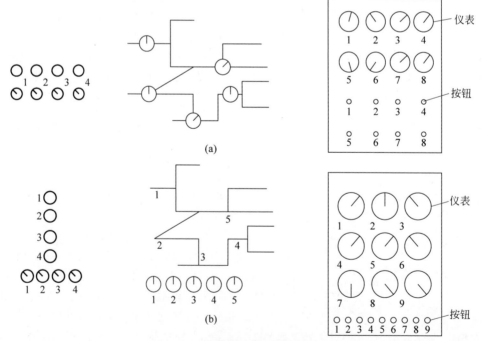

图 10-17　操纵器和显示器的相合性
(a)、(c) 好;(b)、(d) 不好

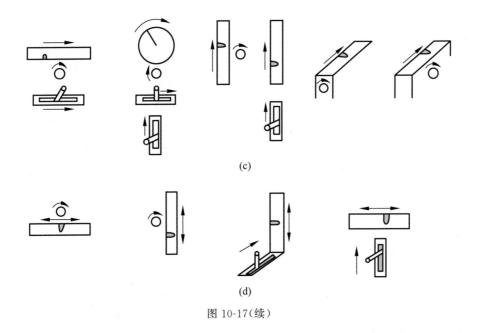

图 10-17(续)

第11章

工作台椅与工具设计

11.1 控制台设计

11.1.1 控制台分类

由于控制台的工作系统或生产系统不同，因而控制台的种类繁多。按控制台的功能和设计，可以将种类繁多的控制台归结成两大类，即非标准式控制台和标准式控制台，如图11-1所示。

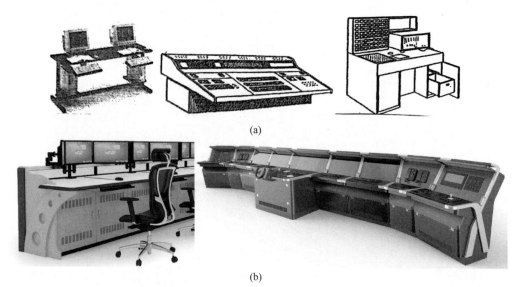

图11-1 控制台的类型

11.1.2 控制台的设计要点

1. 满足人机工学设计

控制台在设计上严格遵循人机工学设计，控制台的设计使用方式适合人体的自然形态，可使操作人员在工作时尽量减少控制台使用造成的疲劳，从而使控制台和环境的设计更好地适应和满足人的生理和心理特点，让人在工作中更舒适安全。

（1）以人为本。控制台的设计必须以人为本，要满足工作站环境的功能性，人机工程学和美学的要求，同时，符合视线视野距离、角度、键盘高度和容膝空间等相关人体的设计因素。图11-2是控制台人性化设计要点。

(2)样式多变。控制台的样式变化能力强,从标准化设计出发,从基础上进行更新和定制,不需要结构性更改,即安装完成后也可以根据要求更换极少的配件或者改动维护就能适应将来的发展。

(3)可接近性。控制台的设计充分考虑容纳空间,使设备获得最佳的可接近性,保留最大的观测和操作空间,便于内部器件的安装与维护。

(4)安全耐用。控制台的设计考虑高水平的结构性能,控制台材料应该使用现代环保材料,最高满足全天候24 h高强度的工作环境需求,防火散热还必须环保安全,最大限度地保障使用的工作人员身心健康,提高工作效率。

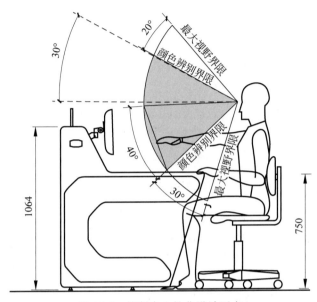

图 11-2　控制台人性化设计要点

2. 选择依据

随着信息化的发展,控制台是很多现代化指挥中心的核心需求,由于社会需求量的增加,出现了许多控制台专业生产厂家,生产各种标准式或装配式控制台,与此同时,就会出现控制台设计水平和生产水平的差异,这就导致对控制台的选择问题。

现代化指挥中心的控制台按功能不同可划分为多种类型,比如运用在地铁、高铁、公路网的监控运营中心,运用在城市应急救援指挥中心等,运用在电视媒体、实验室、机房的数字中心等,因功能需求不同,所选用的控制台也不同。

(1)监控中心。一般情况下,交通监控中心担负重要的责任,几乎每时每刻都需要处于监控状态,对控制台(监控台)的要求也比较特殊,那就是散热性能和环保性能。

(2)指挥中心。各类指挥中心的控制台必须要满足众多要求,比如在灯光的设计、联动系统的搭配上,人性化解除疲劳的设计,都能让控制台呵护操作者的全身。

(3)数字中心。一般实验室的数字中心操作台或者实验室操作台,都必须拥有防腐蚀、防尘等设计。同时,数字中心的控制台必须拥有独特的设计方式,比如电视媒体等传播平台,必须有特殊化设计,用以放置专用播放设施。

11.1.3　常用控制台设计

1. 坐姿低台式控制台

当操作者坐着监视其前方固定的或移动的目标对象,而又必须根据对象的变化观察显示器和操作控制器时,满足此功能要求的控制台应按图11-3进行设计。

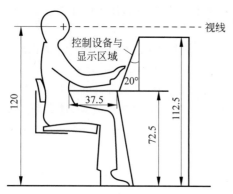

图 11-3 坐姿低台式控制台

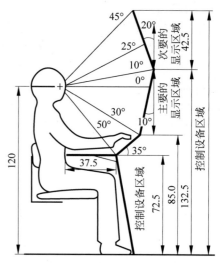

图 11-4 坐姿高台式控制台

首先控制台的高度应降到坐姿人体视水平线以下,以保证操作者的视线能达到控制台前方;其次应把所需的显示器、控制器设置在斜度为 20°的面板上;最后根据这两个要点确定控制台的其他尺寸。

2. 坐姿高台式控制台

当操作者以坐姿进行操作,而显示器数量又较多时,则设计成高台式控制台。与低台式控制台相比,其最大的特点是显示器、控制器分区域配置,如图 11-4 所示。首先在操作者视水平线以上 10°~30°范围内设置斜度为 10°的面板,在该面板上配置最重要的显示器。其次,在视水平线以上 10°~45°范围内设置斜度为 20°的面板,这一面板上应设置次要的显示器;另外,在视水平线以下 30°~50°范围内,设置斜度为 35°的面板,其上布置各种控制器。最后确定控制台其他尺寸。

3. 坐、立姿两用控制台

操作者按照规定的操作内容,有时需要坐着、有时又需要立着进行操作时,则设计成坐、立两用控制台。这一类型的控制台除了能满足规定操作内容的要求外,还可以调节操作者单调的操作姿势,有助于延缓人体疲劳和提高工作效率。坐、立两用控制台的面板配置如图 11-5 所示。从操作者视水平线以上 10°到向下 45°的区域,设置斜度为 60°的面板,其上配置最重要的显示器和控制器;视水平线向上 10°~30°区域设置斜度为 10°的面板,布置次要的显示器。最后,确定控制台其余尺寸。

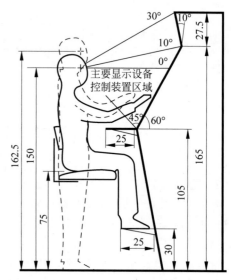

图 11-5 坐、立姿两用控制台

设计时应注意的是,必须兼顾两种操作姿势时的舒适性和方便性。由于控制台的总体高度是以操作者的立姿人体尺度为依据的,因而当坐姿操作时,应在控制台下方设置踏脚板,这样才能满足较高坐姿操作的要求。

4. 立姿控制台

其配置类似于坐、立两用控制台,但在台的下部不设容腿空间和踏脚板,故下部仅设容脚空间或封板垂直。

11.2 办公台设计

采用信息处理机、电子计算机、复印机、传真机、视频会议系统等电子设备处理办公室的日常事务已成为现代化办公室的重要手段。随着现代化办公室内电子设备的更新和完善，逐渐形成了电子化办公室。与电子化办公室中电子设备相适应的办公家具设计，已显得非常重要。

11.2.1 电子化办公台人体尺度

图 11-6 是电子化办公台布置图，由图可见，现代电子化办公室内大多数人员是长时间面对显示屏进行工作，因而要求办公台应像控制台一样具有合理的形状和尺寸，以避免工作人员肌肉、颈、背、腕关节疼痛等职业病。

按照人机工程学原理，电子办公台尺寸应符合人体各部位尺寸。图 11-7 是依据人体尺寸确定的电子化办公台主要尺寸，该设计所依据的人体尺寸是从大量调查资料获得的平均值。

图 11-6 电子化办公台布置图

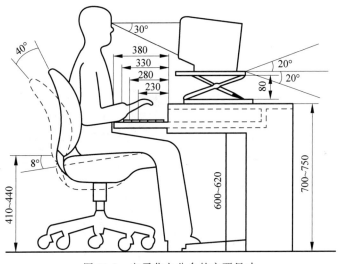

图 11-7 电子化办公台的主要尺寸

11.2.2 电子化办公台可调设计

由于实际上并不存在符合平均值尺寸的人，即使身高和体重完全相同的人，其各部位的尺寸也有出入，因此，在电子化办公台按人体尺寸平均值设计的情况下，必须给予可调节的尺寸范围，如图 11-7 中下部三个高度尺寸范围和座椅靠背调节范围等。

电子化办公台的调节方式有垂直方向的高低调节、水平方向的台面调节及台面的倾角调节等，此处还可变换操作者姿势，如图 11-8 所示。国外电子化办公台的使用实践证明，采用可调节尺寸和位置的电子化办公台，可大大提高舒适程度和工作效率。

长时间保持一种坐姿会造成操作者身体的局部压力积累和静肌疲劳，所以为操作者提供随时方便改变坐姿的可能，对减轻长时间使用计算机的人的疲劳大有益处。最好能使操作者后倾 15°，而键盘、鼠标和显示器的高度和倾角也能随之变化。

图 11-8 可变换姿势的计算机台效果图

11.2.3 电子化办公台组合设计

采用现代办公设备和办公家具,即意味着办公室内部的重新布置,因而要求办公室隔断、办公单元系列化,办公台易于拆装、变动灵活等。为适应这些要求,电子化办公台大多设计成拆装灵活方便的组合式。图 11-9 所示分别为二位、三位和四位办公台组合设计示意图和布置图。

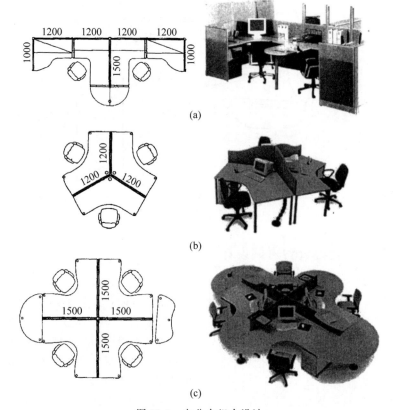

图 11-9 办公台组合设计

11.3 工作座椅设计的主要依据

坐姿是人体较自然的姿势,它有很多优点。当人站立时,人体的足踝、膝部、臀部和脊椎等关节部位受到静肌力作用,以维持直立状态;而坐着时,可免除这些肌力,减少人体能耗,消除疲劳。坐姿比站立更有利于血液循环,人站立时,血液和体液会向下肢积蓄;而坐着时,肌肉组织松弛,使腿部血管内的血流静压降低,血液流回心脏的阻力也就减小。坐姿还有利于保持身体稳定,这对精细作业更合适。在用脚操作的场合,坐姿保持身体处于稳定姿势,有利于作业,因而坐姿是最常采用的工作姿势。

目前,大多数办公室工作人员、脑力劳动者、部分体力劳动者采用坐姿工作。随着技术的进步,越来越多的体力劳动者也将采取坐姿工作。在工业化国家,2/3 以上是坐姿工作。可以设想,坐姿也将是我国未来劳动者主要的工作姿势。因而工作座椅设计和相关的坐姿分析日益成为人机工程学工作者和设计师关注的研究课题。

11.3.1 坐姿生理学

1. 脊柱结构

在坐姿状态下,支持人体的主要结构是脊柱、骨盆、腿和脚等。脊柱位于人体背部中线处,由 33 块短圆柱状椎骨组成,包括 7 块颈椎、12 块胸椎、5 块腰椎和下方的 5 块骶骨及 4 块尾骨,相互间由肌腱和软骨连接,如图 11-10 所示。腰椎、骶骨和椎间盘及软组织承受坐姿时上身的大部分负荷,还要实现弯腰扭转等动作。对设计而言,这两部分最为重要。

正常姿势下,脊柱的腰椎部分前凸,而至骶骨时则后凹。在良好的坐姿状态下,压力适当地分布于各椎间盘上,肌肉组织上承受均匀的静负荷。当处于非自然姿势时,椎间盘内的压力分布不正常,会产生腰部酸痛、疲劳等不适感。

2. 腰曲弧线

由图 11-10 所示的脊柱侧面可以看到有四个生理弯曲,即颈曲、胸曲、腰曲及骶曲。其中与坐姿舒适性直接相关的是腰曲。图 11-11 为各种不同姿势下所产生的腰曲弧线,人体正常的腰曲弧线是松弛状态下侧卧的曲线,如图中曲线 B 所示;躯干挺直坐姿和前弯时的腰弧曲线会使腰椎严重变形,如图中曲线 F 和 G 所示;欲使坐姿能形成几乎正常的腰曲弧线,躯干与大腿之间必须有大于 90°的角度,且在腰部有所支承,如图中曲线 C 所示。可见,保证腰弧曲线的正常形状是获得舒适坐姿的关键。

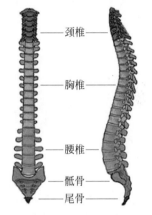

图 11-10 脊柱的形状及组成

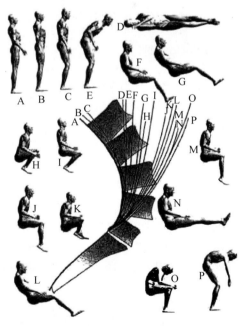

图 11-11 各种不同姿势下所产生的腰曲弧线

3. 腰椎后凸和前凸

正常的腰弧曲线是微微前凸。为使坐姿下的腰弧曲线变形最小,座椅应在腰椎部提供所谓的两点支承。由于第5、6胸椎的高度相当于肩胛骨的高度,肩胛骨面积大,可承受较大的压力,所以第一支承应位于第5、6胸椎之间,称为肩靠。第二支承设置在第4、5腰椎之间的高度上,称为腰靠,和肩靠一起组成座椅的靠背。无腰靠或腰靠不明显将会使正常的腰椎呈图11-12(a)中的后凸形状。而腰靠过分凸出将使腰椎呈图11-12(b)中的前凸形状。腰椎后凸和过分前凸都是非正常状态,合理的腰靠应该是使腰弧曲线处于正常的生理曲线。

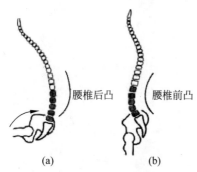

图 11-12　腰椎后凸和前凸
(a) 腰椎后凸;(b) 腰椎前凸

11.3.2　坐姿生物力学

1. 肌肉活动度

脊椎骨依靠其附近的肌肉和腱连接,而椎骨的定位正是借助于肌腱的作用力。一旦脊椎偏离自然状态,肌腱组织就会受到相互压力(拉或压)的作用,使肌肉活动度增加,导致疲劳酸痛。肌腱组织受力时,会产生一种活动电势。根据肌电图的记录结果可知,在挺直坐姿下,腰椎部位肌肉活动度高,因为腰椎前向拉直使肌肉组织紧张受力。提供靠背支承腰椎后,活动力则明显减小;当躯干前倾时,背上方和肩部肌肉的活动度高,以桌面作为前倾时手臂的支承并不能降低活动度。这些结果与坐姿生理学是相符合的。

2. 体压分布

由人体解剖学可知,人体坐骨粗壮,与其周围的肌肉相比,能承受更大的压力。大腿底部有大量血管和神经系统,压力过大会影响血液循环和神经传导而使人感到不适。所以坐垫上的压力应按照臀部不同部位承受不同压力的原则来设计,即在坐骨处压力最大,向四周逐渐减小,至大腿部位时压力降至最低值,这是坐垫设计的压力分布不均匀原则。

图 11-13 是较为理想的坐垫体压分布曲线,图中各条曲线为等压线,所标数字的压力单位为 10^2 Pa。研究结果指出,坐骨处的压力值以 8~15 kPa 为宜,在接触边界处压力降至 2~8 kPa 为宜。

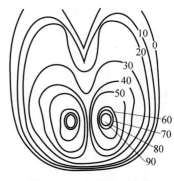

图 11-13　体压分布曲线

3. 股骨受力分析

如图 11-14(a)所示,人体结构在骨盆下面有两块圆骨,称为坐骨结节。坐姿时这两块面积很小的坐骨结节能支承上身的大部分重量。坐骨结节下面的座面呈近似水平时,可使两坐骨结节外侧的股骨处于正常位置而不受过分的压迫,因而人体感到舒适。

如图 11-14(b)所示,当座面呈斗形时,会使股骨向上转动,见图中箭头的指向。这种状态除了使股骨处于受压迫位置而承受载荷外,还会造成髋部肌肉承受反常压迫,并使肘部和肩部受力,从而引起不舒适感。所以在座椅设计中,斗形座面是应该避免的。

4. 椎间盘受力分析

当坐姿腰弧曲线正常时,椎间盘上所受的压力均匀而轻微,几乎无推力作用于韧带,韧带不拉伸,腰部无不舒适感,如图 11-15(a)所示。但是,当人体处于前弯坐姿时,椎骨之间的间距发生改变,相邻两椎骨前端的间隙缩小,后端间隙增大,见图11-15(b)。椎间盘在间隙缩小的前端受推挤和摩擦,迫使它向韧带作用一推力,从而引起腰部不适感,长期累积作用,可造成椎间盘病变。

综合来看,从坐姿生理学的角度,应保证腰弧曲线正常;从坐姿生物力学的角度,应保证肢体免受异常力作用。依据两方面的要求,研究了人体作业的舒适坐姿。图11-15(c)是汽车驾驶员的舒适驾驶姿势。

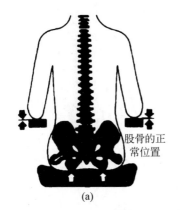
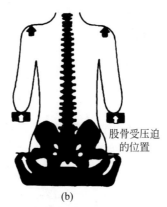

图 11-14　座面对股骨的影响

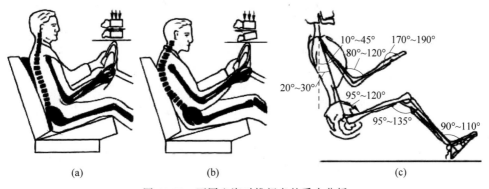

图 11-15　不同坐姿时椎间盘的受力分析

11.4　工作座椅设计

11.4.1　办公室工作座椅

图 11-16 为根据日本人体测量数据所设计的办公用座椅原型,可以看出座椅设计的基本尺寸概况。其设计数据是:座面高 370～400 mm,座面倾角 2°～5°,上身支撑角约 110°;工作时以靠背为中心,与一般作业场所座椅最显著的不同之处是,靠背点以上的靠背弯曲圆弧在人体后倾稍事休息时,能起支撑作用。该类座椅也可作为会议室用椅。

图 11-17 是一种按人体工程学原理设计的办公座椅,其特点是:

(1)椅高及座深可调整,即可配合使用者身高做调整。

(2)舒适椅座,即椅面材质透气散热,椅座前缘有适合的曲度,不妨碍大腿血液循环。

(3)腰部支撑,即椅背有与人体背部相近的曲面,腰靠维持腰椎部前凸的自然曲线。

(4)肘部支撑,即扶手的高度、前后、角度与宽度可配合使用者做调整。

(5)颈部支撑,即有可调整的头枕,以支撑颈部。

(6)倾仰功能,即椅座、椅背同步倾仰,使身体得以舒展,避免姿势僵固。

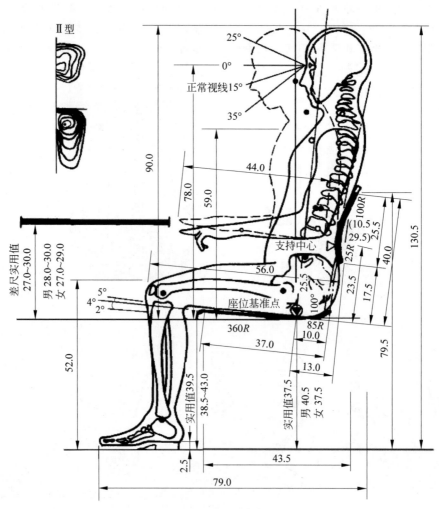

图 11-16　办公用座椅原型

图 11-17　按人体工程学原理设计的办公座椅

(7) 椅脚稳固,再搭配大型 PU 轮,既保护使用者的安全也保护地板。

11.4.2　座椅的创意设计

近年来,人机工程学专家与设计师对于座椅设计有了新的发展。一般的座椅设计仅从座椅的固有形状与尺寸关系上进行调整性设计,而近期的座椅设计则是从座椅最根本的功能要求的角度着手,从设计观念上已有所突破与创新。

1. 膝靠式座椅

为了适应办公室工作,如打字、书写的坐姿要求,座面应设计成前倾式。但前倾式座面使坐者有从前缘滑脱的趋势,为了维持坐姿,坐者不得不腿部用力抵住地面,防止前滑。为了解决这一问题,设计时从膝部支承考虑,提供一膝部下方至小腿中部的膝靠,这样座面倾斜时前滑的趋势被膝靠阻挡,可以保持坐姿稳定。

膝靠式座椅是一种打破传统座椅支承上体重量靠臀部的椅子。其设计特点如图 11-18 所示,由坐骨与膝盖来分担大腿以上部位的重量,以减轻脊柱和臀部的承重负担。但膝靠式座椅本身还有一些缺陷有待克服。主要问题在于进出座椅不方便;坐者只能采取前倾作业姿势,如欲后仰休息,则膝部以下被膝盖所限制。

图 11-18　膝靠式座椅

2. 多功能座椅

图 11-19 是一种不同使用方式的可调节式多功能椅,或坐,或靠,或躺,不但功能多,而且每一个功能都十分符合人机工程学原理,使用起来很舒适。

图 11-19　多功能座椅

3. 成长式座椅

图 11-20 是一种基于可持续发展思想设计的座椅,是座椅创意设计中非常独特的设计理念。该成长式座椅有效地扩大了使用对象的范围,巧妙地通过组件间的组合和调节,适用于从幼儿到成人的各个年龄段的使用者,是一件可终身使用的产品。

图 11-20　Tripp Trapp 成长式座椅

11.5　手握式工具设计

工具是人类四肢的扩展。使用工具使人类增加了动作范围、力度,提高了工作效率。工具的发展过程与人类历史几乎一样悠久。为了适合精密性作业,在人手的解剖学机能及工具的构造方面都进行过大量研究。人们在工作、生活中一刻也缺少不了工具,使用的工具大部分还没有达到最优的形态,其形状与尺寸等因素也并不符合人机工程学原则，很难使人有效并安全地操作。实际上，传统的工具中许多已不能满足现代生产的需要与现代生活的要求。人们在作业或日常生活中长久使用设计不良的手握式工具和设备，会造成很多身体不适、损伤与疾患，降低了生产率，甚至使人致残，增加了人们的心理痛苦与医疗负担。因此，工具的适当设计、选择、评价和使用是一项重要的人机工程学内容。

11.5.1 手的解剖及其与工具使用有关的疾患

人手是由骨、动脉、神经、韧带和肌腱等组成的复杂结构，如图 11-21 所示。手指由小臂的腕骨伸肌和屈肌控制，这些肌肉由跨过腕道的腱连到手指，而腕道由手背骨和相对的横向腕韧带构成，通过腕道的还有各种动脉和神经。腕骨与小臂上的桡骨及尺骨相连，桡骨连向拇指一侧，而尺骨连向小指一侧。腕关节的构造与定位使其只能在两个各成 90°的面动作，其中一个面产生掌侧屈与背侧屈，另一个面产生尺侧偏和桡侧偏，见图 11-22。

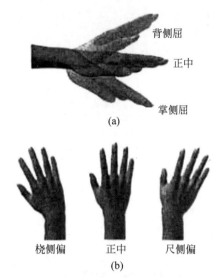

图 11-22　腕关节动作状态
（a）侧视图；（b）俯视图

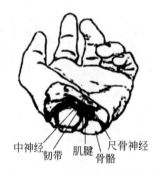

图 11-21　人体手部的掌侧模型

人手具有极大的灵活性。从抓握动作来看，可以分为着力抓握和精确抓握。着力抓握时，抓握轴线和小臂几乎垂直，稍屈的手指与手掌形成夹握，拇指施力。根据力的作用线不同，可分为力与小臂平行（如锯）、与小臂成夹角（如锤击）及扭力（如使用螺丝起子）。精确抓握时，工具由手指和拇指的屈肌夹住。精确抓握一般用于控制性作业（如小刀、铅笔）。操作工具时，动作不应同时具有着力与控制两种性质，因为在着力状态让肌肉也起控制作用会加速疲劳，降低效率。

使用设计不当的手握式工具会导致多种上肢职业病甚至全身性伤害，这些病症如腱鞘炎、腕道综合征、腱炎、滑囊炎、滑膜炎、痛性腱鞘炎、狭窄性腱鞘炎和网球肘等，一般统称为重复性积累损伤病症。

腱鞘炎是由初次使用或过久使用设计不良的工具引起的，在作业训练工人中常会出现。如果工具设计不恰当，引起尺侧偏和腕外转动作，会增加其出现的机会，重复性动作和冲击震动使之加剧。当手腕处于尺侧偏、掌侧屈和腕外转状态时，腕肌腱受弯曲，如时间过长，则肌腱及鞘处发炎。

腕道综合征是一种由于腕道内正中神经损伤所引起的不适。手腕的过度屈曲或伸展会造成腕道内腱鞘发炎、肿大，从而压迫正中神经，使正中神经受损。它表征为手指局部神经功能损伤或丧失，从而引起麻木、刺痛、无抓握感，肌肉萎缩而失去灵活性，发病率女性是男性的 3~10 倍。因此，工具必须设计适当，避免非顺直的手腕状态。

网球肘（肱骨外踝炎）是一种肘部组织炎症，由手腕的过度桡侧偏引起。尤其是当桡侧偏与掌内转和背侧屈状态同时出现时，肘部桡骨头与肱骨小头之间的压力增大,导致网球肘。

狭窄性腱鞘炎(俗称扳机指),是由手指反复弯曲动作引起的。在类似扳机动作的操作中,食指或其他手指的顶部指骨须克服阻力弯曲,而中部或根部指骨此时还没有弯曲。腱在鞘中滑动进入弯曲状态的位置时,施加的过量力在腱上压出一沟槽。当欲伸直手指时,伸肌不能起作用,而必须向外扳直,此时一般会发出响声。为了避免扳机指,应使用拇指或采用指压板来控制。

11.5.2 手握式工具的设计原则

1. 一般原则

工具必须满足以下基本要求,才能保证使用效率:

(1)必须有效地实现预定的功能。

(2)必须与操作者的身体成适当比例,使操作者发挥最大效率。

(3)必须按照作业者的力度和作业能力设计,所以要适当地考虑性别、训练程度和身体素质上的差异。

(4)工具要求的作业姿势不能引起过度疲劳。

2. 解剖学因素

(1)避免静肌负荷。当使用工具时,臂部必须上举或长时间抓握,会使肩、臂及手部肌肉承受静肌负荷,导致疲劳,降低作业效率。如在水平作业面上使用直杆式工具,则必须肩部外展,臂部抬高,因此应对这种工具设计做出修改。将工具的工作部分与把手部分做成弯曲式过渡,可以使手臂自然下垂。例如,传统的烙铁是直杆式的,当在工作台上操作时,如果被焊物体平放于台面,则手臂必须抬起才能施焊。改进的设计是将烙铁做成弯把式,操作时手臂就可能处于较自然的水平状态,从而减少了抬臂产生的静肌负荷,见图11-23。

(2)保持手腕处于顺直状态。手腕顺直操作时,腕关节处于正中的放松状态,但当手腕处于掌侧屈、背侧屈、尺侧偏等别扭的状态时,就会产生腕部酸痛而使握力减小,如长时间这

图11-23 烙铁把手的设计

样操作,就会引起腕管综合征、腱鞘炎等。图11-24是钢丝钳传统设计与改进设计的比较,传统设计的钢丝钳会造成掌侧偏,改良设计中使握把弯曲,操作时可以维持手腕的顺直状态,而不必采取尺侧偏的姿势。图11-25为使用这两种钳操作后,患腱鞘炎人数的比较。可见,在传统钢丝钳用后的10~12周内,患者显著增加,而改进钢丝钳使用者中没有此现象。

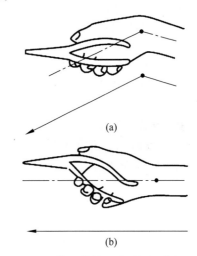

图11-24 使用传统和改进的两种钢丝钳操作时的比较
(a)传统设计;(b)改良设计

一般认为,将工具的把手与工作部分弯曲10°左右,效果最好。弯曲式工具可以降低疲劳,较易操作,对于腕部有损伤者特别有利。图11-26也是弯把式设计的例子。

(3)避免掌部组织受压力。操作手握式工具时,有时常要用手施以相当的力。如果工具设计不当,会在掌部和手指处造成很大的压

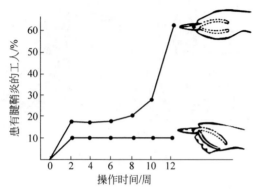

图 11-25 使用不同的钢丝钳后患腱鞘炎的人数比较

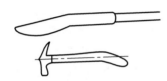

图 11-26 把手弯曲式工具设计

力,妨碍血液在尺动脉内循环,引起局部缺血,导致麻木、刺痛感等。好的把手设计应该具有较大的接触面,使压力能分布于较大的手掌面积上,减小应力;或者使压力作用于不太敏感的区域,如拇指与食指之间的虎口部位。图 11-27 就是此类设计实例。有时,把手上有指槽,但如果没有特殊的作用,最好不留指槽,因为人体尺寸不同,不合适的指槽可能造成某些操作者手指局部应力集中。

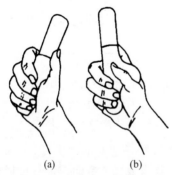

图 11-27 避免掌部压力的把手设计
(a) 传统把柄;(b) 改良后的把柄

(4) 避免手指重复动作。如果反复用食指操作扳机式控制器,就会导致扳机指(狭窄性腱鞘炎),扳机指在使用气动工具或触发器式电动工具时常会出现。设计时应尽量避免食指做这类动作,而是以拇指或指压板控制代替,如图 11-28 所示。

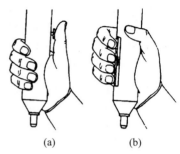

图 11-28 避免单小指(如食指)反复操作的设计
(a) 拇指操作;(b) 指压板操作

3. 把手设计

操作手握式工具时,把手当然是最重要的部分,所以有必要单独讨论其设计问题。对于单把手工具,其操作方式是掌面与手指周向抓握,其设计因素包括把手直径、长度、形状、弯角等。

(1) 直径。把手的直径大小取决于工具的用途与手的尺寸。对于螺丝起子,直径大可以增大扭矩,但直径太大会减小握力,降低灵活性与作业速度,并使指端骨弯曲增加,长时间操作,则导致指端疲劳。比较合适的直径是:着力抓握 30～40 mm,精密抓握 8～16 mm。

(2) 长度。把手的长度主要取决于手掌宽度。掌宽一般在 71～97 mm 之间(5% 的女性至 95% 的男性数据),因此合适的把手长度为 100～125 mm。

(3) 形状。形状是指把手的截面形状。对于着力抓握,把手与手掌的接触面积越大,则压应力越小,因此圆形截面把手较好。哪一种形状最合适,一般应根据作业性质考虑。为了防止把手与手掌之间的相对滑动,可以采用三角形或矩形,这样也可以增加工具放置时的稳定性。对于螺丝起子,采用丁字形把手,可以使扭矩增大 50%,其最佳直径为 25 mm,斜丁字形起子的最佳夹角为 60°。

(4) 弯角。把手弯曲的角度前面已讲述,最佳的角度为 10° 左右。

(5) 双把手工具。双把手工具的主要设计因素是抓握空间。握力和对手指屈腱的压力随抓握物体的尺寸和形状而不同。当抓握空间宽度为 45～80 mm 时,抓力最大。若两把手平行,抓握空间为 45～50 mm,而当把手向内弯时,抓握空间为 75～80 mm。图 11-29 即为抓握空间大小对握力的影响情况,可见,对不同的群体而言,握力大小差异很大。为适应不同的使用者,最大握力应限制在 100 N 左右。

(6) 性别差异。从不同性别来看,男女使用工具的能力也有很大的差异。女性约占人群的 48%,其平均手长约比男性短 2 cm,握力值只有男性的 2/3。设计工具时,必须充分考虑这一点。

人们使用手握式工具的历史久远,但发展极快,至今人们仍在沿用着手握式工具,只是手握式工具的形式、结构与功能已发生了巨大变化,过去人们使用的是人力手握式工具,今天人们已用上智能手握式工具,如鼠标、遥控器、数据手套、云自由度控制装置等。

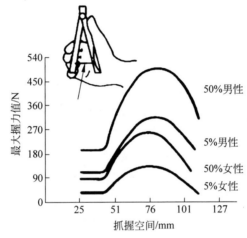

图 11-29 双把手工具的抓握空间与握力的关系

第12章

作业岗位与空间设计

12.1 作业岗位的选择

作业岗位按人作业时的姿势可分为坐姿岗位、立姿岗位和坐、立姿交替岗位三类。在人机系统设计时选择哪一类作业岗位,必须依据工作任务的性质来考虑。工业生产中常用的联合作业所推荐的最适用的方案见图12-1。

参数	重载和/或力量	间歇工作	扩大作业范围	不同作业	不同表面高度	重复移动	视觉注意	精密操作	延续时间>4 h
重载和/或力量		ST	ST	ST	ST	S/ST	S/ST	S/ST	ST/C
间歇工作			ST	ST	ST	S/ST	S/ST	S/ST	S/ST
扩大作业范围				ST	ST	S/ST	S/ST	S/ST	ST/C
不同作业					ST	S/ST	S/ST	S/ST	ST/C
不同表面高度						S	S	S	S
重复移动							S	S	S
视觉注意								S	S
精密操作									S
延续时间>4 h									

S—坐姿;ST—立姿;S/ST—坐姿或立姿;ST/C—立姿或备有座椅。

图12-1 推荐的作业岗位选择依据

12.1.1 三种作业岗位的特征

1. 坐姿作业岗位

坐姿作业岗位是为从事轻作业、中作业且不要求作业者在作业过程中走动的工作而组织的。当具有下述基本特征时,宜选择坐姿作业岗位:

(1)在坐姿操作范围内,短时作业周期需要的工具、材料、配件等都易于拿取或移动。

(2)无须用手搬移物品的平均高度超过工作面以上15 cm的作业。

(3)无须作业者施用较大力量,如搬移重物的质量不得超过4.5 kg,否则,应采用机械助力装置。

(4)在上班的绝大多数时间内从事精密装配或书写等作业。

2. 立姿作业岗位

立姿作业岗位是因从事中作业、重作业及坐姿作业岗位的设计参数和工作区域受到限制而设置的。因而下列基本特征是选用立姿作业岗位的依据：

(1) 当其作业空间不具备坐姿岗位操作所需的容膝空间时。

(2) 在作业过程中，需搬移质量超过 4.5 kg 的物料时。

(3) 作业者经常需要在其前方的高、低或延伸的可及范围内进行操作。

(4) 要求操作位置是分开的，并需要作业者在不同的作业岗位之间经常走动。

(5) 需作业者完成向下方施力的作业，如包装或装箱作业等。

3. 坐、立姿交替作业岗位

因工作任务的性质，要求操作者在作业过程中采用不同的作业姿势来完成，而只有不同的作业岗位才能满足作业者采用不同作业姿势的要求，为此而设置的作业岗位称为坐、立姿交替作业岗位。具有下列特点时，建议采用坐、立姿交替作业岗位：

(1) 经常需要完成前伸超过 41 cm 或高于工作面 15 cm 的重复操作。如果不考虑人体可及范围和静负荷疲劳的特点，可取坐姿作业岗位；但考虑人的特点，应选择坐、立姿交替岗位。

(2) 对于复合作业，有的最好取坐姿操作，有的则适宜立姿操作，从优化人机系统来考虑，应取坐、立姿交替岗位。

12.1.2 作业岗位的设计要求和原则

1. 设计要求

(1) 作业岗位的布局应保证作业者在上肢活动所能达到的区域内完成各项操作，并应考虑下肢的舒适活动空间。

(2) 设计作业岗位时，应考虑操作动作的频繁程度，这里对动作频率程度的划分是：每分钟完成两次或两次以上的操作动作为很频繁；每分钟完成的操作动作少于两次，而每小时完成两次或两次以上时为频繁；而每小时完成的操作动作少于两次的为不频繁。

(3) 设计作业岗位时，还应考虑作业者的群体，如全部为男性或女性，则应选用两种不同性别各自的人体测量尺寸；如果作业岗位是男性和女性共同使用，则应考虑男性和女性人体测量尺寸的综合指标。

2. 设计原则

(1) 设计作业岗位时，必须考虑作业者动作的习惯性、同时性、对称性、节奏性、规律性等生理特点，以及动作的经济性原则。

(2) 作业岗位的各组成部分，如座椅、工具、显示器、操纵器及其他辅助设施的设计，均应符合工作特点及人机工程学要求。

(3) 在作业岗位上不允许有与作业岗位结构组成无关的物体存在。

(4) 作业岗位的设计还应符合《生产设备安全卫生设计总则》(GB 5083—2023)等有关标准和劳动安全规程的要求。

12.2 手工作业岗位设计

12.2.1 手工作业岗位的类型

在工业生产中，以手工操作为主的生产岗位称为手工作业岗位。按工作任务的性质也可分为三种类型。《人类工效学 工作岗位尺寸设计原则及其数值》(GB/T 14776—1993)中对三种类型手工作业岗位的设计提供了有关的基本原则和确定尺寸的基本方法。

1. 坐姿手工作业岗位

图 12-2(a)、(b) 分别为坐姿手工作业岗位的侧视图和俯视图，其中标注的代号为设计时需确定的与作业有关和与人体有关的尺寸。

2. 立姿手工作业岗位

图 12-3 为立姿手工作业岗位的侧视图，其俯视图同图 12-2(b)。图中符号的含义同图 12-2。

3. 坐、立姿交替手工作业岗位

坐、立姿交替手工作业岗位的侧视图见图 12-4，其俯视图见图 12-2(b)，图中符号的含义同图 12-2。

12.2.2 手工作业岗位尺寸设计

根据与作业相关的程度，三种手工作业岗位中的尺寸均分为与作业有关和与人体有关的两类，下面分别介绍两类尺寸的确定方法。

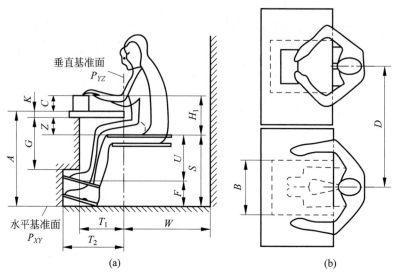

图 12-2 坐姿手工作业岗位
(a) 侧视图；(b) 俯视图

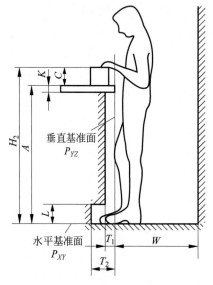

图 12-3 立姿手工作业岗位　　图 12-4 坐、立姿交替手工作业岗位

1. 与人体有关的作业岗位尺寸

由国家标准中与作业者人体有关部位的第 5 或第 95 百分位数值推导出的与人体有关的岗位尺寸，列于表 12-1。

2. 与作业有关的作业岗位尺寸

(1) 作业面高度 C 通常依据作业对象、工作面上相关配置件的尺寸确定；对较大的或形状复杂的加工对象，则以加工对象方位处于满足最佳加工条件状态来确定。

(2) 工作台面厚度 K，在设计时应满足下式关系：

$$K = A - S_{5\%} - Z_{5\%}, \quad K = A - S_{95\%} - Z_{95\%} \tag{12-1}$$

式中，$S_{5\%}$、$S_{95\%}$ 为第 5 和第 95 百分位数人体座面高度；$Z_{5\%}$、$Z_{95\%}$ 为第 5 和第 95 百分位数人体大腿空间高度；A 为工作平面高度。

表 12-1 与人体有关的作业岗位主要尺寸　　　　　　　　　　　　　　　单位：m

尺寸符号	坐姿工作岗位	立姿工作岗位	坐、立姿工作岗位
横向活动间距 D	$\geqslant 1000$		
向后活动间距 W	$\geqslant 1000$		
腿部空间进深 T_1	$\geqslant 330$	$\geqslant 80$	$\geqslant 330$
脚空间进深 T_2	$\geqslant 530$	$\geqslant 150$	$\geqslant 530$
坐姿腿空间高度 G	$\leqslant 340$	—	$\leqslant 340$
立姿脚空间高度 L	—	$\geqslant 120$	—
腿部空间宽度 B	$\geqslant 480$	—	$480 \leqslant B \leqslant 800$ $700 \leqslant B \leqslant 800$

(3) 坐姿手工作业岗位相对高度 H_1 和立姿手工作业岗位工作高度 H_2 可根据作业中使用视力和臂力的情况，分三类来确定。其中 Ⅰ 类为以视力为主的手工精细作业；Ⅱ 类为以使用臂力为主，对视力有一般要求的作业；Ⅲ 类为兼顾视力和臂力的作业。各类作业的举例及其相应的 H_1、H_2 尺寸见表 12-2。

(4) 工作平面高度 A 的最小限值，对图 12-2 所示的坐姿手工作业岗位，可用以下两式确定：

$$A \geqslant H_1 + S - C \quad (12\text{-}2)$$

或

$$A \geqslant H_1 + U + F - C \quad (12\text{-}3)$$

对图 12-3 所示的立姿手工作业岗位，则由下式确定：

$$A \geqslant H_2 - C \quad (12\text{-}4)$$

(5) 座位面高度 S 的调整范围计算式为

$$S_{95\%} - S_{5\%} = H_{1(5\%)} - H_{1(95\%)} \quad (12\text{-}5)$$

(6) 脚支撑高度 F 的调整范围计算式为

$$F_{5\%} - F_{95\%} = S_{5\%} - S_{95\%} + U_{95\%} - U_{5\%} \quad (12\text{-}6)$$

(7) 大腿空间高度 Z 和小腿空间高度 U 的最小限值见表 12-3。

表 12-2 作业岗位的相对高度和工作高度　　　　　　　　　　　　　　单位：mm

类别	举例	坐姿手工作业岗位相对高度 H_1				立姿手工作业岗位工作高度 H_2			
		P_5		P_{95}		P_5		P_{95}	
		女(W)	男(M)	女(W)	男(M)	女(W)	男(M)	女(W)	男(M)
Ⅰ	调整作业、检验工作、精密元件装配	400	450	500	550	1050	1150	1200	1300
Ⅱ	分拣作业、包装作业、体力消耗大的重大工件组装	250		350		850	950	1000	1050
Ⅲ	布线作业、体力消耗小的小零件组装	300	350	400	450	950	1050	1100	1200

表 12-3 大腿和小腿空间高度最小限值　　　　　　　　　　　　　　单位：mm

尺寸符号	P_5		P_{95}	
	女性	男性	女性	男性
Z	135	135	175	175
U	375	415	435	480

3. 与性别有关的作业岗位尺寸

在作业岗位尺寸设计中,除了上述两类尺寸外,还会遇到与作业人员的性别有关的尺寸,例如,在生产流水线工作平面高度 A 必须统一的情况下,工作高度 H 应按作业人员的性别异同分两种情况确定:

(1) 当作业人员性别一致,即全部为男性或全部为女性时,工作高度 H_2 的计算式为

$$H_2=[H_{2(5\%)}+H_{2(95\%)}]/2 \quad (12-7)$$

式中,$H_{2(5\%)}$、$H_{2(95\%)}$ 为某类别作业的男性或女性第5和第95百分位数的立姿手工作业岗位高度。

(2) 当作业人员性别不一致时,工作岗位高度 H_2 按下式确定:

$$H_2=[H_{2(W,95\%)}+H_{2(M,5\%)}]/2 \quad (12-8)$$

式中,$H_{2(W,95\%)}$ 为某类别作业的女性作业者第95百分位数立姿手工作业岗位高度;$H_{2(M,5\%)}$ 为某类别作业的男性作业者第5百分位数立姿手工作业岗位高度。

式(12-7)与式(12-8)中有关数据的选择见表12-2。

12.3 视觉信息作业岗位设计

视觉信息作业是以处理视觉信息为主的作业,如控制室作业、办公室作业、目视检验作业及视觉显示终端作业等。随着现代生产自动控制技术、通信技术、计算机技术等学科的飞速发展,各种系统的计算机通信网络的建立,正在改变着人们作业岗位的面貌。因此,视觉信息作业岗位将逐渐成为当代人重要的劳动岗位,其中视觉显示终端作业岗位更具有代表性。

12.3.1 视觉显示终端作业岗位的人机界面

视觉显示终端作业岗位的人机界面关系可用图12-5加以说明。由于这类作业岗位大多采用坐姿岗位,因而其人机界面关系主要存在于图中箭头指示的四处,即该类岗位的设计要点。

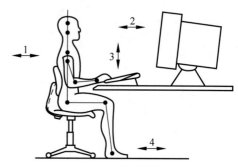

图 12-5 视觉显示终端岗位的人机界面

1. 人-椅界面

在人-椅界面上,首先要求作业者保持正确的坐姿,正确的坐姿为:头部不过分弯曲,颈部向内弯曲;胸部的脊柱向外弯曲;上臂和下臂之间约成90°,而上臂近乎垂直;腰部的脊柱向内弯曲;大腿下侧不受压迫;脚平放在地板或脚踏板上。

组成良好人-椅界面的另一个要求是,采用适当的尺寸、结构和可以调节的座椅,当调节好座椅高度,作业者坐下后,脚能平放在地板或脚踏板上;调节座椅靠背,使其正好处于腰部的凹处,如此由座椅提供的符合人体解剖学的支撑作用使作业者保持正确的坐姿。

2. 眼-视屏界面

在眼-视屏界面上,首先要求满足人的视觉特点,即从人体轴线至视屏中心的最大阅读距离为 710~760 mm,以保护人眼不受电子射线伤害;俯首最大角度不超过15°,以防止疲劳;视屏的最大视角为40°,以保持一般不转动头部。

眼-视屏界面的另一个要求是,选用可旋转和可移动的显示器,建议显示器的可调高度约为 180 mm,显示器的可调角度为 −5°~+15°,以减少反光作用;如设置固定显示器,其上限高度应与水平视线平齐,以避免头部上转。

3. 手-键盘界面

在手-键盘界面上,要求上臂从肩关节自然下垂,上臂与前臂最适宜的角度为70°~90°,以保证肘关节受力而不是上臂肌肉受力;还应保持手和前臂呈一直线,腕部向上不得超过20°。

在手-键盘界面设计时,为适应所有成年人

的使用,可选择高度固定的工作台,但应选择高度可调的平板以放置键盘。键盘在平板上可前后移动,其倾斜度在5°～15°范围内可调。在腕关节和键盘间应留有100 mm左右的手腕休息区;对连续作业时间较长的文字、数据输入作业,手基本不离键盘,可设置一舒适的腕垫,以避免引起作业者手腕疲劳综合征。

4. 脚-地板界面

脚-地板界面对坐姿视觉显示作业岗位也是一个重要的人机界面,如果台、椅、地三者之间高差不合适,则有可能形成作业者脚不着地,从而引起下肢静态负荷;也有可能形成大腿上抬,而使大腿受到工作台面下部的压迫。这两种由不良设计引起的后果都将影响作业人员的舒适性和安全性。

12.3.2 视觉信息作业岗位设计要点

视觉显示终端作业岗位在各种视觉信息作业岗位设计中最具典型性,对其人机界面关系的分析方法也适用于类似的视觉信息作业岗位的分析,故不一一列举。下面提供几种视觉信息作业岗位的人体尺寸,虽然图中的数据并非来源于有关标准,但其设计原则值得参考。

(1)视觉显示终端作业岗位的人体尺度见图12-6。该图是通过前述的人机界面关系分析后,将各关键尺寸具体化的结果。

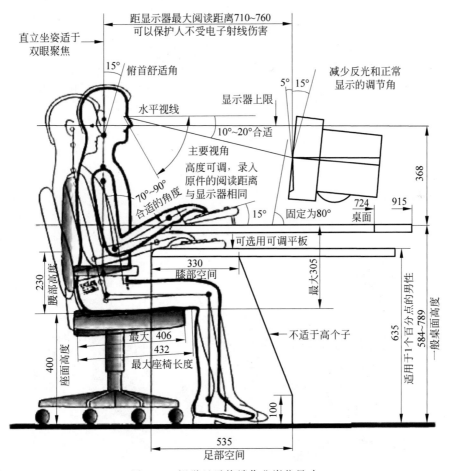

图12-6 视觉显示终端作业岗位尺寸

（2）视觉信息岗位设计要点见图12-7,具体要点见图中说明。依据图中要点设计完成的效果图见图12-8。

（3）随着现代信息技术的发展,采用视觉信息作业的岗位越来越多。因此,重视以人为本的设计思想,依据人机工程学原理进行设计显得更为重要。图12-9是一例最人性化的视觉信息作业岗位设计,展示了作业者最适宜的工作姿势和工作空间。图中标明了该例设计的总体原则,极具参考价值。

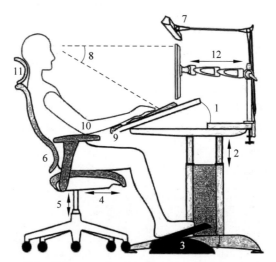

1—桌面可倾斜；2—桌高可调整；3—可调式脚踏垫；4—椅座深度可调整；5—椅座高度可升降；6—腰部有支撑；7—灯具照域广,光线柔和,省电节能；8—屏幕配合视线调整高度；9—键盘腕垫支撑手腕；10—扶手提供肘部支撑；11—头枕支撑颈部；12—屏幕视距可做调整。

图12-7　视觉信息岗位设计要点

图12-8　视觉信息岗位设计效果图

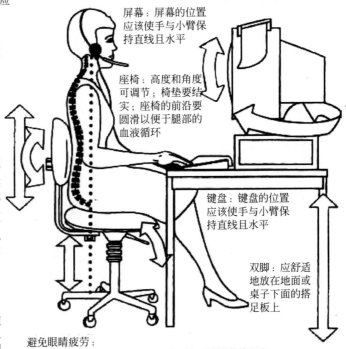

手臂：当操作员的手放在键盘上时，大臂与小臂应成90°，手与小臂成直线；若手与腕形成向上的角度，则试着降低键盘或向下方倾斜键盘；可选的托手应该是可以调节的

电话：将电话夹在头和肩之间接听会引起肌肉疲劳，使用耳机可以使头、颈部保持竖直且可以空出双手

文件夹：对于操作者而言，文件夹与计算机显示器处于同样的距离和高度，以便眼睛在两者间移动时不需要重新聚焦

靠背：可以调节；形状与后背下部的轮廓相吻合，以提供均匀的压力和支撑

屏幕：屏幕的位置应该使手与小臂保持直线且水平

座椅：高度和角度可调节；椅垫要结实；座椅的前沿要圆滑以便于腿部的血液循环

姿势：安全坐进座椅以得到合适的支撑；后背和颈部要保持舒适自然的竖直状态；膝部略低于臀部；两腿不要交叉或将体重置于身体的一侧；适时放松关节和肌肉，不时地站起并适当走动

键盘：键盘的位置应该使手与小臂保持直线且水平

双脚：应舒适地放在地面或桌子下面的搭足板上

桌子：面板要薄，以使腿部留有更多的空间且易于变换姿势；桌面的高度最好能调节；桌面要足够大，以便在变换屏幕、键盘和鼠标的位置时仍然有空间摆放书、文件、电话等

避免眼睛疲劳：
① 配戴眼镜以提高视力；看眼医之前测量屏幕的距离。
② 适当调节屏幕或灯的位置以避免直射；避免光线直接照射屏幕或双眼。
③ 使用防闪光滤镜。
④ 不时地遥看远方以放松双眼

图 12-9 人性化的视觉信息岗位设计

12.4 作业空间的人体尺度

要设计一个合适的作业空间，不仅要考虑元件布置的造型与形式，还要顾及下列因素：操作者的舒适性与安全性；便于使用，避免差错，提高效率；控制与显示的安排要做到既紧凑，又可区分；四肢分担的作业要均衡，避免身体局部超负荷作业；作业者的身材大小；等等。从人机工程学的角度来看，一个理想的设计只能是考虑各方面的因素折中所得，其结果对每个单项而言，可能不是最优的，但应最大限度地减少作业者的不便与不适，使得作业者能方便而迅速地完成作业。显然，作业空间设计应以"人"为中心，以人体尺度为重要设计基准。

12.4.1 近身作业空间

近身作业空间即作业者操作时，四肢所及范围的静态尺寸和动态尺寸。近身作业空间的尺寸是作业空间设计与布置的主要依据。它主要受功能性臂长的约束，而臂长的功能尺寸又由作业方位及作业性质决定。此外，近身作业空间还受衣着影响。

1. 坐姿近身作业空间

坐姿作业通常在作业面以上进行，其作业范围为一个三维空间。随着作业高度、手偏离身体中线的距离及手举高度的不同，其舒适的作业范围也在发生变化。

若以手处于身体中线处考虑,直臂作业区域由两个因素决定:肩关节转轴高度及该转轴到手心(抓握)的距离(若为接触式操作,则到指尖)。图 12-10 为第 5 百分位的人体坐姿抓握尺度范围,以肩关节为圆心的直臂抓握空间半径:男性为 65 cm,女性为 58 cm。

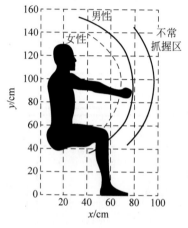

图 12-10　坐姿抓握尺度范围

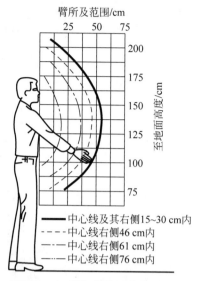

图 12-11　站姿单臂近身作业空间

2. 站姿近身作业空间

站姿作业一般允许作业者自由地移动身体,但其作业空间仍需受到一定的限制。例如,应避免伸臂过长的抓握、蹲身或屈曲、身体扭转及头部处于不自然的位置等。图 12-11 为站姿单臂作业的近身作业空间,以第 5 百分位的男性为基准,当物体处于地面以上 110～165 cm 高度,并且在身体中心左右 46 cm 范围内时,大部分人可以在直立状态下达到身体前侧 46 cm 的舒适范围(手臂处于身体中心线处操作),最大可及区弧半径为 54 cm。

3. 脚作业空间

与手操作相比,脚操作力大,但精确度差,且活动范围较小,一般脚操作限于踏板类装置。正常的脚作业空间位于身体前侧、座高以下的区域,其舒适的作业空间取决于身体尺寸与动作的性质。图 12-12 为脚偏离身体中线左右 15°范围内作业空间的示意图,深影区为脚的灵敏作业空间,而其余区域需要大腿、小腿有较大的动作,故不适于布置常用的操作元件。

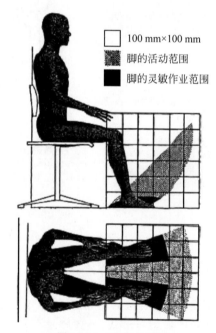

图 12-12　脚作业区域

4. 水平作业面

水平作业面主要在坐姿作业或坐/站作业场合采用,它必须位于作业者舒适的手工作业空间范围内(图 12-13)。对于正常作业区域,作业者应能在小臂正常放置而上臂处于自然悬垂状态下舒适地操作;对最大作业区域,应在臂部伸展状态下能够操作,且这种作业状态不宜持续很久。

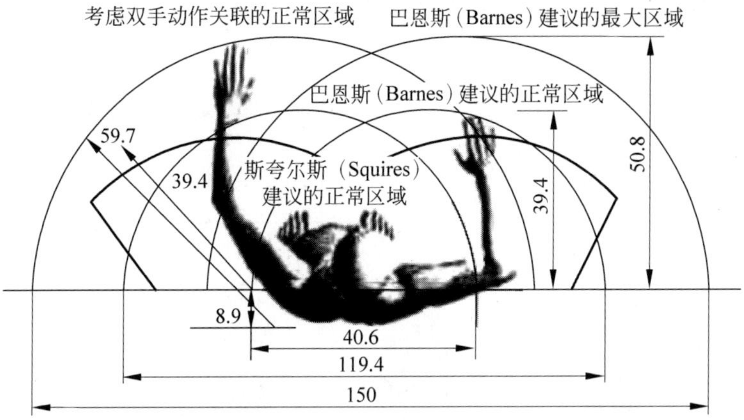

图 12-13 水平作业面的正常尺寸和最大尺寸(cm)

作业时,由于肘部也在移动,小臂的运动与之相关联。考虑到这一点,则水平作业区域小于上述范围,如图 12-13 中的粗实线所示。在此水平作业范围内,小臂前伸较小,从而能使肘关节处的受力减小。因此,考虑臂部运动的相关性确定的作业范围更为合适。

办公室工作通常在水平台面上进行,如阅读、写作。但有研究发现,适度倾斜的台面更适合这类作业,实际设计中已有采用倾斜作业面的例子。当台面倾斜(12°和 24°)时,人的姿势较自然,躯干的移动幅度小,与水平作业面相比,疲劳与不适感会减小。绘图桌桌面一般是倾斜的,如果桌面水平或位置太低,因头部倾角不能超过 30°,绘图者的身体就必须前屈。为了适应不同的使用者,绘图桌面应设计成可调式:高度为 66～133 cm(以适应从坐姿到站姿的需要),角度为 0°～75°。

5. 作业面高度

进行作业场所设计时,作业面高度是必须选择的要素之一。如果作业面太低,则背部过分前屈;如果作业面太高,则必须抬高肩部,超过其松弛位置,会引起肩部和颈部的不适。作业面高度的确定应遵从下列原则:

(1) 如果作业面高度可调节,则必须将高度调节至适合操作者身体尺度及个人喜好的位置。

(2) 应使臂部自然下垂,处于合适的放松状态,小臂一般应接近水平状态或略下斜;任何场合都不应使小臂上举过久。

(3) 不应使脊椎过度屈曲。

(4) 若要在同一作业面内完成不同性质的作业,则作业面高度应可调节。

一般而言,作业面高度应在肘部以下 5～10 cm。对于特定的作业,其作业面高度取决于作业的性质、个人的喜好、座椅高度、作业面厚度、操作者大腿的厚度等。表 12-4 为作业面高度的推荐值,适用于身材较高的作业者。对于写字或轻型装配,其作业面高度为正常位置;重荷作业面高度低是为了臂部易于施力,且避免手部负重;对于精细作业,较高的作业面使得眼睛接近作业对象,便于观察。

对于站姿作业,其作业面高度的设计要素与坐姿相似,即肘高(此时应从地板面算起)和作业类型。基本原则与坐姿作业面相同。图 12-14 为三种不同立姿作业面的推荐高度,图中零位线为肘高,我国男性肘高均值为 102 cm,女性为 96 cm。图 12-15 为轻荷作业面高度随身高不同的调节情况,可作为设计可调作业台的依据。

为使操作者能变换姿势,以消除局部疲劳或利于操作,有时采用坐、立姿交替式作业。在这种情况下,作业面高度的设计应保持上臂处于自然松弛状态,椅子与踏板应便于变换姿势。因此,交替式作业面并不是单纯地提高坐姿作业面高度,而必须考虑作业的性质与变换的频率。

表 12-4　坐姿作业面高度　　　　　　　　　　　　　　　　　单位：cm

作业类型	男　性	女　性
精细作业（如钟表装配）	99～105	89～95
较精密作业（如机械装配）	89～94	82～87
写字或轻型装配	74～78	70～75
重荷作业	69～72	66～70

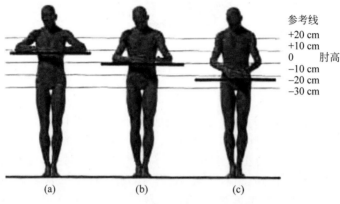

图 12-14　立姿作业面高度与作业性质的关系
(a) 精密作业；(b) 一般作业；(c) 重荷作业

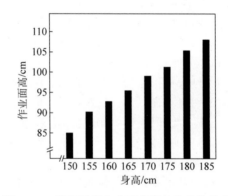

图 12-15　站姿轻荷作业面高度与身高的关系

12.4.2　受限作业空间

作业者有时必须在限定的空间中进行作业，有时还需要通过某种狭小的通道。虽然这类空间大小受到限制，但在设计时，必须使作业者能在其中进行作业或经过通道。为此，应根据作业特点和人体尺寸确定受限作业空间的最低尺寸要求。为防止受限作业空间设计过小，其尺寸应以第 95 百分位数或更高百分位数人体测量数值为依据，并应考虑冬季穿着厚棉衣等服装进行操作的要求。

图 12-16 为几种受限作业空间尺度，图中代号所表示的尺寸见表 12-5。图 12-17 为几种常见通道的空间尺度，图中代号所表示的尺寸见表 12-6。

许多维修空间都是受限作业空间，在确定维修空间尺寸时，应考虑人的肢体尺寸、维修作业姿势、零件最大尺寸、标准维修工具尺寸及维修时是否需要目视等因素。表 12-7 是由上肢和零件尺寸限定的维修空间，表 12-8 是由标准工具尺寸和使用方法限定的维修空间。

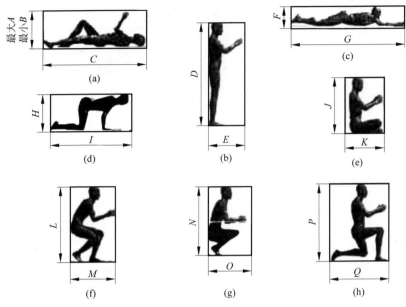

图 12-16　几种受限作业空间尺度

表 12-5　受限作业空间尺寸　　　　　　　　　　　　　　　　　　　　　　　单位：mm

代　号	A	B	C	D	E	F	G	H	I	J	K	L	M	N	O	P	Q
高身材男性	640	430	1980	1980	690	510	2440	740	1520	1000	390	1450	1020	1220	790	1450	1220
中身材男性及高身材女性	640	420	1830	1830	690	450	2290	710	1420	980	690	1350	910	1170	790	1350	1120

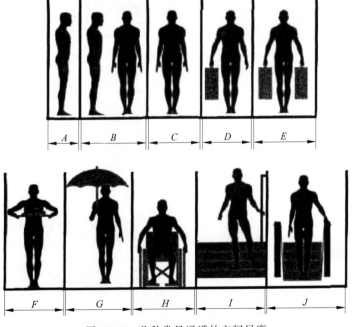

图 12-17　几种常见通道的空间尺度

——人机工程学

表 12-6　常见通道的空间尺寸　　　　　　　　　　单位：mm

代号	A	B	C	D	E	F	G	H	I	J
静态尺寸	300	900	530	710	910	910	1120	760	单向 760	610
动态尺寸	510	1190	660	810	1020	1020	1220	910	双向 1220	1020

表 12-7　由上肢和零件尺寸限定的维修空间

开口部尺寸	尺寸/mm A	尺寸/mm B	开口部尺寸	尺寸/mm A	尺寸/mm B
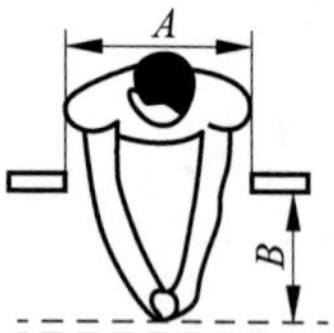	650	630	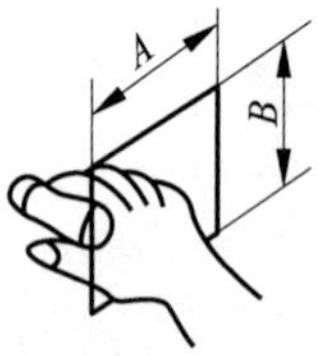	120	130
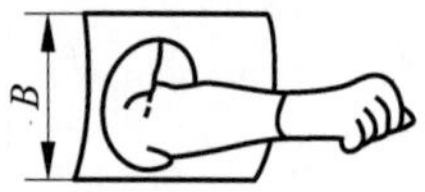		200	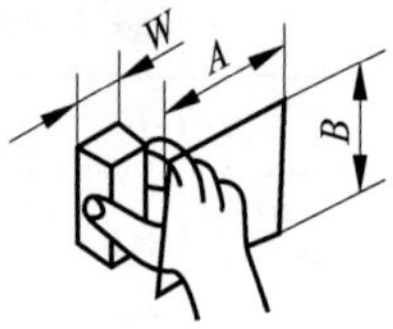	W+45	130
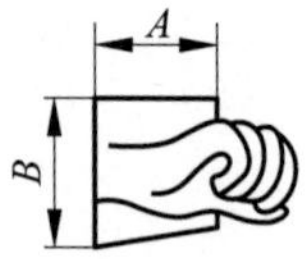	125	90	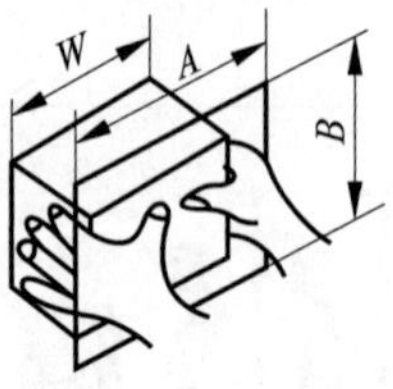	W+75	130
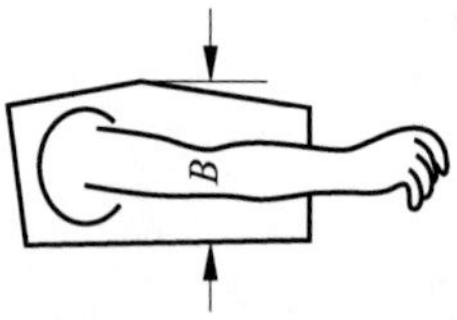		250	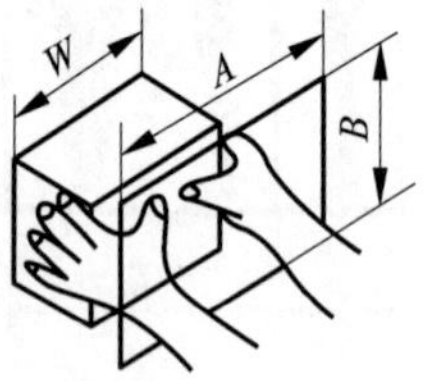	W+150	130
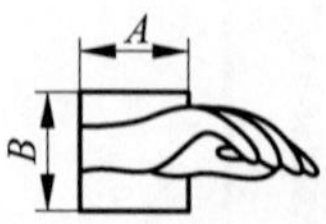	100	50	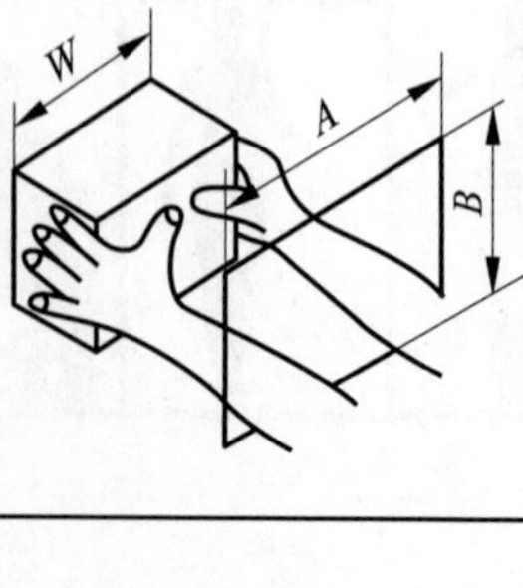	W+150	130

表 12-8 由标准工具尺寸和使用方法限定的维修空间

开口部尺寸	尺寸/mm A	尺寸/mm B	开口部尺寸	尺寸/mm A	尺寸/mm B	尺寸/mm C	使用工具
	140	150		135	125	145	可使用螺丝刀等
	175	135		160	215	115	可用扳手从上旋转60°
	200	185		215	165	125	可用扳手从前面旋转60°
	270	205		215	130	115	可使用钳子、剪线钳等
	170	250		305		150	可使用钳子、剪线钳等
	90	90					

12.5 作业空间的布置

12.5.1 作业空间设计的一般原则

人机学的基本目标是设计好的系统,以帮助作业者减少失误、提高效率、增加安全度和舒适性。人机学工作者不断研究,努力营造人、机、环境之间的和谐关系,而作业空间设计正是其中的主要研究领域之一。在这一节,我们将总结作业空间设计的一般性原则。在此我们仅从人机学的角度出发来阐述这些原则,而读者在应用时还应考虑其他重要的设计因素,如成本、美感、耐用度、结构特征等。设计不仅是一门科学,还是一门艺术。对设计而言,没有百分之百成功的万能公式。但我们在这里介绍的一般性原则可使设计者有所启发,了解作业空间设计的基本要求,避免在设计时出现显而易见的错误。

1. 满足最大用户的间距要求

间距问题是常遇到的问题之一,也是作业空间设计中最重要的问题。设备与设备之间的距离,设备周围的空隙,通道的高度与宽度,腿、膝、肘、足的活动范围都是作业空间设计中需要考虑的问题。充分的间距是作业者完成某些工作的必要条件。此外,过窄的间距或过小的范围会迫使部分作业者只能以极不舒服的姿势进行操作,很容易引起疲劳和不适,从而降低工作效率。

正如前文所说,空间距离是一种下限尺寸,它应以身材最大的相关使用者为尺寸标准(通常选取第 95 百分位数),之后还要将这个尺寸适当上调,以满足用户穿厚衣服工作的要求。需要注意的是,下限尺寸采用的都是高百分位数,但并不一定都是男性数据。显然,对于只供女性工作的作业空间,设计者就要选用女性数据。同时还需注意,对某些男性与女性都使用的作业空间,也可能选用女性数据。比如,有一些设计会以孕妇的身体宽度作为下限尺寸。

2. 满足最小用户的伸及需要

作业者经常需要伸手操纵手控设备,或者伸脚踩脚踏板。与空间距离选取最大用户的尺寸相反,伸及范围需要以最小用户所能触及的范围为标准,通常选取第 5 百分位数。由于厚重的衣物会影响人的伸及能力,缩小伸及距离,所以应将人体测量表中的原始数据适度下调。

这是设计中的一个重要概念,我们称为上肢可达区。它是位于作业者前方的,无须人向前探身或拉长身体就能触及到的一个三维空间范围。以图 12-18 为例,它描绘了女性坐姿工作时第 5 百分位数的伸及范围。此图仅表示了右手的伸及范围,一般情况下,左手的伸及范围可以用右手的镜像来表示。

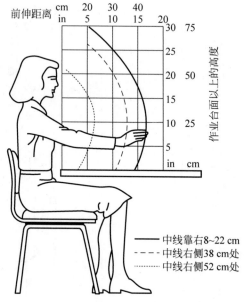

图 12-18 身材较小的女性坐姿作业的右手伸及范围

显然,那些需要经常被操作的对象应处于伸及域内,并尽可能地靠近作业者的身体。如果有多个面积、质量不同的物体,那么大而重的物体应放在作业者前方的最近处。在工作过程中,允许作业者偶尔探身去拿伸及域以外的物体,但这种动作不应该频繁、规则地出现。

在考虑对象的放置、操纵和伸及范围时,必须说明作业者的体质和疲劳问题。同样的设计可能对作业者的长期健康和安全隐患产生不同的影响,因为即使身材尺寸相同,他们的力量或所需搬运的物体重量也可能不同。

3. 满足维修人员的特殊需要

一项完善的设计,不仅要考虑作业空间的

基本功能和日常使用，还要考虑到设备的维修需要及维修人员的特殊要求。维修人员经常需要进入那些日常工作无须进入的区域，因此设计者必须对维修人员的特殊要求进行专门的分析，继而进行相应的设计。由于日常使用者和维修人员的要求常存在很大的差别，所以对作业空间进行修正就成为设计中不可或缺的一步。

4．满足可调节性的需要

人体的尺寸变化各异，同一个人的尺寸也会随各种因素而变化，如着装的厚度等。人们的需求千差万别，不可能存在什么"万能尺寸"，所以应尽量使作业空间具有一定的可调节性。调节装置要简单易用，否则用户就会因装置太复杂而拒绝使用。以汽车座椅为例，其调节按钮是否安装在容易触及的地方，是否注意了动作兼容性，即按钮的控制方向与座椅的调节方向是否相对应等，这些问题都直接关系着座椅调节的易操作程度。

在作业空间的设计中，有很多种调整方法，下面总结了四点普遍采用的调节方法。

（1）调节作业空间。允许作业者自主调节作业空间的形状、位置和方向，会使他们的工作更加舒适快捷。比如，工人在进行表面切割作业时，最好能将切割物体和设备移近身体，这样可以缩短伸及距离，避免了伸长手臂作业的不适。调节作业者或设备的高度、朝向等也可以缩短伸及距离。

（2）调节作业者与作业空间的相对位置。有时调节作业空间可能会增加成本，超出预算，或者影响到其他重要设备及其维修，这时设计者可采取调节作业者的方法，在作业空间不变的情况下改变两者的相对位置。调节座椅高度、使用平台或高度可调的凳子等都是调节垂直高度的方法，而可旋转的座椅则能够改变作业者与设备的相对方向。

（3）调节工件。升降台或者叉式升降装卸车能够调节作业部件的高度。装配架、夹钳、装置器可以将工件固定在某个位置及某种朝向，便于作业者观察和操作。零件箱可以将零件分门别类，便于存放。

（4）调节工具。使用长度可调的手持工具可以适应手臂长度不同的作业者，使他们方便地拿取不同距离的物体。在组装车间，这样的工具可以帮助作业者取到那些他们够不到的工件。同样地，在演讲厅里，演讲者不需要来回变换姿势和位置，他只需要一根长度可调的教学工具，就可以轻松地指示投影幕上任何位置的文字。

5．可见度与正常视线

设计者必须确保作业者能够清晰地看清显示器的内容，因此作业者的眼睛应处在合适的位置上，以适应观察的需要。这就涉及一个重要的概念——"正常视线"（normal line of sight）。

所谓正常视线，是指眼睛处于放松状态下的最佳注视方向。多项研究表明，正常视线处于水平线向下 10°～15°（图 12-19）。正常视线是计算机用户观看显示器的最佳方向。

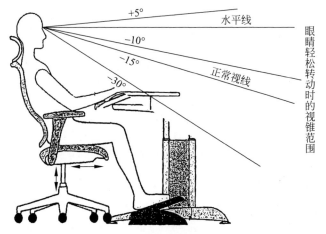

图 12-19　正常视线与适宜的眼动范围

研究发现,显示器的高度会影响用户的姿势、操作绩效和不舒适感,而绩效最高且最舒适的观察高度即接近于正常视线。因此,视觉显示器应放置在正常视线周围15°范围内。当作业中同时使用多个显示器时,应首先为主要显示器分配空间,并将其放在最佳位置上。

当然,仅仅保证视觉材料呈现的位置——正常视线在15°以内是不够的,还需要有适宜的视角、充分的对比度才能分辨屏幕上的信息,观察距离和用户的视觉状况也是设计者需要考虑的内容。可见度分析还包括关键信号是否位于正常视线内、外周闪光灯是否可见、关键警示信号是否被物件遮挡而妨碍了危险信息或外界信息的获取等。

12.5.2 作业空间组件的排列

作业空间设计者的任务之一就是在有限的物理空间内,对各个组件,包括显示装置、控制装置、仪器工具及零件设施等进行排列布置。作业空间的布置应以用户和作业任务的需求为基础。优秀的布置方案能帮助作业者轻松平稳地操作各个组件,而不精心布置则会增加作业的难度。概括来讲,空间布置的一般原则是提高总体运动效率,减少总体运动距离。无论是手的移动还是脚的移动,最佳的布置总是力求使身体各部分运动量的总和最小。

上面介绍了显示器的布置原则,这些规则同样适用于其他组件的布置。但组件的布置要比显示器布置更为严格,因为移动手和身体来控制组件要比改变视线(或注意)来观察显示器更费力。在该问题的讨论中,组件包括显示装置、控制装置、仪器工具、零件备料,以及任何作业者在工作过程中涉及的物件。

(1) 使用频率原则。使用频率最高的组件应放在最易触及的位置上。正如图12-19所示,频繁观看的显示器应放在视野的中心区域,同样地,使用频繁的手持工具应置于优势手的一侧,使用频繁的踏板应位于右脚旁边。

(2) 重要性原则。对完成作业任务关系紧要的组件应放在最易触及的位置上。根据具体任务的特定需要,可以将显示和控制装置划分为不同的重要级别。一级显示器放在视野中心区,在作业者前方正常视线10°~15°范围内,二级显示器放在一级显示器外围。对于控制装置,建议设计者参照图12-20,根据重要级别安排各个装置的位置。

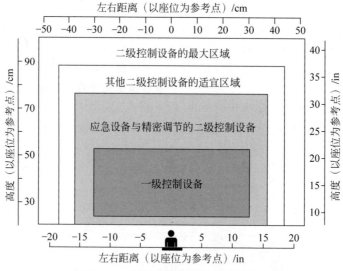

图12-20 控制装置的最佳垂直面布局
注:1 in=2.54 cm。

(3) 使用顺序原则。按照组件的使用顺序进行排放,组件的位置会影响操作顺序。例如,一名组装电气元件的工人,需要从元件箱中取出电子零件,然后快速地将其组装在电器上,那么这个元件箱就应该离电器越近越好。

(4) 一致性原则。相同的东西放在作业空间的固定位置上,会大大减轻记忆负担,省去了找东西的麻烦。一致性原则适用于一个作业空间内部,也适用于功能相似的多个作业空间。举例来说,如果每个高校图书馆都把复印机放在相似的地点(如电梯旁边),那么读者无论在哪个大学的图书馆,都可以很轻松地找到复印机了。

标准化是确保一致性原则能够跨机构、跨公司甚至跨国实行的重要方法。例如,美国的汽车制造业已进入了高度标准化的阶段,因此驾驶员可以轻松地驾驶各种汽车,无论它们是否产自同一家汽车公司。

(5) 控制-显示相容性原则。这是前几章探讨过的刺激-反应相容性原则的具体实例之一。在布置内容上,这一原则意味着控制器要与相应的显示器放在一起,对于多个控制器及显示器的情况,控制器的布局应与显示器布局一致,使用户明确两者的对应关系。

(6) 避免混乱原则。前面曾探讨过避免显示设备混乱的重要性,在空间布置方面,避免混乱原则同样占有重要的地位。各个按键、旋钮、踏板之间应该留有充分的间距,以减少操作失误的风险。

(7) 功能分组原则。该原则是将功能相近的组件放在一起。例如,负责能源供给的显示器和控制器放在一组,而负责通信的设备放在另一组。各组设备之间应该有明显清晰的界限,可用颜色、形状、大小、边界作为组间的区分标志。

从理论上说,我们希望作业空间的布置都能遵循以上七条原则。然而,在实际设计中常常出现某些原则互相冲突的情况。比如,一个告警显示器对系统的安全操作来说是最重要的,但不是最常用的。再如,一台频繁使用的设备可能不是最重要的组件。在诸如此类的情形中,设计者只能依据具体的需要,谨慎地权衡各项原则的重要性。有研究表明,在操纵设备和显示设备的布置中,功能分组和使用顺序原则比重要性原则更重要。

运用这些原则往往还需要一些主观判断。例如,在评估组件的相对重要性或对组件进行功能分组时,听取专家的意见是很重要的。然而,量化的研究方法也很有必要,如链接分析和最优化技术等。设计时可采用量化分析与主观评定相结合的方法。

链接分析是一种客观的量化分析方法,用来检查各组件之间的相互关系,为最佳的组件布置提供数据基础。一对组件之间的链接代表着两者的关系,关系的紧密度用链接值来表示。例如,A-B链接值为3,它代表在A使用之后(或之前)紧接着使用了3次B,这称为次序链接,它可以应用于视觉搜索任务中眼的移动、手工作业任务中手的运动及作业空间中的身体运动等。

对一系列链接的分析能帮助设计者应用顺序原则来布置作业空间。另外,链接分析还可以测量某个组件在单位时间内被使用的次数,测量结果称为功能性链接。如果设计者知道了某种作业中组件的使用频次,那么他就可以采用频率原则对作业空间进行布置。

链接分析的目的之一是帮助设计者缩短各组件的总体传送时间,也就是将最常用的链接设计得最短。以图12-21所示的四组件的系统链接过程为例,链接的宽度代表联系的紧密度,其中图12-21(a)是分析前的设计,图12-21(b)是分析后的设计。

链接的宽度代表两个组件之间的传送频率(或联系的紧密程度)。设计的目的是缩短全部组件传送的总时间,所以分析前的布置(图12-21(a))中的宽线条很长;分析后的布置(图12-21(b))中的宽线条缩短了。

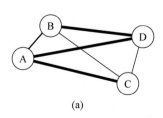

(a)

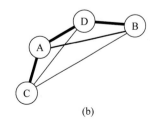

(b)

图 12-21　链接分析法

第13章

人与作业环境界面设计

13.1 人体对环境的适应程度

在人-机-环境系统中,对系统产生影响的一般环境主要有热环境、照明、噪声、振动、粉尘及有毒物质等。随着人类生产活动领域的扩大,影响系统的还有失重、超重、异常气压、加速度、电离辐射及非电离辐射等特殊环境因素。如果在系统设计的各个阶段,尽可能排除各种环境因素对人体的不良影响,使人具有"舒适"的作业环境,不仅有利于保障劳动者的健康与安全,还有利于最大限度地提高系统的综合效能。因此,作业环境对系统的影响就成为人机工程学研究中的一个重要方面。

根据作业环境对人体的影响和人体对环境的适应程度,可把人的作业环境分为四个区域,即:

(1)最舒适区。各项指标最佳,使人在劳动过程中感到满意。

(2)舒适区。在正常情况下,这种环境使人能够接受,并且不会感到刺激和疲劳。

(3)不舒适区。作业环境的某种条件偏离了舒适指标的正常值,较长时间处于此种环境下,会使人疲劳或影响工效,因此,需采取一定的保护措施,以保证正常工作。

(4)不能忍受区。若无相应的保护措施,在该环境中人将难以生存,为了能在该环境下工作,必须采取现代化技术手段(如密封)使人与有害的外界环境隔离开来。

最佳方案是创造一种人体舒适而又有利于工作的环境条件。因此,必须了解环境条件应当保持在什么样的范围之内,才能使人感到舒适而工作效率又能达到最高。图13-1是根据作业环境分区的原则,提供了一个决定舒适程度的环境因素示意图,以直观的方式表示了不同舒适程度的范围。

图13-1 决定舒适程度的环境因素范围

在生产实践中,由于技术、经济等各种原因,上述舒适的环境条件有时是难以充分保证的,于是就只能降低要求,创造一个允许环境,即要求环境条件保证在不危害人体健康和基本不影响工作效率的范围之内。

有时，由于事故、故障等原因，上述基本允许的环境条件也难以充分保证，在这种情况下，必须保证人体不受伤害的最低限度环境条件，创造一个安全的环境。

在人机系统设计中，利用环境控制系统来控制和改善环境只是保障人的健康和安全的一个方面。而在很多情况下，由于经济和技术上的原因，充分控制环境仍不够理想，为此，常常需要采用各种个体防护用具来对抗种种不利的环境条件，以保证系统的安全和高效。

下面介绍一般环境因素对人体的影响、防护标准、评价方法等内容，为设计各种舒适环境、允许环境或安全环境提供基础资料。

13.2 人与热环境

13.2.1 影响热环境的要素

影响热环境条件的主要因素有空气温度、空气湿度、空气流速和热辐射。这四个要素对人体的热平衡都会产生影响，而且各要素对机体的影响是综合的。因此，为了对热环境进行分析和评价，必须考虑各个要素对热环境条件的影响。

1．气温

作业环境中的气温除取决于大气温度外，还受太阳辐射和作业场所的热源，如各种冶炼炉、化学反应器、被加热的物体、机器运转发热和人体散热等的影响。热源通过传导、对流使作业环境的空气加热，并通过辐射加热四周的物体，形成第二热源，扩大了直接加热空气的面积，使气温升高。

2．气湿

作业环境的气湿以空气相对湿度表示。相对湿度在80%以上称为高气湿，低于30%称为低气湿。高气湿主要是由于水分蒸发与释放蒸气所致，如纺织、印染、造纸、制革、缫丝，以及潮湿的矿井、隧道等作业场所常为高气湿。在冬季的高温车间可出现低气湿。

3．气流

作业环境中的气流除受外界风力的影响外，主要与作业场所中的热源有关。热源使空气加热而上升，室外的冷空气从门窗和下部空隙进入室内，造成空气对流。室内外温差越大，产生的气流越大。

4．热辐射

热辐射主要指红外线及一部分可视线而言。太阳及作业环境中的各种熔炉、开放火焰、熔化的金属等热源均能产生大量热辐射。红外线不能直接加热空气，但可使周围的物体加热。当周围物体的表面温度超过人体表面温度时，周围物体表面则向人体放散热辐射而使人体受热，称为正辐射。相反，当周围物体表面温度低于人体表面温度时，人体表面则向周围物体辐射散热，称为负辐射。负辐射有利于人体散热，在防暑降温上有一定的意义。

13.2.2 人体的热平衡

人体所受的热有两种来源：一种是人体的代谢产热，另一种是外界环境热量作用于人体。人体通过对流、传导、辐射、蒸发等途径与外界环境进行热交换，以保持人体的热平衡。人体与周围环境的热交换可表示为

$$M \pm C \pm R - E - W = S \quad (13-1)$$

式中，M 为代谢产热量；C 为人体与周围环境通过对流交换的热量，人体从周围环境吸热为正值，散热为负值；R 为人体与周围环境通过辐射交换的热量，人体从外环境吸收辐射热为正值，散出辐射热为负值；E 为人体通过皮肤表面汗液的蒸发散热量，均为负值；W 为人体对外做功所消耗的热量，均为负值；S 为人体的蓄热状态。

显然，当人体产热和散热相等，即 $S=0$ 时，人体处于动态热平衡状态；当产热多于散热，即 $S>0$ 时，人体热平衡被破坏，可导致体温升高；当散热多于产热，即 $S<0$ 时，可导致体温下降。图13-2为人体热平衡状态图。

人体的热平衡并不是一个简单的物理过程，而是在神经系统调节下的非常复杂的过程。所以，周围热环境的各要素虽然经常在变化，但人体的体温仍能保持稳定。只有当外界热环境要素发生剧烈变化时，才会对机体产生不良影响。

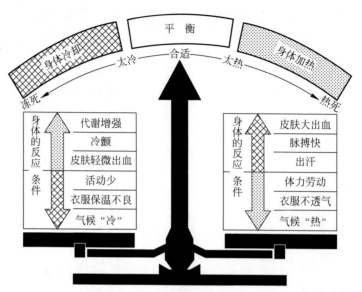

图 13-2 人体热平衡状态图

13.2.3 热环境对人体的影响

1. 热舒适环境

热舒适环境的定义是：人在心理状态上感到满意的热环境。所谓心理上感到满意就是既不感到冷，又不感到热。影响热舒适环境主要有六个因素，其中四个因素与环境有关，即空气的干球温度、空气中的水蒸气分压力、空气流速及室内物体和壁面的辐射温度；另外有两个因素与人有关，即人的新陈代谢和服装。此外，还与一些次要因素有关，如大气压力、人的肥胖程度、人的汗腺功能等。为了建立符合人们心理要求的热舒适环境，可通过图 13-3 来了解其主要影响因素的相互关系和最佳组合。

图 13-3 是空调工程中常用的温湿图和舒适区。设干球温度为 25℃，水蒸气分压力为 2000 Pa，则在图中找到交点 K，过 K 点有一条斜虚线，该虚线与相对湿度 100% 曲线交点的水平坐标值为 24℃，称其为"有效温度 ET"；该虚线与相对湿度 50% 曲线交点的水平坐标值为 25.5℃，称该值为"新有效温度 ET^*"。现在主要采用新的有效温度来进行热舒适环境的研究。

温湿度图上的阴影区是由数千名受试者投票的统计结果确定的热舒适区。主要环境因素组合处于该区域内，可满足人对热环境舒适性的要求。

2. 过冷、过热环境对人体的影响

人体具有较强的恒温控制系统，可适应较大范围的热环境条件。但是，人处于远远偏离热舒适范围并可能导致人体恒温控制系统失调的热环境中，将对人体造成伤害。

（1）低温冻伤。低温对人体的伤害作用最普遍的是冻伤。冻伤的产生与人在低温环境中的暴露时间有关，温度越低，形成冻伤所需的时间越短。例如，温度为 5～8℃ 时，人体出现冻伤一般需要几天时间；而在 －73℃ 时，暴露时间只需 12 s 即可造成冻伤。人体易于发生冻伤的部位是手、足、鼻尖或耳郭等部位。

（2）低温的全身性影响。人在温度不十分低的环境（－1～6℃）中依靠体温调节系统可使人体深部温度保持稳定。但是在低温环境中暴露时间较长，深部体温便会逐渐降低，出现一系列低温症状。首先出现的生理反应是呼吸和心率加快、颤抖等现象，接着出现头痛等不适反应。深部体温降至 34℃ 以下时，症状即达到严重的程度，产生健忘、口吃和定向障碍；降至 30℃ 时，全身剧痛，意识模糊；降至 27℃ 以下时，随意运动丧失，瞳孔反射、深部腱反射和皮肤反射全部消失，人濒临死亡。

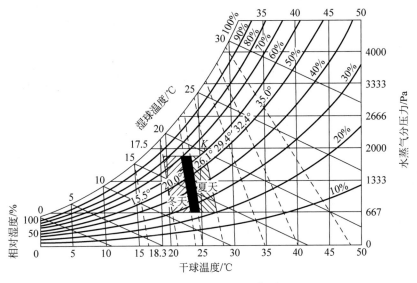

图 13-3 常用的温湿图和舒适区

(3) 高温烫伤。高温使皮肤温度达 41～44℃ 时即会感到灼痛,若高温继续上升,则皮肤基础组织便会受到伤害。高温烫伤在生产中并不少见,一般以局部烫伤最多,全身性烫伤多见于火灾事故等。

(4) 全身性高温反应。人在高温环境中停留时间较长,体温会渐渐升高,当局部体温高达 38℃ 时,便会产生不舒适反应。人在体力劳动时主诉可耐受的深部体温(通常以肛温为代表)为 38.5～38.8℃,高温极端不舒适反应的深部体温临界值为 39.1～39.4℃。深部体温超过这一限度,排汗率和皮肤热传导量都不再上升,表明人体对高温的适应能力已达到极限。如果温度再升高,便会出现生理危象。全身性高温的主要症状为头晕、头痛、胸闷、心悸、视觉障碍(眼花)、恶心、呕吐、癫痫样抽搐等。温度过高还会引起虚脱、肢体僵直、大小便失禁、晕厥、烧伤、昏迷直至死亡。

应该指出的是,人体的耐低温能力比耐高温能力强。当深部体温降至 27℃ 时,经过抢救还可存活;而当深部体温高到 42℃ 时,往往会引起死亡。

13.2.4 热环境对工作的影响

虽然正常工作与生活的人很少会因过冷或过热环境而影响健康及生命,但在某些特定的工作条件下,人们必须在过冷或过热环境中工作,不但使影响健康的危害性大大增加,而且人的工作能力也受到影响。

1. 热环境对脑力劳动的影响

为了提供公共建筑内的热舒适条件,学者们曾对室内空气温度与脑力劳动的关系进行过大量实验。图 13-4(a) 是脑力劳动工作效率随室内空气温度的变化关系;图 13-4(b) 是脑力劳动相对差错率与空气温度的变化关系。虽然两图中的曲线是在实验条件下根据明显的变化趋势作出的一般结论,但在实际工作条件下,这一结论也得到了证实。

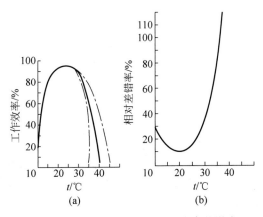

图 13-4 气温对效率和相对差错率的影响

2. 热环境对体力劳动的影响

实际研究表明，在偏离热舒适区域的环境温度下从事体力劳动，小事故和缺勤的发生概率增加，车间产量下降。当环境温度超出有效温度27℃时，发现需要用运动神经操作，警戒性和决断技能的工作效率会明显降低，而非熟练操作工的工作效能比熟练工的损失更大。低温对人的工作效率的影响最敏感的是手指的精细操作。当手部皮肤温度降至15.5℃以下时，手部操作的灵活性会急剧下降，人手的肌力和肌动感觉能力都会明显变差，从而引起操作效率下降。

图13-5(a)为马口铁工相对产量的季节性变化，表明在高温条件下会降低重体力劳动的效率。图13-5(b)为军火工厂相对事故发生率与温度的关系，表明温度偏离舒适值将影响事故发生率。

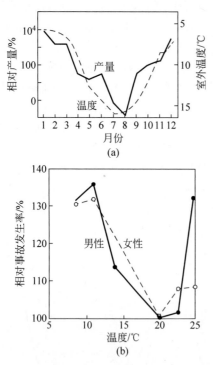

图13-5 温度对生产率和事故发生率的影响

综上所述，过度的冷或热都会影响人的脑力及体力工作能力。显然，对危及健康的工作热环境，应采取缩短工作时间和相应的防护措施；对暂无条件改善的工作热环境，只能牺牲工作效率和增加人体不舒适感；而对新设计的办公室、工厂之类的工作场所采用的热舒适环境设计是合理的。若最佳热舒适温度有3℃偏离一般不影响工作能力，从对人体最佳激励和经济性的角度考虑，设计时可根据不同工作性能使温度向最佳温度的某一方向有一定的偏离。

13.2.5 热环境的舒适度

热环境对人体影响的主观感觉是评价热环境条件的主要依据之一，几乎所有热环境评价标准是在研究人的主观感觉的基础上制定的。当调查人数足够多而且方法适当时，所获得的资料便可以作为主观评价的依据。

根据范杰的研究结果，由图13-6和图13-7总结了舒适的标准，而由范杰得出的最终计算和评估相对复杂。即使完全执行范杰的舒适范围，保守估计仍然有5%的人会对环境不满意（对于这些人来说，或太热或太冷），换句话说，5%是可以达到的最低百分比。适宜气温的一个衡量标准是整间屋子的气温是恒定的，即不同区域或不同层面的温度没有差别。例如，即便室内没有任何表面是冷的，人们还是会感到凉爽，这是因为人面向较冷区域的身体部位散发出热量，但是吸收回来的热量很少，从而导致身体的某个部位变凉，这样的区域包括窗边。

控制室内的工作往往需要长时间久坐，而操作者穿着的衣服较少。在这种情况下，相对湿度为50%左右，空气的最大速度应该是0.1 m/s，空气温度应为26℃。如果从经济学的角度来看，这是一个较高的温度，那么操作者可以穿上保暖的衣服和长裤子、夹克和毛线套衫。穿上这类保暖衣服后，相对湿度应该是50%，空气运动速度是0.1 m/s，空气的温度是23℃。

在控制室内不同的控制仪表之间走动或者站立工作时，室内空气速度会因人在屋内的走动而增加，温度（穿着适当的衣服时）降到19~20℃，空气速度增至0.2 m/s是可以接受的。

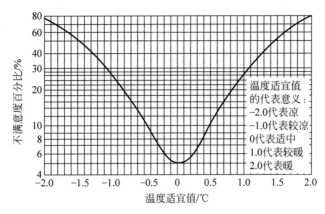

图 13-6　在任何环境中人们不满意其舒适度的比例

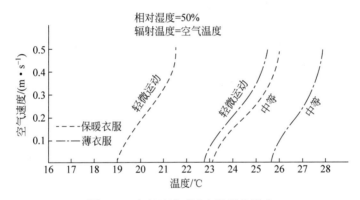

图 13-7　空气速度对适宜温度的影响

在一些控制室内,晚上工作时坐着的时间要比白天长得多,因此晚上的温度要略微提高,与白天的 19～20℃ 相比,晚上最好为 21～22℃。由于不同的人对于可接受的气候有不同的需求,因此操作者应能控制气温和湿度。空气湿度应该保持在 40%～60%,如果湿度较低,气温感觉偏低,便需要提高空气温度。同时,低温还可能导致鼻子和喉咙的黏膜干燥,增加胸部和喉咙感染的危害。

13.3　人与光环境

13.3.1　良好光环境的作用

作业场所的光环境有天然采光和人工照明两种。利用自然界的天然光源形成作业场所光环境的叫天然采光(简称采光);利用人工制造的光源构成作业场所光环境的称为人工照明(简称照明)。作业场所的合理采光与照明,对生产中的效率、安全和卫生都有重要意义。

1. 光环境对生产率的影响

根据大量的改善光环境而具有一定效果的定量数据和统计分析的结果,可用图 13-8 来说明良好光环境的作用。由图可知,良好的光环境主要是通过改善人的视觉条件(照明生理因素)和改善人的视觉环境(照明心理因素)来达到提高生产率的目的。

2. 光环境对安全的影响

良好的光环境对降低事故发生率和工作人员的视力保护和安全保障有明显的效果。图 13-9(a)是因改善照明和工作场所的粉刷而减少事故发生率的统计资料。从中可以看出,仅改善照明一项,现场事故就减少了 32%,全厂事故减少了 16.5%;如同时改善照明和粉刷,事故的减少就更为显著。图 13-9(b)则说明良好的照明使事故次数、出错次数、缺勤人数明显减少。

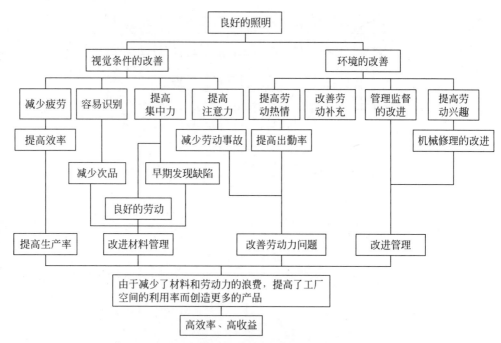

图 13-8　良好光环境的作用

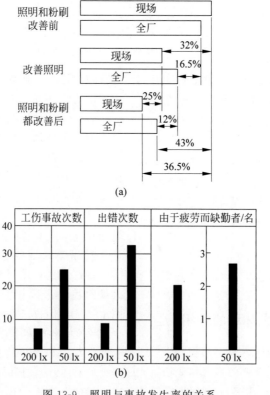

图 13-9　照明与事故发生率的关系

13.3.2 对光环境的要求

照明的目的大致可以分为以功能为主的明视照明和以舒适感为主的气氛照明。作业场所的光环境,明视性虽然重要,但环境的舒适感、心情舒畅也是非常重要的。前者与视觉工作对象的关系密切,而后者与环境舒适性的关系很大程度上是为满足视觉工作和环境舒适性的需要。光环境设计应考虑以下要求。

1. 设计的基本原则

(1) 合理的照度平均水平。同一环境中,亮度和照度不应过高或过低,也不要过于一致而产生单调感。

(2) 光线的方向和扩散要合理,避免产生干扰阴影,但可保留必要的阴影使物体有立体感。

(3) 不让光线直接照射眼睛,避免产生眩光,而应让光源光线照射物体或物体的附近,只让反射光线进入眼睛,以防晃眼。

(4) 光源的光色要合理,光源的光谱要有再现各种颜色的特性。

(5) 让照明和色调相协调,使气氛令人满意,这是照明环境设计美的思考。

(6) 创造理想的照明环境不能忽视经济条件的制约,因而必须考虑成本。依据设计的基本原则,实现良好照明的特性因素,如图 13-10 所示。

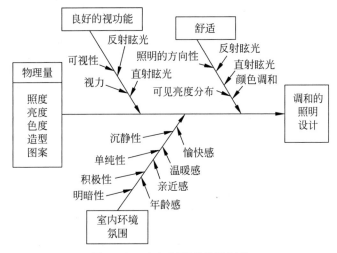

图 13-10 良好照明的特性因素

2. 天然光照度和采光系数

由于直射阳光变化大,不能用它作为稳定光源,而是把天空光及其反射光作为天然采光的光源。又因为天空光也有相当大的变化,室内天然光的照度也随之变化,所以像人工照明那样来决定照度标准是困难的。在采光设计中将天然采光系数作为天然采光设计的指标,对于室内某一点的采光系数 c,可按下式计算:

$$c = \frac{E_n}{E_w} \times 100\% \qquad (13-2)$$

式中,E_n 为室内某一点的照度;E_w 为与 E_n 同一时间的室外照度。

在满足视机能基本要求的条件下,采光系数是比较全面的指标。常以采光系数的最低值作为设计标准值。我国的采光与照明标准中规定,生产车间工作面上的采光系数最低值不应低于表 13-1 所规定的数值。

为确保室内所必需的最低限度的照度,在进行采光设计时,采用通常出现的低天空照度值作为设计依据。必要的最低照度设计用的天空照度值见表 13-2。将某种条件下的天空照度值乘以选用的采光系数,就可以计算出某种条件下室内某点的天然光照度。

3. 照明的照度与照度分布

照度是照明设计的数量指标。它表明被照面上光的强弱,以被照场所光通量的面积密度来表示。取微小面积 dA,入射的光通量为 $d\phi_i$,则照度 E 为

$$E = \frac{d\phi_i}{dA} \qquad (13\text{-}3)$$

照明的照度按以下系列分级(单位:lx):
2500、1500、1000、750、500、300、200、150、100、75、50、30、20、10、5、3、2、1、0.5、0.2。

我国的照度标准是以最低照度值作为设计的标准值。标准规定生产车间工作面上的最低照度值不得低于表13-3所规定的数值。

表13-1 生产车间工作面上的采光系数最低值

采光等级	视觉工作分类		室内天然光照度最低值/lx	采光系数最低值/%
	工作准确度	识别对象的最小尺寸 d/mm		
Ⅰ	特别精细的工作	$d \leqslant 0.15$	250	5
Ⅱ	很精细的工作	$0.15 < d \leqslant 0.3$	150	3
Ⅲ	精细工作	$0.3 < d \leqslant 1.0$	100	2
Ⅳ	一般工作	$1.0 < d \leqslant 5.0$	50	1
Ⅴ	粗糙工作	$d > 5.0$	25	0.5

注:1. 采光系数最低值是根据室外临界照度为5000 lx制定的。如采用其他室外临界照度值,则采光系数最低值应做相应的调整。
2. 生产车间和工作场所的采光等级可参考有关标准。

表13-2 必要的最低照度设计用的天空照度值

条 件	天空照度/lx
对于有代表性的太阳高度角的天气状况的最低值	5800
对于最低太阳高度角的天气状况的代表值	5600
对于最低太阳高度角的天气状况的最低值	1300
全年采光时间99%的最低值	2000
全年采光时间95%的最低值	4500

表13-3 生产车间工作面上的最低照度值

识别对象的最小尺寸/mm	视觉工作分类等级	亮度对比	最低照度/lx	
			混合照明	一般照明
$d \leqslant 0.15$	Ⅰ	甲 大	1500	—
		乙 小	1000	—
$0.15 < d < 0.3$	Ⅱ	甲 大	750	200
		乙 小	500	150
$0.3 < d \leqslant 0.6$	Ⅲ	甲 大	500	150
		乙 小	300	100
$0.6 < d \leqslant 1.0$	Ⅳ	甲 大	300	100
		乙 小	200	75
$1 < d \leqslant 2$	Ⅴ	—	150	50
$2 < d \leqslant 5$	Ⅵ	—	—	30

续表

识别对象的最小尺寸/mm	视觉工作分类等级	亮度对比	最低照度/lx 混合照明	最低照度/lx 一般照明
$d>5$	Ⅶ	—	—	20
一般观察生产过程	Ⅷ	—	—	10
大件储存	Ⅸ	—	—	5
有自行发光材料的车间	Ⅹ	—	—	30

注:1. 一般照明的最低照度是指距墙 1 m(小面积房间为 0.5 m)、距地 0.8 m 的假定工作面上的最低照度。
2. 混合照明的最低照度是指实际工作面上的最低照度。
3. 一般照明是指单独使用的一般照明。

若照度标准值用 E_n 表示,则工作面上的最小照度 E_{min} 应满足下式:

$$E_{min} \geqslant E_n \qquad (13\text{-}4)$$

由于视觉工作对象的正确布置及其如何变化通常难以预测,因而希望工作面照度分布相对比较均匀。在全部工作平面内,照度不必一样,但变化必须平缓。因此,对工作面上的照度分布推荐值如下:局部工作面的照度值最好不大于照度平均值 25%;对于一般照明,最小照度与平均照度之比规定为 0.8 以上。

4. 亮度分布

为了形成良好的明视和舒适的照明环境,需要有适当的亮度分布。亮度分布可通过规定室内各表面适宜的反射系数范围,以组成适当的照度分布来实现。有关亮度分布、室内各表面的反射系数及各表面照度分布同各表面反射系数相配合的推荐值如下:

(1) 室内各部分的亮度分布限度见表 13-4。
(2) 室内各表面反射系数的推荐值见表 13-5。
(3) 照度分布和室内各表面的反射系数推荐值见图 13-11。

表 13-4 亮度对比最大值

室内各部分	办公室	车间
工作对象与其相邻近的周围之间(如书或机器与其周围之间)	3:1	3:1
工作对象与其离开较远处之间(如书与地面、机器与墙面之间)	5:1	10:1
照明器或窗与其附近周围之间		20:1
在视野中的任何位置		40:1

表 13-5 室内反射系数的推荐值

室内各表面	反射系数的推荐值/%
顶棚	80～90
墙壁(平均值)	40～60
机器设备、工作桌(台)	25～45
地面	20～40

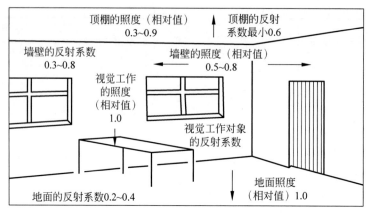

图 13-11 室内各表面的反射系统和相对照度

13.3.3 色彩调节

1. 色彩的感情效果

利用色彩的感情效果,在工作场所构成了一个良好的光色环境,称为色彩调节。如果人的作业环境缺乏色彩,那么将影响人对外界信息的接收,影响人的感情和情绪。色彩引起人们心理上、情绪上、情感上及认知上的变化,都可以作为调节现有环境条件、提高工作效率的手段。色彩的感情效果可以根据表13-6中的因素进行分析,如冷暖感、轻重感、硬软感、强弱感、明快阴晦感、兴奋沉静感、漂亮朴素感等。

表 13-6 色彩的感情效果评价

心理因子		评 价	活 动	力 量
关系深浅尺度		喜欢—讨厌 美丽—丑陋 自然—做作	动—静 暖—冷 漂亮—朴素 明快—阴晦 前进—后退 烦躁—安定 光亮—灰暗	强—弱 浓艳—清淡 硬—软 刚—柔 重—轻
与色彩三属性的关系	色调	绿、青→红、紫	红(暖色)→青(冷色)	基本无关
	饱和度	大→小	大→小	基本无关
	明度	大→小	大→小	小→大

2. 环境色彩的选择

根据表 13-6 及相应的 SD 图,并结合作业环境条件的特点,决定色彩调节时采用的各种色调、明度和饱和度。选择的主要原则是:

(1) 狭小的空间,需采用"后退"的活动心理因子(使四壁"向后"),用绿蓝色、低饱和度、稍低明度。

(2) 空旷的空间,需采用"前进"的活动心理因子,用黄色、高明度、稍高饱和度。

(3) 车间地面,为防止"打瞌睡",增加活力,用红色、稍高饱和度。但考虑到避免疲劳,以低明度安定情绪。

(4) 车间天花板,为避免"压抑感",采用青蓝色。如用天顶内藏式照明光,由于明度增大,可增加青蓝色饱和度进行调节。

环境色彩选择的具体方法如下:

(1) 机械设备本体的颜色。色调用 5G~5B,明度 $V=5\sim6$,饱和度 $C=3$ 左右,或用无彩色 N6~7。但大型设备如果也用 $V=5\sim6$,则会使房间内显得暗淡,故可选用 $V=8$。当需要把机械的工作部分与本体分开时,工作部分可用 7.5YR8/4。

(2) 如果工作面与环境墙壁的明度不同,则眼睛移开工作面接触壁面时要进行明暗调节,易使眼球疲劳。为此,一般工作面明度选择 $V=7.5\sim8$,壁面明度选择 $V=8$ 为宜。要尽量避免刺激性强的高饱和度,壁面饱和度 $C<3$。

(3) 墙壁的颜色色调。如果是朝南房间,工作温度较高,则选用有寒冷感的色调,如 2.5G;若是朝北房间,工作温度较低的选用有暖感的色调,如 2.5Y。高温工作间用 5BG~5B。

(4) 人们习惯用白色天花板,因为白色反射率高。但在面积较大而天花板又较低的车间,如一抬头就是白色天花板,会产生一种压抑感,在此情况下,天花板改用青色较好,使人有在晴空之下的广阔感。

最不易使人的眼睛疲劳的颜色是 7.5GY8/2,所以它最适用于办公室。

不同车间作业环境色彩的设计举例见表 13-7。

表 13-7 环境色彩设计举例

室内各表面	大型机器车间	小型机器车间
天棚	5Y9/2	5Y9/2
墙壁	6GY7.5/2	1.5Y7.5/3
墙围	10GY5.5/2	7YR5/3.5
地面	10YR5/4	N5
机器本体	7.5GY7/3	7.5GY6/3
机器工作面	1.5Y8/3	1.5Y8/3

13.3.4 光环境的综合评价

由于光环境设计的目的已从过去的单纯提高照度转向创造舒适的照明环境,即由量向质的方向转化。因而从人机工程学对光环境的要求来看,不仅需要对光环境的视功能进行评价,还需要对光环境进行综合评价。

1. 评价方法

评价方法应考虑光环境中多项影响人的工作效率与心理舒适的因素,通过问卷法获得主观判断所确定的各评价项目所处的条件状态,利用评价系统计算各项评分及总的光环境指数,以确定光环境所属的质量等级。

评价方法的问卷形式见表 13-8,其评价项目包括光环境中 10 项影响人的工作效率与心理舒适的因素,而每项又包括四个可能状态,评价人员经过观察与判断,从每个项目的各种可能状态中选出一种最符合自己观察与感受的状态进行答卷。

表 13-8 评价项目及可能状态的问卷形式

项目编号	评价项目	状态编号	可能状态	判断投票	注释说明
1	第一印象	1	好		
		2	一般		
		3	不好		
		4	很不好		
2	照明水平	1	满意		
		2	尚可		
		3	不合适,令人不舒服		
		4	非常不合适,看作业有困难		

续表

项目编号	评价项目	状态编号	可能状态	判断投票	注释说明
3	直射眩光与反射眩光	1	毫无感觉		
		2	稍有感觉		
		3	感觉明显,令人分心或令人不舒服		
		4	感觉严重,看作业有困难		
4	亮度分布（照明方式）	1	满意		
		2	尚可		
		3	不合适,令人分心或令人不舒服		
		4	非常不合适,影响正常工作		
5	光影	1	满意		
		2	尚可		
		3	不合适,令人舒服		
		4	非常不合适,影响正常工作		
6	颜色显现	1	满意		
		2	尚可		
		3	显色不自然,令人不舒服		
		4	显色不正确,影响辨色作业		
7	光色	1	满意		
		2	尚可		
		3	不合适,令人不舒服		
		4	非常不合适,影响正常作业		
8	表面装修与色彩	1	外观满意		
		2	外观尚可		
		3	外观不满意,令人不舒服		
		4	外观非常不满意,影响正常工作		
9	室内结构与陈设	1	外观满意		
		2	外观尚可		
		3	外观不满意,令人不舒服		
		4	外观非常不满意,影响正常工作		
10	同室外的视觉联系	1	满意		
		2	尚可		
		3	不满意,令人分心或令人不舒服		
		4	非常不满意,有严重干扰感或有严重隔离感		

2. 评分系统

对评价项目的各种可能状态,按照它们对人的工作效率与心理舒适影响的严重程度赋予逐级增大的分值,用以计算各个项目评分。对问卷的各个评价项目,根据它们在决定光环境质量上具有的相对重要性赋予相应的权值,用以计算总的光环境指数。

3. 项目评分及光环境指数

（1）项目评分计算式（其结果四舍五入取整数）：

$$S(n) = \sum_m P(m)V(n,m) / \sum_m V(n,m) \quad (13\text{-}5)$$

式中，$S(n)$ 为第 n 个评价项目的评分，$0 \leqslant S(n) \leqslant 100$；$\sum_m$ 为 m 个状态求和；$P(m)$ 为第 m 个状态的分值，依状态编号 1、2、3、4 为序，分别为 0、10、50、100；$V(n,m)$ 为第 n 个评价项目的第 m 个状态所得票数。

（2）总的光环境指数计算式（其结果四舍五入取整数）：

$$S = \sum_n S(n)W(n) / \sum_n W(n) \quad (13\text{-}6)$$

式中，S 为光环境指数，$0 \leqslant S \leqslant 100$；$\sum_n$ 为 n 个评价项目求和；$S(n)$ 为第 n 个评价项目的评分；$W(n)$ 为第 n 个评价项目的权值，项目编号 1~10，权值均取 1.0。

4. 评价结果与质量等级

项目评分和光环境指数的计算结果分别表示光环境各评价项目的特征及总的质量水平。各项目评分及光环境质量指数越大，表示光环境存在的问题越大，即其质量越差。

为了便于分析和确定评价结果，该方法将光环境质量按光环境指数的范围分为四个质量等级，其质量等级的划分及其含义见表 13-9。

表 13-9　质量等级

视觉环境指数	S＝0	0＜S≤10	10＜S≤50	S＞50
质量等级	1	2	3	4
含义	毫无问题	稍有问题	问题较大	问题很大

13.4　人与声环境

环境中起干扰作用的声音、人们感到吵闹的声音或不需要的声音，称为噪声。作业环境的噪声不仅限于杂乱无章的声音，还包括影响人们工作的车辆声、飞机声、机械撞击振动声、马达声、邻室的高声谈笑声、琴声、歌声、音乐声等。环境噪声可能妨碍工作者对听觉信息的感知，也可能造成生理或心理上的危害，因而将影响操作者的工作效能、舒适性或听觉器官的健康。但和谐的生产性音乐对某些工种的工作效率是有益的。

13.4.1　噪声对人的影响

1. 噪声对工作的影响

关于噪声对不同性质工作的影响，许多国家都做过大量研究。成果表明，噪声不仅影响工作质量，同时也影响工作效率。如果噪声级达到 70 dB(A)，对各种工作产生的影响表现在以下几个方面：

（1）通常会影响工作者的注意力。

（2）对于脑力劳动和需要高度技巧的体力劳动等工种，会降低工作效率。

（3）对于需要高度集中精力的工种，会造成差错。

（4）对于需要经过学习后才能从事的工种，会降低工作质量。

（5）在不需要集中精力进行工作的情况下，人会对中等噪声级的环境产生适应性。

（6）如果已对噪声适应，同时又要求保持原有的生产能力，则要消耗较多精力，会加速疲劳。

（7）对于非常单调的工作，处在中等噪声级的环境中，噪声就像一只闹钟，可能产生有益的效果。

（8）在能够遮蔽危险报警信号和交通运行信号的强噪声环境下，还易引发事故。

研究还指出，噪声对人的语言信息传递影响最大。如图 13-12(a)所示，交谈者相距 1 m 在 50 dB 噪声环境中可用正常声音交谈。但在

90 dB 噪声环境中应大声叫喊才能交谈,由此还将影响交谈者的情绪,图 13-12(b)表明,在上述情况下,交谈者的情绪将由正常变为不可忍耐。

因此,许多国家的标准在规定作业场所的最大允许噪声级时,对于需要高度集中精力的工作场所均以 50 dB(A)的稳态噪声级作为其上限。

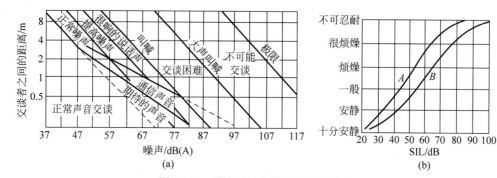

图 13-12 噪声对语言信息传递的影响

注:SIL 表示语言干扰级(speech interference level)。

2. 噪声对听觉的影响

(1) 暂时性听力下降。在噪声作用下,可使听觉发生暂时性减退,听觉敏感度降低,可提高听阈。当人离开强噪声环境回到安静环境时,听觉敏感度不久就会恢复,这种听觉敏感度的改变是一种生理上的"适应",称为暂时性听力下降。

不同的人,对噪声的适应程度是不同的。但暂时性听力下降有明显的特征,即受到噪声作用后听觉有较小的减退现象,约 10 dB;回到安静环境中听觉敏感度能迅速恢复;通常以在 4000 Hz 或 6000 Hz 处比较显著,而低频噪声的影响较小。

(2) 听力疲劳。在持久的强噪声作用下,听力减退较大,恢复至原来听觉敏感度的时间也较长,通常需数小时以上,这种现象称为听力疲劳。

噪声引起的听力疲劳不仅取决于噪声的声级,还取决于噪声的频谱组成。频率越高,引起的疲劳程度越重。

(3) 持久性听力损伤。如果噪声连续作用于人体,而听觉敏感度在休息时间内又来不及完全恢复,时间长了就可能发生持久性听力损伤。另外,如果长期接触过量的噪声,听力阈值就不能完全恢复到原来的数值,便会造成耳感受器发生器质性病变,进而发展成为不可逆

的永久性听力损失,临床上称为噪声性耳聋,这是一种进行性感音系统的损害。

噪声性耳聋的特点是,在听力曲线图上以 4000 Hz 处为中心的听力损失,即 V 形病变曲线。噪声性耳聋的另一个特点是,先有高音调缺损,然后是低音调缺损。噪声性耳聋听力损失的一般发展形式见图 13-13。

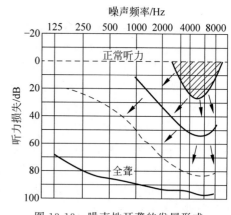

图 13-13 噪声性耳聋的发展形式

(4) 爆震性耳聋。上面介绍的都是缓慢形成的噪声性听力损失。如果人突然暴露于极其强烈的噪声环境中,如声强高达 150 dB 时,人的听觉器官就会发生鼓膜破裂出血、迷路出血、螺旋器(感觉细胞和支持结构)自基底膜急性剥离,有可能使人双耳完全失去听力,这种损伤称为声外伤,或称爆震性耳聋。

3. 噪声对机体的其他影响

噪声在 90 dB 以下，对人的生理作用不明显。90 dB 以上的噪声对神经系统、心血管系统等有明显的影响。

将不同声级的噪声对人体器官的主要影响进行了汇总，并将汇总结果分为四个"噪声品级"，该分级方式相当精确，足以对所有实际应用分析提供信息。图 13-14 为四个噪声品级所造成的影响程度（按%计）与声级（单位为加权分贝）之间的关系，例如：

第一噪声品级，即 $L=30$ dB(A)～65 dB(B)，其影响程度仅限于心理上的，见图 13-14 中的区域 1。

第二噪声品级，即 $L=65$～90 dB(B)，心理影响大于第一品级，另外还有自主神经方面的影响，见图 13-14 中的区域 2。

第三噪声品级，即 $L=90$～120 dB(B)，心理影响和自主神经影响均大于第二品级，此外还有造成不可恢复的听觉机构损害的危险，见图 13-14 中的区域 3。

第四噪声品级，即 $L>120$ dB(B)，经过相当短时间的声冲击之后，就必须考虑内耳遭受的永久性损伤。当声级达到 $L>140$ dB(B) 时，遭受刺激的人很可能形成严重的脑损伤，见图 13-14 中的区域 4。

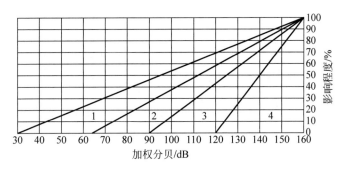

图 13-14　四个噪声品级所造成的影响

13.4.2　噪声对机体作用的影响因素

1. 噪声的强度

噪声强度大小是影响听力的主要因素。强度越大听力损伤出现得越早，损伤就越严重，受损伤的人数也越多。经调查发现，语言听力损伤的阳性率随噪声强度的增加而增加，噪声性耳聋与工龄有关。

2. 接触时间

接触噪声的时间越长，听力损伤越重，损伤的阳性率越高。听力损伤的临界暴露时间，在同样强度的噪声作用下由各频率听阈的改变表现也各不相同。在 4000～6000 Hz 出现听力损伤的时间最早，即该频段听力损伤的临界暴露时间最短。一般情况下接触强噪声的头 10 年听力损伤进展快，以后逐渐缓慢。

3. 噪声的频谱

在强度相同的条件下，以高频为主的噪声比以低频为主的噪声对听力的危害大；窄频带噪声比宽频带噪声的危害大。研究发现，频谱特性可影响听力损伤的程度，而不会影响听力损失的高频段凹陷。

4. 噪声类型和接触方式

脉冲噪声比稳态噪声的危害大；持续接触比间断接触的危害大。

5. 个体差异

机体健康状况和敏感性对听力损伤的发生和严重程度也有差异。在现场调查中常发现少数（1%～10%）特别敏感及特别不敏感的人。

13.4.3　噪声评价标准

1. 国外听力保护噪声标准

为了保护经常受到噪声刺激的劳动者的

听力,使他们即使长期在噪声环境中工作,也不致产生听力损伤和噪声性耳聋。听力保护噪声标准以 A 声级为主要评价指标,对于非稳定噪声,则以每天工作 8 h、连续每周工作 40 h 的等效连续 A 声级进行评价。表 13-10 为国外几种听力保护噪声标准。

2. 环境噪声标准

为了控制环境污染,保证人们的正常工作和休息不受噪声干扰,国际标准化组织(ISO)规定住宅区室外噪声允许标准为 35～45 dB(A),对不同的时间、地区要按表 13-11 进行修正。非住宅区室内噪声允许标准见表 13-11。

表 13-10 国外听力保护噪声允许标准(A 声级)

每个工作日允许的工作时间/h	允许噪声级/dB(A)		
	国际标准化组织(1971 年)	美国政府(1969 年)	美国工业卫生医师协会(1977 年)
8	90	90	85
4	93	95	90
2	96	100	95
1	99	105	100
1/2(30 min)	102	110	105
1/4(15 min)	115(最高限)	115	110

表 13-11 ISO 公布的各类环境噪声标准

不同时间的修正值 r/dB(A)		室内修正值 m/dB(A)	
时间	修正值	条件	修正值
白天		开窗	－10
晚上	－5	单层窗	－15
夜间	－10～15	双层窗	－20
不同地区的修正值 n/dB(A)		室内噪声标准/dB(A)	
地区分类	修正值	室的类型	允许值
医院和要求特别安静的地区		寝室	20～50
郊区住宅、小型公路	＋5	生活室	30～60
工厂与交通干线附近的住宅	＋15	办公室	25～60
城市住宅	＋10	单间	70～75
城市中心	＋20		
工业地区	＋25		

13.5 人与振动环境

振动环境是伴随人们工作和生活较普遍的环境。各种空中的、陆地的、水中的交通工具,以及各种工业的、农业的、家用的机械工具都可使人们处于振动环境之中,影响人的工作效率、舒适性及人的健康和安全。此外,振动还影响机械、设备、工具、仪表的正常工作。

13.5.1 人体的振动特性

人体是一个有生命的有机体,对振动的反应往往是组合性的。研究指出,人体对振动的敏感范围如图 13-15(a)所示,表明人体暴露在振动环境中分为高频区和低频区,同时又分为整体敏感区和局部敏感区。

人体可视为一个多自由度的振动系统。由于人体是具有弹性的组织,因此,对振动的反应与一个弹性系统相当。尽管将人体作为振动系统研究时，出现的情况十分复杂，但是，对于坐姿人体承受垂直振动时的振动特性，其研究结果基本一致。人体对 4～8 Hz 频率的振动能量传递率最大，其生理效应也最大，称作第一共振峰。它主要由胸部共振产生，因而对胸腔内脏影响最大。在 10～12 Hz 的振动频率时出现第二共振峰，它由腹部共振产生，对腹部内脏影响较大，其生理效应仅次于第一共振峰。在 20～25 Hz 频率时出现第三共振峰，其生理效应稍低于第二共振峰。以后随着频率的增高，振动在人体内的传递逐步衰减，其生理效应也相应减弱。显然，对人体影响最大的是低频区。当整体处于 1～20 Hz 的低频区时，人体随着频率不同而发生不同的反应，见图 13-15(b)。

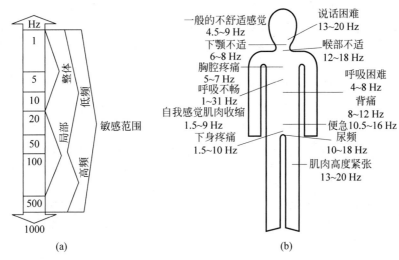

图 13-15　人体对振动的敏感范围

13.5.2　振动对人体作用的影响因素

由图 13-15 可知，不同的振动物理参数会使人体产生不同的反应。振动频率、作用方向、振动强度是振动作用于人体的主要因素；作用方式、振动波形、暴露时间等因素也相当重要。此外，寒冷是振动引起人体不良反应的重要外界条件之一。振动对人体作用的影响因素见图 13-16。

13.5.3　振动对人体的影响

振动对人体的影响主要取决于振动的强度，而振动强度一般是用加速度有效值来计量的。除了振动强度外，还有两个十分重要的因素：一是振动频率，实验证明，人体对 4～8 Hz 的振动感觉最敏感，频率高于 8 Hz，或低于 4 Hz，敏感性就逐渐减弱。二是对于同强度、同频率的振动来说，振动的影响还同振动的暴露时间有关。短时间内可以容忍的振动，时间一长很可能就变成不能容忍的了。

振动对人体的影响大致有以下四种情况：

（1）人体刚能感受到振动的信息，即是通常所说的"感觉"，见图 13-17。人们对刚超过感觉的振动，一般并不觉得不舒适，即多数人对这种振动是可以容忍的。

（2）振动的振幅加大到一定程度，人就感到不舒适，或者做出"讨厌"的反应，这就是"不舒适阈"。不舒适是一种生理反应，是大脑对振动信息的一种判断，并没有产生生理影响。

（3）振动振幅进一步增加，达到某种程度时，人对振动的感觉就由"不舒适"上升到"疲劳"。对超过疲劳的振动，不但有心理反应，而且也出现生理反应。这就是说，振动的感受器官和神经系统的功能在振动的刺激下受到影响，并通过神经系统对人体的其他功能产生影作能力的变化,而振动对人的工作能力的影响又是多方面的。由于人体与目标的振动使视觉模糊,仪表判读及精细的视分辨发生困难;由于手脚和人机界面振动,使动作不协调,操纵误差增加;由于全身受振颠簸,使语言明显失真或间断;由于强烈振动使脑中枢机能水平降低,注意力分散,容易疲劳,从而加剧了振动的心理损害。振动负荷导致人的操作能力降低主要反映在操纵误差、操作时间、反应时间的变化上,具体如图 13-18 所示。

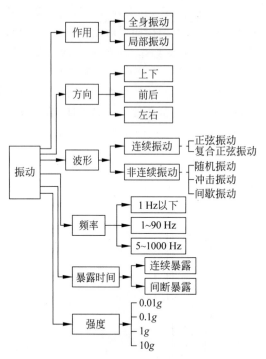

图 13-16 振动对人体的影响因素

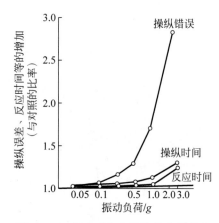

图 13-18 振动对人的操作能力的影响

13.5.5 振动的评价

振动的评价标准是对所接触的振动环境进行人机工程学评价的重要依据。由于目前我国尚无这类标准,故只介绍国际标准化组织(ISO)颁布的振动评价标准。

1. 全身承受振动的评价标准

《人体承受全身振动的评价指南》(ISO 2631)是国际标准化组织推荐的振动评价标准。该标准提出以振动加速度有效值、振动方向、振动频率和受振持续时间四个基本振动参数的不同组合来评价全身振动对人体产生的影响。ISO 2631 根据振动对人的影响,规定了 1~80 Hz 振动频率范围内人体对振动加速度均方根值反应的三种不同感觉界限。

(1)健康与安全界限(EL),人体承受的振动强度在这个界限内,将保持健康和安全。

(2)疲劳-降低工作效率界限(FDP),人体承受的振动在此界限内,将能保持正常的工作

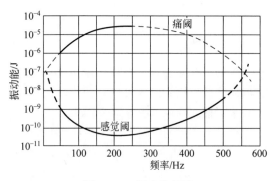

图 13-17 振动的阈值

响,如注意力的转移、工作效率的降低等。对刚超过"疲劳"的振动来讲,振动停止以后,这些生理影响是可以恢复的。

(4)振动的强度继续增加,就进入"危险阈"。超过危险阈时,振动对人不仅有心理、生理的影响,还会产生病理性的损伤和病变,且在振动停止后也不能复原,这一界限通常称为"痛阈"。

13.5.4 振动对工作能力的影响

上述振动对人的心理效应主要表现为操

效率。

(3) 舒适降低界限(RCB),振动强度超过这个界限,人体将产生不舒适反应。

三种界限之间的简单关系为

$$EL = 2FDP(两者相差 6 \text{ dB}) \quad (13-7)$$

$$RCB \approx \frac{FDP}{3.15}(两者相差 10 \text{ dB}) \quad (13-8)$$

图 13-19 是 ISO 2631 振动评价标准中的疲劳-降低工作效率界限。图中实线为垂直振动评价标准,虚线为水平振动(胸背或侧面)评价标准。虚线比实线下降 3 dB,这说明人体对水平振动比对垂直振动更敏感。

对于不同的工作环境,应根据具体的工作要求和工作条件选取上述评价限之一作为振动评价的基本标准。如果需要以健康与安全界限或舒适降低界限作为评价的基本标准,则可将图 13-19 中图线上的振动加速度有效值乘以 2,便可得到"健康与安全界限";若将图线上的振动加速度有效值除以 3.15,便能得到"舒适降低界限"。

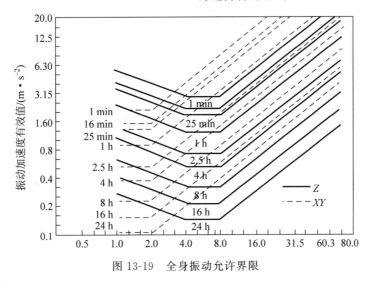

图 13-19 全身振动允许界限

ISO 2631 评价标准中的允许界限值可直接用于单频率正弦振动的评价。按等效的观点,也可以直接用于集中在 1/3 倍频程或更小频带中的窄带随机振动的评价,但在这种情况下,应当以 1/3 倍频程中心频率处的振动加速度有效值的允许界限值,与相应的 1/3 倍频程的实测振动加速度的均方根值相比较来进行评价。

对于多个离散频率的振动或宽带随机振动,则可视情况和要求的不同,采用 1/3 倍频程分析评价法或总加权加速度有效值评价法。

2. 局部振动的评价标准

国际标准化组织提出《人对手传振动暴露的测量和评价指南》(ISO/DIS 5394)是评价局部振动的重要依据。按该标准要求,测试点应在与手接触的机械之某处(如手柄或手抓取处)。振动定向是根据人体的解剖位置以第三掌骨头为坐标原点确定 X、Y、Z 三轴向,见图 13-20。

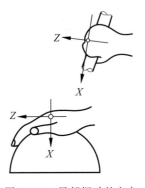

图 13-20 局部振动的方向

ISO/DIS 5394 标准是根据每天接振时间,规定出最大轴向各中心频率下振动加速度、速度有效值的最大限值。该标准所规定的具体原则为:每班接振时间以 4 h 计,不足 4 h 者以

4 h等能量频率计权加速度表示。该评价准则对于三个轴的测量结果均适用,但三个轴向振动以最大轴向振动加速度成分评价。评价时用倍频程分析的结果计算。

因受振时间不同,允许不同的接振加速度,如果工作日内接触振动时间不足4～8 h,则无论是连续暴露,还是不规则间断暴露,或规则间断暴露,均应按表13-12中的校正系数进行加权计算后评价。表中的系数即为各频带范围4～8 h容许接触界限的倍数。如系数为5,即将4～8 h最大容许值的各项数值乘以5,其余类推。

通常,根据接触时间,由表13-12查出校正系数,然后利用图13-21所示的相应曲线进行评价。该图中的横坐标是倍频程中心频率,纵坐标为加速度有效值;其中曲线1～5是不同校正系数时的容许界限。评价时可将手传振动的测试结果绘制成频谱图,与ISO/DIS 5394中的标准曲线相比较,即可对局部接触振动做出评价。

表 13-12 校正系数

工作日内的接触时间	持续或不规则间断	规则性间断				
		每小时不接触振动的时间/min				
		～10	10～20	20～30	30～40	＞40
～30 min	5	5	—	—	—	—
0.5～1 h	4	4	—	—	—	—
1～2 h	3	3	3	4	5	5
2～4 h	2	2	2	3	—	5
4～8 h	1	1	1	2	—	4

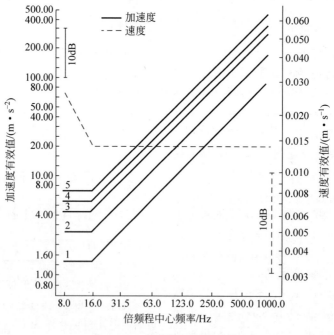

图 13-21 局部振动评价曲线

13.6 人与毒物环境

人在劳动中的许多环节都有可能接触到生产性毒物。各种生产性毒物常以固体、液体、气体或气溶胶的形态存在,其中以固体和液体形态存在的生产性毒物,如果不挥发又不经皮肤进入人体,则对人体危害较小。因此,就毒物对人体的危害来说,以空气污染的危害最大。而对作业环境的空气造成污染的主要物质是有毒气体、蒸气、工业粉尘及烟雾等有害物质。

13.6.1 有毒气体和蒸气

有毒气体是指常温、常压下呈气态的有害物质。例如,由冶炼过程、发动机排放的一氧化碳,由化工管道、容器或反应器逸出的氯化氢、二氧化硫、氯气等。有毒蒸气是指有毒的固体升华、液体蒸发或挥发时形成的蒸气。例如,喷漆作业中的苯、汽油、醋酸酯类等物质的蒸气。若空气中含有过量的有害气体或蒸气,则可使人产生中毒或导致职业性疾病。工业生产中几种常见的有害气体与人体的关系见表13-13。

表13-13 几种有毒气体与人体的关系

有毒气体的浓度		对人体产生的影响
一氧化碳的体积分数/%	100	数小时对人体无影响
	400~500	1 h 内无影响
	600~700	1 h 后有时会引起不快感
	1000~1200	1 h 后会引起不快
	1500~2000	1 h 后会有危险
	4000 以上	1 h 后即有危险
二氧化碳的体积分数/%	45	几小时内无症状
	54	呼吸的深度会增加
	72	有局部症状,如头疼、耳鸣、心跳、昏迷、意识丧失
	108	呼吸显著增加
	144	呼吸明显困难
	180	意识丧失,呈死亡状态
	360	生命中枢完全麻痹,死亡
氯气的体积分数/%	0.02	嗅觉阈值浓度
	0.5	有气味
	1~3	有明显气味,刺激眼、鼻
	6	刺激喉咙致咳
	30	引起剧烈咳嗽
	40~60	接触 30~60 min 可能引起严重损害
	100	可能造成致命性损害
	1000	可危及生命
二氧化硫 24 h 的平均质量浓度/(g·m^{-2})		中年以上或慢性病患者会出现超出预计的死亡,呼吸道病人的病情恶化

13.6.2 工业粉尘和烟雾

工业粉尘是指能较长时间飘浮在作业场所空气中的固体微粒,其粒子大小多为 0.1~10 μm。固体物质经机械粉碎或碾磨时可产生粉尘,粉状原料、半成品和成品在混合、筛分、运送或包装时有粉尘飞扬如炸药厂的三硝基甲苯粉尘、干电池厂的锰尘等。

烟(尘)为悬浮在空气中直径小于 $0.1\ \mu m$ 的固体微粒。某些金属熔融时所产生的蒸气在空气中迅速冷凝或氧化而形成烟,如熔炼铅时产生的铅烟,熔铜铸铜时产生的氧化锌烟。有机物质加热或燃烧时也可产生烟,如农药熏蒸剂燃烧时产生的烟。

雾为悬浮于空气中的液体微滴,多由于蒸气冷凝或液体喷洒而形成,如喷洒农药时的药雾;喷漆时的漆雾;电镀铬时的铬酸雾;金属酸洗时的硫酸雾等。

在生产过程中,如没有控制毒物的措施,作业环境中均会有大量粉尘和烟雾逸散,从事有关作业的操作者都可能接触这类有害物质而受到危害。粉尘在进入呼吸道后,根据其物理性状,在呼吸道各部位通过不同方式沉积、储留及最后清除。生产性粉尘根据其理化性质、进入人体的量和作用部位可引起不同的病变。粉尘主要引起职业性呼吸系统疾患,如尘肺、支气管哮喘、职业性过敏性肺炎、呼吸系统肿瘤等。

此外,粉尘还会引起中毒作用,如吸入铅、砷、锰等有毒粉尘,能在支气管和肺泡壁上溶解后吸收,引起中毒。

13.6.3　防尘、防毒环境设计要求

《工业企业设计卫生标准》(GBZ 1—2010) 于 2010 年 8 月 1 日起开始实施,该标准中提出防尘、防毒环境设计的基本卫生要求。

(1) 优先采用先进的生产工艺、技术和无毒(害)或低毒(害)的原材料,消除或减少尘、毒职业性有害因素;对于工艺、技术和原材料达不到要求的,应根据生产工艺和粉尘、毒物特性,参照 GBZ/T 194—2007 的规定设计相应的防尘、防毒通风控制措施,使劳动者活动的工作场所有害物质浓度符合 GBZ 2.1—2019 要求;如预期劳动者接触浓度不符合要求的,应根据实际接触情况,参考 GBZ/T 195—2007、GB/T 18664—2002 的要求同时设计有效的个人防护措施。

① 原材料选择应遵循无毒物质代替有毒物质,低毒物质代替高毒物质的原则。

② 对产生粉尘、毒物的生产过程和设备(含露天作业的工艺设备),应优先采用机械化和自动化,避免直接人工操作。为防止物料跑、冒、滴、漏,其设备和管道应采取有效的密闭措施,密闭形式应根据工艺流程、设备特点、生产工艺、安全要求及便于操作、维修等因素确定,并应结合生产工艺采取通风和净化措施。对移动的扬尘和逸散毒物的作业,应与主体工程同时设计移动式轻便防尘和排毒设备。

③ 对于逸散粉尘的生产过程,应对产尘设备采取密闭措施;设置适宜的局部排风除尘设施对尘源进行控制;生产工艺和粉尘性质可采取湿式作业的,应采取湿法抑尘。当湿式作业仍不能满足卫生要求时,应采用其他通风、除尘方式。

(2) 产生或可能存在毒物或酸碱等强腐蚀性物质的工作场所应设冲洗设施;高毒物质工作场所墙壁、顶棚和地面等内部结构和表面应采用耐腐蚀、不吸收、不吸附毒物的材料,必要时加设保护层;车间地面应平整防滑,易于冲洗清扫;可能产生积液的地面应做防渗透处理,并采用坡向排水系统,其废水纳入工业废水处理系统。

(3) 贮存酸、碱及高危液体物质贮罐区周围应设置泄险沟(堰)。

(4) 工作场所粉尘、毒物的发生源应布置在工作地点的自然通风或进风口的下风侧;放散不同有毒物质的生产过程所涉及的设施布置在同一建筑物内时,使用或产生高毒物质的工作场所应与其他工作场所隔离。

(5) 防尘和防毒设施应依据车间自然通风风向、扬尘和逸散毒物的性质、作业点的位置和数量及作业方式等进行设计。经常有人来往的通道(地道、通廊),应有自然通风或机械通风,并不宜敷设有毒液体或有毒气体的管道。

通风、除尘、排毒设计应遵循相应的防尘、防毒技术规范和规程的要求。

① 当数种溶剂(苯及其同系物、醇类或醋酸酯类)蒸气或数种刺激性气体同时放散于空气中时,应按各种气体分别稀释至规定的接触

限值所需要的空气量的总和计算全面通风换气量,除上述有害气体及蒸气外,其他有害物质同时放散于空气中时,通风量仅按需要空气量最大的有害物质计算。

② 通风系统的组成及其布置应合理,能满足防尘、防毒的要求,容易凝结蒸气和聚积粉尘的通风管道、几种物质混合能引起爆炸、燃烧或形成危害更大的物质的通风管道,应设单独通风系统,不得相互连通。

③ 采用热风采暖、空气调节和机械通风装置的车间,其进风口应设置在室外空气清洁区并低于排风口,对有防火防爆要求的通风系统,其进风口应设在不可能有火花溅落的安全地点,排风口应设在室外安全处,相邻工作场所的进气和排气装置,应合理布置,避免气流短路。

④ 进风口的风量,应按防止粉尘或有害气体逸散至室内的原则通过计算确定,有条件时,应在投入运行前以实测数据或经验数值进行实际调整。

⑤ 供给工作场所的空气一般直接送至工作地点。放散气体的排出应根据工作场所的具体条件及气体密度合理设置排出区域及排风量。

⑥ 确定密闭罩进风口的位置、结构和风速时,应使罩内负压均匀,防止粉尘外逸并不致把物料带走。

第14章

人的可靠性与安全设计

14.1 人的可靠性

14.1.1 人机系统可靠性

人机系统的可靠性由该系统中人的可靠性和机械的可靠性决定,对人的可靠性很难下定义。在此,暂且定义为"人们正确地从事规定工作的概率"。

设人的可靠性为 R_H,机械的可靠性为 R_M,整个系统的可靠性 R_S 就为 $R_S = R_H \cdot R_M$,三者的关系可用图 14-1 表示。如果人的可靠性为 0.8,即使机械的可靠性高达 0.95,那么,整个人机系统的可靠性也只有 0.76。如果不断对机械进行技术改进,将可靠性提高到 0.99,系统的可靠性仍然只有 0.79,并没有提高多少。因此,提高人的可靠性成为提高系统可靠性的关键。由于人机系统越来越复杂和庞大,一旦出现人为失误就会酿成严重事故,人们日益关心因人的可靠性低下而引起的事故。

一个设计良好的系统需要考虑的不仅仅是设备本身,还应该包括人这一要素。正如一个系统中的其他部分一样,人的因素并非完全可靠,而人的错误可导致系统崩溃。国内外许多安全专家认为,大约 90% 的事故与人的失误有关,而仅有 10% 的事故归咎于不安全的物理、机械条件。

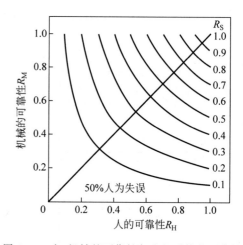

图 14-1 人、机械的可靠性与人机系统的可靠性

如上所述,事故的主要根源在于人为差错,而人为差错的产生则是由人的不可靠性引起的。本章将通过对人的可靠性、人为差错和人的安全性的分析,找出事故发生的原因,并据此提出防止事故发生的措施。

1. 影响人的可靠性的内在因素

人的内在状态可以用意识水平或大脑觉醒水平来衡量。日本的桥本邦卫将人的大脑的觉醒水平分为五个等级,见表 14-1。由表可知,人处于不同觉醒水平时,其行为的可靠性是有很大差别的。人处于睡眠状态时,大脑的觉醒水平极低,不能进行任何作业活动,一切行为都失去了可靠性。处于第Ⅰ等级状态时,大脑活动水平低下,反应迟钝,易发生人为失误或差错。处于第Ⅱ、Ⅲ等级时，均属于正常状态。等级Ⅱ是意识的松弛阶段，大脑大部分时间处于这一状态，是人进行一般作业时大脑的觉醒状态，且应以此状态为准设计仪表、信息显示装置等。等级Ⅲ是意识的清醒阶段，在此状态下，大脑处理信息的能力、准确决策能力、创造能力都很强，此时，人的可靠性高达0.999 99以上，比等级Ⅰ时高十万倍，因此，重要的决策应在此状态下进行。但Ⅲ类状态不能持续很长时间。第Ⅳ等级为超常状态，如工厂大型设备发生故障时，操作人员的意识水平处于异常兴奋、紧张状态，此时，人的可靠性明显降低，因此，应预先设定紧急状态时的对策，并尽可能在重要设备上设置自动处理装置。

表14-1　大脑意识水平的等级划分

等级	意识状态	注意状态	生理状态	工作能力	可靠度
0	无意识，神志丧失	无	睡眠，发呆	无	0
Ⅰ	常态以下，意识模糊	不注意	疲劳，困倦，单调，醉酒（轻度）	低下，易出事故	0.9以下
Ⅱ	正常意识的松弛阶段	无意注意	休息时、安静时或反射性活动时	可进行熟练的、重复性的或常规性的操作	0.99～0.9999
Ⅲ	正常意识的清醒阶段	有意注意	精力充沛，处于积极活动状态	有随机处理能力、准确决策能力	0.999 99以上
Ⅳ	超常态，极度紧张、兴奋	注意过分集中于某一点	惊慌失措，极度紧张	易出差错，易造成事故	0.9以下

2．影响人的可靠性的外部因素

影响人的可靠性的一个极为重要的方面是人所承受的压力。压力是人在某种条件刺激物（机体内部或外部的）的作用下，所产生的生理变化和情绪波动，使人在心理上所体验到的一种压迫感或威胁感。

各方面的研究表明，适度的压力即足以使人保持警觉的压力水平对于提高工作效率，改善人的可靠性是有益的，压力过轻反而会使人精神涣散，缺乏动力和积极性。但是，当人承受过重的压力时，发生人为差错的概率比其在适度压力下工作时要高，因为过高的压力会使人的理解能力消失、动作的准确性降低、操作的主次发生混乱。

工作中造成人的压力的原因通常有以下四个方面：

（1）工作的负荷。如果工作负荷过重，工作要求超过了人满足这些要求的能力，会给人造成很大的心理压力，而工作负荷过轻，缺乏有意义的刺激，如不需动脑的工作、重复性的或单调的工作、无法施展个人才华或能力的工作等，同样也会给人造成消极的心理压力。

（2）工作的变动，如机构的改组、职务的变迁、工作的重新安排等，破坏了人的行为、心理和认识的功能模式。

（3）工作中的挫折，如任务不明确、官僚主义造成的困难，职业培训指导不够等，阻碍了人达到预定的目标。

（4）不良的环境，如噪声太大、光线太强或太暗、气温太高或太低以及不良的人际关系等。

在作业过程中，由于超过操作者的能力限度而给操作者造成的压力以及其他方面给人增加的压力的表现特征见表14-2。

表 14-2　给操作人员造成的压力类型

超过操作者能力限度的压力	其他方面的压力
反馈信息不充分,不足以使操作者下决心改正自己的动作 要求操作者快速比较两个或两个以上的显示结果 要求高速同时完成一个以上的控制 要求高速完成操作步骤 要求完成一项步骤次序很长的任务 要求在极短时间内快速做出决策 要求操作者延长监测时间 要求根据不同来源的数据快速做出决策	不得不与性格难以捉摸的人一起工作 不喜欢从事的职业和工作 在工作中得到晋升的机会很少 所做的工作低于其能力与经验 在极度紧张的时间限度内工作,或为了在规定期限内完成工作,经常加班 沉重的经济负担 家庭不和睦 健康状况不佳 上级在工作中的过分要求

14.1.2　影响人的操作可靠性的综合因素

影响人的可靠性的因素极为复杂,但人为失误总是人的内在状态与外部因素相互作用的结果。影响人的操作可靠性的因素见表 14-3。

人的行为是指人在社会活动、生产劳动和日常生活中所表现的一切动作。人的一切行为都是由人脑神经辐射,产生思想意识并表现于动作。

人的不安全行为则是指造成事故的人的失误(差错)行为。在人机工程领域,对人的不安全行为曾做过大量研究,较新的研究成果提出,人的失误行为发生过程如图 14-2 所示。

表 14-3　影响人的操作可靠性的因素

因素类型		因素
人的因素	心理因素	反应速度、信息接收能力、信息传递能力、记忆、意志、情绪、觉醒程度、注意、压力、心理疲劳、社会心理、错觉、单调性、反射条件
	生理因素	人体尺度、体力、耐力、视力、听力、运动机能、身体健康状况、疲劳、年龄
	个体因素	文化水平、训练程度、熟练程度、经验、技术能力、应变能力、感觉阈限、责任心、个性、动机、生活条件、家庭关系、文化娱乐、社交、刺激、嗜好
	操作能力	操作难度、操作经验、操作习惯、操作判断、操作能力限度、操作频率和幅度、操作连续性、操作反复性、操作准确性
环境因素	机械因素	机械设备的功能、信息显示、信号强弱、信息识别、显示器与控制器的匹配、控制器的灵敏度、控制器的可操作性、控制器的可调性
	环境因素	环境与作业的适应程度、气温、照明、噪声、振动、粉尘、作业空间
	管理因素	安全法规、操作规程、技术监督、检验、作业目的和作业标准、管理、教育、技术培训、信息传递方式、作业时间安排、人际关系

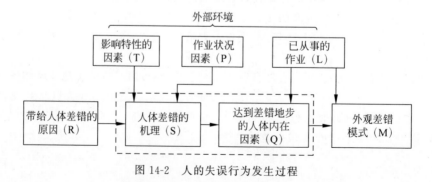

图 14-2　人的失误行为发生过程

由图 14-2 可知,人的失误行为的发生既有外部环境因素,也有人体内在因素。为了减少系统中人的失误行为的发生,必须对内、外两种因素的相关性进行分析。

14.1.3 人的失误的主要原因

按人机系统形成的阶段,人的失误可能发生在设计、制造、检验、安装、维修和操作等各个阶段。但是,设计不良和操作不当往往是引发人的失误的主要原因,可由表 14-4 加以说明。

在进行人机系统设计时,若设计者对表 14-4 中的"举例"进行仔细分析,可获得有益的启示,使系统优化,从而使诱发人的失误行为的外部环境因素得到控制,减少人的不安全行为。诱发人的失误行为的人体内在因素极为复杂,仅将其主要诱因归纳于表 14-5。

表 14-4 人的失误(差错)的外部因素

类型	失误	举例
知觉	刺激过大或过小	(1) 感觉通道间的知觉差异; (2) 信息传递率超过通道容量; (3) 信息太复杂; (4) 信号不明确; (5) 信息量太小; (6) 信息反馈失效; (7) 信息的储存和运行类型的差异
显示	信息显示设计不良	(1) 操作容量与显示器的排列和位置不一致。 (2) 显示器的识别性差。 (3) 显示器的标准化差。 (4) 显示器设计不良: ① 指示方式; ② 指示形式; ③ 编码; ④ 刻度; ⑤ 指针运动。 (5) 打印设备的问题: ① 位置; ② 可读性、判别性; ③ 编码
控制	控制器设计不良	(1) 操作容量与控制器的排列和位置不一致。 (2) 控制器的识别性差。 (3) 控制器的标准化差。 (4) 控制器设计不良: ①用法;②大小;③形状;④变位;⑤防护;⑥动特性
信息	按照错误的或不准确的信息操纵机器	(1) 训练: ① 欠缺特殊的训练; ② 训练不良; ③ 再训练不彻底。 (2) 人机工程学手册和操作明细表: ① 操作规定不完整; ② 操作顺序有错误。 (3) 监督方面: ① 忽略监督指示; ② 监督者的指令有误

续表

类 型	失 误	举 例
环境	影响操作机能下降的物理的、化学的空间环境	(1) 影响操作兴趣的环境因素： ①噪声；②温度；③湿度；④照明；⑤振动；⑥加速度。 (2) 作业空间设计不良： ① 操作容量与控制板、控制台的高度、宽度、距离等； ② 座椅设备、脚、腿空间及可动性等； ③ 操纵容量； ④ 机器配置与人的位置可移动性； ⑤ 人员配置过密
心理状态	操作者因焦虑而产生心理紧张	(1) 人处于过分紧张状态； (2) 裕度过小的计划； (3) 过分紧张的应答； (4) 因加班休息不足而引起的病态反应

表 14-5　人的失误的内在因素

项　目	因　素
生理能力	体力、体格尺度、耐受力，有否残疾（色盲、耳聋、音哑……）、疾病（感冒、腹泻、高温……）、饥渴
心理能力	反应速度、信息的负荷能力、作业危险性、单调性、信息传递率、感觉灵敏度（感觉损失率）
个人素质	训练程度、经验多少、熟练程度、个性、动机、应变能力、文化水平、技术能力、修正能力、责任心
操作行为	应答频率和幅度、操作时间延迟性、操作的连续性、操作的反复性
精神状态	情绪、觉醒程度等
其他	生活刺激、嗜好等

14.1.4　人的失误引发的后果

人为差错是人所具有的一种复杂特性，它与人机系统的安全性密切相关，因此，如何避免人为差错对于提高系统的可靠性具有十分重要的意义。

人为差错可定义为人未能实现规定的任务，从而可能导致任务中断引起财产和设备的损坏。人为差错发生的方式有 5 种，即人没有实现的功能任务、实现了某一不应该实现的任务、对某一任务做出了错误决策、对某一意外事故的反应迟钝和笨拙、没有觉察到某一危险情况。

人为差错所造成的后果按人为差错程度的不同及机械安全设施的不同，一般可归纳为4 种类型：第一种类型，由于及时纠正了人为差错且备有较完善的安全设施，故设备未造成损坏，对系统运行没有影响；第二种类型，暂时中断了计划运行，延迟了任务的完成，但设备略加修复，工作略加修正，系统即可正常运行；第三种类型，中断了计划运行，造成了设备损坏和人员伤亡，但系统仍可修复；第四种类型，导致设备严重损坏，人员有较大伤亡，使系统完全失效。

14.2　人的失误事故模型

许多专家学者根据大量事故现象，研究事故致因理论。在此基础上，运用工程逻辑，提出事故致因模型，用以探讨事故成因、过程和后果之间的关系，达到深入理解构成事故发生诸原因的因果关系。此处仅从人机工程学的角度，讨论几种以人的因素为主因的事故模型。

14.2.1 人的行为因素模型

事故发生的原因,很大程度上取决于人的行为性质。由人机工程学基础理论可知,人的行为是多次感觉(S)-认识(O)-响应(R)组合模型的连锁反应,人在操作过程中,由外部刺激输入使人产生感觉"S",其中外部刺激如显示屏上的仪表指示、信号灯变化、异常声音、设备功能变化等;人识别外部刺激并做出判断称为人的内部响应"O";人对内部响应所做出的反应行动,称为输出响应"R"。

人的行为因素模型如图 14-3 所示,包含 S-O-R 行为的第一组问题反映了危险的构成,以及与此危险相关的感觉、认识和行为响应。若第一组中的任何一个问题处理失败,则会导致危险,造成损失或伤害;如果每一个问题都处理成功,则第一组的危险不可能构成,也不会发生第二组的危险爆发。同样包含 S-O-R 行为的第二组问题是危险的显现,即使第一组问题处理失败只要危险显现时处理得当,也不会造成损失和伤害;如果不能避免危险,则造成损失和伤害的事故必将爆发。

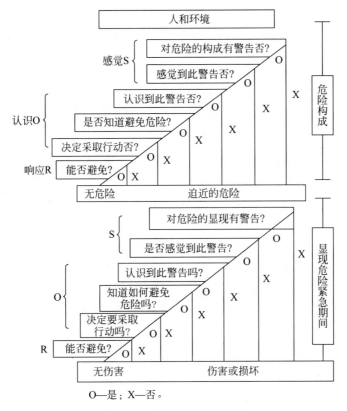

O—是;X—否。

图 14-3 人的行为因素模型

14.2.2 事故发生顺序模型

事故发生顺序模型见图 14-4。该模型把事故过程划分为几大阶段。在每个阶段,如果运用正确的能力与方式进行解决,则会减少事故发生的机会,并且过渡到下一个防避阶段。如果作业者按图示步骤做出相应的反应,虽然不能肯定会完全避免事故的发生,但至少会大大降低事故发生的概率;而如不采取相应的措施,则事故发生的概率必会大大增加。

按图 14-4 所示的模式,为了避免事故,在考虑人机工程学原理时,重点可放在:

(1)准确、及时、充分地传示与危险有关的信息(如显示设计)。

(2)有助于避免事故的要素(如控制装置、作业空间等)。

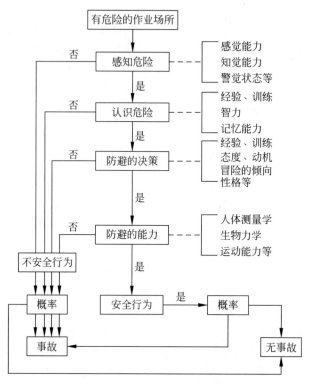

图 14-4 事故发生阶段顺序图

(3) 作业人员培训,使其能面对可能出现的事故,采取适当的措施。

研究结果表明,按照事故的行为顺序模式,不同阶段的失误造成的比例为:

(1) 对将要发生的事故没有感知,36%。

(2) 已感知,但低估了发生的可能性,25%。

(3) 已感知,但没能做出反应,17%。

(4) 感知并做出反应,但无力防避,14%。

由该结果可知,人的行为、心理因素对于事故最终发生与否有很大影响,而"无力防避"属环境与设备方面的限制与不当(也可能是人的因素),只占很小的比例。

14.3 安全装置设计

安全防护是通过采用安全装置或防护装置对一些危险进行预防的安全技术措施。安全装置与防护装置的区别是:安全装置是通过其自身的结构功能限制或防止机器的某些危险运动,或限制其运动速度、压力等危险因素,以防止危险的产生或降低风险;而防护装置是通过物体障碍方式防止人或人体部分进入危险区。究竟采用安全装置还是采用防护装置,或者二者并用,设计者要根据具体情况确定。

安全装置是消除或降低风险的装置。它可以是单一的安全装置,也可以是和联锁装置联用的装置。常用的安全装置有联锁装置、联动装置、止-动操纵装置、双手操纵装置、自动停机装置、机器抑制装置、限制装置、有限运动装置等。

14.3.1 联锁装置

当作业者要进入电源、动力源这类危险区时,必须确保先断开电源,以保证安全,这时可以运用联锁装置。在图 14-5 中,机器的开关与门是互锁的。作业者打开门时,电源自动切断;当门关上后,电源才能接通。为了便于观察,门用钢化玻璃或透明塑料做成,无须经常检查内部工作情况。

14.3.2 双手控制按钮

对于图 14-6 所示的作业,有些作业者习惯于一只手放在按钮上,准备启动机器动作,另一只手仍在工作台面上调整工件或试件。为了避免开机时另一只手仍在台面上而发生事故,可用图示的双手控制按钮,这样必须双手都离开台面才能启动,保证了人身安全。

14.3.3 利用感应控制安全距离

在图 14-7 中,若身体的任何部位经过感应区进入机床作业空间的危险区域时,光电传感器则发出停止机床动作的命令,保护作业者免受意外伤害;还可以运用其他感应方式,如红外、超声、光电信号等。但必须注意,当人体进入危险区时,检测信号必须准确无误,以确保安全。

14.3.4 自动停机装置

自动停机装置是指当人或其身体的某一部分超越安全限度时,使机器或其零部件停止运行或保证人处于安全状态的装置,如触发线、可伸缩探头、压敏杠、压敏垫、光电传感装置、电容装置等。图 14-8(a) 为一机械式(距离杆)自动停机装置的应用实例,图 14-8(b) 是其工作原理。

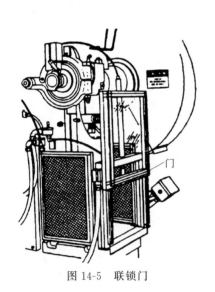

图 14-5 联锁门

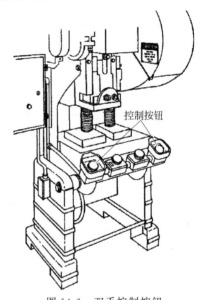

图 14-6 双手控制按钮

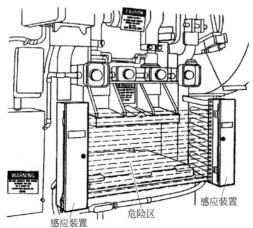

图 14-7 感应式安全控制器

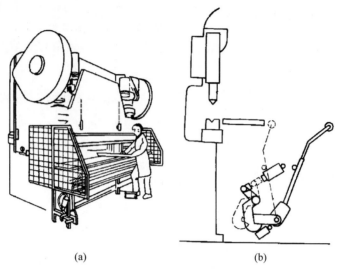

图 14-8 机械式自动停机装置
(a) 应用实例；(b) 工作原理

14.4 防护装置设计

专为防护人身安全而设置在机械设备上的各种防护装置的结构和布局应设计合理，使人体各部位均不能直接进入危险区。对机械式防护装置的设计应符合下述与人体测量参数相关的尺寸要求：

（1）上肢自由摆动可及安全距离见表 14-6。
（2）上肢探越可及安全距离见表 14-7。

表 14-6　上肢自由摆动可及安全距离　　　　　单位：mm

上肢部位		安全距离 S_d	图　示
始	终		
掌指关节	指尖	≥120	
腕关节	指尖	≥225	
肘关节	指尖	≥510	
肩关节	指尖	≥820	

第14章 人的可靠性与安全设计

表 14-7 上肢探越可及安全距离 S_d　　　　单位：mm

b	a							
	2400	2200	2000	1800	1600	1400	1200	1000
	S_d							
2400		50	50	50	50	50	50	50
2200		150	250	300	350	350	400	400
2000			250	400	600	650	800	800
1800				500	850	850	950	1050
1600				400	850	850	950	1250
1400				100	750	850	950	1350
1200					400	850	950	1350
1000					200	850	950	1350
800						500	850	1250
600							450	1150
400							100	1150
200								1050

注：a——从地面算起的危险区高度；b——棱边的高度；S_d——棱边距危险区的水平安全距离。

(3) 穿越网状（方状）孔隙可及安全距离见表 14-8。

(4) 穿越栅栏状（条形）缝隙可及安全距离见表 14-9。

表 14-8　穿越网状（方状）孔隙可及安全距离 S_d　　　　单位：mm

上肢部位	方形孔边长 a	安全距离 S_d	图示
指尖	$4 < a \leqslant 8$	$\geqslant 15$	
手指（至掌指关节）	$8 < a \leqslant 25$	$\geqslant 120$	
手掌（至拇指根）	$25 < a \leqslant 40$	$\geqslant 195$	
臂（至肩关节）	$40 < a \leqslant 250$	$\geqslant 820$	

注：当孔隙边长在 250 mm 以上时，身体可以钻入，按探越类型处理。

——人机工程学

表 14-9　穿越栅栏状（条形）缝隙可及安全距离 S_d　　　　单位：mm

上肢部位	缝隙宽度 a	安全距离 S_d	图　示
指尖	$4 < a \leqslant 8$	$\geqslant 15$	
手指（至掌指关节）	$8 < a \leqslant 20$	$\geqslant 120$	
手掌（至拇指根）	$25 < a \leqslant 30$	$\geqslant 195$	
臂（至肩关节）	$30 < a \leqslant 135$	$\geqslant 320$	

(5) 防止挤压伤害的夹缝安全距离见表 14-10。

表 14-10　防止挤压伤害的夹缝安全距离 S_d　　　　单位：mm

身体部位	安全夹缝间距 S_d	图　示	身体部位	安全夹缝间距 S_d	图　示
躯体	$\geqslant 470$		臂	$\geqslant 120$	
头	$\geqslant 280$		手、腕、拳	$\geqslant 100$	
腿	$\geqslant 210$		手、指	$\geqslant 25$	
足	$\geqslant 120$				

(6）防护屏、危险点高度和最小安全距离的关系见表 14-11。表中曲线分别为防护屏高等于 1.0 m、1.2 m、1.4 m、1.6 m、1.8 m、2.0 m、2.2 m 时的人体危险区；a、b、c 分别为三个危险物体所形成的危险区域的危险点；Y_a、Y_b、Y_c 分别为三个危险点的高度；X_a、X_b、X_c 分别为三个危险区域应具备的最小安全距离。设计时依据危险点高度和危险区应具有的最小安全距离，由该表可确定防护屏的高度。

表 14-11　防护屏、危险点高度和最小安全距离的关系　　　单位：mm

危险点高度	屏高							
	2400	2200	2000	1800	1600	1400	1200	1000
	最小安全距离							
2400	100	100	100	150	150	150	150	200
2300		200	300	350	400	450	450	500
2200		250	350	450	550	600	600	650
2100		200	350	550	650	700	750	800
2000			350	600	750	750	900	950
1900			250	600	800	850	950	1100
1800				600	850	900	1000	1200
1700				550	850	900	1100	1300
1600				500	850	900	1100	1300
1500				300	800	900	1100	1300
1400				100	800	900	1100	1350
1300					700	900	1100	1350
1200					600	900	1100	1400
1100					500	900	1100	1400
1000					500	900	1000	1400
900						700	950	1400
800						600	900	1350
700						500	800	1300
600						200	650	1250
500							500	1200
400								1100
300								1000
200								750
100								500

14.5 安全信息设计

14.5.1 警示设计的原则

1. 人的失误最小化

一个系统中差错的来源（以及由此发生的故障）之一就是信息的传递，既有从设备到操作者传递的差错，也有从人到书面指令、警告、代码等传递的差错。要最小化此类差错，就需要发送人和接收者之间存在着共同的理解。通过确定哪些地方可能发生差错，就能运用人的因素原理来减少它们的可能性。

经过一定的时间，个体将对某一任务及其环境逐渐熟悉，随着操作者对信息理解程度的提高，对此类信息的依赖程度也随之降低。可是，在为一般群体进行设计时，初学者或不熟练的使用者应作为目标对象。此外，由于紧急状态通常会导致反射性反应而不是有分析性地排除故障，即使是有经验的人也需要在工作场所中放置设计良好的书面资料。这一部分的重点旨在提高信息在人之间的有效传递，从而降低人为过失的潜在可能。

2. 警示信息的有效传递

成功的警示应该被察觉（通常是见到或听到），被正确地解释并被遵守。通过人机学原则的应用，察觉、解释和遵守三个步骤中的每一步都应有确定的作用。

就察觉而言，警示的信息或信号必须清楚地传递，从而能显著地从背景噪声中确认和区别开来。对于视觉警示，大小、形状、对比、反色可能有助于提高察觉的特性。对于听觉警示，时间方案、声级及声谱是在提高察觉性能时需要考虑的特性。

使用人群对信息的准确解释和理解对警示的合理设计是至关重要的。无论在性质上是视觉的还是听觉的，都应对警示进行测试，以保证最终的使用人群能正确地理解其意义。在开发一个警示时应考虑以下几条原则：

（1）避免含糊的、不明确的或错误定义的术语（词汇或图标），非常专业的术语或短语，双重否定、复杂的语法和长句（多于12个词的）。

（2）了解对象人群。需考虑语言、当地风俗及可能在场的参观人员，为对象人群中的低端部分设计，以普通人群来确认结果（保证不存在内部的个体差异性）。

（3）了解对象环境。对环境的考虑（如噪声、灯光、主要任务）可能会影响警示的设计和表达，应考虑当前在场的其他警告或警示以保证能够准确地识别。

（4）警告的严重程度要和警示的严重性相匹配。例如，其他的事情都是平等的，对于后果最严重的情形，其警报应该让使用者听起来是最迫切的。

（5）在现实条件下以适当的使用人群来测试警示系统的有效性。警示被察觉和解释之后，人员必须留意并遵守。

3. 执行警示发布的条件

当危害涉及严重的伤害或死亡时，警示应该在近似于实际使用环境的条件下，并以接近于最终使用者的有代表性的人群进行严格试验。以下是发布警示的4个基本条件：

（1）使人获悉危险或潜在的危险状态。

（2）提供对象在使用过程中或可能预见的误用时损伤的可能性和严重程度。

（3）提供降低损伤的可能性和严重性的信息。

（4）提醒使用者/操作人员何时何地最容易遭遇到该危险情况。

14.5.2 视觉警示信息设计

1. 视觉警示信息的基本元素

一个设计合理的警示应包括以下基本元素：

（1）信号词——对危害程度的指示（危险、警告、小心）。

（2）危害——对危害的识别或扼要说明。

（3）后果——相关的代价或可能损害（如果不遵守警告的话）。

（4）指示——对可降低或消除危害的行为的描述。

通常有三个信号词是公认的，它们表达警

告和传达情况的严重性的能力有所区别。

（1）危险直接的危害,如果遇上的话,会导致个体的损伤或死亡（首选的视觉警示：白底红字,反之亦然）,如高压线（危害）,能致命（后果）。

（2）警告危险或不安全的操作,如果遇上的话,可能导致损伤或死亡（首选的视觉警示：橙色背景,黑色字）,如保持距离（指示）。

（3）小心危险或不安全的操作,如果遇上的话,可能导致轻微的个人损伤、产品或财产损毁（首选的视觉警示：黄色背景,黑色字）。

2．视觉警示信息的重要因素

一个警示标志的重要因素有大小、形状、颜色、图形化（图标的）描述、对比、放置和耐久性。

（1）大小在合理的限度内,一个警示标志相对其周围信息越大,就越能被发现。

（2）形状与图形化描述类似,形状有助于吸引一个人对警示信息的注意（如箭头）。警示信号的形状代码主要在运输区域使用,一些信号的大概意思从其形状就能体现出来（如八角形的停止标志、矩形的信号标志）。

（3）图形化（图标的）描述与形状编码相似,通过描绘可能发生的结果,图标具有吸引人对警示加以注意的能力。

（4）颜色与对比,警示本身的文字与背景之间的高对比度（在浅色背景上的深色文字或深色背景下的浅色文字）有助于察觉。背景与警示信息自身类似的对比度同样有助于察觉（如一个在黑白纸上的彩色警示）。通常,黑、白、橙、红及黄色是警示标志或信号的推荐颜色。表14-12显示不同颜色组合的易辨认性。

表14-12 白色光下各种颜色组合的易辨认性

易辨认性	颜色组合		易辨认性	颜色组合		易辨认性	颜色组合	
	字	背景		字	背景		字	背景
非常好	黑色	白色	一般	绿色	白色	很差	橙色	黑色
好	黑色	黄色		红色	白色		橙色	白色
	黄色	黑色		红色	黄色		黑色	蓝色
	白色	黑色	不佳	绿色	红色		黄色	白色
	深蓝	白色		红色	绿色			

（5）位置,在西方文化中,阅读是从左到右或自上而下的。因此,警示应呈现在顶部或者是左边,取决于显示的设计。如果可能的话,将警示标志放在靠近危害的附近是比较好的。将警示与其他信息标志分开同样有助于察觉。

14.5.3 特定安全信息设计

1．安全色设计

安全色标是特定表达安全信息含义的颜色和标志。它以形象而醒目的信息语言向人们表达禁止、警告、指令、提示等安全信息。安全色是以防止灾害为指导思想而逐渐形成的。

安全色是根据颜色给予人们不同的感受而确定的。目的是使人们能够迅速发现或分辨安全标志和提醒人们注意,以防发生事故。安全色的含义和用途见表14-13。

表14-13 安全色的含义及用途

颜　色	所起心理作用	含　义	用途举例
红色	危险	禁止	禁止标志
		停止	停止信号,机器、车辆上的紧急停止手柄或按钮,以及禁止人们触动的部位；红色也表示防火

续表

颜　　色	所起心理作用	含　　义	用 途 举 例
蓝色	沉重、诚实	指令	指令标志,如必须佩戴个人防护用具
		必须遵守的规定	道路上指引车辆和行人行驶的方向指令
黄色	警告、希望	警告	警告标志; 警戒标志,如厂内危险机器和坑地边周围的警戒线、行车道中线
		注意	机械上的齿轮箱内部; 安全帽
绿色	安全、希望	指令	提示标志
		安全状态	车间内的安全通道
		通行	行人和车辆通行的标志; 消防设备和其他安全防护设备的位置

注：1. 蓝色只有与几何图形同时使用时才表示指令。
2. 为了不与道路两旁的绿色行道树相混淆,道路上的提示标志用蓝色。

2．安全标志设计

安全标志是由安全色、几何图形和图形符号构成的,用以表达特定的安全信息。其作用是引起人们对不安全因素的注意,以达到预防事故发生的目的。但安全标志不能代替安全操作规程和防护措施,不包括航空、海运及内河航运标志。

安全标志分为禁止标志、警告标志、指令标志、提示标志四类。这四类标志的规格见表 14-14。

表 14-14　几何图形规格、颜色和含义

图　形	图 形 规 格	颜 色 要 求	含　义
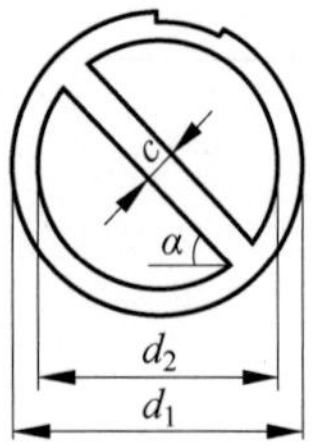 (圆环带斜杠图)	外径 $d_1=0.025L$; 内径 $d_2=0.800L$; 斜杠宽 $c=0.080d_1$; 斜杠与水平线的夹角 $\alpha=45°$; L 为观察距离	圆环和斜杠：红色; 图形符号：黑色; 背景：白色	禁止
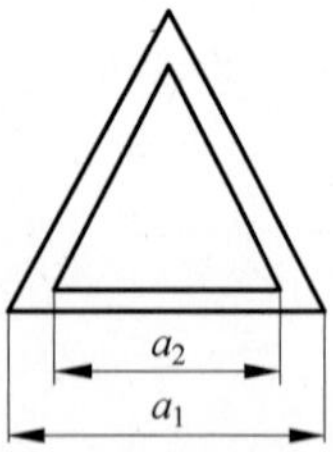 (三角形图)	外边 $a_1=0.034L$; 内边 $a_2=0.700a_1$; L 为观察距离	背景：黄色; 三角框及图形符号：黑色	警告
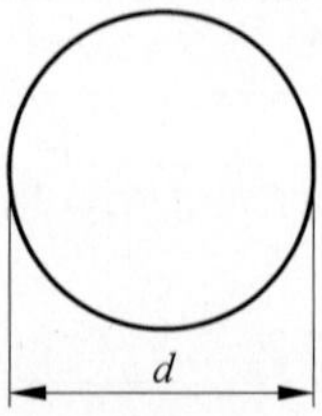 (圆形图)	$d=0.025L$; L 为观察距离	背景：蓝色; 图形符号：白色	指令

续表

图　形	图形规格	颜色要求	含　义
	短边 $b_1 = 0.014\,14L$； 长边 $L_1 = 2.500b_1$； L 为观察距离	背景：绿色	一般提示标志
	短边 $b_2 = 0.017\,68L$； 长边 $L_2 = 1.600b_2$； L 为观察距离	图形符号：白色及文字	消防设备提示标志

（1）禁止标志 16 个，选择的示例见图 14-9。
（2）警告标志 23 个，选择的示例见图 14-10。
（3）指令标志 8 个，选择的示例见图 14-11。
（4）提示标志：
① 一般指示标志 2 个，选择的示例如图 14-12 所示。
② 消防设备提示标志 7 个，选择的示例如图 14-13 所示。

图 14-9　禁止标志

图 14-10　警告标志

图 14-11　指示标志

图 14-12　提示标志

图 14-13　消防设备提示标志

安全标志牌应设在醒目、与安全有关的地方,并使人们看到后有足够的时间来注意它所表示的内容,不宜设在门、窗、架等可移动的物体上。安全标志牌每年至少检查一次,如发现有变形、破损或图形符号脱落及变色不符合安全色的范围,应及时修整或更换。

第15章

人类智慧与创新设计

15.1 人类智慧

15.1.1 人类智慧的定义

人类是人的总称。人的基本特征是：能制造工具并能使用工具进行劳动的高级动物。能进行劳动是人类的基本共同点，能制造工具或者能使用工具是人类社会科学进步的合理分工。

自古希腊开始，人们就认为智慧是人的根本属性，哲学家普罗泰戈拉有句名言："人是万物的尺度，是存在的事物存在的尺度，也是不存在的事物不存在的尺度。"马克思也认为，认识世界与改造世界，是人类的任务与目的。

科学的发展，使得人们对身体的探索越来越深入，对于身体的构造、骨骼的结构、血液的循环乃至器官和细胞的功能，人类已经有了深刻的认识。但是对于什么是智慧本身，依然不清楚其生成的机制与来源。因此，科学的发展在越来越肯定智慧是人的根本属性的同时，也越来越使得智慧是什么成为人类的根本困惑。

在维基百科中，智慧是这样定义的：它是高等生物所具有的基于神经器官（物质基础）的一种高级的综合能力，包含感知、知识、记忆、理解、联想、情感、逻辑、辨别、计算、分析、判断、决定等多种能力。智慧让人拥有了思考、分析、探求真理的能力。到目前为止，人类是地球上最智慧的生物，人类的智慧能够帮助人们创造新的智慧，这就是智慧的奥妙所在。虽然人类最终创造的智慧可能会超越人类本身的智慧，但目前看来还遥不可及。人工智能就是人类创造出来的系统所表现出来的智慧。

人类智慧是指人类区别于他类的辨识判断、发明创新的综合能力。其中，辨识判断能力是基础，发明创新能力是人类智慧质的升华和飞跃。一个人的智慧是有限的，个别人群的智慧也是有限的，但全人类相互交融、相得益彰的智慧是无穷无尽的。虽然人类对神奇奥秘的大自然的了解迄今还是微乎其微，但人类对大自然的探索和认识，毕竟是与时俱进、与日俱增的。古今中外许多名人对前人智慧的崇敬感，大都很奇妙地转化为名人自己和后人智慧的激励感、超越感。

智慧是人类对自然的认识与思考，是超越知识的思维能力，有时是天马行空的思考。智慧反映了人类智力器官的终极功能，让人可以深刻地理解人、事、物、社会，宇宙的现状、过去与未来。

人类个体智力的高低，取决于其所拥有知识的真实、准确、可靠程度；人类个体智慧的高低，则表现为知识基础上的悟性、禅性、想象力、胆量等主观因素。人类智力源于人类在生存斗争中对客观自然规律的认识与了解；人类智慧则源于人类文明、文化的发展与演化。人类智力经历了数百万年的进化历程，而人类智慧只有以万年计的发展历程。

　　创造、发明与创新是人类得以持续发展的基石。技术创造工作中的独创能力使人类进步的速度越来越快,如同站在自动扶梯上面。

　　我们假定每个人的工作时间为40年,那么以这样的时间跨度作为一代来计算,我们就可以正确地评估文明的发展速度。在过去的4万年中延续的1000代中：

——超过800代的人生活在树林与洞穴等非人工住所中；

——只有120代人认识并使用过轮子；

——约55代人认识并使用过阿基米德定律；

——约40代人使用过风车与水车；

——约20代人认识并使用过钟表；

——约10代人了解印刷术；

——5代人乘坐过轮船与火车旅游；

——4代人使用过电灯；

——3代人乘坐汽车旅行,使用过电话与吸尘器；

——2代人乘坐飞机旅行,使用过无线电与冰箱；

——只有今天这一代人到外太空旅行,使用原子能、个人计算机与笔记本电脑,通过人造卫星在全球进行音、像及其他信息传送。

　　人类历史上90%的知识与物质财富创造于20世纪！

15.1.2　人类智慧的起源

　　人类智慧的起源能力可以归结为以下几个关键因素。

　　首先,人类具有高度发达的大脑和神经网络。大脑是智慧的物质基础,它包含了庞大的神经元网络和复杂的神经回路。这种神经系统的结构和功能使得人类能够进行高级的认知和思维活动,如抽象推理、创造性思维和符号表达。

　　其次,人类具有高度发达的语言能力。语言是人类智慧的重要载体和交流工具。通过语言,人类能够表达思想、共享知识、传递文化,并进行抽象和符号化的思考。语言的存在使得人类能够进行深入的沟通、思维和合作,从而促进了智慧的发展和传承。

　　再次,人类还具备抽象思维和符号化能力。人类能够将现实世界的感知和经验转化为抽象的概念和符号表示。通过抽象思维,人类能够进行推理、问题解决和创新。符号化能力使得人类能够使用符号系统,如数学、音乐、艺术等,进一步扩展智慧的领域和表达方式。

　　最后,人类具有学习和适应能力。人类智慧的发展是基于不断学习和经验积累的过程。人类能够从环境中获取信息,通过观察、实验和反馈来不断调整和改进自己的认知和行为。学习能力使得人类能够不断适应新的挑战和环境,从而推动智慧的进一步发展。

　　人的智慧相差很大,除了客观、先天生理因素外,根本原因在于人的大脑思考、思路、思维、思想系统活动的差别。根据生理学,我们知道,人的大脑有140亿到160亿个脑细胞,其中神经性细胞就有100亿个。这么多神经元组成了一个庞大而复杂的高级神经系统。这个神经系统使人进行思考、思路、思维、思想协调活动,活动的结果使人表现出不同层次的智慧。有没有智慧,是人与动物的根本区别。

　　为了便于理解思考、思路、思维、思想产生智慧,首先要搞清楚它们各有什么含义和相互间的关联。

　　思想,是客观存在的反映在人的意识中经过逻辑活动产生的结果。它的内容通俗地说就是"念头"。常为社会制度和物质文化生活所决定,在阶级社会,具有阶级性。思考、思路、思维都是思想的形式,思维是思想的纬度,思路是思想的经度；思想是名词,思考是动词,通过思考过程产生思想。

　　思考,是对事物的全程考察,考察程序包括：一是什么？弄清楚事物存在的形式,指出事物的本质；二为什么？弄清楚事物互相制衡的规律和因果关系；三做什么？该怎么做,怎么落实,这是从思考向执行转化。可见,思考贯穿于人脑认识链的始终。

　　思路,是思想路线的简称,是思考活动的

条理、线索和脉络。为思考开辟逻辑的方向和行进的通道。思路表现在事物发展过程中的各个转折点,转折点前一步结束了,该思考与之相适应的下一步内容这就是思路。没有思路,思考就无法进行,思路不清晰就会影响思考的速度和效果,思路不正确就会误导整个思考。

思维,是大脑的理性认识,是分析、综合、推理等认识过程。这是人类的高级认识活动。这个认识活动包括逻辑思维、抽象思维、形象思维、定向思维、逆向思维、发散思维、哲学思维等,对不同的事物可选择不同的思维。人类的智慧主要取决于思维的质量和深度,质量和深度在实践基础上产生和发展。

思考、思路、思维、思想组成的人脑认识链条在人对事物认识的实践中,大概是这样的过程:通过大脑神经沿着一定的思路,按照逻辑推理的思维方式,对事物进行全程思考,上升到理性得到思想,这个思想对外显示出了人的聪明才智。

总结起来,人类智慧的起源于大脑的复杂结构和功能、语言的存在、抽象思维和符号化能力,以及学习和适应的能力。这些因素相互作用,共同促进了人类智慧的发展和演化,使我们成为具有高度认知能力和创造力的物种。

15.2 人类智慧的三个维度

在哈伯特·西蒙(H. A. Simom)的经典著作 The Sciences of Artifical(1996 年)中提出了两个深刻观点:第一个观点是"自然科学所关心的是事物已有的形态,而设计,是从另一方面出发,关心的是事物应有的形态";第二个观点是断言设计思维具有一个特质,使得它可以被"普遍化"。这就意味着设计可以用作跨学科的沟通工具。

所有涉及创造、解决问题、做出选择及综合分析的职业都和设计思维有关。从物理环境和人工制品到音乐(创作)、哲学(探究系统的设计)及政治和经济的格局,在各行各业都有着非常精美的设计。一些伟大的思想家还会把整个社会作为一个可以重新设计的系统来看待。

奈杰尔·克罗斯(Nigel Cross)在他的著作 Designerly Ways of Knowing(2007 年)中提出了以下毋庸置疑的观点:

我们身边的一切都经过了设计之手。

设计能力,其实是人类智慧的三个基本维度之一。设计、科学和艺术构成了一个"与"而非"或"的关系,从而创造出人类超凡的认知能力,见图 15-1。

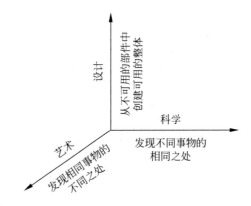

图 15-1 人类智慧的三个维度

美国著名的设计大师雷蒙德·罗维(Raymond Loewy)曾经说过:"当我能够把美学的感觉与我的工程技术基础结合起来的时候,一个不平凡的时刻必将到来。"当代科学家、诺贝尔奖获得者李政道博士在我国召开的"科学和艺术展览"开幕式上所作的"科学与艺术"的专题发言中曾指出:"科学与艺术是不可分割的,它们的关系是与智慧和感情的二元性密切关联的。伟大艺术的美学鉴赏和伟大科学观念的理解都需要智慧,但是随后的感受升华和情感又是分不开的。……艺术和科学事实上是一个硬币的两面,源于人类活动最高尚的部分,其共同基础是人类的创造力,它们追求的目标都是真理的普遍性、永恒性和富有意义"。

我国著名的工业设计带头人和理论家柳冠中提出了"设计是人类未来不被毁灭的第三种智慧"的观点,将设计的意义提高到了全人类未来可持续发展的高度。

设计思维正是人类在创建远景上所体现

出来的独特能力。在此背景下,设计思维的显著优势是能够产生新的选择。它在默认方案之上寻求更好的机会,而不是从现有的选择中选出最好的。现有的选择通常会有一个或多个性质是基于决策人在相似经验中获得的显式或隐含的假设或约束所得到的。使用高级分析工具来帮助做出最好选择的常规做法,只是在重复分析相同的已知行为模式,因为控制选择的基本假设并没有受到质疑。

从另一方面来说,设计思维包含了对假设的质疑。它体现了一种质变,这种质变包括对美和欲望的理解。按照这样,设计就能够识别出新的选择和目标,寻求对未来更加期望的可能性。爱因斯坦对此有很美妙的诠释:"如果我们用一种思维创造了问题,那么我们就不能再用此思维去解决这些问题。"

思维的启动是设计的开始,同时又贯穿着设计过程的始终,设计思维是设计科学的核心问题。

设计思维是一种创造性思维。创造性思维是一种动态的、理论的、突破式的、变异式的、开放的、多维的主动思维方式。科学的逻辑思维和艺术的形象思维都需要创造性,艺术家和科学家都要有创造欲望,才能获得成功。

创造性是人类按照自己的要求改造客观世界,自觉的创造性劳动过程的第一步是人类在自身所能获得的经验的基础上,把创造新事物的活动推向前所未有的新境界的一种高级思维活动。

设计是人类从事目的性明确的创作活动之前及其过程中的设想和计划,是一种思考和运筹,是人类文明发展进程中创造智慧的结晶,是想象力和预见性与实际条件的契合。设计是从事任何活动都不可缺少的全面权衡和整合,以寻求最合理有效的方案。设计促进了人类文明的发展,伴随着人类的历史进步。

15.3 设计进化与创新设计

15.3.1 设计的进化历程

根据路甬祥院士的产业发展观点,可以将设计分为三个发展阶段:一是农耕时代的传统设计,即设计1.0时代;二是工业时代的现代设计,即设计2.0时代(也称作工业设计1.0);三是知识网络时代的创新设计,即设计3.0时代(也称作工业设计2.0)。详见图15-2。

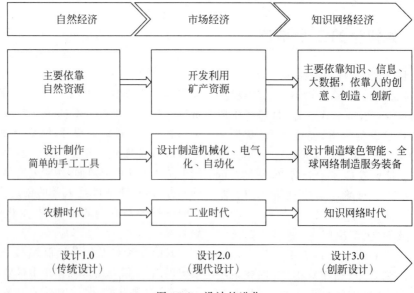

图15-2 设计的进化

综上，21世纪的创新设计是覆盖了产品设计、流程设计、工程设计、环境设计、服务设计等诸多领域，以互联网、大数据、云计算、物理信息系统等先进信息技术为支撑，具有绿色低碳化、产品智能化、工具全球化、设计服务化、资源共享化等重要特征，并广泛应用于人类社会生活的各个领域。

工业设计与创新设计的关系如下：

（1）创新设计产生并发展于知识经济和网络信息经济时代，它是工业设计的更新与发展，在设计理念、设计环境与覆盖范围、设计工具与方式、创新模式和价值增值路径等方面都发生了显著变化。

（2）20世纪工业时代的现代设计主要基于物理环境，现在的知识经济和信息网络经济时代的创新设计基于全球信息网络、大数据及云计算和物理环境。

（3）伴随着我国创新驱动发展战略的实施，工业设计在现代工业发展中的地位将得到不断提高，以设计创新为主导的工业现代化发展新模式将逐渐形成。

潘云鹤院士指出，当下我国的设计要从工业设计转向创新设计，需要两条路同时走："一条路需要用科技创新、业态创新、人机交互创新、文化创新和艺术创新设计各种各样的新产品，以构造和改造各种各样的设计企业和制造企业，使我国的制造行业变成智能化制造企业，使我们的设计变成创新设计。另一条路是改造我们的设计教育，将原有的设计教育转化为创新设计教育，培养创新设计的教师、学生和创新设计师。"

15.3.2 创新设计的内涵

设计是人类有目的的创新实践活动的设想、计划和策划，影响制造和服务的品质和价值，是提升自主创新能力的重要环节。创新设计面向知识网络时代，以产业为主要服务对象，具有绿色低碳、网络智能、开放融合、共创分享等特征，集科学技术、文化艺术、服务模式创新于一体，是科技成果转化为现实生产力的关键环节，是引领新一轮产业革命发展的重要因素。

当前，我国正处在产业转型升级的关键时期，与全球第三次产业革命不期而遇，这是我国完成技术-经济范式转变和跨越式发展的历史性机遇，而发展创新设计则是实现从跟踪模仿到引领跨越的突破口，是推动制造业实现"三个转变"的重要抓手，也是把握新产业革命机遇建设生态文明、国家和社会安全的关键环节。设计竞争力有望居世界前列，并有力地支撑我国创新驱动发展战略和国家竞争力的提升，如图15-3所示。

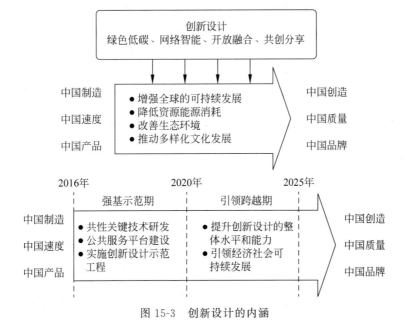

图15-3 创新设计的内涵

15.3.3 创新设计的方向

从国际环境看,新一轮产业革命正在兴起,世界各国都开始加快新技术研发和新产业布局,同时诸多新技术、新业态、新商业模式不断产生,产业结构调整的力度明显加快。

(1) 创新设计是制造业价值链的起点,发展创新设计是实现我国制造业从跟踪模仿复制到实现跨越的突破口,是推动我国培育自主品牌、产品走向世界的重要举措。

(2) 发展创新设计是推动我国传统产业实现转型升级的重要抓手,也是建设生态文明、保障国家和社会安全的有力工具。

(3) 创新设计可以推动我国制造业实现研发设计、采购原料、仓储运输、生产制造、批发零售、售后服务的全产业链优化整合,是我国制造业向产业链两端延伸的重要途径。

世界各国的经验表明,在 21 世纪,创新设计已经成为引领和支撑网络信息时代新产业革命发展的主要动力。我国经济已进入由要素驱动向创新驱动转变,由注重增长速度向注重发展质量和效益转变的新常态。我国虽已成为世界第一制造业大国,但企业创新设计能力尚显不足,和发达国家存在较大的差距。因此,积极发展以绿色低碳化、网络智能化、工具全球化、设计服务化、资源共享化为特征的创新设计,对于全面提升我国制造业的国际竞争力,优化中国制造在全球价值链中的分工地位,有力地推动中国制造向中国创造转变、中国速度向中国质量转变、中国产品向中国品牌转变,实现科技支撑、创新引领、跨越发展具有重要意义。

1. 绿色低碳化

绿色经济是以经济与环境的协调发展为目的,以适应人类环保与健康需要而发展起来的一种新的经济形式,包含节能减排、清洁生产、低碳经济、循环经济等模式在内的,把资源高效利用、低污染排放、低碳排放及工业生态链、社会公平发展等理念集为一体的经济活动,是最具生命力和发展前景的包容性经济发展方式。未来的创新设计将更加倾向于设计创造多样化的绿色材料、智能材料及绿色低碳工艺与智能装备。

2. 产品智能化

未来的创新设计是在产品设计过程中嵌入微型的感知、处理和通信等功能部件,使这样的产品具备获取信息、执行决策及诸多处理和交互功能,成为智能化产品及系统。当前,通过一定的技术手段,借助相关硬件、传感器、数据储存装置、微处理器和设计软件的研究成果,智能化的创新设计在生活中的应用已快速增多。《中国制造 2025》提出将"智能制造"作为中国制造业发展的主攻方向,将与服务业一样,建立在全球网络之上,实现人与人、人与机器、机器与机器之间的对话协同,在互联网开放式的环境下用户可以直接参与产品的研发与设计。

3. 工具全球化

面对其他国家优秀设计工具及软件的竞争,需要具有全球化发展战略思维,大力研发面向智能化发展方向的设计工具及适应大数据和云计算、虚拟仿真、智能控制和嵌入式操作系统等软件,满足创新设计融合多学科、跨行业及领域的需求。未来设计工具及软件的使用将基于世界互联网、大数据和云计算的数字虚拟现实;高水平操作系统、设计工具和应用软件成为增加制造业竞争力的核心要素,进而产生大数据分析、网络超算、软件和服务增值等网络设计服务新业态。

4. 设计服务化

未来中国制造将要超越或领跑世界其他国家,就必须实现创新设计和突破现有的商业模式,缩短制造业和用户之间的距离,需要系统思考制造和服务的全过程。现在的商业模式是使用产品的数据信息绝大多数掌握在电商平台手中,最具有创新价值的信息被阻断,无法回到制造商手中。而服务型制造需要解决的问题是制造业必须面对用户,制造商需要掌握使用产品和服务效果的第一手信息,对设计创新、制造技术改进和用户体验等产业链重新整合。创新设计需要贯穿到整个价值链中,实现设计直接面对服务,这样既突破了现有的商业模式,又真正地掌握了用户的需求,把现在的制造转化为服务型,这样可以形成从创新设计到服务及用户体验的不断循环,从而形成全新的生态价值链体系。

5. 资源共享化

未来的创新设计不仅要满足高中低端个性化、多样化需求,还要满足自然人的多样化需求,因此需要实现信息资源共享化,以智能化、数字化、网络化及信息化等技术手段支撑全球创新设计共性技术资源共享云平台。

设计是创新活动的重要组成部分之一,中国科学院院士路甬祥指出,设计是人类对有目的创造创新活动的预先设想、计划和策划,是具有创意的系统综合集成的创新创造,也是将信息、知识、技术、创意转化为产品、工艺、装备、经营服务的先导和准备,并决定着制造和服务的价值,是提升自主创新能力的关键环节。

党的十八大明确提出:"科技创新是提高社会生产力和综合国力的战略支撑,必须摆在国家发展全局的核心位置"。强调要坚持走中国特色自主创新道路,实施创新驱动发展战略。

创新设计利用互联网、大数据、云计算、物理信息系统等新技术,改变和衍生出创客、众包、服务型制造等新业态,适应了当前我国大众创业、万众创新的时代需求。

在21世纪,创新设计逐渐成为一种具有创意的复合创新与创造活动,它面向知识经济和网络信息经济时代,以产业为主要服务对象,以绿色低碳化、网络智能化、工具全球化、设计服务化和资源共享化为主要特征,集科技、文化、艺术、服务模式创新于一体,并涉及工程设计、工业设计、服务设计等多个领域,是科技成果转化为现实生产力的重要环节,逐渐成为新一轮全球产业革命的有力支撑。随着20世纪末人类社会文明发展从工业化时代进入信息化时代,互联网得到快速推广,我们可以使用的数据得到爆炸式增长,这些均成为当今社会最重要的创新资源。当前新一轮产业革命如火如荼,全球发展格局走向多极化,人们对物质文化的需求也日益增长,人类自身面临着生态环境恶化、全球气候升温、网络信息安全等挑战,推动了创新设计理念的更新与发展。

15.4 创新设计的定义和人的创新能力

15.4.1 创新设计的定义

创新目前还没有一个统一的定义,却又是一个普遍使用的概念。在商品经济社会之前,创新更多的是人们某种行为或活动的客观结果,"新"并不是目的,而是区别于已有的更加符合当时社会需求的结果。但是在商品经济社会,创新既是一种目的,又是一种结果,还是一种过程。"新"既是目的,也是结果,此时"新"的含义是指知识产权意义上的新,即在结构、功能、原理、性质、方法、过程等方面的、第一次的、显著的变化;"创"表明了"新"实现的困难,即需要经过一个开拓性的过程。

百度百科中把创新定义为:"以现有的思维模式提出有别于常规或常人思路的见解为导向,利用现有的知识和物质,在特定的环境中,本着理想化需要或为满足社会需求而改进或创造新的事物、方法、元素、路径、环境,并能获得一定有益效果的行为。"

"创新"(innovation)的起源可追溯到1912年美籍经济学家熊彼特的著作《经济发展概论》,书中指出:创新是把一种新的生产要素和生产条件的"新结合"引入生产体系,包括5种情况:引入一种新产品,引入一种新的生产方法,开辟一个新的市场,获得原材料或半成品的一种新的供应来源,建立新的企业组织形式。熊彼特的创新概念包含的范围很广,涉及技术性变化的创新及非技术性变化的组织创新。

"创新"有别于"创造"(creation)和"发明"(invention)。对于"创新",有两个比较权威的定义:

(1) 2000年,由经济合作与发展组织(OECD)提出:"创新的涵义比发明创造更为深刻,它必须考虑在经济上的运用,实现其潜在的经济价值。只有将发明创造引入经济领域,才能成为创新。"

(2) 2004 年,由美国国家竞争力委员会在《创新美国》计划中提出:"创新是把感悟和技术转化为能够创造新的市场价值、驱动经济增长和提高生活标准的新产品、新过程、新方法和新服务。"

在产品创新领域,与创新有关的另外两个基本概念为创造(creation)与发明(invention),德鲁克关于创新的论述实际上也揭示了创造、发明与创新的关系。图 15-4 表达了三者间的关系,即

$$创新 = 设想(理论概念) + 发明(技术发明) + 商业开发 \quad (15\text{-}1)$$

(1) 创造是原始设想的一种表达,如头脑中的影像、材料、模型、草图或图形等。创造过程具有结构化或非结构化的自然属性,精确预测创造发生的时间是困难的。

(2) 发明是原始设想得到某种技术可行性证明的结果,证明的方法如计算、仿真、建立物理模型进行试验等,即发明是导致某种有用结果的技术设想或技术创意。发明阶段的结果可以申请专利或某种知识产权加以保护。

(3) 创新是发明在某企业进行商品化开发,企业通过产品从市场上获得了收益。《第五项修炼》一书的作者彼得·圣吉说:"当一个新的构想在实验室被证实可行的时候,工程师称之为'发明',而只有当它能够以适当的规模和切合实际的成本,稳定地加以重复生产的时候,这个构想才成为一项'创新'。"

产生设想只是创新的必要开端,发明是设想的技术实现,真正让人们从创新成果中获益的是商品化后的产品。

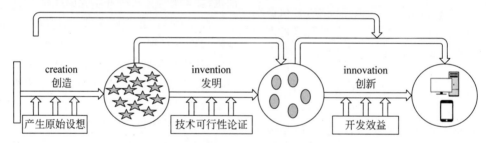

图 15-4　创造、发明与创新的关系

15.4.2　创新设计的目标

现代管理学之父彼得·德鲁克(Peter F. Drucker)给产品创新又赋予了经济性的内涵,这正是商品社会创新的基本目的,创新不仅仅是为了"新"而"创",更是为了从中获得收益。

创新的机会可参考图 15-5。根据图 15-5 所示的过程,可明确以市场需求为导向的创新设计目标。

(1) 洞察力(insight)。洞察力是指一个人从多方面观察事物,从多种问题中把握其核心的能力。它是人们对个人认知、情感、行为动机与相互关系的透彻分析。洞察力的形成需要长期的各方面知识积累和思维能力训练才能够形成。个人对产品存在的问题和发展方向的洞察力,是重要的创新来源。

(2) 预测(forecasting)。产品预测是对当前产品未来状态的预见,一般需要专门的预测方法,并充分运用团队和专门专家的洞察力。

(3) 类比(analogy)。类比就是由两个对象的某些相同或相似的性质,推断它们在其他性质上也有可能相同或相似的一种推理形式。类比的关键是找到事物间的相似性,如由鸟联想到飞行器原理。

(4) 市场研究(marketing research)。市场研究也称为"市场调查"或"市场调研",是指为实现市场信息目的而进行研究的过程,包括定量研究、定性研究、零售研究、媒介和广告研究、商业和工业研究、对少数民族和特殊群体的研究、民意调查及桌面研究等。通过分析市

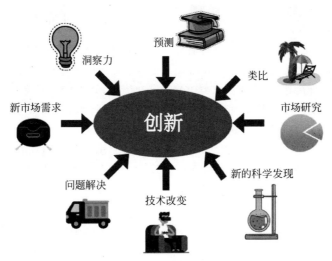

图 15-5　创新的机会

场信息，可以发现市场中的差异化需求，从而发现新的产品创意，如"老人手机"的出现。

（5）新的科学发现（new discovery）。新发现的科学原理、新材料、新方法被工程化都可以带来新产品的创意。

（6）技术改变（technology change）。产品是由技术实现的，技术处于不断发展中，新技术如果能够更好地实现产品的功能，必然会替代原有的技术。

（7）问题解决（problem solving）。产品中存在的问题是制约产品性能和市场的重要因素，解决产品问题，形成更加符合市场需求的产品，对产品自身的改善和市场的拓展都会起到重要作用。因此发现产品中的问题并加以解决是完成产品创新的重要途径。

（8）新市场需求（new customer requirement）。新市场需求是指与当前产品相关但目前不能满足的需求。新的市场需求往往需要产品具有新的功能或价值，发现新的市场需求并将之转化为产品自身的特性，就会产生新产品的创新。新市场需求与市场研究不同，市场研究是在已有的市场空间找到客户更加准确的需求，而新市场需求需要对已有市场之外的市场做深入研究才能获得。

15.4.3　人的创新意识

个体的创新能力是指为了达到某一目标，综合运用所掌握的知识，通过分析解决问题，获得新颖、独创的，具有社会价值的精神和物质财富的能力。创新能力是个体的一种创造力，它包括创新意识、创新思维和创新技能三部分。

创新首先是要产生新想法，怎样才能发现新的创新机会而产生新想法呢？克莱顿·克里斯坦森（Clayton M. Christensen）在其著作《创新者的基因》中，通过研究近 500 名创新者，并比照研究了近 5000 名主管，最终总结了 5 项发现技能，称为创新者的基因，正是这些基因使得创新者不同于一般的主管。

（1）联系。联系指的是大脑尝试整合并理解新颖的所见所闻。这个过程能帮助创新者将看似不相关的问题、难题或想法联系起来，从而发现新的方向。往往在多个学科和领域交叉的时候，就会产生创新的突破。

（2）发问。创新者是绝佳的发问者，热衷于求索，他们提出的问题总是在挑战现状。比如，乔布斯问："为什么计算机一定要装电扇？"他们往往喜欢问："如果我试着这样做，结果会怎样？"像乔布斯这样的创新者之所以会提问，是为了了解事物的现状究竟如何，为什么现状是这样，以及如何能够改进现状，或是破坏现状。如此一来，他们的问题就会激发新的见解、新的联系、新的可能性和新方向。

(3) 观察。创新者同时也是勤奋的观察者。他们仔细地观察身边的世界,包括顾客、产品、服务、技术和公司。通过观察,他们能够获得对新的行事方式的见解和想法。乔布斯在施乐帕洛阿尔托研究中心的观察之旅"孕育"了他的见解,从而催生了 Mac 计算机的创新操作系统和鼠标,以及苹果现在的 OS X 操作系统。

(4) 交际。创新者交际广泛,人际关系网里的人具有截然不同的背景和观点。创新者会运用这一人际关系网,花费大量时间、精力去寻找和试验想法。社交的目的不是寻求资源,而是积极地通过和观点迥异的人交谈,寻找新的想法。例如,乔布斯曾经和一位名为阿伦·凯(Alan Kay)的苹果员工交谈,阿伦·凯对他说:"你去看看那些疯子在加州圣拉斐尔干的事儿吧。"他所说的疯子就是艾德·卡姆尔(Ed Catmull)和艾尔维·雷(Alvy Ray)。当时这两个人成立了一家小型计算机图像处理公司,名叫工业光魔公司(Industrial Light & Magic)(该公司曾为乔治·卢卡斯的电影制作过特效)。乔布斯很欣赏该公司的处理技术,因此以 1000 万美元收购了工业光魔公司,并把它更名为皮克斯(Pixar),最终成功上市,市值高达 10 亿美元。

(5) 实验。创新者总是在尝试新的体验,试行新的想法。他们会参观新地方,尝试新事物,搜索新信息,并且通过实验学习新事物。乔布斯终其一生都在尝试新体验——冥想,住在印度的修行所,在里德学院退学后去上书法课。这些多姿多彩的体验都为苹果公司激发了创新的想法。

为什么创新者比一般的主管更勤于发问、观察、交际和实验?毋庸置疑是创新意识。克莱顿·克里斯坦森等研究了这些行为背后的驱动力,发现有两个共同之处:一是他们积极地想要改变现状。二是他们常常会巧妙地冒险,以改变现状。看看创新者描述自己动机的话语,我们会发现有共同之处。乔布斯想要"在宇宙间留一点响声"。谷歌的创始人拉里·佩奇(Larry Page)说过,他是来"改变世界"的。

15.4.4 人的创造力模型

心理学领域对于创造力的定义较为一致的看法是:根据一定的目的和任务,运用一切已知信息,开展能动的思维活动,产生出某种新颖的、独特的、具有社会价值或个人价值的产品的智力品质。这里的产品是指以某种形式存在的思维成果,既可以是一种新概念、新设想、新理论,也可以是一项新技术、新工艺、新产品。

按照美国心理学家 Sternberg 等的理论,个体创造力与智力、知识、思维模式、个性(人格)、动机、环境等多种因素有关,可以表示为

$$C = f(I, K, TS, P, M, E) \quad (15\text{-}2)$$

式中,C 为创造力(creativity);I 为智力(intelligence);K 为知识(knowledge);TS 为思维模式(thinking style);P 为个性/人格(personality);M 为动机(motivation);E 为环境(environmental context)。

Sternberg 的理论是面向一般个体的,但对产品创新设计而言,创造力应有其独特性。下面对产品创新设计的创造力属性进行分析。

(1) 智力。研究表明,在个体的智商达到一般水平后,智力对创造力的影响明显变小。因此,当个体具备设计人员的基本能力时,智力和创造力之间就没有关系了。

(2) 个性。个性是指个体创新的胆量和勇气。产品创新设计,往往是一个团队工作,可以弥补个体个性的差异,根据冒险转移理论,群体思维(groupthink)更倾向于冒险。

(3) 动机。动机是指个体的创新愿望,这是产品设计人员应具备的最基本素质。

(4) 环境。环境是指社会环境、是否鼓励创新等。目前,全球和中国的大环境是鼓励和提倡创新,但是不同的企业有较大的差别。

(5) 知识。知识是创新设计创造力的关键属性,是非常重要的基础,对进一步的创造活动有积极的指导作用。知识是重要的,关键是和创造性思维相结合。一个人做事做久了,会习惯性地从同一个角度来处理问题,无法跳出原有思维而从另一个角度寻找答案;富有创意

的人除了拥有知识之外，还要能够超越原有知识的限制。

（6）思维模式。创造性思维方法是创造力中最重要的关键属性。创新能力依赖于由创新思维产生的创造力。创造力的一个先决条件是不要将固定的思维模式强加给眼前的事实，而是要学会如何另辟蹊径。因此，对产品创新设计而言，影响设计人员创造力的主要因素是设计人员所具有的知识和思维模式。知识对创造力的影响可能是正向的，也可能是负向的，关键取决于思维模式。知识、思维模式和创造力的关系如图15-6所示。

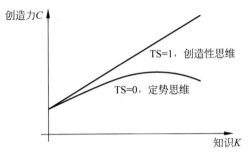

图 15-6　知识、思维模式和创造力的关系

随着知识的增加，创造力也增加，但知识增加到一定程度，由于思维定势的作用，可能使设计人员陷入已有知识的架构而看不见更富有价值东西，创造力不但不增加，反而下降。而由于创造性思维方式克服心理定势的约束和抑制，设计人员能灵活地运用人类已有的知识，进行重新组合、叠加、联想、综合、推理、抽象等过程，形成新的思想、概念等。因此，在创造性思维下，知识增加可使创造力也增加。

（7）信息是一个非常重要的因素，对灵感的激发和对想象力的扩展非常有用。信息表示事实（what）及事实发生的地点（where）、时间（when）和涉及的人（who）。而知识除了信息包含的内容外，还包括事实如何（how）产生和为什么（why）会产生。信息可能是与产品设计直接相关的，如市场信息和同类产品信息；也可能是与产品设计无直接关系的信息，但它对灵感的激发和对想象力的扩展是非常重要的。

在信息时代，信息的获得更容易，对创造力的影响也更大。

（8）设计方法。设计方法本身对产品创新设计创造力的影响很大，采用合适的设计方法，有利于激发设计人员的创造性。

（9）信息技术的作用及支持工具的引入。随着计算机技术、网络技术的迅猛发展，知识库技术、信息搜索技术、人工智能技术和CAD的应用能有效帮助设计人员发挥创造潜力。

蓝奇（1993）根据信息加工的观点分析了创造力的构成成分，认为创造力由获得信息的能力、贮存信息的能力、激活信息的能力、加工信息的能力、输出信息的能力和监控能力构成，涉及敏锐的观察力、集中的注意力、高效的记忆力、创造性想象力、批判性评价能力、创造性思维能力及一定的元认知监控能力。其根据解决问题的新颖、独特程度的不同把创造力划分为初级创造力、中级创造力和高级创造力三个层次，根据创造力从萌芽到形成的动态过程将创造力划分为类创造力（前创造力）、创造力、真创造力三个层次。

15.4.5　人的创造性思维

1. 创造性思维策略

20世纪80年代初，在钱学森院士学术思想的指导下，我国一些对思维科学感兴趣的学者，结合文字、艺术、系统工程学等领域对思维科学进行了探索性研究，从而创建了思维科学。钱学森院士指出："思维科学就只有三个部分：逻辑思维——微观法；形象思维——宏观法；创造思维——微观与宏观的结合。创造思维才是智慧的泉源，逻辑思维和形象思维都是手段。"

因此，利用创造性思维产生产品创意方案是产品创新设计的研究重点。图15-7是不同创造性思维策略在创新设计中的应用。在创新设计中可以综合运用这些策略形成创造性思维。

逻辑思维是运用归纳和演绎的方法，通过组合、提取等方式把感性认识阶段对事物的认识抽象成概念，运用概念进行判断并按一定的

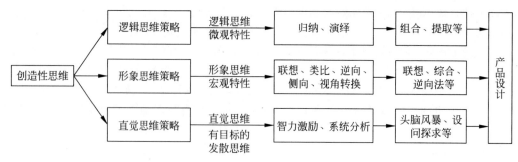

图 15-7　创造性思维策略

逻辑关系进行推理,从而产生新的思想认识的思维活动。逻辑思维是创新思维的基础,它微观地把注意力放在事物的各个部分上,是事物的本质化抽象。

形象思维是运用想象及与之相联的情感和意志的体验,通过形象、表象表达的方式进行的思维活动,既是本质化的抽象,又要保持事物的感性形象。因此,相对逻辑思维而言,形象思维是平面型的,是二维的。

直觉思维是不以逻辑为中介,而是以独特的直觉能力为中介,是从直接经验中直接觉察事物本质和规律的思维方法。直接思维是一种基于形象思维,而又不被归结为形象思维的一种独特的思维形式。它是立体的、三维的或多维的。

从突破点和关键作用来看,直觉思维是创造性思维的核心和灵魂。广义的直觉思维包含直觉、灵感和顿悟。

可见,直觉、顿悟和灵感都离不开经验和知识,只是直觉更多来自无准备的大脑,而顿悟和灵感是经过思考后,对知识与经验的不同形式加工的表现,如图 15-8 所示。

直觉、顿悟和灵感是产品创新设计中形成产品创意方案的关键认知活动,但是创造性思维产生创意方案仅仅从表象上描述创意方案生成的过程,没有揭示其深层次的发生机理。研究产品创新设计的创意方案生成的内在机理,有利于形成有效的、系统的产品创新设计创意方案生成方法。

2. 人的创新设计思维形式

人的思维形式是多种多样的,因而创新思维也有许多不同的形式。创新思维的形式很多,下面仅介绍常见的一些创新思维,表 15-1 中列出的创新思维共有 9 种,这些创新思维可以在不同情况和条件下使用,关键的问题是要针对具体问题的特点及要求,开展相应的创新活动。

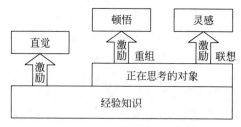

图 15-8　直觉、顿悟和灵感

表 15-1　创造性活动思维形式

序号	创新思维	内　涵
1	逆向思维	指思维主体沿事物的相反方向,用反向探求的方式进行思考的思维方法
2	联想思维	指思维过程中从研究一事物联想到另一事物的现象和变化,探寻其中相关或类似的规律,借以解决问题的思维方式

续表

序号	创新思维	内涵
3	形象思维	指用直观形象和表象解决问题的思维方式
4	发散思维	指思维过程中,无拘束地将思路由一点向四面八方展开,从而获得众多的设想、方案和办法的思维过程
5	收敛思维	指以某种研究对象为中心,将众多思路和信息汇集于这个中心点,通过比较、筛选、组合、论证,得出在现有条件下最佳方案的思维过程
6	多屏幕思维	指在分析和解决问题的时候,不仅要考虑当前的系统,还要考虑它的超系统和子系统;不仅要考虑当前系统的过去和将来,还要考虑超系统和子系统的过去和将来
7	变维思维	指将思维对象当作能够进一步开拓或挖掘的主体,循序变换思维的视点、角度,进而猎取新颖、奇特的思想火花,从而解决问题的思维方法
8	综合思维	指把多个思维对象和多个思维方法进行综合,产生新观念、新事物的思维方式
9	变异思维	指不同于常规、常态思维的奇特思维方式,其基本特征是超越常规,标新立异

3. 创新设计中常用的原理

创新原理是依据创新思维的特点、对人们所进行的无数创新活动的经验性总结,又是对客观所反映的众多创新规律的综合性归纳。因此,它能为人们更好地认识创新活动、更好地运用创新方法、更好地解决创新问题提供条件。创新原理有很多种,创新工程中常用的创新原理的种类与内涵,列于表15-2。

表15-2 常用的创造性活动原理的种类与内涵

序号	名称	内涵
1	综合原理	在分析各个构成要素基本性质的基础上加以综合,是综合后的整体作用导致创造性的新成果。它可以是新技术与传统技术的综合、自然科学与技术科学的综合、多学科技术成果的综合
2	组合原理	是将两种或两种以上的技术思想或物质产品的一部分或全部进行适当的组合,以形成新技术、新产品的创新原理。组合的类型有同类组合、异类组合、附加组合、重组组合及综合组合等
3	还原原理	还原原理也称抽象原理。它通过研究已有事物的创造起点,把最主要的功能、性能等特性抽象出来,即"回到根本,抓住关键",然后集中研究该功能、性能等特性的方法和手段,以取得创造性的最佳成果
4	逆反原理	打破习惯性思维定式,对已有的理论、技术、设计等持怀疑态度,或对熟悉的事情持"陌生态度",甚至"反其道而行之",常常可以引出极妙的发明或创新
5	变性原理	是对非对称的属性,如形状、尺寸、结构、材料等进行变化而导致发明创新的原理
6	移植原理	把一个研究对象的概念、原理、方法等应用于另外的研究对象并取得成果的原理。它有利于促进事物之间的交叉、渗透及综合,是一种快速有效的创新原理
7	迂回原理	是在创造活动遇到一些困难问题时,暂时停止对该问题的研究,而转入对下一步的思考,或从事另外的活动,或试着改变一下观点,或研究问题的另一个侧面,让思考带着未解决的问题前进。这时,当其他问题得到解决时,该问题就迎刃而解了
8	群体原理	摆脱狭隘的专业范围,发挥"集体力量和群体大脑"作用的协同创新原理
9	换元原理	换元原理即替换、代替原理。它是用一种事物代替另一种事物,从而达到创新的目的
10	完满原理	完满原理又称完全充分利用原理,凡是理论上未被充分利用的,都可以成为创造的目标。创造学中的"缺点列举法""完美探求法"都是在力求完满的基础上产生出来的

创新原理是对现有事物的构成要素进行新的组合或分解,是在现有事物基础上的进步或发展,也是在现有事物基础上的发明或创造。创新原理是人们从事创新实践的理论基础和行动指南,指导人们开展各式各样的创新活动。创新虽有大小、高低层次之分,但无领域、范围之限。只要能科学地掌握和运用创新的原理和方法,人人都可以创新,事事都能创新,处处都能创新,时时都能创新。

15.5　创新设计系统理论模型

15.5.1　创新设计系统环境

产品设计环境是多方面的,即应考虑自然、社会、技术、资金和市场环境五个方面,如图15-9所示。

(1)自然环境,主要是生态环境的要求,包括环境保护、资源利用等。

(2)社会环境,更具体地说,在社会要求方面,有政治、经济、人文、法律、国际和人际等方面的内容和要求。

(3)技术环境,如研究与开发的队伍和试验条件等。

(4)资金环境,如资金的筹备和融资的渠道等,产品研究与开发必须要有足够的资金,在缺乏资金的条件下,研究与开发工作无法进行。

(5)市场环境,产品没有足够的市场即说明该产品没有开发的必要性,因此,产品研究开发的前提是详细了解市场的情况。

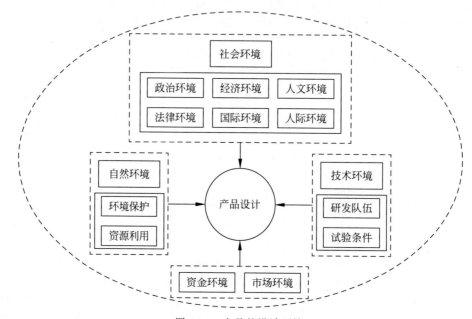

图15-9　产品的设计环境

15.5.2　创新设计思维方法

设计思维是以人为本地利用设计师的敏感性及设计方法,在满足技术可实现性和商业可行性的前提下,满足人的需求的设计方法。设计思维是一个可以被重复使用的解决问题的方法框架或一系列步骤,提供解决问题的原型和一系列工具。

首先设计思维是以用户为中心的,从用户的需求出发,针对产品看用户有哪些需求,能不能通过科技手段去实现,有了科技的可行性,再看能不能不断地实现商业变现,才能使产品不断地为用户提供价值,所以设计思维指的是用户的需求、科技的可行性和商业的持续性,三者之间的交界就是设计思维带来的创新。对三者的分析如下:

(1)人文价值——创新产品,服务一定要满足客户需求,解决客户问题,和别的产品服务是有区别的,甚至是独一无二的,关键是新。

(2)技术可行性——设计师创造离不开直觉和想象,但一个概念创造能否落地就要在现有的技术层面做充分的技术可行性分析。通过技术可行性分析,设计者和决策者们可以明确组织所拥有的或有关人员所掌握的技术资源和条件的边界。需要充分考虑科技发展水平和现有制造水平的限制,团队技术开发能力、所需人数和开发时间的分析。

(3)商业可能性——从商业价值的角度分析创新产品或服务是否能够实现商业价值,如果商业可能性低,则现有社会环境和经济环境不能实现商业化,我们就需要对创新产品或服务进行重新思考。

无论何种创新,都是来自三个方面的最佳结合点:用户的需求性、商业的持续性及科技的可行性。创新设计思维的形成可用图 15-10 加以说明。

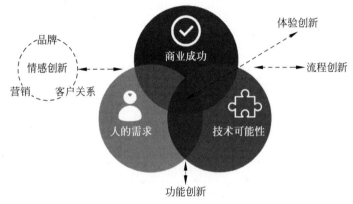

图 15-10　创新设计思维的形成

15.5.3　创新设计系统流程

通过对创新机会的观察与分析,可以获得新市场的需求,以新市场的需求为创新设计系统的输入,经人机工程学综合优化为系统输出,由系统反馈机制构成创新设计系统整体迭代流程图,如图 15-11 所示。

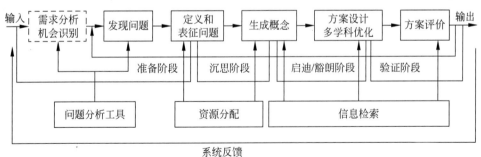

图 15-11　创新设计系统流程

15.5.4　创新设计系统集成模型

上述创新设计子系统集成模型如图 15-12 所示。

创新设计系统的集成思路如下:

(1)在创新设计系统环境之下。

(2)以创新设计思维方法论为导向。

(3)在以创新设计系统理论为指导的基础上。

(4)完成创新设计系统迭代流程。

该模型是在创新系统设计认知规律的基础上构建的创新设计系统认知过程模型,为设计者和相关研究人员进行创新系统设计规律的研究提供一种行之有效的方法。

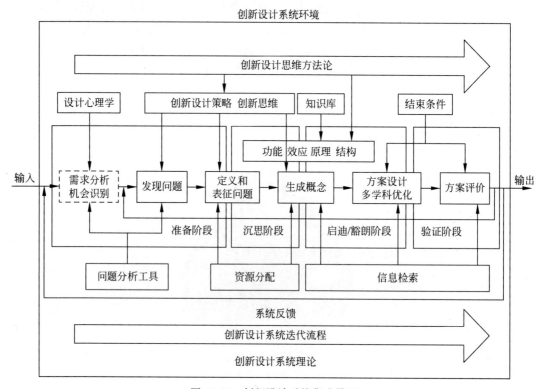

图 15-12　创新设计系统集成模型

参 考 文 献

[1] 周一鸣,毛恩荣.车辆人机工程学[M].北京:北京理工大学出版社,1999.
[2] 李开伟.人因工程:基础与应用[M].修订版.台北:全华科技图书股份有限公司,2000.
[3] HUBKA V.工程设计原理[M].刘伟烈,等译.北京:机械工业出版社,1989.
[4] 阮宝湘.人机工程学与产品设计[M].北京:中国科学技术出版社,1994.
[5] 张月.室内人体工程学[M].北京:中国建筑工业出版社,1999.
[6] TILLY A R.人体工程学图解设计中的人体因素[M].朱涛,译.北京:中国建筑工业出版社,1998.
[7] 罗世鉴,朱上上,孙守迁.人机界面设计[M].北京:机械工业出版社,2002.
[8] 维杰伊·格普泰,默赛 P N.工程设计方法引论[M].魏发晨,译.北京:国防工业出版社,1987.
[9] 艾斯基尔德·加尔弗.工业设计简明教程[M].闵元来,卓香振,译.武汉:湖北科学技术出版社,1985.
[10] 吴玲达,等.多媒体人机交互技术[M].北京:国防大学出版社,1999.
[11] CUSHMAN W H.产品设计的人因工程[M].蔡登传,宋同正,译.台北:六合出版社,1996.
[12] 王起恩,王生.三种计算机工作台的工效学评价[J].工业卫生与职业病,1996,22(4):3.
[13] SANDERS M S,McCORMICK E J.工程和设计中的人因学[M].7版.于瑞峰,卢岚,译.北京:清华大学出版社,2002.
[14] 陈启安.软件人机界面设计[M].北京:高等教育出版社,2004.
[15] 朱天乐.微环境空气质量控制[M].北京:北京航空航天大学出版社,2006.
[16] NIELSEN J.可用性工程[M].刘正捷,等译.北京:机械工业出版社,2004.
[17] 杨博民.心理实验纲要[M].北京:北京大学出版社,1989.
[18] 赫葆源.实验心理学[M].北京:北京大学出版社,1989.
[19] 丁玉兰.人机工程学[M].5版.北京:北京理工大学出版社,2017.
[20] 阮宝湘.人机工程[M].南宁:广西科学技术出版社,2000.
[21] 陈毅然.人机工程学[M].北京:航空工业出版社,1990.
[22] 陈鹰,杨灿军.人机智能系统理论与方法[M].杭州:浙江大学出版社,2006.
[23] 赵伟军.设计心理学[M].2版.北京:机械工业出版社,2012.
[24] 杨青锋.智慧的维度[M].北京:电子工业出版社,2015.
[25] 史忠植.智能科学[M].2版.北京:清华大学出版社,2013.
[26] 钟义信.机器知行学原理[M].北京:科学出版社,2007.
[27] 孙久荣.脑科学导论[M].北京:北京大学出版社,2001.
[28] 吴秋峰.多媒体技术及应用[M].北京:机械工业出版社,1999.
[29] 钟义信.智能科学技术导论[M].北京:北京邮电大学出版社,2006.
[30] NORMAN A D.情感化设计[M].付秋芳,等译.北京:电子工业出版社,2003.

第3篇

人-机-环境系统优化组合

第16章

人机工程学与人-机-环境系统工程

16.1 人机工程学与人-机-环境系统工程学科

16.1.1 人机工程学的形成

人类社会发展的历史,就是一部人、机(包括工具、机器、计算机和技术)、环境三大要素相互关联、相互制约、相互促进的历史。由于环境的影响,高级灵长目动物演变成为人类,人类的诞生导致了工具、机器的出现,工具、机器的出现又产生了新的环境,新的环境又在影响人类的生活、工作、生存、发展。在人类社会发展的同时,又促进了一门新兴学科的形成——人机工程学。

人机工程学科的形成可追溯到人类的早期活动,它的形成和发展经历了漫长的历史阶段。

人类使用简单劳动工具时,客观上就存在人、机、环境三者的最优组合问题。在我国2000多年前的《冬官考工记》中,就有按人体尺寸设计工具和车辆的论述。这就是当今人机工程学中人、工具、机器设计中"机器适应人"的思想。

第一次产业革命(1750—1890年)和第二次产业革命(1870—1945年)时期,人类的劳动进入了机器时代,人的劳动作业在复杂程度及负荷量上均有了很大变化,人、机、环境三者也相应地形成了更复杂的关系。人们可用近代科学研究手段研究人机工程问题。20世纪初,美国学者泰勒(F. W. Taylor)用近代科学技术方法,对生产领域中的工作能力和效率进行了研究。他的研究成果在美国和西欧得到了推广应用,成为可提高劳动生产率的"泰勒制"。泰勒为用科学方法研究人机工程作出了开拓性贡献。后来,人们开始对人、机、环境三者之间的关系进行较系统的实验研究,并积累了大量数据。

16.1.2 人机工程学的发展

第二次世界大战期间,由于各种新武器不断出现,相关的人机工程问题的研究及解决显得更为迫切。第一次世界大战中,各参战国几乎都有心理学家去解决战时兵种分工、特种人员的选拔训练及军工生产中的疲劳等问题。其研究特点是选拔和训练人,是使"人适应机器"(human to machine)的设计思想。在第二次世界大战期间,武器装备的性能大大提高,但由于其设计没有充分考虑人机工程问题,使武器装备的效能得不到充分发挥,甚至常有差错和事故发生。这迫使人们认识到,人机工程是武器装备设计不可忽视的重要问题。到了20世纪50年代,电子计算机的应用迅速发展;60年代,载人航天活动取得了突破性进展。这一切使得人、机、环境相互关系的研究显得更为重要。

在欧美工业发达国家,都建立了专门的机构研究人机工程问题。先后出现了工效学(ergonomics)、人的因素(human factors)、人体工程学(human engineering)等人机工程的不同命名,不过它们的研究工作都在"人适应机器""机器适应人"及"环境适应人"(environment to human)三个领域中进行。当今,欧洲对人机工程习惯称作 Ergonomics,美国则习惯称作 Human Factors。英国 1950 年成立 Ergonomics 研究会,1957 年发行了会刊"Ergonomics";美国于 1957 年成立 Human Factors 协会,出版了不少书刊。从 20 世纪 60 年代开始,俄罗斯(苏联)、德国、日本、法国、荷兰、瑞士、丹麦、瑞典、芬兰等国也都成立了相应名称的学会或研究机构。1960 年正式成立国际人类工效学学会(IEA)。

由于人机工程学在工业界的广泛应用,人机工程标准化问题也日益变得重要。所以,国际标准化组织(ISO)于 1957 年设立了工效学技术委员会(TC 159),负责有关标准化的制定工作。

综上所述,20 世纪 40 年代前,是人机工程发展的萌芽期;40—70 年代是准备期;80 年代进入发展期。它的研究和应用范围,已浸入航空航天、航海、兵器、交通、电子、能源、煤炭、冶金、管理等广泛的领域。随着它的不断发展和完善,必将在科学技术的发展中发挥更积极的作用。

16.1.3　人-机-环境系统学科

我国的人机工程研究,在 20 世纪 50 年代发展航空航天工业中就已兴起,在航空航天生理与心理学、飞行器驾驶舱人机工程设计、飞行器作业环境对人体影响及防护等方面,做了大量的研究工作。在 20 世纪 50—80 年代中,当时的人机工程研究框架仍是由"人适应机器""机器适应人"以及"环境适应人"三个领域构成。在 1981 年,在著名科学家钱学森指导下,陈信、龙升照等发表了《人-机-环境系统工程概论》一文,概括性地提出了"人-机-环境系统工程"的科学概念。人-机-环境系统工程是运用人体科学和现代科学的理论和方法,正确处理人、机、环境三大要素的关系,研究人-机-环境系统最优组合的一门科学。"人"是指作为工作主体的人,指参与系统工程的作业者(如操作人员、决策人员、维护人员等);"机"是指人所控制的一切对象,是指与人处于同一系统中与人交换信息、能量和物质,并为人借以实现系统目标的物(如汽车、飞机、轮船、生产过程、具体系统和计算机等)的总称;"环境"是指人、机共处的外部条件(如外部作业空间、物理环境、生化环境和社会环境)或特定工作条件(如温度、噪声、振动、有害气体、缺氧、低气压、超重及失重等)。研究中,把人、机、环境三者视为相互关联的复杂巨系统,运用现代科学技术的理论和方法进行研究,使系统具有"安全、高效、经济"等综合效能。

我国人-机-环境系统工程的学术研究团体及机构重大事件如下:

(1) 1980 年我国成立了"中国航空学会人机工程、航医、救生专业分会";

(2) 1984 年 10 月,国防科工委成立了"人-机-环境系统工程标准化技术委员会";

(3) 1987 年 4 月,国防科工委成立了"人-机-环境系统工程专业组";

(4) 1988 年,北京航空航天大学成立了"人-机-环境系统工程研究所";

(5) 1990 年,国务院学位委员会批准了我国第一个人机环境工程博士学位授权点——北京航空航天大学人机环境工程博士学位授权点;

(6) 1993 年 10 月,"中国系统工程学会人-机-环境系统工程专业委员会"成立。

16.1.4　人-机-环境系统工程研究内容

人-机-环境系统工程的研究内容按承担工作的部门不同,可以划分为两大部分。第一部分是以非工业部门为主承担的研究内容,如人的工作和耐受能力研究、人员选拔和训练等,属于人适应人、人适应机器的研究内容。第二部分是以工业部门为主承担的研究内容,包括人-机-环境系统工程中除去以上第一部分研究内容后留下的全部内容,这就是人机工程学的研究内容。不过要指出的是,以上这种划分只是为了从人-机-环境系统工程中区别出人机工程的研究内容,实际上两类业务部门的研究工作并不是独立分割,而是相互渗透、协同攻关的,所以才会有人-机-环境系统工程学科今天的蓬勃发展。

人机工程学科的研究内容有两种表述方法:第一种表述方法是人机工程研究内容;第二种表述方法是与欧美国家类同的系统工效(system ergonomics)。

1. 研究内容第一种表述方法

第一种表述方法的研究内容可用图 16-1(a)来形象描述。它包括 7 个方面:人的特性研究、机器的特性研究、环境的特性研究、人-机关系的研究、人-环关系的研究、机-环关系的研究、人-机-环境系统总体性能的研究。

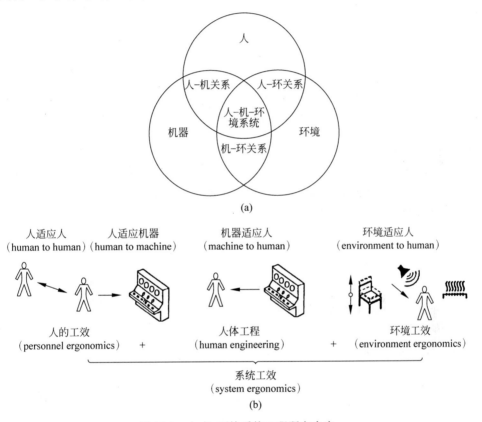

图 16-1 人-机-环境系统工程研究内容

1) 人的特性研究

人的特性研究主要包括人的工作能力研究,人的基本素质的测试与评价,人的体力负荷、智力负荷和心理负荷研究,人的可靠性研究,人的数学模型(控制模型和决策模型)研究,人体测量技术研究,人员的选拔和训练研究。

2) 机器特性研究

机器特性研究主要研究人机工程相关的机器特性及其建模技术。

3) 环境特性研究

环境特性研究主要研究人机工程相关的环境特性及环境建模技术。

4) 人-机关系研究

人-机关系研究主要包括静态人-机关系研究、动态人-机关系研究和多媒体技术在人-机关系中的应用等3个方面。静态人-机关系研究主要有作业域的布局与设计;动态人-机关系研究主要有人机功能分配研究（人机功能比较研究、人机功能分配方法研究、人工智能研究）和人-机界面研究（显示和控制的人机界面设计及评价技术研究）。

5）人-环关系研究

人-环关系研究主要包括环境因素对人的影响、个体防护及救生方案的研究。

6）机-环关系研究

机-环关系研究主要研究人机工程相关的机-环关系及特性。

7）人-机-环境系统总体性能的研究

人-机-环境系统总体性能的研究主要包括人-机-环境系统总体数学模型的研究，人-机-环境系统全数学模拟、半物理模拟和全物理模拟技术的研究，人-机-环境系统总体性能（安全、高效、经济）的分析、设计和评价，虚拟现实（virtual reality）技术在人-机-环境系统总体性能研究中的作用。

2. 研究内容第二种表述方法

第二种表述方法的研究内容如图 16-1(b)所示。其研究内容包括 4 个方面：人的工效、人体工程、环境工效和系统工效。

1）人的工效

人的工效主要研究人员选拔与训练，使其在生理、心理上与职业工作和机器相适应。

2）人体工程

人体工程研究机器设备与人的适应性，使其共同工作效率、安全性、经济性及舒适性达到最佳效果。主要研究内容包括：①机器适应人的硬件工效（hardware ergonomics）问题，主要研究人体测量学、工作域（人的工作姿态、座椅、显示/控制器、环境）工效设计等；②机器适应人的软件工效（software ergonomics）问题，主要研究人-计算机-显示系统最佳匹配的工效规律及设计方法；③机器适应人的认知工效（cognition ergonomics）问题，研究人与信息系统之间信息交互、决策的工效规律及系统设计，使信息系统与人的认知过程相适应。

3）环境工效

环境工效研究环境适应人的生活和工作的防护及控制方法，即在人与环境或人机系统与环境的共处作用中，研究环境（气候、照明、噪声等）适应人的生活和工作要求的措施。

4）系统工效

系统工效研究提高人机系统效率的途径及系统优化设计方法。研究和设计的依据为：人、机的特点及能力；工效及系统任务要求等。

以上人-机-环境系统工程研究内容的两种表述方法虽然有所不同，但都强调要从系统角度去研究人、机、环境三大要素所构成系统的最优设计问题。

16.1.5　人-机-环境系统总体目标

人-机-环境系统工程研究中，把人、机、环境三要素视为相互关联的复杂巨系统，运用现代科学技术理论和方法进行研究，使系统具有"安全、高效、经济"等综合效能。

人-机-环境系统所追求的目标是，要求人-机-环境系统工程满足安全、高效和经济三个主要指标总体优化，如图 16-2 所示。

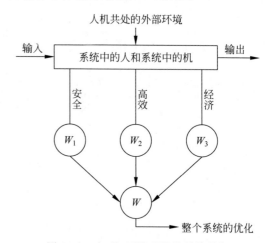

图 16-2　人-机-环境系统的总体目标

人-机-环境系统工程是运用系统科学理论和系统工程方法，正确处理人、机、环境三大要素的关系，深入研究人-机-环境系统最优组合的一门学科。人-机-环境系统最优组合的基本目标是"安全、高效、经济"。"安全"是指不出现人体的生理危害或伤害，并避免各种事故的发生；"高效"是指全系统具有最好的工作性能或最高的工作效率；"经济"是在满足系统技术要求的前提下，建立系统要投资最少。

16.1.6 人-机-环境系统的基础理论

人-机-环境系统工程是一门综合性边缘技术学科，它从一系列基础学科中吸取了丰富的营养，并奠定了自身的基础理论。人-机-环境系统工程的基础理论可以概括为控制论、模型论和优化论，如图 16-3 所示。

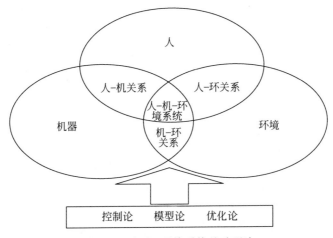

图 16-3 人-机-环境系统基础理论

控制论的根本贡献在于，它用系统、信息、反馈等一般概念和术语，打破了有生命与无生命的界限，使人们能用统一的观点和尺度来研究人、机、环境这三个物质属性本是截然不同、互不相关的对象，使其成为一个密不可分的有机整体。

模型论能为人-机-环境系统工程研究提供一套完整的数学分析工具。显然，人-机-环境系统工程不仅要求定性地、还要求定量地刻画全系统的运动规律。为此，就必须针对不同客观对象，引入适当模型，并通过建模、参数辨识、模拟和检验等步骤，用数学语言阐明真实世界的客观规律。

优化论的基本出发点是：在人-机-环境系统的最优组合中，一般总有多种互不相同的方法和途径，而其中必有一种或几种最好或较好的，这样一种寻求最优途径的观点和思路是人-机-环境系统工程的精髓。优化论正是体现这一精髓的数学手段。

下面对这三个基础理论加以简述。

1. 控制论

控制论是研究各种系统共同控制规律的一门科学理论。

控制论的诞生与 1948 年诺伯特·维纳的著作《控制论或关于在动物和机器中控制和通信的科学》的出版是分不开的。在该书中，这位杰出的美国数学家清楚地概述了发展一门关于一般控制理论的必要性和可能性，并为用一个统一观点来考察和研究各种系统的控制与通信问题奠定了基础。

早在第二次世界大战期间，就出现了控制论的技术前提。为了对付德国的空中优势，英国和美国急需大力改进防空系统。改进防空系统的实践促进了控制论这门新学科的形成。这是因为，在防空系统中发射炮弹的装置是由人操纵的，射击的目标——飞机也是由人驾驶的，在这种情况下，人和机器组成了一个统一的系统。为了说明这个系统，就必须了解二者的特性，对人和机器中的某些控制机制进行类比研究并找出它们在功能上的共同规律。这就需要使用电子学、数学、生理学和心理学等学科的知识，它们是控制论产生的科学前提。与此同时，维纳也亲自参加了改进防空系统的研究实践，从实践中得到启发，从而能系统地提出控制论理论。维纳本人是一位数学家，但为了研究生理学问题，他专门到墨西哥国立心脏学研究所进行动物实验，还经常和生理学家、医生、工程师及物理学家讨论。他在综合各门学科研究成果的基础上，终于写成《控制论》这本专著，创立了控制论这门新学科。

通常认为，控制论的基本假设有两个：一切有生命和无生命的系统都是信息系统；一切有生命和无生命的系统都是反馈系统。控制论的第一个假设使人们对周围世界的成分有了新的看法：世界由物质和能量两种成分组成的古典概念已经让位于世界由物质、能量和信息三种成分组成的新概念。如果没有信息，世界上任何有组织的系统都不可能实现。控制论的第二个假设为人们提供了一个实现控制的手段。所谓反馈，是指当系统将控制信息传送出去之后，有关控制结果的信息沿着反馈通道又送回系统，并对控制信息的再输出产生影响，从而实现控制作用。

应该指出，控制论就像其他学科一样，能够而且应当逐步建立一套有效的理论概念、定律和原理，从而形成这门学科的核心。但是，理论本身不会对许多应用问题提供直接解答，为了解决实际问题，必须在理论概念和实用方法之间架一座桥梁，认真考虑某些种类的控制系统的特殊性质。显然，人-机-环境系统作为一般系统的一个特例，控制论的理论价值是不言而喻的，但作为实际应用仍需人们做出不懈的努力。

2. 模型论

模型论是研究描述客观事物相似性的一门科学理论。

模型论的最基本概念是模型、对象和相似性。模型与某一对象（或客观事物）之间存在某种相似性。这里应对"相似性"和"对象"两个词作最广义的理解。首先，对象与模型在外表上也许毫无相似之处，但它们的内部结构相似；其次，对象与模型在形状和结构上毫无共同之处，但它们的行为特征相似。相似性概念适用于自然界非常广泛的一类物质对象，其中包括有生命与无生命对象。如果在两个对象之间可以建立某种相似性，那么在这两个对象之间就存在着原型与模型的关系。

长期以来，人们对某一现象进行理论的和科学的研究，都是集中在一个模型上进行。因为利用模型可以避免或减少对现实世界做昂贵的、不希望或不可能的实验。所以，任何理论的探讨都不是直接与真实世界打交道，而是借助于它的模型来阐明真实世界的客观规律。

对人-机-环境系统工程研究来说，在每个特定的人-机-环境系统建成之前，为了拟定与验证系统的总体方案，估计系统各要素之间的相互适应性，考察系统在实际运行时的各种行为，按照系统工程方法，总是要把与系统有关的各个要素归纳成反映系统性能与机制的模型，以便于用计算机进行全系统的数学模拟。因此，模型论在人-机-环境系统工程研究中处于非常重要的地位。

3. 优化论

优化论是研究系统具有最佳功能的一门科学理论。

优化论是一个较新的数学分支，也称为"运筹学"。优化论一般要对一个系统的众多方案进行分析，首先要确定一个判别方案优劣的标准，然后才在技术条件允许的范围内寻找一个或几个最好的方案，这就是优化论的研究内容。

优化论是从20世纪40年代起由于客观上的需要发展起来的。虽然历史不长，但发展异常迅速，应用范围越来越广，方法也越来越多。目前常用的有静态最优化、动态最优化及大系统最优化等分支。

在人-机-环境系统工程研究中，人们在设计和建立人-机-环境系统时，总希望在安全、高效、经济等方面达到最优化。事实上要同时满足这些要求是不可能的，而必须从总体上对这三个目标进行权衡，使目标函数的总和达到最优化。

总而言之，根据上述三个基础理论，再结合一些具体的学科内容，如生理学、心理学、环境医学、人体科学和工程技术、电子技术等，就能在人-机-环境系统建立之前，从理论的角度来探索该系统的运行规律：根据控制论，就可确立人-机-环境系统的结构组合方式；根据模型论,就能恰当地描述人-机-环境系统的模型形式;根据优化论,就能选择人-机-环境系统的最优组合方案,因此,有了这三个基础理论就在理论研究与现实应用之间架起了一座坚实的"桥梁"。

4. 人-机-环境系统工程的重要性

(1) 人-机-环境系统工程使人类认识世界和改造世界产生了新的认识上的飞跃。正如钱学森强调指出:"人-机-环境系统工程是一项很重要的工作,因为过去我们对精神与物质、主观与客观、人与武器这些问题只能从哲学的角度论述,要具体化好像就没有办法,不能定量,也不能严格地、科学地分析,虽然从哲学的角度来说,那些话都是对的,但是要具体地用,比如,用到国防科学技术方面,那就不是一个科学问题了,用科学的方法、计算的方法、分析的方法不能解决这个问题。人-机-环境系统工程,把人、机器跟整个客观环境连在一起来考虑,这就跟单个考虑人、考虑环境不一样,这就是辩证法,综合了,辩证统一了。因此,你们提出的这个问题——人-机-环境系统工程——对于国防科学技术是有深远意义的。"

(2) 人-机-环境系统工程为人类社会的健康和可持续发展提供了科学方法。前文已指出,人类社会发展的历史就是一部人、机(包括工具、机器、计算机和技术)、环境三大要素相互关联、相互制约、相互促进的历史。因此,运用人-机-环境系统工程理论,就能掌握人、机、环境三大要素的运行规律及其最优组合方法,从而确保人类社会的健康和可持续发展。

(3) 人-机-环境系统工程为社会生产力的快速发展提供了技术手段。通常,哲学上将生产力定义为:"从事物质资料生产的人同以生产工具为主的被用于生产的劳动资料相结合,就构成了社会生产力。"很显然,生产力应该是人(从事物质资料生产的人)、机(包括工具、机器、计算机和技术)、环境(生产场所的有关劳动条件)三大要素的有机结合。因此,采用人-机-环境系统工程方法就能全面优化人、机、环境三者之间的关系,促进社会生产力的蓬勃发展。

16.2 人-机-环境系统理论

16.2.1 一般系统理论的创建

系统论是20世纪迅速发展起来的具有普遍适用范围的现代科学。贝塔朗菲(Ludwig Von Bertalanffy,1901—1972),美籍奥地利生物学家,一般系统论和理论生物学创始人。他在20世纪50年代提出抗体系统论及生物学和物理学中的系统论,并倡导系统、整体和计算机数学建模方法,并把生物看作开放系统研究的概念,奠基了生态系统、器官系统等层次的系统生物学研究。他于1945年发表了《关于一般系统论》的论文,宣告了这门学科的诞生。

系统在当今的社会非常常见,如常见的IT系统、交通系统、教育系统。系统有大有小,有简单有复杂,覆盖各个行业,而且不仅仅是自然系统、机械系统,社会科学领域、人类科学领域、生物学领域也涌现出许许多多的系统概念。那究竟什么是系统呢?根据贝塔朗菲的说法,系统是处于相互作用的各要素的复合体或集合。系统不仅仅由各要素组成,更为重要的是各相互作用形成独特的系统特征/系统功能,而且现实中的系统都是开放系统,不断与外界有交互。

传统科学的唯一的目标似乎是进行分析,把实际存在的事物分割成一个个尽量小的单元和孤立的单个因果链。但现实系统中的要素基本都是相互作用的,这也是为什么"整体会大于部分"的原因。一般系统论是关于"整体"的科学,它提出了适用系统的各种原理,如系统的各种特征(整体性、层级性、竞争性等)、不同类别(开放系统和封闭系统)。

16.2.2 一般系统论的基本观点

系统的存在是客观的事实,然而人类对系统的认识历经了漫长的岁月。一般系统论来源于生物学中的机体论,是在研究复杂的生命系统中诞生的。

系统论认为,世界上各种对象、事件、过程

都是由一定要素组成的整体,而整体中的各部分又是由更小的部分组成的,如此下去,以至无穷。构成整体的各层次和部分不是偶然地堆积在一起,而是依一定规律相互联系、相互作用的。贝特朗菲指出:整体大于它的各部分的总和,是基本系统问题的描述。

系统方法就是从系统的观点出发,在系统与要素、要素与要素、系统与外部环境的相互关系中揭示对象的系统特性和运动规律,从而最佳地处理问题。因此,在研究系统问题时,系统方法要求遵循下述一般系统论的基本观点。

1. 系统的整体性

系统的整体性主要表现为系统的整体功能,系统的整体功能不是各组成要素功能的简单叠加,也不是由组成要素简单地拼凑,而是呈现出各组成要素所没有的新功能,可概括地表达为"系统整体不等于其组成部分之和",即

$$F_s > \sum_{i=1}^{n} F_i \quad (16-1)$$

式中,F_s 为系统的整体功能;F_i 为各要素的功能,$i=1,2,\cdots,n$。

整体性是从协调的侧面说明系统特征的,即具有独立功能的关系要素及要素间的相互关系和在阶层上的分布,只能逻辑地统一和协调于系统整体之中。这表明,任何一个要素都不能脱离整体去研究,要素间的联系和作用及阶层分布也不能脱离整体的协调去考虑。脱离了整体性,要素的机能和要素间的作用及阶层分布便失去了意义。系统的整体性应保证在给定的目标下,使系统要素集、要素的关系集及其阶层结构的整体结合效果最大:

$$E^* = \max_{p \to C}(X \cdot R \cdot C) \quad (16-2)$$

式中,E^* 为在对应于目标集的条件下所获得的最大整体结合效果;$(X \cdot R \cdot C)$ 为整体结合效果函数,即系统要素集 X、系统要素关系集 R 和系统阶层结构 C 的结合效果函数。

系统的整体性要求:

(1) 在研究事务中,不要从系统的单独部分得出有关整体的结论,如局部最优(个别优势)不等于整体最优等。

(2) 分系统的目标必须纳入系统整体目标,否则将导致力量分散,造成无效或低效运行,乃至产生效益下降。

(3) 系统的各项局部指标和标准必须具有整体性,没有结构整体输出的高指标和局部的高标准,只能造成浪费和危害。因此只有系统的各个组成部分和相互联系服从系统整体的目的和要求,服从系统的整体功能,在整体功能的基础上展开各要素及其相互间的活动,这些活动的总和才能形成系统的有机行动。这就是系统功能的整体性。

2. 系统的目的性

系统的目的性决定着系统的基本作用和功能。系统功能一般是通过同时或顺次完成一系列任务来达到,这样的任务可能有若干个,而这些任务的完成构成了系统及其分系统功能的完成。这些任务完成的结果就达到了系统中间的或最终的目的。

系统的目的性一般用更具体的目标来表达,这时系统就具有了总目标,而总目标又划分为若干个分目标。目的性可通过总目标来表达:

$$G = \{g_i \mid g_i \in G, i=1,2,\cdots,p\} \quad (16-3)$$

式中,G 为系统的总目标;g_i 为系统的分目标;p 为分目标数。

系统分目标集必须保证系统总目标的实现。当系统的总目标和分目标达到具体化时,将得到系统的目标树。

由于复杂系统是具有多目标和多方案的,当组织规划这个错综复杂的大系统时,常采用图解的方式来描述目的与目的之间的关系,该图解方式称为目的树,如图16-4所示。

从图16-4中可以看出,要达到目的1,必须完成目的2和3;要达到目的2,必须完成目的4、5和6;依次类推。这可以明显地看出在一个复杂系统内所包括的各项目的,即从目的1到n,层次鲜明,次序明确,相互影响,而又相互制约。通过图解,可对目的树的各项目的进行分析、探讨和磋商,统一规划和协调。

3. 系统的集合性

集合是把具有某种属性的一些对象看作

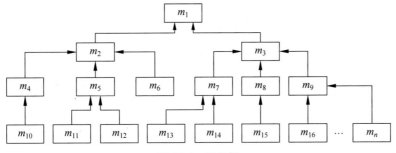

图 16-4 目的树

一个整体。集合里的各个对象叫作集合的要素(元素)。系统的集合性是说,系统起码是由两个或两个以上的可以相互区别的要素组成。要素可以是实体的,如人、设备、仪表、工具等,也可以是非实体的或概念性的,如文件、程序、计划、制度等。系统的集合性用数学式可表达为

$$X = \{x_i \mid x_i \in X, i=1,2,\cdots,n, n \geqslant 2\} \quad (16\text{-}4)$$

式中,X 为集合;x_i 为集合的组成要素或组成单元。

比如,一个最简单的交通系统的集合可以表达为

简单的交通系统 = {驾驶员 x_1,机动车 x_2,道路 x_3,管理 x_4}

或者

$$X = \{x_i \mid x_i \in X, i=1,2,3,4\}$$

显然,此时系统的要素 $n > 2$,而这些要素是相互区别的。

4. 系统的相关性

系统的组成要素是相互作用、相互依存又相互制约的。集合性确定系统的组成要素,相关性则说明要素之间的关系。如只有组成要素而无要素之间的相互关系,则不能构成系统,这种相关性是实现系统目的所必需的。

另外,如果它们之间的某一要素发生了变化,则其他相关联的要素也要相应地改变和调整,从而保持系统整体的最佳状态。

贝塔朗菲用一组联立微分方程描述了系统的相关性,即

$$\begin{cases} \dfrac{dQ_1}{dt} = f_1(Q_1, Q_2, \cdots, Q_n) \\ \dfrac{dQ_2}{dt} = f_2(Q_1, Q_2, \cdots, Q_n) \\ \quad \vdots \\ \dfrac{dQ_n}{dt} = f_n(Q_1, Q_2, \cdots, Q_n) \end{cases} \quad (16\text{-}5)$$

式中,$Q_1, Q_2, \cdots, Q_n$ 分别为第 $1, 2, \cdots, n$ 个要素的特征;t 为时间;$f_1, f_2, \cdots, f_n$ 表示相应的函数关系。

式(16-5)表明,系统任一元素随时间的变化是系统所有要素的函数,即任一要素的变化都会引起其他要素的变化。

5. 系统的阶层性

系统作为一个相互作用要素的总体,有着一定的层次结构,并分解为一系列的分系统。这种分解的基本要求是功能目标,不同的功能目标要求产生不同的分系统。系统、各级分系统和系统要素可表示为一个阶层结构形式,见图 16-5。该图称作系统结构图,它反映了系统的阶层关系。

图 16-5 中的方块(顶点)代表系统的支配要素和执行要素。系统图的顶点数是有限的,因为系统是由有限要素组成的。顶点间的连线表示这些要素间存在的各种关系。确定这些关系是绘制系统结构图的一个基本步骤。系统图内存在着三种关系(用三种箭线表示):领属关系(实线)、从属关系(虚线)和相互关系(星线)。领属关系的特点是支配要素,可以通过各种控制手段对下属要素(被支配要素或执行要素)作用并指向目的地改变它的状态。从属关系的特点是,该要素按虚线指向"服从"控

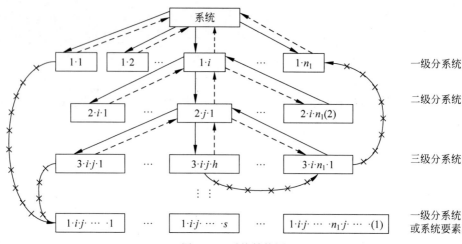

图 16-5　系统结构图

制。相互作用关系则是说,在两个要素(按星线方向)之间存在着一定的物质的、能量的、信息的或某几种同时进行的交换。

6. 系统的环境适应性

环境是指存在于系统以外事物(物质、能量、信息)的总称,也可以说系统的所有外部事物就是环境。可见,系统时刻处于环境之中,环境是一种更高级的、更复杂的系统,在某些情况下它会限制系统功能的发挥。

任何一个系统都存在于一定的物质环境(即更大的系统)之中。因此,系统与外部环境之间必须产生物质的、能量的和信息的交换。没有这种正常的交换,系统便不能生存。适应外部环境变化以获取生存和发展能力的这种性质就是系统的环境适应性。

能够经常与外部环境保持最佳适应状态的系统是理想的系统。不能适应环境的系统是没有生命力的。适应环境的约束,才能求取生存和发展,这是一条不以人的意志为转移的客观规律。环境约束集可表达为

$$O = \{o_i \mid o_i \in O, i = 1, 2, \cdots, r\} \quad (16\text{-}6)$$

式中,O 为环境约束集;o_i 为环境约束要素,$i = 1, 2, \cdots, r$。

显然,系统整体的最优结合效果也应对于环境约束集。这时,式(16-2)可写为

$$E^* = \max_{\substack{p \to G \\ p \to O}} P(X \cdot R \cdot C) \quad (16\text{-}7)$$

以及

$$S_{opt} = \max(S \mid E^*) \quad (16\text{-}8)$$

式中,E^* 为对应于系统目标集和环境约束集下的系统最优结合效果;S_{opt} 为具有最优结合效果及最优输出的系统。

在分析了一般系统基本观点的基础上,对一般系统有了下述概念:"系统是由若干个可以相互区别、相互联系而又相互作用的要素组成的,在一定的阶层结构形成中,在给定的环境约束下,为达到整体的目的而存在的有机集合体。"

16.2.3　一般系统理论的研究要点

在分析一般系统理论基本要点的基础上,可以将一般系统理论的研究要点归纳于图 16-6。

1. 系统的整体性

系统是若干事物的集合,系统反映了客观事物的整体性,但又不简单地等同于整体。因为系统除了反映客观事物的整体之外,还反映整体与部分、整体与层次、整体与结构、整体与环境的关系。这就是说,系统是从整体与其要素、层次、结构、环境的关系上来揭示其整体性特征的。

要素的无组织的综合也可以成为整体,但是无组织状态不能成为系统,系统所具有的整体性是在一定组织结构基础上的整体性,要素以一定方式相互联系、相互作用而形成一定的

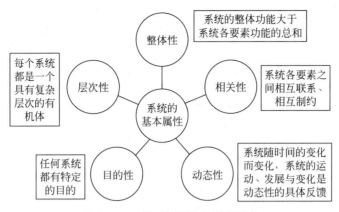

图 16-6　一般系统理论的研究要点

结构,才具备系统的整体性。整体性概念是一般系统论的核心。

2．系统的相关性

系统的性质不是要素性质的总和,系统的性质为要素所无,系统所遵循的规律既不同于要素所遵循的规律,也不是要素所遵循的规律的总和。不过系统与它的要素又是统一的,系统的性质以要素的性质为基础,系统的规律也必定要通过要素之间的关系(系统的结构)体现出来。存在于整体中的要素,必定具有构成整体的相互关联的内在根据,所以要素只有在整体中才能体现其要素的意义,一旦失去构成整体的根据,它就不成其为这个系统的要素。归结为一句话就是：系统是要素的有机的集合。

3．系统的动态性

系统的有机关联不是静态的而是动态的。系统的动态性包含两方面的意思：其一是系统内部的结构状况是随时间变化的；其二是系统必定与外部环境存在着物质、能量和信息的交换。比如,生物体保持体内平衡的重要基础就是新陈代谢,如果新陈代谢停止就意味着生物体的死亡,这个作为生物体的系统就不复存在。贝塔朗菲认为,实际存在的系统都是开放系统,动态是开放系统的必然表现。

4．系统的层次性

系统的结构、层次及其动态的方向性都表明系统具有层次性的特征。系统的存在必然表现为某种有序状态,系统越是趋向有序,它的组织程度就越高,稳定性也越好。系统从有序走向无序,它的稳定性便随之降低。完全无序的状态就是系统的解体。

5．系统的目的性

为了避免误解(主要是避免与古人的"目的论"混同),也有人把系统的目的性称为"预决性"。贝塔朗菲认为,系统的层次性是有一定方向的,即一个系统的发展方向不仅取决于偶然的实际状态,还取决于它自身所具有的、必然的方向性,这就是系统的目的性。他强调系统的这种性质的普遍性,认为无论是在机械系统还是其他任何类型系统中,它都是普遍存在的。

6．一般系统理论趋势

(1) 系统论具有与控制论、信息论、运筹学、系统工程、电子计算机和现代通信技术等新兴学科相互渗透、紧密结合的趋势。

(2) 系统论、控制论、信息论正朝着"三归一"的方向发展,现已明确系统论是其他两论的基础。

(3) 耗散结构论、协同学、突变论、模糊系统理论等新的科学理论,从各方面丰富发展了系统论的内容,有必要概括出一门系统学,作为系统科学的基础科学理论。

(4) 系统科学的哲学和方法论问题日益引起人们的重视。在系统科学的发展形势下,国内外许多学者致力于综合各种系统理论的研究,探索建立统一的系统科学体系的途径。

16.2.4 人-机-环境系统的研究

1. 人、机、环境三要素的相互作用

一般系统论创始人贝塔朗菲把他的系统论分为两部分：狭义系统论与广义系统论。狭义系统论着重对系统本身进行分析研究，而广义系统论则是对一类相关的系统科学进行分析研究。其中广义系统包括三个方面的内容：

(1) 系统的科学、数学系统论。

(2) 系统技术，涉及控制论、信息论、运筹学和系统工程等领域。

(3) 系统哲学，包括系统的本体论、认识论、价值论等方面的内容。

人-机-环境系统的研究属于系统技术领域。

人-机-环境系统中的"人""机""环境"是指在一个系统中，人、机和环境三者的相互作用和影响，三者之间的相互作用和影响非常复杂，需要进行有效的协调和管理才能实现系统的高效运转或预期的目标。因此，人-机-环境系统的设计和优化需要考虑人的需求、机器的能力和环境的限制等多方面因素，以实现系统的整体性能最大化。

2. 人、机、环境三要素的内涵

1) 人-机-环境系统中的"人"

在人-机-环境系统中，涉及不同角色和身份的人：用户，作为系统的最终使用者，用户是系统设计和开发的主要关注对象。他们利用系统来完成特定的任务或满足特定的需求。系统需要根据用户的需求和偏好来提供易用性、可靠性和高效性。操作者，是系统中直接与设备或界面交互的人员。他们负责通过系统进行输入、控制和操作，以实现具体的功能和任务。操作者需要熟悉系统的操作流程和指令，能够有效地与系统进行交互。决策者，在一些智能系统中，决策者扮演着重要角色。他们根据系统输出的信息和结果，做出决策和判断，指导系统的行为和运行。决策者可能是系统的管理者、监控员或专业人员等。设计师，负责系统的设计和开发。他们需要了解用户的需求和使用情境，根据人机交互原理和设计规范，设计出符合用户期望的界面、功能和交互方式。维护人员，负责系统的运行、维护和修复。他们需要监控系统的性能，及时进行故障排除和维护工作，以确保系统的稳定性和可靠性。这些不同角色的"人"在人-机-环境系统中形成一个相互依赖、协同工作的群体。他们通过各自的责任和行动，共同构建和维护系统的正常运行和良好性能。因此，在人-机系统的设计和应用过程中，需要考虑不同角色的需求和目标，为他们提供适合的功能和支持。

在人-机-环境系统中，除了真实存在的人之外，还包括虚拟人和数字人：虚拟人，是指通过计算机生成和模拟的人工智能实体。虚拟人可以拥有自己的外貌、形象和行为特征，可以通过语音、图像、动画等方式与真实人类进行交互和沟通。在人-机-环境系统中，虚拟人可以扮演如助手、客服人员等角色，为用户提供服务和支持。数字人，是通过数字技术、传感器和算法等手段对真实人的信息和行为进行建模和仿真的数字化实体。数字人可以模拟和再现真实人的特征、行为和决策过程，用于分析、预测和优化系统的性能和交互。数字人可以用于人机界面设计、用户行为分析、人机协同等领域。虚拟人和数字人的引入丰富了人-机-环境系统的参与者和交互方式。他们可以与真实人类进行沟通和协作，提供个性化、高效的服务和支持。虚拟人和数字人的存在可以扩展系统的功能和应用范围，提供更多的交互选择和可能性。需要注意的是，虚拟人和数字人虽然具有一定的智能性和自主性，但他们并不等同于真实的人类。在设计和应用过程中，需要合理定义他们的能力和行为范围，并确保他们的使用符合伦理和法律的要求。

2) 人-机-环境系统中的"机"

人-机-环境系统中的"机"指的是各种硬件设备和软件工具。它们作为人机交互的媒介和支持，为不同角色的"人"提供服务和帮助：输入设备，是指用于将用户的信息和指令传输到系统中的设备，如键盘、鼠标、触摸屏、语音识别器等。输入设备需要提供高效、准确的输入方式,以满足不同用户的需求和偏好。输出设备,是指用于将系统的信息和结果呈现给用户的设备,如显示屏、音响、打印机等。输出设备需要提供清晰、直观的输出内容,以便用户能够理解和利用。控制器,是指用于控制和调节系统行为和运行的设备,如开关、按钮、旋钮、遥控器等。控制器需要提供简单、方便的控制方式,以帮助操作者实现对系统的控制和操作。传感器,是指用于采集环境信息和用户行为数据的设备,如摄像头、温度传感器、光线传感器、心率传感器等。传感器需要能够准确、实时地收集和处理各种信息,以支持系统的智能化和自适应性。软件工具,是指用于支撑系统功能和运行的软件程序,如操作系统、应用程序、数据库等。软件工具需要提供高效、稳定的系统支持,以实现系统的快速响应和优化。这些不同角色的"机"在人-机-环境系统中形成一个相互关联、协同工作的整体。它们通过各自的功能和特点,为不同角色的"人"提供便利、支持和保障,共同构建和维护系统的正常运行和良好性能。因此,在人-机-环境系统的设计和应用过程中,需要考虑不同角色的需求和目标,为他们提供适合的设备和工具。

另外,在人-机-环境系统中的"机"还可以包括机制和机理,它们指的是系统中的一些规则、规律和原理,用于解释和描述系统的运行方式和行为特征。机制,是指系统中实现某种功能或达成某种目标的具体步骤和方式。它涉及各种因果关系和操作规程,通过某种方式将输入转化为输出。例如,信息传输的机制可以涉及信号传递、编码解码、数据压缩等过程。机理,是指系统中的一些基础原理和规律,用于解释系统的行为和性能。它涉及系统中各个组成部分之间的相互作用和影响关系,描述了系统的内在机制。例如,反馈控制的机理可以涉及误差检测、信号调整、闭环反馈等原理。机制和机理在人-机-环境系统中起着重要的作用。它们可以帮助理解系统的功能和运行方式,指导系统的设计和优化,进而可以更好地解决系统中的问题和挑战,提高系统的性能和

用户体验,从而提高系统的效能和效果。

3)人-机-环境系统中的"环境"

在人-机-环境系统中,除了人和机之外,还包括各种不同的"环境"。这些环境包括:物理环境,是指人和机器所处的实际物理空间和场景,如房间、办公室、工厂车间等。在这些物理环境中,人和机器需要考虑到空间布局、温度、湿度、光线等因素,以适应环境变化和保障工作效率。社会环境,是指人与人之间相互作用的环境,如商业网络、社交媒体、文化活动等。在这些社会环境中,人们需要考虑到群体文化、社会规则等因素,以更好地交流和合作。

认知环境,是指人类思维和知识结构所处的环境,如语言、符号、文本等。在这些认知环境中,人们需要考虑到信息传递、知识获取等因素,以更好地理解和利用信息资源。

时间环境,是指时间和时间序列对人-机-环境系统的影响,如事件发生的时间顺序、时间延迟的问题等。在时间环境中,人和机器需要通过合理的时间规划和时间管理适应变化的需求和挑战。这些环境因素在人-机-环境系统中起着重要的作用。它们不仅影响着人和机器的行为和互动方式,还影响着系统的性能和效果。了解和应用适合的环境因素,可以帮助我们更好地设计和优化人-机-环境系统,提高系统效率和用户体验感受。

除了物理环境、社会环境、认知环境和时间环境之外,人机环境系统中还包括虚拟环境和数字环境。虚拟环境是指一种计算机生成的仿真环境,它可以是三维图像或者视频游戏等。在虚拟环境中,人们可以使用交互式技术与计算机环境进行互动,以实现某种特定的目标,如培训、仿真、娱乐等。数字环境是指由数字化设备交互所构成的环境,如智能手机屏幕、汽车仪表盘和电视观赏体验。数字环境中的交互通常是通过用户与设备的界面进行,如触摸屏幕、语音识别和鼠标键盘等。虚拟环境和数字环境是近年来逐渐发展成熟的领域,它们在人-机-环境系统中起着越来越重要的作用。与传统的人机交互方式相比,虚拟环境和数字环境具有更高的自由度和灵活性,能够为

用户提供更多样化的体验和服务。因此，设计和优化这些环境也成为人-机-环境系统研究的重要方向之一。

总之，在人-机-环境系统中，"人"不仅指系统的用户或操作者，还涉及其他各种"人"，他们通过对机器的命令、输入数据和交互操作来使用机器。"机"不仅指人与机器之间的硬件设备和软件系统（如计算机、机器人、传感器、显示器、键盘、鼠标、操作系统、应用软件等），还包括机制机理等，它们能够执行人类指令，进行数据处理和计算，提供信息和服务。"环境"不仅指机器所处的物理和社会环境，还包括机器所在的地理位置、周围的物体和其他机器设备、人与机器之间的交互方式和规则、所处的文化背景及虚拟数字环境等，环境会影响机器的工作和人的行为，并且机器和人也会对环境产生影响。

16.3 开放的复杂巨系统

16.3.1 系统的分类

系统科学以系统为研究对象，而系统在自然界和人类社会中是普遍存在的，如太阳系是一个系统，人体是一个系统，一个家庭是一个系统，一个工厂企业是一个系统，一个国家也是一个系统，等等。客观世界存在着各种各样的系统。为了研究的方便，按照不同的原则可将系统划分为各种不同的类型。例如，按照系统的形成和功能是否有人参与，可划分为自然系统和人造系统，其中太阳系就是自然系统，而工厂企业是人造系统。如果按系统与其环境是否有物质、能量和信息的交换，可将系统划分为开放系统和封闭系统。当然，真正的封闭系统在客观世界中是不存在的，只是为了研究的方便，有时把一个实际具体系统近似地看成封闭系统。如果按系统状态是否随着时间的变化而变化，可将系统划分为动态系统和静态系统。同样，真正的静态系统在客观世界中也是不存在的，只是一种近似描述。如果按系统物理属性的不同，又可将系统划分为物理系统、生物系统、生态环境系统等。按系统中是否包含生命因素，又有生命系统和非生命系统之分。

以上系统的分类虽然比较直观，但着眼点过分地放在系统的具体内涵上，反而失去系统的本质，而这一点在系统科学研究中又是非常重要的。

根据组成系统的子系统及子系统种类的多少和它们之间关联关系的复杂程度，可把系统分为简单系统和巨系统两大类。简单系统是指组成系统的子系统数量比较少，它们之间的关系自然比较单纯。某些非生命系统，如一台测量仪器，这就是小系统。如果子系统数量相对较多（如几十、上百），如一座大工厂，则可称作大系统。不管是小系统还是大系统，研究这类简单系统都可以从子系统之间的相互作用出发，直接综合成全系统的运动功能。这可以说是直接的做法，没有什么曲折，顶多在处理大系统时，要借助于大型计算机或巨型计算机。

若子系统数量非常大（如成千上万、上百亿、万亿），则称作巨系统。若巨系统中子系统的种类不太多（几种、几十种），且它们之间的关联关系又比较简单，就称作简单巨系统，如激光系统。研究处理这类系统当然不能用研究简单小系统和大系统的办法，就连用巨型计算机也不够了，将来也不会有足够大容量的计算机来满足这种研究方式。直接综合的方法不成，人们就想到21世纪初统计力学的巨大成就，把由亿万个分子组成的巨系统的功能略去细节，用统计的方法概括起来，这很成功。

16.3.2 开放复杂巨系统的含义

如果子系统种类很多并有层次结构，它们之间的关联关系又很复杂，这就是复杂巨系统，如果这个系统又是开放的，就称作开放的复杂巨系统，如生物体系统、人脑系统、人体系统、地理系统（包括生态系统）、社会系统、星系系统等。这些系统在结构、功能、行为和演化方面都很复杂。以至于到今天，还有大量的问题，我们并不清楚，如人脑系统，由于人脑具有记忆、思维和推理功能及意识作用,所以它的输入-输出反应特性极为复杂。人脑可以利用过去的信息(记忆)和未来的信息(推理)及当时的输入信息和环境作用,做出各种复杂反应,从时间的角度看,这种反应可以是实时反应、滞后反应,甚至是超前反应;从反应类型看,可能是真反应,也可能是假反应,甚至没有反应。所以,人的行为绝不是什么简单的"条件反射",它的输入-输出特性随时间而变化。实际上,人有 10^{12} 个神经元,还有同样多的胶质细胞,它们之间的相互作用又远比一个电子开关要复杂得多,所以美国 IBM 公司研究所的 E. Clementi 曾说,人脑像是由 10^{12} 台每秒运算 10 亿次的巨型计算机关联而成的大计算网络!

再上一个层次,就是以人为子系统主体而构成的系统,而这类系统的子系统还包括由人制造出来的具有智能行为的各种机器。对于这类系统,"开放"与"复杂"具有新的、更广的含义。这里的开放性指系统与外界有能量、信息或物质的交换。说得确切一些,即:

(1) 系统与系统中的子系统分别与外界有各种信息交换。

(2) 系统中的各子系统通过学习获取知识。由于人的意识作用,子系统之间关系不但复杂而且随着时间及情况有极大的易变性。

一个人本身就是一个复杂巨系统,现在又以这种大量的复杂巨系统为子系统组成一个巨系统——社会。人要认识客观世界,不单靠实践,还要用人类过去创造出来的精神财富,知识的掌握与利用是一个十分突出的问题。什么知识都不用,那就回到数百万年以前我们的祖先那里去了。人已经创造出巨大的高性能计算机,还致力于研制出有智能行为的机器,人与这些机器作为系统中的子系统互相配合,和谐地工作,这是迄今为止最复杂的系统了。这里不但以系统中子系统的种类多少来表征系统的复杂性,而且知识起着极其重要的作用。这类系统的复杂性可概括为:系统的子系统间可以有各种方式的通信;子系统的种类多,各有其定性模型;各子系统中的知识表达不同,以各种方式获取知识;系统中子系统的

结构随着系统的演变会有变化,所以系统的结构是不断改变的。我们把上述系统叫作开放的特殊复杂巨系统,即通常所说的社会系统。

16.3.3 人体是个复杂巨系统

(1) 人体是具有庞大数量的多层次的子系统。一个人体约有 3.5×10^{13} 个细胞,一个细胞含有数十万到数百万个生物大分子。这些生物大分子为了生存需要有一个代谢系统,为完成其生理功能还要有一个功能系统;不同的大分子系统组成不同的细胞系统,不同的细胞组成不同的器官和生理系统。因此,整个人体是由数十万、数百万的复杂程度不同、功能不同、层次不同的子系统组成的。

(2) 人体有完整的功能,它的子系统具有复杂性和统一性。人体中这样庞大而复杂的子系统作为整体活动时,不是一个简单的数学关系。子系统之间有加强与拮抗,有延迟与提前,有优势与诱导等复杂活动。但它们是统一于生物目的性的活动,具有高度精细的协调机构和信息处理机构,达到人体活动的目的性,使人能生存、工作。例如,血糖、体温、内环境的恒定及人动作行为的协调等都是通过人体子系统的一套复杂生理机构实现的。这样的协调控制功能,如能在工程上实现,那就是非常完善的控制机构了。因此,研究人体的调控系统机制,对研究控制论和自动控制机构具有重要作用。

(3) 人体子系统之间的联系有各种方式,有神经性的、体液性的和神经性体液性的,以及经络的联系。各种子系统具有各自的活动模式和各自的特定功能。随着人体整体的需要,构成系统的子系统也发生演变,如有信息传递、各种运动(随意运动和非随意运动)、分泌、运输、排泄、吞噬,物质和能量的吸收转换、储存和释放、体液通透、血液流动及整体运动等,使得人成为多种运动形式的综合组合体。这种多种类型、多层次的运动集合在一个整体中,经过极为复杂的过程而统一于总体的活动目的。

(4) 人体子系统之间及子系统与整体的关系极为复杂,在整体中每个子系统的性能都影响整体的性能,这种影响可能是每个子系统本身就能产生的,也可能是通过影响其他子系统而产生的。人体是一个由极多子系统组成的整体,从而使该系统具有一定的特性和功能,当然这些并不是一个子系统所具有的。从系统功能来看,这个系统又是一个不可分割的整体,如果把各子系统拆开,那就失去原有的各子系统的性质。

以上所概括的人体系统的特征,虽不够全面,但无论在结构、功能、行为和演化方面都足以说明人体系统的复杂和巨大程度,因此人体是个复杂巨系统。人脑也是复杂巨系统,是人体这个复杂巨系统的一部分。人脑有 10^{12} 个神经元,还有同样多的胶质细胞。神经元之间及神经细胞群之间的相互作用极为复杂。人脑可以利用过去的信息(记忆)、未来信息(推理)及当时的输入信息和环境作用,对输入的信息能够作出各种各样的复杂反应,它的输入-输出特性随时间而变化。一个人体活动、行为、动作是由人脑 10^{12} 个神经元及同样多的胶质细胞之间极为复杂的相互作用的结果所支配,又由参与活动的人体执行机构协调一致的相互作用的结果实现的。

16.3.4 人体复杂巨系统与周围环境及宇宙之间的物质、能量和信息交换

人体是开放的复杂巨系统。人与环境及宇宙之间实际上形成了一个超巨系统。

(1) 考察人与宇观层次世界的关系。这个领域有它的基本物理概念,那就是十万光年的物理尺度,要用广义相对论理论,它主张人的存在或出现与宇宙的实际演化有关系。也可以反过来说,宇宙的实际性质是人存在的必然条件。如果宇宙演化不走现在这条途径,那么现在世界上的生物(包括人类)就不大可能出现。我们所知道的决定宇宙演化的物理参数和决定物质运动的物理参数都是人的出现所要求的,也可以说因为实际上人出现了,所以宇宙的性质必然是这样的。这就说明人和太阳系、银河系及整个宇宙都是相关联的。

(2) 考察人与宏观世界层次的关系。这个层次的物理尺度为 10^2 m,相当于一个球场的大小,要用牛顿力学的理论,在这个层次上考察人体与环境(10^2 m 大小的环境)的关系。对于这样尺度下的人-环境关系,中国的传统医学很重视,也是现代环境医学的重要内容。但它们都是研究环境对人体的影响,忽视了人体对环境的影响,忽视了在这样宏观范围内的环境与人体是一个复杂巨系统关系,更缺乏系统科学的理论和方法去研究。

如 16.3.2 节所述,开放的复杂巨系统是子系统种类极多,又有层次结构,子系统之间关联关系很复杂,相互作用样式繁多,且与外部环境有交流的系统。

16.3.5 综合集成方法的提出及其主要特点

20 世纪 70 年代末,钱学森指出,我们提倡的系统论既不是整体论,也非还原论,而是整体论与还原论的辩证统一。钱学森的这一系统论思想后来发展成为他的综合集成思想。根据这个思想,钱学森又提出了把还原论方法与整体论方法辩证统一起来即系统论方法。应用这个方法研究系统时,也要从系统整体出发将系统分解,在分解后研究的基础上再综合集合到系统整体,达到从整体上研究和解决问题的目的,这就是钱学森综合集成思想在方法论层次上的体现。综合集成方法的实质是把专家体系、信息与知识体系及计算机体系进行有机结合,构建一个高度智能化的人机体系,这个体系具有综合优势、整体优势和智能优势。它能把人的思维,思维的成果,人的经验、知识、智慧及各种情报、资料和信息集成起来,从多方面的定性认识上升到定量认识。综合集成方法是以思维科学为基础,从思维科学看,人脑和计算机都能够有效地处理信息,但两者差别极大。人脑思维主要有两种:一种是逻辑思维(即抽象思维),它是定量、微观处理信息的方法;另一种是形象思维,它是定性、宏

观处理信息的方法,而人的创造性主要来自创造思维,创造思维是逻辑思维和形象思维的结合,也就是定性与定量相结合、宏观与微观相结合,这是人脑创造性的源泉。今天的计算机在逻辑思维方面确实能做很多事情,它甚至比人脑做得还好、还快,而且擅长信息的精确处理。但在形象思维方面,现在的计算机还不能为我们提供有效的帮助;至于创造思维就只能依靠人脑了。因此人机结合,大力发展人工智能及以人为主的思维体系和研究方式会具有更强的创造性和认识客观事物的能力。

大型计算机系统应具备管理信息系统功能、决策支持系统功能和综合集成系统功能。这就需要知识工程、人工智能和信息技术等高新技术。知识工程是人工智能的一个重要分支,着眼于合理地组织与使用知识去解决问题,构成知识型的系统。专家系统就是一种典型的知识系统。专家的一部分作用可以通过专家系统来实现,所以专家系统也成为系统中的子系统。知识工程的核心工作就是知识的表达和处理,即如何能把各种知识,如书本知识、专门领域有关知识、经验知识、常识等表达成计算机能够接受并能够加以处理的形式。知识型系统的特点是以知识控制的启发式方法求解问题,不是精确的定量处理,因为许多知识是经验性的,难以精确描述。知识型系统,不能建立定量数学模型,只能采用定性的方法。许多工作是利用定性物理的概念与建模方法来建立定性模型,进而研究定性推理的。定性建模是一种把深层知识进行编码的方法,只是注重变化的趋势,如增加、减少或不变等。定性推理指的是定性模型上的操作运行,从而得到或预估系统的行为,这里着重指结构、功能行为的描述及其相互关系。实践证明,这个方法论是现在唯一有效地处理开放复杂巨系统的方法论。

16.3.6 人-机-环境系统是开放的复杂巨系统

人-机-环境系统工程认为,凡是有人参与的工作系统,都可以定义为一个人-机-环境系统。而且,根据各种系统的性能特点及复杂程度,又可将人-机-环境系统分为三种类型:简单(或单人、单机)人-机-环境系统、复杂(或多人、多机)人-机-环境系统和广义(或大规模)人-机-环境系统。因此,人-机-环境系统工程虽然是一门新兴的交叉技术学科,但它的踪迹早已深入国民经济的各条战线。

开放的复杂巨系统理论的提出与方法的建立开辟了新的科学领域,对很多科学领域的开展都会有新的贡献,从而对更全面、更深刻地认识客观世界的物质运动规律具有重要的科学意义。

研究开放的复杂巨系统的方法论是现阶段处理开放的复杂巨系统唯一可行的方法,用它来处理自然科学和社会科学都是最好用的,是目前任何先进的方法不可比的。它的出现是科学发展史上又一次具有重大意义的贡献,越来越显示出其重要性。

开放的复杂巨系统的理论研究与方法论具有广泛应用的意义。现代科学技术探索和研究的对象是整个客观世界。但是从不同角度、不同观点及不同方法研究客观世界的不同问题时,现代科学技术就产生了不同的科学技术部门。例如,自然科学是从物质运动、物质运动的不同层次、不同层次之间的关系等角度来研究客观世界的,社会科学是从人类社会发展运动对人类发展影响的角度研究客观世界的。系统科学作为一个科学技术体系,从应用到基础理论研究都是以系统为研究对象的。开放的复杂巨系统无论在宏观、宇观和微观等范畴内都是客观存在的。因此,提出开放的复杂巨系统的理论与方法具有普遍意义。这些理论本来就分布在不同的学科和不同的科学技术体系,均已有很长的历史,也都或多或少地用本学科的语言涉及开放的复杂巨系统的思想。但是,到目前为止都没有更加清晰、更加深刻的理解与应用。因此,开放的复杂巨系统概念的提出及理论研究必将推动人-机-环境系统的优化研究和设计方法开辟新的方向。

从定性到定量的综合集成法是从整体上

考虑和解决问题的方法论。它不同于近代科学沿用的培根式的还原论方法,而是把大量零星分散的定性认识、点滴知识,甚至各方面的意见都汇集成一个整体结构,达到定量的认识,是从不完整的定性到比较完整的定量,是定性到定量的飞跃。当然在一个方面的问题,经过这种研究有了大量的积累,会再一次上升到整个方面的定性认识,以达到更高层次的认识,形成认识的又一次飞跃,这就是开放的复杂巨系统的方法论。它是现代科学技术条件下的实践论的具体化,即从感性认识到理性认识的反复飞跃,将使人类认识客观世界的能力再上新台阶。

第17章

人-机-环境系统总体分析

17.1 系统总体分析方法论

系统工程的方法论是指在更高层次上,指导人们正确地应用系统工程的思想、方法和各种准则去处理问题。由于系统工程是包括许多工程技术的一大工程技术门类,而且是高度综合的、实用性很强的技术。因此,在系统工程的研究中,逐渐形成了一套处理问题的基本方法和过程。这就是从系统的观点出发,采用系统分析的方法来分析和解决各种问题。

17.1.1 系统分析的逻辑框架

系统分析处理问题的方法从系统的观点出发,充分分析系统各种因素的相互影响,在对系统目标进行充分论证的基础上,提出解决问题的最优行动方案。系统分析对问题的处理已经形成了一套完整的处理问题的思维步骤和逻辑框架,其典型的逻辑框架结构如图 17-1 所示。

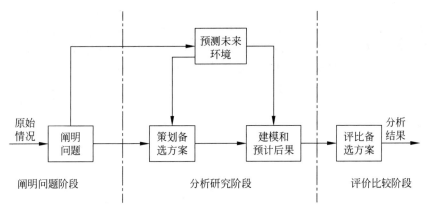

图 17-1 系统分析的逻辑框架

阐明问题阶段的工作是提出目标、确定评价指标和约束条件;分析研究阶段的工作是提出各种备选方案,并预计实施后可能产生的后果;评价比较阶段主要分析各方案后果的利弊,并提供给决策者作为判断决策的依据。该过程一般需要经过多次反复,在系统分析过程中根据需要可能回到前面任一环节,以便获得更加准确的信息。依据图 17-1 所示的逻辑框架,依次分析如下。

17.1.2 阐明问题

对系统进行分析最直接的原因是系统运行

存在一定的问题,这些问题是构成系统分析的关键,因此在解决问题之前应弄清问题的实质。

对于一个给定的问题,主要从以下几个方面进行剖析。

1. 问题的性质和范围

问题的性质主要是各种相互关联问题形成的问题域及其来龙去脉。简而言之,即问题的结构、过程和势态。相关的问题主要包括:问题的提出者是谁?决策者是谁?他们的目的是什么?问题是如何出现的?由什么原因引起的?可能解决的方式有哪些?与此相关的问题有哪些?在回答上述问题的基础上将问题的范围予以界定,使得所处理的问题明确具体。

例如,对于企业年度规划的制定,提出者可能是计划主管部门或厂长,决策者是厂长,其目的是制订最优的企业年度计划,与此相关的问题可能有企业的技术改造、人员培训、资源利用,以及如何适应企业的长远发展等。

2. 问题的目标

系统工程人员作为决策者的智囊,归根结底是帮助决策者达到真正的目标并找出适当的途径,理想的做法是尽早明确目标。然而,决策者对目标的描述常常是模糊的,他们很难用清晰周密的语言来表达他们的真正目标。此外,即使决策者在分析开始就明确提出目标,系统工程人员还是要加以分析的,因为真正的目标要从达到目的的手段去分析。

此外,一个系统的目标可能有多个,有时这些目标之间并不一定相互兼容,可能也有一定的矛盾。例如,企业生产中的资金一定,若用于企业技术改造的资金增加,则用于企业正常生产的资金势必减少,影响企业的正常生产;相反,则影响企业的长远发展。

目标的确定工作是一项很重要的工作,它的确定是否合理将直接影响到最终决策的质量。目标太笼统,系统分析难度大;目标太具体,又容易以偏概全。

3. 目标的条件

系统总是处在一定的客观环境之中,要明确系统的目标和提出达到目标的方案,就必须对系统所处的环境有充分的认识,同时要分析达到目标的各种约束条件,包括人力、物力、财力、技术、时间、资源、市场等其他方面的约束。

在系统环境分析中,首先要明确系统的边界。将系统的范围予以界定,一般是从物理和技术环境、经济和经营管理及社会环境等方面加以综合全面的分析。

约束条件是对达到目标及其实现方案的限制,它的确定与环境是密切相连的,约束条件限制了方案数量,它可能是物理定律、自然条件和资源的限制,也可能是组织体制、法律、道德观念等形成的界限。有些约束长期存在,不容破坏,如物理定律等,有些则随着技术的进步和社会的发展而变化。

目标和约束在决策者的观念中有相似之处,决策者并非从目标的角度去看待一项决策,而是经常考虑这项决策在哪些方面行得通,所以目标和约束需要相互关联地考虑。两者的不同之处是,约束条件有界限,目标却无界限。约束条件一经确定下来,会在整个系统分析过程中起到"强硬"的约束作用。

4. 目标的评价

决策者对方案后果的满意程度总是需要一个(或者一组)评价指标予以衡量,系统分析人员需要根据决策者的意志和系统目标的特点确定相应的评价指标,以便根据各方案的指标状况排出方案的优先次序。确定评价指标的困难之处就是有些目标难以量化,这时就需要采用一种可定量化的指标予以代替。

在有多种指标时,即方案后果有多重属性的情况下,目前人们都是将其组合成单一的指标,对后果的每种属性给予权重,然后得出一个效用值函数。效用值函数一般应该反映决策者的效用观点,它将决策者对各种指标的偏好程度充分地考虑进去,反映了决策者对问题的看法和思路。

现代社会的发展使得各类系统总是朝着综合化的方向发展。系统的目标也越来越多元化,系统的评价指标往往也是由一个多层次的体系组成,系统目标的综合最优化就是由这一指标体系保证的。

5．数据和资料

历史资料和系统的相关信息对系统的发展起着至关重要的作用,这就要求在对问题的构成有了大致了解之后,应该收集和分析与问题有关的各种因素及其相互制约关系,以便寻求解决问题的方案。

数据和资料是确定系统目标、系统方案和系统模型的基础,因此对所收集的资料一定要加以分析,以保证所收集的数据能够充分反映系统运行的各个方面。当然,这并不是说所收集的数据和资料越多越好。数据和资料的收集要与所分析问题的目标关联,这一点是至关重要的。

17.1.3 策划备选方案

如果说阐明问题是为了更好地弄清问题,那么策划备选方案就是为了寻求解决这一问题的策略。方案提出的好与坏及全面与否将直接影响到系统分析最后的结论。因此,策划备选方案是系统分析中至关重要的一项工作。

可供选择的备选方案是进行系统分析的基础,因为如果没有方案选择的余地,就不可能存在任何决策问题,也就不需要系统分析了。也就是说,可供选择的备选方案是构成问题的因素之一。策划备选方案包括方案的提出和筛选两个过程。

1．方案的提出

方案的提出主要是决策者与系统分析人员一起,经过多次充分讨论,尽可能地考虑各种可供选择的方案。在方案的提出过程中,不应受到客观条件的限制,应尽可能地考虑各种方案,每个机会和建议都不要放过。方案提出时,并不需要考虑所提方案是否可行,关键是能够敞开想法,不要放过任何一种可能实施的策略。

立论依据。此法认为妨碍人们充分表达思想的因素有三点,即对问题认识的程度、文化科技水平和感情因素的影响。若以集体讨论的方式来弥补前两点因素,并宣布对不同技术方案不应指责,则第三点因素亦可克服。此时人们能够相互启发、畅所欲言,从而引导出大量奔放的思维活动,称为联想。联想的方法有以下三种:

(1)接近联想。从看到自行车联想到步行者的需要,进而联想到有无可能生产以蓄电池作为能源的电动自行车,即遇到问题后联想到,"此事之前需要什么"同时伴随着"此事之后会发生什么",从而使思维得到发展。

(2)类似联想。类似联想即"照猫画虎",遇到问题后联想到"此事与何相似""此事有何同属性"而使问题得到展开。

(3)反向联想。反向联想即从事物的对立面进行联想,见到"一寸法师"想到"石窟巨佛",也就是"与此事相反的事是什么""假如正相反,情况会如何""其不同点是什么"等。

2．方案的筛选

筛选方案是为了达到所提出的目标,自然要结合具体情况进行分析。一般要求所提出的备选方案应具备以下特性:

(1)强壮性。强壮性是指备选方案在受到外界干扰的情况下,仍能基本维持原有系统的特性,即适应环境的能力。例如,企业未来的环境总是具有一定的不确定性,企业计划的各种方案就必须具有能够应对环境可能变化的能力。

(2)适应性。适应性要求在备选方案的目标经过修正甚至完全不同的情况下,原来采取的方案仍能适用,适应性反映了方案的灵活性。例如,企业原来制定的发展规划,可能因某种原因而发生变更,那么目前所实施的方案就要求能适应这一变化的要求,这就要求备选方案具有一定的适应目标变化的能力。

(3)可靠性。可靠性是指系统在任何时候正常工作的可能性,要求系统不出现失误,即使失误也能迅速恢复正常。可靠性要求备选方案不能因执行过程中所遇到的某些因素,而偏离目标太远,并具有自反馈的功能。可靠性要求实施方案不能因为某些因素的变更而太敏感,完善的监督机构和信息反馈可以提高系统实施的可靠性。

(4)现实性。现实性反映了系统实施的可能性,某一方案决策者是否支持是方案是否现实的关键。此外,方案实施的费用也是一个主要因素,耗费资金太多的方案是不现实的。

总之，良好的方案是进行良好系统分析的基础，在方案的提出和筛选过程中，应进行全面而周到的分析。

17.1.4　预测未来环境

每项系统工程都要预测各种备选方案的后果，而每种方案的后果与将来付诸实践时所处的环境有关，这就要求在方案实施前对未来环境可能发生的变化进行一准确的预测。预测是对事物发展的客观规律进行预估和推测，即根据过去和现在的历史或统计资料预估未来发展的趋势，或根据已知事物的演变过程经过逻辑与推理，推测其未来发展的规律。对方案实施的后果应该这样描述，即在某种环境下采取某种行动将会导致什么后果。表达方案的后果形式可概括为："如果环境如此，则备选方案的后果就是……"这种表达方式实际上反映了系统工程处理问题的思路，即情景分析法。

情景分析法对每种备选方案都确定几组未来实施环境的特征和条件，如按乐观、正常和悲观的环境；也可以按出现可能性大、正常和特殊的环境等进行预测。计划评审技术（program evaluation and review technique，PERT）时间参数的估计就是按最可能、最乐观、最悲观三种情况进行预测的。

除了情景分析法外，数学模型的方法是进行系统预测较为有效的方法。其工作步骤如下。

1. 确定预测内容

预测的内容是根据决策的需要确定的。在同一决策的不同阶段，预测内容也可能各不相同。例如，在项目决策的初步论证阶段，要求对投资机会的可行性进行初步论证，故这一阶段的决策应包括投资机会、市场需求、资源供应等方面的内容；在投资项目的详细论证阶段，则要求对备选方案的经济效益，包括项目寿命、现金流量及与经济效益有关的其他参数，如利率、最低期望收益率、物价变动等因素进行预测，以便为方案评选提供可靠的依据。

2. 准备数据资料

预测的基础是具有大量的数据资料，数据资料越准确完善，预测的可靠性也越大。项目投资所需数据资料是多方面的，包括企业内部的经济状况、国内外市场情况、有关会议报告与政策性文件、专题性或综合性的调查报告等。在取得必要的资料后，还要进行分类、整理，以达到去粗取精、去伪存真的目的。虚假的信息资料必然导致错误的预测结果。

3. 确定预测方法，建立数学模型

根据所掌握的数据、资料特点，以及预测结果的准确度要求，确定一种适当的预测方法。如果采用定量预测方法，就要建立相应的数学模型，通过求解数学模型就可以得出事物未来的数值。

预测的基本类型主要有以下三种：

（1）定性预测法。定性预测法又称经验判断预测法，是以人的经验和判断为基础，由领导者、专家和有关人员通过调查研究和集体讨论等方式对事物的未来发展进行有根据的主观判断。除了由于客观数据不足或缺乏定量预测能力的情况外，一般都把定性预测作为辅助方法同定量预测方法结合起来使用。

（2）时间序列预测法。时间序列预测法又称趋势预测法，是根据经济现象过去时期的时间序列数据，运用数学分析方法反映数据与时间之间内在规律的数学模型，用以推断事物未来的发展变化。

（3）因果关系预测法。因果关系预测法又称因素分析法，是利用事物之间的因果关系，以必要的历史数据为基础，建立反映变量因果关系的数学模型，然后根据已知变量的数据推断未知变量的结果。这是一类比较科学、合理的预测方法，但需要大量的数据。

4. 计算预测值，分析预测误差

数学模型确定之后，便可将已知数据代入公式计算出被测变量的预测值。通过预测值与实际值的系统比较，即可确定预测的平均误差。为了提高预测准确度，可根据预测误差对预测值进行修正。如果预测误差过大，就应改变预测方法或修改数学模型。

17.1.5　建模和预计后果

系统工程对研究对象的优化依赖反映实际问题的模型，只有有了具体的模型，才可对系统进行试验、分析、计算,预测系统各种方案的后果。

每种方案实施后都相应地有一系列后果,因此本阶段的首要工作是确定应该预计哪些后果,其中哪些最重要。选定后果项目后,便可着手建立一个或多个模型预计行动和后果指标之间的关系。系统模型的建立是一项非常困难而且非常重要的工作,它对系统工程的应用效果有着直接的影响。

系统分析的主要模型有图形模型、分析模型、仿真模型、博弈模型和判断模型,这些模型的特点及其建立将在系统模型中予以介绍。

模型建立之后就可依据系统将来所处的环境及其预测情况,结合所建立的系统模型对系统将来可能产生的结果加以预测。预测结果的准确性,一方面取决于所建立的模型是否反映系统的运行特征,另一方面取决于对未来环境的预测是否准确。因此,在实际的系统分析过程中,模型的建立工作和未来环境的预测是密切相关的,同时两者之间可能需要交替进行,以保证方案后果预计的准确性。

17.1.6 评比备选方案

估计出各种备选方案在不同情景下的后果之后,便可着手方案评比。方案评比依据所建立的评价指标对各方案可能取得的效果进行评价,并按其评价结果进行排序。

评价方案的困难之处是每种方案的后果都依据不同的环境条件确定,有一些情况下方案后果好,另一些情况下则差。例如,产品投入市场可能会遇到市场情况好、中、差几种情况,而每一种情况最后的评价结果都互不相同。因此,通常通过预测每种情况出现的可能性大小来进行综合评价。

系统工程人员的目标不只着眼于选择一个最优方案,而是提供一组最接近于满足决策者目标的方案,并给出足够的后果信息。系统工程人员有责任对各种方案进行评估并尽可能排除优先顺序,但做出抉择乃是决策者的权利和职责。决策者选择最优方案时需要结合自身的价值观念和偏好,因此其选择的最优方案并不一定是系统工程人员排在第一的方案。实际上,只要决策者根据系统分析列出的结果选择其满意的方案,就足以说明系统分析的结果是成功的。

17.2 人-机-环境系统类型

通常,根据各种系统的性能特点及复杂程度,可将人-机-环境系统分为以下三种类型。

17.2.1 简单(单人、单机)人-机-环境系统

在这种系统中,一名操作人员只使用一台机器在特定环境中工作,如图17-2所示。现在的汽车、火车、飞机等都属于这类系统。

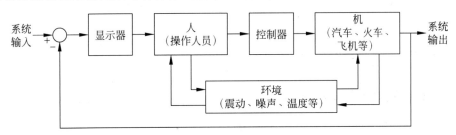

图 17-2　简单(单人、单机)人-机-环境系统示意图

17.2.2 复杂(多人、多机)人-机-环境系统

这类系统的特点是,一名操作人员可以操作两台以上的机器,或者是一台或多台机器可以同时被几名操作人员使用,如图17-3所示。目前许多工业生产机器的操作都类似于该系统。

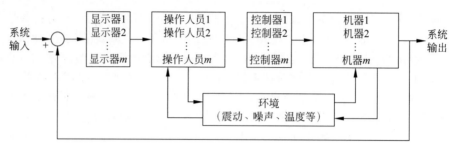

图 17-3　复杂(多人、多机)人-机-环境系统示意图

17.2.3　广义(大规模)人-机-环境系统

这类系统广泛存在于各种生产部门。各生产部门的最高决策者通过一套指挥/控制系统,对下属各基层单位的生产状况实施统一的管理和调度,如图 17-4 所示。

显然,无论是简单的、复杂的、还是广义的人-机-环境系统,都是一个复杂的巨系统。这是因为人体本身是一个巨系统,机器(或计算机)也是巨系统,再加上各种环境因素的作用和影响,从而形成了人-机-环境系统这个复杂巨系统。实践证明,对任何一个系统来说,其总体性能不仅取决于各组成要素的单独性能,更重要的是取决于各要素的关联形式,也即信息的传递、加工和控制方式。因此,要实现人、机、环境的最优组合,难度是相当大的。而且,人们对人、机、环境这三种因素的研究,原先都是隶属于不同的学科领域,其研究方法和研究思路也大不相同。现在,为了将它们组合成一个复杂巨系统,首先必须有一个能够统一描述人、机、环境各自能力及相互关系的理论。没有这样一个理论作指导,就根本谈不上对整个系统做深入研究,也就谈不上实现全系统的最优化设计。人-机-环境系统工程正是针对这种现实应运而生的。

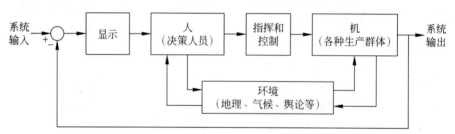

图 17-4　广义(大规模)人-机-环境系统示意图

17.3　总体分析的目标和任务

17.3.1　总体分析的目标

如前所述,人-机-环境系统工程的研究对象是人-机-环境系统,而且这种系统一般都是一个复杂巨系统。对于这种庞大系统,追求的目标是三要素的优化组合,人-机-环境系统工程认为,对任何一个人-机-环境系统来说,都应该满足"安全、高效、经济"的综合效能。

(1) 所谓"安全",是指不出现对人体的生理危害或伤害,并可避免严重事故(如飞机失事)的发生。显然,在任何一种人-机-环境系统中,作为工作主体的人可以说是最灵活的,他能根据不同的任务要求完成各种作业。然而,它在系统中也是最脆弱的,尤其是在各种特殊环境下,这种矛盾更为突出。因此,在考虑系统总体性能时,把"安全"放在第一位是理所当然的,这也是人-机-环境系统与其他工程系统存在显著差异之处。为了确保安全,不仅要研究产生不安全的因素及采取预防措施,还要探索不安全的潜在危险,力争把事故消灭在萌芽状态

(2) 高效。建立人-机-环境系统的目的，并不单纯是为了安全，更重要的是使整个系统能够高效率地进行工作。所谓"高效"，是使系统的工作效率最高。这是对系统提出的最根本要求，否则就失去了一个系统存在的意义。尤其是在科学技术蓬勃发展的今天，人-机-环境系统变得越来越复杂，对整个系统的要求也越来越高，因而对高效性的要求也更高。

(3) 经济。在设计和实施任何一个人-机-环境系统时，为了确保高效性能的实现，人们往往希望尽量采用最先进的技术。但在这样做的同时，应充分考虑为此而付出的代价。所谓"经济"，就是在满足系统技术要求的前提下，尽可能使投资最少，也即保证系统整体的经济性最佳。

所以，只有从安全、高效、经济三个方面对系统进行研究，才能比较全面地衡量一个人-机-环境系统的优劣，这也正是总体分析应该达到的目标。

17.3.2 总体分析的任务

前面已经指出，人-机-环境系统是一个复杂巨系统。面对这种庞大系统，如何实现人、机、环境三要素的最优组合呢？这就是总体分析应该完成的任务。

人-机-环境系统工程的最大特色在于：它在认真研究人、机、环境三个要素本身性能的基础上，不单纯着眼于个别要素的优良与否，而是科学地利用三个要素之间的有机联系，从而大大提高全系统的整体性能。因此，为了满足人-机-环境系统的总体性能，要对人、机、环境选择最优结构方案，并制订共同的性能准则，甚至要对标准进行研究。然后，根据三者对整个系统性能的贡献程度，找出关键所在，并据此安排各项研究的轻重缓急，确保"安全、高效、经济"综合效能的实现。

由此可见，总体分析的任务基本上可以概括为两个方面：①分析人、机、环境的各自特性及其对"安全、高效、经济"综合效能的影响；②针对上述影响，确定人、机、环境的各自功能及其相互关系，并采取相应的实施措施。下面对总体分析的任务进行初步分析。

1. 安全性分析

在人-机-环境系统中，一些恶劣的特殊环境（如温度、噪声、低压、缺氧、辐射……）会给人的生命带来危害，所以应采取防护措施。这点已为人们所共知，而且容易被人们所注意，不再赘述。但是，由于人的操作错误（或称人的失误）造成系统的功能失灵，甚至危及人的生命安全，往往不被人们所认识，或者没有引起足够的重视。实践表明，随着科学技术的蓬勃发展，人所操作的各种机器也日趋复杂和精密，对操作机器的人的要求也越来越高。这不仅要求人能够准确、熟练地操作机器，还要求人能够准确、熟练地分析、判断，具有对复杂情况迅速做出反应的能力。然而，人的能力是有限的。如果先进的机器对人的操作要求过高，超出了人的能力范围，就容易发生操作错误。这不仅使系统性能得不到发挥，还可使整个系统失灵或发生重大事故。因此，如何从总体设计上尽量减少系统的不安全性，是确保系统安全的关键。为此，必须从以下四个方面努力：

(1) 应根据人、机的各自特点，合理分配人、机功能，尽量减轻对人操作复杂程度的要求，为人的有效工作创造有利条件，以防止操作错误的发生。

(2) 加强对人的选拔、训练和责任心教育，并合理安排生活作息制度，每天都要保证充分的睡眠和休息，使人处于最佳工作状态。

(3) 为了防止人的操作错误，机器的设计也要采取防错措施。对于一些重要部位，要用红色标记和保险扣住，使平时不易碰到它们。

(4) 创造有利的工作环境，防止人的操作错误。例如，为了确保飞行员有良好的视觉环境，飞机上就要为飞行员配有不失真、不畸变、透明度好的舱舱玻璃；又如，噪声的污染不仅会引起人的听觉错误，还使人心烦意乱，容易造成操作错误，所以必须降低环境噪声。

2. 高效性分析

人们设计和建立人-机-环境系统的目的是使整个系统的工作性能最优化。这里所指的最优化有两个含义：一是系统的工作效果要佳；二是人的工作负荷要适度。所谓工作效果，是指工作速度、运行精度及运行可靠性等。

所谓工作负荷,是指人完成任务所承受的工作负担和工作压力,以及人所付出的努力或注意力大小,如操作轻松或操作紧张、是否易于疲劳等。以前,人们只是为各种机器的工程质量提出了种种衡量标准,却忽视了对人的工作负荷进行评定,这样往往对系统工作效率的综合评价造成很大影响。为了弥补这种不足,应将系统的工作效率定义为系统工作效果和人的工作负荷的函数,即

$$系统工作效率 = f(工作效果,工作负荷)$$
(17-1)

为了提高系统工作效率,应从以下五个方面着手:

(1) 根据人、机的特点,合理分配人、机功能,这对系统效率的提高影响极大。

(2) 人机界面的合理设计。所谓人机界面设计,一般是指显示器、控制器的选择,以及显示和控制之间的协调,这是人、机信息交换的重要部分。显示器是将机器的信息呈现给人,使人充分了解机器的工作现状;控制器是将人的信息传递给机器,实现人的操作意图。因此,人机界面的合理设计是提高系统工作效率的重要措施。值得指出的是,在进行人机界面设计时,除了单独保证显示器和控制器本身的最佳性能外,还必须十分重视显示与控制之间的协调,如显示与控制之间运动方向的匹配、显示和控制灵敏度的适当配合、杆力大小的选择等,这些也将对系统工作效率产生极大的影响。

(3) 通过选拔和训练,提高人的工作能力,这对系统工作效率的提高影响极大。实践证明,有时工程上可能要付出很大代价才能使系统性能提高百分之几。而更换一名好的操作人员或尽量挖掘人的潜力,或许可将性能提高百分之十几,甚至更多。

(4) 在机器设计时,应尽量改善它的可操作性,使其符合人的要求。除此之外,还应在控制回路中增加校正网络,以改善机器的可操作性。

(5) 确定适当的环境条件。人-机-环境系统与以往相邻学科的最大区别之一就是将环境作为系统的一个环节。只有这样,才能从系统的总体高度对环境条件进行全面规划,克服环境因素对系统的不利影响。这些环境因素有的可以消除,有的可以防护,有的可减至最低限度,有的可获取环境因素综合影响的最佳值,使系统处于最佳工作状态,从而大大提高系统的工作效率。这就从根本上杜绝了那种先出产品、后治环境,头痛医头、脚痛医脚的被动局面。

3. 经济性分析

一般说来,系统的经济性能包括三个方面:生产费用,运行、管理与维护费用,训练费用。

人-机-环境系统是一个复杂巨系统,建立这种巨系统,一般都需要大量的经费投资,而一旦系统建成后,又可获得一定的效能。如果把费用和效能都折合成货币形式来比较,并定义为效能/费用比值,那么对任何系统来说,效能/费用比值应越大越好。

为了降低整个系统的生产费用,必须在人、机、环境三要素的最优组合上下功夫。例如,在确定机器的性能指标时,绝不要忽视人的生理、心理特点。如果只是一味地追求提高机器性能,而不考虑人的局限性,其结果只能是投资很大,收益甚微,使效能/费用比大大下降。再如,正确处理整体与局部的关系,往往也能在一定程度上降低生产费用。

为了降低运行、管理和维护费用,机器的设计应尽量标准化、模块化、积木化和通用化。

训练费用与系统的复杂程度有关。系统越复杂,人学会使用的时间就越长,这必然造成训练费用增加。为了降低训练费用,为人-机-环境系统配备相应的训练设备(或称训练模拟器)是十分重要的。

由以上分析不难看出,只要从系统的总体高度出发,并根据人、机、环境三者的特性及相互关系,安排好人-机-环境系统的结构和布局,就能确保系统"安全、高效、经济"这一综合效能的实现。

17.4 总体分析的流程

众所周知,在系统工程领域存在一个普遍公认的命题:"做任何一件事情、解决任何一个问题、达到任何一个目标、完成任何一项任务,一般总有不止一种方法或途径,而在这些方法、途径中,又总会有一种或几种是最好的或较好的。"这种寻求最佳途径的观点和思想,正

是人-机-环境系统最优组合方式研究的基本原则。根据这一原则,可将总体分析的基本步骤概括为图17-5所示的流程。由图17-5可知,总体分析的基本步骤可分为三个阶段:方案决策阶段、研制生产阶段和实际使用阶段,其中以方案决策阶段最为关键。

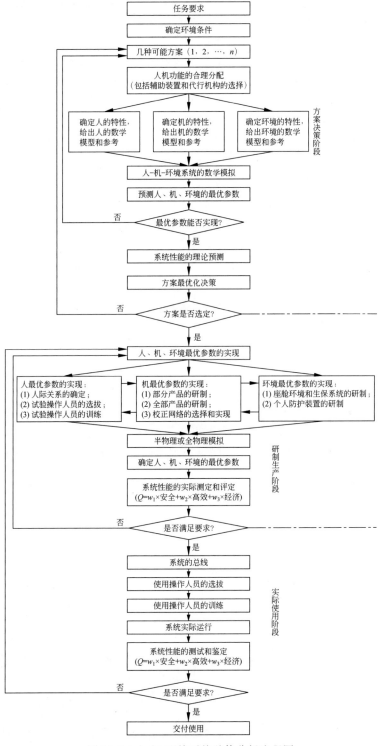

图 17-5 人-机-环境系统总体分析流程图

17.5　总体分析流程的说明

由于图 17-5 已将各个步骤列举得比较详细,现就某些重点加以说明。

在方案决策阶段,总体分析是在几种可能的方案中选出一种最优方案。为此,首先应建立人、机、环境的数学模型,并借助计算机进行人-机-环境系统的数学模拟,以获得图 17-6 所示的关系曲线。为了将安全、高效、经济三个指标综合为一个指标,可以定义一个综合评定值 q：

$$q = w_1 \times 安全 + w_2 \times 高效 + w_3 \times 经济 \tag{17-2}$$

式中,w_1、w_2、w_3 分别为对各指标的加权系数,并有：

$$w_1 + w_2 + w_3 = 1 \tag{17-3}$$

加权系数的选择取决于三种因素：

(1) 国家的技术水平和经济实力。例如,当国家经济实力较强时,w_3 取较小值,反之应取较大值。

(2) 人-机-环境系统的种类。例如,飞机与船舶相比,其安全性要求更高,故 w_1 可取较大值,而船舶可取较小值。

(3) 人-机-环境系统的工作状态。例如,就载人飞船而言,上升段由于不要求做更多的工作,w_2 可取较小值；但在轨道段,人的工作很重要,w_2 应取较大值。

获得 q 值后,可将图 17-6 的曲线转换成图 17-7 所示的曲线。

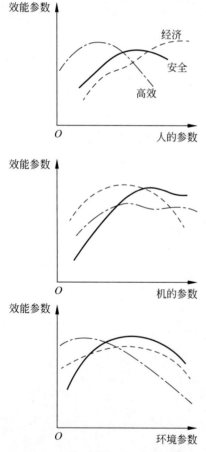

图 17-6　各种参数对系统性能的影响

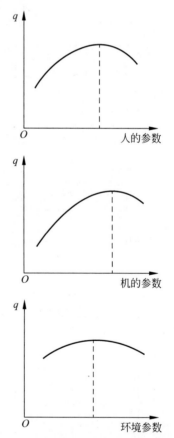

图 17-7　各种参数对综合评定值 q 的影响

根据图 17-7 就能预测出人、机、环境的最优参数。基于这些参数,又能建立图 17-8 所示的关系曲线,根据该曲线可确定最优方案。在进行系统方案可行性（或可实现性）研究之后，就能对系统最优方案进行决策。

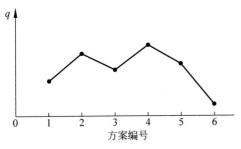

图 17-8 各种方案与 q 值的关系

在研制生产阶段，总体分析是确定实现最优方案的最佳途径，并始终强调作为工作主体的人参与到系统中去。通过半物理模拟或全物理模拟，不断分析和检验人-机-环境系统的整体性能、局部性能，并协调各分系统之间的技术指标，使总体性能达到最佳状态。

在实际使用阶段，总体分析是通过实际使用的验证，提出充分发挥现有系统性能的意见（如选拔操作人员的标准和训练操作人员的计划），并为改进该系统提出新的建议。

综上所述，人-机-环境系统工程着重强调的是总体分析方法，使人们在设计和建立任何一个人-机-环境系统时，从经验走向科学，从定性走向定量，从不精确走向精确。这不仅可以避免工程技术的大量返工和经济上的巨大浪费，还可以大大加速人-机-环境系统的设计和研制进程。

前面已指出，任何一个人-机-环境系统的性能都是人、机、环境三者综合的集合体。因此，为了全面提高人-机-环境系统的性能，首先必须从系统的总体高度出发，找出人、机、环境三大因素对系统性能影响的定量数据，从而提出提高系统性能的措施，以便为系统的总体分析和优化设计提供科学依据。

在明确系统总体要求的前提下，通过确定若干种方案，相应地建立人、机、环境和全系统的数学模型并进行模拟实验，着重分析和研究人、机、环境三大要素对系统总体性能的影响和所应具备的功能及相互关系，不断修正和完善人-机-环境系统的结构方式，最终确保最优组合方案的实现。

第18章

人机系统总体设计

18.1 总体设计的目标

人机工程学的最大特点是把人、机、环境看作一个系统的三大要素,在研究三要素各自性能和特征的基础上,着重强调从全系统的总体性能用系统论、控制论和优化论三大基础理论,使系统三要素形成优化组合系统。

18.1.1 人机系统的组成

人机系统中,一般的工作循环过程可由图 18-1 加以说明,人操纵机器通过显示器将信息传递给人的感觉器官(如眼睛、耳朵等),对信息进行处理后,指挥运动系统(如手、脚等)操纵机器所处的状态。由此可见,从机器传来的信息,通过人这个"环节"又返回到机器,从而形成一个闭环系统。人机所处的外部环境因素(噪声和振动等)也将不断影响和干扰此系统的效率。因此,人机系统又称人-机-环境系统。

18.1.2 人机系统的类型

1. 按系统自动化程度分类

(1) 人工操作系统。这类系统包括人和一些辅助机械及手工工具。由人提供作业动力,并作为生产过程的控制者。如图 18-2(a)所示,人直接把输入转变为输出。

(2) 半自动化系统。这类系统由人来控制具有动力的机器设备,人也可能提供少量的动力,对系统进行某些调整或简单操作。在闭环系统中反馈的信息,经人的处理成为进一步操纵机器的依据,如图 18-2(b)所示反复调整,保证人机系统正常运行。

(3) 自动化系统。这类系统中信息的接收、储存、处理和执行等工作全部由机器完成,人只起管理和监督作用,如图 18-2(c)所示,系统的能源从外部获得、人的具体功能是启动、制动、编程、维修和调试等。为此必须对可能产生的意外情况设置预报及应急处理的功能。值得注意的是,不应脱离现实的技术、经济条件过分追求自动化,把本来一些适合人操作的功能也自动化了,其结果将会引起系统的可靠性和安全性下降,使人与机器不相协调。

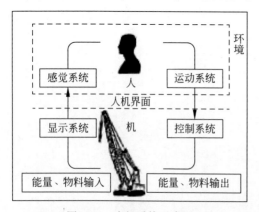

图 18-1 人机系统示意图

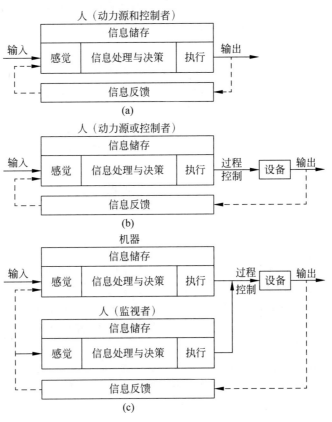

图 18-2 三种类型的人机系统
(a) 人工操作系统；(b) 半自动化系统；(c) 自动化系统

2．按人机结合方式分类

按人机结合方式可分为人机串联、人机并联和人与机串、并联混合三种方式。

(1) 人机串联。人机串联结合方式如图 18-3(a)所示。作业时人直接介入工作系统操纵工具和机器。人机结合使人的长处和作用增大了，但是也存在人机特性互相干扰的一面。由于受人的能力特性的制约，机器特长不能充分发挥，并且还会出现种种问题。例如，当人的能力下降时，机器的效率也随之降低，甚至会由于人的失误而发生事故。

(2) 人机并联。人机并联结合方式如图 18-3(b)所示。作业时人间接介入工作系统，人的作用以监视、管理为主，手工作业为辅。这种结合方式，人与机的功能有互相补充的作用，如机器的自动化运转可弥补人的能力特性的不足。但是人与机结合不可能是恒常的，当系统正常时，机器以自动运转为主，人不受系统的约束；当系统出现异常时，机器由自动变为手动，人必须直接介入系统之中，人机结合从并联变为串联，要求人迅速正确地进行判断和操作。

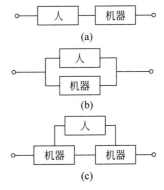

图 18-3 人与机的结合方式
(a) 人机串联；(b) 人机并联；(c) 人与机串、并联混合

(3) 人与机串、并联混合。人与机串、并联的示意图如图18-3(c)所示。这种结合方式有多种形式,实际上都是人机串联和人机并联的两种方式的综合,往往同时兼有这两种方式的基本特性。在人机系统中,无论是单人单机、单人多机、单机多人还是多机多人,人与机之间的联系都发生在人机界面上。而人与人之间的联系主要是通过语言、文字、文件、电信、信号、标志、符号、手势和动作等。

18.1.3 人机系统的目标

由于人机系统构成复杂、形式繁多、功能各异,无法一一列举具体人机系统的设计方法,但是,结构、形式、功能均不相同的各种各样的人机系统设计的总体目标都是一致的。因此,研究人机系统的总体设计具有重要的意义。

在人机系统设计时,必须考虑系统的目标,也就是系统设计的目的所在。由图18-4可知,人机系统的总体目标也就是人机工程学所追求的优化目标,因此,在人机系统总体设计时,要求满足安全、高效、舒适、健康和经济五个指标的总体优化。

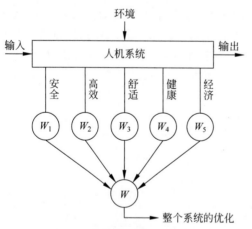

图 18-4 系统的总体目标

18.2 总体设计的原则

国际标准ISO 6385—2016(E)规定了人机工程学原则为工作系统设计的基本指导方针,可应用于对人的福利、安全和健康的最佳工作条件,同时也考虑到技术和经济上的效果。现将该国际标准中所规定的人机工程学一般指导原则介绍如下。

18.2.1 工作空间和工作设备的设计

1. 与身体尺寸有关的设计

对工作空间和工作设备的设计应考虑到工作过程中对人身体尺寸所产生的约束条件。

工作空间应适合操作者,在设计时要特别注意下列要点:

(1) 工作高度应适合操作者的身体尺寸及所要完成的工作类型。座位、工作面和(或)工作台应设计成能获得所期望的身体姿势,即身体躯干挺直,身体重量能适当地得到支承,两肘置于身体两侧,前臂接近水平状态。

(2) 座位装置应适合人的解剖生理特点。

(3) 应为身体的活动,特别是头、手臂、腿和脚的活动提供足够的空间。

(4) 各种操作器应布置在人的功能可及范围内。

(5) 把手和手柄应适合手的功能解剖学要求。

2. 有关身体姿势、肌力和身体动作的设计

工作设备的设计应避免肌肉、关节、韧带,以及呼吸和循环系统不必要的和过度的应变,力的要求应在生理上期望的范围内,身体动作应遵循自然节奏。身体姿势、力的使用及身体的动作应互相协调。

1) 身体姿势

(1) 操作者应能交替采用坐姿和立姿。如果必须两者择一,则通常坐姿优于立姿,然而工作过程也可能要求立姿。

(2) 如果必须施用较大的肌力,那么应该采取合适的身体姿势和提供适当的身体支承,使通过身体的一连串力或扭矩不致损伤身体。

(3) 身体不应由于长时间的静态肌肉紧张而引起疲劳,应该可以变换身体姿势。

2) 肌力

(1) 力的要求应与操作者的体力相一致。

(2) 所涉及的肌肉群必须在肌力上能够满足力的要求。如果力的要求过大,那么应在工作系统中引入辅助能源。

(3) 应该避免同一肌肉保持长时间静态紧张状态。

3) 身体动作

(1) 应在身体动作期间保持良好的平衡,最好能选择长时间固定不变的动作。

(2) 动作的幅度、强度、速度和节拍应互相协调。

(3) 对精度要求较高的动作不应使用很大的肌力。

(4) 如适当的话,可设置引导装置,以便动作的实施和明确它的先后顺序。

3. 有关信号、显示器和控制器的设计

1) 信号与显示器

信号和显示器应以适合人的感受特性的方式选择、设计和配置,尤其应注意下列要点:

(1) 信号和显示器的种类和数量应符合信息的特性。

(2) 当显示器数量很多时,为了能清楚地识别信息,应以能够清晰、迅速地获得可靠的方位来配置它们。对它们的排列可以根据工艺流程或使用特定信息的重要性和频率来确定。这种排列还可依据过程的机能、测定种类等划分为若干部分。

(3) 信号和显示器的种类和设计应清晰易辨。这一点对危险信号尤其重要,应考虑到如强度、形状、大小、对比度、显著性和信噪比等各个方面。

(4) 信号显示的变化速率和方向应与主信息源变化的速率和方向相一致。

(5) 在以观察和监视为主的长时间工作中,应通过信号和显示器的设计与布置来避免过载及负载不足的影响。

2) 控制器

控制器的选择、设计和配置应与人体操作部分的特性(特别是动作)相适应,应该考虑到技能、准确性、速度和力的要求,特别应注意下列要点:

(1) 控制器的类型、设计和配置应适合控制的任务,应考虑到人的各项特性,包括学会的和本能的动作。

(2) 控制器的行程和操作阻力应根据控制任务和生物力学及人体测量数据来选择。

(3) 控制动作、设备的应答和显示信息应相互适应和协调。

(4) 各种控制器的功能应易于辨认,避免混淆。

(5) 在控制器数量很多的地方,应能确保安全、明确、迅速地进行配置。其配置方法与信号的配置相同,可以根据控制器在过程中的功能和使用顺序等,把它们分成若干部分。

(6) 关键的控制器应有防止误动作的保护装置。

18.2.2　工作环境设计

工作环境的设计应保证工作环境中的物理、化学和生物学条件对人不产生有害的影响,并且还要保证人们的健康及工作能力,以及便于工作,应以客观可测的现象和主观评价作为依据。

对于工作环境的设计应特别注意以下要点:

(1) 工作场所的大小(总体布置、工作空间和与通行有关的工作空间)应适当。

(2) 通风应按下列因素进行调节:

① 室内的人数;

② 工作场所的大小;

③ 消耗氧气的设备;

④ 所涉及的体力劳动强度;

⑤ 室内污染物质的产生情况;

⑥ 热条件。

(3) 应按当地的气候条件调节工作场所的热条件:

① 气温;

② 风速;

③ 所涉及的体力劳动强度;

④ 湿度;

⑤ 热辐射;

⑥ 衣服、工作设备和专用保护设备的性质。

(4) 照明应为所需的活动提供最佳的视觉感受：

① 亮度；

② 光分布；

③ 亮度和颜色的对比度；

④ 颜色；

⑤ 无眩光及不符合需要的反射、操作者的年龄。

(5) 在为房间和工作设备选择颜色时，应该考虑到色彩对亮度的分布、视野的结构和质量及对安全色感受的影响。

(6) 声学工作环境应避免有害或扰人噪声的影响，包括外部噪声的影响，还应注意下列因素：

① 声压级；

② 时间分布；

③ 频谱；

④ 对声响信号的感知、通话清晰度。

(7) 传递给人的振动和冲击不应引起肉体损伤，以及生理和病理反应或感觉、运动神经系统失调。

(8) 应避免工人暴露于危险物质及有害辐射的环境中。

(9) 在室外工作时，存在不利的气候影响（如热、冷、风、雨、雪、冰）时，应为操作者提供适当的遮掩物。

18.2.3 工作过程设计

工作过程设计特别应避免工人劳动超载和负载不足，以保护工人的健康和安全，增加福利和便于完成工作。超越操作者的生理或心理功能范围的上限或下限，都会形成超载或负载不足，产生不良后果，如肉体或感觉的过载会使人产生疲劳，负载不足或使人感到单调的工作会降低警惕性。

生理上和心理上所施加的压力不仅有赖于 18.2.1 节和 18.2.2 节中考虑的因素，还有赖于操作的内容和重复程度，以及操作者对整个工作过程的控制。

应该注意采用下列一种或多种方法改善工作过程和质量：

(1) 由一名操作者代替几名操作者完成属于同一工作职能的几项连续操作（职能扩大）。

(2) 由一名操作者代替几名操作者完成属于不同工作职能的连续操作，如组装作业的质量检查可由次品检出人员完成（职能充实）。

(3) 改变工作，如在装配线上的操作者中实行自愿轮换工种的方法。

(4) 有组织的或无组织的休息。

为了采用上述方法，应特别注意下列要点：

(1) 警惕性和工作能力的昼夜变化。

(2) 操作者之间工作能力上的差异及其随着年龄的变化。

(3) 个人技能的高低。

18.3 总体设计的程序

18.3.1 人机系统设计的程序

一般来说，人机系统设计程序如图 18-5 所示，主要包括以下几个方面：

(1) 了解整个系统的必要条件，如系统的任务、目标，系统使用的一般环境条件，以及对系统的机动性要求等。

(2) 调查系统的外部环境，如构成系统执行障碍的外部大气环境，外部环境的检验或监测装置等。

(3) 了解系统内部环境的设计要求，如采光、照明、噪声、振动、温度、湿度、粉尘、气体、辐射等作业环境及操作空间等的要求，并从中分析构成执行障碍的内部环境。

(4) 进行系统分析，即利用人机工程学知识对系统的组成、人机联系、作业活动方式等内容进行方案分析。

(5) 分析构成系统各要素的机能特性及其约束条件，如人的最小作业空间，人的最大操作力，人的作业效率，人的可靠性和人体疲劳，能量消耗，以及系统费用、输入/输出功率等。

(6) 人与机整体配合关系的优化，如分析人与机之间作业的合理分工、人机共同作业时关系的适应程度等配合关系。

(7) 人、机、环境各要素的确定。

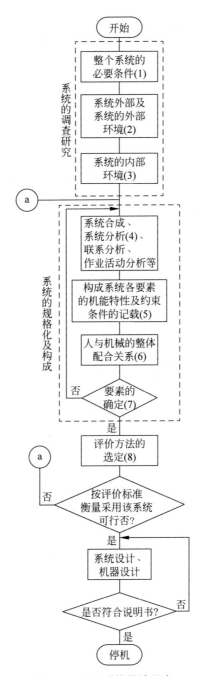

图 18-5　人机系统设计程序

（8）利用人机工程学标准对系统的方案进行评价,如选定合适的评价方法,对系统的可靠性、安全性、高效性、完整性及经济性等方面做出综合评价,以确定方案是否可行。

18.3.2　人机系统开发步骤

按人机工程学要求,在人机系统开发的全过程中,均应有人机工程学专家参与,而且在不同的开发阶段,所参与的工作是不同的。人机系统综合开发的步骤及应考虑的人机工程学问题参见表 18-1。

表 18-1　人机系统的开发步骤

系统开发的各阶段	各阶段的主要内容	人机系统设计中应注意的事项	人机工程学专家设计事例
明确系统的重要事项	确定目标	主要人员的要求和制约条件	对主要人员的特性、训练等有关问题的调查和预测
	确定使命	系统使用上的制约条件和环境上的制约条件；组成系统中人员的数量和质量	对安全性和舒适性有关条件的检验
	明确适用条件	能够确保的主要人员的数量和质量；能够得到的训练设备	预测对精神、动机的影响
系统分析和系统规划	详细划分系统的主要事项	详细划分系统的主要事项及其性能	设想系统的性能
	分析系统的功能	对各项设想进行比较	实施系统的轮廓及其分布图
	系统构思的发展（对可能的构思进行分析评价）	系统的功能分配；与设计有关的必要条件；与人员有关的必要条件；功能分析；主要人员的配备与训练方案的制定	对人机功能分配和系统功能的各种方案进行比较研究；对各种性能的作业进行分析；调查决定必要的信息显示与控制的种类
	选择最佳设想和必要的设计条件	人机系统的试验评价设想与其他专家组进行权衡	根据功能分配，预测所需人员的数量和质量，以及训练计划和设备；提出试验评价的方法设想与其他子系统的关系和准备采取的对策
系统设计	预备设计（大纲的设计）	设计时应考虑与人有关的因素	准备适用的人机工程数据
	设计细则	设计细则与人的作业的关系	提出人机工程设计标准；关于信息与控制必要性的研究与实现方法的选择与开发；研究作业性能；居住性的研究
	具体设计	在系统的最终构成阶段协调人机系统；操作和保养的详细分析研究（提高可靠性和维修性）；设计适应性高的机器；人所处空间的安排	参与系统设计最终方案的确定，最终决定人机之间的功能分配，使人在作业过程中，信息、联络、行动能够迅速、准确地进行；对安全性的考虑；防止热情下降的措施
	显示装置、控制装置的选择和设计	—	控制面板的配置；提高维修性对策；空间设计、人员和机器的配置决定照明、温度、噪声等环境条件和保护措施
	人员培养计划	人员的指导训练和配备计划与其他专家小组的折中方案	决定使用说明书的内容和式样；决定系统运行和保养所需人员的数量和质量，训练计划的开展和器材的配置

续表

系统开发的各阶段	各阶段的主要内容	人机系统设计中应注意的事项	人机工程学专家设计事例
系统的试验和评价	规划阶段的评价；模型制作阶段，原型、最终模型的缺陷诊断和修改建议	人机工程学试验评价；根据试验数据的分析，修改设计	设计图工程学试验评价；模型或操纵训练用模拟装置的人机关系评价；确定评价标准(试验法、数据种类、分析等)；对安全性、舒适性、工作热情的影响评价；机械设计的变动，使用程序的变动，人的作业内容变动，人员素质的提高，训练方法的改善，对系统规划的反馈
生产	生产	以上述几项为准	以上述几项为准
使用	使用、保养	以上述几项为准	以上述几项为准

18.4 总体设计的要点

人机系统的显著特点是，对于系统中人、机和环境三个组成要素，不单纯追求某一个要素的最优，而是在总体上、系统级的最高层次上正确地解决好人机功能分配、人机关系匹配和人机界面合理三个基本问题，以求得满足系统总体目标的优化方案。因此，应该掌握总体设计的要点。

18.4.1 人机功能分配

在人机系统中，充分发挥人与机械各自的特长，互补所短，以达到人机系统整体的最佳效率与总体功能，这是人机系统设计的基础，称为人机功能分配。

人机功能分配必须建立在对人和机械特性充分分析比较的基础上，见表18-2。一般地说，灵活多变、指令程序编制、系统监控、维修排除故障、设计、创造、辨认、调整，以及处理突发事件等工作应由人承担。速度快，精密度高，规律性的、长时间的重复操作，高阶运算，危险和笨重等方面的工作则应由机械来承担。随着科学技术的发展，在人机系统中，人的工作将逐渐由机械所替代，从而使人逐渐从各种不利于发挥人的特长的工作岗位上得到解放。

表 18-2 人与机器的特性比较

能力种类	人的特性	机器的特性
物理方面的功率(能)	10 s 内能输出 1.5 kW，以 0.15 kW 的输出能连续工作 1 天，并能做精细的调整	能输出极大的和极小的功率，但不能像人手那样进行精细的调整
计算能力	计算速度慢，常出差错，但能巧妙地修正错误	计算速度快，能够正确地进行计算，但不会修正错误
记忆容量	能够实现大容量的、长期的记忆，并能实现同时和几个对象联系	能进行大容量的数据记忆和取出
反应时间	最小值为 200 ms	反应时间可达微秒级
通道	只能单通道	能够进行多通道的复杂动作
监控	难以监控偶然发生的事件	监控能力很强

续表

能力种类	人的特性	机器的特性
操作内容	超精密重复操作时易出差错,可靠性较低	能够连续进行超精密的重复操作和按程序常规操作,可靠性较高
手指的能力	能够进行非常细致而灵活快速的动作	只能进行特定的工作
图形识别	图形识别能力强	图形识别能力弱
预测能力	对事物的发展能做出相应的预测	预测能力有很大的局限性
经验性	能够从经验中发现规律性的东西并能根据经验进行修正总结	不能自动归纳经验

在人机系统设计中,对人和机械进行功能分配,主要考虑的是系统的效能、可靠性和成本。例如,在宇宙航行中,绕月球飞行的成功率,全自动飞行为22%,有人参与的为70%,人承担维修任务的为93%,这就是功能分配的效果。功能分配也称为划定人机界限,通常应考虑以下要点:

(1) 人与机械的性能、负荷能力、潜力及局限性。

(2) 人进行规定操作所需的训练时间和精力限度。

(3) 对异常情况的适应性和反应能力的人机对比。

(4) 人的个体差异统计。

(5) 机械代替人的效果和成本等。

18.4.2 人机匹配

在复杂的人机系统中,人是一个子系统,为使人机系统总体效能最优,必须使机械设备与操作者之间达到最佳配合,即达到最佳的人机匹配。人机匹配包括显示器与人的信息通道特性的匹配,控制器与人体运动特性的匹配,显示器与控制器之间的匹配,环境(气温、噪声、振动和照明等)与操作者适应性的匹配,人、机、环境要素与作业之间的匹配等。要选用最有利于发挥人的能力、提高人的操作可靠性的匹配方式来进行设计,并充分考虑有利于人很好地完成任务,既能减轻人的负担,又能改善人的工作条件。例如,设计控制与显示装置时,必须研究人的生理、心理特点,了解感觉器官功能的限度和能力,以及使用时可能出现的疲劳程度,以保证人、机之间最佳的协调。随着人机系统现代化程度的提高,脑力作业及心理紧张性作业的负荷加重,这将成为突出的问题,在这种情况下,往往导致重大事故的发生。

在设备设计中,必须考虑人的因素,使人既舒适又高效地工作。随着电子计算机的不断发展,将会使人机配合、人机对话进入新的阶段,使人机系统形成一种新的组成形式——人与智能机的结合、人类智能与人工智能的结合、人与机械的结合,从而使人在人机系统中处于新的主导地位。

18.4.3 人机界面设计

人机界面设计必须解决好两个主要问题,即人控制机械和人接收信息。前者主要是指控制器要适合人的操作,应考虑人进行操作时的空间与控制器的配置。例如,采用坐姿脚动的控制器,其配置必须考虑脚的最佳活动空间,而采用手动控制器,则必须考虑手的最佳活动空间。后者主要是指显示器的配置如何与控制器相匹配,使人在操作时观察方便,判断迅速、准确。

人机界面设计主要是指显示、控制,以及它们之间关系的设计。作业空间设计、作业分析等也是人机界面设计的内容。有关人机界面的设计内容,在前面各有关章节中已做过详细的介绍,在此仅以一例来说明人机界面设计的分析方法。

图18-6是一种控制仪表板的人机界面设计程序示例。

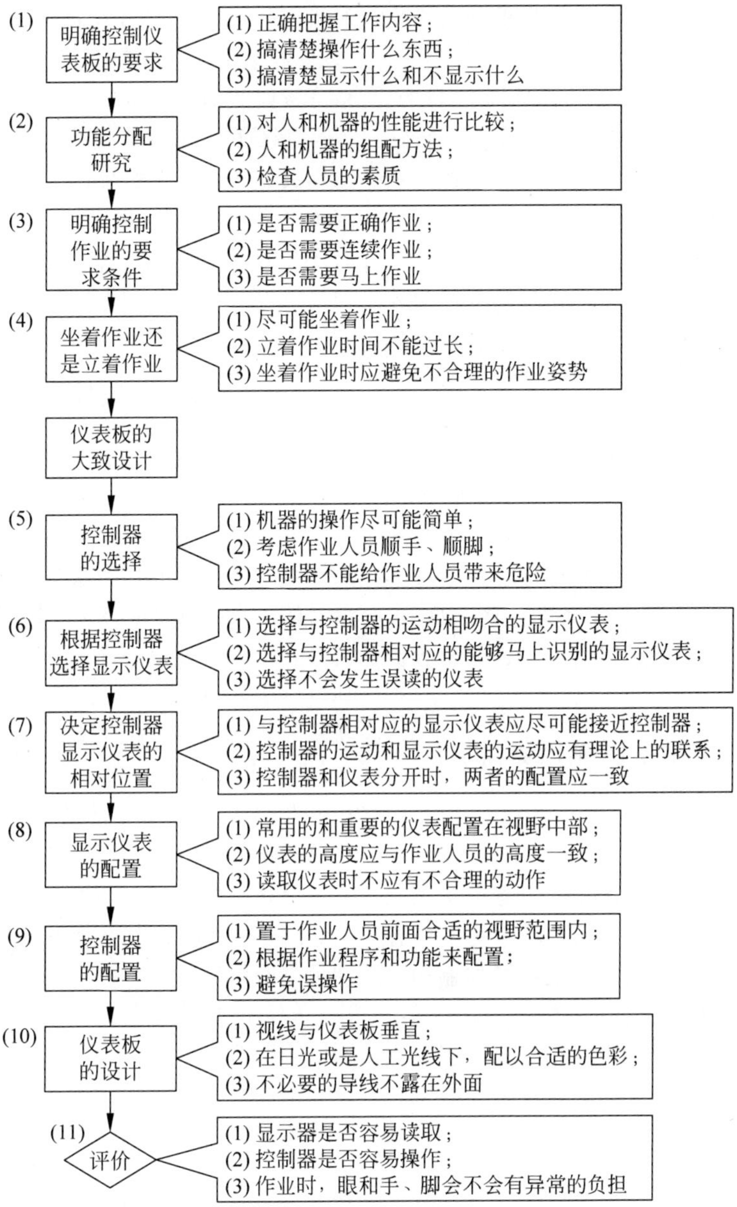

人机界面设计程序示例

(1) 明确控制仪表板的要求
- (1) 正确把握工作内容；
- (2) 搞清楚操作什么东西；
- (3) 搞清楚显示什么和不显示什么

(2) 功能分配研究
- (1) 对人和机器的性能进行比较；
- (2) 人和机器的组配方法；
- (3) 检查人员的素质

(3) 明确控制作业的要求条件
- (1) 是否需要正确作业；
- (2) 是否需要连续作业；
- (3) 是否需要马上作业

(4) 坐着作业还是立着作业
- (1) 尽可能坐着作业；
- (2) 立着作业时间不能过长；
- (3) 坐着作业时应避免不合理的作业姿势

仪表板的大致设计

(5) 控制器的选择
- (1) 机器的操作尽可能简单；
- (2) 考虑作业人员顺手、顺脚；
- (3) 控制器不能给作业人员带来危险

(6) 根据控制器选择显示仪表
- (1) 选择与控制器的运动相吻合的显示仪表；
- (2) 选择与控制器相对应的能够马上识别的显示仪表；
- (3) 选择不会发生误读的仪表

(7) 决定控制器显示仪表的相对位置
- (1) 与控制器相对应的显示仪表应尽可能接近控制器；
- (2) 控制器的运动和显示仪表的运动应有理论上的联系；
- (3) 控制器和仪表分开时，两者的配置应一致

(8) 显示仪表的配置
- (1) 常用的和重要的仪表配置在视野中部；
- (2) 仪表的高度应与作业人员的高度一致；
- (3) 读取仪表时不应有不合理的动作

(9) 控制器的配置
- (1) 置于作业人员前面合适的视野范围内；
- (2) 根据作业程序和功能来配置；
- (3) 避免误操作

(10) 仪表板的设计
- (1) 视线与仪表板垂直；
- (2) 在日光或是人工光线下，配以合适的色彩；
- (3) 不必要的导线不露在外面

(11) 评价
- (1) 显示器是否容易读取；
- (2) 控制器是否容易操作；
- (3) 作业时，眼和手、脚会不会有异常的负担

图 18-6　人机界面设计程序示例

18.5　控制中心设计要点分析

18.5.1　以人为中心的设计方法

近年来，控制室或者控制中心在一些新领域得以应用。监控中心与安全控制室是一个正迅速成长的应用实例，它们扮演的角色甚至要超过在城市中商业区、居住区的保安。另一个应用领域是财政控制与贸易中心，并正以超过前 10 年的整体速度迅猛发展。如今，大多数大公司已经拥有了属于自己的控制中心，以提高财务计划的质量和提供市场变化的实时数据。

在更安全、更可靠和更高效的操作要求驱动下，信息技术的创新已经使得自动化技术和集中监督控制技术越来越多地应用于用户-系统界面及其相关操作环境中。虽然有这些发展，在监控和管理复杂的自动化系统时，操作者仍然发挥着关键作用。而随着自动化解决

方案规模的扩大,设备故障和人失误的后果也日益凸显。

对操作者这一岗位的要求是非常高的。在控制室中,由于操作者的不当操作,如疏忽、授权错误、定时错误和序列错误等行为都有可能带来隐患。因此,应将以人为中心的设计方法整合到传统的以功能为导向的设计方法中。需考虑的人的特征不应只包括人基本的身体能力或局限,还应着重考虑人特有的认知优势,应考虑操作者如何认知操作、管理及包含机器(硬件和软件)、环境等在内的被设计对象,并如何与之交互等方面的问题。

在以人为中心的设计方法中,人与机器的组合在其组织和环境背景下被视为一个整体系统加以优化。这种优化通过制定若干方案来实现,这些方案强调人与机器各自的优点、特征和能力,并以互补的方式实现这三个方面的最优化。

18.5.2 控制室影响因素综合分析

1. 控制室设计要素

控制室是控制中心的核心功能实体及其相关的物理结构,操作者在此处行使集中控制、监控和管理职责。控制室设计是控制中心系统设计成败的关键。

控制室设计主要包括控制室、仪表板和操纵台三大部分,每一部分的主要设计内容列于表 18-3。

表 18-3 控制室设计内容

设计单元	控制室	仪表板	操纵台
设计内容	① 大小; ② 平面设计; ③ 高度; ④ 照明; ⑤ 色彩; ⑥ 材料	① 大小; ② 编排; ③ 高度; ④ 切口; ⑤ 底边	① 大小; ② 编排; ③ 断面; ④ 电话机台

2. 影响控制室设计的因素

影响控制室设计的因素包括技术因素、经济因素和人机工程学因素,这三类因素所包含的指标分别对表 18-3 中的各项设计内容产生影响,有关指标对各项设计内容的综合影响关系分析如图 18-7 所示。

由图 18-7 的综合分析可知,对设计内容产生影响的三大类因素共有 23 项指标,其中属于技术因素的有 7 项,属于经济因素的有 3 项,而属于人为因素的有 17 项。由图可见,在控制室设计中,人机工程学因素影响最大,认真分析人机工程学影响因素非常重要。

18.5.3 控制室信息链接分析

操作者在控制室内的不同位置会有一些工作区,因此,不同工作区彼此间以正确的关系定位是很重要的。为了使工作有效地进行,操作者彼此间必须容易联系且不会打扰对方,恰当的工作区位置应该促进协调工作。

为了实现控制室中不同工作区的各种目标,可以使用频数及次序分析。如果优化各种联系形式(如移动和信息),可以实现机械、设备、操作者彼此之间最好的位置关系,各种联系形式对于系统设计是重要的。联系的最优化意味着必要的联系容易"操作"。

信息链接分析方法如下:

(1) 以不同的图形符号分别表示人、机器和信息的链接关系。

(2) 在不同的人、机器和信息链接关系之间画不同的连线。

(3) 以数字、字母分别表示不同的人、机器和联系频次。

(4) 先绘制初步链接分析图,再绘制优化后的链接分析图,如图 18-8 所示。

18.5.4 控制中心平面布局设计

1. 控制中心平面设计

控制中心是指功能互相关联且位于同一地点的控制室、控制配套室等组合。而控制配套室又指一组功能相关联的房间,与控制室位于同一位置且环绕着控制室,是控制室支持功能区的场所,如相关的办公室、设备室、休息区和培训室。图 18-9 是生产过程控制中心平面布局示例。

设计内容	声学	照明	可操作性	生产噪声	刺目	视角	色彩心理学	研究	支架大小	无差错	功率	易读程度	供应尺寸	材料	测量仪器大小	无视差	有效距离	基本要求	能见度	控制仪器大小	运输	明显程度	方法
影响因素指标	1	2	3	4	5	6	7	8	9	10	11	12	13	14	15	16	17	18	19	20	21	22	23
(1) 控制室																							
① 大小								■		■	■	■								■			
② 平面设计	■																						
③ 高度		■			■							■						■					
④ 照明		■			■													■					
⑤ 色彩							■												■				
⑥ 材料	■				■																		
(2) 仪表板																							
① 大小								■		■	■	■	■									■	
② 编排										■										■			
③ 高度				■																■			
④ 切口					■					■												■	■
⑤ 底边																							
(3) 操纵台																							
① 大小								■			■									■			
② 编排			■		■													■				■	
③ 断面					■																		
④ 电话机台																							
因素等级部分	GES																						
I. 技术因素									■	■		■	■	■	■					■			7
II. 经济因素								■						■						■			3
III. 人为因素	■	■	■	■	■	■	■		■		■				■	■	■	■	■		■	■	17

图 18-7 控制室影响因素的综合分析

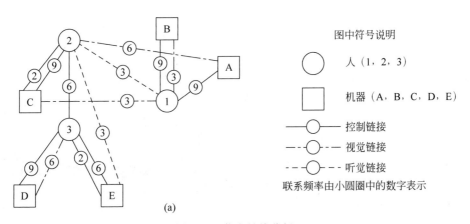

(a)

图 18-8 信息链接分析

(a) 初始链接；(b) 优化链接

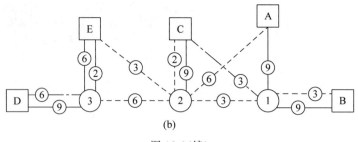

(b)

图 18-8（续）

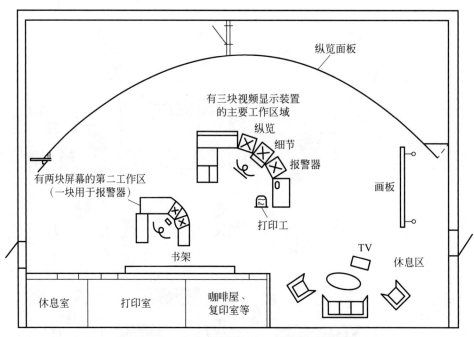

图 18-9　生产过程控制中心平面布局示例

2. 单功能控制室平面设计

控制室的大小取决于控制装置和信息的大小。信息是通过各种类型的信息仪器获得的，对于控制信息量小的可设计成单一功能控制室。其仪表板墙面呈半圆形，由此使控制室操作台旁的位置至全部仪表板的距离大致相等，而对仪表的能见度无视差。半圆的中点和操纵台后面的距离要求正好使操作者不受反射的干扰。具体布置见图 18-10 所示的控制室平面设计示例。

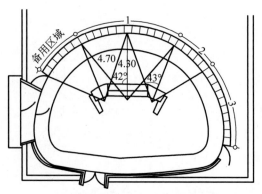

1—头等重要的区域；2—次等重要的区域；3—第三等重要的区域。

图 18-10　控制室平面设计示例

18.5.5 控制室仪表板设计

1. 仪表板功能布置原则

计划个人工作区来自自然、舒适的视觉条件的假设。在此基础上,可以讨论信息、控制设备的位置及设计,其目的是实现一种有逻辑的设计工作区,以使工作人员方便舒适,减轻疲倦、快速、精确地工作。

设计仪表时,首先必须确定仪表所执行的任务,利用仪表盘执行的功能必须得到确定及描述。这些因素形成了仪表盘设计的基础。

设计仪表盘有很多种方法,具体使用其中哪种方法取决于仪表盘将要执行的任务。

根据下列因素确定仪表的布置原则:

(1) 使用的频率。如果仪表 A 比仪表 B 与仪表 C 更频繁地读取,则仪表 A 应定位在最靠近视线的位置。

(2) 使用的次序。如果仪表 A 总是在仪表 B 与仪表 C 前使用,那么仪表 B 与 C 将被设置在视线内 A 的右边。

(3) 重要程度。在某些情况下,仪表是非常重要的,如果不频繁使用可以将其定位在中心位置。

(4) 功能的相似性。显示相同功能(如温度)或包括程序特殊部分的仪表可以放置在一组。

2. 仪表板以人为中心的布置准则

(1) 可见性准则。操作者必须能够从正常的工作位置看到所有仪表,不需要身体或头部非正常移动,见图 18-11。鉴于控制盘上不同仪表的可见性,仪表位置的设计应遵循下列原则:

① 报警信号和主要仪表。操作者不需要改变正常视线或头部、眼睛的位置就必须能读取这类仪表。

② 次要仪表。这类仪表可以通过改变眼睛的方向来读取,但不需要改变头部的位置。

③ 其他(不频繁使用的)仪表。这类仪表不需要位于正常视线内。

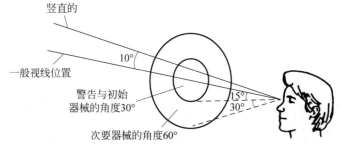

图 18-11 观察设备的位置

(2) 识别性准则。操作者必须能够快速无误地找到一台仪器或一组仪器。为了方便识别,个别仪器或一组仪器应该被分开。单个仪表可用颜色或形状加以区别,分组仪表可按图 18-12 所示的形式来区分。

(3) 兼容性准则。控制设备及仪表都应该被正确放置,并给出人们期望的读取方法。人们基于不同形式下发生不同事情的经验,常常有预定的期望。

仪表上的特殊改变产生了一些预期,如圆度盘上指针的顺时针移动意味着增加。仪表上指针的移动也可以表示其与控制设备的移动之间的某些关系,如图 18-13 所示。

如果不考虑常规期望,在紧急情况下将发生危险事故及表现较差的性能;或增加操作者学习操作技能的时间。

操作者在最近的视野中应有视频显示设备,正常来说,键盘或其他计算机控制设备受操作者的支配,这些控制设备应定位,且应使操作者以舒适、放松的姿态进行控制。

18.5.6 控制室中控制台组合设计

控制台的组合形式千变万化,有台和台、台和箱、台和柜及控制台与操作台等组合方式,具体视控制室的功能要求和平面布局要求而定。

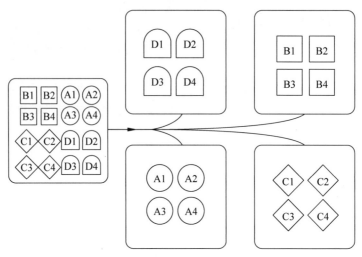

图 18-12　分组仪表的区分形式

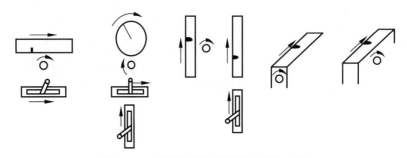

图 18-13　显示仪表与控制设备的兼容性

由于组合形式繁多、无法一一列举。此处仅给出图 18-14 所示的多台组合形式。为适应市场需求，生产企业分工细化，有些控制台壳体生产企业将控制台壳体设计成多种可组合的形式，而其内部和台面布局可由控制室设计方提出具体要求，根据控制室控制功能的复杂程度，可选择 1～6 个的不同组合形式，图 18-14 为 6 个单一控制台以人为中心的组合形式。

图 18-14　6 个控制台的组合形式

18.5.7 控制室工作岗位设计

操作台与控制台必须放置在容易且方便触及的位置。这意味着需要一个限定高度和宽度的空间,以定位最重要的控制台和操作台。大多数类型的控制室除了控制任务外还需要大量的空间执行各种任务,如需要在书写台上放置书、手册及咖啡、饮料。因此,首先应关注操作台的高度,然后关注台面上的需要。

操作台面的高度决定了操作者是站着还是坐着。不合适的操作台高度会导致操作员不良的身体姿态,短时间内会导致疲劳,长时间可能导致损害。考虑到这些,首先应讨论操作台本身的位置。当然,应该将操作台看作一个独立的单元,而将操作台、椅子及其他设备看作一个整体,从而向操作者建议坐着及站着工作的方法。站立和坐着的操作台分别服务于不同的工作任务。

1. 坐姿工作

(1) 为了降低疲劳。对于操作者来说,用手工作更容易,而用腿更适合较重的工作,长时间工作时更偏向于坐着。

(2) 为了使操作员能够同时使用双脚,或开发腿部更大的力量,如更快地使用脚踏板或一只/两只脚进行几种控制。

(3) 当操作者的手臂、脚可自由操作控制时,坐着能保护操作者避免振动。

(4) 当操纵者的工作区易于移动时,应该提供一些支撑身体的附加设备。

2. 站姿工作

(1) 要求更大更灵活的空间时,或者朝特定的方向采取措施时,操作者站着能实现更好的控制。

(2) 操作者需要执行大量移动性的工作。

(3) 操作者需要执行远距离且大量移动的工作。

工作时既可以坐着又可以站着是最好的,尤其是操作者可以自由选择站立或就座的方式最好。为站着工作的操作者设计操作台需要提供一把很高的椅子,所有操作台应该是可调高度的,可以设定高度使其适合每个人。例如图 18-15 所示的设计。

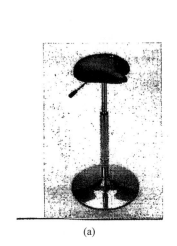 

(a) (b)

图 18-15 采用坐/站两用凳和可升降的托台
(a) 工业用坐/站两用凳;(b) 可升降的托台

第19章

人-机-环境系统综合设计

19.1 人-机-环境系统综合设计方法论

人-机-环境系统综合设计方法的基本思想是发挥人在系统问题求解中的作用,根据人可能发挥作用的方式、程度、侧重点、阶段等特点,构建人与机器相结合的环境系统作为问题求解系统。本节说明人-机-环境系统综合设计的基本方法论、基本概念、实现基础及该方法论的特点。

19.1.1 综合集成方法论

钱学森院士在对开放的复杂巨系统进行长期研究的基础上,于1989年提出了从定性到定量的综合集成法,简称综合集成,可用图19-1来表示综合集成的丰富含义。

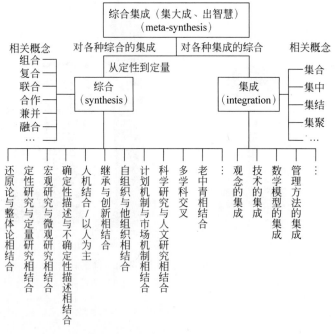

图 19-1 综合集成法的基本含义

综合集成是在各种集成(观念的集成、人员的集成、技术的集成、管理方法的集成等)之上的高度综合,同时,又是在各种综合(复合、覆盖、组合、联合、合成、合并、兼并、包容、结合、融合等)之上的高度集成。综合高于集成,综合集成的重点是综合。

19.1.2 综合集成法的特点

综合集成法的实质是把专家体系、数据和信息体系及计算机体系结合起来,构成一个高度智能化的人机结合系统。这个方法的成功应用,就在于发挥了这个系统的综合优势、整体优势和智能优势。它能把人的思维,思维的成果,人的经验、知识、智慧及各种情报、资料和信息等集成起来,从多方面的定性认识上升到定量认识。

综合集成法体现了精密科学从定性判断到精密论证的特点,也体现了以形象思维为主的经验判断到以逻辑思维为主的精密定量论证过程。所以,这个方法是走精密科学之路的方法论。它的理论基础是思维科学,方法基础是系统科学与数学,技术基础是以计算机为主的信息技术,哲学基础是实践论和认识论。图19-2描述了综合集成法的基础。

需要指出的是,应用这个方法论研究问题时,也可以进行系统分解,在系统总体指导下进行分解,在分解后研究的基础上,再综合集成到整体,实现1+1>2的涌现,达到从整体上严密解决问题的目的。从这个意义上说,综合集成法吸收了还原论和整体论的长处,同时也弥补了各自的局限性,它是还原论和整体论的结合。

综合集成法概括起来有以下特点:
(1)把数据、信息、知识和专家经验与智能结合起来。
(2)把人脑与计算机结合起来(人机结合)。
(3)把大家的意见集成起来(群体知识)。
(4)把左脑和右脑结合起来(定性与定量结合)。
(5)把真实与虚拟结合起来(实体与计算机实验结合)。
(6)把微观和宏观结合起来(局部与整体)。
(7)把还原论与系统论结合起来(分析与综合)。

该方法是目前处理复杂系统、复杂巨系统(包括社会系统)的有效方法,是以钱学森院士为代表的中国学者的创造与贡献。

19.2 人-机-环境系统综合设计模型

19.2.1 复杂环境系统综合设计模型

1992年,在"从定性到定量的综合集成法"的基础上,钱学森院士对如何完成思维科学的任务——"提高人的思维能力"这个问题,汇总了几十年来世界学术讨论的人工智能、灵境技术(virtral reality)、人机结合的环境系统和系统学等方面的经验,进一步提出了"人机结合、以人为主、从定性到定量的综合集成研讨厅体系"(简称综合集成研讨厅体系)。综合集成研讨厅体系的结构如图19-3所示。

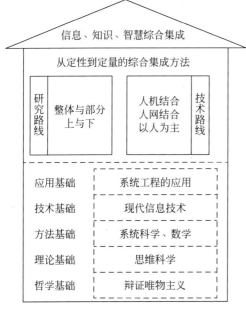

图 19-2 综合集成法的基础

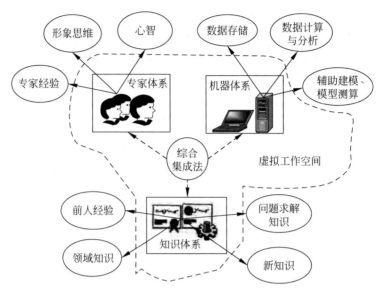

图 19-3　综合集成研讨厅体系的结构模型

由图 19-3 可以看出，综合集成研讨厅体系可以视为一个由专家体系、机器体系、知识体系三者共同构成的一个虚拟工作空间。一方面专家的心智、经验、形象思维能力及由专家群体互相交流、学习而涌现出来的群体智慧在解决复杂问题中起着主导作用；另一方面机器体系的数据存储、分析、计算及辅助建模、模型测算等功能是对人心智的一种补充，在问题求解中也起着重要作用，知识体系则可以集成不在场的专家及前人的经验知识、相关的领域知识、有关问题求解的知识等，还可以由这些现有的知识经过提炼和演化，形成新的知识，使得研讨厅成为知识生产与服务的体系。这三个体系按照一定的组织方式形成一个整体，构成了一个强大的问题求解系统，因而可以"提高人的思维能力"，解决那些依靠单个专家无法解决（或只依靠计算机无法解决）的问题。

（1）该模型中，专家体系由面对复杂问题的相关专业人才、决策者与计算机专业人员等组成，他们是复杂问题研究过程中最活跃、最具创造性的创新主体。专家体系作用的发挥主要体现在各个专家经验、构想和直觉的运用上，尤其是其中宏观的、全局性的经验与智慧，经常难以明确表述，具有"只可意会、不可言传"特点的感受和猜想，是计算机所不具备和难以模拟的，却是复杂问题处理的关键所在。

（2）机器体系由专家所使用的计算机软硬件及为整个复杂问题研究群体提供服务的服务器组成，机器体系的作用在于它的海量存储能力和高性能的计算能力，后者又包括数据运算和逻辑运算能力。同样，这些特点是人类专家难以匹敌的。

（3）知识体系由各种形式的数据、信息和知识组成，它包括与具体复杂问题相关的领域知识/信息，建模、仿真信息/知识及由上述信息/知识建立的具体模型、方法，以及通用的问题分析、综合的知识/信息等。机器体系是这些信息和知识的载体。

这三个体系各有所长、各尽其能，被综合集成法连接成一个统一的、人机结合的复杂问题研究与决策支持平台。在这个体系中，专家个人发挥其经验、直觉和领域知识方面的长处，群体发挥其集体研究的优势，计算机则发挥其高速计算、快速模拟的特长，通过科学的方法论组织起来，实现研究人员从定性认识到定量的飞跃，其结果是提高复杂问题的研究质量，获得更加科学、合理的方法和结果。

19.2.2　简单环境系统综合设计模型

依据智能控制理论，结合人的思维和行为

方式,可以建立简单系统的综合模型,如图 19-4 所示。该模型由感知层、决策层、执行层组成。

1. 感知层

感知层通过人机联合感知人、机、环境的综合信息,这些综合信息包括:

(1) 人自身的特征参数。例如心理状态、技术水平、积极性、技巧程度、觉醒程度等。

(2) 机器本身的特征参数。机器本身的静态参数,如机器的型号;机器本身的动态参数,如机器的运动状态变量等。

(3) 环境信息参数。例如噪声、照明光线强度、温度、湿度、空气压力以及其他相关环境信息参数。

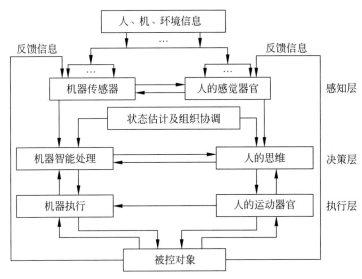

图 19-4 简单智能系统模型

2. 决策层

首先人或机器根据感知层面传来的信息进行状态估计和组织协调人机关系,确定哪些(或何时)控制任务由人来完成,哪些(或何时)控制任务由机器来完成,并确定采用何种控制策略,是"人主机辅"控制、"机主人辅"控制还是"人机协同"控制。进而由各控制器完成相应的控制计算,得到相应的控制决策。

3. 执行层

执行层利用人的手动控制与机器的自动控制相结合的方法来实现,这里需要指出的是,并不是所有的系统在所有情况下都需要手动和自动控制同时作用,应视情况而定。

对人机结合环境系统的观点扼要地加以总结:在研制环境系统时,应强调的是人类的心智与机器的智能相结合。从体系上讲,在系统的设计过程中,把人作为成员综合到整个系统中去,充分利用并发挥人类和计算机各自的长处形成新的体系,是今后要深入研究的课题。

对于人-机-环境系统综合设计的重点是智能决策层面,目前,通常选用人机共商决策模型。这种决策方法是使人和机器处在平等合作的地位上,人和机器共同合作决策。这时计算机智能辅助决策程序完全设计成开放式的,使得人与计算机之间的关系跟人与人之间的关系一样,可以平等地面对面地进行讨论,甚至争论。计算机和人都可以根据对方提供的信息对自己的决策做相应的修正,最终达成共识,得到决策结果。至于最终结果是来自人还是来自计算机并不重要,因为这是人和计算机共同进行讨论的结果。这种决策方式便形成了一种较为合理的决策模型。

在人机共商决策过程中,重要的是人和机器两者之间的决策既有分工又有协作:一方面,通过人机决策任务分配,将适合于机器做决策的任务交给机器去做,将适合于人做决策的任务交给人去做,两者在共同决策过程中相互取长补短,共同进行协商决策;另一方面,人和机器对有些问题同时做出决策,最后通过综合评价得到比较合理的结果,因为人和机器解决问题的思路、方法、侧重点各有不同。例如,机器决策依据的往往是知识库中人类以往的经验知识,以及模型库中的决策数学模型;而人的决策往往是凭借自己的直觉经验及目前的实际情况变化等。所以,通过这样的人机共同决策将人的智慧和机器的智能融合在一起,将能进一步提高决策的可靠性。图 19-5 所示即为这种人机共商型一体化智能决策模型。图中实线表示信息流,虚线表示控制流。

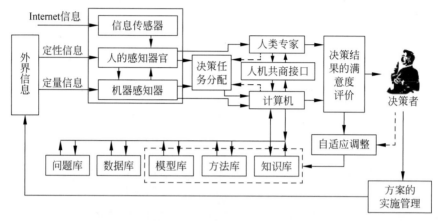

图 19-5 人机共商型决策模型

众所周知,人类的知识、智慧通常都是通过语言的形式来表达的,所以要将人类的知识、智慧和计算机的功能很好地融合在一起,最好能做到人和机器之间直接用语言进行面对面的交谈。

19.3 人-机-环境系统综合设计要点

19.3.1 人机结合模式

实现人机结合环境系统的技术路线可以有多种。选择什么样的路线,主要看人与机器系统在问题求解中所承担的角色及彼此相结合的模式。根据人机所担角色的分量与主次作用,人机的技术路线大致可以分为人机结合、以人为主的策略,人机结合、以机为主的策略,人机结合、人机协作的策略等。

1. 人机结合、以人为主的策略

"人机结合、以人为主"的策略是指在构建人机系统时,人、群体与人的定性智能扮演主要的角色,承担问题求解的关键性工作。由于问题求解的关键步骤是靠人的介入,所以人扮演了主要角色。"以人为主"可能体现在很多方面,比如在设定问题的理解与定义中,没有人的参与无法清楚地说明问题的本质,在问题求解目标的确定过程中,没有人的参与就不足以明确解决问题的途径与方向,在结果的评价中,没有人的参与就难以判断问题解决的程度与效果等。

2. 人机结合、以机为主的策略

"人机结合、以机为主"的智能系统设计要体现以机器为主的设计思想。在一个问题被理解与定义、相应的求解系统被建成后,机器智能完成主要的任务与步骤。在这种系统中,典型情况下,人的作用主要体现在问题的理解与定义、求解结果的鉴定与再求解的修正等过程中,区别于自主智能系统,人机结合、以机为主的智能系统中人的角色还是不可或缺的。

3. 人机结合、人机协作的策略

"人机结合、人机协作"的智能系统设计中难以明确区分人与机孰轻孰重,人机已经融为一体,构成彼此需要、互相支持的共生关系。这种系统在设计上是比较复杂的,也是"人机结合"中比较难以实现的一种,因为系统涉及人机边界难以定义或者划分的问题。

19.3.2　人机合理分工

对于人与机器共存的系统，在感知、决策、执行三个层面上，应当将适合人做的事交给人去做，将适合机器做的事交给机器去做，问题是，哪些事情适合人去做，哪些事情适合机器去做。表 19-1 给出了对人机在这三个层面上的特征进行研究的成果，可供系统设计时进行合理化分工时参考。

值得指出的是，这种分工并不是绝对的，这里强调的是合理分工而非绝对分工，在很多情况下，双方所进行的工作都是整合在一起、相辅相成的，这样的分工构成了人机系统的新型关系，那就是各自发挥自己的长处，相辅相成，缺一不可。在这样的人机关系基础上，构成的人机系统能够发挥巨大的优势，能够解决两者单独都无法解决的问题。在新型的人机关系中，人与机器的新型合作关系体现在人与机器（包括计算机）的独立性和互补性上。

表 19-1　人机功能合理化分工

功能层面	适合人完成的功能	适合机器完成的功能
感知层面	模糊定性信息感知	精确定量信息感知
	有限小阈值范围内的信息感知	可以感知人类感知阈值范围以外的信息
	只有在人的生理权限承受的环境下进行感知	可以在恶劣环境下进行信息感知
	感知具有整体综合性、选择性和多义性的信息	比较适合对单一信息进行感知
决策层面	富于创造性的思维活动	基于规则的逻辑推理
	在变化不定的环境下识别形象	在确定的环境下识别对象
	处理模糊信息	精确处理数据信息
	对意外事态的预测及处理	常规事态处理
	对不良结构问题的处理	对良性结构问题的处理
	能综合运用逻辑思维、形象思维和灵感思维	能较好地模拟逻辑思维和部分地模拟形象思维
	记忆有限的数据、知识及规则	记忆大量的数据、知识及规则
执行层面	完成功率比较小的动作	可以完成需要功率很大或极小的动作
	完成精度要求不太高的动作	可以完成精度要求很高的动作
	所能完成的操作范围比较窄	所能完成的操作范围广
	执行过程中，受生理条件所限，容易疲劳，耐久性差，不能在恶劣环境下工作	执行过程中，不受生理条件所限，耐久性强，不会疲劳，环境适应性强，可以在恶劣的环境下工作
	易实现多种执行方式的综合	执行动作单一，但动作一致性好
	动作具有较大的柔性，动作灵巧	动作柔性小，不灵巧，但运动学、动力学特性优异

19.3.3　人机最佳合作

自从人类发明了机器，人类文明就是由人类与机器共同创造的。机器，特别是智能机器（具有一定"人类智能"的机器），先是作为人类肢体的延伸，后逐渐延伸着人类的感知，甚至大脑，成为人类在认识世界、改造世界乃至创造世界过程中的重要力量。

人与智能机器之间的新型协作关系，体现在人与智能机器之间在智能层面上的独立性和互补性。各方都视对方为能够进行独立思考、独立决策的智能个体，人与机器之间形成真正的同事关系，共同合作，取长补短，从而使人-机-环境系统产生最佳效益。为此，在人-机-环境系统设计中应充分考虑表 19-2 列出的人类智能与机器智能各自的主要优点及缺点。

表 19-2　人类智能与机器智能比较

优、缺点	人类智能	机器智能
优点	有创造力,有决策力; 有自主力,有主动性; 记忆空间中的快速检索功能; 交互的平行能力; 通过多种媒介方式获取信息; 处理问题的柔性(应变)、抽象思维能力强; 丰富的形象思维能力; 有灵感思维能力,语言能力强; 有责任心、道德观、法制观; 自主学习能力	存储能力的无限性; 知识获取的多元性; 多媒体技术所带来的能力; 处理问题的严密性; 抽象思维能力记忆的永久性、不变性; 决策的逻辑性、合理性; 无心理、生理因素存在; 快速性; 有限的自学习功能
缺点	体能的局限性; 信息存储的局限性; 心理因素的存在; 对生存环境的高要求; 信息交互的单行性; 拥有知识的局限性; 决策的不严密性思维存在盲点; 记忆存在时效性、不可靠性和个体间的差异性	被动性; 自主力的局限性; 无创造性; 不能或很难具备语言能力; 应变能力差; 抽象思维能力有限; 无形象思维能力; 无灵感思维能力; 智能实现的高代价; 无责任心; 无道德观,无法治观

19.4 人-机-环境系统综合设计原则

19.4.1 系统整体化原则

在人-机-环境系统中,人与机器的关系已经超越传统的主从关系,两者之间建立"同事"关系,共同感知、共同思考、共同决策、共同工作、互相制约和互相监护。因此,人与机器之间、系统中人与人之间、机器与机器各部分之间是一种"整体结合"。

系统论的主要创立者贝特朗菲指出,整体大于其各组成部分的总和,是系统问题的一种描述。

系统的整体性主要表现为系统的整体功能,系统的整体功能不是各组成要素的简单叠加,也不是各组成要素的简单拼凑,而是呈现出各组成要素所没有的新功能,可概括地表达为"系统整体大于其组成部分之和",即

$$F_s > \sum_{i=1}^{n} F_i \tag{19-1}$$

式中,F_s 为系统的整体功能;F_i 为各要素的功能,$i=1,2,\cdots,n$。

式(19-1)就是通常所说的 1+1>2 的表达式,是系统设计的重要原则。

19.4.2 系统人本化原则

工程学原本就是研究以人为中心的设计思想和以人为本的管理理念。通过对人的智能、生理、心理、生物力学等方面的研究,可归纳出人的主要局限性:

(1) 人的可靠性差,特别是在疲劳时出错率大幅增加。统计数据说明,人不疲劳时 30 min 内出现 0.1 次错误,疲劳时 1 min 可出现 1 次差错。

(2) 担负的工作量过重时,不但影响健康,

而且高度紧张,还会引起判断和操作错误或漏掉主要信息。

(3) 人的效率比计算机低得多,主要表现在接收信息效率低,反应迟钝(迟后 $0.25 \sim 0.50$ s)和计算速度慢。

从以人为本的指导思想出发,为了弥补人的各种局限性,使人能够发挥高层智能优势,在系统综合设计时,必须遵循人承担的工作量应当尽量小,最好是最少,机承担的工作量应为最大的系统人性化原则,即人机智能结合系统必须具备下述必要条件:

$$\min_{\beta_t^h} \sum_{i=1}^n E_i^h = A - \max_{\beta_t^c} \sum_{i=1}^n i E_i^c \quad (19\text{-}2)$$

式中,A、E^h 和 E^c 分别为系统的总工作量、人担负的工作量和机担负的工作量,$i=1,2,\cdots,n$ 是任务序号。

上述人的主要局限性,正好是智能机器的优势之处。例如,机器没有疲劳感,可以长时间工作;机器对危险环境没有恐惧感,可以在核辐射、高温、高空、高压、有毒气体等特殊环境中工作。此外,机器不存在喜好与选择等行为特征,可以完成例行的、重复的、非常精确的工作。显然,从以人为本的角度看,人与智能机器结合构成的人-机-环境系统,是人的智能扩展与延伸的有效途径。

19.4.3 系统安全性原则

人-机-环境系统不同于一般无智能机的人机系统,如人与一般动力机械组成的系统,也不同于无人参与工作的智能机械系统,如无人驾驶汽车、飞机等系统。但是,对系统安全性标准的要求是一样的,即采取先进的技术措施消除或控制系统的不安全因素,杜绝系统事故发生或使事故发生的概率降到极小值。

在人-机-环境系统中,对于系统中的智能机器而言,例如,目前智能化水平最高的机器人,对其开发、设计、使用中的安全性要求,可由下列法则来控制(国际机器人领域的学者曾经为机器人的研究制定了明确的"戒律",称为机器人的三大法则):

法则 1,机器人不得伤害人类。

法则 2,机器人必须服从人的命令,但不得违背法则 1。

法则 3,在不违背法则 1 和法则 2 的前提下,机器人必须保护自己。

对于系统中的人,虽然在人本化原则中已经考虑了人的生理、心理方面的局限性,但从系统安全性的角度分析,还必须再加一道"保险"。由于人的生理、心理因素的复杂性,尽管在设计中已考虑了这些因素,但在某些特殊情况下,仍然可能有意想不到的事件发生。而这些事件往往是由于系统中人的工作出现了明显的偏差和失误而引起的。为了弥补人的不足,利用智能传感器对人的感知进行补充,通过智能机器来辅助人进行控制。在这里机器所起的作用主要有以下几个方面:

(1) 机器将感知的定量精确信息和人感知范围以外的信息及机器通过初步决策得到的决策信息,通过一定的方式向人提供辅助控制信息,从而使得人在做出控制决策时所考虑的信息更全面。

(2) 机器对人的输出控制量进行监测,通过分析判断,在人发出有可能导致危险的控制信息或错误控制信息时,将情况及时通报给人,以便人能及时采取补救措施;在人不能或没有采取任何措施的状态下,机器将通过控制调节器直接参与安全保护控制。

(3) 人有时由于疲劳、瞌睡或酗酒等原因常常会处在不正常的生理状态下,从而引起决策或操作失误。为此,在这样的"人主机辅"控制系统中,机器必须对人的生理状态进行监测,一旦发现异常,将及时提示报警,并采取相应的措施调节人的状态,使人适合于操纵控制,一旦调节无法实现,机器则启动自动控制系统。

另外,在某些极限状态下,系统需要采取一些紧急措施,此时人和机器的控制是完全平等的,只要有控制信号传来,无论是来自机器还是来自人,系统都会发生作用。这种情况的控制方式可以避免人为事故的发生,从而保障最高的安全性。

19.4.4 系统最优化原则

应该指出,最优化不是一次简单工作,不是在所有情况下都存在。特别是在解决人-机-环境系统设计问题时,因为其影响因素太多,关系极为复杂,探索次优的、满意的设计方案是比较可行的。所以,所谓最优化应该是人们对系统目标的追求;尽可能使系统的整体性保证在给定的目标下,系统要素集、要素的关系集及其组成结构的整体结合效果为最大:

$$E^* = \max_{p \to C}(X \cdot R \cdot C) \quad (19\text{-}3)$$

$$S_{opt} = \max(S \mid E^*) \quad (19\text{-}4)$$

式中,E^* 为在对应于目标集的条件下所获得的最大整体结合效果;$(X \cdot R \cdot C)$ 为整体结合效果函数,即系统要素集 X、系统要素关系集 R 和系统组成结构 C 的结合效果函数;S_{opt} 为具有最优结合效果及最优输出的系统;S 为目标系统;E^* 为对应于系统目标集和环境约束集下的系统最优结合效果。

显然,式(19-4)表达的内涵也是系统综合设计应该遵循的原则。

19.5 人-机-环境系统综合设计实例

19.5.1 人网协同智能创作系统

1. 维客网站的创立

维客(WiKi)一词来源于夏威夷语"Wee Kee",原本是"快点"的意思。用现在的眼光来看,WiKi 是 Web 2.0 的一种典型应用,是一种知识创新的模式。常见的做法是通过提供个体创作环境的网站,由个体的协作完成创作过程。每个人可以任意修改网站内容,同时每个人也是内容的使用者,并由此形成了一个由内容创造联系在一起的社区。从技术上看,维客网站是一个超文本系统,是一个任何人都可以编辑的网页,同时通过一套记录及编目改变的系统,也就是版本控制,提供还原改变的功能。这种设计方式避免了个体在创造中的随意性,实现了内容创造过程中的协作。

2. 维客创新协作模式

在维客开始出现时,有人质疑,如果任何人都可以更改内容,那就无法保证内容的质量,或者最后形成一些乱七八糟的东西。事实证明,这种担心低估了个体的力量,个体间通过协作发挥智慧可以修复错误,最后一定会形成接近理想的结果。版本控制和权限控制支持了这种纠正协作。

维客往往被当作一个众包的例子来介绍,但与包的逻辑比较,个体创造的内涵超过了个体完成任务。也就是说,维客并没有特别明确的任务,实际上只是提供了一个场所和规则,剩下的工作都是由个体完成并形成的。最后的呈现体现了个体智慧的综合,而不是一个具体的任务。所以,维客的模式是一种个体自下向上创造协作的生产模式,而不单是众包一种形式。

3. 维基百科的创作过程

维基百科是维客的典型例子。它于 2001 年创建,创始人是吉米·威尔士及几名热情的英语参与者。简单来说,维基百科是一个多语言的百科全书协作计划,目标是为全人类提供自由的百科全书,用他们所选择的语言书写而成,是一个动态的、可自由访问和编辑的全球知识库。它的形成依赖于长期的个体间的不断努力,而不是少数专业人士的制作。由于维基百科并不确定内容的边界,所以最终形成的百科全书内容与人类已有的百科全书完全不同,甚至每个创作个体也不知道最终它是什么样子。但用户知道,它提供了一个机制,让它更加趋于完善。到 2011 年 11 月,已经有超过 3172 万名注册用户及为数众多的未注册用户贡献了 282 种语言、超过 2024 万篇的条目,其编辑次数已经超过 12 亿 3192 万次。每天都有来自世界各地的许多参与者进行数百万次的编辑。现在,随着新技术的发展,用户也可以通过手机来参与维基百科中,进行阅读或者更改词条。

4. 维基百科的创作机制

维基百科之所以能够保证内容的正向协作,与它制定的协作机制,即写作守则有很大关系。也就是说,写作守则构成了一个促使个体创造并保证方向正确的机制,如公平呈现所有观点、命名规则的遵守、不确定的内容通过建立讨论页来讨论修改、返回初始状态以限制恶意修改等。一些基本规则加上个体智慧的协作,让维基百科成为一种很规范的系统。

维基百科是一个内容创造的协作空间和机制,它利用了新技术,但重点不是技术本身。它提供了一个个体创造并实现价值的模式,那就是通过利用提供的空间,建立一项基本的原则确保空间正向发展,然后就是个体的协作创造,所以,维客是一种个体智慧创造的模式。如果把它当作个体创造的模式,把规则视作对个体创造的管理,视野也会产生很大的不同。

5. 维客创作模式的启示

清华大学的李衍达院士提出的"知识表达的情感适应模型"可通过人机合作方式向网络用户提供诸如服装风格、音乐流派等各类信息的候选模型,根据用户的选择结果,可以自动建立适合特定用户的情感信息模型。有了这样的模型,互联网在为用户提供信息时将会善解人意并投其所好。

这种模式也可以被应用到工业和工程设计领域。比如,通过这种模式创造一台前所未有的家用电器,在互联网上开通一个有关电器设计的协作空间,每个具有开发经验的人都可以更改设计图纸,最终会形成一个体现众人智慧的超级创新产品。

19.5.2 人网协同智能服务系统

1. 系统设计目标

北京奥申委在申办 2008 年奥运期间提出了"绿色奥运、科技奥运、人文奥运"的理念和"在任何时间、任何地点的任何人和任何设备(Any Time,Any Where,Any One,Any Device)都可以方便地分享奥运信息"的承诺。实现上述目标的最大困难之一是奥运参与者之间的"语言壁垒"。

"面向奥运的多语言智能信息服务网络系统"是北京邮电大学智能科学与技术教研中心的一项研究项目,主要目标就是利用自然语言处理技术突破语言障碍,向各国运动员、记者、观众等提供综合、全面、多语种、可定制的信息服务,实现任何人、任何时间在任何场所通过多种手段获取奥运相关信息。

2. 系统设计原理

多语言信息服务系统能以文字和语音的形式与用户进行智能人机交互。该系统能接收来自用户的多模态输入,具体的输入可以是语音或者通过键盘、触摸屏输入的文字,同时能以文字和语音的形式将服务内容呈现给用户。

在多语言信息服务系统的总体设计上,整个体系结构分为 3 层:多语言人机接口层、多语言智能信息处理层和数据层,分别对应以上 3 个信息处理阶段。多语言人机接口层的主要功能是提供语音和文本形式的用户界面。用户的信息服请求,不论是语音形式还是文本形式,通过文本层的处理,都被转换成文本的形式进入多语言智能信息处理层。而对于用户请求的响应,也根据需要从文本的形式换成语音输出或仍然保留文本的形式。多语言人机接口层需要支持不同类型的端接入,如信息亭、移动终端和电话。系统的总体框架如图 19-6 所示。

3. 系统服务内容

该多语言智能信息服务网络系统允许用户以多种语言(英语、汉语、日语等)查询。在体育领域内,提供应用场景为赛事信息查询的多语言智能信息服务;在城市公共领域内,提供应用场景为天气预报、公交信息查询、旅游餐饮信息查询的多语言智能信息服务,既包括面向公众用户的多语言智能信息广播和讲解,也包括面向奥运参与者个人的个性化多语言智能信息咨询。

从系统的服务领域、服务内容、服务方式来分析,该系统充分体现了以用户为本的设计思想,实现了为不同语言的用户在不同时间、不同地点,采用不同终端、不同的输入方式提供不同需要的信息服务。此外,该系统还具有操作方便、快捷,信息界面友好等特点。

系统运行后,出现如图 19-7 所示的界面,用户可以通过点击不同的图标选择要获取信息的领域,然后按提示操作,便可迅速获取所要了解的信息。

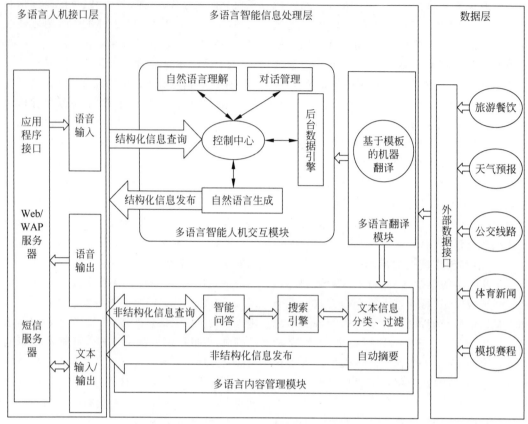

图 19-6　多语言信息服务系统的总体框架

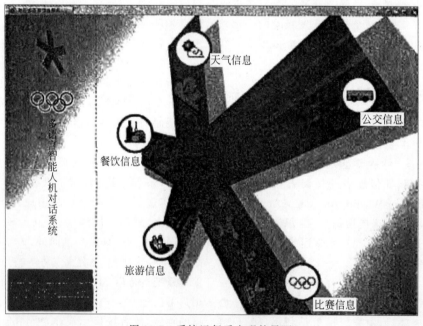

图 19-7　系统运行后出现的界面

19.5.3 人机协同智能驾驶系统

1. 人机协同智能驾驶系统概述

人机协同智能驾驶系统主要是为了提高驾驶系统的安全性能。现有驾驶系统的安全性主要取决于驾驶员的工作状态,而疲劳是影响驾驶员工作状态的主要因素。采用人机协同驾驶技术系统可弥补人的能力局限性。

人机协同智能驾驶系统主要包括人机信息融合、人机协同决策、人机协同执行等技术。

在人机信息融合过程中,通过现有的测距技术、图像辨识技术、卫星遥感技术、卫星定位系统、交通网络等信息获取技术,获得道路的路况静态和动态信息;通过汽车上的轮胎压力检测、油箱液面检测、发动机工况检测等技术,获得汽车的工况信息;通过安装在驾驶员身上的肌电探头、心电探头等传感器,检测驾驶员的生理状况;同时驾驶员将自己观测到的道路宏观信息、路程目的地及一些突发信息一同输入计算机,进行信息融合,获取最优结果。

对于人机协同决策,人或机器将根据"人主机辅""机主人辅"或是"人机协同"的方式,得出最优结果。当机器得出结果后,可以通过汽车上的各种仪表盘或者计算机的人机界面向驾驶员提供相应的信息;如果由驾驶员做出结论,则可以通过人机界面对机器的控制规则、控制状态进行调整或者直接对汽车的方向盘、制动器等进行操作,改变汽车当前的状态。

人机协同执行技术对于人和机器具有相互的等同性和协调性,将根据主辅控制策略,接收主控制方的指令,但在危险状态或者主控制方处于非正常工作状态时,人和机器都可以对汽车进行危急处理。

当人机协同智能驾驶系统出现错误或者人机工作在非正常工况下时,系统中的一方必须对整个系统做出必要的应急处理。人机协同制动系统在整个人机协同智能驾驶系统工作过程中,将直接关系到整个系统的驾驶安全性。一旦系统的监测系统检测到驾驶员处于酒醉或者嗜睡等状态,或者汽车处于将造成危险的工况时,人机协同制动系统会通过一个"或"控制器接收来自人或机器任何一方的制动信号,将汽车制动,以确保行车安全。

2. 人机协同智能驾驶系统的结构

从总体上讲,在整个驾驶过程中,采用的是人机协同的驾驶方式,其结构形式如图19-8所示。

图中虚线带箭头部分表示极限状态下的处理,即在极限状态下,人和机器同时对汽车进行操作。为了安全起见,并将损失降低到最低限度,采用"或"选择器,只要有高电平的控制信号(无论这种控制信号是来自机器还是来自人),控制器立刻起作用,将这种人机协同控制器应用在紧急制动系统中,无论是机器还是人发现紧急情况,需要紧急制动时,系统都能有效地紧急制动。

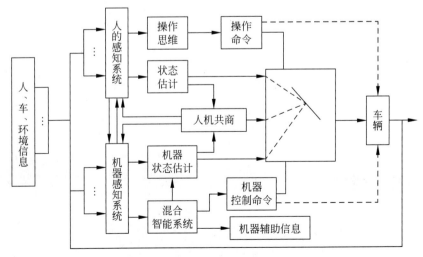

图 19-8 人机协同智能驾驶系统

在人机协同驾驶过程中,人根据直觉对路况、车况及自身状况进行估计,判断目前的状态适合哪种驾驶方式。每个人都有自己的判断准则,一般人的判断准则是最大安全性、最高可靠性及自己的劳动强度最低。而机器则根据系统状态辨识及交通状态的复杂程度判断机器本身是否有能力进行智能驾驶。在许多情况下,系统往往可以通过人机共商来确定。

可以预期,人机结合的大成智慧的学术思想被人们所接受后,社会的方方面面必然有所改变,其结果将使人类已掌握的与即将掌握的知识与技术以极其灵活方便的方式被人类共享,各式各样的环境系统将成为人类亲密而不可缺少的工具,人的智能得以充分发展,世界也跟着被改造了。正如钱学森所说:"将会出现一个'新人类',不只是人,是'人机'结合的'新人类'!"

第20章

人-机-环境系统仿真技术

20.1 仿真技术的发展历程

计算机仿真作为分析和研究系统运行行为、揭示系统动态过程和运动规律的一种重要手段和方法,是随着系统科学的深入、控制理论、计算技术、计算机科学与技术的发展而形成的一门新兴学科。近年来,随着信息处理技术的突飞猛进,仿真技术得到迅速发展。作为一种特别有效的研究手段,20世纪初仿真技术已得到应用。

20世纪40—50年代,航空、航天和原子能技术的发展推动了仿真技术的进步。60年代计算机技术的突飞猛进,为仿真技术提供了先进的工具,加速了仿真技术的发展。利用计算机实现对于系统的仿真研究不仅方便、灵活,也是经济的。因此,计算机仿真在仿真技术中占有重要地位。

50年代初,连续系统的仿真研究绝大多数是在模拟计算机上进行的。50年代中期,人们开始利用数字计算机实现数字仿真。计算机仿真技术遂向模拟计算机仿真和数字计算机仿真两个方向发展。在模拟计算机仿真中增加逻辑控制和模拟储存功能之后,又出现了混合模拟计算机仿真,以及把混合模拟计算机和数字计算机联合在一起的混合计算机仿真。在发展仿真技术的过程中已研制出大量仿真程序包和仿真语言。

70年代后期,人们又研制成功了专用的全数字并行仿真计算机。仿真技术来自军事领域,但它不仅用于军事领域,在许多非军事领域也得到了广泛的应用。例如,在军事领域中的训练仿真,商业领域中的商业活动预测、决策、规划、评估,工业领域中的工业系统规划、研制、评估及模拟训练,农业领域中的农业系统规划、研制、评估、灾情预报、环境保护,在交通领域中的驾驶模拟训练和交通管理中的应用,医学领域中的临床诊断及医用图像识别等。

如今,仿真技术不但应用于军事、工业领域,而且日益广泛地应用于社会、经济、生物等领域,如环境污染防治、生产管理、市场预测、交通控制、城市规划、资源利用、经济分析和预测、人口控制等。许多系统问题很难在真实环境中测试,使用仿真技术来研究这些复杂问题更具有重要的意义。相信在智能制造时代,仿真技术将进一步释放其强大的生命力和发展潜力。

近年来,由于问题领域的扩展和仿真支持技术的发展,系统仿真技术致力于更自然地抽取事物的属性特征,寻求使模型研究者更自然地参与仿真活动的方法等。在这些探索的推动下,生长了一批新的研究热点。

(1) 面向对象仿真。面向对象仿真从人类认识世界模式出发,使问题空间和求解空间相一致,提供更自然直观且具可维护性和可重用性的系统仿真框架。

（2）定性仿真。定性仿真用于复杂系统的研究，由于传统的定量数字仿真的局限，仿真领域引入定性研究方法将拓展其应用。定性仿真力求非数字化，以非数字化手段处理信息输入、建模、行为分析和结果输出，通过定性模型推导系统定性行为描述。

（3）智能仿真。智能仿真是以知识为核心和人类思维行为作背景的智能技术，引入整个建模与仿真过程，构造各处基本知识的仿真系统（knowledge based simulation system, KBSS），即智能仿真平台。智能仿真技术的开发途径是人工智能（如专家系统、知识工程、模式识别、神经网络等）与仿真技术（如仿真模型、仿真算法、仿真语言、仿真软件等）的集成化。因此，近年来各种智能算法，如模糊算法、神经算法、遗传算法的探索也形成了智能建模与仿真中的一些研究热点。

（4）分布交互仿真。分布交互仿真是通过计算机网络将分散在各地的仿真设备互联，构成时间与空间互相耦合的虚拟仿真环境。实现分布交互仿真的关键技术是：网络技术、支撑环境技术、组织和管理。其中，网络技术是实现分布交互仿真的基础，支撑环境技术是分布交互仿真的核心，组织和管理是完善分布交互仿真的信号。

（5）可视化仿真。可视化仿真用以为数值仿真过程及结果增加文本提示、图形、图像、动画表现，使仿真过程更加直观，结果更容易理解，并能验证仿真过程是否正确。近年来还提出了动画仿真（animated simulation, AS），主要用于系统仿真模型建立之后的动画显示，所以原则上仍属于可视化仿真。

（6）多媒体仿真。多媒体仿真是在可视化仿真的基础上加入声音，就可以得到视觉和听觉媒体组合的多媒体仿真。

（7）虚拟现实仿真。在多媒体仿真的基础上强调三维动画、交互功能，支持触、嗅、味、知觉，就得到了虚拟现实（virtual reality, VR）仿真系统。

20.2 仿真技术的原理与类型

20.2.1 仿真技术的原理

仿真技术是利用计算机并通过建立模型进行科学实验的一项多学科综合性技术。它具有经济、可靠、实用、安全、可多次重用的优点。

仿真是对现实系统的某一层次抽象属性的模仿。人们利用这样的模型进行试验，从中得到所需的信息，然后帮助人们对现实世界中某一层次的问题做出决策。仿真是一个相对概念，任何逼真的仿真都只能是对真实系统某些属性的逼近。仿真是有层次的，既要针对欲处理的客观系统的问题，又要针对提出处理者的需求层次，否则很难评价一个仿真系统的优劣。

"仿真是一种基于模型的活动"，它涉及多学科、多领域的知识和经验。成功进行仿真研究的关键是有机、协调地组织实施仿真全生命周期的各类活动。这里的"各类活动"，就是"系统建模""仿真建模""仿真实验"，而联系这些活动的要素是"系统""模型""计算机"。其中，系统是研究的对象，模型是系统的抽象，仿真是通过对模型的实验来达到研究的目的。要素与活动的关系如图20-1所示。

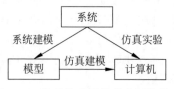

图20-1 仿真技术系统要素间的关系

数学模型将研究对象的实质抽象出来，再用计算机处理这些经过抽象的数学模型，并通过输出这些模型的相关数据来展现研究对象的某些特质，当然，这种展现可以是三维立体的。由于三维显示更加清晰直观，已为越来越多的研究者所采用。通过对这些输出量的分析，就可以更加清楚地认识研究对象。通过这个关系还可以看出，数学建模的精准程度是决定计算机仿真精度的最关键因素。

从模型的角度出发,可以将计算机仿真的实现分为以下三大步。

1. 模型的建立

对于所研究的对象或问题,首先要根据仿真所要达到的目的抽象出一个确定的系统,并且要给出这个系统的边界条件和约束条件。在这之后,需要利用各种相关学科和知识,把所抽象出来的系统用数学表达式描述出来,描述的内容就是所谓的"数学模型"。这个模型是进行计算机仿真的核心。

系统的数学模型根据时间关系可划分为静态模型、连续时间动态模型、离散时间动态模型和混合时间动态模型;根据系统的状态描述和变化方式可以划分为连续变量系统模型和离散事件系统模型。

2. 模型的转换

所谓模型的转换,是对上一步抽象出来的数学表达式通过各种适当的算法和计算机语言转换成为计算机能够处理的形式,这种形式所表现的内容就是所谓的"仿真模型"。这个模型是进行计算机仿真的关键。实现这一过程,既可以自行开发一个新的系统,也可以运用现在市场上已有的仿真软件。

3. 模型的仿真实验

将上一步得到的仿真模型载入计算机,按照预先设置的实验方案来运行仿真模型,得到一系列的仿真结果,这就是所谓的"模型的仿真实验"。

20.2.2 仿真技术的类型

1. 仿真建模

仿真建模是一项建立仿真模型并进行仿真实验的技术。建模活动是在忽略次要因素及不可预测变量的基础上,用物理或数学的方法对实际系统进行描述,从而获得实际系统的简化或近似反应。

2. 面向对象仿真

面向对象仿真是当前仿真研究领域中最引人关注的研究方向之一,面向对象仿真就是将面向对象的方法应用到计算机仿真领域,以产生面向对象的仿真系统。

3. 智能仿真

智能仿真是把以知识为核心,人类思维行为作背景的智能技术引入整个建模与仿真过程,构造智能仿真平台。智能仿真技术的开发途径是人工智能与仿真技术的集成化。仿真技术与人工智能技术的结合,即所谓的智能化仿真,仿真模型中知识的表达。

4. 虚拟现实技术

虚拟现实技术是现代化仿真技术的一个重要研究领域,是在综合仿真技术、计算机图形技术、传感技术等多种学科技术的基础上发展起来的,其核心是建模与仿真,通过建立模型,对人、物、环境及其相互关系进行本质的描述,并在计算机上实现。

5. 分布仿真技术

分布仿真技术作为仿真技术的最新发展成果,在高层体系结构(high level architecture,HLA)上建立一个在广泛的应用领域内分布在不同领域的各种仿真系统之间实现互操作和重用的框架及规范。HLA的基本思想就是使用面向对象的方法设计,开发及实现系统不同层次和粒度的对象模型,获得仿真部件和仿真系统高层次上的互操作性和可重用性。

6. 云仿真技术

云仿真的概念是根据"云计算"的理念提出来的。云计算是指服务的交付和使用模式,通过网络以按需、易扩展的方式获得所需的服务。这种服务可以是与软件、互联网相关的,也可以是其他任意的服务,包括仿真服务,它具有超大规模、虚拟化、可靠安全等特性。

云仿真平台是一种新型的网络化建模与仿真平台,是仿真网络的进一步发展。它以应用领域的需求为背景,基于云计算理念,综合应用各类技术,包括复杂系统模型技术、高性能计算技术等,实现系统中各类资源安全地按需求共享与重用,以及网上资源多用户按需协同互操作,进而支持工程与非工程领域内的仿真系统工程。

20.3 现代仿真技术方法与发展

20.3.1 现代仿真技术方法

现代仿真技术的一个重要进展是将仿真活动扩展到上述仿真建模、面向对象仿真、智能仿真三个方面，并将其统一到同一环境中。奥伦（Oren）将上述思想加以总结，提出了现代仿真方法的概念框架，见图 20-2。

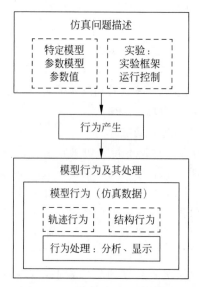

图 20-2 现代仿真方法概念框架

概念框架图中的"仿真问题描述"对应于"仿真建模"，"行为产生"对应于"仿真实验"，只是将仿真输出独立于行为产生；"模型行为及其处理"对应于输出处理。

20.3.2 现代仿真技术方法研究

1. 系统建模方面

传统上，多通过实验辨识来建立系统模型。近十几年来，系统辨识技术得到飞速发展。在辨识方法上有时域法、频域法、相关分析法、最小二乘法等；在技术手段上有系统辨识设计、系统模型结构辨识、系统模型参数辨识、系统模型检验等。除此之外，近年来还提出了用仿真方法确定实际系统模型的方法、基于模型库的结构化建模方法、面向对象建模方法等。特别是对象建模，可在类库基础上实现模型的拼合与重用。

2. 仿真建模方面

除了适应计算机软、硬件环境的发展而不断研究新算法和开发新软件外，现代仿真技术采用模型与实验分离技术，即模型数据驱动（data driven）。将模型分为参数模型和参数值，以便提高仿真的灵活性和运行效率。

3. 仿真实验方面

现代仿真技术将实验框架与仿真运行控制区分开。其中，实验架用来定义条件，包括模型参数、输入变量、观测变量、初始条件、输出说明。这样，当需要不同形式的方法输出时，不必重新修改仿真模型，甚至不必重新仿真运行。正是由于现代仿真方法学的建立，特别是模拟可重用性（reusability）、面向对象方法（object oriented）和应用集成（application intesration）等新技术的应用，使得仿真、建模与实验统一到一个集成环境中，构成一个和谐的人机交互界面。

20.3.3 仿真技术的应用

随着计算机应用技术和网络技术的发展，计算机仿真技术也在不断地发展之中，如利用网络技术实现异地仿真、应用虚拟现实技术进行的虚拟制造等。

1. 网络化仿真

现在已经开发出来的仿真系统，多数不能相互兼容，可移植性差，实现共享困难。较之开发的高成本和长时间，实在是物未尽其用。要解决这些问题，首先就是采用兼容性好的计算机语言编写仿真系统，其次是采用网络化技术实现仿真系统共享。尤其是后者，在将来的仿真系统开发中有着重要地位。实现仿真系统的网络共享，既可以在一定程度上避免重复开发以节约社会资源，又可以通过适当收费以补偿部分开发成本。

2. 虚拟制造技术

计算机仿真技术发展的另一大方向就是在虚拟制造技术领域的深入应用。虚拟制造技术是 20 世纪 90 年代发展起来的一种先进制造技术。它利用计算机仿真技术与虚拟现实技术,在计算机上实现从产品设计到产品出厂及企业各级过程的管理与控制等制造的本质。这使得制造技术不再主要依靠经验,并可以实现对制造的全方位预测,为机械制造领域开辟了广阔的新天地。

汽车制造是机械行业的一个重要组成部分,其中很多实验课题难度大、实验成本高,计算机仿真技术的引入,有效地缓解了这方面的问题。

3. 交通领域

交通是由人、车、路和环境构成的一个复杂人机系统,事故的诱发因素是多方面因素的综合。交通安全的评价应该充分考虑人、车、路和环境诸方面因素的作用和影响。交通安全仿真是基于虚拟现实技术的方法,其评价体系是通过建立虚拟环境,并在该虚拟环境中设计各种事故诱发因素,并对某区域和某路段的交通安全水平进行全过程(设计后、施工中、运营后)的跟踪和评价。

交通安全仿真及评价系统的核心部分就是计算机的仿真。其仿真过程不同于传统数值仿真,是一种可视化的仿真。例如,对某路段的交通安全评价,除了使用传统的绝对数法和事故率法来评价外,将交通参与者的感知和行为也考虑进去。在虚拟环境中,可以选择不同的运载工具,设置不同的交通环境,以交通参与者或从第三者的角度进行事故的可能性试验与分析,从而实现了对路段的安全性评价。同时为交通设施的建设和改进提供了依据,也为交通事故分析提供了一种新的方法。

计算机仿真的用途非常广泛,已经渗透到社会的各个领域,不断促进了各行各业的发展,为各行各业注入了新的活力。

20.4 人机工程学仿真技术

20.4.1 人机工程学仿真技术的现实意义

人机工程学是近几十年发展起来的边缘学科,该学科从人的心理、生理等特征出发,研究人-机-环境系统优化,以达到提高系统效率,保证人的安全、健康和舒适的目的。人机工程研究领域涉及几乎所有与"人"有关的系统。随着科学技术的发展,工具和机器不断改进提高,加上人本身的复杂性导致人机系统越来越复杂,其安全问题和效率问题日益突出。所以为解决人机系统在特定任务环境中的人机关系问题,应用人机工程仿真具有重要的现实意义。

人机工程仿真能帮助制造业分布于各地的部门进行共享产品、过程设计、联合过程规划、工程实施等,从而为企业管理层提供更加准确的决策。

人机工程仿真是一款利用计算机软件对人体建模和仿真的工具,可以帮助提高产品设计人体工程学,并优化工业任务。

例如,Process Simulate Human 模块提供了以人为中心的设计工具,用于对虚拟产品和虚拟工作环境进行人机工程学分析,可以利用虚拟任务改善工作场所的安全状况,提高工作效率,并增加工作环境的舒适度。使用者可以通过惟妙惟肖的模型分析以人为中心的操作,并根据不同人群的特点对模型进行缩放。设计产品时将改进人机工程学纳入考量,对操作过程中的人为因素进行评估,确保规划出的工作场所更加安全。

人机工程仿真软件可以测试一系列人为因素,包括受伤风险、时间安排、用户舒适度、可达性、视距、能耗、疲劳限制及其他重要参数。可使人为因素在规划阶段达到人机工程学标准,避免生产过程中出现人力绩效和可行性问题。具体而言,Process Simulate Human 模块的功能与实际生产工艺需求相吻合,与作业人员人体比例呈现出适当、协调的关系,以确保操作方便,为提高作业效率奠定了基础;同时,基于作业者性别的不同及自身身体素质条件不同,在选择工具上,还需要结合这一差异进行合理定位;此外,要确保所选择的工作,在实际作业条件下避免作业者长时间处在某种易给人体带来疲劳感与损害的情形,旨在提高生产效率的同时增进人性价值。

20.4.2 人机工程学仿真技术的价值

人机工程学仿真技术的价值包括：优化工人作业空间、环境及过程，可对工人进行可视化操作培训；从人机工效的角度，解决产品设计的合理性、工艺可行性等问题；提高生产效率，降低劳动强度，保护工人的人身安全和健康。因此，人机模拟要求贯穿整个产品生命周期。

各个区域的男女人体模型库及人体作业仿真模块、姿态分析模块、工效分析模块，适用于对产品零部件装配虚拟人体作业进行人机工程分析。

人机工程仿真的价值现在可以对产品的各个阶段进行分析，在产品设计过程中，分析、优化因人的身高与体重等因素造成的操作使用问题。

人机工程仿真在产品设计阶段可以最大限度地降低生产启动后因返工带来的设计变更成本，最大限度地减少对物理模型的需求，降低产品设计成本，加快产品上市时间，从而提高产品性能、高效性、安全性和经济性。

人机工程仿真在产品制造阶段可以最大限度地确保人身安全，降低医疗成本，提高产品/工艺设计早期验证，及早发现装配布局问题，最大限度地减少延迟/停机时间，从而提高生产效率，缩短产品生产周期。

人机工程仿真在产品早期模拟中将维修维护纳入考虑范围，降低产品生命周期内的维护成本，更好地进行产品部件的拆卸/替换，减少停机时间和成本，可以把产品维护阶段的模拟创建成维护手册以指导工人操作。

随着计算机技术和网络技术的不断发展，基于人机工程学的虚拟设计和测试评价已经成为可能，这不仅可以提质、增效、降成本，还可以增强企业的竞争能力。利用 Process Simulate 软件搭建数字化发展仿真平台，借助 Human 模块在产品设计阶段完成对人的一系列操作仿真分析，并根据分析结果直接影响产品设计、工程设计及工艺规划结果，提前识别问题并及时解决，优化人工操作姿态，使现场人工操作完全符合人机工程学的要求。人机系统仿真的综合应用实例如图20-3所示。

图 20-3 人机系统仿真的综合应用

人机系统仿真的应用一般体现在以下场景：

（1）对汽车、雷达、飞机等内部进行空间分析。

（2）评估人工装配操作的合理性。

（3）在虚拟环境中研究人的行为特点。

（4）通过工时和人机工程学分析来规划工位。

（5）用于改善工作场所的安全状况，提高工作效率。

可见，人机工程仿真研究的目标是：使人工作更有效、更安全、更舒适。

根据现场工作环境，更好地应用人机工程仿真进行现场改善，通过模拟整个生产过程可视化过程提前预知问题并找到解决办法，体验人机工程仿真为我们带来的价值收益。相信不断发展的人机工程仿真将在企业数字化转型中发挥更大的作用，实现智能制造转型与数字化运作。

20.4.3 知名的人机工程学仿真软件简介

目前，比较常用的人机仿真软件有以下几种。

1. SAMMIE 软件

SAMMIE 软件是国外最早的商品化人机

系统仿真软件,由英国诺丁汉大学的 SAMMIE 研究中心开发,现更名为 SAMMIE CAD。SAMMIE CAD 公司从 1986 年开始,就为世界上超过 150 家公司提供人机咨询服务,涉及 300 多个各行各业的项目。SAMMIE 软件具有产品和工作空间 3D 建模能力,也可以导入利用其他 CAD 软件建立的模型。SAMMIE 软件含有不同种族、年龄、性别人群的数据,能进行工作范围测试、干涉检查、视野检测、姿态评估和平衡计算,以及生理和心理特征分析。SAMMIE 软件是目前畅销的商品化人机分析系统软件之一,应用广泛。图 20-4 所示为使用 SAMMIE 软件建立的轿车驾驶室和行李箱人机模型,图 20-5 所示为 SAMMIE 系统仿真的计算机工作台和人体模型。

2. Jack 软件

Jack 软件由美国宾夕法尼亚大学的人体建模和仿真中心开发。它形成一个三维交互环境,主要工作方式为:用户从外部 CAD 系统输入几何图形生成工作空间,并在其中加入一个或多个人体模型,然后进行各种人机学分析。此软件投入商用市场后,被波音、福特等许多飞机、汽车制造商用于驾驶室的设计。

利用 Jack 软件可以建立机器和交通工具的部件模型,还可以从所建的工具库中直接调用多种基本工具,如锤子、钳子、梯子、锯、扳手等工具,以及桌子、椅子等家具。图 20-6 所示为用 Jack 软件工具库建立的模型。

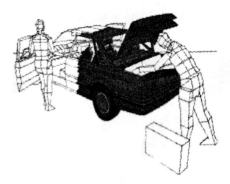

图 20-4 SAMMIE 软件建立的轿车驾驶室和行李箱人机模型

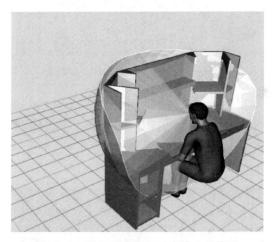

图 20-6 用 Jack 软件工具库建立的模型

Jack 软件的人体模型尺寸数据源自 1988 年美国军方人体测量的结果,建立的人体模型见图 20-7。

图 20-5 SAMMIE 软件建立的计算机工作台和人体模型

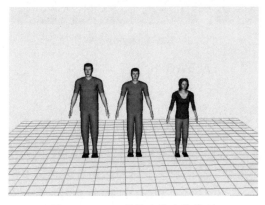

图 20-7 Jack 软件中的人体模型

Jack 软件具有"虚拟人的操作"功能：调整人体模型的某一部位时，相连关节的运动不超越 NASA（美国国家航空航天局）研究的角度限制；在人体模型中移动某一部位时，软件将计算出相连关节和部位的运动位置。图 20-8 所示为 Jack 软件中的人体姿态调整。

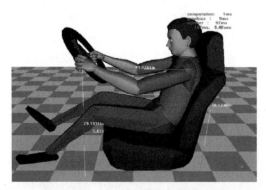

图 20-8　Jack 软件中的人体姿态调整

最新版本的 Jack 5.2 软件还具有虚拟现实（VR）功能（图 20-9），包括光学动作捕捉系统、电磁式位置跟踪系统、5DT 数据手套和数据头盔等。

图 20-9　Jack 软件的虚拟现实功能

3. SAFEWORK

SAFEWORK 由加拿大蒙特利尔 Ecole 理工大学开发，是 Windows 环境下的人机系统分析软件。SAFEWORK 的人体模型有 104 个人体尺寸变量，99 个人体部位分段，149 个人体自由度。能模拟关节、脊柱、手等人体关节的复合运动。SAFEWORK 的功能还包括姿态分析、力量和舒适性评价、干涉检查、视觉分析、机构运动分析等。

4. RAMSIS

RAMSIS 是用于乘员仿真和车身人机工程设计的 CAD 工具。该软件提供了精细的人体模型，用以仿真驾驶员的驾驶行为，可在产品开发初期进行各种人机工程分析，从而避免在产品开发的较晚阶段进行昂贵的修改。RAMSIS 已经成为全球汽车工业人机工程设计的实际标准，目前被全球 70% 以上的轿车制造商采用。

RAMSIS 可以作为独立软件使用，也可以移植到其他软件（如 CATIA 等）中。RAMSIS 还可以创建车体模型，通过任务定义与车体模型建立联系，经软件计算使人体模型处于预设的驾驶姿态。

5. UG NX 的人机工程模块

目前，西门子公司主要有 NX Human、Classic Jack、PS Human 和 Vis Jack 人机工程软件，其中只有 NX Human 软件是集成于 UG NX 设计环境的人机工程模块，也是最容易获得的设计平台，其主要功能是支持人机工程设计，增强设计人员的能力，在设计阶段发现人机工程方面的问题。

在 UG NX 软件的人机工程模块中，主要有人体构建菜单、可接触区域、舒适评估和预测姿势 4 个主菜单。其中，舒适评估中又分为舒适设置和舒适性分析，对已创建的人体进行编辑，以确定人体骑乘动作或姿势。这些动作有一部分可从标准库中调取，另一部分是设计者根据人体骑乘动作调整的。也可以将设定好的人体姿势保存下来，用于不同车型的人机工程分析。

6. CATIA 人机工程模块

CATIA 软件是法国达索公司开发的 CAD/CAE/ACM 软件，它使用简单，界面精美，功能强大，目前应用非常广泛。除美国通用公司外，大多数汽车公司及美国波音、欧洲空客等飞机公司都采用它作为骨干建模和分析平台。达索公司和国内多家高校均有合作，许多高校购买或获赠了其正版软件。

广泛使用的 CATIA 软件有两个系列，即 V5 和 V6（新版本）。其中，V5 为 PC 版，可运行于 32 位或 64 位的 Windows 操作系统，常用的有 R20、R21 两个版本；与 V5 系列相比，V6 系列增加了云存储功能。

CATIA 软件是多语言版的，而语言和操作系统需要一致。本书在介绍中采用简体中文版的 Windows 7 作为操作系统，CATIA V5 R20 软件作为平台。

若软件版本不同，菜单显示会有少许不一致，但这对所介绍的操作方法并无影响。另外，人机工程学一些专业术语的汉译，在我国的书籍和文献中存在一些差异，为方便读者学习和操作，除个别专门做出注释的术语外，本书行文中采用的专业术语与现行 CATIA 软件版本基本保持一致。

通过对国外人机工程学仿真软件的介绍，可知不同仿真软件的功能有一定的差异。为了建立人-机-环境系统仿真，对几个人机工程学软件的功能进行对比，见表 20-1。

表 20-1 国外人机工程软件的功能对比

人机软件	功能				
	能否建立人的模型	产品模型的建立方式	能否建立人-机-环境系统仿真	所使用的人机分析、评价方法	适用范围
Jack	能	自身可以完成对工作场所的建模，也可以通过软件接口导入其他 CAD 软件中产品的模型	能	视域分析、可及度分析、静态施力分析、低背受力分析、作业姿势分析、能量代谢分析、疲劳恢复分析、舒适度分析、NIOSH 提升分析、RULA 姿态分析、OWAS 分析等	汽车、公交车、卡车、飞机、办公系统、座椅、家用电器等
SAMMIE	能	自身可以完成对工作场所及某些产品的建模	能	可及度分析、姿态分析、视域分析	汽车、公交车、卡车、飞机、办公系统、控制室等
ERGO	能	自身可以完成对工作场所的建模	能	人体测量学分析、可及度分析、RULA 姿态分析、新陈代谢分析、NIOSH 提升分析、运动时间分析	擅长劳工作业任务的分析及工作场所的设计

20.5 人-机-环境系统仿真分析

20.5.1 JACK 人-机-环境系统仿真软件的功能

Jack 是一个人体建模与仿真及人机功效评价软件解决方案，帮助各行业的组织提高产品设计的工效学因素和改进车间的任务。Jack 使用者可以设计、分析和优化具体的人工操作。Jack 提供多种 3D 虚拟人工模型，它们可以实现对人工作业的准确模拟及对人体工程学和组装时间的分析。Jack 让用户可以对人工作业进行直觉可行性检查、互动改善人员工作车间及评估不同的设计方案。

提供了人机工程建模环境，帮助各类企业

提升在产品设计和工作环境设计中的人机功效。作为 Siemens Tecnomatix 产品线中的重要组成部分,Jack 能够在虚拟环境中添加各种尺寸的精确人体模型,为其赋予特定的任务,从而分析其操作效能。Jack 的数字化人体能够显示操作者的视野及工作可达区域。获得人体工作时的重要信息——何时、什么人体会受到伤害或感到疲劳。这些信息能够帮助设计师更好地进行更安全的环境设计,使人体能够更有效地进行工作,并减少开支。总之,Jack 能帮助人们设计更人性化的产品,并更快地投入市场,优化生产力,使人员更安全。

提供了工具集,帮助用户在 Jack 环境中快速配置、开始并使用虚拟现实(VR)的设备。The MoCap-Track 能够提供 C3D 文件格式的输入,这种格式的文件被广泛的实时采集设备所支持。目前支持的 VR 设备有 Ascension 和 Vicon Real-Time systems。另外,Jack 软件还支持 Cyberglove 和 5DT 数据手套。该工具集支持在 Windows 及 Irix 平台上运行,同样支持 C3D 文件的回放。

提供了一个分析工具集,帮助分析人员在车辆内部的姿势,以提升其操作效能和舒适度。提供的分析工具标准包括:SAE J 标准分析工具、姿势预测、舒适性分析、视野分析及特定的零部件库等。

软件有以下功能:①不同比例尺寸的女性和男性模型;②高级运动学及运动能力;③整体的再次变形;④标准站姿和坐姿;⑤迅速作业和模拟指令;⑥运动装置自动追随;⑦姿势库;⑧分析可及范围以迅速布置工作间;⑨时间分析;⑩视野分析;⑪为了记录和介绍演示而进行的抓图(AVI 格式);⑫产生人体工程学报告及动画式工作指令。

(1)人体操作的具体设计。Jack 提供了一套虚拟 3D 环境,用户可以在该环境中设计和优化人工操作。不同性别与体格的人类模型库依标准建立,以确保工作间设计与职工的广泛性相符。

(2)检查作业的可行性。Jack 能发现人体与环境之间的碰撞及分析可及范围,确保人类作业的可行性。一个显示了人工视野的单独窗口使用户可以从工人的视角仔细检查其作业。

(3)人体工程学分析。人体工程学分析功能根据人体工程学标准验证人工作业的可行性。可以通过人体工程学标准方法 NIOSH 对提举和携运作业进行有效检查。Burandt-Schultetus 分析方法计算了可接受的最大力量。OWAS(Ovako 工作姿势分析系统)方法则帮助人们分析工作姿势,见图 20-10。

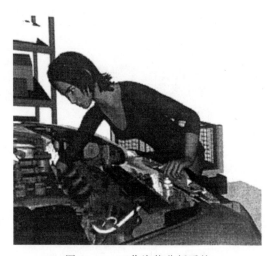

图 20-10 工作姿势分析系统

软件有以下特点:①平均每人 90 种由统计验证的人体测量类型;②根据高度、身体比例及身体类型确定类型;③长期趋势供应;④与不同民族相适应;⑤对 100 余个连接角的复制,保证生理学上的准确性;⑥动态皮肤计算;⑦自由活动角度的限制;⑧显示高质量的可视化效果。软件的优点是自动计算姿势,包括:①碰撞查测;②抓握姿势;③身体平衡;④姿势库;⑤视界分析;⑥人体工程学原理分析(OWAS、NIOSH、Burandt-Schultetus 等);⑦可达性研究;⑧结果的在线可视化及记录;⑨动画(用于制作短片)。

20.5.2 建立精确的数字人体模型

1. 创建仿真度更高的数字人体模型

Jack最初作为宾夕法尼亚大学人体建模和仿真中心的研发项目,开发始于1995年。软件最初只具备数字化仿真功能,后来逐渐添加详细的数字人模块和仿真分析模块。宾夕法尼亚大学、普渡大学、密歇根大学先后参与该软件的开发改进工作。如今已更新换代为7.1版本,新版本中具有仿真度更高的数字人模型、新的测量工具及新的人因分析工具,使用户可以创建更加符合现实的仿真模型,见图20-11。

Jack的用户界面简洁,操作容易,而且支持外围设备的输入。Jack的主要优势在于其灵活、逼真的三维人体仿真行为,以及详细的三维人体模型,特别是手、脊柱、肩等部位的模型;运用前向和反向的运动学公式也是Jack的一大优势,通过肢体末端的移动就可以定位人的人体模型并添加到仿真环境中。当连接Flock-of Birds传感器和头戴式显示器时,用户可以与仿真环境进行交互,同时可以从仿真人体模型的视角进行观察和操作。从Jack获得的信息有助于设计更安全、更符合人体工程学的产品、工作场所,更快的流程和使用更低的成本。

2. 创建高度复杂的数字人体模型

Jack的数字人模型比其他的实体都要复杂。Jack的数字人模型(图20-12)包含了68个【Segment】(部分),69个【Joint】(关节)(多为多轴和多自由度联合复合体)和135°的自由活动范围。最重要的是,数字人的行为和约束是针对工作状态而言的,能够对现实情况中的人的反应进行自动控制。Jack数字人控制依靠的是反向运动学控制方法。通过肢体末端反向控制整体的运动是最前沿的三维数字人控制制技术。

图 20-11 Jack 人体建模

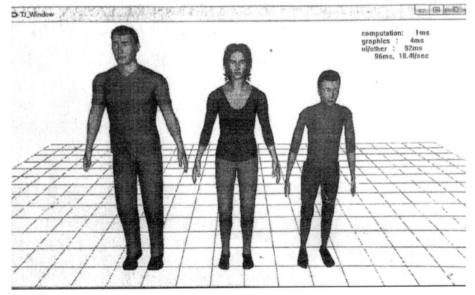

图 20-12 男性、女性和小孩的数字人模型

3. 创建不同百分位的中国数字人体模型

Jack 最大的特色是能够建立各个尺寸的精确的数字人体模型。

Jack 根据对 1988 年美国军方人体调查（ANSUR-88）的三维人体测量数据、1990 年全国健康和营养检查调查（NHANES）人体测量数据、1997 年加拿大军队（CDN_LF_97）人体测量数据、北美车辆工作人员（NA_Auto）人体测量数据、1989 年基于中国 18～60 岁男性和 18～55 岁女性成年人尺寸数据、1997 年印度国家设计机构基于人因设计进行的人体测量数据、2008 年基于工业标准 DIN 33402 的德国人体尺寸国家标准、基于 ISO7 250-1（2008）和 ISO/TR 7250-2（2010）的日本人体尺寸数据库，以及韩国人体尺寸数据库的大量统计数据调查，将人体尺寸大小分为不同的等级，这体现在数据库类型和创建身型大小的百分位上。具体来说，就是将人体身高和体重由高到低排列，人体身高越高，体重越重，其百分位就越大。可以创建身高或体重百分位为 99、95、50、5、1 的男性或者女性，或者通过选择在【Custom】处输入特定的身高、体重拟合出该身高、体重的数字人体模型，见图 20-13。

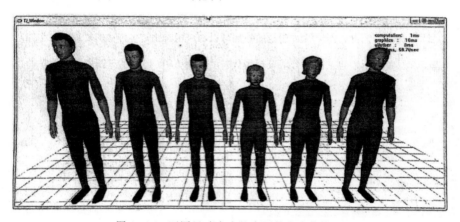

图 20-13　不同尺寸大小的中国数字人体模型

因为 Jack 能够修改人体尺寸，故【Human Scaling】(人体尺寸) 在 Jack 中应用频繁。建立一个数字人并且定义环境约束条件（如将脚放在刹车踏板上），再修改数字人的测量数据，没有必要针对不同的人群范围做重复分析，使得广泛人群的模拟变得快捷。

Jack 标准数字人通过【ANSUR（Army Natick Survey User Requirements）】（美国陆军测量）1988 的人体测量数据库创建，在最新的 7.1 版本中又加入了加拿大、印度、中国、德国、日本、韩国，以及车辆人员的人体数据库，使得人体建模更加精确。

20.5.3　人-机-环境系统仿真示例

将 Jack 软件清屏，重新打开【Chapter_5.env】工作环境，下面展示 4 种数字人动作的操纵。

1. 坐姿打字仿真示例

(1) 单击【Female】(女性) 图标创建一个标准女性数字人。

(2) 用鼠标右键单击数字人，选择姿势为【Seated Typing】(打字坐姿)。

(3) 用【Human Control】(数字人操纵) 面板和【Snap】(定位) 命令将数字人准确放置在椅子中心位置上。

(4) 用鼠标右键单击数字人，打开【Human Properties】(数字人属性) 对话框，在【Attach To】(依附于) 一栏中选中数字人。

(5) 在【Attach To】(依附于) 一栏中，选择【site office_chair. chair_seat. base】见图 20-14。

(6) 单击【Apply】(应用)，把数字人依附到椅子上，关闭对话框。这时已经把数字人依附到椅子上了。

(7) 选择工具栏的【Adjust Joint】(关节调

图 20-14 数字人【Attach To】(依附于)椅子

图 20-16 同时操纵双手

整)标志,选择椅子的底部点,通过拉动滑动条调整接合点。

(8) 打开【Human Control】(数字人操纵)面板,选择【Behavior】(行为)框中的【Eyes】(眼睛)部分。在【Type】(类型)一栏中,选择【fixate+head】,通过选择【Site】(坐标),即人眼注视的位置,使人看着显示器。

(9) 通过在【Behavior】(行为)框中选择【Hands】(手部)部分,通过选择【Site】(坐标),将双手放在键盘上合适的位置。

(10) 调整椅子的位置。发现移动椅子的位置时,数字人仍和椅子连在一起,随着椅子位置的变化眼睛都会看着显示屏,手仍在键盘的指定位置上,见图 20-15。

图 20-15 数字人打字坐姿

2. 举起小箱子仿真示例

(1) 创建一个男性数字人,把数字人移到箱子前。

(2) 打开【Human Control】(数字人操纵)面板,调整数字人的左手放在箱子一边,用【Snap】(定位)操作把手放在箱子上。用【Human Control】(数字人操纵)中的【Behavior】(行为)部分设定另一只手,设定【follow left arm】,让两条胳膊一起移动,见图 20-16。

(3) 设定手部动作和箱子【hold relative】(相对静止),这时手和箱子可以一起移动。

(4) 让人抓取低处的箱子。用鼠标右键单击数字人,选择姿势【Squat】(蹲下)作为起始动作。

(5) 移动左手放在箱子边上。

(6) 用【Human Control】(数字人操纵)面板中的【Behavior】(行为)框选择左臂,单击【follow left arm】。

(7) 在【Behavior】(行为)框中,用【hold relative】(相对静止)使手与箱子设定在一起,并且从【waist】(腰部)开始。移动箱子会发现数字人的手和身子一起移动,见图 20-17。

图 20-17 数字人蹲取箱子

3. 工具操作仿真示例

(1) 创建一个 50 百分位的中国女性数字人,把数字人移动到有锤子和锯的桌边。

(2) 打开【Human Control】(数字人操纵)面板,调整数字人右手拿着锤子。

(3) 用【Snap】(定位)命令移动锤子放在数字人手上,不要调整手部姿势。移动锤子到数字人的手掌上时,也要调整使其和手指相符合。

(4) 通过单击【Human】→【Grasp】,打开【Grasp】(抓取)对话框。

(5) 先选择数字人,然后选择右手。

(6) 设定【Grasp】(抓取)类型为【power】

（用力），选择锤子为抓取对象。单击【Grasp】（抓取），此时手指和手应当和锤子接触。

（7）单击【Dismiss】（关闭）按钮，关闭窗口，见图20-18。

图 20-19　操纵数字人拿锯子

4．爬楼梯仿真示例

（1）创建一个男性数字人。

（2）将数字人移动到楼梯前。

（3）用鼠标右键单击数字人，选择其起始姿势为【climbing ladder】（爬楼梯）。

（4）打开【Human Control】（数字人操纵）面板，调整人的动作和手腕、脚腕位置使其合适地站在楼梯上，手放在扶手上，调整数字人的重心位置，见图20-20。

图 20-18　数字人抓取锤子

（8）打开【Figure Properties】（实体属性）对话框，在【Attach To】（依附于）一栏中，选择锤子作为对象，在手上选定一点设定为【Attach To】（依附于），单击【Apply】（应用）按钮。

（9）打开【Human Control】（数字人操纵）面板，移动手的位置，可以看到锤子和手一起移动。若想取消锤子和手的依附关系，则在【Attach To】（依附于）栏中选择【Unattach】（撤销依附），单击【Apply】（应用）按钮关闭窗口。

（10）打开【Human Control】（数字人操纵）面板，单击数字人手部，把【Behavior】（行为）的类型改为【hold relative to object】，选择锤子上的一点。

（11）移动锤子，这时手跟着锤子移动。

（12）用同样的方法将数字人调整为拿着锯子。此时需要调整使数字人的手掌拿着锯子。

（13）依次单击【Human】→【Posture Hand】，选择【Fist】（拳头）手型，并单击【Apply】（应用）按钮。

（14）在【Shape Hand】（调整手型）对话框中，拖动滑动条以减少【percent from neutral】的比例，直到手看起来像拿着锯子一样，见图20-19。

（15）打开【Human Control】（数字人操纵）面板，设定手部动作和实体【hold relative】（相对静止）。

（16）移动锯子，此时发现手和锯子一起移动。

图 20-20　操纵数字人爬梯子

通过上述仿真示例，读者可以掌握自行调整数字人姿势的能力，以及导入合适尺寸数字人的技术。

在进行人因分析的时候，需要定义数字人执行各个任务时的姿势，并针对这些姿势进行分析。因此，掌握操纵数字人姿势的方法非常重要。姿势数据库中的姿势虽然有限，却是工业任务中最常见到的姿势，在这些姿势上进行修改可以加快仿真进度。在静态仿真中要想将数字人的姿势和真实工人的工作姿势调整得一致是需要耐心和细心的。因此，读者需要时常训练数字人的操纵方式。

第21章

人-机-环境系统虚拟现实

21.1 虚拟现实技术综述

21.1.1 VR技术的基本概念

虚拟现实(VR)是新生代的信息交互技术,近年来,它不断发展和完善,迅速在各个领域和行业得到了广泛应用,对人们的知觉体验有着良好的增强作用。对VR技术来说,它的基本特点就是将计算机仿真、智能传感器与图形显示等多种科学技术结合起来,并用于与人类真实世界感知方式完全一样的虚拟空间的创建,给予用户沉浸式体验。

VR又名虚拟现实技术,最早出现在美国。20世纪80年代初,美国VPL公司创建人拉尼尔首次提出VR技术。虚拟现实技术是一种综合利用计算机图形系统和各种现实及控制等接口设备,在计算机上生成的、可交互的三维环境中给予用户关于视觉、听觉、嗅觉、味觉、触觉等感官的模拟沉浸感觉的技术。当下,VR技术在计算机图像技术、网络技术、分布计算技术等多个领域应用广泛,如今网络上的视频会议也是此技术的应用,同时,VR技术对新产品的开发也有着卓越的贡献。VR技术低成本、高效率、超高传输速度的优点有利于社会经济和生产力的发展,我国和许多国家开始关注此项技术,VR技术的发展前途一片光明。

21.1.2 虚拟现实技术的特征

多感知性的特征,是指视、力、触、运动、味、嗅等感知系统,就人类理想的虚拟现实技术的发展而言,是希望可以将现实中所有的感知完整地模拟出来,但由于现在所掌握的技术有限,仅能模拟出视、力、触、运动、味、嗅等感知系统。

交互性,是指当人处于虚拟世界时,依然可以像在现实中一样,通过触碰、使用某些具体物品,感受所用物品的重量、形状、颜色等存在于人与物品之间的互动信息。

构想性,是指人处于虚拟世界,将所想的物品所做的事情展现在虚拟世界里,想象这样做或者那样做分别能达到什么样的效果,甚至在虚拟世界中还可以把在现实世界中不可能存在的事和物都呈现出来。

21.1.3 VR技术发展现状

1. 美国VR技术发展现状

由于VR技术起源于美国,所以美国拥有主要的VR技术研究机构,其中NASA Ames实验室是VR技术的诞生地,它引领着VR技术在世界各国发展壮大。美国实验室在20世纪80年代已经开始空间信息领域基础研究,在80年代中期创建了虚拟视觉环境研究工程,随后又创建了虚拟界面环境工作机构。

2. VR 技术在欧洲的发展现状

当下，欧洲的英国研究公司所研究设计的桌面虚拟化（DVS）系统带领着一些 VR 技术在各领域实际应用中的标准化，并且该公司还为 VR 技术在实际编辑中设计了先进的环境编辑语言。由于编辑语言不一样，其在实际应用中的操作模型也都不一样，但与编辑语言一一对应。所以，DVS 系统在进行不一样的操作流程时，虚拟现实技术就会展现不一样的功能。对 VR 技术某些方面的研究工作，英国处于领先地位，尤其是在 VR 技术的处理、辅助设备设计研究方面较为突出。

3. 国内 VR 技术发展现状

与世界发达国家相比，在 VR 技术的研究时间及成果上我国是比较迟后的。在我国计算机技术等先进技术飞速发展和进步的同时，我国各行业越来越关注虚拟现实技术，VR 技术在我国国内的研究也更加广泛和深刻。在我国科委国防科工委的要求下，VR 技术已经成为国家科研工程中的核心工程，VR 技术研究工作也得到了各大科研机构及高校的认可和助力，其研究成果极其显著。比如，作为我国最早参与 VR 技术的高校，北京航空航天大学对于 VR 技术的研究具有权威性和专业性，主要进行 VR 技术中三维动态数据库及分布式虚拟环境等方面的研究工作及对 VR 技术中物体特点处理模式的探索。

随着虚拟现实内容的日渐丰富，商业模式更加多样化，虚拟现实也将成为主流，而虚拟现实的未来发展趋势也备受业内关注。

21.2 虚拟现实技术与产品开发制造

21.2.1 虚拟现实技术的定义和特征

虚拟现实是指采用计算机技术为核心的现代高科技手段生成一种虚拟环境，用户借助特殊的输入/输出设备，与虚拟世界中的物体进行自然交互，从而通过视觉、听觉和触觉等获得与真实世界相同的感受。即虚拟现实是以沉浸性、交互性和构想性为基本特征的计算机高级人机界面，综合利用了计算机图形学、仿真技术、多媒体技术、人工智能技术、计算机网络技术、并行处理技术和多传感器技术，模拟人的视觉、听觉、触觉等感觉器官功能，使人能够沉浸在计算机生成的虚拟境界中，并能够通过语言、手势等自然的方式与之进行实时交互，创建了一种适人性化的多维信息空间。

虚拟现实是一种为改善人与计算机的交互方式、提高计算机可操作性的人机界面综合技术。它通过高速图形计算机、头盔显示器或其他三维视觉通道、三维位置跟踪器和立体声音响，使计算机用户能够沉浸到计算机屏幕所显示的场景中，从而产生一种类似"幻觉"的人工三维环境——"虚拟环境或灵境"。

近年来，对虚拟现实技术的研究和应用表明，虚拟现实技术将会改变人类从计算机获取信息的方式，使人机界面从数字、符号、平面图形和图像真正进入三维空间，产生质的飞跃。虚拟现实技术是计算机人性化的重大突破，具有广泛的科学和工程应用前景，已成为各国科学界和工程界普遍关注的热点之一。

虚拟现实技术包含用户（操作者）、机器及人机接口三个基本组成部分。这里的"机器"是指安装了适当的软件程序、能生成用户与之交互的虚拟环境的计算机；人机接口则是指将虚拟环境与用户连接起来的传感、控制和输入/输出装置。与其他的计算机系统相比较，虚拟环境可提供实时交互性操作、三维视觉空间和多种感觉通道（视觉、听觉、触觉、嗅觉等）的人机界面。因此，虚拟现实技术显著提高了人与计算机之间的交互能力及和谐程度，成为一种更有力的仿真工具。

借助虚拟现实技术，可以对现实世界的事物进行动态仿真。所生成的动态仿真环境能够对用户的头部和四肢姿势、语言命令等做出实时响应，即计算机屏幕显示的场景能够跟踪用户的输入，及时按照输入信息修改场景，使用户和虚拟环境之间建立起实时交互性关系进而使用户产生身临其境的沉浸感觉,其特征如图 21-1 所示。

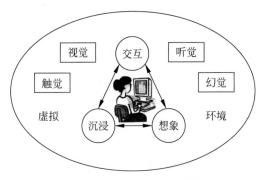

图 21-1 用户产生沉浸感觉

人类在探索和改造客观世界时,经常受到很多限制。例如,由于空间的距离,我们不得不花费很多时间从一个地方到另一个地方。人体有时显得过大或过小,行动得太快或太慢以至于不能正确感受到客观现实世界的很多信息。因此,人们期望由计算机提供一个可操作、可控制的环境,以便对客观现实世界进行深入的研究。

由图 21-1 可见,交互性和沉浸性是虚拟现实技术的两个基本特征。当将虚拟现实技术应用于求解实际工程问题时,问题解决得成功与否,很大程度上取决于工程师能否充分发挥他的想象力来提高虚拟环境的"现实"程度。因此,想象力也成为虚拟现实技术工程应用的第三个重要特征。虚拟现实技术的这三个特征及其形成的视觉、听觉、触觉和幻觉构成了虚拟环境。

21.2.2 产品开发技术的重大变革

新产品的开发需要考虑诸多的因素。例如,在开发一种新车型时,其美学的创造性要受到安全、人机工程学、可制造性及可维护性等多方面要求的制约。过去,为了在这方面做出较好的权衡,需要建立小比例(或者是全比例)的产品物理原型,用原型供设计、工艺、管理和销售等不同经验背景的人员进行讨论。这些来自不同部门的人员不但希望能有直观的原型,而且原型最好能够迅速地、方便地修改,以便能体现讨论的结果并为进一步的讨论做准备,但这样做不仅要花费大量的时间和费用,有时甚至是不可能的。

虚拟设计在产品的人机工程学方面也有着特别重要的意义。从社会对商品的要求来看,以往的大批量生产已经难以满足人们对商品规格多样化日益增长的需要,取而代之的将是小批量、多规格的生产。由于需要在同一生产线上装配不同规格的产品,因此,对设计和制造技术的灵活性提出了很高的要求。虚拟设计系统将为解决这一难题提供很好的帮助。

虚拟产品开发带来的重大变革还在于:设计者不仅要对图样的正确与否负责,还要与企业各部门及客户一起,对产品的整个生产过程和生命周期负责。因为虚拟产品的开发过程是多学科交叉、多部门合作的过程,产品开发的结果,不仅是生成产品的图样或模型,还是通过仿真和虚拟现实技术对整个生产过程和产品使用性能的全面预测。

此外,虚拟现实技术将成为网络联盟企业相互通信与交流的有力工具。通过虚拟环境网络,由产品设计开发人员、生产管理人员、营销人员组成的团队可以从不同的角度对产品的设计方案进行讨论。

21.2.3 虚拟产品的开发与制造

在产品研究和开发过程中,设计师从一开始就需要对产品设计的各方面,包括外观、零部件间的关系、性能等方面做出评价,以减少设计上的错误和最大限度地满足客户需求。传统的方法是在产品设计完成后制造一个物理原型——样机,然后对样机进行试验,再修改原有的设计方案。像这样反复试制和修改样机,相当费时费钱。为了缩短产品的设计周期和节省试制费用,应尽可能避免多次制造样机。这就需要在计算机辅助设计和仿真功能上增强人机交互性,在样机试制或产品投产之前,人们就能观看到和感觉到所设计的产品——虚拟原型。

虚拟原型(virtual prototyping)是利用虚拟

环境在可视化方面的强大优势及可交互地探索虚拟物体的功能,对产品进行几何、功能、制造等方面交互的建模与分析。它是在 CAD 模型的基础上,使虚拟技术与仿真方法相结合,为建立原型提供新的方法。虚拟原型技术可用来快速评价不同的设计方案,与物理原型相比较,虚拟原型生成的速度快,生成的原型可被直接操纵与修改,且数据可被重新利用。运用虚拟原型技术,可以减少甚至取消物理原型的制作,从而加速新产品的开发进程。

虚拟产品开发的目的是,在制造资源市场获得机遇后,能够在计算机上迅速开发出新产品,反复完善产品的外观和性能、可制造性和可装配性,规划生产新产品的设备布局和流程,在虚拟环境中"制造产品"。经过反复优化后,再在现实生产环境中顺利制造出真实的、高质量的产品,保证新产品开发一次就获得成功,如图 21-2 所示。

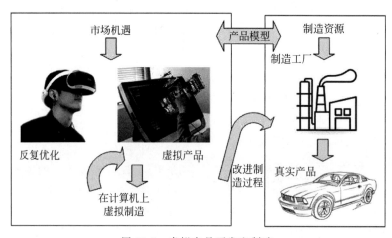

图 21-2 虚拟产品开发和制造

21.3 虚拟环境的建立

21.3.1 虚拟环境的基本配置

要在人与计算机之间建立具有沉浸感和交互性的友好关系,就要求构成虚拟环境的计算机系统能适应人所惯用的信息获取形式和思维过程。人在与环境的交互过程中,利用肌体和器官对所接触事物的各种感知和认知能力,以全方位的方式获取各种不同形式的信息。人获取信息并不只用听和读的方式,所获取的信息也不只限于文字或数字,还有图像和场景、声音和嗅觉、触觉和动感等。

一般情况下,人与计算机交互的形式和渠道很有限,主要是通过屏幕、鼠标和键盘来交互。采用虚拟现实技术的用户已经不满足于只从计算机外部(通过打印输出或屏幕显示)去观察信息处理的结果,而是希望通过人的视觉、听觉、触觉、嗅觉,以及形体、手势或口令参与信息处理的环境中。用户所渴望的是一种能让人获得身临其境体验的计算机信息处理系统,而不是置身计算机之外去操作。

所有这些用户的期望,都促使一种更友好的人机界面,能使用户沉浸其中、进出自由的、可交互的和具有多维信息的虚拟环境的出现。

显然,这种信息处理系统必须建立在多维信息空间中,建立在一个定性和定量相结合、感性认识和理性认识相结合的综合集成环境之中,而虚拟现实技术正是支撑这种多维信息空间的技术群。虚拟现实技术涉及计算机图形学、显示技术、人机交互技术、传感技术与仿真技术等多种技术,它的迅速发展反映了人们致力追求人机界面的自然性及仿真环境的逼真性。

人机交互方式从传统的计算机操作到超大屏幕和全景虚拟环境历经了 5 个阶段:

(1) 传统的屏幕显示、键盘和鼠标。

(2) 从三维图形到观看"桌面虚拟现实"。

(3) 头盔显示器和双筒全景显示器(具有沉浸感)。

(4) 数据手套和触觉反馈装置。

(5) 超大屏幕或全景虚拟环境(多用户深度沉浸感)。

虚拟环境是一种合成系统,在这种计算机生成的人工环境中,用户可完全沉浸在幻境般的三维空间中。为了建立这种环境,除了采用虚拟现实建模语言外,还需要各种视觉、听觉和触觉的人机交互装置,以营造虚拟环境的沉浸感,而虚拟环境的沉浸感又可以分为不同的程度。具有沉浸感的虚拟环境的特点如下:

(1) 采用与人体位置有关的观察方法,从而提供了在三维空间中运动的视觉界面,为用户在虚拟环境中东张西望、走进走出或飞越创造了基本条件。

(2) 超大屏幕的立体景观加强了空间的深度和广度,全景虚拟环境的场景将与人的身材大小相适应。

(3) 通过数据手套、操纵杆、遥控器空间球和立体鼠标等装置可以操纵和控制虚拟对象。

(4) 立体声场、触觉及其他非视觉技术的应用大大加强了虚拟环境的沉浸感。

(5) 在不同地点的人通过网络可以分享虚拟环境,在虚拟空间中相会、交谈和动作交互。

能够形成具有沉浸感三维场景的虚拟环境硬件系统包括:可视化视觉通道、虚拟幕墙和全景空间、立体声场的听觉通道,以及语言、位置和姿态输入装置等,见图21-3。

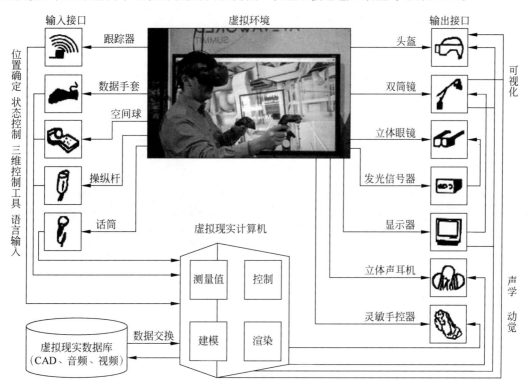

图 21-3 虚拟环境的系统配置

21.3.2 虚拟环境的视觉通道

虚拟环境的视觉通道是一个多图像显示系统。众所周知,当在屏幕上有两帧一定相位差的同一图像时,用户戴上具有偏光作用的立体眼镜,就可以看到三维立体图像,实现三维实体的可视化。

1. 头盔显示器

使用户产生沉浸感的、最简单的视觉装置是头盔显示器(head mounted display)。它可提供立体场景显示、立体声音输出及头部位置跟踪功能，是实现虚拟环境较为方便的可视化装置，图21-4是显示沉浸虚拟环境头盔和头戴显示器。

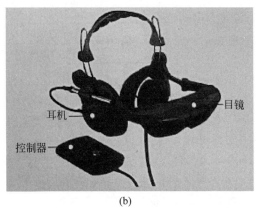

图 21-4　头盔和头戴显示器
(a) 沉浸虚拟环境头盔；(b) 头戴显示器

由图21-4(a)可见，头盔的前方有一个小盒，其中有两个小型液晶显示屏和光学系统，使用户的左右眼可以同时看到两个屏幕上相位略有差别的影像，从而产生虚拟空间的立体感。图像的清晰度可以达到视频图形阵列（video graphics array，VGA）屏幕分辨率，对角线视野为60°，瞳孔间距和成像焦点可以在一定范围内调节。

位置跟踪器能够不断测量用户头部的位置和方向，并将计算机生成的当前场景调整到与头部位置和姿态相适应的场景，使用户可以在虚拟环境中东看西望，或者走进走出，让用户从各个角度看到计算机生成的虚拟产品，从而消除人机之间的障碍。

2. 双筒全方位显示器

头盔的最大缺点是用户戴在头上后感到不习惯和不舒适，加上视野范围较小，容易引起图像信息丢失。

双筒全方位显示器针对头盔显示器的缺点加以改进，避免了头盔的负重感，且图像的分辨率也有所提高。双筒全方位显示器的构造是将两个液晶显示器（liquid crystal display，LCD）和光学系统装在由多连杆机构吊架的盒子中。用户可在显示器的双目镜中看到计算机所生成的虚拟世界，犹如通过双筒望远镜观看远方的风景一样。支撑双筒全方位显示器的多连杆机构可在操作范围内任意移动，具有位置跟踪器的功能，如图21-5所示。

图 21-5　双筒全方位显示器

3. 虚拟桌面和虚拟幕墙

上述两种虚拟现实显示装置的共同缺点是：用户通过目镜才能够进入虚拟环境，观察的范围较小，不能够产生深度沉浸感，而且只能有一个用户观看，使用时用户的行动也受到一定的限制，感到不十分方便。

随着大屏幕显示技术的迅速发展，以多媒体投影仪为基础的虚拟桌面和虚拟幕墙应运而生。工程技术人员使用虚拟桌面的情况如图21-6所示。

虚拟桌面实际上就是双投影仪的背投电

视,也可认为是传统绘图板的电子化。过去人们在绘图板上按照制图标准绘制二维图样,而现在可以通过计算机构建三维实体模型在虚拟环境下以大屏幕显示,具有较强的立体感和真实感,为新产品开发和工程评价提供了强有力的工具和良好的环境。

与头盔和双筒全方位显示器相比较,虚拟桌面加强了用户沉浸感,提高了使用的方便性和舒适度。虚拟桌面可以安装在设计师的办公室,移动也很方便,桌面的倾斜角度通常可以调整。操作者可以通过数据手套、位置跟踪器等实现人机交互。其缺点是仍然只能供少数人使用。当需要为多用户提供虚拟环境时,可以采用被称为Power Wall的虚拟幕墙。虚拟幕墙是高亮度和高图像清晰度的大型投影屏幕,就好像立体宽银幕电影院一样。如果采用多频道投影系统,还可以构成全景虚拟环境。美国Fake Space公司推出了不同规格的虚拟幕墙,其中大型虚拟幕墙的高度可达2.8～3.2m,宽度可达5～8m,整个幕墙就是从地板到天花板的房间墙面,可采用2个以上的投影频道,显示1∶1的实体模型和模拟环境,供数十人观看,见图21-7。

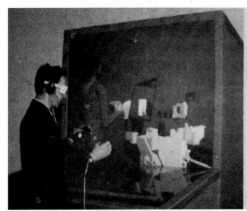

图21-6 虚拟桌面的使用

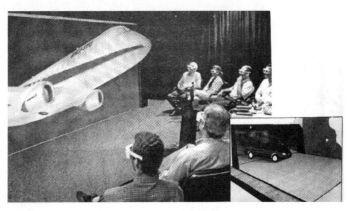

图21-7 虚拟幕墙

4. 虚拟环境的听觉通道

事实上,目前安装在头盔显示器中的立体声耳机已经能够满足虚拟环境的基本要求。虚拟幕墙的大型音响系统技术也足够先进,能在不同类型的空间提供有效的声音效果。

听觉通道接口技术存在的问题主要在声音信号本身的合成上。其中,问题之一就是多声源声场的声音立体化,用户稍微偏离预定的位置,声音的立体声效果就会降低;另一个问题是声音信号的生成,语言和音乐的合成已经有了较好的办法,但环境声音合成和建模及声学场景分析还有待研究。

5. 输入装置

借助各种输入装置,如数据手套、操纵杆和操纵手轮、三维控制装置等,用户就可以进入虚拟环境并与虚拟对象进行人机交互。

1) 数据手套

人类与环境的交互有许多是通过手进行的,而在使用计算机时,键盘、鼠标等装置限制了手的自由度。因此,从 20 世纪 70 年代末开始,人们就进行了很多探索,使计算机能"直接"读取手的命令,其中最典型的是电子数据手套。数据手套上有许多三维传感器,可以测量出每个手指关节的弯曲角度和力的大小,运用这些信息就可以对计算机生成的虚拟环境和对象进行控制。数据手套的外观和传感器分布如图 21-8 所示。

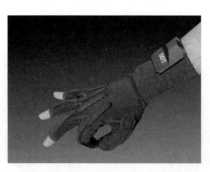
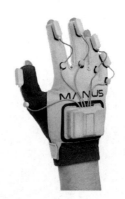

图 21-8　数据手套的外观和传感器分布

2) 触觉反馈

触觉在人的感知过程中起着重要的作用,只有触觉才能够给环境施加直接的作用,因而它可以增强人对虚拟环境的沉浸感觉。增加触觉反馈的人机界面可使用户产生"触摸"到虚拟对象的感觉。在科学及工程仿真中,如在远距机器操作和远距机器人控制领域,它有着重大的应用潜力。触觉反馈装置通常是通过用户的手控制具有力反馈的工具,使工具的动作控制虚拟环境;另一种触觉反馈装置是带有若干具有一定压力的空气囊的手套,它能够在触摸虚拟对象时感觉到并记录压力的变化。

由于触觉本身具有感觉特性与操纵特性相结合的复杂特性,目前无论是在理论研究还是外部设备开发方面都相对落后。理论研究有待解决的问题有手部生物力学、人类感觉运动系统特性、接触条件下的刺激源特性等。

3) 三维位置跟踪器

位置跟踪器是用户与虚拟环境进行交互的基本装置之一,用于跟踪头、手、腿或其他对象的位置。位置跟踪器的形式很多,原理也不同,由超声波、低频磁场、光学和机械位移等各种传感器构成,用以测量 3 个坐标位移和方向(6 个自由度)。

3D 鼠标是最简单的位置跟踪器,它也可以当作普通鼠标使用,适合与台式计算机交互,其外观如图 21-9 所示。与传统鼠标不同,3D 鼠标的按键是一个"空间球",在球的内部是一个六自由度传感器,可以测量位置和方向。

图 21-9　3D 鼠标

六自由度遥控器更加符合人机工程的要求,适合与大屏幕的虚拟桌面和虚拟幕墙进行人机交互,就好像操作电视机一样方便地控制虚拟对象。操作者手持遥控器可以随意行走,从而产生较强的沉浸感。

21.4 虚拟制造

21.4.1 虚拟制造的定义和内涵

虚拟制造，或者称为数字制造，可以定义为"借助建模和仿真技术提高制造企业各层面决策和控制水平的、集成化的、在计算机上人工合成的制造环境"。数字制造是产品数字化开发的重要组成部分，它可以检验关键零件的可制造性及整机的易装配程度，在产品开发阶段将主要生产过程在计算机上进行仿真，避免重大失误。

这种人工合成制造环境的建立大大扩展了传统CAD/CAM系统的功能，它不仅可用于产品的设计过程，同样也可以用于制造过程的规划。例如，工艺设计人员的任务是确定零件的加工顺序及所用的设备，使用虚拟制造环境技术作为辅助工具，由此可以获得非常直观的感觉。在制订生产计划和生产调度过程中，要使用优化的原则对制造产品所选用的设备进行决策。在这一过程中，虚拟制造环境可用来显示不同生产路线的物料流，并指出瓶颈所在的装配计划中，生产工程师确定的装配方式及装配顺序。装配操作涉及零件的定向与移送及与其他零件的配合。虚拟制造环境以可视化形式提供装配操作信息，为评价装配和拆卸的合理性提供了方便。

美国华盛顿大学开发的设计和制造的虚拟环境可以支持虚拟设计、虚拟制造和虚拟装配，它通常与参数化CAD/CAM系统，如PTC公司的Pro/Engineer相连接。设计和制造的虚拟环境的主要组成部分如下：

（1）虚拟机器建模环境，即建立各种生产设备的虚拟模型。

（2）虚拟产品设计环境，即可直接引用CAD模型或转换为STL格式。

（3）虚拟产品制造环境，即利用虚拟生产设备制造虚拟产品的零部件。

（4）虚拟产品装配环境。

虚拟机器是指车间使用的各种机器的三维虚拟模型，也可以是设有沉浸感的仿真环境，通常借助CAD系统的专门模块来开发（如Pro/Engineer的Pro/Develop模块）。建立这种虚拟制造环境的目的不仅是提供机器设备的立体几何外形，还包括机器的使用功能，如数控车床、数控铣床的加工过程。

虚拟设计环境是为了实现零件和产品在三维环境中的可视化。当在CAD系统中创建零件和产品后，在虚拟设计环境中可更改参数化设计，并自动传回CAD系统，修改原设计。

上述模块通过数据集成器与CAD系统进行双向数据交换，如图21-10所示。图中的实线箭头表示数据流，空心箭头表示人机交互过程。

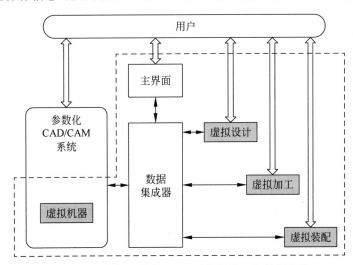

图21-10 虚拟环境与CAD系统间的双向数据交换

总而言之,虚拟制造的内涵是在计算机上反复"加工制造"所设计的零件或产品,不断加以优化,其结果用以指导现实的制造过程,避免任何一个环节失误,保证新产品顺利投产,力争做到第一件产品就完全合格。

21.4.2 虚拟加工和虚拟检验

虚拟加工环境是用于设计零件的工艺过程及其加工过程的仿真。当零件设计好并生成数控程序后,在虚拟加工环境中就可以在机器建模环境生成的虚拟机床上检验数控代码,同时还检验工件装夹、刀具运动干涉等问题,节省了零件试切削的时间和费用。

美国 Delmia 公司是著名的数字制造软件供应商。该公司为汽车的虚拟设计和制造提供了相当完整的虚拟制造软件工具集,包括与车身、发动机、总装、机器人焊接和喷漆等过程有关的 12 个软件,通过"产品/过程/资源路由器"(product/process/resource hub)将有关软件加以集成,可以对汽车生产的整个过程进行仿真。

通过虚拟数控加工仿真,在产品设计阶段就能够发现零件加工过程可能出现的问题。这样可以保证产品投产后,在数控机床加工真实零件时第一次就合格,避免了费工费时的零件试切过程。虚拟加工和虚拟检验的基本概念如图 21-11 所示。

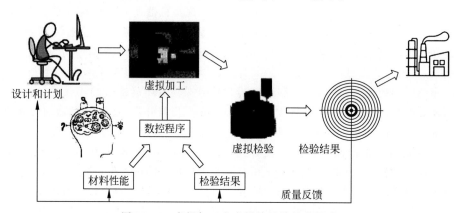

图 21-11 虚拟加工和虚拟检验的基本概念

美国 Delmia 公司 Virtual NC 软件的主要功能如下:

(1) 可由各种 CAD 文件格式导入数据。
(2) 数控系统(控制器)仿真。
(3) 选择材料切除工艺和切削用量。
(4) 刀具、零件和机床部件之间的干涉校验。
(5) 加工过程分析和评价。
(6) 加工表面粗糙度分析。

借助 Virtual NC 软件在虚拟数控机床上加工零件的情景和机床的 3 个运动速度,Virtual NC 软件还可以将若干台虚拟数控机床组成一个虚拟制造单元,然后采用制造单元控制软件对其运作过程进行仿真。

经过 Virtual NC 软件仿真后,如果需要对加工完毕的虚拟零件进行精度测量,则可以采用 Inspect V5 检验软件在虚拟三坐标测量机上对虚拟零件进行尺寸和形位误差的检验。

24.4.3 虚拟装配

在虚拟装配环境中可以将有关零件装配成产品,也可以将产品拆卸为单个零件,以便校验零部件之间是否相互干涉、装配的方便性、装配零部件输送和装配次序的合理性。虚拟装配的典型场景如图 21-12 所示。

虚拟装配通过建立一个多感知通道的虚拟环境,使用户可以进行人机交互式的装配操作,利用虚拟装配技术可以优化机械产品的设计和规划,亦可以用于培训装配操作人员。眼部和头部追踪技术是该应用的核心技术,快速精准的眼部和头部追踪可以提供良好的拆装体验。

国内外对虚拟装配与拆卸系统已经有不

少研究成果。西门子公司利用虚拟现实进行沉浸式设计,精准的头部和眼部跟踪可让工程师通过虚拟数字空间和产品数字孪生进行交互,通过评估产品的人机工程细节,可以减少初期设计问题,图 21-13 所示为西门子公司的虚拟装配应用。

图 21-12　虚拟装配的典型场景

图 21-13　西门子公司的虚拟装配应用

在航空领域,配备了增强现实(augmented reality,AR)的智能眼镜,使技术人员能够在商用飞机上精确组装和安装机舱。头盔上安装的摄像头,可以扫描条形码,技术人员可用其读取机舱信息,观察设计布局,显示被标记为"增强"的项目。标记过程中允许技术人员确认标记位置,定位精度可以达到毫米级。

在智能制造中使用 VR 来优化现代人机工程学并将其用于提高流水线、车间的生产安全系数。

对于通过工业 4.0 道路发展的智能工厂而言,仅仅拥有一个"好的"车间和组装流水线是远远不够的,其设计应考虑到操作员的福祉。因此,现代制造工厂的工作环境必须提供最佳的生产率和质量输出,同时为工人提供安全的环境。这就是必须将人因和人机工程学集成到工业设计过程中,创建人机工程学车间与流水线的原因。

21.5　虚拟现实技术优化人机工程

21.5.1　虚拟现实技术与以人为本设计

随着数字化进程的推进,更多的企业开始

虚拟现实是可以准确地呈现以人为本设计的最佳技术之一。有多种方法可以重新创建人因:跟踪实际操作员的运动,或者使用算法对其进行模拟。什么是虚拟现实中的人机结合,并了解为什么用户应依靠虚拟人体模型,或将跟踪设备与虚拟现实技术相结合来获得符合人机工程学的人-机-环境系统优化组合的目标。

借助沉浸式虚拟现实设计的工业制造场所为行业提供了以下优势:

(1) 节省成本,即不需要昂贵的物理样机。

(2) 节省时间和资源,即可以测试许多不同的配置。

(3) 增加了工业生产安全系数。

(4) 降低了疲劳生产的安全隐患。

(5) 有效提升了车间的工作效率。

然而,设计有效且安全的工作车间与流水线还有其他重要要求。在三维模型或虚拟现实体验中分析身体姿势和运动是了解工人潜在危险因素的关键。由于工作人口的老龄化或与工作有关的肌肉骨骼伤害的危险,某些举动可能不利于操作员的健康。工作车间与流水线人机工程学需要整合人因,降低工人的不适感和疲劳感。

人机工程学研究的目标是确保操作者或消费者有安全、高效的环境。他们在考虑人因的同时还要调整工具、机器、环境和操作条件。使用交互式虚拟现实工具,设计人员可以在真实环境中看到如何遵守安全性和易用性的要求。

虚拟现实是一种由计算机生成的环境,通常借助 VR 一体机或功能强大的 PCVR 设备来为用户创造完全沉浸式的体验。在工业环境中,虚拟体验旨在重塑现实世界,并使用户能够与代表产品、机器或工厂的虚拟对象进行交互。

(1) 管理机器或工作站设计的安全和健康要求。

(2) 测试仪表板不同命令(用于汽车或飞机驾驶舱)的可达性。

(3) 通过跟踪用户的身体来预测新产品的人机工程学。

有两种方法可以在 3D 设计中进行人机结合,即可以使用算法和虚拟人体模型在虚拟环境中完全模拟操作员,或者使用跟踪系统中的真实数据来创建虚拟操作员。

在某些情况下,即使在虚拟世界中,将虚拟现实系统和跟踪系统组合起来也不是完全有效,如可穿戴设备会限制或干扰工人的自然运动。因此,可以借助虚拟人体模型来准确预测人体的3D姿势。

21.5.2 虚拟现实技术与人机工程的结合

虚拟现实技术和人机工程最主要的结合点在于利用虚拟现实技术建立样机、虚拟人和虚拟环境,对设计进行人机性能评价,以及人体作业时的生物力学反应,以此来评价职业卫生安全等。具体表现在以下几个方面:

(1) 工作空间测试与评估。

(2) 环境功效评估。

(3) 运动学、动力学分析。

(4) 舒适性、可操作性等人机性能评估。

(5) 人机界面设计。

(6) 虚拟设计、虚拟制造、虚拟装配、虚拟维修。

利用虚拟现实技术,我们可以将工作场所的设计图纸直接转换为三维的虚拟工作场所,在场所中利用虚拟人或者通过一定的交互接口,模拟人们在工作场所的工作情况。通过对虚拟人或人们工作模拟输出的数据进行分析,可以方便迅速地找出工作场所设计的不当之处,在设计的上游就进行设计方案的调整,大大节约了成本投入,获得使用性较好的设计方案。虚拟现实技术在人机工程中的应用框架模型如图 21-14 所示。在这一领域的研究开始得较早,并且已经取得了较大的成果。

21.5.3 虚拟人体模型的功能

为了使操作者能够进入所建立的系统虚拟原型,并且能够进行人机交互。使用 VR 虚拟人体模型代替真实人体进行人机工程学测试是虚拟制造新的风向标,这类设计给传统制造业转型提供了新的参考价值。制造业的工业工程师可以优化的参数如下:

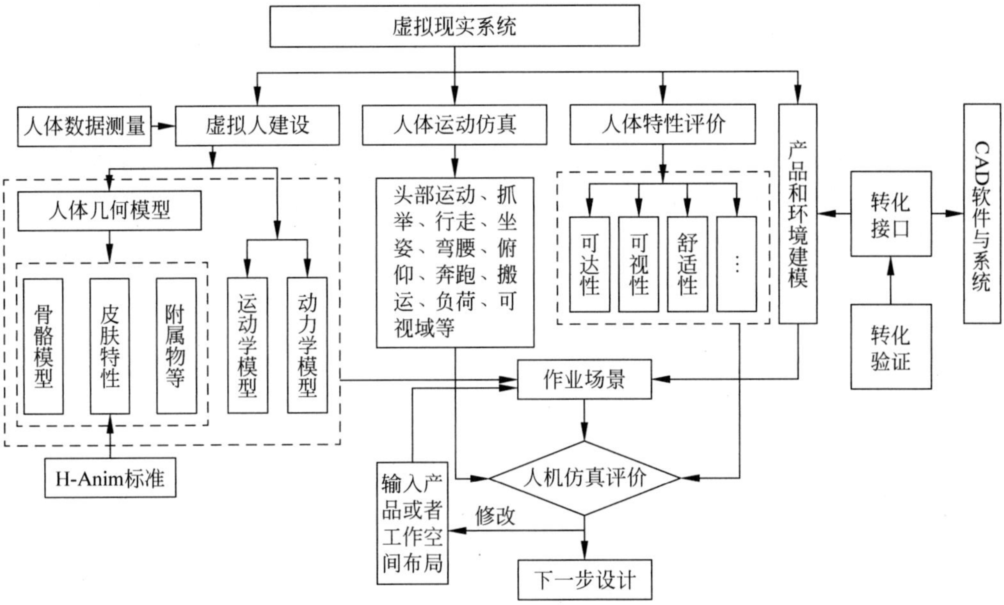

图 21-14 虚拟现实技术在人机工程中的应用框架模型

(1) 直接在 3D 模型中可视化人体模型。通过软件，工程师可以将流水生产线的 CAD 作为场景导入，并将虚拟人偶置于场景。

(2) 定义虚拟角色的形态。通过鼠标单击虚拟人偶，工程师可以随意改变虚拟人偶的人体姿态，从而有效测试在实际生产过程中可能出现的人体工程学问题。

(3) 使用手柄移动和操纵人体模型。通过手柄，设计师可以将虚拟人体模型拖拽到需要测试的场景，由于 TechViz 软件的特性，约束的定义也会变得非常简单。

(4) 限制操作员的动作以适合要求。通过定义虚拟操作员的体态与动作，设计师可以有效模仿投产后工人的工作状态。

(5) 快速配置和在不同的基本姿势之间切换。得益于软件的优化，工程师可以快速配置虚拟人偶的姿态切换，让模拟的测试过程高速进行，从而加快人体工学的测试速度。

由于它不依赖人工输入，因此可以自动测试任意数量的配置。数据仅取决于所使用的算法而不取决于用户输入或使用的硬件。

在受约束的环境(如工厂)中，复杂的 3D 姿势可能缺少人体模型的准确性。虚拟人体模型是模拟虚拟环境中人机交互的各种配置的理想选择，并且有效降低了人机工程学评估的成本。它能够在不危害操作人员健康的情况下测试危险情况，人体追踪服务则可能无法做到这一点。

虚拟人体模型是一种可在虚拟现实中实时模拟处于工作环境中的操作者的数字人体模型。虚拟人体模型可使研究人员了解操作者与其工作环境及同一工作空间中其他操作者的交互方式，还能让用户对工作空间进行人机工程学研究。

现代设计具有密集型组装趋势，并倾向于优化产品空间，以便增加运输的容量和重量。评估这些设计对装配线和维护操作的影响至关重要。为了满足客户在这方面日益增长的需求，现代仿真软件开发了符合生理与规划的虚拟人体模型，让用户可像操纵"民间木偶"一样进行操作。

仿真软件将人机工程学要素考虑到虚拟操作环境中，可以完成下列功能：

(1) 模拟在专业环境中的操作者。

(2) 可进行"可达性"、干涉检查和人机工程学测试分析。

(3) 查看虚拟人体模型能否从座椅位置接触到控制设备的相关部位。

(4) 查看虚拟人体模型的视野。

(5) 查看设备狭小空间内能否布置多位操作人员。

(6) 查看可达性,即操作人员能否触摸到操作按钮或指令装置。

(7) 检测用户与其环境之间的干涉,妨碍用户的障碍物是否会发生干涉。

(8) 同时查看多个虚拟人体,检查他们相互之间的交互方式及他们与虚拟环境之间的交互方式,研究多名操作人员的工作环境。

21.5.4 数字人体模型的典型应用

产品设计者应该了解用户在使用所开发的产品时是否安全、方便和舒适。过程设计者应该了解操作者在操作机器或搬运物料时的安全、疲劳程度和效率。不同种族和性别的人的体型和体力是不一样的,在设计产品和过程时应该区别对待。现代产品开发的根本理念是以人为本,一切为了人。采用"数字人"仿真技术可以给产品设计和过程设计带来以下好处:

(1) 提高产品开发的效率和自动化程度,缩短产品开发周期,加快新产品上市。

(2) 以数字原型替代物理原型,降低开发成本。

(3) 提高了产品的使用安全性和产品质量。

(4) 提高工人的操作安全性,优化工作流程,降低工人的补偿费用。

(5) 使整个工厂较快投入生产或转产,减少停工事件。

"数字人"的工作绩效和劳动负荷在仿真结束后将以数据或图表的形式显示。它在产品开发和过程设计中的典型应用如图21-15所示。

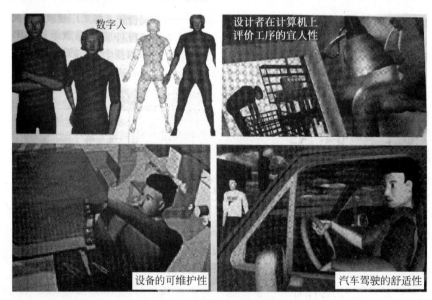

图21-15 "数字人"的典型应用

21.5.5 虚拟现实空间中的人机界面

从广泛的人机、人和信息的互动关系来看待人机界面,特别是在人和自动化系统中如何有效地协调两者关系、确定任务分配和责任方、互通信息、对行动进行解析和评价、生态学界面的开发、专家智慧或协调的技术手段等是智能化的人机界面系统化技术必须研究的课题。

日本吉川研究室提倡的相互适应型人机界面的形态,界面主要由虚拟现实空间中的智能机器人构成。智能机器人和人有相同的形态，即能说话，能运动，能思考，有感情，能和人进行对话。这是一种新的人机界面。相互适应型人机界面模型如图 21-16 所示。

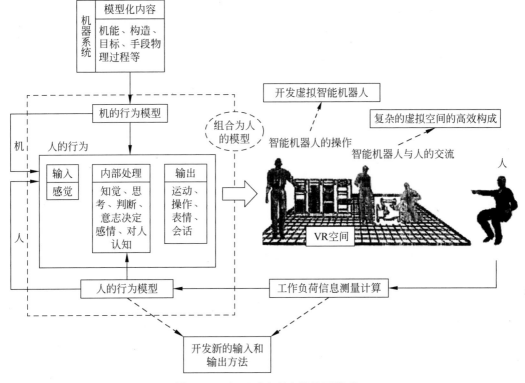

图 21-16　相互适应型人机界面模型

相互协调的人机系统的理想界面与以往的对作业界面进行新的设计或对画面进行改良不同，它是以实现对话交流为目标。由于是以智能机器人和机的形态构成界面，核心问题是智能机器人，因此，需在以下几个方面开展研究：

(1) 人和智能机器人进行交流（输入、输出）方式的研究。

(2) 为了使智能机器人理解人，应开展对人的情报行动实时监测的研究。

(3) 与机器交流的人的情报行动模型和仿真研究。

(4) 虚拟现实空间中智能机器人的自然运动和表情的动态表现方法的研究开发。

(5) 复杂的虚拟现实空间的高效构成法。

在以上案例中，我们分析了使用虚拟人偶进行人体工程学测试的优势，接下来我们将了解使用跟踪系统模拟真实人体姿态优化人体工程学的案例优势。

运动跟踪旨在收集有关 VR 用户的运动信息。VR 在智能工厂中是人机工学和人因的出色评估工具。运动控制器记录了工人在制造和装配任务期间的运动，然后，工程师可以使用虚拟现实技术将自己沉浸在数据中，并从生产性和人机工程学的角度进行分析。具体取决于要监视的运动，用户可以将几种可穿戴设备添加到增强现实和虚拟系统中用于人体工程学优化。最常见的跟踪技术实例有：

(1) 全身追踪。通过穿戴配有多个追踪器的服饰，工程师可以在虚拟沉浸式环境中模拟操作流水线中的任务。

(2) 手部追踪。通过追踪手套，用户可以模拟虚拟装配时的流程，从而检测人机工程学中的潜在问题。

(3) 手指追踪。手指指尖追踪一般用于人机交互界面的可控性与可触碰性的测试，其在汽车人机工程学优化领域有非常多的应用，这是虚拟优化人机工程学的经典案例之一。

（4）眼动追踪。眼动追踪是一个高级选项，在对汽车人机工程设计中用于提升安全系数，应用广泛，同样，对于需要进行复杂系统组装的工作人员，眼动追踪可以有效地优化人机交互界面。

运动捕捉技术在工业环境中的集成是相对较新的。这些解决方案价格昂贵，并且需要细致且耗时的过程进行设置。然而，操作员执行复杂且非重复的任务，他们的经验对于跟进和优化实际制造过程及对新操作员的专业培训至关重要。

第22章

人-机-环境系统设计信息资源

22.1 信息资源的含义

22.1.1 资源与信息资源的关系

资源是指在自然界和人类社会中一切可以用来创造物质财富和精神财富的客观存在形态。

信息资源可作广义和狭义理解。广义的信息资源是可以用来创造物质财富和精神财富的各种信息及其相应的人才和技术,是与信息活动相关的资源的总称。狭义的信息资源是指可供人类创造财富的各种信息。人类社会经济活动中的各类信息,诸如科学技术知识,科技开发和应用信息,经济管理的理论、技术和经验、统计数据,金融信息,市场趋势,经济动态,商品信息,生产工艺和操作技能等,共同构成了狭义的信息资源。

信息与广义的信息资源之间的关系是交叉关系,如图 22-1 所示。

图 22-1 信息与广义信息资源的关系

所谓交叉关系,是指两个概念因外延不同但都包括部分相同的内涵所形成的关系。在图 22-1 中,信息圈与信息资源圈的交叉部分代表可用来创造物质财富和精神财富的信息,即狭义的信息资源;信息圈中未交叉的部分代表不能用来创造物质财富和精神财富的信息;信息资源圈中未交叉的部分代表信息人才和信息技术。

信息与狭义的信息资源之间的关系是包含关系,即信息包含信息资源,如图 22-2 所示。

图 22-2 信息与狭义信息资源的关系

所谓包含关系,是指两个概念因一个概念的内涵包含在另一个概念的内涵之中所构成的关系。包含关系表明,并不是所有的信息都能成为信息资源,只有能被人类所利用,能用来创造物质财富和精神财富的信息才能成为信息资源。

22.1.2 信息资源概念的提出

"知识经济"这一概念于 1990 年被正式提出。1996 年,联合国经济合作与发展组织在《以知识为基础的经济》的报告中认为:知识经济是建立在知识和信息的生产、分配和使用之上的经济。知识经济具有以下主要特征：

(1) 信息、知识、人才和智力成为国家的重要战略资源。

(2) 信息技术是知识经济发展的重要基础和条件。

(3) 技术创新和知识创新是知识经济的核心和关键。

(4) 高技术产业成为国民经济的主导产业。

(5) 知识管理是知识经济时代重要的管理思想和管理内容。

22.1.3 信息资源的重要性

信息成为资源，既有其社会经济发展的大背景，也是随之而来的人类认识演变和深化的结果。

信息与经济活动的融合。经济活动中普遍存在着不确定性，而经济活动中所需要的社会信息能在一定程度上减轻甚至消除这些不确定性。"不确定性"和"负熵"概念的提出，加速了信息与经济活动的融合，促使人类充分认识到经济活动需要信息的广泛参与和渗透。

现代社会经济的发展，现代信息技术崛起。随着社会经济的发展信息的地位和作用日益重要。现代社会经济的发展又为信息的广泛应用提供了前所未有的技术基础和条件。

22.1.4 信息资源的主要特征

现代信息经济主要依赖信息、信息技术、信息劳动力等信息资源的投入。信息之所以被称作一种重要的生产要素，主要是因为各种形式（文字、声音、图像等）的信息不仅本身就是一种重要的生产要素，可以通过生产使之增值，还是一种重要的非信息生产要素的"催化剂"，可以通过与这些非信息生产要素的相互作用，使其价值倍增。

本章为人-机-环境系统设计提供的信息资源有文字、数字、图表及网络信息资源。

22.2 人机工程学相关的学术组织

22.2.1 人机工程学相关的学术组织简介

1. 美国专业人机工程学认证部（Board of Certification in Professional Ergonomics, BCPE）

BCPE 是美国的专业人机工程学认证部，该部为具有专门人机工程学教育和经历的人授予"人机工程学者"称号，并颁发人机工程学者专业证书（CPE）。

2. 欧洲人机工程学者注册中心（Centre for Registration of European Ergonomists, CREE）

CREE 是欧洲 15 个人机工程学团体的协会，该协会主要负责测评欧洲人机工程学者的知识、经历和水平。

3. 人机工程学文摘数据库

该网站是一个包括人机工程学书籍目录、人机工程学学报及会议论文摘要等信息的数据库。

4. 人机工程学学校

该网站便于中学生和老师利用网络学习人机工程学知识。

5. 英国人机工程学学会

英国人机工程学学会成立于 1949 年，是世界上最早的人机工程学学会。

6. Ergoweb

该网站是美国 Ergoweb 公司建立的，用来提供人机工程学新闻和自然的人机工程学知识。

7. 欧洲联邦人机工程学学会（Federation of European Ergonomics Societies, FEES）

FEES 是一个国际人机工程学协会局域网，该协会包含欧洲 15 个人机工程学学会，有大约 4000 名会员。

8. 美国人类因素和人机工程学学会

美国人类因素和人机工程学学会是世界

上最大的人机工程学学会之一,拥有约 4500 名会员。

9. Usernomics

该网站是 Usernomics 公司建立的,主要介绍软件、硬件和工作场所的可用性,为用户提供相关的网络链接。

10. 国际人类工效学学会(International Ergonomics Association, IEA)

国际人机工程学协会(IEA)包含全世界范围内大约 40 个人机工程学学会,约 19 000 名人机工程学会员。

11. 中国人类工效学学会(Chinese Ergonomics Society, CES)

中国人类工效学学会为 IEA 成员,下设 11 个分委员会。

22.2.2 人机工程学的 ISO 标准

由相关技术委员会筹备、国际标准化组织颁布的与人机工程学相关的标准,如《人机工程学》(ISO/TC 159)(已颁布标准)、《机器安全性》(ISO/TC 199)(已颁布标准)、《机械振动和冲击对人体的影响》(ISO/TC 108)(已颁布标准)、《用户界面》(ISO JIC1/SC35)(已颁布标准)、《噪声》(ISO/TC 43/SCI)(节选于已颁布标准)及《关于照明的国际规范》(CIE)(节选于已颁布标准),是经过人机工程学专家等相关人员和组织通过标准化进程共同制定的。

下面介绍的标准,有些可能出现在不同的主题中,这些标准(有出版年月)按照编号顺序列出。

许多人机工程学标准还处在技术委员会编制之中,有些标准虽然已编制完成,但能否将人机工程学应用到特殊的环境,如 IT 系统、飞机、路面交通工具、拖拉机、林业机械、石油和天然气领域、纺织工业、建筑行业、土方机械等,还有待于进一步研究和开发。

1. 一般人机工程学标准

一般设计:ISO 6385。

工作场所、设备和产品设计:ISO 9241-5,ISO 11064-1,ISO 11064-2,ISO 11064-3,ISO 11064-4,ISO 20282-1,ISO 20282-2。

机器安全性:ISO 12100-1,ISO 12100-2,ISO 13849-1,ISO 13849-2,ISO/TR 13849-100,ISO 13850,ISO 13851,ISO 13852,ISO 13853,ISO 13854,ISO 13855,ISO 13856-1,ISO 13856-2,ISO 13856-3,ISO 14118,ISO 14119,ISO 14120,ISO 14121,ISO 14122-1,ISO 14122-2,ISO 14122-3,ISO 14122-4,ISO 14123-1,ISO 14123-2,ISO 14159,ISO/TR 18569,ISO 214。

2. 姿势和动作的标准

生物力学:ISO 1503,ISO 11226,ISO 11228-1,ISO 20646。

人体测量学:ISO 7250,ISO 14738,ISO 15534-1,ISO 15534-2,ISO 15534-3,ISO 15535,ISO 15536-1,ISO 15537,ISO 20685。

3. 关于信息和操作的标准

一般:ISO 9241-1,ISO 9241-2,ISO 9241-3,ISO 9241-4,ISO 9241-5,ISO 9241-6,ISO 9241-7,ISO 9241-8,ISO 9241-9,ISO 11428,ISO 13406-1,ISO 13406-2,ISO 16071,ISO 16982,ISO 18152,ISO 18529。

用户界面:ISO/IEC 9995-1,ISO/IEC 9995-2,ISO/IEC 9995-3,ISO/IEC 9995-4,ISO/IEC 9995-5,ISO/IEC 9995-6,ISO/IEC 9995-7,ISO/IEC 9995-8,ISO/IEC 10741-1,ISO/IEC 10741-1:1995/Amd 1,ISO/IEC 11581-1,ISO/IEC 11581-2,ISO/IEC 11581-3,ISO/IEC 11581-4,ISO/IEC 11581-5,ISO/IEC 11581-6,ISO/IEC 13251,ISO/IEC 14754,ISO/IEC 14755,ISO/IEC 15411,ISO/IEC 15412,ISO/IEC TR 15440,ISO/IEC 15897。

软件:ISO 9241-11,ISO 9241-12,ISO 9241-13,ISO 9241-14,ISO 9241-15,ISO 9241-16,ISO 9241-17,ISO 9241-110,ISO 13407,ISO 14915-1,ISO 14915-2,ISO 14915-3。

显示和控制:ISO 7731,ISO 9241-4,ISO 9355-1,ISO 9355-2,ISO 9921,ISO 11428,ISO 11429,ISO 19358。

4. 关于环境因素的标准

一般:ISO 9241-6,ISO 11064-6。

噪声:ISO 1996-1,ISO 1996-2,ISO 1996-

3，ISO 1999，ISO 4869-1，ISO 4869-2，ISO/TR 4869-3，ISO/TR 4869-4，ISO/TR 4869-5，ISO 7731，ISO 11429，ISO 15664，ISO/TS 15666，ISO 15667，ISO 17624。

振动：ISO 2631-1，ISO 2631-2，ISO 2631-4，ISO 2631-5，ISO 5349-1，ISO 5349-2，ISO 5805，ISO 5982，ISO 6897，ISO 8727，ISO 9996，ISO 10068，ISO 10227，ISO 10326-1，ISO 10326-2，ISO 10819，ISO 13090-1，ISO 13091-1，ISO 13092-2，ISO 13753，ISO 14835-1，ISO 14835-2，ISO/TS 15694。

照明：ISO/CIE 8995-1，ISO/CIE 8995-3，ISO9241-7。

微气候：ISO 7243，ISO 7726，ISO 7730，ISO 7933，ISO 8996，ISO 9886，ISO 9920，ISO 10551，ISO/TR 11079，ISO 11399，ISO 12894，ISO 13731，ISO 13732-1，ISO/TS 13732-2，ISO 14415，ISO 14505-2，ISO 14505-3，ISO 15265。

5．关于工作组织、工作和任务的标准

一般：ISO 6385，ISO 9241-2。

脑力劳动：ISO 10075，ISO 10075-2，ISO 10075-3。

6．人机工程学方法的标准

ISO 6385，ISO 9241-1，ISO 11064-1，ISO 11064-7，ISO 13407。

22.3 主要国外工效学标准简介

在众多现有的工效学标准中，只有很少一些是通过立法在一个国家或多个国家中强制执行，其他的国家标准都是非强制性的，它们由一些标准制定团体根据专业性共识或该主题领域的专家意见制定。有时，一个非强制性标准可能在立法中引用并要求执行。

本节介绍一些在安全和卫生领域中众所周知的工效学标准和指南，并作为资源提供一些有关主要标准制定团体的文献参考。随着商业的日益全球化，对标准化的需求也在不断增加，标准也在不断地制定和更新，因此对下面的标准也应该定期检查以保证它们是最新的。

22.3.1 国际标准

(1) ISO 标准现有 97 类推荐性的 ISO 标准。除了明确与工效学有关的标准种类外，还有一些种类可能与特定的工业有关(如电子工业)，或与特殊类型的设备有关(如原材料处理设备)。与工业或设备有关的标准涉及制造的一些问题，如设备的尺寸或稳定性测试。

(2) 1996 年，国际劳工组织(International Labor Organization，ILO)提出了一个关于职业卫生和安全管理系统的提议 ISO 18000。当时，在一个针对此项提议的大型国际研讨会上，大多数人反对这个标准。而现在，又有一些人在努力使 ISO 18000 重新生效。

(3) ISO 的工效学技术委员会(Ergonomics Technical Committee，ISO/TC 159)在不断地制定新的标准，有关技术委员会的活动信息可从 ISO 的网页上找到。大多数已经颁布的工效学标准都分配在第 13 类"环境、卫生保护、安全"(Environment，Health Protection，Safety)中，其中 13.180 节是"工效学"，其他可能引起广泛兴趣的部分如下：

13.100　职业安全：工业卫生(同时请参照工作场所照明 91.160.10)。

13.110　机械安全。

13.140　与人有关的噪声(参照声音测定 17.140 和听力保护 13.340.20)。

13.160　与人有关的振动和冲击。这一部分有 40 个标准，其中有许多提供了关于测定特殊手持工具振动的指南。有关测量手臂传输振动的被频繁引用的标准已更新到 2001 年版，即《机械振动——人体手传振动的测量与评估——第 1 部分：一般要求》(ISO 5349-1：2001)和《机械振动——人体手传振动的测量与评估——第 2 部分：在工作场所测量的实用指南》(ISO 5349-2：2001)。

13.340　防护服和设备：

13.180　工效学。这一部分有 1977—2001 年的大量标准，这些标准中的某几个是系列的一部分或有关相似的主题。

22.3.2 美国

1.《职业安全与卫生法案》（Occupational Safety and Health Act）：强制性

最初的强制性标准是1970年的《职业安全与卫生法案》。与工效学有关的部分是一般责任条款，第5(a)(1)节，其表述为："每个雇主应该给他的每个雇员提供工作和工作场所必要的装备，以避免导致或很可能导致其雇员死亡或严重伤害的已确认的危险。"

对工效学的引用也在一般责任条款中。

2.《美国残疾人法案》（Americans with Disabilities Act，ADA）：公共法（Public Law）101-336

1990年生效的这一公共法案与工效学有些关系。该法案的一部分涉及残疾人的无障碍措施（accessibility），另一部分与就业有关。在该法案的就业部分有两个要点：

（1）ADA 禁止在雇佣和工作环境中有基于残疾的歧视。

（2）除非这样做会给雇主带来过度的困难，雇主有责任为合格的残疾申请人和工人提供合理的方便，这些方便应能使雇员完成工作的基本职责。

通常，为适应某个残疾人而对工作所做的修改能使所有工人受益。对工作的基本职责进行定义可能需要那些负责工效学工作的人。

3. ANSI 标准

有许多美国国家标准协会（American National Standards Institute，ANSI）的标准是推荐性的，然而，已有立法团体使用某些一致的标准来定义强制性的规则。下面的标准只是现有的或正在被制定的标准中的几个。有关 ANSI 文件的信息可以通过 ANSI 获取，但它们经常可以从负责与 ANSI 协同制定标准的组织直接购买。

（1）美国国家视频显示终端人类因素工程学标准 ANSI/HFS 100—1988（American National Standard for Human Factors Engineering of Visual Display Terminals）。该标准陈述了与视频显示终端有关的工效学原理，草案的修订版于2002年3月颁布。

（2）工作有关肌肉骨骼疾患的管理 ASC Z-365（Management of Work-related Musculoskeletal Disorders）公认标准委员会（Accredited Standards Committee，ASC）的 Z-365 标准是在1991年形成的，该标准的最近一个工作草案是由国家安全委员会（National Safety Council，NSC）秘书处于2000年10月颁布的。

（3）职业卫生安全体系 ASC Z-210（Occupational Health Safety System）建立于2001年，该委员会现仍纳入美国工业卫生协会（American Industrial Hygiene Association，AIHA），其目标是制定一个管理原则和管理系统的标准以便使各组织能设计和执行改善职业安全与卫生的办法。

（4）软件用户界面标准 HFES 200（Software User Interface Standard）是在 ANSI 赞助下，由人因工程协会（Human Factors and Ergonomics Society，HFES）制定的包含5个部分的标准。除了关于颜色、可访问性（Accessbility）和语音输入/输出的独创部分外，它将很大程度地借鉴 ISO 关于视觉显示终端的9241标准。

（5）美国政府工业卫生工作者协会（American Conference of Governmental Industrial Hygienists，ACGIH）已制定了化学物和物理因素的阈限值（TLV），以及关于手臂和全身振动和热应力的阈限值。共有两个新制定的阈限值：一个是单调工作（执行4h或更长时间的工作）的手活动水平的阈限值，另一个是搬举工作中基于搬举任务频率和持续时间的重量阈限值。

4. 美国国家标准与技术协会（NIST）

美国国家标准与技术协会（National Institute of Standards and Technology，NIST）帮助开发测量标准和技术。他们的标准论述测量的准确性、文件存档的方法、一致性的评价和鉴定及信息技术标准。目前的计划是制定直接影响软件人机学的工业可用性报告指南。NIST 的网站也可以链接军用标准的一个资源。

22.3.3 英国

1. 强制性规章

英国法律可在相关网站上查得,它们起源于欧洲委员会(European Commission)的提案。有一个成文的《职业卫生与安全法案》,这个法案下的规章也是法律。这些规章是一般性的,但是由卫生与安全执行管理部(Health and Safety Executive, HSE)所制定的经验证的实用标准(Approved Codes of Practice)文件进行解释。这些经验证的实用标准文件具有特殊的法律地位并可以在诉讼中使用。指导性文件也对法律进行解释并为遵守法律提供更详细的说明,尽管它们没有法律上的约束力,但也有特别的价值。1992年颁布了几个被称为"六包"的很有用的规章,它们可在各种工业中得到应用:

(1) 手工操作。
(2) 显示屏设备。
(3) 工作场所(卫生、安全和福利)。
(4) 工作设备的供应和使用。
(5) 工作中的个人防护设备。
(6) 工作中的卫生和安全管理。

实用性很强的指导性文件和与规章相应的实施规范可能在英国以外的地方也有用。其他安全与卫生执行委员会(HSE)的资料包括雇主指南和手工操作解决方案。所有这些 HSE 文件都要收取少许费用。

2. 非强制性标准

同大多数国家一样,在英国也有许多标准是非强制性的。英国标准协会(British Standards Institute)是英国主要的标准制定团体。这些标准也需付费获取。

22.3.4 欧洲标准

欧盟(EU)强制性导则

根据1993年 Maastricht 条约创建的欧盟有15个成员国:奥地利、比利时、丹麦、芬兰、法国、德国、希腊、爱尔兰、意大利、卢森堡、荷兰、葡萄牙、西班牙、瑞典和英国。欧盟制定的指令大多数是一种以目标为形式的立法,即它的成员国必须在指定的时间内通过国家立法来完成。指令通常具有足够的机动性,允许成员国来解释并达到他们所认为的最好目标。规章是欧盟立法的另一种形式,这些规章可以直接在每个成员国中应用而不需要进一步立法。目前没有与工效学有关的规章。欧洲标准化委员会监督欧盟指令和规章(见前面)的制定。经常有对指令的修改和立法的合并,这会改变指令或标准的数目。

(1) 89/391/EEC 导则 工作中的卫生和安全。这是一个关于工作中的工作卫生和安全的导则,包含9个部分。这个文件概述了雇主和工人的职责,并可由针对特定的工人小组、工作场所或实体的单独导则进行补充。总而言之,这个文件总体和概括性地陈述了雇主应该通过预防来保证一个卫生和安全的工作场所,并应评价危险、追踪和报道事故,与工人协商所有的安全和卫生问题,还应确保足够的安全和卫生培训。工人有责任正确地使用机器,发出问题警告并配合做出为了防护的一些变化。

(2) 工作设备的使用(Use of Work Equipment)(导则 89/655/EEC)。这个指令描述了雇主的责任,包括将危害降至最小、提供工作的信息、指导和训练及定期检查设备。另外,雇主应该"在应用最低安全要求时全面考虑工作场所和工人在使用工作设备时的位置及工效学原理。"

(3) 使用带显示屏设备的工作(Work with Display Screen Equipment)(导则 90/270/EEC)。雇主有责任分析工作场所,满足对设备、环境和操作者/计算机界面的最低需求,确保工人有离开显示屏的休息时间。工人有权利检查眼睛,如果需要,雇主应该无偿地提供矫正眼镜。

(4) 手工操作(Manual Handling)(导则 90/269/EEC)。雇主有责任避免要求手工操作重物,在不能避免时,他们应该采取措施减少危险。工人应该得到关于重物重量及重心的足够信息,并应得到关于处理该重物的训练。

(5) 物理因素(Physical Agents)。该节提及提议制定一个关于防止噪声、机械振动、光射线及电磁场和电磁波的导则,在以后阶段还可能包括温度和气压。

(6) 噪声导则(Noise Directive)(86/188/EEC)。暴露于噪声的危险必须降低到一个可行的、尽可能低的水平,且应该对噪声水平进行评定。

噪声平均水平超过 85 dB(A)时,必须将潜在的危险告知工人并提供个人保护装备,必须进行定期的听力检查。

如果噪声水平超过 90 dB(A),则必须确认其原因并采取措施减少暴露,且必须提供保护措施。噪声过高的区域必须进行分隔并用标识符号指明。

(7) 机械导则(Machinery Directive)(98/37/EC)。与大多数的欧洲导则一样,这个导则意在避免使安全和卫生问题成为贸易的障碍。该导则要求设计者在考虑机器如何被使用时应考虑工效学原理。工效学的重点在于控制器和显示器。欧洲标准 EN-894 有助于该导则的贯彻实施,这也在 ISO 9355-1:1999 和 ISO 9355-2:1999 中得到反映。

(8) 机械安全:人物理操作能力草案(Safety of Machinery: Human Physical Performance Draft)EN-1005。这个标准草案包含 4 部分:第 1 部分,术语和定义;第 2 部分,机械及其零部件的人工装卸;第 3 部分,推荐的机械操作用力极限;第 4 部分,操作机械时的工作姿势评估。

欧洲和国际标准的互联网地址由美国职业安全与卫生管理局(U. S. Occupational Safety and Health Administration,OSHA)和欧盟共同拥有。通过该网站可获得欧盟和美国的有关法规。另外,还有每个成员国的网站及瑞士、丹麦、挪威、加拿大和澳大利亚的网站链接。非法规性的标准由不同的团体制定,并可通过欧洲标准化委员会或 OSHA-EU 页面上的链接来获得。

欧洲标准化委员会(European Committee for Standardization,CEN)有 19 个成员(15 个来自欧盟,其余来自欧洲自由贸易协会和捷克共和国)。CEN 的成员国制定和投票批准欧洲标准。成员国同意的标准将作为国家标准来执行,并撤销所有在同一主题上有冲突的国家标准。由 CEN 制定的所有欧洲标准以 3 种语言出版:英语、法语和德语。通过 CEN 的网页能够链接到每一个成员国的标准制定团体,注意这些团体不是国家的标准立法团体。大多数的标准制定团体仍需订阅或购买标准。

Perinorm 提供一种订阅服务,该服务提供国际、欧洲和国家标准的数据库,可获得 18 个国家的标准,除欧洲国家外,还包括美国、日本、澳大利亚、土耳其和南非。

22.3.5 日本

日本有一个通用的《劳动标准法》(Labour Standards Law,1998 年修订),该法律明确指出应采取措施以确保合理的工作条件并改善工作条件。另有其他的法律对该通用的《劳动标准法》进行补充,其中包括《工业安全与卫生法》(Industrial Safety and Health Law)。有一个国家体系通过指导和监察来保证法律的遵守。

1. 日本厚生劳动省(Ministry of Health, Labour and Welfare)

该政府部门监督于 1972 年通过的《工业安全与卫生法》。为了支持该法律,有一个强制命令和许多法令来描述遵从该法律的最低需求,应特别注意的是:

(1)《工业安全与卫生法令》(Ordinance on Industrial Safety and Health)。

(2)《高压条件下劳动安全与卫生法令》(Ordinance on Safety and Health of Work Under High Pressure)。

(3)《办公室卫生标准法令》(Ordinance on Health Standards in the Office)。

(4)《职业安全与卫生管理系统指南》(Guideline for Occupational Safety and Health Management Systems)。

虽然在一个法令中包含许多信息,但该指南仍是概括性的。它的期望是预防疾病和积极维持和增进卫生,这必须通过建立一个职业安全与卫生的管理系统对危险与危害进行确认和控制才能实现。另外,日本还有一个把减少劳动时间作为改善劳动条件一部分的国家计划。

国家法律及辅助性法令和指南的英文摘要可通过日本职业安全与卫生国际中心(Japan International Center for Occupational Safety and Health,JICOSH)获得。

2. 国家工业安全研究所(National Institute of Industrial Safety,NIIS)

NIIS 是日本厚生劳动省下属的重点关注安全问题的一个研究部门,工效学是这个组织的主要研究课题。

3. 国家工业卫生研究所(National Institute of Industrial Health,NIIH)

这是日本厚生劳动省下属的一个多学科的分支研究机构,重点关注职业病并向政府提供与工业卫生有关的科技信息。它有几个面向工业卫生的主要活动领域,以及关于以下问题的活动领域:

(1) 针对劳动条件改变的劳动管理和人因工程学。

(2) 妇女和老人的劳动能力和适应性。

(3) 物理性危害的评价。

4. 日本标准协会(Japanese Standards Association,JSA)

JSA 是购买推荐性标准的主要来源。该协会资助日本工业标准委员会(Japanese Industrial Standards Committee,JISC)——一个标准制定组织,也是推荐性日本工业标准(Japanese Industrial Standards,JIS)的主要制定者。JIS 数量众多,但是大多数是技术性的。ISO 标准也可通过 JSA 获取,并根据 ISO 对赞助国的政策在日本被采用。

5. 日本职业安全与卫生国际中心(Japan International Center for Occupational Safety and Health,JICOSH)

JICOSH 是一个有用的资源,因为它的任务涉足其他国家的工业,上面有一些日本工业法律的概述,还有一些其他日本网站的有用链接。

22.4 中国人类工效学标准化

22.4.1 工效学标准化的目的

人类工效学是一个以应用工程学、人体测量学、生物力学、心理学、环境学及社会学等诸多学科为基础的综合性学科,它主要从事人-机-环境系统的和谐性研究,旨在按照人的生理、心理特性设计和改善产品与环境,以实现人、机、环境三者间的最佳匹配,为人们创造"高效、安全、健康、舒适"的工作生活条件。人类工效学能有效优化系统的整体绩效,提高企业竞争力,改善人民生活质量,是具体实现"以人为本"科学发展观的有效工具,被广泛应用于制造、建筑、交通、信息、安全、劳动保护、管理、航空、航天和国防等诸多领域。人类工效学标准涉及产品生命周期的各个阶段,包括设计、制造、销售、使用和维护,可为产品、人机系统和环境的人性化设计与评价提供规范化的技术支持和数据支持,无论是对技术领域还是管理领域都具有十分重要的指导意义。

进入 21 世纪,"以人为本"逐渐成为时代发展的主题。人们在享受物质生活的同时,越来越注重产品中所体现的对人的尊重和关怀,产品的人性化设计日益成为潮流和趋势所向,其工效学特性日益受到重视,已成为影响产品市场占有率的关键因素。因此,人类工效学如今已成为产业界研究和应用的热点。

工效学标准化是将人机工程学中带有规律性的概念和限度、参数及科研成果进行标准化处理,为人机系统设计和实际应用提供必要的参数和方法的过程。它是将人机工程学应用于工程设计、产品设计和生产实际的一个重

要环节。工效学标准化工作的目的:

(1) 在产品和工程设计中,引入人机工程学准则和方法,以求优化人机系统设计,进一步提高系统的可靠性水平。

(2) 以人为中心,提供人体生理、心理参数系列,为设计工作提供依据,力求保证人机系统中人的安全和健康,并高效地进行工作。

(3) 将人机系统中的参数、符号和有关零部件标准化,以利于工程和产品设计的规范化和国际交流。

22.4.2 工效学标准化的特点

(1) 人体参数较为复杂,人的能力有较大的弹性和可塑性,而且不同国家、民族及其他因素(如年龄、性别等)的差异较大,因此,在设计应用中应全面权衡。

(2) 不同国家的经济水平、科技发展水平及社会认识基准有较大的差异,制定人机工程标准必须符合国情。

(3) 人机工程设计标准,尤其是有关信息的输入和输出,还应充分考虑人的心理行为和习惯,以求尽力减少人的失误。

(4) 目前,在人机工程标准中,推荐性导则较多,设计应用时,应与技术设计方法相结合,以求完善设计内容和提高设计水平。

(5) 人机工程标准不同于一般的职业安全卫生标准,职业安全卫生标准是以人体生理耐受限度为前提,以不影响人的安全、健康为目的;而人机工程标准除以人的安全和健康为目的外,还要考虑其他因素,如人的主观舒适性、工作效率等。

22.4.3 我国人类工效学标准化机构

1980年,我国成立了全国人类工效学标准化技术委员会,与ISO/TC 159相对应,设立了7个分技术委员会:①SC1——指导原则;②SC3——人体测量与生物力学;③SC4——信号、显示与控制;④SC5——物理环境;⑤SC6——工作系统设计的工效学原则;⑥SC8——照明;⑦SC9——劳动安全。

军用人机工程标准由国家军用标准(GJB)主管部门、国防科学技术工业委员会归口管理。1984年,国防科工委成立了军用人-机-环境系统工程标准化技术委员会。

人机工程标准除国家标准外,各行业也有若干适合于行业特点的行业标准,尤其是核工业系统的人机工程标准或规范已自成体系。

1. 全国人类工效学标准化技术委员会简介

1) 全国人类工效学标准化技术委员会的组成

本届委员会成立于2016年,有来自各大科研机构、高校、企业的委员共43人。其中,来自科研机构的委员18名,来自高校的委员12名,来自海尔、美的、中国电信、上海商飞、国家高速动车组总成工程技术研究中心、浙江吉利等企业的委员13名。

2) 全国人类工效学标准化技术委员会的主要工作任务

(1) 提出人类工效标准化工作的方针、政策和技术措施的建议。

(2) 制定人类工效标准体系,提出制(修)订人类工效国家标准的规划和年度计划建议。

(3) 组织人类工效国家标准的制(修)订工作和人类工效科学的研究工作。

(4) 组织人类工效国家标准送审稿的审查工作,提出审查结论意见,提出强制性标准或推荐性标准的建议。

(5) 定期审核归口的人类工效国家标准,提出确认有效或修订、补充、废止的意见。

(6) 归口负责协调人类工效标准,并对有关技术内容进行审查。

(7) 负责人类工效国家标准的宣讲和解释工作及技术咨询工作;协助国家市场监督管理总局和有关行政主管部门开展人类工效国家标准的实施监督工作。

(8) 受国家市场监督管理总局委托,承担与国际标准化组织人类工效标准化技术委员会对口的标准化技术业务工作,包括投票、审查提案和国际标准的中文译稿,以及提出对外开展标准化技术交流活动建议等。

(9) 国际上相应人类工效学标准的转化。

(10) 面向社会开展人类工效学标准化工作。

3) 全国人类工效学标准化技术委员会的主要工作领域

(1) 人的能力。

人的能力包括人的基本尺寸、人的作业能力、各种器官功能的限度及影响因素等。对人的能力有了了解，才可能在系统的设计中考虑这些因素，使人所承受的负荷在可接受的范围之内。例如，人的短期记忆容量是七个元素左右，在系统的设计中如果某一工作对人的短期记忆有要求，就不能超过这一限度，否则人将会遗忘过多的信息，导致错误的发生。再比如，人在直立时向上推举的平均最大力是人体重的100%，对人体无伤害的最大举力是15%左右。若某一工作的负荷超过这一值，不仅会影响人的工作效率，甚至会影响人的身心健康。

(2) 人机交互。

"机"在这里不仅仅代表机器，而是代表人所在的物理系统，包括各种机器、电子计算机、办公室、各种自动化系统等。人类工效学的座右铭是"使机器适合于人"。在人-机交互中，人类工效学的重点是工作场地、各种显示器和控制器的设计。随着电子技术的进步和电子计算机的普及，人-计算机交往的研究在人类工效学中占有越来越重要的地位。

(3) 环境对人的影响。

人所在的物理环境对人的工作和生活有非常大的影响作用，环境对人的影响是人类工效学的一个重点内容。这方面的内容包括：照明对人的工作效率的影响，噪声对人的危害及其防治办法，音乐、颜色、空气污染对人的影响等。

2. 中国标准化研究院简介

1) 中国标准化研究院

国家市场监督管理总局人因与工效学重点实验室始建于1980年，2015年10月被认定为原国家质检总局重点实验室，2021年1月被认定为国家市场监督管理总局重点实验室（人因与工效学），是国家市场监督管理科技创新体系和国家质量基础（NQI）的重要组成部分，是推进人因与工效学领域重大科学研究、产出高水平科研成果的创新平台。

实验室以人-机-环境的交互关系为研究对象，研究人在系统中的影响和作用，以及如何按照人的生理、心理特性来设计和改善产品与环境，使人、机、环境三者间的配合达到最佳状态，从而实现"安全、健康、舒适、高效"的目标。实验室现有3个研究平台、9个研究单元（图22-3），实验室面积4320 m^2，仪器设备资产达到7000余万元，拥有大型人体尺寸扫描仪、生物力学全套测试设备、运动捕捉系统、感知测评系统、眼动仪、脑电仪、多模态同步实验采集分析系统及虚拟现实与仿真测评系统，具备对人体形态、力量、运动、感知、认知、用户体验与环境舒适性等人因问题的全方位实验研究和测评能力，2011年4月通过了中国合格评定国家认可委员会（CNAS）组织的实验室能力认可评审。

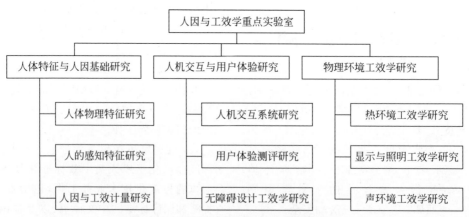

图 22-3 实验室研究方向和主要研究单元

"十五"以来,实验室承担了 10 多项国家和省部级科技计划项目课题,获得专利 20 多项、软件著作权 60 多项,发表科技论文 200 余篇。实验室承担全国人类工效学标准化技术委员会(SAC/TC 7)秘书处工作,组织制定了人因与工效学国家标准近百项。实验室的研究成果在航空航天、高铁、汽车、家电、家具和信息技术等行业领域得到广泛应用,产生了显著的社会效益。

2) 中国人体特征数据库

实验室拥有我国目前数据量最大、测量项目最全面、样本年龄跨度最大、采样地域分布最广的中国人体特征数据库,数据库包括工业设计常用的人体尺寸、力量、关节活动范围、视觉、听觉、触觉、认知及热感知等 2000 多万条中国人体特征数据。以下是 3 次比较大规模的全国人体测量工作:

1986—1987 年,在国家科委项目的支持下,中国标准化研究院组织完成了第一次全国成年人人体尺寸数据调查,全国抽样采集 30 多个地区的 2.2 万多成年人(18~60 岁),每个样本测量 73 项人体尺寸数据,研究制定了 GB/T 10000《中国成年人人体尺寸》和 GB/T 2428《成年人头面部尺寸》等成年人人体尺寸系列国家标准。

2006—2007 年,在国家科技基础条件平台工作重点项目的支持下,中国标准化研究院组织完成了第一次全国未成年人人体尺寸测量,全国抽样采集 30 多个地区的 2 万多名未成年人(4~17 岁),每个样本的测量项目为 139 项,研究制定了 GB/T 26158《中国未成年人人体尺寸》和 GB/T 26160《中国未成年人头面部尺寸》等未成年人人体尺寸系列国家标准。

2013—2018 年,在国家科技基础性工作专项项目支持下,中国标准化研究院在全国范围内抽取 32 个地区,采集了 2.6 万多个样本、450 多万条人体形态尺寸、人体力学、视觉、听觉、触觉等人体特征参数数据。

目前,基于中国人体特征数据,中国标准化研究院开发了系列人体模型、头模、足模和手模等。中国人体特征数据库的数据已广泛应用到服装、家具、汽车、信息技术、建筑、交通、军工和航空航天等各行业,为产品的设计和开发提供了科学数据支撑。

3. 全国人类工效学标准化技术委员会发布的国家标准

截至目前,全国人类工效学标准化技术委员会制定发布的国家标准见表 22-1。

表 22-1 全国人类工效学标准化技术委员会制定发布的标准

序号	国家标准号	国家标准名称
1	GB/T 14774—1993	工作座椅一般人类工效学要求
2	GB/T 14775—1993	操纵器一般人类工效学要求
3	GB/T 14777—1993	几何定向及运动方向
4	GB/T 15241.1—2023	与心理负荷相关的工效学原则 第 1 部分:心理负荷术语与测评方法
5	GB/T 15241.2—1999	与心理负荷相关的工效学原则 第 2 部分:设计原则
6	GB/T 16251—2023	工作系统设计的人类工效学原则
7	GB/T 15759—2023	人体模板设计和使用要求
8	GB/T 5703—2023	用于技术设计的人体测量基础项目
9	GB/T 5704—2008	人体测量仪器
10	GB/T 10000—2023	中国成年人人体尺寸
11	GB/T 16252—2023	成年人手部尺寸分型
12	GB/T 2428—1998	成年人头面部尺寸
13	GB/T 26158—2010	中国未成年人人体尺寸
14	GB/T 26159—2010	中国未成年人手部尺寸分型

续表

序号	国家标准号	国家标准名称
15	GB/T 26160—2010	中国未成年人头面部尺寸
16	GB/T 26161—2010	中国未成年人足部尺寸分型
17	GB/T 22187—2008	建立人体测量数据库的一般要求
18	GB/T 23461—2009	成年男性头型三维尺寸
19	GB/T 23698—2023	三维扫描人体测量方法的一般要求
20	GB/T 23699—2009	工业产品及设计中人体测量学特性测试的被试选用原则
21	GB/T 14776—1993	人类工效学 工作岗位尺寸设计原则及其数值
22	GB/T 12985—1991	在产品设计中应用人体尺寸百分位数的通则
23	GB/T 31002.1—2014	人类工效学 手工操作 第1部分：提举与移送
24	GB/T 23702.1—2009	人类工效学 计算机人体模型和人体模板 第1部分：一般要求
25	GB/T 23702.2—2010	人类工效学 计算机人体模型和人体模板 第2部分：计算机人体模型系统的功能检验和尺寸校验
26	GB/T 17245—2004	成年人人体惯性参数
27	GB/T 36606—2018	人类工效学 车辆驾驶员眼睛位置
28	GB/T 36607—2018	人类工效学 车辆驾驶员头部位置
29	GB/T 18717.1—2002	用于机械安全的人类工效学设计 第1部分：全身进入机械的开口尺寸确定原则
30	GB/T 18717.2—2002	用于机械安全的人类工效学设计 第2部分：人体局部进入机械的开口尺寸确定原则
31	GB/T 18717.3—2002	用于机械安全的人类工效学设计 第3部分：人体测量数据
32	GB/T 18976—2003	以人为中心的交互系统设计过程
33	GB/T 18978.1—2003	使用视觉显示终端（VDTs）办公的人类工效学要求 第1部分：概述
34	GB/T 18978.10—2004	使用视觉显示终端（VDTs）办公的人类工效学要求 第10部分：对话原则
35	GB/T 18978.11—2023	人-系统交互工效学 第11部分：可用性定义和概念
36	GB/T 18978.12—2009	使用视觉显示终端（VDTs）办公的人类工效学要求 第12部分：信息呈现
37	GB/T 18978.13—2009	使用视觉显示终端（VDTs）办公的人类工效学要求 第13部分：用户指南
38	GB/T 18978.143—2018	人-系统交互工效学 第143部分：表单
39	GB/T 18978.151—2014	人-系统交互工效学 第151部分：互联网用户界面指南
40	GB/T 18978.16—2018	使用视觉显示终端（VDTs）办公的人类工效学要求 第16部分：直接操作对话
41	GB/T 18978.2—2004	使用视觉显示终端（VDTs）办公的人类工效学要求 第2部分：任务要求指南
42	GB/T 18978.300—2012	人-系统交互工效学 第300部分：电子视觉显示要求概述
43	GB/T 18978.307—2015	人-系统交互工效学 第307部分：电子视觉显示器的分析和符合性试验方法
44	GB/T 18978.400—2012	人-系统交互工效学 第400部分：物理输入设备的原则和要求
45	GB/T 20527.1—2006	多媒体用户界面的软件人类工效学 第1部分：设计原则和框架
46	GB/T 20527.3—2006	多媒体用户界面的软件人类工效学 第3部分：媒体选择与组合
47	GB/T 20528.1—2006	使用基于平板视觉显示器工作的人类工效学要求 第1部分：概述

续表

序号	国家标准号	国家标准名称
48	GB/T 20528.2—2009	使用基于平板视觉显示器工作的人类工效学要求 第2部分：平板显示器的人类工效学要求
49	GB/T 21051—2007	人-系统交互工效学 支持以人为中心设计的可用性方法
50	GB/T 22188.1—2008	控制中心的人类工效学设计 第1部分：控制中心的设计原则
51	GB/T 22188.2—2010	控制中心的人类工效学设计 第2部分：控制套室的布局原则
52	GB/T 22188.3—2010	控制中心的人类工效学设计 第3部分：控制室的布局
53	GB/T 23700—2009	人-系统交互人类工效学 以人为中心的生命周期过程描述
54	GB/T 23701—2009	人-系统交互人类工效学 人-系统事宜的过程评估规范
55	GB/T 32261.2—2015	消费类产品和公用类产品的可用性 第2部分：总结性测试方法
56	GB/T 32265.1—2015	日用产品的易操作性 第1部分：针对使用情境和用户特征的设计要求
57	GB/T 33660—2017	城市公共交通设施无障碍设计指南
58	GB/T 34063—2017	城市公共交通设施工效学设计指南
59	GB/T 36608.1—2018	家用电器的人类工效学技术要求与测评 第1部分：电冰箱
60	GB/T 36608.2—2018	家用电器的人类工效学技术要求与测评 第2部分：空调器
61	GB/T 39223.3—2020	健康家居的人类工效学要求 第3部分：办公桌椅
62	GB/T 39223.4—2020	健康家居的人类工效学要求 第4部分：儿童桌椅
63	GB/T 39223.5—2020	健康家居的人类工效学要求 第5部分：床垫
64	GB/T 39223.6—2020	健康家居的人类工效学要求 第6部分：沙发
65	GB/T 40230.1—2021	视疲劳测试与评价方法 第1部分：眼视光学
66	GB/T 40230.2—2021	视疲劳测试与评价方法 第2部分：视知觉功能
67	GB/T 17244—1998	热环境 根据WBGT指数（湿球黑球温度）对作业人员热负荷的评价
68	GB/T 33658—2017	室内人体热舒适环境要求与评价方法
69	GB/T 40233—2021	热环境的人类工效学 物理量测量仪器
70	GB/T 18048—2008	热环境人类工效学 代谢率的测定
71	GB/T 18049—2017	热环境的人类工效学 通过计算PMV和PPD指数与局部热舒适准则对热舒适进行分析测定与解释
72	GB/T 40261.2—2021	热环境的人类工效学 交通工具内热环境评估 第2部分：用受试者评价热舒适性
73	GB/T 40288—2021	热环境的人类工效学 术语和符号
74	GB/T 18977—2003	热环境人类工效学 使用主观判定量表评价热环境的影响
75	GB 5697—1985	人类工效学照明术语
76	GB/T 5699—2017	采光测量方法
77	GB/T 5700—2023	照明测量方法
78	GB/T 12454—2017	光环境评价方法
79	GB/T 1251.1—2008	人类工效学 公共场所和工作区域的险情信号 险情听觉信号
80	GB/T 1251.2—2006	人类工效学 险情视觉信号 一般要求、设计和检验
81	GB/T 1251.3—2008	人类工效学 险情和信息的视听信号体系
82	GB/T 12984—1991	人类工效学 视觉信息作业基本术语
83	GB/T 13379—2023	视觉工效学原则 室内工作场所照明
84	GB/T 13459—2008	劳动防护服 防寒保暖要求
85	GB/T 35414—2017	高原地区室内空间弥散供氧（氧调）要求

22.4.4 人类工效学标准的发展趋势

人类工效学可应用的范围相当广泛,包括生产制造,服务业的设备及工作环境,公共及生活空间,消费产品设计,计算机硬件及软件,残障人事辅助设备,交通、电信、医疗系统,航天系统,国防武器系统等。在产品设计过程中,考虑人类工效学标准,则能提高产品品质水准。而当各类大型系统越来越自动化之后,人与计算机互动方面的种种问题更不容忽视。由于现代科技迅速发展及经济快速成长,在人们对生活和工作品质的要求日渐提升之下,人类工效学所扮演的关键角色也将日益重要。

1. 人类工效学在医疗工程中的应用

医学是救死扶伤的科学,对人的关注度非常高。由于临床医学行业的特殊性,医疗事故事关重大,医疗效率也十分重要,所以人们对于医生和医疗器械等各方面的要求比普通行业要高,从人因工程的角度考虑医疗的人-机-环境系统也越发重要。在医疗方面进行人因工程的探究,越来越获得了人们的重视,也取得了迅速的发展。

在医疗器械可用性测试和评估方面,国内关注度较高,也取得了较多成果。我们在制造自己的产品时,需要根据中国人来进行可用性测试,而不能生搬硬套国外没有根据中国人的人体尺寸和特性进行人因测试的设备。这样可以保证产品的人因特性,让产品更可靠,在保证治疗效果的同时,提高病人的舒适度,消除心理恐惧;同时也解决医生在使用上的困难,减少长时间使用的生理不适。例如,在腔镜方面,根据人体尺寸和国人特性进行了可用性测试,也进行了器械手柄的重新设计。

2. 人类工效学在核电中的应用

在核电领域,人类工效学将人作为一个重要因素引入核工程的设计之中,充分研究人机交互作用,以期获得安全和高效的工艺设备与稳定可靠的系统。

我国核电工效学经历了从无到有、初步应用及2009年以后系统应用的发展历程,工效学在秦山一期、恰希玛一期项目中初步应用,2005年以后开始在恰希玛二期项目中系统应用。工效学的使用,大幅提高了我国核电的安全性及效率。当前我国秉持"安全第一"的方针发展核电,解决人的问题是核电安全非常重要的问题,工效学对当前阶段我国核电的积极发展起到了极其重要的保障作用。同时工效学对我国先进核电技术的引进吸收到走出去也起到了重要的推动作用,当前我国自主第三代核电技术"华龙一号"出口到英国,经历了非常严格的工效学测评,采用先进的工效学工程理念来优化系统设计,因此提升人机交互效能是我国核电走出去的重要保证。

3. 人类工效学在载人航天中的应用

由于载人航天任务系统的复杂性和任务的多样性,对航天员的安全和操作的可靠性要求非常高。在载人航天任务中,航天员乘组、航天器及空间环境构成一个复杂的人-机-环境系统。当前航天人因工程研究的基础和核心是航天员的作业能力与绩效。以深入了解人在太空中的能力和局限性为目的,着力探讨人体参数及生物力学特性、舱外作业能力、感觉知觉能力及心理和行为健康等课题。

其他的主要研究热点集中在:航天器人机界面与人机交互、航天人为失误与人因可靠性及人机系统整合设计与评估三个方面。人机界面与人机交互研究为航天器人机交互效能的提升提供了重要的理论和技术支撑,人机智能系统协同主要面向人与智能机器人等团队协同中的人因问题。人为失误与人因可靠性通过对航天人为失误事件的分析研究识别人为失误的影响因素,认识和掌握人为失误的普遍特征与规律,深入研究其内在的机制与机理。近十年来,我国航天人因工程的研究成果丰硕,成功助力了我国载人航天、空间站建设事业的开展。

4. 人类工效学在智能制造领域的应用

未来20年,各种产品和装备都将从数字一代发展成为智能一代,升级成为智能产品和装备。一方面将要涌现出一大批先进的智能产品,比如说智能终端、智能家电、智能医疗设备、智能玩具等,为人们更加美好的生活服务;另一方面推进重点领域重大装备的智能升级,我国提出十大重点领域,如信息制造装备、航天航空装备、船舶和海洋装备、汽车、轨道交通装备、农业装备、能源装备等,特别是要大力发展智能制造装备,如智能机器人、智能机床等。这些设备的使用对象都是人,如何让这些智能设备与人的生理和心理特点相适应,已经成为当前工效学研究的一个新方向。

参 考 文 献

[1] 陈信,袁修干. 人-机-环境系统工程总论[M]. 北京：北京航空航天大学出版社,1996.
[2] 丁玉兰. 人机工程学[M]. 5版. 北京：北京理工大学出版,2017.
[3] 程景云,倪亦泉. 人机界面设计与开发工具[M]. 北京：电子工业出版社,1994.
[4] 董士海,王坚,戴国忠. 人机交互和多通道用户界面[M]. 北京：科学出版社,1999.
[5] 吴玲达,老松杨,王晖,等. 多媒体人机交互技术[M]. 长沙：国防科技大学出版社,1999.
[6] 罗仕鉴,郑加成. 基于人机工程的虚拟产品设计与评价系统研究[J]. 软件学报,2001(增刊).
[7] 陈信,袁修干. 人-机-环境系统工程计算机仿真[M]. 北京：北京航空航天大学出版社,2001.
[8] 刘宏增,黄靖远. 虚拟设计[M]. 北京：机械工业出版社,1999.
[9] 修干,庄达民,张兴娟. 人机工程计算机仿真[M]. 北京：北京航空航天大学出版社,2005.
[10] GHARAJEDAGHI J. 系统思维[M]. 王彪,姚瑶,刘宇峰,译. 北京：机械工业出版社,2014.
[11] 白思俊. 系统工程[M]. 3版. 北京：电子工业出版社,2013.
[12] 钱学森,等. 论系统工程[M]. 长沙：湖南科学出版社,1982.
[13] 汪应洛. 系统工程[M]. 4版. 北京：机械工业出版社,2011.
[14] 李怀理. 决策理论导论[M]. 北京：机械工业出版社,1993.
[15] 孙东川. 系统工程引论[M]. 2版. 北京：清华大学出版社,2009.
[16] 王众托. 系统工程[M]. 北京：北京大学出版社,2010.
[17] 谭跃进,等. 系统工程原理[M]. 北京：科学出版社,2010.
[18] 吴光强,张曙. 汽车数字化开发技术[M]. 北京：机械工业出版社,2010.
[19] 钮建伟,张乐. Jack人因工程基础及应用实例[M]. 北京：电子工业出版社,2012.
[20] 陈禹,钟佳桂. 系统科学与方法概论[M]. 北京：中国人民大学出版社,2005.
[21] CHENGALUR S N. 等. 柯达实用工效学设计[M]. 杨磊,等译. 北京：化学工业出版社,2007.
[22] 全国人类工效学标准化技术委员会. 人类工效学标准汇编：人体测量与生物力学卷[M]. 北京：中国标准出版社,2009.
[23] 全国人类工效学标准化技术委员会. 人类工效学标准汇编：一般性指导原则及人机系统交互卷[M]. 北京：中国标准出版社,2009.
[24] 全国人类工效学标准化技术委员会. 人类工效学标准汇编：物理环境卷[M]. 北京：中国标准出版社,2009.
[25] DUL J,WEERDMEESTER B. 人机工程学入门：简明参考指南[M]. 3版. 连香姣,等译. 北京：机械工业出版社,2011.
[26] 戴汝为. 社会智能科学[M]. 上海：上海交通大学出版社,2007.
[27] 孙金宝,朱盈霏,王卫星. 基于Jack仿真的家用学习桌的改进设计[J]. 设计,2023,8(4)：3906-3916.

第4篇

以人为本理论赋能装备制造业

第23章

以人为本的交叉学科与装备制造业

23.1 以人为本交叉学科简介

交叉学科是指不同学科之间相互交叉、融合、渗透而出现的新兴学科。近代科学发展特别是科学上的重大发现,国计民生中的重大社会、经济、工程技术等问题的解决,常常涉及不同学科之间的相互交叉和相互渗透。本篇涉及的探究人类劳作规律性的学科就是典型的以人为本交叉学科,简要介绍如下。

1. 人类工效学

人类工效学是直接从英语单词 ergonomics 翻译而来的。

ergonomics 源自希腊语,其中"ergon"是工作(work)的意思,"nomos"是自然法则(natural laws),也就是探究人类劳作规律性的科学。1949 年,英国心理学家默雷尔(Hywel Murrell)于英国海军部召开的会议上提出了"ergonomics"这个英语单词,用于概括当时在第二次世界大战时期,能够提高人行为效率的学科(包括解剖学、生理学、心理学、工业医学、工业卫生学、工程设计学、建筑学和照明工程学等)并意图把这些成果应用于军事以外的领域。

国际人类工效学学会对 ergonomics 的定义为:是一门研究人和系统中其他元素的相互作用的学科,是一个将理论、原理、数据和方法应用于设计,优化人的身心健康和整体的系统效率的学科。所以,工效学这个翻译与 ergonomics 这个词的创建最为契合。如今在国内,工效学属于最正式的学科名称之一,常常可以在科研成果、国家标准中见到。

1980 年 5 月,国家标准局和中国心理学会召开会议,成立了中国人类工效学标准化技术委员会。1989 年 6 月 29—30 日在上海同济大学召开了全国性学科成立大会,定名为中国人类工效学学会(CES),现在是国际人类工效学学会(IEA)的成员之一。

由于该学科属于边缘学科,其研究与应用的领域极其广泛,中国人类工效学学会现下设 11 个二级分会,见表 23-1。从分会的名称,我们也可以大致了解国内该学科的研究内容和涉及领域。

表 23-1 中国人类工效学学会的二级分会

	专业委员会(二级分会)
中国人类工效学学会	人机工程专业委员会
	认知工效专业委员会
	生物力学专业委员会
	管理工效学专业委员会
	安全与环境专业委员会
	工效学标准化专业委员会
	交通工效学专业委员会
	职业工效学专业委员会
	复杂系统人因与工效学分会
	设计工效学分会
	智能交互与体验分会

中国人类工效学学会将学科介绍为：以人-机-环境所构成的系统作为研究对象，把系统中的人作为着眼点，通过对人的生理、心理、感知、认知、组织等方面的特性研究，提出产品、设施、人机界面、工作场所、微气候、人员工作组织等内容的设计与优化的理论、方法、原则、步骤等，最终实现人-机-环境的最佳匹配，使人高效、安全、健康、舒适地工作与生活。

由此可以看出，在这门学科的定义中，有两点是非常重要的：

（1）研究对象是人、机、环境（系统元素）的相互关系。

（2）研究目的是在不同条件下，使人高效、安全、健康、舒适地工作与生活。

2. 人-机-环境系统工程

人-机-环境系统工程学与人机工程是从ergonomics的研究对象角度命名的。

我国的人-机-环境系统工程（man-machine-environment system engineering，MMESE）是19世纪80年代，在著名科学家钱学森院士的指导下创立的。

在人-机-环境系统工程学中，对该系统构成的三要素定义如下：

（1）人——占主体地位的决策者、规划者或实际操作者。

（2）机——人操纵使用物的总称（如机器装备、工具设施、仪器仪表、工作台椅、生活娱乐器具等）。

（3）环境——人与机所处的社会物质环境。

3. 人因工程学

人因工程学全称为人类因素工程学，来源于英语"human factor engineering"。与国内相同，其实该学科在国内外的命名也没有完全统一。

人因工程学是近年来随着科技进步与工业化水平的提升而快速发展的一门综合性交叉学科，综合运用生理学、心理学、人体测量学、生物力学、计算机科学、系统科学等多学科的研究方法和手段，在航空航天、国防装备、能源交通、医疗卫生、建筑设计、日常生活等领域发挥了重要作用。人因工程发展的目标和宗旨是以航天科技为牵引，聚焦科学与艺术（人文）的融合创新，通过不同学科领域的交叉融合、科普教育以及国际交流合作，传播人类命运共同体理念，推动"以人为中心"的人因工程学科发展，促进未来智能化工业时代适人性水平综合提升。

4. 人机工程学

人机工程学是一门新兴的综合性边缘学科，它是人类生物科学与工程技术相结合的学科。目前，国际上尚无统一的术语，而工程技术学科领域则多采用"人机工程学"。命名不同，其研究方向也有不同的侧重点，但在大多数实际应用中，可将上述术语视为同义词。从工程设计的角度出发，手册主要采用"人机工程学"这个术语。个别之处，按照流行的习惯用语，采用"人类工效学"或"人因工程学"。

目前，对人机工程学的定义有着不同的提法，其含义基本类似。

国际人类工效学学会（IEA）的定义：研究人在某种工作环境中的解剖学、生理学和心理学等方面的各种因素，研究人和机器及环境的相互作用，研究在工作中、生活中怎样统一考虑工作效率、人的健康、安全和舒适等问题的学科。

国际劳工组织（ILO）的定义：应用有关人体的特点、能力和限度的知识来设计机器、机器系统和环境，使人能安全而有效地工作和舒适地生活。

《中国企业百科全书》的定义：研究人和机器、环境的相互作用及其合理结合，使设计的机器和环境系统适合人的生理、心理等特点，达到在生产中提高效率、安全、健康和舒适的目的。

因此，可以认为，人机工程学是按照人的特性来设计和优化人-机-环境系统的科学，其主要目的是使人能安全、健康、舒适和有效地进行工作。其中，系统的安全可靠，尤其是人的安全与健康，应列为首要考虑的问题。

23.2 人因工程学在高端制造业中的应用

人因工程学是近年来随着科技进步与工业化水平的提升而迅猛发展的一门综合性交

叉学科。它综合运用生理学、心理学、人体测量学、生物力学、计算机科学、系统科学等多学科的研究方法和手段，致力于研究人、机器及其工作环境之间的相互关系和影响，最终实现提高系统性能且确保人的安全、健康和舒适的目标。

根据国际学术界当前的定义，人因工程学是研究系统中人与其他要素之间交互关系的学科，并运用相关原理、理论、数据与方法开展系统设计，以确保人员安全健康舒适及系统性能最优。这门学科欧洲称为工效学，日本称为人间工学，相近的学科还有人机工程学、工程心理学，以及我国建立的人-机-环境系统工程理论等。它涉及的范围很宽，既有高大上的国家重器，精密复杂的宇宙飞船、核工业、战斗机的设计，也包含我们日常的生活工业用品。

23.2.1 人因工程在军事、国防领域的应用

任何武器装备的研制及使用和保障总是要直接或间接地通过人在一定环境条件下完成。因此，为了使武器装备具有良好的保障性、作战适用性和最大化地发挥其作战效能，在装备设计时必须考虑人的因素，使人、装备、环境协同工作，相互适应。

人因工程在军事、国防领域的研究范畴包括：人的特性研究，如驾驶人员的可靠性分析、兵器操作的心理适应问题；机的特性研究，如雷达抗干扰能力分析、火炮操作性评估；环境特性研究，如环境噪声监测；人-机关系的研究，如舱内控制面板人机交互界面研究；人-环境关系研究，如舰载火控系统抗恶劣环境研究；人-机-环境系统总的研究，如特种车辆人-机-环境系统研究、驾驶舱工效与虚拟评价有效性研究、战车人机结合作业绩效研究。具体应用领域包括军舰船舶制造、特种车辆人机工程、武器装备人机工程、军人选拔与训练等。

23.2.2 人因工程在船舶领域的应用

随着我国保护海外利益需求的不断增强及走向远海战略的深入实施，舰船装备的发展也在向着提升效能的目标稳步前行。决定作战效能的因素除了装备和设备的设计制造水平外，另一个重要因素就是舰上人员能力的发挥。而舰船人因工程，正是通过研究人、机器和环境的相互作用，最大限度地提升人员潜能而实施的系统工程。在舰船系统中，不仅涵盖众多的人员和岗位，还存在工作环境和任务多变等特点，这就使舰船领域的人因工程与其他领域相比，更加凸显出复杂性和多样性。

在舰船领域，人因工程能够起到以下作用：在平台层面，主要解决空间布置优化、宜居性的问题，即空间适应人性，包括舰员的衣食住行、设备的布置与维修等方面的需求；在系统层面，主要关注人机功能的分配、软件可靠性问题，包括操作流程的优化、软件界面的优化、交互方式的优化等方面的需求；在设备层面，主要是提升设备的工效，包括设备操纵部件形状、位置、重量等方面的需求；在训练层面，则主要解决在最短时间内，使受训者获得能够胜任工作岗位的能力需求。舰船装备的特点是，定型后的使用周期相当长，如果不在设计初期阶段引入人因工程的思想，尽早发现可能存在的人因问题，那么由后期改进所带来的经济和时间成本将会成倍增加，因此人因工程在舰船装备中起到的重要作用是显而易见的。

舰船人因工程的核心思想是关注人的因素，在协同环境下，使人和装备有机结合，有效提高综合使用效能。未来舰船领域将迎来装备研制的关键时期，人因工程将会对舰船装备发展起到重要作用。

23.2.3 人因工程在载人航天领域的应用

2014年9月15日，世界顶级学术期刊《科学》(Science)杂志与中国航天员科研训练中心人因工程国家级重点实验室合作，为中国载人航天工程出版了专刊《人在太空中的能力与绩效：中国航天人因工程研究进展》(Human Performance in Space: Advancing Astronautics

Research in China），首次向国际学术界较集中、系统地展示了人因工程在中国载人航天领域应用研究的最新突破成就，这些成就也是中国人因工程研究迈入国际学术舞台的重大跨越性标志，人因工程已在我国的载人航天领域取得了重大突破。

鉴于人因工程在载人航天领域的重大突破，人因工程国家级重点实验室倡议发起并定期举行中国人因工程高峰论坛，2016—2023年，已成功举办七届，下面将作简要介绍。

23.3 中国人因工程高峰论坛

中国人因工程高峰论坛（以下简称"论坛"，英文名称为 China Summit Forum on Human Factors Engineering）是由人因工程国家级重点实验室倡议发起，由政府部门、科研院所等支持、主办，企业、学会、协会协办的具有较大影响力的、非营利性的、定期举办的综合性学术会议。论坛为政府、学界和企业界代表提供一个共商人因工程科学基础研究、成果转化与产品创新设计的高层次对话平台，在更广范围、更高层次、更深程度上将国防和军队现代化建设与社会经济发展结合起来，分享人因工程研究成果，研讨人因设计发展规划，深化了人因工程在智能装备、创新设计、医疗健康、智慧城市、互联网和国防安全等领域的引领与促进作用。

自2016年起，中国人因工程高峰论坛先后在深圳、杭州、长沙、广州、重庆、青岛、上海举办了七届。

中国人因工程高峰论坛是人因工程领域重要的学术文化品牌和学术交流平台，论坛内容丰富、紧跟热点、紧贴应用，每次交流都能引起专家学者的广泛共鸣与思考，引起各个领域的关注与研讨，起到很好的学科引领和推动作用，促进了人因设计理念的宣传、人因研究成果的展示、人因前沿理论的创新、人因实际应用的落地和多学科专业融合发展，赢得了与会专家代表的充分肯定与赞誉。

通过七届论坛的持续推动，国内人因工程技术得到了迅猛发展，其在航空航天、装备制造、交通运输、康复医疗、民生等领域的推动作用日益显现和重要，中国人因工程高峰论坛也已成为推动我国人因工程技术发展的倡导者、引领者。

中国人因工程高峰论坛各届主席均为人因工程国家重点实验室主任陈善广研究员。

陈善广，中国载人航天工程副总设计师，人因工程国家级重点实验室主任，国际宇航科学院院士，国家"973"重大计划项目首席科学家，中国宇航学会航天医学工程与空间生物学专委会主任委员，中国人类工效学学会复杂系统人因与工效学分会主任委员，人因工程学科带头人。

23.3.1 首届中国人因工程高峰论坛

首届论坛于2016年4月9—10日在深圳召开。人因工程高峰论坛旨在为政府、学界和企业提供一个共商人因工程技术研究、成果转化与产业化等问题的高层次对话平台，促进和深化国内人因工程、工业设计及认知科学领域专家学者之间的交流与合作，推动人因工程相关学科发展和行业应用创新实践。来自航天、航空、核电、高铁、互联网、医疗、科研、制造等领域的中国最高端科技专家，就人因工程如何运用到各自科研领域进行了探讨。

他们认为，中国的科技经过几十年的追赶，已经取得了卓越的成就，在中国目前处于2.0、3.0的工业混搭状态下，系统化地加入对人的极限和适应能力的研究，加入"人-机-环境"的深度互动研究，加入对人的心理和情绪的全面关怀研究，必将助推中国科技的跃迁。

人因工程不仅将挑战工业4.0，还要迎接未来30年的中国科技大爆发。

首届论坛主席、中国载人航天工程副总设计师、国际宇航科学院院士陈善广在论坛开坛首讲中，以人们的亲身体验来引入人因工程的概念。因为他还有一个重要身份，是人因工程国家级重点实验室主任、我国人因工程学科带头人。

首届人因工程高峰论坛是在"中国制造2025"和国家"十三五"规划关于创新驱动发展战略思想的指导下，在国家"军民融合"与"大众创业、万众创新"大政策的引领下，推动人因工程相关学科发展和行业应用创新实践。论坛参与范围之广、热度之高、反响之大远远超过预期。与会人员一致认为本届论坛的成功举办是我国人因工程领域发展的重要里程碑事件，对于提升我国科技创新、设计创新、军民融合的产业创新水平，助推"中国制造2025"具有重要意义。

23.3.2　第二届中国人因工程高峰论坛

第二届论坛于2017年10月14—15日在杭州良渚召开，参会的有政府部门代表、两院院士、人因工程领域专家学者、设计创新领域专家、相关科研院所及企事业单位代表400余人。

本届论坛以"人因设计创新中国"为主题，围绕"人因设计、中国智造、军民融合、共赢共享"的核心议题，在更广范围、更高层次、更深程度上将国防和军队现代化建设与社会经济发展结合起来，分享人因工程研究成果，研讨人因设计发展规划，深化人因工程在智能装备、创新设计、医疗健康、智慧城市、互联网和国防安全等领域的引领与促进作用，努力把会议打造成具有行业影响力和国际知名度的学术盛会，服务于国家建设和社会发展。

会议讨论通过了《发展人因工程，助推"中国制造2025"行动倡议书》，呼吁国家、行业、高校、企业及人因专家通力合作，从国家政策、行业示范、学科建设、人才培养、成果转化及应用等方面共同努力，促使人因工程研究和行业成果得到更广泛地推广和应用，提升企业管理人员和生产人员的人因学意识，改善低效率高风险的生产环节，并通过新兴技术中信息的高效利用，提升企业和行业综合竞争力，推动"中国制造2025"跨越发展。

23.3.3　第三届中国人因工程高峰论坛

第三届论坛于2018年9月16—17日在长沙举行，由中国载人航天工程办公室、长沙市人民政府、国防科技大学、中南大学、中国航天员科研训练中心共同主办。参会的有政府部门代表、两院院士、人因工程领域专家、设计创新领域专家、相关科研院所及企事业单位代表共计400余人。

陈善广副总设计师发表了题为《人因工程与人工智能》的主旨演讲。陈善广系统地向大家解释了以"人因工程与人工智能"作为论坛主题的原因——"我们所处的时代风起云涌、瞬息万变。我们要努力跟上时代发展的节奏，否则就会遭到淘汰。"

正在到来的工业4.0时代包括两大主题：一是智慧工厂，重点研究智能化生产系统及过程，以及网络化分布式生产设施的实现；二是智能生产，主要涉及整个企业的生产物流管理、人机互动及3D技术在工业生产过程中的应用。这些都与人因工程高度交叉。对中国而言，中国制造必然在工业4.0时代升级到"中国智造"。

在新的生产环境下，人机系统的表现形式和关系发生了变化：人不出现在生产现场，变成"看不见的手"，从采集信息到大数据挖掘再到决策，实现新的生产方式。此时，如何完成企业信息化建设就成为工业4.0时代各企业需解决的重要课题。

中国载人航天工程副总设计师、国际宇航科学院院士陈善广研究员认为，人因工程是工业4.0的灵魂。中国虽然是全球第一的制造业大国，但是现代化、信息化水平区域发展参差不齐，标准化程度低，要跨越式迈进工业4.0，还必须大力发展工业3.0，补上工业2.0的课，从实现民族复兴的角度看，这是难得的历史机遇，机遇大，挑战也更大。

23.3.4　第四届中国人因工程高峰论坛

第四届论坛于2019年11月16—17日在广州举行，来自政府部门的代表、两院院士、人因工程领域的专家学者、设计创新领域专家、相关科研院所及企事业单位等200多家单位、近600名专家代表与会交流。论坛还特别邀请了英雄航天员刘旺、王亚平参加。

本届论坛以"人因工程创新设计助推中国制造2025"为主题,围绕"人因工程、认知科学、中国制造、军民融合"领域方向,邀请了来自航天、航空、核电、高铁、互联网、医疗、制造等领域的12位专家作了特邀报告。论坛主席陈善广主持学术报告会并作导引发言。

陈善广副总设计师首先介绍了人因工程的学科理念、学科目标、研究对象、研究内容等,并回顾了前三届人因工程高峰论坛的相关情况。他强调,人因工程综合运用生理学、心理学、人体测量学、生物力学、计算机科学、系统科学等多学科的研究方法和手段,致力于研究人、机器及其工作环境之间的相互关系和影响,最终实现了提高系统性能且确保人的安全、健康和舒适的目标。

他还强调要让科技回到以人为本的初衷,并系统地回顾了人因工程的概念、发展历史和应用领域等。新时代人工智能迅速发展,人因工程学也面临着许多挑战,如多智能交互模型、AI系统安全性设计、人-AI自然交互、人-AI系统协调、AI系统可用性评估等。

他表示,希望以本次论坛为契机,与在座的专家学者、高校教师及社会企业家们共同努力,通过跨学科的交流与合作,分享人因工程研究成果、研讨人因设计发展规划,深化人因工程在智能装备、创新设计、医疗健康、智慧城市、互联网和国防安全等领域的引领与促进作用。

23.3.5 第五届中国人因工程高峰论坛

第五届论坛于2020年10月17—18日在重庆召开。本次论坛由中国人类工效学学会和重庆大学共同主办,由中国人类工效学学会复杂系统人因与工效学分会(分会秘书单位为清华大学工业工程系)承办,深圳人因工程技术研究院、中国船舶工业综合技术经济研究院、中广核工程有限公司、智能医学工程教育部工程研究中心和教育部深空探测联合研究中心协办,并得到了人因工程国家级重点实验室的专业支持。来自中国科学院和工程院、国际宇航科学院、全国高校、科研院所及企业的200余位院士、专家、学者和学生出席了会议。

本次会议的主题为"铸魂大国重器,共创美好未来",旨在为人因工程领域的科研、教学、应用等提供一个开放的交流平台,共同探讨航天航空、核电、高铁、船舶等大国重器的热点问题,交流学科发展动态。

论坛主席、陈善广副总设计师作了题为《铸魂大国重器,共创美好未来》的论坛主旨阐述。

陈副总回顾了历届人因工程高峰论坛的相关情况,介绍了人因工程的学科理念、学科目标、研究对象、研究内容及典型特征。他表示,近20年来,在国家载人航天工程、"863"计划、"973"计划等国家重大计划和专项的支持下,我国在人因工程学研究与应用方面取得了一批原创性理论和技术成果,但与发达国家相比,在理念、理论研究、应用、相关政策与支持等方面还有较大差距,因而大力推动中国人因工程发展,对于提升中国制造的核心能力与工业化水平,体现人民对美好生活的追求至关重要。

此外,特邀嘉宾中国科学院院士、美国科学院外籍院士、中国科学院神经科学研究所学术所长、中国科学院脑科学与智能技术卓越创新中心主任蒲慕明作了题为《脑科学与人因工程》的报告,特邀嘉宾中国工程院院士、阿里巴巴集团首席技术官王坚作了题为《第三只眼看数字化时代的人因工程学》的报告,中国船舶工业综合技术经济研究院副院长廖镇作了题为《船舶人因工程从国际到国内的思考实践》的报告,军事科学院军事医学研究院研究员、博士生导师伯晓晨作了题为《先进交互技术推动的脑机联合智能》的报告。

23.3.6 第六届中国人因工程高峰论坛

第六届论坛于2021年9月11—12日在青

岛举行。青岛先楚能源发展集团、上海市青岛商会等单位对接中国载人航天工程办公室，在"神舟十二号"即将返回地球、举国关注载人航天之际，将第六届中国人因工程高峰论坛引入青岛。

本届论坛在国家科学技术部、国家教育部、国家应急管理部、国家工业和信息化部、国家国防科技工业局等多家部委及协会和青岛市人民政府的支持及指导下，由中国人类工效学学会、中国海洋大学主办，由青岛先楚能源发展集团、上海市青岛商会承办本届高峰论坛。20余位两院院士、10余位部委及央企领导人因工程领域的专家学者、设计创新领域专家，相关科研院所及企事业单位代表近300人相聚青岛，共话人因发展。

开幕式上，论坛主席陈善广副总设计师讲道，人因工程的研究对象是一切由人制造的、有人参与控制或使用的产品或系统，研究的主要内容为人与系统其他要素的交互规律、基本原理、设计与评估方法等。

开幕式后，军事医学科学院研究员、国家自然科学基金委医学部主任、中国科学院院士张学敏带来了题为《人免疫力可视化技术与机体免疫状态记录》的特邀报告，武汉大学教授、中国科学院院士、中国工程院院士李德仁作了题为《论中国卫星对天对地观测的智能化》特邀报告，中子科学国际研究院首席科学家、中国科学院院士、国际核能院院士吴宜灿作了题为《先进核能系统创新实践及人因工程》的特邀报告。中国空间技术研究院总设计师、研究员、中国人类工效学学会复杂系统人因与工效学分会副主任委员、国际宇航科学院院士杨宏作了题为《人因工程在空间站系统中的工作实践》的特邀报告。

23.3.7　第七届中国人因工程高峰论坛

第七届中国人因工程高峰论坛于2023年3月25—26日在上海召开。本届论坛延续"铸魂大国重器，共创美好未来"的主题，体现了人因安全、学科交叉、产研融合等特点，共吸引18位两院院士、两位英雄航天员聂海胜和刘旺，以及人因工程领域专家学者、设计创新领域专家、相关科研院所及企事业单位代表共1200余人到场。华阳新材料作为航空航天领域零部件供应方，被特邀参加此次高峰论坛。

第七届中国人因工程高峰论坛以国家教育部、国家工业和信息化部、上海市人民政府、中国载人航天工程办公室为指导单位，以上海交通大学、中国人类工效学学会为主办单位。

第七届中国人因工程高峰论坛为政府、学界和企业界代表提供了一个共商人因工程科学基础研究、成果转化与产品创新设计的高层次对话平台，在更广范围、更高层次、更深程度上将国防建设与社会经济发展结合起来，分享人因工程研究成果，研讨人因设计发展规划，发挥人因工程在高端装备、创新设计、医疗健康、智慧城市、互联网和国防安全等领域的引领与促进作用。

23.4　中国人因工程高峰论坛带给学科的思考

2013年，"载人航天空间交会对接工程"获国家科技进步特等奖，航天人因工程对保障人控交会对接等任务的成功完成发挥了重要作用。"成功不等于成熟，结果完美并不等于过程完美。中国载人航天的辉煌背后还存在着人因问题考虑不完善的地方，工程全线对人因还缺乏足够重视，人因体系并没有完全建立起来，作为航天人务必要保持头脑清醒，要有风险意识。"人因工程学科带头人——陈善广当时的思考为大会埋下了伏笔。

近20年来，在国家载人航天工程、"863"计划、"973"计划及大型飞机、高铁、核电站等国家重大计划和专项的支持下，我国在人因工程学研究与应用方面取得了一批原创性理论和技术成果。但与发达国家相比，在理念、理论研究、应用、相关政策与支持等方面还有较大差距,大力推动中国人因工程发展,对于提升中国制造核心能力与工业化水平至关重要。

2016—2023年,中国人因工程七届论坛多次云集国内人因方面的顶级专家共谋中国人因工程发展大计,重视程度、层次和规格之高前所未有,是我国人因工程领域的重要里程碑。特别是论坛主席陈善广提出的人因工程助推"中国制造2025"的行动倡议,得到与会代表的积极响应。人因工程助推"中国制造2025"也必定助力中国在未来30年取得整体性科技大突破。

除了国家的军工、高精尖的大项目,在陈善广看来,人因工程能服务的领域非常宽广,跨度极大。

陈善广表示,人因学科的很多方法不仅受到了美国国防部、美国国家航空航天局的青睐,也广泛应用于民用飞机、汽车等制造行业,不仅提高了系统效能、减少了人因差错,确保了安全性,还能够减少设计反复,缩短研制周期,大大降低研发成本。这些价值需要被管理层、工程师和用户真正认识。

陈善广对专家提出的人因设计应考虑人的审美需求的观点很认同,他问科学家们:"我们的产品与发达国家比起来到底哪里不对?"其实就是缺乏审美考虑。现代产品体现的是科技与艺术的结合、内在功能与外观设计的统一。

劳动创造了人,人用技术与大自然、宇宙进行交互,创造了不断迭代升级的人类文明。从这个意义上说,人的本质是科技,科技的本质就是人。陈善广在报告中说:"人是极为复杂的生命系统,人机系统由于人的参与更为复杂,人因工程反映了人类对客体和主体自身的认知水平。"

事实上,大到"嫦娥"计划、空间站、火箭飞船,小到一部手机、一个放大镜、一把刀,都是人通过技术与自然达成"心物一体化",并不断探索文明新境界的过程,人因是其中最活跃、

最本质的因素。中国文化中"天人合一"的思想及整体观渗透了中国人因工程的各个环节。

论坛的专家们一致认为,人因工程正在蓬勃发展中,中国人的智慧和文化一定会对这一学科的发展作出独特贡献,共同将人因工程与大众生活结合起来,着力推动"让未来科技的发展回归以人为本"的初衷,服务人民群众对未来美好生活的向往,服务于国家建设和社会发展。

陈善广说:"我们有理由相信,人因工程会把一种优良基因传递到我们国家上上下下各个领域中去。"

23.5 让制造业回归以人为本的初衷

23.5.1 以人为本理论助力智能制造

源自ergonomics译名而产生的上述交叉学科,有着学科命名多样、学科定义不统一、学科边界模糊、学科应用范围广泛等特征。

经过较为系统的分析研究,我们认为源于ergonomics这门探究人类劳作规律的学科,具有如下学科特点:

(1) 共有以人为本的核心理念。

(2) 都以人-机-环境系统综合优化为研究手段。

(3) 对人-机-环境系统研究必须采取以人为主导的研究方法论。

(4) 追求系统中人的安全、高效、健康、舒适是学科研究的终极目标。

沿着对译自ergonomics这个交叉学科群的研究,便意识到原来一切知识原理、准则都是相通的。基于跨学科理论的整体视野,为实现"以人为本的交叉学科群"健康发展,将跨学科视为促进交叉学科群进一步发展的向导,将以人为本的交叉学科理论和应用引入装备制造业,赋能制造业数字化、智能化和数智化转型。

《中国制造2025》提出"以人为本"的基本方针,制订制造业人才培养计划、卓越工程师培养计划,提高现代经营管理水平等。中国的制造业企业要想在全球拥有话语权,提升自身的竞争力,除了在设备自动化和制造执行系统(MES)信息化建设方面花精力以外,还要在管理提升、人员培养、产品研发、产品质量、结构调整等方面下功夫。让制造业人才充分发挥自身的能力,为企业的创新和发展贡献力量,助力企业智能制造转型升级。

习近平总书记强调,人民对美好生活的向往,就是我们的奋斗目标。伴随着中国经济的发展,人民的生活水平不断提高,中产阶级规模不断壮大,消费能力日益增强,对消费升级的需求也越来越强烈,他们不再满足于简单的商品使用,而是追求更高品质、更多元化和个性化的产品,并获得更好的用户体验,可见中国已经进入精益求精的定制化时代。建立制造强国必须坚持以人为本,重视消费需求,积极推动制造业升级换代。

23.5.2 智能制造系统的核心是人

当前,越来越多的企业将智能制造定为企业发展的战略方向,但很多企业过多地聚焦在人工智能、数字孪生、机器人、自动化产线、MES制造执行系统等智能制造具体的使能技术上,甚至提出了"机器换人""无人工厂"等口号,这种做法可能与智能制造的初衷背道而驰。如果将"机器换人""无人工厂"等当成转型方法论,则忽略了智能制造系统中人这一主体,容易使得智能制造陷入表面化、工具化。

美国西北大学的Jonathan R. Copulsky教授在《技术谬论:人是数字化转型的真正关键》一书中写道:"许多企业的领导人错误地认为,数字化技术才是商业出现巨变的原因,于是他们坚信在企业内推行数字化技术是最佳解决方案。实际上,文化、组织、战略、领导力和人才等因素远比技术更为重要。如果企业的组织形态过时了,尖端技术的推行几乎不可能带领他们达成所愿。"

近年来,我国不断加快智能制造领域的发展步伐。《中国制造2025》明确提出,以加快新一代信息技术与制造业深度融合为主线,以推进智能制造为主攻方向,按照"创新驱动、质量为先、绿色发展、结构优化、人才为本"的方针,实现制造业由大变强的历史跨越。2017年,国务院发布的《新一代人工智能发展规划》详细阐述了人工智能(AI)的新特征,明确提出智能制造是新一代AI的重要应用方向。我国学术界提出了人-信息-物理系统(human-cyber-physical system,HCPS)的智能制造发展理论,并在此基础上分析了智能制造的范式演变,指明了未来20年我国智能制造的发展战略和技术路线。

因此,智能制造绝对不仅仅局限于新技术的应用,而是一个系统工程,是转思想、转战略、转战术、转手段及企业文化的重塑。归根到底一句话,智能制造系统的核心不是技术本身,而应该是人。

23.5.3 人在智能制造系统中的价值观点

重视并强调人在智能制造系统中的价值的观点在很多国家智能制造战略中得到了一定的体现,该价值观已引起我国的足够重视。

1. 德国:工业4.0重视人的价值

2013年,德国在推出工业4.0战略时,在制定的落地八项行动中,有六项行动与人有关。第一项是标准化和参考架构,这是纯技术问题,是解决众多企业如何通过标准化定义与灵活架构而进行高效集成的问题。第三项为工业建立全面宽带的基础设施,是IT基础的问题。除此之外,其他六项都是与人相关的,比如第二项管理复杂系统,是担心和解决众多文化水平不高、年龄偏大的员工如何适应和掌握复杂系统的问题,这是制造业很现实的问题。第四项是安全和保障,这里面除了设备安全、系统安全以外,人身安全是首要的。第五项是工作的组织和设计,通过组织架构、工作优化、流程管理等让员工更高效地工作。第六项是培训和持续的职业发展,以员工为中心,通过培训、培养助力员工的职业发展。第七项是规章制度,是指企业如何建设与工业4.0相匹配的规章制度。第八项是资源利用效率,是包括人力资源、物质资源等在内的一切资源的高效、绿色、健康的利用。从中可以看出,工业4.0并不是全都聚焦在新技术上,德国对人的价值非常重视。

2. 欧盟：" 未来工厂" 强调以人为中心

2009年开始启动的"未来工厂"计划,是欧盟在制造业领域投资最大、影响力最深远的一个独立研发计划,汇集了英、德、法、意、西、瑞典等国上千家知名工业企业、研究机构和协会,代表了欧盟众多国家及社会组织的当前观点与发展思路。

"未来工厂"强调通过自动化、数字化、工艺改善等多方位举措,着眼于智能制造中的劳动力,建立人在生产和工厂中的全新定位,构建以人为中心的制造,并实现企业与员工、顾客、合作伙伴、社会及环境的友好。

3. 美国：人是 GE 工业互联网的三要素之一

2012年,美国GE公司提出了工业互联网的概念,"希望通过生产设备与IT相融合,目标是通过高性能设备、低成本传感器、互联网、大数据收集及分析技术等的组合,大幅提高现有产业的效率并创造新产业"。

并进一步将工业互联网分解为三要素：智能机器、高级分析、工作人员。由此可见,即便是秉承技术导向的美国公司,也强调通过人因工程学回路,实现人机协同,人是工业互联网的三要素之一。相反,如果过度强调技术而忽视人的价值,则难免会付出代价。例如,被称为"硅谷钢铁侠"的埃隆·马斯克曾将特斯拉位于加利福尼亚州的工厂几乎全部自动化,但由于过度自动化导致 Model 3 车型无法快速量产,企业陷入困局。经过反思,2018年4月,马斯克发布推特称："特斯拉工厂的过度自动化是个错误,确切地说,是我的错误。人的价值被低估了。"

4. 日本：人是" 工业价值链参考架构" 的起点

2016年12月,日本工业价值链促进会参考德国工业4.0及美国工业互联网联盟的参考架构,推出了颇具日本特色的智能工厂基本架构——《工业价值链参考架构》,代表了日本推进智能制造的发展思路。在该参考架构中,日本将人作为智能制造的起点。

日本丰田汽车社长丰田章男在一次讲话中,也强调"自动化和准时制是 TPS(丰田生产方式,笔者注)的支柱。两者的共同点是人是中心。自动化发展得越快,使用自动化的人的能力受到的考验就越大。除非人类也改进,否则机器无法改进。培养技能能与机器媲美、感觉能力超过传感器的人才,是丰田战略的一个基本组成部分"。可以看出,重视与强调人的价值,是日本推进智能制造的一大特色。

5. 中国：以人为中心的智能制造思想

在制造强国建设战略规划文件中,中国明确提出："人才为本。坚持把人才作为建设制造强国的根本,建立健全科学合理的选人、用人、育人机制,加快培养制造业发展急需的专业技术人才、经营管理人才、技能人才。营造大众创业、万众创新的氛围,建设一支素质优良、结构合理的制造业人才队伍,走人才引领的发展道路。"

2015年,针对制造企业重硬轻软、重外在轻内在等情况,特别是针对"机器换人"等口号,兰光创新从企业的视角提出了"人机网三元战略",呼吁强调和重视人的价值,以人为本,打造人与赛博、物理虚实两世界的融合、迭代发展,构建以赛博智能为目的的人机网三元系统。

2016年,在《三体智能革命》一书中,作者以东方文化的视角,在业界率先提出三体智能模型,即物理实体、意识人体、数字虚体,三体交汇,衍生出智能的三小循环与两大循环的进化路径,突破了西方信息物理系统(cyber-physical system,CPS),即赛博物理系统的局限性,强调与突出了人的价值,该理论在业界引起了较大反响。

23.5.4　人本制造是制造业的发展方向

人是制造生产活动中最具能动性和最具

活力的因素，智能制造最终要回归到服务和满足人们的美好生活需求上来。基于智能制造发展理论，以人为本的智能制造（简称人本智造）正逐渐引起学界和业界的普遍关注，有望成为智能制造的重要发展方向。

中国工程院院刊《中国工程科学》刊发的文章《以人为本的智能制造：理念、技术与应用》，基于人-信息-物理系统（HCPS）智能制造发展理论，提出人本智造的基本概念，并从发展背景、基本内涵、人的因素、技术体系、应用实践等方面对人本智造进行了分析探讨。文章指出，人本智造体现了智能制造发展的一种重要理念，同时也是新一代智能制造系统的一个重要技术方向。在此基础上，针对人本智造从政策、企业、科研3个层面提出了若干建议：及时对接国家相关战略、企业将"以人为本"作为发展智能制造的重要理念、重视智能制造系统中人本理论的研究等，以促进以人为本的智能制造在我国的发展和应用。

第24章

数字化转型与顶层规划设计

24.1 数字化的相关术语与概念

24.1.1 数据、信息、知识、智慧的层次关系

在数字化时代,数据、信息、知识、智慧是高频词汇,这四个词汇紧密相关,含义却不相同,而且它们之间存在着金字塔形的层次关系,即以数据为基础,逐渐升级到智慧的过程。

1. 数据

数据是单纯的事实和记录,是指通过观察、测量或收集而得到的原始、未经处理的数字或符号。它们没有任何意义或上下文的背景。例如,一支温度计测量到的数字、人口统计数据等都属于数据。数据本身不能提供任何洞察力或帮助我们做出决策。

2. 信息

信息是从数据中提取出来的、具有一定意义和结构的数据。当数据被组织、解释和加工后,就变成了信息。信息可以告诉我们某个特定的事实、事件或现象。例如,将温度计测量到的数字与当前天气情况联系起来,就可以得出"今天是一个炎热的夏日"这样的信息。信息能够帮助我们理解和解释数据,但它仍然是相对具体和局部的。

3. 知识

知识是对信息进行理解、组织和内化后形成的结构化知识体系。知识是通过分析、评估和整合多种信息,从而形成更深入的洞察、规律和关联性。它是一种累积的、抽象的和广泛适用的经验。例如,通过多年的观察和实践,气象学家对天气模式的认识和预测就是一种知识。知识能够帮助我们进行更高层次的思考和决策。

4. 智慧

智慧是在知识的基础上产生的高级认知能力和判断力。智慧是对知识进行综合、创新和跨领域应用的结果,帮助我们做出明智、有效的决策。智慧超越了个别知识和特定情境,是全面理解和洞察事物本质的能力。智慧不仅依赖于知识,还需要情感、道德和伦理等因素的支持。

数据、信息、知识和智慧之间是一种递进的关系。数据是构建信息的基础,信息是构建知识的基础,而知识则是智慧的基石。通过在这一金字塔上不断积累和学习,可以从数据中获得洞察,从信息中获取认识,从知识中得到智慧。了解这些概念之间的关系有助于我们更好地理解和应用数据、信息及知识,从而不断提升人类智慧,更好地认识和改造世界。

24.1.2 信息化、数字化和智能化的概念

信息化是通过应用信息技术和系统,使各类数据和信息得以有效收集、存储、管理和使

用,从而提高决策效率、提升企业竞争力、促进社会经济发展的过程。信息化的目标是利用信息技术提高信息的可用性和价值。通常,这个过程涉及基础设施的建设,如数据库系统、网络和信息系统等。

数字化是信息化的一个重要组成部分,它主要关注如何将非数字的信息转化为数字形式,以便于存储和处理。但在现代社会,数字化的含义已经超越了这个层面,它不仅仅是信息的数码表现,更多的是工作流程、业务模式及组织结构的数字化改造,是一种全面的、深度的、战略性的变革。数字化可以提高数据的可访问性,提高工作效率,降低成本,实现商业模式的创新。

智能化是在信息化和数字化的基础上,运用更为先进的技术(如人工智能、机器学习、大数据分析等)来分析和处理数据,以实现自动化决策和预测。智能化可以使系统更加具有自适应性和预测性,大大提高了系统的效率和准确性。智能化不仅涉及技术的应用,更重要的是重新定义业务流程和用户体验。三者的概念、特点及发展趋势列于表24-1。

表24-1 信息化、数字化、智能化的特点及发展趋势

	概念定义	主要特点	实践领域	发展趋势
信息化	使用信息技术和系统处理和利用信息的过程	提高决策效率,提升企业竞争力	多指代企业信息系统,实现企业后台的业务数据处理和管理	是企业进一步数字化发展的基石,不断强化基础信息化建设
数字化	非数字信息转化为数字形式,优化工作流程,实现商业模式创新	提高工作效率,降低成本,实现商业模式的创新	企业组织架构、后台、中台、前台都有涉及	是更深入的业务流程和商业模式的数字化改造
智能化	利用先进技术实现自动化决策和预测,系统具有自适应性和预测性	提高系统的效率和准确性、自学习能力、自适应性等	企业组织架构、后台、中台、前台都有涉及,可覆盖数字化业务流程并提高自动化程度	智能决策、预测和优化成为常态,系统更具自我学习和自我优化能力

总的来说,信息化、数字化和智能化三者之间是递进且相辅相成、相互影响的。信息化是基础,为数字化奠定了基础;数字化使信息化更有效,通过对信息的数字处理,实现信息的最大化利用;智能化则在此基础上进一步提升效率和智能水平,赋予信息更高的价值。

智能化是信息化、数字化最终的目标,也是发展的必然趋势。三者之间的递进关系如图24-1所示。

图24-1 信息化、数字化、智能化的递进关系

24.1.3 数据和数据化的概念

在大数据时代,人们能够意识到数据的重要性,各机构对数据的定义归纳于表 24-2。

数字化则是推进信息化的最好方法,数字化带来了数据化。

表 24-2 各机构对数据的定义

序号	定义机构	数据定义
1	维基百科	早在 1946 年,Data 一词就首次被用于明确表示"可传输和可存储的计算机信息"。 根据维基百科,数据的含义已不再局限于计算机领域,而是泛指所有定性或者定量的描述
2	国际数据管理协会(DAMA)	DAMA 认为数据是以文本、数字、图形、图像、声音和视频等格式对事实进行表现。 这意味着数据可以表现事实,但需要注意的是,数据不等于事实——只有在特定的需求下,符合准确性、完整性、及时性等一系列特定要求的数据,才可以表现特定事实
3	美国质量学会(ASQ)	ASQ 将数据定义为"收集的一组事实";美国资深数据质量架构师劳拉·塞巴斯蒂安认为:"数据是对真实世界的对象、事件和概念等被选择的属性的抽象表示,通过可明确定义的约定,对其含义、采集和存储进行表达和理解。" 数据描述的客体包括对象(人、物、位置等)、时间和概念等,其中,描述人员、地点、事物的数据通常被称为主数据。由于主数据一般被用于多个业务流程和系统,所以,主数据的标准化、同步对于系统集成共享而言,就显得至关重要
4	国际标准化组织(ISO)	ISO 将数据定义为"以适合于通信、解释或处理的正规方式来表示的可重新解释的信息。" 数据本质上是一种表示方法,是人为创造的符号形态,是它所代表的对象的解释,同时又需要被解释。 数据对事物的表示方式和解释方式必须是权威、标准、通用的,只有这样,才可以达到通信(传输、共享)、解释和处理的目的。 而为了确保数据对事物的表示和解释方式是权威、通用、标准的,我们必须围绕数据制定一系列标准
5	新牛津美语词典(NOAD)	NOAD 将数据定义为"收集在一起的用于参考和分析的事实"。17 世纪的哲学家用数据来表示"作为推理和计算基础的已知或假定为事实的实物"。 以上两种定义意味着,数据可支持分析、推理、计算和决策。但是,如果要确保数据能够支持分析、推理、计算和决策,我们就必须保证事实、数据的真实、准确,这是最基本的要求

数据化:数据代表着对某一件事物的描述,通过记录、分析、重组数据,可实现对业务的指导。数据化的核心内涵是对大数据的深刻认识和本质利用。

数据化最直观的就是企业各式各样的报表和报告。数据化是将数字化的信息进行条理化,通过智能分析、多维分析、查询回溯,为决策提供有力的数据支撑。

业务数据化:建设专业信息化系统,实现企业业务管理的数据化。具体指业务相关表单和信息流转以数字方式存储,但简单的数字化存储并没有达到数据化的阶段,信息只有通过内在的指标化(也可称为模型化)达到业务数据可利用、可分析、可改进,进入运营环节才能称为业务数据化。业务数据化带来的好处是实现更为精细的运营。在业务数据化过程中,元数据起到核心驱动的作用。

数据业务化指建立企业的数据中台,形成数据资产积累,支持数据治理与数据服务,结合企业业务发展,设计数据服务应用,为企业提供数据价值。业务生产数据,数据反哺业务。强调数据转变为带有建议性的信息可以帮助客户实现商业目的,强调数据的应用,能够让数据产生价值。

24.1.4　数字化转型的概念

随着科技的飞速发展和数字化时代的到来,企业面临的商业环境也发生了巨大的变化。为了适应这种变化,提高自身的竞争力和生存能力,企业必须进行数字化转型。

数字化转型是指企业利用数字技术,对企业的业务流程、组织结构、管理模式等进行优化和再造,以提高企业的生产效率、降低成本、提升客户体验和创造新的商业价值的过程。

数字化转型是通过数字技术的深入运用,构建一个全感知、全连接、全场景、全智能的数字世界,进而优化再造物理世界的业务,对传统管理模式、业务模式、商业模式进行创新和重塑,从而实现业务成功转型和发展。

数字化转型需要针对企业的实际情况进行有针对性的改造,针对企业当前业务流程、组织架构、设备设施等进行分析和评估,了解企业的发展缺陷和瓶颈,在进行数字化转型时更好地解决这些问题。除此之外,还需要关注企业内部组织变革的动力和担忧,了解工作流程、角色变化、技能转变等方面的困难和障碍。

24.1.5　数字化转型的必要性

1．提高生产效率

数字化转型可以帮助企业实现生产过程的自动化和智能化,通过引入先进的生产管理系统和技术,提高生产线的智能化水平,减少人工干预和资源浪费,从而提高生产效率,降低生产成本。例如,引入工业机器人可以代替人工完成危险、重复和低效的工作,提高生产效率和产品质量。同时,数字化转型还可以通过优化供应链管理、降低库存等方式降低企业的运营成本。

2．提供个性化服务

在数字化转型过程中,数据分析和挖掘尤为重要。企业可以通过收集和分析用户行为和偏好等关键信息,精准定位客户,深入了解其需求和痛点,从而提供个性化的产品和服务,提高客户满意度和忠诚度。例如,企业可以通过大数据分析用户的购买行为和偏好,推出符合其需求的产品和服务,提高用户的满意度和忠诚度。同时,数字化转型还可以通过建立客户关系管理系统等方式提高客户的体验和服务质量。

3．改善内部流程

数字化转型可以帮助企业实现信息的共享和协同,避免信息孤岛和重复劳动。通过引入先进的协同管理平台和技术,优化内部流程和管理模式,提高企业内部流程的协同效率和准确性,降低内部沟通成本和管理成本。例如,企业可以通过引入协同办公系统实现各部门之间的信息共享和协同工作,提高工作效率和质量。同时,数字化转型还可以通过建立信息化管理系统等方式优化企业内部流程和管理模式。

4．促进业务创新

数字化转型可以帮助企业开拓新的业务领域和业务模式,创造新的商业价值。通过引入数字技术和思维,企业可以创新产品和服务,拓展市场渠道和营销方式,提高自身的竞争力和生存能力。例如,企业可以通过引入互联网思维和数字技术对传统业务进行改造升级或者开发新的业务领域和模式。同时数字化转型还可以通过建立创新管理体系等方式激发员工的创新意识和能力推动企业的业务创新和发展。

5. 优化管理决策

数字化转型可以帮助企业实现数据的实时获取和分析，为管理决策提供更加准确和可靠的支持，实现精细化管理，提高管理效率和决策效果。例如，通过引入大数据分析和人工智能等技术可以对企业经营管理过程中的各种数据进行实时监测和分析，为管理层提供更加准确和及时的管理决策依据，实现精细化管理，提高管理效率和决策效果。同时数字化转型还可以通过建立数据驱动的管理决策体系等方式优化企业的管理决策机制，推动企业发展。

24.2 数字化转型规划流程

24.2.1 企业数字化转型的背景

数字化生存是现代社会中以信息技术为基础的新的生存方式。在数字化生存环境中，人们的生产方式、生活方式、交往方式、思维方式、行为方式都呈现出全新的面貌。2017年，"数字经济"被正式写入党的十九大报告。2018年中国数字经济总量达到31.3万亿元人民币，占GDP的比重为34.8%。2019年，国家领导人在给2019中国国际数字经济博览会的贺信中明确指出数字经济对各国经济社会发展、全球治理体系、人类文明进程的深远影响，高度概括了中国发展数字经济的指导理念与实际举措，数字化转型背景如图24-2所示。

身处数字化时代洪流中的企业也必须与时俱进，与时代同频共振才能免于被时代抛弃。

随着企业完成所有业务流程的在线化，每天都会产生源源不断的大数据，并在日常业务中不断提升数据的利用率，探索数据赋能的各种形式。数据成为核心生产要素，其价值属性日益凸显。

目前，中国经济正处于结构化转型阶段。在这一阶段，数字经济的比重不断提升，不仅将数字化写入了国家战略，还提供了众多优惠支持政策，推动企业发挥数字化转型的主体作用。

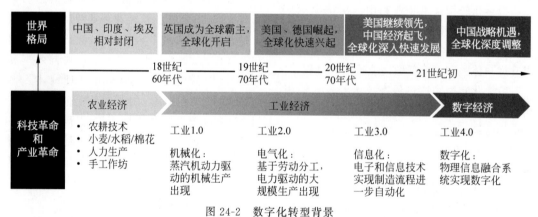

图24-2 数字化转型背景

24.2.2 企业数字化转型的策略

1. 制定数字化转型战略规划

企业应明确自身的数字化转型目标和战略规划，包括数字化转型的愿景、目标、路径、重点领域等方面，同时应结合自身的实际情况和市场环境制定科学合理的数字化转型方案和实施计划。例如，可以成立专门的数字化转型团队负责制定数字化转型战略规划和实施计划，并协调各部门之间的合作和推进工作，确保数字化转型的顺利实施。

2. 引入先进的数字技术和平台

企业应积极引入先进的数字技术和平台，包括云计算大数据人工智能物联网等技术及协同管理平台智能化生产线等设备，以提高生产效率和管理效率，同时注重数字技术与业务的融合和创新实现数字技术的广泛应用和深度。例如，可以引入云计算技术实现数据存和处理的高效化和集中化,在降低IT成本的同时可以提高数据的安全性和可靠性。

可以引入人工智能技术对大量客户数据进行分析和挖掘,帮助企业精准定位客户需求并推出符合其需求的产品和服务,同时可以提高企业内部流程的自动化水平,减少人工干预,降低成本并提高工作效率和质量;可以引入物联网技术实现设备的智能化管理和远程监控,提高设备的使用效率和安全性,同时可以帮助企业实现生产过程的自动化和智能化,降低成本并提高产品质量;也可以通过建立信息化管理系统等方式优化企业内部流程和管理模式,提高企业内部流程的协同效率和准确性,降低内部沟通成本和管理成本,同时可以帮助企业实现精细化管理,提高管理效率和决策效果,推动企业发展;还可以建立创新管理体系等方式,以激发员工的创新意识和能力,推动企业的业务创新和发展,同时可以积极拓展多元化的合作模式和商业模式,实现互利共赢和产业协同,增强企业的竞争力和生存能力,推动企业发展。

3. 企业数字化规划循环过程

数字化规划是指为满足企业的经营需求、实现企业的战略目标,由企业高层领导、数字化技术专家、数字化用户代表根据企业总体战略的要求,对企业数字化的发展目标和方向所制订的基本规划。定义出企业数字化建设的愿景、使命、目标和战略,规划出企业数字化建设的未来架构。

企业数字化规划是对企业数字化建设的一个战略部署,最终目标是推动企业战略目标的实现,并达到总体拥有成本最低。具体的循环过程如图24-3所示。

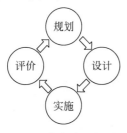

图24-3 企业数字化规划循环过程

(1) 识别数字化关键需求,规划制订数字化战略目标和长远计划。

(2) 形成数字化治理结构,为数字化战略的实施提供决策和管理框架。

(3) 设计数字化体系架构,实现全局性的信息优化和整合。

(4) 实施数字化项目,实现业务的数字化支撑。

(5) 评估数字化绩效,实现数字化的持续改进。

24.2.3 数字化规划的思考架构

企业数字化战略投入的价值难以体现的首要原因在于企业的运营战略与数字化战略之间缺少策应关系,其次是企业缺少一个动态的操作流程来保证运营战略与数字化战略之间持久的策应关系。

为解决上述问题,企业数字化规划通过一套进行数字化规划的思考架构,帮助企业检查经营战略与信息架构之间的一致性,如图24-4所示。

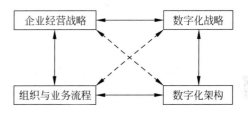

图24-4 数字化规划的思考架构

24.2.4 数字化规划的愿景和目标

数字化转型的核心是数字化建设带来什么价值、需要什么战略和管理机制配套。

(1) 明确数字化转型愿景。简单来说,通过数字化转型把公司带到什么地方去,愿景就是设定企业通过成功的数字化转型,希望达到的未来状态。

(2) 支持愿景的核心使命。具备什么样的能力、如何构建这个能力,才能支持数字化愿景,分解企业通过数字化转型,为企业带来的核心价值,包括对主业持续发展的支持、对第二曲线健康快速发展的支持、对未来生存发展的支持。

(3) 需要实现的核心目标。进一步分解为企业带来核心价值的目标设定,作为数字化转型成功的衡量指标,包括可衡量的短期商业价值目标、不直接衡量的面向未来的战略价值目标。

(4) 实现目标的核心场景。进一步分解完成这些核心衡量指标对应的最关键业务场景,通过实现这些关键场景来支撑核心目标。

(5) 实现场景需要的核心能力。进一步分解实现这些核心业务场景需要的核心数字化能力,这些能力单独或组合来实现对上述业务场景的价值实现。

(6) 建立核心能力的战略专项。进一步分解实现这些核心数字化能力需要落地的对应关键数字化战略项目,通过这些战略项目的建设和持续运营来支持关键能力的落地和运营,并持续产生价值。

(7) 建设遵循的核心原则和需要的基本支撑体系。各战略专项方案设计和建设需要遵循的核心原则+实现数字化转型目标实现需要的整体基础性支撑体系。

24.2.5 数字化规划的原则和资产

1. 数字化规划的核心价值原则

(1) 价值导向原则,即一切以商业价值为主,不产生商业价值的都不做。

(2) 统筹规划原则,即在整个集团怎么做整体规划,如何做多元协同,如何实现总体平衡。

(3) 共享共建原则,即所有具备复用价值的部分重点考虑统一建设、多元共享。

(4) 前瞻引领原则,即站在以终为始的角度,构建面向未来、兼顾现在的能力,要确保未来3~5年回头看,当初的选择是正确的。

(5) 用户满意原则,这里的用户包括客户,也包括员工。用户不喜欢的产品是不可能产生满意的价值的。

目前衡量数字化价值的维度有四个:

(1) 提效减负,通过在线化和精细化实现效率提升,降低成本。

(2) 业务赋能,最主要的是通过数字化方式,在数字世界里解决物理世界难以解决的问题,这就是业务赋能。

(3) 辅助决策,让数据帮助决策,或者让数据更多地自动化决策。

(4) 颠覆经营,创造一种新的商业模式、新的流程、新的管理模式,让企业具有差异化的竞争。

2. 数字化转型规划的核心资产

(1) 数据资产。大家都在做数据,但是有价值的部分才叫资产,所以数据有没有被用起来,到底沉淀什么样的对业务、对决策有帮助的内容,这才叫数据资产。沉淀各种管理和经营中产生的数据,进入数据湖;从基于业务场景主题的数据集市挖掘数据中的价值,为管理和经营提供决策支持。

(2) 客户资产。怎么运营客户?如果有1000万的深度运营客户,就有巨大的潜在商业价值,关键是有没有能力去变现。沉淀客户多维度信息,完善客户标签体系,建立客户360°画像及客户的深度洞察,挖掘客户全生命周期的多种服务需求,持续形成多维度全周期的商业机会。

(3) 智能资产。智能资产的核心就是空间资产。房地产是一个最大的物理世界的入口,物理世界入口的流量价值有没有发挥,背后是一个智能资产建设的过程,智能资产就是一个空间变现的过程,空间里面有人、有货、有服务、有持续性的增值。构建基于空间信息的资产信息,形成物理空间和数字空间的数字孪生能力。挖掘空间价值,建立空间的户口本和简历,形成长周期的空间运营价值和商业机会。

(4) 知识资产。如果明天新的公司进入房地产行业,我们房地产公司和它竞争有优势吗?在房地产行业深耕了20年的我们到底留下了什么?这就是知识资产——不断积累的知识真正变成组织智慧,而不是深度依赖于个体化的明星员工。把知识清单化,嵌入业务流程管理和风险预警管控中,未来结合自动化和智能化,可以快速提升公司各种关键能力的基准线,支持业务低风险下的快速增长能力。

3. 数字化转型规划的战略能力

(1) 精细化管理能力,主要是业务全面线上化,端到端流程优化。房地产公司说得特别多的就是线下交圈,原因是原来多是部门级应用建设,缺乏端到端协同的联通思维,未来需要从企业级的角度看我们的信息化、数字化建设。

(2) 中台服务共享能力,针对多元产业,如何构建中台能力,去赋能更多的产业,用更低的成本去实现,更重要的是实现更好的生态价值。

(3) 数字化供应链能力,主要是合作伙伴的合作,实现设计建造施工运维数字化联通、经营驱动弹性运营、与合作方数字化协同。

(4) 客户综合服务能力,指实现客户标签深度洞察、客户交互入口整合、客户生态营销服务,在资产运营的同时考虑客户的体验。将入口进行整合,建立整体的品牌和认知,成为客户运营的一项重要能力。

(5) 知识赋能组织能力,指知识建设组织智慧、数字化自动化运营、大数据风控。这是战略级的内容,只有让整个组织具备智慧,我们才具有长期竞争力,依赖一些明星员工、明星产品是很难做到的,也没有长期竞争力的保障。

(6) 数据智能决策,指通过数据资产建设和算法模型迭代来实现数据智能决策。大数据引领决策最核心的是通过财务和经营指标去引领业务经营优化。赋能一线的项目管理者,能够通过数据的驱动及财务指标的驱动,主动优化运营。

(7) 线上线下的融合能力,指实现案场工地智能化、线上线下融合营销、全生命周期服务。未来是不是一个售楼处可以卖全球的房子?能不能突破时空的限制,24 h卖房子?能不能做成手机体验店这样的形式,在一个店里面通过AR、VR的方式卖全球几百、几千个项目的房子?这是未来一些具备想象空间的能力。

(8) 内外生态融合能力,指建立内部产业生态合作、外部科技生态合作和资源创新合作。内部的数字化团队如何建立生态?如何能够更好地形成一种协同价值,避免各自作战?对外怎么找到优秀的合作伙伴?战略性的优秀合作伙伴非常重要,可以减少很多摩擦成本,可以更快地关注业务价值创造。通过数字科技的能力产生业务价值,这是评价成功的一项核心指标。

4. 数字化转型规划的战略支撑

(1) 文化。推动突破创新,挑战卓越的文化,建立数字化转型是业务科技共创共建的文化,明晰预算主体和价值创造主体是业务部门,勇于从数字的新视角进行流程和模式变革。

(2) 投入。在不浪费的前提下前瞻性加大投入,调整数字化投入结构,实现结构的良性健康发展。

(3) 组织。如何用一个科技公司的机制去激活科技团队,避免在传统的组织里受到很多限制,而无法激活它的活力。数字化建设是业务科技共创过程,业务科技混编团队是关键,共同承担责任,科技团队公司化,鼓励有价值的发展壮大,跨产业的关键共享能力建立集团级组织,实现最大化能力复用和生态价值。

(4) 机制。把关键绩效指标(KPI)、目标与关键结果(OKR)放到每个业务里面去,作为管理的考核指标。数字化转型也应该成为业务部门的KPI,建立区域关键人才在数字化专项中的轮岗机制,数字化能力设定为人才发展必备的关键能力,战略型数字化项目短期内难以衡量价值,建立不以短期结果为导向的管理和激励方法。

(5) 人才。建设π型人才,即有两条专业线,同时具备领导力。内部培养和外部招募并重,提升人才密度,吸引优秀人才,建立外部专家顾问团,集合市场力量。

5. 数字化转型规划的未来挑战

未来公司具备下述特征可以帮助公司发展得更好。

(1) 建立差异升维竞争力,解决行业高度同质化竞争的问题。通过数据和客户的价值挖掘和深度应用,建立客户需求前瞻,数据驱动投资,产品和客户决策的能力,变革运营模式和管理模式,形成差异化的行业降维竞争力。比如,现在是一个先生产再销售的模式,能不能变成先销售再生产的模式?能不能从一个标准化的生产模式变成个性化的生产模式?能不能从一个开发企业变成一个服务企业?这其实都是一个解决同质竞争的问题。

(2) 解决持续发展竞争力,解决主业持续健康发展的问题。通过全面业务流,财务流和信息流的端到端在线化联通,实现全价值链效率大幅优化。通过数据辅助决策和预测牵引,提升效能,优化成本,提升决策有效性,建立实时预警型风控能力。物理世界里不能解决的问题,用数字世界的方法解决,就是业务赋能。比如,半天内访谈 3000 组客户,拿到客户反馈,在物理世界做不到,但是通过数字化世界是可以做到的,10 min、30 min 内完成对 3000 组客户的反馈,这就是一种新业务赋能,一种持续发展的竞争。

(3) 建立生态平台竞争力,解决房产+第二曲线健康发展的问题。做生态将房产变成房产+,让业务互相扶持、客户互相联动,数据互相支持,这是数字化解决的核心价值。通过技术平台的共建共享、数据资产的联通共享、客户资产的联通共享、实现生态圈的价值释放,为第二曲线的试错和孵化成长提供多快好省的能力赋能。

(4) 建立面向未来的竞争力,解决面对市场变化的创新曲线问题。让公司适应未来,通过数字科技能力的建设全面赋能企业管理和业务经营环节,形成科技杠杆和科技竞争力,建立对未来乌卡(UVCA)时代竞争的灵活适应性。数字科技生态的建设形成潜在的科技集团新业务与可能的科技。

24.3 数字化转型的运行模式

24.3.1 企业数字化转型的运行状态

企业数字化转型是从以物理空间为运行载体的企业运作模式向以物理空间与数字空间相融合为载体(即物理与数字空间融合的载体)的数字化运作模式转变,基于物理与数字空间融合载体构建企业运行的基本劳动力、物资、资金和信息要素,形成产品数字化研制、数字化科研生产管理和数字化企业经营管理等关键支撑体系,实现市场敏捷响应、生产精准有序和管理稳定高效的企业运行状态,如图 24-5 所示。

图 24-5 企业数字化转型的运行状态

24.3.2 企业数字化转型的运行模式

企业的数字化转型运行模式如图 24-6 所示。传统的企业物理空间依然有效运作,而在企业数字空间将以数据和模型为基础,围绕产品数字化、产品工程管理活动数字化、科研生产管理活动数字化及经营管理活动数字化等关键过程和活动的数字化,在企业数字空间建立支持产品规划论证、研发设计、生产制造、试验测试、服务保障,以及企业科研生产管理和经营管理活动的数字化运行环境,并逐步将企业运行的劳动力、资产、环境和资金等要素数字化,形成员工数字化、资产数字化、环境数字化、标准数字化和制度数字化等关键数字化要素,最终全面建立数字化企业生态。

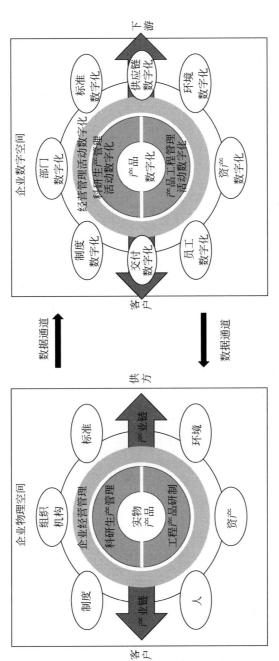

图 24-6 企业的数字化转型运行模式

产品数字化研制新模式的主要特点表现为：

（1）以产品全品类数据和模型为基础。产品研制在数字空间建立产品体系模型、需求模型、功能模型、产品模型、工艺模型、制造模型、装配模型、总装模型、试验模型和交付模型等全集模型，形成核心的产品数字化资产，构建数字化研制模式主线，支撑模型驱动的数字化产品研制。

（2）加速产品领域内和跨领域循环验证。以产品数据域的各类数据和模型为基础，通过数字化技术利用，支撑研制领域"研制活动—产品数据—产品数字验证"的快速迭代。同时加速跨领域、跨学科的设计迭代，如在体系论证阶段，可通过体系模型快速实现体系仿真，完成体系论证。在系统设计环节可实现体系仿真验证、系统仿真验证和专业仿真验证的跨领域验证，快速形成产品的系统设计方案。最终根据产品特点建立快速数字化验证模式，完成基于数字模型的系统设计闭环验证、基于数字镜像的产品设计闭环验证和基于数字孪生的实际制作产品闭环验证。

（3）提供实物产品与数字产品的交付能力。产品研制全生命周期表现为实物产品和数字产品协同发展，产品设计初期以产品数据和模型为主，后期逐渐通过工艺制造环节过渡到实物和数字产品并行，交付环节可以根据用户需要，在交付实物产品的基础上，快速形成用户所需的产品电子履历和数字产品的交付模型，构成数字产品交付能力。

（4）支撑工程研制和科研生产一体化管控。产品研制可以实时接受企业经营管理的指标和约束（如企业对产品的人员、计划、成本、质量、经费等的约束和要求），同时企业经营管理也可以实时从产品模型和全生命周期过程中获取产品相关的计划进度信息、风险信息和质量信息等，实现产品工程研制和科研生产管控的融合，形成数据驱动的一体化科研生产管控体系。

数字化是未来企业转型的重要方向，为了推动企业数字化转型，建议立足企业整体发展诉求，关注企业数字化运营管理线和产品数字化研制线，从企业整体角度设计和规划数字化转型后的运作模式，从长远角度制定企业全要素、全过程的数字化目标。在实际转型落地环节结合企业的信息化基础条件、应用水平，重点以产品数字化、过程数字化及企业数字化推动企业自身数字化建设。同时，在企业外部环节，充分利用新数字技术，推动企业供应链数字化，带动合作伙伴的数字化进程，支撑价值驱动的产业链数字化建设，由内向外提升企业的数字化运作水平和质量。不断加强沉浸式交互、人工智能和新基建算力等技术应用，为企业数字化转型提供生产力升级支撑，创新更多数字化应用场景，推动全产品数字化、全过程数字化、全企业数字化和全产业链数字化转型目标。

24.4 数字化转型需要进行合理的顶层设计

24.4.1 缺少数字化顶层设计的"转型困境"

成功的数字化转型需要进行合理的顶层设计，明确企业数字化转型的愿景，关注于业务、技术和组织三大核心领域，紧紧围绕赋能要素，贯穿整个价值链环节。

数字化转型是近年来制造企业的热门话题，有些企业也许最先想到的问题是与数字化技术相关的设备、系统与方法的简单叠加。企业的数字化转型如果只是相关技术的导入和推广应用，必然会收效甚微，甚至会造成"转型困境"，主要是由于企业的业务、技术及组织转型中存在种种陷阱和障碍。在分析了数字化转型的挑战和障碍后，将企业缺少数字化转型顶层设计的误区以图24-7展示。

数字化建设内容如果发挥了最大价值，一定是很好地匹配与支撑了企业的战略，即数字化工作紧扣企业发展所需的业务与管理提升重点，或者数字化创新帮助企业提升了在产业链中的价值与定位。所以，做好数字化建设的

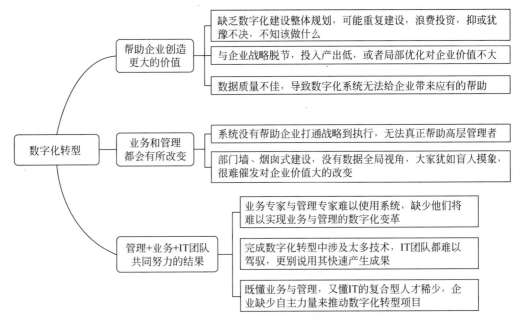

图 24-7　缺少数字化顶层设计的误区分析

顶层设计与建设规划对成功进行数字化转型非常重要。

24.4.2　数字化转型的三大领域

现在,数字化转型已成为业界人人必谈的热门话题,但仍存在一些认知偏见。有人说数字化转型是智能制造,有人说数字化转型是智能化技术,也有人说数字化转型是敏捷组织。大多数制造人对它的认识是片面而局部的。

数字化转型是一项需要组织全面动员的系统工程,是业务、组织和技术三大领域齐头并进驱动的转型之旅。数字化转型的三大领域可用图 24-8 来表示。

（1）业务转型是指企业通过全价值链的数字化变革实现运营指标的提升,包括在销售和研发环节利用数字化手段增加收入,在采购、制造和支持部门利用数字化技术降低成本,在供应链、资本管理环节利用数字化方式优化现金流。成功的业务转型需要认清方向,明确愿景,制定分阶段的清晰转型路线图；同时关注全价值链环节,以"净利润价值"为驱动,而不是简单地从技术应用顺推转型。

（2）技术转型是指搭建企业数字化转型所需的工业物联网架构和技术生态系统。工业物联网架构是支撑数字化业务用例试点和推广的"骨骼",数据架构是确保"数据—信息—洞见—行动"能够付诸实现的"血液",而整体架构的构建需要始终以数字化转型的终极目标为导向。技术生态系统则是一个囊括外部丰富数字化智慧和能力的朋友圈,部署数字化用例、数字化技术的迭代创新及新技术的引进,都离不开技术生态系统其他合作伙伴的支持。成功的技术转型需要健全物联网架构,创造并引领主题明确的技术合作伙伴生态圈,促进企业借力合作,取长补短,共同发展。

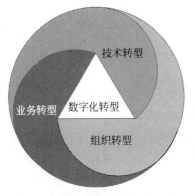

图 24-8　数字化转型的三大领域

（3）组织转型是指在组织架构、运行机制、人才培养和组织文化上的深刻变革。成功的组织转型是一场自上而下的变革，需要企业高层明确目标，构建绩效基础架构，成为指导转型行动方向的"大脑"；形成转型举措和财务指标的映射，成为反映转型业务影响的"眼睛"；树立与组织一致的变革管理理念和行为，成为引领组织上下变革的"心脏"。另外，企业需要关注团队的构建，弥补员工的能力差距，建设数字化知识学习的文化并使之可持续发展；还需要推进数字化能力和人才梯队的建设，组成推动转型的、又便于大规模推广的群体，构建敏捷型组织和团队，为又快又好地实施和优化转型举措提供动力。

24.4.3　数字化转型顶层设计的阶段和步骤

通过制造业龙头企业推动数字化转型积累的经验，将企业的数字化转型分为3个阶段6个步骤，具体如图24-9所示。

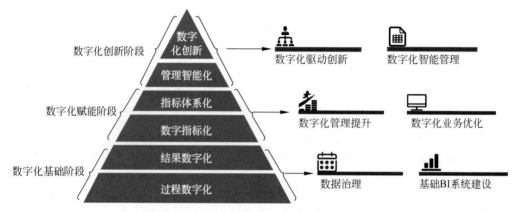

图24-9　数字化转型顶层设计的阶段和步骤

1. 数字化基础阶段是企业推动数字化转型的初始阶段

这一阶段基本上是在企业完成了一些必要的信息化系统建设后开始的，信息化系统建设帮助企业通过系统管控了业务流程，也实现了通过系统记录业务结果，即图24-9中的6个步骤中的过程数字化、结果数字化，这也是整个数字化转型的基础——企业发生的业务与结果能有数据反映或衡量，这样才能利用数据完成业务与管理分析、应用数据驱动业务与管理改善、依靠数据引领企业的各方面创新。用当前时髦的元宇宙来解释，即这两个基本步骤就像元宇宙要先完成物理世界向虚拟世界的映射一样，有了这个基础才能开始后面的事。在这个阶段，我们建议做的工作是数据治理与基础商业智能（business intelligence，BI）系统建设。

（1）这个阶段可以以数据治理为切入口，通过主数据的打通与规范将各信息化系统中的业务数据整合，快速展现价值，让管理层有更大的意愿与热情继续支持数据治理进行下去。这个阶段由于企业内部尚未对数据治理建立充分的信心，信息化系统还在丰富与完善，因此不建议马上就部署实施一套很庞大的数据治理系统，更重要的是通过数据治理咨询与梳理、内部数据管理制度、流程与规范的建设，要有一套便捷灵活、扩展性强的系统与之匹配来落实与固化这些管理。

数据治理是一项长期工作，这里把数据治理放到第一阶段并不是说这一阶段就能够完成数据治理，而是建议从这个阶段就开始启动数据治理工作。

数据治理绝对不是上一套系统就能解决问题，而是从匹配企业发展战略到树标准—立规范—建流程，再到系统工具与方法综合的系统工程，而且需要通过合适的组织保障与问责机制来配套保障，形成数据质量的长治久安才是数据治理的目标。数据治理的内容包括：

① 梳理数据流、建立数据标准与管理

规范。

②数据整合与主数据管理。

③数据字典、指标字典。

④规范数据模型。

（2）针对BI系统建设的起点，我们的观点是报表开发是需要的，但需要抓住战略到经营的主线，要建立关键指标的监控与分析，通过经营分析的数字化来牵引报表开发，如果拿搭建大厦来对比，指标就像钢筋，报表就像水泥，合理地组合在一起才能让数字化大厦建得更高。

基于以上分析，我们对基础BI系统建设的建议内容包括：

①管理层指标看板、运营可视化。

②平衡计分卡执行跟踪。

③关键指标监控与问题分析。

④经营分析与报表开发。

2. 建议在数字化基础阶段启动数据治理工作

该建议的目的是从一开始就能规范数据的生成与使用，这个数据底座越夯实，数字化应用这座大厦就能越高耸，产生越大的价值。

数字化赋能阶段是在上述的基础上需要逐步实现数字指标化、指标体系化，这一阶段企业可以开展一系列深化数字化建设，让数据的价值快速发挥出来，为企业的管理与业务赋能。

在数字指标化、指标体系化这两个步骤中，我们建议围绕管理提升与业务优化两个方面展开。

（1）数字化管理提升包括：

①数字化运营管理。

②数字化绩效管理。

③经营分析与改善闭环。

（2）数字化业务优化包括：

①打通企业内外数据、深入挖掘数据价值。

②全流程数字化经营与优化。

③数字化支撑市场驱动业务与战略。

④数字化改造客户服务与沟通。

3. 数字化创新阶段的两个步骤

这两个步骤分别是管理智能化与数字化创新：一方面通过数据对管理和业务给出智能建议，甚至智能管控；另一方面通过数据推动产品创新、服务创新、商业模式创新甚至产业链创新。数字化创新阶段需探讨数字化驱动创新和数字化智能管理。

（1）数字化驱动创新包括：

①数字化驱动研发与产品创新。

②数字化驱动业务模式与业务范围创新。

③数字化驱动产业链的变革。

（2）数字化智能管理包括：

①智能推送内容与预警。

②基于AI的经营预测与沙盘模拟。

③设备在线监测、质量分析与预防。

④改善与提升客户服务水平。

24.4.4 数字化转型的核心因素

企业在启动数字化转型后，通常会在不同的应用场景进行试点，却常常面临无法实现规模化推广的困境。为了解决这一问题，建议关注6大核心因素，如图24-10所示。

敏捷工作方式　敏捷数字化工作室　工业互联网基础架构　技术生态系统　工业互联网学院　转型办公室

图24-10　数字化转型的核心因素

1. 敏捷工作方式

敏捷工作方式是指企业基于敏捷原则，进行快速迭代更新并持续交付。具体来说，就是将大目标细化为可直接交付的小任务，从项目启动开始就以循序渐进的方式交付结果，而不是最终一次性交付所有结果。这样的工作方式，可以将长达数年的传统项目工作制度转变为每2～4周持续迭代的小规模更新，将数字化技术不断测试并应用到生产过程中，从而实现快速规模化推进。

2. 敏捷数字化工作室

敏捷的工作方式不仅改变了产品开发的思路,也改变着传统的工作方式。传统的开发团队容易陷入缺乏沟通、闭门造车的困境,很难应对快速的市场变化,也势必阻碍数字化转型工作的推进。于敏捷数字化工作室应运而生,它是指在传统的组织部门外创建的一个基于敏捷工作方式的跨职能部门的专有空间。在敏捷数字工作室中,开发团队可以与不同部门的员工高效沟通,实现跨部门的管理和运营。这样的协作氛围可以广纳员工参与,并为企业内部所有层级的创新提供支持。

3. 工业互联网基础构架

对传统制造业来说,现有的IT设施并不能满足数字化用例对延迟性、数据流和安全能力的要求。因此,企业应在数字化转型之前或早期阶段部署可扩展的工业互联网和数据基础架构。

工业互联网的核心原理是基于数据驱动的物理系统与数字空间的全面互联与深度协同,它可以打通各部门间的子系统,使整个组织紧密连接并融合,实现指数级扩展。

4. 技术生态系统

技术生态系统是指企业在数字化转型实施过程中构建的生态系统,通过与不同领域的合作伙伴展开数据和资源的交换,既避免了与外界隔绝的单打独斗,也可以达成开放式协作并保持最佳可用技术的领先。

5. 工业互联网学院

企业在数字化转型过程中常常面临人才困境,主要表现为内部缺乏合适的数字化人才,主要依靠外部引进,这样不仅耗时耗力,有时也难以满足持续发展的需要。通过建立互联网学院,企业可以培养自己所需的数字化人才。工业互联网学院以内部再造技能为主,为转型团队提供再培训和学习资源,帮助员工获取指导、提升所需的技能,以适应不断变化的工作内容的需求,并打造一个符合企业自身转型需求的可持续的数字化人才梯队。

6. 转型办公室

转型办公室是企业数字化转型的"指挥部"。通过建立转型办公室,企业可以明确数字化转型的治理结构,采用计分制和问责制来增加数字化转型在企业内部的透明度和影响力,并与各级人员进行公开互动和沟通以推动企业的大规模数字转型。原有的自上而下"推动"项目的机制由此转变为价值导向、全员动员的"拉动"组织机制。

第25章

智能制造与以人为本智能制造

25.1 智能制造的发展背景

25.1.1 智能制造学术概念的提出

一般认为,最早提出智能制造概念的当属美国纽约大学的怀特教授(P. K. Wright)和卡内基梅隆大学的布恩教授(D. A. Bourne),他们在1988年出版了《制造智能》(*Manufacturing Intelligence*)一书。书中阐述了若干制造智能技术,如集成知识工程、制造软件系统、机器人视觉、机器人控制,对技工的技能和专家知识进行了建模,使智能机器人在没有人工干预的情况下进行小批量生产等。安德鲁·库夏克(Andrew Kusiak)于1990年出版了《智能制造系统》(*Intelligent Manufacturing System*)一书,且有中译本。其主要内容包括:柔性制造系统,基于知识的系统,机器学习,零件和机构设计,工艺设计,基于知识系统的设备选择、机床布局、生产调度等。

当今世界正处于百年未有之大变局,特别是新一代信息技术与制造技术的持续深度融合,深刻改变着全球制造业的发展形态。面对以智能制造技术为核心的新一轮科技革命与产业变革,世界各国或地区都在积极采取行动,推动制造业转型升级,以确保本国制造业在未来工业发展中占据有利地位。其中,智能制造成为各个国家或地区构建本地域制造业竞争优势的关键选择。与此同时,各国学术界和产业界也较多地开展了相关研究,为推进智能制造相关战略计划提供了理论基础。

25.1.2 世界主要国家的智能制造发展战略

21世纪以来,世界上主要国家都非常重视制造业发展战略。2012年,美国提出了"先进制造业国家战略计划",提出中小企业、劳动力、伙伴关系、联邦投资及研发投资五大发展目标和具体实施建议;2019年提出未来工业发展规划,将人工智能、先进的制造业技术、量子信息科学和5G技术列为"推动美国繁荣和保护国家安全"的4项关键技术。另一方面,美国GE公司于2012年提出了"工业互联网"计划,其基本思想是"打破智慧与机器的边界",旨在通过提高机器设备的利用率并降低成本取得经济效益,引发新的革命。

"工业4.0"的基本思想是数字世界和物理世界的融合,主要特征是互联。德国于2019年又提出了国家工业战略2030,明确提出在某些领域德国需要拥有国家及欧洲范围的旗舰企业。

在2013年4月的汉诺威工业博览会上,德国政府宣布启动"工业4.0(Industry 4.0)"国家级战略规划,意图在新一轮工业革命中抢占先机,奠定德国工业在国际上的领先地位。工业4.0在国际上,尤其是在中国引起了极大关注。

2014年11月李克强总理访问德国期间,中德双方发表了《中德合作行动纲要:共塑创新》,宣布两国将开展工业4.0合作。

中国科协智能制造学会联合体(由中国机械工程学会、中国仪器仪表学会、中国自动化学会、中国人工智能学会等13家成员学会组成,以下简称"联合体")于2017年12月发起筹备国际智能制造联盟。2019年5月8日,国际智能制造联盟启动会在北京召开。截至目前,澳大利亚、比利时、中国、丹麦、法国、德国、以色列、日本、瑞典、英国、美国等16个国家和地区的60家机构同意作为国际智能制造联盟的发起单位和参与国际智能制造联盟筹备委员会的工作。

我国为实现制造强国的战略目标,在2015年由国务院发布了《中国制造2025》战略规划。

《中国制造2025》由百余名院士专家着手制定,为中国制造业未来10年设计了顶层规划和路线图,通过努力实现中国制造向中国创造、中国速度向中国质量、中国产品向中国品牌三大转变,推动中国到2025年基本实现工业化,迈入制造强国的行列。

《中国制造2025》部署全面推进实施制造强国的战略,是中国实施制造强国战略第一个十年的行动纲领。《中国制造2025》以推进"智能制造"为主攻方向,以满足经济社会发展和国防建设对重大技术装备的需求为目标,强化工业基础能力,提高综合集成水平,完善多层次、多类型人才培养体系,促进产业的转型升级,培育出有着中国特色的制造文化,最终实现从制造大国到制造强国的跨越。

25.1.3 智能制造的定义

什么是智能制造?它的定义是什么?其实,国际上对智能制造并没有统一的定义。

美国能源部对智能制造的定义是:智能制造是先进传感、仪器、监测、控制、工艺/过程优化的技术与实践的组合,它们将信息和通信技术与制造环境融合在一起,实现工厂和企业中能量、生产率、成本的实时管理。

中国科技部在智能制造"十二五"规划中进行了如下定义:智能制造是面向产品全生命周期,实现泛在感知条件下的信息化制造。

对于智能制造的定义可能有所不同,但是可以看出智能制造是一个涵盖着产品全生命周期(设计、生产、物流、销售、服务)的全过程信息化制造,它是工业化与信息化的有机融合,通过减少产品的研制周期、降低运营成本、降低产品不良品率、提高生产效率、提高能源利用率(工业和信息化部定义的"三下降两上升")最终为企业带来利益,为客户带来便利的过程。

广泛意义上来讲,智能制造其实就是实现一个将数据转化为信息、将信息转化为知识、将知识转化为智慧、将个人智慧上升为集体智慧的过程。

25.2 中国新一代智能制造及制造业的转型路径

智能制造一经提出,立刻风靡工业界。智能制造与数字化制造、工业4.0、工业互联网有何联系?中国制造离智能制造还有多远?中国制造将如何走好智能升级之路?中国工程院组织100余位院士专家对各关键问题进行了深入研究,并发表了《新一代智能制造》,对有关问题进行论述,首次提出"新一代智能制造"这一重要概念,指出今后数十年制造业转型升级的方向。

25.2.1 新一代智能制造

广义而论,智能制造是一个大概念,是先进信息技术与先进制造技术的深度融合,贯穿产品设计、制造、服务等全生命周期的各个环节及相应系统的优化集成,旨在不断提升企业的产品质量、效益、服务水平,减少资源消耗,推动制造业创新、协调、绿色、开放、共享发展。

数十年来,智能制造在实践演化中形成许多不同范式,包括精益生产、柔性制造、并行工程、敏捷制造、数字化制造、计算机集成制造、网络制造、云制造、智能化制造等,在指导制造业智能转型中发挥了积极作用。

实践结果表明,众多范式不利于形成统一的智能制造技术路线,给企业在推进智能升级的实践中造成了许多困扰。面对智能制造不断涌现的新技术、新理念、新模式,迫切需要归纳总结出基本范式,见图25-1。

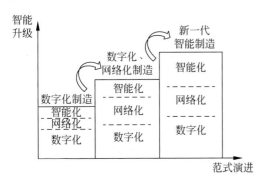

图25-1 智能制造的三个基本范式演进

与智能制造紧密相关的数字化、网络化工作的探索于20世纪80年代末期便已开始。在某种意义上,数字化、网络化是智能制造的必要条件,也可视为智能制造的早期阶段。

周济院士在"第六届世界智能大会"专题报告中提出,综合智能制造相关范式可以总结归纳和提升出三种智能制造的基本范式:数字化制造、数字化、网络化制造、数字化、网络化、智能化制造(即新一代智能制造)。一方面,这三个基本范式次第展开,体现着先进信息技术与先进制造技术融合发展的阶段性特征;另一方面,这三个基本范式在技术上相互交织、迭代升级,体现着智能制造发展的融合性特征。

数字化制造是智能制造的第一种基本范式,可以称为第一代智能制造,是智能制造的基础。数字化、网络化制造是智能制造的第二种基本范式,也可称为"互联网+制造"或第二代智能制造,德国工业4.0和美国工业互联网完善地阐述了数字化、网络化制造范式,精辟地提出了实现数字化、网络化制造的技术路线。

过去几年,我国工业界大力推进"互联网+制造",一方面一批数字化制造基础较好的企业成功转型,实现了数字化、网络化制造;另一方面,大量原来还未完成数字化制造的企业则采用并行推进数字化制造和数字化、网络化制造的技术路线,完成了数字化制造的"补课",同时跨越到数字化、网络化制造阶段。今后一个阶段,我国推进智能制造的重点是大规模地推广和全面应用数字化、网络化制造,即第二代智能制造。

新一代人工智能技术与先进制造技术的深度融合形成了新一代智能制造技术,成为新一轮工业革命的核心驱动力。如果说数字化、网络化制造是新一轮工业革命的开始,那么新一代智能制造的突破和广泛应用将推动形成这次工业革命的高潮,引领真正意义上的工业4.0,实现第四次工业革命。

同时,随着新一代通信技术、网络技术、云技术和人工智能技术的发展和应用,智能制造云和工业智联网将实现质的飞跃,为新一代智能制造生产力和生产方式变革提供发展空间和可靠保障。

25.2.2 采取"并行推进、融合发展"的技术路线

"智能制造在西方发达国家是一'串联式'的发展过程,数字化、网络化、智能化是其顺序发展智能制造的三个阶段,我们不能走西方顺序发展的老路,必须充分发挥后发优势,采取'并联式'发展方式,数字化、网络化和智能化并行推进,融合发展。"

周济院士在前述报告中指出,一方面,我们必须坚持创新引领,利用互联网大数据、人工智能等最先进的技术,瞄准高端方向,加快研究开发并推广应用新一代智能制造技术,走出一条推进智能制造的新路,实现我国制造业换道超车。另一方面,我们必须实事求是,循序渐进,分阶段地推进企业的技术改造、智能升级。针对我国大多数企业尚未完成数字化转型这一现状,各个企业必须补上数字化转型这一课,打好智能制造基础。"当然,在'并行推进'不同基本范式的过程中,各个企业可以充分运用成熟的先进技术,根据自身发展的实

际需要,'以高打低、融合发展',在高质量完成数字化补课的同时,实现向更高智能制造水平的迈进。"

在实施"并行推进、融合发展"这一技术路线的过程中,要强调"五个坚持"的方针:坚持"创新引领"、坚持"因企制宜"、坚持"产业升级"、坚持建设良好的发展生态、坚持开放与协同创新。

周济院士在前述报告中最后强调,中国的市场是开放的市场,中国的创新体系是开放的创新体系。我们要和世界制造业的同行们共同努力,共同推进新一代智能制造,共同推进新一轮工业革命,使制造业更好地为人类造福。

25.2.3 智能化转型升级的路径

对于如何更好地实施智能制造,国家也相应地出台了《智能制造工程实施指南》等文件,同时以工业和信息化部中国电子标准院牵头的项目组也在研发《离散型智能制造能力实施指南》《流程类智能制造能力实施指南》等文件。

中国企业界多年的企业管理信息化转型升级经验,总结出一条适合中国制造企业智能化转型升级的路径如图 25-2 所示。

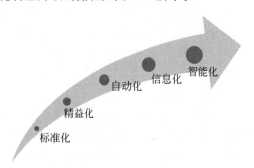

图 25-2 中国企业智能化转型升级路径

1. 标准化

俗话说:"产业要发展,标准需先行。"制造企业要做智能制造,建议优先实施标准化。标准化包含产品的标准化,管理的标准化,作业方式、作业流程的标准化,它是自动化的基础,同时也是智能制造的前提。

标准化是实施路径上的方向标,完整的标准体系对智能制造的建设和发展具有重要的推进和引导作用。

2. 精益化

实施了标准化之后,通过精益化的手段对现有流程、现场布局、物流路径进行梳理,改善价值链。生产管理追求无库存、质量管理追求无缺陷、设备管理追求无停台、成本管理追求无浪费,通过优化生产,使得每一环节都达到最优。

智能制造不可能建立在低效的生产模式上,精益化是重要的一步,也是投资回报较高的一步,这也正是一些大型企业在做转型升级时要优先做咨询的原因。

3. 自动化

其实自动化一词,大家并不陌生。通过将机器换人,把员工从烦琐的体力劳动及恶劣的工作环境中解放出来,极大地提高了劳动生产效率。

在实施了标准化、精进化之后,再做自动化会达到事半功倍的效果。要知道智能制造不是单纯地以自动化设备、信息化手段来武装工厂,满足内部制造效率的提升,而是要站在整个价值链的角度,反向考量设计、生产、物流、销售、服务整个过程。

4. 信息化

物者,器物相连也。物本无意,因联出奇。

在构建好自动化后,通过信息化方式,将人员、设备、物料、产品等实现互联,完成人与人、人与产品、人与机器、产品与机器、机器与机器之间的信息交换。

信息化的实现会改变企业传统的生产经营模式。对信息的快速反应能力是检验工作效率和竞争力的重要标志,也是企业适应市场,促进自身发展的需要。

通过信息化的手段"赋能"制造资源配置的过程,有效提升企业快速反应能力,真正意义上实现工业化与信息化的融合,打开智能制造的大门。

5. 智能化

智者,能之所达也。五化融合,汇集大成。

何为智能?是自感知、自适应、自执行还是自决策、自执行、自学习?早期的智能诞生于智能制造系统(intelligent manufacturing system,IMS)的概念,更多提到的是 AI。

当下,我们提到的智能制造,更多的是工业智能、人工智能及其他智能的总和,具有普适意义。

25.2.4 迈入制造强国的战略

我国实施制造强国战略的第一个十年行动纲领明确指出:制造业是国民经济的主体,是立国之本、兴国之器、强国之基。打造具有国际竞争力的制造业是我国提升综合国力、建设世界强国的必经之路。《中国制造2025》表明,中国未来制造业的主线是工业化与信息化的融合,"智能制造"是主攻方向。

实施制造强国的顶层战略规划如图25-3所示。

图 25-3 制造强国的顶层战略规划

站在企业利益的角度看,实施智能制造带来的收益是进一步改善了微笑曲线,如图25-4所示。

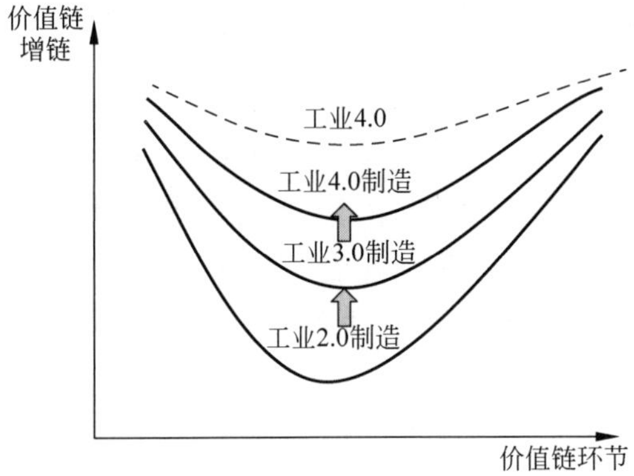

图 25-4 企业智能制造的微笑曲线

众所周知,加工制造处于制造业微笑曲线的底部,如何将制造业的收益逐渐靠近研发端与品牌所产生的效益?可以通过减少运营成本、降低不良品率等手段来达到,科技就是它们的推动力。

其实,实施智能制造的目的就是提升企业的核心竞争力,实现企业可持续性发展,以便应对灵活多变的市场环境。它是一种优化资源配置的新范式,是企业文化、组织架构和人的变革,通常以降本增效、提质缩期等方式最终给企业带来更大的利润。

25.2.5 智能制造系统的发展方向

智能制造系统自20世纪80—90年代提出至今,经过不断地探索和发展,先后出现了多种制造范式、模式和概念,包括敏捷制造、云制造、信息物理生产系统、社会化制造、工业4.0等。总体来看,智能制造历经了数字化、网络化发展阶段,目前正在向新一代智能制造(数字化、网络化、智能化)加速发展。在智能制造系统的长期发展进程中,学术界、工业界对系统中人的作用、人的因素及人机关系等问题的探讨和研究,甚至争论,从未止步。德国在推出第四次工业革命(工业4.0)战略之初,在制定的八项行动中就有多项与人直接有关。美国科学基金委从2016年至今,已经投入数千万美元对"人与技术前沿的未来工作"持续进行资助。2021年初,欧盟研究和创新委员会正式提出第五次工业革命(工业5.0),重点指出未来工业应更加坚持以人为本。纵览全球制造业与新工业革命,以人民为中心是各国的关注点,也是大势所趋。以人为本的未来工业和制造系统正在吸引国内外政府机构、行业和学术界的关注。

工业 4.0 是技术驱动型的工业模式，注重生产流程的优化、生产力和效率的提升，而忽视了生产过程中"人"这一重要能动主体。工业 5.0 是工业 4.0 的延续和创新，将工业重心由技术转向对人定制需求和持续发展的满足，确立人在生产制造过程和工业系统中的主导和决策地位，实现以人为本的可持续、高稳健的工业生产模式，推动产品创新和质量效率跃升到新的高度。

工业 5.0 强调以人为中心，通过将人的认知、决策和知识与工业智能系统相融合，充分发挥人在产品研发、生产和服务等方面的创造性和敏捷响应能力。在工业 5.0 背景下，人既是决策的主体又是服务对象，一方面，客户多变的定制需求和主观感性意象是产品创新设计的重要价值来源，客户不再仅仅满足于产品及其附加服务，而是直接或间接参与产品设计、制造过程中，以便提供更具人性化和绿色环保的产品服务；另一方面，以人为本的生产模式采用"人在回路"对产品生产和运行过程实施智能管控，在发挥人的经验与智慧的同时，提高产品生产的可靠性和安全稳定运行能力。

新一代互联网、人工智能、数字孪生等技术的不断发展为我国智能制造的发展持续注入了强劲的动力。过分追求信息化、数字化的生产模式已不能满足生产车间柔性化、用户个性定制化等复杂作业的需求，智能制造中的难点开始凸显，因此生产趋势急需改变，人作为关键因素不能再被忽视。工业 5.0 的概念逐渐引起人们的重视，作为工业 4.0 的延续和补充，工业 5.0 除了注重产业结构优化和自动化水平的提升外，又将人置于制造业中心，让技术主动服务和适应人，并更注重人的价值和感受。以人为中心的智能制造要考虑工人的安全感和幸福感，打消工人对工业革命浪潮带来的"机器换人"的担忧和顾虑，让智能制造回归以人为本的初衷。

25.3 以人为本智能制造理论的研究

25.3.1 智能制造的发展战略

当今世界正处于百年未有之大变局，特别是新一代信息技术与制造技术的持续深度融合，深刻改变着全球制造业的发展形态。面对以智能制造技术为核心的新一轮科技革命与产业变革，世界各国和地区都在积极采取行动，推动制造业转型升级，以确保本国制造业在未来工业发展中占据有利地位。其中，智能制造成为各个国家和地区构建本地域制造业竞争优势的关键选择。与此同时，各国学术界和产业界也较多地开展了相关研究，为推进智能制造相关战略计划提供理论基础。

近年来，我国不断加快智能制造领域的发展步伐。《中国制造 2025》明确提出，以加快新一代信息技术与制造业深度融合为主线，以推进智能制造为主攻方向，按照"创新驱动、质量为先、绿色发展、结构优化、人才为本"的方针，实现制造业由大变强的历史跨越。2017 年，国务院发布的《新一代人工智能发展规划》详细阐述了人工智能（AI）的新特征，明确提出智能制造是新一代 AI 的重要应用方向。我国学术界提出了人-信息-物理系统（HCPS）的智能制造发展理论，并在此基础上分析了智能制造的范式演变，指明了未来 20 年我国智能制造的发展战略。

25.3.2 以人为本智能制造的发展背景

基于 HCPS 的智能制造发展理论，以人为本的智能制造（简称人本智造）正逐渐引起学界和业界的普遍关注，有望成为智能制造的重要发展方向。

制造是人运用工具将原材料转化为能够

满足人们生产生活需要的产品和服务的过程。智能制造是提高这种转化效率和质量的手段，但智能制造不能为了智能而智能，而是要回归到服务和满足人们的美好生活需求上来。因此，在整个制造生产活动中，人始终是最具有能动性和最具有活力的因素。

1. 人是智能制造的最终服务目标

智能制造借助新的生产技术、生产方式变革，进而实现更快、更灵活、更高效地为消费者提供各种优质产品和服务。随着新一代信息技术的快速发展，特别是移动互联网、传感器、大数据、超级计算、工业互联网、物联网、AI、机器学习、协作机器人、虚拟现实和增强现实（VR/AR）等数字化、网络化、智能化技术的发展，为人本智造提供了重要的技术支撑。同时，随着消费者个性化需求的不断提升，企业为了获得更多的市场份额，提高市场竞争力，注重坚持以用户为中心，通过运用先进技术和变革组织管理方式，不断满足消费者的个性化需求。因此，面对多样化的市场需求，考虑到技术经济性和就业等因素，推进智能制造必须坚持以人为本的理念。

2. 人在智能制造实施过程中扮演关键角色

工业机器人是智能制造的重要组成部分，而传统工业机器人存在一些不足，目前尚未充分满足新的市场需求。例如，传统机器人部署成本较高，单独的机器人无法直接用于工厂的生产线，仍需诸多外围设备的配套支持；虽然机器人本身具有较高的柔性和灵活性，但整个生产线的柔性一般较差。另外，中小企业限于资金条件，难以对生产线进行大规模改造，且对产品的投资回报率更为敏感，这就要求机器人具有较低的综合成本、快速的部署能力、简便的使用方法，但目前很难在成本可控的情况下给出满意的解决方案。如果由人类承担对柔性、触觉、灵活性等要求比较高的工作环节，机器人则利用其快速精准的优势来负责重复性和程序化的工作环节，那么这种人机协作将会为中小企业提供一个较好的解决方案。此外，如果通过机器人技术增强劳动力水平达到降低成本和提高竞争力的目的，还可以为社会创造更多的工作机会。

3. 人在未来智能制造发展过程中将继续发挥重要作用

智能制造的实际需求在不同行业或不同企业之间存在着较大差异，并不是所有行业、所有工厂都需要完全自动化或完全无人化，因而推进智能制造需要考虑技术经济性的问题。例如，与汽车行业不同，航空、航天、船舶和建筑等行业由于任务和过程的复杂性，目前尚未实现完全自动化和无人化，而是更多地依赖人机合作、人的知识经验的积累及人的主观能动性的发挥。因此，制造的未来并不是追求纯粹的无人工厂，而是要以人为核心，使人在先进技术的支持下从事更有价值、更有乐趣的工作，同步为企业带来更好的经济效益。

25.3.3 人本智造的内涵

人本智造，就是将以人为本的理念贯穿于智能制造系统的全生命周期过程（包括设计、制造、管理、销售、服务等），充分考虑人（包括设计者、生产者、管理者、用户等）的各种因素（如生理、认知、组织、文化、社会因素等），运用先进的数字化、网络化、智能化技术，充分发挥人与机器的各自优势来协作完成各种工作任务，最大限度地实现提高生产效率和质量、确保人员身心安全、满足用户需求、促进社会可持续发展的目的。

人本智造体现的是一种重要的发展理念，同时代表了未来智能制造发展的一个重要方向。人本智造并不特指某个单一的制造模式或者范式，在其发展进程中还会出现大量的制造新模式、新业态，如共享制造、社会化制造、可持续制造等。目前对人本智造的研究尚处于起步阶段，但可以预计，相关定义、内涵和特征仍将不断演化拓展。

1. 人在智能制造系统中的作用

人的作用主要体现为人在智能制造系统

中的不同角色、作用及工作类型等。从智能的角度看，人的作用集中体现在知识创造和流程创造方面，正是基于人的经验、才智、知识等的持续沉淀和不断实践，制造的智能水平才得以不断优化和提升。

国内外学者对智能制造中人的关键地位、决定性作用及人的因素的重要性进行了分析，认为只有将先进技术、人和组织集成协同起来才能真正发挥作用，进而产生效益。国内专家周济等提出了 HCPS 的概念，认为在 HCPS 中人起着主宰作用：物理系统和信息系统都是由人设计并创造出来的，分析计算与控制的模型、方法和准则等都是由研发人员确定并固化到信息系统中，整个系统的目的是为人类服务，人既是设计者、操作者、监督者，也是智能制造系统服务的对象。

2. 人在智能制造系统中的地位

坚持以人为本，突出智能制造中人的地位。要统筹系统考虑人的因素，将以人为本的理念贯穿于智能制造系统的全生命周期过程（包括设计、制造、管理、销售、服务等），充分考虑人（包括设计者、生产者、管理者、用户等）的各种因素（如生理、认知、组织文化、社会因素等），运用先进的数字化、网络化、智能化技术，充分发挥人与机器的各自优势协作完成各种工作任务，最大限度提高生产效率和质量，确保人员身心安全，满足用户个性化需求，促进社会可持续发展。

3. 人在智能制造系统中的价值

作为发展智能制造的主体，企业要积极培养制造工程技术人员、智能制造专业人员及智能制造系统建设专业人员。企业要将以人为本作为发展智能制造的重要理念，运用先进适用的技术延长员工的职业生涯，努力让员工在智能制造技术的支持下更好地贡献价值，运用智能制造技术营造良好的环境氛围，吸引年轻一代从事制造业工作。同时，要加快发展共享制造、服务型制造、绿色制造等新模式、新业态，让智能制造更好地为人们的美好生活服务。

当前，科技创新速度显著加快，大大拓展了时间、空间和认知范围，人类正在进入一个"人机物"三元融合的万物智能互联时代。经济发展最主要的就是坚持"以人为本"，满足人民的美好生活需要，主要依靠的就是科技创新，特别是实体经济的科技创新，重点是制造业的数字化、网络化与智能化发展。以人为本发展智能制造是科技创新与经济发展的重要交汇点，也是科技与经济融合发展的应有之义。

以人为本是制造业高质量发展的必然选择。高质量发展是"十四五"时期我国经济发展的必由之路，是能够很好地满足人民日益增长的美好生活需要的发展。以人为本、一切为了人民福祉，是制造业高质量发展不可动摇的目标。

25.4 以人为本智造理论的研究

中国工程院院刊《中国工程科学》刊发《以人为本的智能制造：理念、技术与应用》，基于 HCPS 智能制造发展理论，提出人本智造的基本概念，并从发展背景、基本内涵、人的因素、技术体系、应用实践等方面对人本智造进行了分析探讨。文章指出，人本智造体现了智能制造发展的一种重要理念，同时也是新一代智能制造系统的一个重要技术方向。在此基础上，针对人本智造从政策、企业、科研 3 个层面提出了若干建议：及时对接国家相关战略、企业将"以人为本"作为发展智能制造的重要理念、重视智能制造系统中以人为本理论研究等，以促进以人为本的智能制造在我国的发展和应用。

25.4.1 "以人为本"理论内涵解析

"以人为本"是一个高度概括的理念，有着丰富的理论内涵。在现代，面对应用其指导社会和科技方方面面的现状，必须为其注入科学的思想内涵才能赋予它生命力。笔者通过对以人为本的人机工程学等学科的探讨,梳理了几种不同文化背景和历史条件下以人为本的思想,较为准确地理解和把握以人为本的科学内涵,让"以人为本"的人类思想文化的优秀成果和智慧结晶,散发出旺盛的时代生命力。

20世纪以来,以人为本的理念,在工业设计、企业管理、工业工程、人工智能及近期的数字化,智能化,数智化转型等分析研究过程中,频繁提出并应用以人为本理念,把以人为本理论的研究和应用推向一个新阶段。

对于以人为本理论的科学内涵,马克思给出了最本质的阐述。马克思主义继承了以往思想家的积极成果,科学地揭示了人的本质,建立了马克思主义的人本主义思想。要深刻领会马克思主义的人本主义思想,必须深刻理解马克思关于"人的本质"的论述。马克思明确提出"人的本质并不是单个人所固有的抽象物,在其现实性上,人是一切社会关系的总和"。因此,只有把人放在各种社会关系中作综合考察才能真正把握人的本质。

马克思在继承前人思想成果的基础上,从活生生的人、各种行为中的人出发,提出了"人就是人的世界,就是国家、社会""人是人的最高本质"等观点。在他看来,人不是某个超人主宰的附庸或工具,而是人的世界和社会的根本、主体,是历史中的剧作者和剧中人。人不仅创造了世界和历史,也创造了人本身。人的创造本质的存在,确立了人在人的世界和社会中的地位和作用,这就直接表明了人的世界和社会都要以人为本。

现代以人为本交叉学科理论和应用领域的工作者,在吸取优秀传统文化精髓的基础上,将马克思以人为本理论的科学内涵与当前面对的各类实际问题相结合,在与人有关的诸多现实问题上形成许多新理论,这些新理论中蕴涵着深厚的以人为本思理。所以,全面了解和深入探索不同背景下以人为本思想的历史渊源和深刻内涵,对于准确理解和把握当前以人为本的科学发展观有极大的帮助。

25.4.2 学术界以人为本理论的研究动态

我国学术界对以人为本理论的研究源于ergonomics译名组成的关于人的因素学科群。该学科群主要包括人类工效学、人因工程学、人机工程学、工程心理学及人-机-环境系统工程学等。该学科群中的各个学科都有一个共同的论点,即以人为本,以此为核心,建立了以人为本理论,并以该理论为指导,开展与世界、社会及与人息息相关的各类问题的研究。

2000年8月,国际人类工效学学会发布了新的人因工程学定义:人因工程学是研究系统中人与其他组成部分的交互关系的一门科学,并运用其理论、原理、数据和方法进行设计,以优化新的定义。新的定义和传统定义之间并没有本质的差别,但更加强调了"交互"的概念,这符合人因工程学发展的趋势。人因研究是建立在实验科学的方法之上的,是系统地分析、实验、研究和因果关系的假设和验证。研究对象是系统中人与系统其他部分的交互关系。

人因工程学的技术性定义或者职业定义是专门运用其理论、原理、数据和方法进行设计,以优化系统的工效和人的健康幸福之间的关系,这种"优化"是以人的利益为前提的。

一般来说,各种设计工作的过程都是分析与综合的过程,有各种设计因素需要考虑,有各种要求需要满足,最后通过优化设计确定各种因素,满足各种要求。人因工程学研究的目的就是通过研究人、机和环境的相互关系及其对整体要求的影响,优化确定设计因素。由学科定义可以看出,其研究范围是与各种设计相关的人的因素、人-机-环境的相互关系和人-机-环境的整体设计;其研究特点是把人-机-环境作为一个完整的系统进行研究,即系统的观点;其应用涉及生产、生活等有人参与的各种领域;其研究的目的或原则是实现人-机-环境系统的高效、可靠，以及系统中的人的安全、健康和舒适，即人-机-环境系统的优化。

从国内外对上述学科的定义来看，学术界对以人为本理论的研究是一种理论与应用相结合的方法论。

现代智能制造系统的以人为本理论研究也是依据该方法论展开的。图25-5是该方法论的示意图。

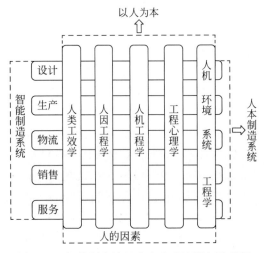

图 25-5　智能制造的以人为本理论研究示意图

国内外研究均高度重视智能制造系统中人的不可替代作用，同时阐述了智能制造系统中人的作用和人机关系等研究的重要意义。随着制造系统智能化的推广应用，人在整个系统中的角色将逐渐从"操作者"转向"监管者"，成为影响制造系统能动性最大的因素。

从智能制造全生命周期的角度来看，智能制造中人的因素的研究突出了人在系统中的作用。

人的作用主要体现为人在智能制造系统中的不同角色、作用及工作类型等。从智能的角度看，人的作用集中体现在知识创造和流程创造方面，正是基于人的经验、才智、知识等的持续沉淀和不断实践，制造的智能水平才得以不断优化和提升。

国内外学者对智能制造中人的关键地位、决定性作用及人的因素的重要性进行了分析，认为只有将先进技术、人和组织集成协同起来才能真正发挥作用，进而产生效益。周济等提出了HCPS的概念，认为在HCPS中人起着主宰作用：物理系统和信息系统都是由人设计并创造出来的，分析计算与控制的模型、方法和准则等都是由研发人员确定并固化到信息系统中的，整个系统的目的是为人类服务，人既是设计者、操作者、监督者，也是智能制造系统服务的对象。

国内外研究均高度重视智能制造系统中人的不可替代作用，同时阐述了智能制造系统中人的作用和人机关系等研究的重要意义。随着制造系统智能化的推广应用，人在整个系统中的角色将逐渐从"操作者"转向"监管者"，成为影响制造系统能动性最大的因素。

综上，以人为本理论学科群都是综合运用生理学、心理学、计算机科学、系统科学等多学科的研究方法和手段，致力于研究人、机器、工作环境之间的相互关系和影响规律，以实现提高系统性能，确保人的安全、健康和舒适等目标的学科。

25.4.3　基于人-信息-物理系统的以人为本理论

1. 面向智能制造的 HCPS 的演进

2017年，中国工程院基于人-信息-物理系统（HCPS）正式提出了"新一代智能制造"的理念，并认为：物理系统是主体，信息系统是主导，人是主宰；实施智能制造的实质就是设计、构建与应用各种不同用途、不同层次的HCPS。伴随着信息技术的发展，智能制造已经历了数字化制造和数字化网络制造，正在向数字化、网络化智能制造——新一代智能制造演进。新一代智能制造的本质特征是新一代人工智能技术（赋能技术）和先进制造技术（本体技术）的深度融合，新一代智能制造是第四次工业革命的核心技术。

总之，面向智能制造的HCPS随着相关技术的不断进步而不断发展，而且呈现出发展的层次性或阶段性，如图25-6所示。从最早的HPS到HCPS1.0，再到HCPS1.5和HCPS2.0，这种从低级到高级、从局部到整体的发展趋势将永无止境。

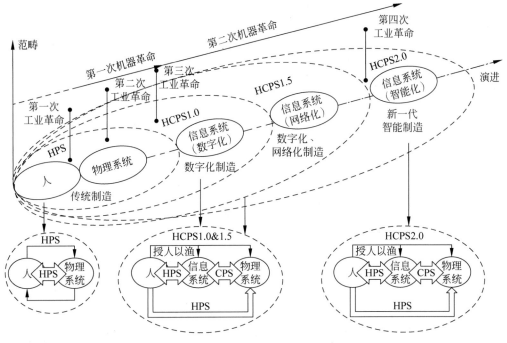

图25-6 面向智能制造的HCPS演进

2. 基于HCPS2.0的新一代智能制造

面向新一代智能制造系统的HCPS相对于面向数字化、网络化制造的HCPS1.5又发生了本质性变化，因此，面向新一代智能制造的HCPS可定义为HCPS2.0。HCPS2.0中最重要的变化发生在起主导作用的信息系统：信息系统增加了基于新一代人工智能技术的学习认知部分，不仅具有更加强大的感知、决策与控制能力，更具有学习认知、产生知识的能力，即拥有真正意义上的"人工智能"；信息系统中的"知识库"是由人和信息系统自身的学习认知系统共同建立的，它不仅包含人输入的各种知识，还包含着信息系统自身学习得到的知识，尤其是那些人类难以精确描述与处理的知识，知识库可以在使用过程中通过不断学习而不断积累、不断完善、不断优化。这样，人和信息系统的关系就发生了根本性的变化。图25-7为基于人-信息-物理系统（HCPS2.0）的新一代智能制造原理简图。

这种面向新一代智能制造的HCPS2.0不仅可使制造知识的产生、利用、传承和积累效率都发生革命性变化，还可以大大提高处理制造系统不确定性、复杂性问题的能力，极大地改善制造系统的建模与决策效果。

新一代智能制造进一步突出了人的中心地位，智能制造将更好地为人类服务；同时，人作为制造系统的创造者和操作者的能力和水平将极大提高，人类智慧的潜能将得以极大释放，社会生产力将得以极大解放。知识工程将使人类从大量脑力劳动和更多体力劳动中解放出来，人类可以从事更有价值的创造性工作。

3. 新一代智能制造HCPS2.0的内涵

面向新一代智能制造的HCPS2.0既是一种新的制造范式，也是一种新的技术体系，是有效解决制造业转型升级各种问题的一种新的普适性方案，其内涵可以从系统和技术等视角进行描述。

1) 系统视角

从系统构成来看，面向新一代智能制造的

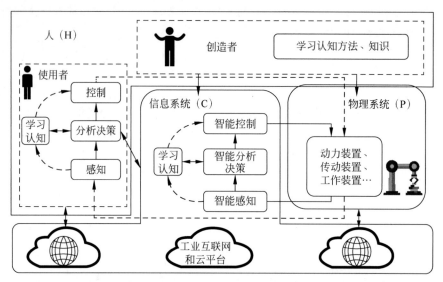

图 25-7　基于人-信息-物理系统(HCPS2.0)的新一代智能制造原理简图

HCPS2.0 是为了实现一个或多个制造价值创造目标，由相关的人、信息系统及物理系统有机组成的综合智能系统。其中，物理系统是主体，是制造活动能量流与物质流的执行者，是制造活动的完成者。拥有人工智能的信息系统是主导，是制造活动信息流的核心，帮助人对物理系统进行必要的感知、认知、分析决策与控制，使物理系统以尽可能最优的方式运行。人是主宰者，一方面，人是物理系统和信息系统的创造者，即使信息系统拥有强大的"智能"，这种"智能"也是人赋予的；另一方面，人是物理系统和信息系统的使用者和管理者，系统的最高决策和操控都必须由人牢牢把握。从根本上说，无论物理系统还是信息系统都是为人类服务的。

面向新一代智能制造的 HCPS2.0 需要解决各行各业各种各类产品全生命周期中研发、生产、销售、服务、管理等所有环节及其系统集成的问题，极大地提高质量、效率与竞争力。或者可以说，新一代智能制造的实质就是构建与应用各种不同用途、不同层次的 HCPS2.0，并最终集成为一个有机的、面向整个制造业的 HCPS2.0 网络系统，使社会生产力得以革命性提升。因此，面向新一代智能制造的 HCPS2.0 从总体上呈现出智能性、大系统和大集成三大主要特征：

(1) 智能性是面向新一代智能制造的 HCPS2.0 的最基本特征，即系统能不断自主学习与调整，以使自身行为始终趋于最优。

(2) 面向新一代智能制造的 HCPS2.0 是一个大系统，由智能产品、智能生产及智能服务三大功能系统及智能制造云和工业互联网两大支撑系统集合而成。其中，智能产品是主体，智能生产是主线，以智能服务为中心的产业模式变革是主题，工业互联网和智能制造云是支撑智能制造的基础。

(3) 面向新一代智能制造的 HCPS2.0 呈现出前所未有的大集成特征，企业内部的研发、生产、销售、服务、管理过程等实现动态智能集成，即纵向集成；企业与企业之间基于工业互联网与智能云平台，实现集成、共享、协作和优化，即横向集成；制造业与金融业、上下游产业的深度融合形成服务型制造业和生产性服务业共同发展的新业态；智能制造与智能城市、智能交通、智能医疗、智能农业等交融集成，共同形成智能生态大系统——智能社会。

2) 技术视角

从技术本质来看，面向新一代智能制造的 HCPS2.0 主要通过新一代人工智能技术赋予信息系统强大的"智能"，从而带来三个重大技术进步。

（1）最关键的是，信息系统具有了解决不确定性、复杂性问题的能力，解决复杂问题的方法从"强调因果关系"的传统模式向"强调关联关系"的创新模式转变，进而向"关联关系"和"因果关系"深度融合的先进模式发展，从根本上提高制造系统建模的能力，有效实现制造系统的优化。

（2）最重要的是，信息系统拥有了学习与认知能力，具备了生成知识并更好地运用知识的能力，使制造知识的产生、利用、传承和积累效率均发生革命性变化，显著提升知识作为核心要素的边际生产力。

（3）形成人机混合增强智能，使人的智慧与机器智能的各自优势得以充分发挥并相互启发地增长，极大地释放人类智慧的创新潜能，提升制造业的创新能力。

总体而言，HCPS2.0目前还处于"弱"人工智能技术应用阶段，新一代人工智能还在极速发展的过程中，将继续从"弱"人工智能迈向"强"人工智能，面向新一代智能制造的HCPS2.0技术也在极速发展之中。

HCPS2.0是有效解决制造业转型升级各种问题的一种新的普适性方案，可广泛应用于离散型制造和流程型制造的产品创新、生产创新、服务创新等制造价值链全过程创新，主要包含以下两个要点：

一方面，应用新一代人工智能技术对制造系统"赋能"。制造工程创新发展有许多途径，主要有两种方法：一是制造技术原始性创新，这种创新是根本性的，极为重要；二是应用共性赋能技术对制造技术"赋能"，二者结合形成创新的制造技术，对各行各业各种各类制造系统升级换代，是一种革命性的集成式创新，具有通用性、普适性。前三次工业革命的共性赋能技术分别是蒸汽机技术、电机技术和数字化技术，第四次工业革命的共性赋能技术是人工智能技术，这些共性赋能技术与制造技术的深度融合引领和推动制造业革命性转型升级。正因为如此，基于HCPS2.0的智能制造是制造业创新发展的主攻方向，是制造业转型升级的主要路径，成为新的工业革命的核心驱动力。

另一方面，新一代人工智能技术需要与制造领域技术进行深度融合，产生与升华制造领域知识，成为新一代智能制造技术。因为制造是主体，赋能技术是为制造升级服务的，只有与领域技术深度融合，才能真正发挥作用。制造技术是本体技术，为主体，智能技术是赋能技术，为主导，两者辩证统一、融合发展。因而，新一代智能制造工程，对于智能技术而言，是先进信息技术的推广应用工程；对于各行各业各种各类制造系统而言，是应用共性赋能技术对制造系统进行革命性集成式的创新工程。

25.5　人本制造的应用研究

25.5.1　以人为本的产业模式变革

人本智造是一个大系统，可从产品、生产、模式、基础4个维度来进行认识和理解。其中，以人为本的智能产品是主体，以人为本的智能生产是主线，以人为本的产业模式变革是主题，HCPS和人的因素是基础（见图25-8）。在前面阐述的人因工程和HCPS的基础上，聚焦应用层面，对以人为本的智能产品、以人为本的智能制造、以人为本的产业模式变革展开讨论。

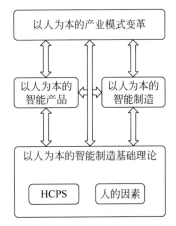

图25-8　以人为本的产业模式变革

1. 以人为本的智能产品

智能制造的主体包括产品、制造装备，其

中产品是智能制造的价值载体,制造装备是实施智能制造的前提和基础。这里的"以人为本"指智能产品和装备的服务目的在设计之初就应充分考虑人的需求和人的因素,尤其是直接面向广大消费者的智能产品。同时,在智能工业装备的设计之初需要充分考虑人工干预的可能情况,在设计上留有权限和空间。

2. 以人为本的智能制造

制造业的数字化、网络化、智能化是生产技术创新的共性使能技术,推动制造业逐步向智能化集成制造系统方向发展。在此过程中,需要坚持以人为本,全面提升产品设计、制造和管理水平,构建智能企业。以人为本的智能生产应用实践包括人机合作设计、人机协作装配、以人为本的生产管理等。实际上,智能优化设计、智能协同设计、基于群体智能的"众创"设计等都是以人为本智能设计的重要内容,而基于HCPS开发智能设计系统也是发展人本智造的重要内容之一。

3. 以人为本的智能制造基础理论

基于HCPS理论,信息系统主要是与人一起对物理系统进行必要的感知、认知、分析决策与控制,从而使物理系统(如机器、加工过程等)以尽可能最优的方式运行,包括认知层面、决策层面及控制层面的人机协同等;还需要考虑以人为本理论研究中人的因素等内容。

人本智造的相关技术主要有以人为本的设计、控制、AI、计算、自动化、服务、管理等。其中,以人为本的设计也称为"参与式设计",在设计中注重人的思维、情感和行为,是一种创新性解决问题的方法,始终关注最终用户的需求,并将其作为数字设计过程的中心。以人为本的AI则强调AI的发展应以AI对人类社会的影响为指导,更多地融入人类智慧的多样性、差异性和深度性,以增强人类技能而并非取代人类。

4. 以人为本的产业模式变革

以智能服务为核心的产业模式变革是人本智造的主题。随着先进技术的推广应用,制造业将从以产品为中心向以用户为中心转变,产业模式从大规模流水线生产向规模定制化生产转变,产业形态从生产型制造向服务型制造转变。在人因工程和HCPS的基础上,聚焦应用层面对以人为本的产业模式变革展开讨论。企业通过产品交互了解用户需求,把封闭的企业变成了生态系统,让用户、企业、资源能够全流程创造价值;用户主动成为产品成长的重要组成部分,企业也实现了自身效益的增加和发展模式在行业内的复制推广。以人为本的产业模式变革实现了用户和企业的双赢。

25.5.2 以人为本智造的目标

当前,越来越多的企业将智能制造定为企业发展的战略方向,但很多企业过多地聚焦在人工智能、数字孪生、机器人、自动化产线、制造执行系统(manufacturing execution system,MES)等智能制造具体的使能技术上,甚至提出了"机器换人""无人工厂"等口号,这种做法可能与智能制造的初衷背道而驰。如果将"机器换人""无人工厂"等当成转型方法论,则忽略了智能制造系统中人这个主体,容易使得智能制造陷入表面化、工具化。

专家学者将智能制造定义为"自感知、自决策、自执行、自学习、自适应"等理想化的技术及其应用,但这种超现实的理念容易导致制造企业透支财力去追求所谓"高大上"的技术,而造成投入很大、应用效果不明显的结果。

如果仅仅停留在"机器换人"视角、停留在人工智能等纯技术环节,而没有帮助、激发人这个企业中最具价值的主体,智能制造很可能就本末倒置了,很难取得理想的实施效果。

智能制造绝对不仅仅局限于新技术的应用,而是一个系统工程,是转思想、转战略、转战术、转手段及企业文化的重塑。归根到底一句话,智能制造系统的核心不是技术本身,而应该是人。

基于以上思想,作者改变"机器换人"等传统的技术视角,以人为中心,从技术助人的视角,提出了智能制造六阶模型(见图25-9),通过自动化、数字化、网络化、智能化等技术手段,逐步实现以下目标:

(1) 解放人的体力、脑力。

(2) 赋能人的感知、决策与执行能力。

图 25-9 以人为本的智能制造六阶模型

(3) 实现组织内人与人的信息共享与过程协同。

(4) 充分激活人的主动性,促进人的创新活力。

(5) 组织间深度合作,打造社会化生态。

(6) 基于绿色研发与生产,打造环境友好的制造与服务模式。

六阶模型目标的概念如下。

1. 解放

"机器换人"虽然有解放人的意思,但不够准确。机器和人没有对立关系,人不是多余的,智能制造不应该是以减人为目的,准确地说应该是机器助人。

通过机器,将体力劳动者从重复、机械、繁重、有毒、有害等环境中解放出来,将脑力劳动者从重复、低效等低端脑力劳动中解放出来,让人更轻松、高效、愉悦地从事更高价值的劳动。

换个视角和思路,以利他之心对待员工,将是推进智能制造的一大动力,否则就可能出现种种意见分歧甚至是阻力,会极大地影响智能制造的顺利推进。

2. 赋能

走向耳聪目明是走向研发、生产、运营等系统的更敏捷、更高效,基于这个思想,可以通过数字化、网络化、智能化等技术手段给人赋能,解决耳不聪(设备、岗位、部门、企业与外界信息交流的孤岛化)、目不明(对生产状态的感知不及时、不精准)、脑不智(决策不科学)、肢不灵(设备等执行机构不受控、不精准)等问题,助力企业走向智能化生产模式。

比如,物联网实现设备的网络化生产,通过机器视觉实现质量检测的更精准、更高效,通过 VR/AR 等技术使观察设备或产品更逼真、更方便,通过预测性维护可以预知设备的健康状况,通过高级排产从上百万种方案中选出最优解等。

3. 协同

企业是一个组织,一定在发挥每个人的价值基础上,实现集众力、汇众智,发挥出组织的效率。

基于数字化、网络化等技术,以信息流驱动业务流,形成信息共享、过程协同,包括实现人与人协同、人与机协同、机与机协同、组织与组织的协同等,从而实现整个组织的高效运转。

比如,通过自动化生产线、设备物联网实现机与机的协同,通过 ERP 企业资源计划系统实现企业运营的协同,通过产品生命周期管理(product life-cycle management,PLM)系统实现产品研发的协同,通过 MES 实现生产管理的协同等。

4. 创新

人与机器最大的不同就是富有创新力,将人们从重复低级的劳动中解放出来,可以从事更多更富有创意的活动。通过数字孪生、物联网、人工智能等技术赋能,可以更高效地进行技术创新与管理创新。

比如,通过数字化、网络化、智能化等新技术衍生出智能化生产、网络化协同、个性化定制、服务化延伸等创新研发、生产、管理与服务模式。

5. 生态

未来,企业竞争力不局限于企业内部效率的提升,在很大程度上取决于生态的竞争。除了企业做好内部智能化升级改造以外,还需要与价值链上的合作方深度合作,通过企业与供应链、消费者等利益攸关方实现物流、资金流和信息流的"三流"整合,推进生态化乃至社会化的合作模式。

比如,通过工业互联网平台等新技术构建新生态,实现社会化的泛在连接、深度协作、高效配置、弹性供给,提升企业竞争力,提高社会资产的运转效率。

6. 环境

"绿水青山就是金山银山。"企业不能只顾自身发展而影响社会和环境,一定要坚持绿色生产、可持续性发展,利用先进的技术与管理,最大程度地降低物质浪费和避免环境污染,走生态优先、绿色发展之路,向绿色转型要出路、向生态产业要动力,实现人与社会、环境和谐、健康发展。

比如,通过数字孪生、人工智能、3D 打印、预测性维护等新技术,实现智能研发、智能生产、智能管理、智能服务等,减少试制次数,降低废品率、减少能耗与物资浪费等,实现低碳、绿色、人与环境友好的研发、生产与服务。

图 25-9 以阶梯渐进的形式表达了智能制造模型,我们也可以以环形的形式对该模型进行表达,见图 25-10。从图中可以更明显地看到,这是一个以人为本、动态演进的体系。

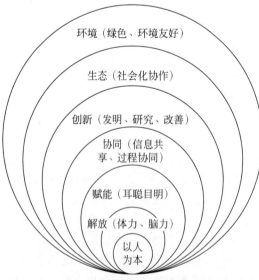

图 25-10 六阶模型的环形表达

演进范围是由小到大,从外在到内在,从体力到脑力,从减压到赋能,从初级到高级,从个体到组织,从企业到社会,再到环境逐渐发展的过程,与"人法地,地法天,天法道,道法自然"的东方哲学思想也高度吻合。

智能制造是一项长期的系统工程,核心主体不是机器而是人,构建智能制造系统不是要换掉人,而是要以人为本。

少人化是外在表现,但不是最终目的。在推进智能制造发展过程中,远非购置设备那么简单,一定要结合先进的技术理念,敢于做到文化自信、道路自信,勇于探索中国制造业的智能化转型之路。

首先要突出东方文化,增加人文因素,做到以人为本,体现利他之心,站在帮助员工、帮助合作伙伴乃至有利于社会与环境的角度考虑问题。

如图 25-10 所示,以环形的形式对六阶模型进行表达,可以更明显地看到,这是一个以人为本、动态演进的体系通过充分利用自动化、数字化、网络化、智能化等技术手段,解放人的体力与脑力,赋能与拓展人的能力,发挥协同的优势,促进人与企业的创新,打造紧密型的社会化合作生态,最终实现环境友好的绿色生产,构建富有竞争力和可持续性的商业模式,这才是发展智能制造的初心与最终目标。

25.5.3 人本智造应用研究的思考与建议

面向智能制造的人因工程的相关研究覆盖智能制造系统的设计、生产、物流、销售、服务等各个环节。目前,我国在此领域处于刚刚起步阶段,相关成果报道较少。因此,很有必要综合分析我国相关领域所面临的挑战,并提出进一步发展的建议。

当前,我国智能制造系统人因工程相关领域所面临的挑战主要来自以下三个层面。

1. 政策层面

欧盟、美国、日本等国家和地区都十分重视人本智造的研究,如美国专门设立"人-技术前沿的未来工作"系列研究项目进行前瞻布局,这为我国发展人本智造带来了挑战和启示。建议人本智造及时对接国家相关战略,加强顶层设计;在智能制造试点示范、应用推广、宣传贯彻、教育培训方面,系统考虑人的因素,将以人为本的理念融入智能制造标准体系建设和成熟度评价等工作中;更加重视人机协同标准化、人机任务分工和智能制造人员成熟度评价等工作。以此推动 HCPS 和人因工程等概念在智能制造实践中落地生根,促进人本智造在我国的深化发展。

2. 企业层面

从人的角度来看,智能制造企业需着重考虑并解决两个问题:如何用先进适用的技术延长员工的职业生涯,让那些体力逐渐下降而智力与经验仍处在高峰的员工在技术的支持下继续贡献价值;如何用技术营造一种环境氛围,让年轻一代愿意从事制造业工作,并体会到智能制造工作和价值创造的乐趣。建议制造企业将"以人为本"作为发展智能制造的重要理念,重视员工的培训、教育与管理,并将此视为企业的战略性投资。企业进一步使用协作机器人来满足自己的需求,而不是全部采用传统机器人来"机器换人"。通过不断的尝试、磨合与调整,找到适合企业自身的人机搭配工作方式以不断提高生产效率和增加经营利润。

3. 研究层面

从研究的视角看,HCPS 与人本智造、面向智能制造的人因工程、协作机器人等方面需进一步加强探索。高度重视 HCPS 科学与技术体系的构建与完善,在智能制造领域推广应用 HCPS,由此大力发展人本智造。相关理论与应用研究应包括以人为本的设计、产品、自动化、AI、生产、工厂、服务等。重视智能制造系统中的人机工程学、认知工效学、组织工效学等人因工程的研究,致力实现自然科学与社会科学的良性互动。此外,协作机器人、共融机器人是重要的研发方向,人与信息物理系统的交互、人的数字孪生、人在回路的控制是亟待加强的研究课题。

智能制造转型是一个长期过程,不可能一蹴而就。人因工程在制造业自动化与信息化进程中发挥了重大作用,必将在制造业迈向数字化、网络化、智能化过程中继续发挥重要作用。本章在分析智能制造和人的作用基本概念的基础上,梳理了面向智能制造的人因工程的研究内容,包括智能制造系统中人类工效学、人因工程学、人机工程学、工程心理学等内容,综述了国内外相关领域的研究进展。主要结论如下:国内外学者和相关部门高度重视智能制造系统中人的作用,HCPS 是分析智能制造系统中人的作用的重要理论和模型。在智能制造系统人因工程的研究中,人机一体化趋势明显,保障人的安全仍然是首要任务;新一代信息技术的使用减少了人员的认知压力,同时又要求制造企业有更强的技术储备;智能制造系统的组织结构正向扁平化发展,并要求更新工作设计方式,制造范式进一步向产用融合方向发展。智能制造系统人机关系的相关研究包括人与机器人的关系、人与 CPS 的关系,以及"以人为中心"的智能制造等内容,人与机器之间的相互适应、和谐共生是人机关系的发展方向。我国智能制造系统人因工程进一步发展的方向包括对接国家顶层战略、完善 HCPS 科学体系、推动人因融入智能制造系统的设计、加强定量与定性融合研究、创新运用新技术等。

第26章

数智化转型与人机协同管理系统

26.1 信息化、数字化、智能化及数智化综述

26.1.1 信息化

信息化是指将物理世界的信息和数据转换成"0-1"二进制码输入信息系统,将线下流程和数据转移到计算机中进行处理,从而提高效率,降低成本,提高可靠性。

在信息化过程中,企业需要使用各种信息技术,如计算机、网络、数据库、软件等,将企业中的各种信息资源进行整合和管理。通过信息化,企业可以实现业务流程的自动化、信息的共享和协同、客户服务的升级等目标。

信息化的关键词是流程,它通过运用信息技术和系统来改进、优化和自动化业务流程,使得原本复杂、烦琐的工作流程变得简洁、高效,以提升工作效率和成果。

信息化等同于"业务数据化",先让业务流程能被数据记录下来,即让企业的生产、采购、销售过程,以及客户服务、现金流动等过程中所产生的数据在业务系统上用数据记录下来。

通过信息化,我们将一个客户、一个商品、一个业务规则、一个业务流程方法以数据的形式输入信息系统中,将物理世界的信息转化为数字世界的结构描述。信息化的核心和本质是运用计算机、数据库等信息技术,实现企业的业务流程数据管理,典型工具是信息化系统。

26.1.2 数字化

数字化,以数据为核心,是企业运营的新引擎。它利用数字技术和工具重构各种商业模式、生产方式和社会机制,提供新的收入和价值创造机会,通过精准捕捉用户行为和企业运营特征,将数据转化为企业的核心生产资料,从而驱动企业运营,塑造独特的竞争力。

数字化等同于"数据业务化",用已累积的业务数据去反哺优化业务流程,即把信息化过程中长期累积下来的交易数据、用户数据、潜客数据、产品数据等,不断整合融入企业的经营管理中,通过数据发现问题/商机、用数据优化业务组合。数字化融合了物质、能量、信息和人类四个维度,旨在增强效率,提升质量并优化体验。

核心和本质是运用大数据、云计算等数字技术,实现企业的业务创新,其重点关注的是"数据驱动业务",典型的工具是数据化系统。

26.1.3 智能化

智能化以模型为核心,是引领用户和企业决策的新引擎。通过信息化建设的数据积累,企业经营已经进入了网络化、数字化、智能化的发展阶段。AI人工智能与企业管理相结合,构建和训练模型,将数据转化为深度的洞察和

精确的预测,从而辅助用户和企业做出更优的决策,实现业务流程自动化、决策智能化和管理升级,塑造出智能化的企业运营新模式。

随着智能化时代的来临,当前许多企业在积极探索智能化的应用,但真正能提供智能化企业运营新模式的典型案例还不多见。然而,可以预见,在不远的将来,智能化技术的应用将发生天翻地覆的变化,同时,这些企业的运营模式也将因此而得到全面升级。

26.1.4 数智化

数智化的关键词是创新,是打造人机一体的新生态。数智化的最初定义是:数字智慧与智慧数字化的合成。这个定义包含三层含义:一是"数字智慧化",相当于云计算的"算法",即在大数据中加入人的智慧,使数据增值增进,提高大数据的效用;二是"智慧数字化",即运用数字技术,把人的智慧管理起来,相当于从"人工"到"智能"的提升,把人从繁杂的劳动中解脱出来;三是把这两个过程结合起来,构成人机的深度对话,使机器继承人的某些逻辑,实现深度学习,甚至能启智于人,即以智慧为纽带,人在机器中,机器在人中,形成人机一体的新生态。

通过上述简单描述,可以将数字化转型的过程及数字化转型的结果归纳于表 26-1。

表 26-1 信息化、数字化、智能化及数智化的具体描述

类型	侧重点	具体描述
信息化	流程,侧重业务信息的搭建与管理	将企业已形成的相关信息通过记录的各种信息资源流程标准化,涉及各个环节业务的结果与管控
数字化	数据,侧重产品领域对象资源的形成与调用	基于信息技术所提供的支持和能力,将数据信息进行条理化,让业务和技术真正产生交互,改变传统的商业运作模式
智能化	模型,侧重于工作过程的应用	通过智能分析、多维分析、查询回溯,使对象具备灵敏准确的感知功能、正确的思维与判断功能、自适应的学习功能及行之有效的执行功能而进行的工作,为决策提供有力的数据支撑
数智化	生态,侧重于人机协同形成新生态,提高人类智慧	在数字化的基础上,"数字化+智能化"形成了更高的转型发展诉求。"数字化转型"是运用新型技术,集合数字资产积累和智能化运营手段,推动组织和单位转型升级和创新发展,以智慧为纽带,人在机器中,机器在人中,形成人机一体的新生态

总的来说,信息化、数字化和智能化是数字化转型的三个阶段,是数字化转型的过程,而数智化是数字化转型的结果。信息化是数字化转型的最初阶段,数字化是信息化的深化和扩展,智能化是数字化的高级阶段,数智化则是智能化的应用和成果。因此,数智化是信息化、数字化和智能化的终极目标。

在信息化、数字化、智能化和数智化的实践中,必须明确一点:这四者并非目的,而是手段。它们是我们用来更好地服务用户,更有效地创造价值的工具和策略。

26.2 数字经济的内涵和外延

26.2.1 信息化催生数字经济

人类社会发展的历史进程表明,每一次经济形态的重大变革往往催生并依赖新的生产要素。正如劳动力和土地是农业经济时代主要的生产要素,资本和技术是工业经济时代重要的生产要素,进入数字经济时代数据正逐渐成为驱动经济社会发展的新的生产要素。

大数据作为一种概念和认知,已由计算机领域逐渐延伸到科学和商业领域。大数据提供了一种人类认识复杂系统的新思维和新手段,人类以全新的思维方式探知客观规律、改造自然和社会的新手段,这是引发经济社会变革的根本原因。

大数据是信息技术发展的必然产物。信息化经历了两次高速发展浪潮,当前正进入以数据的深度挖掘和融合应用为主要特征的信息化3.0阶段。在"人机物"三元融合的大背景下,以"万物互联,一切皆可编程"为目标,数字化、网络化和智能化呈融合发展的新态势。信息化新阶段开启的另一个重要表征是信息技术开始从助力社会经济发展的辅助工具向引领社会经济发展的核心引擎转变,进而催生一种新的经济范式——"数字经济"。经过几十年的储备,数据资源大规模聚集,奠定了数字经济发展的坚实基础。

26.2.2 数字经济的定义

"数字经济"一词最早出现于20世纪90年代,随美国学者唐·泰普斯科特(Don Tapscott)1996年出版的著作《数字经济:网络智能时代的前景与风险》而受到关注。该书描述了互联网将如何改变世界各类事物的运行模式并引发了若干新的经济形势和活动。2002年,美国学者金范秀(Beomsoo Kim)将数字经济定义为一种特殊的经济形态,其本质为"商品和服务以信息化形式进行交易"。可以看出,这个词早期主要用于描述互联网对商业行为所带来的影响,此外,当时的信息技术对经济的影响尚不具备颠覆性,只是提质增效的辅助工具,"数字经济"一词还属于学术界关注探讨的对象。

随着信息技术的不断发展与深度应用,社会经济的数字化程度不断提升,特别是大数据的到来,"数字经济"一词的内涵和外延发生了重要变化。当前广泛认可的数字经济定义源于2016年9月二十国集团领导人杭州峰会通过的《二十国集团数字经济发展与合作倡议》,其中将数字经济定义为:以使用数字化的知识和信息作为关键生产要素、以现代信息网络作为重要载体、以信息通信技术的有效使用作为效率提升和经济结构优化的重要推动力的一系列经济活动。

通常把数字经济分为数字产业化和产业数字化两个方面。数字产业化是指信息技术产业的发展,包括电子信息制造业、软件和信息服务业、信息通信业等数字相关产业;产业数字化是指以新一代信息技术为支撑,传统产业及其产业链上下游全要素的数字化改造,通过与信息技术的深度融合,实现赋值、赋能。从外延看,经济发展离不开社会发展,社会的数字化无疑是数字经济发展的土壤,数字政府、数字社会、数字治理体系建设等构成了数字经济发展的环境,同时,数字基础设施建设及传统物理基础设施的数字化奠定了数字经济发展的基础。

26.2.3 数字经济的特征

数字经济呈现以下三个重要特征:

(1)信息化引领。信息技术深度渗入各个行业,促成其数字化并积累大量数据资源,进而通过网络平台实现共享和汇聚,通过挖掘数据、萃取知识和凝练智慧,使行业变得更加智能。

(2)开放融合。通过数据的开放、共享与流动,促进组织内部各部门间、价值链上各企业间,甚至跨价值链、跨行业的不同组织间开展大规模协作和跨界融合,实现价值链的优化与重组。

(3)泛在化普惠。无处不在的信息基础设施、按需服务的云模式和各种商贸、金融等服务平台降低了参与经济活动的门槛,使得数字经济出现"人人参与、共建共享"的普惠格局。

可以预期数字经济在未来较长一段时间都将保持快速增长,并呈现如下趋势:在基础设施方面,以互联网为核心的新一代信息技术正逐步演化为人类社会经济活动的基础设施,并将对原有的物理基础设施完成深度信息化改造,从而极大地突破沟通和协作的时空约束,推动新经济模式快速发展。

26.3 数字经济时代的数智化转型

26.3.1 数智化转型的目的

数智化转型的目的是利用先进的信息技术手段将所有事物数智化,以数据的方式呈现,并提高数据处理的速度和精度,进行更加科学的管理和使用;实现信息共享和互联互通,帮助企业更好地实现业务增长和商业模式创新的目标,从而推动数字经济模式的快速发展。

26.3.2 数智化转型的定义

数智化转型是建立在数智化转换、数智化升级的基础上,进一步触及公司的核心业务,以新建一种企业的商业模式为目标的高层次转换。数智化转型是开发数智化技术及支持能力以新建一种富有活力的数智化商业模式。

我国在制定《中国制造2025》的时候,明确了制造业的发展方向是智能制造;或者说制造业朝向2025或2050,智能制造就是我们的方向。在这个过程中,我们一定要使用更多的数字和数字技术,所以说数字化转型和智能制造的方向结合在一起就变成了数智化。

从技术分析的角度,对数智化的定义是:数字智慧化与智慧数字化的合成。

(1) 在数字与大数据、AI、云计算、区块链、物联网、5G等现代化智能技术手段的支持下,建立决策机制的自优化模型,实现状态感知、实时分析、科学决策、智能化分析、管理与精准执行能力。

(2) 借助数字化模拟人类智能,让智能数字化,进而应用于系统决策与运筹等能力。

通过以上两种能力,助力企业优化现有的业务价值链和管理价值链,增收节支、提效避险,实现从业务运营提升到产品/服务的创新,提升用户体验,构建企业新的竞争优势,进而实现企业的数智化转型升级。

数智化的本质是业务创新和运营管理智能化创新,是对传统业务模式的革命性颠覆,是对未来业务生态的重新定义。因此,数智化转型可以理解为,通过运用数字技术和数据来重新塑造组织、流程和文化,以实现提升系统效率、业务增长和商业模式创新的一项重要战略。

"数智化"一词被频频提起,其关键在于不同时代的关键生产要素在持续变化。原先,最重要的生产要素是土地、劳动力、资本;随后,技术、管理、知识等要素也逐渐被重视。如今,数据、算力、算法将逐渐成为更重要的生产要素。未来的市场环境也将是数据驱动、算力驱动、算法驱动。

从发展阶段的角度看,数字化、在线化只是第一步,智能化、智慧化才是未来。"数智化"更强调在"数字化"基础上的"智能化"应用,是数字化、智能化和万物互联"三位一体"发展而成的更高级的发展阶段。虽然只有一字之差,但"数智化"使得生产方式、商业模式和经营理念发生了颠覆性变革。

当然,我们也需要承认,各个行业中多数企业的数字化进程还在探索、起步阶段,少数优秀企业的智能化程度也还有巨大的提升空间,"数智化"的大幕刚刚开启,我们有理由相信,未来所有的企业将是数智化的企业。

26.3.3 数智化转型的模型

在国内,数字化转型、数智化转型应该说还处于发展的早期,理论和实践都没有成熟。尽管学术界和企业界已提出各种数智化转型模型,但模型的核心要点各不相同,因而不作详细介绍。

下面介绍的是赵敏等在《人本:从工业互联网走向数字文明》一书中所讲的工业互联网的生态模型,如图26-1所示。

向读者介绍该模型的原因是真正懂制造业的人在沿着《中国制造2025》的方向往前走的时候,针对"需要分析什么?""要做什么?""这里面哪些因素是极其重要的?"这些问题,该模型中做了一个比较清晰的交代。

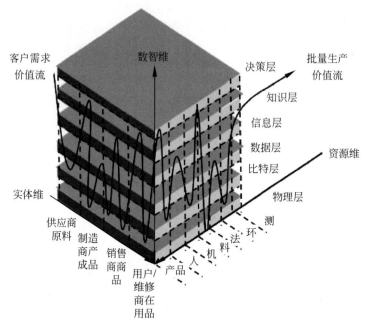

图 26-1 数字化转型模型（图片来源：引自赵敏等著《人本：从工业互联网走向数字文明》）

(1) 先看三维中底下的"资源维"，"资源维"讲的就是制造业核心的内容——产品由人、机、料、法、环、测来完成，这是制造的产品和过程，缺一不可。

(2) "实体维"是指在制造企业的制造过程中，从供应链到本企业，再到后面的销售售后服务过程中所有相关的实体企业，也就是说，决定制造的全过程是由一个个企业决定的，是由这些实体决定的。往上这部分讲的是信息，这六层他们是这样划分出来的，我们可以精简也可以增加，但这样做对制造业来说确实有道理。

当然，"实体维"同样在业务流程中产生数据并进入价值中，"实体""资源""数智"这样三维六层，加上一个价值流。数字化转型，产业互联网做所有的事情需要达到两个价值流。两个价值流是两个方向，一个方向是满足客户的价值，另一个是要实现制造的批量生产。所以这样才有价值，这些维度的活动也才有价值和意义。

(3) 再分析物理层，在制造过程中，管理过程中所用的数据从哪儿来？答案是从制造过程来的。我们看一下人、机、料、法、环、测，"机"产生数据，"料"产生数据，"工艺"产生数据，生产的环境和检测产生数据，所以数据是从物理层上产生出来的，从传感器变成比特层，但这个比特层不是控制，"控制"是到控制单元控制，到控制单元的时候比特数据便变成可以用来控制的数据。我们从对一个个具体生产过程的控制往上管理的时候它认为"OK"就变成了信息层，信息的汇总变成了知识层，这样的汇总变成了一个企业在管理和商务活动中用来决策的数据和知识，所以这样的维度有道理。

我们着重介绍这个模型，是因为制造企业数字化转型必须以制造本身为基础，必须从参与制造的各个行业、各个过程进行分析。

也就是说，我们看数据不是看泛泛的数据，所有制造过程的数据是在这样的过程中产生的，也正是这样的数据才能在制造过程各个环节中发挥作用。

26.3.4 数智化转型的目标和战略

1. 数智化转型的本质

数智化转型是以大数据、物联网、人工智能技术为工具或载体，驱动企业供应链、生产运行、客户服务模式的转型或重构。

数智化转型是管理的转型,其本质是管理模式与运营机制的再造。企业内外部发展环境变化所引发的管理变革需求是数智化转型的内在驱动,现代信息技术不仅为企业管理转型提供了有效的载体和实现形式。如果忽略了企业管理变革的现实需求,仅为了追求技术的先进性,为了数智化转型而转型,势必进入数智化转型的误区,最终导致数智化技术的应用不能适应企业运营管理的现实需求,导致企业内部管理混乱,甚至代入错误的商业模式导致企业运营的失败。

2. 数智化转型的实施系统

企业数智化转型是企业运行体系的系统性变革,回答企业如何进行数智化转型这一问题,首先需要具体设计企业数智化转型的总体实施系统,即实施构架。根据企业数智化转型的定义与目标,企业数智化转型的实施架构应由战略、业务、组织、流程、感知、数据、算法七个要素构成。其中,战略、业务、组织、流程构成了企业数智化转型的运营管理层,是数智化转型的内涵层;感知、数据、算法构成了企业数智化转型的技术层,是企业数智化转型的工具、载体与实现形式。

3. 数智化转型的实施路径

具体到企业数智化转型的实施层面,成功的数智化转型应从管理与技术两个层面有序展开。

在管理层面,以数智化技术重新定义企业发展的战略环境,以战略环境为依据重构企业发展战略,以战略为引导重塑企业的商业模式,以新的商业模式为依据再造企业组织与流程。

在技术层面,以企业发展战略为依据,科学设计企业数智化转型规划,以支撑企业商业模式为导向合理构建数智化系统的功能架构,以组织机构为框架合理布局数智化系统的系统模块,以流程为依据实施信息系统、数据库系统、数据算法系统、智能决策系统等数智化系统的开发。

4. 数智化转型的目标和战略

(1)以战略重构为引领。企业运营的终极目标是实现其发展战略,企业的业务转型与管理变革均须依据并服务于企业的发展战略。数智化转型作为企业运营管理机制的变革,在服务于企业更好地实现其发展战略的同时,也反作用于企业的发展战略。为避免企业数智化转型与企业战略设计错位,数智化转型需要重构企业发展战略。依据数智化技术运用对企业现有的资源配置模式、企业核心竞争力的影响,重新构建企业的业务布局、产业协同、资源配置等战略要素。

(2)以模式重塑为依据。商业模式是企业发展战略的实现形式,是企业战略资源、核心竞争力等要素在市场层面的表达,是客户价值的实现路径。企业战略资源的再配置和企业核心竞争力的重塑是企业数智化转型最为直接的反映形式。因而,以现代信息技术应用带来的企业商业模式的重塑应是企业数智化转型的蓝本。企业数智化转型规划、系统功能架构、数智化产品设计均应以企业商业模式为依据。

(3)以组织优化为基础。组织架构是支撑企业发展战略与商业模式运行的内部"生产关系",其实质是企业的运营机制。企业数智化转型须建立在企业运营机制转型的基础之上,从而使得组织的作用、价值与数智化转型相匹配,以先进的生产关系驱动数智化技术应用所带来的新型生产力的释放。

(4)以流程再造为范式。数智化是利用数智化技术重塑企业运营模式,提升企业运营效率,其实现形式是以数智化技术改造企业运营流程,将数智化技术融入企业运营过程,从而实现企业运营机制的转变与资源配置效率的提升。因而,企业数智化转型须以流程重构为范式,构建企业数智化信息系统。

通过对数智化转型目标和战略的探讨,对数智化转型的本质有了新的认知。数智化转型是管理的转型,其本质是管理模式与运营机制的再造。

26.4 构建人机智能协同管理系统

26.4.1 借鉴西蒙的决策理论

赫伯特·西蒙曾获1978年度诺贝尔经济学奖，这是管理学领域唯一的诺贝尔奖。瑞典皇家科学院在颁奖时给予了高度评价："现代企业经济学和管理研究大部分基于西蒙的思想。"

1. 决策理论学派的理论要点

(1) 决策贯穿管理的全过程，决策是管理的核心。西蒙指出组织中经理人员的重要职能就是做决策。他认为，任何作业开始之前都要先做决策，制订计划就是决策，组织、领导和控制都离不开决策。

(2) 系统阐述了决策原理。西蒙对决策程序、准则、程序化决策和非程序化决策的异同及其决策技术等做了分析。西蒙提出决策过程包括4个阶段：搜集情况阶段、拟定计划阶段、选定计划阶段、评价计划阶段。其中每一个阶段本身就是一个复杂的决策过程。

(3) 在决策标准上，用"令人满意"的准则代替"最优化"准则。以往的管理学家往往把人看成是以"绝对的理性"为指导，按最优化准则行动的理性人。西蒙认为事实上这是做不到的，应该用"管理人"假设替代"理性人"假设，"管理人"不考虑一切可能的复杂情况，只考虑与问题有关的情况，采用"令人满意"的决策准则，从而可以做出令人满意的决策。

为什么决策只能用"满意原则"，而不能用最优原则？因为要使决策达到最优，就必须满足以下条件：

① 获得与决策有关的全部信息。

② 了解全部信息的价值所在，并据此制订所有可能的方案。

③ 准确预测每个方案在未来的执行结果。

而现实中上述这些条件往往得不到满足。因此，决策遵循的是"满意原则"。

(4) 一个组织的决策根据其活动是否反复出现可分为程序化决策和非程序化决策。经常性活动的决策应程序化以降低决策过程的成本，只有非经常性的活动，才需要进行非程序化的决策。

2. 决策的过程

管理的实质是决策，决策是由一系列相互联系的工作构成的一个过程，这个过程包括四个阶段的工作：

(1) 情报活动。其任务是搜集和分析反映决策条件的信息，为拟定的选择计划提供依据。

(2) 设计活动。其任务是在情报活动的基础上设计、制定和分析可能采取的行动方案。

(3) 抉择活动。其任务是从可行方案中选择一个适宜的行动方案。

(4) 审查活动。其任务是对已做出的抉择进行评估。

3. 决策理论的启示

启示一：从管理职能的角度来说，决策理论提出了一条新的管理职能。针对管理过程理论的管理职能，西蒙提出决策是管理的职能，决策贯穿于组织活动的全部过程，进而提出了"管理的核心是决策"的命题，而传统的管理学派是把决策职能纳入计划职能当中。由于决策理论不仅适用于企业组织，还适用于其他各种组织的管理，具有普遍的适用意义。因此，"决策是管理的职能"现在已得到管理学家的普遍认可。

启示二：首次强调了管理行为执行前分析的必要性和重要性。对于决策理论之前的管理理论，管理学家的研究重点集中在管理行为本身的研究上，而忽略了管理行为的分析，西蒙把管理行为分为"决策制定过程"和"决策执行过程"，并把对管理研究的重点集中在"决策制定过程"的分析上。正如西蒙所指出的那样："但是，所有这类讨论，都没有充分注意任何行动开始之前的抉择——关于要干什么事情的决定，而不是决定的执行……任何实践活动，无不包含着'决策制定过程'和'决策执行过程'。"然而，管理理论既要研究后者也要研究前者这一点，还没有得到普遍认可。

启示三：西蒙认为研究组织管理问题必须从探索人的决策行为入手。

从逻辑层面看，所谓决策就是要求从全局的角度看待所有备选方案及其所导致的全部结果，并使用价值系统作为从所有备选方案中选择一个最优方案的决策准则，符合这一要求的又称为理性决策。

而实际上，我们对决策结果的了解总是零零碎碎、不完整的，要完整地预期价值也是不可能的，在真实情况下人只能想到有限的几个可靠方案。西蒙认识到导致人不可能做出符合完全理性要求的最优化决策，根源在于人的知识和计算能力的局限性，即理性的局限，并进而从心理层面分析决策行为。

心理学研究表明，人类已经形成许多应对这种理性不及的机制，包括"沉没成本"的存在、可训练性、习惯、注意力等，这会给决策带来些许理性。由此可见，虽然人的决策理性是有限的，但并不意味着人们不可能做出明智的决策。

西蒙的跨学科实践对上述三个方面的处理方式对我们有以下重要启示：

(1) 在跨学科学习中，对所研究的重大问题的不同表征，既可以充分利用问题表征所依托学科的资源，又可以在多层面研究的互动中丰富和完善对问题的理解。

(2) 不受任何学科传统方法的束缚，大胆借用、移植其他学科的方法，有助于取得创造性研究成果。

(3) 知识转换贯穿于问题研究法的各个阶段（之前、之中、之后），不同阶段知识转换的方式不尽相同，跨学科研究应重视问题研究的不同阶段，实现知识转换的不同方式。

26.4.2　遵循企业管理的原则

彼得·德鲁克作为现代管理思想的杰出代表，其管理理念在现代管理界被认为是经典理念并得到广泛应用。其管理理念的核心要点归纳为现代企业管理的十大原则：

1. 目标管理

目标管理是以目标为导向，以人为中心，以成果为标准，促使组织和个人取得最佳业绩的现代管理方法。目标有四个核心特征：实际性、可行性、匹配性、阶段性。

2. 自我管理

管人先律己，以身作则的榜样力量远胜于耳提面命的说教。自我管理有七条原则：认识你自己，发现你的优势，寻找做事的方法，问问自己的贡献，把握自己的时间，敢于担当责任，与大家分享成功。

3. 战略管理

战略管理是分析式思维，是对资源的有效配置。战略规则并不是做未来的决策，而是为未来做现在的决策。没有战略，注定是小作坊，务实有远见的战略构想是企业做大做强的前提。

4. 人本管理

管理的出发点是围绕"人性"，核心是人的努力，目标是使下属具备"管理者的态度"。通过主管引导、目标牵引、氛围感染，让员工从被动工作到主动担责，这是企业成就卓越的关键。

5. 团队管理

企业成功靠的不是个人英雄，而是团队作战。把大家拧成一股绳才能拉得动进步的风帆。管理者要灵活使用物质激励、参与激励、发展激励、目标激励、竞争激励等方法激励员工的积极性，打造人人奋进的高效团队。

6. 决策管理

最佳的战略决策只能是近似合理的，而且总是带有风险的，不要试图苛求完美；决策离不开信息和分析，要鼓励下属提供不同的想法；决策完整落地才有意义，需要用制度和方法确保100%的执行力。

7. 组织管理

组织结构要有高度的适应性。沟通顺畅是运营效率的基础。企业组织不是为了让人升官发财而存在，它的唯一价值就是更好地提升效率，追求利润。敢于变革、善于变革的管理者才能不断适应变化，而始终立于不败之地。

8. 创新管理

创新和预见是不确定性时代的生存法则。不能自我创新,注定被淘汰。创新的关键是思维灵活,不受常规局限,有怀疑精神,有改进意识。创新的客体是市场,而不是产品,做合适的而不是最好的,才是利益最大化的做法。

9. 有效管理

投入了人力成本和资金成本,但是未能达成预期的目标,这说明项目管理是失败的,没有聚焦结果目标,做了却没有做好,管理者需要牢记:苦劳等于徒劳,有结果才叫功劳。评估下属绩效时,必须围绕两个核心问题进行:一是人与工作的匹配程度;二是投入与产出的比例关系。

10. 风险管理

良好的风险管理有助于减少错误、避免损失,保证企业健康发展。3种致命的风险要警惕:财务风险,如流动资金、投资、汇率等;法律风险,如倾销、合作等的诉讼;资讯风险,如知识产权、商业机密等。

26.4.3　决策者的系统思考模式

系统思考不仅是一种分析问题、解决问题、判定决策的方法,也是一种深入认识客观世界、应对各种复杂性挑战的技能,特别是重要深层思维模式的转换。深入认识和有效应用系统思考的核心理念在于实现四大转变,如图 26-2 所示。

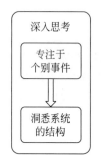
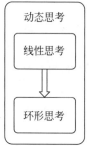
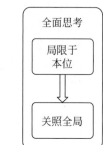
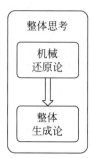

图 26-2　系统思考的四重转变

1. 深入思考

系统思考看世界、分析问题,不只是关注一个又一个孤立的事件,而是要关注到事件之间的相互关联、作用模式及发展趋势,更进一步地看清影响、推动该模式与趋势发展的潜在"结构"。所谓的"结构"是表示系统中的关键影响要素及其间的相互"连接"方式。

从深入思考模式来看,"结构"影响行为是指构成系统的主要变量之间的相互作用与影响,驱动着系统的变化,生成不同的行为模式。

2. 动态思考

在传统的思维模式中,人们通常假设"因"与"果"是线性作用的,即"因"产生"果";但在系统思考中,"因"与"果"并不是绝对的,"因"与"果"之间可能是环形互动的,即"因"产生"果",此"果"又成为其他"果"的"因",甚至还成为"因"之因。

在企业管理决策方面,如果没有采用系统思考,往往会出现"原因"分析越多,却得不到什么"效果";如果将"线性思考"转为"环形思考",便可进入动态思考模式。

3. 全面思考

由于企业是一个环环相扣的复杂系统,这类复杂系统又包括若干个子系统,任何一个子系统的变化,都可能在不同的时间对系统中的不同主体产生这样或那样的影响,产生这类问题的原因有:一方面在于企业系统的动态复杂性;另一方面也与决策者缺乏有效全面思考的技能水平有关。

系统全面思考为决策者提供了突破局限于本位,树立全局意识的有力武器,让企业决策者在决策过程中形成"见树又见林"的思维方式。

4. 整体思考

系统理论将系统定义为"由一群相互连接的实体构成的一个整体"。因此,系统思维从系统定义概念上讲就是整体思考。当决策者希望了解一个系统,进而预测系统行为时,就需要将系统作为一个整体;如果希望影响和控制系统的行为,就必须将系统作为一个整体。就系统本身的特性而言,整体大于部分之和,即有"1+1>2"的效果。

因此,决策者应改变思维模式,学会系统思考,方能化解企业面临的重重困境,这就是系统思考的精妙之处,需要决策者进行思维范式的转换。

26.4.4 数字经济时代的管理范式

1. 人机智能协同的转化路径

人机智能协同的转化路径分为"数字转型""智能交互""知识融合"和"协同共创"四个阶段,具体步骤如图 26-3 所示。

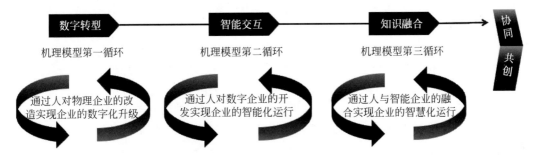

图 26-3 人机智能协同的转化路径

2. 人机智能协同管理的特征

企业数字化转型要求企业建立数字经济时代的管理新范式,新的管理范式将颠覆传统管理学认知。基于对数字经济时代"人"的思考和认识,"人"的角色正逐渐发生变化。

过去,"人"是主体,"物"是客体,人始终对物持有操作管控的绝对权力,随着数字科技的进步,人和物的主客体关系发生了变化,具有智能化能力的机器可以预判风险、纠正错误、维护安全。此时,物与人相互影响、协同纠偏,"人"和"物"互为主客体。基于这种认知,"人机智能协同"将会成为管理新范式最重要的特征。

传统的管理信息系统基本是以业务流程和数据信息化为主要目标。通过 IT 系统,将业务发生过程中的数据按步骤记录下来,目标是固化并改善业务流程,实现效率和管理的提升。而数字化进程,则是通过数字化手段,强化人、财、物等业务要素的数据链接,并进行分析和挖掘,以数据驱动业务的精细化管理。而更进一步的智能化阶段,则是将数据和规则、流程体系深入所有业务环节,通过智能技术进行决策并驱动业务,创造新的商业机会,形成新的业务核心竞争力。

企业中存在数据孤岛,数据不能互联互通。企业往往存在多系统问题,因不同业务部门、不同业务场景的需要,各部门数据分散在各个不同的系统中。企业在数据应用过程中,数据无法共享,很多数据处于睡眠状态,使数据无法有效支撑企业创新,试错成本高。此外,还存在数据口径及统计不一致,规则混乱等问题。

当前,企业面临来自国际国内复杂多变经济环境的严峻挑战,亟须运用新一代信息技术,充分发挥数字技术在智能化分析、辅助决策等方面的优势,实现企业治理模式变革,其转变模式如图 26-4 所示。

图 26-4 管理信息系统的转变模式

3. 企业数字化转型的总体框架

企业数字化转型的关键是基于大数据构建"企业智慧大脑"。企业智慧大脑是基于人工智能、大数据、云计算等新一代信息技术的融合而构建的企业智能化开放创新平台,通过实时、持续处理企业海量的异构数据提取关键信息,辅助各级管理者进行智能决策,并根据规则驱动业务流程,帮助企业实现业务智慧化。

随着数智化时代的到来,数据成为企业最重要的无形资产,但如何唤醒沉睡的数据、让数据说话,同时实现数据互联互通,消灭数据孤岛,以及业务系统"烟囱林立"的现象,指导多部门业务精准决策,最终形成企业的数据资产,是企业在数字化转型过程中首先要解决的问题。作为企业,应迅速搭建自己的"数据大脑",从而实现智能精准决策。

企业数字化转型包括支撑能力、智慧运营、数智大脑3个方面的元素,数智大脑与其他元素相互依存,存在紧密的内在逻辑关系。如图26-5所示,企业级数智大脑以企业管理者的使用需求为导向,以推动企业治理体系和治理能力现代化为目标,向下以数字基础设施、数据引擎、技术引擎为支撑,向上对智慧企业、智慧客服、新型市场、数字生态进行赋能。技术引擎是基础原动力,不仅为数字基础设施建设提供技术支撑,同时在数据引擎的配合下,形成开展产品服务创新和市场培育的重要基础条件。数智大脑是企业的中枢,是数据处理和共享的中心,相当于企业的中央处理器,而企业管理、客户服务、市场营销、生态建设等方面的应用则是基于这个处理器的最终展现形式。企业可以结合自身的业务特点,在数智大脑各个功能模块框架的基础上,进一步定制化开发符合业务需求的个性化应用。

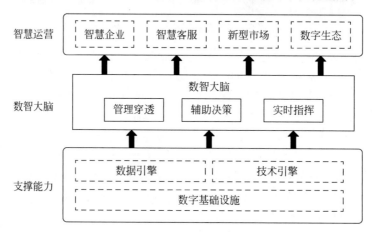

图 26-5 企业数字化转型的总体框架

4. 企业级数智大脑功能模块

通过搭建企业级数智大脑的基础框架,向实时、可复用、可定制方向不断迭代演进,建立生产、供应链、企业组织实体等数字孪生,实现各种业务场景和主题的叙事式可视化展示。通过贯穿决策层、执行层、操作层的穿透式管理,满足各级管理层分层指挥的需求,挖掘业务数据核心价值,推进数据分析结果随时调取、按需推送、主动呈现,构建人机协同的智慧决策模式,实现实时指挥。通过用户与数智大脑多维操作的交互,提升可配置性和方便性,推进企业和城市互促共进。如图26-6所示,企业级数智大脑通过统一展示中心、实时指挥中心、多维交互中心3个功能模块提供上述能力。

1) 搭建开放式的基础架构

(1) 夯实基础能力。按照易用性、专业性、开放性、可扩展性的原则搭建企业级数智大脑的基础框架,实现展示场景的扩充、对接、纳管。一是扩充新内容。结合当前公司战略目标、工作重点、政策热点、城市发展进展,以及公司内外部发展状况持续开放新内容。二是引用现有成果。通过技术手段兼容不同大屏、

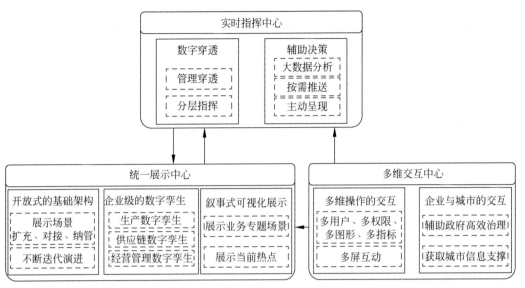

图 26-6 数智大脑功能模块

不同系统在数字运营驾驶舱的统一展示,通过统一编排现有的成果形成新的故事线。三是实现场景统一纳管。纳管对象包括以定制化开发为主的决策层场景、各专业线条的场景、其他已开发完成的场景。

(2) 推动演进迭代。推动数智大脑跟随企业和社会发展的步伐不断迭代演进,向实时、可复用、可定制方向发展。一是不断扩大使用范围和使用对象。数字驾驶舱逐步纳入决策层、执行层、操作层等内部用户,以及政府部门和行业等外部客户。二是由离线型向实时型演进。通过通信网络、云平台、中台、边缘计算等数字化基础设施的不断发展完善,以及数字引擎和技术引擎的赋能作用,逐步实现由离线向实时过渡。

2) 构建企业级的数字孪生

(1) 建立生产数字孪生。全面实时监测生产状态,实现生产环节各类异常的溯源分析,预测运营发展趋势,优化运营策略,大幅提升生产的数字化、智能化水平,实现"数随物动"的可视化监控、"物随数动"的数字化管控,实现数物"主动识别、主动预测、主动控制"的"智慧互动",全面提高生产、运维业务效率和效益。

(2) 建立供应链数字孪生。将数字孪生渗透到供应链的各个环节,突破传统供应链的响应速度和成本瓶颈,有效拉动上下游,实现市场需求洞察、供应链计划、供应链运营执行等方面的供应链协同,提升供应链效率、加速供应链响应。

(3) 建立经营管理数字孪生。大幅提升企业整体的数字化、智能化经营水平,实现降本增效。通过建立企业实体业务的多维模型,实现对业务数据的实时分析,基于业务动因实时预测业务结果,预警风险并及时调整,实现数据采集、建模仿真、分析预警、决策支持的实时一体化,消除信息化系统数据上彼此独立、企业内部"数据孤岛"现象,促进管理层及时了解企业经营的全貌。

3) 实现叙事式可视化展示

以业务为基础构建专题场景,以当前热点为主体汇聚指标和数据,进行灵活多样的可视化展示。一是展示业务专题场景。基于关键指标和同业对标体系,从经营绩效、业务发展、队伍建设、安全生产、优质服务、科技创新、党的建设等方面构建专题场景,对公司主营业务活动和核心资源开展"全天候、全方位、全流程"的实时在线监测,实现公司关键业绩指标数据"一目了然、一网打尽、一屏展示"。二是展示当前热点。结合公司的战略目标、工作重点、政策动向、城市发展等重要内容,从公司业务发展布局、数字化转型、数字城市建设等当前热点进行设计叙事式可视化展示。三是注重叙事生动性。通过线性、非线性及超线性的叙事方式和多维互动,从视角、结构、时间、空间上进行信息整合,寻找隐藏在数据信息之下的规律,以类似故事的效果展示可视化结果,提高数据解释的效率与记忆性,使可视化展示形象化、人性化。

4) 实现多维操作的交互

通过低代码技术实现数字驾驶舱的灵活配置,形成千人千面适合多用户的图形和经济指标,实现多用户、多权限、多图形、多指标、多种交互方式的多维操作。运用多屏互动技术,以语音交互、手势操控等方式,在大屏、PC端等不同终端设备,以及不同的操作系统之间实现兼容跨越操作,同步不同屏幕的显示内容。

5) 实现企业与城市的交互

深入研究企业与城市唇齿相依、共建共荣的生态,以数智大脑为统一门户,对外构建企业、政府和社会的"共建、共融、共享"价值链,促进企业与城市功能对接、信息融合、提升企业与城市协调发展的核心能力,整合各方资源,构建业务发展价值链,实现企业与城市数据共享、成果共创与价值共生。一是数智大脑辅助政府高效治理。数智大脑以跨行业的数智融合共享为数字城市提供产业结构和区域发展等宏观经济类、精益治理类、民生服务类、居民流动和复工复产等社会治理类功能上的支撑,有效辅助数字城市科学决策,促进政府治理更加高效,满足政府、社会和公众等多方面需求。二是数智大脑积极获取数字城市信息支撑。积极获取数字城市对企业数智大脑在城市发展、产业发展、气象数据等方面的信息支撑,提升公司的规划建设、运行维护、经营管理、营销服务能力。

26.4.5 构建人机协同的智慧决策模式

基于用户角色及后期应用端收集的大量用户操作行为数据,以不同的业务数据模型进行大数据分析,推进统计、分析、预测逐步丰富演进,从决策层、执行层、操作层深度挖掘并区分普通、重要、核心的数据价值。全面分析各层级业务运行对数据分析的需求,实现管理和业务主题、数据分析结果随时调取、按需推送、主动呈现,真正意义上有针对性地为公司管理层提供重要、高效的战略决策辅助。

通过实时指挥中心实现决策层、执行层、操作层的数字穿透。以数据"一键可查"、业务"一链到底"、运营"一屏掌控"、应用"一证登录"为目标,构建贯穿决策层、执行层、操作层的数字穿透,向下穿透到业务、系统、流程。另外,是分层指挥。在决策层,通过指标汇聚,融合各专业业务流和数据流信息,汇聚公司关键经营指标数据,客观展现企业生产经营各业务线条实时动态。在执行层,构建专业精益管理可视化场景,提供专业指标关联分析和在线预警,支持分析报表智能生成和可视化展示,提升各专业精益化管理水平。在操作层,打造数字化班组,自动汇聚分析形成管理任务池,提升基层班组管理效率。

数智大脑的组成部分包括系统、数字驾驶舱和应用场景,它把分散在企业内部各个业务部门、各个专业线条的各种数据,以及企业外部的相关数据汇集起来,包括历史的、实时的数据,在技术引擎和数据引擎的支撑下,通过合理设计、自动编排、有序呈现、管理穿透、分层管理、实时指挥的形式,帮助企业管理者做出科学决策,从而为企业提升竞争能力,其过程如图26-7所示。

在推进数智大脑建设的过程中,不但要在企业数字化建设的现状基础上制定发展规划,而且要从组织、人才、技术、数字文化等方面加强保障,还要通过落地场景应用稳步推进。

一个真正能够有效支撑企业去平衡外部复杂性挑战的组织智能,必须进行有目的的主动塑造,而不能放任其自发的、条件反射式的"野蛮生长"。主动塑造组织智能也是帮助企业真正突破"企业家个人能力"的瓶颈,真正获得长久的、可持续的发展动力。

一般来讲,一个高效能的、具有组织智商的组织都会拥有六个方面的核心能力,即外部信息觉察能力、客户需求的感知能力、决策架构的效力、内部智慧的传播机制、组织聚焦与持续创新及大脑联网。这六个核心能力既是

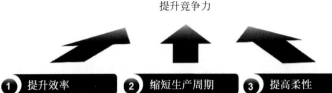

图 26-7 企业提升竞争力的过程

组织智商能力的体现,又是组织智慧基因建设的要求。

(1) 外部信息觉察能力。保持对外部环境变化的敏锐觉察是触发企业主导基因进步和实施系统变革的依据。拥有外部信息的觉察能力要求企业能够敏锐地觉察到所有外部信息并迅速对其做出反应。几乎所有的优秀企业都会对外界信息有一种非常敏锐的察觉能力。尤其是一些高效能组织,这种察觉能力甚至发达到使每个成员都成为组织的神经突触,都成为末梢神经,每个人都在考虑着整体的事。

(2) 客户需求的感知能力。虽然"以市场为导向,以客户为中心"的理念早已为我国的企业所接受,但大部分仍然停留在"看市场上什么产品好卖,然后引入一套生产线,生产出产品,最后想办法把产品卖出去"这样的逻辑层面,这正是造成产品功能雷同和陷入价格竞争窘境的原因。当我们的企业能真正树立起"不是制造某种产品而是在提供某种需求"理念的时候,才会真正拥有未来。

(3) 决策架构的效力。执行者参与循环决策,中层管理者的价值不能丢失。中国企业的中层干部经常这样说:"老板把方向定下来后就告诉我去做什么,我就去执行,这就是我的专项。"这是典型的中层管理者价值的丧失!复杂企业与单体企业最明显的区别就在于,复杂企业具有多级架构、需要多级大脑思考和多级发动机群来共同驱动(而不能是由老板一台发动机驱动);我们发现有些决策在被最高决策者确定下来以后,依然需要执行者进行多次再决策,而就在这数次再决策的过程中,问题发生了。但更严重的是许多企业的老板将这些问题归结为执行力的问题或效率的问题。一般来说,一次决策是企业的整体层面,二次决策是跨部门的层面,三次决策是部门内部层面,四次决策是工作流层面。我们观察到,在大多数企业里,这四种架构之间缺乏关联已经成为一个不争的事实。

(4) 内部智慧的传播机制。内部智慧传播需要企业觉悟与组织学习行动的互动。企业在长年的经营中,除了自我积累财富和利润外,还会不同程度地积累企业的内部智慧。企业的内部智慧是一笔无形资产,它包括已有的信息、知识、运作经验和处理问题的能力等。内部智慧传播机制不仅需要的是企业内部的自我觉悟,还需要相关组织学习能力的提升行动。

(5) 组织聚焦与持续创新。企业通过对系统结构和系统功能的再认知和自我突破来引导组织聚焦和持续创新。企业创新也许不是那么难做到的,但通常的创新只是单体、点状的创新。如何将这种个别、偶然的现象上升到一个持续的高度,使组织创新转变为组织中的一个本身功能,这就是聚焦之外要解决的问题。并且这种进行持续创新是一个非常长远的课题。

(6) 大脑联网。电脑联网是我们熟知的,但是大脑联网,这似乎是不可思议的一件事情。在企业内部,已编码的知识可以附着在很多知识载体上(如书籍、文件、机器设备等),可通过通常的信息网络来交流和传播,而更加大量的未编码知识则不能通过一般的信息网络来传递,只能通过人与人之间的直接交流来传递,所以我们还要强调在通常的信息网络基础上建立一种沟通网络来实现未编码知识的传递。通过大脑联网的方式将各个层面、各种各样的组织知识有效地建立起某种联系并形成一幅所谓的"知识地图",这些资源不仅包括文件、程序等编码知识,还包括附着于员工个人脑中的未编码知识,企业根据知识门类将那些拥有价值知识的人的地址和通信方式标在知识地图上,帮助管理者识别企业所需的知识与诀窍。信息技术的飞速发展使企业真正实现较低成本的大脑联网成为可能,依托信息技术的支持,实现人机全面一体化和网络化——知识地图通过电子地图的形式表达和标示,进一步通过电脑网络进行连接,使知识的寻找者可以方便快捷地与标示点的知识资源相连接。大脑联网是一种组织层面的意识和视角,更是一种远远超越个体智商的系统思想高度的体现。

根据以上阐述,我们综合来看这六大核心能力,以及各自的要求,见图 26-8。

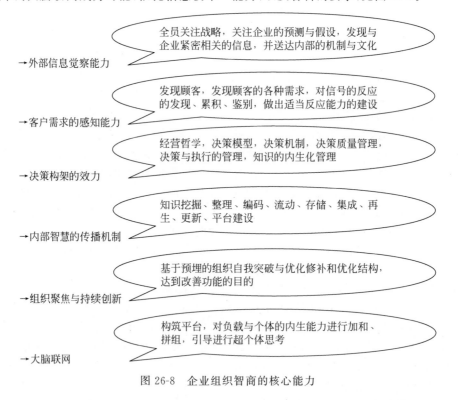

图 26-8 企业组织智商的核心能力

以上组织智商的六个核心能力是高效能组织所必须拥有的。这些能力的重要性,甚至让我们有足够的信心认为,假如企业拥有这六个能力,企业就拥有较高的组织智商。在此基础上可以实现真正的大脑联网。

26.4.6 人机智能协同管理系统构成框架

基于上述分析,梳理出以人为中心的人机智能协同管理系统的构成框架,如图 26-9 所示。

该分析框架的构成包括:
(1) 借鉴西蒙的决策理论。
(2) 遵循德鲁克的企业管理原则。
(3) 决策者的系统思考模式。
(4) 数字经济时代的管理范式。
(5) 企业"数智大脑"和企业组织智商。

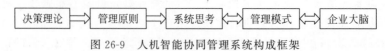

图 26-9 人机智能协同管理系统构成框架

第27章

工业机器人助力制造业智能化

27.1 工业机器人综述

27.1.1 概述

工业机器人是面向工业领域的多关节机械手或多自由度的机器人。它是自动执行工作的机器装置,是靠自身动力和控制能力来实现各种功能的一种机器。它可以接受人类指挥,也可以按照预先编排的程序运行。现代的工业机器人还可以根据人工智能技术制定的原则纲领行动。

1954年,美国人戴沃尔最早提出了工业机器人的概念,并申请了专利。该专利的要点是借助伺服技术控制机器人的关节,利用人手对机器人进行动作示教,机器人能实现动作的记录和再现,这就是所谓的示教再现机器人。1959年,第一台工业机器人在美国诞生,开创了机器人发展的新纪元,之后日本使工业机器人得到迅速发展。目前,日本已成为世界上工业机器人产量和拥有量最多的国家。

20世纪80年代,随着生产技术的高度自动化和集成化,工业机器人得以进一步发展,并在这个时代起着十分重要的作用。

第一代机器人一般指工业上大量使用的可编程机器人及遥控操作机。可编程机器人可根据操作人员所编程序完成一些简单的重复性作业,遥控操作机的每一步动作都要靠操作人员发出。1982年,美国通用汽车公司在装配线上为机器人装备了视觉系统,从而宣告了第二代机器人——感知机器人的问世。这一代机器人带有外部传感器,可进行离线编程,在传感系统的支持下,具有不同程度感知环境并自行修正程序的功能。第三代机器人为自主机器人,正在各国研制和发展,它不但具有感知功能,还具有一定的决策和规划能力,能根据人的命令或按照所处环境自行做出决策规划动作,即按任务编程。

我国机器人研究工作起步较晚,从"七五"时期开始国家投入资金,对工业机器人及其零部件进行攻关,完成了示教再现式工业机器人成套技术的开发和研制。1986年,国家高技术研究发展计划开始实施,智能机器人主题跟踪世界机器人技术的前沿,已经取得了一大批科研成果,并成功地研制出了一批特种机器人。

从20世纪90年代初期起,我国的国民经济进入了实现两个根本转变时期,掀起了新一轮的经济体制改革和技术进步热潮。我国的工业机器人又在实践中迈进一大步,先后研制出了点焊、弧焊、装配、喷漆、切割、搬运、包装码垛等各种用途的工业机器人,并实施了一批机器人应用工程,形成了一批机器人产业化基地,为我国机器人产业的腾飞奠定了基础。

27.1.2 工业机器人的结构功能

机器人的结构组成部分包括:

(1) 硬件。机器人中的硬件分为电子器件和机械零件。其中,电子器件负责高清晰度的机器视觉/传感器和先进的图像识别,能够更精确地定位对象以进行精细操作,并识别箱柜中的单个零件,而机械零件通常有精密的电动机和执行器、点火材料等,可以使机器人移动得更快更精确,能量消耗也更少。

(2) 软件。机器人的软件粗分为独立智能(individual intelligence)和团体智能(group intelligence)。前者具有根据传感输入来适应的能力,如调整输入、判断产品质量和工艺参数等;后者是使人类和机器人能够一起工作的软件,通过机器人、生产机器和人工周期时间来平衡生产时间。

工业机器人一般由3个部分、6个子系统组成,如图27-1所示。

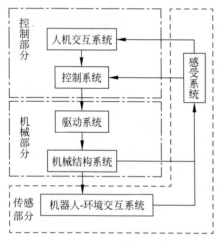

图27-1 工业机器人的结构

1. 机械部分

机械部分包括工业机器人的机械结构系统和驱动系统。机械部分是工业机器人的基础,其结构决定了机器人的用途、性能和控制特性。

(1) 机械结构系统,即工业机器人的本体结构,包括基座和执行机构,有些机器人还具有行走机构,是机器人的主要承载体。机械结构系统的强度、刚度及稳定性是机器人灵活运转和精确定位的重要保证。

(2) 驱动系统,包括工业机器人动力装置和传动机构,按动力源可分为液压、气动、电动和混合动力驱动,其作用是提供机器人各部位、各关节动作的原动力,使执行机构产生相应的动作。驱动系统可以与机械系统直接相连,也可以通过同步带、链条、齿轮、谐波传动装置等与机械系统间接相连。

2. 传感部分

传感部分包括工业机器人的感受系统和机器人-环境交互系统。传感部分是工业机器人的信息来源,能够获取有效的外部和内部信息来指导机器人的操作。

(1) 感受系统,是工业机器人获取外界信息的主要窗口,机器人根据布置的各种传感元件获取周围环境的状态信息,对结果进行分析处理后控制系统对执行元件下达相应的动作命令。感受系统通常由内部传感器模块和外部传感器模块组成:内部传感器模块用于检测机器人的自身状态;外部传感器模块用于检测操作对象和作业环境。

(2) 机器人-环境交互系统,是工业机器人与外部环境中的设备进行相互联系和协调的系统。在实际生产环境中,工业机器人通常与外部设备集成为一个功能单元。该系统帮助工业机器人与外部设备建立良好的交互渠道,能够共同服务于生产需求。

3. 控制部分

控制部分包括工业机器人的人机交互系统和控制系统。控制部分是工业机器人的核心,决定了生产过程的加工质量和效率,便于操作人员及时准确地获取作业信息,按照加工需求对驱动系统和执行机构发出指令信号并进行控制。

(1) 人机交互系统,是人与工业机器人进行信息交换的设备,主要包括指令给定装置和信息显示装置。人机交互技术应用于工业机器人的示教、监控、仿真、离线编程和在线控制等方面,优化了操作人员的操作体验,提高了人机交互效率。

(2) 控制系统,是根据机器人的作业指令程序及从传感器反馈回来的信号,支配工业机器人的执行机构完成规定动作的系统。控制系统可以根据是否具备信息反馈特征分为闭环控制系统和开环控制系统,根据控制原理又可以分为程序控制系统、适应性控制系统和人工智能控制系统,根据控制运动的形式还可以分为点位控制系统和连续轨迹控制系统。

27.1.3 工业机器人的分类

1. 国内工业机器人的分类

根据机器人的应用环境不同,国际机器人联盟(IFR)将机器人分为工业机器人和服务机器人两类。其中,工业机器人主要指应用于生产过程与环境的机器人,包括人机协作机器人、工业移动机器人等;而服务机器人则指用于非制造业、服务于人类的各种机器人,主要包括家用服务机器人和公共服务机器人。

目前来看,国内在自然灾害应对和公共安全事件方面对特种机器人有着相对突出的需求,因此中国电子协会根据我国的实际情况将机器人划分为工业机器人、服务机器人、特种机器人三类,详见图27-2。

(1) 工业机器人,指面向工业领域的多关节机械手或多自由度机器人,在工业生产加工过程中代替人类来自动控制执行某些单调、频繁和重复的长时间作业,主要包括焊接机器人、搬运机器人、码垛机器人、包装机器人、喷涂机器人、切割机器人和净室机器人等。

(2) 服务机器人,指在非结构环境下为人类提供必要服务的多种高技术集成的先进机器人,主要包括家庭服务机器人、医疗服务机器人和公共服务机器人。其中,公共服务机器人是指在除医学领域外的农业、金融、物流、教育等公共场合为人类提供一般性服务的机器人。

(3) 特种机器人,指代替人类从事高危环境和特殊工况作业的机器人,主要包括军事应用机器人、极限作业机器人和应急救援机器人。

2. 按人与工业机器人的互动关系分类

随着时代的进步与技术的发展,工业机器人也变得更加多样化。根据与人类直接互动的程度不同,工业机器人分为三种类型:独立自主机器人、协作机器人、移动机器人。

1) 独立自主机器人

从20世纪30年代第一批工业机器人面世,到1964年第一次应用到汽车行业,独立自主机器人逐渐在工业界得到了大规模应用。其中最常见的形式是具有三轴或更多轴(通常为六轴)的铰接式机器人(也称为机械臂)。但三角式机器人、直角坐标机器人、Scara机器人等也可用于快速精确的拣选和包装任务。

独立自主机器人有以下两种可能的操作方式:

(1) 经过编程后,机器人可以不停地重复执行特定的固定动作(非常传统普遍的操作方式)。

(2) 在配备了各种传感器(如视觉、力、扭矩或安全传感器)及人工智能后,现代化的独立自主机器人可以更灵活地独立识别物体。

独立自主机器人的市场趋势一直乐观且稳定,在以下三个不同方面影响着行业的自动化水平:

(1) 灵活制造。可在不同产品之间自由切

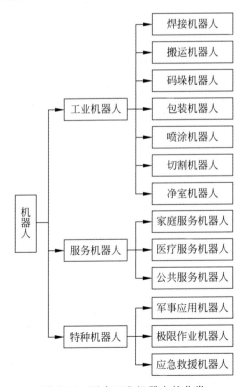

图 27-2 国内工业机器人的分类

换,更快、更精确地移动,且新的应用方式不断被开发出来。

(2) 专业装配。可比人类更快、更精确地定位物体。

(3) 自适应质量控制。从过去的生产经验中进行自适应学习以评估质量并直接向生产线上的其他机器人反馈,以避免未来的质量问题。

独立自主机器人的主要应用优势一直非常明确,包含但不限于以下几点:

(1) 更快、更精准地生产。
(2) 更高的产量和资源生产率。
(3) 更高且稳定的质量。
(4) 更低的维护成本和更长的平均故障间隔时间。
(5) 改善车间工人的工作条件和安全。
(6) 降低运营成本。
(7) 提高生产速度。
(8) 提高产品制造的灵活性。
(9) 减少材料浪费。
(10) 降低资本成本。

2) 协作机器人

随着技术的迅猛发展,工业机器人也迎来了更智慧、更安全、更便宜的时代。协作机器人作为这一时代的重要代表,是相对于传统的独立自主机器人的进一步升级,由此带来的机器人革命对生产行业产生了不同的影响。

人机协作(human robot collaboration, HRC)是指经过专门设计的机器人可在设定的工作空间中与人类直接协同工作。人机之间的协作包含以下不同程度的合作:

(1) 设置完成后的单次合作。
(2) 重复的独立步骤。
(3) 定期和持续地互动。

HRC 操作面临的挑战主要来自安全要求,而以下 4 种类型的协作操作克服了安全挑战,降低了安全风险,使协作机器人与人类并肩工作成为可能:

(1) 安全性监控停机。确保当操作员进入协作工作空间时,机器人停止工作或保持静止状态。

(2) 人工控制。确保在协同工作空间中,机器人的运动只能通过操作者的直接输入来控制。

(3) 速度和距离监控。通过对距离和速度的监控(如配备安全级别的摄像机),在协同工作空间中保持工人和机器人之间有足够的距离(只有当间隔距离大于最小间隔距离时,机器人才会运动)。

(4) 功率和力限制。当工人与机器人之间发生接触时,机器人产生的静态力和动态力将会受限。

协作机器人受以下市场趋势的推动:
(1) 产品多样性增加。
(2) 产品寿命缩短。
(3) 从大规模生产转向大规模定制。

当前协作小部件装配面临的挑战主要有:
(1) 安全。
(2) 人体工程学。
(3) 生产力。
(4) 应用程序设计。
(5) 易用性。

3) 移动机器人

移动机器人是由传感器、遥控操作器、移动载体组成的自主或半自主控制进行移动的机器人。

移动机器人装备有自动导引装置,能够沿路径行驶,以可充电的电池为动力来源,具有安全保护及各种移载功能。

根据路径引导方式不同可分为以下两种:
(1) AGV 小车,需要安装电磁导轨或光学导引装置,只能沿着规定的路径行驶。
(2) AIV 小车,无须单独安装导引装置,可自主导航及避障,更加灵活。

移动机器人的系统构成包括用户信息数据库链接系统、车队控制器、远程实时监控系统、各生产现场的物料搬运系统、车队调试管理系统、Wi-Fi 系统等。

27.2 工业机器人引领制造业智能化

"机器人革命"不是一场独立的革命,而是以数字化、智能化、网络化为特征的第三次工业革命的有机组成部分。如果说第二次工业革命是通过装备的自动化和标准化实现机器对人的体力劳动的替代,那么"机器人革命"将推动机器对人的脑力劳动的替代,如图 27-3 所示。其影响不仅限于工业生产效率的提升,更在于从根本上克服了传统工业生产方式下产品成本和产品多样性之间的冲突,从而推动从线性产品开发流程向并行产品开发流程的转变,使工业产品性能不断提升、产品功能不断丰富和产品开发周期不断缩减。

(1) 美国的"再工业化"。2009 年初,美国开始调整经济发展战略,同年 12 月公布《重振美国制造业框架》。2011 年 6 月和 2012 年 2 月,相继启动了《先进制造业伙伴计划》和《先进制造业国家战略计划》,以智能化为主要方向,明确提出通过发展工业机器人提振美国先进制造业,并通过积极的工业政策,鼓励制造企业重返美国。

(2) 德国的"工业 4.0"。"工业 4.0"是德国政府 2010 年正式推出的《高技术战略 2020》中的十大未来项目之一。2013 年底,德国电气电子和信息技术协会发布德国首个"工业 4.0"标准化路线图,目标是建立高度灵活的个性化和数字化产品与服务生产模式,推动制造业向智能化转型,以加强德国作为技术经济强国的核心竞争力。

(3) 我国的《中国制造 2025》。2015 年 5 月,由国务院印发的中国工业强国战略规划《中国制造 2025》更加注重中国制造业战略的顶层设计和整体设计,提出实施五大工程和十个重点领域,最核心的是实施智能制造工程,力争到 2025 年使我国从"制造大国"转型为"智造强国"。

图 27-3 工业机器人引领制造业智能化

27.2.1 发展工业机器人的目的

(1) 从社会的角度看,当前人类社会发展面临许多问题,如人口红利消失、环保政策重压与低成本制造追求的矛盾,人才链、创新链与产业链、价值链的供需矛盾,极端环境下的科学探索、资源开采、救援维修与人的有限生存能力矛盾等,无一不需要机器人替代人"上天入海",完成人不愿干、干不了、干不好的工作。

(2) 从经济的角度看,制造业是国民经济的重要组成部分,是立国之本、兴国之器、强国之基。打造具有国际竞争力的制造业,是提升综合国力、保障国家安全、建设世界强国的必由之路。近年来,发达国家纷纷实施"再工业化"和"制造业回归"战略,如德国的"工业 4.0"、美国的"工业互联网"等,无不尝试通过发展工业机器人与智能制造新兴产业重塑制造业,以期重获先进制造活动的话语权和主动权。与世界发达经济体相比,中国制造业仍未走出"大而不强"的困境,在自主创新能力、资源利用效率、产业结构水平、信息化程度、质量效益等方面差距明显,将工业机器人与智能制造作为中国制造向中国创造、中国速度向中国质量、中国产品向中国品牌转变的主攻方向,成为我国制造业转型升级和跨越发展的战略选择。

(3) 站在企业的角度看,企业是市场经济活动的主要参与者,是构成国民经济躯体的一个个细胞,其生产经营活动是以盈利为目的的,而投资生产或投资引进工业机器人就可以帮助企业直接或间接地实现这一目的。为此,瑞士 ABB 机器人公司就曾总结出投资机器人的十大理由(图 27-4),包括:

① 降低运营成本。
② 提升产品质量与一致性。
③ 改善员工的工作环境。
④ 扩大产能。
⑤ 减少原料浪费,提高成品率。
⑥ 增强生产柔性。
⑦ 满足安全法规要求,改善生产安全条件。
⑧ 降低投资成本,提高生产效率。
⑨ 减少人员流动,缓解招工压力。
⑩ 节约生产空间。

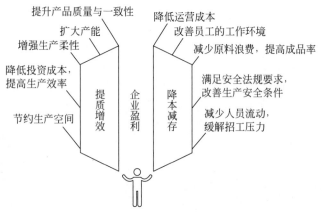

图 27-4　企业投资工业机器人的目的

无疑,导入案例提及的汽车制造商选择以机器人为代表的"数字劳动力"替代人力进行生产,是企业实现提质增效、降本减存的有效途径。

简而言之,在不违背"机器人三原则"①的前提下,发展工业机器人的目的是让机器人协助或替代人类做不愿干、干不了、干不好的工作,把人从劳动强度大、工作环境差、危险系数高的工作中解放出来,助力生产自动化、数字化、网络化和智能化,实现以企业盈利为宗旨的提质增效和降本减存。

27.2.2　国家对工业机器人的相关政策

工业机器人被誉为"制造业皇冠上的明珠",作为现代工业发展的重要基础,工业机器人已成为衡量一个国家制造水平和科技水平的重要标志。

工业机器人也是推动产业转型升级,加快制造强国建设的重要切入点,工业机器人作为先进制造业的关键支撑装备,主要经济体如美国、日本、欧盟等纷纷将发展机器人产业上升为国家战略,并以此作为保持或重获制造业竞争优势的重要手段。机器人是中国重点发展的十大领域之一。

在政策层面:"十二五"期间提出长期设想和总规划、"十三五"期间提出工业机器人产业链关键技术的突破、"十四五"期间逐步进入落

---

① "机器人三原则"是由美国科幻与科普作家艾萨克·阿西莫夫(Isaac Asimov)于 1940 年提出的机器人伦理纲领:一是机器人不得伤害人类,也不得在人类受到伤害时袖手旁观;二是机器人应服从人类的一切命令,但不得违反第一原则;三是机器人应保护自身的安全,但不得违反第一、第二原则。

地应用的密集催化期，提出具体应用场景规划。

（1）2015年，国务院发布的《中国制造2025》提出推动机器人标准化、模块化发展，扩大行业市场应用，实现关键零部件和相关技术的突破。

（2）2016年，机器人产业发展被写入"十三五"规划，而后中央及地方密集出台相关政策覆盖全产业链环节、零部件性能、产业目标等全方面，助力我国机器人全产业链快速崛起，逐渐缩小我国与发达国家之间的差距。

（3）2021年年底，工业和信息化部、国家发展和改革委员会、科学技术部等15部门联合印发了《"十四五"机器人产业发展规划》，明确提出：力争到2025年，我国成为全球机器人技术创新策源地、高端制造集聚地和集成应用新高地，机器人产业营业收入年均增长超过20%，制造业机器人密度实现翻番。

党的二十大报告强调"实施产业基础再造工程和重大技术装备攻关工程，支持专精特新企业发展，推动制造业高端化、智能化、绿色化发展"，为新征程我国制造业发展指明了方向。当前，工业机器人产业蓬勃发展，极大地改变了人类的生产方式，为经济社会发展注入了强劲动能。面对生产方式演进的总体趋势和我国经济发展的现实状况，应当把握制造业智能化转型的历史机遇，推动工业机器人产业发展。

（4）2023年1月，工业和信息化部等17部门印发了《"机器人+"应用行动实施方案》，其中指出：到2025年，制造业机器人密度较2020年实现翻番，服务机器人、特种机器人行业的应用深度和广度显著提升，聚焦十大应用重点领域，突破100种以上机器人创新应用技术及解决方案，推广200个以上具有较高技术水平、创新应用模式和显著应用模式、显著应用成效的机器人典型应用场景。

分析美国、日本机器人产业的兴衰，给我们带来很多启示，世界工业发达国家纷纷将发展工业机器人上升为国家战略，如德国"工业4.0"、美国"先进制造"等。我国提出的"中国制造2025"战略的核心是智能制造，而代表高附加值的工业机器人将是其实现的重要载体。为此，国家和地方各级政府不断推出各种政策，积极推动工业机器人产业的发展，具体见表27-1。

表27-1 国家推动工业机器人产业发展的政策列表

发布时间	发布部门	政策规划	主要内容
2015年	国务院	《中国制造2025》	战略任务和重点之一就是大力推动高档数控机床和机器人突破发展。围绕汽车、机械、电子、危险品制造、国防军工、化工、轻工等工业机器人、特种机器人，以及医疗健康、家庭服务、教育娱乐等服务机器人应用需求，积极研发新产品，促进机器人标准化、模块化发展，扩大市场应用。突破减速器、伺服电动机、控制器、传感器与驱动器等关键零部件及系统集成设计制造等技术瓶颈
2016年	工业和信息化部、发展和改革委员会、财政部	《机器人产业发展规划（2016—2020年）》	"十三五"期间聚焦"两突破""三提升"，即实现机器人关键零部件和高端产品的重大突破，实现机器人质量可靠性、市场占有率和龙头企业竞争力的大幅提升，具体目标如下：自主品牌工业机器人年产量达到10万台，六轴及以上工业机器人年产量达到5万台以上；培育3家以上具有国际竞争力的龙头企业，打造5个以上机器人配套产业集群；工业机器人的速度、载荷、精度、自重比等主要技术指标达到国外同类产品水平，平均无故障时间达到8万h；机器人用精密减速器、伺服电动机及驱动器、控制器的性能、精度、可靠性达到国外同类产品水平，在六轴及以上工业机器人中实现批量应用，市场占有率达到50%以上；完成30个以上典型领域机器人的综合应用解决方案，并形成相应的标准和规范，实现机器人在重点行业的规模化应用，机器人密度达到150台/万人以上

续表

发布时间	发布部门	政策规划	主要内容
2016年	工业和信息化部	《信息化和工业化融合发展规划（2016—2020）》	发展智能装备和产品，增强产业核心竞争力。做强智能制造关键技术装备，加快推动高档数控机床、工业机器人、增材制造装备、智能检测与装配装备、智能物流与仓储系统装备等关键技术、装备的工程应用和产业化
2016年	国务院	《"十三五"国家战略性新兴产业发展规划》	加快推动新一代信息技术与制造技术的深度融合，探索构建贯穿生产制造全过程和产品全生命周期，具有信息深度的自感知、智慧优化自决策、精准控制自执行等特征的智能制造系统，推动具有自主知识产权的机器人自动化生产线、数字化车间、智能工厂建设，提供重点行业整体解决方案，推进传统制造业智能化改造；构建工业机器人产业体系，全面突破高精度减速器、高性能控制器、精密测量等关键技术与核心零部件，重点发展高精度、高可靠性中高端工业机器人
2016年	工业和信息化部	《工业机器人行业规范条件》	工业机器人本体生产企业，年主营业务收入总额不少于5000万元，或年产量不低于2000台（套）；工业机器人集成应用企业，销售成套工业机器人及生产线年收入总额不低于1亿元
2017年	工业和信息化部	《高端智能再制造行动计划（2018—2020年）》	加强高端智能再制造关键技术创新与产业化应用，进一步突破航空发动机与燃气轮机、医疗影像设备关键件再制造技术，加强盾构机、重型机床、内燃机整机及关键件再制造技术的推广应用，探索推进工业机器人大型港口机械、计算机服务器等再制造
2017年	工业和信息化部	《促进新一代人工智能产业发展三年行动计划（2018—2020年）》	深化发展智能制造，提升高档数控机床与工业机器人的自检测、自校正、自适应、自组织能力和智能化水平。到2020年，具备人机协调、自然交互自主学习功能的新一代工业机器人实现批量生产及应用
2018年	工业和信息化部、国家标准化管理委员会	《国家智能制造标准体系建设指南（2018年版）》	按照"共性先立、急用先行"的原则，制定识别与传感系统、控制系统、工业机器人等智能装备标准，主要用于规定工业机器人的系统集成、人机协同等通用要求，确保工业机器人系统集成的规范性、协同作业的安全性、通信接口的通用性

27.3 工业机器人助力"中国制造"转向"中国智造"

27.3.1 智能制造时代工业机器人的应用趋势

在当前全球产业链和国际分工重构的发展趋势下，通过智能制造提高制造业水平、推动产业升级和提高企业竞争力已经是新时代企业发展的必经途径。随着技术水平的提升和市场需求的不断演变，智能化应用将成为我国工业机器人发展的必然趋势。

（1）技术创新推动。我国一直致力于技术创新，尤其在人工智能、大数据、机器学习等领域。这种技术进步为工业机器人提供了更多的智能化和自主性，使其能够适应更为复杂和变化多样的生产环境。

（2）政府政策引导。我国政府一直在支持智能制造和工业机器人的发展，通过一系列政策引导和激励措施，鼓励企业投资智能化技术，提高产业化水平，增强制造业的实力，鼓励企业由"制造"向"智造"转变。

(3) 市场需求变化。随着市场竞争的加剧和劳动力成本的不断提高，企业对提高生产效率和增加工业机器人利用率的需求也在增加。智能化应用能够更好地满足这些需求，从而获得市场竞争优势。

(4) 产业升级需求。中国制造业正在经历从传统制造向智能制造的升级过程，整个制造业的设计、生产、售后、管理和服务模式都在发生变化。这意味着企业需要更灵活、更智能的生产方式，因而推动了对工业机器人智能化应用的需求。

(5) 国际竞争需要。中国企业在国际市场上越来越活跃，而国际客户已经不再单纯地满足于传统生产模式和服务模式，所以为了在全球竞争中保持竞争力，必须加大对智能化技术的研究与应用。

综合来看，虽然目前我国工业机器人主要应用于低端的基本服务，但是随着智能制造时代的到来，智能化应用将逐渐成为中国工业机器人发展的主流方向。这对于提高制造业水平、推动产业升级和提高全球竞争力都具有积极的影响。

27.3.2 工业机器人在智能制造中的应用优势

随着科技的飞速发展，智能制造已经成为推动工业变革的重要引擎之一。

生产效益是企业追求的目标、创新发展的动力，在工业生产中，工业机器人可替代工人去完成高难度的工作，降低人工成本。同时，枯燥的机械化操作容易使工人产生情绪而影响工作精度。机器人可以很好地持续保障工作精度，提高产品的生产质量。可见，在智能制造中，工业机器人的应用可以提高产品质量、降低生产成本，制造企业可以获得更高的生产效益。

此外，在工业生产中，工业机器人可与不同的数控机床连接，进行多种产品生产，为柔性生产线建设提供帮助。整个过程无须人工操作，工业机器人可 24 h 进行工件生产，表现出生产效率高、产品精度高、一致性强等优势。

在智能制造领域，工业机器人作为一种集多种先进技术于一体的自动化装备，体现了现代工业技术的高效益，软、硬件结合等特点，成为柔性制造系统、自动化工厂、智能工厂等现代化制造系统的重要组成部分。机器人技术的应用转变了传统的机械制造模式，提高了制造生产效率，为机械制造业的智能化发展提供了技术保障；优化了制造工艺流程，能够构建全自动智能生产线，为制造模块化作业生产提供了良好的环境条件，满足现代制造业的生产需要和发展需求。在智能制造领域，多关节工业机器人、并联机器人、移动机器人的本体开发及批量生产使得机器人技术在焊接、搬运、喷涂、加工、装配、检测、清洁生产等领域得到规模化集成应用，极大地提高了生产效率和产品质量，降低了生产和劳动力成本。

(1) 在汽车、工程机械、船舶、农机等行业，焊接机器人的应用十分普遍。作为精细度需求较高、工作环境质量较差的生产步骤，焊接的劳动强度极大，对焊接工作人员的专业素养要求较高。由于机器人具备抗疲劳、高精准、抗干扰等特点，应用焊接机器人技术取代人工焊接，可以保证焊接质量的一致性，提高焊接作业效率，同时也能直观地反馈焊接作业的质量。

目前，投放于焊接岗位的机器人的种类较多，根据使用场合的差异，选用的焊接机器人种类各有不同，其中多关节机器人的应用较为普遍。结合多关节机器人运动灵活、空间自由度较高的特点，能够调整任意的焊接位置和姿态，有效地提升了制造中的生产效率与生产质量。

(2) 随着生产制造向智能化和信息化发展，机器人技术越来越多地应用到制造加工的打磨、抛光、钻削、铣削、钻孔等工序当中。与进行加工作业的工人相比，加工机器人对工作环境的要求相对较低，具备持续加工的能力，同时其加工的产品质量稳定、生产效率高，能够加工多种材料类型的工件，如铝、不锈钢、铜、复合材料、树脂、木材和玻璃等，有能力完成各类高精度、大批量、高难度的复杂加工任务。

相比机床加工,工业机器人的缺点在于其自身的弱刚性。但是加工机器人具有较大的工作空间、较高的灵活性和较低的制造成本,对于小批量多品种工件的定制化加工,机器人在灵活性和成本方面显示出较大优势;同时,机器人更加适合与传感器技术、人工智能技术相结合,在航空、汽车、木制品、塑料制品、食品等领域具有广阔的应用前景。

(3) 机器人技术同样能够应用到制造业的搬运作业中。借助人工程序的构架与编排,将搬运机器人投放至当今制造业生产之中,从而实现运输、存储、包装等一系列工作的自动化进行,不仅有效地解放了劳动力,还提高了搬运工作的实际效率。通过安装不同功能的执行器,搬运机器人能够适应各类自动生产线的搬运任务,实现多形状或不规则的物料搬运作业。同时考虑到化工原料及成品的危险性,利用搬运机器人进行运输能降低安全隐患,降低危险品及辐射品对搬运人员的身体伤害。

目前,固定式串联搬运机器人在制造业中应用广泛,其优点是工作空间大、结构简单,但其负载较低、刚性较差,只能在固定工位上完成简单的搬运工作,具有一定的局限性。通过结合移动机器人技术和并联机器人技术,能够有效地提高搬运机器人的承载能力和作业范围,在汽车、物流、食品、医药等行业具有广阔的应用前景。

27.3.3 工业机器人应用于汽车制造业

在汽车智能制造技术方面,世界工业发达国家,尤其是欧美工业发达国家和日本占据着主导地位。我国虽然在各个环节都有企业从事相关技术开发和产品制造,但仍有待加强,尤其是面向工厂的自动化硬件产品,尚不能为汽车制造企业提供完整的支撑。高质量发展是我国汽车产业提升竞争力的根本。如何兴利除弊,加快推进我国制造业转型升级,尽快从"中国制造"转变为"中国智造",已经成为摆在我们面前最重要的任务。

随着以电动汽车、氢燃料电池汽车为代表的新能源汽车的出现,汽车产业的产品形态和生产方式正在发生深刻变革,新的市场需求和商业模式加速涌现,产业格局和生态体系大幅调整,汽车制造商亟须"智造"升级。工业机器人是企业建设自动化生产线、数字化车间和智能工厂的基础核心装备之一,是企业通向"工业4.0"道路上的一块重要基石。

工业机器人应用最广泛的领域就是汽车制造领域。如今,汽车制造的各个环节基本由机器人完成主要工作,宝马、大众、东风日产等,都有固定的机器人供应商,协助配合完成机器人部署。

在重要的焊接环节中,工业机器人配置相应的焊接工具,与传感器配合使用,可以自动完成车体焊接操作,不但减少了人工焊接高风险的情况,而且和人工操作相比,焊接机器人操作更为准确。另外,在外车喷漆环节,工业机器人配置相应的喷漆工具与程序,可保障外车喷漆的一致性,并在喷漆结束后完成涂胶操作,提高生产效率。最后,在整车装配环节,往往是最复杂的。人工装配精度低、效率低,在这一环节使用工业机器人,可根据内置程序规范装配汽车座椅、车窗、仪表等部件,保障装配的精度。

1. 工业机器人应用于搬运

由于汽车制造业中的自动化机床非常沉重,汽车的零部件也有一部分超重,因此,在进行机床工件装卸和汽车零部件组合的过程中,很难采用人工的方式来工作,人工劳力在强压下工作困难,很难实现迅速准确的工件装卸。与此同时,工业机器人能够准确地抓起所需的零部件,并且在不损坏零部件的基础上,对零部件进行精准移动。工业机器人的高效搬运能力,有效地减少了人工操作带来的不便,提高了汽车生产与加工制造的速度和效率,见图27-5。

汽车行业的工业机器人在工作过程中,完全根据用户端提供的指令进行操作。因此,可以在汽车生产过程中按照不同的工件形态和工件重量,对同一台机器人施加不同的工作指

图 27-5 搬运机器人

图 27-6 进行焊接作业的机器人

令,比如,当机器人举起较沉重的配件时,对机器人施加工作指令,要求它放缓位移速度,并运用数学计算方法计算最短的位移长度,有效节约机器人的运作时间,提高工业机器人的运作效率。而当机器人举起比较轻的物体时,则对机器人施加另一类型的指令,让工业机器人以较快的速度实现工业部件的移位。工作指令的选择与修改,能够保证工业机器人很好地完成搬运工作,使搬运工作在质量和效率上都得到提高。

2. 工业机器人应用于焊接

在汽车工业技术中,应用工业机器人最多的地方就是焊接,其中以点焊技术和弧焊技术为主。由于汽车制造过程繁杂,每辆汽车上有4000个以上的焊点,这些焊点如果由人工完成,需要耗费大量的人力,并且浪费极长的生产加工时间。而如果把这些工作转交给工业机器人,点焊工业机器人可以在精准控制的情况下实现高速作业,确保汽车点焊的效率,同时还能够有效提高汽车设备的加工速度。在实施弧焊操作的时候,由弧焊机器人通过设置的工作路径,进行工业汽车制造辅助焊接,其焊接质量和效果相较于人工操作来说,精细了很多,见图27-6。

3. 工业机器人应用于喷涂

在汽车制造工艺中,有大量的喷涂工作,其中包括车身材料和零部件材料的喷涂。工业制造机器人可以通过自动化程序的设置,进行车身表面匀称、快速的喷涂。同时,工业喷涂机器人能够准确地计算喷涂部位的图像信息,使得喷涂的实际误差更小、标准尺寸更加精细化。如果汽车制造过程中的喷涂部分出现工艺问题,也可以用工业喷涂机器人计算改进的思路和方法,见图27-7。

图 27-7 喷涂机器人

4. 工业机器人应用于装配

在汽车的整体装配工作中,与其他的工业机器人相比,汽车专用装配机器人具有更高的专业化水平,其工作的准确程度也更高。同时,汽车专用装配机器人能够适应不同的工作环境,也能够根据任务需求的增加而完成更多的工作目标。近年来,随着我国汽车制造产业的迅速发展,汽车的各种零部件被大量地生产出来,很多零部件体积小巧、功能复杂,单纯的人工装配在精准度方面很难满足汽车装配的标准化要求,而且需要大量的时间。而汽车专用装配机器人能够更精准地进行汽车配件的装配,比如车载电池装配、汽车车灯装配、汽车车窗装配、仪表装置分配与安装等。在安装过程中,汽车专用装配机器人能够有效地降低安装时潜在的误差系数,使汽车零部件安装起来的整体性更好。同时,汽车专用装配机器人的速度是人工无法媲美的,细小零部件的装配,人工操作很难进行,但对于汽车专用装配机器人而言,是极为简单的一个操作步骤,完全没有难度,见图27-8。

图27-8　汽车总装车间

5. 工业机器人应用于验收

工业汽车制造完成之后,需要对汽车的各个零部件、整体的焊接工作及外部的喷漆进行整体验收。在汽车真正投入汽车销售大市场之前,对其性能安全系数和质量水平进行科学验收非常重要,也非常有意义。由于汽车安全性能检验是一项危险系数非常高的工作,所以在验收的过程中,应尽量减少人力的投入,避免由于人工操作而引发的意外事故。因此,使用工业机器人进行出厂前验收非常适合。工业机器人在汽车出厂前的验收中,主要完成两项工作:第一项工作是检测汽车的控制功能,也就是检查汽车是否能够按照指定要求进行自动控制,在这一步骤中,工业机器人需要负责完成碰撞测试。当机器人被碰撞之后,能够看到汽车受到外力冲击之后所发生的反应,从而确定汽车的控制安全性。第二项工作是检测汽车的图像传感功能,该功能能够宏观控制汽车运作过程,当汽车内部受到冲击后,会把自身对应的状态传输给图像传感器,并能够把指定的图像一并传递给验收机器人。汽车验收机器人通过对汽车传输的信息进行整合分析,并针对汽车潜在的问题进行系统调整,从而实现出厂前汽车在安全性方面的提升。

工业机器人是一种具有自主学习和执行任务能力的机械设备,它们能够代替人工完成重复性、高风险和烦琐的工作。工业机器人通常采用先进的传感器和控制系统,能够感知周围环境并做出相应的反应,从而实现高效的自动化生产。

27.4　工业机器人的发展趋势

27.4.1　智能制造与工业机器人

近年来,工业4.0概念的提出引发了制造业制造模式的大讨论和大变革,人们的认识由精益生产向智能化生产转变,随之而来的"智能制造"成为这个时代的热词。根据国家制造强国建设战略咨询委员会和中国工程院战略咨询中心出版的《智能制造》中的定义,智能制造是基于物联网、云计算、大数据等新一代信息技术,贯穿设计、生产、管理、服务等制造活动的各个环节,具有信息深度自感知、智慧优化自决策、精准控制自执行等功能的先进制造过程、系统与模式的总称。因此,智能制造下的工业机器人应用过程需要达到自感知、柔性化、高速度、定制化的核心要求,通过传感器技术及智能化的运算控制技术,使得机器人具备主动获取外界信息并主动分析、运动控制的能力,增强工业机器人对环境的主动适应能力和摆脱未知环境对其作业的制约。

智能制造是将智能制造技术贯穿产品的设计、生产、管理和服务制造活动的全过程,不仅包括智能制造装备还包括智能制造服务。

机器人替代人工是实现智能制造的基础。机器人大规模替代人工进行生产是未来制造业的标志,是实现智能制造的必要条件。工业机器人在智能制造中具有重要地位,工业机器人将会成为智能制造中智能装备的代表,主要原因有:

(1) 机器人在持续工作之下也能够保证生产精度,提高产品生产质量。

(2) 机器人能够针对不同的生产要求做出快速反应,满足多元化生产的要求。

(3) 机器人需要的休息时间很短,能有效降低人工成本。

27.4.2　机器人系统的发展趋势

目前采用的大多数固定式自动化生产系

统柔性较差,适用于长周期、单一产品的大批量生产,难以适应柔性化、智能化、高度集成化的现代智能制造模式。为应对智能制造的发展需求,未来工业机器人系统有以下发展趋势。

1. 一体化发展趋势

一体化是工业机器人未来的发展趋势。可以对工业机器人进行多功能一体化设计,使其具备进行多道工序加工的能力,对生产环节进行优化,实现测量、操作、加工一体化,能够减少生产过程中的累积误差,大大提升生产线的生产效率和自动化水平,降低制造中的时间成本和运输成本,适合集成化的智能制造模式。

2. 智能信息化发展趋势

未来以"互联网+机器人"为核心的数字化工厂智能制造模式将成为制造业的发展方向,真正意义上实现了机器人、互联网、信息技术和智能设备在制造业的完美融合,涵盖了对工厂制造的生产、质量、物流等环节,是智能制造的典型代表。结合工业互联网技术、机器视觉技术、人机交互技术和智能控制算法等相关技术,工业机器人能够快速获取加工信息,精确识别和定位作业目标,排除工厂环境及作业目标尺寸、形状多样性的干扰,实现多机器人智能协作生产,满足智能制造的多样化、精细化需求。

3. 柔性化发展趋势

现代智能制造模式对工业机器人系统提出了柔性化的要求。通过开发工业机器人开放式的控制系统,使其具有可拓展和可移植的特点;同时设计制造工业机器人模块化、可重构化的机械结构,例如,在关节模块中实现伺服电机、减速器、检测系统三位一体化,使得生产车间能够根据生产制造的需求自行拓展或者组合系统模块,提高生产线的柔性化程度,有能力完成各类小批量、定制化生产任务。

4. 人机/多机协作化发展趋势

针对目前工业机器人存在的操作灵活性不足、在线感知与实时作业能力弱等问题,人机/多机协作化是其未来的发展趋势。通过研发机器人多模态感知、环境建模、优化决策等关键技术,强化人机交互体验与人机协作效能,实现机器人和人在感知、理解、决策等不同层面上的优势互补,能够有效提高工业机器人的复杂作业能力。同时通过研发工业机器人多机协同技术,实现群体机器人的分布式协同控制,其协同工作能力提高了任务的执行效率,所具有的其余特性提高了任务应用的鲁棒性,能完成单一系统无法完成的各种高难度、高精度和分布式作业任务。

5. 大范围作业发展趋势

现代柔性制造系统对物流运输、生产作业等环节的效率、可靠性和适应性提出了较高的要求,在需要大范围作业的工作环境中,固定基座的工业机器人很难完成工作任务,通过引入移动机器人技术,有效地增大了工业机器人的工作空间,提高了机器人的灵巧性。

随着我国成为工业机器人最大的应用市场,大量企业涌入相关领域,一方面相关行业迅速繁荣,另一方面也存在资源浪费、重复创新等问题。企业的创新研发仍存在短板,在关键技术领域缺乏自主研发的能力和动力。工业机器人是高端制造业领域,需要长时期、大规模的科研投入,必须依托现有规划,制定产业总体布局方案。

要健全自主创新机制,推动国内高科技自立自强,加强国家重大科技项目、国家重点研发计划等对机器人研发应用的支持,打造国家工业机器人创新平台,明确创新的主攻方向,加大对高精度减速机等核心零部件、高精度工业机器人的运动规划和伺服控制等关键核心技术研发的支持力度。要优先研究和制定具有自主知识产权的工业机器人基础标准和安全标准体系,鼓励企业和科研院所参与国际标准的制定。要优化机器人产业链空间布局,着眼"全国一盘棋",围绕长三角、珠三角、京津冀等产业发展基础优良的地区,建设一批国家产业示范基地和重要产业链基地。

在智能制造中,工业机器人不断优化可提高产品生产效益,形成柔性生产线的建设,从而达到产品制造的智能化、高效化发展。同时实现机器人在生产线全覆盖,加大工业机器人应用的广度与深度,真正实现智能制造。

最后,还要加强性能优化,因为目前我国工业机器人在制造企业中的应用集中于运输、焊接等领域,性能相对比较单一。为扩大工业机器人的应用广度,工业机器人需要不断优化,结合智能制造相关企业的需求,实现机器人在生产线全覆盖,真正实现智能制造。

工业机器人在智能制造中的应用,可提高产品生产效益,建设柔性生产线,实现产品制造的智能化、高效化发展。为了增强工业机器人在智能制造中的应用,需加强人才培养、技术创新与性能优化等工作,加大工业机器人在智能制造中的应用广度与深度,推动智能制造的进一步发展。当然,推进智能制造是一项复杂而庞大的系统工程,也是新生事物,需要一个不断探索、试错的过程,难以一蹴而就,更不能急于求成。

第28章

智能化助推工程机械攀登世界高峰

28.1 我国工程机械行业发展历程

28.1.1 工程机械的概念与分类

1. 中国行业名称"工程机械"的由来

中国工程机械作为机械工业分支行业定名始于1960年。1960年12月9日,国务院和中央军委指令在第一机械工业部组建第五局,该局的业务方针是:以军为主,兼顾民用。

所谓以军为主就是研发适用于工程兵、铁道兵所用的机械化装备;所谓民用就是国民经济中基础设施工程施工中的机械化设备。作为建筑工程施工用的机械称为建筑工程机械。公路工程施工用的机械称为筑路工程机械。铁道、水利、矿山施工用的机械称为铁道线路工程机械、水利工程机械和矿山工程机械等。

2. 工程机械的定义

工程机械行业是中国机械工业的主要支柱产业之一。

中国工程机械行业的产品范围主要是从通用设备制造专业和专用设备制造业大类中分列出来的。1979年由国家计划委员会和第一机械工业部对中国工程机械行业发展编制了"七五"发展规划,产品范围涵盖了工程机械大行业18大类产品,并在"七五"发展规划后的历次国家机械工业行业规划中都确认了工程机械这18大类产品,主要用于国防工程建设、交通运输建设、能源工业建设和生产、矿山等原材料工业建设和生产、农林水利建设、工业与民用建筑、城市建设、环境保护等领域。

3. 工程机械分类

按照中国工程机械工业协会统计,工程机械可以分为铲土运输机械、挖掘机械、起重机械、工业车辆、路面机械、压实机械、凿岩机械、气动工具、混凝土机械、桩工机械、市政工程与环卫机械、装修机械、钢筋及预应力机械、线路机械、军用工程机械、电梯与扶梯、专用工程机械、工程机械专用零部件等20大类。

28.1.2 工程机械行业发展历史

纵观我国工程机械行业发展史,大致可以分为以下几个主要阶段。

1. 第一阶段可以称为"创业期"

该阶段的时间大致划分为1949—1960年,在新中国成立之前,中国没有工程机械制造业,仅有的几个作坊式修理厂也只能修理简单的施工机械,到1960年之前,工程机械行业仍未形成独立行业。受国家政策影响,在"一五"时期,工程机械的需求量迅猛增长,机械制造部门生产的产品远远不足,当时的建筑工程部、铁道部等工业部门开始自行生产一些简单的工程机械。

1952年,第一台$0.4 m^3$混凝土搅拌机被制造出来,在启动阶段结束时,中国约有58家工程机械制造厂。然而,我国自行式工程机械只有数百台,其开发和生产不能形成独立的产业,也缺乏国家统一的规划和部署。

1949—1960年,经过多年的艰难探索,我国开始步入工程机械行业形成和发展的起始阶段。在此期间,建工、水电、机械等系统根据各自的需要生产或复制了一批急需的工程机械,主要是复制了20世纪40年代和50年代苏联的产品。

2. 第二阶段可以称为"形成期"

该阶段的时间为1961—1978年,其间工程机械局、工程机械研究所纷纷成立,与此同时,出现了一批三线企业。

1961年,第一机械工业部成立了工程机械局,负责全国工程机械的发展和规划工作,4月24日,第一机械工业部五局的成立是我国工程机械行业形成的重要标志,从此我国工程机械进入了有计划的发展阶段,逐步形成了独立的工程机械制造体系。从20世纪60年代中期到70年代中期是我国工程机械发展历史上经历的测绘仿制阶段。这一时期,全国建立和发展了一批骨干企业,国家建立了工程机械专业局、研究所。

1963年11月,建筑工程部建筑机械金属结构研究所(长沙建设机械研究院的前身)划归第一机械工业部,1964年更名为第一机械工业部建筑机械研究所。同一时期,第一机械工业部天津工程机械研究所成立。两个研究机构的成立,标志着中国工程机械科研体系的初步形成。

1965年,中国专业工程机械厂增加到108家,年产量10万吨,产品已初步形成系列,品种基本齐全。

3. 第三阶段可以称为"全面发展期"

自改革开放过后至1990年,伴随着国家基本建设投资规模和引进外资力度的不断加大,第一机械工业部、建设部、交通部、铁道部等部门共同成立了全国工程机械行业规划组,负责统一协调工程机械行业的各项发展事宜。此后的几次改革,实现了对工程机械行业的全面管理。

改革开放以来,我国基本建设投资逐步增长,工程机械制造业进入了大发展时期,在此期间,对我国工程机械行业影响最大的是国家提出了"引进、消化、吸收"的产业政策。据不完全统计,1978年仅大型推土机就进口了4000台,价值约2亿美元。1979年后,中国几大工程机械厂先后与联邦德国利勃海尔、日本小松和法国波塔因签订技术引进合同,引进了不少重点相关技术专利。

从20世纪80年代中期到90年代中期,一大批骨干企业在工程机械行业的各个领域引进了国外的先进产品和技术,改善了生产条件,建立了规模化的生产体系,在产品的数量、品种、质量等方面大大缩短了与国外先进国家的差距,使我国工程机械行业整体技术水平跃上了一个新的台阶,奠定了我国工程机械行业向现代化发展的基础。

4. 第四阶段可以称为"快速发展期"

该阶段的时间为1990—2004年。在这个时期,机械制造企业慢慢意识到只有好产品是不够的,还需要及时完善的售后服务,此时,他们开始搭建自己的销售渠道。此外,工程机械代理商应运而生,逐渐发展成为一个群体,他们与众多的国外工程机械制造企业合作,成功吸取了国外先进的管理方法和运作经验,逐渐成为优秀的工程机械代理商。2004年,受国家宏观调控政策影响,工程机械快速发展的势头有所遏制,进入调整阶段。

5. 第五阶段可以称为"高速发展期"

中国工程机械自给率从"十五"期末的82.7%,提高到2009年的88.5%,逐步实现了从制造到创造的跨越,"十一五"期间,工程机械行业经过投资和兼并重组促进了竞争性发展,使生产集中度、产业集群度等大幅提高。同时,大力推进产业结构优化升级、产品更新换代,努力创建资源节约型、环境友好型企业,各项工作取得了显著成效。

2005年之后,工程机械行业经过调整,迎来了发展的春天,特别是在"十一五"期间,一批中国优秀工程机械企业开始向国际型、规模型、综合型大企业的方向迈进。同时,国际跨国公司进入中国兼并和兴办独资企业的势头也越加猛烈,外资企业在中国遍地开花,国有品牌的崛起使工程机械行业竞争呈现全面国际化的状态。

生产集中度大幅提高。据工程机械工业协会2009年统计,年销售额达到10亿元以上的企业有50家,占行业总销售额的85%。其中,100亿~500亿元的企业有5家,分别是徐工、中联、三一、柳工和小松中国投资有限公司。年销售额在50亿~100亿元的企业有11家,年销售额在10亿~50亿元的企业有34家。而2005年销售额在10亿元以上的企业只有22家,占行业销售总额的比重为40%。2010年生产集中度将进一步提高,预计年销售额超过百亿元的企业将达到10家左右。

2013年第1季度,由于市场保有量庞大,下游基建投资刺激作用有限,工程机械新机市场需求依然不振。为控制成本、减少产成品的资金占用,主要企业仍将去库存作为首要任务,组织生产相对谨慎。以挖掘机、装载机为例,第1季度累计产量分别为38 225台、47 199台,同比分别下降32.3%、14.4%,其中挖掘机产量降幅较上一年同期扩大10.7%,装载机产量较上一年同期收窄6.3%。

过去30年是中国城镇化率提升最快的时期,从1993年的27.99%提升到2012年的52.57%,城镇化率的快速提升导致对工程机械需求大大增加,这是国内工程机械行业黄金10年的最大背景。美国、日本、巴西等国的经验显示,城市化率在超过50%后,依然可以维持近20年的高速增长,直至超过70%后方才逐步放缓。大力推进城镇化已经成为新一届政府的执政目标,由发展和改革委员会主导的《全国促进城镇化健康发展规划(2011—2020年)》编制完成,并快速发布。可以使其后20年内,我国城市化率提升到70%水平。

6. 第6阶段可以称为"十一五"加速期

1) "十一五"规划

"十一五"时期中国工程机械行业规模总量跃居世界首位。

据中国工程机械工业协会统计,2006—2009年,"十一五"的前4年,工程机械行业销售收入分别为1620亿元、2223亿元、2773亿元、3157亿元,分别递增28.37%、37.22%、24.74%、13.85%。继2007年中国工程机械产销量超越美国、日本等国后,又于2009年销售收入跃居世界第一,成为真正的世界工程机械制造大国。

截至2009年,工程机械行业规模以上生产企业有1400多家,其中主机企业710多家,职工33.85万人,固定资产原值668亿元、净值485亿元,资产总额达到2210亿元,2009年平均利润率为7.51%。工程机械行业战略性支柱产业的地位和作用,在中国经济社会发展中日益显现,其销售收入在机械工业13大产业中仅次于汽车、电工、石化行业,排名上升到第4位。2009年有8家企业进入世界工程机械50强行列,有23家大中型企业成为A股、H股的上市公司。

"十一五"以来,工程机械行业扎实推进自主创新,取得了丰硕成果。5年来,共有106项创新成果获得"中国机械工业科学技术奖",其中10项荣获一等奖,37项荣获二等奖,59项荣获三等奖。同时,在重大技术装备国产化方面成绩斐然,中国自行研制的全球最大的水平臂上回转自升塔式起重机、世界最长72 m臂架混凝土输送泵车、国内最大的500~1000 t级全路面起重机、1000~2000 t级履带起重机、12 t大型装载机、510 hp(1 hp=735.499 W)推土机、额定起重质量46 t叉车、最大直径11.22 m水泥平衡盾构机、220 t电动轮自卸车、55 m³露天矿用挖掘机、高速铁路成套设备等一大批产品接近或达到世界先进水平。

全行业共有19种大型工程机械被列入国家重大技术装备制造发展领域;有18家企业被列入军需采购对象。到目前为止,已建成基本覆盖工程机械行业重点产品领域、布局合理的国家级工程技术研究中心和重点工程实验室4个,国家认定的企业技术中心17个,得到国家产业政策与财政政策的支持,企业也从销售收入中提取研发经费用于技术中心的业务开展,有的企业提取的新技术研发费用已占到销售总额的 5% 以上。"十一五"期间,工程机械加大了科研开发力度和技术改造的步伐,产品质量总体水平显著提高,产品的可靠性不断完善,与国际先进水平的差距逐渐缩小。挖掘机、平地机平均无故障时间达到 700 h 以上。在国内外市场占有率不断提升。一大批产品被评为中国名牌产品和获得"中国驰名商标""国家免检产品"等荣誉称号。

2)"十二五"规划

"十二五"时期是改革开放历史进程中具有鲜明里程碑意义的 5 年:世界经济处在危机后的深度调整期,我国经济发展步入新常态,"三期叠加"的阵痛持续加深,改革转型任务繁重。党中央、国务院审时度势,主动适应引领经济发展新常态,扎实推动"大众创业、万众创新",坚持稳中求进工作总基调,不断创新宏观调控政策、思路、方式;坚持实施创新驱动发展战略,大力推进结构调整和转型升级;坚持改革开放不动摇,着力开拓发展新空间、激发新动力,实现了经济的平稳较快发展。

中国工程机械行业"十二五"规划于 2010 年 12 月下旬出台。根据规划,到 2015 年,中国工程机械行业的销售收入将达到 9000 亿元,2010 年工程机械行业销售收入将达 4000 亿元。

"十二五"期间,全社会固定资产投资规模预计年增长率在 20% 左右。包括铁路、公路、交通、能源、城镇化建设及房地产业、第一产业投资等在内的国家建设项目和地方建设项目仍然是主要投资方向。因此,工程机械行业将以 2010 年下半年为基数保持平稳增长,预计年均增长速度在 2 位数以上。

随着"十二五"期间,产业结构的调整和增长方式的转变及战略性新兴产业的快速发展、西部大开发、振兴东北、中部崛起和建设新疆等国家战略的进一步实施,必将为工程机械行业创造良好的宏观经济环境,同时,国际市场对工程机械的主要产品需求量 2015 年将达到 2000 亿美元,中国工程机械产品出口将达到 200 亿美元左右,成为出口大国。

产业集群加快形成。经过"十一五"的建设,中国工程机械产业 90% 集中在东部地区和湖南、四川、广西等地区,主要生产协作配套企业也是围绕这些地区发展的。具体包括:以徐工集团为核心的徐州地区工程机械产业群,以中联重科、三一集团、山河智能等企业为龙头的湖南长沙市工程机械产业群,以山推、临工、方圆、小松、大宇等济宁、临沂、青州为集聚中心的山东工程机械产业群,以安徽合力、日立建机(中国)、常林股份、杭叉、小松(常林)、现代、龙工、上海华建等知名企业为代表的长三角工程机械产业群。近几年,三一、玉柴、柳工等企业先后到长三角落户办厂或兼并企业,使长三角地区成为中国工程机械行业重要的产业集群和产品集散地;另外,四川成都、新津、泸州产业集群,广西柳州、玉林产业集群,厦门、晋江、泉州产业集群,京津冀豫产业集群,沈阳、抚顺产业集群基地等也是中国工程机械很有发展活力的地区。

民营经济、中小企业获得长足发展。在"十一五"期间,以三一重工、龙工、山河智能、南方路机和改制后的杭叉集团、北方交通、南阳路德、抚顺永茂等为代表的一批民营企业充分发挥其机制灵活,社会负担小、自主决策能力强的优势,善于抓住发展机遇,充分利用社会资源,已发展成为行业的骨干力量。在零部件行业,以江苏恒力、方圆支撑、赛克斯等为代表的民营企业异军突起,正在担当着部分关键零部件的攻关任务,并且已经初见成效。

产品结构进一步优化。"十一五"期间,机、电、液一体化技术基本普及,部分产品在机、电、液一体化技术的基础上,又提升为智能化控制,缩短了与国际先进水平的差距,高端产品的整机技术水平与国际先进水平逐步接近,许多产品用于开拓国际市场、替代进口和满足国家重点工程需求,中端产品的国产化率达到 85% 以上。整机可靠性与国际先进水平差距逐步缩小,低端产品由于技术配置较低,故障率高,能耗高,排放不达标,存在安全隐患,在结构调整中,正在逐步改造或淘汰。

代理商体制初步形成,售后维修服务体系逐步建立,"十一五"期间,随着境外一些品牌和代理商进入中国市场,新的营销理念和代理商运行体制与机制逐渐被中国代理商接受,促进了工程机械行业代理商群体的兴旺和蓬勃发展。

国际化步伐加快,出口贸易转向顺差。"十一五"期间,工程机械领域对外开放程度不断提高,外商投资企业迅速发展。到2009年,外商投资企业数比2001年增长200%以上,其中小松、斗山、日立、神户制钢、卡特彼勒、特雷克斯、马尼托瓦克、沃尔沃、现代等外商投资企业已经成为中国工程机械行业的重要力量。

"十二五"期间,我国工程机械行业稳步发展,在营业收入稳定在5000亿元的同时,品牌影响力、国际化程度、科技和创新能力、企业管理水平、价值链的综合能力及社会责任等诸多方面取得了明显进步;工程机械产品性能明显提升,"两化"工业化和信息化融合、智能制造技术取得阶段性进展;从制造过程、物流配送、在用设备管理到再制造的产品全生命周期服务水平取得突破,带动了企业及产品国际竞争力的提高。

3)"十三五"规划

全面贯彻党的十八大和十八届三中、四中、五中全会精神,努力实现工程机械行业中高速增长和迈向中高端水平的"双目标"。加快实施工程机械行业产业和产品走出去战略,推进国际产能合作。实施"制造强国"战略,坚持创新驱动、质量为先、优化结构、绿色发展、人才为本,努力强化基础,推动智能转型,坚持持续发展,加快工程机械从制造大国转向制造强国。

结合工程机械行业的特点,实施"互联网+"行动计划,推动互联网、云计算、大数据、物联网与工程机械优化产业结构,加速结构调整和推进智能化制造相结合,全面实现"十三五"规划战略目标。

工程机械行业"十三五"规划的总体指标从规模发展、质量效益、结构优化、持续发展4个一级指标、15个二级指标、8个维度来表述。

超过6家企业完成重点车间的数字化升级并开展智能化制造的示范工程;品牌产品智能化接近国际先进水平,拥有6~10个国际知名品牌;构建工程机械行业标准化体系,积极参与国际工程机械的标准制(修)定工作;具有较强的共性技术研究及验证能力(核心配套件、环境适应性等);高端配套件自主化率达到80%。

(1) 发展重点

① 坚持创新驱动发展战略。

② 着力提升工程机械产品的可靠性、耐久性及环保、安全性。

③ 加快工程机械产业走出去的步伐。

④ 建立和完善技术标准体系,加强国际交流。

⑤ 制订行业企业"互联网+"行动计划,推动移动互联网、云计算、大数据的发展。

⑥ 物联网与工程机械数字化、智能化制造相结合。

⑦ 继续加快建设工程机械后市场服务平台。

⑧ 提高行业检测、试验验证水平,加快产品远程在线检测技术研究。

⑨ 重点开发创新产品。

⑩ 工程机械核心部件设计制造数字化升级。

⑪ 提升行业各类人才培养水平。

(2) 示范创新

为实现工程机械产业结构和产品水平迈向中高端,完成"走出去"的战略目标,实施"制造强国"战略,坚持创新驱动、智能转型、强化基础、绿色发展,加快从制造大国转向制造强国的步伐,充分利用网络化、数字化、智能化等技术,着力在工程机械可靠性、耐久性,数字化、智能化制造,检测平台建设等方面先行取得突破。

"十三五"期间行业四项示范创新工程项目将拉动我国工程机械行业产业结构和整体技术水平达到国际先进行列。

(3) 政策性建议

① 专项支持工程机械行业强国战略的实施。

② 出台相关促进政策,鼓励企业走出去。

③ 使企业真正成为技术创新的主体。
④ 加强行业共性技术研究。
⑤ 推进技术标准和知识产权战略。
⑥ 出台人才培养和引进激励政策。
⑦ 加大对产业结构调整的扶持力度。
⑧ 加强行业信用体系建设。
⑨ 建立老旧工程机械淘汰补贴机制,有效减少污染物排放。

工程机械作为国际产能合作重点行业,经过"十二五""十三五"的快速发展和探索实践,走出了一条稳步推进的国际化之路,从"十二五"快速布局,到"十三五"提质增效,建设海外分支机构,完善海外营销服务体系,同时积极并购整合全球资源和设立海外研发、制造和服务基地。经历了从战略视野国际化,营销服务国际化,到部分企业实现了研发生产国际化和品牌及管理体系国际化等跨越发展阶段,形成了出口贸易、海外建厂、跨国并购、全球研发和国际化人才培养"五位一体"的国际化发展模式。工程机械行业积极践行"一带一路"倡议,完善全球布局,提升海外市场竞争力,在与国际巨头同台竞技中,不断缩小差距,充分彰显出不断提升的中国品牌全球竞争实力和优势。

"十三五"期间,工程机械行业深入实施创新驱动发展战略,在高端、智能产品核心技术研发和应用推广方面不断取得新突破,充分满足了国民经济建设重大工程的需要,涌现出一大批科研成果,成为行业持续增长的重要动力。

"十三五"期间,工程机械行业共获得中国机械工业科学技术奖特等奖3项、一等奖10项、二等奖32项、三等奖64项。

"十四五"时期是我国全面建成小康社会、实现第一个百年奋斗目标之后,乘势而上开启全面建设社会主义现代化国家新征程、向第二个百年奋斗目标进军的第一个5年。

未来随着工程机械行业在人们日常生活中的普及,工作状况会变得更加多样,客户需求也会更加丰富,比如矿山和码头同样都需要装载机,但要求不一样;同样是挖掘机,自家花园种树栽花和建筑工地的要求又相去甚远,细分市场的定制化服务在我国尚属起步阶段,未来发展前景可期。

28.2 工程机械行业的发展趋势

28.2.1 我国工程机械行业特点

经过数十年的发展,中国工程机械行业已基本形成了一个完整的体系,能生产18大类、4500多种规格型号的产品,并已经具备自主创新、对产品进行升级换代的能力。目前,中国已经成为世界工程机械生产大国和主要市场之一,工程机械产量仅次于美国、日本,位居全球第三位,国内市场总量占世界市场的近1/6。但由于国家产业政策调整和行业对外开放步伐的加快,工程机械行业已成为完全竞争性行业,民营企业和外资企业纷纷进入该领域,部分工程机械产品出现了产能过剩的局面,如装载机和叉车,市场竞争压力加大。

工程机械行业是典型的强周期行业,在产品销售上呈现明显的周期性。工程机械属于高端装备制造业,对投资规模和技术水平要求非常高,其生产特点是多品种、小批量,属于技术密集、劳动密集、资本密集型行业。

28.2.2 我国工程机械行业的发展特征

近年来,工程机械行业需求增长迅猛,各厂商均不断扩大产能,拓展产品线。同时,部分国外厂商将工程机械产业向中国转移,以降低成本、提高竞争力,国外工程机械产品不断进入国内市场,工程机械行业竞争日趋激烈。随着行业内主要企业生产和销售规模的扩大,促使行业集中度不断提升,主要骨干企业分别占据了工程机械行业各产品的领导地位,而中小型企业的销售额却在不断下降。因此市场向龙头企业集中将成为未来几年行业整合的发展趋势,市场份额较小的企业越来越难以生存,不断遭到市场的淘汰。在装备制造业振兴规划中,国家也明确支持装备制造骨干企业进行联合重组。

通过对工程机械行业竞争结构分析，目前的工程机械行业竞争状况呈现以下特征：

（1）由于各厂商均不断扩大产能，拓展产品线，国际工程机械巨头快速渗透，行业内现有企业之间的竞争较为激烈。

（2）零部件配套企业良莠不齐，工程机械企业在购买时有较多选择，议价能力较强。

（3）工程机械行业外的企业要进入该行业，则面临较高的规模经济壁垒、品牌壁垒、渠道壁垒、技术壁垒、资金壁垒等，行业内子行业转换成本不高。

（4）工程机械作为基础设施建设、房地产建设等的基础装备，功能替代难度大，同时技术升级空间大。

（5）中国工程机械行业生产厂家较多，市场份额有向优势企业集中的趋势。经过多年的发展，中国工程机械行业企业的竞争实力不断增强，国际化程度不断提高。

（6）中国部分工程机械企业已经初步具备了成为全球顶级工程机械制造商的核心竞争力。2020年，全球工程机械制造商50强中，11家中国企业上榜。其中，徐工集团位居全球第4位，三一重工、中联重科同时进入全球10强。

总体来看，工程机械制造业基本形成了大企业主宰细分市场、各个企业又相互进行产品和市场渗透的市场竞争格局。随着市场竞争和渗透的不断推进，工程机械行业将进一步诞生产品系列更为全面、企业规模更为庞大的大型工程机械集团。预计未来几年工程机械企业大并购、大重组及走出国门的并购案例将不断出现，同时各个产品的市场集中度将进一步提高。

根据工程机械行业的生产特点和数字化建设重点，提出工程机械行业数字化转型的七大方向：

（1）少人化转型。制造过程自动化，减少一线工人的数量；流程优化与自动化，减少业务人员数量。

（2）大规模定制的个性化转型。实现大批量生产的低成本、高质量、高效率和定制化产品融合。

（3）协作化转型。实现客户、代理商、供应商及企业内部智慧互联；不断创新合作模式、深度及内容，向以价值为纽带的全面协作化转型。

（4）全球化转型。实现全球业务"7×24"在线，为全球化发展提供数字技术支撑，提升海外市场占比。

（5）制造业服务化转型。以智能化产品为基础，推动企业向制造业服务化转型；为客户提供多样化增值服务，向价值链高端发展，实现从"工业型经济"向"服务型经济"转变。

（6）虚拟化转型。利用仿真、预测等技术不断优化业务体系。

（7）智能化转型。全面应用人工智能技术，释放员工经验和能力；使业务具备自我判断和自我学习的能力。

28.2.3 我国工程机械行业的发展趋势

从20世纪80年代到21世纪初，国内外工程机械产品技术已从一个成熟期走到了现代化时期。伴随着一场新的技术革命，工程机械产品的综合技术水平跃上了一个新的台阶。电子技术、微电脑、传感器、电液伺服与控制系统集成化改造了传统的工程机械产品，计算机辅助设计、辅助制造及辅助管理装备了工程机械制造业，IT网络技术也装备了工程机械的销售与信息传递系统，从而让人们看到了一个全新的工程机械行业。新的工程机械产品在工作效率、作业质量、环境保护、操作性能及自动化程度等方面都是以往所不可比拟的，并且在向着进一步的智能化和机器人化方向迈进。

1. 节能环保

我国工程机械设备行业的污染比重较大。中国工程机械工业协会会长祁俊此前表示，我国是"世界上最大的建设工地"，工程建设带动着工程机械行业飞速发展。然而，我国有关工程机械产品排放的要求一直比较宽松，这使得市场上充斥着大量高排放产品，已经成为环境的沉重负担。

因此，业内呼吁国内工程机械行业走节能

环保之路。2014年3月,国务院发布了《国家新型城镇化规划(2014—2020年)》(简称《规划》),规划的投资重点包括完善城市基础、推进新型城镇化发展,大力发展社会事业,着力保障和改善民生,实施创新驱动发展战略,推动产业转型升级,强力推进节能减排,加快生态文明建设,加快培育新的经济支撑带等。这是在今后一个时期内指导全国城镇化健康发展的宏观性、战略性、基础性规划,也是中央颁布实施的第一个城镇化规划。在该《规划》的指导下,中国各地基础设施建设的步伐不断推进,中国工程机械势必将再次迎来发展高潮。国家提出的严格要求使得工程机械企业不得不将节能环保放到其发展战略中的重要位置。

无论是从减轻环境负担,还是打破对外贸易壁垒等方面考虑,节能环保之路都将成为工程机械发展的主流趋势。今后中国工程机械产业的发展将更加注重转型升级,而在具体的实施策略中,节能环保将成为主要的发展方向。目前,工程机械各厂商都在其新产品上融入更多的节能环保元素。2018年11月结束的两年一度的上海宝马展上,无论小松、现代、沃尔沃建筑设备等国际工程机械知名企业,还是三一、徐工、中联、柳工等中国本土的工程机械巨头,都纷纷展示了它们最新的机械设备,这些设备无不具备更好的节能环保性能。由此可见,工程机械的未来走向必将是节能环保大势当道。广大工程机械企业必须依靠自己走上让产品工作效率更高效、节能降耗性能更出色的正确道路。

2. 模块化设计

未来随着我国工程机械行业的发展,为用户提供高性能、高可靠性、高机动性、良好的维修性和经济性的设备逐渐成为厂商追逐的目标。因此为了满足用户的个性化需求,厂商生产应该采取多品种、小批量的生产方式,以最快的速度开发出质优价廉的新产品。想要综合实现上述要求的最有效的途径,就要采用模块化设计原理、方法和技术。

模块化设计技术是在对一定范围内的不同功能或相同功能不同性能、不同规格的产品进行功能分析的基础上,划分并设计出一系列功能模块,通过模块的选择和组合可以构成不同的产品,以满足市场不同需求的设计方法,其最终原则是力求以少数模块组成尽可能多的产品,并在满足要求的基础上使产品精度高、性能稳定、结构简单、成本低廉,且模块结构应尽量简单、规范,模块间的联系应尽可能简单。

和传统的设计方法相比,模块化设计最大的特点就是应用了电子计算机。以往一种新机型需要多次反复试制、试验和修改才能定型,一般需要几年的时间。在计算机上,新产品设计可采用三维数字化建模,利用专业软件进行基础零部件的优化选择与分析计算,直到生成工程图和进行三维虚拟装配及模拟试验。随着装备制造业的飞速发展,产品种类急剧增多且结构日趋复杂,只有产品设计周期不断缩短,才能够满足企业激烈竞争的需要。模块化机械设计理念符合机械产品快速设计的理念,符合装备制造业的发展需要,是机械设计的发展方向之一,有较高的实用价值和经济价值。

3. 智能化

当前,工程机械智能化已初露端倪。工程机械行业是为国家基础建设提供技术装备的战略性产业,同时也是装备制造业中最重要的子行业,属于国家重点鼓励发展的领域之一。随着国家经济的持续发展,必然会对工程机械行业的发展提出更多要求。对于中国工程机械企业来说,市场竞争的激烈和工程及矿山行业的施工开采难度加大,配套件的核心技术相比国外,仍有很大的差距,因此要突破行业发展瓶颈,追赶上国际化的步伐,国内厂商不仅仅是扩大海外市场,更要获得更高端的技术,才能屹立于世界工程机械之林。而智能化无疑成为工程机械制造厂商的最佳选择。

工程机械行业要在面对国内市场国际化竞争的残酷局面和新技术、新工艺的挑战中求得生存与发展,就必须解决TQCS(最快的上市速度、最好的质量、最低的成本、最优的服务)难题,即以最快的上市速度、最好的质量、最低的成本、最优的服务满足不同顾客的需求。而解决这一难题最有效的手段是智能制造，智能制造是"中国工程机械制造"努力的目标。

随着科学技术的发展，智能化将逐渐成为工程机械发展的主流趋势，不仅可以有效提高工作效率，还可以大幅降低生产成本。面对全球激烈的竞争，我国工程机械行业走智能化之路迫在眉睫。

4. 以人为本实现人机交互

人机交互是人通过操作界面对机器进行交互的操作方式，即用户与机器相互传递信息的媒介，其中包括信息的输入和输出。好的人机界面美观易懂、操作简单且具有引导功能，使用户感觉舒适、愉悦，从而提高了使用效率。当机械大工业发展起来的时候，如何有效操纵和控制产品导致了人机工程学的诞生。

早在20世纪80年代，世界上许多大的工程机械制造公司投入了很大的人力和资金促进现代设计方法学的研究和应用，即人机工程学。总体来说，"以人为本"的设计思想关键在于注重机器与人的相互协调，提高人机安全性、驾驶舒适性，方便司机的操作和技术保养，这样既改善了司机的工作条件，又提高了生产效率，有的国家对工程机械的振动、噪声、废气排放和防翻滚与落物制定了新的标准，甚至付诸法律。现在各类工程机械都设计有防翻滚和落物保护装置，以保护司机的人身安全，并且都是与驾驶室分别设计和安装。驾驶室内有足够的人体活动空间和开阔的视野，并采取必要的密封、减振、降噪和控温措施。

未来，电子技术在工程机械上的应用，将大大简化司机的操作程序和提高机器的技术性能，从而真正实现"人机交互"。

5. 机器人在机械制造中的应用

工程机械在工程建设领域代替了人的体力劳动，扩展了人的手脚功能，但传统机械还未能解决好人的体力和生理负担问题，更不要说减轻人的精神和心理负担了。现代化工程机械应该赋予其灵性，有灵性的工程机械是有思维头脑（微电脑）、感觉器（传感器）、经络（电子传输）、脏腑（动力与传动）及手足骨骼（工作机构与行走装置）的机、电、信一体化系统。

机电信一体化并非机电与信息技术的简单结合，它所构成的系统必须具备5项功能：具有检测和识别工作对象与工作条件的功能，具有根据工作目标自行做出决策的功能，响应决策、执行动作的伺服功能，具有自动监测工作过程与自我修正的功能，具有自身安全保护和故障排除功能。这也是工程机械智能化的一些具体目标。未来工程机械将从局部自动化过渡到全面自动化，并且向着远距离操纵和无人驾驶的趋势发展。随着人工智能的介入，工程机械将加快其现代化进程，逐步过渡到完全智能化的作业机器人目标。到那时，一些新的机器人作业程序就会应运而生。

6. 信息化制造

近年来，随着信息化与制造业的深度融合，一种以智能制造为主导的新工业革命——工业4.0正在到来，也就是我们所说的信息化制造。在未来的智能工厂中，工厂里所有的加工设备、原材料、运输车辆、装料机器人都装有前面提到的CPS，都是"能说话，会思考"的。

控制这些智能工厂的企业的业务流程和组织将会重组再造，由产品研发、设计、计划、工艺到生产、服务的全生命周期数据信息将实现无缝链接。由此产生海量数据及其分析运用，将催生率先满足动态的商业网络、异地协同设计、大规模个性化定制、精准供应链管理等新型商业模式。对于整个制造业产业体系来说，诸如全生命周期管理、总集成总承包、互联网金融、电子商务等产业新价值链也将出现，由此产生的生产力是巨大的。

有数据显示，我国沿海地区劳动力综合成本已经与美国本土部分地区接近。随着人口红利的消失，制造业人工成本上升和新一代劳动力就业意愿的下降，我国制造业的国际竞争力将面临重大危机。推进"工业化和信息化"融合，抢先进入工业4.0时代，保持住我国制造业的竞争力，已经是必须选择的命题。尽管前路漫漫，作为"世界工厂"，我们也拥有很多机遇，比如良好的政策环境、互联网时代众多的"弄潮儿"、足够坚实的创新底蕴等。在这个"狭路相逢勇者胜"的大时代，我们相信，只要脚踏实地，勇于开拓，命运就永远掌控在自己手里。

7. 两极化发展

一方面随着我国在能源、风电及核电等新领域开发的不断深入，大型化的工程机械设备受到追捧，从2014年上海宝马展各家推出的新款设备我们似乎也有所察觉，从履带起重机到矿山挖掘机等，不仅充分证明了我国国内工程机械企业先进的技术水平和制造能力，还进一步增强了我国大型化产品的市场竞争力。

另一方面，在国外，比如美、欧、日等发达国家，基础设备比较完善，大规模基础设施建设工程在日益减少，而修缮保护及城市小型工程项目却在增多，为了节省较高的人力费用，提高工作效率，各种小型、微型工程机械大受欢迎，这些机械设备将在狭窄地段进行施工作业，或在家庭住宅及小型工程项目中得到更广泛的应用。在国内，我国新型城镇建设项目日益深入，对于小型工程机械设备的需求也将呈现持续稳定的增长趋势。

8. 一机多用

一机多用，作业功能多元化是近年来工程机械装备出现的一个新技术特点，也将是未来工程机械装备制造发展的一个大趋势。多功能作业装置改变了单一作业功能，推动这一发展的因素首先源于液压技术的发展，通过对液压系统的合理设计，使得工程装置能够完成多种作业功能。此外，快速可更换连接装置的诞生、安装在工作装置上的液压快速可更换连接器，能在作业现场完成各种附属作业装置的快速装卸及液压软管的自动连接，使得更换附属作业装置的工作在司机室通过操纵手柄即可快速完成。

为完成更多的作业功能，工程机械主机作业功能将尽可能扩大，单一功能将向多功能转化，扩大了工程机械的应用领域，如液压挖掘机作业机具的多样化，同一主机可完成挖掘、装载、破碎、剪切和压实等作业。对于高速公路的施工和养护，多功能作业更为重要，具有清扫、除雪、挖掘、破碎及压实功能的养护机械依然是工程机械行业关注的热点课题之一。

9. 向机电一体化发展

20世纪80年代以微电子技术为核心的高新技术的兴起，推动了工程机械制造技术的迅速发展，特别是随着微型计算机及微处理技术、传感与检测技术、信息处理技术等的发展及其在工程机械上的应用，从根本上改变了工程机械的面貌，极大地促进了产品性能的提高，使工程机械进入了一个全新的发展阶段。以微机或微处理器为核心的电子控制系统目前在国外工程机械上的应用已相当普及，并已成为高性能工程机械不可缺少的组成部分。

现代工程机械正处在一个机电一体化的发展时代，引入机电一体化技术，使机械、液压技术和电子控制技术等有机结合，可以极大地提高工程机械的各种性能，如动力性、燃油经济性、可靠性、安全性、操作舒适性、作业精度、作业效率、使用寿命等。电子控制技术已深入工程机械的许多领域，如摊铺机和平地机的自动找平，摊铺机的自动供料，挖掘机的电子功率优化，柴油机的电子调速，装载机、铲运机变速箱的自动控制，工程机械的状态监控与故障自诊断等。

随着科学技术的不断发展，对工程机械的性能要求不断提高，电子控制装置在工程机械上的应用将更加广泛、结构将更加复杂。特别是随着我国进口及国产工程机械保有量的逐年增加，如何用好、管好这些价格昂贵的工程机械，使其发挥最大的效率，机电一体化无疑是现在也是将来工程机械发展的方向。

10. 更加注重零部件的开发与选择

工程机械关键零部件是工程机械产品发展的基础、支撑和瓶颈，当工程机械发展到一定阶段后，行业高技术的研究主要聚集在发动机、液压、传动和控制技术等关键零部件上。在工程机械领域，只有解决了关键零部件的生产，企业才会拥有核心竞争力。

欲在未来的市场竞争中获得更大的竞争优势，工程机械的设计将更加注重选用质地好的零部件，更注重零部件的通用化、标准化和集成化，而相配套的零部件企业更加注重系统化地与主机配套，如传动系统、液压系统、机电一体化控制系统,大大缩短了主机产品的开发周期。零部件的标准化和通用化进一步提高,最大限度地简化维修,是国外先进技术发展的一个重要标志。例如,驾驶室中的操作手柄、按钮开关、仪表盘、螺栓螺帽都已经完全标准化、通用化、成组安装,大大降低了驾驶室的制作成本。

每个行业都有自己更新换代的历史,与我们的生活息息相关的工程机械行业也是如此。回首人类发展的历程,也是一部工具发展的历史,基础建设走过的每一步,都离不开工程机械的支撑。据悉,20 世纪 80 年代以来,国内外工程机械产品技术已从一个成熟期走到了现代化时期,电子技术、微电脑、传感器等技术改造了传统工程机械产品。工程机械行业亟待找到新的突破口来转型升级并实现可持续发展。在智能互联时代,一些行业前沿企业已经开始借助数字化和智能制造技术提升制造与产品服务水平,为客户带来更多的便利和价值。

机械工程智能化以实现中国企业智能化发展为最终目的,因而机械工程的未来发展方向必然是智能化。近年来,随着计算机技术及互联网技术的飞速发展,其为智能化技术提供了良好的发展基础。因此,智能化技术在我国也获得了较大的发展,同时,在机械领域中应用更加普遍。这就决定了机械工程智能化必须要以计算机技术和互联网技术为主要依托,即机械工程智能化的重要方向必然是网络化和信息化。

总的来说,工程机械产品将向着安全、可靠、节能、服务方向发展;智能化、电子化、信息化水平不断提高,而且这几个方面高度交叉融合,彼此间的界限越来越模糊;舒适性也将得到提高;面向工程机械产品生命周期的系统设计将广泛采用;面向施工工艺的研究将不断加强。

与此同时,工程机械的发展也正由动力革命变成控制革命,由液压手动控制发展为机群集中控制,电气设计由仪表检测、诊断、电器控制发展到现场总线控制系统。产品的发展走过了从工程机械机电一体化发展到机器人化的过程。工程机械机器人是 20 世纪 90 年代发展的重要标志,也是 21 世纪各类工程机械发展的总趋势。

28.3 我国工程机械企业智能化策略

28.3.1 智能化发展概况

进入新时代,国家确定并倾力推进制造强国战略,加快建设制造强国、加快发展先进制造业已经成为我国的国家战略。经过多年的奋斗,我国已经成为名副其实的世界制造大国。但中国制造业整体竞争力还不强,要从制造大国迈向制造强国,中国制造业任重而道远。

目前全球制造业正在面临新一轮变革,将进入以网络化、智能化为代表的工业 4.0 发展阶段。人类对生产效率与利润率的提高促进制造业不断发生更迭与变革。工业 4.0 是伴随着物联网、云计算、大数据、人工智能等关键技术的发展而产生的新一代制造业技术,是众多国家大力发展和探索的方向。

从 2015 年起,我国出台了一系列政策鼓励工业 4.0 和智能制造发展。我国经济从高速增长阶段转向高质量发展阶段,智能制造是中国制造业转型升级的必然需求。为了保证产业的发展,我国相继出台了《智能制造发展规划(2016—2020 年)》《工业互联网发展行动计划(2018—2020 年)》《新一代人工智能发展规划》等政策,从数字化工厂、工业互联网、人工智能等多个方面推进中国智能制造产业链发展。

到 2035 年,正是智能制造作为新一轮工业革命核心技术发展的关键时期,中国制造业完全可以抓住这个千载难逢的历史机遇,集中优势力量,打一场战略决战,实现战略性的重点突破、重点跨越,实现中国制造业的换道超车、弯道超车、跨越发展。

可以预见,新一代智能制造技术将为产品和装备的创新插上腾飞的翅膀,开辟更为广阔的天地。到 2035 年,我国各种产品和装备都将从数字一代发展成为智能一代,升级为智能产品和装备。一方面会涌现出一大批先进的智能生活产品,为人民更美好的生活服务;另一方面,大国重器将装备工业大脑,使其更加先进、更加强大。

智能制造是覆盖产品全生命周期的创新优化集成大系统,包含智能产品、智能生产和智能服务三大功能子系统,以及智能制造云和工业互联网络两大支撑子系统。它们集合成智能制造系统,制造业创新的内涵主要包含四个层次:一是产品创新,二是生产技术创新,三是产业模式创新,四是产品、生产技术、产业模式的系统集成创新。基于这四个层次,数字化、网络化、智能化是制造业创新的主要路径。

智能生产是智能制造、智能产品的物化过程,也就是狭义上的智能制造。智能工厂是智能生产的主要载体。一般而言,智能工厂包含了四个层级,也就是智能装备、智能产线、智能车间和智能工厂。智能工厂的转型升级主要由两条主线来实现:一条是实现生产过程的自动化,另一条是实现生产管理的信息化。

智能制造是一个大系统、大概念,是制造业和信息技术深度融合的产物,它的诞生和演变是和信息化发展相伴而生的。在这个过程中形成了智能制造的三种基本范式:第一代智能制造——数字化制造,第二代智能制造——数字化、网络化制造,新一代智能制造——数字化、网络化、智能化制造。

多年来,在推进制造强国战略的过程中,涌现出了一大批数字化、网络化工厂建设的示范工厂、标杆工厂、灯塔工厂,这些企业已经成为本行业世界级的先进制造企业。它们在数字化、网络化转型升级方面,为中国制造业树立了示范和榜样。这些工厂中,有信息装备行业、家电行业、汽车行业等离散制造业,也有冶金行业、石化行业、铝业等流程型制造业。

28.3.2 我国工程机械企业的智能化之路

工程机械行业作为装备工业的重要组成部分,与各产业关联度高,支撑就业能力强,在逆周期调节的背景下将发挥举足轻重的作用。全球经济贸易形势严峻对工程机械行业的影响危中有机,展望未来,"智能制造""工业互联网""大数据"等有望重塑行业生态。工程机械行业具备设备产品多样化、生产过程离散、供应链复杂等特征,未来朝无人化、数字化、智能化方向进一步升级的趋势明显。

从英国 KHL 集团公布的全球工程机械 2021 Yellow Table 来看,2020 年前 50 家企业中,我国共有 10 家企业上榜,依次为徐工、三一重工、中联重科、柳工、中国龙工、山河智能、山推股份、福田雷沃、浙江鼎力和厦工,其中徐工、三一重工、中联重科跻身 2021 Yellow Table 前五分别位列第 3、4、5 名。

我国工程机械行业的数字化转型是一项庞大且复杂的工作,有些头部企业已经开启了数字化转型的实践且取得了一定成效,诸如徐工集团、中联重科、三一重工、柳工机械等,都在数字化转型之路上探索。

近年来,我国基础设施建设面临着建设质量亟待提高、人口红利正在消失、环保要求日益严格等问题,工程机械行业加速向自动化、智能化方向发展,行业正在加快转型升级。在未来智能互联引领的大时代,如何借助数字化和智能化技术提升产品质量和服务水平,成为工程机械企业亟待解决的问题。目前,徐工集团、三一重工、中联重科、柳工等企业正在积极进行数字化转型,建立智能化的"灯塔工厂"。

1. 徐工集团——徐工智能制造基地

说起徐工集团的智能化,就不得不提徐工的智能化制造基地。以徐工的智能化装载机制造基地为例,徐工装载机智能化制造基地的联合厂房有 16.7 万 m^2,相当于 24 个足球场那么大,逛一圈足足需要 1.5 h。在这里,下料、结构、涂装、总装等所有生产工序一气呵成,可实现年产 2000 台大吨位装载机的产能。智能化是其中最大的亮点,联合厂房在下料、焊接、机加工、涂装、装配单元运用了大量先进、高效的智能化制造技术和工艺设备。为提升智能化制造水平,焊接机器人、喷涂机器人、切割机器人等自动化设备在工艺建设过程中被大量运用,例如,配置了大量的焊接机器人群,建成了2条自动化焊接线,无论是配置的数量还是使用的范围在装载机行业都是绝无仅有的,如装载机铲斗的整个焊接制造过程全部实现了无人化,大幅降低了人工成本,显著提高了焊接质量。在改造前智能装载机车间大约有3000人,1万台的产量,改造之后现有1800人,产量接近3万台。轰动整个行业的全球LNG装载机第一大单能够在短短一个月时间内完美交付,是对这个基地智能化最好的诠释。

据悉,采用智能化技术之后,徐工产品设计周期缩短20%,产品数据准确率提高30%,生产计划协同时间由原来的2天缩短为40 min,市场快速响应能力提高30%。2014年,通过"两化"的深度融合,徐工年产值近千亿。"工程机械本身就是一个多品种小批量,客户有很多需求,那就要通过大数据的计算分析满足客户的不同需求"徐工集团董事长王民说:"工业4.0时代,或者说是'两化'融合的一个新时代已经开始了,我觉得每一个企业,凡是要参与全球竞争,都必须抓住这个机会。"显然,徐工抓住了,并且正在主动出击,以具有徐工特色的智能制造模式高端布局工业信息化建设。

工程机械生产制造的整个链条可谓长而复杂,包括采购、设计、生产、销售、物流等环节,在智能制造的大背景下企业要找到"两化"融合的切入点,第一步是智能制造,第二步是物联网。研发、制造、营销三个环节的数字化是智能制造必须走的一条路,徐工在产品的数字化上已经开始行动,之后将同步进行其他环节的数字化。信息化、数字化是智能化的有力支撑,智能化是制造自动化的发展方向,是实现前端信息化和后端工厂的整体改造,真正实现了智能制造。

徐工结合工程机械行业的特点,提出了互联网联合行动方案和智能制造实施方案。以"两化"深度融合为主线,以智能制造为主攻方向,重点在智能研发、智能工厂、智能服务、智能管理和模式创新五大方向。在产品智能化方面,工程机械未来的发展就是一种特种作业机器人。而且从市场和客户的发展趋势来看,用户更加关注智能化的产品。

以智能制造为核心,构建徐工智能化发展的总体框架。自动化设备的互联、数据采集、环境适配是基础载体,信息化系统的集成是神经枢纽,工业大数据的应用是核心要素。徐工通过模型构想,构建数据驱动全球研发创新平台,重点实现三个系统:

一是研发数据系统,是实现机电、液压、传动及整机之间的联动设计、跨地域的系统。

二是研发与制造过程系统,包括通过数字化的工业、保障、研发与制造一致性。

三是研发与市场系统,体现产品包括数据管理,实现设计保姆、制造保姆、服务保姆的一体化管理。

从纵向贯通维度看,具体体现在五个层面:

第一层是设备层,包括自动化人机协作、可重复工装夯实操作单元及生产性基础。

第二层是控制层,建立数据采集、分析平台系统,对多种信息、不同接口、各类加工数据、运行数据进行实时采集和分析。

第三层是车间层,通过MES、QMS进行智能化管控系统。

第四层是企业层,通过ERM等进行全方位管理。

第五层是通过供应链系统、大数据、工业互联网平台等实现公司内部和外部信息的互联互通,比如基于Handle标识解析技术的智能供应链体系建设。

徐工是国家高端装备制造领域信息化建设的标杆,目前,已为11万台工程机械安装了"徐工物联网智能云服务系统",通过挖掘大数据提供实时智能服务,上报国家统计局提供决策参考。将推进"互联网+"与研、产、供、销、服深度融合,以智能制造贯通神经脉络锻造精益制造平台;用信息技术创新二手车交易、经营租赁等新业态,加快发展电商和打造线上团队,创新产品全生命周期延伸服务及增值模式。以此力推经营和商业模式创新,解决经营中的难题。

近年来,在徐州市委、市政府的领导支持下,徐工集团始终坚持高端、高技术含量、高附加值、大吨位的"三高一大"技术创新战略,不断突破工程机械高端技术,提高了以技术创新为核心的竞争实力,主导产品技术跻身世界先进水平。精准地走出了一条适合徐工的智能制造新道路,实现全球工程机械产业的"珠峰登顶"目标。

2023年徐工推出的"G一代"轮式起重机轻量化、智能化等性能指标超出国际标杆企业,达到国际领先水平;旗下德国施维英公司新研发的65 m泵车尚未下线就从全球拿到25台订单;大型矿山装载机、挖掘机及液压油缸批量装备澳大利亚力拓集团等世界级矿山企业。徐工集团用互联网技术提高研发效率水平和创新产出能力,把信息技术嵌入主机提高产品质量,形成关键零部件发展新技术路线和产业化布局,重塑可靠、智能、用不毁的中高端产品质量,一步步勇攀全球工程机械装备技术顶峰。

2. 三一重工——三一重工18号工厂

中国"灯塔工厂"建设处于领先地位。根据世界经济论坛和麦肯锡统计,这些"灯塔工厂"可以不同程度地提升单位时间的产出,减少资源的消耗,降低产品交付和开发周期,提高产品质量。截至2020年1月,全球共有44座"灯塔工厂",其中12座来自中国。

2022年10月,三一重工长沙18号工厂,成功入选世界经济论坛发布的全球制造业领域"灯塔工厂"名单。依托树根互联工业互联网操作系统,目前18号工厂的全部9大工艺、32个典型场景都已实现"智能制造"。18号工厂充分利用柔性自动化生产、人工智能和规模化的工业物联网,建立了数字化柔性的重型设备制造系统。各环节全部实现自动化、信息化。

智能制造带来的是生产效率的飞跃。与改造前相比,18号工厂产能提升123%,人员效率提升98%,整体自动化率升至76%,可生产多达263种机型。2021年,18号工厂的人均产值1471.13万元,每平方米效益15.4万元,两项核心数据均为全球重工行业的"灯塔标杆"。

1)"智能+制造"智能厂房

三一重工的18号智能工厂是亚洲颇具规模的智能化制造车间,是三一重工"智能+制造"的缩影。通过智能化改造,整个车间人均效率提升400%,人均产值提高24%,制造成本节约1亿元,资产利用率提升8%。此外,通过设备物联,可以采集设备在车间生产过程中的能耗、节拍、现场等全方位数据,生产效率与管理进一步提升。

2)"智能+服务"根云平台

借助大数据和物联网技术,三一重工率先将20多万台设备的实时操作数据通过传感器汇集到一起,打造了行业知名的"挖掘机指数",成为企业经营、转型的依据,以及把脉经济动向的参考。

"根云"平台为国内三大工业互联网平台之一。任何行业、任何规模的制造企业,只要接入根云平台,就可以较小的成本实现升级迭代。三一重工不仅生产行销全球的工程机械,还利用工业互联网生产"挖掘机指数",为分析宏观经济形势提供了重要支持。

3)"智能+业务"三一重卡打造升级样本

带有"智能+业务""先进制造+定制服务""产业升级+创新孵化"等多重标签的三一重卡,已成为三一重工打破传统发展模式的样本。作为"智慧卡车",依托车载智能终端搭建的"生态圈",三一重卡在研发、服务,甚至司机找活等领域都实现了"共享互联"。

三一重工的"灯塔模式"正处于全面开展之中。在明确18号"灯塔工厂"效果显著后,公司开始全面铺开"灯塔工厂"建设,计划要开展22座工厂的"灯塔化"改造,使公司智能制造走在全球所有工程机械企业的前面。

三一重工凭借"灯塔工厂"有望加速换道超车。在智能"灯塔工厂"的推动下,三一重工的产品制造成本降低,产品质量提升,整体竞争力大幅提升,同时盈利能力进一步增强。"灯塔工厂"在某种程度上类似于催化剂,有望加速三一重工的全球化突破,助力其换道超车。

三一重工数字化和智能制造在全球工程机械企业中领先。高研发投入是三一重工数字化和智能制造的直接推动力。三一重工近三年的研发支出复合年均增长率（CAGR）为61.07%，2019年研发支出为46.9亿元，是2012年行业景气高点的1.85倍。

2019年，三一重工"灯塔工厂"建设取得里程碑式突破。公司2019年建成的18号"灯塔工厂"通过应用自动化工业机器人、物联网、视觉识别、AI等技术，在生产制造中实现下料、分拣、焊接、涂装和装配等八大工艺的全自动化，可以实现产能提升50%、工人数量下降50%、生产周期缩短50%的预期目标，同时产品质量大幅提升。

三一重工18号工厂是行业领先的"灯塔工厂"，亚洲最大的智能制造车间，可以实现如下操作：

（1）无人化下料。智能天车将泵车制造所需的钢板，自动吊入作业；智能调度双枪三工位高速等离子切割机进行切割。

（2）智能化分拣。机械手和智能分拣装备分工协作完成大、中、小件的智能分拣、自动清渣、激光打码、码放装框，有序作业，确保各部位钢板各归其位。

（3）自动化组焊。焊接机器人搭载视觉信息系统，自动光线补偿、识别零件形态和定位零件位置，自主焊接准确度达到±0.5 mm，一双双锐利的"慧眼"确保钢板焊接分毫不差。

（4）无人化机加。利用数字检测、IOT、数字孪生等尖端技术，消除瓶颈工序，从钢板被送入到加工完成被送出，全程无人、全程黑灯使钢板"毛坯"变成"精装修"。

（5）智能化涂装。自动识别钢板形态，指导抛丸机开展表面清理，自主适配喷涂程序，智能喷涂、温湿度、能耗全程自动调节，既节能又高效。

（6）装配下线。根据客户的个性化定制需求，配备智能平衡吊、数字扭矩扳手及智能加注系统等，大幅降低作业强度，提升装配效率。

（7）智能化调试。调试过程实时在线监控，调试数据进行云端存储，调试故障实时记录预警，调试质量在线评分，整机合格出厂。

三一重工（重庆）"灯塔工厂"通过"三现（现场、现实、现物）联通"协同企业管理者、研发者、生产者，实现统一智能管理，数字化、智能化、自动化生产率接近80%。大型的AGV自动化物料运输小车来回穿梭，百余台机器人进行自动化生产，涵盖了上下料、分拣、成型、焊接、喷涂、检测、清丝、打磨、拧紧等十余类机器人。其中智能焊接机器人增加了视觉识别模块，不仅可以自动接收物料进行焊接，还能识别气孔、偏焊、焊穿等缺陷。

三一重工为国家首批智能制造试点示范企业之一，18号工厂的智能化制造车间，实现了生产中人、设备、物料、工艺等各要素的柔性融合。两条总装配线，可以实现69种产品的混装柔性生产；在10万 m^2 的车间里，每一条生产线可以同时混装生产30多种机械设备，马力全开可支撑300亿元的产值。

3. 中联重科——中联重科"智慧产业城"

中联重科"智慧产业城"坐落于长沙高新区，建成后将成为全球规模最大、品种最全的工程机械综合产业基地，最具创新活力的高端装备智能制造中心。

中联重科"智慧产业城"共布局8个全球领先的"灯塔工厂"，汇聚300条智能产线，600多项产线专利技术。通过全面的智能化、数字化、绿色化升级，形成以4大主机园区、4大关键零部件中心、8大国家级科研创新平台、1个国际标准秘书处为核心的先进制造产业集群，不仅平均每6 min下线一台挖掘机，还将实现每7.5 min生产1台高空作业机械，每18 min制造1辆汽车起重机，每30 min制造1台臂架泵车。

挖掘机械园区是中联重科按照全球最高标准进行规划设计的，全面落实"智能化、数字化、绿色化"的理念，拥有行业内智能化程度最高、柔性最高、装配精准度最高的智能工厂和无人化"黑灯产线"，是"有感知、会思考"的智慧型"灯塔工厂"。

2020年12月，中联重科全力打造的世界级"灯塔工厂"挖掘机下线,作为此次首台中大挖产品下线的生产基地——挖掘机械园区中大挖智能装配车间,占地面积 36 000 m²,设有 13 条智能生产线,可生产 13.5～48 t 的挖掘机产品,项目建成后平均每 6 min 可生产 1 台挖掘机,年产各种挖掘机 5 万台,年产值 300 亿元。

1)智能化发展铺开"4.0 产品"

在生产环节,以中联重科全新打造的塔式起重机智能工厂为例,自动化生产线、工业机器人、传感器,平均每 10 min 产出 1 节塔机标准节,每 90 min 产出 1 条起重臂。在产品展现方面,中联重科 4.0 系列产品在产品性能、施工效率、安全监控、绿色节能等方面显著提升,语音控制、无人操作、自主学习、智慧工地等智能技术逐渐在产品中得以实现,大大增强了施工精准度和施工效率。在技术加持和管理运营的智能化方面,在中联重科旗下中科云谷的工业互联网平台 ZValley OS 得到集中体现。利用 ZValley OS 的"智慧大脑",企业的产品设计、制造流程、销售服务及管理等都实现了智能化和数字化。

2)以智能制造实现高质量

围绕"互联网＋"与工业 4.0 的内涵与外延,中联重科通过移动互联网、云计算、大数据、物联网等与工程机械制造行业结合,以智能产品、智能服务、智能工厂为三大抓手推进智能制造,促进企业转型升级,加快新旧动能转换。中联重科以人机交互、互联物联、智能绿色的新理念和新技术所培育的新动能加速释放,迎来了硕果盈枝的喜人成绩。高空作业机械智能工厂投产,工程机械板块蓝海市场再下一城;全球超大塔机智能工厂开园,建筑起重机械迈向百亿元产值新征程;中联重科智慧产业城项目启动,千亿级产业集群正在孵化成长。2019 年 1 月,集成应用智能控制、智能产线、智能物流、智能检测技术四位一体的塔机智能工厂开园,产品已发往海内外市场;同月,投资千亿高质量打造的智能化、生态化、国际领先的产业城——中联重科智慧产业城项目也正式启动。中联重科智慧产业城建成后,将成为工程机械行业国际领先的、规模最大的单体园区,成为环保、生态的高端装备智能制造基地和人工智能研究应用基地。届时中联重科的制造智能化将达到新高度。

中联重科智慧产业城通过全价值链数字化运营、智能排产、工业 AI、数字孪生、全流程智能物流、工业互联网大数据平台等多维度结合,将数字化与制造深度融合,实现产品一致性好,产品合格率 100%,生产周期缩短 55%,成为有感知、会思考的智慧工厂。

中联重科首席信息官王玉坤以几组相当惊人的数字对比展现了智能化的优异:中联重科每个月的产值超过 20 亿元,但月结订单成本差异平均控制在 50 万元以内,月结差异最小值曾达到 3 万元。仅此一项,就意味着节约了近 2.97 亿元的成本。中联重科希望智慧工厂孕育出智能产品,达到产品与产品的互联,最终实现产品与人的互联。这一切,都离不开中联重科全球协同产品生命周期管理(PLM)平台。据悉,PLM 平台搭建起一个云智库,包含故障库、知识积累库、试验数据库等,在产品制造后期服务及机器运行的过程中所出现的各种问题均存储在云智库中。

从卖产品到卖服务,中联重科盈利模式的新变革也给客户带来了更多的便利,也标志着中联重科正在致力于由传统的生产制造型企业向高端的智能服务型企业阶段发展。当下,中联重科的智能化和工业化融合制造水平领先于 99.04% 的国内装备制造企业,领先于 97% 的机械加工制造企业。如何在全球范围内高效配置资源,如何让移动互联和工业制造更好地融合? 为每台出厂设备加装类似传感器的智能化元件或许能反映出一二。中联重科的监控平台分布在中联重科的六大系统之中,通过智能化元件传递回来的数据,实现了对 13 万台机器设备实时智能跟踪及 24 小时不间断的智能服务。这样就真正实现了从卖产品到卖服务的转变,使盈利模式发生了重大变革。

工业 4.0 在中国有一个接地气的名字,叫作"智能制造"。智能化是制造自动化的发展方向,但这里讲的自动化并不是简单的机器人或机器手臂的代工,而是实现前端信息化和后端工厂的整体改造,真正实现智能制造。在装备制造业深度调整的时期,应该紧紧抓住信息化的浪潮,挖掘新的增长点,让智能工厂、大数据在企业发展中发挥越来越大的作用。

4. 柳州工程——柳工"灯塔工厂"

柳工近年来积极参与"一带一路"重大项目建设,业务覆盖了 50 多个国家,覆盖率达到 85%。柳工装载机、挖掘机、压路机、平地机等产品同时在中国、印度、波兰和巴西生产,印度制造本地化程度近 50%,为"一带一路"国家和地区客户提供高效优质产品和服务。

柳工大力推进"全面国际化、全面解决方案、全面智能化"的企业发展战略,通过加大研发投入、加快产品更新换代、加大海外市场拓展等,推动企业向国际化、智能化、服务型制造企业转型。

2021 年 6 月,柳工装载机"灯塔工厂"开工建设,该工厂将新建厂房 11 万 m²、改造厂房 9 万 m²,建成后厂房面积累计达到 20 万 m²,实现年产 3 万台高端装载机能力。工厂是以自动化设备为基础,MES 为核心,让生产过程的物流、信息流达到高度协同与统一,实现用数据支撑业务改善,精益化、少人化,达成人均产出最大化为目的而打造的。柳工装载机"灯塔工厂"将用智慧的数据变革制造,集合先进的技术打造中国工程机械行业领先的装载机智能制造基地。

作为世界工程机械 50 强企业,柳工是全球少数几家能够提供行业全系列工程机械设备及全面解决方案的制造商,完整的 19 条产品线几乎覆盖工程机械所有领域。

从各大企业的智能化发展策略和应用实践可以看出,智能化发展主要聚焦于产品、制造、研发、服务等环节。在实施智能化之初,首先明确智能化的目标是要用最高效的运营和服务为客户创造更好的作业便利性和价值空间。

因此,智能化需要从内到外一步步实现,首先解决自己内部从订单、研发、采购、制造到服务的信息化,然后针对产品全生命周期的价值需求,逐步拓展到为作业现场所有相关者提供整体的数字化接入与服务,从而把价值链真正地延伸到每个环节。

28.4 工程机械头部企业勇攀世界高峰

28.4.1 工程机械头部企业探索智能化之路

工程机械行业的发展历程让世人见证了我国工程机械从无到有、从弱到强的场景。特别经过工程机械的几个五年规划实施后,涌现了一批工程机械头部企业,在数字化智能化转型浪潮中,头部企业勇立潮头。"灯塔工厂"数量较多的徐工集团、三一重工、中联重科等头部企业,在持续引领工程机械科技和产业变革过程中,稳步实现了从跟跑、并跑,再到领跑的持续式跨越,以智能化策略助推工程机械勇攀世界之巅。

28.4.2 科技战略助力头部企业实现弯道超车

通过了解头部企业多年的深耕之路,便可知其发展成为全球第 3、4、5 名的本行业领先品牌也绝非偶然。

目前,全球制造业正在面临新一轮变革,将进入以网络化、智能化为代表的工业 4.0 发展阶段。人类对生产效率与利润率的提高促进制造业不断发生更迭与变革。工业 4.0 是伴随着物联网、云计算、大数据、人工智能等关键技术的发展而产生的新一代制造业技术,是众多国家大力发展和探索的方向。

从 2015 年起,中国出台了一系列政策鼓励工业 4.0 和智能制造发展。我国经济从高速增长阶段转向高质量发展阶段,智能制造是中国制造业转型升级的必然需求。为了保证产业的发展,我国出台《智能制造发展规划(2016—2020)》《工业互联网发展行动计划(2018—2020年)》《新一代人工智能发展规划》等政策从数字化工厂、工业互联网、人工智能等多个方面推进中国智能制造产业链发展。

中国"灯塔工厂"建设在全球领先,截至2020年1月全球共有44个"灯塔工厂",其中12个来自中国。而中国的"灯塔工厂"大多由头部企业建设。"灯塔工厂"在某种程度上类似于催化剂,有望加速头部企业全球化突破,助力其换道超车。

在智能化转型过程中,西方发达国家在智能制造发展过程中,通常是串联式发展,由于我国智能化转型相对较晚,不能走西方顺序式发展的老路。我们必须采取并联式的发展方式,也就是要采取数字化、网络化、智能化并行推进、融合发展的技术方针,助推工程机械头部企业实现换道超车,从而加速其攀登世界之巅。

28.4.3 工程机械头部企业智造世界之最

工程机械头部企业连续在百米短跑竞赛中取得突破,值得欣喜,更难能可贵。在此列举几个中国工程机械头部企业智造的世界之最,这些工程机械领域的超越既让国人感到振奋,也让世界感到震撼。

1. 世界上最大的轮式起重机——徐工QAY1200起重机

徐工QAY1200起重机采用九轴全地面底盘,五轴驱动,全轴转向,进口480 kW奔驰发动机动力强劲,底盘最高行驶速度可达75 km/h,最大爬坡度为40%,支腿全伸可达13 m×13 m;QAY1200最大起重力矩可达3600 tf·m,八节伸缩主臂全伸可达105 m,变幅副臂最长可达到114 m,配有双倍率超起重装置,可有效提升臂架系统的起重性能,具有六大臂架系统组合,可适应不同作业工况的需求,如图28-1所示。

图28-1 徐工QAY1200起重机

2. 全球摊铺宽度最宽、摊铺厚度最厚的摊铺机——中联重科SUPER165摊铺机

中联重科SUPER165超大型摊铺机的摊铺宽度达到16.5 m,摊铺厚度达到550 mm,是目前全球摊铺宽度最宽、摊铺厚度最厚的摊铺机,特别适用于高速公路、各等级公路、机场、城市道路等的摊铺作业,尤其适用于大宽度、大厚度路面的高效、高品质摊铺作业,如图28-2所示。

图28-2 中联重科SUPER165摊铺机

3. 中国最大吨位的液压挖掘机——徐工700 t液压挖掘机

徐工700 t液压挖掘机采用了"双动力组件耦合控制系统"等52项拥有自主知识产权的专利技术。在中国超大型液压挖掘机领域首次实现了关键核心技术的集中应用突破,标志着中国成为继德国、日本、美国后,第四个具备700 t级以上液压挖掘机研发制造能力的国家,详见图28-3。

图28-3 徐工700 t液压挖掘机

4. 世界第一吊——徐工 XGC88000 履带起重机

徐工 XGC88000 履带起重机以 4000 t 的最大起重能力,被称为"世界第一吊",见图 28-4。这得益于其采用的大跨距前后履带车,搭配八弦杆复合臂架和组合回转装置的结构布局。这台超级机械的最大起重扭矩达到了 8.8×10^4 tf·m。

图 28-4 徐工 XGC88000 履带起重机

5. 世界上最大的自起式单吊杆起重机船——振华 30 号

吊重能力惊人的,还有起重机船,它是我国自主设计制造的自起式单吊杆起重机船,是目前最大的单臂全回转起重船。它高达 167 m 的单臂吊机十分强悍。12 000 t 的固定吊重能力和 7000 t 360°全回转的吊重能力位居世界第一,而且,它还具备 10 点锚泊定位和动力定位功能。在深海操作中,无须锚缆也能长时间保持精确定位,见图 28-5。

图 28-5 自起式单吊杆起重机船

该船还安装了 12 台推进器,可以满足动力定位功能,作业行动非常精准自如,因此应用非常广泛,可以应用在大件货物的装卸、海上救助打捞、海上大件吊装、桥梁工程建设和港口码头施工等多个领域。它完成了一项举世瞩目的超级工程——港珠澳大桥最终接头的安装。这是一个巨大钢筋混凝土结构,质量 6000 t,振华 30 要将它插入 30 m 深的海底,并做到准确无误,实现港珠澳大桥海底隧道贯通。其不仅要完成双侧对接,而且水下安装余量仅有十几厘米,该安装的位置精度误差只允许在 1.5 cm 以内,这在世界交通范畴是史无前例的,无异于"海底穿针"。由于吊装精度需求,必须要求振华 30 具有极高的定位精度。振华 30 采用了多点锚泊系统,主要依靠船底 12 套螺旋桨推进器和 2 套首位侧推,通过调整控制参数,螺旋桨从各个方向发力与水中的力保持平衡,形成相对静止的状态,以达到平衡的目的,进行牵拉作业,不断调整各锚机的拉力,来确保船舶的相对位置,能够长时间保持精确定位,在航行中保证安全。这种起重船具备自航能力,跟普通的起重船相比,它有着很多优势,在很大程度上节约了拖轮费用和拖航时间。

6. 世界上最长臂架的泵车——中联重科 ZLJ5910THBS101-7RZ 泵车

中联重科 ZLJ5910THBS101-7RZ 泵车采用碳纤维复合臂架技术,101 m 7 桥 7 节臂,碳纤维技术使臂架质量减轻 40% 以上,消除了传统钢材臂架易疲劳开裂的隐患。融合碳纤维技术的液压缸总质量也将减少 15% 以上,强度、寿命均得以提高。高强铝合金陶瓷混凝土管强度超过了传统合金钢,双层管则减重 40%,耐压能力超过 17 MPa,如图 28-6 所示。

7. 世界最大的抢险救援机器人——八达重工救援机器人

八达重工的救援机器人最大卸载高度达 7.2 m,并可爬越 45°的斜坡,在 30°的斜坡上作业。其横跨达 1.2 m,可以跨越 2.4 m 的垂直障碍和 4 m 宽的壕沟,也可在涉水深度 2 m 的地方作业,能去山地、林地、沟壑、沼泽、高原等

图 28-6　中联重科 ZLJ5910THBS101-7RZ 泵车

其他设备不能去的地方实施挖掘、起重、破碎、钻孔、喷浆、伐木、植桩等多种工程作业,见图 28-7。

图 28-7　八达重工救援机器人

8. 世界最大水平臂上回转自升塔式起重机——中联重科 D5200-240 塔式起重机

D5200-240 塔式起重机是全球最大的水平臂上回转自升塔式起重机,其最大起重质量 240 t,起升高度 210 m,标定力矩为 5200 tf·m,如图 28-8 所示。

9. 全球最大的平头塔机——中联重科 T3000-160V 平头塔机

如图 28-9 所示,T3000-160V 是目前全球最大吨位的上回转平头塔机(最大起重量

图 28-8　中联重科 D5200-240 塔式起重机

160 t,最大起重力矩 31 200 kN·m,最大工作半径 85 m),起重力矩大、起重量大、起重臂覆盖范围广、吊钩组宽度小、塔身截面及基础占地少、就位精准、拆装便利、工作效率高、安全可靠,可广泛应用于火电建设,以及大型场馆、大型桥梁、大型冶金厂、超高层等工程。

图 28-9　中联重科 T3000-160V 平头塔机

28.4.4　工程机械头部企业进军工程机器人领域

1. 工程机器人研究概况

早在 20 世纪 70 年代,欧美、日本等国家就开始在工程机械的基础上,研制开发各类工程施工自动作业机械,并形成了两个发展方向:

一个是工程机械智能化,另一个是专门发展起来的工程机器人分支。

工程机器人是一种面向高危及特殊环境、依靠自身动力和控制能力进行工程施工作业的遥控操作多关节机械手或多自由度机器人。它既具有工程机械的大功率、多功能、适用范围广等优点,又具有机器人的灵活移动、环境感知、智能识别等功能。

工程机器人是机器人家族中的新成员。与工业机器人在固定环境下依据事先编制的程序运行不同,工程机器人主要在非结构环境下工作,靠接受人类指挥,或依据以人工智能技术制定的原则纲领行动。因此工程机器人更强调感知、思维和复杂行动的能力,比一般意义上的工业机器人需要更大的灵活性、机动性,具有更强的感知能力、决策能力、反应能力及行动能力。工程机器人从外观上也远远脱离了最初工业机器人的形状。

工程机器人融合了更多学科的知识,如机构学、控制工程、计算机科学、人工智能、微电子学、光学、传感技术、材料科学、仿生学等。工程机器人的基本特征是:液压驱动、遥操作、移动作业,具有大功率作业、宽范围作业、多功能作业和智能作业的特点。

工程机器人按应用领域不同可以分为农林业工程机器人、工业工程机器人、建筑工程机器人、矿业工程机器人、核工业工程机器人、抢险救援工程机器人、军事工程机器人等。按作业方式不同可以分为破拆机器人、搬运机器人、抓取装卸机器人、探测机器人等。

破拆机器人是在工程施工中应用最广泛的工程机器人之一,由于采用无线遥控作业方式,破拆机器人可以应用在冶金、矿山、建筑、交通及抢险救援等众多领域。瑞士布鲁克公司是目前处于世界领先地位的破拆机器人专门生产厂商,公司自20世纪70年代就开发、研制、生产遥控电液式多功能破拆机器人,经过不断改进与发展,积累了丰富的经验,无论是设计、选材还是制造水平都处于国际领先地位,是目前拆除机器人最大的供应商,产品销往世界各地。

在抢险救援领域,20世纪80年代,已经有人对将机器人应用于救援工作进行了探讨,但救援机器人技术的正式研究始于1995年的日本神户-大阪大地震,在2001年的美国"9·11"事件中,救援机器人正式投入使用。日本作为一个多地震灾害的国家,十分重视救援机器人的研制,其技术水平一直处于世界领先地位。美国在"9·11"事件后,对救援机器人的研究也更加重视。

2. 徐工集团进军"特种机器人"

在国内,工程机器人的研制开发刚刚起步,工程机械主机厂和部分科研院所开始加大对智能型工程机械的研发投入,但专业从事工程机器人研发制造的企业和研究机构很少。应用方面也仅限于一些常规的工业应用,而且产品几乎全为进口产品。

徐工集团准备在徐州成立专门的特种机器人公司,面向消防、救援、巡检、排爆、扫雷等方向。

工程机械的全面智能化时代已经到来。"在这一过程中,有客户向我们提出,徐工集团应当在特种机器人方向继续深入,争取在消防、救援、扫雷、排爆等方面有更多的作为。因为这方面的需求也比较旺盛,长期以来,国内很多同行的产品尚未真正触达客户的痛点。徐工决定抓住这个机会,依托自有的技术储备,联合社会上的精英力量,向特种机器人领域全面进军。"

徐工集团在人工智能方面此前已经有了长足的进展。早在2017年10月举办的徐工集团"高新产品发布会"上,一台型号为XS335的大功率压路机就已经实现了无人驾驶。它与人们常见的压路机有所不同,整个作业过程不仅没有人员操作,当前方遇到人或障碍物时,它还会在安全距离内停止。

2018年12月初,徐工首台无人驾驶工程自卸车的推出,又吸引了业界的广泛关注。该"工程自卸车"采用毫米波雷达、双目摄像头等诸多先进传感系统,融合徐工重卡潜心研发的无人驾驶技术,可实现自主装卸、循迹行驶、智能避障等多项无人驾驶功能。

2019年10月,徐工集团宣布,其露天矿山无人驾驶运输系统示范工程的首批无人装备,在中国黄金集团完成了装配,正式开启了技术研究与市场化应用相结合的重要篇章。这套设备突破了多传感器信息融合、车辆控制、智能决策和系统集成等技术难题,可在中心调度系统指挥下,实现自动装卸、循迹行驶、智能避障等无人驾驶功能。

2020年,35吨级超大吨位电传动轮式装载机XC9350的推出,是徐工铲运智能化、数字化应用的重要印证,见图28-10。

图28-10 徐工集团的"神州第一铲"

通过智能化改造,徐工铲运具备了大型结构件自动化切割和焊接的能力,有力地推动了"三高一大"产品战略的实施,为全球超大型矿山提供了成套化解决方案。

2020年3月,徐工集团成功中标了浙江省宁波市大榭开发区智能环卫一体化PPP项目,合同总金额5.2亿元,服务期限为20年。在这个项目里,首批徐工无人驾驶扫路机编队正式在大榭区上岗,该项目帮助宁波获得了5G商用试点城市的崭新名片。这也意味着当地正在向垃圾治理工作"国内一流、省内标杆"样板工程的目标大步迈进。

中关村融智特种机器人产业联盟执行秘书长表示,联盟很乐意全力支持徐工集团发展特种机器人产业,帮助更多的真实客户解决痛点、难点问题。如果有必要,联盟也可以帮助出具特种机器人产业发展的最新发展报告,供徐工集团参考。

3. 三一机器人科技有限公司

2020年,伴随新一代信息技术的科技大潮,三一机器人科技有限公司应运而生、踏浪前行。公司秉持"智能制造改变世界"的理念,推出以智能化产品、智能化生产以及致力于为客户提供智慧工厂数字化运营服务的整体解决方案。

离散制造业具有多品种、小批量的特点,同时工件体积大、质量大,给自动化智慧物流的实施带来了局限性。三一集团作为典型的离散制造业代表企业,在行业内率先实施智能制造转型升级,作为三一集团智能制造实施的先锋队,三一机器人科技有限公司在自动化智慧物流方面做了大量的实践与应用,取得了较好的效果,走在了行业前列。

凭借对项目现场与工艺的深入理解,可定制化的丰富产品线、自主知识产权的多智能体调度平台,以及全流程端到端的一站式解决方案,三一机器人科技有限公司交出了一份完满的答卷。尤其是在超大尺寸和超重工件运输工况下,安全稳定转运,不同工装间的精准接驳,在湖南邵阳搅拌筒、北京桩机桅杆智能转运等众多项目现场表现出众,充分体现了三一智慧自动导向车(AGV)赋能离散制造企业,迈出了数字化转型坚实的一步。

三一集团旗下的三一机器人2021年销售额突破16亿元,主要包含系统集成、智能移动机器人及电动叉车三大板块的业务。目前,三一集团在全球共有46座"灯塔工厂"的建设,其中投产的22家,在建的16家,正在规划的8家,三一机器人从内部需求出发,以熟稔的工艺流程及丰富的自动化经验为内部智能制造及智慧物流建设提供全系列解决方案,定位于三一集团的智能制造先锋队。

三一机器人科技有限公司的主营业务涵盖聚焦8大工艺产线的机器人系统集成,集仓储物流、下料、成型、焊接、热处理、机加、喷涂、装配八大工艺应用于一体,专注智能工厂与智能产线规划,让生产更高效,让制造更聪明;业内超长续航电动新品叉车,以燃油叉车工况为设计标准,有着媲美燃油叉车的动力性能,超越国内外相关机构检测标准、行业首创三电系统五年质保,服务做到无以复加;超高精准度的 AGV 系列新产品,自主研发行业领先的智能调度管理系统与无人系统,可实现多路径规划、自学习任务优化,数字化远程运维平台实时远程监控设备状态,智能化运维更主动、更精准。

目前,移动机器人作为智能制造、智慧物流的核心组成部分,关键核心技术和部件加速突破,整机功能和性能显著增强,不少技术和产品已经达到国际领先水平。图 28-11 为三一机器人科技有限公司的系列新品。

图 28-11　堆垛式叉车 AGV 及系列新品

"三一机器人本次发布的新品真正体现了创新引领,"中国移动机器人(AGV/AMR)产业联盟秘书长在致辞中表示:"三一机器人科技有限公司不断突破,积极推动重点领域项目、基地、人才、资金一体化配置,融合 AI、5G 等技术,为推动中国机器人产业发展迈向国际阵营作出了新的贡献。"

三一工厂内运行的工业应用移动机器人通过 5G 终端接入园区 5G 专网,通过部署于 MEC 上的调度服务器接入 MES 等系统,融入工厂内的自动化、数字化生产线。移动机器人的任务调度可以由产线现场人员输入,也可以通过园区互联专线由其他园区的人员远程输入。工业移动机器人状态和作业数据存储在 5G 专线内的数据中心,并支持不同园区间的远程实时监控。三一工厂通过应用移动机器人,实现了生产过程中的少人化,节约了人工成本,提升了生产效率。产线物流业务数字化,优化了产线节拍,降低了库存,同时解决了大型工件搬运过程中的安全隐患,打造了"5G+AGV"应用的样板工程。

4. 中联重科机器人进化之路

在 2020 年的上海宝马展上,一款没有驾驶室的起重机炫酷亮相,这是中联重科智能吊装机器人的首次亮相。如今,历经两次迭代,智能吊装机器人 3.0 已能自主学习、自我决策和自我调整,拥有了"眼睛"和"大脑"——"眼睛"是搭载在起重机臂尖的相机雷达,"大脑"则是起重机上的控制器。它的"眼睛"融合了雷达和视觉,能看清工地上的每一根钢筋,精准检测柔性臂架的非线性变形,实现安全、高效、智能化吊装作业。

应急救援领域也是中联重科的亮点。作为工业和信息化部首批国家应急产业重点联系企业,中联重科推出了步履式救援机器人、灭火排烟机器人、拓荒机器人等。步履式救援机器人可由轻型直升机分模块吊运至灾害现场,实现快速可达可用、智能自主作业、人机网协同等复合救援作业,满足复杂地形环境或灾害现场应急救援任务的需求。这些机器人在危急时刻发挥着无可比拟的作用,大幅提升了救援安全性,展现出科技的力量和价值。

在人机协同领域,中联重科的智能挖掘机器人更是实现了技术上的突破,将行业人机交互的应用推向了新高点。对于复杂施工任务,通过中联重科开发的仿生操控模式,操作人员可以用自己的手臂动作进行引导,挖掘机就可以跟随手臂动作,实现精准作业,如图 28-12 所示。

图 28-12　中联重科智能挖掘机器人可跟随机手的动作进行施工作业

中联重科吊装机器人在本体、作业、管理系统等方面从1.0到2.0实现了系统集成式跃迁及未来吊装机器人的发展方向。"智能制造已不是某一项或某几项技术的简单组合,而是新一代信息技术和先进制造技术的有机融合,是装备、软件、网络、标准等相关要素的系统集成。"这恰好可以形容中联重科吊装机器人从1.0到2.0的发展。中联重科吊装机器人从1.0到2.0,起重机工作全流程实现智能化,上车作业实现无人化。

在吊装机器人1.0时代,设备通过云平台的计算和操控,施工场地三维场景自动重建,自动设备优选推荐、自动生成吊装方案,智能就位、智能展车、智能吊装辅助,从而完成全作业流程的自动吊装。

而到了吊装机器人2.0时代,机器人本体、智能吊装作业、工业化终端、管理系统等相关要素全方位智能融合进化升级,实现了吊装机器人从1.0到2.0系统的集成式跃迁。

吊装机器人2.0的本体进化得更加智能、绿色,并搭载到全球首台纯电动汽车起重机——中联重科 ZTC250N-EV 上。电驱系统与智能技术的结合,有助于快速提高汽车起重机的智能化水平。电驱执行机构响应速度快、控制精度高,非常适合自动控制和智能控制。

智能吊装作业方面从1.0的智能吊装辅助进化到2.0的智能吊装,包括感知系统升级、动态路径规划与动态避障及智能吊装性能指标的精度更高、误差更小。

工业化终端的进化体现在从1.0的开关量遥控器进化到2.0的全功能遥控器+三防平板电脑,可以实现车上所有操作功能及智能吊装人机交互功能。

与工程机械设备的发展趋势相同,吊装机器人也将朝着更加绿色、环保、智能的方向发展,且主要在机器人本体、智能化功能、智能管理系统三个方面。

对于机器人本体来说,绿色、环保是吊装机器人本体的重要发展方向;回转、变幅、起升等执行机构实现全电动机驱动是未来的发展趋势。

在智能化功能上,执行机构数字化控制是一大发展方向;底盘自动驾驶系统随着乘用车自动驾驶发展路线逐步从 L1 向 L5 等级发展;吊装作业智能化水平随着 AI 技术和机器人技术的发展,逐步实现了上车作业无人化。

关于智能管理系统方面,智能吊装规划系统由单机向多机协同的方向发展完善;基于产品大数据分析预测技术提高使用安全性;起重机故障检修方式从以往的事后故障维修模式向按设备监控参数状态的主动维保模式转变。

5. 工程机器人的未来趋势

虽然国内对工程机器人的研究和应用相对有限,但作为工程机械技术创新系列的一部分,不仅需要了解该领域的发展现状,更应该关注工程机器人技术的未来趋势及其实施所面临的挑战。

通过研究,在工程中使用机器人并不新鲜,自20世纪60年代以来,科学家、企业家就一直在探索工程机器人技术的潜力。在过去的十多年里,这项技术的投资、研究和实际应用都有了显著的增长。目前,仍有几个主要领域值得关注,现归纳如下,仅供参考。

1)现场作业机器人

这可能是大多数人想到机器人在施工中时的应用。近年来,我们已经看到了各种建筑机器人的原型和测试,如 Hadrian X,一种砌砖机器人;还有日本 Shmizu 公司的机器人焊机,它可以处理各种焊接任务。类似地,也有几个现场3D打印机器人的例子,比如德国、美国社会住房的单体,被称为是第一座3D打印的房子。

(1) 德国 3D 打印居民楼

① 项目介绍:2020 年德国北莱茵威斯特法伦州贝库姆市 PERI 建材公司使用 3D 打印技术建造了德国第一座 3D 打印居民楼(图 28-13)。该楼由两层独立式房屋组成,每层楼的居住空间约为 $80 m^2$。

② 项目特点:该居民楼是由三层材质的空腔墙组成,里面填充了绝缘材料。项目的建造使用了 BOD2 3D 打印机,该打印机能够打印

宽 12 m、长 27 m、高 9 m 的建筑物，打印速度高达 18 m/min。

(2) 美国"零能耗"住宅

① 项目介绍：2022 年，建筑工作室 Lake Flato 和建筑技术公司 ICON 在美国得克萨斯州东奥斯汀的一个住宅区完成了一座 3D 打印的"零能耗"现代牧场式住宅（图 28-14），耗时不到两周打印成型。

图 28-13　德国第一座 3D 打印的居民楼

图 28-14　美国"零能耗"住宅

② 项目特点：项目从设计之初就充分考虑了 3D 打印技术，对房屋的结构做了优化，节省了建造时间和成本。其墙壁由专门的 3D 打印水泥基材料 lavacrete、绝缘材料和用于加固的钢材共同制成。

2) 预制施工机器人

机器人手臂和机器已经在工厂的生产线上使用了几十年，因此，不断增长的预制房屋市场也在使用这项技术就不足为奇了。加利福尼亚的 Katerra 公司就是一家使用机器人技术的预制施工公司。

3) 施工装备定位

基于 GNSS 高精度定位技术的机械控制单元可以辅助操作员进行机械施工作业，提高工程质量和施工效率，提高了作业的安全程度。

四川川交路桥有限责任公司与清华大学联合研发的定位压路机系统由卫星定位系统、基站定位系统共同组成。定位压路机上的微波通信天线和卫星定位系统对压路机进行实时定位，实现了无人压路机机群联动作业，如图 28-15 所示。无人压路机可以通过定位系统自动规划最优路径，通过其安装的导航传感器实现精准位置、航向和车轮转角设定，从而实

图 28-15　定位压路机

现自动导航、自动行驶、自动碾压和自动转向的任务。

华测导航推出的 TX63 挖掘机引导控制系统采用北斗高精度定位技术和惯导倾斜传感技术,实时计算挖掘机铲斗斗尖三维坐标,并根据车载平板电脑中的三维设计图纸进行引导挖掘。其全自主研发的 EX-Tech 挖掘机模型算法能够达到 3 cm 的挖填精度,提升了土方工程施工质量和效率,如图 28-16 所示。

4) 施工检测机器人

现场检测任务需要时间和精力,因此大量的检测机器人正被开发,以帮助简化任务。

除了桥梁检测的无人化之外,桥梁的缆索检测也需要无人化。线缆检测机器人系统搭载视觉、超声等多种检测仪器,具备全自动运行能力,能实现对桥梁拉索损伤的准确定位和多维度检测,如图 28-17 所示。爬壁检测机器人系统采用永磁吸附设计,能在钢箱梁桥底面、侧面等钢结构表面灵活自主运动,其搭载视觉、超声等多种检测仪器能对钢结构进行多维度检测,能提供桥梁病害精确位置信息,为桥梁安全运维提供了决策依据,如图 28-17(b)所示。

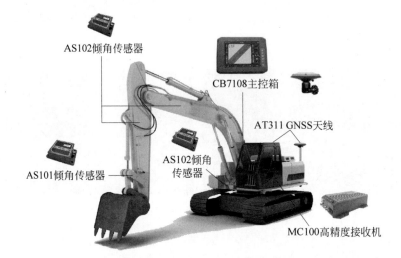

图 28-16 挖掘机引导控制系统

 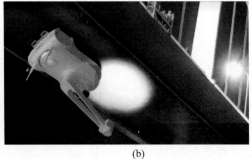

图 28-17 桥梁检测机器人
(a) 线缆检测机器人;(b) 爬壁检测机器人

5) 机械外骨骼

在建筑工地,工作对体力要求很高,而举重带来的压力是建筑工地受伤的常见原因。这就是机械外骨骼可以帮助我们的地方。机械外骨骼是建筑工地工人穿戴的装备,具有机器人的特点。它们可以帮助佩戴者举起更重的重量，同时减少疲劳。Wilmott Dixon 开始在威尔士的一个项目上试验上肢机械外骨骼，以帮助工人举起重物。

6）施工中使用机器人的困难

到 2020 年，建筑行业机器人的销售额达到 7000 万美元左右；到 2025 年将超过 2.25 亿美元。尽管如此，建筑行业采用机器人的数量仍然明显低于其他传统的人工行业。导致这种缓慢增长的原因有：

（1）建筑工地的复杂性。机器人在大规模生产线上的应用最为成功，它们被固定在原地，一遍又一遍地执行同样的任务。而室外建筑工地有着不可预测的天气和独特的最终产品（道路、建筑、桥梁或其他），因此建筑工地的复杂性和判断力使得它们对机器人来说非常具有挑战性。

（2）成本。投资机器人需要包括研发在内的高额前期成本。由于许多建筑公司利润微薄，很多人仍然认为投资太高。至少就目前而言，雇用和培训工人比投资机器人更便宜。

（3）技术的改进。在建筑领域，围绕机器人有大量有前途的创新。然而，这些机器人还没有被广泛使用，很少有公司积极地将机器人现场作为其日常活动的一部分。这项技术需要显著进步，才能有望得到广泛应用。

（4）法律、健康和安全问题。建筑工地可能是危险的地方，因此在许多国家，健康和安全立法是在建筑中使用机器人技术的严重阻碍。可以理解为，保险公司和律师担心无人自主机器人在繁忙的建筑工地周围会产生风险。

7）施工机器人自动化的优势

虽然在施工中使用机器人会遇到困难，但潜在的好处值得考虑，自动化的优点包括：

（1）减少浪费。3D 打印和预制施工机器人意味着只需要使用项目所需的特定数量的材料——减少了浪费，节省了资金，也有利于环境。

（2）应对劳动力短缺。技术工人的短缺比以往任何时候都要严重——在 2020 年初，英国尚缺 20 万建筑工人，而机器人可以填补这一空白。

（3）更少的工伤。建筑工地可能是危险的地方，所以机械外骨骼或自主检测机器人等工具可以不同的方式帮助降低人类的风险。

（4）更快的进度、更低的成本。机器人自动化的最大优势之一是它们可以节省成本和时间。机器人可以全天候工作而不感到疲劳——这意味着项目的某些阶段可以比平时低得多的成本更快地完成。

（5）在施工项目中使用机器人。在施工项目中使用机器人仍处于早期阶段，但该领域的创新水平确实非常有希望不断提高。今天，机器人技术在建筑中的应用主要处于原型和测试阶段，但在未来几年，我们可以期待更多的公司将这项技术作为日常业务的一部分。

28.5 中国工程机械产业未来发展趋势

28.5.1 中国工程机械产业的发展现状

工程机械行业是装备制造业的重要组成部分，十年来实现了量的巨大增长和质的明显提升。目前，我国已经成为产品品类齐全和制造能力较强的国家，初步拥有在全球工程机械产业中的优势地位。随着行业高端化、智能化、绿色化转型步伐继续加快，存量政策和增量政策逐步叠加发力，我国工程机械行业将保持高质量发展态势。

在全球工程机械产业中，中国正在发挥越来越重要的作用。中国市场已经快速发展了十几年；今后很长时间，中国市场仍然有巨大的空间和巨额的容量；中国市场对于每个希望实现全球领军的企业而言，都是必争之地。

中国市场有自己的独特性，有着独有的发展规律，有着和欧美市场截然不同的用户需求。国外企业需要中国市场，为全球业务锦上添花；而中国市场，也需要国外企业加入，为中国用户创造价值。在这个过程中，成功的国外企业能够准确地对接中国市场需求，为中国市场带来了更适用的产品。随着中国和世界的深度互动,未来中国一定是世界的市场,而世界也会是中国的市场。

未来全球产业的繁荣发展,将离不开中国和全球制造商的共同推动。要更清晰地了解产业未来与企业发展路径,把握机遇,共同寻找应对挑战之道。2021年11月在北京召开了全球工程机械产业大会,会上提出了未来10年中国工程机械产业的发展趋势。

28.5.2 中国工程机械产业未来十年的发展趋势

1. 趋势一:未来十年,中国制造商登顶全球

2021全球工程机械制造商50强榜单上,中国有3家工程机械制造商进入前五。

从国别销售额看,中国首次超越美国,成为全球第一。入榜的11家中国制造商,销售额为504.81亿美元,占50强销售额的26.48%。

中国工程机械制造商的崛起,背后是各方面综合实力的提升。

中国工程机械产品,在质量、性能和技术上,和多年前已不可同日而语;与此同时,在中国市场,中国工程机械制造商也迎来又一波红利。"国内国际双循环"战略下,中国工程机械市场容量、增长空间等,都被推至一个新的高度。同时,在全球越来越多海外地区,不仅是"一带一路"市场,在欧洲、美国等地,中国企业的海外布局日臻完善,目标市场推进逐步深入。

在国内国外市场"两手抓、两手都要硬"的发展势头下,中国工程机械制造商在全球的地位和排名突飞猛进。新一届全球工程机械制造商50强榜单上,徐工挺进三甲,位列第三;三一重工、中联重科位列第四和第五;柳工排名第十五,铁建重工排名第三十位。

未来10年左右,中国工程机械制造商将登顶全球。

2. 趋势二:全球市场,中外制造商直面交锋

最近五年,中国工程机械市场,中外制造商一改过去在高端、中低端两个"平行市场"各自为战、互无交集的状态,开启了正面交锋、直面竞争的新局面。

未来,随着"中国产品流派"的形成和日渐强大,随着中国制造商全球化战略的深入以及中国企业海外布局逐步完善并进入收获期,中外企业必将在更广阔的海外市场,展开更直接的交锋;中国工程机械制造商的优势也会在世界全面释放。

3. 趋势三:综合型制造商头部效应明显,格局基本稳定

中国工程机械产业,格局最先稳定的群体,一定是综合型制造商阵营。

2021全球工程机械制造商50强榜单上,11家进入50强的中国制造商中,包括徐工、三一重工、中联重科和柳工在内的综合型制造商,销售额集中度达到了88.42%。

"强者更强""大者更大"的马太效应更加明显。一些专业化制造商寄望通过产品多元化拓展,跻身综合型制造商队列,已几无可能;而即便综合型制造商格局生变,也只是综合型巨头之间的位次变动。

4. 趋势四:细分领域格局未稳,仍存变数

中国工程机械行业,除了混凝土设备之外,其他所有细分领域,格局都存在变数。

混凝土设备市场为何是个例外?很重要的一个原因是,全球混凝土设备产业顶级资源,若干年前就被中国企业收入麾下——目前,无论是产能还是销售额,中国混凝土设备行业在全球的占比都超过9成。可以说,中国混凝土设备行业的格局,就是全球混凝土设备行业的格局。

除此之外,中国工程机械产业任何一个细分领域,格局都存在变数。

比如起重机领域,一方面,中国制造商已经开始"正面对"稳坐全球霸主地位已久的利勃海尔;另一方面,随着本土品牌实力的全面提升,以往的中外竞争正在变为中国企业之间的比拼。此外,从起重机行业细分领域看,无论是塔机,还是履带起重机,抑或轮式起重机,近年来各个企业均是大动作不断,市场份额随

着新产品推出,市场促销强度等频频出现波动。

再比如新兴行业——高空作业设备、破碎筛分设备等领域,正在成为综合型制造商相互搏击的新舞台,由于徐工、中联重科、临工等综合型企业的进入,正在加速其中格局的变化。

5. 趋势五:赢在系统解决方案

大企业横向搭建多元化的产品平台,专业化企业在垂直领域不断延展,二者异曲同工的是打造更完善的"客户系统解决方案",而这也被公认为制造商赢在未来的关键。

这其实也是终端用户的需求所在。市场不断发展,行业不断成熟,工程项目更加复杂的背景下,终端用户都越来越看重"一条龙采购""一站式解决方案",而相比有完善产品线、灵活产品组合的企业,产品线单一的制造商,发展空间受限。

在提供解决方案上,综合型企业不用多说,而专业化企业大多是那些不被外界熟知的隐形冠军,比如南方路机。专注"拌和"领域20余年的南方路机,通过和美国特雷克斯、日本寿技研等企业的合作以及垂直整合,成为覆盖砂石料制备、搅拌全产业链的系统解决方案的提供商。

6. 趋势六:中国挖掘机制造商的加速分化

近两年,中国挖掘机市场增长再创历史新高。而每次火爆的市场以及企业之间的激战,都会催生出一批"强中更强"的企业,与此同时也有一些参与者掉队或出局。

这一轮市场高潮中,除了劲旅三一重工、徐工、柳工、临工继续高歌猛进外,重装上阵的中联重科亦表现不俗,2020年其挖掘机销售额超越同城对手山河智能,成为中国挖掘机市场本土5强阵营中的一员。

相比国内企业的齐头并进,国外制造商则稍显落寞。虽然在中国式产品、中国本地营销策略上,外资已经有所动作;但真正适应中国的改变和创新,不仅需要时间,也并非所有企业都能做到。

7. 趋势七:用户品牌选择依旧未稳

中国工程机械行业格局的变动,最大的变数来自终端客户。

尽管经历多年快速发展,但总体上,整个中国工程机械行业,仍然充斥着为数众多的新客户、初级客户、非专业客户;据客户沟通管理(CCM)市场研究预测,这个比例不会低于30%。这些新客户有着明显的特征:品牌选择不固定,品牌忠诚度不高。即使是专业的大客户,老客户,其品牌忠诚度也远低于发达国家市场。

正是上述原因,决定了在任何一个细分领域,制造商之间"终端客户"的争夺还远未停止;要长久留住客户,不断提高客户忠诚度,制造商任重道远。

8. 趋势八:租赁风口来了

中国工程机械行业,租赁之风一阵紧过一阵。

在主机制造商端,租赁业务正在成为很多企业的常规经营项目。前有徐工、临工,或是成立拥有企业背景的租赁公司,或是采用合作、入股等方式构建租赁业务板块;后有柳工收购全球最大的设备租赁商——赫兹在中国的业务。

不仅国内制造商有所动作,国外巨头们在中国工程机械市场,在租赁业务上也有实质性动作。比如卡特彼勒,比如日立建机。

代理商端,已经迈开步伐的企业也不在少数。卡特彼勒代理商利星行,2019年初在雄安成立租赁服务中心。对于任何向综合型服务商转型的代理商而言,显然"租赁业务"是其中关键的抓手之一。

终端用户群体中,"租赁+施工"一体化的专业企业,数量和规模都在迅速增长。最具代表性的是,在中国起重机用户群、中国高空作业设备终端客户群体中,前者租赁的渗透率高达70%~80%,后者则已经超过90%。而据业内相关人士预测,未来5~10年,在传统的挖掘机、装载机产品上,中国市场的租赁渗透率也会达到40%左右。

显然,租赁是各方早已意识到的下一个行业风口。在各方共同行动下,租赁业务被引爆的日子,越来越近。

9. 趋势九:新技术"超车"

全球工程机械产业,中国制造商正在绘制一张通往行业巅峰的路线图;而电动化、智能化、数字化,无疑是这场登顶、超车中的关键一环。

在传统工程机械时代,中国制造商是跟随者;但在已经到来的智能化、数字化、电动化设备时代,中国企业是引领者之一。

悉数中国工程机械领军企业,都在智能化、数字化、电动化技术上,连点成线——系列产品不断推出,并投入应用。

在这场潮流中,全球工程机械产业都看到了本土制造商在一系列新技术上的"中国迈进""中国速度"。

每一场技术变革、升级都会产生巨大的"市场虹吸效应";随着市场影响力和份额的提升,中国企业反超全球巨头的日子,已经到来。

10. 趋势十:供应链重构,新一轮"内嵌"

近年来,中国工程机械行业,主机制造商的集中度在不断提高。进入2021全球工程机械制造商50强榜单的11家中国企业中,前3家的销售额集中度高达81.49%,前5家的销售额集中度高达91.39%。如此高的集中度,势必会推动核心供应链,向领军主机制造商集中。

与此同时,中国工程机械产品高端化、大型化、电动化、智能化,排放标准升级,以及行业产品结构的变化等,都会让中国工程机械制造商的供应链体系发生重大调整。此外,随着中国工程机械产品加速走向海外,中国工程机械核心配套体系也不断升级。

诸多因素作用下,中国工程机械核心配套体系必定发生一场历史性的重构。真正具备技术实力、综合解决方案和可持续发展能力的核心配套企业,将利用这个时间窗口,深度"内嵌"到主机制造商的核心供应链体系中。

"供应链重构"之外,中国本土零部件制造商的崛起,也在引发一场"核心配套体系从国外品牌到国内品牌的切换"。

近两年,全球以及中国工程机械产业保持了快速发展;与此同时,信息通信、智能化、自动化、电动化等技术发展,产品升级迭代加速,世界市场尤其是新兴地区成长等,都为全球产业发展注入了更多变量,让世界工程机械行业既站在新的机遇路口,也面临新的挑战。

当代是全球和中国工程机械产业巨变的时代,对于身处变化时代的中国工程机械产业,提前看清未来趋势,提前布局未来,对中国工程机械产业而言,都至关重要。

参 考 文 献

[1] 彭瑜,王健,刘亚威.智慧工厂:中国制造业探索实践[M].北京:机械工业出版社,2016.

[2] SHERIDAN T. B. 人与自动化系统:设计和研究问题[M].胡保生,译.西安:西安交通大学出版社,2007.

[3] 王寿云,于景元,戴汝为,等.开放的复杂巨系统[M].杭州:浙江科技出版社,1996.

[4] 兰剑琴.加快城市大脑建设 促进"数字厦门"创新发展[J].厦门科技,2021(5):4-10.

[5] 张心怡."城市大脑"运转,"未来城市"已来[J].大数据时代,2017(6):50-53.

[6] 汤胤,郑友亮,黄书强,等.企业大脑:利用人工智能实现数字经济"弯道超车"的探索和思考[J].广东科技,2021,30(5):39-44.

[7] 於敏."企业大脑"功能模块顶层设计[J].企业科技与发展,2020(10):77-79.

[8] 马玉晓,王茜,王妍,等.城市大脑数字驾驶舱建设探索与研究[J].信息技术与标准化,2021(10):20-23.

[9] 章建平,沈小虎.杭州市萧山区数据资源管理局:建设一体化数字驾驶舱,打通基层治理"最后一公里"[J].今日科技,2021(10):24-26.

[10] 王亿,陈奕,方响,等.社会治理视角下的城市大脑电力驾驶舱设计及应用[J].电力大数据,2020,23(12):50-56.

[11] 魏珍珍,张婷.基于叙事逻辑的信息可视化设计探讨[J].大众文艺,2021(12):31-32.

[12] 刘震.数字孪生:企业数字化未来之门[J].软件和集成电路,2020(11):10-14.

[13] 华培.视觉的隐喻——叙事式信息可视化设计方法研究[J].美术大观,2021(3):168-169.

[14] 田富俊.穿透式管理的应用情境、类型与模式[J].企业管理,2017(5):115-117.

[15] 钟合.为什么企业管理者需要BI驾驶舱[N].中国信息化周报,2021-05-31(26).

[16] 欧仕宽,陈红兵.对黄冈分行创新"穿透式"管理模式促合规经营的调查与思考[J].中国农业银行武汉培训学院学报,2013(2):42-44.

[17] 周芳,周志兵,李婷,等.未来已来,"数字驾驶舱"呼啸而至[N].湖北日报,2021-08-14(2).

[18] 肖静华,毛蕴诗,谢康.基于互联网及大数据的智能制造体系与中国制造企业转型升级[J].产业经济评论,2016(2).

[19] 尹峰.智能制造评价指标体系研究[J].工业经济论坛,2016(6).

[20] 钮黔.从中国制造到中国智造:十大转型之路[J].北大纵横,2016(3).

[21] 宁振波.智能制造——从美、德制造业战略说起[J].航空制造技术,2015(13).

[22] 王钦,张雀."中国制造2025"实施的切入点与架构[J].中州学刊,2015(10).

[23] 张益,冯毅萍,荣冈.智慧工厂的参考模型与关键技术[J].计算机集成制造系统,2016(1).

[24] 徐丽明.生物生产系统机器人[M].北京:中国农业大学出版社,2009.

[25] 谢存禧.机器人技术及其应用[M].北京:机械工业出版社,2012.

[26] 任嘉卉,刘念荫.形形色色的机器人[M].北京:科学出版社,2005.

[27] 吴振彪,王正家.工业机器人[M].2版.武汉:华中科技大学出版社,2004.

[28] 郑笑红,唐道武.工业机器人技术及应用[M].北京:煤炭工业出版社,2004.

[29] 徐元昌.工业机器人[M].北京:中国轻工业出版社,1999.

[30] 张铁,谢存禧.机器人学[M].广州:华南理工大学出版社,2001.

[31] 郭洪红.工业机器人技术[M].西安:西安电子科技大学出版社,2006.

[32] 熊有伦.机器人技术基础[M].武汉:华中理工大学出版社,1996.

[33] 蔡自兴.机器人学[M].2版.北京:清华大学出版社,2009.

[34] 柳洪义,宋伟刚.机器人技术基础[M].北京:冶金工业出版社,2002.

[35] 刘文波,陈白宁,段智敏.工业机器人[M].沈阳:东北大学出版社,2007.

[36] 罗均,谢少荣,翟宇毅,等.特种机器人[M].北京:化学工业出版社,2006.

[37] 陈恳,杨向东,刘莉,等.机器人技术与应用[M].北京:清华大学出版社,2006.

[38] 郭巧.现代机器人学[M].北京:北京理工大学出版社,1999.

附 录

附录A

国务院《新一代人工智能发展规划》

国务院关于印发
《新一代人工智能发展规划》的通知

国发〔2017〕35号

各省、自治区、直辖市人民政府,国务院各部委、各直属机构:

现将《新一代人工智能发展规划》印发给你们,请认真贯彻执行。

国务院
2017年7月8日

(此件公开发布)

新一代人工智能发展规划

人工智能的迅速发展将深刻改变人类社会生活、改变世界。为抢抓人工智能发展的重大战略机遇,构筑我国人工智能发展的先发优势,加快建设创新型国家和世界科技强国,按照党中央、国务院部署要求,制定本规划。

一、战略态势

人工智能发展进入新阶段。经过60多年的演进,特别是在移动互联网、大数据、超级计算、传感网、脑科学等新理论新技术以及经济社会发展强烈需求的共同驱动下,人工智能加速发展,呈现出深度学习、跨界融合、人机协同、群智开放、自主操控等新特征。大数据驱动知识学习、跨媒体协同处理、人机协同增强智能、群体集成智能、自主智能系统成为人工智能的发展重点,受脑科学研究成果启发的类脑智能蓄势待发,芯片化硬件化平台化趋势更加明显,人工智能发展进入新阶段。当前,新一代人工智能相关学科发展、理论建模、技术创新、软硬件升级等整体推进,正在引发链式突破,推动经济社会各领域从数字化、网络化向智能化加速跃升。

人工智能成为国际竞争的新焦点。人工智能是引领未来的战略性技术,世界主要发达国家把发展人工智能作为提升国家竞争力、维护国家安全的重大战略,加紧出台规划和政策,围绕核心技术、顶尖人才、标准规范等强化部署,力图在新一轮国际科技竞争中掌握主导权。当前,我国国家安全和国际竞争形势更加复杂,必须放眼全球,把人工智能发展放在国家战略层面系统布局、主动谋划,牢牢把握人工智能发展新阶段国际竞争的战略主动,打造竞争新优势、开拓发展新空间,有效保障国家安全。

人工智能成为经济发展的新引擎。人工智能作为新一轮产业变革的核心驱动力,将进一步释放历次科技革命和产业变革积蓄的巨大能量,并创造新的强大引擎,重构生产、分配、交换、消费等经济活动各环节,形成从宏观到微观各领域的智能化新需求，催生新技术、新产品、新产业、新业态、新模式，引发经济结构重大变革，深刻改变人类生产生活方式和思维模式，实现社会生产力的整体跃升。我国经济发展进入新常态，深化供给侧结构性改革任务非常艰巨，必须加快人工智能深度应用，培育壮大人工智能产业，为我国经济发展注入新动能。

人工智能带来社会建设的新机遇。我国正处于全面建成小康社会的决胜阶段，人口老龄化、资源环境约束等挑战依然严峻，人工智能在教育、医疗、养老、环境保护、城市运行、司法服务等领域广泛应用，将极大提高公共服务精准化水平，全面提升人民生活品质。人工智能技术可准确感知、预测、预警基础设施和社会安全运行的重大态势，及时把握群体认知及心理变化，主动决策反应，将显著提高社会治理的能力和水平，对有效维护社会稳定具有不可替代的作用。

人工智能发展的不确定性带来新挑战。人工智能是影响面广的颠覆性技术，可能带来改变就业结构、冲击法律与社会伦理、侵犯个人隐私、挑战国际关系准则等问题，将对政府管理、经济安全和社会稳定乃至全球治理产生深远影响。在大力发展人工智能的同时，必须高度重视可能带来的安全风险挑战，加强前瞻预防与约束引导，最大限度降低风险，确保人工智能安全、可靠、可控发展。

我国发展人工智能具有良好基础。国家部署了智能制造等国家重点研发计划重点专项，印发实施了"互联网＋"人工智能三年行动实施方案，从科技研发、应用推广和产业发展等方面提出了一系列措施。经过多年的持续积累，我国在人工智能领域取得重要进展，国际科技论文发表量和发明专利授权量已居世界第二，部分领域核心关键技术实现重要突破。语音识别、视觉识别技术世界领先，自适应自主学习、直觉感知、综合推理、混合智能和群体智能等初步具备跨越发展的能力，中文信息处理、智能监控、生物特征识别、工业机器人、服务机器人、无人驾驶逐步进入实际应用，人工智能创新创业日益活跃，一批龙头骨干企业加速成长，在国际上获得广泛关注和认可。加速积累的技术能力与海量的数据资源、巨大的应用需求、开放的市场环境有机结合，形成了我国人工智能发展的独特优势。

同时，也要清醒地看到，我国人工智能整体发展水平与发达国家相比仍存在差距，缺少重大原创成果，在基础理论、核心算法以及关键设备、高端芯片、重大产品与系统、基础材料、元器件、软件与接口等方面差距较大；科研机构和企业尚未形成具有国际影响力的生态圈和产业链，缺乏系统的超前研发布局；人工智能尖端人才远远不能满足需求；适应人工智能发展的基础设施、政策法规、标准体系亟待完善。

面对新形势新需求，必须主动求变应变，牢牢把握人工智能发展的重大历史机遇，紧扣发展、研判大势、主动谋划、把握方向、抢占先机，引领世界人工智能发展新潮流，服务经济社会发展和支撑国家安全，带动国家竞争力整体跃升和跨越式发展。

二、总体要求

（一）指导思想。

全面贯彻党的十八大和十八届三中、四中、五中、六中全会精神，深入学习贯彻习近平总书记系列重要讲话精神和治国理政新理念新思想新战略，按照"五位一体"总体布局和"四个全面"战略布局，认真落实党中央、国务院决策部署，深入实施创新驱动发展战略，以加快人工智能与经济、社会、国防深度融合为主线，以提升新一代人工智能科技创新能力为主攻方向，发展智能经济，建设智能社会，维护国家安全，构筑知识群、技术群、产业群互动融合和人才、制度、文化相互支撑的生态系统，前瞻应对风险挑战，推动以人类可持续发展为中心的智能化，全面提升社会生产力、综合国力和国家竞争力，为加快建设创新型国家和世界科技强国、实现"两个一百年"奋斗目标和中华民族伟大复兴中国梦提供强大支撑。

（二）基本原则。

科技引领。 把握世界人工智能发展趋势，突出研发部署前瞻性，在重点前沿领域探索布局、长期支持，力争在理论、方法、工具、系统等方面取得变革性、颠覆性突破，全面增强人工智能原始创新能力，加速构筑先发优势，实现高端引领发展。

系统布局。 根据基础研究、技术研发、产业发展和行业应用的不同特点，制定有针对性的系统发展策略。充分发挥社会主义制度集中力量办大事的优势，推进项目、基地、人才统筹布局，已部署的重大项目与新任务有机衔接，当前急需与长远发展梯次接续，创新能力建设、体制机制改革和政策环境营造协同发力。

市场主导。 遵循市场规律，坚持应用导向，突出企业在技术路线选择和行业产品标准制定中的主体作用，加快人工智能科技成果商业化应用，形成竞争优势。把握好政府和市场分工，更好发挥政府在规划引导、政策支持、安全防范、市场监管、环境营造、伦理法规制定等方面的重要作用。

开源开放。 倡导开源共享理念，促进产学研用各创新主体共创共享。遵循经济建设和国防建设协调发展规律，促进军民科技成果双向转化应用、军民创新资源共建共享，形成全要素、多领域、高效益的军民深度融合发展新格局。积极参与人工智能全球研发和治理，在全球范围内优化配置创新资源。

（三）战略目标。

分三步走：

第一步，到2020年人工智能总体技术和应用与世界先进水平同步，人工智能产业成为新的重要经济增长点，人工智能技术应用成为改善民生的新途径，有力支撑进入创新型国家行列和实现全面建成小康社会的奋斗目标。

——新一代人工智能理论和技术取得重要进展。大数据智能、跨媒体智能、群体智能、混合增强智能、自主智能系统等基础理论和核心技术实现重要进展，人工智能模型方法、核心器件、高端设备和基础软件等方面取得标志性成果。

——人工智能产业竞争力进入国际第一方阵。初步建成人工智能技术标准、服务体系和产业生态链，培育若干全球领先的人工智能骨干企业，人工智能核心产业规模超过1500亿元，带动相关产业规模超过1万亿元。

——人工智能发展环境进一步优化，在重点领域全面展开创新应用，聚集起一批高水平的人才队伍和创新团队，部分领域的人工智能伦理规范和政策法规初步建立。

第二步，到2025年人工智能基础理论实现重大突破，部分技术与应用达到世界领先水平，人工智能成为带动我国产业升级和经济转型的主要动力，智能社会建设取得积极进展。

——新一代人工智能理论与技术体系初步建立，具有自主学习能力的人工智能取得突破，在多领域取得引领性研究成果。

——人工智能产业进入全球价值链高端。新一代人工智能在智能制造、智能医疗、智慧城市、智能农业、国防建设等领域得到广泛应用，人工智能核心产业规模超过4000亿元，带动相关产业规模超过5万亿元。

——初步建立人工智能法律法规、伦理规范和政策体系，形成人工智能安全评估和管控能力。

第三步，到2030年人工智能理论、技术与应用总体达到世界领先水平，成为世界主要人工智能创新中心，智能经济、智能社会取得明显成效，为跻身创新型国家前列和经济强国奠定重要基础。

——形成较为成熟的新一代人工智能理论与技术体系。在类脑智能、自主智能、混合智能和群体智能等领域取得重大突破，在国际人工智能研究领域具有重要影响，占据人工智能科技制高点。

——人工智能产业竞争力达到国际领先水平。人工智能在生产生活、社会治理、国防建设各方面应用的广度深度极大拓展，形成涵盖核心技术、关键系统、支撑平台和智能应用的完备产业链和高端产业群，人工智能核心产业规模超过1万亿元，带动相关产业规模超过

10万亿元。

——形成一批全球领先的人工智能科技创新和人才培养基地，建成更加完善的人工智能法律法规、伦理规范和政策体系。

（四）总体部署。

发展人工智能是一项事关全局的复杂系统工程，要按照"构建一个体系、把握双重属性、坚持三位一体、强化四大支撑"进行布局，形成人工智能健康持续发展的战略路径。

构建开放协同的人工智能科技创新体系。针对原创性理论基础薄弱、重大产品和系统缺失等重点难点问题，建立新一代人工智能基础理论和关键共性技术体系，布局建设重大科技创新基地，壮大人工智能高端人才队伍，促进创新主体协同互动，形成人工智能持续创新能力。

把握人工智能技术属性和社会属性高度融合的特征。既要加大人工智能研发和应用力度，最大程度发挥人工智能潜力；又要预判人工智能的挑战，协调产业政策、创新政策与社会政策，实现激励发展与合理规制的协调，最大限度防范风险。

坚持人工智能研发攻关、产品应用和产业培育"三位一体"推进。适应人工智能发展特点和趋势，强化创新链和产业链深度融合、技术供给和市场需求互动演进，以技术突破推动领域应用和产业升级，以应用示范推动技术和系统优化。在当前大规模推动技术应用和产业发展的同时，加强面向中长期的研发布局和攻关，实现滚动发展和持续提升，确保理论上走在前面、技术上占领制高点、应用上安全可控。

全面支撑科技、经济、社会发展和国家安全。以人工智能技术突破带动国家创新能力全面提升，引领建设世界科技强国进程；通过壮大智能产业、培育智能经济，为我国未来十几年乃至几十年经济繁荣创造一个新的增长周期；以建设智能社会促进民生福祉改善，落实以人民为中心的发展思想；以人工智能提升国防实力，保障和维护国家安全。

三、重点任务

立足国家发展全局，准确把握全球人工智能发展态势，找准突破口和主攻方向，全面增强科技创新基础能力，全面拓展重点领域应用深度广度，全面提升经济社会发展和国防应用智能化水平。

（一）构建开放协同的人工智能科技创新体系。

围绕增加人工智能创新的源头供给，从前沿基础理论、关键共性技术、基础平台、人才队伍等方面强化部署，促进开源共享，系统提升持续创新能力，确保我国人工智能科技水平跻身世界前列，为世界人工智能发展作出更多贡献。

1. 建立新一代人工智能基础理论体系。

聚焦人工智能重大科学前沿问题，兼顾当前需求与长远发展，以突破人工智能应用基础理论瓶颈为重点，超前布局可能引发人工智能范式变革的基础研究，促进学科交叉融合，为人工智能持续发展与深度应用提供强大科学储备。

突破应用基础理论瓶颈。瞄准应用目标明确、有望引领人工智能技术升级的基础理论方向，加强大数据智能、跨媒体感知计算、人机混合智能、群体智能、自主协同与决策等基础理论研究。大数据智能理论重点突破无监督学习、综合深度推理等难点问题，建立数据驱动、以自然语言理解为核心的认知计算模型，形成从大数据到知识、从知识到决策的能力。跨媒体感知计算理论重点突破低成本低能耗智能感知、复杂场景主动感知、自然环境听觉与言语感知、多媒体自主学习等理论方法，实现超人感知和高动态、高维度、多模式分布式大场景感知。混合增强智能理论重点突破人机协同共融的情境理解与决策学习、直觉推理与因果模型、记忆与知识演化等理论，实现学习与思考接近或超过人类智能水平的混合增强智能。群体智能理论重点突破群体智能的组织、涌现、学习的理论与方法，建立可表达、可计算的群智激励算法和模型，形成基于互联网的群体智能理论体系。自主协同控制与优化决策理论重点突破面向自主无人系统的协同感知与交互、自主协同控制与优化决策、知识驱动的人机物三元协同与互操作等理论,形成自主智能无人系统创新性理论体系架构。

布局前沿基础理论研究。针对可能引发人工智能范式变革的方向,前瞻布局高级机器学习、类脑智能计算、量子智能计算等跨领域基础理论研究。高级机器学习理论重点突破自适应学习、自主学习等理论方法,实现具备高可解释性、强泛化能力的人工智能。类脑智能计算理论重点突破类脑的信息编码、处理、记忆、学习与推理理论,形成类脑复杂系统及类脑控制等理论与方法,建立大规模类脑智能计算的新模型和脑启发的认知计算模型。量子智能计算理论重点突破量子加速的机器学习方法,建立高性能计算与量子算法混合模型,形成高效精确自主的量子人工智能系统架构。

开展跨学科探索性研究。推动人工智能与神经科学、认知科学、量子科学、心理学、数学、经济学、社会学等相关基础学科的交叉融合,加强引领人工智能算法、模型发展的数学基础理论研究,重视人工智能法律伦理的基础理论问题研究,支持原创性强、非共识的探索性研究,鼓励科学家自由探索,勇于攻克人工智能前沿科学难题,提出更多原创理论,作出更多原创发现。

专栏1 基 础 理 论

1. 大数据智能理论。研究数据驱动与知识引导相结合的人工智能新方法、以自然语言理解和图像图形为核心的认知计算理论和方法、综合深度推理与创意人工智能理论与方法、非完全信息下智能决策基础理论与框架、数据驱动的通用人工智能数学模型与理论等。

2. 跨媒体感知计算理论。研究超越人类视觉能力的感知获取、面向真实世界的主动视觉感知及计算、自然声学场景的听知觉感知及计算、自然交互环境的言语感知及计算、面向异步序列的类人感知及计算、面向媒体智能感知的自主学习、城市全维度智能感知推理引擎。

3. 混合增强智能理论。研究"人在回路"的混合增强智能、人机智能共生的行为增强与脑机协同、机器直觉推理与因果模型、联想记忆模型与知识演化方法、复杂数据和任务的混合增强智能学习方法、云机器人协同计算方法、真实世界环境下的情境理解及人机群组协同。

4. 群体智能理论。研究群体智能结构理论与组织方法、群体智能激励机制与涌现机理、群体智能学习理论与方法、群体智能通用计算范式与模型。

5. 自主协同控制与优化决策理论。研究面向自主无人系统的协同感知与交互,面向自主无人系统的协同控制与优化决策,知识驱动的人机物三元协同与互操作等理论。

6. 高级机器学习理论。研究统计学习基础理论、不确定性推理与决策、分布式学习与交互、隐私保护学习、小样本学习、深度强化学习、无监督学习、半监督学习、主动学习等学习理论和高效模型。

7. 类脑智能计算理论。研究类脑感知、类脑学习、类脑记忆机制与计算融合、类脑复杂系统、类脑控制等理论与方法。

8. 量子智能计算理论。探索脑认知的量子模式与内在机制,研究高效的量子智能模型和算法、高性能高比特的量子人工智能处理器、可与外界环境交互信息的实时量子人工智能系统等。

2. 建立新一代人工智能关键共性技术体系。

围绕提升我国人工智能国际竞争力的迫切需求,新一代人工智能关键共性技术的研发部署要以算法为核心,以数据和硬件为基础,以提升感知识别、知识计算、认知推理、运动执行、人机交互能力为重点,形成开放兼容、稳定成熟的技术体系。

知识计算引擎与知识服务技术。重点突破知识加工、深度搜索和可视交互核心技术,实现对知识持续增量的自动获取,具备概念识别、实体发现、属性预测、知识演化建模和关系挖掘能力,形成涵盖数十亿实体规模的多源、多学科和多数据类型的跨媒体知识图谱。

跨媒体分析推理技术。重点突破跨媒体统一表征、关联理解与知识挖掘、知识图谱构建与学习、知识演化与推理、智能描述与生成等技术,实现跨媒体知识表征、分析、挖掘、推理、演化和利用,构建分析推理引擎。

群体智能关键技术。重点突破基于互联网的大众化协同、大规模协作的知识资源管理与开放式共享等技术,建立群智知识表示框架,实现基于群智感知的知识获取和开放动态环境下的群智融合与增强,支撑覆盖全国的千万级规模群体感知、协同与演化。

混合增强智能新架构与新技术。重点突破人机协同的感知与执行一体化模型、智能计算前移的新型传感器件、通用混合计算架构等核心技术,构建自主适应环境的混合增强智能系统、人机群组混合增强智能系统及支撑环境。

自主无人系统的智能技术。重点突破自主无人系统计算架构、复杂动态场景感知与理解、实时精准定位、面向复杂环境的适应性智能导航等共性技术,无人机自主控制以及汽车、船舶和轨道交通自动驾驶等智能技术,服务机器人、特种机器人等核心技术,支撑无人系统应用和产业发展。

虚拟现实智能建模技术。重点突破虚拟对象智能行为建模技术,提升虚拟现实中智能对象行为的社会性、多样性和交互逼真性,实现虚拟现实、增强现实等技术与人工智能的有机结合和高效互动。

智能计算芯片与系统。重点突破高能效、可重构类脑计算芯片和具有计算成像功能的类脑视觉传感器技术,研发具有自主学习能力的高效能类脑神经网络架构和硬件系统,实现具有多媒体感知信息理解和智能增长、常识推理能力的类脑智能系统。

自然语言处理技术。重点突破自然语言的语法逻辑、字符概念表征和深度语义分析的核心技术,推进人类与机器的有效沟通和自由交互,实现多风格多语言多领域的自然语言智能理解和自动生成。

专栏2　关键共性技术

1. 知识计算引擎与知识服务技术。研究知识计算和可视交互引擎,研究创新设计、数字创意和以可视媒体为核心的商业智能等知识服务技术,开展大规模生物数据的知识发现。

2. 跨媒体分析推理技术。研究跨媒体统一表征、关联理解与知识挖掘、知识图谱构建与学习、知识演化与推理、智能描述与生成等技术,开发跨媒体分析推理引擎与验证系统。

3. 群体智能关键技术。开展群体智能的主动感知与发现、知识获取与生成、协同与共享、评估与演化、人机整合与增强、自我维持与安全交互等关键技术研究,构建群智空间的服务体系结构,研究移动群体智能的协同决策与控制技术。

4. 混合增强智能新架构和新技术。研究混合增强智能核心技术、认知计算框架,新型混合计算架构,人机共驾、在线智能学习技术,平行管理与控制的混合增强智能框架。

5. 自主无人系统的智能技术。研究无人机自主控制和汽车、船舶、轨道交通自动驾驶等智能技术,服务机器人、空间机器人、海洋机器人、极地机器人技术,无人车间/智能工厂智能技术,高端智能控制技术和自主无人操作系统。研究复杂环境下基于计算机视觉的定位、导航、识别等机器人及机械手臂自主控制技术。

6. 虚拟现实智能建模技术。研究虚拟对象智能行为的数学表达与建模方法,虚拟对象与虚拟环境和用户之间进行自然、持续、深入交互等问题,智能对象建模的技术与方法体系。

7. 智能计算芯片与系统。研发神经网络处理器以及高能效、可重构类脑计算芯片等,新型感知芯片与系统、智能计算体系结构与系统,人工智能操作系统。研究适合人工智能的混合计算架构等。

8. 自然语言处理技术。研究短文本的计算与分析技术，跨语言文本挖掘技术和面向机器认知智能的语义理解技术，多媒体信息理解的人机对话系统。

3. 统筹布局人工智能创新平台。

建设布局人工智能创新平台，强化对人工智能研发应用的基础支撑。人工智能开源软硬件基础平台重点建设支持知识推理、概率统计、深度学习等人工智能范式的统一计算框架平台，形成促进人工智能软件、硬件和智能云之间相互协同的生态链。群体智能服务平台重点建设基于互联网大规模协作的知识资源管理与开放式共享工具，形成面向产学研用创新环节的群智众创平台和服务环境。混合增强智能支撑平台重点建设支持大规模训练的异构实时计算引擎和新型计算集群，为复杂智能计算提供服务化、系统化平台和解决方案。自主无人系统支撑平台重点建设面向自主无人系统复杂环境下环境感知、自主协同控制、智能决策等人工智能共性核心技术的支撑系统，形成开放式、模块化、可重构的自主无人系统开发与试验环境。人工智能基础数据与安全检测平台重点建设面向人工智能的公共数据资源库、标准测试数据集、云服务平台等，形成人工智能算法与平台安全性测试评估的方法、技术、规范和工具集。促进各类通用软件和技术平台的开源开放。各类平台要按照军民深度融合的要求和相关规定，推进军民共享共用。

专栏3　基础支撑平台

1. 人工智能开源软硬件基础平台。建立大数据人工智能开源软件基础平台、终端与云端协同的人工智能云服务平台、新型多元智能传感器件与集成平台、基于人工智能硬件的新产品设计平台、未来网络中的大数据智能化服务平台等。

2. 群体智能服务平台。建立群智众创计算支撑平台、科技众创服务系统、群智软件开

发与验证自动化系统、群智软件学习与创新系统、开放环境的群智决策系统、群智共享经济服务系统。

3. 混合增强智能支撑平台。建立人工智能超级计算中心、大规模超级智能计算支撑环境、在线智能教育平台、"人在回路"驾驶脑、产业发展复杂性分析与风险评估的智能平台、支撑核电安全运营的智能保障平台、人机共驾技术研发与测试平台等。

4. 自主无人系统支撑平台。建立自主无人系统共性核心技术支撑平台，无人机自主控制以及汽车、船舶和轨道交通自动驾驶支撑平台，服务机器人、空间机器人、海洋机器人、极地机器人支撑平台，智能工厂与智能控制装备技术支撑平台等。

5. 人工智能基础数据与安全检测平台。建设面向人工智能的公共数据资源库、标准测试数据集、云服务平台，建立人工智能算法与平台安全性测试模型及评估模型，研发人工智能算法与平台安全性测评工具集。

---

4. 加快培养聚集人工智能高端人才。

把高端人才队伍建设作为人工智能发展的重中之重，坚持培养和引进相结合，完善人工智能教育体系，加强人才储备和梯队建设，特别是加快引进全球顶尖人才和青年人才，形成我国人工智能人才高地。

培育高水平人工智能创新人才和团队。支持和培养具有发展潜力的人工智能领军人才，加强人工智能基础研究、应用研究、运行维护等方面专业技术人才培养。重视复合型人才培养，重点培养贯通人工智能理论、方法、技术、产品与应用等的纵向复合型人才，以及掌握"人工智能+"经济、社会、管理、标准、法律等的横向复合型人才。通过重大研发任务和基地平台建设，汇聚人工智能高端人才，在若干人工智能重点领域形成一批高水平创新团队。鼓励和引导国内创新人才、团队加强与全球顶尖人工智能研究机构合作互动。

加大高端人工智能人才引进力度。开辟专门渠道，实行特殊政策，实现人工智能高端

人才精准引进。重点引进神经认知、机器学习、自动驾驶、智能机器人等国际顶尖科学家和高水平创新团队。鼓励采取项目合作、技术咨询等方式柔性引进人工智能人才。统筹利用"千人计划"等现有人才计划,加强人工智能领域优秀人才特别是优秀青年人才引进工作。完善企业人力资本成本核算相关政策,激励企业、科研机构引进人工智能人才。

建设人工智能学科。完善人工智能领域学科布局,设立人工智能专业,推动人工智能领域一级学科建设,尽快在试点院校建立人工智能学院,增加人工智能相关学科方向的博士、硕士招生名额。鼓励高校在原有基础上拓宽人工智能专业教育内容,形成"人工智能＋X"复合专业培养新模式,重视人工智能与数学、计算机科学、物理学、生物学、心理学、社会学、法学等学科专业教育的交叉融合。加强产学研合作,鼓励高校、科研院所与企业等机构合作开展人工智能学科建设。

(二) 培育高端高效的智能经济。

加快培育具有重大引领带动作用的人工智能产业,促进人工智能与各产业领域深度融合,形成数据驱动、人机协同、跨界融合、共创分享的智能经济形态。数据和知识成为经济增长的第一要素,人机协同成为主流生产和服务方式,跨界融合成为重要经济模式,共创分享成为经济生态基本特征,个性化需求与定制成为消费新潮流,生产率大幅提升,引领产业向价值链高端迈进,有力支撑实体经济发展,全面提升经济发展质量和效益。

1. 大力发展人工智能新兴产业。

加快人工智能关键技术转化应用,促进技术集成与商业模式创新,推动重点领域智能产品创新,积极培育人工智能新兴业态,布局产业链高端,打造具有国际竞争力的人工智能产业集群。

智能软硬件。开发面向人工智能的操作系统、数据库、中间件、开发工具等关键基础软件,突破图形处理器等核心硬件,研究图像识别、语音识别、机器翻译、智能交互、知识处理、控制决策等智能系统解决方案,培育壮大面向人工智能应用的基础软硬件产业。

智能机器人。攻克智能机器人核心零部件、专用传感器,完善智能机器人硬件接口标准、软件接口协议标准以及安全使用标准。研制智能工业机器人、智能服务机器人,实现大规模应用并进入国际市场。研制和推广空间机器人、海洋机器人、极地机器人等特种智能机器人。建立智能机器人标准体系和安全规则。

智能运载工具。发展自动驾驶汽车和轨道交通系统,加强车载感知、自动驾驶、车联网、物联网等技术集成和配套,开发交通智能感知系统,形成我国自主的自动驾驶平台技术体系和产品总成能力,探索自动驾驶汽车共享模式。发展消费类和商用类无人机、无人船,建立试验鉴定、测试、竞技等专业化服务体系,完善空域、水域管理措施。

虚拟现实与增强现实。突破高性能软件建模、内容拍摄生成、增强现实与人机交互、集成环境与工具等关键技术,研制虚拟显示器件、光学器件、高性能真三维显示器、开发引擎等产品,建立虚拟现实与增强现实的技术、产品、服务标准和评价体系,推动重点行业融合应用。

智能终端。加快智能终端核心技术和产品研发,发展新一代智能手机、车载智能终端等移动智能终端产品和设备,鼓励开发智能手表、智能耳机、智能眼镜等可穿戴终端产品,拓展产品形态和应用服务。

物联网基础器件。发展支撑新一代物联网的高灵敏度、高可靠性智能传感器件和芯片,攻克射频识别、近距离机器通信等物联网核心技术和低功耗处理器等关键器件。

2. 加快推进产业智能化升级。

推动人工智能与各行业融合创新,在制造、农业、物流、金融、商务、家居等重点行业和领域开展人工智能应用试点示范,推动人工智能规模化应用,全面提升产业发展智能化水平。

智能制造。围绕制造强国重大需求,推进智能制造关键技术装备、核心支撑软件、工业互联网等系统集成应用,研发智能产品及智能互联产品、智能制造使能工具与系统、智能制造云服务平台,推广流程智能制造、离散智能制造、网络化协同制造、远程诊断与运维服务等新型制造模式,建立智能制造标准体系,推进制造全生命周期活动智能化。

智能农业。研制农业智能传感与控制系统、智能化农业装备、农机田间作业自主系统等。建立完善天空地一体化的智能农业信息遥感监测网络。建立典型农业大数据智能决策分析系统,开展智能农场、智能化植物工厂、智能牧场、智能渔场、智能果园、农产品加工智能车间、农产品绿色智能供应链等集成应用示范。

智能物流。加强智能化装卸搬运、分拣包装、加工配送等智能物流装备研发和推广应用,建设深度感知智能仓储系统,提升仓储运营管理水平和效率。完善智能物流公共信息平台和指挥系统、产品质量认证及追溯系统、智能配货调度体系等。

智能金融。建立金融大数据系统,提升金融多媒体数据处理与理解能力。创新智能金融产品和服务,发展金融新业态。鼓励金融行业应用智能客服、智能监控等技术和装备。建立金融风险智能预警与防控系统。

智能商务。鼓励跨媒体分析与推理、知识计算引擎与知识服务等新技术在商务领域应用,推广基于人工智能的新型商务服务与决策系统。建设涵盖地理位置、网络媒体和城市基础数据等跨媒体大数据平台,支撑企业开展智能商务。鼓励围绕个人需求、企业管理提供定制化商务智能决策服务。

智能家居。加强人工智能技术与家居建筑系统的融合应用,提升建筑设备及家居产品的智能化水平。研发适应不同应用场景的家庭互联互通协议、接口标准,提升家电、耐用品等家居产品感知和联通能力。支持智能家居企业创新服务模式,提供互联共享解决方案。

3. 大力发展智能企业。

大规模推动企业智能化升级。支持和引导企业在设计、生产、管理、物流和营销等核心业务环节应用人工智能新技术,构建新型企业组织结构和运营方式,形成制造与服务、金融智能化融合的业态模式,发展个性化定制,扩大智能产品供给。鼓励大型互联网企业建设云制造平台和服务平台,面向制造企业在线提供关键工业软件和模型库,开展制造能力外包服务,推动中小企业智能化发展。

推广应用智能工厂。加强智能工厂关键技术和体系方法的应用示范,重点推广生产线重构与动态智能调度、生产装备智能物联与云化数据采集、多维人机物协同与互操作等技术,鼓励和引导企业建设工厂大数据系统、网络化分布式生产设施等,实现生产设备网络化、生产数据可视化、生产过程透明化、生产现场无人化,提升工厂运营管理智能化水平。

加快培育人工智能产业领军企业。在无人机、语音识别、图像识别等优势领域加快打造人工智能全球领军企业和品牌。在智能机器人、智能汽车、可穿戴设备、虚拟现实等新兴领域加快培育一批龙头企业。支持人工智能企业加强专利布局,牵头或参与国际标准制定。推动国内优势企业、行业组织、科研机构、高校等联合组建中国人工智能产业技术创新联盟。支持龙头骨干企业构建开源硬件工厂、开源软件平台,形成集聚各类资源的创新生态,促进人工智能中小微企业发展和各领域应用。支持各类机构和平台面向人工智能企业提供专业化服务。

4. 打造人工智能创新高地。

结合各地区基础和优势,按人工智能应用领域分门别类进行相关产业布局。鼓励地方围绕人工智能产业链和创新链,集聚高端要素、高端企业、高端人才,打造人工智能产业集群和创新高地。

开展人工智能创新应用试点示范。在人工智能基础较好、发展潜力较大的地区,组织开展国家人工智能创新试验,探索体制机制、政策法规、人才培育等方面的重大改革,推动人工智能成果转化、重大产品集成创新和示范应用,形成可复制、可推广的经验,引领带动智能经济和智能社会发展。

建设国家人工智能产业园。依托国家自主创新示范区和国家高新技术产业开发区等创新载体,加强科技、人才、金融、政策等要素的优化配置和组合,加快培育建设人工智能产业创新集群。

建设国家人工智能众创基地。依托从事人工智能研究的高校、科研院所集中地区,搭建人工智能领域专业化创新平台等新型创业服务机构,建设一批低成本、便利化、全要素、开放式的人工智能众创空间,完善孵化服务体系,推进人工智能科技成果转移转化,支持人工智能创新创业。

(三)建设安全便捷的智能社会。

围绕提高人民生活水平和质量的目标,加快人工智能深度应用,形成无时不有、无处不在的智能化环境,全社会的智能化水平大幅提升。越来越多的简单性、重复性、危险性任务由人工智能完成,个体创造力得到极大发挥,形成更多高质量和高舒适度的就业岗位;精准化智能服务更加丰富多样,人们能够最大限度享受高质量服务和便捷生活;社会治理智能化水平大幅提升,社会运行更加安全高效。

1. 发展便捷高效的智能服务。

围绕教育、医疗、养老等迫切民生需求,加快人工智能创新应用,为公众提供个性化、多元化、高品质服务。

智能教育。利用智能技术加快推动人才培养模式、教学方法改革,构建包含智能学习、交互式学习的新型教育体系。开展智能校园建设,推动人工智能在教学、管理、资源建设等全流程应用。开发立体综合教学场、基于大数据智能的在线学习教育平台。开发智能教育助理,建立智能、快速、全面的教育分析系统。建立以学习者为中心的教育环境,提供精准推送的教育服务,实现日常教育和终身教育定制化。

智能医疗。推广应用人工智能治疗新模式新手段,建立快速精准的智能医疗体系。探索智慧医院建设,开发人机协同的手术机器人、智能诊疗助手,研发柔性可穿戴、生物兼容的生理监测系统,研发人机协同临床智能诊疗方案,实现智能影像识别、病理分型和智能多学科会诊。基于人工智能开展大规模基因组识别、蛋白组学、代谢组学等研究和新药研发,推进医药监管智能化。加强流行病智能监测和防控。

智能健康和养老。加强群体智能健康管理,突破健康大数据分析、物联网等关键技术,研发健康管理可穿戴设备和家庭智能健康检测监测设备,推动健康管理实现从点状监测向连续监测、从短流程管理向长流程管理转变。建设智能养老社区和机构,构建安全便捷的智能化养老基础设施体系。加强老年人产品智能化和智能产品适老化,开发视听辅助设备、物理辅助设备等智能家居养老设备,拓展老年人活动空间。开发面向老年人的移动社交和服务平台、情感陪护助手,提升老年人生活质量。

2. 推进社会治理智能化。

围绕行政管理、司法管理、城市管理、环境保护等社会治理的热点难点问题,促进人工智能技术应用,推动社会治理现代化。

智能政务。开发适于政府服务与决策的人工智能平台,研制面向开放环境的决策引擎,在复杂社会问题研判、政策评估、风险预警、应急处置等重大战略决策方面推广应用。加强政务信息资源整合和公共需求精准预测,畅通政府与公众的交互渠道。

智慧法庭。建设集审判、人员、数据应用、司法公开和动态监控于一体的智慧法庭数据平台,促进人工智能在证据收集、案例分析、法律文件阅读与分析中的应用,实现法院审判体系和审判能力智能化。

智慧城市。构建城市智能化基础设施,发展智能建筑,推动地下管廊等市政基础设施智能化改造升级;建设城市大数据平台,构建多元异构数据融合的城市运行管理体系,实现对城市基础设施和城市绿地、湿地等重要生态要素的全面感知以及对城市复杂系统运行的深度认知;研发构建社区公共服务信息系统,促进社区服务系统与居民智能家庭系统协同;推进城市规划、建设、管理、运营全生命周期智能化。

智能交通。研究建立营运车辆自动驾驶与车路协同的技术体系。研发复杂场景下的多维交通信息综合大数据应用平台,实现智能化交通疏导和综合运行协调指挥,建成覆盖地面、轨道、低空和海上的智能交通监控、管理和服务系统。

智能环保。建立涵盖大气、水、土壤等环境领域的智能监控大数据平台体系,建成陆海统筹、天地一体、上下协同、信息共享的智能环境监测网络和服务平台。研发资源能源消耗、环境污染物排放智能预测模型方法和预警方案。加强京津冀、长江经济带等国家重大战略区域环境保护和突发环境事件智能防控体系建设。

3. 利用人工智能提升公共安全保障能力。

促进人工智能在公共安全领域的深度应用,推动构建公共安全智能化监测预警与控制体系。围绕社会综合治理、新型犯罪侦查、反恐等迫切需求,研发集成多种探测传感技术、视频图像信息分析识别技术、生物特征识别技术的智能安防与警用产品,建立智能化监测平台。加强对重点公共区域安防设备的智能化改造升级,支持有条件的社区或城市开展基于人工智能的公共安防区域示范。强化人工智能对食品安全的保障,围绕食品分类、预警等级、食品安全隐患及评估等,建立智能化食品安全预警系统。加强人工智能对自然灾害的有效监测,围绕地震灾害、地质灾害、气象灾害、水旱灾害和海洋灾害等重大自然灾害,构建智能化监测预警与综合应对平台。

4. 促进社会交往共享互信。

充分发挥人工智能技术在增强社会互动、促进可信交流中的作用。加强下一代社交网络研发,加快增强现实、虚拟现实等技术推广应用,促进虚拟环境和实体环境协同融合,满足个人感知、分析、判断与决策等实时信息需求,实现在工作、学习、生活、娱乐等不同场景下的流畅切换。针对改善人际沟通障碍的需求,开发具有情感交互功能、能准确理解人的需求的智能助理产品,实现情感交流和需求满足的良性循环。促进区块链技术与人工智能的融合,建立新型社会信用体系,最大限度降低人际交往成本和风险。

(四)加强人工智能领域军民融合。

深入贯彻落实军民融合发展战略,推动形成全要素、多领域、高效益的人工智能军民融合格局。以军民共享共用为导向部署新一代人工智能基础理论和关键共性技术研发,建立科研院所、高校、企业和军工单位的常态化沟通协调机制。促进人工智能技术军民双向转化,强化新一代人工智能技术对指挥决策、军事推演、国防装备等的有力支撑,引导国防领域人工智能科技成果向民用领域转化应用。鼓励优势民口科研力量参与国防领域人工智能重大科技创新任务,推动各类人工智能技术快速嵌入国防创新领域。加强军民人工智能技术通用标准体系建设,推进科技创新平台基地的统筹布局和开放共享。

(五)构建泛在安全高效的智能化基础设施体系。

大力推动智能化信息基础设施建设,提升传统基础设施的智能化水平,形成适应智能经济、智能社会和国防建设需要的基础设施体系。加快推动以信息传输为核心的数字化、网络化信息基础设施,向集融合感知、传输、存储、计算、处理于一体的智能化信息基础设施转变。优化升级网络基础设施,研发布局第五代移动通信(5G)系统,完善物联网基础设施,加快天地一体化信息网络建设,提高低时延、高通量的传输能力。统筹利用大数据基础设施,强化数据安全与隐私保护,为人工智能研发和广泛应用提供海量数据支撑。建设高效能计算基础设施,提升超级计算中心对人工智能应用的服务支撑能力。建设分布式高效能源互联网,形成支撑多能源协调互补、及时有效接入的新型能源网络,推广智能储能设施、智能用电设施,实现能源供需信息的实时匹配和智能化响应。

专栏4 智能化基础设施

1. 网络基础设施。加快布局实时协同人

工智能的5G增强技术研发及应用,建设面向空间协同人工智能的高精度导航定位网络,加强智能感知物联网核心技术攻关和关键设施建设,发展支撑智能化的工业互联网、面向无人驾驶的车联网等,研究智能化网络安全架构。加快建设天地一体化信息网络,推进天基信息网、未来互联网、移动通信网的全面融合。

2. 大数据基础设施。依托国家数据共享交换平台、数据开放平台等公共基础设施,建设政府治理、公共服务、产业发展、技术研发等领域大数据基础信息数据库,支撑开展国家治理大数据应用。整合社会各类数据平台和数据中心资源,形成覆盖全国、布局合理、链接畅通的一体化服务能力。

3. 高效能计算基础设施。继续加强超级计算基础设施、分布式计算基础设施和云计算中心建设,构建可持续发展的高性能计算应用生态环境。推进下一代超级计算机研发应用。

(六) 前瞻布局新一代人工智能重大科技项目。

针对我国人工智能发展的迫切需求和薄弱环节,设立新一代人工智能重大科技项目。加强整体统筹,明确任务边界和研发重点,形成以新一代人工智能重大科技项目为核心、现有研发布局为支撑的"1+N"人工智能项目群。

"1"是指新一代人工智能重大科技项目,聚焦基础理论和关键共性技术的前瞻布局,包括研究大数据智能、跨媒体感知计算、混合增强智能、群体智能、自主协同控制与决策等理论,研究知识计算引擎与知识服务技术、跨媒体分析推理技术、群体智能关键技术、混合增强智能新架构与新技术、自主无人控制技术等,开源共享人工智能基础理论和共性技术。持续开展人工智能发展的预测和研判,加强人工智能对经济社会综合影响及对策研究。

"N"是指国家相关规划计划中部署的人工智能研发项目,重点是加强与新一代人工智能重大科技项目的衔接,协同推进人工智能的理论研究、技术突破和产品研发应用。加强与国家科技重大专项的衔接,在"核高基"(核心电子器件、高端通用芯片、基础软件)、集成电路装备等国家科技重大专项中支持人工智能软硬件发展。加强与其他"科技创新2030——重大项目"的相互支撑,加快脑科学与类脑计算、量子信息与量子计算、智能制造与机器人、大数据等研究,为人工智能重大技术突破提供支撑。国家重点研发计划继续推进高性能计算等重点专项实施,加大对人工智能相关技术研发和应用的支持;国家自然科学基金加强对人工智能前沿领域交叉学科研究和自由探索的支持。在深海空间站、健康保障等重大项目,以及智慧城市、智能农机装备等国家重点研发计划重点专项部署中,加强人工智能技术的应用示范。其他各类科技计划支持的人工智能相关基础理论和共性技术研究成果应开放共享。

创新新一代人工智能重大科技项目组织实施模式,坚持集中力量办大事、重点突破的原则,充分发挥市场机制作用,调动部门、地方、企业和社会各方面力量共同推进实施。明确管理责任,定期开展评估,加强动态调整,提高管理效率。

四、资源配置

充分利用已有资金、基地等存量资源,统筹配置国际国内创新资源,发挥好财政投入、政策激励的引导作用和市场配置资源的主导作用,撬动企业、社会加大投入,形成财政资金、金融资本、社会资本多方支持的新格局。

(一) 建立财政引导、市场主导的资金支持机制。

统筹政府和市场多渠道资金投入,加大财政资金支持力度,盘活现有资源,对人工智能基础前沿研究、关键共性技术攻关、成果转移转化、基地平台建设、创新应用示范等提供支持。利用现有政府投资基金支持符合条件的人工智能项目,鼓励龙头骨干企业、产业创新联盟牵头成立市场化的人工智能发展基金。利用天使投资、风险投资、创业投资基金及资本市场融资等多种渠道,引导社会资本支持人工智能发展。积极运用政府和社会资本合作等模式,引导社会资本参与人工智能重大项目实施和科技成果转化应用。

(二) 优化布局建设人工智能创新基地。

按照国家级科技创新基地布局和框架,统筹推进人工智能领域建设若干国际领先的创新基地。引导现有与人工智能相关的国家重点实验室、企业国家重点实验室、国家工程实验室等基地,聚焦新一代人工智能的前沿方向开展研究。按规定程序,以企业为主体、产学研合作组建人工智能领域的相关技术和产业创新基地,发挥龙头骨干企业技术创新示范带动作用。发展人工智能领域的专业化众创空间,促进最新技术成果和资源、服务的精准对接。充分发挥各类创新基地聚集人才、资金等创新资源的作用,突破人工智能基础前沿理论和关键共性技术,开展应用示范。

(三) 统筹国际国内创新资源。

支持国内人工智能企业与国际人工智能领先高校、科研院所、团队合作。鼓励国内人工智能企业"走出去",为有实力的人工智能企业开展海外并购、股权投资、创业投资和建立海外研发中心等提供便利和服务。鼓励国外人工智能企业、科研机构在华设立研发中心。依托"一带一路"倡议,推动建设人工智能国际科技合作基地、联合研究中心等,加快人工智能技术在"一带一路"沿线国家推广应用。推动成立人工智能国际组织,共同制定相关国际标准。支持相关行业协会、联盟及服务机构搭建面向人工智能企业的全球化服务平台。

五、保障措施

围绕推动我国人工智能健康快速发展的现实要求,妥善应对人工智能可能带来的挑战,形成适应人工智能发展的制度安排,构建开放包容的国际化环境,夯实人工智能发展的社会基础。

(一) 制定促进人工智能发展的法律法规和伦理规范。

加强人工智能相关法律、伦理和社会问题研究,建立保障人工智能健康发展的法律法规和伦理道德框架。开展与人工智能应用相关的民事与刑事责任确认、隐私和产权保护、信息安全利用等法律问题研究,建立追溯和问责制度,明确人工智能法律主体以及相关权利、义务和责任等。重点围绕自动驾驶、服务机器人等应用基础较好的细分领域,加快研究制定相关安全管理法规,为新技术的快速应用奠定法律基础。开展人工智能行为科学和伦理等问题研究,建立伦理道德多层次判断结构及人机协作的伦理框架。制定人工智能产品研发设计人员的道德规范和行为守则,加强对人工智能潜在危害与收益的评估,构建人工智能复杂场景下突发事件的解决方案。积极参与人工智能全球治理,加强机器人异化和安全监管等人工智能重大国际共性问题研究,深化在人工智能法律法规、国际规则等方面的国际合作,共同应对全球性挑战。

(二) 完善支持人工智能发展的重点政策。

落实对人工智能中小企业和初创企业的财税优惠政策,通过高新技术企业税收优惠和研发费用加计扣除等政策支持人工智能企业发展。完善落实数据开放与保护相关政策,开展公共数据开放利用改革试点,支持公众和企业充分挖掘公共数据的商业价值,促进人工智能应用创新。研究完善适应人工智能的教育、医疗、保险、社会救助等政策体系,有效应对人工智能带来的社会问题。

(三) 建立人工智能技术标准和知识产权体系。

加强人工智能标准框架体系研究。坚持安全性、可用性、互操作性、可追溯性原则,逐步建立并完善人工智能基础共性、互联互通、行业应用、网络安全、隐私保护等技术标准。加快推动无人驾驶、服务机器人等细分应用领域的行业协会和联盟制定相关标准。鼓励人工智能企业参与或主导制定国际标准,以技术标准"走出去"带动人工智能产品和服务在海外推广应用。加强人工智能领域的知识产权保护,健全人工智能领域技术创新、专利保护与标准化互动支撑机制,促进人工智能创新成果的知识产权化。建立人工智能公共专利池,促进人工智能新技术的利用与扩散。

(四) 建立人工智能安全监管和评估体系。

加强人工智能对国家安全和保密领域影响的研究与评估，完善人、技、物、管配套的安全防护体系，构建人工智能安全监测预警机制。加强对人工智能技术发展的预测、研判和跟踪研究，坚持问题导向，准确把握技术和产业发展趋势。增强风险意识，重视风险评估和防控，强化前瞻预防和约束引导，近期重点关注对就业的影响，远期重点考虑对社会伦理的影响，确保把人工智能发展规制在安全可控范围内。建立健全公开透明的人工智能监管体系，实行设计问责和应用监督并重的双层监管结构，实现对人工智能算法设计、产品开发和成果应用等的全流程监管。促进人工智能行业和企业自律，切实加强管理，加大对数据滥用、侵犯个人隐私、违背道德伦理等行为的惩戒力度。加强人工智能网络安全技术研发，强化人工智能产品和系统网络安全防护。构建动态的人工智能研发应用评估评价机制，围绕人工智能设计、产品和系统的复杂性、风险性、不确定性、可解释性、潜在经济影响等问题，开发系统性的测试方法和指标体系，建设跨领域的人工智能测试平台，推动人工智能安全认证，评估人工智能产品和系统的关键性能。

(五) 大力加强人工智能劳动力培训。

加快研究人工智能带来的就业结构、就业方式转变以及新型职业和工作岗位的技能需求，建立适应智能经济和智能社会需要的终身学习和就业培训体系，支持高等院校、职业学校和社会化培训机构等开展人工智能技能培训，大幅提升就业人员专业技能，满足我国人工智能发展带来的高技能高质量就业岗位需要。鼓励企业和各类机构为员工提供人工智能技能培训。加强职工再就业培训和指导，确保从事简单重复性工作的劳动力和因人工智能失业的人员顺利转岗。

(六) 广泛开展人工智能科普活动。

支持开展形式多样的人工智能科普活动，鼓励广大科技工作者投身人工智能的科普与推广，全面提高全社会对人工智能的整体认知和应用水平。实施全民智能教育项目，在中小学阶段设置人工智能相关课程，逐步推广编程教育，鼓励社会力量参与寓教于乐的编程教学软件、游戏的开发和推广。建设和完善人工智能科普基础设施，充分发挥各类人工智能创新基地平台等的科普作用，鼓励人工智能企业、科研机构搭建开源平台，面向公众开放人工智能研发平台、生产设施或展馆等。支持开展人工智能竞赛，鼓励进行形式多样的人工智能科普创作。鼓励科学家参与人工智能科普。

六、组织实施

新一代人工智能发展规划是关系全局和长远的前瞻谋划。必须加强组织领导，健全机制，瞄准目标，紧盯任务，以钉钉子的精神切实抓好落实，一张蓝图干到底。

(一) 组织领导。

按照党中央、国务院统一部署，由国家科技体制改革和创新体系建设领导小组牵头统筹协调，审议重大任务、重大政策、重大问题和重点工作安排，推动人工智能相关法律法规建设，指导、协调和督促有关部门做好规划任务的部署实施。依托国家科技计划 (专项、基金等) 管理部际联席会议，科技部会同有关部门负责推进新一代人工智能重大科技项目实施，加强与其他计划任务的衔接协调。成立人工智能规划推进办公室，办公室设在科技部，具体负责推进规划实施。成立人工智能战略咨询委员会，研究人工智能前瞻性、战略性重大问题，对人工智能重大决策提供咨询评估。推进人工智能智库建设，支持各类智库开展人工智能重大问题研究，为人工智能发展提供强大智力支持。

(二) 保障落实。

加强规划任务分解，明确责任单位和进度安排，制定年度和阶段性实施计划。建立年度评估、中期评估等规划实施情况的监测评估机制。适应人工智能快速发展的特点，根据任务进展情况、阶段目标完成情况、技术发展新动向等，加强对规划和项目的动态调整。

（三）试点示范。

对人工智能重大任务和重点政策措施，要制定具体方案，开展试点示范。加强对各部门、各地方试点示范的统筹指导，及时总结推广可复制的经验和做法。通过试点先行、示范引领，推进人工智能健康有序发展。

（四）舆论引导。

充分利用各种传统媒体和新兴媒体，及时宣传人工智能新进展、新成效，让人工智能健康发展成为全社会共识，调动全社会参与支持人工智能发展的积极性。及时做好舆论引导，更好应对人工智能发展可能带来的社会、伦理和法律等挑战。

附录B

国务院《中国制造2025》

国务院关于印发
《中国制造2025》的通知

国发〔2015〕28号

各省、自治区、直辖市人民政府，国务院各部委、各直属机构：

现将《中国制造2025》印发给你们，请认真贯彻执行。

国务院
2015年5月8日

（本文有删减）

中国制造2025

制造业是国民经济的主体，是立国之本、兴国之器、强国之基。十八世纪中叶开启工业文明以来，世界强国的兴衰史和中华民族的奋斗史一再证明，没有强大的制造业，就没有国家和民族的强盛。打造具有国际竞争力的制造业，是我国提升综合国力、保障国家安全、建设世界强国的必由之路。

新中国成立尤其是改革开放以来，我国制造业持续快速发展，建成了门类齐全、独立完整的产业体系，有力推动工业化和现代化进程，显著增强综合国力，支撑世界大国地位。

然而，与世界先进水平相比，我国制造业仍然大而不强，在自主创新能力、资源利用效率、产业结构水平、信息化程度、质量效益等方面差距明显，转型升级和跨越发展的任务紧迫而艰巨。

当前，新一轮科技革命和产业变革与我国加快转变经济发展方式形成历史性交汇，国际产业分工格局正在重塑。必须紧紧抓住这一重大历史机遇，按照"四个全面"战略布局要求，实施制造强国战略，加强统筹规划和前瞻部署，力争通过三个十年的努力，到新中国成立一百年时，把我国建设成为引领世界制造业发展的制造强国，为实现中华民族伟大复兴的中国梦打下坚实基础。

《中国制造2025》，是我国实施制造强国战略第一个十年的行动纲领。

一、发展形势和环境

（一）全球制造业格局面临重大调整。

新一代信息技术与制造业深度融合，正在引发影响深远的产业变革，形成新的生产方式、产业形态、商业模式和经济增长点。各国都在加大科技创新力度，推动三维（3D）打印、移动互联网、云计算、大数据、生物工程、新能源、新材料等领域取得新突破。基于信息物理系统的智能装备、智能工厂等智能制造正在引领制造方式变革；网络众包、协同设计、大规模个性化定制、精准供应链管理、全生命周期管理、电子商务等正在重塑产业价值链体系;可穿戴智能产品、智能家电、智能汽车等智能终端产品不断拓展制造业新领域。我国制造业转型升级、创新发展迎来重大机遇。

全球产业竞争格局正在发生重大调整,我国在新一轮发展中面临巨大挑战。国际金融危机发生后,发达国家纷纷实施"再工业化"战略,重塑制造业竞争新优势,加速推进新一轮全球贸易投资新格局。一些发展中国家也在加快谋划和布局,积极参与全球产业再分工,承接产业及资本转移,拓展国际市场空间。我国制造业面临发达国家和其他发展中国家"双向挤压"的严峻挑战,必须放眼全球,加紧战略部署,着眼建设制造强国,固本培元,化挑战为机遇,抢占制造业新一轮竞争制高点。

(二)我国经济发展环境发生重大变化。

随着新型工业化、信息化、城镇化、农业现代化同步推进,超大规模内需潜力不断释放,为我国制造业发展提供了广阔空间。各行业新的装备需求、人民群众新的消费需求、社会管理和公共服务新的民生需求、国防建设新的安全需求,都要求制造业在重大技术装备创新、消费品质量和安全、公共服务设施设备供给和国防装备保障等方面迅速提升水平和能力。全面深化改革和进一步扩大开放,将不断激发制造业发展活力和创造力,促进制造业转型升级。

我国经济发展进入新常态,制造业发展面临新挑战。资源和环境约束不断强化,劳动力等生产要素成本不断上升,投资和出口增速明显放缓,主要依靠资源要素投入、规模扩张的粗放发展模式难以为继,调整结构、转型升级、提质增效刻不容缓。形成经济增长新动力,塑造国际竞争新优势,重点在制造业,难点在制造业,出路也在制造业。

(三)建设制造强国任务艰巨而紧迫。

经过几十年的快速发展,我国制造业规模跃居世界第一位,建立起门类齐全、独立完整的制造体系,成为支撑我国经济社会发展的重要基石和促进世界经济发展的重要力量。持续的技术创新,大大提高了我国制造业的综合竞争力。载人航天、载人深潜、大型飞机、北斗卫星导航、超级计算机、高铁装备、百万千瓦级发电装备、万米深海石油钻探设备等一批重大技术装备取得突破,形成了若干具有国际竞争力的优势产业和骨干企业,我国已具备了建设工业强国的基础和条件。

但我国仍处于工业化进程中,与先进国家相比还有较大差距。制造业大而不强,自主创新能力弱,关键核心技术与高端装备对外依存度高,以企业为主体的制造业创新体系不完善;产品档次不高,缺乏世界知名品牌;资源能源利用效率低,环境污染问题较为突出;产业结构不合理,高端装备制造业和生产性服务业发展滞后;信息化水平不高,与工业化融合深度不够;产业国际化程度不高,企业全球化经营能力不足。推进制造强国建设,必须着力解决以上问题。

建设制造强国,必须紧紧抓住当前难得的战略机遇,积极应对挑战,加强统筹规划,突出创新驱动,制定特殊政策,发挥制度优势,动员全社会力量奋力拼搏,更多依靠中国装备、依托中国品牌,实现中国制造向中国创造的转变,中国速度向中国质量的转变,中国产品向中国品牌的转变,完成中国制造由大变强的战略任务。

二、战略方针和目标

(一)指导思想。

全面贯彻党的十八大和十八届二中、三中、四中全会精神,坚持走中国特色新型工业化道路,以促进制造业创新发展为主题,以提质增效为中心,以加快新一代信息技术与制造业深度融合为主线,以推进智能制造为主攻方向,以满足经济社会发展和国防建设对重大技术装备的需求为目标,强化工业基础能力,提高综合集成水平,完善多层次多类型人才培养体系,促进产业转型升级,培育有中国特色的制造文化,实现制造业由大变强的历史跨越。基本方针是:

——创新驱动。坚持把创新摆在制造业发展全局的核心位置,完善有利于创新的制度环境,推动跨领域跨行业协同创新,突破一批重点领域关键共性技术,促进制造业数字化网络化智能化,走创新驱动的发展道路。

——质量为先。坚持把质量作为建设制造强国的生命线,强化企业质量主体责任,加强质量技术攻关、自主品牌培育。建设法规标准体系、质量监管体系、先进质量文化,营造诚信经营的市场环境,走以质取胜的发展道路。

——绿色发展。坚持把可持续发展作为建设制造强国的重要着力点,加强节能环保技术、工艺、装备推广应用,全面推行清洁生产。发展循环经济,提高资源回收利用效率,构建绿色制造体系,走生态文明的发展道路。

——结构优化。坚持把结构调整作为建设制造强国的关键环节,大力发展先进制造业,改造提升传统产业,推动生产型制造向服务型制造转变。优化产业空间布局,培育一批具有核心竞争力的产业集群和企业群体,走提质增效的发展道路。

——人才为本。坚持把人才作为建设制造强国的根本,建立健全科学合理的选人、用人、育人机制,加快培养制造业发展急需的专业技术人才、经营管理人才、技能人才。营造大众创业、万众创新的氛围,建设一支素质优良、结构合理的制造业人才队伍,走人才引领的发展道路。

(二)基本原则。

市场主导,政府引导。全面深化改革,充分发挥市场在资源配置中的决定性作用,强化企业主体地位,激发企业活力和创造力。积极转变政府职能,加强战略研究和规划引导,完善相关支持政策,为企业发展创造良好环境。

立足当前,着眼长远。针对制约制造业发展的瓶颈和薄弱环节,加快转型升级和提质增效,切实提高制造业的核心竞争力和可持续发展能力。准确把握新一轮科技革命和产业变革趋势,加强战略谋划和前瞻部署,扎扎实实打基础,在未来竞争中占据制高点。

整体推进,重点突破。坚持制造业发展全国一盘棋和分类指导相结合,统筹规划,合理布局,明确创新发展方向,促进军民融合深度发展,加快推动制造业整体水平提升。围绕经济社会发展和国家安全重大需求,整合资源,突出重点,实施若干重大工程,实现率先突破。

自主发展,开放合作。在关系国计民生和产业安全的基础性、战略性、全局性领域,着力掌握关键核心技术,完善产业链条,形成自主发展能力。继续扩大开放,积极利用全球资源和市场,加强产业全球布局和国际交流合作,形成新的比较优势,提升制造业开放发展水平。

(三)战略目标。

立足国情,立足现实,力争通过"三步走"实现制造强国的战略目标。

第一步:力争用十年时间,迈入制造强国行列。

到2020年,基本实现工业化,制造业大国地位进一步巩固,制造业信息化水平大幅提升。掌握一批重点领域关键核心技术,优势领域竞争力进一步增强,产品质量有较大提高。制造业数字化、网络化、智能化取得明显进展。重点行业单位工业增加值能耗、物耗及污染物排放明显下降。

到2025年,制造业整体素质大幅提升,创新能力显著增强,全员劳动生产率明显提高,两化(工业化和信息化)融合迈上新台阶。重点行业单位工业增加值能耗、物耗及污染物排放达到世界先进水平。形成一批具有较强国际竞争力的跨国公司和产业集群,在全球产业分工和价值链中的地位明显提升。

第二步:到2035年,我国制造业整体达到世界制造强国阵营中等水平。创新能力大幅提升,重点领域发展取得重大突破,整体竞争力明显增强,优势行业形成全球创新引领能力,全面实现工业化。

第三步:新中国成立一百年时,制造业大国地位更加巩固,综合实力进入世界制造强国前列。制造业主要领域具有创新引领能力和明显竞争优势,建成全球领先的技术体系和产业体系。

2020 年和 2025 年制造业主要指标

类　别	指　标	2013 年	2015 年	2020 年	2025 年
创新能力	规模以上制造业研发经费内部支出占主营业务收入比重(%)	0.88	0.95	1.26	1.68
	规模以上制造业每亿元主营业务收入有效发明专利数[1](件)	0.36	0.44	0.70	1.10
质量效益	制造业质量竞争力指数[2]	83.1	83.5	84.5	85.5
	制造业增加值率提高	—	—	比 2015 年提高 2 个百分点	比 2015 年提高 4 个百分点
	制造业全员劳动生产率增速(%)	—	—	7.5 左右("十三五"期间年均增速)	6.5 左右("十四五"期间年均增速)
两化融合	宽带普及率[3](%)	37	50	70	82
	数字化研发设计工具普及率[4](%)	52	58	72	84
	关键工序数控化率[5](%)	27	33	50	64
绿色发展	规模以上单位工业增加值能耗下降幅度	—	—	比 2015 年下降 18%	比 2015 年下降 34%
	单位工业增加值二氧化碳排放量下降幅度	—	—	比 2015 年下降 22%	比 2015 年下降 40%
	单位工业增加值用水量下降幅度	—	—	比 2015 年下降 23%	比 2015 年下降 41%
	工业固体废物综合利用率(%)	62	65	73	79

1 规模以上制造业每亿元主营业务收入有效发明专利数＝规模以上制造企业有效发明专利数/规模以上制造企业主营业务收入。

2 制造业质量竞争力指数是反映我国制造业质量整体水平的经济技术综合指标,由质量水平和发展能力两个方面共计 12 项具体指标计算得出。

3 宽带普及率用固定宽带家庭普及率代表,固定宽带家庭普及率＝固定宽带家庭用户数/家庭户数。

4 数字化研发设计工具普及率＝应用数字化研发设计工具的规模以上企业数量/规模以上企业总数量(相关数据来源于 3 万家样本企业,下同)。

5 关键工序数控化率为规模以上工业企业关键工序数控化率的平均值。

三、战略任务和重点

实现制造强国的战略目标,必须坚持问题导向,统筹谋划,突出重点;必须凝聚全社会共识,加快制造业转型升级,全面提高发展质量和核心竞争力。

(一)提高国家制造业创新能力。

完善以企业为主体、市场为导向、政产学研用相结合的制造业创新体系。围绕产业链部署创新链,围绕创新链配置资源链,加强关键核心技术攻关,加速科技成果产业化,提高关键环节和重点领域的创新能力。

加强关键核心技术研发。强化企业技术创新主体地位,支持企业提升创新能力,推进国家技术创新示范企业和企业技术中心建设,充分吸纳企业参与国家科技计划的决策和实施。瞄准国家重大战略需求和未来产业发展制高点,定期研究制定发布制造业重点领域技术创新路线图。继续抓紧实施国家科技重大专项,通过国家科技计划(专项、基金等)支持关键核心技术研发。发挥行业骨干企业的主导作用和高等院校、科研院所的基础作用,建立一批产业创新联盟,开展政产学研用协同创新,攻克一批对产业竞争力整体提升具有全局性影响、带动性强的关键共性技术,加快成果转化。

提高创新设计能力。在传统制造业、战略性新兴产业、现代服务业等重点领域开展创新设计示范,全面推广应用以绿色、智能、协同为特征的先进设计技术。加强设计领域共性关键技术研发,攻克信息化设计、过程集成设计、复杂过程和系统设计等共性技术,开发一批具有自主知识产权的关键设计工具软件,建设完善创新设计生态系统。建设若干具有世界影响力的创新设计集群,培育一批专业化、开放型的工业设计企业,鼓励代工企业建立研究设计中心,向代设计和出口自主品牌产品转变。发展各类创新设计教育,设立国家工业设计奖,激发全社会创新设计的积极性和主动性。

推进科技成果产业化。完善科技成果转化运行机制,研究制定促进科技成果转化和产业化的指导意见,建立完善科技成果信息发布和共享平台,健全以技术交易市场为核心的技术转移和产业化服务体系。完善科技成果转化激励机制,推动事业单位科技成果使用、处置和收益管理改革,健全科技成果科学评估和市场定价机制。完善科技成果转化协同推进机制,引导政产学研用按照市场规律和创新规律加强合作,鼓励企业和社会资本建立一批从事技术集成、熟化和工程化的中试基地。加快国防科技成果转化和产业化进程,推进军民技术双向转移转化。

完善国家制造业创新体系。加强顶层设计,加快建立以创新中心为核心载体、以公共服务平台和工程数据中心为重要支撑的制造业创新网络,建立市场化的创新方向选择机制和鼓励创新的风险分担、利益共享机制。充分利用现有科技资源,围绕制造业重大共性需求,采取政府与社会合作、政产学研用产业创新战略联盟等新机制新模式,形成一批制造业创新中心(工业技术研究基地),开展关键共性重大技术研究和产业化应用示范。建设一批促进制造业协同创新的公共服务平台,规范服务标准,开展技术研发、检验检测、技术评价、技术交易、质量认证、人才培训等专业化服务,促进科技成果转化和推广应用。建设重点领域制造业工程数据中心,为企业提供创新知识和工程数据的开放共享服务。面向制造业关键共性技术,建设一批重大科学研究和实验设施,提高核心企业系统集成能力,促进向价值链高端延伸。

专栏1 制造业创新中心(工业技术研究基地)建设工程

围绕重点行业转型升级和新一代信息技术、智能制造、增材制造、新材料、生物医药等领域创新发展的重大共性需求,形成一批制造业创新中心(工业技术研究基地),重点开展行业基础和共性关键技术研发、成果产业化、人才培训等工作。制定完善制造业创新中心遴选、考核、管理的标准和程序。

到2020年,重点形成15家左右制造业创新中心(工业技术研究基地),力争到2025年形成40家左右制造业创新中心(工业技术研究基地)。

加强标准体系建设。改革标准体系和标准化管理体制,组织实施制造业标准化提升计划,在智能制造等重点领域开展综合标准化工作。发挥企业在标准制定中的重要作用,支持组建重点领域标准推进联盟,建设标准创新研究基地,协同推进产品研发与标准制定。制定满足市场和创新需要的团体标准,建立企业产品和服务标准自我声明公开和监督制度。鼓励和支持企业、科研院所、行业组织等参与国际标准制定,加快我国标准国际化进程。大力推动国防装备采用先进的民用标准,推动军用技术标准向民用领域的转化和应用。做好标准的宣传贯彻,大力推动标准实施。

强化知识产权运用。加强制造业重点领

域关键核心技术知识产权储备,构建产业化导向的专利组合和战略布局。鼓励和支持企业运用知识产权参与市场竞争,培育一批具备知识产权综合实力的优势企业,支持组建知识产权联盟,推动市场主体开展知识产权协同运用。稳妥推进国防知识产权解密和市场化应用。建立健全知识产权评议机制,鼓励和支持行业骨干企业与专业机构在重点领域合作开展专利评估、收购、运营、风险预警与应对。构建知识产权综合运用公共服务平台。鼓励开展跨国知识产权许可。研究制定降低中小企业知识产权申请、保护及维权成本的政策措施。

(二)推进信息化与工业化深度融合。

加快推动新一代信息技术与制造技术融合发展,把智能制造作为两化深度融合的主攻方向;着力发展智能装备和智能产品,推进生产过程智能化,培育新型生产方式,全面提升企业研发、生产、管理和服务的智能化水平。

研究制定智能制造发展战略。编制智能制造发展规划,明确发展目标、重点任务和重大布局。加快制定智能制造技术标准,建立完善智能制造和两化融合管理标准体系。强化应用牵引,建立智能制造产业联盟,协同推动智能装备和产品研发、系统集成创新与产业化。促进工业互联网、云计算、大数据在企业研发设计、生产制造、经营管理、销售服务等全流程和全产业链的综合集成应用。加强智能制造工业控制系统网络安全保障能力建设,健全综合保障体系。

加快发展智能制造装备和产品。组织研发具有深度感知、智慧决策、自动执行功能的高档数控机床、工业机器人、增材制造装备等智能制造装备以及智能化生产线,突破新型传感器、智能测量仪表、工业控制系统、伺服电机及驱动器和减速器等智能核心装置,推进工程化和产业化。加快机械、航空、船舶、汽车、轻工、纺织、食品、电子等行业生产设备的智能化改造,提高精准制造、敏捷制造能力。统筹布局和推动智能交通工具、智能工程机械、服务机器人、智能家电、智能照明电器、可穿戴设备等产品研发和产业化。

推进制造过程智能化。在重点领域试点建设智能工厂/数字化车间,加快人机智能交互、工业机器人、智能物流管理、增材制造等技术和装备在生产过程中的应用,促进制造工艺的仿真优化、数字化控制、状态信息实时监测和自适应控制。加快产品全生命周期管理、客户关系管理、供应链管理系统的推广应用,促进集团管控、设计与制造、产供销一体、业务和财务衔接等关键环节集成,实现智能管控。加快民用爆炸物品、危险化学品、食品、印染、稀土、农药等重点行业智能检测监管体系建设,提高智能化水平。

深化互联网在制造领域的应用。制定互联网与制造业融合发展的路线图,明确发展方向、目标和路径。发展基于互联网的个性化定制、众包设计、云制造等新型制造模式,推动形成基于消费需求动态感知的研发、制造和产业组织方式。建立优势互补、合作共赢的开放型产业生态体系。加快开展物联网技术研发和应用示范,培育智能监测、远程诊断管理、全产业链追溯等工业互联网新应用。实施工业云及工业大数据创新应用试点,建设一批高质量的工业云服务和工业大数据平台,推动软件与服务、设计与制造资源、关键技术与标准的开放共享。

加强互联网基础设施建设。加强工业互联网基础设施建设规划与布局,建设低时延、高可靠、广覆盖的工业互联网。加快制造业集聚区光纤网、移动通信网和无线局域网的部署和建设,实现信息网络宽带升级,提高企业宽带接入能力。针对信息物理系统网络研发及应用需求,组织开发智能控制系统、工业应用软件、故障诊断软件和相关工具、传感和通信系统协议,实现人、设备与产品的实时联通、精确识别、有效交互与智能控制。

专栏2   智能制造工程

紧密围绕重点制造领域关键环节,开展新一代信息技术与制造装备融合的集成创新和工程应用。支持政产学研用联合攻关,开发智能产品和自主可控的智能装置并实现产业化。依托优势企业,紧扣关键工序智能化、关键岗位机器人替代、生产过程智能优化控制、供应链优化,建设重点领域智能工厂/数字化车间。在基础条件好、需求迫切的重点地区、行业和企业中,分类实施流程制造、离散制造、智能装备和产品、新业态新模式、智能化管理、智能化服务等试点示范及应用推广。建立智能制造标准体系和信息安全保障系统,搭建智能制造网络系统平台。

到2020年,制造业重点领域智能化水平显著提升,试点示范项目运营成本降低30%,产品生产周期缩短30%,不良品率降低30%。到2025年,制造业重点领域全面实现智能化,试点示范项目运营成本降低50%,产品生产周期缩短50%,不良品率降低50%。

(三)强化工业基础能力。

核心基础零部件(元器件)、先进基础工艺、关键基础材料和产业技术基础(以下统称"四基")等工业基础能力薄弱,是制约我国制造业创新发展和质量提升的症结所在。要坚持问题导向、产需结合、协同创新、重点突破的原则,着力破解制约重点产业发展的瓶颈。

统筹推进"四基"发展。制定工业强基实施方案,明确重点方向、主要目标和实施路径。制定工业"四基"发展指导目录,发布工业强基发展报告,组织实施工业强基工程。统筹军民两方面资源,开展军民两用技术联合攻关,支持军民技术相互有效利用,促进基础领域融合发展。强化基础领域标准、计量体系建设,加快实施对标达标,提升基础产品的质量、可靠性和寿命。建立多部门协调推进机制,引导各类要素向基础领域集聚。

加强"四基"创新能力建设。强化前瞻性基础研究,着力解决影响核心基础零部件(元器件)产品性能和稳定性的关键共性技术。建立基础工艺创新体系,利用现有资源建立关键共性基础工艺研究机构,开展先进成型、加工等关键制造工艺联合攻关;支持企业开展工艺创新,培养工艺专业人才。加大基础专用材料研发力度,提高专用材料自给保障能力和制备技术水平。建立国家工业基础数据库,加强企业试验检测数据和计量数据的采集、管理、应用和积累。加大对"四基"领域技术研发的支持力度,引导产业投资基金和创业投资基金投向"四基"领域重点项目。

推动整机企业和"四基"企业协同发展。注重需求侧激励,产用结合,协同攻关。依托国家科技计划(专项、基金等)和相关工程等,在数控机床、轨道交通装备、航空航天、发电设备等重点领域,引导整机企业和"四基"企业、高校、科研院所产需对接,建立产业联盟,形成协同创新、产用结合、以市场促基础产业发展的新模式,提升重大装备自主可控水平。开展工业强基示范应用,完善首台(套)、首批次政策,支持核心基础零部件(元器件)、先进基础工艺、关键基础材料推广应用。

专栏3 工业强基工程

开展示范应用,建立奖励和风险补偿机制,支持核心基础零部件(元器件)、先进基础工艺、关键基础材料的首批次或跨领域应用。组织重点突破,针对重大工程和重点装备的关键技术和产品急需,支持优势企业开展政产学研用联合攻关,突破关键基础材料、核心基础零部件的工程化、产业化瓶颈。强化平台支撑,布局和组建一批"四基"研究中心,创建一批公共服务平台,完善重点产业技术基础体系。

到2020年,40%的核心基础零部件、关键基础材料实现自主保障,受制于人的局面逐步缓解,航天装备、通信装备、发电与输变电设备、工程机械、轨道交通装备、家用电器等产业急需的核心基础零部件(元器件)和关键基础材料的先进制造工艺得到推广应用。到2025年,70%的核心基础零部件、关键基础材料实现自主保障,80种标志性先进工艺得到推广应用,部分达到国际领先水平,建成较为完善的产业技术基础服务体系,逐步形成整机牵引和基础支撑协调互动的产业创新发展格局。

(四) 加强质量品牌建设。

提升质量控制技术,完善质量管理机制,夯实质量发展基础,优化质量发展环境,努力实现制造业质量大幅提升。鼓励企业追求卓越品质,形成具有自主知识产权的名牌产品,不断提升企业品牌价值和中国制造整体形象。

推广先进质量管理技术和方法。建设重点产品标准符合性认定平台,推动重点产品技术、安全标准全面达到国际先进水平。开展质量标杆和领先企业示范活动,普及卓越绩效、六西格玛、精益生产、质量诊断、质量持续改进等先进生产管理模式和方法。支持企业提高质量在线监测、在线控制和产品全生命周期质量追溯能力。组织开展重点行业工艺优化行动,提升关键工艺过程控制水平。开展质量管理小组、现场改进等群众性质量管理活动示范推广。加强中小企业质量管理,开展质量安全培训、诊断和辅导活动。

加快提升产品质量。实施工业产品质量提升行动计划,针对汽车、高档数控机床、轨道交通装备、大型成套技术装备、工程机械、特种设备、关键原材料、基础零部件、电子元器件等重点行业,组织攻克一批长期困扰产品质量提升的关键共性质量技术,加强可靠性设计、试验与验证技术开发应用,推广采用先进成型和加工方法、在线检测装置、智能化生产和物流系统及检测设备等,使重点实物产品的性能稳定性、质量可靠性、环境适应性、使用寿命等指标达到国际同类产品先进水平。在食品、药品、婴童用品、家电等领域实施覆盖产品全生命周期的质量管理、质量自我声明和质量追溯制度,保障重点消费品质量安全。大力提高国防装备质量可靠性,增强国防装备实战能力。

完善质量监管体系。健全产品质量标准体系、政策规划体系和质量管理法律法规。加强关系民生和安全等重点领域的行业准入与市场退出管理。建立消费品生产经营企业产品事故强制报告制度,健全质量信用信息收集和发布制度,强化企业质量主体责任。将质量违法违规记录作为企业诚信评级的重要内容,建立质量黑名单制度,加大对质量违法和假冒品牌行为的打击和惩处力度。建立区域和行业质量安全预警制度,防范化解产品质量安全风险。严格实施产品"三包"、产品召回等制度。强化监管检查和责任追究,切实保护消费者权益。

夯实质量发展基础。制定和实施与国际先进水平接轨的制造业质量、安全、卫生、环保及节能标准。加强计量科技基础及前沿技术研究,建立一批制造业发展急需的高准确度、高稳定性计量标准,提升与制造业相关的国家量传溯源能力。加强国家产业计量测试中心建设,构建国家计量科技创新体系。完善检验检测技术保障体系,建设一批高水平的工业产品质量控制和技术评价实验室、产品质量监督检验中心,鼓励建立专业检测技术联盟。完善认证认可管理模式,提高强制性产品认证的有效性,推动自愿性产品认证健康发展,提升管理体系认证水平,稳步推进国际互认。支持行业组织发布自律规范或公约,开展质量信誉承诺活动。

推进制造业品牌建设。引导企业制定品牌管理体系,围绕研发创新、生产制造、质量管理和营销服务全过程,提升内在素质,夯实品牌发展基础。扶持一批品牌培育和运营专业服务机构,开展品牌管理咨询、市场推广等服务。健全集体商标、证明商标注册管理制度。打造一批特色鲜明、竞争力强、市场信誉好的产业集群区域品牌。建设品牌文化,引导企业增强以质量和信誉为核心的品牌意识,树立品牌消费理念,提升品牌附加值和软实力。加速我国品牌价值评价国际化进程,充分发挥各类媒体作用,加大中国品牌宣传推广力度,树立中国制造品牌良好形象。

(五) 全面推行绿色制造。

加大先进节能环保技术、工艺和装备的研发力度,加快制造业绿色改造升级;积极推行低碳化、循环化和集约化,提高制造业资源利用效率;强化产品全生命周期绿色管理,努力构建高效、清洁、低碳、循环的绿色制造体系。

加快制造业绿色改造升级。全面推进钢铁、有色、化工、建材、轻工、印染等传统制造业绿色改造,大力研发推广余热余压回收、水循环利用、重金属污染减量化、有毒有害原料替代、废渣资源化、脱硫脱硝除尘等绿色工艺技术装备,加快应用清洁高效铸造、锻压、焊接、表面处理、切削等加工工艺,实现绿色生产。加强绿色产品研发应用,推广轻量化、低功耗、易回收等技术工艺,持续提升电机、锅炉、内燃机及电器等终端用能产品能效水平,加快淘汰落后机电产品和技术。积极引领新兴产业高起点绿色发展,大幅降低电子信息产品生产、使用能耗及限用物质含量,建设绿色数据中心和绿色基站,大力促进新材料、新能源、高端装备、生物产业绿色低碳发展。

推进资源高效循环利用。支持企业强化技术创新和管理,增强绿色精益制造能力,大幅降低能耗、物耗和水耗水平。持续提高绿色低碳能源使用比率,开展工业园区和企业分布式绿色智能微电网建设,控制和削减化石能源消费量。全面推行循环生产方式,促进企业、园区、行业间链接共生、原料互供、资源共享。推进资源再生利用产业规范化、规模化发展,强化技术装备支撑,提高大宗工业固体废弃物、废旧金属、废弃电器电子产品等综合利用水平。大力发展再制造产业,实施高端再制造、智能再制造、在役再制造,推进产品认定,促进再制造产业持续健康发展。

积极构建绿色制造体系。支持企业开发绿色产品,推行生态设计,显著提升产品节能环保低碳水平,引导绿色生产和绿色消费。建设绿色工厂,实现厂房集约化、原料无害化、生产洁净化、废物资源化、能源低碳化。发展绿色园区,推进工业园区产业耦合,实现近零排放。打造绿色供应链,加快建立以资源节约、环境友好为导向的采购、生产、营销、回收及物流体系,落实生产者责任延伸制度。壮大绿色企业,支持企业实施绿色战略、绿色标准、绿色管理和绿色生产。强化绿色监管,健全节能环保法规、标准体系,加强节能环保监察,推行企业社会责任报告制度,开展绿色评价。

> **专栏 4　绿色制造工程**
>
> 组织实施传统制造业能效提升、清洁生产、节水治污、循环利用等专项技术改造。开展重大节能环保、资源综合利用、再制造、低碳技术产业化示范。实施重点区域、流域、行业清洁生产水平提升计划,扎实推进大气、水、土壤污染源头防治专项。制定绿色产品、绿色工厂、绿色园区、绿色企业标准体系,开展绿色评价。
>
> 到2020年,建成千家绿色示范工厂和百家绿色示范园区,部分重化工行业能源资源消耗出现拐点,重点行业主要污染物排放强度下降20%。到2025年,制造业绿色发展和主要产品单耗达到世界先进水平,绿色制造体系基本建立。

(六) 大力推动重点领域突破发展。

瞄准新一代信息技术、高端装备、新材料、生物医药等战略重点,引导社会各类资源集聚,推动优势和战略产业快速发展。

1. 新一代信息技术产业。

集成电路及专用装备。着力提升集成电路设计水平,不断丰富知识产权(IP)核和设计工具,突破关系国家信息与网络安全及电子整机产业发展的核心通用芯片,提升国产芯片的应用适配能力。掌握高密度封装及三维(3D)微组装技术,提升封装产业和测试的自主发展能力。形成关键制造装备供货能力。

信息通信设备。掌握新型计算、高速互联、先进存储、体系化安全保障等核心技术,全面突破第五代移动通信(5G)技术、核心路由交换技术、超高速大容量智能光传输技术、"未来网络"核心技术和体系架构,积极推动量子计算、神经网络等发展。研发高端服务器、大容量存储、新型路由交换、新型智能终端、新一代基站、网络安全等设备,推动核心信息通信设备体系化发展与规模化应用。

操作系统及工业软件。开发安全领域操作系统等工业基础软件。突破智能设计与仿真及其工具、制造物联与服务、工业大数据处理等高端工业软件核心技术,开发自主可控的高端工业平台软件和重点领域应用软件,建立完善工业软件集成标准与安全测评体系。推进自主工业软件体系化发展和产业化应用。

2. 高档数控机床和机器人。

高档数控机床。开发一批精密、高速、高效、柔性数控机床与基础制造装备及集成制造系统。加快高档数控机床、增材制造等前沿技术和装备的研发。以提升可靠性、精度保持性为重点,开发高档数控系统、伺服电机、轴承、光栅等主要功能部件及关键应用软件,加快实现产业化。加强用户工艺验证能力建设。

机器人。围绕汽车、机械、电子、危险品制造、国防军工、化工、轻工等工业机器人、特种机器人,以及医疗健康、家庭服务、教育娱乐等服务机器人应用需求,积极研发新产品,促进机器人标准化、模块化发展,扩大市场应用。突破机器人本体、减速器、伺服电机、控制器、传感器与驱动器等关键零部件及系统集成设计制造等技术瓶颈。

3. 航空航天装备。

航空装备。加快大型飞机研制,适时启动宽体客机研制,鼓励国际合作研制重型直升机;推进干支线飞机、直升机、无人机和通用飞机产业化。突破高推重比、先进涡桨(轴)发动机及大涵道比涡扇发动机技术,建立发动机自主发展工业体系。开发先进机载设备及系统,形成自主完整的航空产业链。

航天装备。发展新一代运载火箭、重型运载器,提升进入空间能力。加快推进国家民用空间基础设施建设,发展新型卫星等空间平台与有效载荷、空天地宽带互联网系统,形成长期持续稳定的卫星遥感、通信、导航等空间信息服务能力。推动载人航天、月球探测工程,适度发展深空探测。推进航天技术转化与空间技术应用。

4. 海洋工程装备及高技术船舶。

大力发展深海探测、资源开发利用、海上作业保障装备及其关键系统和专用设备。推动深海空间站、大型浮式结构物的开发和工程化。形成海洋工程装备综合试验、检测与鉴定能力,提高海洋开发利用水平。突破豪华邮轮设计建造技术,全面提升液化天然气船等高技术船舶国际竞争力,掌握重点配套设备集成化、智能化、模块化设计制造核心技术。

5. 先进轨道交通装备。

加快新材料、新技术和新工艺的应用,重点突破体系化安全保障、节能环保、数字化智能化网络化技术,研制先进可靠适用的产品和轻量化、模块化、谱系化产品。研发新一代绿色智能、高速重载轨道交通装备系统,围绕系统全寿命周期,向用户提供整体解决方案,建立世界领先的现代轨道交通产业体系。

6. 节能与新能源汽车。

继续支持电动汽车、燃料电池汽车发展,掌握汽车低碳化、信息化、智能化核心技术,提升动力电池、驱动电机、高效内燃机、先进变速器、轻量化材料、智能控制等核心技术的工程化和产业化能力,形成从关键零部件到整车的完整工业体系和创新体系,推动自主品牌节能与新能源汽车同国际先进水平接轨。

7. 电力装备。

推动大型高效超净排放煤电机组产业化和示范应用,进一步提高超大容量水电机组、核电机组、重型燃气轮机制造水平。推进新能源和可再生能源装备、先进储能装置、智能电网用输变电及用户端设备发展。突破大功率电力电子器件、高温超导材料等关键元器件和材料的制造及应用技术,形成产业化能力。

8. 农机装备。

重点发展粮、棉、油、糖等大宗粮食和战略性经济作物育、耕、种、管、收、运、贮等主要生产过程使用的先进农机装备,加快发展大型拖拉机及其复式作业机具、大型高效联合收割机等高端农业装备及关键核心零部件。提高农机装备信息收集、智能决策和精准作业能力,推进形成面向农业生产的信息化整体解决方案。

9. 新材料。

以特种金属功能材料、高性能结构材料、功能性高分子材料、特种无机非金属材料和先进复合材料为发展重点,加快研发先进熔炼、凝固成型、气相沉积、型材加工、高效合成等新材料制备关键技术和装备，加强基础研究和体系建设，突破产业化制备瓶颈。积极发展军民共用特种新材料，加快技术双向转移转化，促进新材料产业军民融合发展。高度关注颠覆性新材料对传统材料的影响，做好超导材料、纳米材料、石墨烯、生物基材料等战略前沿材料提前布局和研制。加快基础材料升级换代。

10. 生物医药及高性能医疗器械。

发展针对重大疾病的化学药、中药、生物技术药物新产品，重点包括新机制和新靶点化学药、抗体药物、抗体偶联药物、全新结构蛋白及多肽药物、新型疫苗、临床优势突出的创新中药及个性化治疗药物。提高医疗器械的创新能力和产业化水平，重点发展影像设备、医用机器人等高性能诊疗设备，全降解血管支架等高值医用耗材，可穿戴、远程诊疗等移动医疗产品。实现生物3D打印、诱导多能干细胞等新技术的突破和应用。

专栏5　高端装备创新工程

组织实施大型飞机、航空发动机及燃气轮机、民用航天、智能绿色列车、节能与新能源汽车、海洋工程装备及高技术船舶、智能电网成套装备、高档数控机床、核电装备、高端诊疗设备等一批创新和产业化专项、重大工程。开发一批标志性、带动性强的重点产品和重大装备，提升自主设计水平和系统集成能力，突破共性关键技术与工程化、产业化瓶颈，组织开展应用试点和示范，提高创新发展能力和国际竞争力，抢占竞争制高点。

到2020年，上述领域实现自主研制及应用。到2025年，自主知识产权高端装备市场占有率大幅提升，核心技术对外依存度明显下降，基础配套能力显著增强，重要领域装备达到国际领先水平。

（七）深入推进制造业结构调整。

推动传统产业向中高端迈进，逐步化解过剩产能，促进大企业与中小企业协调发展，进一步优化制造业布局。

持续推进企业技术改造。明确支持战略性重大项目和高端装备实施技术改造的政策方向，稳定中央技术改造引导资金规模，通过贴息等方式，建立支持企业技术改造的长效机制。推动技术改造相关立法，强化激励约束机制，完善促进企业技术改造的政策体系。支持重点行业、高端产品、关键环节进行技术改造，引导企业采用先进适用技术，优化产品结构，全面提升设计、制造、工艺、管理水平，促进钢铁、石化、工程机械、轻工、纺织等产业向价值链高端发展。研究制定重点产业技术改造投资指南和重点项目导向计划，吸引社会资金参与，优化工业投资结构。围绕两化融合、节能降耗、质量提升、安全生产等传统领域改造，推广应用新技术、新工艺、新装备、新材料，提高企业生产技术水平和效益。

稳步化解产能过剩矛盾。加强和改善宏观调控，按照"消化一批、转移一批、整合一批、淘汰一批"的原则，分业分类施策，有效化解产能过剩矛盾。加强行业规范和准入管理，推动企业提升技术装备水平，优化存量产能。加强对产能严重过剩行业的动态监测分析，建立完善预警机制，引导企业主动退出过剩行业。切实发挥市场机制作用，综合运用法律、经济、技术及必要的行政手段，加快淘汰落后产能。

促进大中小企业协调发展。强化企业市场主体地位，支持企业间战略合作和跨行业、跨区域兼并重组，提高规模化、集约化经营水平，培育一批核心竞争力强的企业集团。激发中小企业创业创新活力，发展一批主营业务突出、竞争力强、成长性好、专注于细分市场的专业化"小巨人"企业。发挥中外中小企业合作园区示范作用，利用双边、多边中小企业合作机制，支持中小企业走出去和引进来。引导大企业与中小企业通过专业分工、服务外包、订单生产等多种方式，建立协同创新、合作共赢的协作关系。推动建设一批高水平的中小企业集群。

优化制造业发展布局。落实国家区域发展总体战略和主体功能区规划，综合考虑资源能源、环境容量、市场空间等因素，制定和实施重点行业布局规划，调整优化重大生产力布局。完善产业转移指导目录,建设国家产业转移信息服务平台,创建一批承接产业转移示范园区,引导产业合理有序转移,推动东中西部制造业协调发展。积极推动京津冀和长江经济带产业协同发展。按照新型工业化的要求,改造提升现有制造业集聚区,推动产业集聚向产业集群转型升级。建设一批特色和优势突出、产业链协同高效、核心竞争力强、公共服务体系健全的新型工业化示范基地。

(八)积极发展服务型制造和生产性服务业。

加快制造与服务的协同发展,推动商业模式创新和业态创新,促进生产型制造向服务型制造转变。大力发展与制造业紧密相关的生产性服务业,推动服务功能区和服务平台建设。

推动发展服务型制造。研究制定促进服务型制造发展的指导意见,实施服务型制造行动计划。开展试点示范,引导和支持制造业企业延伸服务链条,从主要提供产品制造向提供产品和服务转变。鼓励制造业企业增加服务环节投入,发展个性化定制服务、全生命周期管理、网络精准营销和在线支持服务等。支持有条件的企业由提供设备向提供系统集成总承包服务转变,由提供产品向提供整体解决方案转变。鼓励优势制造业企业"裂变"专业优势,通过业务流程再造,面向行业提供社会化、专业化服务。支持符合条件的制造业企业建立企业财务公司、金融租赁公司等金融机构,推广大型制造设备、生产线等融资租赁服务。

加快生产性服务业发展。大力发展面向制造业的信息技术服务,提高重点行业信息应用系统的方案设计、开发、综合集成能力。鼓励互联网等企业发展移动电子商务、在线定制、线上线下等创新模式,积极发展对产品、市场的动态监控和预测预警等业务,实现与制造业企业的无缝对接,创新业务协作流程和价值创造模式。加快发展研发设计、技术转移、创业孵化、知识产权、科技咨询等科技服务业,发展壮大第三方物流、节能环保、检验检测认证、电子商务、服务外包、融资租赁、人力资源服务、售后服务、品牌建设等生产性服务业,提高对制造业转型升级的支撑能力。

强化服务功能区和公共服务平台建设。建设和提升生产性服务业功能区,重点发展研发设计、信息、物流、商务、金融等现代服务业,增强辐射能力。依托制造业集聚区,建设一批生产性服务业公共服务平台。鼓励东部地区企业加快制造业服务化转型,建立生产服务基地。支持中西部地区发展具有特色和竞争力的生产性服务业,加快产业转移承接地服务配套设施和能力建设,实现制造业和服务业协同发展。

(九)提高制造业国际化发展水平。

统筹利用两种资源、两个市场,实行更加积极的开放战略,将引进来与走出去更好结合,拓展新的开放领域和空间,提升国际合作的水平和层次,推动重点产业国际化布局,引导企业提高国际竞争力。

提高利用外资与国际合作水平。进一步放开一般制造业,优化开放结构,提高开放水平。引导外资投向新一代信息技术、高端装备、新材料、生物医药等高端制造领域,鼓励境外企业和科研机构在我国设立全球研发机构。支持符合条件的企业在境外发行股票、债券,鼓励与境外企业开展多种形式的技术合作。

提升跨国经营能力和国际竞争力。支持发展一批跨国公司,通过全球资源利用、业务流程再造、产业链整合、资本市场运作等方式,加快提升核心竞争力。支持企业在境外开展并购和股权投资、创业投资,建立研发中心、实验基地和全球营销及服务体系;依托互联网开展网络协同设计、精准营销、增值服务创新、媒体品牌推广等,建立全球产业链体系,提高国际化经营能力和服务水平。鼓励优势企业加快发展国际总承包、总集成。引导企业融入当地文化,增强社会责任意识,加强投资和经营风险管理,提高企业境外本土化能力。

深化产业国际合作,加快企业走出去。加强顶层设计,制定制造业走出去发展总体战略,建立完善统筹协调机制。积极参与和推动国际产业合作,贯彻落实丝绸之路经济带和21

世纪海上丝绸之路等重大战略部署,加快推进与周边国家互联互通基础设施建设,深化产业合作。发挥沿边开放优势,在有条件的国家和地区建设一批境外制造业合作园区。坚持政府推动、企业主导,创新商业模式,鼓励高端装备、先进技术、优势产能向境外转移。加强政策引导,推动产业合作由加工制造环节为主向合作研发、联合设计、市场营销、品牌培育等高端环节延伸,提高国际合作水平。创新加工贸易模式,延长加工贸易国内增值链条,推动加工贸易转型升级。

四、战略支撑与保障

建设制造强国,必须发挥制度优势,动员各方面力量,进一步深化改革,完善政策措施,建立灵活高效的实施机制,营造良好环境;必须培育创新文化和中国特色制造文化,推动制造业由大变强。

(一) 深化体制机制改革。

全面推进依法行政,加快转变政府职能,创新政府管理方式,加强制造业发展战略、规划、政策、标准等制定和实施,强化行业自律和公共服务能力建设,提高产业治理水平。简政放权,深化行政审批制度改革,规范审批事项,简化程序,明确时限;适时修订政府核准的投资项目目录,落实企业投资主体地位。完善产学研用协同创新机制,改革技术创新管理体制机制和项目经费分配、成果评价和转化机制,促进科技成果资本化、产业化,激发制造业创新活力。加快生产要素价格市场化改革,完善主要由市场决定价格的机制,合理配置公共资源;推行节能量、碳排放权、排污权、水权交易制度改革,加快资源税从价计征,推动环境保护费改税。深化国有企业改革,完善公司治理结构,有序发展混合所有制经济,进一步破除各种形式的行业垄断,取消对非公有制经济的不合理限制。稳步推进国防科技工业改革,推动军民融合深度发展。健全产业安全审查机制和法规体系,加强关系国民经济命脉和国家安全的制造业重要领域投融资、并购重组、招标采购等方面的安全审查。

(二) 营造公平竞争市场环境。

深化市场准入制度改革,实施负面清单管理,加强事中事后监管,全面清理和废止不利于全国统一市场建设的政策措施。实施科学规范的行业准入制度,制定和完善制造业节能节地节水、环保、技术、安全等准入标准,加强对国家强制性标准实施的监督检查,统一执法,以市场化手段引导企业进行结构调整和转型升级。切实加强监管,打击制售假冒伪劣行为,严厉惩处市场垄断和不正当竞争行为,为企业创造良好生产经营环境。加快发展技术市场,健全知识产权创造、运用、管理、保护机制。完善淘汰落后产能工作涉及的职工安置、债务清偿、企业转产等政策措施,健全市场退出机制。进一步减轻企业负担,实施涉企收费清单制度,建立全国涉企收费项目库,取缔各种不合理收费和摊派,加强监督检查和问责。推进制造业企业信用体系建设,建设中国制造信用数据库,建立健全企业信用动态评价、守信激励和失信惩戒机制。强化企业社会责任建设,推行企业产品标准、质量、安全自我声明和监督制度。

(三) 完善金融扶持政策。

深化金融领域改革,拓宽制造业融资渠道,降低融资成本。积极发挥政策性金融、开发性金融和商业金融的优势,加大对新一代信息技术、高端装备、新材料等重点领域的支持力度。支持中国进出口银行在业务范围内加大对制造业走出去的服务力度,鼓励国家开发银行增加对制造业企业的贷款投放,引导金融机构创新符合制造业企业特点的产品和业务。健全多层次资本市场,推动区域性股权市场规范发展,支持符合条件的制造业企业在境内外上市融资、发行各类债务融资工具。引导风险投资、私募股权投资等支持制造业企业创新发展。鼓励符合条件的制造业贷款和租赁资产开展证券化试点。支持重点领域大型制造业企业集团开展产融结合试点,通过融资租赁方式促进制造业转型升级。探索开发适合制造业发展的保险产品和服务,鼓励发展贷款保证保险和信用保险业务。在风险可控和商业可持续的前提下，通过内保外贷、外汇及人民币贷款、债权融资、股权融资等方式，加大对制造业企业在境外开展资源勘探开发、设立研发中心和高技术企业以及收购兼并等的支持力度。

（四）加大财税政策支持力度。

充分利用现有渠道，加强财政资金对制造业的支持，重点投向智能制造、"四基"发展、高端装备等制造业转型升级的关键领域，为制造业发展创造良好政策环境。运用政府和社会资本合作（PPP）模式，引导社会资本参与制造业重大项目建设、企业技术改造和关键基础设施建设。创新财政资金支持方式，逐步从"补建设"向"补运营"转变，提高财政资金使用效益。深化科技计划（专项、基金等）管理改革，支持制造业重点领域科技研发和示范应用，促进制造业技术创新、转型升级和结构布局调整。完善和落实支持创新的政府采购政策，推动制造业创新产品的研发和规模化应用。落实和完善使用首台（套）重大技术装备等鼓励政策，健全研制、使用单位在产品创新、增值服务和示范应用等环节的激励约束机制。实施有利于制造业转型升级的税收政策，推进增值税改革，完善企业研发费用计核方法，切实减轻制造业企业税收负担。

（五）健全多层次人才培养体系。

加强制造业人才发展统筹规划和分类指导，组织实施制造业人才培养计划，加大专业技术人才、经营管理人才和技能人才的培养力度，完善从研发、转化、生产到管理的人才培养体系。以提高现代经营管理水平和企业竞争力为核心，实施企业经营管理人才素质提升工程和国家中小企业银河培训工程，培养造就一批优秀企业家和高水平经营管理人才。以高层次、急需紧缺专业技术人才和创新型人才为重点，实施专业技术人才知识更新工程和先进制造卓越工程师培养计划，在高等学校建设一批工程创新训练中心，打造高素质专业技术人才队伍。强化职业教育和技能培训，引导一批普通本科高等学校向应用技术类高等学校转型，建立一批实训基地，开展现代学徒制试点示范，形成一支门类齐全、技艺精湛的技术技能人才队伍。鼓励企业与学校合作，培养制造业急需的科研人员、技术技能人才与复合型人才，深化相关领域工程博士、硕士专业学位研究生招生和培养模式改革，积极推进产学研结合。加强产业人才需求预测，完善各类人才信息库，构建产业人才水平评价制度和信息发布平台。建立人才激励机制，加大对优秀人才的表彰和奖励力度。建立完善制造业人才服务机构，健全人才流动和使用的体制机制。采取多种形式选拔各类优秀人才重点是专业技术人才到国外学习培训，探索建立国际培训基地。加大制造业引智力度，引进领军人才和紧缺人才。

（六）完善中小微企业政策。

落实和完善支持小微企业发展的财税优惠政策，优化中小企业发展专项资金使用重点和方式。发挥财政资金杠杆撬动作用，吸引社会资本，加快设立国家中小企业发展基金。支持符合条件的民营资本依法设立中小型银行等金融机构，鼓励商业银行加大小微企业金融服务专营机构建设力度，建立完善小微企业融资担保体系，创新产品和服务。加快构建中小微企业征信体系，积极发展面向小微企业的融资租赁、知识产权质押贷款、信用保险保单质押贷款等。建设完善中小企业创业基地，引导各类创业投资基金投资小微企业。鼓励大学、科研院所、工程中心等对中小企业开放共享各种实（试）验设施。加强中小微企业综合服务体系建设，完善中小微企业公共服务平台网络，建立信息互联互通机制，为中小微企业提供创业、创新、融资、咨询、培训、人才等专业化服务。

（七）进一步扩大制造业对外开放。

深化外商投资管理体制改革，建立外商投资准入前国民待遇加负面清单管理机制，落实备案为主、核准为辅的管理模式，营造稳定、透明、可预期的营商环境。全面深化外汇管理、海关监管、检验检疫管理改革，提高贸易投资便利化水平。进一步放宽市场准入，修订钢铁、化工、船舶等产业政策，支持制造业企业通过委托开发、专利授权、众包众创等方式引进先进技术和高端人才,推动利用外资由重点引进技术、资金、设备向合资合作开发、对外并购及引进领军人才转变。加强对外投资立法,强化制造业企业走出去法律保障,规范企业境外经营行为,维护企业合法权益。探索利用产业基金、国有资本收益等渠道支持高铁、电力装备、汽车、工程施工等装备和优势产能走出去,实施海外投资并购。加快制造业走出去支撑服务机构建设和水平提升,建立制造业对外投资公共服务平台和出口产品技术性贸易服务平台,完善应对贸易摩擦和境外投资重大事项预警协调机制。

(八)健全组织实施机制。

成立国家制造强国建设领导小组,由国务院领导同志担任组长,成员由国务院相关部门和单位负责同志担任。领导小组主要职责是:统筹协调制造强国建设全局性工作,审议重大规划、重大政策、重大工程专项、重大问题和重要工作安排,加强战略谋划,指导部门、地方开展工作。领导小组办公室设在工业和信息化部,承担领导小组日常工作。设立制造强国建设战略咨询委员会,研究制造业发展的前瞻性、战略性重大问题,对制造业重大决策提供咨询评估。支持包括社会智库、企业智库在内的多层次、多领域、多形态的中国特色新型智库建设,为制造强国建设提供强大智力支持。建立《中国制造 2025》任务落实情况督促检查和第三方评价机制,完善统计监测、绩效评估、动态调整和监督考核机制。建立《中国制造 2025》中期评估机制,适时对目标任务进行必要调整。

各地区、各部门要充分认识建设制造强国的重大意义,加强组织领导,健全工作机制,强化部门协同和上下联动。各地区要结合当地实际,研究制定具体实施方案,细化政策措施,确保各项任务落实到位。工业和信息化部要会同相关部门加强跟踪分析和督促指导,重大事项及时向国务院报告。

附录C

国务院《"十四五"数字经济发展规划》

国务院关于印发
《"十四五"数字经济发展规划》的通知

国发〔2021〕29号

各省、自治区、直辖市人民政府,国务院各部委、各直属机构:

现将《"十四五"数字经济发展规划》印发给你们,请认真贯彻执行。

国务院
2021年12月12日

(此件公开发布)

"十四五"数字经济发展规划

数字经济是继农业经济、工业经济之后的主要经济形态,是以数据资源为关键要素,以现代信息网络为主要载体,以信息通信技术融合应用、全要素数字化转型为重要推动力,促进公平与效率更加统一的新经济形态。数字经济发展速度之快、辐射范围之广、影响程度之深前所未有,正推动生产方式、生活方式和治理方式深刻变革,成为重组全球要素资源、重塑全球经济结构、改变全球竞争格局的关键力量。"十四五"时期,我国数字经济转向深化应用、规范发展、普惠共享的新阶段。为应对新形势新挑战,把握数字化发展新机遇,拓展经济发展新空间,推动我国数字经济健康发展,依据《中华人民共和国国民经济和社会发展第十四个五年规划和2035年远景目标纲要》,制定本规划。

一、发展现状和形势

(一)发展现状。

"十三五"时期,我国深入实施数字经济发展战略,不断完善数字基础设施,加快培育新业态新模式,推进数字产业化和产业数字化取得积极成效。2020年,我国数字经济核心产业增加值占国内生产总值(GDP)比重达到7.8%,数字经济为经济社会持续健康发展提供了强大动力。

信息基础设施全球领先。建成全球规模最大的光纤和第四代移动通信(4G)网络,第五代移动通信(5G)网络建设和应用加速推进。宽带用户普及率明显提高,光纤用户占比超过94%,移动宽带用户普及率达到108%,互联网协议第六版(IPv6)活跃用户数达到4.6亿。

产业数字化转型稳步推进。农业数字化全面推进。服务业数字化水平显著提高。工业数字化转型加速,工业企业生产设备数字化水平持续提升,更多企业迈上"云端"。

新业态新模式竞相发展。数字技术与各行业加速融合,电子商务蓬勃发展,移动支付广泛普及,在线学习、远程会议、网络购物、视频直播等生产生活新方式加速推广,互联网平台日益壮大。

数字政府建设成效显著。一体化政务服务和监管效能大幅度提升,"一网通办"、"最多跑一次"、"一网统管"、"一网协同"等服务管理新模式广泛普及,数字营商环境持续优化,在线政务服务水平跃居全球领先行列。

数字经济国际合作不断深化。《二十国集团数字经济发展与合作倡议》等在全球赢得广泛共识,信息基础设施互联互通取得明显成效,"丝路电商"合作成果丰硕,我国数字经济领域平台企业加速出海,影响力和竞争力不断提升。

与此同时,我国数字经济发展也面临一些问题和挑战:关键领域创新能力不足,产业链供应链受制于人的局面尚未根本改变;不同行业、不同区域、不同群体间数字鸿沟未有效弥合,甚至有进一步扩大趋势;数据资源规模庞大,但价值潜力还没有充分释放;数字经济治理体系需进一步完善。

(二) 面临形势。

当前,新一轮科技革命和产业变革深入发展,数字化转型已经成为大势所趋,受内外部多重因素影响,我国数字经济发展面临的形势正在发生深刻变化。

发展数字经济是把握新一轮科技革命和产业变革新机遇的战略选择。数字经济是数字时代国家综合实力的重要体现,是构建现代化经济体系的重要引擎。世界主要国家均高度重视发展数字经济,纷纷出台战略规划,采取各种举措打造竞争新优势,重塑数字时代的国际新格局。

数据要素是数字经济深化发展的核心引擎。数据对提高生产效率的乘数作用不断凸显,成为最具时代特征的生产要素。数据的爆发增长、海量集聚蕴藏了巨大的价值,为智能化发展带来了新的机遇。协同推进技术、模式、业态和制度创新,切实用好数据要素,将为经济社会数字化发展带来强劲动力。

数字化服务是满足人民美好生活需要的重要途径。数字化方式正有效打破时空阻隔,提高有限资源的普惠化水平,极大地方便群众生活,满足多样化个性化需要。数字经济发展正在让广大群众享受到看得见、摸得着的实惠。

规范健康可持续是数字经济高质量发展的迫切要求。我国数字经济规模快速扩张,但发展不平衡、不充分、不规范的问题较为突出,迫切需要转变传统发展方式,加快补齐短板弱项,提高我国数字经济治理水平,走出一条高质量发展道路。

二、总体要求

(一) 指导思想。

以习近平新时代中国特色社会主义思想为指导,全面贯彻党的十九大和十九届历次全会精神,立足新发展阶段,完整、准确、全面贯彻新发展理念,构建新发展格局,推动高质量发展,统筹发展和安全、统筹国内和国际,以数据为关键要素,以数字技术与实体经济深度融合为主线,加强数字基础设施建设,完善数字经济治理体系,协同推进数字产业化和产业数字化,赋能传统产业转型升级,培育新产业新业态新模式,不断做强做优做大我国数字经济,为构建数字中国提供有力支撑。

(二) 基本原则。

坚持创新引领、融合发展。坚持把创新作为引领发展的第一动力,突出科技自立自强的战略支撑作用,促进数字技术向经济社会和产业发展各领域广泛深入渗透,推进数字技术、应用场景和商业模式融合创新,形成以技术发展促进全要素生产率提升、以领域应用带动技术进步的发展格局。

坚持应用牵引、数据赋能。坚持以数字化发展为导向,充分发挥我国海量数据、广阔市场空间和丰富应用场景优势,充分释放数据要素价值,激活数据要素潜能,以数据流促进生产、分配、流通、消费各个环节高效贯通,推动数据技术产品、应用范式、商业模式和体制机制协同创新。

坚持公平竞争、安全有序。突出竞争政策基础地位,坚持促进发展和监管规范并重,健全完善协同监管规则制度,强化反垄断和防止资本无序扩张,推动平台经济规范健康持续发展,建立健全适应数字经济发展的市场监管、宏观调控、政策法规体系,牢牢守住安全底线。

坚持系统推进、协同高效。充分发挥市场在资源配置中的决定性作用,构建经济社会各主体多元参与、协同联动的数字经济发展新机制。结合我国产业结构和资源禀赋,发挥比较优势,系统谋划、务实推进,更好发挥政府在数字经济发展中的作用。

(三)发展目标。

到2025年,数字经济迈向全面扩展期,数字经济核心产业增加值占GDP比重达到10%,数字化创新引领发展能力大幅提升,智能化水平明显增强,数字技术与实体经济融合取得显著成效,数字经济治理体系更加完善,我国数字经济竞争力和影响力稳步提升。

——数据要素市场体系初步建立。数据资源体系基本建成,利用数据资源推动研发、生产、流通、服务、消费全价值链协同。数据要素市场化建设成效显现,数据确权、定价、交易有序开展,探索建立与数据要素价值和贡献相适应的收入分配机制,激发市场主体创新活力。

——产业数字化转型迈上新台阶。农业数字化转型快速推进,制造业数字化、网络化、智能化更加深入,生产性服务业融合发展加速普及,生活性服务业多元化拓展显著加快,产业数字化转型的支撑服务体系基本完备,在数字化转型过程中推进绿色发展。

——数字产业化水平显著提升。数字技术自主创新能力显著提升,数字化产品和服务供给质量大幅提高,产业核心竞争力明显增强,在部分领域形成全球领先优势。新产业新业态新模式持续涌现、广泛普及,对实体经济提质增效的带动作用显著增强。

——数字化公共服务更加普惠均等。数字基础设施广泛融入生产生活,对政务服务、公共服务、民生保障、社会治理的支撑作用进一步凸显。数字营商环境更加优化,电子政务服务水平进一步提升,网络化、数字化、智慧化

的利企便民服务体系不断完善,数字鸿沟加速弥合。

——数字经济治理体系更加完善。协调统一的数字经济治理框架和规则体系基本建立,跨部门、跨地区的协同监管机制基本健全。政府数字化监管能力显著增强,行业和市场监管水平大幅提升。政府主导、多元参与、法治保障的数字经济治理格局基本形成,治理水平明显提升。与数字经济发展相适应的法律法规制度体系更加完善,数字经济安全体系进一步增强。

展望2035年,数字经济将迈向繁荣成熟期,力争形成统一公平、竞争有序、成熟完备的数字经济现代市场体系,数字经济发展基础、产业体系发展水平位居世界前列。

"十四五"数字经济发展主要指标

指标	2020年	2025年	属性
数字经济核心产业增加值占GDP比重(%)	7.8	10	预期性
IPv6活跃用户数(亿户)	4.6	8	预期性
千兆宽带用户数(万户)	640	6000	预期性
软件和信息技术服务业规模(万亿元)	8.16	14	预期性
工业互联网平台应用普及率(%)	14.7	45	预期性
全国网上零售额(万亿元)	11.76	17	预期性
电子商务交易规模(万亿元)	37.21	46	预期性
在线政务服务实名用户规模(亿)	4	8	预期性

三、优化升级数字基础设施

(一)加快建设信息网络基础设施。建设高速泛在、天地一体、云网融合、智能敏捷、绿色低碳、安全可控的智能化综合性数字信息基础设施。有序推进骨干网扩容,协同推进千兆光纤网络和5G网络基础设施建设,推动5G商

用部署和规模应用,前瞻布局第六代移动通信(6G)网络技术储备,加大 6G 技术研发支持力度,积极参与推动 6G 国际标准化工作。积极稳妥推进空间信息基础设施演进升级,加快布局卫星通信网络等,推动卫星互联网建设。提高物联网在工业制造、农业生产、公共服务、应急管理等领域的覆盖水平,增强固移融合、宽窄结合的物联接入能力。

专栏 1 信息网络基础设施优化升级工程

1. 推进光纤网络扩容提速。加快千兆光纤网络部署,持续推进新一代超大容量、超长距离、智能调度的光传输网建设,实现城市地区和重点乡镇千兆光纤网络全面覆盖。

2. 加快 5G 网络规模化部署。推动 5G 独立组网(SA)规模商用,以重大工程应用为牵引,支持在工业、电网、港口等典型领域实现 5G 网络深度覆盖,助推行业融合应用。

3. 推进 IPv6 规模部署应用。深入开展网络基础设施 IPv6 改造,增强网络互联互通能力,优化网络和应用服务性能,提升基础设施业务承载能力和终端支持能力,深化对各类网站及应用的 IPv6 改造。

4. 加速空间信息基础设施升级。提升卫星通信、卫星遥感、卫星导航定位系统的支撑能力,构建全球覆盖、高效运行的通信、遥感、导航空间基础设施体系。

(二)推进云网协同和算网融合发展。加快构建算力、算法、数据、应用资源协同的全国一体化大数据中心体系。在京津冀、长三角、粤港澳大湾区、成渝地区双城经济圈、贵州、内蒙古、甘肃、宁夏等地区布局全国一体化算力网络国家枢纽节点,建设数据中心集群,结合应用、产业等发展需求优化数据中心建设布局。加快实施"东数西算"工程,推进云网协同发展,提升数据中心跨网络、跨地域数据交互能力,加强面向特定场景的边缘计算能力,强化算力统筹和智能调度。按照绿色、低碳、集约、高效的原则,持续推进绿色数字中心建设,加快推进数据中心节能改造,持续提升数据中心可再生能源利用水平。推动智能计算中心有序发展,打造智能算力、通用算法和开发平台一体化的新型智能基础设施,面向政务服务、智慧城市、智能制造、自动驾驶、语言智能等重点新兴领域,提供体系化的人工智能服务。

(三)有序推进基础设施智能升级。稳步构建智能高效的融合基础设施,提升基础设施网络化、智能化、服务化、协同化水平。高效布局人工智能基础设施,提升支撑"智能+"发展的行业赋能能力。推动农林牧渔业基础设施和生产装备智能化改造,推进机器视觉、机器学习等技术应用。建设可靠、灵活、安全的工业互联网基础设施,支撑制造资源的泛在连接、弹性供给和高效配置。加快推进能源、交通运输、水利、物流、环保等领域基础设施数字化改造。推动新型城市基础设施建设,提升市政公用设施和建筑智能化水平。构建先进普惠、智能协作的生活服务数字化融合设施。在基础设施智能升级过程中,充分满足老年人等群体的特殊需求,打造智慧共享、和睦共治的新型数字生活。

四、充分发挥数据要素作用

(一)强化高质量数据要素供给。支持市场主体依法合规开展数据采集,聚焦数据的标注、清洗、脱敏、脱密、聚合、分析等环节,提升数据资源处理能力,培育壮大数据服务产业。推动数据资源标准体系建设,提升数据管理水平和数据质量,探索面向业务应用的共享、交换、协作和开放。加快推动各领域通信协议兼容统一,打破技术和协议壁垒,努力实现互通互操作,形成完整贯通的数据链。推动数据分类分级管理,强化数据安全风险评估、监测预警和应急处置。深化政务数据跨层级、跨地域、跨部门有序共享。建立健全国家公共数据资源体系,统筹公共数据资源开发利用,推动基础公共数据安全有序开放,构建统一的国家公共数据开放平台和开发利用端口,提升公共数据开放水平,释放数据红利。

专栏2　数据质量提升工程

1. 提升基础数据资源质量。建立健全国家人口、法人、自然资源和空间地理等基础信息更新机制，持续完善国家基础数据资源库建设、管理和服务，确保基础信息数据及时、准确、可靠。

2. 培育数据服务商。支持社会化数据服务机构发展，依法依规开展公共资源数据、互联网数据、企业数据的采集、整理、聚合、分析等加工业务。

3. 推动数据资源标准化工作。加快数据资源规划、数据治理、数据资产评估、数据服务、数据安全等国家标准研制，加大对数据管理、数据开放共享等重点国家标准的宣贯力度。

（二）加快数据要素市场化流通。加快构建数据要素市场规则，培育市场主体、完善治理体系，促进数据要素市场流通。鼓励市场主体探索数据资产定价机制，推动形成数据资产目录，逐步完善数据定价体系。规范数据交易管理，培育规范的数据交易平台和市场主体，建立健全数据资产评估、登记结算、交易撮合、争议仲裁等市场运营体系，提升数据交易效率。严厉打击数据黑市交易，营造安全有序的市场环境。

专栏3　数据要素市场培育试点工程

1. 开展数据确权及定价服务试验。探索建立数据资产登记制度和数据资产定价规则，试点开展数据权属认定，规范完善数据资产评估服务。

2. 推动数字技术在数据流通中的应用。鼓励企业、研究机构等主体基于区块链等数字技术，探索数据授权使用、数据溯源等应用，提升数据交易流通效率。

3. 培育发展数据交易平台。提升数据交易平台服务质量，发展包含数据资产评估、登记结算、交易撮合、争议仲裁等的运营体系，健全数据交易平台报价、询价、竞价和定价机制，探索协议转让、挂牌等多种形式的数据交易模式。

（三）创新数据要素开发利用机制。适应不同类型数据特点，以实际应用需求为导向，探索建立多样化的数据开发利用机制。鼓励市场力量挖掘商业数据价值，推动数据价值产品化、服务化，大力发展专业化、个性化数据服务，促进数据、技术、场景深度融合，满足各领域数据需求。鼓励重点行业创新数据开发利用模式，在确保数据安全、保障用户隐私的前提下，调动行业协会、科研院所、企业等多方参与数据价值开发。对具有经济和社会价值、允许加工利用的政务数据和公共数据，通过数据开放、特许开发、授权应用等方式，鼓励更多社会力量进行增值开发利用。结合新型智慧城市建设，加快城市数据融合及产业生态培育，提升城市数据运营和开发利用水平。

五、大力推进产业数字化转型

（一）加快企业数字化转型升级。引导企业强化数字化思维，提升员工数字技能和数据管理能力，全面系统推动企业研发设计、生产加工、经营管理、销售服务等业务数字化转型。支持有条件的大型企业打造一体化数字平台，全面整合企业内部信息系统，强化全流程数据贯通，加快全价值链业务协同，形成数据驱动的智能决策能力，提升企业整体运行效率和产业链上下游协同效率。实施中小企业数字化赋能专项行动，支持中小企业从数字化转型需求迫切的环节入手，加快推进线上营销、远程协作、数字化办公、智能生产线等应用，由点及面向全业务全流程数字化转型延伸拓展。鼓励和支持互联网平台、行业龙头企业等立足自身优势，开放数字化资源和能力，帮助传统企业和中小企业实现数字化转型。推行普惠性"上云用数赋智"服务，推动企业上云、上平台，降低技术和资金壁垒，加快企业数字化转型。

（二）全面深化重点产业数字化转型。立足不同产业特点和差异化需求，推动传统产业全方位、全链条数字化转型，提高全要素生产率。大力提升农业数字化水平，推进"三农"综合信息服务，创新发展智慧农业，提升农业生产、加工、销售、物流等各环节数字化水平。纵深推进工业数字化转型,加快推动研发设计、生产制造、经营管理、市场服务等全生命周期数字化转型,加快培育一批"专精特新"中小企业和制造业单项冠军企业。深入实施智能制造工程,大力推动装备数字化,开展智能制造试点示范专项行动,完善国家智能制造标准体系。培育推广个性化定制、网络化协同等新模式。大力发展数字商务,全面加快商贸、物流、金融等服务业数字化转型,优化管理体系和服务模式,提高服务业的品质与效益。促进数字技术在全过程工程咨询领域的深度应用,引领咨询服务和工程建设模式转型升级。加快推动智慧能源建设应用,促进能源生产、运输、消费等各环节智能化升级,推动能源行业低碳转型。加快推进国土空间基础信息平台建设应用。推动产业互联网融通应用,培育供应链金融、服务型制造等融通发展模式,以数字技术促进产业融合发展。

专栏4 重点行业数字化转型提升工程

1. 发展智慧农业和智慧水利。加快推动种植业、畜牧业、渔业等领域数字化转型,加强大数据、物联网、人工智能等技术深度应用,提升农业生产经营数字化水平。构建智慧水利体系,以流域为单元提升水情测报和智能调度能力。

2. 开展工业数字化转型应用示范。实施智能制造试点示范行动,建设智能制造示范工厂,培育智能制造先行区。针对产业痛点、堵点,分行业制定数字化转型路线图,面向原材料、消费品、装备制造、电子信息等重点行业开展数字化转型应用示范和评估,加大标杆应用推广力度。

3. 加快推动工业互联网创新发展。深入实施工业互联网创新发展战略,鼓励工业企业利用5G、时间敏感网络(TSN)等技术改造升级企业内外网,完善标识解析体系,打造若干具有国际竞争力的工业互联网平台,提升安全保障能力,推动各行业加快数字化转型。

4. 提升商务领域数字化水平。打造大数据支撑、网络化共享、智能化协作的智慧供应链体系。健全电子商务公共服务体系,汇聚数字赋能服务资源,支持商务领域中小微企业数字化转型升级。提升贸易数字化水平。引导批发零售、住宿餐饮、租赁和商务服务等传统业态积极开展线上线下、全渠道、定制化、精准化营销创新。

5. 大力发展智慧物流。加快对传统物流设施的数字化改造升级,促进现代物流业与农业、制造业等产业融合发展。加快建设跨行业、跨区域的物流信息服务平台,实现需求、库存和物流信息的实时共享,探索推进电子提单应用。建设智能仓储体系,提升物流仓储的自动化、智能化水平。

6. 加快金融领域数字化转型。合理推动大数据、人工智能、区块链等技术在银行、证券、保险等领域的深化应用,发展智能支付、智慧网点、智能投顾、数字化融资等新模式,稳妥推进数字人民币研发,有序开展可控试点。

7. 加快能源领域数字化转型。推动能源产、运、储、销、用各环节设施的数字化升级,实施煤矿、油气田、油气管网、电厂、电网、油气储备库、终端用能等领域设备设施、工艺流程的数字化建设与改造。推进微电网等智慧能源技术试点示范应用。推动基于供需衔接、生产服务、监督管理等业务关系的数字平台建设,提升能源体系智能化水平。

(三)推动产业园区和产业集群数字化转型。引导产业园区加快数字基础设施建设,利用数字技术提升园区管理和服务能力。积极探索平台企业与产业园区联合运营模式,丰富技术、数据、平台、供应链等服务供给,提升线上线下相结合的资源共享水平,引导各类要素加快向园区集聚。围绕共性转型需求,推动共享制造平台在产业集群落地和规模化发展。探索发展跨越物理边界的"虚拟"产业园区和产业集群,加快产业资源虚拟化集聚、平台化运营和网络化协同,构建虚实结合的产业数字化新生态。依托京津冀、长三角、粤港澳大湾区、成渝地区双城经济圈等重点区域,统筹推进数字基础设施建设,探索建立各类产业集群跨区域、跨平台协同新机制，促进创新要素整合共享，构建创新协同、错位互补、供需联动的区域数字化发展生态，提升产业链供应链协同配套能力。

（四）培育转型支撑服务生态。建立市场化服务与公共服务双轮驱动，技术、资本、人才、数据等多要素支撑的数字化转型服务生态，解决企业"不会转"、"不能转"、"不敢转"的难题。面向重点行业和企业转型需求，培育推广一批数字化解决方案。聚焦转型咨询、标准制定、测试评估等方向，培育一批第三方专业化服务机构，提升数字化转型服务市场规模和活力。支持高校、龙头企业、行业协会等加强协同，建设综合测试验证环境，加强产业共性解决方案供给。建设数字化转型促进中心，衔接集聚各类资源条件，提供数字化转型公共服务，打造区域产业数字化创新综合体，带动传统产业数字化转型。

专栏5　数字化转型支撑服务生态培育工程

1. 培育发展数字化解决方案供应商。面向中小微企业特点和需求，培育若干专业型数字化解决方案供应商，引导开发轻量化、易维护、低成本、一站式解决方案。培育若干服务能力强、集成水平高、具有国际竞争力的综合型数字化解决方案供应商。

2. 建设一批数字化转型促进中心。依托产业集群、园区、示范基地等建立公共数字化转型促进中心，开展数字化服务资源条件衔接集聚、优质解决方案展示推广、人才招聘及培养、测试试验、产业交流等公共服务。依托企业、产业联盟等建立开放型、专业化数字化转型促进中心，面向产业链上下游企业和行业内中小微企业提供供需撮合、转型咨询、定制化系统解决方案开发等市场化服务。制定完善数字化转型促进中心遴选、评估、考核等标准、程序和机制。

3. 创新转型支撑服务供给机制。鼓励各地因地制宜，探索建设数字化转型产品、服务、解决方案供给资源池，搭建转型供需对接平台，开展数字化转型服务券等创新，支持企业加快数字化转型。深入实施数字化转型伙伴行动计划，加快建立高校、龙头企业、产业联盟、行业协会等市场主体资源共享、分工协作的良性机制。

六、加快推动数字产业化

（一）增强关键技术创新能力。瞄准传感器、量子信息、网络通信、集成电路、关键软件、大数据、人工智能、区块链、新材料等战略性前瞻性领域，发挥我国社会主义制度优势、新型举国体制优势、超大规模市场优势，提高数字技术基础研发能力。以数字技术与各领域融合应用为导向，推动行业企业、平台企业和数字技术服务企业跨界创新，优化创新成果快速转化机制，加快创新技术的工程化、产业化。鼓励发展新型研发机构、企业创新联合体等新型创新主体，打造多元化参与、网络化协同、市场化运作的创新生态体系。支持具有自主核心技术的开源社区、开源平台、开源项目发展，推动创新资源共建共享，促进创新模式开放化演进。

专栏6　数字技术创新突破工程

1. 补齐关键技术短板。优化和创新"揭榜挂帅"等组织方式，集中突破高端芯片、操作系统、工业软件、核心算法与框架等领域关键核心技术，加强通用处理器、云计算系统和软件关键技术一体化研发。

2. 强化优势技术供给。支持建设各类产学研协同创新平台，打通贯穿基础研究、技术研发、中试熟化与产业化全过程的创新链，重点布局5G、物联网、云计算、大数据、人工智能、区块链等领域，突破智能制造、数字孪生、城市大脑、边缘计算、脑机融合等集成技术。

3. 抢先布局前沿技术融合创新。推进前沿学科和交叉研究平台建设，重点布局下一代移动通信技术、量子信息、神经芯片、类脑智能、脱氧核糖核酸（DNA）存储、第三代半导体等新兴技术，推动信息、生物、材料、能源等领域技术融合和群体性突破。

（二）提升核心产业竞争力。着力提升基础软硬件、核心电子元器件、关键基础材料和生产装备的供给水平，强化关键产品自给保障能力。实施产业链强链补链行动，加强面向多元化应用场景的技术融合和产品创新，提升产业链关键环节竞争力，完善5G、集成电路、新能源汽车、人工智能、工业互联网等重点产业供应链体系。深化新一代信息技术集成创新和融合应用，加快平台化、定制化、轻量化服务模式创新，打造新兴数字产业新优势。协同推进信息技术软硬件产品产业化、规模化应用，加快集成适配和迭代优化，推动软件产业做大做强，提升关键软硬件技术创新和供给能力。

（三）加快培育新业态新模式。推动平台经济健康发展，引导支持平台企业加强数据、产品、内容等资源整合共享，扩大协同办公、互联网医疗等在线服务覆盖面。深化共享经济在生活服务领域的应用，拓展创新、生产、供应链等资源共享新空间。发展基于数字技术的智能经济，加快优化智能化产品和服务运营，培育智慧销售、无人配送、智能制造、反向定制等新增长点。完善多元价值传递和贡献分配体系，有序引导多样化社交、短视频、知识分享等新型就业创业平台发展。

专栏7 数字经济新业态培育工程

1．持续壮大新兴在线服务。加快互联网医院发展，推广健康咨询、在线问诊、远程会诊等互联网医疗服务，规范推广基于智能康养设备的家庭健康监护、慢病管理、养老护理等新模式。推动远程协同办公产品和服务优化升级，推广电子合同、电子印章、电子签名、电子认证等应用。

2．深入发展共享经济。鼓励共享出行等商业模式创新，培育线上高端品牌，探索错时共享、有偿共享新机制。培育发展共享制造平台，推进研发设计、制造能力、供应链管理等资源共享，发展可计量可交易的新型制造服务。

3．鼓励发展智能经济。依托智慧街区、智慧商圈、智慧园区、智能工厂等建设，加强运营优化和商业模式创新，培育智能服务新增长

点。稳步推进自动驾驶、无人配送、智能停车等应用，发展定制化、智慧化出行服务。

4．有序引导新个体经济。支持线上多样化社交、短视频平台有序发展，鼓励微创新、微产品等创新模式。鼓励个人利用电子商务、社交软件、知识分享、音视频网站、创客等新型平台就业创业，促进灵活就业、副业创新。

（四）营造繁荣有序的产业创新生态。发挥数字经济领军企业的引领带动作用，加强资源共享和数据开放，推动线上线下相结合的创新协同、产能共享、供应链互通。鼓励开源社区、开发者平台等新型协作平台发展，培育大中小企业和社会开发者开放协作的数字产业创新生态，带动创新型企业快速壮大。以园区、行业、区域为整体推进产业创新服务平台建设，强化技术研发、标准制修订、测试评估、应用培训、创业孵化等优势资源汇聚，提升产业创新服务支撑水平。

七、持续提升公共服务数字化水平

（一）提高"互联网＋政务服务"效能。全面提升全国一体化政务服务平台功能，加快推进政务服务标准化、规范化、便利化，持续提升政务服务数字化、智能化水平，实现利企便民高频服务事项"一网通办"。建立健全政务数据共享协调机制，加快数字身份统一认证和电子证照、电子签章、电子公文等互信互认，推进发票电子化改革，促进政务数据共享、流程优化和业务协同。推动政务服务线上线下整体联动、全流程在线、向基层深度拓展，提升服务便利化、共享化水平。开展政务数据与业务、服务深度融合创新，增强基于大数据的事项办理需求预测能力，打造主动式、多层次创新服务场景。聚焦公共卫生、社会安全、应急管理等领域，深化数字技术应用，实现重大突发公共事件的快速响应和联动处置。

（二）提升社会服务数字化普惠水平。加快推动文化教育、医疗健康、会展旅游、体育健身等领域公共服务资源数字化供给和网络化服务，促进优质资源共享复用。充分运用新型

数字技术,强化就业、养老、儿童福利、托育、家政等民生领域供需对接,进一步优化资源配置。发展智慧广电网络,加快推进全国有线电视网络整合和升级改造。深入开展电信普遍服务试点,提升农村及偏远地区网络覆盖水平。加强面向革命老区、民族地区、边疆地区、脱贫地区的远程服务,拓展教育、医疗、社保、对口帮扶等服务内容,助力基本公共服务均等化。加强信息无障碍建设,提升面向特殊群体的数字化社会服务能力。促进社会服务和数字平台深度融合,探索多领域跨界合作,推动医养结合、文教结合、体医结合、文旅融合。

专栏 8　社会服务数字化提升工程

1. 深入推进智慧教育。推进教育新型基础设施建设,构建高质量教育支撑体系。深入推进智慧教育示范区建设,进一步完善国家数字教育资源公共服务体系,提升在线教育支撑服务能力,推动"互联网＋教育"持续健康发展,充分依托互联网、广播电视网络等渠道推进优质教育资源覆盖农村及偏远地区学校。

2. 加快发展数字健康服务。加快完善电子健康档案、电子处方等数据库,推进医疗数据共建共享。推进医疗机构数字化、智能化转型,加快建设智慧医院,推广远程医疗。精准对接和满足群众多层次、多样化、个性化医疗健康服务需求,发展远程化、定制化、智能化数字健康新业态,提升"互联网＋医疗健康"服务水平。

3. 以数字化推动文化和旅游融合发展。加快优秀文化和旅游资源的数字化转化和开发,推动景区、博物馆等发展线上数字化体验产品。发展线上演播、云展览、沉浸式体验等新型文旅服务,培育一批具有广泛影响力的数字文化品牌。

4. 加快推进智慧社区建设。充分依托已有资源,推动建设集约化、联网规范化、应用智能化、资源社会化,实现系统集成、数据共享和业务协同,更好提供政务、商超、家政、托育、养老、物业等社区服务资源,扩大感知智能技术应用,推动社区服务智能化,提升城乡社区服务效能。

5. 提升社会保障服务数字化水平。完善社会保障大数据应用,开展跨地区、跨部门、跨层级数据共享应用,加快实现"跨省通办"。健全风险防控分类管理,加强业务运行监测,构建制度化、常态化数据核查机制。加快推进社保经办数字化转型,为参保单位和个人搭建数字全景图,支持个性服务和精准监管。

(三)推动数字城乡融合发展。统筹推动新型智慧城市和数字乡村建设,协同优化城乡公共服务。深化新型智慧城市建设,推动城市数据整合共享和业务协同,提升城市综合管理服务能力,完善城市信息模型平台和运行管理服务平台,因地制宜构建数字孪生城市。加快城市智能设施向乡村延伸覆盖,完善农村地区信息化服务供给,推进城乡要素双向自由流动,合理配置公共资源,形成以城带乡、共建共享的数字城乡融合发展格局。构建城乡常住人口动态统计发布机制,利用数字化手段助力提升城乡基本公共服务水平。

专栏 9　新型智慧城市和数字乡村建设工程

1. 分级分类推进新型智慧城市建设。结合新型智慧城市评价结果和实践成效,遴选有条件的地区建设一批新型智慧城市示范工程,围绕惠民服务、精准治理、产业发展、生态宜居、应急管理等领域打造高水平新型智慧城市样板,着力突破数据融合难、业务协同难、应急联动难等痛点问题。

2. 强化新型智慧城市统筹规划和建设运营。加强新型智慧城市总体规划与顶层设计,创新智慧城市建设、应用、运营等模式,建立完善智慧城市的绩效管理、发展评价、标准规范体系,推进智慧城市规划、设计、建设、运营的一体化、协同化,建立智慧城市长效发展的运营机制。

3. 提升信息惠农服务水平。构建乡村综合信息服务体系,丰富市场、科技、金融、就业培训等涉农信息服务内容,推进乡村教育信息化应用,推进农业生产、市场交易、信贷保险、农村生活等数字化应用。

4. 推进乡村治理数字化。推动基本公共服务更好向乡村延伸,推进涉农服务事项线上线下一体化办理。推动农业农村大数据应用,强化市场预警、政策评估、监管执法、资源管理、舆情分析、应急管理等领域的决策支持服务。

(四)打造智慧共享的新型数字生活。加快既有住宅和社区设施数字化改造,鼓励新建小区同步规划建设智能系统,打造智能楼宇、智能停车场、智能充电桩、智能垃圾箱等公共设施。引导智能家居产品互联互通,促进家居产品与家居环境智能互动,丰富"一键控制"、"一声响应"的数字家庭生活应用。加强超高清电视普及应用,发展互动视频、沉浸式视频、云游戏等新业态。创新发展"云生活"服务,深化人工智能、虚拟现实、8K高清视频等技术的融合,拓展社交、购物、娱乐、展览等领域的应用,促进生活消费品质升级。鼓励建设智慧社区和智慧服务生活圈,推动公共服务资源整合,提升专业化、市场化服务水平。支持实体消费场所建设数字化消费新场景,推广智慧导览、智能导流、虚实交互体验、非接触式服务等应用,提升场景消费体验。培育一批新型消费示范城市和领先企业,打造数字产品服务展示交流和技能培训中心,培养全民数字消费意识和习惯。

八、健全完善数字经济治理体系

(一)强化协同治理和监管机制。规范数字经济发展,坚持发展和监管两手抓。探索建立与数字经济持续健康发展相适应的治理方式,制定更加灵活有效的政策措施,创新协同治理模式。明晰主管部门、监管机构职责,强化跨部门、跨层级、跨区域协同监管,明确监管范围和统一规则,加强分工合作与协调配合。深化"放管服"改革,优化营商环境,分类清理规范不适应数字经济发展需要的行政许可、资质资格等事项,进一步释放市场主体创新活力和内生动力。鼓励和督促企业诚信经营,强化以信用为基础的数字经济市场监管,建立完善信用档案,推进政企联动、行业联动的信用共享共治。加强征信建设,提升征信服务供给能力。加快建立全方位、多层次、立体化监管体系,实现事前事中事后全链条全领域监管,完善协同会商机制,有效打击数字经济领域违法犯罪行为。加强跨部门、跨区域分工协作,推动监管数据采集和共享利用,提升监管的开放、透明、法治水平。探索开展跨场景跨业务跨部门联合监管试点,创新基于新技术手段的监管模式,建立健全触发式监管机制。加强税收监管和税务稽查。

(二)增强政府数字化治理能力。加大政务信息化建设统筹力度,强化政府数字化治理和服务能力建设,有效发挥对规范市场、鼓励创新、保护消费者权益的支撑作用。建立完善基于大数据、人工智能、区块链等新技术的统计监测和决策分析体系,提升数字经济治理的精准性、协调性和有效性。推进完善风险应急响应处置流程和机制,强化重大问题研判和风险预警,提升系统性风险防范水平。探索建立适应平台经济特点的监管机制,推动线上线下监管有效衔接,强化对平台经营者及其行为的监管。

专栏10　数字经济治理能力提升工程

1. 加强数字经济统计监测。基于数字经济及其核心产业统计分类,界定数字经济统计范围,建立数字经济统计监测制度,组织实施数字经济统计监测。定期开展数字经济核心产业核算,准确反映数字经济核心产业发展规模、速度、结构等情况。探索开展产业数字化发展状况评估。

2. 加强重大问题研判和风险预警。整合各相关部门和地方风险监测预警能力,健全完善风险发现、研判会商、协同处置等工作机制,发挥平台企业和专业研究机构等力量的作用,有效监测和防范大数据、人工智能等技术滥用可能引发的经济、社会和道德风险。

3. 构建数字服务监管体系。加强对平台治理、人工智能伦理等问题的研究,及时跟踪研判数字技术创新应用发展趋势,推动完善数字中介服务、工业APP、云计算等数字技术和服务监管规则。探索大数据、人工智能、区块链等数字技术在监管领域的应用。强化产权和知识产权保护,严厉打击网络侵权和盗版行为,营造有利于创新的发展环境。

（三）完善多元共治新格局。建立完善政府、平台、企业、行业组织和社会公众多元参与、有效协同的数字经济治理新格局,形成治理合力,鼓励良性竞争,维护公平有效市场。加快健全市场准入制度、公平竞争审查机制,完善数字经济公平竞争监管制度,预防和制止滥用行政权力排除限制竞争。进一步明确平台企业主体责任和义务,推进行业服务标准建设和行业自律,保护平台从业人员和消费者合法权益。开展社会监督、媒体监督、公众监督,培育多元治理、协调发展新生态。鼓励建立争议在线解决机制和渠道,制定并公示争议解决规则。引导社会各界积极参与推动数字经济治理,加强和改进反垄断执法,畅通多元主体诉求表达、权益保障渠道,及时化解矛盾纠纷,维护公众利益和社会稳定。

专栏11　多元协同治理能力提升工程

1. **强化平台治理。** 科学界定平台责任与义务,引导平台经营者加强内部管理和安全保障,强化平台在数据安全和隐私保护、商品质量保障、食品安全保障、劳动保护等方面的责任,研究制定相关措施,有效防范潜在的技术、经济和社会风险。

2. **引导行业自律。** 积极支持和引导行业协会等社会组织参与数字经济治理,鼓励出台行业标准规范、自律公约,并依法依规参与纠纷处理,规范行业企业经营行为。

3. **保护市场主体权益。** 保护数字经济领域各类市场主体尤其是中小微企业和平台从业人员的合法权益、发展机会和创新活力,规范网络广告、价格标示、宣传促销等行为。

4. **完善社会参与机制。** 拓宽消费者和群众参与渠道,完善社会举报监督机制,推动主

管部门、平台经营者等及时回应社会关切,合理引导预期。

九、着力强化数字经济安全体系

（一）增强网络安全防护能力。强化落实网络安全技术措施同步规划、同步建设、同步使用的要求,确保重要系统和设施安全有序运行。加强网络安全基础设施建设,强化跨领域网络安全信息共享和工作协同,健全完善网络安全应急事件预警通报机制,提升网络安全态势感知、威胁发现、应急指挥、协同处置和攻击溯源能力。提升网络安全应急处置能力,加强电信、金融、能源、交通运输、水利等重要行业领域关键信息基础设施网络安全防护能力,支持开展常态化安全风险评估,加强网络安全等级保护和密码应用安全性评估。支持网络安全保护技术和产品研发应用,推广使用安全可靠的信息产品、服务和解决方案。强化针对新技术、新应用的安全研究管理,为新产业新业态新模式健康发展提供保障。加快发展网络安全产业体系,促进拟态防御、数据加密等网络安全技术应用。加强网络安全宣传教育和人才培养,支持发展社会化网络安全服务。

（二）提升数据安全保障水平。建立健全数据安全治理体系,研究完善行业数据安全管理政策。建立数据分类分级保护制度,研究推进数据安全标准体系建设,规范数据采集、传输、存储、处理、共享、销毁全生命周期管理,推动数据使用者落实数据安全保护责任。依法依规加强政务数据安全保护,做好政务数据开放和社会化利用的安全管理。依法依规做好网络安全审查、云计算服务安全评估等,有效防范国家安全风险。健全完善数据跨境流动安全管理相关制度规范。推动提升重要设施设备的安全可靠水平,增强重点行业数据安全保障能力。进一步强化个人信息保护,规范身份信息、隐私信息、生物特征信息的采集、传输和使用,加强对收集使用个人信息的安全监管能力。

（三）切实有效防范各类风险。强化数字

经济安全风险综合研判,防范各类风险叠加可能引发的经济风险、技术风险和社会稳定问题。引导社会资本投向原创性、引领性创新领域,避免低水平重复、同质化竞争、盲目跟风炒作等,支持可持续发展的业态和模式创新。坚持金融活动全部纳入金融监管,加强动态监测,规范数字金融有序创新,严防衍生业务风险。推动关键产品多元化供给,着力提高产业链供应链韧性,增强产业体系抗冲击能力。引导企业在法律合规、数据管理、新技术应用等领域完善自律机制,防范数字技术应用风险。健全失业保险、社会救助制度,完善灵活就业的工伤保险制度。健全灵活就业人员参加社会保险制度和劳动者权益保障制度,推进灵活就业人员参加住房公积金制度试点。探索建立新业态企业劳动保障信用评价、守信激励和失信惩戒等制度。着力推动数字经济普惠共享发展,健全完善针对未成年人、老年人等各类特殊群体的网络保护机制。

十、有效拓展数字经济国际合作

(一)加快贸易数字化发展。以数字化驱动贸易主体转型和贸易方式变革,营造贸易数字化良好环境。完善数字贸易促进政策,加强制度供给和法律保障。加大服务业开放力度,探索放宽数字经济新业态准入,引进全球服务业跨国公司在华设立运营总部、研发设计中心、采购物流中心、结算中心,积极引进优质外资企业和创业团队,加强国际创新资源"引进来"。依托自由贸易试验区、数字服务出口基地和海南自由贸易港,针对跨境寄递物流、跨境支付和供应链管理等典型场景,构建安全便利的国际互联网数据专用通道和国际化数据信息专用通道。大力发展跨境电商,扎实推进跨境电商综合试验区建设,积极鼓励各业务环节探索创新,培育壮大一批跨境电商龙头企业、海外仓领军企业和优秀产业园区,打造跨境电商产业链和生态圈。

(二)推动"数字丝绸之路"深入发展。加强统筹谋划,高质量推动中国—东盟智慧城市合作、中国—中东欧数字经济合作。围绕多双边经贸合作协定,构建贸易投资开放新格局,拓展与东盟、欧盟的数字经济合作伙伴关系,与非盟和非洲国家研究开展数字经济领域合作。统筹开展境外数字基础设施合作,结合当地需求和条件,与共建"一带一路"国家开展跨境光缆建设合作,保障网络基础设施互联互通。构建基于区块链的可信服务网络和应用支撑平台,为广泛开展数字经济合作提供基础保障。推动数据存储、智能计算等新兴服务能力全球化发展。加大金融、物流、电子商务等领域的合作模式创新,支持我国数字经济企业"走出去",积极参与国际合作。

(三)积极构建良好国际合作环境。倡导构建和平、安全、开放、合作、有序的网络空间命运共同体,积极维护网络空间主权,加强网络空间国际合作。加快研究制定符合我国国情的数字经济相关标准和治理规则。依托双边和多边合作机制,开展数字经济标准国际协调和数字经济治理合作。积极借鉴国际规则和经验,围绕数据跨境流动、市场准入、反垄断、数字人民币、数据隐私保护等重大问题探索建立治理规则。深化政府间数字经济政策交流对话,建立多边数字经济合作伙伴关系,主动参与国际组织数字经济议题谈判,拓展前沿领域合作。构建商事协调、法律顾问、知识产权等专业化中介服务机制和公共服务平台,防范各类涉外经贸法律风险,为出海企业保驾护航。

十一、保障措施

(一)加强统筹协调和组织实施。建立数字经济发展部际协调机制,加强形势研判,协调解决重大问题,务实推进规划的贯彻实施。各地方要立足本地区实际,健全工作推进协调机制,增强发展数字经济本领,推动数字经济更好服务和融入新发展格局。进一步加强对数字经济发展政策的解读与宣传,深化数字经济理论和实践研究,完善统计测度和评价体系。各部门要充分整合现有资源,加强跨部门协调沟通,有效调动各方面的积极性。

(二)加大资金支持力度。加大对数字经

济薄弱环节的投入,突破制约数字经济发展的短板与瓶颈,建立推动数字经济发展的长效机制。拓展多元投融资渠道,鼓励企业开展技术创新。鼓励引导社会资本设立市场化运作的数字经济细分领域基金,支持符合条件的数字经济企业进入多层次资本市场进行融资,鼓励银行业金融机构创新产品和服务,加大对数字经济核心产业的支持力度。加强对各类资金的统筹引导,提升投资质量和效益。

(三)提升全民数字素养和技能。实施全民数字素养与技能提升计划,扩大优质数字资源供给,鼓励公共数字资源更大范围向社会开放。推进中小学信息技术课程建设,加强职业院校(含技工院校)数字技术技能类人才培养,深化数字经济领域新工科、新文科建设,支持企业与院校共建一批现代产业学院、联合实验室、实习基地等,发展订单制、现代学徒制等多元化人才培养模式。制定实施数字技能提升专项培训计划,提高老年人、残障人士等运用数字技术的能力,切实解决老年人、残障人士面临的困难。提高公民网络文明素养,强化数字社会道德规范。鼓励将数字经济领域人才纳入各类人才计划支持范围,积极探索高效灵活的人才引进、培养、评价及激励政策。

(四)实施试点示范。统筹推动数字经济试点示范,完善创新资源高效配置机制,构建引领性数字经济产业集聚高地。鼓励各地区、各部门积极探索适应数字经济发展趋势的改革举措,采取有效方式和管用措施,形成一批可复制推广的经验做法和制度性成果。支持各地区结合本地区实际情况,综合采取产业、财政、科研、人才等政策手段,不断完善与数字经济发展相适应的政策法规体系、公共服务体系、产业生态体系和技术创新体系。鼓励跨区域交流合作,适时总结推广各类示范区经验,加强标杆示范引领,形成以点带面的良好局面。

(五)强化监测评估。各地区、各部门要结合本地区、本行业实际,抓紧制定出台相关配套政策并推动落地。要加强对规划落实情况的跟踪监测和成效分析,抓好重大任务推进实施,及时总结工作进展。国家发展改革委、中央网信办、工业和信息化部要会同有关部门加强调查研究和督促指导,适时组织开展评估,推动各项任务落实到位,重大事项及时向国务院报告。

附录D

中国工程机械工业协会《工程机械行业"十四五"发展规划》

《工程机械行业"十四五"发展规划》
中国工程机械工业协会

2021年7月

前　言

作为我国国民经济建设的重要支柱产业之一,我国工程机械行业"十三五"期间认真贯彻落实党中央决策部署,大力推进和实施供给侧结构性改革,行业各方面都获得了长足的发展,品牌影响力、国际化程度、科技和创新能力,规模和总量、品质和质量、价值链的综合能力以及发展质量等诸多方面显著提高;工程机械行业的制造技术、工艺和装备水平得到新的提升;创新研发的重大技术装备、高端工程机械产品以及融入先进技术的新型工程机械为国民经济建设做出了巨大贡献。

近十来年我国工程机械行业的快速发展,尽管在一些领域与国际领先水平尚有差距,但在世界工程机械产业格局中已经占据了重要地位。我们处在一个新的历史起点,将开启新的全方位、开创性发展时期,智能化、互联网、大数据、5G等新技术将赋予我国工程机械行业新的发展动力。

当前我国正积极推进以国内大循环为主体、国内国际双循环相互促进的新发展格局,工程机械行业在稳步推进"走出去"的同时,继续进行供给侧结构性改革,使国内市场为国际市场和海外投资发展提供有力支撑,国际业务为国内生产和销售增添创新动力,在构建新发展格局中实现工程机械高质量发展再上新台阶。

"十四五"时期是我国全面建成小康社会、实现第一个百年奋斗目标之后,乘势而上开启全面建设社会主义现代化国家新征程、向第二个百年奋斗目标进军的第一个五年。为推动工程机械行业抓住我国当前重要的历史机遇期,深化高质量发展,特制订本规划。

一、"十三五"工程机械行业发展概述

"十三五"期间,工程机械行业企业经济效益、劳动生产率、研发投入强度、数字化智能化成果、绿色发展各项指标得到提升;企业自我发展能力和内生增长动力明显提高;产业结构、产品结构和产业布局更加合理;资本结构更加高效,多种所有制成分和企业混合所有制改革推动了更加高效合理的资源配置;人才结构实现升级,一批企业家、优秀管理者、研发队伍和工匠成为企业高质量发展的重要力量;市场结构更加均衡,应对外部风险和市场波动的

能力增强；企业品牌建设取得积极进展。"十三五"期间全行业发展质量处于历史最好水平。

（一）行业规模快速增长

2016年行业从连续5年的低谷走出，"十三五"期间，我国工程机械行业呈现出规模、效益、品牌价值、国际化、创新研发和智能制造等全面提升的局面，在高质量发展的道路上稳健前行。工程机械行业产业规模从"十二五"末（2015年）的4570亿元，发展到2020年的超过7000亿元。

表1　2015年及"十三五"期间营业收入（亿元人民币）

年份	2015	2016	2017	2018	2019	2020
营业收入	4570	4795	5403	5964	6681	7751
同比(%)	−11.7	4.93	12.7	10.4	12.0	16.0

表2　2015年及"十三五"期间工程机械主要产品销量（台）

类别＼年份	2015	2016	2017	2018	2019	2020快报
挖掘机	60 514	73 390	144 867	211 214	235 695	327 605
装载机	73 581	75 445	99 063	13 3466	123 615	131 176
平地机	2620	3184	4522	5261	4348	4483
推土机	3682	4061	5719	7600	5807	5907
压路机	10 388	11 959	17 421	18 376	16 978	19 479
摊铺机	1804	1971	2390	2319	2773	2610
轮式起重机	9327	9568	20 434	32 278	42 959	54 176
塔式起重机	20 000	7000	11 000	23 000	40 000	50 000
叉车	327 626	370 067	496 738	597 252	608 341	800 239
混凝土泵	3628	3817	5100	5412	7035	7682
混凝土搅拌站	3715	5873	6873	6987	8353	12 200
混凝土搅拌车	32 067	24 442	35 656	62 193	74 641	105 243
混凝土泵车	4012	2811	3532	4795	7179	11 917

表3　2015年及"十三五"期间进出口情况（亿美元）

年份	2015	2016	2017	2018	2019	2020
进口额	33.67	33.17	40.86	48.99	40.38	37.53
同比(%)	−21.4	−1.50	23.2	19.9	−17.6	−7.05
出口额	189.78	169.6	201.05	235.82	242.76	209.69
同比(%)	−4.11	−10.6	18.5	17.3	2.94	−13.6
进出口额	223.45	202.77	241.91	284.81	283.14	247.22
同比(%)	−7.19	−9.26	19.3	17.7	−0.59	−12.7

（二）较好完成"十三五"发展目标

1. 2020年全行业完成营业收入（预计）超过7000亿元，完成计划的总量规模预期目标。

2. 信息化、数字化取得较大进展，智能化在多个领域取得突破和应用成果，完成信息化、智能化阶段性目标。

3. "十三五"期间，工程机械进出口总额1260亿美元，比"十二五"增长4.39%，其中出口累计1059亿美元，增长13.4%，进口累计201亿美元，下降26.45%。2019年工程机械产品进出口总额283亿美元，其中，出口242.76亿美元，已接近完成250亿美元出口目标。由于全球新冠疫情影响,全球经济受到较大冲击,2020年工程机械全球贸易量大幅度下降,我国工程机械出口近210亿美元,比2019年下降超过13.6%。

4. 较好完成产业结构性发展目标:一批企业进入全球工程机械前列,出口及海外营业收入占比预计超过30%;一批企业的项目成为智能制造示范试点及应用推广;涌现出一些国际化品牌;标准化工作取得突出成果;高端零部件自主化率提升明显;检测、验证、测试等手段得到加强。

(三) 结构调整取得较大进展

1. 产业结构不断优化

产业集中度稳步提高,产业布局更加高效、集约,形成东、中、西部区域合理分布,形成有机结合、相互补充、相互促进、协调发展的行业结构。

产业链进一步协调发展,零部件制造能力水平和产品质量、可靠性明显提升,形成了整机企业零部件研发、试验检测与零部件制造企业技术研发与制造工艺提升相结合、相支撑,以及整机企业零部件制造与专业零部件企业相补充、相借鉴的发展方式,有效带动了零部件行业的转型升级。

制造服务业快速成长,从设备交付、培训、维修、租赁、保养、油品、设备使用状态监控和零配件供应,到二手设备交易、部件和设备再制造等。一批服务商的规范化、高水平服务与制造企业的服务端形成有机补充,成为工程机械产业链中快速发展的一环。

工业互联网在工程机械领域应用进一步深化,推动了以智能制造、智能产品、智慧管理为抓手的制造业转型升级。行业企业相继构建了自身的数字化研发体系、管理体系和服务体系,推动了研发、管理与服务的升级。

2. 市场需求结构发生变化

随着国民经济建设和世界各国经济建设对工程机械需求的不断升级,创新研发的重大技术装备、高端工程机械产品以及融入数字化、信息化、智能化、轻量化及互联网等新型高技术工程机械需求越加旺盛。

经过近十多年的快速发展,工程机械行业规模不断扩大,充分满足了国民经济建设快速增长的巨大需求,同时全社会累积了与国民经济发展相匹配的设备存量规模,工程机械行业正在由增量市场为主的需求结构向存量市场升级、更新并重的需求结构转变;由仅追求性价比向高性能、高质量、高可靠性、高适应性发展;由单一通用机型需求结构为主向多元化需求结构和对施工技术系统整体解决方案发展;我国经济整体实力、科技实力、综合国力和人民生活水平的快速发展,以及重大建设工程新的施工环境(高原、极寒等)和工法(安全、高效)推动新型工程机械发展和原有工程机械跨越式升级。

3. 国际化步伐稳步推进,全球产业布局进一步完善

工程机械作为国际产能合作重点行业,经过"十二五""十三五"的快速发展和探索实践,走出了一条稳步推进的国际化之路,从"十二五"快速布局,到"十三五"提质增效,建设海外分支机构,完善海外营销服务体系,同时积极并购整合全球资源和设立海外研发、制造和服务基地。经历了从战略视野国际化、营销服务国际化,到部分企业实现了研发生产国际化和品牌及管理体系国际化等跨越发展阶段,形成了出口贸易、海外建厂、跨国并购、全球研发和国际化人才培养"五位一体"的国际化发展模式。工程机械行业积极践行"一带一路"建设,完善全球布局,提升海外市场竞争力,在与国际巨头同台竞技中,不断缩小差距,充分彰显出不断提升的中国品牌全球竞争实力和优势。至"十三五"末,工程机械出口及海外业务收入占比预计将达到30%。

(四) 创新发展成果显著

"十三五"期间,工程机械行业深入实施创新驱动发展战略,在高端、智能产品核心技术研发和应用推广方面不断取得新突破,充分满足了国民经济建设重大工程的需要,涌现出一大批科研成果,成为行业持续增长的重要动力。

附录D 中国工程机械工业协会《工程机械行业"十四五"发展规划》

"异形全断面隧道掘进机设计制造关键技术及应用"项目获得2018年度国家科学技术进步二等奖。"海上大型绞吸疏浚装备的自主研发与产业化"项目荣获2019年国家科技进步奖特等奖,成为2019年年度国家科技进步奖三项特等奖项目之一。

"十三五"期间,工程机械行业共获得中国机械工业科学技术奖特等奖3项,一等奖10项,二等奖32项,三等奖64项。创新发展引领工程机械行业各主要领域均取得了突破性的发展成就,促进了行业技术进步和高质量发展:

1. 智能化工程机械快速发展

"十三五"期间,工程机械行业加快了利用控制技术、电液技术、计算机技术、通信技术等新技术在工程机械智能化监控、维护、检测、安全防护与管理、远程作业管理、多机协同等方面的应用研究,加快了智能化工程机械的发展步伐。

工程机械行业已经初步形成了科研机构、大专院校、整机制造企业、零部件及系统集成商、软件开发机构、施工及承包企业相融合的智能化产品研发合作机制,并已初步取得研发成果,在部分领域得到应用实践。

一批具有辅助操作、无人驾驶、状态管理、机群管理、安全防护、特种作业、远程控制、故障诊断、生命周期管理等功能的智能化工程机械得到实际应用,极大地解决了施工中的一些难点问题。

2. 重大技术装备再上台阶

"十三五"期间,为满足国民经济建设对工程机械重大技术装备的需要,诞生了一批高端工程机械和重大技术装备,实现了对进口整机装备的替代,对大量人工作业的替代,对传统低效作业方式的替代,对环境有不利影响的施工方式的替代,实现了新施工工法和极端施工环境的技术突破,满足了我国重大建设项目的需求。

——实现了掘进机械整机系统集成技术的应用。通过高压密封技术、常压换刀技术、冷冻刀盘技术、泥水辐条刀盘技术、环流系统智能控制、高水压多溶洞地层盾构超前探测及加固技术、驱动伸缩摆动技术、可视化施工技术等关键技术,关键系统或部件的应用,诞生了一批适合各种施工环境的盾构施工技术与设备,有效拓展了盾构施工领域。实现了15米以上超大直径泥水盾构和超小直径(≤4.5米)盾构施工应用,各类异形盾构机、大直径硬岩掘进机为各类城市建设、特殊地质条件下重大交通、水利建设提供了高水平的解决方案。

——大型和超大型挖掘机技术逐渐成熟。50吨级以上大型挖掘机的研发,取得了双动力组件耦合控制系统、高压系统智能监控及故障自诊断技术、模块化双动力液压驱动系统、电液控制系统、自补油自适应底盘涨紧系统、大型结构件制造技术、动态可靠性分析与优化设计等技术的成功应用,支持了大型挖掘机的批量生产和使用。诞生了百吨级以上超大型液压挖掘机,最大达到700吨,并成功用于矿山领域。高速轮式挖掘机解决了我国特种施工领域的需求。

——超大型起重机研制和应用。4000吨级履带起重机在国内施工吊装领域取得成功应用的基础上,先后有多台设备交付,并在国际吊装市场成功应用;2000吨级全地面起重机、52 000千牛·米、大型内爬式动臂塔机等超大型起重机在大化工、核电、超高层建筑和超大型桥梁施工多个重大吊装领域得到广泛运用。

——大型高端桩工机械为地下桩基础施工提供高效、环保、可靠的施工方案。2米及以上大型全液压旋挖钻机实现批量制造;新型地下连续墙液压抓斗进一步在城市地下建筑施工中得到广泛应用;更加高效、环保的地下连续墙双轮铣槽机在超深、超厚、超硬、超大(方量)和接头等五个方面地下连续墙和深基础工程中取得较好的应用效果。

——特种工程机械包括全地形工程车、超高层建筑破拆消防救援车、极地等特殊环境工程机械、多功能抢险救援车、扫雪除冰设备、雪场压雪车等相继诞生,并获得实际应用,打破了国外的技术垄断。

除以上重大技术装备外,工程机械行业在大型铲土运输机械、环保智能化混凝土沥青搅拌设备、电动智能化仓储物流设备、大载重量臂式升降作业平台、大型成套路面施工及养护设备、大型多臂智能控制凿岩台车、超大型电动轮自卸车、长钢臂架泵车、大型集装箱正面吊等重大技术装备和智能高端装备在研发、制造、工程应用、关键部件等方面均取得重大进展。

3. 性能、质量和可靠性耐久性进一步提高

"十三五"期间,工程机械行业通过改进设计、优化工作装置和结构件等关键部件、对制造技术工艺进行了升级改造,加强了对零部件质量的管控,广泛推广信息化车间和智能化工厂,进一步提升了产品质量。同时对关键部件如箱、桥、大型结构件等进行了寿命提升,进一步提高了整机产品的可靠性和耐久性。

据对抽测的装载机可靠性试验结果分析,2017 年平均失效间隔时间为 749 小时,2018 年的平均失效间隔时间为 865 小时,2019 年的平均失效间隔时间为 886 小时。"十三五"末装载机可靠性指标已接近国际先进水平。

进一步开展了应用先进的现代分析技术进行疲劳寿命预估与可靠性、耐久性研究,使得零部件的质量一致性控制得到提升,可靠性试验手段也逐步加强,总体提升了产品的可靠性、耐久性。同步研发了整机和传动系统、液压系统、控制系统、制动与转向系统等关键部件的可靠性、耐久性试验装备与试验方法、规范与标准,进一步规范了可靠性验证工作。部分产品整机可靠性接近国际先进水平。

4. 工业互联网广泛应用

"十三五"期间,立足国情和行业实际情况,工程机械工业互联网通过系统构建网络、平台和安全功能体系,打造人、机、物等要素全面互联的新型网络基础设施,形成智能化发展的新兴业态和应用模式,建成了数字化、网络化的作业场景再现与作业参数实时反馈的监控体系,有效地支撑了工程机械研发、制造、施工管理、安全管理、协同作业、应急救援、维保服务、早期故障排除等各环节的高效运营。并积累了大规模设备状态数据,为进一步提高产品性能和服务能力,推动行业在产品全生命周期各个阶段的高质量发展打下基础。

5. 绿色发展成绩卓著

"十三五"期间,工程机械行业践行绿色发展理念,积极开展以智能制造和绿色制造为目标的技术改造,全面推广新型环保涂装技术、焊接粉尘控制技术、节能节材技术、振动噪声控制技术和再制造技术,截至"十三五"末,有一批企业成功实现环保涂料应用全覆盖和焊接粉尘的达标排放;材料利用率不断提高,万元增加值综合能耗得到有效控制;再制造技术得到实际应用。

"十三五"期间,工程机械行业全面实现了非道路移动机械国三阶段排放标准的切换,实现了工程机械排放标准的升级,有效降低了大气污染物排放总量,同时也迎来了工程机械行业新的市场需求高峰。国四阶段非道路工程机械排放标准即将实施,各制造企业和配套企业积极准备,开展 PEMS 主机测试、PN 要求、烟度测试、耐久性认证等前期技术准备,积极迎接国四阶段排放标准的切换。

(五)标准化工作扎实推进,团体标准应行业发展之需作用凸显

"十三五"期间,工程机械行业标准化工作按计划开展了强制性标准的整合精简和推荐性标准集中复审工作,配合"一带一路"倡议,开展标准"走出去"工作,团体标准制度建设进一步规范化,团体标准制定、发布、宣贯取得显著成绩,在推动行业技术进步和工程应用方面发挥不可替代的基础作用,行业标准化体系建设进一步完善。

"十三五"期间,着重开展绿色制造标准体系建设,以高效节能、先进环保、资源循环利用为重点,加强节能环保类基础标准、性能检测方法标准和评价管理标准的制定,提升了标准化工作与行业推进高质量发展的契合度。

1. 标准化体系建设进一步完善

国家标准、行业标准、团体标准协同推进,我国行业标准化机构在国际标准化体系中担

任了更加重要的角色,标准化水平和在行业技术进步中发挥的作用更加突出。

"十三五"期间,工程机械行业中建筑施工机械与设备、土方机械、工业车辆、凿岩机械与气动工具、升降工作平台和流动式起重机制等行业共修订国家标准 139 项,行业标准 109 项;国际标准转化为国家标准、行业标准 202 项,主导制定国际标准 7 项,参与制定国际标准 20 项;完成工程机械领域国家标准英文版翻译 37 项,被国际区域组织采用 8 项。

2. 高质量的团体标准得到越来越广泛应用

截至 2020 年底已经颁布团体标准 111 项,涉及基础标准、安全标准、产品标准、方法标准、关键零部件标准、节能环保标准、科技成果转化标准、职业培训标准等。通过团体标准"补短板、上水平、填空白",快速响应技术创新和市场需求,解决标准滞后缺失问题,增加标准有效供给。在管理部门、制造企业和使用单位之间建立了有效的标准工作对接机制,使团体标准真正成为"实用、爱用、管用"的标准。圆满完成了首批团体标准试点工作,引导工程机械行业企业积极开展、应用推广团体标准。

连续四年参评由工业和信息化部组织开展的工业通信业"百项团体标准应用示范"项目,共有 22 项工程机械团体标准获此称号。其中 T/CCMA 0056—2018《土方机械 液压挖掘机 多样本可靠性试验方法》已列入国家科技支撑计划"工程机械节能减排关键技术研究与应用"项目,解决了我国液压挖掘机可靠性研究方法和验证问题。T/CCMA 0066—2018《沥青混合料搅拌设备 环保排放限值》推动了沥青混合料搅拌设备环保参数检测方法的规范化,填补了本行业在工程应用中有关污染排放生产管理的空白,使市场对环保型沥青搅拌设备的评价有据可依。

3. 积极推动工程机械行业"走出去"。

开展了中国装备"走出去"工程机械领域标准需求研究,首次发布了《中国工程机械"走出去"标准白皮书》,在装备制造业中第一次提出了"走出去"标准名录,为在全球市场树立中国工程机械产品品牌创造了条件。

受委托开展了"中国—巴西挖掘机标准应用合作和推广研究"、"中国—巴西工程机械标准比对及中国标准应用和推广研究"课题,深耕研究巴西的工程机械标准法规,推动中国标准在巴西国内及南美地区的应用。

受委托开展了"工程机械安全与环保标准国际比对分析"课题,将我国工程机械领域现行的安全与环保标准与主要国家和地区的标准进行了比对分析研究,加大与相关国家间安全与环保标准的互认力度。

(六)各主要分行业成绩斐然

挖掘机械行业针对自身存在的短板和市场需求高端化的发展趋势,加大创新研发力度,涌现出一批数字化、智能化、无人驾驶/遥控驾驶、大型特大型产品,有效拓展了挖掘机使用领域和适用性,产品技术性能、可靠性、耐久性及工作效率大幅度提升,缩短了与国际领先水平的差距。

掘进机械行业迎来了历史上最好的发展时期,盾构机/TBM 打破国外的技术垄断,国产隧道掘进机市场占有率已经超过了 90%;钻爆法隧道成套装备实现了自主研制和应用,实现了全工序机械化作业,正向信息化、网络化、数据化、智能化迈进,助力隧道智能建造。

筑养路机械产业结构发生变化,产品升级换代、数字化智能化成果、产品绿色化和节能减排升级稳步推进。一批节能环保、安全可靠的产品受到市场欢迎,有效满足了道路施工养护的各种差异化需求。无人驾驶摊铺机和压路机采用了智能技术,实现协同作业,全流程数据协同,路面平整度和施工效率都大幅提高。

桩工机械行业赢得了规模化发展的历史性机遇。高端产品初步实现产业化,旋挖钻机市场集中度提高,产品性能、可靠性提升明显;双轮铣槽机市场突破徘徊局面实现批量化,对下游市场的岩土工程界产生深刻的影响,同时也将带动桩工机械行业迈向产品多元化、高技术化、高集成化。

高空作业机械保持了快速发展态势。"十三五"期间针对传统施工设施安全状况短板问题,具有安全、多功能化高空作业机械产品已经成为施工作业需求的主要方向。在模块化设计及多功能组合技术、安全防坠技术、小型构件吊装就位技术、安全管理信息化技术、产品质量控制技术等方面取得成果,相关的技术、体系和标准得到完善。

工业车辆"十三五"期间技术水平不断提升,产品转型升级进一步加快,新能源叉车受到市场重视,物流业提质增效、电商发展速度进一步加快,带动新能源工业车辆、仓储类叉车、AGV产品的需求爆发,研发投入和研发成果不断增加,技术更新速度加快,相比传统车型,新型工业车辆成为"十三五"期间的主要增长点。

冰雪装备产业借助2022年冬奥会有利时机得到了长足发展。在冬奥会的带动下,3亿人参与冰雪运动,如火如荼,冰雪产业迎来了巨大的发展契机。四年间,冰雪产业发展不断优化、冰雪市场需求不断演变,一批新型冰雪装备在满足冰雪运动发展需求的同时填补了我国这一领域的空白。

混凝土制品机械行业在国家建筑工业化、绿色建筑、海绵城市、综合管廊等产业政策推动下,取得了快速发展:整体技术与制造水平有所提高;安全环保指标提升;国际化步伐进一步加快;建材与设备一体化发展,新材料技术推动新设备发展;建筑废弃物处理技术和产品成为新的增长点。

钢筋及预应力机械行业在不断提高自身服务能力和水平的基础上,在国家一批重大基础设施建设中承担了创新研发、项目攻关的关键任务,发挥了不可替代的作用,在"天眼"工程、大型桥梁建设等工程中表现突出。

2020年伊始,新冠肺炎疫情突发。面对国内外新冠肺炎疫情的严峻形势,全国形成了全面动员、全面部署、全面加强疫情防控工作的局面。工程机械作为国家抢险救援的重要工程施工装备,积极投入武汉火神山、雷神山医院及各地专业医院的工程建设,展示了工程机械社会动员、快速集结、高效机群作业能力,为打赢这场疫情防控阻击战贡献了力量。

(七)"十三五"时期我国工程机械行业走上高质量发展轨道

我国工程机械行业自建国七十年来,从无到有、从小到大、由弱渐强,经过自主发展、联合设计、引进技术、消化吸收,形成了门类齐全、产业链完整的行业体系。成为我国装备制造业的重要组成部分,成为国民经济建设重要支柱产业。

在我国国民经济快速发展的背景下,依托于改革开放的政策动力和发展成果,受惠于国民经济整体实力提升和国民经济建设的巨大需求,工程机械行业逐渐发展成为全球工程机械产业重要力量,在全球工程机械领域成为门类最齐全、品种最丰富、产业链最完整的国家,较多产品在全球产业体系中具有领先地位。在我国基础设施建设和重大建设工程巨大需求的带动下,工程机械行业重大技术装备和高端装备快速发展,一批重大技术装备成为全球工程机械产业的标志性产品。

工程机械行业坚持创新发展,瞄准国际领先,提高发展水平,实施供给侧结构性改革,实现"三个转变",在满足国民经济建设各项需要的同时,全行业不断加大科技研发和技术改造的力度,产品质量水平显著提高,产品的可靠性、耐久性与国际先进水平的差距逐渐缩小,涌现出了众多具有国际影响力的品牌。

工程机械行业在吸引外资"引进来"的同时,积极开展"走出去",实施国际化战略,不断提升境外业务占比,目前境外业务覆盖170多个国家和地区,产品出口到210个国家和地区。现已成为践行"一带一路"倡议,开展国际产能合作的重点行业,取得了丰硕成果。

"十三五"时期,我国工程机械行业不断提升自己的综合实力和竞争地位,众多领域的发展成就已经确立了我国工程机械行业国际先进水平代表的国际地位,在高质量发展轨道上向更高的水平迈进。

二、工程机械行业"十三五"存在的主要问题

（一）研发能力和产品性能与需求之间存在差距

1. 产业基础能力（核心基础零部件（元器件）、关键基础材料、先进基础工艺、产业技术基础、基础软件）存在薄弱环节，产业链现代化水平不高。

目前，我国工程机械企业创新研发基础相对薄弱，在一些高端产品领域未能掌握核心关键技术，制约了行业能力水平和产品质量性能的提高。关键零部件的自主研发制造和检测能力不能满足使用需要，工程机械中高端主机和重大技术装备所需的关键零部件、元器件依赖进口。

2. 产品的可靠性、耐久性，即质量、寿命指标总体上尚有差距。

工程机械整机的可靠性水平虽然有一定的提升，但总体而言，还存在着一定的差距，包括工程机械核心零部件如高端液压元件、传动元件和发动机等。

我国部分工程机械产品第一个大修期与国外同类领先产品相比差距显著。

行业内普遍未进行有限寿命设计。近几年在产品静态设计方面取得一定进展，但缺乏动态分析，载荷谱的研究与实际应用范围有限，可靠性也仅在设计的安全冗余进行类比。国内工程机械主要机种的寿命尚没有清楚的表达。

产品操控性、舒适性、减振降噪、环境性、安全性等方面也与国外同类产品存在一定差距。比如司机耳边噪声水平部分机型的差距仍在5分贝以上，机外辐射噪声水平差距也有2分贝以上。部分机种还未建立科学的能耗评价体系，产品本身能耗较大，整机环保水平与国外发达国家和区域仍有较大差距。

3. 缺乏共性技术协同攻关平台。智能化、信息化、网络化技术应用与产品研发，及一些短板技术方面在同行业企业间和上下游产业链间各自为战，缺乏沟通、协同、共享，未形成有效合力，未能发挥出制度优势和行业优势，造成人力、财力和资源的浪费，也不同程度上延缓了创新发展的进程；中小企业上下游产业链平台缺乏，行业的横向协同的平台尚未建立。

网联设备存在着因缺乏监管而易脱网、通信成本难以消化、老旧设备无法入网、网联设备偏重于部分机种和新设备、设备信息企业自成体系无法达成行业协同大数据等。

4. 创新能力存在不足，技术储备不够，基础研究、试验检测投入不足。

5. 产品数字化、绿色化、成套化水平尚低，高端、大型工程机械市场竞争力不足。

6. 仍有一些企业研发投入不足、产品技术含量低、技术改造不足、设备陈旧、工艺手段落后、现场管理混乱、内部管理松懈、生产销售脱节，难以适应高质量发展的需要。有些企业技术力量不足，地处偏远，难以依托科研机构、大专院校科技力量开展研发和技术改造，难以引进高水平技术力量，提升持续发展能力。有些企业投入能力不足，缺乏政府及相关金融机构有效支持，缺乏社会资源整合能力，长期未投入研发和技改工作。

（二）产业结构不合理问题解决尚需时日

1. 我国工程机械行业总体上在全球工程机械主要国家中位于第二集团，尚无世界500强企业；全员劳动生产率和企业盈利能力低于发达国家对标企业。

2. 国际化盈利能力不足，国际化人才短缺，海外投资和海外业务与国内业务尚未形成有效的相互支撑能力。

3. 工程机械行业产能结构性过剩，特别是低端产品过剩，同质化严重，高端产品能力不足等问题，虽在部分领域得到缓解，但与国际先进水平仍有差距，与工程机械行业高质量发展目标要求存在一定距离。

（三）市场竞争秩序亟需改善

在一些领域常出现一定程度的恶性竞争、价格战等问题，市场竞争秩序、行业发展生态和高质量发展步伐受到不利影响。后市场管理缺位，二手机交易不规范，租赁业健康发展

困难重重。现有大量老旧工程机械存在安全隐患多、设备状态差、排放不达标等问题，老旧设备没有退出机制。

三、"十四五"面临的形势

"十四五"时期是我国全面建成小康社会、实现第一个百年奋斗目标之后，乘势而上开启全面建设社会主义现代化国家新征程、向第二个百年奋斗目标进军的第一个五年。

当前和今后一个时期，我国发展仍然处于重要战略机遇期，但机遇和挑战都有新的发展变化。当今世界正经历百年未有之大变局，新一轮科技革命和产业变革深入发展，国际力量对比深刻调整，和平与发展仍然是时代主题，同时国际环境日趋复杂，不稳定性不确定性明显增加，新冠肺炎疫情影响广泛深远，经济全球化遭遇逆流，世界进入动荡变革期，单边主义、保护主义、霸权主义对世界和平与发展构成威胁。我国已转向高质量发展阶段，制度优势显著，治理效能提升，经济长期向好，物质基础雄厚，人力资源丰富，市场空间广阔，发展韧性强劲，社会大局稳定，继续发展具有多方面优势和条件，同时我国发展不平衡不充分问题仍然突出，重点领域关键环节改革任务仍然艰巨，创新能力不适应高质量发展要求。

"十四五"时期我们要全面准确贯彻党的十九大和十九届二中、三中、四中、五中全会精神，冷静分析形势，把握我们所面临的机遇与挑战，制定科学合理的发展策略，促进工程机械行业高质量发展再上新台阶。

（一）我国工程机械行业在"十四五"时期面临重大挑战

近几年，世界政治经济格局和政治力量对比加速演变。在单边主义和保护主义的冲击下，对外贸易速度可能放缓、动力可能削弱、规则或将改变，国际经贸合作格局将进入艰难重构期。从经济角度看，发达国家经济发展困难重重。美国经济这一波长周期即将走完上行阶段，今后几年很可能在下行阶段震荡徘徊。全球制造业PMI和新订单指数持续回落，OECD领先指数下行，这些都预示全球经济见顶回落。伴随全球流动性收紧，利率中枢上行，贸易摩擦升级，全球经济下行压力在增大。这种复杂的外部环境会给我国工程机械行业的发展带来不小的挑战与压力。

十九大报告明确指出，经济要由高速增长的阶段转向高质量发展的阶段，要形成质量第一、效益优先的现代化经济体系。未来供给侧结构性改革是持续发展的主线，工程机械行业必须进行质量变革、效益变革、动力变革；着力改变外延式增长和以市场规模扩张为动力的增长方式，提高自我发展能力和内生增长动力，实现高质量发展。

我国工程机械行业在核心基础零部件、先进基础工艺、关键基础材料、高端通用芯片、基础软件产品以及高端制造装备等关键领域的核心技术存在明显短板，对我国工程机械行业发展构成越来越明显的制约。世界格局进入大调整、大变革的新阶段，出现以科技竞争为核心的全面竞争态势，我国发展将面临更加复杂严峻的环境，关键核心技术受制于人是影响我国经济高质量发展和产业安全的重大隐患，我国工程机械行业迫切需要摆脱技术对外依赖，在核心关键技术上努力突破。

（二）我国工程机械行业在"十四五"时期面临良好机遇

"十三五"期间，我国经济和社会发展取得新的历史成就，我国经济实力、科技实力、综合国力和人民生活水平又跃上新的大台阶，"十四五"我国将开启全面建设社会主义现代化国家新征程。

《中华人民共和国国民经济和社会发展第十四个五年规划和2035年远景目标纲要》（以下简称《纲要》）提出，到2035年，人均国内生产总值达到中等发达国家水平，中等收入群体显著扩大。围绕上述目标，《纲要》在科技创新、数字经济、扩大内需、碳达峰、乡村振兴、都市圈与城市群、住房问题、人口老龄化、延迟退休、商签自贸区等方面制定了一系列战略规划与实施计划。

"十四五"期间，我国将加大现代化基础设施体系建设，布局建设信息基础设施、融合基础设施、创新基础设施等新型基础设施。完善综合运输大通道,加强出疆入藏、中西部地区、沿江沿海沿边战略骨干通道建设,有序推进能力紧张通道升级扩容,加强与周边国家互联互通。构建快速网,基本贯通"八纵八横"高速铁路,提升国家高速公路网络质量,加快建设世界级港口群和机场群。完善干线网,加快普速铁路建设和既有铁路电气化改造,优化铁路客货布局,推进普通国省道瓶颈路段贯通升级,推动内河高等级航道扩能升级,稳步建设支线机场、通用机场和货运机场,加快城际铁路、市域(郊)铁路建设,构建高速公路环线系统,有序推进城市轨道交通发展。提高交通通达深度,推动区域性铁路建设,加快沿边抵边公路建设。

继续加强能源基础设施建设,构建现代能源体系。"十四五"将建设一批大型清洁能源基地、沿海核电、电力外送通道、抽水蓄能电站、油气储运设施。

此外,"十四五"在水利基础设施、乡村基础设施、完善新型城镇化布局、新型城市建设和民生保障工程等方面将加快发展。

我国正在深入实施区域重大战略,加快京津冀、长江经济带、粤港澳大湾区、长三角一体化高质量发展,推进西部大开发形成新格局,等等,这也是未来我国工程机械市场将保持持续增长的重要动力。

从市场需求分析,《纲要》提出的发展战略、目标任务、重大工程和重点项目将继续提升工程机械市场需求。

近几年,我国工程机械行业新技术、新材料、新工法应用不断取得新成果,有力推动了技术创新和产业升级;工程机械应用领域需求不断升级,机器换人方兴未艾;智能化、数字化、网络化、轻量化赋能工程机械不断拓展应用领域;我国经济发展空间巨大,基础设施建设规模庞大,工程机械市场仍处于上升期,存量更新和新增需求并重,"十四五"期间工程机械仍大有可为。

(三) 构建新发展格局,促进行业稳定健康发展

习近平总书记指出,要推动形成以国内大循环为主体、国内国际双循环相互促进的新发展格局。这是根据我国发展阶段、环境、条件变化,着眼于重塑我国国际合作和竞争新优势作出的战略决策,是对我国对外开放和经济发展经验的深刻总结。以畅通国民经济循环为主构建新发展格局,对推动"十四五"时期我国经济社会发展乃至到2035年基本实现社会主义现代化,都具有重要意义。

工程机械行业在构建新发展格局进程中,要坚持创新驱动发展策略,提升产业竞争力和发展主动权,主要包括以下方面:

一要打通创新链,加快自主创新步伐。

我国工程机械已经进入了"跟跑""并跑""领跑"并重的时期,部分领域技术开发方向没有现成的经验和样板,技术"短板"难以通过引进的方式解决。我们只能不断加大基础研究投入,加快自主创新步伐,以创新发展推动产业基础高级化和产业链现代化。

当前,要紧密结合国民经济建设和使用领域发展需要,构建政产学研用协同的创新发展格局,推进新技术应用,加速掌控整机研发核心技术,使工程机械技术进步的方向更符合产业发展规律,适合用户发展需要,满足高质量发展的要求。

二要补强产业链,确保行业持续健康发展。

要进一步加快高端零部件研制,重点解决零部件可靠性、耐久性和寿命短板问题,加强高端配套产品检测试验验证平台建设,加快解决高端零部件产业化难题,加强产业链协同研发,实现关键零部件自主可控。

三要稳定供应链,增强上下游企业的合作力度。

长期以来,工程机械行业上下游企业发展不同步,零部件对外依赖强,成为整机性能的短板和产业发展的瓶颈。构建新发展格局,需要畅通主配协同,构建上下游研发、试验和产业化协同发展机制。

四要提升价值链,实现高水平对外开放。

要继续扩大对外开放,将我国创新链、产业链、供应链有机嵌入全球链条中,不断提高

我国工程机械产业在全球价值链分工的位势。

我国工程机械企业要继续坚持"走出去"战略,加强国际合作,增强国际国内两个市场、两种资源的黏合度,扩大产业发展空间。继续巩固我国工程机械零部件制造业在国际大循环的重要地位,全方位参与国际大循环。进一步加强对海外工程承包项目的服务水平,扩大国产高水平工程机械海外工程应用。

同时,继续支持外资企业在国内的发展和进口高水平的配套产品,提高我国工程机械产业整体实力和整机产品的国际竞争力。

总之,工程机械企业要充分发挥我国经济潜力足、韧性强、回旋空间大、政策工具多的运行特点,抓住我国重要发展机遇期,以国内国际双循环为抓手,推动工程机械产业结构持续优化,构建我国工程机械行业新的发展格局。

(四)抓住我国当前重要的历史机遇期,实现工程机械行业高质量发展再上新台阶

党的十九届五中全会指出:"十四五"时期是我国全面建成小康社会、实现第一个百年奋斗目标之后,乘势而上开启全面建设社会主义现代化国家新征程、向第二个百年奋斗目标进军的第一个五年。我国发展仍然处于重要战略机遇期,但面临的国内外环境正在发生深刻复杂变化。

——世界百年未有之大变局加速演进,新冠肺炎疫情影响广泛深远,国际环境日趋复杂,世界经济增长动能不足,经济全球化遭遇逆流,世界进入动荡变革期。

——全球治理体系和国际秩序变革加速推进,各国相互联系和依存日益加深。中国作为世界上人口规模第一、经济总量第二的国家,拥有应对各种困难和挑战的强大能力和资源,具有化危为机、转危为安的强大优势。

——新一轮科技革命和新一轮产业革命对国家科技实力和竞争力影响进一步加大,大国科技博弈日趋白热化。以大数据、区块链、人工智能、量子科技、生命科学为标志,第四次科技革命正从多维多点积聚能量,酝酿一次大释放和总爆发。这次科技革命不仅会带来生产力的迭代飞跃,催生一系列新产业、新业态、新模式,还会进一步提升和推动工程机械领域智能化、互联网、大数据、5G等新技术推广应用,必将赋予我国工程机械行业新的发展动力。

——当前,我国经济正处在由高速增长阶段转向高质量发展阶段,制度优势显著,治理效能提升,经济长期向好,物质基础雄厚,人力资源丰富,市场空间广阔,发展韧性强劲,社会大局稳定,继续发展具有多方面优势和条件。我国具有世界上最完整、规模最大的工业体系,有强大的生产能力、完善的配套能力,投资需求潜力巨大。

——近十来年我国工程机械行业的快速发展,尽管在一些领域与国际领先水平尚有差距,部分领域存在大而不强的问题,但在世界工程机械产业格局中已经占据了重要地位。我们处在一个新的历史起点,国际工程机械产业结构产业布局面临调整,我国工程机械行业将开启新的全方位、开创性发展时期。"十四五"时期工程机械行业大数据、互联网、人工智能技术应用将进一步深化,新型控制技术、新能源、新材料、自主化工业软件应用将取得丰硕成果,新型高技术工程机械发展空间逐步打开。

——"十四五"期间,我国要以畅通国民经济循环为主构建新发展格局,以科技创新催生新发展动能,以深化改革激发新发展活力,充分利用好我国超大规模市场优势,以高水平对外开放打造国际合作和竞争新优势。当前我国正积极推进以国内大循环为主体、国内国际双循环相互促进的新发展格局,工程机械行业在稳步推进"走出去"的同时,继续进行供给侧结构性改革,使国内市场为国际市场和海外投资发展提供有力支撑,国际业务为国内生产和销售增添创新动力,在构建新发展格局中实现工程机械高质量发展再上新台阶。

四、"十四五"发展战略的指导思想、发展目标

(一)指导思想

习近平总书记在十九大报告中指出:从二〇二〇年到二〇三五年,在全面建成小康社

会的基础上,再奋斗十五年,基本实现社会主义现代化。"十四五"规划是实现社会主义现代化建设的开局阶段,也是我国在面对复杂国内外形势,实现经济从高速增长向高质量增长转变的关键阶段。

"十四五"时期工程机械行业要全面贯彻党的十九大和十九届二中、三中、四中、五中全会精神,以习近平新时代中国特色社会主义思想为指导,坚持创新驱动发展战略,科学把握新发展阶段,深入贯彻新发展理念,加快构建新发展格局,以推动高质量发展为主题,以深化供给侧结构改革为主线,实现工程机械产业基础高端化、产业链现代化;坚持人才为本,走人才引领的发展道路。进一步缩小与国际领先水平的差距,推进工程机械产业强国建设。

(二) 发展目标

1. 技术经济目标

到2025年,工程机械行业整体水平大幅提升,创新能力显著增强,质量效益明显提高,发展能力进一步增强。

表4 工程机械行业"十四五"规划目标

类别	指标	2018	2019	2020	2025
创新能力	规模以上企业研发经费内部支出占主营业务收入的比重(%)	4.18	4.66	5	5.5
	工程机械行业研发人员占从业人员的比重(%)	15.6	16	18[1]	19
协调发展	服务业营业收入占比(%)	<25	26	28	35
	租赁产品渗透率(%)	<10	12	15	25
	工程机械行业产业集中度(%)	<50	≤50	50[1]	≥50
绿色发展	工程机械行业单位工业增加值能耗(吨标煤/万元)	0.13	0.12	0.08[1]	<0.08
	工程机械行业工业固体废物综合利用率(%)	—	—	80[1]	90
	主要产品噪声限值目标	86	85	82	<80
开放共享	出口额(亿美元)	235.8	243	210	280 年均增长6%
	工程机械行业出口额占国际市场比重(%)	10[2]	9.9[2]	9.9[2]	12[2]
市场规模	营业收入(亿元)	5964	6681	>7000	9000 年均增长5%
质量效益	产品平均无故障工作时间(h)	600	610	630[1]	>800
	工程机械行业工业增加值率(%)	25	28	30[1]	≥30
	工程机械行业全员年劳动生产率(万元/人)	45	55	60[1]	65
	关键工序数控化率(%)	85	≤90	≈90	95
	智能产品比例(%)	—	—	5%	10%

1) "十三五"规划目标以人均工业增加值指标为依据计算。
2) 国际市场数据来源于《中国工程机械》。

表5 工程机械主要产品"十四五"质量预测目标

产品	"十四五"MTBF预测值/h	备注
液压挖掘机	900	单样本1000 h 可靠性试验
轮胎式装载机	700	单样本1000 h 可靠性试验

续表

产品	"十四五"MTBF预测值/h	备 注
工程起重机	600	单样本1000 h可靠性试验
叉车	480	单样本1000 h可靠性试验
履带式推土机	750	单样本1000 h可靠性试验
压路机	500	单样本600 h可靠性试验

涉及安全、环保、健康方面标准研究、制定,应借鉴发达国家标准化的先进经验和做法,结合我国工程机械行业发展实际,特别是噪声和污染物排放方面,行业应在"十四五"期间着力提升,见下表。

表6 工程机械主要产品"十四五"噪声限值目标

国家和区域	产品	目前司机位置噪声限值	"十四五"目标司机位置的噪声限值	备 注
欧盟	液压挖掘机、轮式装载机、平地机、履带推土机、压路机、自卸车	80 dB(A)		机械指令中规定
中国	挖掘机	80 dB(A)	72 dB(A)	
	轮式装载机	86 dB(A)	<80 dB(A)	
	平地机	85 dB(A)	<80 dB(A)	
	履带推土机	92 dB(A)	<80 dB(A)	
	压路机	87 dB(A)	<80 dB(A)	
	自卸车	82 dB(A)	<80 dB(A)	

2. 工程机械主要领域"十四五"发展目标

一、挖掘机械行业

品牌建设:1~2家中国品牌挖掘机企业总销售进入全球前5行列;2~3家进入全球前10行列;1~2家零部件供应商进入全球前10行列。

产品质量与可靠性:整机使用寿命超过2万小时,可靠性基本达到国际主流水平。

市场占有率:国产品牌国内总体市场占有率维持在60%以上,其中在高端大挖市场的占有率突破55%。

海外市场规模:出口继续保持增长,占国内产销总量比例超过15%。

产业基础建设:核心零部件整体自主可控,核心液压件国产化率超过60%。

产业配套水平:70%以上零部件具备市场竞争优势,25%零部件具备进口替代能力,完全依赖进口零部件比例低于5%。

规模化水平:市场集中度:CR4≥60%,CR8≥80%。

网络化水平:新机设备联网率:≥60%。

二、工程机械行业工业互联网

夯实工程机械工业互联网新型基础设施建设。建立和完善工程机械工业互联网的标准体系,掌握我国工程机械工业互联网发展主动权。"十四五"期间,力争建立并实施5~6个工业互联网相关的行业标准,力争主要主机产品车联网北斗终端前装率达到70%。

建立工程机械行业大数据平台,提升支撑政府、服务行业的能力。利用工程机械大数据建立可用于生态环境管理的生态云平台,尽快实施京津冀及周边"2+26"城市重点地区污染防治的车联网数据接入。

打造工程机械行业工业互联网生态,提升全行业的数字化、智能化、高端化水平。2025年,形成智能设计和智能生产双向迭代,实现跨品牌、跨机种、跨领域的客户平台和智能施工平台,实现通过数据驱动智能服务和智能施工的智能制造新生态。

三、筑养路机械

结构性调整目标：提升中高端产品创新制造能力，鼓励主要配套企业专项技术的提升。大型沥青混合料搅拌设备行业集中度 CR5 力争超过 40%。

绿色制造目标：沥青混合料搅拌设备排放及噪声指标全面达到 T/CCMA 0066—2018《沥青混合料搅拌设备 环保排放限值》的要求。

信息化、智能化目标：沥青混合料搅拌设备实现数字化、信息化管理，远程管理服务比重达到 10% 以上。沥青洒布车、同步封层车、稀浆封层车等重点养护设备远程信息化管理比重达到 5% 以上。实现智能化路面摊铺与压实作业，技术更加完善。

基础研发与产品实验：加强设备与工作对象的相互作用的基础性研究，加强振动压路机振动方式与压实效果的研究。力争振动压路机机载土壤振动密实度仪的研发取得实质性进展，为智能压实打下坚实基础。

四、建筑起重机械

产品性能及可靠性目标：

(1) 开展产品安全可靠性设计研究，提升产品安全性和产品可靠性。

(2) 开展产品人机工程学设计技术：提高安全性、驾驶舒适性、操控灵活性，开展对产品的振动、噪声、废气排放控制等方面的技术研究。

(3) 传动、电控等关键零部件实现进口替代。

(4) 推广先进工艺及智能制造技术，实现关键部件智能化制造。

(5) 提升产品智能化水平和机群作业智能化安全管理水平。

(6) 产品绿色设计及制造技术研究。

重点攻关技术：

(1) 结构技术研究：新材料应用研究、桁架结构高效智能制造技术研究、结构件内外防腐技术、塔机结构件疲劳寿命评估技术。

(2) 传动技术研究：宽调速比传动技术、高可靠制动技术、新材料吊索技术。

(3) 控制技术：变频驱动控制技术、环境工况及设备本身信息的大数据采集和应用技术、基于 5G 的数据传输技术、基于 AI 的边缘计算技术、全生命周期管理技术。

(4) 智能技术：无人技术、互联物联。

重点发展的装备：

(1) 大型、超大型塔式起重机开发；

(2) 液压式超大型动臂塔机开发；

(3) 风电塔机；

(4) 快装、快拆式城镇化塔机开发；

(5) 无人塔机开发。

五、工业车辆

结构性调整目标：

(1) 2023 年，电动车辆占比将超过内燃车辆，2025 年，电动车辆占比达到 65% 以上；锂电工业车辆在电动车辆中的占比将快速提升。

(2) 工业车辆实现客制化、智能化、自动化，加快发展物流解决方案等差异化产品及中高端产品。

(3) 叉车后市场业务将得到更快发展。

(4) "十四五"期间国际化、走出去将实现新突破。

(5) 工业车辆产业链的横向和纵向并购、整合、合资合作进程会进一步加快。

重点发展领域：

整机产品升级——应用数字化、智能化、绿色化、网联化技术，加快产品创新和升级换代、产品差异化及中高端化发展；加大电动车辆、新能源车辆、无人驾驶车辆、系统解决方案的发展。

关键部件和平台技术攻关——中高端液压件、高效传动、绿色动力、车辆网联化平台、物流解决方案与系统等关键部件和技术实现突破。

基于互联网、5G 技术的应用——通过互联网和控制系统，实现远程监控和车队管理任务。

六、混凝土制品机械

产业结构调整目标：对满足新型、精美建材生产工艺，以及融入数字化、信息化、智能化及工业互联网等先进技术的混凝土制品机械装备的需求增加。

创新能力目标："十四五"期间，数字化、信息化、智能化升级等加快发展，规模以上企业研发经费支出占主营业务收入比重将达到5%以上。

产品性能及可靠性目标：重点发展降噪技术，振动成型类设备主机的噪声力争控制在110分贝以内，其他类主机噪声力争控制在80分贝以内。提高设备可靠性，振动成型类单机设备的平均无故障工作时间力争达到210小时以上，其他类单机设备的平均无故障工作时间力争达到300小时以上；由多机组形成的自动化制品生产线按正常工作制的平均无故障作业时间力争达到96小时以上。

节能及绿色制造目标：提升混凝土制品机械防尘、降尘技术，生产主机的机旁粉尘排放满足相关规范要求，实现达标。

对外开放指标：实施"走出去"战略，保持混凝土制品机械行业出口稳步增长，到2025年行业出口额力争占行业年度总销售额30%以上。

数字化指标：在混凝土制品生产线中融入数字化、信息化、智能化、工业互联网等先进技术，到2025年应用数字化技术的混凝土制品生产线的比率力争达到70%。

七、凿岩机械与气动工具行业

发展目标：以液压凿岩机和遥控智能全液压钻车产品为突破口，不断提高产品的可靠性和稳定寿命。以气动工具系列产品运用人机工程设计技术，设计"迷你型"重精美、高性能、集成产品的技术研发为突破口，实现行业、企业可持续长远发展。轻型气动凿岩设备产品升级，应向智能辅助、智能无人作业方向发展；重型气动凿岩设备采用气液结合，实现智能、数字控制；实现绿色、智能制造。

创新发展领域：

（1）高性能、高可靠性等高端产品研发与推广应用；研制具有高效、节能、低噪、减振、多机组合、微机控制液压及气动工具产品。

（2）智能化凿岩机械与气动工具推进施工省人化；凿岩机械方面，研制以液压为动力，以及机、电、液一体化的先进产品；新型的气-液动力工具产品。

（3）信息化、数字化实现凿岩机械与气动工具全生命周期管理；微机控制和智能化为特点的先进全液压凿岩设备。

（4）高端基础零部件可靠性产品的开发及选用，提升整体产品质量。

八、工程起重机行业

科技发展目标：

"十四五"期间，工程起重机行业坚持产业持续升级，坚持系列化、轻量化、大型化、智能化、可靠性、定制等发展方向，进一步推广互联网＋智能操控技术。

重点科技攻关：

（1）模块集成及轻量化技术；

（2）智能技术应用及信息化；

（3）定制服务及差异化设计；

（4）产业链核心技术研发，实现自主可控。

九、冰雪装备

总体目标：

按照北京冬奥会筹备进程，到2022年，我国冰雪装备器材产业年销售收入超过200亿元，年均增速在20%以上。到2025年，冰雪装备器材产业年销售收入接近350亿元，初步形成具备高质量发展基础的冰雪装备器材产业体系。

（1）实现冰雪重大装备的技术及产业化突破；

（2）不断提升高端配套零部件自制率；

（3）构建冰雪装备器材行业标准化体系；

（4）建成国家级的冰雪装备器材检验检测中心，服务冰雪装备器材行业。

重点发展领域：

造雪机、压雪车、魔毯、雪地摩托车、索道等雪场设备；浇冰车、冰场制冰机等冰场设备；

雪地救生船、雪地救生舱等冰雪救援装备。

发展重点及主要任务：

建立完善行业标准化体系；加快建设冰雪装备后市场服务平台；建立冰雪装备器材检验检测机构；强化冰雪装备核心零部件的研发。

十、工程机械后市场服务

推动工程机械服务业向价值链高端延伸：

发展智能服务型代理商、租赁商、服务商，开展研发设计与施工技术服务、物流服务、信息服务、金融服务、节能与环保服务、租赁服务、商务服务、人力资源管理与培训服务等。2025年，工程机械租赁行业集中度大幅提升，行业梯队初步形成。前100名租赁企业营收突破500亿元，龙头企业营收突破70亿元。单一产品租赁规模快速提升，产业链跨界融合速度加快，经营性租赁＋互联网＋金融等创新发展模式初见成效。

信息化、数字化实现工程机械全生命周期管理：

基于工程机械设备物联网大数据的整合、行业平台的逐步构建、借助人工智能故障诊断系统、AR增强现实技术、无人机快速运送零件和工具、视频指导客户维修等技术手段，提高设备管理效率，合理匹配供求关系，优化管理流程，实现后市场服务升级。

高端管理人才和专业技术人才队伍建设：

培养一批深入了解工程机械租赁、管理、维修等后市场，具有现代信息技术和金融专业基础的高端人才，以及培养深入了解工程施工技术、工法的设备和配件专业化管理及维修服务人员队伍。

健全二手设备交易平台：

建设公平、透明、高效的二手工程机械交易平台，打造支撑工程机械高质量发展的服务体系。

十一、混凝土机械行业

科技发展目标：

全面应用数字化设计，设计效率、设计质量提升到国际领先水平；数字样机与实验测试各项指标差异一致，产品质量提高10%；排放全面实施新的国家标准和法规要求；应用大数据智能分析技术，开展寿命评估预测，提高产品寿命，实现故障早期预警、诊断及故障解除；形成完整的混凝土机械设备零部件检测、整机检测方式方法，评价标准。

到2025年整机和关键零部件的平均无故障工作时间（MTBF）提高10%左右，整机可靠性达到国际先进水平。

应用车联网相关技术，实现混凝土泵车、搅拌运输车、车载泵等的动态大数据管理，实时反馈在线率、开工率、位置监控、历史轨迹、异常事件、设备体检、故障诊断及预警、在线研判、车队智能管理、车队智能派单、电子围栏、区域查车、驾驶行为分析、油耗监管、防止偷料、系统报表等。

泵送产品实现数字化、智能化、新能源化，人机协同、机群协同。混凝土搅拌站设备从产品全生命周期和全产业链出发，实现产品智能化、数字化、可视化和多机协同，最终达成高度自主无人化混凝土智慧工厂。

重点开发的创新产品：

(1)新能源搅拌运输车；(2)智能化搅拌站；(3)废水处理成套设备；(4)多功能泵车：一机多用(泵送混凝土、消防、特种液体)；(5)高效节能泵送技术；(6)智能化施工：站、车、泵集群式施工；(7)专业化施工设备：隧道混凝土设备、矿井混凝土设备、城市抢险应急混凝土设备；(8)高可靠轻量化搅拌车(搭载轻量化技术、360°安全环视等)；(9)智能搅拌车(搭载混凝土运输质量在线检测、车站泵协同、自学习自诊断等)；(10)专用定制型产品，如隧道、矿用、轨道及履带等多路况搅拌车，以及搅拌泵送车、自上料搅拌车及皮带输送搅拌车等多功能产品。

十二、掘进机械行业

科技发展目标：

解决掘进机主轴承、核心控制器、高端密封件等短板零部件的国产化和产业化问题；研发出超大(直径12 m以上)直径水平和竖直方向掘进装备；初步建立起融合隧道作业场景和模型仿真的数字孪生应用平台；打造一批具备整机及核心零部件检测能力的产业基地。

重点发展领域：

大直径/超大直径掘进机技术——土压平衡盾构机(直径≥12 m)、泥水平衡盾构机(直径≥16 m)、岩石掘进机(TBM)≥10 m；

竖井掘进机——直径≥6 m、成井深度≥25 m；微型掘进机——微型 TBM(直径≤3 m)；

斜井掘进机——直径≥6 m、斜井长度≥1000 m、斜井最大坡度≥40°。

发展重点及主要任务：

加快补短板工程推进，建立独立自主的核心零部件研发—制造—供应体系和产业基地；推动智能化技术研发和应用；利用工业互联网、5G 等信息化新技术，建立面向施工场景的数字孪生示范项目和基地。

十三、基础零部件

科技发展目标：

核心基础零部件可靠性、耐久性达到或接近国际先进水平,自给率达到 90%；提高零部件产品一致性和质量稳定性。

重点发展领域：

电气控制元件及系统、高压液压元件及系统、传动部件、动力系统、电驱动系统、智能化工程机械智能元件及功能部件、属具。

发展重点及主要任务：

推进整机企业零部件研发、试验检测与零部件制造企业技术研发与制造工艺提升相结合、相支撑，以及整机企业零部件试制与专业零部件企业产业化相补充、相借鉴的发展方式，有效带动零部件行业的转型升级。加快国产零部件性能考核、装机试验进程，提高密封件、传感器等元器件的质量要求及相关标准。

五、发展重点及关键任务

(一) 围绕创新驱动发展战略，加快科技创新，努力实现工程机械产业现代化

应用当代科学技术武装工程机械行业，围绕建筑施工工法、作业环境、技术要求，贴近用户进行创新研发，提升自主发展能力，拓展产品功能和服务领域覆盖面，不断研制出适合市场新需求新型、适用、高效、绿色的高技术工程机械。

打造覆盖主机装备和关键零部件的产业协同创新体系，加速核心零部件、共性关键技术的突破和产业化推广，构建世界级先进的工程机械产业集群。面对以人工智能为代表的全球新一轮科技变革，深入践行创新驱动发展战略，实现工程机械产品的绿色化、数字化、智能化和网络化，引领新一代工程机械产业革命。

——加强关键核心技术研发。瞄准行业发展的制高点和制约行业发展的瓶颈问题，加强整机和关键零部件的正向设计能力。推进国家技术创新示范企业和企业技术中心建设，充分吸纳更多企业参与国家战略科技力量建设。

——推进科技成果产业化。建立完善科技成果转化运用机制，积极参与共享平台建设，提高对试验验证考核设施的投入，积极融合社会资本建立从事技术集成、熟化和工程化的中试基地。

骨干企业应创新性地设立专门的开放式创新平台，提高其专业化服务能力，整合全球创新资源，进行"资源开放与共享"、"资源匹配与对接"等；整合上下游产业链创新资源，融合工程建设领域新技术、新工法，充分满足下游的技术需求；结合上游产业新技术、新材料、新产品，实现跨行业和海内外技术供应商的对接。

——强化知识产权运用。加强企业重点领域关键核心技术知识产权储备，构建产业化导向的专利组合和战略布局。充分运用知识产权参与市场竞争，推动企业间知识产权协同运用。

——推动工程机械产业优化升级。深入实施绿色制造和智能制造，发展工程机械服务型制造新模式，实现全产业链的智能化高端化绿色化，培育先进工程机械新产业体系。改造

提升工程机械产业体系，推动全产业链布局优化和结构调整。深入实施增强工程机械核心竞争力和技术改造专项，推进先进实用技术的广泛应用，加强设备更新和新产品规模化应用。深入实施质量提升行动，推动工程机械"增品种、提品质、创品牌"。

（二）全面提升产业基础能力，努力实现工程机械产业高端化

核心基础零部件（元器件）、先进基础工艺、关键基础材料、产业技术基础和基础软件（简称"五基"）等工业基础能力薄弱，制约行业创新发展和质量提升，坚持问题导向、产需结合、协同创新、重点突破的原则，着力破解制约行业发展的瓶颈。

强化前瞻性基础研究，着力解决影响核心基础零部件（元器件）产品性能和稳定性的关键共性技术。建立基础工艺创新体系，建立工程机械行业基础数据库，加强企业试验检测数据和计量数据的采集、管理、应用和积累。支持基础软件产业发展与推广应用。加大对"五基"领域技术研发的支持力度，引导产业投资基金和创业投资基金投向"五基"领域重点项目。

注重需求侧激励，产用结合，协同攻关。引导整机企业和"五基"企业、高校、科研院所产需对接，形成协同创新、产用结合、以市场促基础产业发展的新模式，提升重大装备自主可控水平。开展强基示范应用，完善首台（套）、首批次政策，支持核心基础零部件（元器件）、先进基础工艺、关键基础材料、基础软件推广应用。

开展示范应用，建立奖励和风险补偿机制，支持核心基础零部件（元器件）、先进基础工艺、关键基础材料的首批次或跨领域应用。强化平台支撑，布局和组建一批强基工程研究中心，创建一批公共服务平台，完善重点产业技术基础体系。

到2025年，90%以上的核心基础零部件、关键基础材料实现自主保障，80种标志性先进工艺得到推广应用，部分达到国际领先水平，建成较为完善的产业技术基础服务体系，逐步形成整机牵引、基础支撑、协调互动的产业创新发展格局。

（三）进一步提升工程机械产品质量，提升品牌价值

"十四五"期间，工程机械行业企业应继续加大技术创新，继续做好工程机械产品的优化升级工作，针对关键部件继续加大研发投入，补足试验验证短板，关注部件的可靠性和寿命提升工作，力争在"十四五"末工程机械主要产品可靠性水平有30%的提升。继续提高智能制造水平，有效保证产品质量的稳定性；同时加大过程检验和检测手段的投入，加强对外购件和外协件的质量检验，提升整机产品质量。

——推广先进质量管理技术和方法。建设重点产品标准符合性认定平台，推动重点产品技术、安全标准全面达到国际先进水平。开展质量标杆和领先企业示范活动，普及卓越绩效、精益生产、质量诊断、质量持续改进等先进生产管理模式和方法。支持企业提高质量在线监测、在线控制和产品全生命周期质量追溯能力。组织开展重点行业工艺优化行动，提升关键工艺过程控制水平。加强中小企业质量管理，开展质量安全培训、诊断和辅导活动。

——加快提升产品质量。实施行业产品质量提升行动计划，组织攻克一批长期困扰工程机械产品质量提升的关键共性质量技术，加强可靠性设计、试验与验证技术开发应用，推广采用先进成型和加工方法、在线检测装置、智能化生产和物流系统及检测设备等，使重点实物产品的性能稳定性、质量可靠性、环境适应性、使用寿命等指标达到国际同类产品先进水平。

——推进制造业品牌建设。引导企业完善和提高品牌管理体系，围绕研发创新、生产制造、质量管理和营销服务全过程，提升内在

素质,夯实品牌发展基础。打造工程机械行业特色鲜明、竞争力强、市场信誉好的产业集群区域品牌。树立品牌消费理念,提升品牌附加值和软实力。加速我国工程机械品牌价值评价国际化进程,树立中国制造品牌良好形象。

(四)全面推行绿色发展,构建工程机械绿色制造体系

加大先进节能环保技术、工艺和产品的研发力度,加快工程机械企业绿色改造升级;积极推行低碳化、循环化和集约化,提高行业资源利用效率;强化产品全生命周期绿色管理,努力构建高效、清洁、低碳、循环的绿色制造体系,推动碳达峰碳中和目标的实现。

——加速研发绿色环保产品。工程机械企业要以高度的社会责任感落实环境保护的相关要求,既要持续对内燃机动力产品节能、高效、环保方面的研发投入,也要加速对混合动力、纯电动等新能源产品的开发和产业化、市场化推广应用,探索新型节能减排技术路线。逐步分阶段推进非道路移动工程机械排放控制标准实施,企业尽快完成技术储备和产品化转化,使产品满足最新的非道路工程机械排放标准的新要求,以应对环保升级要求。

我国已于2015年10月1日开始实施国三阶段排放限值标准,即将在"十四五"期间实施非道路工程机械国四阶段排放标准,逐步提升工程机械产品排放水平,缩小与美国和欧盟等发达国家的排放差距。

——建立产品市场准入制度。以工程机械身份识别码和设备登记为基础,建立统一的工程机械产品准入和监管体系,建立并完善进口工程机械准入、监管制度。

——关注全生命周期、绿色生产和施工。升级绿色产品概念,全面推行绿色发展,实现工程机械装备制造环节的绿色制造和使用过程中的绿色施工。强化绿色监管,健全节能环保法规、标准体系。加强降噪降尘技术应用,提高设备的环保性能,实现装备的绿色生产应用。

——推进资源高效循环利用。支持企业强化技术创新和管理,增强绿色精益制造能力,大幅降低能耗、物耗和水耗水平。持续提高绿色低碳能源使用比率。充分发挥工程机械在固体废弃物再生利用、绿色建材生产中的优势,创造绿色环境、绿色建筑。大力发展再制造产业,实施高端再制造、智能再制造,推进产品认定,促进再制造产业持续健康发展。

(五)加快互联网+与工程机械产业的融合,推进行业数字化发展

通过系统构建网络、平台和安全功能体系,打造人、机、物等要素全面互联的新型网络基础设施,形成智能化发展的新兴业态和应用模式,建成以数字化、网络化、智能化为主要特征的新工业革命的关键基础设施。

立足国情和行业实际情况,面向未来统筹工业互联网、物联网、5G、人工智能和区块链等新技术,在工程机械行业进行高效地整合和推广应用,在"十四五"期间,实现基本涵盖智能设计、智能生产、智能服务、智能施工等全价值链上的应用。

——夯实工程机械工业互联网新型基础设施建设。建立和完善工程机械工业互联网的标准体系,加快人才培养、强化技术创新能力,攻破核心技术,提升安全防护能力,掌握我国工程机械工业互联网发展主动权,夯实工程机械工业互联网新型基础设施建设。

到2023年,初步建成低时延、高可靠、广覆盖的行业工业互联网网络基础设施,基本建立起较为完备可靠的工业互联网安全保障体系,基本建成全行业覆盖主要产品的车联网系统,初步实现绿色化、网络化的智能服务系统。

到2025年,充分应用我国自主的系统软件、芯片和北斗等关键技术和基础设施,基本掌握关键核心技术,基本形成高效、创新、绿色的供应链体系,高度定制化、个性化、高端化的智能制造体系,形成数字化、绿色化、网络化的

智能施工体系，主要领域的技术实现国际先进，重点领域实现国际领先的目标。

"十四五"期间，力争建立并实施5～6个工业互联网相关的行业标准，力争主要主机产品车联网北斗终端前装率达到70%。

——建立工程机械行业大数据平台，提升支撑政府、服务行业的能力。利用工程机械大数据建立可用于生态环境管理的生态云平台，开展精准测算污染排放量和贡献度的课题研究，尽快实施京津冀及周边"2+26"城市重点地区污染防治的车联网数据接入，力争在"十四五"期间，实现逐步接入更多在用和新增车联网数据，完善工程机械行业生态云平台。

——打造工程机械行业工业互联网生态，提升全行业的数字化、智能化、高端化水平。建设适应中国国情的工程机械行业智能制造工业互联网生态，提升全行业的商业模式创新能力，为行业上中下游用户提供智能设计、智能生产、智能服务、智能施工等智能制造全价值链应用。

加快工程机械行业工业互联网平台建设。重点使用我国独立自主的北斗、物联网芯片等关键基础设施，突破数据联通和共享、平台管理、开发工具、微服务框架、建模分析等关键技术瓶颈，形成有效支撑工业互联网平台发展的技术体系和产业体系，建设高效的跨品牌、跨机种的工程机械智能设计、智能生产、智能服务和智能施工应用场景。

到2023年，初步建立工程机械行业工业互联网生态。建成跨品牌、跨机种的超级客户服务平台；建成一批支撑企业数字化、网络化、智能化转型的企业级智能制造平台；开发特定使用领域和应用场景的工业APP，利用具备边缘计算能力的智能车载终端和可穿戴智能终端，初步实现人工智能、智能专家库系统和知识图谱的人-机对话、机-机互联、机-机工况互通，实现智能生产和施工的高效闭环智能运维应用案例；建成工程机械行业工业互联网平台，为政府的生态环境治理、安全生产、应急抢险等

科学管理提供实时、准确、高效的数据支撑。

到2025年，重点突破智能设计、智能生产和智能施工的全价值链应用，形成智能设计和智能生产双向迭代，实现跨品牌、跨机种、跨领域的行业超级客户平台和智能施工平台，实现通过数据驱动智能服务和智能施工的智能制造新生态。

——转变经营理念，创新互联网+线上营销模式。以线上体验、选机、购机、培训为主的新销售模式会随着供需关系的深度调整，以及互联网+、大数据、AI技术、5G通信、VR等技术应用快速发展，以数字化、网络化和用户体验的新销售模式有望成为新环境下的发展方向。推动行业紧抓线上经济、数字经济发展机遇，紧跟时代趋势，不断拓宽销售渠道，开拓市场新领域。

（六）提高国际化发展水平，努力实现海外业务稳健增长

紧抓"一带一路"合作倡议历史机遇，加强市场调研，强化与当地的本土化合作，因地制宜地创新发展理念和经营模式，尽快在海外市场立足。推动行业企业通过国际合作、联合开发、股权投资等多种方式，引进吸收国外先进技术和经验，打造具有国际影响力的工程机械品牌。深入研究国际市场、法律、金融、标准等相关问题，提高与国际接轨的深度与广度，建设、利用国际营销服务及售后服务体系，与相关国际市场建立紧密联系。

——提高利用外资与国际合作水平。引导外资投向高端制造领域，鼓励境外企业和科研机构在我国设立全球研发机构。鼓励企业积极参与境外产业集聚区、经贸合作区、工业园区、经济特区等合作园区建设，营造基础设施相对完善、法律政策配套的具有集聚和辐射效应的良好区域投资环境，引导国内企业抱团出海、集群式"走出去"。

——提升跨国经营能力和国际竞争力。支持发展一批跨国公司，通过全球资源利用、业务流程再造、产业链整合、资本市场运作等

方式,加快提升核心竞争力。支持企业在境外开展并购和股权投资、创业投资,建立研发中心、实验基地和全球营销及服务体系;依托互联网开展网络协同设计、精准营销、增值服务创新、媒体品牌推广等,建立全球产业链体系,提高国际化经营能力和服务水平,稳步提高国际市场占有率,优化企业海内外产业布局和收入结构。引导企业融入当地文化,增强社会责任意识,加强投资和经营风险管理,提高企业境外本土化能力。做好风险应对预案,妥善防范和化解项目执行中的各类风险。鼓励扎根当地,致力于长期发展,在企业用工、采购等方面努力提高本地化水平,加强当地员工培训,积极促进当地就业和经济发展。

——深化产业国际合作,稳步推进企业"走出去"。积极参与和推动国际产能合作,贯彻落实"一带一路"倡议等重大部署,加快推进与周边国家基础设施互联互通,深化产业合作。加强政策引导,推动产业合作由加工制造环节为主向合作研发、联合设计、市场营销、品牌培育等高端环节延伸,提高国际合作水平。

——规范企业境外经营行为。企业要认真遵守所在国法律法规,尊重当地文化、宗教和习俗,保障员工合法权益,做好知识产权保护,坚持诚信经营,抵制商业贿赂。注重资源节约利用和生态环境保护,承担社会责任。建立企业境外经营活动考核机制,推动信用制度建设。加强境外投资风险防控,加强企业间的协调与合作,遵守公平竞争的市场秩序,坚决防止无序和恶性竞争。

(七) 加强人才队伍建设,努力提升工程机械行业人才队伍整体素质

工程机械行业人才的能力提升是打造行业综合竞争力的关键。加强在前瞻战略谋划、前沿技术攻关、产品开发、生产制造、商业创新、金融服务等各个领域的人才供给,是构建高质量可持续发展产业的核心。

——突出培养造就创新型人才。围绕行业发展战略需求,以重大研发任务为重要依托,以相应创新平台为载体,充分利用国际国内科技人才资源,造就一支具有原创能力的人才队伍,涌现出一批世界水平的人才队伍和高水平创新团队,着力培养大批具有国际视野的青年人才队伍和后备力量。着眼于推动企业成为技术创新主体,通过示范引导,推动企业人才开展技术创新活动。

——着力培育国际化经营人才和营销队伍。加强国际化人才的需求规划与计划培养,加大国际化经营人才的培养与引进力度,采用岗位交流、外派培训、定向委培等方式全面探索提升国际化人才素质的途径。充分依托企业培训、专业高校、社会培训机构等,建立多层次培训体系,重点加强项目管理、工程技术、国际采购、国际营销、法律合同等方面的知识和当地语言及社会风俗知识普及,提高岗位胜任能力。完善薪酬制度,形成"引才聚才"的良好环境。

——继续加强职业技能培训。搭建行业线上线下培训平台,发挥行业内培训资源优势,逐步建立行业职业技能培训体系。建立行业标准化、规范化培训机制,严格培训质量,积极推动产业链职业技能培训标准编制,有序开展职业技能等级评价,为行业提供高质量技能人才。

——改进人才评价激励机制。积极改革人才培养使用机制,搭建人才发展平台,营造人才创新环境,通过持续加强人才引进和培养,打造一支结构合理、多层次、高素质、复合型的金字塔式人才队伍,构建具备国际水平的人才高地,形成人才智力优势。

(八) 监督市场秩序,抵制不正当竞争,努力营造良好市场环境

引导行业理性面对市场需求的结构性调整和周期性规律,面对短期内市场可能出现的回调,持续深化供给侧结构性改革,严格控制新产能投资,加速落后产能的出清和行业兼并重组,提高全行业产能利用率,引导市场健康

发展，预防行业的大起大落。

建立更加完善的市场监控体系，通过与大数据、人工智能等新技术的结合，打造更加专业化的市场需求预测体系，为指导行业发展和企业决策提供参考。

（九）积极发展服务型制造和强化后市场管理，建立老旧工程机械退出机制

主机制造企业和代理商应摆脱单纯的制造、销售商业模式，从制造业向制造服务业转型，整合制造、销售和服务，发挥好网络云平台、大数据的作用，提供个性化的维护保养与检修服务，强化后市场管理，以服务带动品牌差异化和产品及服务的创新，实现价值链延伸。

积极发展经营性租赁，实现对产品全生命周期更好的控制，通过规模化效应实现自动化管理，降低用户的运营成本。发挥好金融对行业的支撑作用，发展融资租赁业务，密切产融结合关系实现互利互惠，促进工程机械租赁的健康发展。

通过各类先进技术手段，实现工程机械全生命周期的监督管理。分步推进工程机械设备身份信息识别码制度覆盖。通过区块链等新兴技术的应用实现全周期交易、使用信息管理，保证在用设备全过程监管。发挥新一代信息通信技术作用，探索建立政府监管平台，完善在用设备监管法规，通过远程采集设备服役和排放信息，强化行业行政监管能力，在税收、换新补贴等方面给予政策支持，引导二手机的主动退出。

六、重点突破技术与产业化创新工程

（一）新型高技术工程机械创新先导工程

1. 高端智能工程机械创新工程

瞄准高端工程机械智能化领域基础技术和关键共性技术，跟踪工程机械智能科技创新研究最前沿、智能化工地施工技术发展方向和对智能化施工技术与装备的需求，鼓励企业聚焦高端工程机械智能化产品前期研究、试验、新技术应用，开展全生命周期设计技术、重载运动智能控制技术、智能服务技术等领域技术研究。利用工业互联网、人工智能和区块链等新技术，推动智能化工程机械产品的研发和推广应用。

在环境动态多信息感知、5G高速传输遥控操作、自主决策技术和人机交互作业数据控制等方面加大研发力度和率先突破技术的应用，按照三个阶段逐步实现工程机械产品的智能化发展目标：

第一阶段，在"十四五"初期，工程机械主要产品实现具有辅助人工操作、坡度控制、压实控制、有效载重、监测和远程操控，实现模块智能化和自主安全管理功能的目标，并得到实际应用。提高施工安全性，实现高效、节能、高质量的施工要求。

第二阶段，至"十四五"末，主要工程机械产品实现具有单机智能化作业、无人驾驶、人机协作、多机协作等智能化作业管理等特征，并在工业性试验考核中具有较好应用前景，取得实际应用案例。实现局部的无人化作业。

第三阶段，从"十四五"开始，开展人工智能、自主作业施工等技术的应用研究和探索，在工地的全场景、全设备、全天候互联互通，运用数据连接、施工作业规划、机群系统自主作业等先进技术的前期技术准备和局部领域的应用试验研究，具备"十四五"之后开展研制和应用研究的条件。

2. 电动工程机械先导工程

随着《推动公共领域车辆电动化行动计划》政策的逐步推进，环保排放要求越发严格，工程机械电动化发展已成为新的发展方向。近年来，国内外对电动工程机械的研究不断深入，已有部分电动工程机械产品面世。

"十四五"电动工程机械的发展需要攻克一批电动工程机械关键技术：整车电池热管理控制技术、电池管理安全技术，应用复杂工况

动力匹配控制技术,实现功率匹配自动优化控制。研制一批电动工程机械关键零部件,包括高效动力电池组、集成控制器、大功率充电桩和高容量充电单元等。突破整车电动化控制技术。

鼓励优先发展中小非道路移动机械动力装置的电动化,逐步达到超低排放、零排放。同时,还要加快新能源非道路移动机械的推广使用,积极探索便于用户购买、使用、管理的商业模式;在重点区域城市作出限制使用高排放非道路移动机械的规定,鼓励优先使用电动或清洁能源非道路移动机械。

(二) 工程机械智能制造推进工程

瞄准高端工程机械及其关键部件智能制造领域基础技术和关键共性技术,跟踪智能制造技术和机器人科技创新研究最前沿,融合5G互联网技术、数字化管理、数字化设计、信息技术、通信技术、传感技术、新材料、新工艺等技术,从工程机械结构件成形、焊接、热处理、精密金属成形、标准结构件制造、关键零部件制造、部件和整机装配、柔性化智能化涂装等车间切入,积累经验逐步推进。结合两化融合,构建起贯穿高端工程机械全生命周期设计的智能制造体系及智能服务体系,支撑高端工程机械智能制造发展。提升生产的智能化水平,实现从需求、设计、生产、交付的全周期的数字化和信息沟通,实现在规模化流水线上的个性化定制,以信息流自动化带动产品个性化,创新工程机械工业新范式,实现差异化竞争。

产业链上下游智能制造实现信息流和数字流对接,建设高效、精益、数字化的产业链体系,实现零部件、整机制造与设备使用管理、维保服务、再制造及设备回收利用全生命周期的数字化覆盖。

(三) 工程机械产品可靠性提升工程

工程机械可靠性影响因素众多,要全面评估各方面因素的影响,建立产品质量可靠性评价体系,准确把握工程机械产品技术质量状态,研究国际先进对标产品的质量可靠性水平,规划产品的更新换代进程和创新技术、设计制造技术,健全完整的整机及零部件可靠性验证手段和评价体系,建立多样本整机可靠性评价和产品一致性评价方法。

选择3~5类典型工程机械产品(工业车辆、挖掘机械、铲土运输机械、工程及建筑起重机械等)开展可靠性提升工程,主要从企业管理、生产管理、生产流程管理、供应链管理方面进行创新,加强可靠性理论研究,可靠性检测、试验、验证、设计方法与评价的方法、规范和标准的研究及装备的研制,多管齐下以期尽快取得突破。

"十四五"期间要进一步实施系统的可靠性提升工程,建立涵盖产品设计、制造、零部件生产、试验及维护保养的可靠性技术体系,完善技术标准、规范及相应的试验测试平台,要突破并完善的关键技术包括:(1)可靠性数据采集与分析技术;(2)整机及关键零部件可靠性设计技术;(3)制造工艺可靠性提升关键技术及装备;(4)高效可靠性试验技术、装备平台及标准规范;(5)关键零部件寿命预测技术。并重点建设工程机械可靠性综合试验基地,包括:(1)典型工程机械整机行驶耐久性试验场;(2)关键零部件专用可靠性试验平台;(3)材料失效分析试验平台;(4)环境模拟试验室;(5)工程机械可靠性试验平台等。

(四) 工程机械检测、试验与评价数字化平台建设工程

发挥行业现有的国家试验检测中心、国家重点实验室、国家工程实验室、国家工程(技术)研究中心、国家级企业技术研究中心及科研院所和高等院校的能力,加快进行试验装备的数字化智能化改造与升级。为适应工程机械产品数字化、智能化换代升级,迅速填补共性技术检测平台、验证平台、多参量综合检测平台以及大型综合试验场等方面的空白。可先行选择4~6家企业、试验场和研究院所开展平台建设工程的试点。

建立主机试验、检测和系统分析平台,进一步支撑技术创新体系和科研平台建设;建设工程机械整机及电子零部件电磁兼容实验室,对我国工程机械整机及电子零部件电磁兼容技术发展具有不可替代的战略意义;建设综合试验场可以开展整机性能对标试验、合规试验、验证试验、定型试验、可靠性试验、群作业智能控制试验等,对新产品、新技术、新工艺研究具有更强的保密性和针对性,并将在试验技术研究方面实现创新和突破。

预期在"十四五"末,将具备对工程机械整机及关键零部件进行全方位综合测试分析的能力,发现并解决核心技术在重大工程机械产品中的推广应用瓶颈问题,有效提升行业测试、验证水平,提升重大工程机械产品的可靠性和安全性,促进产业的转型升级,为重大工程机械产品产业化发展提供全方位服务。

(五) 工程机械产业链强基发展工程

工程机械产业链强基发展工程:工程机械核心基础零部件、工程机械基础材料、工程机械基础工艺、产业基础技术及基础软件等5个主要领域。

实施主机牵头的"一条龙"组织结构:要进一步推进整机企业零部件研发、试验检测与零部件制造企业技术研发与制造工艺提升相结合、相支撑,以及整机企业零部件试制与专业零部件企业产业化相补充、相借鉴的发展方式,有效带动零部件行业的转型升级。

核心基础零部件方面:重点支持自主研发工程机械液压元件(聚焦变量柱塞泵、主控阀和液压马达等)和液压系统、动力系统、动力换挡变速箱、驱动桥、行走减速机、控制器和传感器等。"十四五"期间要实现核心基础零部件自给率达到90%;绿色制造工艺接近国际先进水平;产品可靠性及其评价,产品数字化智能化、绿色化、宜人化设计等关键共性技术取得突破。

产业基础技术及基础软件方面:重点支持整机控制系统及软件,工程机械整机及核心部件可靠性及评价,工程机械智能控制技术,工程机械节能减排、轻量化、宜人化设计。"十四五"末,一批国产工程机械控制系统及元件性能与可靠性通过工业化严格考核,各类工程机械实现控制器、人机界面、传感器与电控执行元件自主可控,国产化率达到30%～50%。

(六) 工程机械工业互联网应用平台建设工程

尽快建成低时延、高可靠、广覆盖的行业工业互联网网络基础设施,建立可靠的工业互联网安全保障体系,组建全行业覆盖主要产品的车联网系统,初步实现绿色化、网络化的智能服务系统。"十四五"期间,实现逐步接入更多在用和新增车联网数据,建立工程机械行业生态云平台,实现长效、精确的生态环境治理,实现绿色制造、绿色维修、绿色施工。

到"十四五"末,充分应用我国自主的系统软件、芯片和北斗等关键技术和基础设施,基本掌握关键核心技术,基本形成高效、创新、绿色的供应链体系,高度定制化、个性化、高端化的智能制造体系,形成数字化、绿色化、网络化的智能施工体系,主要领域的技术实现国际先进,重点领域实现国际领先的目标。

建立全国统一的工程机械行业数据管理云服务体系和服务于工程机械行业上下游企业、施工单位的工业互联网平台,提升全行业的商业模式创新能力、智能服务能力和智能制造能力,为行业上中下游用户提供智能设计、智能生产、智能服务、智能施工的智能制造全价值链应用。

"十四五"期间,工程机械行业工业互联网平台体系初步建成,形成跨品牌、跨机种、跨领域的超级客户平台和智能施工平台,建成一批支撑企业数字化、网络化、智能化转型的企业级平台。培育面向特定使用领域和应用场景的工业APP,利用具备边缘计算能力的智能车载终端和可穿戴智能终端,初步实现人工智能、智能专家库系统和知识图谱的人-机对话、机-机互联、机-工况互通,智能制造、智能服务和智能施工的高效协同和应用闭环。全面建成通过工程机械行业工业互联网平台,为政府的生态环境治理、安全生产、应急抢险等科学管理提供实时、准确、高效的数据支撑。

七、保障措施及相关建议

(一)加强政府引导和深化体制机制改革,为工程机械行业高质量发展再上新台阶,构建新发展格局创造良好环境

"十四五"时期,要加快构建以国内大循环为主体、国内国际双循环相互促进的新发展格局。要在工程机械领域加强国家战略科技力量培育,提升企业技术创新能力,保护企业创新发展动力;进一步激发国内经济发展潜力,打通国内大循环痛点堵点,为新发展格局创造良好的环境;继续深化改革,建立有效激励机制,营造鼓励创新的制度环境,扫除妨碍生产要素市场化配置和商品服务流通的体制机制障碍;进一步梳理金融、财税、质监等制度法规,形成高标准的市场化、法制化、国际化营商环境,进一步提升工程机械行业国际地位,推动我国工程机械行业作为率先发展的优势产业早日占领国际制高点。

1. 加强工程机械行业发展战略、规划、政策、标准等制定和实施。

2. 完善"政产学研用"协同创新机制,改革技术创新管理体制和项目经费分配、成果评价和转化机制,促进科技成果资本化、产业化,激发工程机械企业创新活力。

3. 稳妥分步骤推动落实非道路移动机械排放标准升级。进一步清理和改进制度、标准、法规中不利于工程机械行业高质量发展的有关规定,打通国内大循环的痛点堵点,加快构建新发展格局。

4. 加快新能源工程机械的推广使用,营造便于用户购买、使用、管理的政策环境;推进和实施对在用工程机械的监控和管理,在重点区域和城市作出限制高排放工程机械使用的措施,制定鼓励优先使用电动工程机械的补贴或激励政策。

5. 完善落后产能、环境污染、排放超标等设备和产能出清与升级改造工作,提供必要资金支持,妥善安置职工、处理债务清偿等措施。逐步建立在用老旧工程机械报废淘汰更新机制和支持政策,健全市场退出机制。

6. 深化金融领域改革,拓宽工程机械企业融资渠道,降低融资成本。采取有效措施规范二手工程机械交易渠道,降低二手工程机械交易成本,打通二手工程机械交易堵点。

7. 发挥政策性银行和开发性金融机构作用,通过多种方式和创新金融产品,拓宽企业融资渠道,加大工程机械出口信用覆盖面,支持境外投资企业开展境外金融消费信贷和融资租赁业务。

8. 充分发挥行业组织在行业管理、行业发展、政策咨询、行业标准、规范行业秩序等方面的作用。

(二)行业组织切实发挥行业管理职责,推动行业技术进步,营造公平竞争的市场环境

"十四五"时期,工程机械行业组织要全面贯彻党的十九大和十九届二中、三中、四中、五中全会精神,以习近平新时代中国特色社会主义思想为指导,坚持创新驱动发展战略,以供给侧结构性改革为主线,推动行业高质量发展;坚持结构优化,打好"产业基础高级化、产业链现代化"攻坚战,打造高水平自主可控的供应链体系;加快构建以国内大循环为主体、国内国际双循环相互促进的新发展格局;坚持人才为本,走人才引领的发展道路。进一步缩小与国际领先水平的差距,推进工程机械产业强国建设。

1. 加强行业组织自身能力建设,提高服务能力水平,提高行业组织在促进行业技术进步、提升行业管理水平、制定团体标准、反映企业诉求、反馈政策落实情况、提出政策建议、促进行业规范健康发展等方面的作用。

2. 强化行业自律，提高行业治理水平，规范竞争行为，为企业营造良好的生产经营环境。

3. 促进建立以市场化手段引导工程机械企业进行结构调整和转型升级的支持保障机制。

4. 强化工程机械企业社会责任建设。

5. 加强工程机械行业人才发展统筹规划和分类指导，组织实施工程机械行业人才培养计划，加大专业技术人才、经营管理人才和技能人才的培养力度，完善职业技能人才培养考核体系。

6. 加强产业人才需求预测，完善各类人才信息库，构建产业人才水平评价制度和信息发布平台。

7. 加快"走出去"支撑服务机构建设和水平提升，建立对外投资公共服务平台和出口产品技术性贸易服务平台，完善应对贸易摩擦和境外投资重大事项预警协调机制。

8. 鼓励企业对创新工程的投入，推进企业为主导的产学研协同创新的示范效应，推进工程机械行业创新应用试点项目落地应用。

（三）加快转变增长方式，推动工程机械企业高质量发展再上新台阶

"十四五"时期，工程机械行业企业要紧紧抓住我国重要发展机遇期，科学把握新发展阶段，深入贯彻新发展理念，加快构建新发展格局，以推动高质量发展为主题，以深化供给侧结构性改革为主线，眼睛向内做好自己的事。

1. 坚持创新发展，不断提升企业服务能力和产品质量技术水平，补强短板，解决高端整机、配套件自主化率低，可靠性耐久性差距较大的问题。瞄准国际领先技术和水平，克服短板制约，不断提高正向研发和试验检测能力；在智能化信息化领域要有新突破；应急救援工程机械、冰雪装备、特殊工况工程机械要充分满足需求。

2. 坚持绿色发展，实现发动机排放按标准按要求切换升级；进一步推进绿色制造、绿色施工，实现产品全生命周期的绿色、安全、高效。

3. 坚持协调发展，主动调整和完善企业经营管理和市场拓展营销模式，适应市场需求结构的变化和企业增长方式的转变；加快构建完整、高效、稳定、可靠的产业链体系；不断提升产业基础能力，完善和提高基础研发能力和试验检测认证水平，实现工程机械高水平的可持续发展。

4. 坚持开放发展，在构建新发展格局中，不断拓展新领域、新市场，进一步拓展国际市场空间和国际合作领域，提升我国工程机械行业的竞争实力和国际地位。践行"一带一路"倡议，继续提升海外业务能力和规模，强化本地化经营和国际化品牌建设，建设一流国际化工程机械企业。

在外贸出口中，应高度重视遭遇的贸易救济调查案增多和扩大的情况，有效防范、积极应对针对我国企业的调查案件。首先要苦练内功，提升产品的国际竞争力。努力转变出口增长方式，尽可能提升我国出口产品的技术含量和附加值，开辟更加广泛、更为多元的国际市场。其次要规范企业运营有序发展，规范相关商品出口秩序，加强行业自律，避免出口的无序竞争。再次出口企业要按照国际会计准则进行账务管理，在受到贸易制裁时能够及时提供有效的财务证据。此外，养成尊重、遵守、适用多边规则与机制的习惯，让更多专业律师团队和企业内部法律人才队伍学会善于在WTO法律框架下解决贸易争端。

5. 坚持共享发展，严格行业自律，严格管控经营风险，严格控制营销环节各种不利于行业持续稳定健康发展的行为和做法，避免行业经济运行大起大落现象。

附录 工程机械行业"十四五"重点发展的技术、产品和关键零部件

一、"十四五"鼓励发展的技术

1. 绿色环保节能技术（电磁兼容，VOCs涂装、噪声、排放、后处理技术）
2. 高端液压传动技术
3. 高端液力机械传动技术
4. 可靠性技术
5. 数字化智能化控制技术
6. 关键零部件整机验检测技术

二、"十四五"重点发展的装备

1. 大型陆地风电吊装装备
2. 智能型工程机械及智能辅助装置
3. 新能源工程机械（纯电动、混合动力等）
4. 环保型工程机械（包括发动机低排放、低粉尘、低废气等）

三、重点支持鼓励发展的工程机械产品和关键零部件

序号	产品名称	主机主要技术指标	关键零部件及主要指标
挖掘、铲运机械			
1	液压挖掘机	整机质量≥40 t，额定功率≥200 kW	泵阀马达（≥32 MPa）、电控、回转支撑、回转马达总成（额定压力≥28 MPa；排量≥180 mL/r）、行走减速机，传感器
2	推土机	（1）液力机械传动推土机：额定功率≥220 hp；（2）静压传动推土机：额定功率≥95 kW	变矩器，电比例全自动换挡变速箱，泵阀马达，减速机
3	装载机	额定载重≥7 t;	变矩器，湿式制动驱动桥，电比例全自动换挡变速箱，泵阀（电液比例控制多路阀）（≥25 MPa）

续表

序号	产品名称	主机主要技术指标	关键零部件及主要指标
4	矿用自卸车		

大型起重机械

序号	产品名称	主机主要技术指标	关键零部件及主要指标
1	履带式起重机	最大起重量≥500 t	≥500 L/min 多路阀，≥250 cc/r 变量马达，≥180 cc/r 高压闭式柱塞泵，≥500 L/min 开式变量泵，≥70 mL/r 液压多路阀(≥35 MPa)，电控
2	全路面起重机	最大起重量≥100 t；比功率≥6	≥140 mL/r 开式变量泵，≥5000 r/min 高速变量柱塞马达及≥200 mL/r 高压马达路阀，≥5000 r/min 高速变量柱塞马达及≥200 mL/r 高压马达及(≥35 MPa)，大载荷断开式车桥
3	汽车起重机	最大起重量≥70 t；比功率≥5.9	底盘，传动，≥140 mL/r 开式变量泵，≥70 mL/r 闭式变量泵，≥500 L/min 多路阀，≥5000 r/min 高速变量柱塞马达及≥200 mL/r 高压马达(≥35 MPa)
4	轮胎起重机	最大起重量≥50 t；基本臂最大起重力矩≥2400 kN·m；最长主臂最大起升高度≥48m	底盘，传动，高速变量柱塞马达(≥5000 r/min)，液压转向器(≥500 mL/r)，斜盘式变量柱塞泵(≥60 mL/r,≥35 MPa)
5	塔式起重机	最大起重量≥60 t；最大起重力矩≥2000 kN·m	200 kW 以上塔专用宽调速比电机，电控，大扭矩高可靠减速机
6	沙漠越野轮胎起重机	最大起重量≥85 t，沙漠行驶速度≥15 km/h，地面作业不平度≥1.5°	沙漠越野轮胎，底盘，传动，散热器
7	环轨起重机械	最大额定起重量≥5000 t，最大起重力矩≥100 000 t·m	大型桁架臂，大承载卷扬，高强度钢管，大功率发动机

工业车辆

序号	产品名称	主机主要技术指标	关键零部件及主要指标
1	集装箱正面吊	最大起重量≥25 t	传动系统(变矩器、变速箱)，电控
2	堆高机	起重量≥9 t	传动系统(变矩器、变速箱)，电控

掘进机械装备

序号	产品名称	主机主要技术指标	关键零部件及主要指标
1	大型全断面隧道掘进装备	盾构机：刀盘直径≥12 m(双螺旋盾构机≥6 m)；硬岩掘进机(TBM)：刀盘直径≥7 m；竖井掘进机：开挖直径≥6 m，井筒深度≥150 m	主驱动轴承，泵(750 mL/r)阀马达(500 mL/r 马达)(≥32 MPa)，永磁同步电机，电控，主驱动减速机(减速比≥81，输出功率≥200 kW)
2	非开挖水平定向钻机	回拖力≥4000 kN，动力头扭矩≥14 000 N·m	泵、阀、马达

续表

序号	产品名称	主机主要技术指标	关键零部件及主要指标
3	隧道预切槽设备	切槽深度≥6 m;适用隧道切槽半径(拱槽内径)≥5 m;适用岩土抗压强度≥10 MPa;装机额定功率≥500 kW	泵(750 mL/r 泵)阀马达(500 mL/r 马达)(≥32 MPa),永磁同步电机,电控
桩工机械			
1	地下连续墙设备	成墙厚度≥550 mm;成墙深度≥50 m;额定输出功率≥240 kW	泵阀马达(额定压力≥35 MPa,峰值压力 42 MPa),电比例闭环控制等变量控制方式
2	液压双轮铣槽机	成墙厚度≥1500 mm;成墙深度≥150 m;≥50 MPa	泵阀马达(额定压力≥35 MPa,峰值压力 42 MPa,电比例闭环控制等变量控制方式,>500 kW 发动机
3	旋挖钻机	动力头输出扭矩≥400 kN·m;钻孔直径≥2.5 m;钻孔深度≥100 m	轴向柱塞泵/马达(额定压力≥35 MPa,峰值压力 42 MPa,电比例闭环控制等变量控制方式
高空作业机械与应急救援设备			
1	举高消防车	作业高度≥47 m;臂架末端允许吊重(远距离负重救援)≥200 kg;消防泵额定流量≥40 L/s	
2	履带式全地形工程车	爬坡度≥45%	
3	多功能除雪车	除雪能力≥250 t/h;最大抛雪工作速度≥1 m;最大除雪距离≥10 km/h;最大抛雪距离≥15 m	
4	高空作业车	作业高度≥20 m,额定载荷≥300 kg,作业幅度≥10 m;作业高度≥22 m(蓝牌车)	底盘(功率大于 130 kW),泵阀多路阀(≥20 MPa),电控精准,各类传感器元件,轻量高强钢板,行走减速机,回转减速机,摆动缸,锂电池,多电机联合驱动控制器,大功率低压交流电机以及匹配减速机,安全型控制器(Cat3,SIL2,PL≥d),各类传感器,高强钢板
5	升降作业平台	作业高度≥58 m;载重能力≥460 kg	
钢筋及预应力机械			
1	钢筋柔性自动焊接网生产线	集钢筋调直、切断、布料、焊接、输出于一体的带孔洞网片的全自动化加工生产线,焊网钢筋直径 6~12 mm,最快焊接速度每分钟焊接点数≥200	

续表

序号	产品名称	主机主要技术指标	关键零部件及主要指标
2	钢筋焊接网自动弯曲生产线	集网片抓取、定位、多工位弯曲,输出于一体的钢筋网片全自动弯曲生产线。加工网片最大钢筋直径≤12 mm,最大宽度≤4 m	
3	钢筋桁架焊接生产线	集钢筋调直、弯折、切断、焊接,输出于一体的钢筋桁架全自动焊接生产线,加工速度≥8 m/min,桁架最大高度≥400 mm	
4	钢筋骨架加工生产线	实现预制钢筋骨架的自动化加工,骨架主筋间距精度≤4 mm	
5	三代核电用预应力锚固体系	锚固孔位≥55	
6	核电用抗大飞机撞击钢筋接头及配套设备	加工最大钢筋直径≥40 mm	

凿岩设备

序号	产品名称	主机主要技术指标	关键零部件及主要指标
1	多臂凿岩台车	单臂额定功率≥30 kW;钻孔速度≥3 m/min;作业宽度≥16 m,作业高度≥12 m,覆盖面积≥180 m²	泵阀马达(≥32 MPa)、电控、驱动桥、传感器
2	液压凿岩机	质量 200~250 kg;工作压力 15~22 MPa;冲击功率 20~25 kW;冲击频率 38~48 Hz;冲击流量 110~130 L/min;回转扭矩 1500~2000 N·m;钻孔直径 89~140 mm	

冰雪运动装备

序号	产品名称	主机主要技术指标	关键零部件及主要指标
1	带热回收二氧化碳制冰系统	制冷量≥600 kW;冰面温度 -10~-3℃可调,控制精度±0.5℃;自带热回收系统,供热量≥720 kW	
2	环保制冷冷源一体化橇块机组	制冷量≥650 kW;适用于标准室内短道速滑冰场(60 m×31 m);冰面温度 -3~-10℃可调;装机额定功率≥200 kW,采用新型环保制冷剂(R513)和天然载冷剂(R744)	

续表

序号	产品名称	主机主要技术指标	关键零部件及主要指标
3	浇冰车	牵引电机额定功率≥2×9.6 kW；地面速度≥16 km/h；转弯半径≤4.8 m	传动系统（变矩器、变速箱）、电控
4	压雪机	额定功率≥360 hp；最大爬坡能力≥45°；行走速度≥18.5 km/h；可以兼顾高山雪道、越野雪道及雪地公园修整，并且可以运输乘客	
5	雪地观光运输救援车	行走速度≥22 km/h；最大爬坡角度≥30°；接地比压≤10 kPa；最大载重质量≥1500 kg(20人)	
6	弹射牵引装置	弹射目标质量≥80 kg；滑离速度≥30 m/s，且可调	
7	越野滑雪轨迹分析及投影引领滑系统	运动员位置跟踪误差≤5 cm；运动员速度跟踪误差≤1 cm/s；伴随机飞行时长≥3 h；数据链中继滑空时长≥5 h；数据链传输速度≥4 Mb/s；适应环境：低温环境（海拔≥4000 m，温度≤−30℃）	核子器、喷嘴、过滤器、温度传感器等
8	造雪机	107 m³/h的造雪量，边ენ温度下，多核子器组合系统实现最佳雪质和造雪量	
9	雪场用索道/缆车	分为脱挂式、固定式；吊厢、吊椅；2人座、4人座、6人座、8人座等类型	驱动机、钢丝绳、厢体等
10	魔毯	调速范围：0.1～1.0 m/s；正常运行速度：0.6～1.0 m/s，能效比速度：0.75～0.9 m/s，启动、检修、应急速度：0.6 m/s	电控柜、文本显示器、履带等
11	雪地摩托	分两冲程、四冲程等	发动机、气缸、雪橇板等
12	二氧化碳跨临界直冷制冰制热机组	制冷机组采用双极压缩。蒸发温度−13℃，总制冷量Q≥720 kW（功率包含低压级、高压级压缩机和CO_2屏蔽泵）。1830平方米冰面全场温差≤0.3℃，冰面3 m范围内水平面精度≤±3 mm，采用二氧化碳制冷剂，自带三级热回收系统	

续表

序号	产品名称	主机主要技术指标	关键零部件及主要指标
13	400 m大道速滑冰场二氧化碳载冷制冰系统	系统制冷量≥1131 kW，在－17℃/＋36℃工况下性能系数（COP）≥2.768,9600平方米冰面全场温差≤0.4℃，冰面3 m范围内水平面精度≤±3 mm，采用二氧化碳载冷剂，自带热回收系统	
路面施工与养护机械			
1	摊铺机	摊铺宽度≥7 m（曲面摊铺机≥4 m）；摊铺厚度≥30 cm；最大摊铺坡度≥45°	
2	铣刨机	铣刨宽度≥1.5 m	
3	热风微波复合就地热再生机组	单台热风加热墙长度≥9 m，微波功率≥450 kW，就地热再生能力≥120 t/h	
4	沥青路面清洁化现场热再生机组	最大再生厚度60 mm；宽度4500 mm；速度6 m/min；沥青烟尘排放浓度达到公路沥青路面再生技术规范（JTG/T 5521—2019)要求	
5	连续式沥青拌和再生滚筒	再生拌和能力≥300 t/h，允许沥青混凝土旧料（RAP）掺和比≥70%	泵马达(≥45 MPa)、干燥加热系统、转向驱动桥、耐高温不锈钢板
6	超大型多功能摊铺机	摊铺宽度≥12 m（曲面摊铺≥4 m）；摊铺厚度≥50 cm；额定功率≥250 kW；适用于沥青混合料和稳定土摊铺施工	
7	水泥路面共振破碎设备	作业深度≥3 m，破碎深度≥200 mm，作业速度≥3 m/min	
8	电驱纤维碎石同步封层车	底盘燃油驱动，发动机功率≥200 kW；工作装置电驱动≥100 km/h，作业速度2～7 m/min，洒布量0.3～3.0 L/m²	

续表

序号	产品名称	主机主要技术指标	关键零部件及主要指标
9	多功能路缘结构滑模摊铺机	侧面最大摊铺宽度≥2 m;最大构造物高度≥1.3 m;精准线性控制,全程自动化施工	控制系统,传感器,特制模具等
10	绿篱修剪综合养护车	最大作业范围≥4000 mm;额定起重量≥500 kg;割草漏割率≤8%;树篱修剪漏割率≤8%;树枝修剪撕裂率≤10%;碎枝叶回收率≥80%	
11	公铁两用工程救援机器人	爬坡度≥45%,有效牵引力≥20 000 N,行驶速度≥80 km/h,全电驱,多功能,公铁两用	
12	防撞缓冲车	可防100 km/h以上速度下乘用轿车的冲击,预警距离≥200 m	防撞缓冲装置、测试标准
13	重型防撞缓冲车	可防10 t以上的重型卡车在60 km/h以上速度下的冲击,预警距离≥200 m	防撞缓冲装置、测试标准

市政与环卫机械

序号	产品名称	主机主要技术指标	关键零部件及主要指标
1	垃圾车	额定载重量≥8 t	
2	扫路车	扫净率≥92%,清扫宽度2800~3500 mm	
3	清洗车	清洗宽度8~28 m,水炮射程≥38 m,工作压力≥10 MPa	
4	智能环卫机器人	纯电动,无人驾驶,续航6小时,作业速度0~5 km/h,定位精度≤±10 cm	

混凝土机械及混凝土制品机械

序号	产品名称	主机主要技术指标	关键零部件及主要指标
1	大型混凝土泵车	泵送高度≥50 m	底盘、传动、泵、阀、马达(≥32 MPa)、土泵车高速大排量泵送主油缸(额定压力35~50 MPa;速度1~2 m/s)
2	码垛机	天轨或地轨,抱取式或提拉式,提升质量不小于25 t	卷扬机构、行走机构、托架机构、电控
3	高速混凝土输送料斗	运行速度不低于70 m/min,有效容积不小于2 m³	变频器、减速机
4	智能螺旋式布料机	布料速度0.5~1.5 m³/h,大车行走速度0~30 m/min,小车速度0~10 m/min,具有自动布料功能	搅拌轴、螺旋轴、电控

续表

序号	产品名称	主机主要技术指标	关键零部件及主要指标
5	节能立体养护管	引入太阳能或空气源热泵等作为辅助热源,合理规划养护管加热系统的参数和结构	电控,保温板
6	高效低噪声振动台	振捣时间不大于2 min,噪声不大于85 dB(A),高频一维或低频三维振动	振动器,电控,泵
7	堆拆垛机和码模机	无需人工协助摘挂,可自动化作业,作业节拍不大于6 min	卷扬机构,托架机构,电控
8	数字化智能PC工厂	PC构件生产数据,构件性能追溯,能源利用与分析,故障诊断与分析	电控
9	全自动挤压墙板生产线	年产量不低于50万m²,污水循环利用,废料零排放,长度误差≤5 mm,宽度误差≤±2 mm,板面平整度≤2 mm,板面无贯通裂缝,长50~100 mm,宽0.5~1 mm裂缝不超过2处/板	或者写:驻站式200型墙板挤压成型机、驻站式挤压成型钢筋植入系统
10	自动抽穿管机	一次作业拔/穿管70根,作业速度每循环不大于8 min	液压系统
11	多功能轻质墙板成型机	长度误差≤±5 mm,宽度误差≤±2 mm,板面平整度≤2 mm,单模日产量36 m²,适用空心、实心、多种材料、多种构件增强工艺的轻质墙板生产	模板
12	墙板企口整体成型机械手	配合多功能轻质墙板成型机,自动安装、拆卸上成型模具,一次作业拆/装10个模腔,作业速度每循环不大于8 min	行走机构,定位导向机构
13	墙板智能消泡机	一次处理10个蜂窝气孔,长径5~30 mm的蜂窝气孔不大于3处	行走机构,定位导向机构,振捣装置
14	发泡水泥轻质墙板配方	抗压强度≥4 MPa,抗弯承载(板自重倍数)≥1.6,经7次冲击试验板面无裂纹、板面层脱落、板面泛霜缺陷	
15	陶粒混凝土轻质墙板配方	抗压强度≥4 MPa,抗弯承载(板自重倍数)≥1.6,经7次冲击试验板面无裂纹、板面层脱落、板面泛霜缺陷	
16	蒸压加气混凝土生产线分筛板机	对底皮≥45 mm的加气混凝土坯体进行分筛,提升速度0~7 m/min,分筛油缸不少于68个,智能分筛控制系统	液压系统

续表

序号	产品名称	主机主要技术指标	关键零部件及主要指标
17	蒸压加气混凝土生产线切割机	板材切割长度误差≤±5 mm,宽度误差≤±2 mm,厚度误差≤±1.5 mm,板面平整度≤2 mm,切割合格率95%以上	钢丝锁紧装置,升降机构
18	蒸压加气混凝土生产线脱模装模一体机	自动取放模车,精准定位,防脱钩技术,提升质量不小于16 t,行走速度0~60 m/min,升降速度0~10 m/min	行走机构,防脱钩机构,升降机构
19	预制混凝土构件专业运输车	最大运输质量≥25 t,最大运输长度≥9 m,最大运输高度≥2.5 m	半挂车长度≤13 m,宽度≤2.55 m,高度≤3.6 m
20	预制混凝土构件面层处理机		
21	预制混凝土构件全自动安装设备		

工程机械配套件

序号	产品名称	主机主要技术指标	关键零部件及主要指标
1	数字液压马达	额定压力≥35 MPa;流量≥125 L/min;调速范围≥500倍;最低转速≤2 r/min	
2	数字液压阀	额定压力≥35 MPa;流量范围:0~300 L/min;数字捅装比例及伺服阀	
3	大流量电液比例二通捅装阀及电液比例阀	额定压力≥35 MPa;流量≥200 L/min	
4	数字液压缸	额定压力≥35 MPa;行程:0~2 m;调速范围≥500倍;重复定位精度:±0.1 mm;油缸本体及数字伺服调节装置一体化,单阀反馈装置数字伺服机构实现腔体容积闭环控制	
5	电动轮矿用自卸车传动系统	发电机:额定功率≥1050 kW,额定电压:1500 V,电动机:制动电阻功率≥2000 kW,额定电流≥325 A;电阻箱:额定功率≥1000 kW,额定电流≥780 A;应用整车吨位≥200 t	

续表

序号	产品名称	主机主要技术指标	关键零部件及主要指标
6	纯电驱动装载机变速箱	应用整机3~7 t,自动换挡,噪声≤88 dB(A)	
7	高清洁、长寿命、高压抗磨液压油	清洁度≥NAS 7级,换油周期≥5000 h,液压系统压力≥35 MPa	
8	重负荷液力传动油	满足CaterpillarTO-4、ASTMPTF-3等重负荷液力传动油规格	
9	满足四阶段排放规格的超长寿命非道路机械发动机油	换油周期1500 h(目前换油周期500 h),满足美国石油协会APICK-4规格,满足四阶段排放规格	
10	满足新型环保制冷剂的冷冻机油	满足新型环保制冷剂(R513)和天然载冷剂(R744)要求	
11	超大型矿用自卸车液压缸	12 MPa≤额定压力≤28 MPa;启动压力≤0.15 MPa,工作环境温度-40℃～+80℃,油缸运行速度≤1 m/s,换向次数≥50万次,MTTF≥5000 h,悬挂缸气密性维持周期≥30天,应用整车吨位≥320 t	密封无泄漏运行时间≥5000 h;活塞杆耐腐蚀性指标:中性盐雾试验244 h,≥9级
12	高可靠性矿用挖掘机液压缸	额定压力35 MPa;油缸运行速度≤1 m/s;油液温度-20℃～90℃;使用寿命≥12 000 h。MTTF≥5000 h;油缸运行速度≤1 m/s;换向次数≥30万次,MTTF≥2200万次,配套主机最大	活塞杆耐腐蚀性:CASS试验64 h,≥9.8级;衬套润滑周期≥200 h
13	高可靠性千吨级以上全路面起重机液压缸	30 MPa≤额定压力≤60 MPa;油缸运行速度≤1 m/s,负载效率92%,换向次数≥30万次,MTTF≥2200 h。配套主机最大起重量≥1000 t	活塞杆耐腐蚀性:中性盐雾试验200 h,≥9级,镀层弯曲疲劳试验≥550次(无裂纹);密封无泄漏运行时间≥2000 h

续表

序号	产品名称	主机主要技术指标	关键零部件及主要指标
14	长寿命轮胎起重机液压缸	20 MPa≤额定压力≤45 MPa；最低稳定运行速度≤0.02 m/s，工作环境温度－40℃～＋50℃，换向次数≥30万次，MTTF≥2300 h。配套主机最大起重量≥20 t	活塞杆耐腐蚀性：中性盐雾试验200 h，≥9级，镀层弯曲疲劳试验≥550次（无裂纹）；密封无泄漏运行时间≥2000 h
15	高精度马达	额定压力≥40 MPa；排量≥160 mL/r；额定载荷下最低输出转速≤50 r/min，最高输出转速≥5000 r/min	
16	大行程薄壁轻量化液压缸	行程≥10 m，压力≥30 MPa，壁厚≤8 mm	
17	高压大排量闭式泵	额定压力≥40 MPa；排量≥125 mL/r；转速≥2500 r/min	
18	高压大流量平衡阀	额定压力≥40 MPa；流量≥500 L/min，滞环≤8%	
19	高强度纤维绳	直径φ10～28 mm，最高破断强度与同等规格钢丝绳性能相当，工作温度－40～85℃	
20	无线测长传感器	测长距离≥10 m，精度：±0.1 mm，重复精度：±0.5 mm；工作温度：－40～100℃；防护等级IP68以上；功能：耐高压及形变的绝对位移及速度测量	
21	车身姿态监控装置	输出频率≥500 Hz；启动稳定时间≤0.1 s；测量精度±5%；响应时间≤10 ms；工作温度－35～70℃；防护等级IP67，平均无故障时间≥9000 h，无线传输距离：100 m	
22	高性能大数据处理控制器	处理器主频令数＞1 GHz；整数运算80GFLOPS，小数运算6 Gpix/s（像素每秒）；大数据接口5种（音视频编解码，毫米波雷达，激光雷达）语言图像处理：22KDMIPS，每秒百万次机器语言令数，每秒8百亿次浮点操作；高清图像处理：6 Gpix/s（像素每秒）；大数据接口5种（音视频编解码，毫米波雷达，激光雷达）	

续表

序号	产品名称	主机主要技术指标	关键零部件及主要指标
23	高功率高精度故障诊断多路阀	额定压力≥40 MPa；最大通流能力≥600 L/min；阀芯位移检测精度≤0.1 mm；位移滞环≤5%；具备融合阀芯位移，压力，温度等参数的故障自诊断功能	
24	大功率发动机	输出扭矩≥3300 N·m，输出功率≥540 kW，无故障工作时间≥2000 h，使用寿命≥20 000 h，排放达到国六 b 阶段	
25	动态无线倾角传感器	横滚精度 0.1°，分辨率 0.01°；俯仰精度 0.1°，分辨率 0.01°；发送频率≥10 Hz；启动延迟≤100 ms；续航时间≥8 h；工作温度：−35～70℃	
26	大型复杂结构力矩限制器	综合精度 3%；工作温度−20～70℃；工作电压 9～36 V；冲击 30 g；空气放电＞8 kV；电磁辐射抗扰 100 V/m；防护等级：户外 IP67,户内 IP65	
27	基于模型的工程机械专用控制器	代码自动生成，工作精度＜5 mA；PWM 电流输出精度≤30 ms；输出响应≤30 ms；空气放电；＞8 kV；电磁辐射抗扰 100 V/m；防护等级：IP67	
28	带边缘计算能力的工程机械专用摄像头	AI 边缘计算能力，帧率＞25 帧/s；工作电压 9～36 V；冲击 30 g；空气放电＞8 kV；电磁辐射抗扰 100 V/m；防护等级 IP67	
29	高可靠性电控手柄	CAN 总线输出，带振动器，动作次数大于 1000 万次	
30	高强度焊接钢管	屈服强度≥770 MPa，抗拉强度≥820 MPa，伸长率 A（%）≥15%